3rd Edition

4G LTE-A 프로부터 5G Road 까지

Erik Dahlman · Stefan Parkvall · Johan Sköld 저

조봉열 · 김진영 역

4G LTE-Advanced Pro and The Road to 5G

ELSEVIER

홍릉과학출판사

4G LTE-Advanced Pro and Road to 5G, third edition, isbn: 9780128045756
by Erik Dahlman, Stefan Parkvall, Johan Sköld

4G LTE-A 프로부터 5G Road 까지

인 쇄: 2019년 8월 30일 초판 1쇄
발 행: 2019년 9월 10일 초판 1쇄

역 자: 조봉열 · 김진영
발행인: 송 준
발행처: 홍릉과학출판사
주 소: 01093 서울시 강북구 인수봉로 50길 10
등 록: 1976년 10월 21일 제5-66호

전 화: 02-999-2274~5, 903-7037
팩 스: 02-905-6729
e-mail: hongpub@hongpub.co.kr
http://www.hongpub.co.kr
ISBN: 979-11-5600-695-4(93000)

정 가: 45,000원

역자와의
협의하에
인지생략

낙장 및 파본은 구입처나 본사에서 교환하여 드립니다.

저자 서문

LTE (Long-Term Evolution)은 다양한 서비스를 지원하면서 전세계에 걸쳐서 수십억 명의 사용자를 가진, 가장 성공적인 무선 광대역이동통신 기술이 되었다. 25년 전의 음성만 지원하는 아날로그 시스템과 비교하면 그 차이는 실로 대단하다. 아직 LTE가 여전히 구축되고 상황이지만, 산업계는 이미 5세대 이동통신 혹은 5G라고 알려진 차세대 이동통신 시스템을 향하고 있다. 광대역 이동통신이 미래의 셀룰러 통신에서도 여전히 중요한 부분을 차지할 것이지만, 미래의 무선망은 지금보다 훨씬 더 다양한 응용사례들과 이에 따른 훨씬 더 다양한 요구사항들을 가지게 될 것이다.

이 책은 3GPP (Third-Generation Partnership Project)에서 개발된 LTE와 진정한 4세대 광대역 이동통신 시스템과 더불어 현재 3GPP가 주로 작업 중인 새로운 무선접속 기술에 대하여 기술한다. 이 기술들이 5G 무선접속을 제공하게 된다.

1장은 간단한 개요와 더불어 표준화 과정 및 관련 조직들을 기술하며, 이에 따라 3GPP 및 ITU가 2장에서 설명된다. 이동통신을 위한 주파수 대역 및 새로운 주파수 대역들을 찾는 과정 등도 설명된다.

LTE 및 그 진화의 개요를 3장에서 설명하는데, 해당 3장은 LTE에 대한 간단한 이해 및 LTE 규격이 시간에 따라 어떻게 진화하는지를 이해하는데 도움이 된다. LTE의 진화에 따라 추가된 능력들을 강조하기 위하여, 3GPP에서는 LTE-Advanced 및 LTE-Advanced Pro와 같은 이름을 일부 릴리즈들에 대하여 도입하였다.

4~11장은 기본적인 LTE 구조를 설명하는데, 4장은 전체적인 프로토콜 구조를 설명하며 5~7장에서 자세한 물리계층이 설명된다. 8~11장에서는 접속 설정, 다중안테나 지원을 포함한 다양한 전송 절차 등이 설명된다.

저자 서문

LTE에서 도입된 주요한 개선들에 대해서는 12~21장에서 따로 설명하였다. 즉, 반송파 결합 (carrier aggregation), 비면허 대역 지원, 사물형 통신 (machine-type communication), 단말간 통신, 릴레이 (relay), heterogeneous 구축, 브로드캐스트/멀티캐스트 (broadcast/multicast) 통신, dual connectivity, 다중사이트 조정 (multi-site coordination) 등이 설명된다.

주파수 유연성과 다중표준 무선장치를 고려한 RF 요구사항은 22장에서 설명된다.

23~24장에서는 5G로 표준화되는 새로운 무선접속에 대하여 다룬다. 23장에서는 5G의 요구사항과 그것들이 어떻게 정의되는지에 대하여 자세히 살펴보며, 24장에서는 이를 기술적으로 구현하는 것에 대하여 다룬다.

마지막으로 25장에서 5G 무선접속에 대하여 정리하며 맺는다.

차례

CHAPTER 01 이동통신 진화의 배경

CHAPTER 02 스펙트럼 규제 및 3G에서 5G까지의 표준화

CHAPTER

03 무선 접속: 개요

CHAPTER

04 무선 인터페이스 구조

CHAPTER

05 물리 계층 전송 자원

CHAPTER
06 하향링크 물리 계층 절차

CHAPTER
07 상향링크 물리 계층 절차

CHAPTER

08 재전송 프로토콜

CHAPTER

09 스케줄링 및 전송 속도 적응 (rate adaptation)

CHAPTER

10 채널 상태 정보 (CSI) 및 Full-Dimension MIMO (FD-MIMO)

CHAPTER
11 엑세스 절차

CHAPTER
12 반송파 결합 (Carrier Aggregation)

CHAPTER
13 CoMP (다중 지점 조정/송신)

CHAPTER
14 Heterogeneous 구축

CHAPTER
15 스몰 셀 개선 및 동적 TDD

CHAPTER

16 DUAL CONNECTIVITY

CHAPTER

17 비면허 주파수 및 LAA (License-Assisted Access)

CHAPTER

18 Relay

CHAPTER

19 MBMS (MULTIMEDIA BROADCAST/MULTICAST SERVICES)

CHAPTER

20 MASSIVE-MTC 어플리케이션을 위한 LTE

CHAPTER
21 D2D 연결

CHAPTER

22 스펙트럼 및 RF 특성

CHAPTER 23 5G 무선 접속

CHAPTER
24 새로운 5G 무선 접속 기술

CHAPTER
25 맺음말

01 이동통신 진화의 배경

이동통신은 이제 우리 생활의 필수품이 되었다. 지난 20-30년 만에 소수의 사람들만 사용하던 매우 비싼 기술에서 현재 전 세계 인구의 대부분이 사용하는 글로벌 이동통신으로 발전한 것이다.

우리는 이동통신 시스템이 4세대에 걸쳐 진화하는 것을 목격하였다. 각각의 이동통신 세대는 구체적이고 특징적인 기술을 포함하고 있으며 그 기술들로 인하여 그림 1.1과 같이 점점 더 다양한 응용 사례들을 지원하도록 확장되어왔음을 확인할 수 있다. 각 이동통신 세대 사이에서는 세부적인 발전 단계로 나뉘는데 이후 내용 전개는 기상용화된 4세대 (4G) 및 곧 상용화될 5세대 (5G) 이동통신 시스템에 대해서 주로 조명한다.

1.1 1G 그리고 2G - 음성 중심 기술

1세대 이동통신 (1G) 시스템은 1980년대에 등장하였는데 아날로그 음성 중심으로 한 국가 내에서만 사용 가능한 제한적인 이동통신 시스템이었다. 1G 시스템은 NMT, AMPS 그리고 TACS를 포함한다. 이동통신은 1G 시스템 이전에도 이용 가능하였지만, 보통 작은 규모로 소수의 선택된 사람들만 사용 가능하였다.

2세대 이동통신 (2G) 시스템은 1990년 초에 등장하였다. 2G 기술의 예로는 유럽의 GSM 기술, 북미의 IS-95/CDMA와 IS-136/TDMA 기술 그리고 일본의 PDC 기술이 있다. 2G 시스템은 여전히 음성 중심이었지만 디지털 통신기술을 사용함으로써 1G 시스템보다 현저하게 향상된

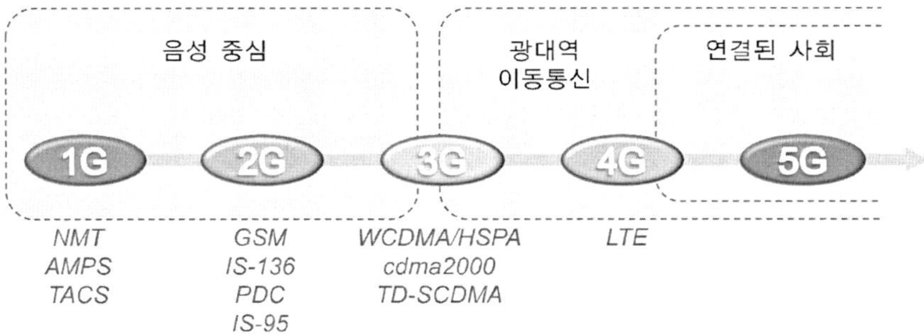

그림 1.1 이동통신 시스템의 세대

시스템 용량을 갖게 되었다. 수년에 걸쳐서, 이러한 초기 기술 일부가 현재 패킷 데이터 서비스를 지원하기 위해 확장되었다. 이러한 확장은 때때로 2.5G라고 불리며 원래의 기술보다 다양한 셀룰러 시스템 기능을 지원한다. EDGE는 2.5G 기술 중 잘 알려진 기술이다. GSM/EDGE는 여전히 스마트폰에서 두루 사용되고 있을 뿐만 아니라 알람이나 결제 시스템, 그리고 자산 모니터링 (real-estate monitoring) 등의 사물 통신 (machine-type communication)을 위해 활용되고 있다.

1.2 3G 그리고 4G – 광대역 이동통신 (Mobile Broadband)

1990년대에 들어서 음성 뿐만 아니라 데이터 전송 서비스의 수요가 등장하였고, 이는 음성만의 서비스를 뛰어넘을 수 있는 새로운 이동통신 세대의 등장을 이끌었다. 유럽 내에서 개발되었지만 1990년대 말에 들어서면서 2G GSM 기술이 실질적으로 글로벌 표준이 되었으며, 3G는 해당 기술의 전 세계로의 확장을 위해 처음부터 글로벌하게 적용되기 위한 목적으로 개발되기 시작하였다. 이를 현실화하기 위해서, Third-Generation Partnership Project (3GPP)가 출범되었으며 3G WCDMA와 TD-SCDMA 기술을 개발하였다 (2장 참조). 그 후에 비슷한 단체인 3GPP2가 출범하여 3G를 위하여 2G의 IS-95를 진화시킨 cdma2000 기술을 경쟁적으로 개발하였다.

WCDMA의 첫 번째 규격 (Release 99[1])은 1999년에 완료되었다. 이 규격은 회선 교환 방식의 음성, 비디오 서비스와 함께 패킷 교환 및 회선 교환 방식의 데이터 서비스를 포함하였다.

WCDMA에 대한 첫 번째 주요한 기술 향상은 Release 5의 High Speed Downlink Packet

1) 첫 번째 3GPP 릴리즈는 규격이 완성된 해를 따서 Release 99으로 명명되었으나, 그 이후 릴리즈들은 4, 5, 6과 같이 숫자를 붙이게 되었다.

Access (HSDPA) 기술의 도입 및 Release 6에서의 Enhanced Uplink를 들 수 있다. 이 둘을 합쳐서 High Speed Packet Access (HSPA)라고 한다 [61]. HSPA는 3.5G 라고도 불리는데, 기존의 3G 규격과 호환성을 유지하면서 수 Mbits/s의 데이터 전송 속도를 지원하는 진정한 광대역 이동통신 경험을 가능하게 해주었다. 이러한 광대역 이동통신의 지원은 iPhone이나 다양한 Android 기기 등과 같은 스마트폰의 급격한 발전의 초석이 되었다. 만약 이러한 광대역 이동통신이 널리 보급되지 않았다면 스마트폰 시장의 발전은 훨씬 느리고 사용 역시 제한되었을 것이다. 동시에, 스마트폰의 활발한 사용과 소셜 네트워킹, 비디오, 게임 그리고 온라인 쇼핑과 같은 패킷 데이터 기반의 서비스들의 활발한 사용은 통신 네트워의 용량과 주파수 효율성을 증대해야 하는 요구 사항을 낳게 되었다. 사용자들은 모바일 서비스에 점점 더 익숙해지면서 더 빠른 데이터 전송 속도와 더 작은 통신 지연 성능을 원하는 등 기대 수준을 높이고 있다. 이러한 요구를 충족시키기 위해 HSPA의 진화가 지속적으로 이루어졌으며, 이는 2000년대 중반 4G 기술 개발을 논의하는 시초가 되었다.

HSPA 기술이 기존의 기술 위에 고성능의 패킷 데이터를 지원하는 "추가 기술"의 형태로 지원되었던 것에 비하여, 4G LTE 기술은 처음부터 회선 교환 방식의 음성을 지원하지 않고 패킷 데이터만을 지원한다. LTE의 주안점은 광대역 이동통신 서비스로서 높은 전송 속도, 저지연 그리고 높은 네트워크 용량 등 높은 요구 사항을 만족해야 한다. 스펙트럼 유연성 및 FDD와 TDD 사이의 공통 부분 최대화 등도 LTE의 중요한 요구 사항이다. 새로운 코어망 구조인 Enhances Packet Core (EPC) 역시 개발되어 기존의 GSM 및 WCDMA/HSPA에서 사용하던 망 구조를 대체하였다. 최초의 LTE 규격은 3GPP Release 8에서 이루어졌으며 2009년 말에 최초 상용화가 이루어진 이후에 전세계적으로 급속하게 확산되었다.

LTE에서 주목할만한 부분 중 하나는 여러 가지 서로 경쟁하는 기술들이 동시에 사용되었던 이전 이동통신 세대들과는 달리 전 세계적으로 오직 하나의 기술이 채택되었다는 점이다 (그림 1.2 참조). 기술을 단일화함에 따라 새로운 서비스에 대한 개발이 가속화되었으며 사용자 및 이동통신 사업자들의 비용 역시 줄어들었다.

2009년 상용화 이래로 LTE는 데이터 전송 속도, 통신 용량, 주파수 및 구축의 유연성, 그리고 응용 분야의 범위 관점에서 상당한 진화를 이루어냈다. 매크로셀 관점에서, 연속된 20 MHz 대역폭으로 300 Mbit/s의 최대 전송 속도를 지원하던 것에서, Release 13에서는 안테나 기술, 다중사이트 조정 (CoMP), 조각난(fragmented) 주파수의 활용 및 비면허 대역 활용, 네트워트 고밀화 등의 개선을 통하여 수 Gbit/s의 최대 전송 속도를 지원할 수 있게 되었다. 또한 LTE의 진화는 광대역 이동통신 서비스를 넘어서 엄청난 숫자의 사물 통신 및 단말 간 직접 통신 등도 지원할 수 있게 되었다.

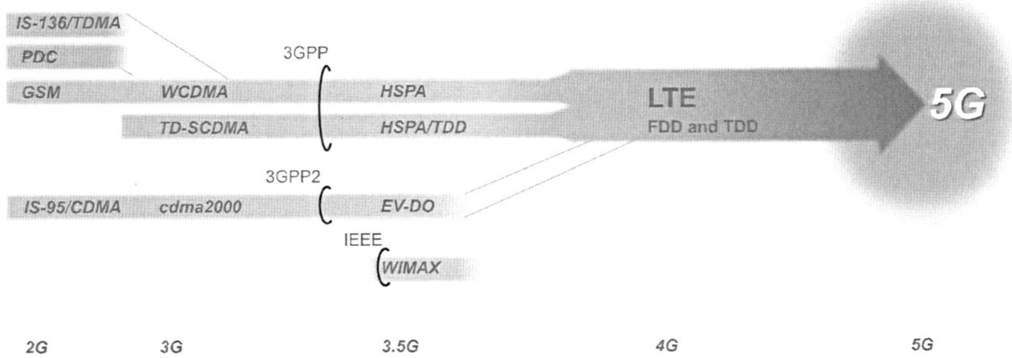

그림 1.2 무선 기술들의 수렴

1.3 5G - 광대역 이동통신을 넘어서는 연결된 사회

아직 LTE 구축이 시작된지 얼마 지나지 않았음에도 불구하고 산업계는 이미 이동통신의 다음 세대인 5G로의 도약을 꾀하고 있다.

광대역 이동통신은 미래의 셀룰러 통신에서도 여전히 중요한 부분이 될 것이다. 그러나 미래의 무선 네트웍은 훨씬 더 다양한 사용 용례 (use case)를 가지게 될 것이다. 본질적으로 5G는 광대역 이동통신과 같은 현재 존재하는 서비스 뿐만이 아니라 미래의 아직 알려지지 않은 서비스까지 포함한 모든 서비스들에 대한 무선 연결을 가능하게 하는 플랫폼으로 간주되어야 한다. 연결 (connectivity)은 언제나, 어디서나, 누구에게나, 그리고 어떤 사물에게나 제공될 것이다. 연결된 사회 (Networked society)라는 용어는 연결이 단순한 스마트폰을 넘어서 사회 전반에 지대한 영향을 주는 것을 의미한다.

농업에서의 센서 네트웍, 교통상황 모니터링, 빌딩 내 시설물의 원거리 관리통제 등과 같은 엄청난 숫자의 사물 통신 (massive machine-type communication)이 바로 광대역 이동통신이 아닌 또 다른 응용 분야로 볼 수 있다. 이러한 응용 분야는 대체로 기기당 전송 속도 및 전송 데이터량은 비교적 낮지만 낮은 단말 전력 소모를 요구한다. 이러한 응용 분야의 많은 부분들은 LTE의 진화에서 이미 지원될 수 있다.

광대역 이동통신이 아닌 또 다른 응용 분야로는 고신뢰 저지연 통신 (Ultra-reliable and low-latency communications (URLLC))이 있으며, 이를 critical 사물 통신이라고 하기도 한다. 예로는 지연 성능과 신뢰성이 매우 중요한 산업 자동화 및 교통 안전을 위한 차량 간 통신을 들 수 있다.

데이터 전송 속도와 가용성 및 지연 성능에 대한 사용자의 기대감이 증가함에 따라서 무선 네트웍에서 모바일 트래픽이 급격하게 증가하고 있는 현상으로 비추어 볼 때, 광대역 이동통신은 여전히 중요한 사용 사례로 남을것이다. 이러한 광대역 이동통신에 대한 추가적인 요구 사항 역시 5G 무선 네트웍을 통하여 만족되어야 한다.

네트웍 용량의 향상은 주파수 효율의 개선, 네트웍 고밀화 그리고 더 많은 대역폭의 활용과 같은 세 가지 방법으로 이루어질 수 있다. LTE의 주파수 효율은 이미 매우 높은 수준이라서 추가적인 개선이 있더라도 트래픽 증가를 수용하기에는 부족하다. 네트웍 고밀화 역시, 비단 네트웍 용량 증가 차원뿐만이 아니라 높은 데이터 속도의 가용성 측면에서 이루어질 것이다. 이는 추가적인 안테나 사이트의 확보 등을 위한 비용이 필요하지만 네트웍 용량을 상당히 증가시킬 수 있다. 추가적인 대역폭의 활용 역시 네트웍 용량을 증대시켜주지만, 3 GHz 이하의 통상적인 셀룰러 대역에서는 아직 사용하지 않은 주파수 자원은 그리 많지 않다. 따라서 3~6 GHz 및 6~30 GHz 대역 등 LTE가 설계될 당시에는 지원을 고려하지 않았던 주파수와 같이 보다 높은 주파수 대역에 대한 관심이 증대되고 있다. 그러나 높은 주파수 대역은 전파 특성이 좋지 않고 넓은 커버리지를 지원하기에 어려워서, 빔포밍과 같은 진화된 안테나 기술들의 적용이 요구된다. 또한, 이러한 높은 주파수 대역의 활용은 기존의 낮은 주파수 대역의 보완재로 사용될 수 있다.

이전에 언급한 바와 같이, 5G 무선 네트웍을 위한 요구 사항의 범위는 매우 광범위하며 높은 수준의 네트웍 유연성을 요구한다. 또한 미래의 응용 서비스들을 현재로서는 구체적으로 알 수 없기 때문에, 미래에 대한 대비 (future-proofness)도 중요한 요구 사항이다. 일부 요구 사항들은 LTE 기술에서도 지원될 수 있지만 모두가 가능한 것은 아니기에, LTE의 진화를 보완하는 새로운 무선 접속 기술이 필요하다 (그림 1.3 참조).

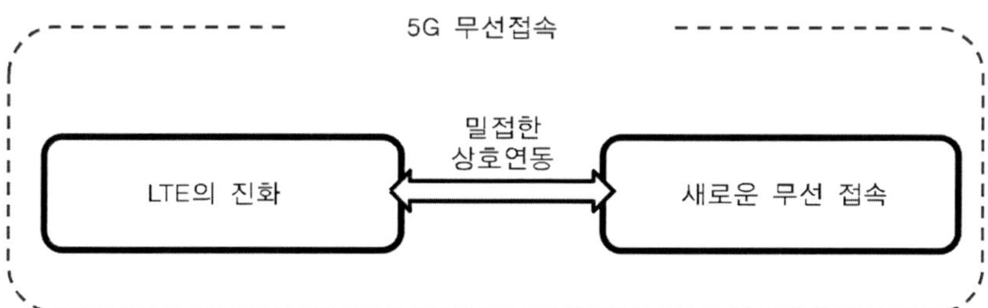

그림 1.3 LTE 진화와 새로운 무선 접속 기술로 구성된 5G.

1.4 개요

본 저서 이후의 내용은 4G와 5G 무선 네트워크 기술에 대하여 설명한다.

2장에서는 표준화 과정과 3GPP 및 ITU 같은 표준화 기구에 대해서 기술한다. 이동통신을 위한 주파수 밴드에 대해서 다루면서 새로운 주파수 대역을 찾는 과정 역시 설명한다.

3장에서는 LTE와 LTE 진화에 대한 개요를 기술한다. 이 장은 LTE 기술 및 LTE 규격이 어떻게 진화되어왔는지에 대한 개요를 제공한다. LTE의 진화가 제공하는 개선된 성능들을 강조하기 위하여, 3GPP는 몇몇 릴리즈에 대하여 LTE-Advanced 및 LTE-Advanced Pro와 같은 이름을 도입하였다.

4-11장에서는 기본적인 LTE 구조에 대해 다룬다. 4장에서는 전체적인 프로토콜 구조, 5~7장에서는 물리 계층에 대해 구체적으로 설명한다. 8-11장에서는 접속 설정 절차와 다중 안테나 지원을 포함하는 다양한 전송 절차들에 대해 다룬다.

12-21장에서는 반송파 결합, 비면허 대역 지원, 사물 통신 지원 그리고 단말 간 직접 통신 등 LTE에 대한 주요한 개선 기술들을 다룬다. 중계기 (relay), heterogeneous 네트워크 구축, broadcast/multicast 서비스, dual connectivity 다중 사이트 조정 등과 같은 기술들이 설명된다.

22장에서는 주파수 유연성과 다중표준 무선 장비들을 고려한 RF 요구 사항들을 설명한다.

23장과 24장에서는 5G의 한 부분으로써 표준화될 새로운 무선 접속 기술을 설명한다. 23장에서는 구체적인 요구 사항들과 어떻게 그 요구 사항들이 정의되고 결정되는지에 대해 다루며, 24장에서는 5G 기술의 구현에 대하여 살펴본다.

마지막으로 25장에서는 5G 무선 접속에 관한 논의와 함께 본 저서를 마무리한다.

02 스펙트럼 규제 및 3G에서 5G까지의 표준화

이동통신 시스템의 연구, 기술 개발, 기술 구현 그리고 구축은 산업계에서 공통으로 사용하는 국제 표준을 바탕으로 국제적인 협력과 조정을 통하여 이루어진다. 이러한 작업들은 국제적 그리고 지역적 규제에 크게 의존하며, 특히 모든 무선 기술의 핵심 요소인 주파수 사용이 그에 해당한다. 이번 장은 이동통신 시스템을 정의하는 데 필수적인 규제 (regulatory)와 표준화 환경에 대해 다룬다.

2.1 표준화 및 규제에 대한 개요

이동통신 분야에서 기술적 세부사항과 표준화 및 규제 등을 제정하는 데에는 몇몇 기관이 관여하고 있다. 이러한 기관을 대략적으로 세 개의 그룹으로 나누면, 표준화 개발 기구, 규제 및 행정 제정 기구 그리고 산업계 포럼으로 나눌 수 있다.

표준화 개발 기구 (Standard developing organizations: SDOs)는 산업계가 표준화된 제품을 재생산하고 구축하며, 이러한 제품들 간에 상호호환성을 제공하기 위해 이동통신 시스템에 대한 기술적 표준들을 개발 및 제정한다. 기지국과 단말들을 포함하는 대부분의 이동통신 시스템의 구성 요소들이 어느 수준까지는 표준화된다. 물론 제품들에는 각 회사들만의 고유의 (proprietary) 솔루션을 제공할 수 있는 자유도가 있으나, 당연히 통신 프로토콜은 구체적인 표준에 의존한다. SDO들은 보통 비영리 기관이며 정부 통제를 받지 않는다. SDO들은 종종 특정 부분에 대해서는 정부의 요구에 따라 표준을 만드는 경우도 있는데, 이는 그 표준에 더 높은 지위를 부여하기 위함이다.

SDO들은 국가별 SDO들도 있으나, 통신 제품들이 전세계적으로 퍼져 있기 때문에 대부분의 SDO들은 지역적 단계에서 이루어지며, 국제적으로도 협력하고 있다. 예를 들면, GSM, WCDMA /HSPA 그리고 LTE의 기술 규격들은 모두 3GPP에서 작성되었으며, 3GPP는 일곱 개의 지역적 그리고 국가별 SDO들로 이루어져 있다. 즉, 유럽 (ETSI), 일본 (ARIB, TTC), 미국 (ATIS), 중국 (CCSA), 한국 (TTA), 인도 (TSDSI)로 이루어져 있다. SDO들은 다양한 수준의 투명성을 가질 수 있는데, 3GPP는 모든 기술 규격, 회의 문서, 보고서, 이메일 등이 비회원들도 무료로 이용할 수 있도록 개방되어 있다.

규제 기관 및 행정 기관 (Regulatory bodies and administrations)은 이동통신 시스템 및 기타 통신 제품의 판매, 구축 및 운용에 대한 규제와 법규를 수립하는 정부 주도의 기관이다. 해당 기관들의 가장 중요한 과제 중 하나는 주파수 사용을 관리하고 이동통신 운용을 위한 무선 주파수의 일부를 사용하기 위해 면허를 부여받은 이동통신사의 면허 조건을 설정 및 규제하는 것이다. 또 다른 과제는, 단말기, 기지국 및 기타 장비가 승인되고 (type approved) 관련 규제를 충족하도록 만들어졌다는 것에 대한 규제 인증을 통해 제품이 시장으로 유통되는 것을 규제하는 것이다.

주파수 규제는 하나의 국가적 차원에서 이루어지며, 유럽 (CEPT/ECC), 미국 (CITEL), 아시아 (APT)와 같은 지역적 단체를 통해서도 이루어진다. 전세계적 차원에서의 주파수 규제는 국제전기통신연합(ITU)에 의해 다루어진다. 규제 기관은 주파수가 사용될 수 있는 서비스에 대하여 규제하며 송신기로부터의 불요파 방사에 대한 제한과 같은 세부적인 요구 사항을 설정한다. 또한 규제를 통해 제품 표준에 대한 요구 사항을 설정하는 데 간접적으로 관여하기도 한다. 기술에 대한 요구 사항을 제정하는 것에 대한 ITU의 참여는 2.2절에서 자세히 설명한다.

산업계 포럼 (Industry forums)은 특정 기술 또는 기타 이익을 위하여 이를 장려하고 영향력을 행사하려는 단체이며 산업계가 주도한다. 이동통신 업계에서는 이러한 포럼을 주로 이동통신 사업자들이 구성하지만 제조사들이 만든 산업계 포럼들도 있다. 이러한 그룹의 예로는 GSM, WCDMA 및 LTE 기술을 기반으로 한 이동통신 기술을 장려하는 GSMA (GSM Association)가 있다. 업계 포럼의 다른 예로는 이동통신 시스템의 진화에 대한 요구 사항을 정의하는 사업자들의 그룹인 Next-Generation Mobile Networks (NGMN)가 있으며, 또한 4G America에서 진화한 5G America라는 특정 지역의 산업계 포럼도 있다.

그림 2.1은 이동통신 시스템에 대한 규제 및 기술적 조건을 설정하는 데 관련된 여러 단체들 간의 관계를 보여준다. 그림 2.1은 제조사들이 제품을 개발하고 시장에 출시하며, 실제로 이동통신 시스템을 구매하여 구축하는 사업자들과 협상하는 것을 이동통신 산업계 관점에서 보여주

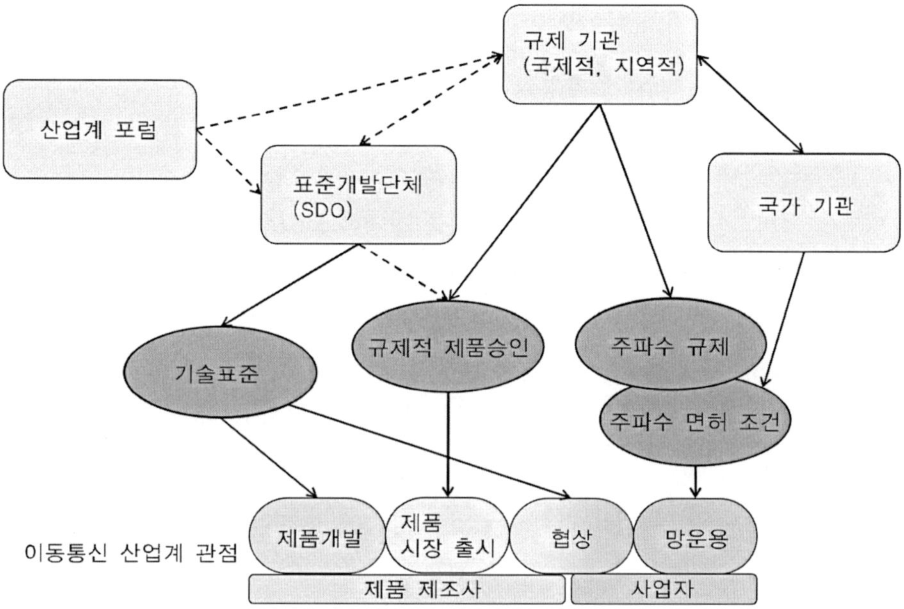

그림 2.1 규제 기관, 표준화 기관, 산업계 포럼 및 이동통신산업 간의 관계

고 있다. 이 프로세스는 SDO에 의해 공표된 기술 표준에 크게 의존하며, 제품을 시장에 출시하는 것은 지역 및 국가 차원의 제품 인증 절차를 거쳐야 한다. 유럽의 SDO인 ETSI는 규제 당국의 요구에 근거하여 제품 인증에 "CE" 마크를 사용하는 소위 Harmonized 표준을 제정하고 있다. 이 표준은 유럽 이외 많은 국가에서도 인증에 사용되고 있다.

2.2 3G에서 5G까지의 ITU-R 활동

2.2.1 ITU-R의 역할

ITU-R은 ITU의 무선 통신 분야를 담당하는 부문이다. ITU-R은 모든 무선 통신 서비스에 의해 RF스펙트럼의 효율적이고 경제적인 사용을 보장하는 역할을 담당한다. 다양한 하위 그룹과 working party들은 RF스펙트럼을 사용하는 조건을 분석하고 정의하는 보고서 및 권고안 등을 도출한다. ITU-R의 목표는 무선 규제 (Radio Regulations)와 지역적 협의를 통하여 "주파수 간섭 없는 무선통신 시스템의 운용을 보장"하는 것이다. 무선 규제는 RF스펙트럼을 사용하는 방법에 대한 국제적으로 구속력을 지닌 협약이다. World Radio communication Conference (WRC)는 3-4년마다 한 번씩 열리는데, WRC에서 무선 규제는 전세계에 걸친 RF 스펙트럼 사용에 대하여 수정되고 업데이트된다.

LTE와 WCDMA/HSPA와 같은 이동통신 기술에 대한 기술 규격은 3GPP에서 만들어지지만, 이러한 기술을 글로벌 표준으로 전환하는 과정에서 ITU-R의 역할이 있으며, 특히 SDO에 속해 있지 않은 국가들에 대해서는 ITU-R의 역할이 클 수 있다. ITU-R은 이동통신 서비스를 비롯한 다양한 서비스를 위한 RF스펙트럼 대역을 정의하고 있으며, 그러한 스펙트럼 중 일부는 소위 International Mobile Telecommunications (IMT) 시스템으로 할당되어 있다. ITU-R 내에서는, 실제로 Working Party 5D (WP5D)가 IMT 시스템의 전반적인 무선 시스템 측면을 다루고 있으며, 3G 이후의 이동통신 시스템들의 여러 세대들에 대한 직무를 담당한다. WP5D는 ITU-R 내에서 IMT의 지상형 (terrestrial) 부분에 대한 기술적, 운용적 및 주파수 관련 이슈들에 대하여 담당한다.

WP5D는 IMT에 대한 기술 규격을 작성하는 것이 아니라, IMT란 무엇인지 정의하고, 각 지역별 표준화 단체와의 협력을 통하여 Radio Interface Specifications (RSPC)를 포함한 IMT를 위한 권고안 및 보고서를 작성하고 유지하는 것을 담당하고 있다. 이러한 권고안에는 여러 개의 무선 인터페이스 기술 (Radio Interface Technology, RIT)이 각각 동등하게 포함되어 있다.

각 무선 인터페이스에 대해 RSPC는 해당 무선 인터페이스에 대한 개요 및 자세한 규격을 찾아볼 수 있는 참조 문헌을 제공한다. 즉, 실제 규격은 개별 SDO들에 의하여 관리되며, RSPC는 각 SDO에 대해 관리되는 규격을 참조한다. 다음과 같은 RSPC 권고안이 만들어져 있거나 만들어질 계획이다.

- IMT-2000: ITU-R Recommendation M.1457 [1] – 3G 기술을 포함한 6개의 서로 다른 RIT를 포함한다.
- IMT-Advanced: ITU-R Recommendation M.2012 [4] – 2개의 RIT를 포함하며 그 중 하나가 4G/LTE이다.
- IMT-2020 (5G): ITU-R Recommendation이 2019-2020년에 만들어질 계획이다.

각 RSPC는 WCDMA와 LTE에 대한 3GPP 규격이 지속적으로 업데이트되는 것과 같이 참조된 규격에서 새로운 개발 내용을 반영하기 위해 지속적으로 업데이트된다. 업데이트는 SDO 및 Partnership Projects에 의해 제공되고 있으며, 현재는 주로 3GPP에서 담당한다.

2.2.2 IMT-2000 그리고 IMT-Advanced

3세대 이동통신에 대한 논의는 이미 1980년대에 ITU-R에서 시작되었다. 이는 처음에는 Future Public Land Mobile Telecommunications Systems (FPLMTS)이라고 불리다가 이후 IMT

-2000으로 변경되었다. 1990년대 후반, ITU-R의 노력과 함께 전세계적으로 이동통신 시스템의 새로운 세대를 개발하기 위한 다양한 SDO들의 노력이 이루어졌으며, 3GPP에서 만들어진 WCDMA를 하나의 RIT로 포함하는 IMT-2000을 위한 RSPC가 2000년에 처음으로 발행되었다.

ITU-R의 다음 단계는, IMT-2000을 뛰어넘는 성능과 기술을 지원하는 무선 인터페이스를 포함하는 시스템을 의미하는 IMT-Advanced에 대한 작업에 착수하는 것이었다. 새로운 기술은 ITU-R에서 발표한 프레임워크 권고안에서 정의되었으며 [2], 그림 2.2의 "밴 다이어그램"에서 확인할 수 있다. ITU-R의 IMT-Advanced로의 발전은 3G 이후의 차세대 이동통신 기술인 4G 개발과 발맞추게 되었다.

3GPP에서 개발된 LTE의 진화가 IMT-Advanced를 위한 하나의 후보 기술로 제출되었다. 실제로 이는 LTE의 지속적인 진화의 일환으로서 LTE 규격의 새로운 규격인 Release 10이었으며, ITU-R에 제출하기 위해 LTE-Advanced로 명명되었다. 3GPP는 ITU-R의 요구 사항을 기반으로 LTE-Advanced에 대한 자체적인 기술 요구 사항을 설정했다.

ITU-R 프로세스의 목표는 항상 합의를 통해 후보 기술 사이에서의 조화를 이루는 것이다. ITU-R은 두 가지 기술이 IMT-Advanced에 대한 첫 번째 릴리즈에 포함되는 것으로 결정했으며, 이 두 가지 기술은 각각 LTE와 IEEE 802.16m 규격에 기반한 WirelessMAN-Advanced [3]이다. 그리고 이 두 기술은 그림 2.3에서 볼 수 있듯이 IMT-Advanced 기술의 "family"가 된다. 참고로 이 두 기술 중에서, 현재 LTE가 시장에서 우위를 차지하는 4G 기술로 자리매김하였다.

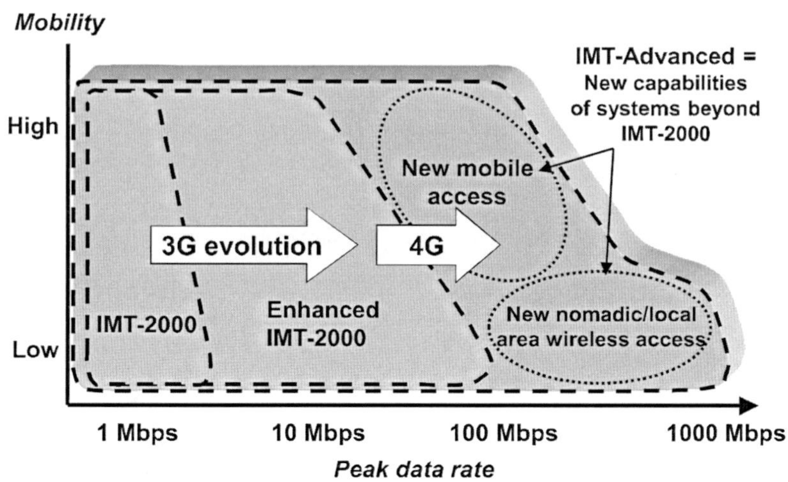

그림 2.2 ITU-R 권고안 M.1645에 명시된 프레임워크를 기반으로 하는 IMT-2000 및 IMT-Advanced의 능력 [2].

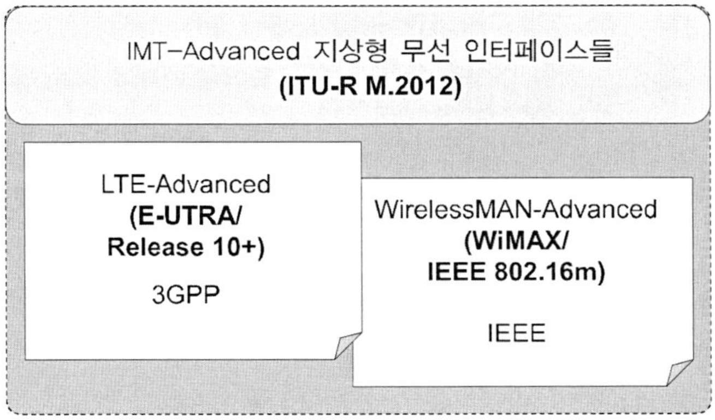

그림 2.3 IMT-Advanced의 무선 인터페이스 기술

2.2.3 IMT-2020

2012년부터 2015년까지 ITU-R WP5D는 IMT시스템의 차세대를 위한 발판을 마련했다. 이는 2020년 이후의 IMT의 지상형 부분의 추가적인 개발을 의미하는 것으로, 실제로는 “5G”, 즉 5세대 통신에 상응하는 것이다. IMT-2020에 대한 프레임워크와 목표는 ITU-R 권고안 M.2083 [63]에 요약되어 있는데, 이를 흔히 “Vision” 권고안이라고 한다. 이 권고안은 IMT의 새로운 개발을 정의하는 첫 단계로서, IMT가 시장, 사용자 및 기술 동향, 주파수 영향 등을 고려하여 미래에 사회적 역할을 어떻게 수행할 것인지를 제시한다. IMT에 대한 사용자 및 시장 동향과 미래의 역할을 토대로 “인간 중심 (human-centric)” 및 “사물 중심 (machine-centric)”을 지향하는 사용 시나리오가 만들어졌다. 이러한 사용 시나리오는 향상된 광대역 이동통신 (Enhanced Mobile Broadband: eMBB), 고신뢰 저지연 통신 (Ultra-Reliable and Low Latency Communications: URLLC) 및 대규모 사물 통신 (Massive Machine-Type Communications: mMTC)을 들 수 있다.

광대역 이동통신에 대한 경험을 향상시켜야 하는 과제와 함께 새로운 사용 시나리오를 지원해야 하는 요구 사항은 IMT-2020에 대하여 보다 확장된 능력 (capability)을 요구하게 되었다. Vision 권고안[63]은 일련의 핵심 능력들에 대하여 일정한 목표치를 제시함으로써 IMT-2020에 대한 요구 사항의 가이드라인을 제시한다. 주요 능력 및 관련한 사용 시나리오들은 제23장에서 구체적으로 논의한다.

동시에, ITU-R WP5D는 2015-2020년을 초점으로 하여 “지상형 IMT 시스템의 미래 기술 동향”에 대한 보고서를 작성하였다 [64]. 이 보고서는 IMT 시스템의 기술적 및 운용적 특성 및 이러한 특성이 IMT 기술의 진화를 통해 어떻게 개선될 수 있는지를 살펴봄으로써 미래의 IMT 기술 동향을 다루고 있다. 기술 동향에 관한 보고서는 LTE Release 13 및 그 이후와 관련이 있으며, Vision 권고안 보다 더 미래를 내다보고 있다. 또한 6 GHz 이상의 주파수에서 운용에 대한 연구 보고서도 작성되었다. 제24장에서는 새로운 5G 무선 접속을 위해 고려되는 몇 가지 기술 요소들에 대해 설명한다.

WRC-15 이후, 2016년에 ITU-R WP5D는 IMT-2020 시스템에 대한 요구 사항을 정립하고 평가 방법론을 정의하는 프로세스를 개시하였다. 이 프로세스는 그림 2.4와 같이 2017년 중반까지 계속 진행되어 후보 RIT 기술을 제출할 수 있는 양식 (template)이 만들어졌다. 외부 단체들은 회람 안내서 (circular letter)를 통해 그 과정을 통보받고 있다. 2017년의 IMT-2020 워크숍을 거친 이후에, 2020년 초 완료를 목표로 IMT-2020을 위한 RSPC를 만들기 위하여 제안 기술에 대한 평가에 대한 논의를 시작하게 된다.

ITU-R에서의 IMT-2020 후보 RIT들에 대한 평가는 IMT-Advanced에 대한 평가와 유사한 방식으로 수행될 것으로 예상된다. 요구 사항은 ITU-R 권고안 M.2134 [28]에서, 상세한 평가 방법론은 ITU-R 권고안 M.2135 [52] 에서 다루어진다. 평가는 Vision 권고안 [63]에서 확인된 핵심 능력 (capability)에 초점을 맞추지만 다른 기술적 성능 요건도 고려될 것이다. 후보 기술에 대해 요구 사항이 평가되는 데에는 세 가지 기본적인 방식이 있다.

- **시뮬레이션**: 요구 사항을 평가하는 가장 정교한 방식이며, RIT의 시스템 레벨 (system-level) 혹은 링크 레벨 (link-level) 시뮬레이션 또는 둘 다를 포함한다. 시스템 레벨 시뮬레이션을 위해, 실내 및 도심지와 같은 일련의 시험 환경을 고려한 구축 시나리오가 정의된다. 시뮬레이션을 통하여 평가되는 요구 사항의 예로는, 주파수 효율성과 사용자가 경험하는 데이터 전송 속도 등을 들 수 있다 (자세한 내용은 제23장 참조).

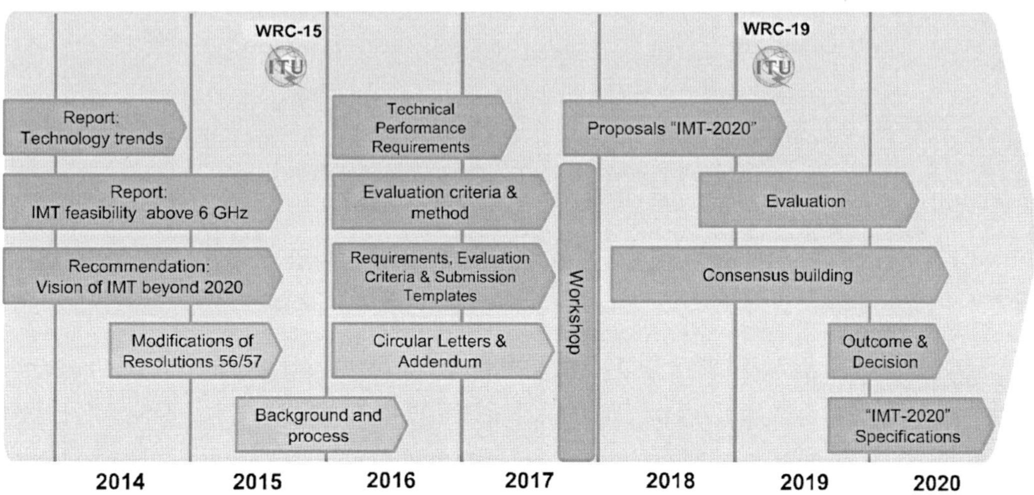

그림 2.4 ITU-R WP5D에서의 IMT-2020을 위한 작업 계획 [4]

- **분석** (Analysis): 일부 요구 사항은 무선 인터페이스 파라미터에 기초한 계산을 통해 평가할 수 있다. 이는 최대 데이터 전송 속도 및 지연 시간과 같은 요구 사항에 적용된다.
- **검사** (Inspection): 일부 요구 사항은 RIT의 기능을 검토 및 평가함으로써 확인할 수 있다. 검사 대상이 될 수 있는 파라미터로는 대역폭, 핸드오버 기능, 서비스 지원 등을 들 수 있다.

기술적 성능 요구 사항 및 평가 방법이 결정되면, 실제 평가가 시작된다. 기술 평가는 제안자에 의하여 이루어지거나 ("self-evaluation") 외부 평가 그룹에 의해 수행되며, 하나 혹은 그 이상의 후보 기술 제안에 대하여 부분적이거나 혹은 전체에 대한 평가를 수행할 수 있다.

2.3 이동통신 시스템을 위한 주파수

오늘날에는 이동통신 및 IMT를 위한 용도로 정의된 다양한 주파수 대역이 있다. 이러한 대역들 중 대부분은 처음에는 WCDMA/HSPA 운용을 위해 정의되었지만, 현재는 LTE 운용을 위해서도 사용되고 있다. 참고로 3GPP 규격에서 WCDMA/HSPA는 Universal Terrestrial Radio Access (UTRA)로 불리며, LTE는 Enhanced UTRA (E-UTRA)로 불린다.

최근 새로운 밴드들은 주로 LTE 용도로만 정의된다. 상향링크 및 하향링크가 서로 분리된 주파수로 할당된 paired 밴드와 상향링크 및 하향링크가 단일 주파수를 공유하는 unpaired 밴드 모두 LTE 규격에 포함되어 있다. Paired 밴드는 Frequency Division Duplex (FDD)를 위해 사용되며, unpaired 밴드는 Time Division Duplex (TDD) 동작에 사용된다. LTE의 듀플렉스 모드는 3.1.5절에서 설명한다. 참고로 일부 unpaired 밴드는 상향링크가 정의되지 않은 밴드도 있는데, 이러한 "하향링크 전용" 밴드는 제12장에 설명되는 반송파 결합을 통하여 다른 밴드의 상향링크와 짝을 이루게 된다.

일부 대역에서 LTE 운용에 대하여 추가적으로 고려해야 하는 부분은 단일 반송파로서 최대 20 MHz까지의 채널 대역폭을 지원해야 한다는 것과 반송파 결합을 사용하면 이보다 더 넓은 대역폭을 사용한다는 점이다.

역사적으로, 1세대 및 2세대 이동통신 서비스는 대략 800-900 MHz의 주파수 및 이 주변의 주파수가 할당되었다. 그러나 3G (IMT-2000)가 구축되면서 2 GHz 대역이 중점적으로 사용되었으며, 3G와 4G를 거치면서 IMT 서비스가 지속적으로 확장됨에 따라서, 보다 더 낮거나 보다 더 높은 새로운 대역들도 사용되었다. 어쨌든, 5G 이전의 현재까지 고려된 대역들은 모두 6 GHz 이하의 대역이다.

서로 다른 주파수의 대역들은 서로 다른 채널 특성을 가진다. 전파 전달 특성으로 인하여 낮은 주파수 대역은 도심, 교외 및 시골 환경 모두에서 넓은 커버리지를 위한 구축에 적합하다. 높은 주파수 대역은 전파 전달 특성에 따라서 넓은 커버리지를 구축하기가 힘들기 때문에, 주로 밀집된 구축을 통하여 용량을 증대하는 용도로 사용되어 왔다.

밀집된 구축을 통한 보다 높은 데이터 전송 속도와 보다 높은 용량을 요구하는 새로운 서비스의 등장으로 인하여, 최근 6 GHz 이상의 주파수 대역도 6 GHz 이하의 주파수 대역을 보완하여 운용되는 목적으로 고려되고 있다. 매우 높은 데이터 전송 속도 및 좁은 영역에서 매우 높은 트래픽 용량을 요구하는 5G 요구 사항을 충족시키기 위하여, 심지어 60 GHz 이상의 매우 높은 주파수를 사용하는 구축도 고려되고 있다. 이러한 대역을 파장의 길이에 따라서, 흔히 밀리미터파 (mm-wave) 대역이라고 한다.

2.3.1 ITU-R에 의해 정의된 IMT 시스템을 위한 주파수

다양한 응용 분야 및 서비스를 위한 주파수의 전세계적인 지정은 ITU-R 내에서 이루어지며 ITU 전파 규칙 [65] 에 문서화되어 있다. World Administrative Radio Congress WARC-92는 IMT-2000의 구축을 위해 1885-2025 및 2110-2200 MHz 대역을 지정하였다. 이렇게 지정된 230 MHz의 3G 주파수 중에서 2 × 30 MHz는 IMT-2000의 위성 통신용이고 나머지는 지상 통신용이다. 대역의 일부는 1990년대에 특히 미국에서 2G 셀룰러 시스템의 구축을 위하여 사용되었다. 이 대역은 2001~2002년에 일본 및 유럽에서 이루어진 3G 최초 구축에서 사용되었으며, 따라서 이 대역을 IMT-2000의 “코어 대역 (core band)”이라고 한다.

IMT-2000에 대한 추가 주파수는 World Radiocommunication Conference WRC-2000에서 지정되었으며, 당시 IMT-2000을 위하여 160 MHz의 추가적인 주파수가 필요하다는 것이 ITU-R에 의해 예측되었다. 당시 지정된 주파수는 2G 이동통신 시스템을 위한 806-960 MHz 및 1710-1885 MHz와 새로운 3G 주파수인 2500-2690 MHz를 포함한다. 기존의 2G에 할당된 대역들도 2G 이동통신 시스템을 3G로의 진화를 고려하여 3G로 사용이 가능하다. IMT-2000 및 IMT-Advanced를 모두 포함하는 모든 IMT를 위하여 추가적인 주파수가 WRC ’07에서 지정되었다. 추가된 대역들은 450-470, 698-806, 2300-2400 및 3400-3600 MHz이었지만, 대역들의 가용성은 지역 및 국가별로 다를 수 있다. WRC ’12에서는 IMT를 위한 추가적인 주파수 할당은 없었으나 이 이슈는 WRC ’15 의제로 다루어지게 되었다. 또한, Region 1 (유럽, 중동 및 아프리카)에서 이동통신 서비스를 위하여 694-790 MHz 대역을 사용하는 것 역시 연구하기로 결정하였다.

IMT에 할당된 주파수 대역들이 지역별로 차이가 있다는 점은 3G와 4G의 글로벌 로밍을 위하여 전세계적으로 사용할 수 있는 단일 대역이 없다는 것을 의미한다. 그러나, 최소한의 대역들을 정의하여 이를 통해 진정한 글로벌 로밍을 제공할 수 있도록 하는데 많은 노력을 기울였다. 이에 따라, 다중대역 단말 기술을 사용하여 3G 및 4G 단말기들의 효율적인 로밍이 가능하게 되었다.

2.3.2 LTE를 위한 주파수 밴드

LTE는 기존 IMT 대역 및 향후에 할당되는 대역 모두에 운용될 수 있다. 서로 다른 주파수 대역에서 무선 접속 기술을 운용하는 것 자체는 새로운 것은 아니다. 예를 들어, 이미 2G 및 3G 단말기는 글로벌 로밍을 위하여 서로 다른 지역에서 사용되는 대역들을 지원하는 다중대역(multiband) 기능을 가지고 있다. 무선 접속 기능의 관점에서 볼 때 특정 주파수 대역에 의한 영향은 거의 없거나 제한적이며, LTE의 물리 계층 규격 [24-27]은 특정 주파수 대역을 가정하지 않는다. 서로 다른 대역에 따라 달라질 수 있는 것들은, 허용되는 최대 송신 출력, 대역외 방사(OOB) 요구 사항/제한 등과 같은 보다 구체적인 RF 요구 사항들이다. 왜냐하면, 이러한 RF 요구 사항들은 규제 기관에 의해 정해지는 것으로서 서로 다른 주파수 대역 간에 다를 수 있기 때문이다.

LTE는 paired 대역과 unpaired 대역 모두에서 운용될 수 있으므로, 듀플렉스에서 유연성이 필요하다. 이러한 이유로 LTE는 FDD와 TDD 운용을 모두 지원한다.

LTE를 위한 3GPP Release 13 규격은 32개의 FDD 대역과 12개의 TDD 대역을 포함한다. 대역의 수가 매우 많으며 따라서 최근에 더 많은 대역을 지원하기 위하여 대역에 번호를 붙이는 방식이 개정되었다. FDD 운용을 위한 paired 대역은 표 2.1에 표시된 바와 같이, 1-32, 65-66번으로 번호가 매겨져 있으며 [38], TDD 운용을 위한 unpaired 대역은 표 2.2 와 같이 33-46번으로 매겨진다. UTRA FDD에 대하여 정의된 주파수 대역들 역시 LTE를 위한 paired 대역과 동일한 번호를 사용하지만 로마숫자로 표시되어 있다. 밴드 15와 16은 유럽에서의 할당을 위해 유보된 것이지만 현재는 사용되지 않고 있다. LTE에 대한 모든 대역들이 그림 2.5와 2.6에 요약되어 있으며, 해당 그림에서 ITU-R에서 정의된 해당 주파수 할당 역시 확인할 수 있다.

표 2.1 LTE를 위해 3GPP에서 정의된 paired 대역

대역	상향링크 범위	하향링크 범위	주요 지역(들)
1	1920–1980	2110–2170	유럽, 아시아
2	1850–1910	1930–1990	아메리카, 아시아
3	1710–1785	1805–1880	유럽, 아시아, 아메리카
4	1710–1755	2110–2155	아메리카
5	824–849	869–894	아메리카, 아시아
6	830–840	875–885	일본 (UTRA만 한정)
7	2500–2570	2620–2690	유럽, 아시아
8	2500–2570	925–960	유럽, 아시아
9	1749.9–1784.9	1844.9–1879.9	일본
10	1710–1770	2110–2170	아메리카
11	1427.9–1447.9	1475.9–1495.9	일본
12	698–716	728–746	미국
13	777–787	746–756	미국
14	788–798	758–768	미국
17	704–716	734–746	미국
18	815–830	860–875	일본
19	830–845	875–890	일본
20	832–862	791–821	유럽
21	1447.9–1462.9	1495.9–1510.9	일본
22	3410–3490	3510–3590	유럽
23	2000–2020	2180–2200	아메리카
24	1626.5–1660.5	1525–1559	아메리카
25	1850–1915	1930–1995	아메리카
26	814–849	859–894	아메리카
27	807–824	852–869	아메리카
28	703–748	758–803	아시아/Pacific
29	N/A	717–728	아메리카
30	2305–2315	2350–2360	아메리카
31	452.5–457.5	462.5–467.5	아메리카
32	N/A	1452–1496	유럽
65	1920–2010	2110–2200	유럽
66	1710–1780	2110–2200	아메리카
67	N/A	738–758	유럽

일부 주파수 대역들은 부분적으로 또는 완전히 겹치고 있다. 대부분의 경우, 이는 ITU-R에 의해 정의된 대역들이 각 지역에서 실제로 할당되면서 생기는 차이에 의한 것이다. 동시에, 글로벌 로밍을 가능하게 하기 위해서는 대역들 간의 공통적인 부분이 높아야 한다. 일련의 대역들은 최초에 UTRA 용 대역으로 지정되었는데, 각 대역은 글로벌, 지역별, 혹은 각 나라별 주파수로 나뉘어진다. 이후 UTRA 대역들 모두가 Release 8에서 LTE 규격으로 옮겨졌으며 이후 릴리즈에서 추가적인 대역이 더해졌다.

표 2.2 LTE를 위한 3GPP에서 정의된 unpaired 대역

대역	주파수 범위	주요 지역(들)
33	1900–1920	유럽, 아시아 (일본 제외)
34	2010–2025	유럽, 아시아
35	1850–1910	(아메리카)
36	1930–1990	(아메리카)
37	1910–1930	–
38	2570–2620	유럽
39	1880–1920	중국
40	2300–2400	유럽, 아시아
41	2496–2690	미국
42	3400–3600	유럽
43	3600–3800	유럽
44	703–803	아시아/Pacific
45	1447–1467	아시아 (중국)
46	5150–5925	전세계

밴드 1, 33, 34는 3GPP 규격 Release 99에서 UTRA에 대하여 최초로 정의된 paired 및 unpaired 대역으로서, 2 GHz "코어 대역"이라고도 불린다. 밴드 2는 미국 PCS1900 밴드의 운용을 위해 나중에 추가되었으며, GSM1800 밴드의 3G 운용을 위해 밴드 3이 추가되었다. Unpaired 대역인 밴드 35, 36, 37 역시 PCS1900 주파수로 정의되었지만 오늘날 어디에도 구축되어 있지 않다. 밴드 39는 중국에서 사용하기 위해 밴드 33을 20 MHz에서 40 MHz로 확장한 것이다. 밴드 45는 중국에서 LTE 사용을 위한 또 하나의 unpaired 대역이다.

밴드 65는 유럽에서 사용하기 위한 밴드 1을 2 × 90 MHz로 확장한 것이다. 이는 이전에 유럽의 Mobile Satellite System (MSS)을 위해 할당되었던 주파수가, 위성 네트워크과 통합되어 지상형 LTE 시스템이 위성 사업자를 위한 Complementary Ground Component (CGC)를 구축하는데

사용된다는 것을 의미한다.

밴드 4는 WRC-2000에서 3G 대역을 추가한 것에 따라서 미국에서 사용하기 위해 추가된 대역이다. 이 대역의 하향링크는 밴드 1과 완전히 겹치므로 로밍을 수월하게 하고 밴드 1과 4를 동시에 지원하는 듀얼밴드 단말을 만들기가 쉬워진다. 밴드 10은 밴드 4를 2 × 45에서 2 × 60 MHz로 확장한 것이다. 밴드 66은 2 × 70 MHz의 paired 대역에 하향링크 20 MHz (2180-2200 MHz)를 추가한 것으로서, 이는 또 다른 하향링크와의 반송파 결합에서 보조 하향링크 (supplementary downlink)로 사용되는 목적이다.

밴드 9는 밴드 3과 겹치지만 일본에서 사용하기 위해 정의된 것이다. 로밍을 위한 밴드 3 + 9의 듀얼밴드 구현이 가능하도록 규격이 만들어졌다. 1500 MHz 대역의 주파수 역시 일본에서 사용하기 위하여 3GPP에서 정의되었으며 밴드 11과 밴드 21로 구분된다. 이 대역은 이전에 일본에서 2G에 사용되던 대역으로서 전세계적으로는 co-primary 기반으로 이동통신 서비스를 위하여 할당되었다.

WRC-2000에서 2500-2690 MHz 대역이 IMT-2000으로 할당되었으며, 이 대역은 3GPP에서는 FDD를 위하여 밴드 7이 정의되었으며 FDD 할당을 위한 듀플렉스 갭 (gap)이 TDD 운용을 위한 밴드 38로 정의되었다. 이 주파수 대역은 북미 지역에서는 약간 다르게 할당되어 있어서, 여기에는 미국 고유의 밴드 41이 정의되어 있다. 밴드 40은 IMT에서 새롭게 할당된 주파수 범위 2300-2400 MHz의 unpaired 대역으로서 전세계적으로 널리 할당되어 있다.

WRC-2000은 또한 IMT-2000을 위하여 806-960 MHz를 할당했으며, 이는 WRC '07 에서 할당된 698-806 MHz을 보완한다. 그림 2.6에서 볼 수 있듯이, 이 주파수 범위 내에서 FDD 운용을 위한 여러 개의 밴드들이 정의되어 있다. 밴드 8은 GSM900와 동일한 대역 플랜을 사용한다. 밴드 5, 18, 19, 26, 27은 서로 겹치지만 서로 다른 지역을 대상으로 한 대역들이다. 밴드 5는 미국의 셀룰러 밴드를 기반으로 한 것이며, 밴드 18과 밴드 19는 일본에서 사용하기 위한 것이다. 일본의 2G 시스템은 매우 구체적인 대역 플랜을 가지고 있었으며 따라서 밴드 18과 19는 부분적으로는 810-960 MHz 범위의 일본 스펙트럼 플랜을 일본 외 다른 지역과 맞추려는 의도로 정의되었다. 밴드 6은 원래 일본을 위하여 정의되었으나 LTE로 사용되지 않고 있다.

전세계적으로 가장 널리 보급된 대역 중 하나인 밴드 5 (850 MHz)의 확장을 위하여 3GPP에서는 심도 있는 연구를 수행하였다. 확장은 현재의 밴드 5의 아랫쪽으로 주파수를 추가하는 형태로 이루어졌는데, 두 개의 새로운 밴드가 정의되었다. 밴드 26은 밴드 5의 주파수 범위를 포함하면서 2 × 10 MHz를 추가함으로써 확장된 2 × 35 MHz의 대역을 만든 것으로서 "Upper Extending 850 MHz"라고 한다. 밴드 27은 밴드 5 바로 아래에 인접한 2 × 17 MHz 주파수로서 "Lower Extending 850 MHz"라고 한다.

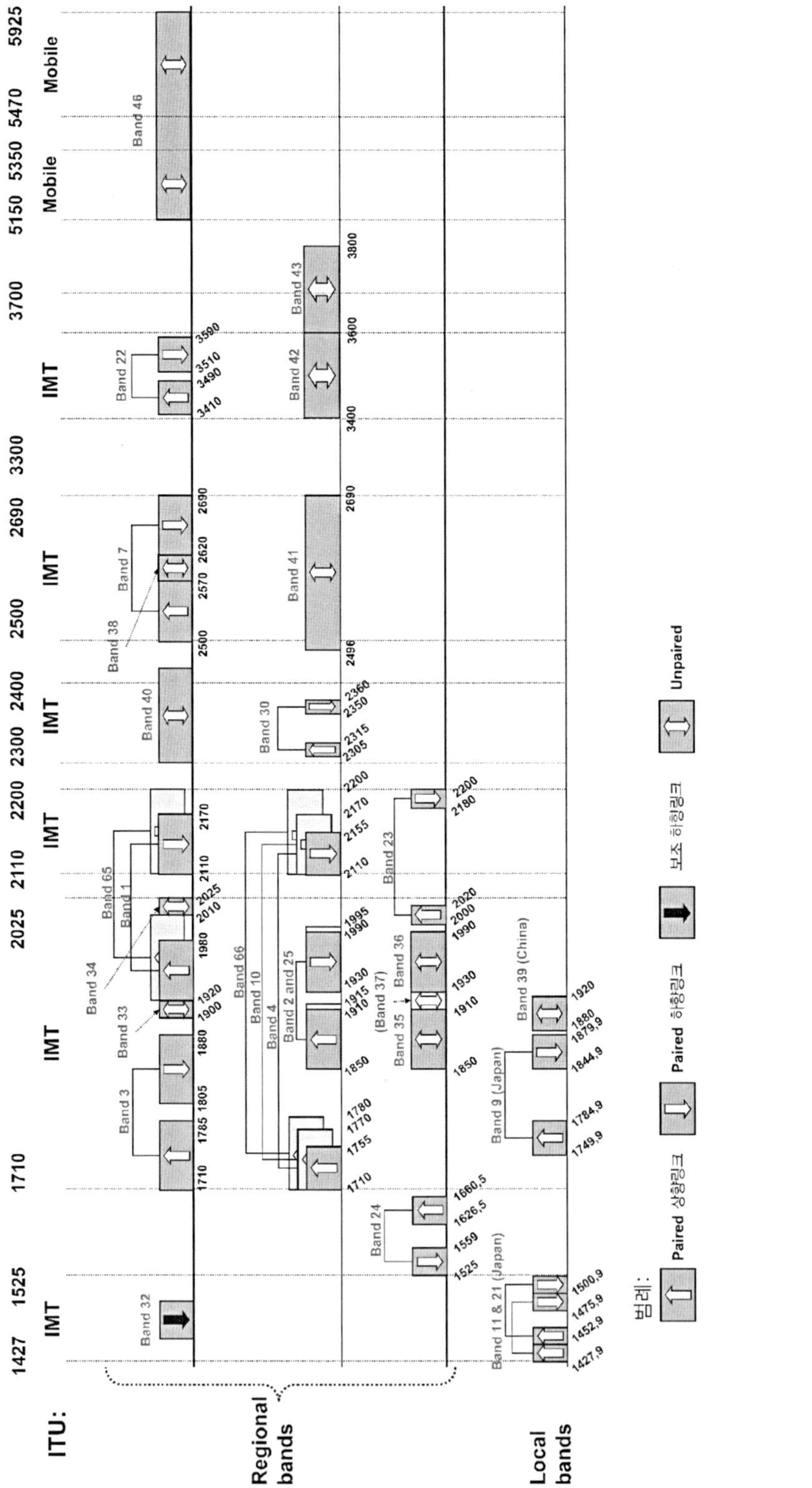

그림 2.5 3GPP에서 LTE를 위해 할당한 1 GHz 이상 주파수 대역과 이에 상응하는 ITU-R의 할당

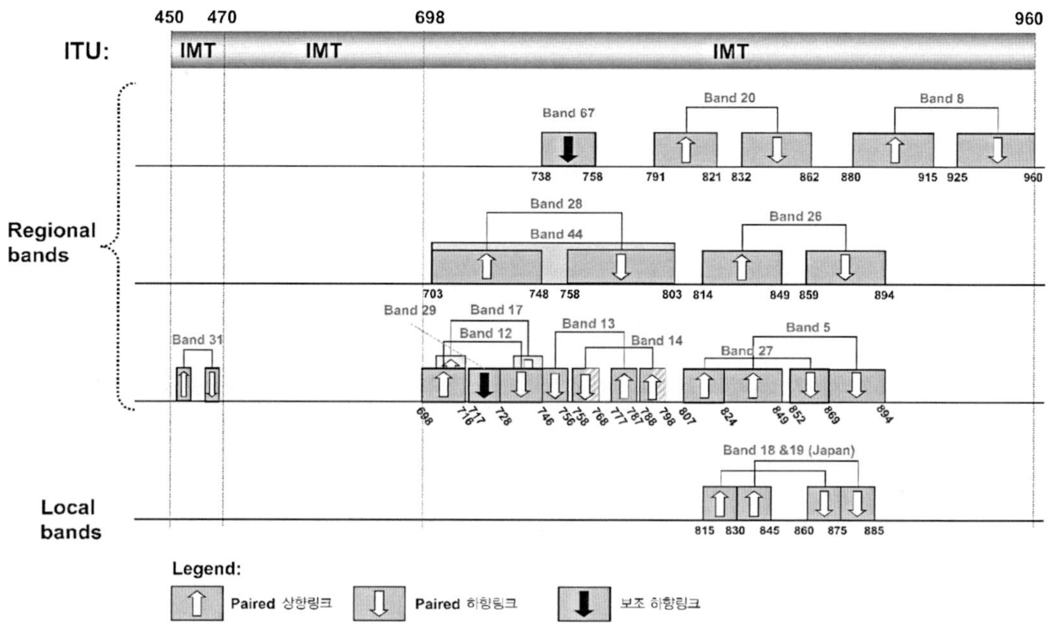

그림 2.6 3GPP에서 LTE를 위해 할당한 1 GHz 미만 주파수 대역과 이에 상응하는 ITU-R의 할당

밴드 12, 13, 14, 17은 이전에 방송용으로 사용된 스펙트럼이 통신용으로 정의된 대역들로서 "Digital dividend"라고 불린다. 이 대역은 TV 방송이 아날로그에서 주파수 효율이 더 좋은 디지털 기술로 진화함에 따라서, 가용해진 주파수들을 일부 다른 무선 기술에서 사용하도록 하고 있다. 또 다른 각 지역별 "Digital dividend" 대역으로는 유럽에서 정의된 밴드 20과 아시아/태평양 지역의 밴드 28이다. 아시아/태평향 지역에서는 unpaired 대역으로 밴드 44도 정의되어 있다.

밴드 29, 32, 67은 상향링크가 정의되지 않고 하향링크로만 구성된 paired 대역이다. 이 대역들은 다른 대역의 하향링크 반송파들과 함께 반송파 결합을 위한 것이다. 주로 밴드 29는 미국에서 밴드 2, 4, 5와 짝을 이룰 수 있으며 밴드 32, 67은 예를 들면 유럽에서 밴드 20과 짝을 이룰 수 있다.

Paired 대역인 밴드 22와 unpaired 대역인 밴드 42, 43이 3.4-3.8 GHz의 주파수 범위에서 지정되었다 [39]. 유럽은 이미 대다수 국가에서 3.4-3.6 GHz의 대역을 고정형 무선 접속 (fixed wireless access) 및 이동용으로 면허를 할당했으며, 3.4-3.8 GHz에 대하여 고정형, 유목형 및 이동형 망에 대하여 "유연하게 사용할 수 있도록 하는(flxesible usage models)" 유럽의 주파수 결정이 있었다. 일본은 3.4-3.6 GHz뿐만 아니라 3.6-4.2 GHz도 미래에 지상형 이동통신 서비스에 사용할 수 있다. 3.4-3.6 GHz 대역은 라틴 아메리카에서도 무선 접속을 위하여 할당되었다.

Paired 대역인 밴드 31은 450 MHz 범위에서 최초로 정의된 3GPP 대역으로서, 브라질의 LTE 사용을 위해 지정되었다. 밴드 32는 미국의 LTE 대역으로서 Wireless Communication Service (WCS) 대역으로도 불린다.

미국의 몇몇 이동형 위성 서비스 사업자들은 LTE를 사용하여 Ancillary Terrestrial Component (ATC)를 구축할 계획을 가지고 있으며, 이를 위해 2 GHz에서 S-밴드 MSS 사업자를 위한 2 × 20-MHz의 밴드 23과 1.5 GHz에서 L-밴드 MSS 사업자를 위한 2 × 34-MHz의 밴드 24와 같이 2개의 새로운 주파수 대역이 정의되었다.

밴드 46은 Radio Local Area Network (RLAN)를 포함하는 무선 접속 시스템 (Wireless Access System: WAS)에 대하여 전세계적으로 할당된 5 GHz의 주파수 범위에 있는 대역이다. 해당 대역은 어떤 지역에서도 전체가 완전히 할당되지는 않았지만 부분적인 할당을 위하여 연구가 진행중이다. 해당 대역의 운용은 비면허로 운용된다. LTE의 경우 이 대역은 License-Assisted Access (LAA)를 위하여 Release 13에서 정의되었으며, 밴드 46의 하향링크는 반송파 결합을 통하여 다른 면허 대역의 대역들과 결합되어 운용된다. LAA를 위한 스펙트럼에 대한 자세한 내용은 17.1절을 참조한다.

2.3.3 새로운 주파수 대역들

UTRA 및 LTE에 대해여 추가적인 주파수 대역들이 지속적으로 지정되고 있다. WRC '07은 IMT-2000 및 IMT-Advanced를 모두 포함하는 IMT를 위한 추가적인 주파수 대역들을 지정하였다. WRC '07에서 정의된 대역 중 일부는 이미 앞에서 설명한대로 LTE에 사용할 수 있거나 곧 전세계적으로 사용이 가능해질 것이다.

- *450–470 MHz*는 전세계적으로 IMT로 지정되었다. 이 대역은 이미 이동 서비스를 위하여 전세계적으로 할당되어 있지만, 대역폭이 20 MHz로 그리 넓지 않으며 서로 다른 주파수 협정들이 존재한다. LTE 밴드 31이 이 대역에서 정의되어 있다.
- *698–806 MHz*는 이동 서비스에 할당되어 거의 모든 지역에서 IMT를 위해 지정되었다. WRC-2000에서 지정된 806-960 MHz 대역과 함께, 이 대역은 698-960 MHz의 넓은 주파수 범위를 형성하며, 일부 차이가 있지만 거의 모든 지역에서 IMT로 지정되었다. 이 주파수 범위에는 복수 개의 LTE 밴드들이 정의되어 있다.
- *2300–2400 MHz*가 전세계적으로 IMT에 대해 지정되었다. 이 대역은 LTE 밴드 30 및 40으로 정의된다.

- *3400–3600 MHz*는 유럽 및 아시아에서는 이동 서비스가 primary basis로 고려되도록 할당되었으며, 부분적으로는 아메리카 지역의 일부 나라에서도 위와 같이 할당되었다. 이 대역에서는 현재 위성도 사용되고 있다. 이 주파수 범위에는 LTE 대역 22, 42, 43가 정의되어 있다.

WRC '07에서 지정된 1 GHz 미만의 주파수 범위에 대해, 3GPP는 그림 2.6과 같이 이미 몇 개의 대역들을 규정하였다. 가장 널리 사용되는 대역은 밴드 5와 8이며 다른 밴드들은 대부분 지역적이거나 제한적인 용도로 사용된다. IMT를 위하여 698 MHz에 이르기까지 낮은 대역의 주파수 지정이 이루어지고 아날로그 TV에서 디지털 TV 방송으로의 전환이 이루어짐에 따라, "digital dividend" 대역으로서 밴드 12, 13, 14, 17이 미국에서 정의되었고, 밴드 20은 유럽에서, 밴드 28 및 44는 아시아/태평양에서 정의되었다.

WRC '15에서 IMT를 위한 추가 대역이 지정되었는데, 그 중 일부는 이미 LTE용으로 정의된 대역이다:

- 미국 및 캐나다를 포함한 아메리카 지역 일부 국가에서는 *470–698 MHz*가 IMT를 위하여 지정되었다. 또한 아시아/태평양 지역의 몇몇 국가들도 이 대역을 전체 혹은 부분적으로 IMT로 지정하였다. 이 주파수 대역의 유럽 및 아프리카에서의 사용은 WRC '23까지 검토될 예정이다.

- *1427–1518 MHz* (L-밴드)가 전세계적으로 IMT용으로 지정되었다. 이 대역은 일본에서는 오랫동안 사용되어 왔으며 3GPP에서는 이 주파수 대역에 LTE 밴드 11, 21, 32가 이미 정의되어 있다.

- *3300–3700 MHz*는 이제 적어도 일부 지역 또는 국가에서는 IMT를 위한 대역으로 지정되었다. 이미 WRC '07에서 지정된 3400–3600 MHz는 이제 IMT용으로 전세계적으로 지정되었다. LTE 밴드 22, 42, 43이 이 주파수 범위에 해당된다.

- 아메리카 및 아시아/태평양 지역의 일부 국가에서는 *4800–4990 MHz*가 IMT용으로 지정되었다.

2.4 5G를 위한 스펙트럼

2.4.1 WRC에서 연구 중인 새로운 주파수 대역들

ITU Radio Regulation [65]은 IMT를 위한 대역을 직접적으로 열거하지 않는다. 대신 특정 대역을 이동 서비스로 할당하고 주석을 통하여 해당 대역은 이를 IMT에 사용하려는 각 정부가 사용할 수 있도록 지정되었다고 표시한다. 주파수 지정은 대체로 지역별로 이루어지지만 경우에 따라서는 나라별로 지정되기도 한다. 모든 주석에는 "IMT"만 언급되어 있으며 IMT의 여러 세대에 대한 구체적인 언급은 되어 있지 않다. 따라서 대역이 IMT로 지정되면, 이를 일반적으로 IMT 용도로 할 것인지 아니면 IMT 중 특정 세대의 기술로 한정할 것인지는 각 지역 담당 기관 및 정부의 소관이다. 대부분의 경우에서 주파수 할당은 "기술 중립적 (technology neutral)"으로 이루어지며 따라서 모든 종류의 IMT 기술에 사용이 허용된다.

이에 의하면, 이전의 IMT 세대들이 사용해 온 기존의 모든 IMT 대역들은 잠재적으로 IMT-2020 (5G) 구축의 대역이 된다. 이에 덧붙여, 6 GHz 이상의 대역들 역시 IMT-2020에 사용될 것으로 예상된다. WRC'19에서 추가적인 주파수를 논의하기 위한 의제 항목 (agenta item)이 설정되었으며, 지상형 IMT에 대한 주파수 필요성을 결정하기 위한 연구가 WRC'19까지 수행될 것이다. IMT의 주파수 공유 및 호환성 연구 역시 그림 2.7과 같이 24.25~86 GHz 내의 특정 주파수 대역들에 대하여 수행될 것이다. 대부분의 연구 대상 대역들은 이미 고정 서비스 및 위성 서비스와 함께한 상태에서 이동 서비스를 primary basis로 하여 할당되어 있다. 이러한 밴드들은 다음과 같다:

- 24.25–27.5 GHz
- 37–40.5 GHz
- 42.5–43.5 GHz
- 45.5–47 GHz
- 47.2–50.2 GHz
- 50.4–52.6 GHz
- 66–76 GHz
- 81–86 GHz

다음과 같이, 현재 이동 서비스가 primary basis로 고려되지 않는 대역들 역시 IMT를 위하여 연구되고 있는데, 이런 대역들에서는 주파수 할당이 이동 서비스를 포함하도록 변경이 가능한지 여부를 연구할 예정이다:

- 31.8–33.4 GHz
- 40.5–42.5 GHz
- 47–47.2 GHz

해당 대역의 이동 서비스인 IMT와 다른 primary 서비스 사이의 공유 연구는 WRC '19를 준비하는 산업체와 함께 지역 및 국가의 행정 기관의 과제가 될 것이다. 경우에 따라서는 인접 서비스에 대한 연구도 수행될 수 있다. 연구에 대한 입력 정보로서, IMT의 기술적 특성과 운용적 특성이 필요하며, 이 경우에는 IMT-2020의 특성을 의미한다.

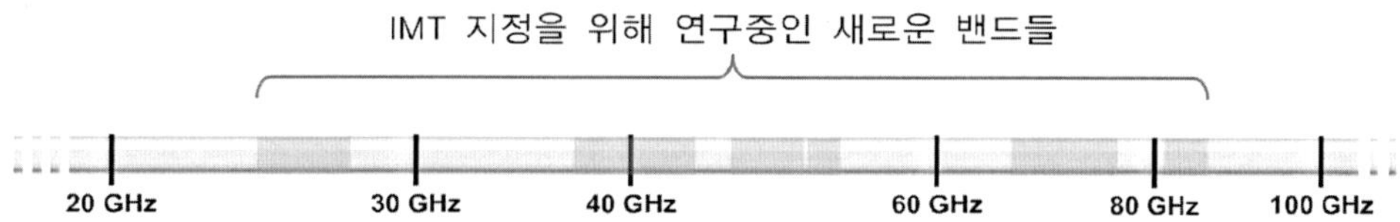

그림 2.7 ITU-R에서 연구 중인 새로운 IMT 밴드들

2.4.2 6 GHz 이상의 RF 노출

5G 이동통신을 위한 주파수 범위가 6 GHz 이상의 대역으로 확장됨에 따라, 사용자가 RF 전자기장 (Electromagnetic Fields: EMF)에 노출되는 것에 대한 규제로 인하여 사용자 단말의 최대 출력이 낮은 주파수 대역에서 허용되는 것에 비하여 현저히 낮게 제한될 수 있다.

예를 들어 International Commission on Non-ionizing Radiation Protection (ICNIRP)에 의하여 권고되고 미국 연방통신위원회 (Federal Communications Commission: FCC)에 의하여 규정된 국제 RF EMF 노출 제한은 에너지 흡수로 인한 피부 조직의 과도한 가열을 방지하기 위해 넓은 안전 마진(safety margin)이 설정되어 있다. 6–10 GHz의 주파수 범위에서는, 기본 제한이 구체적인 흡수율 (W/kg)에서 투사전력밀도 (W/m^2)로 변경되었다. 이는 주파수가 높아짐에 따라서 피부 조직의 에너지 흡수가 점점 피상적으로 되기 때문에 측정하기가 어려운 부분을 반영한 것이다.

이와 같이 구체적인 흡수율에서 전력 밀도 기반의 제한으로 바뀜에 따라서, 인체 가까이에서 사용되는 제품에 대한 최대 허용 출력 전력이 연속함수가 아니라 값의 단절이 존재하게 된다 [62]. 더 높은 주파수 영역에서 ICNIRP 노출 제한을 준수하려면 송신 전력이 현재 셀룰러 기술에서 사용되는 전력 레벨보다 10 dB 정도까지 낮아야 할 수도 있다. 6 GHz 이상 대역에서의 전자파 노출 제한은 낮은 주파수에서 사용되는 것보다 훨씬 큰 안전 마진을 가지는데, 이는 명백한 과학적 타당성 없이 설정되어 있는 것처럼 보인다.

낮은 주파수 대역의 경우에는, 노출의 특성을 연구하고 이에 따라 적절한 제한을 설정하는데 많은 노력을 기울여왔다. 6 GHz 이상의 주파수를 이동통신용으로 사용하는 것에 대한 관심이 증가함에 따라, 관련 연구도 증가하여 결국 노출 제한이 수정될 수도 있다. IEEE에서 발표한 최신 RF 노출 표준 (C95.1-2005, C95.1-2010a)에서는 주파수 차이에 따른 불일치가 명확하게 보이지 않는다. 그러나 이러한 제한은 아직 어떠한 국가 규정에서도 채택되지 않았으며, 따라서 다른 표준화 단체 및 규제 기관들도 이 문제를 다루는 것이 중요하다. 만약 그렇지 않으면, 특히 웨어러블 (wearable), 태블릿 및 휴대 전화와 같이 몸과 가깝게 사용하도록 고안된 사용자 기기들의 RF 노출 규제에 따라서 최대 송신 전력이 심각하게 제한됨에 따라서, 높은 주파수에서 커버리지에 큰 부정적인 영향을 미칠 수 있다.

2.5 3GPP 표준화

ITU-R에 의해 설정된 IMT 시스템을 위한 프레임워크와 WRC에 의해 사용이 가능하도록 지정된 스펙트럼을 가지고, 실제 이동통신 기술을 표준화하는 작업은 3GPP와 같은 조직의 몫이다. 구체적으로, 3GPP는 2G GSM, 3G WCDMA / HSPA 및 4G LTE에 대한 기술 규격을 만든다. 3GPP 기술은 전세계적으로 가장 널리 보급되어 있으며 2015년 4분기 기준으로 전세계의 74억 개의 이동통신 가입 중 90% 이상을 차지한다 [54]. 3GPP의 작업을 이해하려면 규격 작성 프로세스를 이해하는 것이 중요하다.

2.5.1 3GPP의 절차

이동통신을 위한 기술 규격 개발은 일회성 작업이 아니라 지속적으로 진행되는 것이다. 규격은 서비스 및 기능에 대한 새로운 요구 사항을 충족시키기 위해 지속적으로 진화하고 있다. 절차는 서로 다른 포럼들 마다 서로 다른 방식을 취할 수 있으나 일반적으로 그림 2.8과 같은 4단계를 포함한다.

1. ***요구 사항 (Requirements)***: 규격을 통하여 무엇을 달성해야 하는지를 결정함.
2. ***아키텍처 (Architecture)***: 주요 블록 및 인터페이스가 결정됨.

3. *자세한 규격 (Detailed Specifications)*: 모든 인터페이스가 상세하게 정의됨.
4. *시험 및 검증 (Testing and Verification)*: 실제 장비들을 통하여 인터페이스 규격이 동작하는 것을 입증함.

이 4단계는 서로 일부 중복되어 있으며 반복적이다. 예를 들어, 기술적인 솔루션에 의하여 이후 단계에서 요구 사항이 추가, 변경 또는 삭제될 수 있다. 마찬가지로 세부 규격 단계의 기술적 솔루션은 시험 및 검증 단계에서 발견된 문제로 인하여 수정될 수 있다.

규격화 작업은 ***요구 사항*** 단계에서 무엇을 달성해야 하는지를 결정하면서 시작되는데, 이 단계는 상대적으로 짧다.

아키텍처 단계에서 요구 사항을 만족하기 위한 시스템의 전체적 구조들이 결정된다. 이 단계에는 Reference point 및 인터페이스에 대한 결정이 포함되므로, 보통 상당한 시간이 걸리며 이에 따라 요구 사항이 변경될 수도 있다.

아키텍쳐 단계가 끝나면 ***자세한 규격*** 단계가 시작된다. 이 단계에서 정의된 각 인터페이스에 대한 세부 사항들이 규격화된다. 인터페이스에 대해 상세하게 규격화하는 동안, 때때로 아키텍쳐 단계나 그 이전의 요구 사항 단계의 결정을 재검토해야 할 필요가 있을 때도 있다.

마지막으로 ***시험 및 검증*** 단계가 시작된다. 일반적으로 이는 실제 표준화의 일부는 아니지만 제조사들의 시험 및 제조사들 간의 상호호환성 테스트를 통하여 표준화와 병행하여 수행된다. 이 단계는 표준화의 마지막 증명 단계이다. 시험 및 검증 단계에서 규격에서의 오류가 여전히 발견될 수도 있으며 이러한 오류로 인해 세부 규격들이 변경될 수도 있다. 아울러 흔하지는 않지만, 시험 및 검증 단계에서 발견된 오류로 인하여 아키텍처 또는 요구 사항에 대한 변경이 필요할 수도 있다. 규격을 검증하려면 제품이 필요하며, 제품의 구현은 자세한 규격 단계 이후에 (혹은 도중에) 시작된다. 시험 및 검증 단계는 제품들이 기술 규격을 충족하는지 확인하는 데 사용할 수 있는 안정적인 시험 규격이 만들어지면 종료된다.

일반적으로 규격이 완성된 후 상용 제품이 시장에 출시될 때까지는 약 1년이 소요된다.

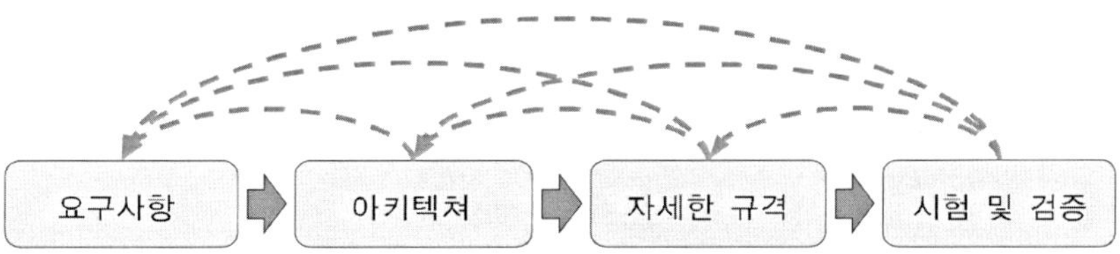

그림 2.8 표준화 단계 및 반복적인 프로세스

3GPP는 3개의 TSG (Technical Specification Group)로 이루어지며 (그림 2.9 참조), 이 중에서 TSG RAN (Radio Access Network)은 무선 접속에 대항 기능, 요구 사항 및 인터페이스의 정의를 담당한다. TSG RAN은 6개의 작업그룹(WG) 으로 이루어진다.

1. RAN WG1은 물리 계층 규격을 담당한다.
2. RAN WG2는 layer 2와 layer 3 무선 접속 규격을 담당한다.
3. RAN WG3는 RAN 인터페이스 (예를 들면, RAN 내의 노드들 사이의 인터페이스) 및 RAN과 코어망 (core network)간의 인터페이스를 담당한다.
4. RAN WG4는 RF와 무선 자원 관리 (Radio Resource Management, RRM)의 성능 요구 사항을 담당한다.
5. RAN WG5는 단말기 적합성 테스트 (conformance testing)를 담당한다.
6. RAN WG6은 GSM/EDGE의 표준화를 담당한다. (이전에는 별도의 TSG GERAN이었음).

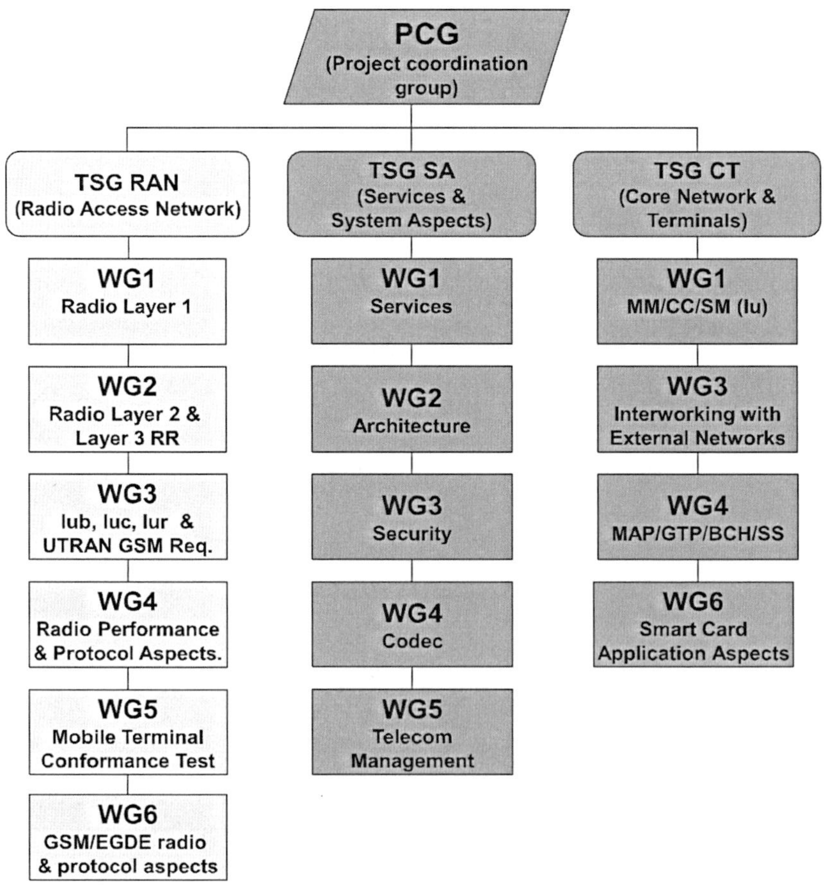

그림 2.9 3GPP 조직도.

3GPP의 작업은 관련 ITU-R 권고안들을 고려하여 수행되며, 작업 결과는 IMT-2000 및 IMT-Advanced의 일부로서 ITU-R에 제출된다. 3GPP 조직 파트너 (organizational partner)들은 표준 내에서의 옵션으로 이어질 수 있는 각 지역적인 요구 사항을 확인해야 한다. 지역적인 주파수 대역 및 특정 지역에 국한된 특수한 보호 요구 사항들이 이러한 예이다. 규격은 글로벌 로밍 및 단말들이 여러 나라로 유통됨을 염두에 두고 개발된다. 결국 로밍을 염두에 둔 단말은 모든 지역적 요구 사항 중 가장 엄격한 것을 만족해야 하므로, 이는 많은 지역적 요구 사항들이 결국은 모든 단말들에 대하여 글로벌한 요구 사항이 됨을 의미한다. 따라서, 규격에서의 지역적인 옵션은 단말보다는 기지국에 해당되는 것이 보다 일반적이다.

모든 릴리즈에 대한 규격은 1년에 4회씩 열리는 TSG 회의마다 업데이트할 수 있다. 3GPP 문서는 릴리즈들로 구분되며 각 릴리즈에는 이전 릴리즈와 비교하여 추가된 기능들이 포함된다. 기능들은 TSG가 합의하고 수행하는 작업 항목 (work item)에서 정의된다. 그림 2.10은 Release 8 이후의 릴리즈들을 LTE의 주요 기능과 함께 보여주고 있다. 각 릴리즈에 대해 표시된 날짜는 해당 릴리즈 내용이 완료된 날짜이다. Release 10은 ITU-R이 IMT-Advanced 기술로 승인한 첫 번째 LTE 버전이므로 LTE-Advanced의 첫 번째 릴리즈기도 하다.

Release 13부터는 LTE의 마케팅 이름이 LTE-Advanced Pro로 변경되었다. LTE에 대한 3GPP의 각 릴리즈 내용은 3장에서 자세히 설명한다.

3GPP 기술 규격 (Technical Specification: TS)은 여러 시리즈로 구성되며 TS XX.YYY로 번호가 매겨져 있다. 여기서 XX는 규격 시리즈 번호이고 YYY는 해당 시리즈 내의 규격 번호이다. 다음의 일련의 규격들이 3GPP에서 무선 접속 기술을 정의한다.

- 25-시리즈: UTRA (WCDMA)의 무선 부문.
- 45-시리즈: GSM / EDGE의 무선 부문.
- 36-시리즈: LTE, LTE-Advanced 및 LTE-Advanced Pro의 무선 부문.
- 37-시리즈: 다중무선 접속 기술에 관련된 부문.
- 38-시리즈: 차세대 (5G)를 위한 무선 부문.

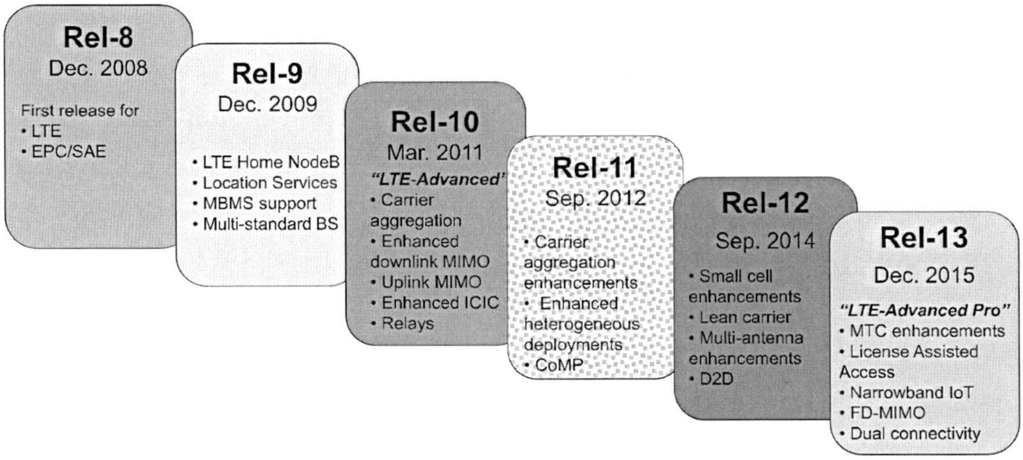

그림 2.10 LTE를 위한 3GPP 규격 릴리즈

2.5.2 3GPP에서의 5G 규격

ITU-R에서 시작된 차세대 액세스의 정의 및 평가와 병행하여, 3GPP에서는 차세대 3GPP 무선 접속을 정의하기 시작했다. 5G 무선 접속에 대한 워크샵이 2014년에 개최되었으며 5G에 대한 평가 기준을 정의하는 프로세스가 2015년 초에 진행된 두 번째 워크샵에서 시작됐다. 5G에 대한 기술 평가는 LTE-Advanced가 평가되고 IMT-Advanced의 일부로서 4G 기술로 승인받기 위하여 ITU-R에 제출되었을 때 사용되었던 것과 동일한 프로세스를 따르도록 계획되었다. 평가 및 제출은 2.2.3절에 설명된 ITU-R의 스케줄을 따를 것이다. 그림 2.8에 설명된 네 가지 단계를 참조하면, 3GPP의 5G 작업은 2015년 현재 요구 사항 정의의 첫 번째 단계에 있다고 볼 수 있다.[1)] 3GPP 프로세스는 23장에서 보다 자세히 설명한다.

3GPP TSG RAN은 새로운 보고서 TR 38.913 [66] 에서 새로운 5G 무선 접속에 대한 시나리오, 요구 사항 및 평가 기준을 문서화하고 있으며, 이는 많은 부분 LTE-Advanced에 대한 요구 사항을 정의하기 위해 개발된 보고서 TR 36.913 [29]을 기반으로 한다. IMT-Advanced 평가의 경우, 차세대 무선 접속에 대한 3GPP 평가는 ITU-R WP5D에 의하여 정의된 IMT-2020 후보 기술 RIT들에 대한 ITU-R의 평가보다 더 큰 범위에서 더 엄격한 요구 사항을 가지고 진행될 수 있다. ITU-R의 평가는 적시에 작업을 완료하고 외부의 평가 그룹들이 평가에 참여할 수 있도록 적절한 복잡도를 가지고 진행되는 것이 중요하다.

5G 무선 접속 및 가능한 구성 요소에 대한 자세한 내용은 23장과 24장에서 기술한다.

1) 역자 주: 2019년 초 현재 자세한 규격이 완료되면서 시험 및 검증이 병행되는 단계에 있다고 볼 수 있다.

03 무선 접속: 개요

LTE에 대한 작업은 패킷 교환 데이터만을 중점적으로 고려한 새로운 무선 접속 기술을 만든다는 목표를 가지고 2004년에 시작되었다. LTE에 대한 3GPP 작업의 첫 번째 단계는, 최대 데이터 속도, 사용자/시스템 throughput, 주파수 효율, 제어 평면/사용자 평면 지연 (control/user-plane latency) 등을 포함한 LTE의 성능 및 가능 목표를 정의하는 것이었다 [6]. 여기에 더하여, 주파수 유연성, 타 3GPP 무선 접속 기술 (GSM, WCDMA/HSPA, TD-SCDMA)과의 연동/호환성 등의 요구 사항도 정의되었다.

목표가 정해진 뒤, 3GPP는 여러 가지 서로 다른 기술에 대한 타당성 검토를 하였으며, 뒤이어 상세 규격화가 진행되었다. LTE 규격의 첫 번째 릴리즈인 Release 8은 2008년에 완료되었으며, 최초의 상용화는 늦은 2009년에 이루어졌다. 그림 3.1에서 볼 수 있듯이, LTE Release 8에 이어서, 여러 가지 영역에서의 추가적인 기능과 성능을 더한 LTE 릴리즈들이 이어지게 되었다. 특히 LTE-Advanced의 첫 번째 릴리즈인 Release 10과 2015년 후반에 완성된 LTE-Advanced Pro의 첫 번째 릴리즈인 Release 13을 주목할 수 있다. 현재 본 저서를 작성하는 시점에서 3GPP LTE Release 14 작업이 진행 중이다.[1]

LTE에 대한 개발과 병행하여 무선망과 코어망을 모두 아우르는 전체적인 3GPP 네트워크 구조의 진화를 위한 System Architecture Evolution (SAE)이 진행되었다. 이러한 네트워크 구조의 진화에 대한 요구 사항도 정의되었으며, 이에 따라 새로운 코어망 구조와 함께 eNodeB[2]라고 하는 단 하나의 노드만을 가진 새로운 flat 무선망 구조가 만들어졌다. LTE의 코어망인 Evolved Packet Core (EPC)에 대해서는 [5]를 참조한다.

---

1) 역자 주: 2019년 초 현재 3GPP Release 15가 완료되어 가고 있다.
2) eNodeB는 대체적으로 기지국과 동일한 개념의 3GPP 용어이다. 자세한 것은 제4장을 참조한다.

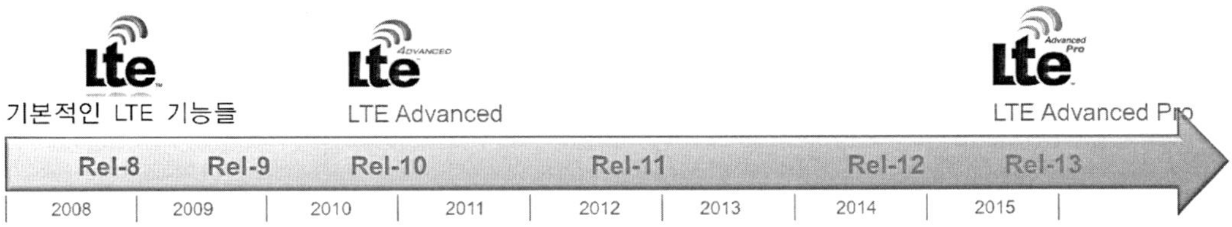

그림 3.1 LTE의 진화

이 장 이후에는 LTE의 개괄적인 설명을 하도록 한다. 즉, 전송 방식, 스케줄링, 다중 안테나 기능, 주파수 유연성 등을 포함한 LTE Release 8의 가장 핵심적인 기술 요소들과 함께 LTE Release 13까지의 추가적인 기능들을 설명한다. 이 장은 LTE에 대한 개관의 성격으로 별도로 읽어도 좋으며, 이후 장들의 도입부로 보아도 무방하다.

이후 제4~22장에서는 LTE 무선 접속 기술을 상세하게 설명하도록 한다. 제4장에서는 RLC, MAC, 물리 계층을 포함한 LTE 프로토콜 구조를 개관하면서 논리 채널 (logical channel)과 물리 채널 (physical channel) 및 관련 데이터 흐름을 설명한다. 제5장에서는 LTE의 기반인 시간-주파수 (time-frequency) 구조를 살펴보며, LTE 안테나 포트의 개념도 설명한다. 제6장에서는 하향링크 전송, 제7장에서는 상향링크 전송을 자세하게 살펴본다. 제8장에서는 LTE의 재전송 방식을 살펴보며, 제9장에서는 진화된 스케줄링 및 링크 적응 방식에 대하여 설명한다. 매우 큰 안테나 어레이의 경우를 포함하여, 스케줄링을 지원하기 위한 채널 상태 보고에 대하여 제10장에서 살펴보며, 제11장에서는 단말이 네트웍에 연결되기 위해 필요한 무선망 접속 절차를 살펴본다.

이 후 장에서는 Release 10부터 이루어진 LTE의 주요한 개선들에 대하여 다룬다. 제12장에서는 반송파 결합 (carrier aggregation)을 설명하여, 제13장에서는 다중 지점 조정/송신 (multi-point coordination/transmission)에 대하여 살펴보며, 제14장에서는 LTE의 heterogeneous 구축에 대하여 설명한다. 제15장은 스몰 셀에 대한 개선 및 동적 TDD를 설명하여, 제16장은 dual connectivity, 제17장은 비면허 대역에 대하여 살펴본다. 제18장에서는 relay를 설명하며, 제19장은 LTE의 멀티캐스트/브로드캐스트 기능에 대하여 살펴본다. 제20장은 사물 통신, 제21장은 단말 간 직접 통신을 설명하고, 제22장에서는 주파수 유연성의 관점에서 LTE의 RF 요구사항에 대하여 살펴보면서 LTE 부분을 마무리한다.

마지막으로, 제23장과 제24장에서는 현재 3GPP에서 논의중인 새로운 5G 무선 접속 기술의 개요를 다루고, 제25장에서 5G 무선 접속에 대한 논의를 마무리 짓는다.

3.1 LTE의 기본 기술

Release 8은 LTE의 첫 번째 규격이며 뒤따르는 릴리즈들에 대한 기반이 된다. Release 8 작업에서의 시간적인 제한으로 인해 원래 Release 8으로 계획되었던 일부 기능들이 Release 9로 넘겨졌기 때문에 Release 9도 LTE의 기본 프레임워크의 일부라고 볼 수 있다. 다음 절에서는 Release 8/9의 LTE 기술들에 대해 설명한다.

3.1.1 전송 방식

LTE 하향링크 전송 방식은 전통적인 OFDM에 기반한다 [53]. OFDM은 여러 가지 이유로 인하여 매력적인 하향링크 전송 방식이다. CP (cyclic prefix)와 함께 상대적으로 긴 OFDM 심볼 구간으로 인해 OFDM은 채널의 주파수 선택성에 대하여 매우 강인하다. 물론, 원칙적으로는 수신단의 이퀄라이저를 사용하여 주파수 선택적 채널에 의해 생기는 신호의 손상을 해결할 수도 있으나, 큰 대역폭을 사용하는 경우 특히 공간 다중화와 같은 다중 안테나 전송 방식과 결합한 경우에는 단말에서 이퀄라이저를 구현하기 위한 복잡도가 지나치게 높게 된다. 따라서 큰 대역폭이 사용되고 다중 안테나 전송이 주요 요구 사항인 LTE에서는 OFDM이 매력적이다.

이외에도 OFDM은 LTE에 대하여 다음과 같은 이점을 가지고 있다.

- OFDM은 주파수 영역에서의 여러 가지 동작을 가능하게 한다. 이에 따라, 주요 3G 시스템에서는 오직 시간 영역 스케줄링 (time-domain scheduling)만 가능하였던 것에 비하여 OFDM에서는 채널에 따른 스케줄러가 주파수 영역 스케줄링 (frequency-domain scheduling)도 사용할 수 있는 자유도를 부여한다.
- 적어도 기저대역 (baseband) 연산 관점에서는, 전송에 사용되는 OFDM 부반송파 개수를 변화시킴으로써 다양한 크기의 스펙트럼에서 동작할 수 있는 대역폭 유연성 (flexible bandwidth)을 제공한다. 하지만, 유연한 전송 대역폭을 지원하려면 RF 필터의 통과대역 대역폭 역시 자유자재로 변경할 수 있는 능력이 필요함에 유의한다. 그럼에도 불구하고, 대역폭에 관계 없이 동일한 기저대역 연산 구조를 유지하는 것은 단말의 개발, 설계 및 구현을 훨씬 쉽게 해준다.
- OFDM에서는 같은 정보가 복수 개의 기지국으로부터 전송되는 브로드캐스트/멀티캐스트 전송이 매우 쉽다. 이는 제19장에서 추가적으로 설명된다.

LTE의 상향링크 역시 OFDM 전송을 기반으로 한다. 그러나 상향링크 전송에서는 *cubic metric* [10]을 줄여서 단말의 전력증폭 효율을 높이기 위하여 약간 다른 방식이 사용된다.

Cubic metric은 어떠한 신호 파형에 대하여 기준 파형 대비하여 추가적으로 필요한 백오프 (Back-off)의 양을 측정한 것이다. 이 값은 보다 널리 알려진 peak-to-average ratio (PAR)와 비슷한 속성을 나타내지만 구현에 필요한 실제 백오프값을 보다 더 잘 나타낸다. 낮은 cubic metric은 DFT-프리코더를 이용하여 OFDM 변조기를 프리코딩함으로써 얻어지며, 따라서 이를 *DFT-spread OFDM* (DFTS-OFDM)이라고 한다 (제7장 참조). 종종 DFTS-OFDM이 통칭하여 LTE 상향링크 전송 방식인 것으로 설명되기도 한다. 그러나 DFTS-OFDM은 상향링크 중 데이터 전송에만 사용되는 것임에 유의한다. 상향링크 전송 중 다른 부분에는 cubic metric을 줄이기 위하여 다른 방식이 사용되고 있다. 따라서 LTE 상향링크 전송 방식은 여러 가지 기술을 결합한 OFDM이 사용되는 것이며, 이 여러 가지 기술 중 하나로서 데이터 전송에 대해서는 DFT 프리코딩이 사용된다.

LTE 상향링크에 OFDM에 기반한 전송 방식을 사용함으로써 상향링크 전송을 주파수 영역에서도 직교성을 가지고 분리할 수 있다 (orthogonal separation). 이러한 직교성은 셀 내 서로 다른 단말로부터의 상향링크 전송들 사이의 간섭, 즉 셀 내 간섭 (intra-cell interference)을 피할 수 있기에 많은 경우에 유용한 특징이다. 데이터 속도가 대역폭보다는 주로 단말의 가용한 송신 전력에 의하여 제한되는 경우에는 단일 단말로부터의 전송에 매우 큰 대역폭을 사용하는 것은 효율적인 방식이 아니다. 그러한 상황에서는, 해당 단말은 전체 가용한 대역폭의 일부만 할당을 받으면서 동시에 셀 내의 다른 단말들이 대역폭 내의 남은 부분에 스케줄링될 수 있도록 한다. 즉, LTE 상향링크 전송 방식은 사용자들 사이에서 *시간분할* (TDMA) *뿐 아니라 주파수분할* (FDMA)도 가능하도록 해준다.

3.1.2 채널에 따른 스케줄링과 전송 속도 적응 (Rate adaptation)

이동 무선 통신의 핵심 특징 중 하나는 주파수 선택성 페이딩, 거리에 따른 경로 감쇄, 그리고 다른 셀 및 다른 단말로부터의 송신으로 인한 무작위적 간섭의 변화로 인한 순시 채널 상태의 크고 빠른 변화이다. 예를 들어 전력 제어를 통해 이러한 변화에 대항하기보다는, LTE는 시간-주파수 자원이 사용자들 사이에서 동적으로 공유되는 채널에 따른 스케줄링을 통하여 이러한 변화를 이용하려는 점에 있다. 사용자들 사이에서 동적인 자원 공유는 자원을 요구하는 정도가 빠르게 변하는 패킷 데이터의 특성에도 잘 맞으며, 그 외에도 LTE에서 사용되는 다른 핵심 기술들을 가능하게 해주기도 한다.

스케줄러는 각 순간마다 공유되는 자원의 서로 다른 부분을 누구에게 할당되어야 하는지, 그리고 그에 따른 각 전송 속도를 조절한다. 따라서, (순시 채널 상태에 맞추서 전송 속도를 동적으로 조정하려고 노력하는) 전송 속도 적응 (rate adaptation) 역시 스케줄러의 일부분이라고 볼 수 있다.

그러나, 전송 속도 적응에서 데이터 전송 속도를 잘 선택하였더라도, 전송 오류의 가능성은 존재한다. 전송 오류를 처리하기 위하여 LTE에서는 빠른 hybrid-ARQ를 사용함으로써, 단말은 오류가 있도록 수신된 데이터 블록들에 대하여 신속하게 재전송을 요청하고 이를 통하여 암묵적인 전송 속도 적응을 제공할 수 있다. 재전송은 각 패킷 전송 후에 신속하게 요청될 수 있으므로 잘못 수신된 패킷으로 인하여 사용자 성능이 저하되는 것을 최소화한다. 소프트 컴바이닝(soft combining) 방식으로는 incremental redundancy 방식이 사용되며 수신기는 각 전송 간 소프트 컴바이닝을 수행하기 위하여 소프트 비트들을 저장한다.

스케줄러는 이동통신 시스템의 핵심 요소로서, 특히 부하가 많은 네트워크에서 시스템의 전체적인 성능을 결정한다. LTE에서는 하향링크 및 상향링크 전송 모두 스케줄링의 영향을 긴밀하게 받는다.

채널 조건을 스케줄링 결정에 활용하는 소위 채널에 따른 스케줄링을 사용함으로써, 특정 사용자에 대한 전송을 그 순간 좋은 채널 조건을 보이는 채널을 통하여 보낼 수 있고, 이를 통하여 시스템 용량을 크게 개선할 수 있다. 하향링크 및 상향링크 전송 모두에 OFDM을 사용함으로써, 스케줄러는 시간 및 주파수 영역 모두를 활용할 수 있다. 다시 말해서, 스케줄러는 그림 3.2에 나와 있는 것처럼 각 시간 및 주파수 부분에 대하여 최상의 채널 조건을 가진 사용자를 선택할 수 있다.

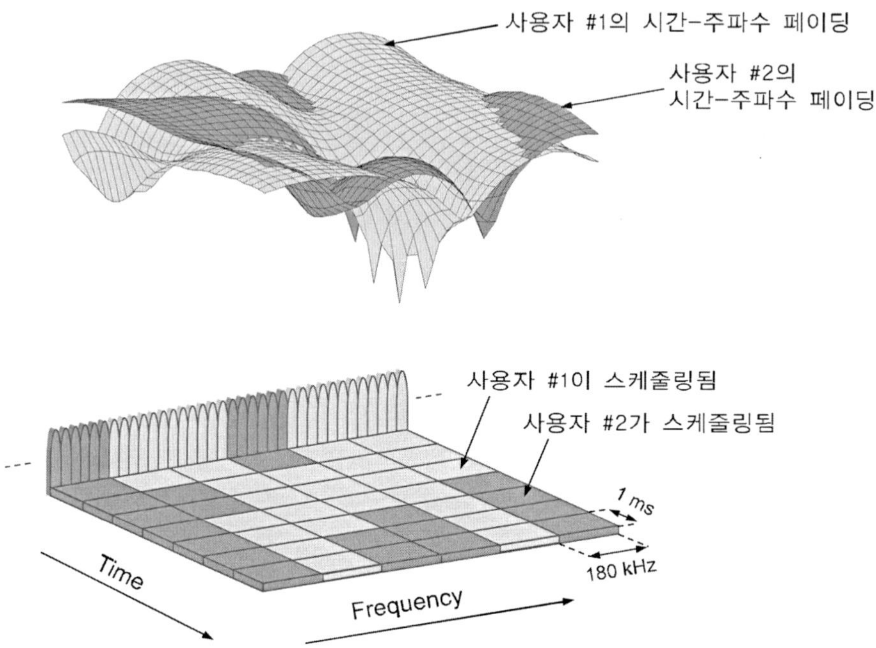

그림 3.2 시간 및 주파수 영역에서의 하향링크 채널에 따른 스케줄링

주파수 영역에서의 채널에 따른 스케줄링은, 특히 단말의 이동 속도가 낮아서 채널이 시간 상으로 천천히 변하는 경우에 유용하다. 채널에 따른 스케줄링은 사용자 사이의 채널 품질의 변화를 활용하여 시스템 용량을 증대한다. 시간 영역에만 의존하는 스케줄러는, 지연에 민감한 서비스의 경우에는 일정한 지연 이내로 전송해야 하기 때문에 어느 순간에 채널 상태가 좋지 않음에도 불구하고 특정 사용자를 어쩔 수 없이 스케줄링해야 하기도 한다. 이와 같은 상황에서, 주파수 영역에서의 채널 상태의 변화 역시 사용할 수 있다는 것은 전체적인 시스템 성능의 향상에 도움을 줄 수 있다. LTE의 경우, 스케줄링 결정은 시간 영역에서는 매 1ms마다 이루어질 수 있으며 주파수 영역에서의 스케줄링 단위는 180 kHz가 된다. 이를 통하여 스케줄러는 비교적 빠른 채널의 변화 역시 따라가면서 이를 이용할 수 있다.

하향링크 스케줄링 동작을 위하여 단말은 시간 및 주파수 영역에서의 하향링크 순시 채널 품질을 알려주는 채널 상태 보고 (channel-status report)를 네트웍에 제공할 수 있다. 일반적으로, 채널 상태는 하향링크에서 전송되는 reference 신호를 측정함으로써 얻을 수 있다. 채널 상태 보고, 다른 말로는 채널 상태 정보 (channel-state information, CSI) 보고를 바탕으로, 하향링크 스케줄러는 스케줄링 결정에 채널의 품질을 고려하면서 서로 다른 단말로의 하향링크 전송을 위해 자원을 할당할 수 있다. 원칙적으로는, 단말은 1ms의 스케줄링 간격에 180 kHz의 주파수 폭을 갖는 자원 블록의 임의의 조합의 형태로 자원을 할당받을 수 있다.

이미 설명하였듯이, LTE의 상향링크는 서로 다른 상향링크 전송이 서로 직교하여 분리되는 방식에 기반하고 있으며, 서로 다른 단말에 시간 및 주파수 영역에서의 자원을 할당하는 것이 상향링크 스케줄러의 임무이다. 스케줄러는 매 1ms당 주어진 시간 구간 동안 셀 내에서 어느 단말들이 전송하도록 선택되는지를 결정하며, 각 단말에 대하여 어느 주파수 자원을 사용하여 전송해야 하며 상향링크 데이터 속도를 포함한 전송 파라미터를 어떻게 선택하여 전송해야 하는지를 결정한다. 상향링크에서도 하향링크에서와 유사한 스케줄링 전략이 사용될 수 있지만, 둘 사이에는 약간의 차이점이 있다. 근본적으로, 상향링크 전력 자원은 사용자들 간에 나누어져있으며, 하향링크의 전력 자원은 기지국에 집중되어 있다. 또한, 단말기의 상향링크 최대 송신 전력은 일반적으로 기지국의 송신 전력보다 상당히 작다. 이러한 차이가 스케줄링 전략에 중요한 영향을 미친다. 시간 분할만 활용하여도 대부분 충분할 수 있는 하향링크와 달리, 상향링크 스케줄링은 통상적으로 링크 용량을 효율적으로 이용하기에 충분한 전력을 단일 단말이 가지고 있지 못할 수 있기 때문에, 시간 영역 뿐만 아니라 주파수 영역에서의 자원 공유도 활용하여야 한다.

상향링크 스케줄링 과정에서도 하향링크 스케줄링과 비슷하게 채널 상태가 고려될 수 있다. 상향링크 CSI를 얻을 수 있는 방법 중 하나는, 단말이 기지국이 알고 있는 reference 신호를 송신함으로써 기지국은 주파수의 서로 다른 부분에 대한 채널 품질을 측정할 수 있는 소위

sounding을 활용하는 것이 있다. 그러나 뒤에서 좀 더 자세히 다루어지듯이, 상향링크 채널 상태에 대한 정보를 얻는 것이 항상 가능하지 않을 수도 있고 적합하지 않을 수도 있다. 따라서 상향링크에서 채널에 따른 스케줄링이 적합하지 않는 상황에서는, 상향링크 다이버시티를 얻을 수 있는 다른 여러 가지 방법들도 채널에 따른 스케줄링을 보완한다는 입장에서 중요하다.

3.1.3 셀 간 간섭 조정

LTE는 주파수 재사용률 1로 동작할 수 있도록 설계되었다. 즉, 같은 시간-주파수 자원들이 인접한 셀들에서 재사용이 가능하도록 설계되었다. 특히, 기본적인 제어 채널들은 주파수 재사용률 1을 사용한 네트워에서 있을 수 있는 상당히 낮은 SINR 환경에서도 적절하게 동작이 가능하도록 설계되어 있다.

기본적으로, 전체적인 시스템 효율 측면에서 보면, 각 송신 지점 (transmission point)에서 사용 가능한 모든 주파수 자원을 모든 셀에서 사용할 수 있는 것이 항상 이로운 것이다. 그러나 만약 이웃하고 있는 송신 지점들 사이의 전송에서 가장 심각한 간섭 상황은 피할 수 있도록 일정한 협력을 할 수 있다면, 시스템 효율 및 사용자 측면에서의 품질이 추가적으로 개선될 수 있다.

이미 LTE의 첫 번째 릴리즈인 Release 8부터 이러한 협력을 명시적으로 지원하기 위한 기능을 포함하고 있으며, 바로 이것이 셀 간 간섭 조정 (inter-cell interference coordination, ICIC)이다 (제13장 참조). 보다 구체적으로, Release 8 규격은 eNodeB들 사이의 X2 인터페이스를 통하여 eNodeB들 간에 서로 교환할 수 있는 몇 가지 메시지들을 정의하였다 (제4장 참조). 이러한 메시지들은 해당 메시지를 전송하는 eNodeB가 겪고 있는 간섭 상황에 대한 정보를 제공하여 주므로, 이 메시지를 받는 인접 eNodeB는 이 정보를 해당 기지국 내 스케줄링에 추가적으로 이용할 수 있으며, 이를 통하여 적어도 부분적으로나마 인접한 서로 다른 eNodeB의 전송 사이의 협력 및 조정을 꾀하고 간섭 상황을 제어할 수 있다. 특히, 셀별 출력 전력이 크게 차이가 나는 서로 다른 계층의 셀들이 구축된 이른바 heterogeneous network (HetNet) 상황에서는 이러한 간섭 상황이 훨씬 더 심각할 수 있다. 이에 대해서는 3.5절에서 간략하게 다룬 뒤에, 제14장에서 자세히 다루도록 한다.

3.1.4 다중 안테나 전송

LTE는 처음 릴리즈 규격부터 여러 가지 다중 안테나 기술을 무선 인터페이스 규격의 중요 부분으로 지원한다. 많은 부분에서, 다중 안테나의 사용은 매우 높은 LTE의 성능 목표를 달성하기 위한 핵심 기술이다. 다중 안테나는 여러 가지 목적에 따라 서로 다른 방식으로 사용될 수 있다.

- 다중 수신 안테나는 수신 다이버시티를 위해 사용될 수 있다. 수신 다이버시티는 상향링크 전송에 대해서는 이미 수년 동안 많은 셀룰러 시스템에서 사용되고 있다. 하지만, LTE에서는 단말에도 두 개의 수신 안테나가 기본이므로[3] 수신 다이버시티에 의해 하향링크 성능 역시 향상된다. 다중 수신 안테나를 사용하는 가장 간단한 방법은 다중 안테나를 통해 추가적인 에너지를 모으고 페이딩을 억제하는 전통적인 수신 다이버시티로 사용하는 것이다. 그러나, 만약 안테나를 다이버시티에 제공하는 것뿐 아니라 간섭을 억제하도록 사용하면 간섭에 의해 성능이 제한되는 시나리오 (interference-limited scenario)에서는 추가적인 이득을 얻을 수 있다.

- 기지국에서의 다중 송신 안테나는 송신 다이버시티 및 다양한 형태의 빔포밍에 사용될 수 있다. 빔포밍의 주된 목적은 수신 SINR (signal-to-interference-and-noise ratio)을 향상시켜 결과적으로 시스템 용량과 커버리지를 향상시키는 것이다.

- LTE에서는 송수신단 모두에 다중 안테나를 사용하는 공간 다중화 (spatial multiplexing)를 지원하며, 이는 종종 MIMO (multiple input multiple output) 혹은 보다 구체적으로는 SU-MIMO (single user MIMO)라고 불리기도 한다. 공간 다중화는 채널의 상태가 이를 허락하는 경우, 여러 개의 병렬 '채널'을 형성함으로써 대역폭에 의해 성능이 제한되는 시나리오 (bandwidth-limited scenario)에서 데이터 속도를 증가시킨다. 반면에, 공간적인 특성을 적절한 간섭 억제 수신 프로세싱과 결합하여 복수 개의 단말이 동일한 시간-주파수 자원을 사용하여 전송함으로써 전체적인 셀 용량을 개선하는 방법이 있다. 이를 3GPP에서는 다중 사용자 MIMO (multi-user MIMO, MU-MIMO)라고 부른다.

일반적으로, 서로 다른 다중 안테나 기술은 서로 다른 시나리오에서 효과적이다. 예를 들면, 부하가 높은 상태이거나 셀 가장자리와 같이 상대적으로 낮은 SINR의 경우에는, 공간 다중화가 그리 큰 이득을 제공하지 못한다. 따라서, 이러한 시나리오에서는 송신단의 다중 안테나가 공간 다중화보다는 SINR을 높여주는 빔포밍으로 사용되어야 한다. 반면에, 작은 크기의 셀과 같이 SINR이 이미 비교적 높은 시나리오에서는, 도달 가능한 데이터 속도가 SINR에 의해 제한되기 보다는 주로 대역폭에 의해 제한되기 때문에, 신호 품질을 추가적으로 올리는 것이 그리 큰 이득을 주지 못한다. 이러한 시나리오에서는 좋은 채널 상태를 충분히 사용하기 위하여 빔포밍 대신에 공간 다중화가 사용되어야 한다. 사용되는 다중 안테나 방식은 기지국에 의해 조절이 되므로 각 전송에 대하여 적절한 방식이 선택될 수 있다.

Release 9는 공간 다중화와 빔포밍을 결합하기 위한 지원을 강화시켰다. 빔 형성과 공간 다중화의 조합은 Release 8에서 이미 가능했지만 코드북 기반의 프리코딩 (codebook-based precoding) (제6장 참조)으로 제한되었다. Release 9에서, 소위 코드북에 기반하지 않은 프리코딩

3) Low-end MTC 단말에 대해서는 단일 안테나가 기본이다.

(non-codebook-based precoding)과 결합된 공간 다중화에 대한 지원이 도입되어 다양한 다중 안테나 전송 방식을 구축하는 데 있어서 유연성이 향상되었다.

LTE의 첫 번째 릴리즈에서 최대 4개 layer에 대한 하향링크 공간 다중화가 이미 지원되었다. 이후 릴리즈에서는 LTE 다중 안테나 기능을 더욱 확장했다 (3.4절 참조).

3.1.5 주파수 유연성

높은 주파수 유연성은 LTE 무선 접속의 주요 특성 중 하나이다. 주파수 유연성의 목적은, 서로 다른 듀플렉스 방식, 서로 다른 가용 주파수 크기 등과 같이 서로 다른 특성을 가진 다양한 주파수 대역에서 LTE 무선 접속이 구축될 수 있도록 하기 위해서이다. 22장에서는 LTE에서 어떻게 주파수 유연성이 이루어지는지에 대하여 추가적으로 자세히 다루도록 한다.

3.1.5.1 듀플렉스에서의 유연성

주파수 유연성에 대한 LTE 요구 사항의 중요한 부분 중의 하나는 LTE 기반의 무선 접속을 paired 주파수 및 unpaired 주파수 모두에서 구축할 수 있도록 하는 것이다. 따라서, LTE는 FDD (frequency division duplex)와 TDD (time division duplex) 모두를 지원한다. 그림 3.3의 왼편에 설명된 것처럼, FDD는 하향링크와 상향링크 전송이 서로 충분히 떨어져 있는 서로 다른 주파수 대역에서 이루어지는 것을 말한다. 그림 3.3의 오른편에 설명된 것처럼, TDD는 하향링크와 상향링크 전송이 서로 겹치지 않는 서로 다른 시간 슬롯에서 이루어지는 것을 말한다. 따라서, FDD는 paired 주파수를 요구하는 반면에 TDD는 unpaired 주파수에서 동작할 수 있다. LTE를 서로 다른 paired 및 unpaired 주파수에서 사용할 수 있도록 지원하기 위해 요구되는 유연성과 요구 사항들은 22장에서 좀 더 논의하도록 한다.

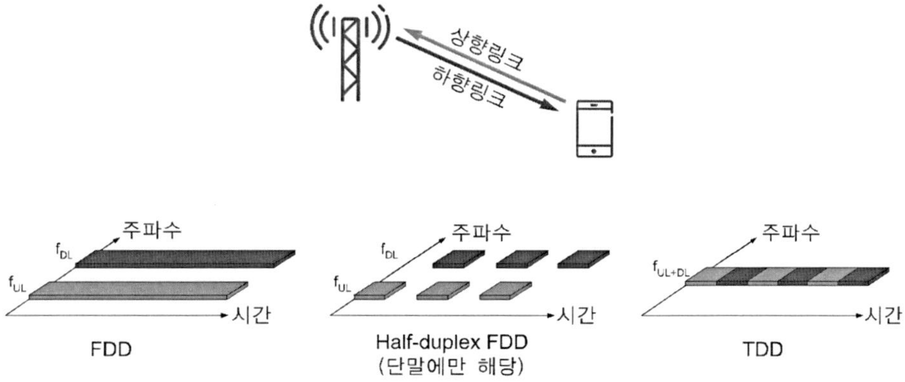

그림 3.3 FDD 및 TDD

Paired 및 unpaired 주파수에 대한 지원은 LTE 이전에 이미 Release 99에서부터 3GPP 규격에 의하여 지원되었다. 즉, paired 주파수에서는 FDD 기반의 WCDMA/HSPA 무선 접속이 사용되고 unpaired 주파수에서는 TDD 기반의 TD-SCDMA 무선 접속이 사용될 수 있다. 그러나, 이는 자세히 따져보면 서로 상당히 다른 무선 접속 기술을 사용함으로써 가능한 것이며, 이에 따라 FDD와 TDD 동작이 둘 다 가능한 듀얼모드 단말을 개발하는 데는 추가적인 노력과 복잡도가 요구된다. 반면에 LTE에서는 FDD와 TDD를 하나의 무선 접속 기술 내에서 지원하며, 이에 따라 LTE 기반의 무선 접속에서는 FDD와 TDD 사이의 차이를 최소화하고 있다. 이러한 결과로, 이후 장들에서 제공되는 LTE의 무선 접속 개요는 큰 범위에서는 FDD 및 TDD 모두에 해당된다. FDD와 TDD 사이에 차이가 있는 경우에는 이러한 차이점들이 명시적으로 설명될 것이다. 또한, TD-LTE로 알려진 TDD 모드의 경우는 TD-SCDMA에서 TD-LTE로의 점진적인 네트웍 진화를 지원하기 위하여 TD-LTE와 TD-SCDMA 사이의 공존을 염두에 두고 설계되었다.

또한, LTE는 단말에서의 Half-duplex FDD를 지원한다 (그림 3.3의 가운데 그림 참조). Half-duplex FDD에서는, 특정 단말의 송신과 수신이 주파수 및 시간 영역 모두에서 분리되어 있다. 기지국은 서로 다른 단말들을 상향링크와 하향링크에 동시에 스케줄링할 수 있으므로, 기지국은 여전히 full-duplex를 사용한다. 예를 들어 GSM의 동작과 유사하다. Half-duplex FDD를 사용하는 주된 이득은, 듀플렉스 필터가 필요없으므로 단말의 복잡도가 줄어든다는 점이다. 다중대역(multi-band) 단말의 경우에 full-duplex FDD의 경우라면 여러 개의 듀플렉스 필터가 필요하겠으나, half-duplex에서는 이러한 다수의 듀플렉스 필터를 필요로 하지 않으므로 특히 효율적이다.

3.1.5.2 대역폭 유연성

LTE의 주요 특징 중 하나는 LTE는 상향링크, 하향링크 모두 서로 다양한 전송 대역폭에서 동작할 수 있어야 한다는 것이다. 주된 이유는, LTE를 위해 사용하는 스펙트럼 양은 서로 다른 주파수 대역에 따라 상당히 다르다는 것이며, 또한 사업자들 각각의 상황에 따라 상당히 다양할 수 있기 때문이다. 게다가, 서로 다른 대역폭에서 동작할 수 있는 능력은 타 무선 접속 기술에서 LTE로의 점진적인 주파수 전환을 가능하게 해준다.

LTE는 규격에 따라 다양한 전송 대역폭을 지원함으로써 다양한 크기의 주파수 할당에서 동작할 수 있다. 주파수 자원이 가용한 경우에 매우 높은 데이터 속도를 효율적으로 제공하기 위해서는 광대역 전송이 필요하다. 하지만, 사용하려는 주파수 대역에서의 제약이나 타 무선 접속 기술로부터의 점진적인 주파수 전환에 의해서든, 항상 충분히 큰 주파수 크기가 가용한 것은 아니다. 이러한 경우, LTE는 보다 좁은 대역폭으로 동작할 수 있다. 물론, 이러한 경우에는 대역폭이 줄어듦에 따라 달성 가능한 최대 데이터 속도 역시 줄어들 것이다. 아래에 설명되어 있듯이, 주파수 유연성은 LTE의 이후 릴리즈들에서 추가적으로 개선된다.

LTE의 물리 계층 규격은 대역폭에 무관한 내용이며 최솟값 이상의 지원되는 전송 대역폭에 대한 어떠한 특정한 가정도 없다 [24-27]. 이후 장에서 살펴보듯이, 물리 계층과 프로토콜 규격을 포함하는 기본 무선 접속 규격은 대략 1 MHz에서 약 20 MHz 사이의 어떠한 전송폭도 허용하지만, 초기 단계에서는 무선-주파수 요구 사항이 몇 가지 제한된 전송 대역폭에 대해서만 기술되어 있다. 이는 주파수 할당 크기와 주파수 전환 시나리오에 따라 의미 있는 대역폭들로 예상되는 값들에 대해서만 기술된 것이다. 따라서, 실제로는 LTE 무선 접속은 몇 가지 제한된 전송 대역폭만을 지원한다. 하지만, 추가적인 전송 대역폭이 필요한 경우에는 RF 규격만을 갱신함으로써 쉽게 지원할 수 있다.

3.1.6 멀티캐스트 및 브로드캐스트 지원

다수의 사용자가 동일한 정보 (예를 들어 TV 뉴스 클립, 지역 날씨 정보 또는 주식 시장 정보)를 받기를 원하는 경우에는 각 사용자에게 개별적으로 정보를 전송하는 것이 효율적이지 않을 수 있으며, 대신 모든 관심 있는 사용자에게 한 번에 동일한 정보를 전송하는 것이 더 나은 선택일 수 있다. 이는 3GPP에서 멀티캐스트/브로드캐스트 서비스 (MBMS: multimedia broadcast-multicast services)로 알려져 있으며, 동일한 정보를 여러 수신자에게 전송하는 것을 의미한다. 많은 경우에 있어서 동일한 정보가 비교적 넓은 영역에서 관심이 있는 정보이므로, 이 넓은 영역에 걸쳐서 동일한 신호가 동일한 코딩 및 변조를 사용하여 타이밍과 주파수가 동기화되어 있는 여러 셀 사이트에서 전송될 수 있다. 단말 관점에서 볼 때, 신호는 단일 셀 사이트에서 전송된 신호가 다중 경로를 거쳐서 전파되는 신호처럼 보인다 (그림 3.4 참조). 다중 경로 전파에 대한 OFDM의 강인성에 의하여, 이 방식은 수신 신호의 세기를 향상시킬 뿐 아니라 셀 간 간섭까지 제거하게 된다. 이를 3GPP에서는 멀티캐스트-브로드캐스트 단일 주파수 네트워크 (Multicast-Broadcast Single-Frequency Network, MBSFN)라 한다. 따라서 OFDM을 사용한 경우의 다중셀 브로드캐스트/멀티캐스트의 데이터 속도는 결과적으로 잡음에 의해서만 제한되므로, 작은 셀의 경우에는 매우 높은 값을 얻을 수 있다.

다중 셀 브로드캐스트/멀티캐스트에 MBSFN을 사용하는 경우에는 서로 다른 셀 사이의 엄격한 동기화 및 송신 신호의 시간 정렬이 가정되어야 한다.

MBSFN 지원은 LTE의 최초 릴리즈에서부터 고려된 기술이었지만 시간 상의 문제로 인해 LTE의 두 번째 릴리즈인 Release 9에서부터 지원이 되었다. 아울러, Release 13에서는 단일 셀에서 멀티캐스트/브로드캐스트 서비스를 지원하기 위한 Single-cell point to multi-point (SC-PTM)가 추가되었다.

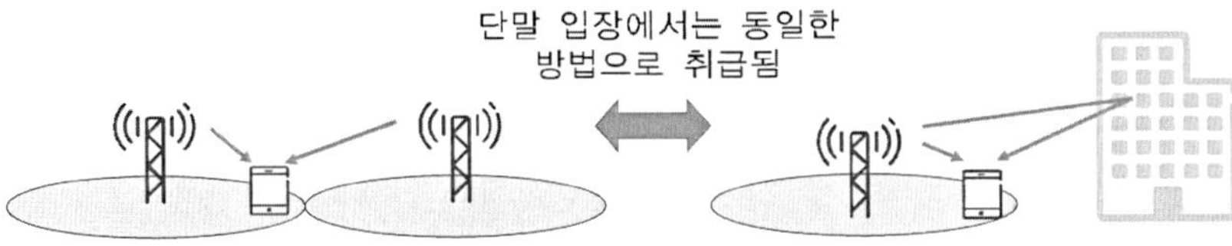

그림 3.4 단말 관점에서의 브로드캐스트와 다중 경로 전파의 동일성.

3.1.7 위치 측정 (Positioning)

위치 측정이란 무선망이 각각의 단말의 위치를 알아낼 수 있는 기능을 말한다. 원칙적으로, 단말의 위치는 단말 내의 GPS 수신기를 통하여 알아낼 수 있다. 그러나, GPS가 아주 일반적인 기능임에도 불구하고 모든 단말이 GPS 수신기를 가지고 있는 것은 아니며 GPS 서비스가 불가능한 경우도 있다. 따라서, LTE Release 9에서는 무선망 자체적으로 위치를 측정할 수 있는 기능을 선보였다. 무선망에서는 주기적으로 신호를 보내며, 단말이 이 주기적으로 전송되는 특수한 reference 신호를 측정하고 서로 다른 셀 사이트로부터 신호들 사이의 상대적인 시간(relative time of arrival)을 보고함으로써, 망에서는 단말의 위치를 알아낼 수 있다.

3.2 LTE 진화

Release 8 및 9를 통하여 매우 우수한 성능의 광대역 이동통신 표준을 제공하는 LTE의 기반이 형성되었다. 그러나 새로운 요구 사항과 기대치를 충족시키기 위해, 이후 릴리즈에서는 여러 영역에서 추가로 향상된 기능을 제공한다. 그림 3.5는 LTE가 추가적으로 향상되는 몇 가지 주요 영역을 설명하고 있으며, 표 3.1은 릴리즈별 주요 향상된 기능을 보여준다.

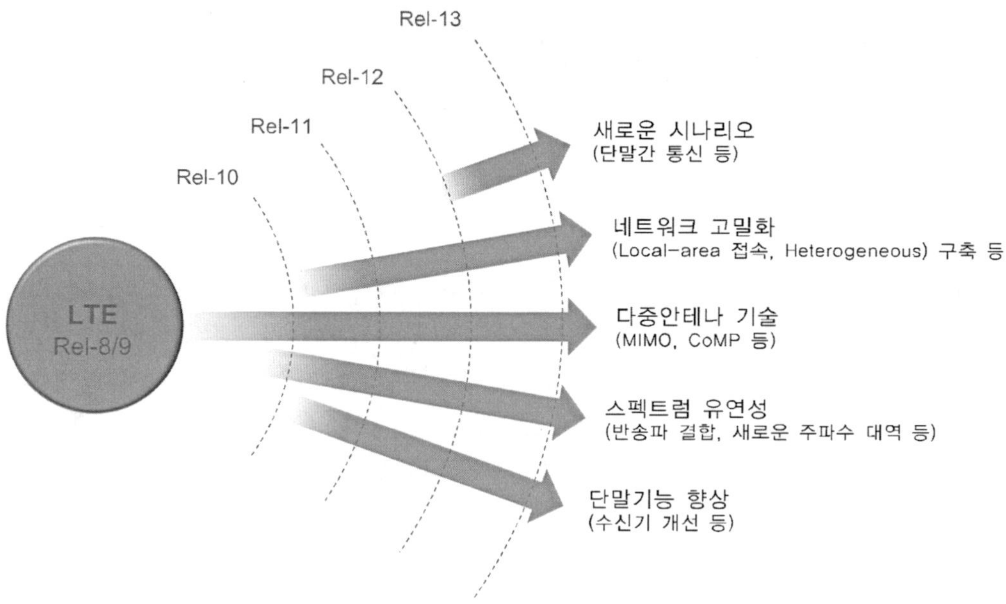

그림 3.5 LTE 진화

표 3.1 각 릴리즈에 대한 주요 특징.

	Release 10	Release 11	Release 12	Release 13
새로운 시나리오			• 단말 간 통신 • 사물형 통신 (MTC)	• 단말 간 통신 개선 • 사물형 통신 개선 • NB-IoT
단말 기능 향상		• 간섭 제거 수신기를 위한 성능 요구 사항	• 네트워크 기반 간섭 제거 • SU-MIMO를 위한 SIC, IRC	

네트워 고밀화	• Heterogeneous 구축 • Relay	• Heterogeneous 구축	• Dual connectivity • 스몰 셀 on/off • 동적 TDD • Heterogeneous 구축에서 이동성 개선	• Dual connectivity • LAA(License-Assisted Access)
다중 안테나 기술	• 하향링크8×8 MIMO • 상향링크4×4 MIMO	• 저지연 백홀 기반 CoMP • 향상된 제어 채널 구조	• 일반 백홀 기반 CoMP	• FD-MIMO
스펙트럼 유연성	• 반송파 결합	• 서로 다른 TDD 구성 간의 반송파 결합	• 반송파 결합, FDD+TDD	• 반송파 결합, 32개 반송파까지 • LAA
기타			• 스마트 혼잡 완화 (smart congestion mitigation)	

LTE의 진화는 Release 10에서 시작한다. LTE Release 10의 주요 목표 중 하나는 LTE 무선 접속 기술이 IMT-Advanced 요구 사항을 완벽하게 준수하도록 하는 것이며, 이에따라 LTE Release 10 및 그 이후 릴리즈들에는 LTE-Advanced라는 이름이 자주 사용된다. 그러나 3GPP는 ITU 요구 사항 외에도 LTE-Advanced 에 대한 자체 목표 및 요구 사항을 정의했다 [29]. 이러한 목표/요구 사항은 추가적인 요구 사항을 포함하여 ITU 요구 사항을 보다 공격적으로 확대하였다. 중요한 요구 사항 중 하나는 이전 버전과의 후방위 호환성이었다. 본질적으로 이는, 이전 릴리즈의 LTE 단말이 LTE Release 10 기능을 지원하는 반송파에 접속할 수 있어야 한다는 것을 의미한다. 물론, 해당 단말이 그 반송파에서 모든 Release 10 기능을 사용할 수는 없는 것이 당연하지만, 적어도 해당 반송파에 접속하여 그 이전까지 LTE의 기능을 사용할 수는 있어야 한다.

LTE Release 10은 2010년 말에 완료되었으며, 반송파 결합을 통한 주파수 유연성 확대, 다중 안테나 전송의 추가적인 확장, relay 기능 지원 도입 및 heterogeneous 네트워 구축에서의 간섭 조정 능력 개선을 제공한다.

Release 11은 LTE의 성능과 기능을 더욱 확장했다. 2012년 후반에 완성된 LTE Release 11의 가장 주목할만한 기능 중 하나는 CoMP (Coordinated Multi-Point) 송신 및 수신을 위한 무선 인터페이스 기능이었다. Release 11의 또 다른 추가 기능으로는 반송파 결합 개선, 새로운 제어 채널 구조 및 진보된 단말 수신기에 대한 성능 요구 사항 등이 있다.

Release 12는 2014년에 완성되었으며 dual connectivity, 스몰 셀 on/off 및 eIMTA (enhanced Interference Mitigation and Traffic Adaptation)와 같이 스몰 셀에 중점을 두었다. 이와 함께,

Release 12에서는 단말 간 직접 통신을 도입하였으며 복잡도를 줄인 사물형 통신 (machine-type communication, MTC)에 대한 준비도 실시하였다.

2015년 말에 완성된 Release 13은 LTE-Advanced Pro의 시작을 의미한다. 마케팅 관점에서는 4.5G라고 불리는 경우가 있으며, 이는 LTE의 첫 번째 릴리즈로 정의되는 4G와 다가오는 새로운 5G 무선 인터페이스 (23장 및 24장 참조) 사이의 중간 기술로 여겨진다. 면허 주파수를 통한 네트워크 용량을 보완하기 위하여 비면허 주파수를 지원하는 LAA (License-Assisted Access), 사물형 통신의 기능 향상, CA와 다중 안테나 전송 및 단말 간 통신에 대한 기능 향상 등 역시 Release 13의 중요한 부분이다.

3.3 주파수 유연성

이미 LTE의 첫 번째 릴리즈부터 여러 가지 대역폭 지원 및 FDD/TDD의 공동 설계 등과 같이 어느 정도의 주파수 유연성을 제공하고 있다. 이후 릴리즈에서는 CA를 사용한 넓은 대역폭의 지원 및 조각난 주파수 활용을 지원하고, LAA를 통하여 비면허 대역을 사용할 수 있도록 하는 것과 같이 주파수 사용의 유연성이 크게 확장되었다.

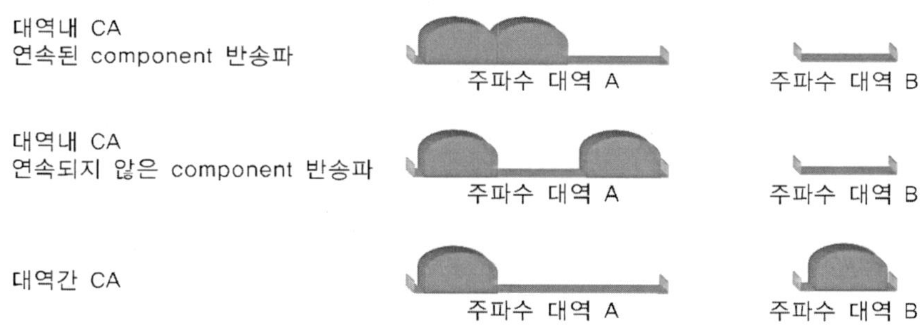

그림 3.6 반송파 결합

3.3.1 반송파 결합 (Carrier Aggregation, CA)

앞서 설명한 바와 같이, LTE의 첫 번째 릴리즈에서부터 이미 약 1 MHz에서부터 20 MHz까지의 다양한 주파수 대역폭 지원, paired 및 unpaired 주파수를 모두 지원하는 것과 같이 다양한 특성의 주파수 할당에서도 LTE 구축을 지원할 수 있도록 주파수 유연성을 제공하고 있다. LTE Release 10에서는 복수 개의 component 반송파 (component carrier, CC)가 결합하여 하나의 단말로의/단말로부터의 전송에 함께 사용될 수 있는 반송파 결합 (carrier aggregation, CA)을 통하여 대역폭이 더욱 확장될 수 있다. 각각 서로 다른 대역폭을 가진 component 반송파는 최대 5개까지 결합될 수 있으므로, 최대 100 MHz의 대역폭까지 지원이 가능하다. 모든 component 반송파들은 동일한 듀플렉스 방식을 사용하여야 하며, TDD의 경우에는 상향링크-하향링크 구성이 동일해야 한다. 이 제약 사항은 이후 릴리즈에서 완화되었으며, 결합되는 component 반송파의 개수 역시 최대 32개로 늘어나서 가능한 총 대역폭은 640 MHz에 이르게 된다. 후방위 호환성을 위하여 각 component 반송파는 LTE Release 8 구조를 가지고 있다. 이에 따라, CA가 가능한 단말은 결합된 총 대역폭을 사용하여 보다 높은 데이터 속도를 얻을 수 있는 반면에, Release 8/9 단말에서는 각 component 반송파들이 LTE Release 8 반송파로 보이게 된다. 일반적으로, 하향링크에서 결합되는 component 반송파의 개수와 상향링크에서 결합되는 component 반송파의 개수가 같을 필요는 없다. 이는 단말기 복잡도 측면에서 매우 중요한 부분이다. 왜냐하면, 일반적으로 하향링크에서는 높은 속도가 요구되어 CA가 자주 요구되는 반면에 반드시 상향링크 복잡도를 증가시킬 필요는 없기 때문이다.

Component 반송파들은 주파수축 상에서 반드시 연속되어 있을 필요가 없으며, 따라서 조각조각 떨어진 주파수 자원들을 활용할 수 있다. 즉, 사업자들은 매우 큰 하나의 광대역의 주파수 자원을 가지고 있지 않더라도 여러 군데에 떨어져 있는 주파수를 합쳐서 광대역 주파수처럼 만들어 높은 데이터 속도를 제공할 수 있다.

Baseband 측면에서는 그림 3.6의 서로 다른 경우들 사이에 차이가 없으며 이 모두가 LTE Release 10에서 지원된다. 그러나, RF 구현의 복잡도 관점에서 보면 이러한 서로 다른 CA 방식 별로 복잡도에 큰 차이가 있으며, 물론 그림 3.6의 첫 번째 경우가 가장 간단한 방식이다. 따라서, 기본 규격 상으로는 CA 기능이 지원된다고 말할 수 있으나, 반드시 모든 단말이 모든 CA 방식 및 대역을 지원하는 것은 아니다. 또한, Release 10의 경우에는 물리 계층 규격 및 시그널링 규격 등에서 정의된 것에 비하여 RF 규격에 있어서 CA에 일부 제약이 존재하였으며, 이후 릴리즈에서는 훨씬 더 많은 개수의 대역 내 및 대역 간 CA 조합이 지원된다.

Release 11은 TDD 통신 반송파들의 CA에 대한 추가적인 유연성을 제공했다. Release 11 이전에는 모든 반송파들에 대하여 동일한 하향링크-상향링크 할당을 설정해야 하는 것이 필요했다. 각 대역에서의 구성은 특정 대역의 다른 무선 접속 기술과의 공존을 고려하여야 하므로, 이와 같은 제약은 서로 다른 대역의 반송파 결합의 경우에는 필요 이상으로 CA를 제약할 수 있다. 상이한 하향링크-상향링크 할당을 결합하는 경우, 두 반송파를 온전하게 이용하기 위해서는 단말이 수신 및 송신을 동시에 할 필요가 있을 수도 있다. 따라서 이전 릴리즈와 달리 TDD 기기 역시 FDD가 가능한 기기와 마찬가지로 duplex 필터가 필요할 수도 있다. 또한 Release 11에서는 연속되지 않는 대역내 결합에 대한 RF 요구 사항의 도입과 함께 훨씬 더 많은 대역 간 결합 시나리오들을 지원한다.

이전 릴리즈에서는 한 가지 듀플렉스 방식 사이에서의 CA만을 지원한 것에 비하여, Release 12는 FDD와 TDD 반송파 간의 결합을 정의했다. FDD-TDD 결합은 사업자가 주파수 자원을 보다 더 효율적으로 활용할 수 있게 한다. 또한 FDD 반송파에서 연속적인 상향링크 전송을 활용함으로써 TDD의 상향링크 커버리지를 향상시키는 데에도 사용할 수 있다.

Release 13은 결합 가능한 반송파의 개수를 5개에서 32개까지 늘림으로써, 최대 대역폭은 640 MHz이고, 이론적인 하향링크 최대 데이터 전송 속도는 약 25 Gbps에 이른다. 반송파의 수를 증가시키는 주된 동기는 LAA와 함께 논의된 바와 같이 비면허 주파수에서 매우 큰 대역폭을 활용하기 위한 것이다.

반송파 결합의 진화는 그림 3.7에 요약되어 있으며 12장에서도 자세히 설명한다.

3.3.2 LAA (License-Assisted Access)

원래 LTE는 통신 사업자가 특정 주파수 범위에 대한 독점적인 면허를 보유한 면허 주파수에 대하여 설계되었다. 면허 주파수는 사업자가 망을 계획하고 간섭 상황을 제어할 수 있기 때문에 많은 이점을 제공하지만, 일반적으로 주파수 면허를 취득하는 데 따르는 비용이 있으며 면허 주파수의 양은 제한적이다. 따라서 특정 지역 내에서 더 높은 데이터 전송 속도와 더 높은 용량을 제공하기 위하여 비면허 주파수를 보완적으로 사용하는 것이 관심을 끌고 있다. LTE 망을 Wi-Fi로 보완하는 것이 하나의 방법일 수 있으나, 면허 주파수와 비면허 주파수를 보다 밀접하게 결합하면 성능을 더욱 향상시킬 수 있다. 따라서 LTE Release 13은 LAA를 도입했으며, 그림 3.8과 같이 비면허 주파수 대역 (주로 5 GHz 대역)의 반송파들이 면허 주파수 대역의 반송파들과 하향링크 CA를 구성하게 된다. 이동성과 중요한 제어 신호 및 높은 QoS를 요구하는 서비스는 면허 주파수 내의 반송파에서 지원하고 비교적 요구 사항이 덜 까다로운 일반적인 트래픽은 비면허 주파수 내의 반송파를 통해 처리할 수 있다. 사업자가 관리하는 스몰 셀 구축 등이 목표 구축 모델이 될 수 있다. 특히 Wi-Fi 등과 같은 다른 시스템과 주파수 자원을 공평하게 공유하는 것이 LAA의 중요한 특징 중 하나이며, 이에 따라 LBT (listen-before-talk)을 지원한다.

17장에서는 LAA에 대해 자세히 설명한다.

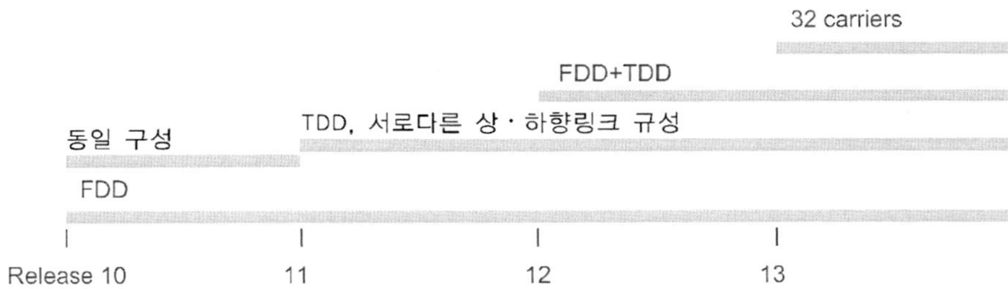

그림 3.7 반송파 결합의 진화

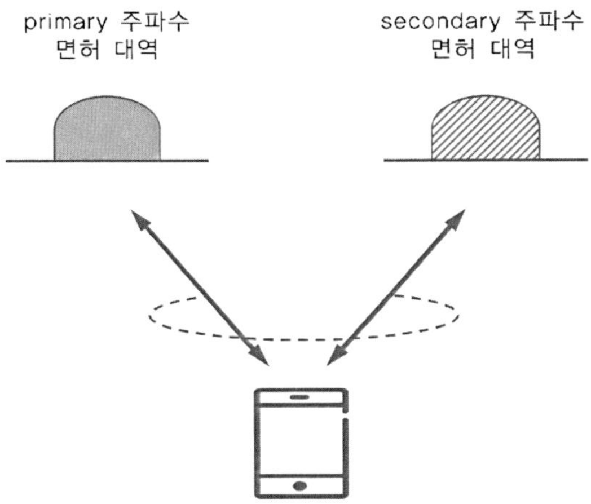

그림 3.8 LAA

3.4 다중 안테나 기술 향상

다중 안테나 지원은 하향링크에서의 전송 layer 수를 8개까지 증가시키고 상향링크 공간 다중화를 도입하는 등 여러 릴리즈에 걸쳐서 지속적으로 향상되었다. CoMP 전송의 도입과 마찬가지로 FD-MIMO (Full-dimension MIMO) 및 2차원 빔포밍 역시 지속적인 다중 안테나 기술의 향상의 일환이다.

3.4.1 다중 안테나 전송의 확장

하향링크 공간 다중화는 Release 10에서 최대 8개의 전송 layer를 지원하는 것으로 확장되었다. 이는 Release 9에서의 이중-layer 빔포밍을 최대 8개의 안테나 포트 및 이에 대응하는 8개의 layer로 확장된 것으로 볼 수 있다. 이 기능을 CA와 함께 사용하면, Release 10에서 가능한 100 MHz 주파수 자원을 사용할 경우 하향링크에서 최대 데이터 속도를 3 Gbps까지 가능하게 하며, Release 13에서 가능한 32개의 반송파 및 256 QAM과 함께 사용하는 경우 25 Gbps까지 가능하게 된다.

최대 4개의 layer를 지원하는 상향링크 공간 다중화 역시 Release 10에서 도입되었다. 이 기능을 상향링크 CA와 함께 사용하면, 100 MHz 주파수 자원을 사용할 경우 상향링크 최대 데이터 속도를 1.5 Gbps까지 가능하게 한다. 상향링크 공간 다중화는 기지국의 제어 하에서 코드북 기반의 방식으로 이루어지며, 따라서 이 구조는 상향링크 송신단 빔포밍으로도 사용될 수 있다.

LTE Release 10의 다중 안테나 기술 확장의 중요한 결과는, 채널 추정 기능과 CSI 획득 기능을 분리하는 향상된 하향링크 reference 신호 구조를 도입한 것이다. 이 목적은 새로운 안테나 방식을 가능하게 하고 보다 정교한 다중 지점 조정/전송 (multi-point coordination/transmission, CoMP) 같은 새로운 기능을 보다 유연하게 사용할 수 있게 하는 것이었다.

Release 13에서 많은 수의 안테나를 지원하는 방식이 도입되었는데, 이는 특히 광범위한 CSI 피드백의 관점에서 이루어졌다. 이를 통해 가용해진 큰 자유도 (degree of freedom)는 예를 들면, 빔포밍을 수평 방향 (azimuth)뿐만 아니라 수직 방향 (elevation)으로도 할 수 있도록 해주며, 복수의 공간적으로 분리된 단말들이 동일한 시간-주파수 자원을 사용하여 동시에 서비스되는 다중 사용자 MMO (MU-MIMO)에 사용될 수 있다. 이러한 향상은 Full-dimension MIMO라고 도하며, 매우 많은 수의 제어 가능한 안테나가 존재하는 Massive MIMO로의 진화를 의미한다.

다중 안테나 지원은 6장의 하향링크 프로세싱, 7장의 상향링크 프로세싱 및 10장의 CSI 보고 메커니즘 지원을 통하여 추가적으로 설명된다.

3.4.2 다중 지점 조정/송신 (multi-point coordination and transmission)

앞서 논의한 바와 같이, LTE의 최초 릴리즈부터 이미 어느 정도 셀 간 간섭을 부분적으로나마 제어할 수 있도록 셀 간 간섭 조정 (inter-cell interference coordination, ICIC)이라 불리는 기능이 지원된다. 그러나 이러한 셀 간 간섭을 조정할 수 있는 능력은 송신 지점 (transmission points)사이에서 보다 더 동적인 조정을 할 수 있는 가능성을 포함하면서 Release 11에서 상당히 크게 확장되었다.

Release 8 ICIC가 셀 간 조정을 도와주기 위한 특정 X2 메시지들을 정의한 것에 그친 것에 비하여, Release 11에서는 여러 가지 조정 방식을 도와주기 위한 무선 인터페이스 기능 및 단말 기능을 정의하는 데 중점을 두었다. 일례로 Release 11에서는 복수 개의 송신 지점들에 대한 채널 상태 피드백을 지원한다. 이러한 무선 인터페이스 기능과 단말 기능들을 묶어서 통상 Coordinated Multi-Point (CoMP) 송신/수신이라고 부른다. 또한, 바로 아래 설명되어 있듯이

Release 11에서는 제어 채널 구조가 개선됨에 따라서 reference 신호 구조 역시 CoMP를 지원하기 위하여 다듬어졌다.

CoMP는 크게 다음의 두 가지를 모두 포함한다. 하나는 다중 지점 조정 (multi-point coordination)으로서 한 단말로의 전송 자체는 특정한 하나의 송신 지점으로부터 이루어지지만, 스케줄링 및 링크 적응 (link adaptation) 등은 복수 개의 송신 지점들 사이에서 조정된다. 다른 하나는 다중 지점 송신 (multi-point transmission)으로서 한 단말로의 전송 자체가 복수 개의 송신 지점으로부터 이루어질 수 있다. 이는 어떠한 경우에는 복수 개의 송신 지점들 사이에서 동적으로 스위칭되면서 이루어질 수도 있고 (dynamic point selection, DPS), 어떤 경우에는 복수 개의 송신 지점들에서 동시에 이루어질 수도 있다 (joint transmission, JT). 그림 3.9을 참조한다.

이와 비슷한 논의는 상향링크에 대해서도 이루어질 수 있다. 즉, (상향링크) 다중 지점 조정 및 다중 지점 수신을 구분할 수도 있다. 그러나 일반적으로 상향링크 CoMP는 네트워크 구현 이슈로서 단말쪽에 영향이 거의 없을 뿐만 아니라 무선 인터페이스 규격 상에서도 크게 연관이 없을 수 있다.

Release 11의 CoMP 작업은 실제로 지연이 굉장히 짧은 광 (fiber) 연결을 사용하여 안테나 사이트와 중앙 집중화된 baseband 프로세싱이 연결된 이상적인 백홀 구성을 바탕으로 한다. Release 12에서는 baseband가 중앙 집중화되지 않고 일반적인 백홀 (non-ideal backhaul) 시나리오에서 동작하도록 확장되었다. 이는 주로 잠재적인 자원 할당 결정 및 이에 따른 이득/비용에 대한 정보인 소위 CoMP 가정 (hypotheses)에 대한 정보를 교환하기 위한 새로운 X2 메시지 정의로 이루어진다. CoMP는 13장에서 추가적으로 설명한다.

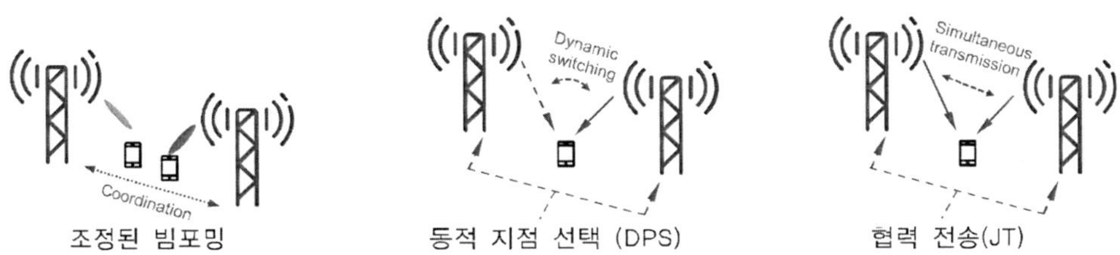

그림 3.9 다양한 CoMP 종류

3.4.3 제어 채널 구조 개선

Release 11에서는 새로운 보조적인 제어 채널 구조가 정의되었는데, 이는 셀 간 간섭 조정을 지원하기 위한 목적뿐만 아니라, 기존의 Release 10에서는 데이터 전송에만 새로운 reference 신호 구조에 따른 추가적인 개선을 얻을 수 있었던 것에 비하여 이러한 추가적인 개선을 제어

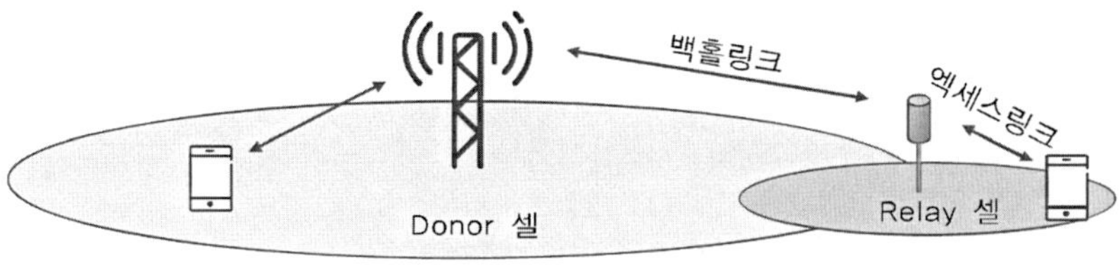

그림 3.10 Relay의 예

시그널링에서도 얻기 위한 목적을 가지고 있다. 따라서 이러한 새로운 제어 채널 구조는 다양한 CoMP 방식을 동작함에 있어서 우선적으로 필요한 요소로 여겨진다. 또한, 이 제어 채널 구조는 빔포밍 및 주파수 영역 간섭 조정 기능 등에도 도움을 줄 수 있으며, 또한 Release 12 및 13의 MTC 개선을 위한 협대역 동작을 지원하는 것에도 사용된다. 향상된 제어 채널 구조에 대한 설명은 6장에서 자세히 논의한다.

3.5 네트워크 고밀화, 스몰 셀 및 heterogeneous 구축

스몰 셀 및 밀도 높은 네트워크 구축은 매우 높은 용량과 데이터 전송 속도를 제공하는 수단으로서 여러 릴리즈에서 중점적으로 다루어졌다. Relay, 스몰 셀 on/off, 동적 TDD 및 heterogeneous 구축 등이 여러 릴리즈들 동안 이루어진 기능 향상의 예라고 볼 수 있다. 주파수 유연성 부분에서 논의된 LAA 또한 주로 스몰 셀을 위한 향상으로 볼 수 있다.

3.5.1 Relay

LTE에서 논의되는 relay 기술은, LTE 무선 인터페이스 기술을 사용하여 donor 셀과 무선으로 접속되어 있는 relay 노드를 통하여 단말이 네트워크에 접속을 하는 것을 의미한다 (그림 3.10 참조). 단말 측면에서는 relay 노드도 일반적인 셀처럼 보이며, 이러한 특징은 단말의 구현을 간단하게 하는 이점이 있을 뿐만 아니라, LTE Release 8/9 단말들도 relay 노드에 접속할 수 있는 후방위 호환성을 제공해준다. 본질적으로 relay는 무선으로 네트워크에 붙어 있는 저전력 기지국이다. 자세한 내용은 18장을 참조한다.

3.5.2 Heterogeneous 구축

Heterogeneous 구축이란 서로 다른 송신 전력을 가진 셀들이 서로 커버리지가 겹치도록 구축된 것을 말한다. 전형적인 예가 바로 그림 3.11과 같이 매크로셀 (macro cell) 커버리지 영역 내에

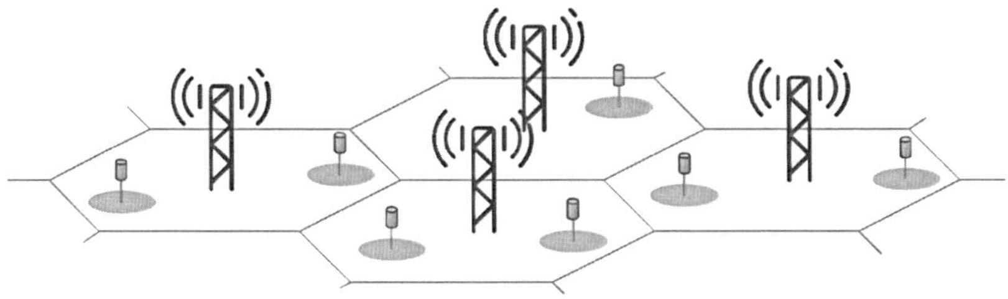

그림 3.11 매크로셀 안에 저전력 노드들(low-power nodes)로 만들어진 셀이 구축된 heterogeneous 구축의 예

피코셀 (pico cell)이 구축된 것이다. 물론, 이러한 구축 형태가 이미 Release 8에서도 지원이 되지만, Release 10에서는 커버리지가 겹치는 셀들 사이의 송신 전력 차이가 큰 경우의 시나리오에서 피코 계층과 매크로 계층 간의 간섭을 좀 더 잘 제어할 수 있는 기능을 도입하였다. 자세한 내용은 14장을 참조한다. Release 11에 도입된 다중 지점 조정 (multi-point coordination) 역시 heterogeneous 구축을 지원하는 추가적인 방법을 제공한다. 피코 계층과 매크로 계층 사이의 이동성을 개선하는 기능은 Release 12에서 도입되었다.

3.5.3 스몰 셀 On-Off

LTE에서 셀들은 셀의 실제 트래픽 활동에 관계 없이 셀-특정 reference 신호 및 브로드캐스팅 시스템 정보를 지속적으로 전송한다. 그 이유 중 하나는 idle 모드의 단말이 셀의 존재를 감지할 수 있도록 하는 것이다. 셀로부터의 송신이 없다면, 단말이 측정할 수 있는 것이 없으며, 따라서 셀이 검출되지 않을 것이다. 또한, 큰 커버리지를 갖는 매크로 셀에서는 셀 내에서 적어도 한 개의 단말은 활성화되어 있을 확률이 상당하므로, reference 신호를 지속적으로 전송하는 것이 일반적일 수 있다.

그러나 상대적으로 커버리지가 작은 스몰 셀이 조밀하게 구축된 일부 시나리오에서는 모든 셀들이 동시에 단말들을 지원하지는 않을 확률이 상당하다. 반면에, 특히 가시거리가 확보된 (ling of sight, LOS) 인접한 비어 있는 셀로부터 오는 간섭이 큰 경우에는, 낮은 SIR에 의하여 단말이 느끼는 간섭 상황은 상당히 심각할 수 있다. 이를 해결하기 위하여, Release 12는 트래픽 상황에 따라 개별 셀을 켜고 끄는 메커니즘을 도입함으로써 평균 셀 간 간섭을 줄이고 전력 소모를 줄이는 방안을 마련했다. 15장에서는 이러한 메커니즘을 보다 자세히 설명한다.

3.5.4 Dual connectivity

기본적으로 단말은 1개의 eNB에 연결되는데, dual connectivity은 하나의 단말이 2개의 eNodeB에 동시 연결됨을 의미한다. 단말이 복수 개의 사이트로부터의 데이터를 수신하는 사용자 평면 결합 (user-plane aggregation), 제어 평면과 및 사용자 평면의 분리, 그리고 (하향링크 전송이 상향링크 수신 노드와는 다른 노드에서 시작되는 경우의) 상향링크-하향링크의 분리 등이 dual connectivity에서 도입된 새로운 기능의 예이다. 제16장을 참조한다. 이것은 어떻게 보면 CA를 일반적인 백홀 (non-ideal backhaul)의 경우로 확장한 것으로 볼 수 있다. 또한 Dual connectivity 프레임워크는 WLAN (예 : Wi-Fi)과 같은 다른 무선 액세스 방식을 3GPP 네트웍에 통합하는 데에도 매우 효율적인 것으로 여겨진다. 아울러, 이는 제23장에서 논의되는 것처럼, 5G 시대에서 중요한 역할을 하는 LTE와 새로운 5G 무선 액세스 기술 간의 긴밀한 연동에도 중요한 역할을 한다.

3.5.5 동적 (dynamic) TDD

TDD에서는 동일한 반송파 주파수가 상향링크와 하향링크 사이의 시간 영역에서 공유된다. LTE 및 기타 다른 많은 TDD 시스템에서는, 기본적으로 상향링크와 하향링크 자원을 정적으로 (static) 분리해 놓는다. 비교적 다수의 사용자가 존재하여 이 사용자들에 대한 트래픽이 합쳐져서 셀 단위로 상/하향링크의 부하가 비교적 안정적인 큰 매크로 셀에서는, 이와 같이 정적으로 자원을 분할하는 것이 적절한 가정일 수 있다. 그러나 비교적 작은 영역의 구축에 대한 관심이 증가함에 따라, 현재까지의 비교적 큰 영역의 구축에 비하여 TDD가 더 중요한 역할을 할 것으로 예상된다. 그 이유 중 하나는, 광역 커버리지에 적합하지 않은 높은 주파수 대역에는 unpaired 주파수 할당이 많이 있기 때문이다. 또 다른 이유는 광역 TDD 네트웍에서 종종 문제가 되는 간섭 시나리오가, 건물 옥상보다 낮은 지점에 구축하는 스몰 셀에서는 일어나지 않기 때문이다. 따라서, 노드 당 출력이 낮은 TDD를 사용하는 로컬 영역 망으로 기존의 광역 FDD 망을 보완할 수 있다.

스몰 셀 기지국과 송수신하는 단말의 수가 매우 적은 로컬 영역 시나리오에서 동적으로 변하는 트래픽을 잘 처리하려면 동적 TDD가 유용하다. 동적 TDD에서, 네트웍은 상향링크 또는 하향링크 전송을 위한 자원을 매순간 트래픽 상황에 맞춰서 동적으로 사용할 수 있으며, 이를 통하여 상향링크 및 하향링크 사이의 자원을 정적으로 분할하는 것에 비하여 사용자 성능을 향상시킬 수 있다. 이러한 이점을 활용하기 위해 LTE Release 12는 동적 TDD 혹은 3GPP에서의 공식 이름인 eIMTA를 지원한다. 동적 TDD에 대한 자세한 내용은 제15장에서 자세히 다룬다.

3.5.6 WLAN 상호연동

3GPP 아키텍처는 3GPP가 아닌 무선 접속(예 : WLAN 및 cdma2000 [74])을 3GPP 네트웍에 연결할 수 있게 해준다. 본질적으로 이러한 솔루션은 3GPP가 아닌 무선 접속을 EPC에 연결하므로 LTE 무선 접속망에는 이 사실이 보여지지 않는다. 이러한 방식의 WLAN 연동의 단점은

네트웍 단에서의 제어가 부족하다는 점이다. 예를 들어, LTE에 머무르는 것이 더 나은 사용자 경험을 제공할 수 있는 경우에도 단말이 Wi-Fi를 선택해버릴 수 있다. 따라서, Release 12에서는 단말이 네트웍을 선택하는 과정에서 이를 도와줄 수 있는 수단을 도입했다. 기본적으로, 네트웍은 단말이 LTE를 선택할 지 혹는 Wi-Fi를 선택할 지를 결정하는 신호 세기의 threshold를 조절한다.

Release 13은 단말이 언제 Wi-Fi를 사용해야 하고 언제 LTE를 사용해야 하는 지에 대한 보다 명시적인 제어를 통하여 WLAN 상호연동을 추가적으로 향상시킨다. 또한 Release 13에는 dual connectivity와 매우 유사한 프레임워크를 사용하여 LTE와 WLAN이 PDCP 단계에서 합쳐지는 LTE-WLAN 결합 (LWA)을 지원한다. 현재는 하향링크에서만 결합을 지원한다.

3.6 단말기 개선

기본적으로는, 단말 제조사는 해당 제품이 규격이 정한 최소한의 요구 사항을 만족하는 한 자유롭게 단말 수신기를 설계할 수 있다. 물론, 고품질의 수신기는 최종 사용자의 데이터 속도를 높이는데 직접적으로 기여할 수 있으므로, 단말 제조사들은 자체적인 노력으로 규격이 정한 최소 요구 사항보다 우수한 수신기를 제작할 수 있다. 그러나 실제로 망에서는 어떤 단말이 훨씬 더 우수한 성능을 가지고 있는 지를 알 수 없기 때문에, 이러한 고품질 수신기의 능력(capability)을 온전하게 활용할 수 없을 수도 있다. 따라서, 망 구축 자체는 최소한의 요구 사항을 만족하는 품질에 맞추어 구축되어야 한다. 이러한 경우, 규격에서 보다 진보된 수신기들에 대한 성능 요구 사항을 정의해주게 되면, 적어도 이러한 진보된 수신기로 분류된 단말들의 최소 성능에 대해서는 망이 인지할 수 있으므로 실제 망 구축 및 운용에 도움이 될 수 있다. Release 11과 12는 수신기 개선에 집중하여, Release 11에서는 오버헤드 신호를 제거하는 방식이 포함되었고 Release 12에서는 네트웍이 셀 간 간섭 제거를 위한 정보를 단말에 제공하는 NAICS (network assisted interference cancellation and suppression)을 포함하여 보다 일반적인 방식을 지원하였다.

3.7 새로운 시나리오

LTE는 원래 넓은 지역에서 높은 데이터 전송 속도와 고용량의 통신 성능을 제공하는 것을 목표로 하는 광대역 이동통신 시스템으로 설계되었다. LTE의 진화를 통하여 채널 용량 및 데이터 전송 속도를 더욱 개선하는 기능도 추가가 되었지만, 이와 함께 사물형 통신과 같이 새로운 사용 용례를 위한 LTE의 진화 역시 이루어졌다. 또 다른 예로는, 재난 지역에서 네트워 커버리지가 없는 상태에서 통신 및 이를 위한 단말 간 통신이 Release 12 LTE 규격에 포함된 것을 들 수 있다.

3.7.1 단말 간 통신 (Device-To-Device Commnucation)

LTE와 같은 셀룰러 시스템은 단말은 통신을 위하여 기지국에 연결된다는 가정하에 설계되었다. 일반적으로 단말이 관심 있어 하는 콘텐츠의 서버가 단말의 근처에 있지 않기 때문에, 이러한 방식은 대부분의 경우 효율적이다. 그러나 단말이 인접한 단말과 통신을 하고 싶어 하거나 주변에 관심 있는 단말이 있는지 여부만 감지하려는 경우에는, 네트워 중심의 통신이 최선의 방법이 아닐 수 있다. 마찬가지로, 재난 상황에서 곤경에 처한 사람들을 찾는 구조 대원 (first responder)들을 위한 재난 안전망 (public safety)의 경우에는 네트워 커버리지가 없는 경우에도 통신이 가능해야 하는 요구 사항이 있다.

이러한 상황을 다루기 위해 Release 12는 상향링크 스펙트럼의 일부를 사용하여, 네트워이 지원하는 단말 간 통신 (network-assisted device-to-device communication)을 도입했다. 단말 간 통신에는 두 개의 시나리오가 고려되었는데, 하나는 재난 안전망을 위하여 커버리지 내에서 및 커버리지가 없는 경우에서의 통신이며, 다른 하나는 상업적 용도로 커버리지 내에서 주변의 단말들을 찾아내는 용도이다. LTE의 단말 간 통신에 대한 자세한 내용은 제21장에서 다룬다.

3.7.2 사물형 통신 (Machine-Type Commnucation, MTC)

사물형 통신은 기본적으로 모든 유형의 사물 간 통신을 포함하는 매우 광범위한 개념이다. 이는 매우 넓은 여러 가지의 어플리케이션을 포함할 수 있으나 실제로 이중 많은 것들은 아직 잘 알려져있지 않으며, 따라서 MTC 어플리케이션은 크게 massive MTC와 critical MTC로 구분된다.

Massive MTC 시나리오의 예로는 다양한 유형의 센서, 액추에이터 등과 같은 단말을 들 수 있다. 이러한 단말들은 일반적으로 가격이 매우 저렴하며 배터리 수명을 오래 유지시키기 위하여 에너지 소비량이 매우 적어야 한다. 동시에, 각 단말들에 의해 만들어지는 데이터의 양은 매우 적으며 낮은 지연 성능이 중요한 요구 사항이 아니다. 반면에, critical MTC는 교통안전/제어 또는 산업자동화를 위한 무선 연결 등과 같은 어플리케이션에 해당하며, 일반적으로 매우 높은 안정성과 가용성이 요구된다.

Massive MTC를 보다 잘 지원하기 위해 Release 12부터 여러 가지 기능들이 추가되었다. 우선 최대 속도를 1 Mbps까지만 지원하는 저사양의 단말 category 0가 정의되었다. 단말 전력 소비를 감소하기 위한 절전 모드도 정의하였다. Release 13은 커버리지를 추가적으로 확대하고 실제 시스템 대역폭과는 상관없이 1.4 MHz의 대역폭을 사용함으로써 단말 비용을 추가적으로 줄이는 category M1을 정의함으로써 MTC 지원을 더욱 향상시켰다. 네트워크 관점에서 보면 이러한 단말들은 기능이 제한적이지만 정상적인 LTE 단말이며 하나의 반송파 내에서 보다 더 많은 기능을 갖춘 LTE 단말들과 자유롭게 혼재될 수 있다.

NB-IoT (Narrow-band Internet-of-Things) 역시 Release 13에서 도입되었다. 이는 category-M1에 대비해서도 더욱 낮은 비용과 더욱 낮은 250 kbps 혹은 그 이하의 전송 속도를 지원하며 180 kHz의 대역폭을 가짐으로써 네크워크 커버리지 능력은 더욱 확대되었다. 15 kHz의 부반송파 간격을 갖는 OFDM을 사용함으로써, 별도의 주파수 할당 없이 LTE 대역 내에서 운용될 수 있으며, 별도의 주파수 할당에서 운용될 수도 있고, LTE의 가드밴드에서도 운용될 수 있다. 따라서, 사업자들에게 높은 유연성을 제공한다. 상향링크의 싱글톤 전송은 데이터 전송 속도를 매우 낮게 하면서 매우 큰 커버리지를 획득하도록 지원된다. NB-IoT는 LTE와 동일한 상위계층 프로토콜 (MAC, RLC, PDCP)을 사용하며 NB-IoT 및 category-M1에 적용할 수 있는 빠른 연결 설정을 제공한다. 따라서, 기존 LTE 구축에 쉽게 통합되어 운용될 수 있다.

제20장에서 LTE의 massive MTC 지원에 대해 자세히 설명한다.

3.8 단말기 능력 (capability)

여러 가지 시나리오 별로 요구되는 데이터 속도도 다를 수 있으며 이에 따라 요구되는 단말기의 능력도 차이가 있을 수 있다. 또한, 시장에서는 가격에 따라서 저사양 단말과 고사양 단말을 구분할 필요가 있을 수 있으므로, 모든 단말이 모든 기능을 다 지원할 필요는 없다. 게다가, 이전 릴리즈의 표준을 따르는 단말은 이후 릴리즈에서 도입된 기능들을 지원할 수가 없다. 예를 들면 Release 8 단말은 Release 10에 도입된 CA 기능은 당연히 지원하지 못한다. 따라서, 단말과 네트워크 사이의 연결이 형성될 때, 단말은 자신이 지원하는 LTE 릴리즈뿐 아니라 릴리즈 내에서 자신이 지원하는 능력을 알려준다.

원칙적으로는 서로 다른 파라미터는 각각 따로따로 규격화할 수 있지만, 일부 파라미터 값은 잘못 조합할 경우 이치에 맞지 않을 수 있으므로 그러한 부적합한 조합들을 피하고 전체 조합의 개수를 제한하기 위하여, 물리 계층 능력을 묶어서 단말 카테고리 (UE category)를 만들었다 (참고로, UE (user equipment)는 3GPP에서 단말을 지칭하는 용어이다). Release 8/9에서는 공간 다중화를 지원하지 않는 저사양 단말기인 카테고리 1에서부터 Release 8/9에서 물리 계층 규격화된 모든 기능들을 지원하는 고사양 단말기인 카테고리 5까지 5개의 UE 카테고리를 정의하였다. 표 3.2에 이러한 단말 카테고리를 하향링크와 상향링크를 합쳐서 하나의 표로 정리하였으며, 좀 더 자세한 단말 카테고리는 [30]을 참조한다. 아울러, 최대 4개의 안테나 포트를 통하여 시스템 정보가 전송될 수도 있기 때문에, 카테고리에 상관없이 단말은 최대 4개의 안테나 포트로부터 단일 스트림 전송을 수신할 수 있어야 한다.

이후 릴리즈에서는 반송파 결합과 같은 추가 기능들이 더해짐으로써, Release 8/9에 비해 추가적인 UE 카테고리의 형태 또는 별도의 능력의 형태로든 추가적인 능력에 대한 시그널링을 필요로 하게 되었다. 모든 릴리즈의 네트웍에서 작동할 수 있으려면 단말은 우선 Release 8/9 카테고리에 대하여 지원하는 능력을 선언하고 또한 이후 릴리즈의 카테고리에 대한 지원을 선언할 수 있어야 한다.

원칙적으로 component 반송파의 최대 개수 및 공간 다중화의 최대 개수에 따라서 새로운 카테고리를 정의할 수도 있으며, 그렇게 되면 카테고리의 개수가 매우 커지고 단말이 지원하는 카테고리가 주파수 대역에 따라 달라질 수도 있다. 따라서, 상향링크 및 하향링크에서 지원되는 component 반송파의 개수 및 공간 다중화의 정도는 카테고리 번호와는 별도로 시그널링된다. 카테고리에 독립적인 시그널링은 다른 기능에도 사용되는데, 이는 특히 Release 8/9 이후에 추가된 기능에 해당된다. 지원하는 듀플렉스 방식도 이러한 능력 중 하나이며 Release 8 FDD의 경우 단말-특정의 reference 신호를 지원하는지의 여부도 이러한 능력 중 하나이다. 또한, 단말이 GSM 혹은 WCDMA와 같이 타 무선 접속 기술을 지원하는지의 여부도 별도로 알려진다.

표 3.2 UE 카테고리

Category	Release	하향링크			상향링크	
		최대 전송 속도	최대 MIMO Layer 수	최대 변조	Peak Rate (Mbit/s)	Maximum Modulation
M1	13	0.2	1		0.14	
0	12	1	1	64QAM	1	16QAM
1	8	10	1	64QAM	5	16QAM
2	8	50	2	64QAM	25	16QAM
3	8	100	2	64QAM	50	16QAM
4	8	150	2	64QAM	50	16QAM
5	8	300	4	64QAM	75	64QAM
6	10	300	2 또는 4	64QAM	20	16QAM
7	10	300	2 또는 4	64QAM	100	16QAM
8	10	3000	8	64QAM	1500	64QAM
9	11	150	2 또는 4	64QAM	50	16QAM
10	11	150	2 또는 4	64QAM	100	16QAM
11	12	600	2 또는 4	256QAM optional	50	16QAM
12	12	600	2 또는 4	256QAM optional	100	16QAM
13	12	400	2 또는 4	256QAM	150	64QAM
14	12	400	2 또는 4	256QAM	100	16QAM
15	12	4000	8	256QAM		

04

무선 인터페이스 구조

이 장에서는 LTE 무선망 (RAN) 및 관련한 코어망 (CN)의 전체적인 구조를 살펴보고, 이어서 무선망의 사용자 평면 (user-plane) 및 제어 평면 (control-plane) 프로토콜을 알아보도록 한다.

4.1 전체적인 시스템 구조

3GPP에서는 LTE 무선 접속 기술에 대한 작업과 병행하여, 무선망 (Radio Access Network, RAN) 및 코어망 (Core Network, CN)의 전체적인 시스템 구조와 이 두 개의 네트워 부분 사이의 기능적인 분리에 대한 논의가 있었다. 이를 System Architecture Evolution (SAE)이라고 하며, 이를 통하여 flat한 RAN 구조 및 새로운 코어망 구조인 Evolved Packet Core (EPC)가 만들어졌다. LTE RAN과 EPC를 합하여 Evolved Packet System (EPS)이라고 부른다.[1)]

RAN은 예를 들면 스케줄링, 무선 자원 관리, 재전송 프로토콜, 채널 코딩 및 다양한 다중 안테나 방식 등과 같은 무선에 관련된 모든 기능을 담당한다. 이러한 기능은 이후 장에서 자세히 설명된다.

EPC는 무선 인터페이스와는 관련이 없지만 전체적인 광대역 이동통신 (mobile broadband) 네트워을 제공하기 위하여 필요한 기능들, 예를 들면 인증, 과금, end-to-end 연결 형성 등과 같은 기능을 담당한다. 여러 개의 무선 접속 기술이 하나의 코어망과 운용될 수 있기 때문에, 이러한 기능을 RAN에 포함하는 것 보다는 분리하는 것이 더 유리하다.

---

1) WCDMA/HSPA 무선망인 UTRAN 역시 EPS의 한 부분이다.

이 책은 주로 LTE RAN에 중점을 두고 있지만, 아래와 같이 EPC에 대하여 간단히 살펴보는 것도 LTE를 이해하는 데 도움이 될 것이다. EPC에 대한 좀 더 자세한 내용은 참고 문헌 [5]를 참조한다.

4.1.1 코어망 (CN)

EPC는 GSM 및 WCDMA/HSPA에 사용되던 GSM/GPRS 코어망으로부터 근본적인 진화이다. EPC는 회선 교환 영역은 더 이상 지원하지 않으며 패킷 교환 영역만을 지원한다. EPC는 여러 개의 서로 다른 종류의 노드로 이루어지며, 그림 4.1에 간단히 표현되어 있다.

Mobility Management Entity (MME)는 EPC에서 제어 평면을 다루는 노드로서, 단말에 대한 베어러의 연결과 해제, IDLE 상태에서 ACTIVE 상태로의 천이, 보안 키 (security key) 관리 등과 같은 기능을 담당한다. 단말과 무선망 사이에서 동작하는 기능을 Access Stratum (AS)이라고 하며, 단말과 EPC 사이에서 동작하는 기능은 이와 구분하기 위하여 Non-Access Stratum (NAS)이라고 부른다.

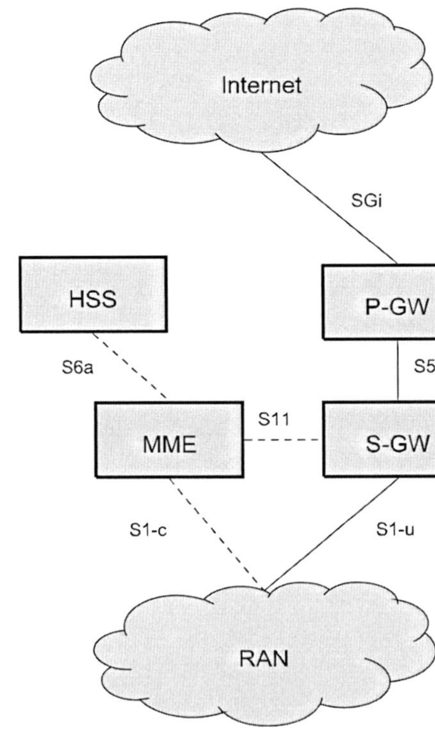

그림 4.1 코어망 (EPC) 구조

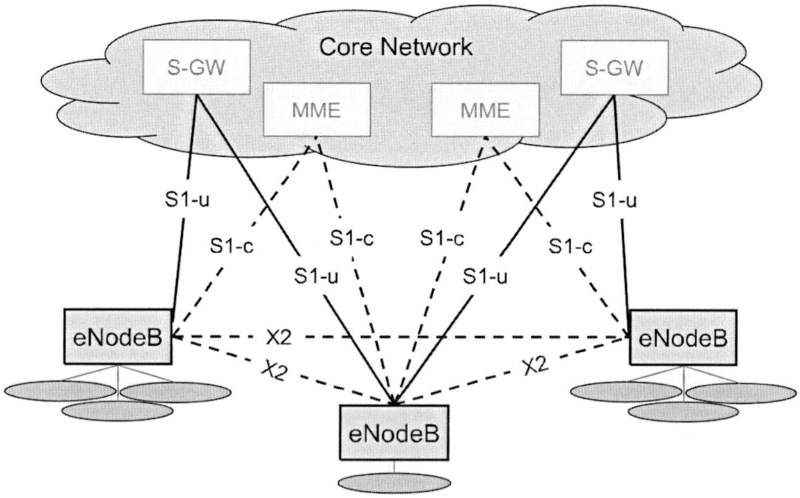

그림 4.2 무선 접속망 인터페이스

Serving Gateway (S-GW)는 EPC에서 LTE RAN에 대한 사용자 평면을 다루는 노드이다. S-GW는 단말이 eNodeB들 사이에서 이동할 경우의 이동성 앵커 (mobility anchor) 역할을 하며 (다음 절 참조), LTE와 타 3GPP 기술 (GSM/GPRS, HSPA) 사이에서의 이동성 앵커 역할도 수행한다. 과금을 위한 정보 및 통계 수집 역시 S-GW에서 이루어진다.

Packet Data Network Gateway (PDN Gateway, P-GW)는 EPC를 인터넷에 연결한다. P-GW는 특정 단말에 대한 IP 주소 할당, PCRF에 의하여 제어되는 정책에 따라 Quality-of-Service (QoS)를 적용하는 기능 등을 담당한다. 또한, P-GW는 CDMA2000과 같이 EPC에 연결된 3GPP이 아닌 무선 접속 기술 네트웍과의 이동에서 이동성 앵커 역할을 한다.

추가적으로, EPC는 QoS 관리와 과금을 담당하는 Policy and Charging Rules Function (PCRF) 및 가입자 정보를 가지고 있는 Home Subscriber Service (HSS)와 같은 노드를 포함한다. 이외에도 예를 들면 Multimedia Broadcast Multicast Services (MBMS)를 지원하는 네트웍의 경우에 존재하는 추가적인 노드가 있을 수 있다 (MBMS에 대해서는 제19장을 참조한다).

위에 논의된 노드는 논리적인 노드임에 유의한다. 실제적인 구현에서는 이 중 일부분이 하나로 결합하여 구현될 수도 있다. 예를 들면, MME, P-GE, S-GW는 하나의 물리적인 노드로 구현될 수도 있다.

4.1.2 무선망 (RAN)

LTE 무선망은 eNodeB라고 하는 하나의 노드로만 구성된 flat 구조이다.[2] eNodeB는 한 개 셀 혹은 여러 개 셀의 모든 무선 관련된 기능들을 담당한다. eNodeB 역시 물리적인 구현이 아니라 논리적인 노드임에 유의한다. 일반적인 구현 중 하나는 3섹터 구성으로서 하나의 기지국이 3개의 셀을 관리하는 형태이다. 물론, 예를 들면 매우 많은 숫자의 실내 커버리지용 셀들을 하나의 eNodeB가 관리하는 경우 혹은 고속도로 주변의 복수 개의 셀을 하나의 eNodeB가 관리하는 것과 같이, 하나의 baseband 프로세싱 집합이 여러 개의 remote radio head (RRH)들을 관리하는 형태의 구현도 가능하다. 따라서, 기지국은 eNodeB의 하나의 가능한 구현 형태이지, 반드시 기지국과 eNodeB가 동일한 것은 아니다.

그림 4.2에서 볼 수 있듯이, eNodeB는 EPC와 S1 인터페이스로 연결된다. 좀 더 자세하게, S-GW와는 S1 user-plane, 즉 S1-u 인터페이스로, MME와는 S1 control-plane, 즉 S1-c로 연결된다. 아울러, 부하 분산 및 redundancy의 목적으로 하나의 eNodeB가 복수 개의 MME/S-GW와 연결될 수도 있다.

서로 다른 eNodeB를 연결하는 X2 인터페이스는 주로 active 모드 이동성에 사용되지만, 13장에 설명되어 있는 셀 간 간섭 조정 (Inter-Cell Interference Coordination, ICIC)과 같은 다중셀 무선 자원 관리 (Radio Resource Management, RRM) 기능에도 사용될 수 있다. X2 인터페이스는 패킷 포워딩 (packet forwarding)을 통하여 인접한 셀들 사이의 손실없는 이동성 (lossless mobility)를 지원하는 데에도 사용된다.

단말과 eNodeB 간의 인터페이스는 Uu-interface라고 한다. Dual connectivity (16장 참조)를 사용하지 않는 한, 단말은 특정 순간에 하나의 eNodeB에만 연결된다. 단말 간 직접 통신을 위해 정의된 PC5 인터페이스도 있으며, 이는 21장을 참조한다.

4.2 무선 프로토콜 구조

전체적인 네트웍 구조를 염두에 두고, 사용자 평면 및 제어 평면에 대한 무선망 프로토콜 구조에 대하여 논의하도록 하자. 그림 4.3에 무선망 프로토콜 구조가 있다 (MME는 이전 절에서 설명하였듯이 무선망 장비가 아니지만 전체적인 그림을 위하여 포함되었다). 그림에서 볼 수 있듯이, 많은 프로토콜 엔티티 (entity)들이 사용자/제어 평면에 대하여 공통이다. 따라서, 이

2) Release 9에서의 MBMS의 도입 (19장 참조) 및 Release 10에서의 relay (18장 참조)의 도입에 따라 RAN에 추가적인 종류의 노드들이 생겼다.

절에서는 프로토콜 구조를 주로 사용자 평면에 대하여 설명하지만 이는 대부분의 경우 제어 평면에도 적용이 가능하다. 제어 평면에 대한 특정의 내용은 4.3절에서 다루도록 한다.

LTE 무선망은 각각의 QoS 요구 사항을 가진 IP 패킷들에 대하여 하나 혹은 복수 개의 무선 베이러 (radio bearer)를 제공한다. 그림 4.4에 하향링크에 대한 LTE (사용자 평면) 프로토콜 구조의 전반적인 개요가 있다. 이후에 좀 더 설명되겠지만, 그림 4.4에 있는 모든 엔티티 (entity)들이 모든 상황에 다 적용되는 것은 아니다. 예를 들면, MAC 스케줄링이나 소프트 컴바이닝을 수반한 HARQ는 시스템 정보를 브로드캐스트하는 데에는 사용되지 않는다. 아울러, 비록 전송 포맷 (transport format) 선택이나 다중 안테나 전송 등에 대해서는 몇 가지 차이가 있으나, 상향링크 전송 관련한 LTE 프로토콜 구조 역시 그림 4.4에 있는 하향링크 구조와 비슷하다.

무선망 프로토콜에 대하여 아래에 설명하였으며, 이는 이후 절에서 좀 더 자세히 설명된다.

- *PDCP (Packet Data Convergence Protocol)*는 무선 인터페이스 상으로 전송되는 비트 수를 줄이기 위해 IP 헤더 압축, 전송 데이터에 대한 암호화 (ciphering) 및 무결성 (integrity) 보호를 책임지고 있다. 또한, 순서에 따른 전달 (in-sequence delivery) 및 핸드오버시의 duplicate 제거 등도 수행한다. 단말에 구성된 무선 베어러 별로 하나의 PDCP 엔티티가 있다.
- *RLC (Radio Link Control)*는 분할/연접 (segmentation/concatenation), 재전송 관리, duplicate 검출 및 데이터를 상위 계층으로 순서에 맞춰 전송하는 역할을 맡고 있다. RLC는 PDCP에 대하여 서비스를 제공한다. 단말에 구성된 무선 베어러 별로 하나의 RLC 엔티티가 있다.

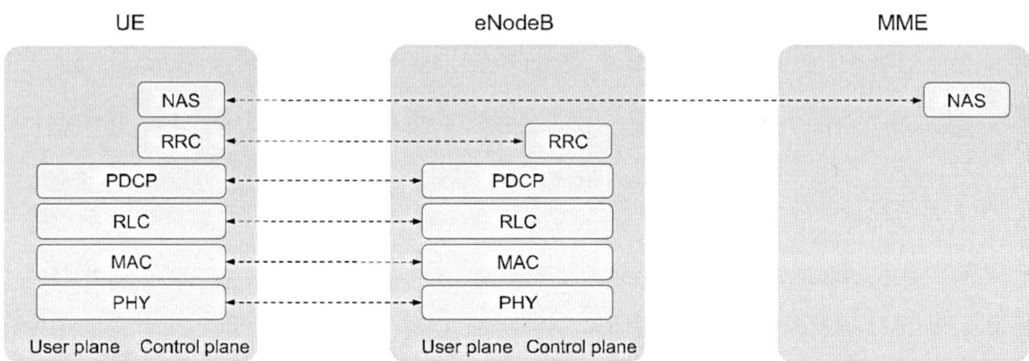

그림 4.3 전체적인 무선망 프로토콜 구조

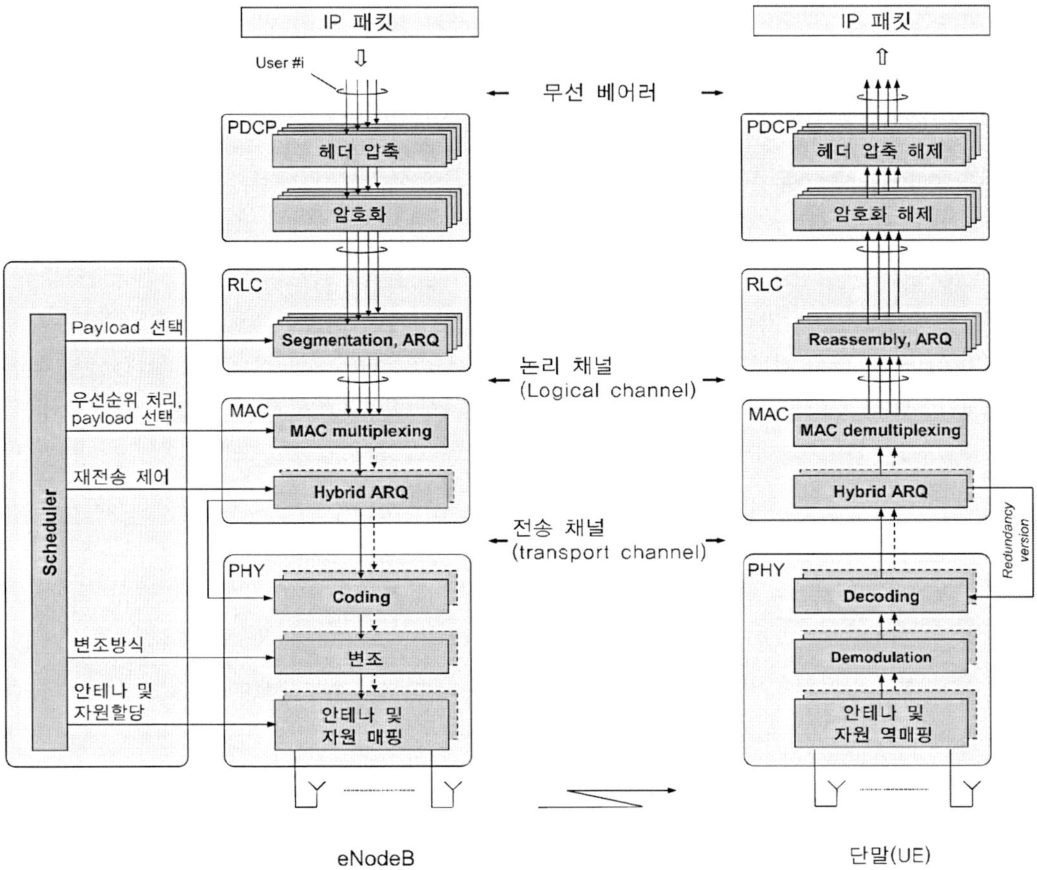

그림 4.4 LTE 프로토콜 구조 (하향링크)

- *MAC (Medium Access Control)*은 논리 채널 (logical channel)에 대한 다중화, HARQ 재전송 및 상향링크와 하향링크 스케줄링을 다룬다. 스케줄링 기능은 상향링크 및 하량링크에 대하여 eNodeB에 위치하며, HARQ 프로토콜 부분은 MAC 프로토콜의 송신단 및 수신단 양쪽에 모두 존재한다. MAC은 논리 채널의 형태로 RLC에 대하여 서비스를 제공한다.
- *물리 계층 (PHY)*은 코딩/디코딩, 변조/복조, 다중 안테나 매핑 및 기타 다른 일반적인 물리 계층 기능을 담당한다. 물리 계층은 전송 채널 (transport channel)의 형태로 MAC 계층에 대하여 서비스를 제공한다.

모든 프로토콜 계층에서의 하향링크 데이터 흐름을 정리하는 목적으로, 3개의 IP 패킷 중 2개는 하나의 무선 베어러 상에 있고 나머지 하나는 또 다른 무선 베어러 상에 있는 경우의 예는 그림 4.5와 같다. 상향링크 전송에서의 데이터 흐름도 유사하다. PDCP는 (선택 사항인) IP 헤더 압축을 수행한 이후에 암호화 (ciphering)를 적용하고 단말단에서 암호화 해제 (deciphering)에 필요한 정보를 포함한 PDCP 헤더를 붙인다. PDCP의 결과물은 RLC로 전달된다. 일반적

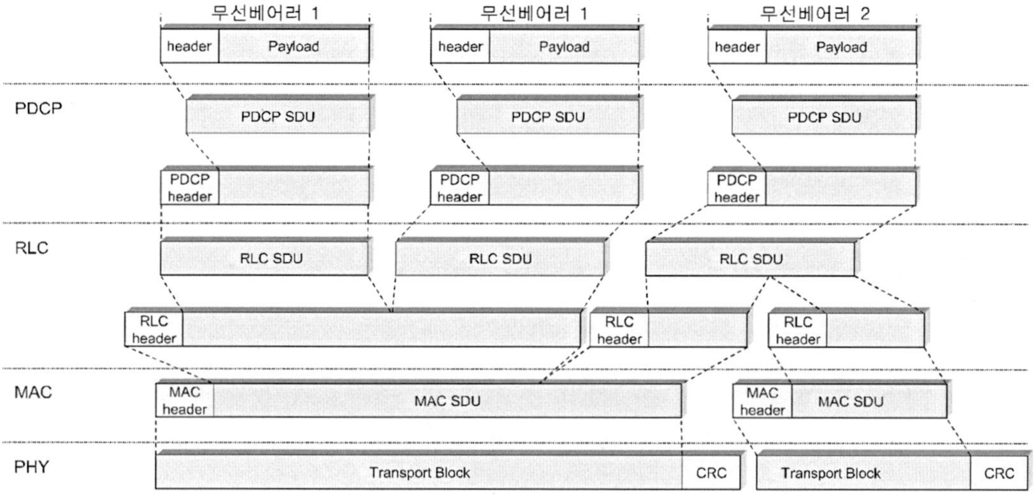

그림 4.5 LTE 데이터 흐름의 예

으로, 더 높은 프로토콜 계층으로부터 데이터 엔티티를 SDU (service data unit)이라고 하며, 더 낮은 프로토콜 계층의 데이터 엔티티를 PDU (protocol data unit)이라고 한다.

RLC 프로토콜은 PDCP SDU들에 대한 연접 (concatenation) 및/혹은 분할 (segmentation)을 수행하고 RLC 헤더를 붙인다. 헤더는 단말단의 (논리 채널 별) 순서에 맞는 전달 (in-sequence delivery) 및 RLC 재전송 시의 RLC PDU들의 확인에 사용된다. RLC PDU는 MAC 계층으로 전달되며, MAC 계층에서는 복수 개의 RLC PDU가 다중화된 이후에 MAC 헤더가 추가되어 전송 블록 (transport block)을 형성한다. 전송 블록 크기는 링크 적응 방식에 의하여 선택된 순시 데이터 속도에 따라 결정된다. 따라서, 링크 적응은 MAC과 RLC 프로세싱 모두에 영향을 준다. 마지막으로, 물리 계층은 전송 블록의 에러 검출을 목적으로 CRC를 붙이고 채널 코딩 및 변조를 수행한 이후에 최종 신호를 (예를 들면) 다중 송신 안테나를 사용하여 전송한다.

이 장의 나머지 부분에서는 RLC, MAC 및 물리 계층을 개관하도록 한다. 좀 더 자세한 LTE 물리 계층 프로세싱은 6장 (하향링크) 및 7장 (상향링크)을 참조하며, 이후 장들에서는 Release 8/9 이후에서 도입되는 몇 가지 특정 상향링크 및 하향링크 무선 인터페이스 기능에 대하여 다루도록 한다.

4.2.1 PDCP (Packet-data Convergence protocol)

PDCP는 IP 헤더 압축을 수행하여 무선 인터페이스를 통해 전송할 비트 수를 줄인다. 헤더 압축 메커니즘은 다른 여러 이동통신 기술에도 사용되는 표준화된 헤더 압축 알고리즘인 ROHC (robust header compression) [31]을 기반으로 한다. PDCP는 또한 도청으로부터 보호하기 위한 암호화 및 제어 평면에 대한 무결성 보호를 담당하여 제어 메시지가 올바른 출처에서 비롯된 것임을 보장한다. 수신기 측에서는, PDCP가 해당 암호 해독 및 압축 해제 작업을 수행한다.

또한 PDCP는 eNodeB내 핸드오버에서, 순차적인 전달 및 중복 제거 처리에 중요한 역할을 한다.[3] 핸드오버 시, 전달되지 않은 하향링크 데이터 패킷은 구 eNodeB의 PDCP로부터 새로운 eNodeB로 포워딩된다. 단말 내의 PDCP 엔티티 역시 HARQ 버퍼가 핸드오버 시에 flush되는 것에 따라 eNodeB에 아직 전달되지 않은 모든 상향링크 패킷의 재전송을 처리한다.

4.2.2 RLC (Radio-Link Control)

RLC 프로토콜은 (헤더가 압축된) IP 패킷의 분할/연접 (segmentation/concatenation)을 담당한다. 즉, PDCP로부터 전달된 RLC SDU는 RLC를 통하여 적절한 크기의 RLC PDU로 변환된다. RLC는 중복 수신된 PDU의 제거와 함께, 오류가 난 수신 PDU에 대한 재전송 역시 담당한다. 마지막으로 RLC는 상위 계층으로 SDU들이 순서에 맞게 전송되는 것 (in-sequence delivery)을 보장한다. 서비스 종류에 따라, RLC는 위의 기능의 모두를 혹은 일부만을 수행하도록 서로 다른 모드로 설정될 수 있다.

RLC의 주요 기능중 하나인 분할 및 연접이 그림 4.6에 나타나 있다. 스케줄러의 결정에 따라 RLC SDU 버퍼로부터 일정한 양의 데이터가 전송을 위해 선택되며, SDU들은 분할/연접을 통하여 RLC PDU가 된다. 따라서, LTE에서의 RLC PDU 크기는 상당히 동적으로 변한다. 고속 전송의 경우에는 큰 크기의 PDU가 상대적으로 낮은 오버헤드를 수반하기 때문에 이로운 반면, 낮은 데이터 속도에서는 크기가 큰 PDU를 사용하면 페이로드 (payload)가 너무 커서 지나치게 많은 패딩 (padding)을 가해야 하기 때문에 작은 크기의 PDU가 요구된다. LTE의 데이터 속도는 수 kbit/s에서부터 수 Gbit/s까지 다양하기 때문에, 이전의 이동통신 기술이 일반적으로 고정된 PDU 사이즈를 사용하였던 것에 비하여, LTE에서는 동적인 (dynamic) PDU 크기가 아주 적절하다. RLC, 스케줄러, 전송 속도 제어 블록 등이 모두 eNodeB에 위치하고 있기 때문에, LTE에서는 동적인 PDU 크기가 매우 쉽게 지원된다. 각 RLC PDU에는 헤더가 포함되어 있으며, 이 헤더는 다른 정보와 함께 순서에 맞는 전달 및 재전송 기능을 위한 시퀀스 번호 (sequence number)를 가지고 있다.

---

3) PDCP에서 reordering은 RLC에서 HARQ 엔티티로부터의 out-of-sequence PDU에 대한 reordering을 수행하는 것과 비슷하게 이루어진다. 8장 참조.

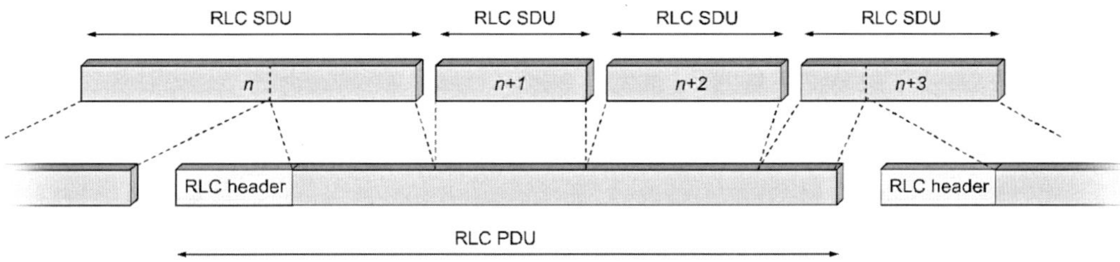

그림 4.6 RLC 분할 및 연접

RLC의 재전송 기능은 상위 계층으로 오류 없는 데이터 전송을 하는 역할도 수행한다. 이를 위하여, 수신 및 송신 RLC 엔티티 사이에서 재전송 프로토콜이 동작한다. 수신 PDU의 시퀀스 번호를 관찰함으로써 수신 RLC는 어떤 PDU가 빠져있는지 알 수 있다. 이러한 상황에 대한 보고가 송신 RLC로 전달되어 빠진 PDU에 대한 재전송이 요청된다. 전달된 상황 보고를 바탕으로 송신단 RLC는 적절한 동작을 통해, 필요한 경우 빠진 PDU를 재전송할 수 있다.

비록 RLC가 잡음이나 예상치 못한 채널의 변화 등에 의한 전송 오류를 다룰 수 있으나, 대부분의 경우 오류 없는 전달은 MAC 기반의 HARQ 프로토콜에 의하여 주로 다루어진다. 따라서 언뜻 보면 RLC에서의 재전송 알고리즘은 불필요해 보일 수도 있다. 하지만 4.2.3.3절에서 논의되듯이, RLC 재전송 역시 시스템에 도움을 주며 피드백 시그널링의 차이에 따라 실제로는 RLC 기반 및 MAC 기반의 재전송 기능이 모두 사용된다.

RLC에 대한 좀 더 자세한 사항은 8장에서 다루기로 한다.

4.2.3 MAC (Medium-Access Control)

MAC 계층은 논리 채널 다중화, HARQ 재전송 및 상향링크/하향링크 스케줄링을 담당한다. MAC은 CA (carrier aggregation)가 사용될 경우에 component 반송파들 사이에서 데이터 다중화를 담당하며 (12장 참조), LAA를 위한 clear-channel assessment도 담당한다 (17장 참조).

4.2.3.1 논리 채널과 전송 채널

MAC은 논리 채널 (logical channel)의 형태로 RLC에 서비스를 제공한다. 논리 채널은 전달되는 정보의 '종류'에 의해 정의되며, 일반적으로 LTE 시스템의 동작을 위해 필요한 제어 및 설정 정보를 전달하는 데 사용되는 제어 채널 (control channel)과 사용자 데이터를 위해 사용되는 트래픽 채널 (traffic channel)로 나눌 수 있다. LTE의 논리 채널 종류는 다음과 같다.

- *Broadcast Control Channel (BCCH)*: 셀 내에서 네트워크로부터 시스템 정보 (system information)를 모든 단말에게 전달하는 데 사용된다. 단말은 시스템에 접속하기 이전에,

시스템이 어떻게 설정되어 있는지 그리고 셀 내에서 어떻게 하면 단말 입장에서 적절하게 동작할 수 있는지 등을 알아내기 위하여 시스템 정보를 획득하여야 한다.

- *Paging Control Channel (PCCH)*: 셀 단위의 위치가 네트웍에 알려져 있지 않은 단말을 페이징하기 위하여 사용된다. 따라서 페이징 메시지는 복수 개의 셀에서 전송된다.
- *Common Control Channel (CCCH)*: 랜덤 엑세스에 관련한 제어 정보의 전송을 위해 사용된다.
- *Dedicated Control Channel (DCCH)*: 단말로의 혹은 단말로부터 제어 정보의 전송을 위해 사용된다. 이 채널은 서로 다른 핸드오버 메시지와 같이 단말의 개별적인 설정을 위해 사용된다.
- *Dedicated Traffic Channel (DTCH)*: 단말로의 혹은 단말로부터 사용자 데이터의 전송을 위해 사용된다. 이 채널은 모든 상향링크의 사용자 데이터 및 MBSFN이 아닌 모든 하향링크 사용자 데이터의 전송을 위해 사용된다.
- *Multicast Control Channel (MCCH)*: MTCH의 수신을 위해 필요한 제어 정보의 전송을 위해 사용된다.
- *Single-cell multicast control channel (SC-MCCH)*: 단일 셀 MTCH 수신을 위한 제어 정보의 전송에 사용된다.
- *Multicast traffic channel (MTCH)*: 복수 개의 셀에 걸쳐서 MBMS의 하향링크 전송에 사용된다.
- *Single-cell multicast traffic channel (SC-MTCH)*: 단일 셀에서 MBMS의 하향링크 전송에 사용된다.
- *Sidelink broadcast control channel (SBCCH)*: 사이드링크 동기화에 사용된다.
- *Sidelink traffic channel (STCH)*: 사이드링크 통신 (사이드링크는, 단말과 eNodeB 간에 통신을 위한 상향링크 및 하향링크에 대비하여, 단말 간 직접 통신을 위한 링크이다)에 사용된다. 단말 간 통신에 대한 설명은 21장을 참조한다.

MAC 계층은 전송 채널 (transport channel)의 형태로 물리 계층으로부터의 서비스를 사용한다. 전송 채널은 '어떻게' 그리고 '어떠한 특징을 가지고' 정보가 무선 인터페이스 상으로 전달되는지에 따라 정의된다. 전송 채널 상의 데이터는 전송 블록 (transport block)으로 구성되어 있다. 각 TTI (Transmission Time Interval)에서, 공간 다중화를 사용하지 않는 경우에는 특정 크기를 가진 최대 1개의 전송 블록이 무선 인터페이스 상으로 단말에 전송된다. 공간 다중화 (MIMO)의 경우에는, TTI 당 최대 2개까지 전송 블록이 존재할 수 있다.

각 전송 블록은 전송 블록이 무선 인터페이스 상으로 어떻게 전송되는지를 지정하는 전송 포맷(transport format)과 관련되어 있다. 전송 포맷은 전송 블록의 크기, 변조 방식 및 안테나 매핑에 관한 정보를 가지고 있다. 전송 포맷을 바꿈으로써 MAC 계층은 서로 다른 데이터 속도를 구현할 수 있으며, 따라서 전송 속도 제어 (rate control)는 전송 포맷 선택 (transport-format selection)으로 불리기도 한다.

LTE에는 아래와 같은 전송 채널이 정의되어 있다.

- *Broadcast Channel (BCH)*: 규격에 의해 고정된 전송 포맷을 가진다. 이 채널은 11장에 설명되어 있듯이, MIB (Master Information Block)라 불리는 BCCH 시스템 정보 중 일부를 전송하는 데 사용된다.
- *Paging Channel (PCH)*: PCCH 논리 채널로부터 페이징 정보의 전송을 위해 사용된다. PCH는 미리 정해진 시간 간격에서만 PCH를 수신하도록 단말을 깨움으로써 단말의 배터리 전력을 절약하는 DRX (discontinuous reception)을 사용한다. LTE의 페이징은 11장에서 설명된다.
- *Downlink Shared Channel (DL-SCH)*: LTE의 하향링크 데이터의 전송에 사용되는 주 전송 채널이다. 이 채널은 동적인 전송 속도 적응, 시간 영역 및 주파수 영역에서 채널에 따른 스케줄링, 소프트 컴바이닝을 수반한 HARQ, 공간 다중화 등과 같은 LTE의 주요 기능들을 지원한다. 또한 이 채널은 사용자에게 always-on과 같은 체험을 제공하면서도 단말의 전력 소모를 줄이기 위해 DRX를 지원하기도 한다. DL-SCH는 BCCH 시스템 정보 중 BCH에 매핑되지 않은 정보의 전송에도 사용된다. 해당 TTI에 스케줄링된 단말 당 하나씩[4] 셀 내에는 복수 개의 DL-SCH가 있을 수 있으며, 어떤 서브프레임에서는 DL-SCH 중 하나는 시스템 정보를 담고 있을 수 있다.
- *Multicast Channel (MCH)*: MBMS를 지원하기 위해 사용되며, semi-static한 전송 포맷과 semi-static한 스케줄링으로 특징지어진다. MBSFN을 사용한 다중셀 전송의 경우, 스케줄링 및 전송 포맷 설정은 MBSFN 전송에 관계하는 셀들 사이에서 조정되어 결정된다. MBSFN 전송은 19장에서 설명된다.
- *Uplink Shared Channel (UL-SCH)*: 상향링크 데이터의 전송을 위한 상향링크 전송 채널로서, DL-SCH에 대응되는 채널이라 할 수 있다.
- *Sidelink Shared Channle (SL-SCH)*: 21장에 설명하겠지만 사이드링크 통신에 사용되는 전송 채널이다.

4) CA의 경우에는, 각 component 반송파당 하나의 DL-SCH를 수신하여 하나의 단말이 여러 개의 DL-SCH를 수신할 수도 있다.

- *Sidelink Broadcast channel (SL-BCH)*: 사이드링크 동기화에 사용되며, 21장에서 자세히 설명된다.
- *Sidelink Discovery channel (SL-DCH)*: 21장에 설명하겠지만, 사이드링크 탐색 프로세스에서 사용된다.

추가로, 비록 전송 블록을 전달하지는 않지만 Random Access Channel (RACH) 역시 전송 채널로 정의되어 있다. 더욱이, Release 13에서 NB-IoT이 도입되면서 협대역 통신을 위해 최적화된 일련의 채널들이 추가되었다. 20장을 참조한다.

MAC 기능 중 하나는 서로 다른 논리 채널의 다중화 및 논리 채널과 적절한 전송 채널 간의 매핑이다. 논리 채널과 전송 채널 사이에 지원되는 매핑이 하향링크는 그림 4.7에, 상향링크는 그림 4.8에 나타나 있다. 그림을 보면 DL-SCH와 UL-SCH이 각각 하향링크 및 상향링크에서 주 전송 채널인 것을 확연하게 알 수 있다. 그림에는, 이후에 설명되는 물리 채널도 나타나 있으며 전송 채널과 물리 채널 간의 매핑 역시 나타나 있다. 사이드링크 채널들에 대한 매핑은 21장을 참조한다.

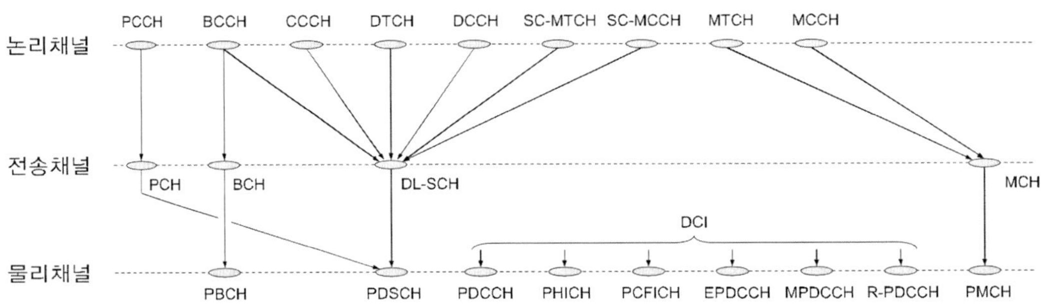

그림 4.7 하향링크 채널 매핑

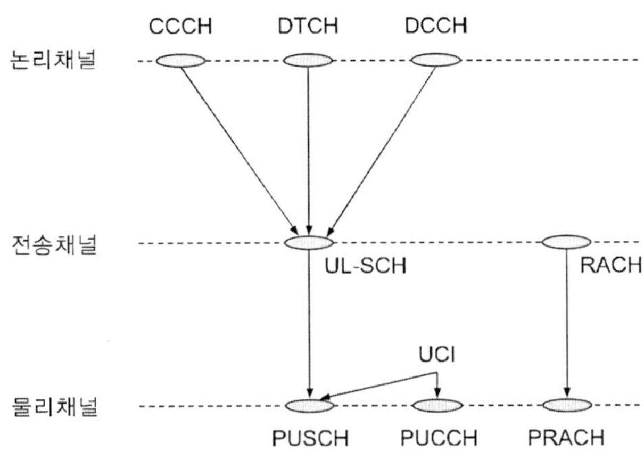

그림 4.8 상향링크 채널 매핑

MAC 계층에서는 우선 순위 처리를 위하여 각각의 논리 채널 별로 각각의 RLC 엔티티들을 가진 복수 개의 논리 채널이 하나의 전송 채널로 다중화 (multiplexing)될 수 있다. 수신단에서는 역시 MAC 계층이 이에 해당하는 역다중화 (demultiplexing)를 수행한 뒤에 각각의 RLC PDU는 각각의 RLC 엔티티로 전달되어 RLC에 의하여 전달 순서 맞추기 및 기타 동작들이 뒤따른다. 수신단에서의 역다중화를 위하여 그림 4.9와 같이 MAC 헤더가 사용된다. MAC 헤더 내에는 각각의 RLC PDU에 서브헤더가 있다. 서브헤더는 논리 채널 ID (LCID) 및 바이트 단위의 PDU의 길이가 실려 있다. 또한, 해당 서브헤더가 마지막 서브헤더인지에 대한 표식도 들어 있다. 하나 혹은 여러 개의 RLC PDU와 MAC 헤더, 그리고 스케줄링된 전송 블록 크기에 맞추기 위한 padding을 합하여 하나의 전송 블록이 만들어지며 이것이 물리 계층으로 전달된다.

논리 채널들의 다중화에 덧붙여서, MAC계층에서는 소위 MAC 제어 요소라는 것들 역시 전송 블록에 삽입하여 전송 채널 상에 전달할 수 있다. MAC 제어 요소는 MAC 내에 담겨진 제어 시그널링으로서, 예를 들면 7.6절에서 설명되는 timing-advance 명령 및 11.3절에서 설명되는 random access 응답 등을 들 수 있다. MAC 제어 요소들은 LCID 필드 상에서 지정된 값들을 가지며, 각 LCID들이 해당 제어 정보의 종류를 알려준다. 또한, 고정 길이의 제어 요소들은 길이를 알려줄 필요가 없으므로 이들에 대한 서브헤더 내에는 length 필드가 없다.

4.2.3.2 스케줄링

LTE 무선 접속의 기본 원리 중 하나는 시간-주파수 자원이 사용자들 사이에서 동적으로 공유되는 공용 채널 (shared-channel) 전송이다. (그림 4.4에서와 같이 종종 별도의 엔티티로 표시되기도 하지만) 스케줄러는 MAC 계층의 일부분으로서 상향링크 및 하향링크 자원, 즉 소위 자원 블록 (resource block) pair의 할당을 제어한다. 자원 블록 pair는 시간축 상으로 1 ms 길이 및 주파수축 상으로 180 kHz의 폭을 가지는 시간-주파수 자원 단위이며, 9장에서 좀 더 자세히 설명된다.

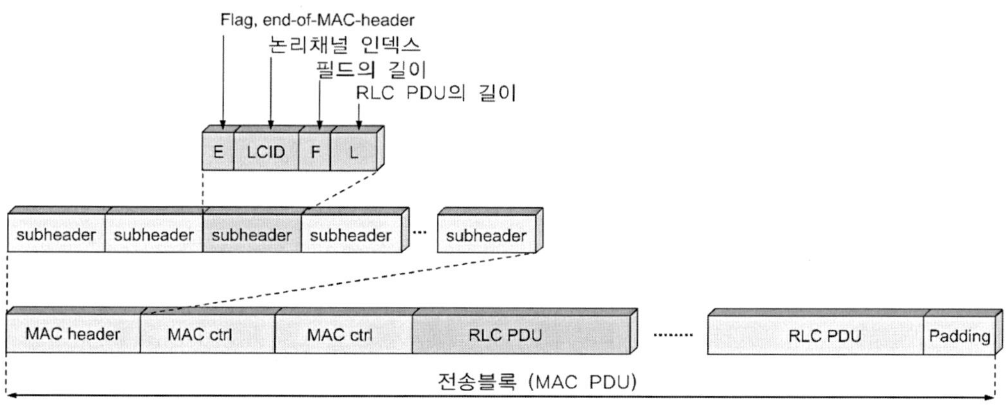

그림 4.9 MAC 헤더 및 SDU 다중화

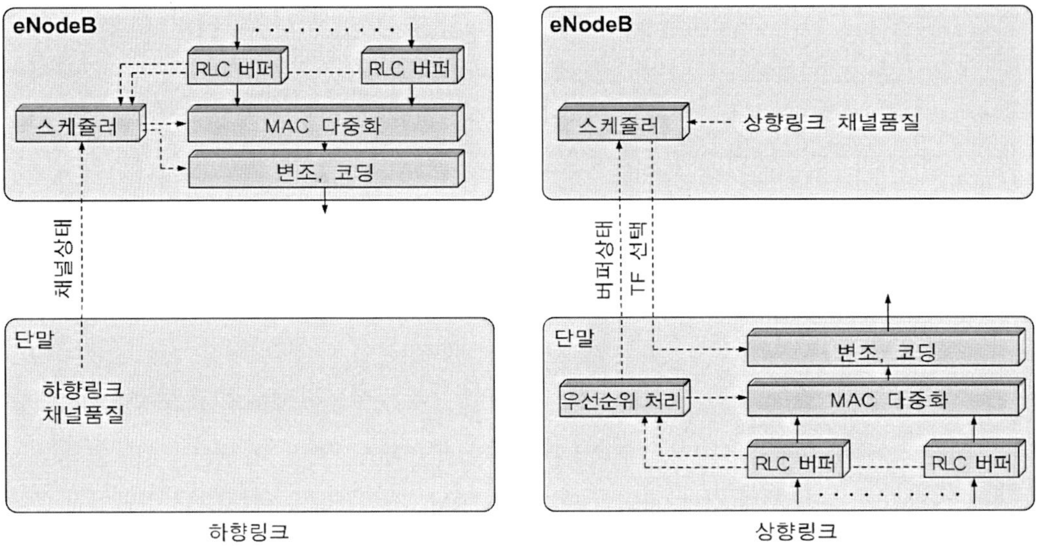

그림 4.10 하향링크 및 상향링크에서의 전송 포맷 (transport format) 선택

스케줄러의 기본 동작은 동적 스케줄링 (dynamic scheduling)으로, 매 1 ms TTI마다 eNodeB가 스케줄링 결정을 하고 스케줄링 정보를 선택된 단말에 전송하는 것이다. 하지만, 제어 신호의 오버헤드를 줄이기 위하여 준-정적인 (semi-static) 스케줄링 패턴이 미리 전송되는 준-지속적 (semi-persistent) 스케줄링 역시 사용될 수 있다.

LTE에서는 상향링크 스케줄링과 하향링크 스케줄링이 분리되어 있으며, 따라서 상향링크와 하향링크 스케줄링 결정은 각각 독립적으로 결정될 수 있다. Half-duplex FDD 동작의 경우에는 상향링크/하향링크 분리에 의하여 스케줄링에 제약이 있을 수 있다.

하향링크 스케줄러는 데이터를 전송할 단말을 결정하고 단말의 DL-SCH가 전송될 자원 블록을 (동적으로) 결정한다. 전송 포맷의 선택 (전송 블록 크기, 변조 방식, 안테나 매핑의 선택) 및 하향링크 전송을 위한 논리 채널 다중화는 그림 4.10 좌측에서와 같이 eNodeB에 의해 제어된다. 스케줄러가 데이터 속도를 제어하기 때문에, RLC의 분할 및 MAC 다중화 역시 스케줄링 결정에 영향을 받는다. 하향링크 스케줄러로부터 출력은 그림 4.4와 같다.

상향링크 스케줄러 역시 전송할 단말을 (동적으로) 결정하고 (component 반송파를 포함하여) 상향링크 시간-주파수 자원에 단말의 UL-SCH를 전송하는 것을 제어하는 등의 비슷한 일을 한다. 비록 eNodeB 스케줄러가 단말이 전송할 전송 포맷을 결정하지만, 상향링크 스케줄링 결정은 무선 베이러 (radio bearer)별로 수행되는 것이 아니라 단말별로 수행되는 것임에 유의한다. 따라서, eNodeB 스케줄러가 스케줄링된 단말의 페이로드를 제어하지만, 어떠한 무선 베어러를 선택할 지에 대해서는 단말이 책임을 진다. 따라서, 논리 채널 다중화는 단말이 자율적으로 수행한다. 이는 그림 4.10 우측에 설명되어 있으며, 그림에서 eNodeB 스케줄러가 전송 포맷을 제어하고 단말이 논리 채널 다중화를 제어하는 것을 볼 수 있다.

비록 스케줄링 전략 자체는 구현에 관련된 것으로서 3GPP에 의해 표준화되지는 않지만, 대부분 스케줄러의 전반적인 목표는 단말들 사이의 채널 변화를 이용하여 이왕이면 비교적 유리한 채널 조건인 단말에 스케줄링을 해주는 것이다. LTE에서 OFDM을 사용함으로써 얻을 수 있는 이점 중 하나는 채널을 고려한 스케줄링을 통하여 시간 영역뿐만 아니라 주파수 영역에서도 채널 상태의 변화를 이용할 수 있다는 것이다. 이는 9장에서 언급되어 있으며 그림 3.2에 표현되어 있다. LTE에서 지원되는 넓은 대역폭을 생각하면, 대역폭 내에서 상당한 양의 주파수 선택적 페이딩이 존재할 것으로 생각된다. 따라서, 오직 시간 영역에서의 변화만을 사용하던 것과 비교하여, 주파수 영역에서 존재하는 상당한 양의 채널 변화를 스케줄러에서 사용할 수 있다는 점은 광대역 시스템으로 갈수록 더욱 중요해지고 있다. 특히, 시간 영역 상으로는 무선 채널의 변화가 매우 느려서 다수의 서비스에서 요구되는 낮은 지연 값을 고려하면 시간 영역의 채널 변화를 이용할 수 없는 채널에서는, 즉 사용자가 저속으로 움직이고 있는 채널에서는, 주파수 영역에서의 채널 변화를 이용할 수 있다는 점이 특히 더 유용하다.

하향링크에서의 채널에 따른 스케줄링은 단말로부터 전송되는 채널 상태 보고 (channel-status report)를 통하여 지원된다. 이 채널 상태 보고는 시간 및 주파수 영역에서의 순시 하향링크 채널 품질과 공간 다중화의 경우에는 적절한 안테나 프로세싱을 위해 필요한 정보를 포함한다. 상향링크에서의 채널에 따른 스케줄링을 위해 필요한 채널 상태 정보는 각 단말로부터 전송되는 sounding reference 신호를 통해 얻어질 수 있다. 상향링크 스케줄러를 도와주기 위하여 단말은 MAC 메시지를 사용하여 eNodeB에게 버퍼 상태에 대한 정보를 전송할 수 있다. 물론, 이 정보는 단말이 스케줄링되어 MAC 메시지를 보낼 기회가 있는 경우에만 전송이 가능한 것이다. 단말이 스케줄링되어 있지 않은 경우에는, 상향링크 L1/L2 제어 시그널링 구조 중 일부를 사용하여 단말이 상향링크 자원을 필요로 하고 있음을 기지국에 알릴 수 있다 (7장 참조).

4.2.3.3 소프트 컴바이닝을 수반한 HARQ

소프트 컴바이닝 (soft combining)을 수반한 HARQ는 전송 에러에 대한 강인성을 제공한다. HARQ에서는 재전송이 빠르게 이루어지기 때문에, 많은 서비스들에 대하여 한 번 혹은 여러 번의 재전송이 가능하므로 이를 통해 은연중에 (폐루프) 속도 제어 (rate-control)를 하게 된다. 실제 소프트 컴바이닝은 물리 계층에서 이루어지지만 HARQ 프로토콜은 MAC 계층의 일부분이다.[5)]

---

5) Soft combining은 채널 디코딩 이전이나 채널 디코딩의 일부로 수행되므로 명백하게 물리 계층의 기능이다.

물론, HARQ가 모든 종류의 트래픽에 적용되는 것은 아니다. 예를 들어, 동일한 정보가 여러 명의 사용자에게 전송되는 브로드캐스트 전송은 일반적으로 HARQ에 의존하지 않는다.6) 따라서, HARQ는 오직 DL-SCH 및 UL-SCH에서만 지원되며, 기능의 사용은 선택적이다.

LTE의 HARQ 프로토콜은 다중 병렬 (multiple parallel) stop-and-wait 프로세스를 사용한다. 전송 블록을 수신하면 수신기는 전송 블록에 대한 디코딩을 수행하며 이러한 디코딩 과정이 성공적이었는지 아니면 전송 블록에 대한 재전송이 필요한지에 대한 여부를 알려주는 1비트의 acknowledgement를 통하여 송신기에 디코딩 결과를 알려준다. 당연히 수신기는 수신된 acknowledgement가 어떤 HARQ 프로세스와 연관되어 있는지를 알아야 한다. 이는 acknowledgement의 타이밍이 특정 HARQ 프로세스와 연관되도록 함으로써 해결된다. TDD에서는 특정 HARQ 프로세스의 데이터에 대한 수신과 acknowledgement의 송신 사이의 타이밍 관계가 상향링크/하향링크 할당에 의해서도 달라질 수 있음에 유의한다.

그림 4.11에 다중 병렬 HARQ 프로세스가 나타나 있다. 따라서, 각 사용자의 데이터는 HARQ를 통하여 순서가 뒤바뀌어서 전달될 수 있다. 예를 들어, 그림에서 5번 전송 블록은 재전송이 요구되는 1번 전송 블록보다 오히려 먼저 성공적으로 디코딩되었다. 따라서, 상위 계층으로 순서에 맞게 데이터를 전달하는 일 (in-sequence delivery)이 RLC 계층에서 수행된다.

하향링크 HARQ 동작은 비동기식 (asynchronous) 프로토콜을 기본으로 한다. 즉, 초기 전송 이후 어떠한 순간에도 하향링크 재전송이 일어날 수 있으므로, 명시적인 HARQ 프로세스 넘버를 사용하여 재전송이 어떤 프로세스에 대한 재전송인지를 알려준다. 비동기식 HARQ 프로토콜에서는 기본적으로 재전송 역시 초기 전송과 비슷하게 스케줄링된다. 반면에, 상향링크 재전송은 동기식 (synchronous) 프로토콜을 기본으로 하므로 재전송은 초기 전송 이후 정해진 시간에 발생하며, 따라서 프로세스 넘버는 명시적으로 알려주지 않아도 잠재적으로 알아낼 수 있다. 동기식 프로토콜에서는 초기 전송이 스케줄링되면 재전송을 위한 시간 역시 고정되므로 이러한 사실을 스케줄링 동작 시 고려해야 한다. 스케줄러는 eNodeB 내의 HARQ 엔티티로부터 단말이 재전송을 할 것인지 아닌지를 알 수 있음에 유의한다.

HARQ 방식은 잡음 혹은 예상치 못한 채널 변화에 의한 전송 에러를 빠르게 수정한다. 앞에서 살펴본 것처럼, RLC 역시 재전송을 요청할 수 있으며 이러한 RLC 재전송은 언뜻 보기에는 불필요해 보일 수 있다. 그러나, 서로 다른 두 가지 재전송 방식을 사용하는 이유는 피드백 시그널링에서 찾을 수 있다. 즉, HARQ는 빠른 재전송을 제공하지만 피드백에서의 에러로 인하여 좋은 TCP 성능을 얻기에는 일반적으로 잔여 에러율이 너무 높다. 반면에 RLC는 HARQ

6) 수신기가 acknowledgement를 전송하지 않는 상태에서 송신기가 동일한 정보를 여러 번 반복하는 자율 재전송 (autonomous retransmission)도 가능하며 때로는 소프트 결합 이득을 얻는 데 사용된다.

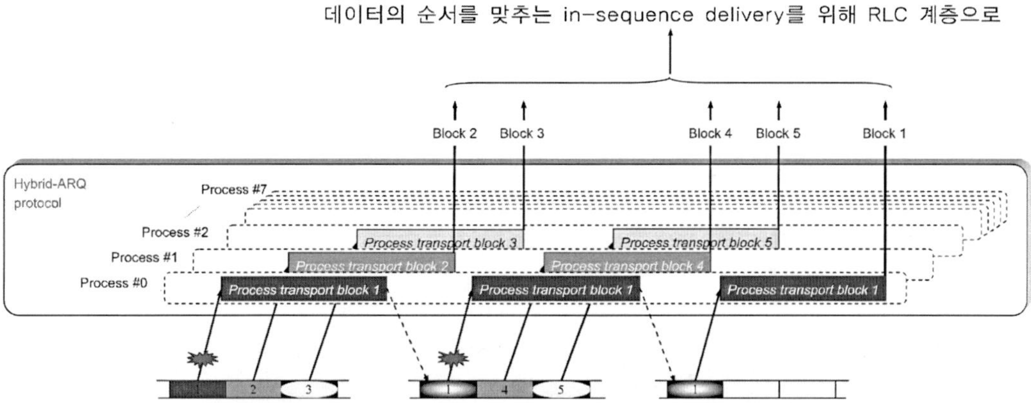

그림 4.11 다중 병렬 (multiple parallel) HARQ 프로세스

재전송보다는 느린 재전송이지만 (거의) 에러 없는 데이터 전송을 보장한다. 따라서, HARQ와 RLC의 조합은 서로가 서로를 보완하면서 작은 왕복 시간 (round trip time)과 신뢰성 있는 데이터 전송을 모두 달성하게 된다. 게다가, RLC와 HARQ가 동일 노드에 위치함으로써, 8장에 설명되듯이 둘 사이에 긴밀한 상호동작이 가능하다.

4.2.4 물리 계층

물리 계층은 코딩, 물리 계층 HARQ 프로세싱, 변조, 다중 안테나 프로세싱, 그리고 신호를 적절한 물리적 시간-주파수 자원에 매핑하는 일 등을 담당한다. 또한 그림 4.7 및 4.8과 같이 전송 채널을 물리 채널에 매핑하는 일도 수행한다.

도입부에서 설명한 것처럼 물리 계층은 전송 채널의 형태로 MAC 계층에 대하여 서비스를 제공한다. 하향링크 및 상향링크에서의 데이터 전송은 각각 DL-SCH 및 UL-SCH 전송 채널을 사용한다. DL-SCH, UL-SCH, 혹은 SC-SCH에는 TTI 당 최대 1개, 혹은 공간 다중화[7]의 경우는 최대 2개의 전송 블록이 존재한다. CA의 경우에는 단말에 대하여 component 반송파 당 하나의 DL-SCH (혹은 UL-SCH)가 존재한다.

물리 채널 (physical channel)은 특정 전송 채널의 전송을 위해 사용되는 시간-주파수 자원의 집합을 말하며, 각 전송 채널과 대응되는 물리 채널 사이의 매핑은 그림 4.7 및 4.8과 같다. (사이드링크에 관한 내용은 21장을 참조한다). 대응되는 전송 채널을 가진 물리 채널들도 있고, 대응되는 전송 채널이 없는 물리 채널들도 있다. 이중에서 L1/L2 제어 채널로 알려진 채널은 하향링크 데이터 전송을 적절하게 수신하고 디코딩하기 위해 필요한 정보들을 단말에게 제공하는 하향링크 제어 정보 (downlink control information, DCI)를 전송하는 데 사용되고, 단말의

7) 사이드링크 통신을 위해서는 공간 다중화가 정의되지 않았다.

상태에 대한 정보를 스케줄러 및 HARQ 프로토콜에 제공하는 데 사용되는 상향링크 제어 정보 (uplink control information, UCI)를 전송하는 데 사용된다. 사이드링크 제어 정보 (sidelink control information, SCI)는 사이드링크 전송을 다루는 데 사용된다.

LTE에서 정의된 물리 채널 종류는 다음과 같다.

- *Physical Downlink Shared Channel (PDSCH)*: 유니캐스트 전송을 위한 주 물리 채널로서 페이징 정보의 전송에도 사용된다.
- *Physical Broadcast Channel (PBCH)*: 단말이 네트웍에 접속하는 데 필요한 시스템 정보의 일부를 전송한다.
- *Physical Multicast Channel (PMCH)*: MBSFN 동작을 위해 사용된다.
- *Physical Downlink Control Channel (PDCCH)*: PDSCH의 수신에 필요한 스케줄링 등의 하향링크 제어 정보 및 PUSCH에서의 전송을 위한 스케줄링 승인 (scheduling grant)을 전송하는 데 사용된다.
- *Enhanced Physical Downlink Control Channel (EPDCCH)*: Release 11에 추가된 물리 채널로서, 기본적으로는 PDCCH와 같은 목적을 수행하지만 PDCCH보다 더 유연하게 제어 정보를 전송할 수 있다.
- *MTC physical downlink control channel (MPDCCH)*: 본질적으로는 EPDCCH가 변형된 형태이며, massive MTC에 대한 지원을 개선하기 위하여 Release 13에서 도입되었다. 20장을 참조한다.
- *Relay Physical Downlink Control Channel (R-PDCCH)*: Release 10에 추가된 물리 채널로서, donor eNodeB와 relay 사이의 링크의 L1/L2 제어 정보를 전달하는 데 사용된다.
- *Physical Hybrid-ARQ Indicator Channel (PHICH)*: 단말에 전송 블록이 재전송되어야 하는지의 여부를 알려주기 위한 HARQ acknowledgement를 전송한다.
- *Physical Control Format Indicator Channel (PCFICH)*: 단말에 PDCCH의 집합을 디코딩하는 데 필요한 정보를 제공하는 채널로 각 셀 당 오직 1개의 PCFICH가 있다.
- *Physical Uplink Shared Channel (PUSCH)*: PDSCH와 같은 일을 하는 상향링크 채널이다. 단말 당 그리고 상향링크 component 반송파 당 최대 1개의 PUSCH가 있다.
- *Physical Uplink Control Channel (PUCCH)*: eNodeB에 하향링크 전송 블록이 성공적으로 수신되었는지의 여부를 알려주는 HARQ acknowledgement, 하향링크에서 채널에 따른 스케줄링을 도와주기 위한 채널 상태 보고 및 상향링크에서 데이터를 송신하고자

할 경우에 이에 대한 자원 할당을 요구하는 스케줄링 요청 (scheduling request) 등을 전송하는 데 사용되는 채널이다. 단말 당 최대 1개의 PUCCH가 있다.

- *Physical Random Access Channel (PRACH)*: 11장에서 설명되는 랜덤엑세스 (random access)를 위해 사용된다.
- *Physical sidelink shared channel (PSSCH)*: 사이드링크 데이터 전송에 사용된다. 21장을 참조한다.
- *Physical sidelink control channel (PSCCH)*: 사이드링크 관련 제어 정보에 사용된다.
- *Physical sidelink discovery channel (PSDCH)*: 사이드링크 탐색을 위해 사용된다.
- *Physical sidelink broadcast channel (PSBCH)*: 단말 간에 기본적인 사이드링크 관련 정보를 전달하는 데 사용된다.

몇몇 채널 즉 하향링크 제어 정보를 위한 채널 (PCFICH, PDCCH, PHICH, EPDCCH, R-PDCCH)과 상향링크 제어 정보를 위한 채널 (PUCCH)은 해당 물리 채널에 대응되는 전송 채널이 없음에 유의한다.

나머지 하향링크 전송 채널은 비록 사용되는 기능에 일정한 제약이 있지만, 일반적으로 DL-SCH와 같은 물리 계층 프로세싱에 기반한다. 특히, PCH 및 MCH 전송 채널은 DL-SCH와 물리 계층 프로세싱이 유사하다. 단말은 시스템에 접속하기 이전에 첫 번째 단계로 반드시 BCH 상으로 브로드캐스트되는 시스템 정보를 수신할 수 있어야 한다. 따라서, 이에 대한 전송 포맷은 사전에 단말이 알고 있어야 하며, 전송 파라미터에 대한 MAC 계층으로부터의 어떠한 동적인 제어도 있어서는 안된다. BCH는 물리적 자원, 즉 OFDM 시간-주파수 격자로의 매핑도 약간 다르게 이루어진다. 이는 11장에 좀 더 자세히 설명된다.

PCH 상에서의 페이징 메시지의 전송에 대해서는 어느 정도의 전송 파라미터의 동적인 적응은 사용될 수 있다. 일반적으로, 이 경우의 프로세싱은 일반적인 DL-SCH 프로세싱과 비슷하다. MAC은 변조 방식, 자원의 양 및 안테나 매핑을 제어할 수 있다. 하지만, 단말이 페이징될 때에는 아직 상향링크가 설정되기 이전이라서 단말이 HARQ acknowledgement를 보낼 수 없기 때문에 HARQ는 사용할 수 없다.

MCH는 MBMS 전송을 위해 사용되며, 이는 전형적으로 복수 개의 셀들이 동일한 시간에 동일한 포맷으로 동일한 자원에 정보를 전송하는 SFN (single frequency network) 동작에 사용된다. 따라서, MCH 전송의 스케줄링은 반드시 관련된 셀들 사이의 조정을 통해 이루어져야 하며 MAC에 의한 동적인 전송 파라미터 선택이 가능하지 않다.

4.3 제어 평면 프로토콜

제어 평면 프로토콜은 연결 설정, 이동성 및 보안 등에 관련된 프로토콜이다. 네트워에서부터 단말로 전송되는 제어 메시지들은 코어망의 MME로부터 온 것이거나 아니면 eNodeB에 위치한 Radio Resource Control (RRC)로부터 온 것이다.

MME에 의하여 다루어지는 NAS 제어 평면 기능들은 EPS 베어러 관리, 인증, 보안 및 페이징과 같은 여러 가지 idle 모드 절차 등을 포함한다. 이는 단말에 IP 주소를 할당하는 것도 포함한다. NAS 제어 평면 기능에 대한 자세한 내용은 참고문헌 [5]를 참조한다.

eNodeB에 위치한 RRC는 아래와 같은 RAN 관련 절차들을 담당한다.

- 단말이 셀과 통신을 하는 데 필요한 시스템 정보를 방송한다. 시스템 정보 획득에 대해서는 11장을 참조한다.
- 코어망으로부터 전달되어 오는 연결 요청을 단말에 알리기 위하여 MME로부터 생성된 페이징 메시지들을 전달한다. 11장에서 좀 더 설명되는 페이징은 단말이 특정 셀에 연결되어 있지 않은 RRC_IDLE 상태에서 사용된다. 공공경보 시스템 (public warning system)과 같이 시스템 정보에 변경이 있다는 것을 알릴 때에도 페이징을 사용한다.
- LTE 내에서 베이러들의 설정 및 이동성을 포함한 연결 관리를 담당한다. 이는 단말과 무선망 사이의 통신에 필요한 파라미터를 설정하는 작업인 RRC context의 설정 기능을 포함한다.
- 셀 선택/재선택 (selection/reselection)과 같은 이동성 기능을 담당한다.
- 측정 (measurement) 설정 및 보고를 담당한다.
- UE capability를 관리한다. 모든 단말이 LTE 규격에 기술된 모든 기능을 다 지원할 수는 없으므로 연결이 설정될 때 단말은 자신의 능력 (capability)를 알려준다. 이는 3장에서 간략하게 설명하였다.

RRC 메시지들은 4.2절에서 기술되었던 것과 동일한 프로토콜 계층들 (PDCP, RLC, MAC, PHY)을 사용하여 전송되며 signaling radio bearer (SRB)를 사용하여 전송된다. SRB는 연결 설정 중에는 common control channel (CCCH)로 매핑되다가 연결이 설정되면 dedicated control channel (DCCH)로 매핑된다. 제어 평면과 사용자 평면 데이터들은 MAC 계층에서 다중화되어 동일 TTI에서 단말로 전달될 수 있다. 앞서 설명되었던 MAC 제어 요소들도, 암호화 (ciphering) 및 무결성 보호 (integrity protection) 및 신뢰성 있는 전달보다 작은 지연이 더 중요한 일부 특수한 경우들에 대하여 무선 자원을 제어하는 데 사용된다.

4.3.1 상태 관리

LTE에서 단말은 RRC 관점에서[8] 그림 4.12와 같이 RRC_CONNECTED와 RRC_IDLE의 두 가지 상태 (state)에 있을 수 있다.

RRC_CONNECTED 상태는 RRC context가 형성되어 있다. 즉, 단말과 무선망이 서로 통신하는 데 필요한 파라미터들이 단말과 무선망 양쪽에 알려져 있는 상태이다. 단말이 소속된 셀이 알려져 있으며, 단말의 신원 (identity) 즉 단말과 네트웍 사이의 시그널링을 위해 사용되는 Cell Radio-Network Temporary Identifier (C-RNTI)가 설정되어 있다. RRC_CONNECTED는 단말과 데이터를 송수신하는 목적의 상태이지만, 단말의 전력 소모를 줄이기 위하여 비연속적 수신 (discontinuous reception, DRX)이 설정될 수 있다 (DRX에 대한 자세한 사항은 9장 참조). RRC_CONNECTED 상태는 eNodeB에 RRC context가 설정되어 있으므로, 연결 설정을 위한 시그널링이 필요하지 않아서 DRX를 종료하고 데이터를 수신/송신하기 시작하는 것이 상대적으로 빠르다.

비록 규격에는 약간 다르게 표현되어 있지만, RRC_CONNECTED는 상향링크가 네트웍과 동기화가 되어 있는지 아닌지의 여부에 따라 IN_SYNC와 OUT_OF_SYNC의 두 가지 세부 상태를 가지고 있다. LTE는 직교 FDMA/TDMA 기반의 상향링크를 사용하고 있기 때문에, 서로 다른 단말로부터 상향링크 전송이 수신기에 (거의) 동시에 도달하도록 맞추는 동기화가 필요하다. 상향링크 동기화를 획득 및 유지하는 방법은, 간단히 설명하면 수신기 즉 기지국이 각 단말로부터의 상향링크 전송이 도달하는 시간을 측정하여 하향링크로 각 단말의 전송 시간을 보정하는 명령을 전송하는 것이다. 이에 대한 자세한 절차는 7장을 참조한다. 상향링크의 동기화가 되어 있다면, 사용자 데이터 및 L1/L2 제어 신호의 상향링크 전송이 가능하다. 어느 정도의 주어진 시간 윈도우 동안 상향링크 전송이 없었던 경우에는 당연히 시간 동기화가 불가능하므로 상향링크는 동기화가 맞지 않은 것 (non-synchronized)으로 선언되며, 이러한 경우 단말은 상향링크 데이터 혹은 제어 정보를 송신하기 이전에 상향링크 동기화를 회복하기 위하여 랜덤 엑세스 (random access) 과정을 수행해야 한다.

RRC_IDLE 상태에는 무선망에 RRC context가 존재하지 않으며 단말은 특정 셀에 소속되어 있지 않다. 배터리 소모를 줄이기 위해 단말이 대부분의 시간동안 sleep하고 있으므로 데이터 전송이 일어나지 않는다. 상향링크 동기화는 유지되지 않으며, 따라서 오로지 가능한 상향링크 전송은 RRC_CONNECTED로 이동하기 위해 수행되는 랜덤엑세스다 (11장 참조). RRC_CONNECTED로 이동하면서 무선망 및 단말 양쪽에 RRC context가 형성되어야 하며, DRX를 종료하는 것에 비하여 이는 좀 더 긴 시간이 필요하다. 하향링크에서 RRC_IDLE 상태의 단

8) 단말을 위한 코어-네트웍이 서로 다른 상태를 가질 수 있으나 여기서는 기술하지 않는다.

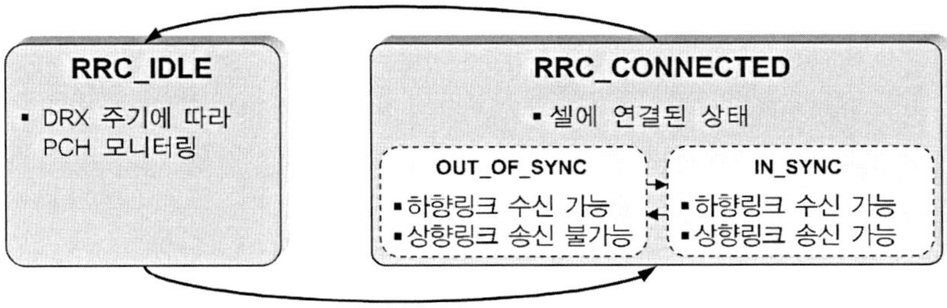

그림 4.12 LTE 상태 (state)

말은 11장에 설명된 것처럼 단말로 들어오는 호에 대한 페이징을 받기 위하여 주기적으로 깨어난다.

05

물리 계층 전송 자원

4장에서는 여러 가지 프로토콜 계층을 포함한 전반적인 LTE 구조를 살펴보았다. 이 장에서는, 자세한 하향링크 및 상향링크 전송 방식들에 대하여 살펴보기 이전에, LTE의 기본적인 시간 영역 및 주파수 영역 전송 자원에 대하여 살펴보며 아울러 안테나 포트 (antenna port)에 관한 전반적인 개념 역시 설명하도록 한다.

5.1 전체적인 시간-주파수 구조

비록 상향링크에서는 전송 신호의 cubic metric[1)]을 줄여서 단말의 송신기 전력 증폭기의 효율을 개선하기 위한 특별한 방식이 사용되었지만, LTE에서 하향링크 및 상향링크 전송의 기본 방식은 OFDM이다. 상향링크에서는 7장에서 설명되듯이 OFDM 변조 이전에 DFT 프리코딩이 적용되어, 이를 DFT-spread OFDM 혹은 DFTS-OFDM이라 한다. DFTS-OFDM은 상향링크 사용자 데이터 및 상위 계층 제어 신호에 해당하는 PUSCH 물리 채널의 전송에 적용된다. 7장에서 설명되듯이, L1/L2 제어 신호 및 여러 가지 종류의 reference 신호들과 같이 데이터 전송이 아닌 다른 상향링크 전송들에 대해서는 전송 신호의 cubic metric을 제한하기 위하여 다른 방법들이 사용된다.

---

1) Cubic metric은 특정 기준 파형에 대하여 필요한 back-off 양에 대비하여 특정 신호 파형에 추가적으로 필요한 back-off 양을 나타내는 값으로, PAR (peak-to-average ratio)보다 더 정확한 측정치이다.

LTE OFDM 부반송파 간격은 하향링크 및 상향링크 공히 15 kHz이다. OFDM 기반의 시스템에서의 부반송파 간격의 선택은 cyclic prefix에 의한 오버헤드와 Doppler spread/shift에 대한 민감도 및 주파수 오류와 부정확성 등을 고려하여 균형 있게 선택되어야 한다. LTE 부반송파 간격인 15 kHz는 이러한 제약조건들 사이에서 균형이 잘 맞는 것으로 알려졌다.

FFT 기반의 송신기/수신기 구현을 가정하면, 15 kHz의 부반송파 간격은 $f_S = 15000 \cdot N_{\mathrm{FFT}}$ (이때, N_{FFT}는 FFT 크기)의 샘플링 rate에 해당한다. 그러나, LTE 규격은 어떠한 경우에서도 FFT 기반의 송신기/수신기 구현을 강제하지 않으며, 더군다나 특정 FFT 크기나 샘플링 rate를 강제하지 않음에 유의한다. 물론, FFT 기반의 OFDM 구현이 공통적인 상식이며 15 MHz 및 이보다 더 넓은 LTE 반송파 대역폭에 대해서는 2048 크기의 FFT와 이에 상응하는 30.72 MHz의 샘플링 rate가 적당한 것으로 알려져 있다. 그러나, 작은 반송파 대역폭들에 대해서는 작은 FFT 크기와 상응하는 낮은 샘플링 rate가 사용될 수 있다.

15 kHz 부반송파 간격에 추가로, 부반송파 간격이 1/2이고 따라서 OFDM 심볼 시간은 2배 긴 7.5 kHz 부반송파 간격도 LTE에 정의되어 있다. 이러한 더 작은 부반송파 간격은 특별히 MBSFN 기반의 멀티캐스트/브로드캐스트 전송을 목표로 만들어진 것이다 (19장 참조). 그러나, 현재 7.5 kHz 부반송파 관련 값들은 LTE 규격 상에 아직 일부분만 만들어져 있다. 따라서, 이후에는 특별한 언급이 없는 한 15 kHz 부반송파 간격을 가정하고 내용을 설명하도록 한다.

LTE는 시간 영역에서는 10 ms 길이의 (무선)프레임 (radio frame)으로 구성되어 있다. 그림 5.1과 같이, 하나의 프레임은 각각 1 ms의 길이를 가지는 서브프레임 (subframe) 10개로 이루어진다. 각 서브프레임은 $T_{\mathrm{slot}} = 0.5\mathrm{ms}$의 동일 길이의 2개의 슬롯으로 구성되며, 각 슬롯은 cyclic prefix를 포함한 복수 개의 OFDM 심볼들로 구성된다.[2] 일정하고 정확한 타이밍을 위해 LTE 규격 내의 서로 다른 시간 간격들은 기본 시간 단위인 $T_s = 1/(15000 \cdot 2048)$의 곱으로 정의된다. 기본 시간 단위인 T_s 는 따라서, FFT 크기가 2048인 경우의 FFT 기반의 송신기/수신기 구현에서의 샘플링 rate로 볼 수 있다. 그림 5.1와 같은 시간 간격은 각각 프레임 길이 $T_{\mathrm{frame}} = 307{,}200 \cdot T_s$, 서브프레임 길이 $T_{\mathrm{subframe}} = 30{,}720 \cdot T_s$ 및 슬롯 길이 $T_{\mathrm{slot}} = 15360 \cdot T_s$로 표현될 수 있다.

각 프레임은 SFN (system frame number)으로 식별된다. SFN은 페이징에서의 sleep-모드 주기나 채널 상태 보고 (channel status reporting) 주기와 같이 한 프레임보다 긴 주기를 가질 수 있는 여러 가지 전송 주기들을 제어하는 데 사용된다. SFN 주기는 1024로서 SFN은 1024 프레임마다, 즉 10.24초마다 반복된다 (11장 참조).

---

2) 이는 "일반 (normal)" 하향링크 서브프레임에만 해당된다. 5.4절에 설명되어 있듯이, TDD 동작의 경우의 특수 (special) 서브프레임은 2개의 슬롯으로 나뉘지 않고 3개의 필드로 나뉘어진다.

15 kHz의 부반송파 간격은 유효 심볼 구간 $T_u = 2048 \cdot T_s$ 즉 대략 66.7 μs에 해당된다. 따라서, 전체 OFDM 심볼 구간은 유효 심볼 구간과 CP 길이 T_{CP}의 합이다. 그림 5.1과 같이, LTE는 일반 (normal) CP와 확장 (extended) CP의 두 가지 CP 길이를 정의하고 있으며, 일반 CP의 경우에는 슬롯 당 7개의 OFDM 심볼이 들어가고 확장 CP의 경우에는 슬롯 당 6개의 OFDM 심볼이 들어간다. T_s로 표현된 정확한 CP 길이는 그림 5.1와 같다. 일반 CP의 경우, 슬롯 내의 첫 번째 OFDM 심볼의 CP가 나머지 OFDM 심볼의 CP 길이보다 약간 더 긴 것에 유의한다. 그 이유는 실제로 슬롯 당 시간 단위 T_s의 개수 (15,360)가 7로 나누어지지 않기 때문에, 전체 0.5 ms 슬롯에 딱 맞도록 하기 위하여 첫 번째 심볼의 CP 길이가 약간 길어진 것이다.

LTE에서 두 가지 CP 길이를 정의한 이유는 다음과 같다.

- 긴 길이의 CP는 CP 오버헤드 측면에서는 비효율적이지만, 매우 큰 셀과 같이 시간적으로 신호가 퍼지는 delay spread가 매우 큰 특정 환경에서는 도움이 된다. 한편, 비록 delay spread가 매우 큰 셀의 경우더라도 반드시 긴 CP가 효율적인 것은 아님에 유의한다. 만약 큰 셀의 경우, CP의 길이가 delay spread보다 짧아서 미처 제거하지 못한 delay spread로 인한 신호의 손상보다는 잡음에 의하여 링크의 성능이 제한되는 경우라면, CP의 길이를 늘리면서 delay spread에 대한 추가적인 강인성을 얻는 것이 별로 도움이 되지 않는다. 왜냐하면 긴 CP를 사용할수록 수신 신호 에너지가 감소되는 문제가 있기 때문이다.
- 19장에서 언급하였듯이, MBSFN 기반의 멀티캐스트/브로드캐스트 전송의 경우에는, CP가 실제 채널에서의 시간 지연뿐 아니라 MBSFN 전송에 관계하는 여러 셀들로부터의 수신되는 신호들 사이의 시간 차이까지도 처리하여야 한다. 따라서 MBSFN 모드의 경우에는 확장 CP가 사용된다.

아울러, 한 프레임 내의 서로 다른 서브프레임에서 서로 다른 길이의 CP가 사용될 수 있음에 유의한다. 예를 들어, 19장에서 좀 더 자세히 언급되겠지만, MBSFN 기반의 멀티캐스트/브로드캐스트 전송은 일반적으로 프레임 내의 특정 서브프레임에서만 사용될 수 있으며, 따라서 이와 관련된 확장 CP는 오직 해당 서브프레임에만 적용된다.[3)]

---

3) 실제로, 확장 CP는 MBSFN 서브프레임의 일부인 속칭 MBSFN part에만 적용된다 (5.2절 참조).

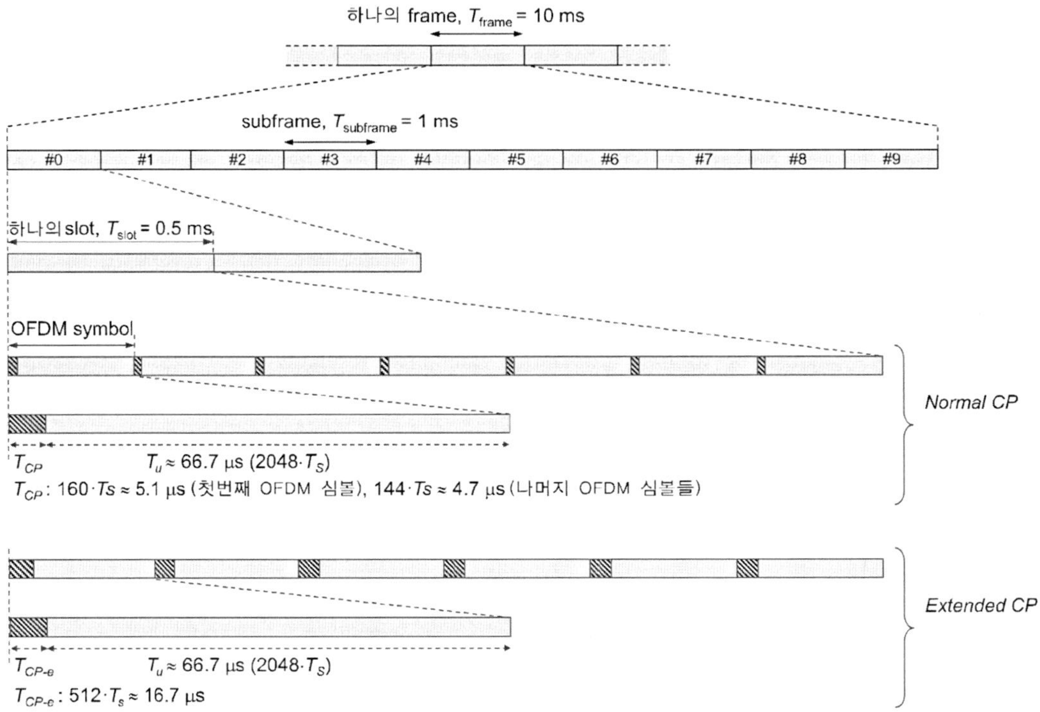

그림 5.1 LTE 시간 영역 구조

하나의 부반송파 및 하나의 OFDM 심볼로 이루어진 자원 엘리먼트가 LTE에서 가장 작은 물리적인 자원이다. 그림 5.2에서 볼 수 있듯이, 자원 엘리먼트은 주파수축 상으로 12개의 연속된 부반송파와 시간 영역 상으로 하나의 0.5 ms 슬롯으로 이루어진 자원 블록을 만든다. 따라서, 각 자원 블록은 일반 cyclic prefix의 경우에는 7·12 = 84개의 자원 엘리먼트로, 확장 cyclic prefix의 경우에는 6·12 = 72개의 자원 엘리먼트로 구성되어 있다.

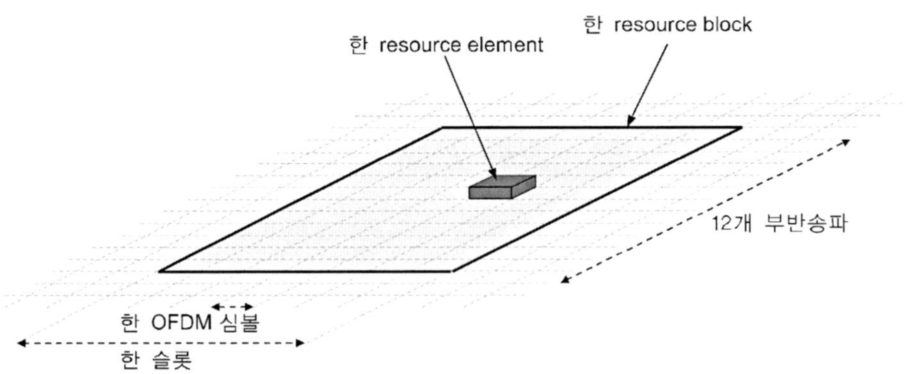

그림 5.2 LTE 물리적인 시간-주파수 자원

비록 자원 블록이 한 슬롯 단위로 정의되더라도, 실제로 LTE의 동적 스케줄링을 위한 기본 시간 영역 단위는 두 개의 연속적인 슬롯으로 구성된 서브프레임이다. 자원 블록이 슬롯 단위로 정의되는 이유는, 10장에서 설명되는 분산형 (distributed) 하향링크 전송과 7장에서 설명되는 상향링크 주파수 호핑 (frequency hopping)이 한 슬롯 단위로 동작하기 때문이다. 하나의 서브프레임 내의 두 개의 자원 블록으로 구성된 이 최소 스케줄링 단위를 자원 블록 pair라고 부르기도 한다.

LTE 물리 계층 규격은 최소 6개에서 최대 110개 사이의 임의의 개수의 자원 블록으로 구성될 수 있다. 이는 적어도 물리 계층 규격 측면에서는, LTE의 대역폭이 매우 유연하게 약 1 MHz에서 20 MHz까지 다양한 값을 가질 수 있다는 것이다. 하지만 3장에서 언급하였듯이, 적어도 초기 LTE는 무선주파수 요구 사항이 몇 가지 제한된 전송 대역폭에 대해서만 정해졌으므로, 적어도 초기 LTE는 하나의 반송파 내에서 전송 가능한 자원 블록의 개수는 몇 가지의 경우로 제한된다. 아울러, LTE Release 10 및 그 이후에는 복수 개의 반송파에 대하여 CA를 하면 전송 신호의 총 대역폭은 20 MHz보다 훨씬 더 커져서, 최대 100 MHz (Release 10) 혹은 최대 640 MHz (Release 13)까지 늘릴 수 있음에 유의한다. 5.5절을 참조한다.

위의 자원 블록에 대한 정의는 하향링크와 상향링크 전송 모두에 적용된다. 그러나, 반송파의 중심 주파수 관련하여 하향링크과 상향링크 사이에 작은 차이가 있다.

그림 5.3과 같이 하향링크에는 한가운데에 반송파 중심 부파수 위치인 사용하지 않는 DC 부반송파가 존재한다. 하향링크 전송에서 DC 부반송파를 사용하지 않는 이유는, LO (local-oscillator) leakage 등으로 인하여 DC 부반송파에는 간섭 레벨이 매우 높기 때문이다.

반면에 그림 5.3의 아랫쪽에 나와 있듯이, 상향링크에서는 특별히 사용하지 않는 DC 부반송파와 같은 것은 정의되어 있지 않으며, 따라서 상향링크 반송파 중심 주파수는 2개의 상향링크 부반송파 사이에 위치한다.

스펙트럼의 한가운데에 DC-부반송파가 있다는 사실은, 상향링크 전송에 사용되는 DFTS-OFDM 변조의 낮은 cubic metric 특성을 유지하기 위하여 연속적인 부반송파를 사용하면서 동시에 전체 셀 대역폭을 단일 단말에 할당하는 것을 힘들게 한다. 왜냐하면, 만약 이 DC 부반송파를 사용하지 않으면, 전체 스펙트럼이 한덩어리가 아니라 이를 기준으로 양쪽으로 두 개로 나뉘어져 버리기 때문이다.

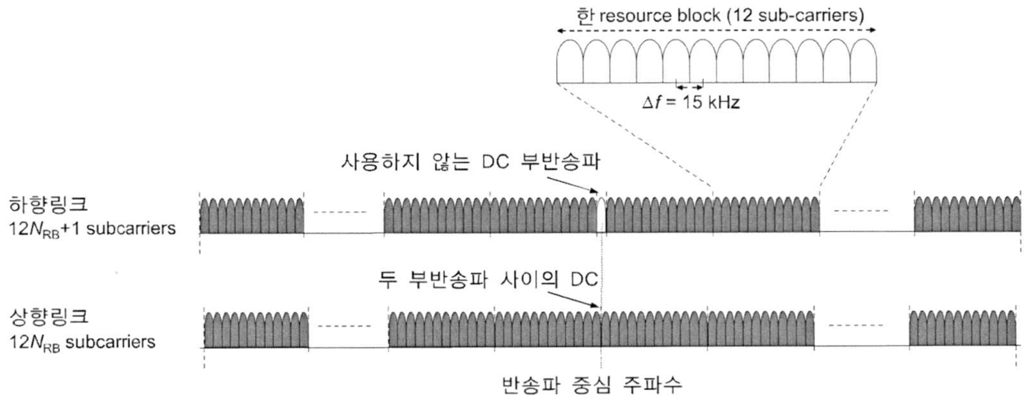

그림 5.3 LTE 주파수 영역 구조

5.2 일반 서브프레임 및 MBSFN 서브프레임

LTE에서는 각 하향링크 서브프레임 (및 TDD 경우에서의 DwPTS (TDD 프레임 구조는 5.4.2절을 참조))은 일반적으로 앞부분의 몇 OFDM 심볼로 이루어진 제어 영역 (control region)과 서브프레임 내 남은 부분으로 이루어진 데이터 영역 (data region)으로 나뉜다. 두 영역에서의 자원 엘리먼트들의 사용처는 6장에서 자세히 다루어지므로, 현재는 단지 제어 영역이 상향링크 및 하향링크 데이터 전송을 제어하는 데 필요한 L1/L2 시그널링을 전달하는 부분이라는 정도만 이해하도록 한다.

아울러, 소위 MBSFN 서브프레임이 Release 8에서 이미 정의되었다. MBSFN 서브프레임의 원래 의도는 19장에 설명되어 있으며 이름에서도 알 수 있듯이 MBSFN 전송을 지원하는 것이다. 그러나, 18장에 설명되는 relay 기능 지원의 예와 같이, 다른 경우에도 MBSFN 서브프레임이 유용한 경우들이 있다. 따라서, MBSFN 서브프레임은 반드시 MBSFN 전송에만 국한된 것이 아니라 좀 더 일반적인 도구로 생각하는 것이 더 적합할 수 있다.

그림 5.4와 같이 MBSFN 서브프레임은 제어 영역과 MBSFN 영역으로 구성된다. 제어 영역은 일반 서브프레임과 본질적으로는 동일한 기능을 하며 1개 혹은 2개 OFDM 심볼을 차지하며, MBSFN 영역의 내용은 MBSFN 서브프레임의 사용에 따라 결정된다. MBSFN 서브프레임에서도 제어 영역을 가지고 있는 이유는 예를 들면 상향링크 전송을 위한 제어 시그널링등을 전송하기 위해서이며, 따라서 LTE Release 8 및 그 이후의 모든 단말들이 MBSFN 서브프레임 내의 제어 영역을 수신할 수 있다. 앞에서 MBSFN 서브프레임은 MBSFN 전송에만 국한되는 것이 아니라 좀 더 일반적인 도구하고 하였는데, 바로 MBSFN 서브프레임은 그 이전 3GPP 릴리

즈의 LTE 무선 접속 규격이 지원하지 않는 새로운 시그널링이나 전송을 새로이 도입하는데 사용되면서 후방위 호환성 (backward compatibility)을 제공할 수 있기 때문이다. 이러한 새로운 전송은 서브프레임 내의 MBSFN 영역에서 이루어질 수 있으며, 이러한 전송을 수신할 능력이 없는 이전 릴리즈의 단말은 그냥 해당 전송 부분을 무시하면 된다.

셀 내에서 MBSFN 서브프레임으로 설정된 서브프레임들에 대한 정보는 시스템 정보로서 알려진다 (11장 참조). 원칙적으로는 40 ms[4] 마다 반복되는 형태로서 어떠한 형태의 MBSFN 서브프레임 구성도 가능하다. 그러나, 단말이 셀에 접속하려면 시스템을 운용하는 데 필요한 정보 (좀 더 자세히는, 동기신호, 시스템 정보 및 페이징 등)가 전송되어야 하므로, 이러한 정보가 전송되는 순간에는 MBSFN 서브프레임이 설정될 수 없다. 따라서, FDD에서는 서브프레임 0, 4, 5, 9, TDD에서는 서브프레임 0, 1, 5, 6은 MBSFN 서브프레임이 될 수 없으며, 나머지 6개 서브프레임이 MBSFN 서브프레임으로 설정될 수 있다.

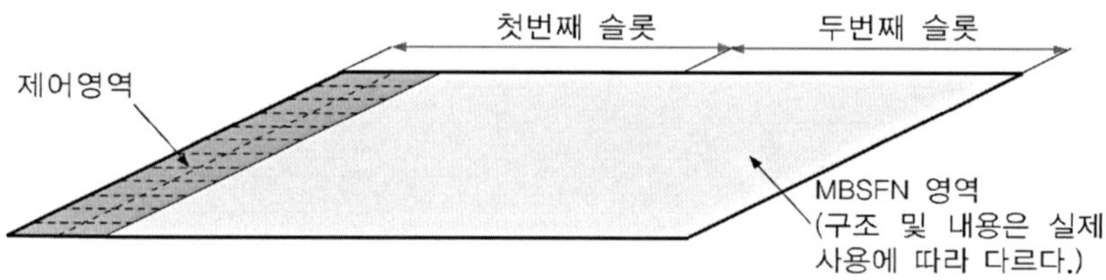

그림 5.4 MBSFN 서브프레임을 위한 자원 블록 구조. 제어 영역에는 일반 cyclic prefix, MBSFN 영역에는 확장 cyclic prefix를 가정

5.3 안테나 포트 (antenna port)

하향링크 다중 안테나 전송은 LTE의 주요 기술 중 하나이다. 서로 다른 안테나로부터 전송된 신호들 혹은 수신기에는 알려지지 않은 서로 다른 다중 안테나 프리코더 (6.3절 참조)에 의한 신호는, 비록 동일한 국사에 위치한 안테나를 통하여 전송되더라도 서로 다른 "무선채널"을 경험할 수 있다.[5]

일반적으로 단말 입장에서는 서로 다른 하향링크 전송에 의하여 경험되는 무선채널 사이의 관계를 어떻게 해석해야 하는지를 이해하는 것이 중요하다. 이는 예를 들어, 단말 입장에서는 특정한 하향링크 전송에 대한 채널 추정을 하는데 어떤 reference 신호를 사용해야 하는지를 아는

4) 해당 값은 10 ms의 프레임 길이와 8 ms의 HARQ round-trip time의 공약수가 40 ms임에 따라 결정되었으며, relay 동작에 중요하다 (18장 참조).

5) 수신기 입장에서는 알려지지 않은 송신단의 프리코더는 전체적인 무선채널의 일부분으로 볼 수 있다.

것이 중요하다. 또한, 단말 입장에서는 스케줄링 및 링크 적응 동작을 위하여 적절한 채널 상태 정보 (channel-state information)를 정하는 것 역시 중요하다.

이러한 목적을 위하여 LTE 규격에는 안테나 포트라는 개념이 도입되었다. 이 개념에 의하면, 어떠한 심볼이 특정 안테나 포트를 통하여 전달된 채널은 다른 심볼이 동일한 안테나 포트를 통하여 전달된 채널을 통하여 추정될 수 있다. 각각의 하향링크 전송은 특정한 안테나 포트를 통하여 이루어지며, 각 안테나 포트는 구분되어 단말에 알려진다. 또한, 단말은 두 개의 전송 신호가 동일한 안테나 포트에서 전송된 경우에 이 두 신호가 동일한 무선채널을 통과한 것으로 가정해야 한다.[6]

적어도 하향링크의 경우에, 실질적으로 각 안테나 포트는 특정 reference 신호에 해당된다. 따라서, 단말은 특정 reference 신호를 사용하여 특정 안테나 포트에 해당하는 채널을 추정할 수 있다. 또한, reference 신호를 통하여 단말은 특정 안테나 포트에 관련한 자세한 채널 상태 정보를 추출해 낼 수도 있다.

안테나 포트는 추상적인 개념으로서 반드시 특정한 물리적인 안테나에 해당하는 것은 아님에 유의한다.

- 서로 다른 두 개의 신호가 복수 개의 물리적인 안테나로부터 같은 방식으로 전송될 수도 있다. 이런 경우에는, 단말은 두 개의 신호가 서로 다른 안테나로부터의 채널의 합 (sum)에 해당하는 단일 채널을 통과하여 전송되는 것으로 이해하게 되며, 전체적인 전송은 단일 안테나 포트가 두 개의 신호에 동일하게 적용된 전송으로 보이게 된다.

- 두 개의 신호가 같은 안테나 집합으로부터 전송되지만, 수신기에는 알려져 있지 않은 서로 다른 송신기 측의 프리코더에 의하여 프리코딩된 후에 전송될 수도 있다. 수신기에 알려져 있지 않은 프리코더는 전체적인 채널의 일부로 파악되므로, 이 경우에는 두 신호가 서로 다른 안테나 포트로부터 전송된 것으로 보인다. 물론 안테나 프리코더가 동일한 것으로 알려졌다면 두 전송이 동일한 안테나 포트로부터 전송된 것으로 보인다. 아울러, 만약 프리코더 정보가 수신기에게 알려져 있다면 프리코더가 무선채널의 일부분으로 간주될 필요가 없을 수도 있다.

5.3.1 Quasi-co-located 안테나 포트

두 신호가 비록 서로 다른 두 개의 안테나로부터 전송되었더라도, 두 신호가 경험하는 채널이 large-scale 채널 관점에서는 상당히 많은 부분이 비슷할 수 있다. 일례로, 동일한 국사에 위치

6) 복조 reference 신호에 해당하는 안테나 포트의 경우에는, 이러한 동일 무선채널 가정이 주어진 서브프레임 내에서만 유효한 것임에 유의한다.

한 서로 다른 물리적인 안테나에 해당하는 서로 다른 두 개의 안테나 포트로부터 전송된 두 개의 신호가 경험하는 채널의 경우에는, 아주 세세한 부분은 다를 지라도, 일반적으로 Doppler spread/shift, 평균 지연 확산 (delay spread), 평균 이득 (gain) 등과 같은 large-scale 특성은 같거나 비슷할 수 있다. 또한, 채널들은 비슷한 정도의 평균 지연을 겪을 것으로 예상된다. 두 개의 서로 다른 안테나 포트에 해당하는 무선채널이 비슷한 large-scale 특성을 가지고 있다는 것을 알게 되면, 단말의 수신기는 채널 추정을 위한 파라미터를 설정하는 데 이를 활용할 수 있다.

그러나, LTE Release 11에서 여러 가지 형태의 다중 지점 송신 방식이 도입됨에 따라서, 하나의 단말로 향하는 서로 다른 하향링크 송신 안테나는 지리적으로 훨씬 더 떨어져서 위치할 수도 있으며, 이러한 경우에는 해당 단말에 대한 서로 다른 안테나 포트 채널은 large-scale 특성에서도 서로 다를 수 있다.

이러한 이유로 LTE Release 11에는 안테나 포트에 관하여 quasi-co-location 개념이 도입되었다. 만약 안테나 포트들이 quasi-co-located라고 지정되어 있다면, 단말 수신기는 서로 다른 안테나 포트에 해당하는 무선채널이 평균 지연, 평균 지연 확산, Doppler spread/shift, 평균 이득 등과 같은 large-scale 특성이 같다고 가정할 수 있다. 구체적으로 두 개의 안테나 포트는 quasi-co-located로 가정할 수 있는지 아닌지의 여부는 LTE 규격에 의하여 주어진다. 즉, 단말은 특정한 두 개의 안테나 포트를 quasi-co-located라고 가정할 수 있는지 아닌지의 여부를 시그널링을 통하여 네트워크로부터 명시적으로 전달받을 수도 있다.

이름에서 알 수 있듯이, 실제적으로 해당하는 물리적인 안테나들이 동일한 지점에 있다면 일반적으로 두 안테나 포트는 quasi-co-located일 수 있으며, 서로 다른 위치에 위치한 안테나는 일반적으로 quasi-co-located가 아니게 된다. 그러나, 규격에서는 이에 관하여 어떤 것도 명시적으로 정의된 바가 없으며, 따라서, quasi-co-location은 단순히 서로 다른 안테나 포트의 long- term 채널 특성들 사이의 관계에 대하여 어떤 가정을 할 수 있느냐를 정의한 것이라 볼 수 있다.

5.4 듀플렉스 방식

주파수 유연성은 LTE의 주요 특징 중 하나이다. LTE는 전송 대역폭의 유연성뿐만 아니라, 그림 5.5에 설명된 것처럼 시간-주파수 구조에서 FDD 기반 및 TDD 기반의 듀플렉스 방식을 모두 지원함으로써 paired 및 unpaired 주파수를 모두 지원한다. 이는 서로 약간 다른 2개의 프레임 구조를 통하여 지원되는데, 타입 1이 FDD용이며 타입 2가 TDD용이다. 비면허 대역에서의 동작이 LAA라는 이름으로 Release 13에 추가되었으며, 이를 위하여 타입 3가 정의되었다. 비록 시간 영역 구조가 이 세 개의 프레임 구조에 대하여 대체적으로는 비슷하지만, 몇 가지 차이점이 있으며 특히 타입 2 프레임 구조에서의 특수 서브프레임 (special subframe)의 존재가 큰 차이점이다. 특수 서브프레임은 하향링크-상향링크 사이의 전환에 필요한 보호 시간을 제공하는 데 사용된다.

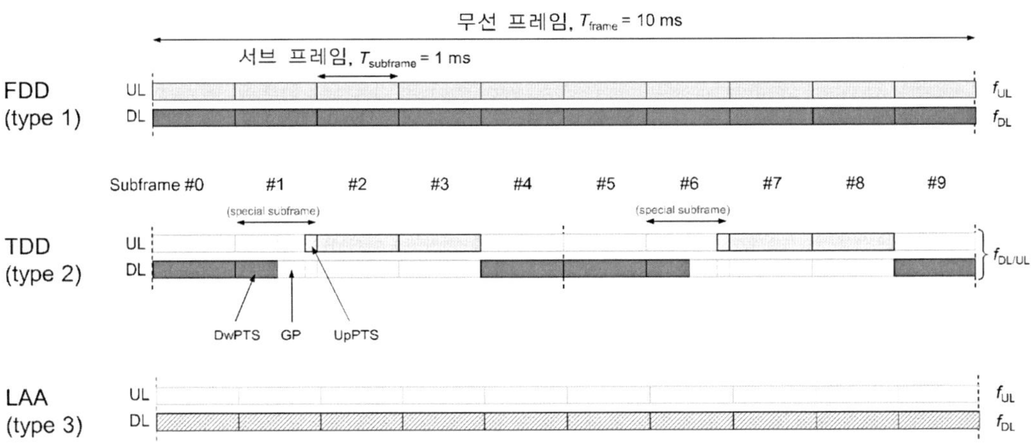

그림 5.5 FDD 및 TDD 모드에서의 상향링크/하향링크 시간/주파수 구조

5.4.1 Frequency Division Duplex (FDD)

그림 5.5와 같이 FDD 동작은 두 개의 반송파 주파수가 존재하며 각각 상향링크 전송 (f_{UL})과 하향링크 전송 (f_{DL})에 이용된다. 따라서, 각 프레임 동안 각각 10개의 상향링크 서브프레임과 10개의 하향링크 서브프레임이 존재하며, 셀 내에서 상향링크 및 하향링크 전송이 동시에 일어날 수 있다. 하향링크 전송과 상향링크 전송 사이의 분리는 듀플렉스 필터 (duplex filter)라고 알려진 송신/수신 필터 및 주파수 영역 상으로 하향링크/상향링크를 충분히 떼어놓음으로써 (duplex separation) 이루어진다.

FDD 동작의 경우, 하나의 셀 안에서 상향링크와 하향링크 전송이 동시에 일어날 수 있더라도, 단말은 동시에 송신/수신이 가능한지의 여부에 따라 full-duplex 동작이 가능하거나 혹은 half-duplex로만 동작할 수도 있다. 단말이 full-duplex를 지원하는 경우에는 단말단에서 송신과 수신이 동시에 이루어질 수 있으며, half-duplex만 가능한 단말은 송신과 수신을 동시에 할 수는 없다. 3장에서 살펴보았듯이, half-duplex만을 지원하는 경우에는 듀플렉스 필터가 필요없기 때문에 단말 구조가 더 간단해질 수 있다. 단말 구현을 간단하게 하는 것은, 예를 들면 massive MTC를 위한 저가의 단말과 같이 일부 경우에서 중요할 수 있다 (20장 참조). 또 다른 예로는, 듀플렉스 간격 (gap)이 좁은 특정 주파수 대역의 경우를 들 수 있다. 어떠한 단말이 어떤 대역에서는 full-duplex로 동작이 가능하지만 다른 특정 주파수 대역에서는 half-duplex 동작만 지원할 수도 있기 때문에, 단말의 full/half-duplex 지원 능력은 주파수 대역별로 달라질 수 있음에 유의한다. Full/half-duplex 능력은 단말의 특성이며 기지국은 단말의 능력과는 상관없이 full-duplex로 동작함에 유의한다.

네트웍 관점에서, half-duplex 동작은 단말이 모든 상향링크 서브프레임에서 전송할 수 없기 때문에 하나의 단말로 또는 단말로부터 제공될 수 있는 지속 데이터 속도에 영향을 미친다. 셀 용량은 일반적으로 주어진 서브프레임에서 상향링크 및 하향링크에서 서로 다른 단말을 스케줄링하는 것이 가능하므로 거의 영향을 받지 않는다. 네트웍은 full-duplex 방식으로 작동하여 동시에 송신 및 수신이 가능하기 때문에 보호 구간 (guard period)을 마련할 필요가 없다. 관련한 전송 구조 및 타이밍 관계는 full-duplex FDD 및 half-duplex FDD간에 동일하므로 하나의 셀은 full-duplex 및 half-duplex FDD 단말이 혼재된 상태에서도 이들을 동시에 지원할 수 있다. Half-duplex 단말은 동시에 송신과 수신을 할 수 없으므로 스케줄링 결정 시 이 점을 고려해야 하며, 이에 관해서는 9장에서 자세히 설명한다.

단말의 관점에서, half-duplex 동작은 단말이 송신과 수신 사이를 서로 전환하는 데 필요한 보호 구간을 제공해야 하며, 이 길이는 구현에 따라 다를 수 있다. 따라서 LTE는 필요한 보호 구간을 제공하는 것에 있어서 아래의 두 가지 방법을 지원한다.

- *half-duplex 타입 A*: 그림 5.6에서 볼 수 있듯이 상향링크 서브프레임 바로 앞의 하향링크 서브프레임에서 마지막 OFDM 심볼을 수신하지 않고 건너뜀으로써 보호 구간이 생성된다. 상향링크에서 하향링크로의 전환에 대한 보호 구간은 단말에서 적절한 timing advance를 설정함으로써 처리되며, 이는 half-duplex를 지원하는 기지국이 full-duplex만을 지원하는 경우에 대비하여 모든 단말에 더 큰 timing advance 값을 적용해야 함을 의미한다. 타입 A의 경우는 LTE의 첫 릴리즈부터 지원되는 것이다.

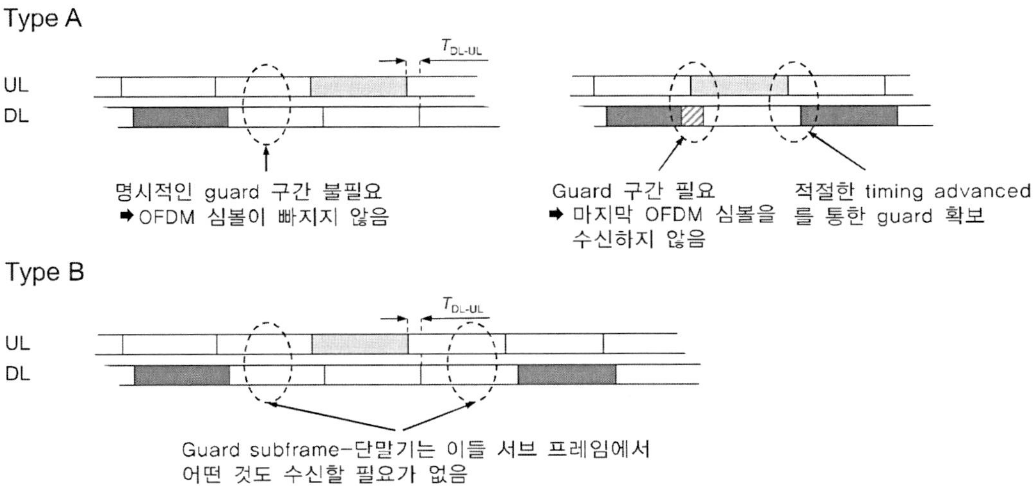

그림 5.6 half-duplex FDD을 위한 단말단의 guard time (Type A: 위, Type B: 아래)

• *half-duplex 타입 B*: 수신 및 송신 사이의 보호의 목적으로 서브프레임 전체가 사용되는 것으로서, 상향링크 및 하향링크 주파수 사이에서 재조정되는 하나의 오실레이터만을 사용함으로써 저가의 단말 구현이 가능하다. 이 기능은 LTE Release 12에서 MTC 어플리케이션을 위한 저렴한 단말을 위하여 추가되었다. 자세한 내용은 20장을 참조한다.

5.4.2 Time Division Duplex (TDD)

TDD 동작 (그림 5.5의 중간의 프레임 구조 타입 2)은 하나의 반송파 주파수만 존재하며 따라서 하나의 셀을 기준으로 상향링크와 하향링크 전송이 시간적으로 구분된다. 그림에서 볼 수 있듯이, 일부 서브프레임은 하향링크 전송에 할당되며 일부 서브프레임은 상향링크 전송에 할당되고, 특수 서브프레임 (서브프레임 1 및 특정 경우에는 서브프레임 6도 해당됨)에서 하향링크와 상향링크 사이의 전환이 일어난다. 하향링크와 상향링크 전송에 할당되는 자원의 양에 의하여 여러 가지 상향링크-하향링크의 비대칭적인 설정은, 그림 5.7과 같이 7가지의 가능한 상향링크-하향링크 설정을 통하여 이루어진다. 서브프레임 0과 5는 항상 하향링크 전송에 할당되며 서브프레임 2는 항상 상향링크 전송에 할당된다. (특수 서브프레임을 제외한) 나머지 서브프레임은 상향링크-하향링크 설정에 따라서 하향링크 및 상향링크 전송으로 자유롭게 할당이 가능하다.

기본적으로 시스템 정보의 일부로서 제공되며 따라서 거의 변경되지 않는 동일한 상향링크-하향링크 구성이 각 프레임에서 사용된다. 또한, 서로 다른 셀들 사이에서 하향링크와 상향링크 간의 심한 간섭을 피하기 위하여, 이웃하는 셀들은 일반적으로 동일한 상향링크-하향링크 설정을 가진다. 그러나 Release 12에서는 매 프레임마다 상향링크-하향링크 설정을 동적으로 변경할 수 있는 기능을 도입했으며 이 기능은 15장에서 자세히 설명한다. 이 기능은 주로 트래픽 변동이 크고 셀 간 간섭이 크게 문제가 되지 않는 스몰 셀 및 비교적 고립된 셀들에 주로 유용하다.

동일한 반송파 주파수가 상향링크와 하향링크 전송에 사용되므로, 기지국과 단말은 모두 송신에서 수신으로 또는 수신에서 송신으로 전환해야 한다. 이러한 전환은, 하향링크 부분 (DwPTS), 보호 구간 (GP), 상향링크 부분 (UpPTS)의 세 부분으로 나누어지는 특수 서브프레임에서 이루어진다.

DwPTS는 일반 서브프레임에 비하여 짧은 길이로 인하여 전송할 수 있는 데이터의 양이 작기는 하지만, 본질적으로는 일반 하향링크 서브프레임과 동일하다.[7] 그러나, UpPTS는 길이가 매우 짧기 때문에 데이터 전송에는 사용되지 않으며, 대신 채널 sounding이나 random access에 사용된다. 또한, 더 긴 보호 구간을 제공하는 목적으로 비워놓을 수도 있다.

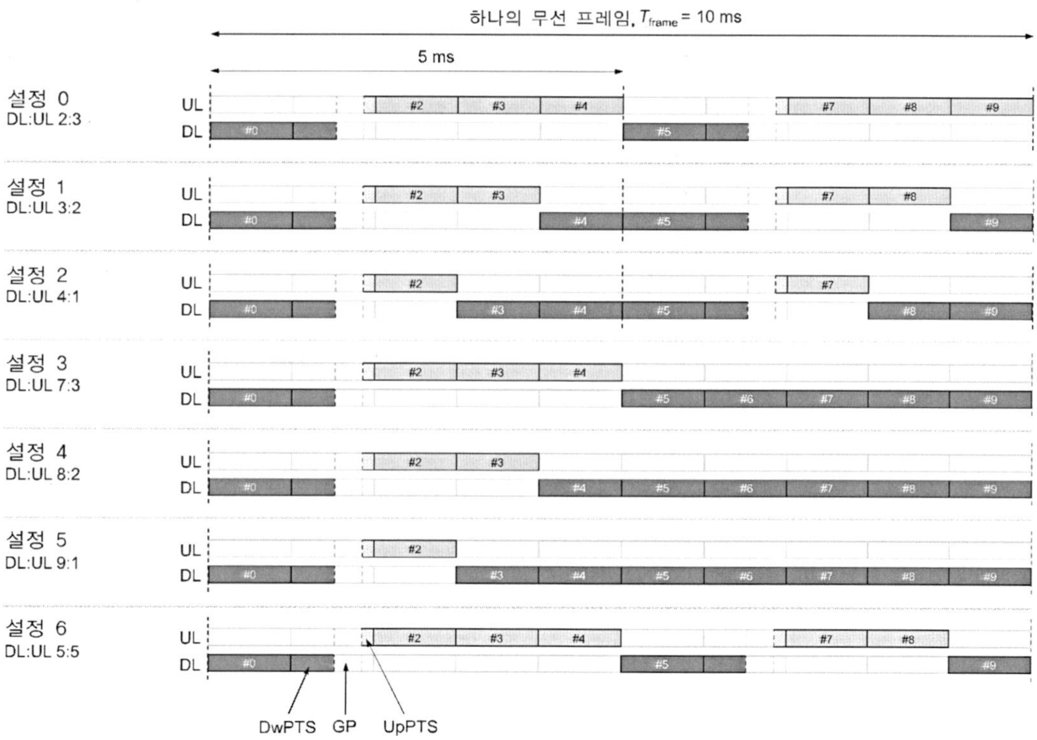

그림 5.7 TDD에서의 서로 다른 상향링크-하향링크 설정

7) OFDM 심볼 3개의 길이를 가지는 가장 짧은 DwPTS의 경우는 PDSCH 전송에 사용될 수 없다.

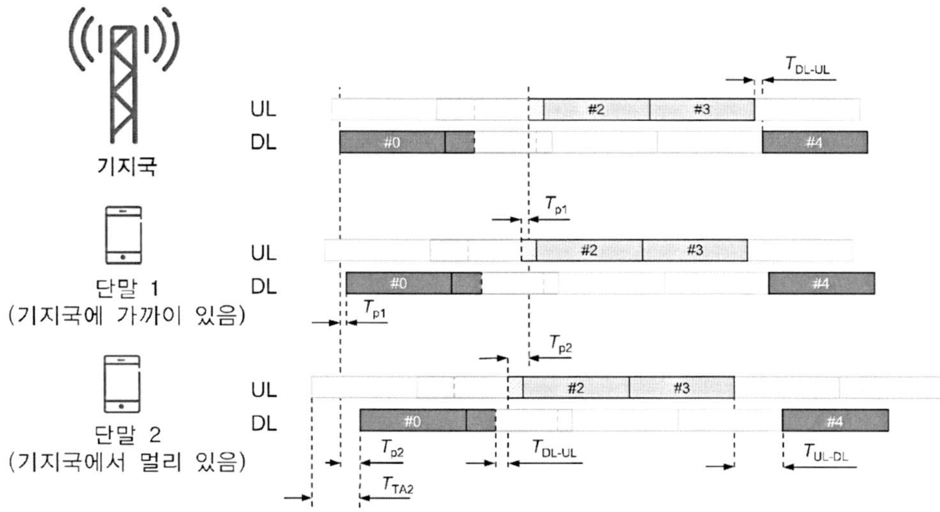

그림 5.8 TDD 동작의 시간 관계

TDD 시스템의 중요 요소 중 하나는 하향링크 및 상향링크 전송 모두가 일어나지 않는 보호 구간(혹은 보호 시간) 을 충분히 확보하는 것이다. 이는 앞서 설명한 바와 같이 하향링크 전송으로부터 상향링크 전송으로 혹은 그 반대방향으로 전환을 하는데 필요한 보호 구간으로서, 특수 서브프레임을 통하여 확보된다. 필요한 보호 구간의 길이는 여러 가지에 따라 달라질 수 있다. 첫 번째로, 이 시간은 기지국과 단말의 회로들이 하향링크와 상향링크 사이에서 전환하는 데 필요한 시간을 제공할 만큼 충분해야 한다. 전환 자체는 일반적으로 20 ms 정도로 매우 빠르며, 대부분의 경우 이 시간이 전체 필요한 보호 구간 길이에 크게 영향을 주지는 않는다.

두 번째로, 보호 구간의 길이는 기지국단에서 상향링크 전송과 하향링크 전송이 서로 간섭을 일으키지 않을 정도로 충분해야 한다. 이는 기지국단 기점으로 상향링크에서 하향링크로의 전환 시점 바로 이전의 마지막 상향링크 서브프레임이 전환 시점 이후의 첫 번째 하향링크 서브프레임이 시작하기 이전에 종료되도록, 단말단에서 상향링크 타이밍을 앞당김으로써 처리한다. 각 단말의 상향링크 타이밍은 timing advance 기능을 사용하여 기지국에 의하여 제어된다. 해당 내용은 7장에 자세히 설명된다. 물론, 보호 구간은 단말이 하향링크 전송을 수신한 이후에 송신으로 전환하여 (시간적으로 앞당겨진) 상향링크 전송을 시작할 수 있도록 충분히 길어야 한다. 본질적으로, 특수 서브프레임의 보호 구간의 일부는 timing advance 기능에 의하여 하향링크의 상향링크 전환으로부터 상향링크의 하향링크 전환으로 옮겨진 것이다. 이러한 동작이 그림 5.8에 설명되어 있다. Timing advance는 기지국으로부터 거리에 비례하므로 큰 셀을 운용할 때가 작은 셀을 운용할 때보다 더 큰 보호 구간을 필요로 한다.

마지막으로, 보호 구간 선택 시 기지국들 간의 간섭도 고려하여야 한다. 다중 셀 환경에서는, 기지국이 상향링크 전송을 수신하기 시작하는 시점에서는 인접한 셀들의 하향링크 전송으로부터 오는 인접 셀 간섭이 충분히 낮은 레벨로 낮아져야 한다. 따라서, 셀 크기만을 고려한 보호 구간보다 더 큰 보호 구간을 필요로 할 수도 있는데, 이는 멀리 떨어진 기지국으로부터 하향링크 전송의 마지막 부분이 해당 기지국의 상향링크 수신을 간섭할 수도 있기 때문이다. 물론 보호 구간의 크기는 전파 환경에 따라 달라지지만, 일부 경우에는 이러한 기지국 간의 간섭 부분이 보호 구간을 결정하는 데 무시할 수 없는 요소이기도 한다.

표 5.1 여러 가지 DwPTS, UpPTS 길이에 대한 OFDM 심볼 단위로 표시된 보호 구간의 길이 (일반 cyclic prefix의 경우)

DwPTS	12	11		10		9		6[a]	3	
GP	1	1	2	2		3	4	6	9	10
UpPTS	1	2	1	2		2	1	2	2	1

a 6:6:2 설정은 몇 가지 공통적인 TD-SCDMA 설정들과의 공존시의 효율을 높이기 위하여 Release 11에서 추가되었다. (Release 11 이전의 단말들은 3:9:2을 사용함.)

위의 논의에서 볼 수 있듯이, 여러 가지 구축 시나리오들을 지원하기 위해서는 보호 구간의 설정 값이 충분히 다양해야 한다. 따라서, 여러 가지 DwPTS/GP/UpPTS 설정값들의 조합이 표 5.1과 같이 지원된다. 표에서 각각의 값들은 특수 서브프레임 내에서 앞의 세 가지 값들의 OFDMA 심볼 단위의 길이를 나타낸다. 셀 내에서 사용되는 DwPTS/GP/UpPTS 설정값은 시스템 정보로서 시그널링된다.

5.4.3 LTE와 TD-SCDMA의 공존

여러 가지 보호 구간 값들을 지원하는 것에 더하여, LTE TDD 설계의 주요 특징 중 하나는 3GPP TD-SCDMA[8] 표준을 기반으로 한 시스템과의 공존 및 해당 시스템으로부터 네트웍 전환

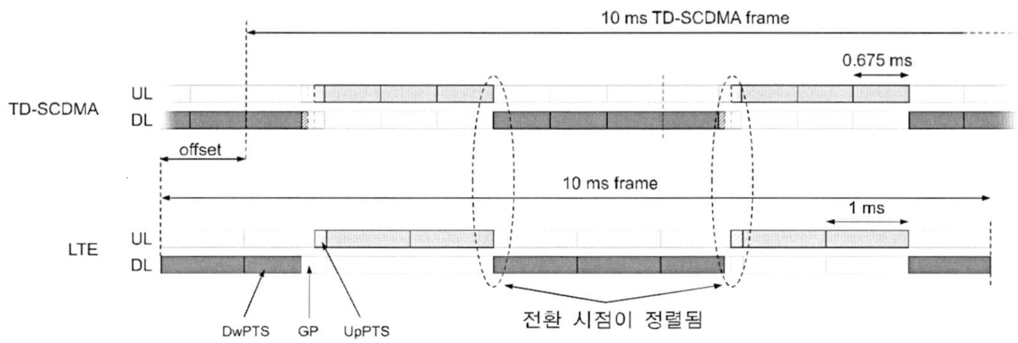

그림 5.9 TD-SCDMA와 LTE의 공존 (coexistence)

8) TD-SCDMA는 UTRA TDD를 위하여 3GPP가 정의한 3가지 TDD 모드들 중의 하나로서 대규모로 많이 구축된 유일한 방식이다.

을 쉽도록 하는 것이다. 기본적으로 서로 가까운 주파수에 의해 운용되면서 한 국사에 구축된 서로 다른 TDD 시스템 사이의 간섭을 다루려면, 두 시스템의 전환 시점 (switch-point)을 정렬해야 한다. 두 개의 시스템이 서로 다른 서브프레임 길이를 사용하고 있더라도, LTE는 다양한 값으로 설정 가능한 DwPTS 필드를 지원하므로, LTE와 TD-SCDMA (혹은 어느 다른 TDD 시스템과도)의 전환 시점을 정렬할 수 있다. 전환 시점을 서브프레임 경계에 두지 않고 특수 서브프레임을 DwPTS/GP/UpPTS와 같은 세 개의 필드로 나눈 이유가 바로 TD-SCDMA와 LTE 사이의 전환 시점을 정렬하기 위해서이다. 그림 5.9에 LTE/TD-SCDMA의 공존에 대한 예가 나와 있다.

일반적인 공존 시나리오를 지원하고 앞서 설명한 것과 같이 보호 구간 길이 설정에 많은 유연성을 두기 위하여 DwPTS/GP/UpPTS로 설정 가능한 값들의 조합이 결정되었다. UpPTS 길이는 1개 혹은 2개의 OFDM 심볼이며 DwPTS 길이는 3개[9]에서 12개의 OFDM 심볼 길이를 가질 수 있다. 이에 따라, 보호 구간은 그 나머지인 1개에서 10개의 OFDM 심볼 길이를 가질 수 있다. 일반 cyclic prefix의 경우에서의 DwPTS 및 UpPTS 설정에 따른 보호 구간의 길이가 표 5.1에 정리되어 있다. 앞서 설명한 바와 같이, UpPTS는 길이가 워낙 짧기에 sounding이나 랜덤 엑세스에만 사용될 수 있는데 비하여 DwPTS는 하향링크 데이터 전송에 사용될 수 있다.

5.4.4 LAA (Licensed-Assisted Access)

Release 13에서는 5 GHz 대역을 사용하는 것을 목표로 하여, 면허 대역의 도움을 받아서 비면허 대역의 주파수를 사용하는 LAA가 도입되었다. 이 대역은 unpaired 대역이므로 TDD가 적합한 듀플렉싱 방식이 된다. 그러나, 전송 이전에 주파수 자원이 가용한지 여부를 확인하는 LBT (Listen Before Talk)가 일부 지역에서 필수적이며 Wi-Fi와의 공존 관점에서도 매우 유익하기 때문에, 고정적으로 상향링크와 하향링크가 분할된 프레임 구조 타입 2는 사용할 수 없다. 또한, Release 13에서 비면허 대역은 상향링크는 없이 하향링크로만 사용할 수 있으므로, LBT에 따라서 어떠한 임의의 서브프레임에서도 하향링크 전송을 시작하기에 적합한 또 다른 세 번째의 프레임 구조가 필요하다. 대부분의 경우, 프레임 구조 타입 3은 프레임 구조 타입 1과 동일한 신호 및 채널 매핑을 가진다.

LAA에 대해서는 제17장에 자세히 설명되어 있다.

9) DwPTS 길이의 최솟값은 DwPTS에 primary 동기신호를 두기 위하여 만들어졌다. (11장 참조)

5.5 CA (Carrier Aggregation)

CA 기능은 LTE Release 10에 도입되었으며 이후 릴리즈에서 보다 더 개선되었다. CA를 사용하면 각 반송파 당 최대 20 MHz의 대역폭을 갖는 복수 개의 반송파들이 동일 단말로의 혹은 동일 단말로부터의 링크에 동시에 사용이 가능하며, 따라서 더 넓은 대역폭과 더 높은 링크 데이터 속도를 가능하도록 해준다. CA에서는 각 반송파들을 component 반송파 (component carrier)[10]라고 부르며, RF 관점에서는 합쳐진 전체 반송파들의 집합이 하나의 (RF) 반송파로 보일 수 있다.

각각 최대 20 MHz의 대역폭을 갖는 반송파가 최대 5개까지 CA가 가능하므로, 최대 가능 대역폭은 100 MHz가 된다. Release 13에서는 이것이 최대 32개의 반송파로 확장됨으로써 최대 가능 대역폭이 640 MHz가 된다. 이는 주로 비면허 대역의 넓은 대역폭을 활용하기 위한 목적이다. CA 기능을 지원하는 단말은 복수 개의 component 반송파들을 동시에 수신 혹은 송신할 수 있다. 또한 각 component 반송파들은 이전 릴리즈의 LTE 단말들이 접속이 가능하므로, component 반송파는 후방위 호환성을 가지고 있다고 할 수 있다. 따라서, 특별한 언급이 없는 한, CA 관련한 물리 계층에 대한 설명은 각 component 반송파들에 개별적으로 적용되는 것이다. CA의 자세한 내용은 12장에서 기술한다.

5.6 LTE 반송파의 주파수 영역에서의 위치

원칙적으로는 LTE 반송파는 주파수 상 어디에도 위치할 수 있으며, 실제로 기본적인 LTE 물리 계층 규격은 LTE 반송파의 주파수 대역 및 정확한 주파수 위치를 언급하지 않는다. 하지만, 실제적으로는 당연히 LTE 반송파가 주파수 영역 상에 위치하는 것에 대하여 일정한 제한을 둘 필요가 있다.

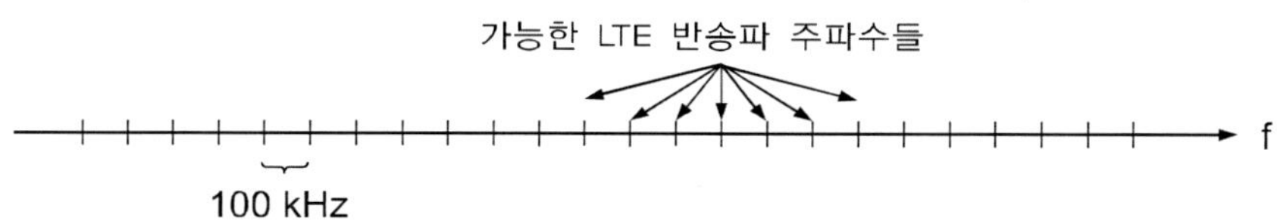

그림 5.10 LTE 반송파 래스터 (raster)

10) 규격에서는 component 반송파 대신에 셀 (cell)이라는 용어를 사용하고 있다. 그러나, 셀이라는 용어는 특히 상향링크의 경우에는 오해의 소지가 있으므로 여기서는 component 반송파라는 용어를 사용하도록 한다.

- LTE 단말이 실제로 만들어지면, 해당 단말은 당연히 RF적으로 특정 주파수 대역만을 지원할 수 있다. LTE용으로 규격화된 주파수 대역은 2장에 설명되어 있다.
- 단말이 켜지면, LTE 단말은 지원되는 주파수 대역 내에서 네트웍이 전송하고 있는 반송파를 찾아야 한다. 반송파를 찾는데 너무 오랜 시간이 걸리는 것을 방지하려면, LTE 반송파가 위치할 수 있는 주파수 위치의 개수를 제한할 필요가 있다.

이러한 이유로, LTE 반송파는 지원되는 주파수 대역 내에서 100 kHz의 반송파 래스터 (raster) 혹은 반송파 격자 (grid)에 위치할 수 있으며, 반송파의 중심 주파수는 m·100 kHz (m은 정수)와 같이 표현될 수 있다 (그림 5.10 참조).

CA의 경우는 복수 개의 반송파들이 하나의 단말에게/단말로부터 송신될 수 있으며, 이전 릴리즈의 단말들도 접속이 가능하도록 각 component 반송파들은 100 kHz 반송파 격자 위에 위치하여야 한다. CA의 경우에는 추가적인 제한 사항이 있는데, 바로 인접한 component 반송파들 사이의 반송파 간격은 하나의 FFT로 송신/수신이 가능하도록 하기 위하여 15 kHz의 배수여야 한다.[11] 따라서, CA에서 서로 다른 component 반송파들 사이의 간격은, 100 kHz (반송파 래스터)와 15 kHz (부반송파 간격)의 최소공배수인 300 kHz의 배수가 되어야 한다. 이에 따라, 그림 5.11에서 볼 수 있듯이 아무리 가까이 위치시킨다 하더라도 두 개의 component 반송파 사이에는 항상 일부 사용되지 않는 조그만 공백이 존재하게 된다.

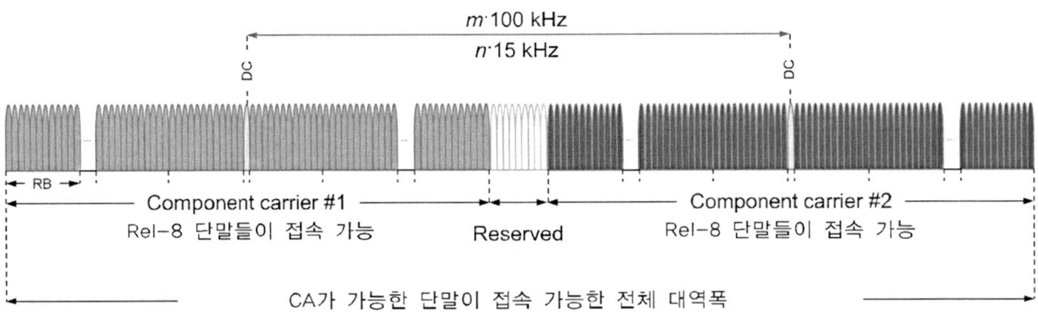

그림 5.11 LTE 반송파 래스터 및 CA

11) 이 제한 사항은 당연히 component 반송파가 주파수 영역에서 연속적인 경우에만 해당된다. 또한, component 반송파들 사이의 주파수 에러가 서로 독립적인 경우에는 수신단에서 별도의 FFT가 필요할 수 있다.

06

하향링크 물리 계층 절차

4장에서는 LTE 무선 인터페이스 구조를 논의하면서 여러 가지 프로토콜 계층의 기능과 특징들을 개관하였다. 5장에서는 하향링크와 상향링크의 물리적인 자원이 되는 OFDM 시간-주파수 격자 구조를 포함하여 기본적인 LTE 전송의 시간-주파수 구조를 알아보았다. 또한, 특히 다중 안테나 전송 및 다중 지점 송신을 이해하는 데 중요한 안테나 포트 개념에 대해서도 살펴보았다.

이 장에서는 전송 채널 처리 (6.1절), reference 신호 (6.2절), 다중 안테나 전송 (6.3절), L1/L2 제어 시그널링 (6.4절)을 포함한 하향링크 물리 계층 절차에 대하여 좀 더 자세히 살펴보도록 한다. 7장에서는 상향링크에 대응하는 부분을 설명하며, 그 이후 장들에서는 몇 가지 특정 상향링크, 하향링크 기능 및 절차에 대하여 좀 더 자세히 살펴보도록 한다.

6.1 전송 채널 처리

4장에서 설명하였듯이, 물리 계층은 전송 채널 (transport channel)의 형태로 MAC 계층에 서비스를 제공한다. LTE 하향링크에는 Downlink Shared Channel (DL-SCH), Multicast Channel (MCH), Paging Channel (PCH), Broadcast Channel (BCH)과 같이 4개의 전송 채널이 있다. 이 장에서는 DL-SCH 전송 채널에 적용되는 물리 계층 절차와 물리 자원으로의 매핑, 즉 OFDM 시간-주파수 격자상 자원 엘리먼트로의 매핑을 살펴보도록 한다. DL-SCH는 LTE의 하향링크 주 전송 채널로서, 상위 계층의 사용자 특정의 정보들을 전송하는 데 사용되며, DL-SCH

상으로는 사용자 데이터 및 지정된 제어 정보들과 함께 하향링크 시스템 정보의 일부도 전송된다 (11장 참조). DL-SCH에 대한 물리 계층 절차는 대부분의 경우 MCH 및 PCH 전송 채널 등에도 (일부 제약 사항들이 있지만) 적용이 된다. 반면에 4장에서 설명된 것과 같이 BCH에 대한 물리 계층 절차 및 전송 구조는 상당히 다르다. BCH 전송은 11장에서 LTE 시스템 정보를 논의하면서 설명하도록 한다.

6.1.1 프로세싱 단계

그림 6.1에 DL-SCH 물리 계층의 여러 가지 단계가 나와 있다. 복수 개의 component 반송파 상의 전송이 동일 단말로 동시에 전송이 되는 CA의 경우는, 각 반송파 위의 전송은 별도의 전송 채널로서 서로 독립적인 물리 계층 절차를 통하게 된다. 따라서, 그림 6.1에 개관된 전송 채널 절차 및 이후의 논의는 CA의 경우에도 역시 유효하다.

각각의 component 반송파에 대한 무선 인터페이스마다, 1 ms 길이의 서브프레임에 해당하는 각 Transmission Time Interval (TTI)마다 다양한 크기의 최대 2개의 전송 블록 (transport block)이 물리 계층으로 전달된다. TTI 당 전송되는 전송 블록의 수는 6.3절에 설명하겠지만 다중 안테나 전송 방식의 설정에 따라 달라진다.

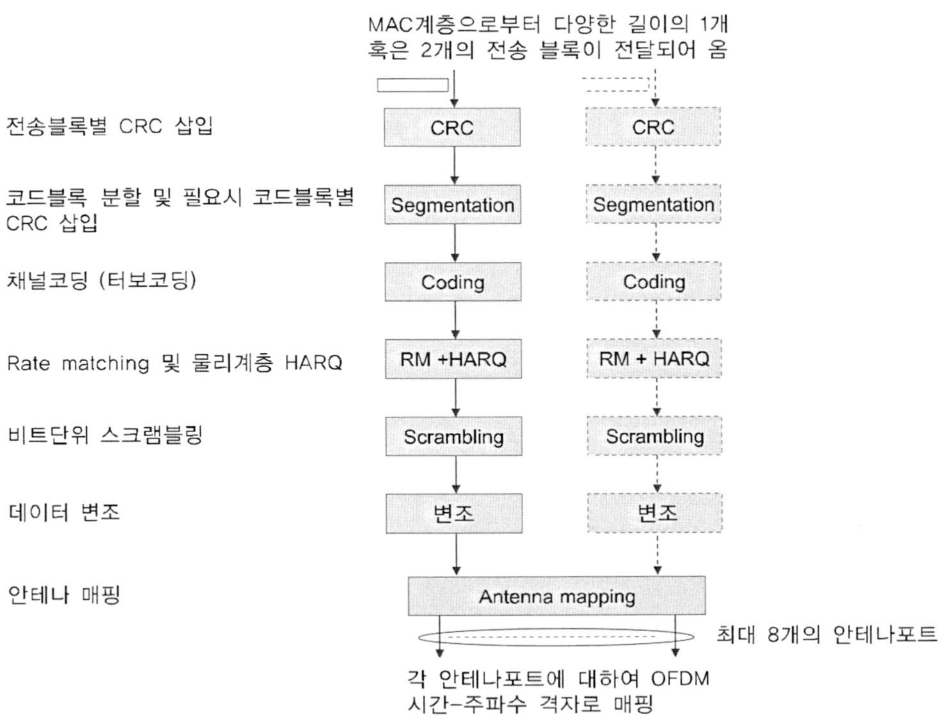

그림 6.1 DL-SCH에 대한 물리 계층 절차

- 공간 다중화를 사용하지 않는 경우에는 TTI당 최대 하나의 전송 블록만 존재한다.
- 동일한 단말에 동시에 복수 개의 layer 상으로 전송 하는 공간 다중화를 사용하는 경우에는 TTI당 2개의 전송 블록이 존재한다.[1)]

6.1.1.1 전송 블록 당 CRC 삽입

전송 채널 프로세싱의 첫 번째 단계는 24-비트 CRC를 계산하여 각 전송 블록에 붙이는 것이다. CRC를 통하여 수신단에서는 디코딩된 전송 블록 내의 에러를 검출할 수 있다. 검출된 에러에 대하여 알려주어 재전송을 요청하는 데에는, 예를 들면 하향링크 HARQ 프로토콜이 사용된다.

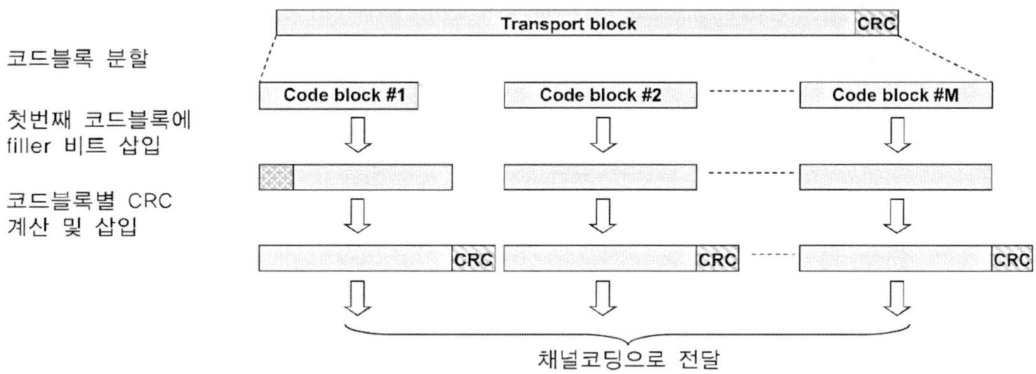

그림 6.2 코드 블록 분할과 코드 블록별 CRC 삽입

6.1.1.2 코드 블록 분할 및 코드 블록별 CRC 삽입

LTE 터보 코드 내부의 인터리버는 6144비트를 최대 블록 크기로 가지는 제한된 코드 블록(code-block) 크기에 대해서만 정의되어 있다. 전송 블록에 붙는 CRC를 포함한 전송 블록의 크기가 최대 코드 블록 크기를 초과하는 경우에는, 그림 6.2에 설명된 것처럼 터보 코딩 이전에 코드 블록 분할이 이루어진다. 코드 블록 분할은 전송 블록이 터보 코드에서 정의된 코드 블록 크기들에 맞도록 더 작은 코드 블록들로 나누어지는 것을 의미한다.

임의의 크기를 갖는 전송 블록을 규격 내의 가용한 크기에 맞는 코드 블록으로 분할할 수 있도록, 규격에서는 첫 번째 코드 블록 앞부분에 의미 없는 filler 비트가 삽입될 수도 있도록 하였다. 실제로 현재 LTE로 정의된 전송 블록 크기는 filler 비트가 필요하지 않도록 선택되어 있다.

---

1) 이는 최초 전송 (initial transmission)의 경우에만 해당한다. HARQ 재전송의 경우에는 6.3절에서의 예에서 설명되듯이, 하나의 선송 블록이 복수 개의 layer상으로 전송되는 경우도 있다.

그림 6.2에서 볼 수 있듯이, 코드 블록 분할은 각 코드 블록 별로 추가적인 (24 비트, 그러나 앞선 전송 블록 CRC와는 다른) CRC가 계산되어 붙는 것을 의미한다. 코드 블록 당 CRC를 가지면 올바르게 디코딩된 코드 블록을 좀 더 빨리 알 수 있으며, 이에 따라 해당 코드 블록에 대한 반복 디코딩 (iterative decoding)을 빨리 종료할 수 있다 (early termination). 이를 통해 단말의 프로세싱 파워 소모 및 전력 소모를 줄일 수 있다. 코드 블록 분할이 없이 하나의 전송 블록이 하나의 코드 블록인 경우에는 코드 블록 CRC가 추가되지 않음에 유의한다.

코드 블록 분할이 있는 경우, 전체 전송 블록이 올바르게 수신되었는지의 여부 역시 각 코드 블록 CRC로부터 간접적으로 알 수 있으므로 전송 블록 CRC가 불필요한 것이 아닌가하고 생각할 수 있다. 하지만, 코드 블록 분할은 매우 큰 전송 블록에만 적용되므로 전송 블록 CRC를 추가적으로 붙임으로써 발생하는 추가적인 오버헤드는 거의 미미하다. 또한, 전송 블록 CRC는 추가적인 에러 검출 능력을 제공함으로써, 디코딩된 전송 블록에서 미처 에러가 검출되지 않을 위험성을 줄여준다.

전송 블록 크기에 대한 정보는 6.4절에 설명되어 있듯이 PDCCH/EPDCCH 제어 채널 상에 전송되는 스케줄링 할당을 통하여 단말로 전달된다. 이 정보를 바탕으로 단말은 코드 블록 크기 및 코드 블록 개수를 알 수 있다. 따라서, 단말의 수신기는 스케줄링 할당을 통해 전달되는 코드 블록 분할을 다시 전송 블록으로 원상복원할 수 있다. 정보를 바탕으로 코드 블록 분할을 다시 전송 블록으로 원상복원할 수 있다.

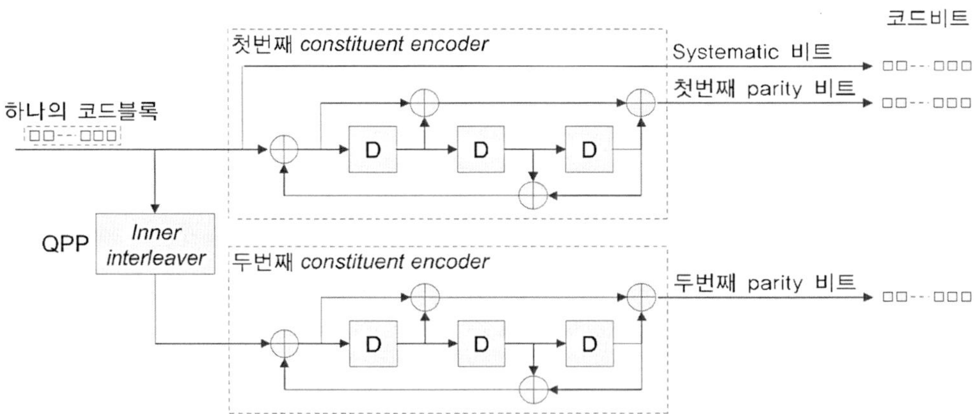

그림 6.3 LTE 터보 인코더

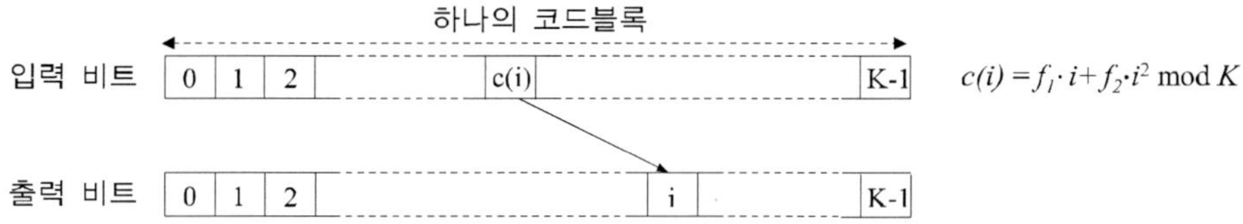

그림 6.4 QPP-기반 인터리빙의 원리

6.1.1.3 채널 코딩

DL-SCH (와 PCH 및 MCH)에 대한 채널 코딩은 그림 6.3의 인코딩과 같이 터보 코딩 (Turbo coding)을 기반으로 한다 [17]. 인코딩은 2개의 1/2 코딩률의 8-state constituent 인코더로 구성되어 있으며, QPP[2])기반의 인터리빙과 결합하여 최종 코딩률은 1/3이 된다 [32]. 그림 6.4와 같이 QPP 인터리버는 아래의 함수에 따라 인터리빙되지 않은 입력 비트를 인터리빙된 출력 비트로 매핑한다.

$$c(i) = f_1 \cdot i + f_2 \cdot i^2 \mod K$$

여기서 i는 인터리버 출력 비트의 인덱스, c(i)는 동일한 비트의 인터리버 입력의 인덱스, K는 코드 블록/인터리버의 크기를 나타낸다. 파라미터 f_1과 f_2는 코드 블록 크기 K에 따라 달라진다. LTE 규격은 최소 40비트부터 최대 6144비트까지 모두 지원되는 코드 블록 크기에 대해 해당 f_1과 f_2의 값의 표를 가지고 있다. 따라서, 코드 블록 크기를 알면 터보 코더의 인터리빙 및 수신단에 대응하는 디인터리빙은 바로 수행될 수 있다.

QPP-기반 인터리버는 최대 contention free 인터리버라서 [33], 서로 다른 병렬 프로세스가 인터리버 메모리에 접근할 때에도 충돌의 위험 없이 아주 간단하게 디코딩 과정의 병렬화가 가능한 인터리버이다. LTE에서 지원되는 매우 빠른 데이터 속도의 경우에는, 이와 같이 QPP-기반 인터리빙에 의해 병렬 프로세싱이 개선된 점은 터보인코더 및 디코더 설계를 상당히 간단하게 해준다.

6.1.1.4 Rate matching과 물리 계층 HARQ 기능

Rate matching과 물리 계층 HARQ가 하는 일은 채널 인코더로부터 전달된 코드 비트들의 블록들부터 정확하게 주어진 TTI / 서브프레임 내에서 전송될 비트를 추출해내는 것이다.

그림 6.5와 같이 터보인코더의 출력 (systematic 비트들, 첫 번째 parity 비트, 두 번째 parity 비트)은 우선 각각 따로따로 인터리빙된다. 인터리빙된 비트는 순환 버퍼(circular buffer)로

2) QPP = Quadrature Permutation Polynomial

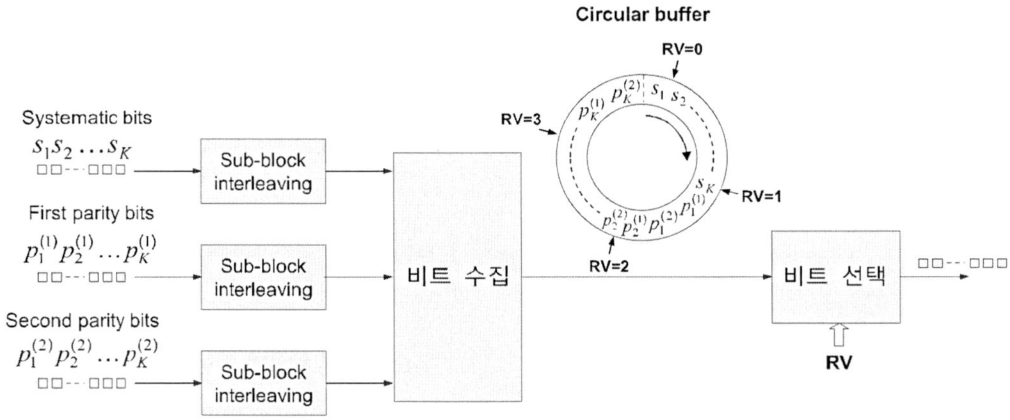

그림 6.5 Rate matching과 HARQ 기능

들어간다. 이때, systematic 비트가 먼저 들어가고, 뒤따라 첫 번째 parity 비트와 두 번째 parity 비트가 하나씩 번갈아 들어간다.

비트 선택 블록은 순환 버퍼로부터 연속된 비트를 할당된 자원만큼 추출한다. 추출한 비트는 redundancy 버전 (redundancy version, RV)에 따라 달라지며, 이 redundancy 버전은 순환 버퍼로부터 코딩된 비트를 추출하는 서로 다른 시작 지점을 가리킨다. 그림에서 볼 수 있듯이, 4개의 RV이 존재할 수 있다. 송신기/스케줄러는 RV을 선택한 후, 이 정보를 스케줄링 할당을 통하여 알려준다 (6.4.4절 참조).

Rate matching 및 HARQ 기능은 각각의 코드 블록에 해당하는 코드 비트에 따로 동작하는 것이 아니라 하나의 전송 블록에 해당하는 전체 코드 비트의 집합에 대하여 동작한다는 점에 유의한다.

6.1.1.5 비트 단위 스크램블링

LTE 하향링크 스크램블링은 HARQ를 통하여 전달된 코드 비트들의 블록이 비트 단위 (bit level)의 스크램블링 시퀀스에 의해 곱해지는 것 (exclusive-OR 동작)을 말한다. 하향링크 스크램블링이 없으면, 단말의 채널 디코딩은, 적어도 이론적으로는, 원하는 신호와 마찬가지로 간섭 신호에 대해서도 동작하게 되어 간섭을 적절하게 억제할 수 없다. 이웃하는 셀에 서로 다른 스크램블링 시퀀스를 적용함으로써, 디스크램블링 후의 간섭 신호는 랜덤하게 되어 채널 코딩에 의해 제공되는 이득을 최대한 이용할 수 있다. 따라서, 비트 스크램블링은 WCDMA/HSPA와 같은 DS-CDMA 기반 시스템에서 direct-sequence에 의해 확산한 이후에 칩 단위 (chip level)의 스크램블링을 하던 것과 동일한 목적을 수행한다. 본질적으로, 채널 코딩은 direct-sequence 확산과 같이 처리 이득 (processing gain)을 제공하는 점에서는 유사하지만 거기에 추가적인 코딩 이득을 제공하는 보다 "진보된" 확산 (spreading)이라고 볼 수 있다.

LTE의 하향링크 스크램블링은 모든 전송 채널 및 하향링크 L1/L2 제어 시그널링에도 적용된다. 스크램블링 시퀀스는 MCH를 제외한 모든 하향링크 전송 채널에 대하여 이웃하는 셀들 사이에서 서로 다르다 (셀-특정 (cell-specific) 스크램블링). 또한, 스크램블링은 데이터가 특정 단말에 해당되는 것이라는 가정하에, 해당 전송이 향하는 단말의 신원에 의해서도 달라진다. 반대로, MCH 전송 채널을 사용하는 MBSFN-기반 전송의 경우에는, MBSFN 전송에 참여하는 모든 셀들에 같은 스크램블링이 적용되어야 한다. 즉, 소위 MBSFN 구역 (MBSFN area) 내에서는 동일한 스크램블링이 적용된다 (19장 참조). 따라서, MCH의 경우에는 스크램블링이 MBSFN 구역 ID에 따라 결정된다.

6.1.1.6 데이터 변조

하향링크 데이터 변조는 스크램블링된 비트를 해당 복소값의 변조심볼로 변환하는 과정이다. LTE 하향링크에서 지원되는 변조 방식에는 QPSK, 16QAM, 64QAM이 있으며, 각각 심볼당 2비트, 4비트, 6비트에 해당된다. 그리고 비교적 높은 SNR을 얻을 수 있는 스몰 셀 환경을 위하여, Release 12에서는 심볼 당 8비트에 해당하는 256QAM이 추가되었는데, 이는 선택적으로 지원된다.[3)]

6.1.1.7 안테나 매핑

안테나 매핑은, 일반적인 경우 두 개의 전송 블록에 해당되는 변조심볼을 동시에 프로세싱하여 그 결과를 서로 다른 안테나 포트에 매핑하는 일을 한다. 안테나 매핑은 송신 다이버시티, 빔포밍, 공간 다중화를 포함하는 서로 다른 다중 안테나 전송 방식에 따라 서로 다른 방식으로 설정될 수 있다. 그림 6.1에서 볼 수 있듯이, LTE는 최대 8개의 안테나 포트를 사용하는 전송을 지원하며 실제 설정은 사용되는 정확한 다중 안테나 전송 방식에 따라 달라진다. 좀 더 자세한 LTE 하향링크 다중 안테나 전송은 6.3절을 참조한다.

6.1.1.8 자원 블록 매핑

자원 블록 매핑은 각 안테나 포트로 전송될 심볼을 MAC 스케줄러에 의해 해당 단말로 전송되는 전송 블록(들)에 할당된 자원 블록 내의 자원 엘리먼트로 매핑하는 역할을 한다. 5장에서 설명된 것처럼, 각 자원 블록은 84개의 자원 엘리먼트 (7개 OFDM 심볼 동안 12개의 부반송파)[4)]로 이루어져 있다. 그러나, 자원 블록 내의 일부 자원 엘리먼트는 다음과 같은 사항에 의해

3) 후방위 호환성을 위하여 256QAM은 MCCH를 전달하는 PMCH에는 지원되지 않는다 (MBMS 채널에 대한 설명은 19장을 참조한다).

4) 확장 CP의 경우에는 72개의 자원 엘리먼트로 이루어져 있다.

이미 선점되었기 때문에 사용할 수 없다.

- 여러 가지 종류의 하향링크 reference 신호들 (6.2절 참조)
- 하향링크 L1/L2 제어 시그널링 (각 서브프레임의 앞쪽의 1, 2, 혹은 3개의 OFDM 심볼) (6.4절 참조)[5)]

게다가, 11장에 설명되어 있듯이, 일부 자원 블록 내의 추가적인 자원 엘리먼트는 BCH 전송 채널과 동기신호 (synchronization signal)의 전송에 사용된다.

또한, 다중 지점 송신을 지원하기 위하여 PDSCH 매핑에 대한 제어를 보다 더 동적으로 할 수 있도록 전송 모드 (transmission mode) 10이 추가된 것을 주지하도록 한다. 이는 13장에서 LTE Release 11에 도입된 CoMP 관련 기능들을 설명하면서 좀 더 다루도록 한다. Release 13에서 도입된 LAA (license-assisted access)는 PDSCH 매핑에 추가적인 유연성을 제공해주는데, 이에 대해서는 17장에서 좀 더 다루도록 한다.

6.1.2 Localized 및 Distributed 자원 매핑

3장에서 이미 설명하였듯이, 네트워에서는 시간 및 주파수 영역 모두의 하향링크 채널 상태를 고려하여 특정 단말로의 전송에 어떠한 자원 블록을 사용할 지 결정할 수 있다. 이와 같이 시간 영역 및 주파수 영역의 채널에 따른 스케줄링 (channel-dependent scheduling)은 채널의 변화를 이용하여 달성 가능한 데이터 속도와 전체 셀 용량 측면에서 시스템 성능을 대폭 향상시킬 수 있다.

그러나, 아래와 같은 경우에는 하향링크에서 채널에 따른 스케줄링을 사용하기가 적합하지 않거나 혹은 아예 실질적으로 불가능하기도 하다.

- 음성과 같이 낮은 데이터 속도의 서비스인 경우, 채널에 따른 스케줄링과 관련된 시그널링의 오버헤드가 이를 통해 얻는 이득보다 커서 오히려 상대적인 오버헤드를 증가시킬 수 있다.
- 단말이 고속으로 움직이는 높은 이동성 환경에서는, 채널에 따른 스케줄링이 효과를 발휘하기에 필요한 정도의 정확도로 순시 채널 상태를 따라가기가 매우 힘들거나 실질적으로 불가능할 수 있다.

이러한 상황에서 무선채널의 주파수 선택성을 다루는 대안 중 하나는, 주파수 영역에서 하향링크 전송을 넓게 분산함으로써 (distributing) 주파수 다이버시티를 얻는 것이다.

---

5) MBSFN 서브프레임에서는 제어 영역이 최대 2개의 OFDM 심볼로 제한된다.

주파수 영역에서 하향링크 전송을 분산하여 주파수 다이버시티를 얻는 방법 중 하나는, 한 단말에 주파수 상으로 연속적이지 않은 (non-contiguous) 여러 개의 자원 블록을 할당하는 것이다. 6.4.6.1절에서 설명하였듯이, LTE는 자원 할당 타입 0 및 타입 1을 통해 분산형 (distributed) 자원 블록 할당을 지원한다. 많은 경우 충분하기는 하지만, 자원 할당 타입 0 및 타입 1을 통한 분산형 자원 블록 할당은 다음과 같은 단점이 있다.

- 두 자원 할당 타입에 대하여, 할당되는 자원의 최소 크기가 4개의 자원 블록 pair로 커질 수 있다. 따라서, 작은 크기의 자원 할당이 필요한 경우에는 적합하지 않을 수 있다.
- 일반적으로, 자원 할당 타입 0과 1은 모두 스케줄링 할당에 대하여 비교적 큰 제어 시그널링 오버헤드를 수반한다. (6.4.6절 참조)

반대로, 자원 할당 타입 2 (6.4.6.1절)는 항상 단일 자원 블록 pair의 할당을 허용하며 비교적 작은 PDCCH payload를 수반한다. 그러나, 자원 할당 타입 2는 오직 주파수 영역 상 연속적인 자원 블록의 할당만을 허용한다. 게다가, 자원 할당 타입을 떠나서, 분산형 자원 블록 할당을 통하여 주파수 다이버시티를 얻으려면 당연히 자원 할당의 크기가 1개의 자원 블록 pair보다는 당연히 커야 한다.

자원 할당 타입 2의 경우에도 분산형 자원 블록 할당을 할 수 있도록 하기 위하여, 그리고 하나의 자원 블록 pair의 전송 조차도 주파수축 상으로 분산할 수 있도록 하기 위하여, VRB (Virtual Resource Block)이라는 개념이 LTE에 도입되었다.

자원 할당을 통해 제공받는 것은 VRB pair로서의 자원 할당이다. 따라서, 분산형 전송의 핵심은 VRB pair들을 어떻게 실제 전송에 사용되는 물리 자원인 PRB (Physical Resource Block) pair들로 매핑하느냐에 있다.

LTE 규격은 localized VRB와 distributed VRB의 두 가지 VRB 타입를 정의한다. Localized VRB의 경우, VRB pair에서 PRB pair로의 매핑은 그림 6.6과 같이 직접 매핑된다.

하지만, distributed VRB의 경우에는 VRB pair에서 PRB pair로의 매핑이 다음과 같은 규칙에 따라 이루어진다.

- 연속적인 VRB들은 주파수 영역에서 연속적인 PRB에 매핑되지 않는다.
- 단일 VRB pair 내에서도 각 RB (resource block)는 주파수 영역에서 분산된다.

분산 전송의 기본 이론은 그림 6.7에 요약되어 있으며, 다음과 같은 두 가지 단계로 이루어져 있다.

- VRB pair에서 PRB pair로의 매핑은, 연속적인 VRB pair가 주파수 연속적인 PRB pair로 매핑되지 않도록 한다 (그림 6.7의 첫 번째 단계). 이를 통해 연속적인 VRB pair 사이에서 주파수 다이버시티를 얻을 수 있다. 주파수 영역에서 분산은 자원 블록 pair들에 동작

하는 블록-기반의 인터리버를 통해 이루어진다.

- 각 자원 블록 pair 내의 두 자원 블록은 특정 주파수 간격으로 떨어져서 전송된다 (그림 6.7의 두 번째 단계). 이는 단일 VRB pair의 경우에도 주파수 다이버시티를 제공한다. 이 단계는 슬롯 단위로 주파수 호핑 (hopping)을 도입한 것으로 볼 수도 있다.

VRB가 localized라서 그림 6.6에 따라 매핑이 이루어지거나 아니면 distributed라서 그림 6.7과 같이 매핑이 이루어지는지는, 타입 2 자원 할당의 경우의 해당 PDCCH로 알려준다. 따라서, distributed 전송과 localized 전송을 동적으로 전환할 수 있으며, 동일 서브프레임 내에서 서로 다른 단말로 distributed 전송과 localized 전송을 섞어서 보낼 수도 있다.

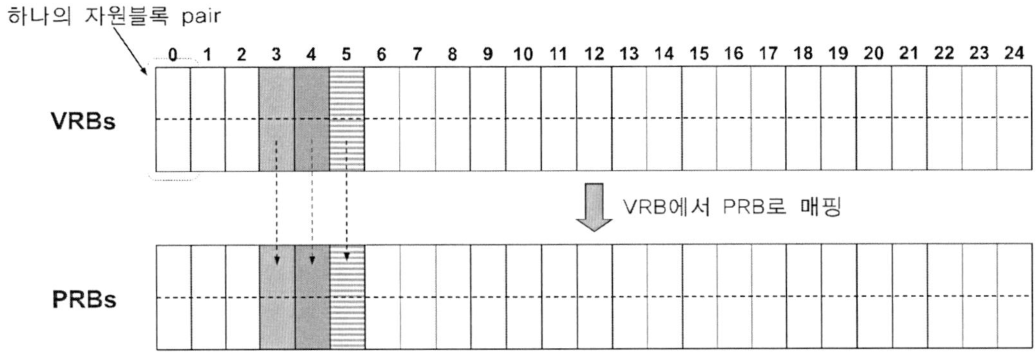

그림 6.6 Localized VRB 경우의 VRB에서 PRB로의 매핑. 그림에서는 25개 자원 블록에 해당되는 셀 대역폭을 가정

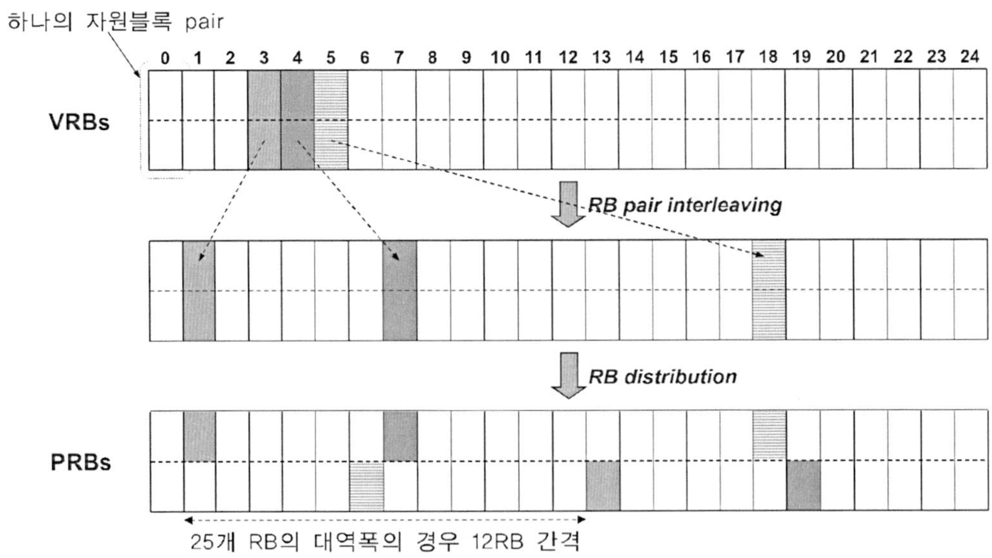

그림 6.7 Distributed VRB 경우의 VRB에서 PRB로의 매핑. 그림에서는 25개 자원 블록에 해당되는 셀 대역폭을 가정

그림 6.7에서 주파수 gap의 정확한 크기는 전체 하향링크 셀 대역폭에 따라 달라지며, 표 6.1을 따른다. 이러한 gap은 다음 두 가지 기준에 의해서 선택되었다.

1. Gap은 단일 VRB pair의 경우에도 우수한 주파수 다이버시티를 제공하기 위하여 하향링크 셀 대역폭의 절반 정도이어야 한다.

2. Gap은 P^2의 배수이어야 한다. 이때 P는 6.4.6절에 정의된 자원 블록 그룹의 크기로서 자원 할당 타입 0과 1에 사용된다. 이러한 제약이 더해진 이유는 위의 방법에 의한 분산 전송과 하향링크 자원 할당 타입 0과 1에 의한 전송이 동일 서브프레임 내에서 잘 공존하기 위해서이다.

Gap 크기가 P^2의 배수이어야 한다는 제약 때문에, gap의 크기는 대부분의 경우 셀 대역폭의 딱 절반의 값을 가지지 않는다. 이러한 경우, 셀 대역폭 내의 모든 자원 블록들이 분산 전송에 사용될 수 있는 것은 아니다. 예를 들어, 25개의 자원 블록에 해당되는 셀 대역폭이라서 해당하는 gap 크기가 표 6.1에 따라 12인 경우 (그림 6.7의 예)에는, 자원 블록 pair 24 (25번째 자원 블록 pair)는 분산 전송에 사용될 수 없다. 또 다른 예로, 50개의 자원 블록에 해당되는 셀 대역폭이라서 해당되는 gap 크기가 표 6.1에 따라 27인 경우에는, 46개의 자원 블록만이 분산 전송에 사용될 수 있다.

표 6.1의 gap 크기에 추가적으로, 넓은 셀 대역폭 (50개 RB 혹은 그보다 큰 대역폭)의 경우에는 셀 대역폭의 1/4정도의 크기를 가지는 조금 작은 second gap이 사용될 수도 있다 (표 6.2 참조). 더 작은 gap을 사용하면 전체 셀 대역폭의 일부분에서만 제한적으로 분산 전송을 할 수 있다. 표 6.1의 큰 gap과 표 6.2의 작은 gap 사이의 선택은 PDCCH 상의 자원 할당에서 추가적인 비트에 의해 알려진다.

표 6.1 여러 가지 셀 대역폭 (셀 대역폭 내 자원 블록의 개수)에 대한 gap 크기

Bandwith	6	7–8	9–10	11	12–19	20–26	27–44	45–63	64–79	80–110
P	1	1	1	2	2	2	3	3	4	4
Gap size	3	4	5	4	8	12	18	27	32	48

표 6.2 여러 가지 셀 대역폭에 대한 second gap 크기 (대역폭이 50 RB 이상인 경우에만 해당)

Bandwith	50–63	64–110
Gap size	9	16

6.2 하향링크 reference 신호

하향링크 reference 신호는 하향링크 시간-주파수 격자 내의 특정 자원 엘리먼트를 점유하고 있는 미리 정의된 신호이다. LTE 규격에는, 서로 다른 방식으로 전송되고 수신하는 단말에 서로 다른 목적으로 사용되는 몇 가지 종류의 하향링크 reference 신호가 있다.

- *셀-특정 (cell-specific) reference 신호* (CRS)는 매 하향링크 서브프레임 및 주파수 영역 상의 모든 자원 블록에 전송되어 하향링크 셀 전체 대역폭에 걸쳐 전송된다. CRS는 PMCH, 전송 모드[6] 7-10을 사용한 PDSCH 및 LTE Release 11에 도입된 EPDCCH 제어 채널 (6.4절 참조)의 경우를 제외한 모든 하향링크 물리 채널의 coherent한 복조를 위한 채널 추정에 사용된다. 또한, CRS는 전송 모드 1-8로 설정된 단말이 채널 상태 정보 (channel-state information, CSI)를 획득하는 데에도 사용된다. 마지막으로, 셀-특정 reference 신호에 대한 단말의 측정은 셀 선택 (cell selection) 및 핸드오버 결정에도 사용된다.
- *복조 (Demodulation) reference 신호* (DM-RS)는 때로는 단말-특정 (UE-specific) reference 신호라 부르기도 한다.[7] 이 DM-RS는 전송 모드 7-10을 사용한 PDSCH의 coherent 복조를 위한 채널 추정에 사용된다. 또한, DM-RS는 EPDCCH 물리 채널의 복조에도 사용된다. 이를 단말-특정 reference 신호라고 부르는 이유는 실제로 이러한 각각의 복조 reference 신호는 하나의 특정한 단말의 채널 추정에만 사용되는 것을 목적으로 하기 때문이다. 따라서, 이 reference 신호는 그 특정 단말로 전송되는 PDSCH 및 EPDCCH를 위해 할당된 자원 블록 내에서만 전송된다.
- *CSI reference 신호* (CSI-RS)는 단말이 채널 상태 정보 (CSI)를 획득하는 데 사용된다. 보다 구체적으로는, 단말이 전송 모드 9 혹은 10으로 설정된 경우에 CSI를 획득하는 용도로 CSI-RS가 사용된다. CSI-RS는 셀-특정 reference 신호에 비하여 상당히 낮은 시간/주파수 밀도를 가지고 있어서 이에 의한 오버헤드가 상당히 낮으며 훨씬 더 높은 유연성을 보인다.
- *MBSFN reference 신호*는 MBSFN을 사용하는 MCH 전송에 대한 coherent 복조를 위한 채널 추정에 사용된다. 좀 더 MCH 전송에 대해서는 19장을 참조한다.

---

6) 보다 자세한 LTE 전송 모드에 대한 내용은 6.3.1절을 참조한다.
7) LTE 규격서에서는 실제로 이를 UE-specific reference 신호라고 부르는데, 줄여서 부를 때에는 여전히 DM-RS라고 한다.

- ***위치 측정 (Positioning) reference 신호***는 LTE의 위치 측정 기능을 향상시키기 위하여 LTE Release 9에서 도입되었다. 좀 더 구체적으로는 복수 개의 LTE 셀로부터의 신호에 대한 단말단의 측정을 사용하여 단말의 위치를 추정하는 데 사용하는 목적으로 도입되었다. 인접 셀의 위치 측정 reference 신호를 수신하는 데 있어서 높은 SIR 조건을 확보하기 위하여, 특정 셀의 위치 측정 reference 신호의 위치는 인접한 셀들의 비어 있는 자원 엘리먼트에 해당되도록 설정할 수 있다.

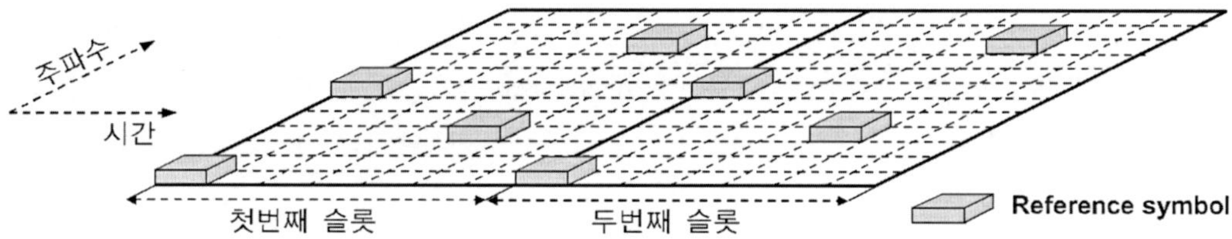

그림 6.8 자원 블록 pair내에서의 셀-특정 reference 신호의 구조 (일반 CP의 경우)

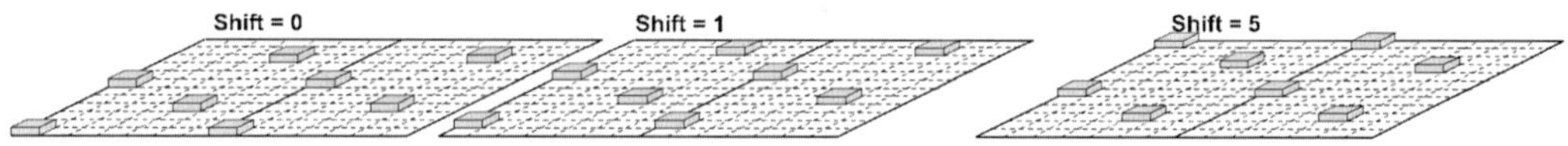

그림 6.9 서로 다른 CRS 주파수 이격

6.2.1 셀-특정 reference 신호

LTE의 최초 릴리즈인 Release 8에서 도입된 셀-특정 reference 신호는 LTE에서의 가장 기본적인 하향링크 reference 신호이다. 셀 내에는 1, 2, 혹은 4개의 셀-특정 reference 신호가 있을 수 있으며, 이는 각각 1, 2, 혹은 4개의 안테나 포트에 해당된다. 실제로 4개의 CRS는 LTE 규격 내에서 안테나 포트 0, 1, 2, 3번에 해당한다.

6.2.1.1 단일 reference 신호의 구조

단일 셀-특정 reference 신호 구조는 그림 6.8와 같다. 그림에서 볼 수 있듯이, 셀-특정 reference 신호는 주파수축 상으로는 6개 부반송파 간격으로 각 슬롯에서 첫 번째 심볼과 뒤에서부터 세 번째 OFDM 심볼에 삽입되며, 단말이 이미 알고 있는 reference 심볼들로 구성된다.[8] 추가적으로, 뒤에서부터 세 번째 OFDM 심볼 내에 있는 reference 심볼들은 첫 번째 심볼에 있는 reference

---

8) 뒤에서부터 세 번째 OFDM 심볼은, 일반 CP의 경우는 앞에서부터 5번째, 확장 CP의 경우는 앞에서부터 4번째 OFDM 심볼에 해당된다.

심볼보다 주파수축 상으로 3개 부반송파만큼 이동한 위치에 있다. 따라서, 한 슬롯 구간 내에 12개의 부반송파로 이루어진 각 자원 블록 내에는 총 8개의 reference 심볼이 존재한다.

일반적으로, reference 심볼 값은 서로 다른 reference 심볼 위치에 따라서 달라지며 서로 다른 셀들 사이에서도 다르다. 따라서, 한 셀의 reference 신호는 셀-특정 (cell-specific) 2차원 시퀀스로 볼 수 있다. 이러한 시퀀스의 주기는 10ms 한 프레임이 된다. 또한 실제 사용하는 셀 대역폭에 상관없이, 항상 주파수축 상으로 110개의 자원 블록을 사용하는 것에 해당하는 최대 LTE 셀 대역폭에 따라 reference 신호 시퀀스가 정의된다. 따라서, 기본 reference 신호 시퀀스는 8880 심볼 길이가 된다.[9] 이보다 좁은 셀 대역폭의 경우에는, 실제 대역폭 내의 reference 심볼들만이 전송된다. 그러므로, 대역의 한가운데의 reference 심볼들은 셀 대역폭에 상관없이 항상 동일하다. 이는 단말이 실제 셀 대역폭을 모르는 상황에서도, 대역의 한가운데에서 BCH 전송채널을 사용하여 전송되는 기본 시스템 정보 수신을 위한 채널 추정을 가능하게 한다. 실제 하향링크 셀 대역폭에 대한 정보는 바로 이 BCH를 수신하면 알 수 있다.

LTE에는 504개의 서로 다른 reference 신호 시퀀스가 존재하며, 각 시퀀스들은 504개의 서로 다른 물리 계층 셀 ID 중 하나에 대응된다. 셀 탐색 (cell search) 절차 동안 단말은 셀의 프레임 타이밍과 함께 물리 계층 ID를 검출한다 (11장에서 보다 자세한 내용을 다룬다). 따라서, 셀 탐색 절차로부터, 단말은 reference 신호 시퀀스의 시작 지점 (프레임 타이밍)뿐만 아니라 셀 내에서 어떠한 reference 신호 시퀀스가 사용되는지 (물리 계층 셀 ID)를 알게 된다.

그림 6.8에 나타난 reference 심볼 위치는, 그림 6.9에서 표시한 것과 같이 reference 심볼에서 가능한 6가지 주파수 이격 (frequency shift) 중 하나를 보인 것이다. 셀에서 어떤 주파수 이격이 사용되는지는 물리 계층 셀 ID에 따라 달라지며, 각 이격이 84개의 서로 다른 셀 ID에 대응하므로 6가지의 주파수 이격이면 전체 504개 셀 ID를 모두 다룰 수 있다. 따라서, 서로 다른 셀에 적절한 물리 계층 셀 ID를 선택하여 할당함으로써, 서로 이웃하는 셀 사이에는 서로 다른 reference 신호 주파수 이격이 사용되도록 할 수 있다. 이는 예를 들어, reference 신호 전력 boosting과 같이 reference 심볼이 다른 자원 엘리먼트에 비해 더 높은 에너지로 전송되는 경우에 도움이 된다. 만약 이웃하는 셀의 reference 신호가 같은 시간/주파수 자원을 사용하여 전송된다면, 한 셀에서 전력을 높여 전송한 reference 심볼이 이웃 셀에서도 역시 전력을 높여 전송된 reference 심볼들에 의해 간섭을 받게 되며[10], 따라서 reference 신호의 SIR 측면에서는 아무런 이득이 없다. 하지만, 만약 이웃하는 셀 사이에서 reference 신호 전송에 서로 다른 주파수 이격을 사용한다면, 한 셀의 reference 심볼들은 이웃하는 셀들에서 reference 심볼이 아닌 다른 일반 심볼에 의해 간섭을 받게 되므로, reference 신호의 전력을 boosting할 경우 reference 신호에 대한 SIR을 높일 수 있다.

9) 자원 블록 당 4개의 reference 심볼, 슬롯 당 110개의 자원 블록, 프레임 당 20개의 슬롯
10) 이는 셀들이 동기가 되어 있는 (time-synchronized) 경우를 가정한다.

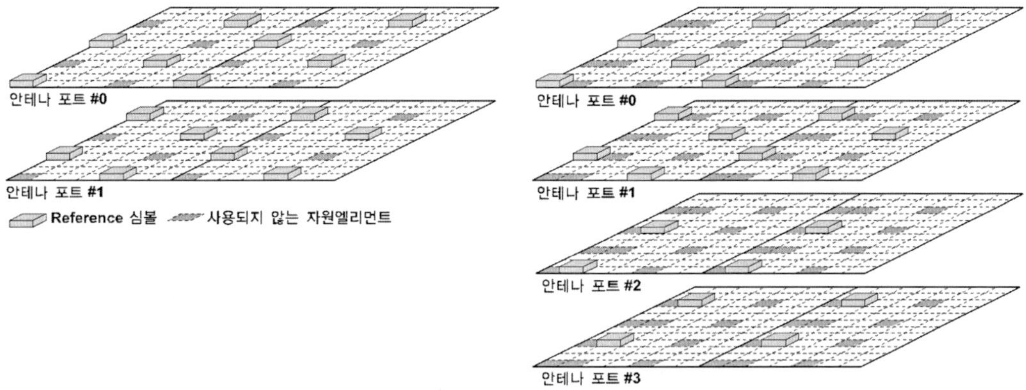

그림 6.10 다중 안테나 전송 시의 셀-특정 reference 신호 구조: 왼쪽 그림 2개의 reference 신호는 2개의 안테나 포트에 해당되며 오른쪽 그림 4개의 reference 신호는 4개의 안테나 포트에 해당됨

6.2.1.2 복수 개의 reference 신호

그림 6.10은 셀 내에서 복수 개의 안테나 포트에 해당하는 복수 개의 (좀 더 구체적으로는 각각 2개 및 4개) reference 신호를 전송하는 경우의 reference 신호 구조를 보이고 있다.[11]

- 2개의 안테나 포트를 가지는 경우 (그림 6.10의 왼쪽), 두 번째 안테나 포트의 reference 심볼은 첫 번째 안테나 포트의 reference 심볼의 위치를 기준으로 주파수축 상으로 3개의 부반송파를 움직인 자리에 위치함으로써 주파수축 상으로 다중화된다.
- 4개의 안테나 포트를 가지는 경우 (그림 6.10의 오른쪽), 세 번째 및 네 번째 안테나 포트 reference 심볼은 각 슬롯의 두 번째 OFDM 심볼 내에서 주파수축 상으로 다중화된다. 따라서, 세 번째 및 네 번째 reference 신호는 첫 번째 및 두 번째 reference 신호와는 시간 상으로 다중화된다.

그림에서 쉽게 볼 수 있듯이, 세 번째와 네 번째 reference 신호 밀도가 첫 번째와 두 번째 reference 신호 밀도에 비해 낮다. 이는 4개의 reference 신호를 사용하는 경우에 오버헤드를 줄이기 위함이다. 좀 더 구체적으로, 첫 번째와 두 번째 reference 신호는 각각 약 5% 정도의 오버헤드에 해당된다 (84개의 자원 엘리먼트로 이루어진 자원 블록 당 4개의 reference 심볼 존재). 이에 비하여, 세 번째 및 네 번째 reference 신호의 오버헤드는 이의 1/2로서 약 2.5%에 해당된다. 이와 같이 낮은 reference 신호 밀도는 채널이 매우 빠르게 변화하는 상황에서의 채널 추정에 영향을 줄 수 있다. 그러나, 높은 등급의 공간 다중화 (예, 4개의 안테나를 사용한 공간 다중화)는 비교적 낮은 이동성을 갖는 단말에 적용된다는 점을 비추어 볼 때 그리 큰 문제는 아닐 수 있다.

11) 셀을 3개의 셀-특정 reference 신호로 설정하는 것은 불가능하다.

또한, 특정 안테나 포트에서 reference 심볼이 전송되는 자원 엘리먼트에는 다른 안테나 포트에서도 아무것도 전송되어서는 안되는 것에 유의한다. 따라서, 특정 안테나 포트의 reference 심볼은 셀 내의 다른 안테나 포트의 전송에 의해 간섭을 받지 않는다. 공간 다중화와 같은 다중 안테나 전송 방식은 서로 다른 안테나 포트의 전송 사이에서 발생하는 간섭을 억제하기 위하여 우수한 품질의 채널 추정에 상당 부분 의존한다. 하지만, 채널 추정 자체가 서로 다른 안테나 포트의 신호로부터 간섭을 받는다면 좋은 채널 추정이 불가능하므로, 한 안테나 포트의 reference 신호가 다른 안테나 포트의 간섭을 받지 않도록 하는 것은 우수한 성능의 채널 추정을 위해 중요하다.

MBSFN 서브프레임의 경우는 서브프레임 내에서 제어 영역에 해당하는 맨 앞의 두 개의 OFDM 심볼안의 셀-특정 reference 신호들만 전송됨에 유의한다. 따라서, MBSFN 서브프레임 중 MBSFN 부분에서는 셀-특정 reference 신호는 전송되지 않는다.

6.2.2 복조 (demodulation) reference 신호

셀-특정 reference 신호와는 달리, 복조 reference 신호 (DM-RS)는 특정 단말에 의한 채널 추정을 위해 사용되는 것으로서 해당 단말에 전송되도록 할당된 자원 블록 내에서만 전송된다.

DM-RS는 LTE의 첫 번째 릴리즈인 Release 8에서 도입되었다. 그러나, Release 8에 도입된 전송 모드 7에 대한 DM-RS의 사용은, 한 단말에 대하여 오직 하나의 reference 신호만 가능하며 단일 layer 전송에만 제한되었기에 공간 다중화가 사용되지 못하는 제약이 있었다. LTE Release 9에서는 새로 추가된 전송 모드 8을 통하여 DM-RS에 기반한 전송 역시 이중-layer (dual-layer) 전송까지 지원하도록 확장되었으며, 이에 따라 layer당 하나씩 2개의 reference 신호를 동시에 사용하게 되었다. DM-RS에 기반한 전송은 LTE Release 10에는 전송 모드 9를 통하여 기능이 더욱 확장되어 8-layer 전송까지 확장되었으며, 이는 8개의 reference 신호에 해당된다. 또한, Release 11에서는 전송 모드 10이 새로 추가되었다.[12)]

사실 LTE Release 9에서 도입된 DM-RS 구조는 Release 8의 DM-RS의 확장이라기보다는 단일 layer와 이중-layer를 모두 지원하기 위한 새로운 구조라고 할 수 있다. LTE Release 9 당시에도 이미 Release 10에 가서는 LTE 무선 접속 기술이 8-layer 공간 다중화까지 확장되어야 한다는 것이 어느 정도 명확했었으며, 이러한 확장은 Release 8의 DM-RS 구조로는 매우 힘들 것이라는 점 역시 명확했었다. 따라서, Release 8 구조를 2개의 reference 신호를 지원이 가능하도록 확장하는 대신, Release 9에서는 향후 Release 10을 대비하여 좀 더 추가 확장가능성이

12) Release 11에 추가된 전송 모드 10은 기존의 전송 모드 9를 개선한 것으로서, 다중 지점 조정/송신 (CoMP)를 지원한다. 자세한 사항은 6.3.1절을 참조한다.

용이한 새로운 구조를 도입하기로 결정하였다. 따라서, 이 장에서는 Release 10에서의 8개의 reference 신호를 동시 지원하는 것을 포함하여 LTE Release 9에서 도입된 DM-RS 구조를 중점적으로 다룬다.

EPDCCH를 위한 DM-RS의 구조는 PDSCH를 위한 DM-RS의 구조와 매우 유사하며, 차이점이라면 최대 4개까지 reference 신호를 지원한다는 제한이 있다.

6.2.2.1 PDSCH를 위한 DM-RS

그림 6.11은 1개 혹은 2개의 reference 신호를 사용하는 경우의 DM-RS 구조를 보이고 있다.[13] 그림에서 볼 수 있듯이, 자원 블록 pair 내에 12개의 reference 심볼이 있다. 한 안테나 포트에서 reference 심볼로 사용하는 자원 엘리먼트를 다른 안테나 포트에서는 사용하지 않는 방식의 셀-특정 reference 신호에 대비하여 (그림 6.10), 2개의 DM-RS를 사용하는 경우에는 12개의 reference 심볼이 2개의 reference 신호 모두에 대하여 전송된다. 대신 reference 신호 사이의 간섭에 대해서는, orthogonal cover code (OCC)라고 불리는 서로 직교하는 패턴을 연속한 reference 심볼의 쌍에 적용함으로써 해결한다. (그림 6.11의 아랫쪽 오른쪽 부분 참조.)

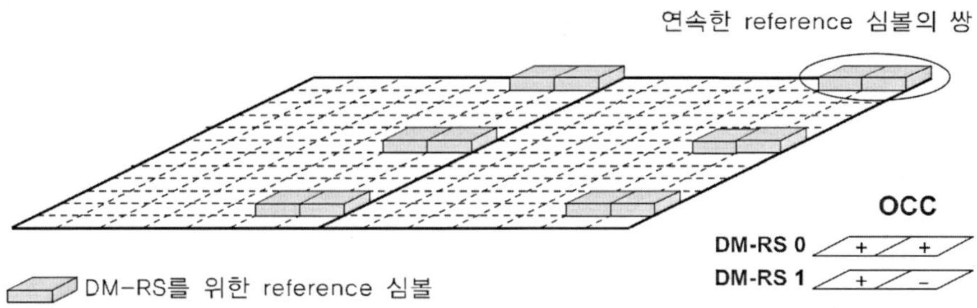

그림 6.11 1개 혹은 2개의 reference 신호를 사용하는 경우의 DM-RS 구조. 두 reference 신호를 서로 분리하기 위한 orthogonal cover code 포함

13) TDD의 경우, DwPTS가 일반 하향링크 서브프레임보다 짧기 때문에 DwPTS내에서는 DM-RS 구조가 약간 변경된다.

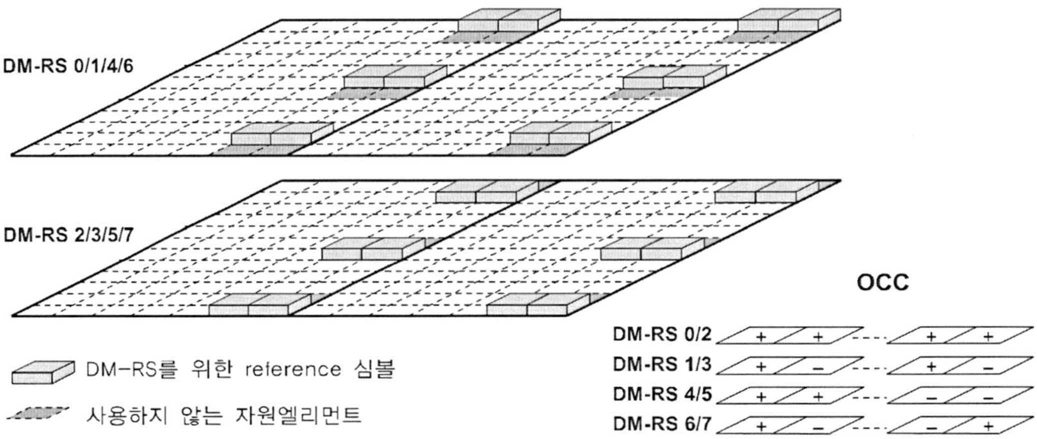

그림 6.12 2개의 reference 신호보다 많은 reference 신호를 사용하는 경우의 DM-RS 구조. 최대 4개까지 reference 신호를 분리하기 위한 크기 4의 orthogonal cover code 포함

그림 6.12는 2개 보다 더 많은 reference 신호를 지원하기 위하여 LTE Release 10에 도입된 확장된 DM-RS 구조를 보이고 있다. 이 경우에는 자원 블록 pair 내에 24개의 reference 심볼이 있다. Reference 신호는 4개의 reference 신호를 그룹별로 주파수 다중화하며, 한 그룹 내에서는 reference 신호가 4개의 reference 심볼 (즉, 연속적인 reference 심볼의 두 쌍)을 커버하는 직교 패턴을 사용하여 서로 분리된다. 8개의 reference 신호 사이의 직교성을 보장하려면 채널이 직교 패턴이 적용된 reference 심볼 구간 동안에는 변하지 않아야 함에 유의한다. 실제로 4개의 reference 심볼은 시간축 상으로 모두 연속하지는 않기 때문에, reference 신호들 사이의 직교성을 잃지 않으면서 채널의 변화를 추정하는 데는 상당한 제약이 있다. 그러나, 4개보다 더 많은 reference 신호는 4개의 layer보다 더 큰 공간 다중화의 경우에만 적용이 가능한 것으로서, 어쨌든 이미 이러한 전송 모드는 일반적으로 단말이 이미 저속으로 움직이는 시나리오에서만 적용이 가능한 것이다. 아울러, 4개 이하의 reference 신호를 사용하는 경우에는 이미 reference 심볼의 쌍 사이에서 직교성을 얻을 수 있도록 직교성 패턴이 결정되었음에 유의한다. 따라서, 3개 혹은 4개의 reference 신호를 사용하는 경우의 채널 추정 및 채널 변화 속도에 대한 제약은 1개 혹은 2개의 reference 신호를 사용하는 경우와 동일하다. (그림 6.11 참조)

서로 다른 8개의 PDSCH DM-RS는 각각 LTE 표준 상으로는 안테나 포트 7번부터 14번에 해당되며, 이때 안테나 포트 7번과 8번은 2개 layer까지의 공간 다중화를 지원하는 Release 9 DM-RS에 해당된다.[14)]

DM-RS 심볼의 실제로 전송되는 값인 DM-RS 시퀀스는 매 프레임마다 반복된다. Release 10까지의 reference 신호 시퀀스는 DM-RS 전송이 향하는 단말과는 무관하였으며, 대신 해당 셀

14) Release 8에서 지원되는 단일 DM-RS는 안테나 포트 5번에 해당한다.

의 물리 계층 셀 ID에 따라 만들어졌다. 즉, reference 신호 시퀀스는 셀 별로 서로 다른 시퀀스였다. 또한, 서브프레임 단위로 2개의 서로 다른 reference 신호 시퀀스 사이에서 시퀀스를 동적으로 선택할 수 있는 기능도 있었으며, 따라서 어떠한 시퀀스가 선택되었는지에 대한 정보는 스케줄링 할당 내의 1 bit 지시자를 통하여 시그널링된다 (6.4.6절 참조). 이와 같이 2개의 reference 신호 시퀀스 사이에서 동적인 선택이 가능하도록 한 이유는, PDSCH 전송을 위한 동일한 자원 블록 자원을 2개의 서로 다른 단말에 사용할 수 있도록 하기 위해서이다. 즉, 예를 들면 동일한 물리 자원을 사용하지만 빔포밍을 통하여 2개의 전송을 서로 공간적으로 분리해 낼 수 있도록 하기 위함이다. 3GPP에서는 다중 사용자 MIMO (multi-user MIMO, MU-MIMO)라고 부르는 이러한 공간적인 신호의 분리는 서로 다른 전송 사이에 일반적으로 어느 정도 간섭이 남아 있다는 점에서 완벽한 것은 아니다. 공간적으로 서로 분리된 서로 다른 2개의 전송에 서로 다른 reference 신호 시퀀스를 적용함으로써 채널 추정에 있어서 간섭을 랜덤하게 만드는 효과가 있다. 하향링크 MU-MIMO는, 서로 다른 전송에 대한 서로 다른 DM-RS를 분리하는 여러 가지 방법들을 살펴보면서 6.3절에서 좀 더 자세히 다루도록 한다.

반면에, LTE Release 11에서는 단말에 따라 달라지는 reference 신호 시퀀스를 사용할 수 있는 기능이 추가되었다. 즉, Release 11에서는 네트웍이 단말에게 특정 파라미터를 명시적으로 설정할 수 있는 기능이 추가가 되었으며, 이 파라미터가 설정되면 해당 단말로 향하는 reference 신호 시퀀스 생성에 셀 ID를 덮어쓰고 이 값이 대신 사용된다. 만약 이러한 단말 특정의 파라미터가 설정되지 않은 경우에는, 단말은 앞서 설명한 바와 같이 Release 9/10의 셀 특정 reference 신호 시퀀스를 가정해야 한다.[15)]

단말 특정의 reference 신호 시퀀스를 도입한 이유는, 셀 내에서 단말 사이의 추가적인 공간적인 분리를 가능하도록 하기 위해서이다. 예를 들어, 많은 개수의 저전력 송신 지점들이 모두 동일한 셀에 속해 있는 상황인, 소위 shared-cell이라 불리는 heterogeneous 구축을 살펴보자. 이러한 경우에는, 일반적으로 동일한 셀 내의 서로 다른 송신 지점으로부터 같은 시간에 서로 다른 단말로 향하는 PDSCH 전송에 있어서 동일한 자원 블록을 재사용하기를 원할 수 있다. 좀 더 강인한 채널 추정을 위해서는 이러한 각각의 전송 reference 신호에 대하여 서로 같지 않은 유일한 reference 신호 시퀀스를 사용하는 것이 바람직하며, 이러한 경우에 단말 특정의 reference 신호 시퀀스가 필요할 수 있다. LTE를 위한 heterogeneous 구축에 대해서는 14장에서 자세히 다루도록 한다.

자원 블록 내에 DM-RS가 전송될 때에는, reference 신호가 전송되는 자원 엘리먼트 (그림 6.11 및 6.12에 표시된 12개 및 24개의 자원 엘리먼트)로는 PDSCH가 전송되지 않도록 PDSCH의 시간-주파수 격자로의 자원 매핑이 수정된다. 당연히 DM-RS를 지원하지 않는 이

15) DM-RS를 위한 셀 특정 reference 신호 시퀀스와 셀 특정 reference 신호 (CRS)를 혼동하지 않도록 유의한다.

전 릴리즈 단말은 이러한 PDSCH의 자원 매핑의 수정을 알지 못한다. 그러나, DM-RS는 PDSCH 자원 매핑의 수정을 알고 있는 릴리즈 단말에만 전송될 것이기에 문제가 되지 않는다.

전송 layer의 개수가 달라질 수 있으므로 DM-RS의 개수 역시 달라질 수 있다. 따라서, DM-RS 전송 구조는 그림 6.11과 6.12 사이에서 동적으로 바뀔 수 있다. 단말은 스케줄링 할당을 통하여 전송 layer 개수 (즉, 전송 rank)를 알게 되므로, 이에 따라 각 서브프레임의 DM-RS 구조 및 PDSCH 자원 매핑을 알게 된다.

6.2.2.2 EPDCCH를 위한 DM-RS

앞서 언급한 바와 같이, Release 11에서는 enhanced PDCCH (EPDCCH)를 기반으로 한 새로운 L1/L2 제어 채널 구조가 추가되었으며, 이 EPDCCH에 대해서는 6.4.4절에서 자세히 다루어진다.

기존의 제어 채널 구조인 PDCCH와는 달리, EPDCCH는 자원 블록 내에서 PDSCH와 비슷한 방식으로 전송이 된다. 기존의 PDCCH와는 다르게, 마치 PDSCH의 복조에 DM-RS를 사용하듯이 EPDCCH의 복조는 EPDCCH와 함께 전송되는 DM-RS를 통하여 이루어진다.

EPDCCH를 위한 DM-RS의 구조는 앞서 설명한 PDSCH DM-RS 구조와 매우 유사하다. 특히, EPDCCH DM-RS의 시간-주파수 구조는 PDSCH의 경우와 동일하다. 차이점이라면, PDSCH 전송에는 최대 8개까지의 DM-RS가 있는 반면에, EPDCCH 전송에는 최대 4개까지의 DM-RS가 있다. 따라서, 그림 6.11의 DM-RS 4-7에 해당하는 4개의 orthogonal cover는 EPDCCH 전송에는 지원되지 않는다. 또한, EPDCCH reference 신호 시퀀스는 항상 단말-특정의 시퀀스로서, 단말에는 reference 신호 시퀀스를 생성하는 데 사용되는 파라미터가 명시적으로 설정된다. EPDCCH를 위한 DM-RS reference 신호 시퀀스의 설정은 PDSCH DM-RS에 대한 설정과는 독립적으로 이루어짐에 유의한다.

LTE 규격에서 EPDCCH를 위한 4개의 DM-RS에 해당하는 안테나 포트는 안테나 포트 107부터 안테나 포트 110에 해당한다. 아울러, EPDCCH를 위하여 최대 4개까지의 DM-RS 및 해당하는 안테나 포트가 정의될 수 있지만, localized 전송의 경우에는 오직 하나의 안테나 포트로부터 특정한 EPDCCH가 전송되며 distributed 전송의 경우에는 2개의 안테나 포트로부터 특정 EPDCCH가 전송됨에 유의한다 (6.4.4절 참조). 따라서, 규격에 있어서 EPDCCH를 위하여 최대 4개까지의 안테나 포트를 이야기하는 것이 약간은 혼동을 일으킬 수도 있다. 왜냐하면 하나의 단말은 오직 하나 혹은 2개의 DM-RS와 관련된 안테나 포트만을 보기 때문이다.

6.2.3 CSI reference 신호

LTE Release 10에 도입된 CSI reference 신호 (CSI-RS)는, 단말단에서 (예를 들면) 채널에 따른 스케줄링, 링크 적응, 다중 안테나 전송에 관련된 전송 설정 등에 필요한 채널 상태 정보 (channel-state information, CSI)를 추정하는데 사용된다. 보다 구체적으로, CSI-RS는 전송 모드 9번 및 10번으로 설정된 단말에 대한 CSI를 획득하는 데 사용된다.[16] 참고로, 이후 릴리즈에서는 다른 용도로도 사용된다.

6.2절에 설명되었듯이, LTE Release 8에 도입된 셀-특정 reference 신호 (CRS)도 채널 상태 정보 (CSI)를 획득하는 데 사용될 수 있다. CSI-RS를 도입하게 된 직접적인 이유는 바로 LTE Release 10의 8개 layer까지의 공간 다중화를 지원하기 위하여, 단말이 적어도 해당하는 8개의 안테나 포트에 대한 CSI를 획득할 수 있어야 하기 때문이다.

그러나, 사실 그 저변에는 하향링크 reference 신호의 두 가지 서로 다른 기능을 분리하고자 하는 보다 본질적인 이유가 있다.

- 서로 다른 하향링크 전송에 대한 coherent 복조를 수행하기 위하여 자세한 채널 추정을 해야 하는 기능
- 예를 들면, 하향링크 링크 적응 및 스케줄링을 위하여 채널 상태 정보 (CSI)를 획득해야 하는 기능

LTE의 초기 릴리즈에는 이 두 가지 기능을 모두 CRS를 통하여 수행하였다. 그 결과, CRS는 매우 빠르게 변화하는 채널에 대해서도 coherent 복조에 필요한 채널 추정을 할 수 있도록 시간 및 주파수 영역 상으로 매우 촘촘하게 전송되어야 했다. 또한, 단말이 정기적인 주기에 맞춰서 채널 상태 정보를 획득할 수 있도록 하기 위하여, CRS는 전송할 데이터가 있든지 없든지 상관하지 않고 모든 서브프레임에서 항상 전송되어야만 했다. 같은 이유로, CRS는 특정 단말을 향하여 빔포밍을 사용할 수가 없으며 항상 전체 셀 영역에서 전송되어야만 했다.

이에 비하여, 채널 추정을 위한 reference 신호 (DM-RS)와 채널 상태 정보 획득을 위한 reference 신호 (CSI-RS)을 별도로 만듦에 따라서, 시스템 최적화를 하기가 더 용이해졌으며 보다 유연하게 시스템을 운용할 수 있게 되었다. 매우 촘촘하게 전송을 해야 하는 DM-RS는 이제 전송할 데이터가 있는 경우에만 전송이 되며, 이는 적절한 빔포밍을 사용할 수도 있다. 또한, CSI-RS를 통하여 아주 다양한 네트워크 노드 및 안테나 포트들에 대하여 채널 상태 정보를 매우

16) 전송 모드 7번 및 8번 역시 복조를 위한 채널 추정에 DM-RS를 사용함에도 불구하고 전송 모드 7번 및 8번에는 CSI-RS가 사용되지 않는 이유는, 전송 모드 7번 및 8번은 LTE Release 8 및 Release 9에서 도입되었으며 CSI-RS는 LTE Release 10에서야 도입되었기 때문이다.

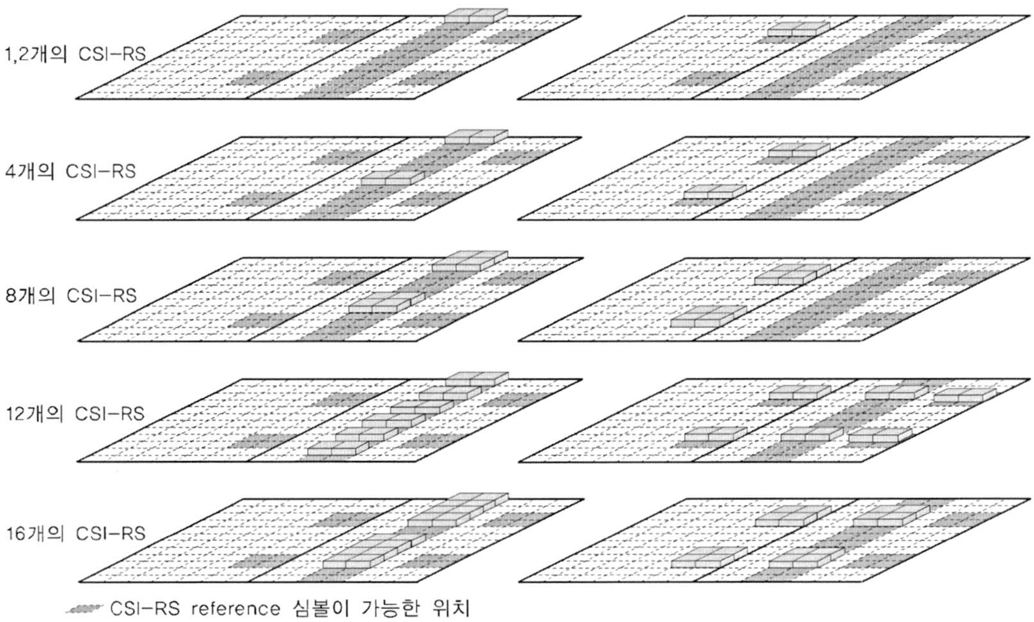

그림 6.13 셀 당 서로 다른 CSI-RS 개수에 대한 reference 신호의 위치에 대한 예. 단일 CSI-RS의 경우는 2개의 CSI-RS의 경우와 동일한 구조를 사용한다.

효율적으로 획득할 수 있게 되었다. 이는 13장 및 14장에서 다루어지는 다중 지점 조정/송신 (CoMP) 및 heterogeneous를 구축해야 하는 경우에 특히 더 중요하다.

6.2.3.1 CSI-RS 구조

특정 단말에 의하여 사용되는 CSI-RS 구조는 단말 당 최대 8개까지의 서로 다른 CSI-RS를 정의할 수 있는 CSI-RS 설정에 의하여 주어진다. 최대 8개까지의 CSI-RS를 사용하는 것은 최대 8개 layer의 공간 다중화를 지원하는 것과 직접적으로 연관이 있으며, 따라서 Release 10에 도입된 최대 8개까지의 DM-RS와도 연관이 된다. 10장에서 볼 수 있듯이, 이차원 빔포밍을 지원하기 위해 Release 13에서 CSI-RS의 개수가 16개로 늘어났다. 그러나 CSI-RS에 해당하는 안테나 포트는 DM-RS에 해당하는 안테나 포트들과 같지 않은 점에 유의한다. 즉, CSI-RS에 해당하는 안테나 포트는 일반적으로 실제 송신 안테나에 해당되지만 DM-RS에 해당하는 안테나 포트는 안테나 프리코딩을 포함할 수 있다 (6.3.4절 참조). LTE 규격에서는 CSI-RS에 해당하는 안테나 포트가 안테나 포트 15번부터 22번으로 정의되어 있으며, 이 번호는 Release 13에서 30번까지로 확장된다.

시간 영역 상에서 CSI-RS 전송은 5 ms 주기 (프레임 당 2번씩 전송)에서부터 80 ms 주기 (매 8번째 프레임마다)까지의 다양한 주기로 설정될 수 있다. 또한 주어진 CSI-RS 주기에서 CSI-RS가 전송되는 정확한 서브프레임 정보는 서브프레임 오프셋[17]을 통하여 설정될 수 있다. CSI-RS가 전송되는 서브프레임 내에서는 CSI-RS가 주파수 영역 상으로 모든 자원 블록에서 전송된다. 즉, CSI-RS 전송은 전체 셀 대역폭에서 이루어진다.

그림 6.13에서 회색으로 표시된 40개의 서로 다른 자원 엘리먼트에서 볼 수 있듯이, 자원 블록 pair 내에서 서로 다른 자원 엘리먼트는 CSI-RS 전송에 사용될 수 있다 (TDD의 경우에는 그림 6.13에 표시된 것 이외에도 CSI-RS를 전송할 수 있는 추가적인 위치들이 있다). 이러한 여러 개의 자원 엘리먼트들 중에서 어떤 자원이 특정 CSI-RS에 사용되는지의 여부는 CSI-RS 설정에 따르게 된다. 보다 구체적으로 보면,

- 1개 혹은 2개의 CSI-RS가 설정되는 경우의 CSI-RS 설정은, 그림 6.13의 윗쪽에 표시되어 있듯이 2개의 연속한 reference 심볼로 CSI-RS가 이루어져 있다. DM-RS의 경우와 유사하게, CSI-RS가 2개인 경우에 있어서 각 CSI-RS는 2개의 reference 심볼에 길이 2의 orthogonal cover code (OCC)를 적용함으로써 분리된다. 따라서, 1개 혹은 2개의 CSI-RS에 대해서는 하나의 자원 블록 pair내에서 20개의 서로 다른 CSI-RS 설정이 가능하다. 이 중 2개가 그림 6.13에 표시되어 있다.
- 4개 혹은 8개의 CSI-RS가 설정되는 경우의 CSI-RS 설정은, 그림 6.13의 중간 및 아랫쪽에 표시되어 있듯이 CSI-RS가 쌍으로 주파수 다중화되어 있다. 따라서, 4개/8개의 CSI-RS의 경우에는 각각 10개/5개의 서로 다른 CSI-RS 설정이 가능하다.
- 12개 혹은 16개의 CSI-RS가 설정되는 경우의 CSI-RS 설정은 Release 13에 도입되었으며, aggregation size-4 혹은 size-8의 CSI-RS가 사용된다. 12개의 CSI-RS로 이루어진 설정은 3개의 size-4 CSI-RS 설정을 합쳐서 만들수 있으며, 16개의 CSI-RS로 이루어진 설정은 2개의 size-8 CSI-RS 설정을 합쳐서 만들 수 있다. 다른 말로 하면, 자원 매핑은 4개/8개 안테나 포트의 경우와 비슷한데, 이러한 설정이 하나 이상이 사용된다. 8개 혹은 그 이하의 개수의 CSI-RS 설정에 사용되는 길이 2의 OCC에 추가하여 길이 4의 OCC를 설정할 수도 있다. 더 긴 OCC를 사용하려는 이유는 CSI-RS 사이에서 전력을 "빌려오는" 가능성을 높이기 위해서이며, 좀 더 자세한 사항은 10장을 참조한다.

정리하면, CSI-RS 설정은 다음을 정해준다.

- CSI-RS 개수 (1, 2, 4, 8, 12, 16)
- CSI-RS 주기 (5 ms, 10 ms, 20 ms, 40 ms, 80 ms)
- CSI-RS 주기 내의 CSI-RS 서브프레임 오프셋

17) 하나의 CSI-RS 설정에서 최대 8개까지의 CSI-RS가 동일한 서브프레임 내에서 전송된다. 즉, 동일한 주기 및 동일한 서브프레임 오프셋을 가지고 전송된다.

- 자원 블록 pair 내의 정확한 CSI-RS 설정. 즉, 자원 블록 pair 내에서 40개의 가능한 자원 엘리먼트 (그림 6.13의 회색의 자원 엘리먼트들) 중 정확히 어떤 자원 엘리먼트가 최대 8개까지 CSI-RS에 사용되는 지 여부를 알려준다.
- 8개보다 더 많은 CSI-RS의 경우에는, OCC 크기 (2, 4)

CSI-RS 설정은 단말-특정이다. 즉, 앞서 설명한 것처럼, 특정 단말에 의하여 사용되는 CSI-RS의 개수 및 자세한 구조를 정의하는 CSI-RS 설정이 각 단말별로 구분하여 주어진다. 그러나, 이것이 전송되는 특정한 CSI-RS가 반드시 하나의 단말에 의해서만 사용된다는 것을 의미하는 것은 아님에 유의한다. 각 단말에 대하여 각자의 CSI-RS 설정이 별도로 주어진다고 하더라도, 실제적으로 그 설정은 셀 내의 일정 그룹의 단말 혹은 전체 단말에 대하여 동일할 수 있으며, 이는 바로 모든 단말은 셀 내에서 CSI를 획득하기 위하여 동일한 CSI-RS를 사용할 수 있음을 의미한다. 물론, 서로 다른 단말에 대하여 CSI-RS 설정이 별도로 주어질 수 있으므로 이는 셀 내에서 서로 다른 단말이 서로 다른 CSI-RS를 사용할 수 있음을 의미한다. 예를 들면, 이는 shared-cell 방식의 heterogeneous 구축의 경우에는 매우 중요하다 (14장 참조).

6.2.3.2 CSI-RS 및 PDSCH 매핑

6.2.2.1절에서 설명하였듯이, 자원 블록 내에서 DM-RS가 전송될 때에는 reference 신호가 전송되는 해당 자원 엘리먼트들에는 PDSCH가 매핑되지 않는다. 이러한 PDSCH 매핑의 수정에 대하여 이전 릴리즈 단말은 알지 못하지만, 어짜피 DM-RS는 DM-RS를 지원하는 Release 10 혹은 그 이후의 단말들에게 전송되는 자원 블록 내에서만 사용되므로 문제가 되지 않는다.[18)] 이를 달리 설명하면, 이전 릴리즈 단말은 DM-RS가 전송되어 PDSCH 매핑이 수정되어야 하는 자원 블록에는 절대로 스케줄링되지 않는다.

CSI-RS의 경우는 약간 다르다. CSI-RS는 모든 자원 블록에 전송되므로, CSI-RS가 전송되는 자원 블록에 Release 8/9 단말을 스케줄링할 수 없게 하면 스케줄링이 매우 큰 제약을 받게 된다. 만약 CSI-RS가 전송되는 자원 엘리먼트들로의 PDSCH 매핑을 방지하기 위하여 PDSCH 매핑을 명시적으로 수정하게 되면, Release 8/9 단말은 이를 알아내지 못할 것이다. 따라서, 자원 블록이 Release 8/9 단말에 할당되는 경우에는 PDSCH 매핑이 그냥 예전같이 Release 8에 따라 이루어진다. 즉, PDSCH 매핑이 CSI-RS가 전송되는 자원 엘리먼트와의 충돌을 피하는 것을 고려하지 않고 이루어지며, CSI-RS는 해당 자원 엘리먼트에 추가로 전송이 된다.[19)] 이렇

18) Release 9 단말의 경우는 일부 가능한데, 이 경우에는 최대 2개의 DM-RS까지 가능하다.
19) 실제로는 CSI-RS 전송으로의 간섭을 방지하기 위하여, 기지국이 해당 자원 엘리먼트에는 PDSCH를 아예 전송하지 않거나 아니면 송신 에너지를 0으로 하여 PDSCH를 전송할 수도 있다. 중요한 점은 나머지 PDSCH 심볼들의 매핑은 Release 8을 따른다는 점이다.

게 하면 일부 PDSCH 심볼이 CSI-RS에 의하여 간섭을 받게 되므로 당연히 PDSCH 복조 성능에 영향이 있을 수 있다. 하지만, 나머지 PDSCH 심볼은 영향을 받지 않고 복조가 가능하며 CSI-RS가 전송되는 자원 엘리먼트가 그리 많지는 않으므로, 어느 정도 성능에 영향을 받지만 여전히 PDSCH 디코딩은 가능할 것이다.

반면에, Release 10 단말이 CSI-RS가 전송되는 자원 블록에 스케줄링되는 경우에는, DM-RS의 경우와 마찬가지로 CSI-RS가 전송되는 자원 엘리먼트에는 PDSCH가 매핑되지 않도록 PDSCH 자원 매핑이 명시적으로 수정된다. 따라서, 자원 블록 내에 CSI-RS가 전송되는 경우의 PDSCH 자원 매핑은 해당 자원 블록 내에 스케줄링되는 단말의 릴리즈에 따라 달라질 수 있다.

물론 시스템 정보 및 페이징 메시지를 전달하는 전송의 경우에도 해당 정보는 Release 8/9 단말도 수신할 수 있어야 하므로, Release 8의 PDSCH 자원 매핑을 그대로 사용함에 유의한다.

6.2.3.3 Zero-power CSI-RS

앞서 설명하였듯이, Release 10 및 그 이후의 단말은 해당 단말에 대하여 설정된 CSI-RS에 해당하는 자원 엘리먼트에는 PDSCH 매핑이 이루어지지 않는다는 것을 알 수 있다.

일반적인 CSI-RS 전송과는 달리, 단말에 대하여 zero-power CSI-RS 자원을 설정할 수도 있다. 여기서도, zero-power CSI-RS가 가지는 구조는 일반적인 non-zero-power CSI-RS의 구조와 동일하다.

- 특정한 주기 (5 ms, 10 ms, 20 ms, 40 ms, 80 ms)
- 주기 내의 특정한 서브프레임 옵셋
- 자원 블록 pair 내의 특정한 설정

Zero-power CSI-RS의 목적은, 단말이 해당 자원 엘리먼트에는 PDSCH가 매핑되지 않았다고 가정해야 하는 추가적인 CSI-RS 자원을 정의하기 위한 것이다. 이 자원은 셀 내 다른 단말의 CSI-RS에 해당하는 자원이거나 혹은 인접한 셀 내 다른 단말의 CSI-RS에 해당하는 자원일 수 있다. 또한, 이 자원들은 10장에서 좀 더 자세히 설명이 되는, 소위 CSI-IM 자원들에 해당할 수도 있다.

그러나 비록 이름이 그러함에도 불구하고 zero-power CSI-RS 자원이 반드시 zero power를 가져야 하는 것은 아니다. 왜냐하면, 예를 들면 이 자원이 셀 내의 다른 단말에는 일반적인 non-zero-power CSI-RS로 설정된 자원일 수도 있기 때문이다. 중요한 점은, 단말 입장에서 만약 어떠한 특정의 zero-power CSI-RS 자원이 설정되었다면 해당 자원 엘리먼트에는 PDSCH 매핑이 이루어지지 않았다고 가정해야 한다는 점이다.

6.2.4 Quasi-co-location 관계

4장에서 간략하게 quasi-co-location된 안테나 포트의 개념에 대하여 살펴보았다. 또한, 앞서 살펴보았듯이 적어도 하향링크에 대해서는, 안테나 포트는 특정 reference 신호에 해당한다. 따라서, 하향링크 안테나 포트와 해당하는 서로 다른 reference 신호 사이에서 quasi-co-location에 관련하여 어떤 가정이 있는 지를 이해하는 것이 중요하다.

최대 4개까지의 CRS에 해당하는 하향링크 안테나 포트 0부터 3은 항상 quasi-co-location 상태라고 가정할 수 있다. 비슷하게, 최대 8개까지의 DM-RS에 해당하는 안테나 포트 7부터 14도 역시 항상 quasi-co-location 상태라고 가정할 수 있다. 그러나, DM-RS에 대한 quasi-co-location 가정은 한 서브프레임 내에서만 유효함에 유의한다. 이러한 제약이 주어진 이유는, 서로 다른 송신 지점 사이에서 DM-RS에 기반한 PDSCH 전송을 서브프레임 단위로 바꿀 수 있도록 하기 위해서이다. 따라서, 하나의 특정 안테나 포트에 대해서도 quasi-co-location 가정이 서로 다른 서브프레임 간에서는 성립하지 않을 수 있음을 의미한다. 마지막으로, 특정 CSI-RS 설정의 최대 16개까지 CSI-RS에 해당하는 안테나 포트 15부터 30도 역시 항상 quasi-co-location 상태라고 가정할 수 있다.

서로 다른 종류의 reference 신호에 해당하는 안테나 포트 사이에서의 quasi-co-location 관계를 살펴보면, CRS, DM-RS 및 CSI-RS에 해당하는 안테나 포트 0-3, 7-30 들은 전송 모드 1번부터 9번까지에 대하여 항상 모두가 서로 quasi-co-location 상태라고 가정할 수 있다. 따라서, 서로 다른 종류의 reference 신호에 대하여 quasi-co-location 가정이 반드시 성립한다고 가정할 수 없는 경우는 오직 전송 모드 10인 경우이다. 6.3절에서 설명되듯이 전송 모드 10은 다중 지점 조정/송신 (CoMP)을 지원하기 위하여 Release 11에 도입된 것이다. 4장에서 설명하였듯이, quasi-co-location이라는 개념 자체가 CoMP를 지원하기 위한 목적으로 Release 11에 도입이 되었기 때문에, 사실 quasi-co-location인지 아닌지를 굳이 따져서 quasi-co-location이 아닌 상태라고 가정하는 등의 일들은 전송 모드 10에서만 의미가 있는 일이다. 전송 모드 10에서 quasi-co-location에 대한 자세한 내용 및 특정 단말에 대하여 설정된 CSI-RS와 해당 단말에 대한 PDSCH 전송에 관계하는 DM-RS 사이의 quasi-co-location 관계 등이 13장에서 CoMP를 집중적으로 논의하면서 다루어진다.

6.3 다중 안테나 전송

그림 6.14에 보여지듯이, LTE의 다중 안테나 전송은 일반적으로 데이터 변조의 출력이 서로 다른 안테나 포트로 매핑되는 것으로 설명된다. 따라서, 안테나 매핑 블록의 입력은 변조심볼 (QPSK, 16QAM, 64QAM, 256QAM)들로 구성된 TTI 당 1개 혹은 2개의 전송 블록이 된다.

안테나 매핑 블록의 출력은 각 안테나 포트 심볼들의 집합이 된다. 각 안테나 포트의 심볼은 이후 OFDM 변조기를 통하여 해당 안테나 포트의 OFDM 시간-주파수 격자로 매핑이 된다.

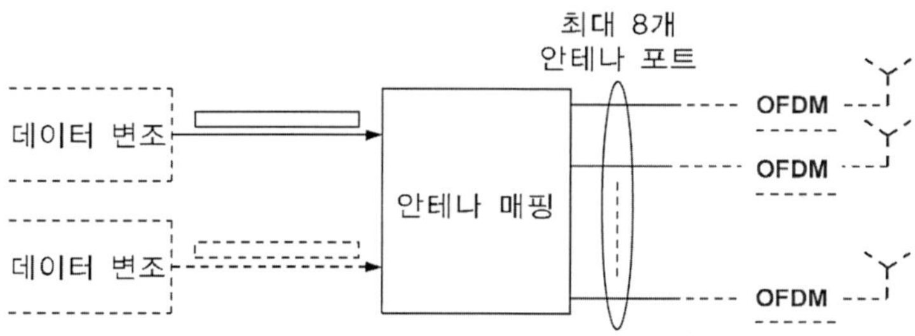

그림 6.14 LTE 하향링크 다중 안테나 전송의 일반적인 구조. 1개 혹은 2개의 전송 블록에 해당하는 변조심볼은 최대 8개의 안테나 포트로 매핑된다.

6.3.1 전송 모드

서로 다른 다중 안테나 전송 방식은 서로 다른 전송 모드 (transmission mode)에 해당된다. 현재 LTE에는 10개의 전송 모드가 정의되어 있다. 각 전송 모드별로 그림 6.14의 안테나 매핑 블록의 구체적인 구조가 차이가 나는 것뿐만 아니라, 각 전송 모드별로 복조에 사용되는 reference 신호 (셀-특정 reference 신호 혹은 DM-RS)가 무엇인지 CSI 피드백 종류는 어떤 것을 사용하는지 역시 달라지게 된다. 전송 모드 1은 단일 안테나 전송에 해당하며, 나머지 전송 모드는 송신 다이버시티, 빔포밍 및 공간 다중화를 포함하는 다양한 다중 안테나 전송 방식에 해당된다. 사실 LTE는 빔포밍과 공간 다중화를 보다 일반적인 안테나 프리코딩의 일부분으로써 모두 지원한다. 또한, 하향링크 안테나 프리코딩에는 코드북 기반 프리코딩 (codebook-based precoding)과 코드북에 기반하지 않은 프리코딩 (non-codebook-based precoding)의 두 가지 방식이 있다. 이 두 방식의 이름이 이렇게 정해진 것에 대해서는 아래에 좀 더 자세히 설명하도록 한다.

전송 모드 10은 약간 특별한 경우이다. 앞서 설명하였듯이, 전송 모드 10은 여러 가지의 동적인 다중 지점 조정 및 송신 방식을 지원하기 위하여 LTE Release 11에 도입되었다 (13장 참조).

단말 입장에서는 전송 모드 10을 통한 하향링크 전송은 전송 모드 9를 통한 전송과 동일하다. 즉, 단말은 최대 8개 layer의 PDSCH 전송을 맞게 되며 DM-RS에 기반하여 채널 추정을 하게 된다. 전송 모드 9와 전송 모드 10 사이의 중요한 차이점 중의 하나는, 채널 상태 정보 (CSI)의 획득 및 피드백 방식으로서, 13장에서 설명되듯이 전송 모드 10의 경우가 CSI 프로세스에 기반하여 보다 더 자세한 다중 지점 측정 및 피드백을 가능하게 한다. 또 하나의 중요한 차이점은, 6.2.4절에서 언급한 것과 같이, 단말이 서로 다른 종류의 안테나 포트 사이에서 quasi-co-location 관계를 어떻게 가정해야 하는지의 여부이며, 이 역시 13장에서 좀 더 자세히 설명된다.

전송 모드는 오직 DS-SCH 전송에만 관련이 있음을 유의하도록 한다. 따라서, 특정 전송 모드가 특정 다중 안테나 전송 설정과 동일한 것이 아님에 주의하도록 한다. 즉, 단말이 어느 특정 전송 모드로 설정되었을 경우에는 DL-SCH 전송에 어떤 특정 다중 안테나 전송 방식이 적용되는 것이며, 동일한 다중 안테나 전송 방식이 예를 들면 BCH 및 L1/L2 제어 시그널링 전송에 사용될 수 있으나[20] 이것이 해당 전송에 특정 전송 모드가 적용되는 것을 의미하는 것은 아니다.

아래 리스트는 현재 정의된 전송 모드와 이에 해당하는 다중 안테나 전송 방식을 정리한 것이다. 여러 가지 다중 안테나 전송 방식에 대해서는 이후 절들에서 자세히 다루도록 한다.

- ***전송 모드 1***: 단일 안테나 전송
- ***전송 모드 2***: 송신 다이버시티
- ***전송 모드 3***: layer가 1개보다 큰 경우에는 개루프 (open-loop) 코드북 기반 프리코딩, rank가 1인 경우에는 송신 다이버시티
- ***전송 모드 4***: 폐루프 (closed-loop) 코드북 기반 프리코딩
- ***전송 모드 5***: 전송 모드 4 버전의 다중 사용자 (multi-user) MIMO
- ***전송 모드 6***: 단일 layer 전송으로 제한된 특수한 경우의 폐루프 코드북 기반 프리코딩
- ***전송 모드 7***: 단일 layer 전송만을 지원하는 코드북에 기반하지 않은 프리코딩
- ***전송 모드 8***: 최대 2개 layer까지 지원하는 코드북에 기반하지 않은 프리코딩 (LTE Release 9에 도입됨)
- ***전송 모드 9***: 최대 8개 layer까지 지원하는 코드북에 기반하지 않은 프리코딩 (전송 모드 8의 확장으로서, LTE Release 10에 도입됨)
- ***전송 모드 10***: 전송 모드 9의 확장으로서, 여러 가지 하향링크 다중 지점 조정 및 송신 (CoMP)을 지원하기 위한 전송 모드 (LTE Release 11에 도입됨)

---

20) 실제적으로는, BCH 및 L1/L2 제어 시그널링에는 단일 안테나 전송 및 송신 다이버시티만 적용이 가능하다. 반면에 EPDCCH는 코드북에 기반하지 않은 프리코딩을 사용할 수 있다.

전송 모드 1-6에서의 전송은 안테나 포트 0-3을 통하여 이루어지므로, 이에 대한 채널 추정은 CRS를 통하여 이루어진다. 전송 모드 7은 안테나 포트 5를 사용한 전송이다. 전송 모드 8-10은 안테나 포트 7-14를 사용한 전송이며, 전송 모드 8은 안테나 포트 7-8로 제한된다. 따라서 전송 모드 7-10에 대한 채널 추정에는 DM-RS가 사용된다.

실제로, 전송 모드 1-8로 설정된 단말들은 CSI를 획득하는 데 CRS를 사용하는 것으로 가정할 수 있으며, 전송 모드 9-10의 경우에는 CSI 획득에 CSI-RS가 사용되어야 한다.

또한, 특정 전송 모드에 대하여 어떤 특정의 다중 안테나 전송 방식이 정의된 것으로 볼 수도 있지만, 전송 모드 3-10의 경우는 설정된 전송 모드가 바뀌지 않으면서 상황에 따라서 송신 다이버시티로 전환될 수도 있음에 유의한다. 그 이유 중 하나는 특정 전송 모드가 지원되는 다중 안테나 특성이 사용되지 않을 때 더 작은 DCI 포맷을 사용하기 위해서이다. 또 다른 이유는 6.4.5절에서 설명했던 전송 모드 재설정을 하는 도중에 단말에 적용된 전송 모드의 모호성을 해결하기 위해서이다.

6.3.2 송신 다이버시티

송신 다이버시티는 어떠한 하향링크 물리 채널에도 적용이 가능하다. 그러나, 변화하는 채널을 링크 적응 (link adaptation) 및/혹은 채널에 따른 스케줄링 등을 사용하여 따라가지 못하는 경우에는 다이버시티가 더욱 더 중요하기 때문에 해당 전송들에 특별히 더 중요성을 가진다. 이러한 전송은 L1/L2 제어 시그널링 및 BCH, PCH 전송 채널에 대한 전송을 포함한다. 앞서 설명한 것처럼, 사실 송신 다이버시티는 이러한 채널들에 적용이 가능한 유일한 다중 안테나 전송 방식이다. 송신 다이버시티는 전송 모드 2가 설정되었을 경우에는 DL-SCH 전송에도 사용되며, 앞서 설명하였듯이 송신 다이버시티는 전송 모드 3 이상의 모드에서 채널 조건이 여의치 않을 경우에 fallback하는 모드이다. 보다 구체적으로는, DCI 포맷 1A (6.4.6절 참조)를 사용한 스케줄링 할당은 설정된 전송 모드와 상관없이 송신 다이버시티를 사용하는 것을 의미한다.

송신 다이버시티는 채널 추정에 셀-특정 reference 신호를 사용하는 것을 가정한다. 따라서, 송신 다이버시티를 적용한 신호는 항상 셀-특정 reference 신호가 전송되는 것과 동일한 안테나 포트 (안테나 포트 0-3)로 전송된다. 실제로, 만약 셀에 2개의 셀-특정 reference 신호가 설정되어 있으면 PDCCH 상의 L1/L2 제어 시그널링[21] 및 BCH, PCH 전송에는 반드시 2개의 안테나 포트에 대한 송신 다이버시티가 사용되어야 하며, 셀에 4개의 셀-특정 reference 신호가 설정되어 있으면 위의 채널에 반드시 4개의 안테나 포트에 대한 송신 다이버시티가 사용되어야 한다. 따라서, 단말의 이러한 채널들에 어떠한 다중 안테나 전송 방식이 사용되는지를 명시적으로

21) 이는 EPDCCH 제어 채널에는 해당되지 않음에 유의한다.

알려줄 필요가 없으며, 이는 셀에 설정된 셀-특정 reference 신호의 개수를 통하여 알아낼 수 있다.[22)]

6.3.2.1 2개의 안테나 포트에 대한 송신 다이버시티

2개의 안테나 포트를 사용하는 경우, LTE 송신 다이버시티는 SFBC (Space Frequency Block Coding)를 기반으로 한다. 그림 6.15에서 볼 수 있듯이, SFBC는 연속적인 변조심볼 S_i와 S_{i+1}이 첫 번째 안테나 포트에서는 인접한 부반송파에 바로 매핑되며, 두 번째 안테나 포트에서는 순서가 뒤바뀌고 약간 변형된 심볼인 $-S^*_{i+1}$과 S^*_i가 해당 부반송파에 매핑된다. 이때, "*"는 복소켤레 (complex conjugate) 연산이다.

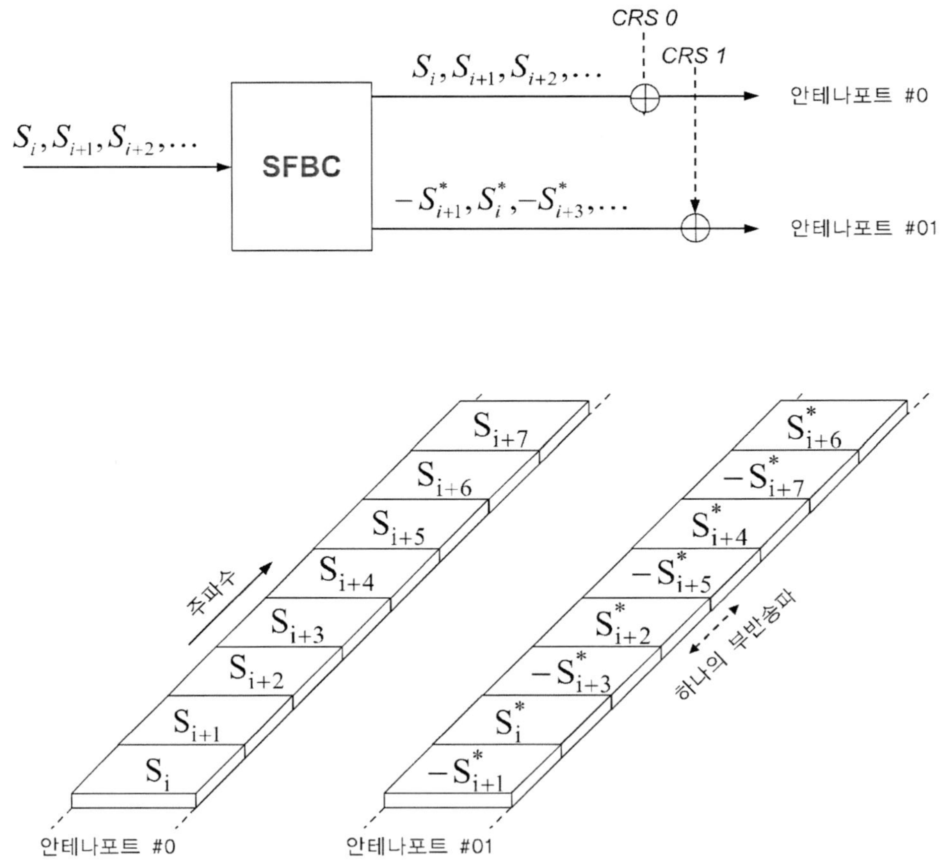

그림 6.15 2개의 안테나 포트에 대한 송신 다이버시티 - SFBC

22) 실제 상황은 어찌 보면 반대일 수도 있다. 단말은 BCH 전송에 사용된 안테나 포트의 개수를 알아내고 (blind detection), 이를 통하여 셀 내에 설정된 셀-특정 reference 신호의 개수를 알아낸다.

그림 6.15는 2개의 안테나 포트의 경우에 송신 다이버시티가 적용된 신호가 전송되는 안테나 포트와 셀-특정 reference 신호 (보다 구체적으로 CRS0와 CRS1)가 어떻게 연결되는지를 보여준다. 이와 같은 관계를 보고 CRS는 송신 다이버시티 신호를 위해서만 전송되는 것으로 이해하면 안된다. 실제로는 안테나 포트 0, 1 상으로는 복수 개의 전송이 이루어지고 있으며, 이 모든 전송들이 해당하는 CRS를 통하여 채널 추정을 하게 된다.

6.3.2.2 4개의 안테나 포트에 대한 송신 다이버시티

4개의 안테나 포트를 사용하는 경우, LTE 송신 다이버시티는 SFBC와 FSTD (Frequency Shift Transmit Diversity)의 조합을 기반으로 한다. 그림 6.16과 같이 SFBC와 FSTD의 조합은 변조심볼의 쌍들이 안테나 포트의 쌍들 (각각 안테나 포트 0과 2의 쌍, 그리고 안테나 포트 1과 3의 쌍)사이에서 안테나 포트를 바꾸어가면서 SFBC의 방법으로 전송되는 것을 말한다. 하나의 안테나 포트의 쌍으로 전송되는 부반송파는 다른 안테나 포트의 쌍 위로는 전송되지 않는다. 따라서, SFBC와 FSTD의 조합은 각 안테나 포트 상으로의 4개 자원 엘리먼트의 그룹과 4개 심볼의 그룹 상으로 동작하는 것이라 볼 수 있다.

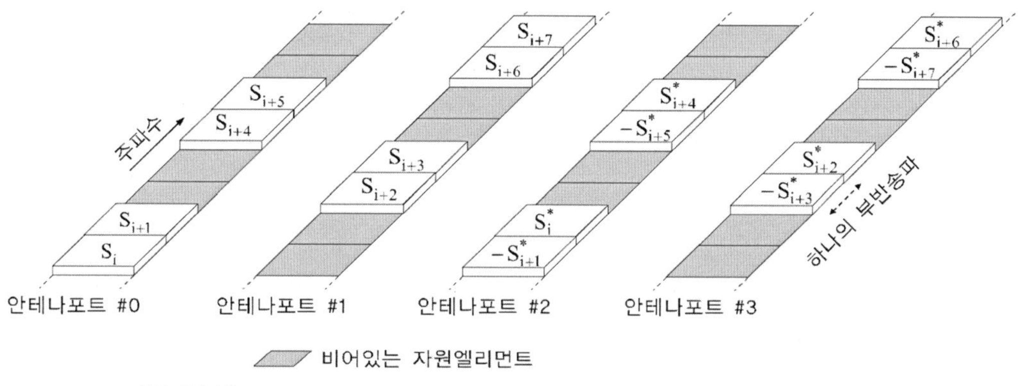

그림 6.16 4개의 안테나 포트에 대한 송신 다이버시티 - SFBC/FSTD의 조합

6.3.3 코드북-기반 프리코딩

코드북-기반 프리코딩 (codebook-based precoding)의 기본 구조는 그림 6.17과 같다. 1개 혹은 2개의 전송 블록에 대응되는 변조심볼들이 우선 N_L개의 layer에 매핑된다. Layer 개수 N_L은 1개에서부터 최대 안테나 포트의 개수의 같은 개수까지 변화할 수 있다.[23] 그 뒤, layer는 프리코더를 통하여 안테나 포트로 매핑된다. 코드북-기반 프리코딩은 셀-특정 reference 신호를 사

23) 실제로 layer의 개수는 단말의 수신 안테나 개수에 의하여 제한되며, 이보다 클 수 없다.

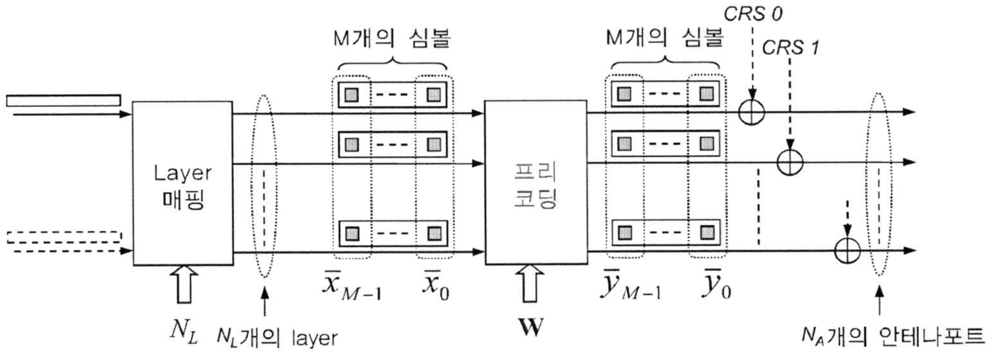

그림 6.17 LTE 코드북-기반 안테나 프리코딩의 기본 구조. 프리코딩 이후의 CRS 적용도 보여주고 있다.

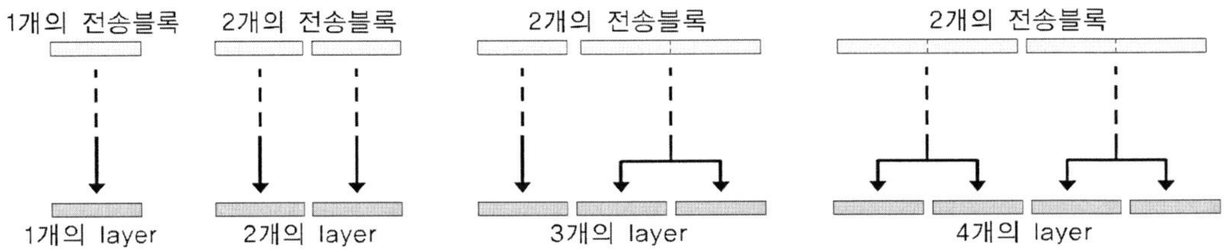

그림 6.18 코드북-기반 안테나 프리코딩에서의 전송 블록에서 layer로의 매핑 (최초 전송의 경우)

용하여 채널 추정을 한다. 따라서, 셀 내 최대 4개의 셀-특정 reference 신호가 있을 수 있으므로, 코드북-기반 프리코딩은 최대 4개의 안테나 포트, 따라서 최대 4개의 layer를 가질 수 있다.

최초 전송 (initial transmission)에 대한 layer 매핑은 그림 6.18과 같다. 단일 layer의 경우 ($N_L = 1$)에는 1개의 전송 블록이 존재하고, 2개 혹은 그 이상의 layer의 경우($N_L > 1$)에는 2개의 전송 블록이 존재한다. 최초 전송 시에는 2개의 layer로 전송 블록이 매핑되었으나 HARQ 재전송의 경우에 2개의 전송 블록 중 하나만 재전송이 필요한 경우에는 재전송이 2개의 layer로 전송될 수도 있다. 따라서, 이러한 재전송의 경우에는 1개의 전송 블록이 2개의 layer를 사용하여 전송될 수도 있다.

Layer로의 매핑은 각 layer당 변조심볼의 개수가 서로 같으며 이 개수는 각 안테나 포트 상으로 전송되는 심볼 수와 같도록 매핑된다. 따라서 3개의 layer의 경우에는, (2번째와 3번째 layer로 매핑되는) 2번째 전송 블록에는 (1번째 layer로 할당되는) 1번째 전송 블록보다 2배 많은 변조심볼이 있어야 한다. 이러한 적절한 전송 블록 크기의 결정은 rate matching 기능을 통하여 이루어진다. 4개의 layer의 경우에는 1번째 전송 블록은 1번째와 2번째 layer에 할당되고, 2번째 전송 블록은 3번째와 4번째 layer에 할당된다. 따라서, 이 경우에는 두 개의 전송 블록이 같은 개수의 변조심볼을 가진다. 하나의 전송 블록이 2개의 layer로 전송되는 경우, 전송 블록의 변조심볼은 하나씩 번갈아서 layer로 매핑된다. 즉, 1번째 심볼이 1번째 layer로 매핑되면

2번째 심볼은 2번째 layer로 매핑된다.

다중 안테나 프리코딩의 경우, layer의 개수는 종종 ***전송 rank (transmission rank)***로 일컬어진다.[24] 채널 조건에 의하여 지원되는 layer의 수가 변할 수 있으며, 따라서 전송 rank는 동적으로 변할 수 있다. 채널 조건에 의하여 지원되는 layer의 수를 종종 ***채널 rank (channel rank)***라 한다.

Layer 매핑 이후 N_L개의 심볼 (각 layer 당 하나의 심볼)들은 선형결합 (linear combining)되어 안테나 포트로 매핑된다. 이러한 결합 및 매핑은 $N_A \times N_L$크기의 프리코딩 행렬 W의 형태로 표현할 수 있다. 좀 더 구체적으로 설명하면, 각 안테나 포트 당 하나의 심볼로 구성되어 있는 N_A크기의 벡터 $\overline{Y}_i$는 각 layer 당 하나의 심볼로 구성되어 있는 N_L 크기의 벡터 $\overline{X}_i$가 프리코딩 행렬에 의해 곱해진 것으로 볼 수 있으며, 이는 $\overline{Y}_i = \mathrm{w}\overline{X}_i$로 표현된다. Layer의 수는 동적으로 변할 수 있으므로, 프리코딩 행렬의 열 수 역시 동적으로 변하게 된다. 즉, 단일 layer 전송의 경우에는 프리코딩 행렬 W가 하나의 심볼에 빔포밍을 해주는 형태의 $N_A \times 1$ 크기의 벡터가 된다.

그림 6.17은 안테나 프리코딩 이후에 셀-특정 reference 신호가 어떻게 적용되는지도 보여주고 있다. 따라서, 셀-특정 reference 신호를 사용한 채널 추정은 프리코딩을 포함하지 않은 상태의 각 안테나 포트의 채널을 반영한다. 결과적으로 단말은 수신 신호를 적절히 처리하고 서로 다른 layer들을 복원하려면 반드시 송신기에서 적용된 프리코딩에 대한 정보를 명시적으로 전달받아야 한다. 앞서 언급하였듯이, 이 그림을 보고 셀-특정 reference 신호를 PDSCH 전송만을 위한 것으로 이해하면 안된다.

코드북-기반 프리코딩에는 폐루프 (closed-loop)와 개루프 (open-loop)의 두 가지 동작 모드가 있다. 이 두 모드는 프리코딩 행렬의 구체적인 구조와 행렬이 어떻게 선택되는 지 및 단말에 어떻게 프리코딩 행렬의 선택을 알리는 지에서 차이가 있다.

6.3.3.1 폐루프 프리코딩

폐루프 프리코딩의 경우에는 네트워이 단말로부터의 피드백을 기반으로 프리코딩 행렬을 선택하는 것을 가정한다. 앞서 설명하였듯이, 폐루프 프리코딩은 전송 모드 4와 관련이 있다.

셀-특정 reference 신호에 대한 측정을 바탕으로 단말은 적합한 전송 rank 및 프리코딩 행렬을 선택한다. 이러한 정보는, 10장에 설명되듯이, Rank Indication (RI)과 Precoder-Matrix Indication (PMI)의 형태로 네트워에 보고된다. 여기서 RI와 PMI는 단말이 네트워에게 알리는

24) LTE 표준에서는 송신 다이버시티 역시 복수 개의 layer를 사용한 전송으로 기술되고 있다. 그러나, 송신 다이버시티는 rank가 1인 전송 방식이다.

일종의 권고 (recommendation)이며, 따라서 네트웍은 실제 단말로의 전송에 사용되는 실제 전송 rank 및 프리코딩 행렬을 반드시 단말이 보고한 RI/PMI를 따라서 선택할 필요는 없다. 네트웍이 단말이 보고한 권고를 따르지 않았을 경우에는 네트웍은 반드시 현재 하향링크 전송에 사용된 프리코딩 행렬을 단말에게 명시적으로 알려줘야 한다. 반면에, 네트웍이 단말이 권고한 프리코딩 행렬을 사용한 경우에는 권고한 행렬을 사용하였다는 확인만 시그널링해주면 된다.

상향링크 및 하향링크에서의 시그널링 양을 줄이기 위하여, 주어진 안테나 포트 개수에 대한 각 전송 rank에 대하여 몇 가지 제한된 프리코딩 행렬들만 정의가 되었으며, 이를 코드북 (codebook)이라고 한다. 단말이 PMI를 보고할 때에나 네트웍이 단말에 대한 하향링크 전송에 사용하는 실제 프리코딩 행렬을 선택할 때나 모두 해당하는 코드북 내에서 프리코딩 행렬을 선택하여야 한다. 따라서, PMI 보고 및 네트웍이 단말에 실제 사용한 프리코딩 행렬을 알려줄 때에도, 실제 행렬을 알려주는 것이 아니라 선택된 행렬에 대한 인덱스 (index)만을 시그널링 한다.

LTE는 2개 혹는 4개의 안테나 포트를 사용하는 다중 안테나 전송을 지원하므로 코드북은 다음에 대하여 정의된다.

- 2개의 안테나 포트와 1개 혹은 2개의 layer에 대해서는, 각각 그 크기가 2 × 1 및 2 × 2 인 프리코딩 행렬을 갖는다.
- 4개의 안테나 포트와 1, 2, 3, 4개의 layer에 대해서는, 각각 그 크기가 4 × 1, 4 × 2, 4 × 3, 4 × 4의 프리코딩 행렬을 갖는다.

2개의 안테나 포트를 사용하는 경우에 대해 정의된 프리코딩 행렬은 표 6.3과 같다. 표에서 볼 수 있는 것처럼, 단일 layer 전송에 대해서는 4개의 2 × 1 프리코딩 행렬이 있고, 2개 layer 전송에 대해서는 3개의 2 × 2 프리코딩 행렬이 있다. 4개의 안테나 포트를 사용하는 경우에도 비슷하게, 1, 2, 3, 4개 layer에 대하여 각각 크기 4 × 1, 4 × 2, 4 × 3, 4 × 4 행렬들이 정의되어 있다. 표 6.3의 첫 번째 rank-2 2 × 2 행렬은 폐루프 동작에서는 사용되지 않으며 개루프 동작에만 사용됨에 유의한다. 자세한 내용은 이후 절을 참조한다.

표 6.3 2개 안테나 포트에서 1개 혹은 2개 layer에 대한 프리코딩 행렬들. 첫 번째 2×2 행렬은 개루프 동작에만 사용됨.

1개의 layer	$\frac{1}{\sqrt{2}}\begin{bmatrix}+1\\+1\end{bmatrix}$	$\frac{1}{\sqrt{2}}\begin{bmatrix}+1\\-1\end{bmatrix}$	$\frac{1}{\sqrt{2}}\begin{bmatrix}+1\\+j\end{bmatrix}$	$\frac{1}{\sqrt{2}}\begin{bmatrix}+1\\-j\end{bmatrix}$
2개의 layer	$\frac{1}{\sqrt{2}}\begin{bmatrix}+1 & 0\\0 & +1\end{bmatrix}$	$\frac{1}{\sqrt{2}}\begin{bmatrix}+1 & +1\\+1 & -1\end{bmatrix}$	$\frac{1}{\sqrt{2}}\begin{bmatrix}+1 & +1\\+j & -j\end{bmatrix}$	

네트웍이 단말이 권고한 프리코딩 행렬을 사용하더라도, 여러 가지 이유로 단말이 권고한 rank 보다 더 낮은 rank로 전송할 수도 있다. 이를 소위 rank-override라고 한다. 이러한 경우에는 네트웍은 권고된 프리코딩 행렬의 일부 열을 사용하게 되며, 따라서 네트웍은 실제 사용되는 열의 정보 즉 실제 전송되는 layer에 대한 정보를 명시적으로 알려주게 된다.

또한, 폐루프 프리코딩을 완전히 단일 layer (rank-1) 전송에만 국한하여 사용하는 경우도 있으며, 이것이 전송 모드 6에서 사용하는 다중 안테나 전송 방식이다. 일반적인 폐루프 프리코딩인 전송 모드 4를 사용하지 않고 별도의 단일 layer 전송으로 제한된 전송 모드를 정의한 이유는, 해당 모드에서는 무조건 단일 layer 전송으로 동작을 제한함으로써 하향링크 및 상향링크의 시그널링을 줄이기 위함이다. 예를 들어 전송 모드 6은 낮은 SINR 환경의 단말과 같이 다중 layer 전송은 적용이 되지 않을 것 같은 단말에게 빔포밍 이득을 얻기 위하여 설정할 수 있다.

6.3.3.2 개루프 프리코딩

개루프 프리코딩은 단말로부터 어떠한 프리코딩 관련 권고를 필요로 하지 않으며 하향링크 전송에 사용되는 실제 프리코딩에 대한 어떠한 명시적인 네트웍의 시그널링 역시 필요로 하지 않는다. 대신, 프리코딩 행렬은 단말이 알고 있는 대로 이미 정해진 형태로 선택된다. 개루프 프리코딩을 사용하는 경우의 예는 단말이 매우 빨리 움직이는 환경이라서 PMI 보고에 따른 지연 때문에 정확한 피드백을 얻기 힘든 경우에 사용할 수 있다. 앞서 설명하였듯이, 개루프 프리코딩은 전송 모드 3과 관련이 있다.

개루프 프리코딩을 위한 기본 전송 구조는 그림 6.17에 설명된 일반적인 코드북-기반의 프리코딩의 경우와 같으며, 오직 다른 점이라면 프리코딩 행렬 W가 폐루프 동작의 경우와는 다르다는 것이다.

개루프 프리코딩의 경우에는, 프리코딩 행렬이 $N_A \times N_L$ 크기의 W'과 $N_L \times N_L$ 크기의 P와 같은 두 개의 행렬의 곱으로 표시된다.

$$W = W' \cdot P \tag{6.1}$$

두 개의 안테나 포트의 경우에는, 행렬 W'은 normalized된 2×2 단위 행렬이다.[25)]

$$W' = \frac{1}{\sqrt{2}}\begin{bmatrix} +1 & 0 \\ 0 & +1 \end{bmatrix} \tag{6.2}$$

25) Rank-1 전송에서는 코드북에 기반하지 않은 프리코딩은 사용되지 않으므로, 크기 2×1의 행렬 W'은 사용되지 않는다.

4개의 안테나 포트의 경우, 프리코딩 행렬 W′은 $4 \times N_L$크기의 프리코딩 행렬로 정의된 행렬 중 4개가 순환하여 사용되며, 연속적인 자원 엘리먼트에 대하여 다른 프리코딩 행렬이 사용된다.

행렬 P는 P = Di × U와 같이 두 개의 행렬의 곱으로 표현할 수 있다. 여기서 U는 크기 $N_L \times N_L$인 상수 행렬이고, Di는 부반송파 사이에서 서로 다른 값을 갖는 크기 $N_L \times N_L$인 행렬이다 (i는 부반송파 인덱스). 예를 들어, 두 개 layer ($N_L = 2$)인 경우의 U와 Di의 행렬은 다음과 같다.

$$\mathrm{U}\frac{1}{\sqrt{2}}\begin{bmatrix} 1 & 1 \\ 1 & e^{-j2\pi i/2} \end{bmatrix} \qquad D_i = \begin{bmatrix} 1 & 0 \\ 0 & e^{-j2\pi i/2} \end{bmatrix} \tag{6.3}$$

행렬 P가 가지는 기본 의미는, 서로 다른 layer들에서 보이는 채널 상태에서의 차이를 평균화하는 것이다.

폐루프 프리코딩과 유사하게, 개루프 프리코딩에 대한 전송 rank 역시 동적으로 변할 수 있으며 최솟값은 2개 layer이다. 개루프 프리코딩이 사용되는 전송 모드 3은 rank-1 전송도 허용하는데, 그 경우에는 6.3.1절에 설명된 송신 다이버시티, 즉 2개의 안테나 포트에 대해서는 SFBC, 4개의 안테나 포트에 대해서는 SFBC/FSTD의 조합이 사용된다.

6.3.4 코드북에 기반하지 않은 프리코딩

코드북-기반 프리코딩과 유사하게, 코드북에 기반하지 않은 프리코딩 (non-codebook-based precoding) 역시 DL-SCH 전송에만 적용이 가능하다. 코드북에 기반하지 않은 프리코딩은 LTE Release 9에 도입되었으나 당시에는 최대 2개 layer 전송으로 제한되었으며, 8개 layer로의 확장은 Release 10에서 이루어졌다. 전송 모드 8의 Release 9 방식은 전송 모드 9의 Release 10 방식의 부분집합이 되며, 전송 모드 9는 이후 전송 모드 10으로 확장되었다.

전송 모드 7로 동작하는 코드북에 기반하지 않은 프리코딩 역시 이미 Release 8에 정의되어 있다. 전송 모드 7은 Release 8의 복조 reference 신호 (demodulation reference signal)를 바탕으로 하며 오직 단일 layer 전송만을 지원한다. 참고로 Release 8의 복조 reference 신호는 6.2.2절에서 자세히 다루지 않았다. 따라서, 이 절에서도 역시 전송 모드 8-10에 해당하는 코드북에 기반하지 않은 프리코딩 방식을 중점적으로 설명한다.

코드북에 기반하지 않은 프리코딩의 기본 원리는 그림 6.19 (의도적으로 프리코딩은 흐리게 처리하였다)를 토대로 설명할 수 있다. 그림에서 볼 수 있듯이, 구조 자체는 그림 6.17의 코드북-기반 프리코딩과 매우 유사하며, 하나 혹은 두 개의 전송 블록에 해당하는 변조심볼들이

layer 매핑 및 프리코딩을 거치는 것을 볼 수 있다. Layer 매핑은 코드북-기반 프리코딩 (그림 6.18)과 동일한 원리를 따르며, 다만 차이라면 8개의 layer까지 지원이 가능하도록 확장되었다. TTI당 오직 하나의 전송 블록이 존재하는 단일 layer의 경우를 제외하면, 적어도 최초 전송에 대해서는 TTI당 2개의 전송 블록이 존재한다. 코드북-기반 프리코딩과 유사하게, HARQ 재전송의 경우에는 단일 전송 블록이 복수 개의 layer로 전송되는 경우가 있을 수 있다.

그림 6.19가 그림 6.17 (코드북-기반 프리코딩)과 가장 다른 점은 프리코딩 이전에 복조 reference 신호 (DM-RS)가 존재한다는 점이다. 데이터와 함께 프리코딩하여 reference 신호를 전송하게 되면, 송신기에서 어떠한 프리코딩을 적용하였는지를 수신기에 명시적으로 알려줄 필요없이 수신기는 데이터 복조 및 전송된 layer를 복원할 수 있다. 쉽게 이야기하면, 프리코딩된 reference 신호를 바탕으로 한 채널 추정은 이미 각 layer가 통과한 채널 환경을 프리코딩까지 포함하여 반영하고 있으므로, 이를 각 layer에 대한 coherent 복조에 바로 사용할 수 있다. 따라서, 단말에 어떠한 프리코딩 행렬을 사용하였는지 여부를 시그널링해 줄 필요가 없으며, 단말은 오직 전송 rank 즉 layer의 수만 알면 된다. 이에 따라, 네트웍에서는 어떠한 임의의 프리코딩을 수행하여도 되며 프리코딩 행렬을 선택하기 위한 어떠한 명시적인 코드북을 필요로 하지도 않는다. 따라서, 이를 코드북에 기반하지 않은 프리코딩이라 부른다. 물론, 아래에 설명되듯이, 코드북에 기반하지 않은 프리코딩 역시 단말의 피드백에 대해서는 여전히 코드북에 의존할 수도 있다.

전송을 위하여 어떠한 임의의 프리코딩 행렬도 선택할 수 있다는 점에서 그림 6.19의 프리코딩 부분을 흐리게 처리하였다. 그림 6.19의 프리코딩 부분은 LTE 규격에서는 보이지 않는 부분으로서, 엄격히 말하면 코드북에 기반하지 않은 프리코딩의 경우에는 안테나 매핑이 그림 6.14에서와 같이 오직 layer 매핑만으로 이루어진다. 이는 그림 6.14에 정의된 안테나 포트는 그림 6.19의 서로 다른 layer에 해당한다고 볼 수도 있으며, 다르게 표현하면 프리코딩이 안테나 포트 이후에 일어난다고 표현할 수도 있다.

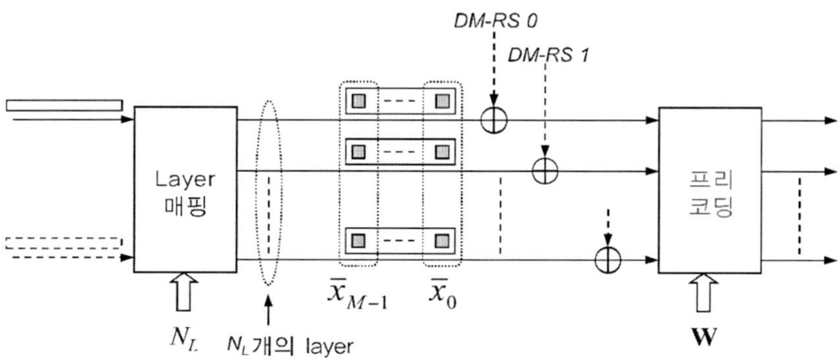

그림 6.19 코드북에 기반하지 않은 프리코딩의 기본 원리

물론 네트웍이 하향링크 전송을 위한 적절한 프리코딩 행렬을 선택할 수 있는 방법이 있어야 한다. 코드북에 기반하지 않은 프리코딩의 경우에는 근본적으로 2가지 방법이 있다.

네트웍은, 예를 들면 다음 장에서 기술되는 상향링크 sounding reference 신호 (SRS)를 사용하여 상향링크 채널 상태를 추정할 수 있다. 그 뒤 상향링크와 하향링크의 채널이 동일하다는 channel reciprocity를 이용하여 하향링크 전송을 위한 프리코딩 행렬을 선택할 수 있다. 이는 특히 상향링크 및 하향링크 전송에 동일한 주파수를 사용함으로써 channel reciprocity가 높을 가능성이 있는 TDD 동작의 경우에 효과가 있는 방법이다. 물론, 만약 단말이 복수 개의 수신 안테나를 사용하고 있다면 하향링크 채널 상태를 정확히 반영하려면 SRS를 해당 복수 개의 안테나로 모두 보내야 함에 유의한다.

다른 방법으로는, 네트웍은 단말로부터 피드백에 의거하여 프리코딩 행렬 선택을 수행할 수도 있다. 전송 모드 8-10의 경우, 이 피드백은 사실 대응하는 폐루프 코드북-기반 프리코딩을 위한 피드백과 매우 유사하다(10장 참조). 전송 모드 9의 경우에는, 6.2.3절에 설명되어 있듯이, 단말의 채널 측정은 셀-특정 reference 신호를 사용하지 않고 CSI-RS를 사용하여 이루어져야 한다.

따라서, 이름에도 불구하고, 코드북에 기반하지 않은 프리코딩 역시 정의된 코드북을 사용할 수도 있다. 물론, 코드북-기반 프리코딩과는 달리, 코드북은 단말의 PMI 보고에만 사용되며 실제 하향링크 전송에는 사용되지 않는다.

6.3.5 하향링크 MU-MIMO

공간 다중화 (spatial multiplexing)는 복수 개의 layer의 전송을 의미한다. 즉, 동일한 단말에 동일한 시간-주파수 자원을 사용하여 복수 개의 전송을 동시에 하는 것을 의미할 수 있다. 송신기와 수신기 양쪽에 복수 개의 안테나를 가지고 있으면, 송신기와 수신기에서 적절한 신호 처리에 따라서 서로 다른 layer들 사이의 간섭을 억제할 수 있다.

따라서, 공간 다중화는 종종 Multi-Input-Multi-Output (MIMO)[26)]전송으로 불리기도 한다. 왜냐하면, 공간 다중화의 경우의 채널은 송신기에 있는 복수 개의 안테나에 의하여 복수 개의 입력 (multiple inputs)을 가지며, 수신기에 있는 복수 개의 안테나에 의하여 복수 개의 출력 (multiple outputs)을 가진 채널로 보이기 때문이다. 위의 경우를 보다 구체적으로는 단일 사용자 MIMO (Single-User MIMO, SU-MIMO)라고 부르는데, 이를 왜 SU-MIMO라고 부르는지에 대한 이유는 아래를 보면 보다 명확해질 것이다.

---

26) MIMO라는 용어는 특정 전송 방식에 국한되는 것이 아니라, 복수 개의 송신 안테나와 복수 개의 수신 안테나를 사용한 어떠한 전송 방식을 지칭하는 데에도 사용할 수 있는 용어이다. 즉, MIMO는 공간 다중화에만 제한적으로 사용하는 용어가 아니라, 동일한 안테나 구성을 가지고 예를 들면 빔포밍 이득을 얻기 위하여 단일 layer 프리코딩을 사용한 경우에도 사용할 수 있다.

3GPP의 다중 사용자 MIMO (Multi-User MIMO, MU-MIMO)라는 용어는 서로 다른 단말이 동일한 시간-주파수 자원을 사용하는 경우의 전송을 지칭한다. 이때 역시, 2개의 전송을 구분하기 위하여 송신기 (네트웍)에서는 복수 개의 안테나를 사용한다.

실제로 서로 다른 layer를 간단히 서로 다른 단말에 전송하는 것처럼, MU-MIMO를 공간 다중화가 확장된 것으로 볼 수도 있다. 신호를 수신한 단말은, SU-MIMO의 경우와 같이 전체 모든 layer를 복조 (demodulate) 및 디코딩할 수도 있으며, 해당 단말에 전송된 것이 아닌 layer는 복조/디코딩 이후에 버리면 된다.

하지만, 위와 같은 접근 방식에서는 MU-MIMO 전송에 관여한 모든 단말이 전송되는 모든 layer를 알아야 한다는 것을 의미한다. 또한, 이는 MU-MIMO 전송에 관여한 모든 단말에 정확히 똑같은 자원 할당을 해줘야 한다는 것, 즉 정확히 똑같은 자원 블록을 사용하여 전송해야 함을 의미한다. 덧붙여, 모든 단말은 모든 layer의 전송을 수신할 수 있는 수신 안테나 개수를 가지고 있어야 한다.

따라서, 3GPP에서는 단말이 동시에 다른 전송이 존재하는지의 여부를 알 필요가 없는 MU-MIMO 접근 방식을 선택하였다. 이렇게 되면, 관련된 단말 사이에서 부분적으로 겹치는 자원 할당도 가능하며, 적어도 이론적으로는 단말단에 복수 개의 안테나가 필요하지도 않는다.[27] 3GPP에 표준화된 것은 2가지 MU-MIMO 방식이 있는데, 하나는 코드북에 기반하지 않는 프리코딩에 해당하는 전송 모드 8, 9 및 10의 일부로서 존재하며 다른 하나는 코드북-기반 프리코딩에 기반하지만 특수한 별도 모드인 전송 모드 5에 해당한다.

6.3.5.1 전송 모드 8/9에서의 MU-MIMO

전송 모드 8-10를 바탕으로 한 MU-MIMO의 원리는 기본적으로 다음과 같다. 셀 내의 단말로부터 보고된 채널 상태 정보 (CSI) 피드백을 토대로, 기지국은 동일한 시간-주파수 자원을 사용하여 전송할 2개 혹은 그 이상의 단말을 선택한다. 각각의 전송에는 해당 각 전송이 수신단 (단말)에서 공간적으로 서로 분리가 될 수 있도록 코드북에 기반하지 않은 프리코딩이 사용되며, 이때 1개 layer 혹은 복수 개의 layer에 대한 프리코딩이 적용이 될 수 있다.

일반적으로 단말단의 공간적인 분리는 완벽하게 이루어지지 않으며, 따라서 단말단의 채널 추정 성능을 개선하기 위하여 서로 다른 전송에 서로 다른 DM-RS를 사용하는 것이 좋다.[28]

27) 그러나, LTE 성능 요구 사항은 일반적으로 단말단에 적어도 2개의 수신 안테나가 있는 것을 가정하고 있음에 유의한다.

28) 6.3.1절에서 논의하였듯이, 전송 모드 8 및 9는 채널 추정에 DM-RS를 사용한다.

6.2.2.1절에서 살펴본 것처럼, reference 신호 시퀀스가 하향링크 DM-RS로 할당되는 데는 두 가지 방법이 있다.

- 셀-특정 할당 (cell-specific assignment). 전송 모드 8 및 DM-RS가 도입된 LTE Release 9부터 지원됨.
- 완전한 단말-특정 할당 (terminal-specific assignment). LTE Release 11에서 도입됨.

또한 6.2.2.1절에서 살펴본 것처럼, 셀-특정 할당의 경우에는 2개의 서로 다른 셀-특정 reference 신호 시퀀스 사이에서 동적으로 선택할 수 있다.

LTE Release 11 이전의 (셀-특정) DM-RS 시퀀스를 사용하면, 최대 4개의 서로 다른 단말 사이에서 최대 4개의 서로 다른 DM-RS를 통하여 MU-MIMO를 지원할 수 있다.

- 단일 layer 전송의 경우에는, 두 개의 orthogonal cover code (OCC)에 해당하는 안테나 포트 7번과 8번 중에서 어느 포트를 사용하여 전송이 이루어지고 있는지를 네트웍이 명시적으로 시그널링해 줄 수 있다. 이를 서로 다른 2개의 reference 신호 시퀀스 사이에서 동적으로 선택이 가능한 것과 결합하게 되면, 최대 서로 다른 4개의 DM-RS를 지원할 수 있으며, 따라서 최대 4개의 단말에게 동시에 각각 단일 layer MU-MIMO를 전송할 수 있다.
- (안테나 포트 7번 및 8번 상으로) 이중 layer를 전송하는 경우에는, 서로 다른 2개의 reference 신호 시퀀스 사이에서 동적으로 선택이 가능한 것을 이용하면 최대 2개의 단말에게 동시에 MU-MIMO를 전송할 수 있다.
- 이중 layer 보다 많은 layer를 전송하는 경우에는 reference 신호 시퀀스를 선택하는 것을 지원하는 시그널링이 존재하지 않으므로, Release 11 이전의 경우에는 각 단말에 이중 layer 보다 많은 layer를 전송하는 MU-MIMO는 지원되지 않는다.

MU-MIMO에서 단일 layer 전송과 이중 layer 전송을 동시에 하는 것도 가능하다. 예를 들어, 두 개의 reference 신호 시퀀스 중 하나를 사용하는 하나의 이중 layer 전송과 남은 하나의 reference 신호 시퀀스를 사용하는 단일 layer 전송이 최대 2개까지 있을 수 있으며, 각 전송은 2개의 서로 다른 OCC를 통하여 분리되는 경우가 있을 수 있다.

반면에, 6.2.2.1절에서 설명한 것처럼 Release 11에서는 단말-특정의 reference 신호 시퀀스 할당이 도입됨에 따라서, 적어도 이론적으로는 MU-MIMO가 layer의 개수에 상관없이 임의의 개수의 단말에 대하여 적용될 수 있다. 예를 들어, 일반적인 매크로 구축 환경에서는, MU-MIMO가 함께 수행이 될 수 있는 단말의 개수는 송신단의 안테나 개수에 의하여 제한이 된다. 따라서, 실제적으로는 (Release 11 이전에도 가능한) 최대 4개의 단말에 대한 MU-MIMO

지원 능력 정도면 일반적으로 충분하다. 그러나, shared cell heterogeneous 구축과 같은 특정한 시나리오에서는, 훨씬 더 많은 개수의 단말 사이의 MU-MIMO 지원 여부가 중요할 수 있다 (14장 참조).

6.3.5.2 CRS 기반의 MU-MIMO

위에 설명한 MU-MIMO 전송은 전송 모드 8, 9 및 10의 일부분으로서, LTE Release 9에서야 사용이 가능해지고 이후 릴리즈에서 확장되었다. 그러나 이미 LTE Release 8에서도 전송 모드 4를 조금 수정한 전송 모드 5를 통하여 MU-MIMO가 가능하였다. 전송 모드 4와 5의 차이는 PDSCH 및 셀-특정 reference 신호 (CRS) 사이의 전력 오프셋을 추가적으로 시그널링해주는 것뿐이다.

일반적으로 (DM-RS 기반뿐 아니라), CRS 기반의 채널 추정을 하는 전송 모드에 대하여, 단말은 reference 신호를 위상에 대한 기준값 (phase reference)으로 사용할 뿐만 아니라 16QAM 및 64QAM과 같이 높은 등급의 변조를 사용한 신호의 복조시에 필요한 전력/진폭의 기준값 (power/amplitude reference)으로도 사용한다. 따라서, 높은 등급의 변조 방식을 잘 복조하려면 단말은 CRS와 PDSCH 사이의 전력 오프셋을 알아야 한다.

이러한 전력 오프셋은 상위 계층 시그널링을 통하여 단말에 알려진다. 그러나, 여기서 제공되는 오프셋은 CRS 전력과 모든 layer를 포함한 전체 PDSCH 전력 사이의 오프셋이다. 공간 다중화의 경우에는 전체 PDSCH 전력은 서로 다른 layer별로 나뉘어야 하며, 따라서 복조를 위해 필요한 정보는 CRS 전력과 layer당 PDSCH 전력 사이의 관계가 된다.

전송 모드 3 및 4와 같이 MU-MIMO가 아닌 순수한 공간 다중화의 경우 단말은 전송 layer의 개수를 알고 있으므로 CRS 전력과 layer당 PDSCH 전력 사이의 오프셋을 알아낼 수 있다.

MU-MIMO의 경우에는, 전체 가용한 전력이 일반적으로 서로 다른 단말로의 전송에 나뉘어져 사용되므로 각 단말 당 사용되는 PDSCH 전력은 낮아지게 된다. 그러나, 단말은 동시에 존재하는 다른 단말에 대한 또 다른 전송이 존재하는 지의 여부를 알지 못하므로 따라서 PDSCH 전력이 얼마나 감소하였는지를 알지 못한다. 이러한 이유로 전송 모드 5에서는, 상위 계층 시그널링으로 전달되는 CRS/PDSCH 전력 오프셋에 덧붙여 -3 dB의 추가적인 전력 오프셋을 명시적으로 알려주게 된다.

전송 모드 5는 단일 rank 전송으로 제한되며 실제로 동시에 2명이 스케줄링되도록 한정되어 있기 때문에, 오프셋 값은 -3 dB로 하나의 값만 정의되었다.

이와 같은 전력 오프셋이 DM-RS를 사용하는 MU-MIMO에서는 필요하지 않음에 유의한다. DM-RS를 사용하는 MU-MIMO의 경우에는 각 전송이 각자 고유의 reference 신호를 가지기 때문이다. 따라서, reference 신호 당 전력은 전송 layer의 개수에 따라서 보정되기 때문에 reference 신호와 layer당 PDSCH 전력 사이의 비율은 변하지 않는다.

6.4 하향링크 L1/L2 제어 시그널링

하향링크와 상향링크 전송 채널의 전송을 지원하려면 특정한 관련 하향링크 제어 시그널링이 필요하다. 이 제어 시그널링을 종종 하향링크 L1/L2 제어 시그널링이라고 하는데, 이 정보의 일부는 물리 계층 (L1)에서부터 생성되며 일부는 MAC (L2)에서 오기 때문이다. 하향링크 L1/L2 제어 시그널링은 단말이 하나의 component 반송파 상의 DL-SCH[29)]를 적절하게 수신, 복조 및 디코딩하는 데 필요한 정보를 포함하는 하향링크 스케줄링 할당 (scheduling assignment)과 단말이 상향링크 전송 (UL-SCH)에 사용하는 자원과 전송 포맷에 대하여 알려주는 상향링크 스케줄링 승인 (scheduling grant) 및 UL-SCH 전송에 대한 HARQ acknowledgement로 구성된다. 이 외에도, 하향링크 제어 시그널링은 MBSFN을 알리는 특수 용도에 사용되는 것뿐 아니라 상향링크 물리 채널의 전력 제어를 위한 전력 제어 명령 (command)의 전송에도 사용될 수 있다.

L1/L2 제어 시그널링 전송에 대한 시간-주파수 구조가 그림 6.20에 설명되어 있다. 그림과 같이 제어 시그널링은 각 서브프레임의 시작 부분에 위치하고 있으며 하향링크 반송파 대역폭 전체에 걸쳐서 전송된다. 따라서, 각 서브프레임은 제어 영역 (control region)과 데이터 영역 (data region)으로 나누어질 수 있으며, 여기서 제어 영역은 바로 서브프레임에서 L1/L2 제어 시그널링이 전송되는 부분이다. Release 11부터는 이후에 설명되는 것처럼 L1/L2 제어 시그널링의 일부분을 데이터 영역에 위치시키는 것도 가능하게 되었다. 그러나, 서브프레임을 제어 영역과 데이터 영역으로 나누는 것은 여전히 유효하다.

전체적인 설계를 간단하게 하기 위해, 제어 영역은 1, 2, 혹은 3개 심볼과 같이 항상 정수 개의 OFDM 심볼을 차지한다 (셀 대역폭이 10개의 자원 블록 혹은 이보다 적어서 대역폭이 좁은 경우에는, 충분한 양의 제어 시그널링이 가능하도록 제어 영역이 2, 3, 혹은 4개의 OFDM 심볼로 구성된다).

OFDM 심볼 개수로 표현되는 제어 영역의 크기, 즉 데이터 영역이 시작하는 위치는 각 component 반송파에 대하여 독립적으로 서브프레임 단위로 동적으로 변화할 수 있다. 따라서, 제어 시그널링에 사용되는 무선 자원의 양 역시 순시 트래픽 상황에 맞게 유동적으로 변한다.

29) L1/L2 제어 시그널링은 PCH 전송 채널의 수신, 복조 및 디코딩에도 필요하다.

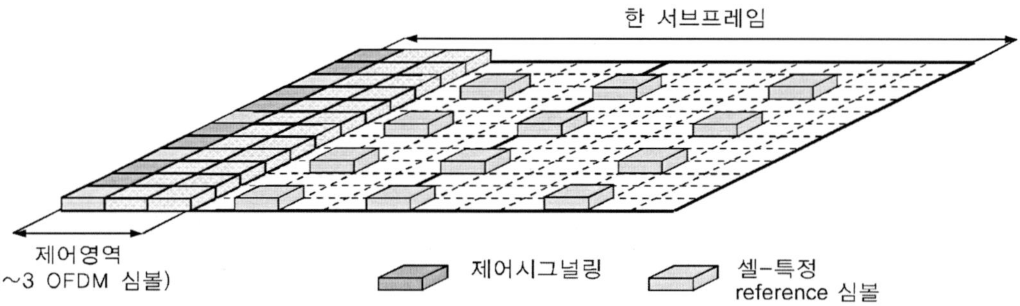

그림 6.20 서브프레임을 (가변 크기의) 제어 영역과 데이터 영역으로 나눈 LTE 시간/주파수 격자

한 서브프레임에 많은 수의 사용자가 스케줄링되지 않은 경우에는 요구되는 제어 시그널링의 양도 적으므로, 서브프레임의 많은 부분을 데이터 전송에 할당할 수 있다 (즉, 데이터 영역이 더 커짐).

앞서 설명하였듯이, 제어 영역의 최대 크기는 일반적으로 3개의 OFDM 심볼이다 (좁은 셀 대역폭의 LTE의 경우는 4개의 심볼임). 그러나 몇 가지 예외가 있을 수 있다. TDD 모드로 동작할 경우에는 서브프레임 0번과 6번의 제어 영역은 최대 2개의 OFDM 심볼로 제한이 된다. 왜냐하면, TDD 모드에서는 primary 동기신호 (synchronization signal) (14장 참조)가 해당 서브프레임에서 3번째 OFDM 심볼을 차지하기 때문이다. MBSFN 서브프레임 (5장 참조)의 경우에도 제어 영역이 최대 2개의 OFDM 심볼로 제한이 된다.

제어 시그널링을 서브프레임의 앞부분에서 전송하는 이유는, 단말이 최대한 빨리 하향링크 스케줄링 할당을 디코딩하기 위해서이다. 따라서, 데이터 영역에 대한 프로세싱, 즉, DL-SCH 전송의 복조와 디코딩이 서브프레임이 끝나기 이전에도 시작할 수 있다. 이를 통해 DL-SCH 디코딩의 지연, 결과적으로는 전체적인 하향링크 전송 지연을 감소시킬 수 있다. 게다가, 서브프레임의 앞부분에 L1/L2 제어 채널을 전송함으로써, 단말은 재빨리 L1/L2 제어 정보를 디코딩한 뒤에 해당 서브프레임에 스케줄링되지 않은 단말은 남은 서브프레임 동안 수신회로를 꺼서 전력 소모를 줄일 수 있다.

하향링크 L1/L2 제어 시그널링에는 다음의 여섯 가지 종류의 물리 채널이 있다. 모두가 서브프레임 내에서 제어 영역에 위치하지만 데이터 영역에 위치하는 2가지 예외가 있다.

- *PCFICH (Physical Control Format Indicator Channel)*: 제어 영역의 크기에 대한 정보 (1, 2, 혹은 3개의 OFDM 심볼)를 단말에 알려준다. 각 component 반송파 당, 즉 각 셀 당 오직 하나의 PCFICH가 존재한다.
- *PHICH (Physical HARQ Indicator Channel)*: 상향링크 UL-SCH 전송에 대한 HARQ acknowledgements 전송에 사용된다. 각 셀 안에 다수 개의 PHICH가 존재한다.

- *PDCCH (Physical Downlink Control Channel)*: 하향링크 스케줄링 할당과 상향링크 스케줄링 승인, 혹은 전력 제어 명령을 전송하는 데 사용된다. 각 PDCCH는 일반적으로 단일 단말에 대한 시그널링을 전달하지만, 복수 개의 단말로 이루어진 그룹에 대한 시그널링에도 사용 가능하다. 각 셀 안에 다수 개의 PDDCCH가 존재한다.
- *EPDCCH (Enhanced Physical Downlink Control Channel)*: PDCCH와 유사한 정보를 전달하면서 DM-RS에 기반한 제어 시그널링을 지원하기 위하여 Release 11에서 도입되었다. PDCCH와는 달리 EPDCCH는 데이터 영역에 위치한다. 또한, EPDCCH는 코드북에 기반하지 않은 프리코딩을 사용한다.
- *MPDCCH (MTC Physical Downlink Control Channel)*: 향상된 MTC 지원의 일부로서 Release 13에서 도입되었다 (20장 참조). 기본적으로 이는 EPDCCH의 변형이다.
- *R-PDCCH (Relay Physical Downlink Control Channel)*: Relay에 사용하기 위하여 Release 10에서 도입되었다. 자세한 사항은 18장에서 relay에 대한 전체적인 설명과 함께 이루어진다. 다만, 일단 R-PDCCH는 데이터 영역에서 전송되는 것에 유의한다.

뒤따르는 절에서 PCFICH, PHICH, PDCCH, EPDCCH에 대하여 자세히 알아보도록 하고, MPDCCH와 R-PDCCH는 각각 20장과 18장에서 설명이 되어있다.

6.4.1 PCFICH

PCFICH (Physical Control Format Indicator Channel)는 제어 영역의 크기를 OFDM 심볼의 개수로 알려준다. 즉, 서브프레임 내에서 언제 데이터 영역이 시작하는지 또한 간접적으로 알려준다. 따라서 PCFICH를 정확하게 복조하는 것은 필수적이다. 만약 PCFICH가 잘못 복조되면, 단말은 제어 채널이 어디에 있는지 알지 못하며 또한 해당 서브프레임에서 데이터 영역이 언제 시작하는지도 알지 못한다.[30] PCFICH는 3개의 제어 영역 크기인 1, 2, 3개의 OFDM 심볼 (좁은 대역폭의 경우는 2, 3, 4개의 OFDM 심볼)에 해당하는 2비트의 정보로 구성되며,[31] 이는 32비트의 코드워드 (codeword)로 코딩된다. 코딩된 비트는 셀 간 간섭을 랜덤화하기 위하여 셀-특정 및 서브프레임-특정의 스크램블링 코드를 사용하여 스크램블링된 이후에, QPSK로 변조되어 16개의 자원 엘리먼트로 매핑된다. PCFICH가 디코딩되기 이전에는 제어 영역의 크기를 모르기 때문에, PCFICH는 항상 각 서브프레임의 첫 번째 OFDM 심볼에 매핑된다.

30) 이론적으로는, 단말은 모든 가능한 제어 채널 포맷에 대한 디코딩을 시도하고 이 중에서 정상적으로 디코딩되는 포맷을 찾는 blind 디코딩을 할 수도 있다. 하지만, 이는 매우 복잡한 절차이다.

31) 2비트로 만드는 4가지 조합 중 마지막은 다른 사용 용도를 위하여 예비로 남겨둔 상태이다.

서브프레임 내 첫 번째 OFDM 심볼의 자원 엘리먼트에 PCFICH를 매핑할 때에는 4개의 자원 엘리먼트 단위로 묶은 4개의 그룹으로 나누어, 각 그룹을 우수한 다이버시티를 얻도록 주파수 영역에서 잘 분리하여 매핑한다. 여기에 덧붙여, 이웃하는 셀의 PCFICH 전송 사이의 충돌을 막기 위해 4개 그룹의 위치는 물리 계층 셀 ID에 따라 달라진다.

PCFICH의 송신 전력은 eNodeB에 의해 제어된다. 만약 특정 셀에서 커버리지에 대한 필요에 의하여, 함께 전송되는 다른 채널 (예를 들어, PDCCH)로부터 전력을 빌려와서 PCFICH를 더 높은 전력으로 전송할 수 있다. 간섭에 의해 제한되는 시스템에서, 성능을 향상시키기 위해 PCFICH 전력을 증가시키는 것은 당연히 이웃하는 셀에서는 이 PCFICH에 간섭을 줄 수 있는 자원 엘리먼트에서의 송신 전력을 높이지 않는다는 것을 가정으로 한다. 만약 그렇지 않고 간섭 신호들의 신호 전력도 같이 올라간다면 수신 SIR에서의 이득은 없다. PCFICH가 자원 엘리먼트로 매핑되는 것은 셀 ID에 따라 달라지므로, 동기식 네트웍 (synchronized network)에서는 이웃하는 셀의 PCFICH가 (부분적으로) 충돌할 확률이 줄어들게 된다. 따라서, PCFICH의 전력을 높이는 것은 실제로 해당 채널의 성능을 높이는 방법이 될 수 있다.

전체적인 PCFICH 프로세싱이 그림 6.21에 나타나 있다.

PCFICH 및 L1/L2 제어 시그널링의 자원 엘리먼트로 매핑을 설명하려면 몇 가지 용어가 필요하다. 앞서 언급하였듯이, 매핑은 자원 엘리먼트 그룹 (resource element group, REG)이라 불리는 4개의 자원 엘리먼트의 그룹에 따라 이루어진다. 각 자원 엘리먼트 그룹에는 4개 QPSK 심볼의 묶음 (symbol quadruplet)이 매핑된다. 한 심볼씩 매핑하지 않고 이와 같이 하는 이유는 송신 다이버시티를 지원하기 위해서이다. 6.3절에 설명되었듯이, L1/L2 제어 시그널링에 대해서는 최대 4개의 안테나 포트를 사용하는 송신 다이버시티가 정의되었다. 4개의 안테나 포트에 대한 송신 다이버시티는 4개의 심볼 (4개의 자원 엘리먼트) 단위로 동작하며, 따라서 L1/L2 제어 채널 프로세싱 역시 4개 심볼의 묶음으로 정의된다.

자원 엘리먼트 그룹의 정의는 셀 내의 실제 안테나 포트 개수에 관계 없이 항상 두 개의 안테나 포트를 가지는 경우에 해당되는 reference 심볼들이 첫 번째 OFDM 심볼에 존재한다고 가정한다. 이러한 가정은 규격을 간단하게 하고, 시스템이 다루어야 할 서로 다른 구조의 개수를 줄여준다. 그러므로, 그림 6.22와 같이, 첫 번째 OFDM 심볼에서는 매 세 번째 자원 엘리먼트들은 reference 신호의 용도로 예약되어 있기 때문에 (혹은 다른 안테나 포트에서 전송되는 reference 신호 위치의 자원 엘리먼트는 사용하지 못하기 때문에), 자원 블록 당 2개의 자원 엘리먼트 그룹이 존재하게 된다. 또한, 그림 6.22와 같이, 두 번째 OFDM 심볼에서는 (이 심볼이 제어 영역으로 사용되는 경우) 설정된 안테나 포트의 개수에 따라 2개 혹은 3개의 자원 엘리먼트 그룹이 존재한다. 마지막으로, 세 번째 OFDM 심볼에서는 (이 심볼이 제어 영역으로 사용되는 경우) 자원 블록 당 항상 3개의 자원 엘리먼트 그룹이 존재한다. 그림 6.22는 또한 제어 영역 내에서

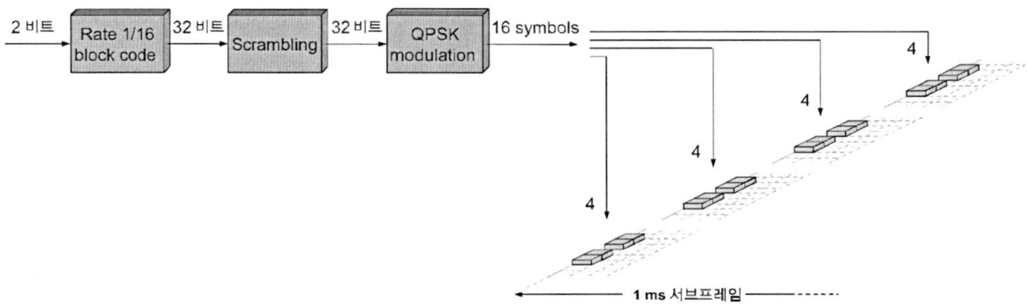

그림 6.21 PCFICH 프로세싱 개요

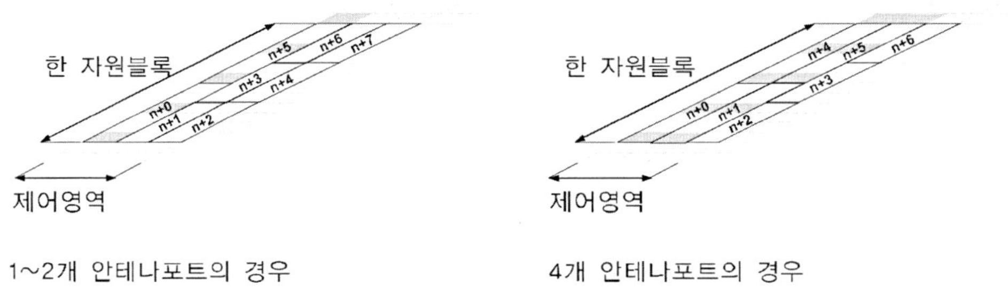

그림 6.22 3개의 OFDM 심볼을 가정한 제어 영역에서 자원 엘리먼트 그룹의 번호

어떻게 자원 엘리먼트 그룹에 번호가 붙여지는 지를 보여준다 (시간축으로 먼저 번호가 붙여짐).

앞서 논의한 바와 같이, PCFICH에서는 16개의 QPSK 심볼들을 전송하기 위하여 4개의 자원 엘리먼트 그룹이 사용된다. 우수한 주파수 다이버시티를 얻기 위하여, 자원 엘리먼트 그룹은 주파수축 상에서 하향링크 셀 대역폭 전체로 잘 퍼져 있어야 한다. 그러므로, 4개의 자원 엘리먼트 그룹의 시작 지점은 물리 계층 셀 ID에 따라 설정되며 각 그룹이 주파수축 상으로 셀 전체 대역폭의 1/4 만큼씩 떨어져 위치한다. 이에 대한 예가 그림 6.23에 나타나 있다. 그림에서는 8개의 자원 블록으로 이루어진 하향링크 셀 대역폭의 경우에, 서로 다른 3개의 물리 계층

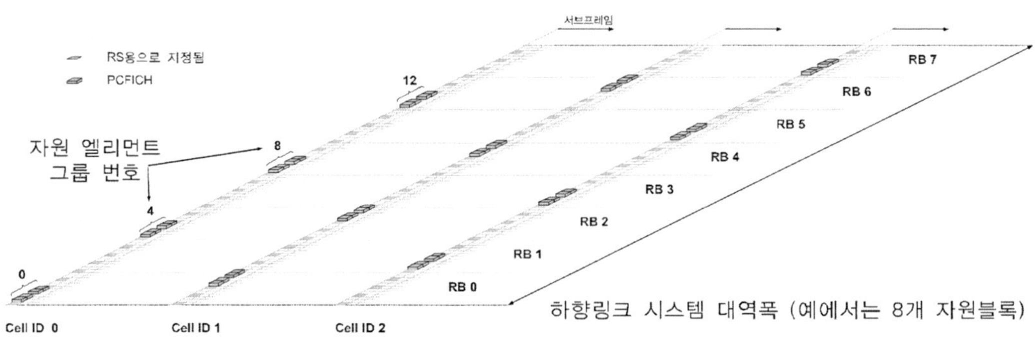

그림 6.23 3개의 서로 다른 물리 계층 셀 ID에 대한 첫 번째 OFDM 심볼에서 PCFICH 매핑의 예

셀 ID에 대하여 서브프레임 내의 첫 번째 OFDM 심볼에 PCFICH가 매핑되는 것을 알 수 있다. 그림에서 볼 수 있듯이, 이웃하는 셀들 사이에서 PCFICH가 충돌하는 위험을 줄이기 위하여 PCFICH는 물리 계층 셀 ID에 따라 달라진다. 6.2.1절에서 설명된 reference 심볼들의 셀-특정 주파수 이격 역시 그림에서 확인할 수 있다.

6.4.2 PHICH

PHICH (Physical HARQ Indicator Channel)는 UL-SCH 전송에 대한 HARQ acknowledgements의 전송에 사용된다. 기본적으로 PHICH는 UL-SCH 상으로 재전송을 요청하는 1비트의 스케줄링 승인이다. TTI 당 수신 전송 블록 당 하나의 PHICH가 전송된다. 즉, 해당 component 반송파에서 상향링크 공간 다중화가 사용되는 경우에는 각 전송 블록 당 하나씩, 2개의 PHICH가 전송된다.

HARQ 프로토콜이 적절하게 동작하면서 불필요한 상향링크 전송을 방지하기 위하여 PHICH의 에러율은 충분히 낮아야 한다. PHICH의 동작 지점 (operating point)은 규격에서 정해지는 것이 아니라 사업자가 결정해야 하는 문제이지만, 일반적으로 ACK-to-NAK 에러율 (ACK가 NAK로 오인되는 확률)은 대략 10^{-2}정도를 목표로 하고 NAK-to-ACK 에러율 (NAK이 ACK로 오인되는 확률)은 대략 10^{-3}에서 10^{-4}정도를 목표로 하고 있다. 이와 같이 비대칭적인 목표 에러율을 가지는 이유는, ACK-to-NAK 에러는 이미 정확하게 디코딩된 전송 블록을 불필요하게 재전송하는 것을 의미하지만 NAK-to-ACK 에러는 MAC 레벨에서 전송 블록의 손실을 의미하는 것으로 이는 RLC 계층의 재전송에 의하여 복원되어야 하고 이에 따르는 지연 역시 상당하기 때문이다. 과도하게 전력을 많이 사용하지 않으면서 이러한 목표 에러율을 만족하기 위해서는, PHICH를 받아야 하는 단말의 무선채널 품질에 따라 PHICH 송신 전력을 제어하는 것이 좋다. 이러한 요인들이 PHICH 구조의 설계에 영향을 주었다.

원칙적으로 PHICH는 그 PHICH가 독점적으로 사용하는 자원 엘리먼트에 매핑될 수도 있다. 그러나, 동적으로 변하는 PHICH 전력 설정을 고려하면, 이와 같은 매핑은 자원 엘리먼트들 사이에 상당한 송신 전력의 편차를 가져올 수 있으며, 이는 RF 구현 측면에서 바람직하지 않다. 따라서, 정확한 수신을 위해 필요한 에너지를 제공하면서 동시에 전력 편차를 줄이기 위하여 PHICH를 여러 개의 자원 엘리먼트에 퍼뜨리는 것이 바람직하다. 이를 위해, LTE는 여러 개의 PHICH들이 자원 엘리먼트들의 집합으로 코드 다중화되는 구조를 사용한다. HARQ acknowledgement (1비트의 정보)는 3번 반복 (repetition)된 이후에 I축 혹은 Q축으로 BPSK 변조되고 길이 4의 직교 시퀀스 (orthogonal sequence)로 확산 (spreading)된다. 같은 자원 엘리먼트의 집합에 전송되는 PHICH를 PHICH 그룹이라 하며, 일반 CP의 경우에는 8개의 PHICH

가 한 PHICH 그룹을 구성한다. 따라서 개별적인 PHICH는 하나의 번호로서 유일하게 표현되며, 이 번호로부터 PHICH 그룹 번호, 그룹 내의 직교 시퀀스의 번호 및 PHICH 전송에 I축이 사용되는지 Q축이 사용되는지 여부를 알아낼 수 있다.

일반적으로 시간에 따라 신호가 많이 퍼지는 환경에서 사용하는 확장 CP의 경우에는, 무선채널이 길이 4의 시퀀스가 차지하는 주파수 범위에서 채널 특성이 일정 (flat)하지 않을 수도 있다. 이와 같이 직교 시퀀스 내에서 채널의 특성이 일정하지 않으면 시퀀스 사이의 직교성이 손상된다. 따라서, 확장 CP가 사용되는 경우에는 길이 2의 직교 시퀀스가 사용되며 PHICH 그룹 당 4개의 PHICH가 있을 수 있다. 하지만, 그 외의 나머지 일반적인 구조는 일반 CP의 경우와 동일하다.

하나의 PHICH 그룹 내에서 복합적인 형태로 PHICH를 구성한 이후, 이 신호는 스크램블링되고 이렇게 스크램블링된 심볼은 3개의 자원 엘리먼트 그룹으로 매핑된다. 다른 L1/L2 제어 채널의 경우와 마찬가지로, LTE에서 정의된 송신 다이버시티 방식을 사용할 수 있도록 자원 엘리먼트 그룹으로 매핑이 이루어진다.

그림 6.24에 PHICH의 전체적인 구조가 나타나 있다.

PHICH 그룹을 자원 엘리먼트에 매핑하는 데 고려할 사항은 PCFICH의 경우와 유사하다. 즉, 우수한 주파수 다이버시티를 얻도록 노력하며, 동기식 네트워 (synchronized network)의 경우에 이웃하는 셀들 사이의 충돌을 방지한다. 따라서, 각 PHICH 그룹은 3개의 자원 엘리먼트 그룹으로 매핑되며, 각 자원 엘리먼트 그룹은 대략 하향링크 셀 대역폭의 1/3만큼씩 떨어져서 위치하게 된다. 제어 영역 내의 첫 번째 OFDM 심볼에서, 자원은 우선 PCFICH에 할당되며,

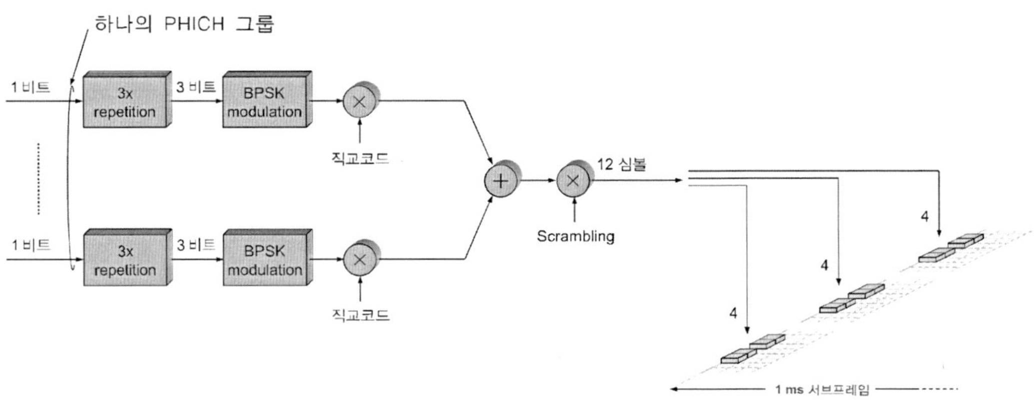

그림 6.24 PHICH 구조

PHICH는 PCFICH에 의해 사용되지 않은 자원 엘리먼트로 매핑되며, 마지막으로 남아 있는 자원 엘리먼트에는 PDCCH가 매핑된다.

일반적으로 PHICH는 첫 번째 OFDM 심볼에만 전송되며, 따라서 비록 PCFICH 디코딩에 실패하더라도 단말은 PHICH를 디코딩할 수 있다. 실제로, PHICH가 PCFICH보다 일반적으로 에러가 나지 않도록 더 강인하게 구성되어 있으므로, PHICH의 첫 번째 심볼 위의 위치는 이러한 경우에 이점이 있다고 할 수 있다. 하지만, 어떠한 전파 환경에서는 PHICH를 첫 번째 OFDM 심볼에만 전송하도록 하는 것이 불필요하게 커버리지를 제약할 수도 있으므로, 이를 완화시키기 위하여 PHICH 구간을 3개의 OFDM 심볼로 설정할 수도 있다. 이러한 설정은 동적으로 빠르게 이루어지는 설정이 아니라 느리게 이루어지는 준-정적인 (semi-static) 설정이다. 이 경우에도 제어 영역은 모든 서브프레임에서 시간축 상으로 3개의 OFDM 심볼까지만 차지한다는 일반적인 원칙을 지킨다. 당연히, 이러한 경우에는 이미 PHICH가 3심볼을 차지하고 있으므로 PCFICH로 전송되는 정보 역시 3심볼로 고정되며 따라서 무시될 수도 있다. 제어 영역이 최대 4개의 OFDM 심볼을 차지할 수 있는 작은 대역폭의 경우에는, 제어 영역 크기가 3심볼인지 아니면 4심볼인지를 구분하기 위하여 여전히 PCFICH가 필요하다.

PHICH에 대한 설정은 PBCH 상에서 시스템 정보의 일부분으로 전송된다. 한 비트는 PHICH 구간이 한 심볼 혹은 세 개의 OFDM 심볼을 차지하는지를 알려주고, 두 비트는 제어 영역 내에서 PHICH를 위해 예약된 자원의 양을 알려준다. 이는 하향링크 셀 대역폭의 부분으로서 자원 블록 단위로 표현된다. 예를 들면 네트웍이 다중 사용자 MIMO를 사용하는지 아닌지의 여부 에 따라 PHICH 용량이 달라질 수 있으므로, PHICH에 사용되는 자원의 양을 설정할 수 있는 기능은 이러한 경우 도움이 된다. DL-SCH 상으로 전송되는 시스템 정보의 일부분을 수신하기 위해서는 PDCCH를 적절하게 수신하여야 하며, 이를 위해서는 PHICH 설정을 알아야 하므로 PHICH 설정은 PBCH에 실려 있어야 한다. TDD 모드의 경우에는, PHICH에 사용된 자원은 하향링크/상향링크 할당에 의해서도 달라지므로, PBCH 상으로 제공된 PHICH 정보만으로는 단말이 PHICH에 사용된 정확한 자원을 알기에 부족하다. 따라서, 하향링크/상향링크 할당에 대한 정보가 담겨 있는 DL-SCH 상의 시스템 정보를 수신하기 위하여, 단말은 정확한 PHICH 설정을 모르는 채로 여러 가지 서로 다른 PHICH 설정을 가정하고 PDCCH를 수신해 보아야 한다 (blind process).

오버헤드를 최소화하고 상향링크 스케줄링 승인에 시그널링을 추가할 필요가 없도록, 단말이 HARQ acknowledgement를 기대하는 PHICH는 해당하는 상향링크 PUSCH 전송이 일어나는 첫 번째 자원 블록의 번호로부터 얻어진다. 이러한 원리는 재전송뿐 아니라 준-지속적 스케줄링 (semi-persistent scheduling) (9장 참조)에서도 적용이 된다. 또한, 특정 PHICH에 사용되는 자원은 상향링크 스케줄링 승인에서 시그널링된 reference 신호 위상 회전에 따른다 (6.4.7절 참조). 이와 같은 방법을 통하여, MU-MIMO를 사용하여 동일한 자원에 스케줄링된 복수 개의 단말은, 상향링크 스케줄링 승인에서 서로 다른 위상 회전을 가진 reference 신호가 할당되었기 때문에 서로 다른 PHICH 자원을 사용하게 된다. 2개의 PHICH 자원이 필요한 공간 다중화의 경우에는 첫 번째 PHICH와 동일한 원리가 두 번째 PHICH에도 사용된다. 그러나, 2개의 전송 블록에 대하여 서로 다른 PHICH가 사용되는 것을 보장하기 위하여 두 번째 PHICH에 대한 자원은 전송된 PUSCH의 첫 번째 자원 블록으로부터가 아니라 두 번째 자원 블록으로부터 얻어진다.[32)]

6.4.3 PDCCH

PDCCH (Physical Downlink Control Channel)는 스케줄링 결정과 전력 제어 명령과 같은 하향링크 제어 정보 (downlink control information, DCI)를 전송하는 데 사용된다. 좀 더 자세히 말하면, DCI는 다음을 포함한다.

- PDSCH 자원 지정, 전송 포맷, HARQ 정보 및 공간 다중화 관련 제어 정보 (공간 다중화를 사용하는 경우)를 포함하는 하향링크 스케줄링 할당 (assignment)이 DCI에 포함된다. 하향링크 스케줄링 할당은 하향링크 스케줄링 할당에 대한 응답인 HARQ 응답을 위한 전송에 사용되는 PUCCH의 전력 제어를 위한 명령도 포함한다.
- PUSCH 자원 지정, 전송 포맷, HARQ 정보를 포함하는 상향링크 스케줄링 승인 (grant)도 DCI에 포함된다. 상향링크 스케줄링 승인은 PUSCH 상향링크 물리 채널의 전력 제어를 위한 명령도 포함한다.
- 스케줄링 할당/승인에 들어 있는 전력 제어 명령을 보완하기 위하여, 복수 개의 단말에 전송되는 전력 제어 명령도 별도로 DCI에 포함된다.
- 사이드링크 동작과 관련된 제어 정보는 21장에 설명되어 있다.
- eMTC 단말을 지원하기 위한 제어 정보는 20장에 설명되어 있다.

위의 열거한 서로 다른 제어 정보는 일반적으로 서로 다른 DCI 메시지 크기를 갖는다. 예를 들어, 주파수 영역에서 자원 블록들이 비연속적으로 할당되면서 공간 다중화를 지원하는 경우가 주파수 상으로 연속적으로 자원 블록이 배치되는 상향링크 스케줄링 승인보다 더 큰 스케줄링 메시지를 필요로 한다. 따라서, DCI는 서로 다른 DCI 포맷으로 분류되며, 이 포맷들은 특정 메시지 크기와 용도에 따라 분류된다. 표 6.4에 DCI 포맷들이 요약되어 있으며, 기지국단에

32) 원칙적으로, 이는 상향링크 공간 다중화의 경우는 주파수 영역 상으로 반드시 적어도 2개의 자원 블록을 사용하여야 함을 의미한다.

2개의 송신 안테나를 가지면서 CA가 사용되지 않은 경우의 20 MHz FDD 동작의 예에 대한 크기도 정리되어 있다. 대역폭이 큰 경우에는 자원 블록 할당을 표시하는 데 더 많은 비트가 필요하므로 실제 메시지 사이즈는 셀 대역폭에 따라 달라지는 것과 같이, 여러 가지 요소에 의해 달라진다. 셀 내 셀-특정 reference 신호의 개수 및 cross-carrier 스케줄링이 설정되었는지의 여부 역시 대부분의 DCI 포맷의 절대적인 크기에 영향을 준다. 이에 대해서는 추후 자세히 논의하도록 하며, 현재는 포맷 0, 1A, 3, 3A는 같은 메시지 크기를 가지고 있다는 것을 아는 것으로 충분하다.[33)]

하나의 PDCCH는 위의 DCI 포맷 중 하나의 형태를 가진 하나의 메시지를 운반한다. 서로 다른 무선채널 조건에 대응하기 위하여 PDCCH에 링크 적응이 사용될 수 있으며, 이때에는 무선채널 조건에 맞춰서 PDCCH의 코딩률 (및 송신 전력)이 선택될 수 있다. 하향링크와 상향링크에 다수의 단말이 동시에 스케줄링될 수 있으므로, 각 서브프레임 내에서 다수 개의 스케줄링 메시지가 전송될 가능성이 있다. 각 스케줄링 메시지는 각각의 PDCCH 상에서 전송되므로, 각 셀 내에서는 일반적으로 다수 개의 PDCCH 전송이 동시에 이루어진다. 또한, 예를 들어서

표 6.4 DCI 포맷

	DCI 포맷	예시 크기(비트)	용도
상향링크	0	45	상향링크 스케줄링 승인
	4	53	공간 다중화를 지원하는 상향링크 스케줄링 승인
	6-0A, 6-0B	46, 36	특수 용도의 compact한 할당
하향링크	1C	31	주파수 연속적 할당에만 사용
	1A	45	CRS를 사용한 코드북-기반 빔포밍
	1B	46	CRS를 사용한 MU-MIMO
	1D	46	다양한 할당
	1	55	CRS를 사용한 개루프 공간 다중화
	2A	64	DM-RS를 사용한 이중 layer 전송 (TM8)
	2B	64	DM-RS를 사용한 다중 layer 전송 (TM9)
	2C	66	DM-RS를 사용한 다중 layer 전송 (TM10)
	2D	68	CRS를 사용한 폐루프 공간 다중화
	2	67	전력 제어 명령
	6-1A, 6-1B	46, 36	사이드링크 동작 (21장 참조)
특수용도	3,3A	45	eMTC 단말에 대한 페이징 및 direct indication (20장 참조)
	5		
	6-2		

33) DCI 포맷 0과 1A 중 더 작은 것에는 패딩을 추가하여 항상 동일한 payload 크기가 되도록 해준다. 포맷 0과 1A 중 어디에 패딩이 추가되느냐는 상향링크 및 하향링크 셀 대역폭에 따라 결정된다. 상향링크와 하향링크의 대역폭이 동일한 셀에서는 포맷 0에 1비트의 패딩이 추가된다.

만약 단말이 상향링크와 하향링크에서 동시에 스케줄링되었다면, 하나의 단말이 동일한 서브프레임 내에서 (서로 다른 PDCCH 상으로) 복수 개의 DCI 메시지를 수신할 수도 있다.

CA에서는 스케줄링 할당/승인이 component 반송파 별로 독립적으로 이루어진다. CA의 PDCCH 전송에 대해서는 12장을 참조한다.

지금까지 DCI 포맷의 개념에 대하여 논의하였으니, 이제 PDCCH 상으로 DCI 메시지를 전송하는 것에 대해 논의하자. 하향링크 제어 시그널링의 절차는 그림 6.25에 있다. 각 DCI 메시지 payload에 CRC가 추가되는데, 단말의 (혹은 단말들의) 신원 (identity)인 RNTI는 명시적으로 전송되지 않고 CRC 계산 과정에서 포함된다. DCI 메시지의 목적 (유니캐스트 데이터 전송, 전력 제어 명령, 랜덤엑세스 응답 등)에 따라 서로 다른 RNTI가 사용되며, 일반적인 유니캐스트 데이터 전송에 대해서는 특정 단말의 C-RNTI가 사용된다.

DCI를 수신하면 단말은 할당받은 몇 가지 RNTI들을 사용하여 CRC를 확인한다. CRC 확인 결과가 맞으면, 메시지를 정확히 수신하였고 해당 메시지는 그 단말에 전송된 것임이 선언된다. 앞서 설명한대로, 해당 DCI 메시지를 수신해야 하는 단말의 신원은 명시적으로 전송되지는 않고 CRC 안에 암묵적으로 코딩된다. 이와 같은 암묵적인 방법을 통하여 PDCCH 상의 전송에 필요한 비트를 줄일 수 있다. CRC가 확인되지 않는 손상된 메시지나 다른 단말이 받아야 하는 메시지나, 실제로 특정 단말의 관점에서 보면 둘 사이에 차이가 없기 때문이다.

CRC를 붙인 후에 비트들은 1/3 코딩률의 tail-biting 콘볼루셔날 코드로 코딩되며, rate matching을 통하여 PDCCH 전송에 사용되는 자원의 양에 맞춰진다. Tail-biting 콘볼루셔날 코드는 tail 비트가 사용되지 않는 대신에 콘볼루셔날 코드의 인코더가 인코딩 이전에 메시지의 마지막 비트들로 초기화된다는 점을 제외하면 기존의 콘볼루셔날 코드와 비슷하다. 따라서, MLSE (Viterbi) 디코더 상의 trellis에서 시작 상태와 종료 상태가 동일하게 된다.

주어진 서브프레임에 전송되어야 하는 PDCCH가 자원 엘리먼트에 배치된 이후에, 사용되지 않는 자원 엘리먼트를 포함하여 서브프레임 내에 전송되어야 하는 모든 PDCCH 자원 엘리먼트에 해당하는 비트 열은 셀 간 간섭을 줄이기 위하여 셀 특정 및 서브프레임 특정의 스크램블링 시퀀스를 사용하여 스크램블링된다. 그 뒤에 QPSK 변조를 거쳐 실제 자원 엘리먼트에 매핑된다.

단말의 간단하고 효율적인 제어 채널 프로세싱을 위하여, PDCCH가 자원 엘리먼트로 매핑되는 작업은 특정한 구조를 따른다. 이 구조는 CCE (Control-Channel Element)를 기반으로 하며, 하나의 CCE는 36개의 가용한 자원 엘리먼트의 집합을 말한다 (6.4.1절의 정의에 따르면 9개의 자원 엘리먼트 그룹 (REG)에 해당). 특정 PDCCH를 위해 필요한 CCE의 개수 (1, 2, 4, 8개)는 제어 정보의 크기 (DCI payload)와 채널 코딩률에 따라 달라진다. 이와 같은 서로 다른 CCE

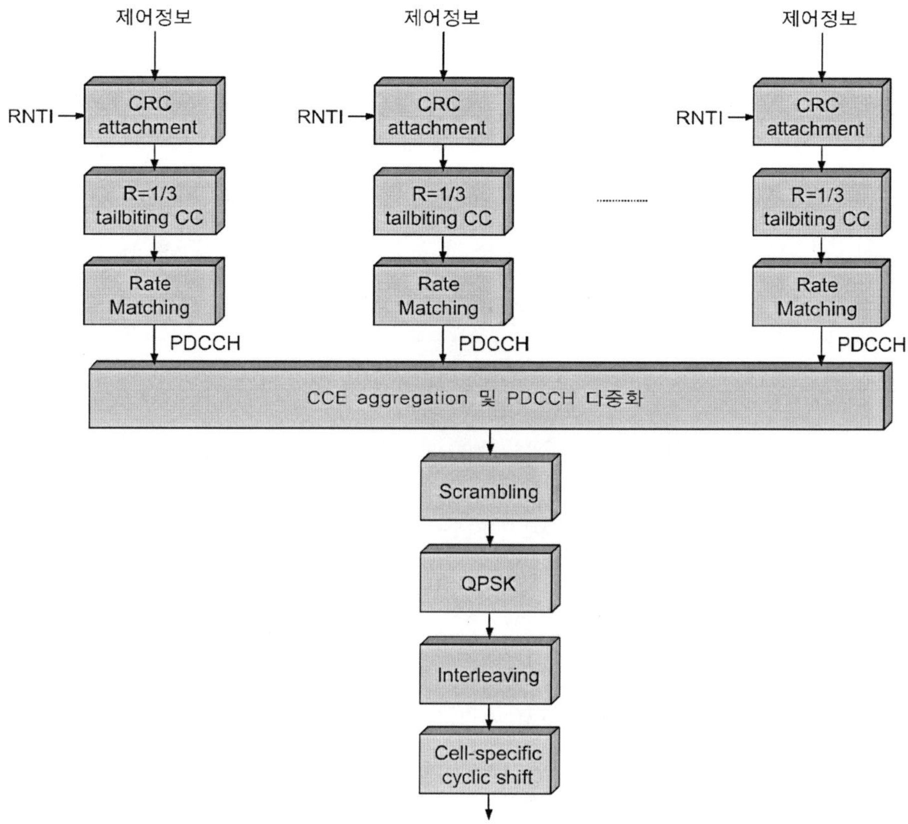

그림 6.25 L1/L2 제어 시그널링의 프로세싱

개수는 PDCCH에 링크 적응을 구현하기 위해 사용된다. 즉, PDCCH가 향하는 단말의 채널이 좋지 않은 경우에는 채널 상태가 좋은 단말로 향하는 PDCCH에 비하여 더 많은 CCE 개수가 필요하다. PDCCH에 사용되는 CCE의 개수를 aggregation level이라고 한다.

PDCCH를 위해 가능한 CCE의 개수는 제어 영역의 크기, 셀 대역폭, 하향링크 안테나 포트의 개수 및 PHICH가 차지하는 자원의 양에 따라 달라진다. 다른 값들은 아주 동적으로 바뀌지는 않는데 비하여 제어 영역의 크기는 PCFICH가 지시하는 값에 따라 서브프레임별로 매우 동적으로 변할 수 있다. PDCCH 전송을 위해 가능한 CCE는 그림 6.26에 보이는 것처럼 0부터 차례로 번호가 매겨진다. 따라서 특정 PDCCH는 제어 영역 내의 해당 CCE의 번호로 구별될 수 있다.

각 PDCCH에 대한 CCE 개수가 다를 수 있으며 이 값은 시그널링되지 않기 때문에, 단말은 PDCCH에 대한 CCE 개수를 모르는 상태로 수신을 하면서 이 값을 알아내야 한다 (blind determination). 이러한 단말의 blind 프로세싱의 복잡도를 어느 정도 줄이기 위하여, CCE를 묶는 데에는 일정한 제약을 두었다. 예를 들어, 8개 CCE의 묶음은 8로 나누어지는 CCE 번호에서만 시작할 수 있다 (그림 6.26 참조). 같은 원리가 다른 레벨의 묶음 (aggregation)에도

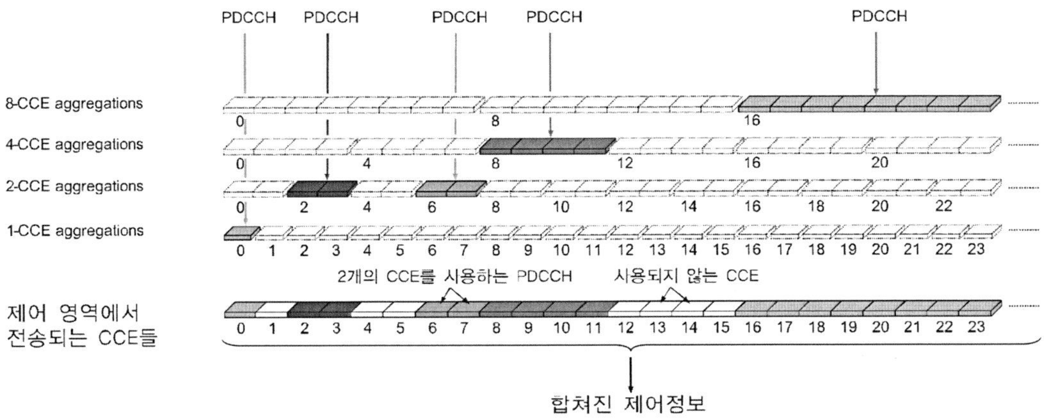

그림 6.26 CCE aggregation과 PDCCH 다중화

적용된다. 덧붙여, DCI 포맷과 CCE의 묶음으로 만들어진 최종 조합이 매우 높은 채널 코딩률을 갖게 되는 일부 조합들은 지원되지 않는다.

CCE의 시퀀스는 주어진 서브프레임 내에서 PDCCH 전송을 위해 가능한 자원의 양과 부합되어야 하며, CCE의 개수는 PCFICH 상으로 전송되는 값에 따라 달라진다. 이는, 제어 영역 내의 전송에 사용할 수 있는 PDCCH가 많은 경우에 있어서 모두 사용되지는 않는다는 것을 의미한다. 그럼에도 불구하고, 사용되지 않는 PDCCH도 다른 PDCCH와 마찬가지로 인터리빙 및 매핑 절차에 따른다. 단말에서는 이러한 'dummy' PDCCH에 대해서는 CRC를 확인하지 않는다. 가능하면, 이와 같이 사용되지 않는 PDCCH에 대한 송신 전력은 0으로 하여 그 전력을 다른 제어 채널에 사용하는 것이 바람직하다.

변조된 복합적인 제어 정보는, 다른 제어 채널의 경우와 같은 이유로, 4개 심볼의 묶음 (symbol quadruplets)인 자원 엘리먼트 그룹 (REG)으로 매핑된다. 따라서, 매핑 절차 중 첫 번째 단계는 QPSK 심볼을 연속된 4개의 심볼로 묶는 것이다. 원칙적으로는 4개 심볼의 묶음이 순서대로 자원 엘리먼트들에 직접 매핑될 수 있지만, 이렇게 하면 우수한 성능을 얻기 위해 중요한 요소인 채널의 주파수 다이버시티를 활용하지 못하게 된다. 게다가, 만약 CCE에서 자원 엘리먼트로의 매핑이 모든 이웃하는 셀들과 동일하다면, 고정된 PDCCH 포맷과 셀 간 동기를 가정할 경우, 특정 PDCCH는 이웃하는 셀들의 같은 PDCCH와 지속적으로 충돌하게 될 것이다. 실제로는 PDCCH 당 CCE 개수가 스케줄링 결정에 따라 셀 내에서 변하므로 이를 통해 일정 부분 간섭을 랜덤하게 할 수는 있지만, 제어 채널을 좀 더 강인하게 설계하려면 추가적인 랜덤화가 필요하다. 따라서, 4개 심볼의 묶음 순서는 주파수 다이버시티를 얻기 위하여 우선적으로 블록 인터리버 (block interleaver)를 이용하여 인터리빙되고, 뒤이어 이웃하는 셀 사이의 간섭을 랜덤하게 하기 위하여 셀-특정의 cyclic shift가 가해진다. 셀-특정의 cyclic shirt가 가해진 뒤의 출력은 그림 6.22와 같이 PCFICH 및 PHICH에 사용된 자원 엘리먼트 그룹을 제외한 나머지

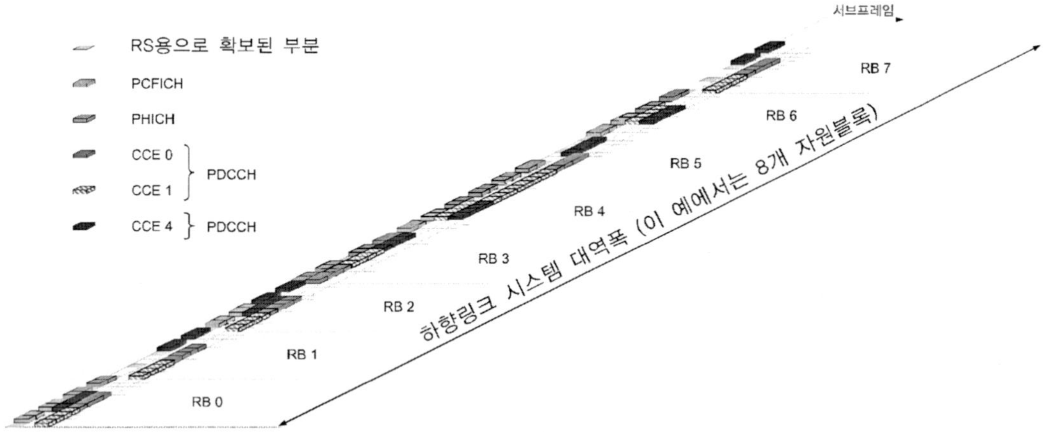

그림 6.27 PCFICH, PHICH, PDCCH의 매핑 예

자원 엘리먼트 그룹에 시간축 상으로 먼저 (time-first) 매핑된다. 시간축 상으로 먼저 매핑해야 인터리빙의 특성을 유지할 수 있다. 만약 주파수축 상으로 먼저 (frequency-first) 매핑하고 주어진 심볼 내에서 자원이 가득차는 경우에 다음 심볼로 넘어가게 되면, 인터리빙 프로세싱을 통하여 서로 매우 멀리 떨어져 있는 자원 엘리먼트 그룹이 매핑하고 나면 비록 서로 다른 OFDM 심볼에 위치하더라도 주파수축 상으로는 다시 매우 가깝게 위치하게 되는 경우도 생길 수 있기 때문이다.

위에서 언급된 인터리빙 동작은, 주파수 다이버시티를 활용할 수 있게 해주고 셀 간 간섭을 랜덤하게 해주는 것과 함께, 제어 영역 내에서 각 CCE들이 실질적으로 모든 OFDM 심볼로 퍼질 수 있도록 해준다. 이는 PDCCH 사이의 전력을 균형 있게 조절할 수 있게 하여 각 PDCCH가 해당 단말로 우수한 성능으로 전달될 수 있도록 해주므로, 결과적으로 커버리지 측면에서도 효율적이다. 원칙적으로는 제어 영역 내의 OFDM 심볼에서 가용한 에너지는 PDCCH 사이에서 임의로 나누어질 수 있다. 만약 각 PDCCH가 하나의 OFDM 심볼에서만 송신되도록 제한을 하면 서로 다른 OFDM 심볼에서 PDCCH들 사이의 전력이 공유될 수 없음을 의미한다.

PCFICH와 유사하게, 각 PDCCH의 송신 전력은 eNodeB에 의해 관리된다. 따라서, 전력을 조절하는 것은 코딩률을 조절하는 것과 더불어 링크 적응 방식으로 사용될 수 있다. 링크 적응 방식으로 전력 조절만을 사용하는 것 역시 생각해볼 만한 방법이고 비록 이론적으로는 이것이 가능하기는 하지만, 그렇게 하면 PDCCH 사이에서 매우 큰 전력의 차이를 초래할 수 있다. 이는 RF 구현에 영향을 주며, 이에 따라 잘못하면 대역외 (out-of-band) 방사 규격을 만족하지 못할 수도 있다. 따라서, PDCCH 사이의 전력 차이를 적정하게 유지하기 위해, 채널 코딩률의 조정, 즉 단일 PDCCH를 위해 사용되는 CCE의 개수의 조정을 통한 링크 적응 역시 필요한 것이다. 링크 적응을 위한 두 가지 방식, 즉 전력 조절과 서로 다른 코딩률은 상호보완적이다.

제어 영역 내에서의 PDCCH의 자원 엘리먼트로의 매핑을 설명하기 위해 그림 6.27의 예를 고려해보자. 이 예에서, 서브프레임 내의 제어 영역의 크기는 3개의 OFDM 심볼이며, 2개의 하향링크 안테나 포트가 설정되었다 (그러나, 앞에서 설명되었듯이 매핑은 1개의 안테나 포트의 경우와 동일하다). 1개의 PHICH 그룹이 설정되었으며, 따라서 3개의 자원 엘리먼트 그룹이 PHICH에 의해 사용되었다. 셀 ID는 이 예에서는 0으로 가정하였다.

매핑은 다음과 같이 정리될 수 있다. 첫 번째로, PCFICH가 4개의 자원 엘리먼트 그룹으로 매핑된다. 뒤이어 PHICH에 필요한 자원 엘리먼트 그룹이 할당된다. PCFICH와 PHICH를 매핑한 후 남은 자원 엘리먼트 그룹이 시스템 내에서 서로 다른 PDCCH를 위해 사용된다. 위의 예에서는, 한 PDCCH는 CCE 번호 0과 1을 사용하고 있으며, 다른 한 PDCCH는 CCE 번호 4를 사용하고 있다. 결과적으로, 이 예에서는 대체로 자원 엘리먼트 그룹이 많이 사용되지 않고 있다. 이러한 자원들은 추가적인 PDCCH에 사용되거나 아니면 (자원 엘리먼트 사이의 전력 차이가 RF 요구 사항이 정한 제한 내를 만족하는 한) 사용되지 않는 CCE의 전력이 현재 사용 중인 PDCCH에 할당될 수 있다. 또한, 셀 간 간섭 상황에 따라서는 제어 영역을 다 채우지 않는 것이 더 유리할 수도 있다. 왜냐하면 일부 CCE를 사용하지 않는 것은 다른 셀 관점에서는 평균적으로 셀 간 간섭이 줄어드는 것이기 때문이다.

6.4.4 EPDCCH

Release 11에서는 Enhanced Physical Downlink Control Channel (EPDCCH)라고 하는 추가적인 제어 채널이 도입되었으며, 이 채널은 PDCCH와는 기본적으로 프리코딩 방식이나 물리 자원 매핑 측면에서 다른 특징을 가진다. EPDCCH가 도입된 이유는 다음의 두 가지이다.

- 제어 채널에 대해서도 주파수 영역 상의 스케줄링 및 간섭 조정 (interference coordination)을 가능하도록 하기 위해서이다.
- 제어 시그널링에 대하여 DM-RS 기반의 수신을 가능하도록 하기 위해서이다.

PDCCH가 제어 영역에서 전송이 되며 전체 시스템 대역폭을 차지하는 것과는 달리, EPDCCH는 데이터 영역에서 전송이 되며 일반적으로 전체 대역폭 중의 작은 일부분만을 차지한다 (그림 6.28 참조). 따라서, 전체 스펙트럼 중 어느 부분에 EPDCCH를 전송할 지를 제어할 수 있으며, 따라서 제어 시그널링 전송에 주파수 선택적 (frequency-selective) 스케줄링을 활용할 수 있을 뿐만 아니라 주파수 영역 상에서 셀 간 간섭 조정을 꾀할 수도 있다. 이러한 능력은 예를 들면 heterogeneous 구축에서 매우 중요하다 (14장 참조). 또한, PDCCH가 CRS를 기반으로 수신되

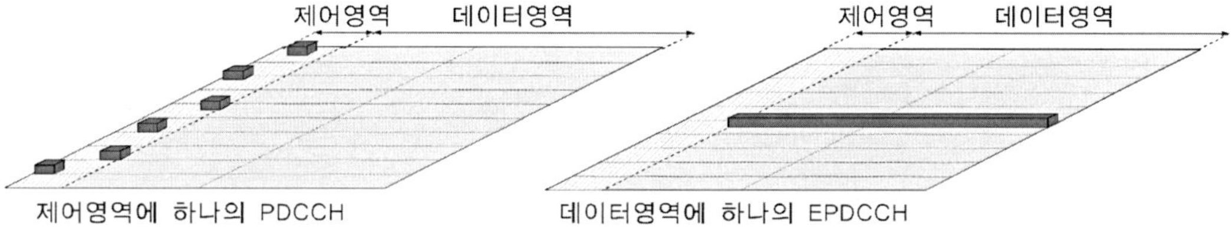

그림 6.28 PDCCH 매핑 (왼쪽)과 EPDCCH 매핑 (오른쪽)의 원리 비교

는 것과 달리, EPDCCH는 DM-RS를 기반으로 복조를 하기 때문에 제어 시그널링에도 단말에 굳이 알려주지 않으면서 다양한 프리코딩을 적용할 수도 있다. 따라서, 네트웍이 단말에 굳이 명시적으로 알려주지 않고도 프리코딩을 변경할 수 있는 자유가 있기 때문에, EPDCCH는 다양한 진보된 안테나 솔루션은 물론이고 CoMP (13장 참조)에도 필요한 요소로 여겨지고 있다. 사물 통신 (Massive MTC) 단말도 EPDCCH에 일부 작은 기능을 추가하여 제어 시그널링으로 사용한다 (20장 참조). 이 절에서의 나머지 부분은 사물 통신을 위한 추가 기능을 제외한 일반적인 EPDCCH 프로세싱에 대하여 다룬다.

PDCCH와는 달리 EPDCCH의 디코딩 결과는 서브프레임이 끝나기 이전에는 나오지 않으며, 따라서 PDSCH 프로세싱에 가용한 시간이 더 짧게 된다. 따라서, 매우 큰 DL-SCH 페이로드의 경우에는, HARQ 시간 조건을 만족하기 위하여 단말이 더 빠른 PDCCH 디코더를 필요로 할 수도 있다.

몇 가지 예외가 있으나, 일반적으로는 EPDCCH는 PDCCH와 동일한 DCI 포맷들 (표 6.4 참조)을 지원하며, 따라서 상향링크와 하향링크의 모든 다양한 전송 모드를 스케줄링하는 데 사용될 수 있다. 그러나, 6.4.5절에서 탐색 공간 (search space)과 함께 설명되듯이, 복수 개의 단말에 대한 상향링크 전력 제어를 위한 DCI 포맷 3/3A 및 복수 개의 단말에 대한 시스템 정보 스케줄링에 사용되는 DCI 포맷 1C는 EPDCCH에서는 지원되지 않는다.

그림 6.29와 같이 EPDCCH 프로세싱은 프리코딩과 자원 엘리먼트 매핑을 제외하면 거의 PDCCH 프로세싱과 동일하다. 단말의 신원 즉 RNTI는 명시적으로 전송되지 않고 CRC 내에 인코딩된다. CRC를 붙인 이후에, 비트들은 1/3 코딩률의 tail-biting 콘볼루셔날 코딩을 거치고 이후 rate-matching을 거치면서 EPDCCH에 가용한 자원의 크기에 맞춰지게 된다. 인코딩 및 rate-matching을 거친 비트들은 단말 및 (아래에 설명되는) EPDCCH set에 따르는 스크램블링 시퀀스에 따라서 스크램블링되고, 이어서 물리 자원에 매핑되기 이전에 QPSK 변조가 이루어진다. PDCCH와 유사하게, 인코딩된 EPDCCH 메시지가 사용하는 제어 채널 자원의 숫자를 조절하면서 링크 적응을 할 수 있다.

EPDCCH의 물리 자원으로의 매핑을 단말 관점에서 살펴보도록 하자. EPDCCH를 사용하는 각 단말은 해당 단말로 EPDCCH 전송이 발생할 수 있는 1개 혹은 2개 세트의 자원 블록을

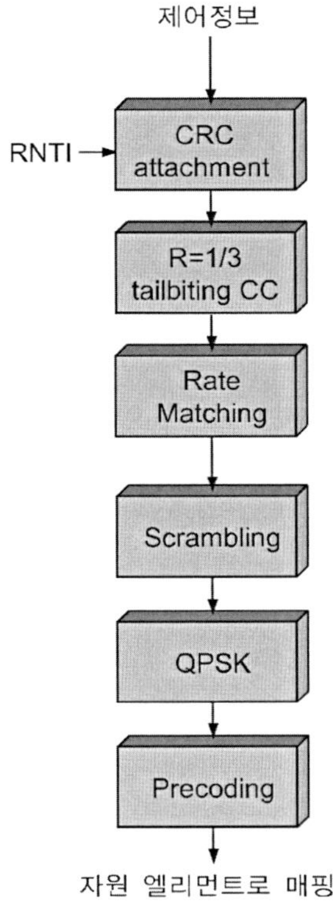

그림 6.29 EPDCCH 코딩

설정받는다. 각 세트는 2개, 4개, 혹은 8개의 물리적인 자원 블록 pair로 이루어지며, 2개의 세트는 서로 다른 크기일 수도 있다. 자원 블록 pair의 위치는 전체 하향링크 시스템 대역폭에 걸쳐서 어디에든 위치할 수 있으며 (위치는 combinatorial index를 사용하여 상위 계층으로부터 설정된다), 자원 블록 pair는 주파수 상으로 반드시 연속적일 필요도 없다. 이러한 세트는 단말 관점에서 정의된 것이며, 단말이 EPDCCH를 수신할 수도 있는 위치를 알려주는 것뿐임을 이해하는 것이 중요하다. 해당 물리 자원이 앞서 설명한 1개 혹은 2개의 EPDCCH 세트의 일부분인 것과는 상관없이, 특정 서브프레임 내에서 어떤 단말에 대한 EPDCCH 전송에 사용되지 않은 자원 블록 pair는 그 단말 혹은 다른 단말에 대한 데이터 전송에 여전히 사용될 수도 있다.

EPDCCH 세트는 localized 혹은 distributed로 설정될 수 있다. Localized 세트의 경우에는 주파수 영역 스케줄링 이득을 얻을 수 있도록, 하나의 EPDCCH는 하나의 (혹은 가장 높은 aggregation level의 경우에는 몇 개의) 물리적인 자원 블록 pair에 매핑된다. Distributed 세트의 경우에는 송신단에서 채널 상태 정보에 대하여 정보가 부족하거나 아예 없는 경우에서 신호 전송에 강인성을 주기 위하여, 하나의 EPDCCH가 여러 개의 물리적인 자원 블록 pair로 나뉘어진다.

EPDCCH 세트를 1개만이 아니라 2개를 제공하는 것은 몇 가지 이로운 점이 있다. 일례로, 하나의 세트는 주파수에 따른 스케줄링 이득을 얻기 위하여 localized 전송으로 설정할 수 있으며, 다른 하나는 단말이 빠르게 이동함에 따라서 채널 상태 피드백이 부정확해지는 경우에 사용하는 목적으로 distributed 전송으로 설정할 수 있다. 또한 이는 뒤에 설명하겠지만 CoMP를 지원하는 데에도 이로운 점이 있다.

PDCCH의 매핑 방식이 CCE를 사용하였듯이, EPDCCH의 물리 자원으로의 매핑은 enhanced control-channel element (ECCE) 및 enhanced resource-element group (EREG)에 기반한 구조를 따른다. 하나의 EPDCCH는 복수 개의 ECCE로 매핑이 되며, 이때 하나의 EPDCCH를 위해 사용되는 ECCE의 개수를 aggregation level이라고 하며, 이를 통하여 EPDCCH에 대한 링크 적응을 수행할 수 있다. 무선 환경이 나쁘거나 EPDCCH의 페이로드 사이즈가 큰 경우에는, 무선 환경이 좋거나 페이로드 사이즈가 작은 경우에 비하여 더 많은 수의 ECCE를 사용하게 된다. 하나의 EPDCCH는 일정한 개수의 연속된 ECCE를 사용하는데, 이 개수는 1, 2, 4, 8, 16, 32의 값을 가질 수 있다. 참고로 모든 설정에서 이 모든 개수가 사용 가능한 것은 아니다. 또한, 여기서 연속된 ECCE라는 이야기는 논리적인 영역의 개념으로서, 여기서 말하는 연속된 ECCE라는 의미가 반드시 실제로 물리 자원에서 연속된 자원 블록 pair를 의미하는 것은 아님에 유의한다.

각 ECCE는 4개의[34] EREG로 이루어지며, EREG는 하나의 물리적인 자원 블록 pair 내에서 9개의[35] 자원 엘리먼트에 해당된다. EREG를 정의하기 위해서는, 우선 DM-RS를 위해 사용되

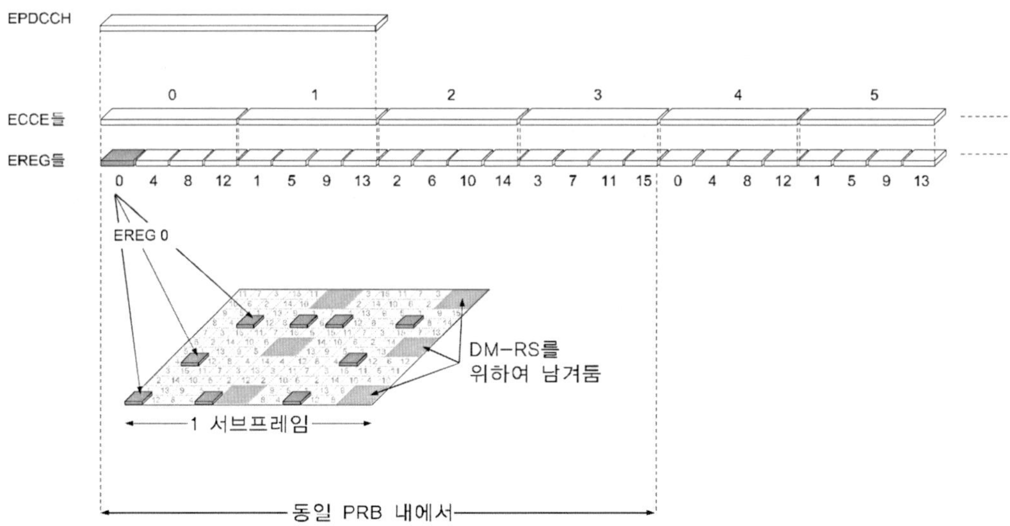

그림 6.30 EPDCCH, ECCE, EREG 사이의 관계의 예 (aggregation level 2 및 localized 매핑의 경우)

34) 일반 (normal) cyclic prefix의 경우에 4개이다. 확장 (extended) cyclic prefix 및 일반 cyclic prefix를 사용하는 일부 특수 (special) 서브프레임의 경우에는 ECCE당 8개의 EREG가 있다.

35) 확장 cyclic prefix의 경우에는 8개이다.

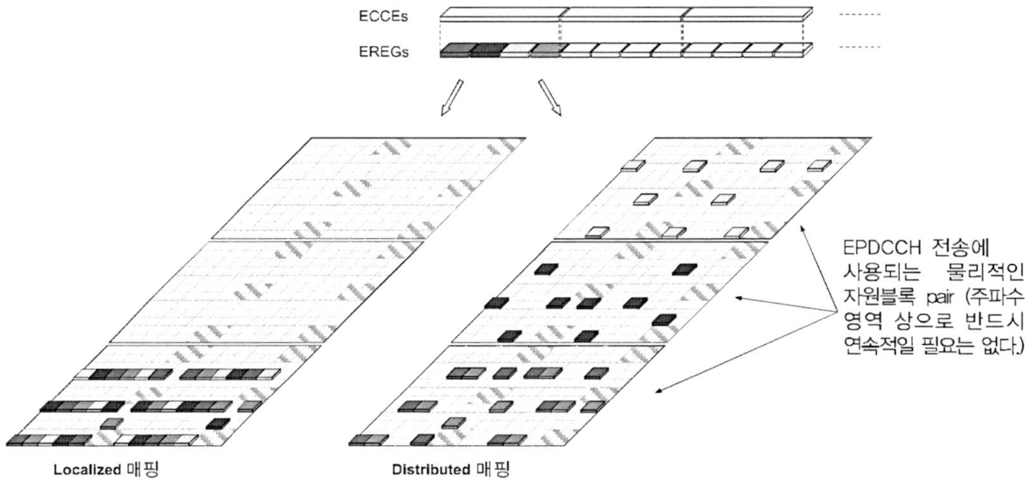

그림 6.31 ECCE들의 localized 및 distributed 매핑의 예 (해당 예에서는 EPDCCH에 대하여 3개의 물리적인 자원 블록 pair를 가정)

는 자원 엘리먼트들을 제외하고 자원 블록 pair 내의 모든 자원 엘리먼트들을 주파수축 상으로 먼저 셈을 하면서 0부터 15까지 순환하여 번호를 붙인다. EREG 번호 i는 해당 자원 블록 pair 내에서 i라는 번호를 가진 모든 자원 엘리먼트로 구성된다. 따라서, 하나의 자원 블록 pair 내에는 16개의 EREG가 있다. 그러나, 일부 자원 엘리먼트가 (예를 들면) PDCCH 제어 영역, CRS, 혹은 CSI-RS 등에 의해 점유되고 있을 수도 있으므로, 하나의 EREG 내의 9개의 자원 엘리먼트 모두 EPDCCH에 사용될 수 있는 것은 아님에 유의한다. 그림 6.30은 하나의 물리적인 자원 블록 pair 내에서 EREG에 대한 예를 보이고 있다.

그림 6.31에서 볼 수 있듯이, ECCE에서 EREG로의 매핑은 localized 전송의 경우와 distributed 전송의 경우에 있어서 서로 다르다.

Localized 전송의 목적은 순시적인 채널 조건에 따라서 물리 자원과 안테나 프리코딩을 선택할 수 있도록 하는 것이다. 이는 채널에 따른 스케줄링을 활용하는 경우 및 CoMP (13장 참조)와 같은 다중 안테나 방식과 함께 사용할 때 도움이 된다. 따라서, 하나의 ECCE는 동일한 물리적인 자원 블록 pair 내에서의 EREG들로 매핑이 되며, 이에 따라 기지국은 EPDCCH를 전송하는 주파수 위치를 적절하게 선택할 수 있다. 가장 높은 aggregation level과 같이 하나의 자원 블록 pair가 하나의 EPDCCH를 전달하기에 부족한 경우에는 자원 블록 pair가 하나 더 사용된다. EPDCCH의 전송에는 1개의 안테나 포트가 사용되며, EPDCCH 전송에 관련된 DM-RS는 ECCE 인덱스와 C-RNTI의 함수이다.[36] 따라서, 복수 개의 EPDCCH가 공간적으로 분리되어 있는 서로 다른 단말에, 같은 시간-주파수 자원을 사용하지만 서로 다른 DM-RS 시퀀스를 가

36) 규격 상으로는, EPDCCH 전송을 위하여 4개의 안테나 포트 중 1개를 선택하는 것으로 설명되어 있다. 아울러, 각 안테나 포트는 관련된 직교 reference 신호를 가지고 있다.

지고 전송이 되는 MU-MIMO를 지원하기에 적합하다 (6.3.5.1절 참조). 최대 4개까지의 서로 다른 직교 DM-RS 시퀀스를 사용할 수 있으며, 이는 이러한 방식을 사용하여 최대 4개의 서로 다른 단말이 다중화될 수 있음을 의미한다.

Distributed 전송의 목적은 순시적인 채널 조건을 활용하기가 불가능하거나 힘든 경우에 다이버시티 이득을 극대화하려는 것이다. 결과적으로, 하나의 ECCE는 서로 다른 물리적인 자원 블록 pair 내의 EREG들로 매핑이 된다. 이때 서로 다른 자원 블록 pair은 주파수 영역 상으로 서로 멀리 떨어져 있는 것이 바람직하다. 다이버시티 이득을 더욱 늘리고 다중 송신 안테나를 활용하기 위하여, 각 EREG 내의 자원 엘리먼트는 공간 다이버시티를 제공하기 위하여 2개의 안테나 포트 사이에서 번갈아 전송된다.

EPDCCH에 대하여 quasi-co-location 설정이 지원된다. 전송 모드 10에서, 각 EPDCCH 세트는 PDSCH가 자원 엘리먼트로 매핑되는 서로 다른 4가지 경우 및 quasi-co-location 상태 (5.3.1절 참조)중 하나와 연관되어 있다. 이는 CoMP를 지원하고 dynamic point selection (DPS)을 지원하는 데 사용될 수 있다 (13장 참조). 각 EPDCCH 세트는 특정 송신 지점과 연관되어 있으며, 어떤 세트로부터 DCI 메시지를 전송하는지를 선택하는 것을 통하여 DPS를 실현할 수 있다. 서로 다른 PDCCH 제어 영역 크기를 다루는 것 및 서로 다른 송신 지점으로부터 CRS 위치를 다루는 것 역시 가능하다. 왜냐하면, 이러한 정보가 앞서 설명한 4가지 상태의 일부이기 때문이다.

재전송을 수행하는 방식은 PDCCH의 경우와 유사하게 PHICH를 사용할 수 있다. 본질적으로 PHICH는 복수 개의 단말이 동일한 CRS를 공유하는 바탕에서 이루어지기 때문에, 재전송을 위한 매우 자원 효율적인 상향링크 승인이라고 볼 수 있다. 반면에 각 EPHICH는 각각 고유의 DM-RS를 필요로 하기 때문에 PHICH처럼 아주 자원 효율적이지 않을 수 있다. 따라서, 앞서 설명한 것처럼 PHICH를 사용하거나 아니면 CRS에 의존하는 것이 바람직하지 않은 경우에는 EPDCCH를 사용하여 재전송을 하게 된다.

6.4.5 PDCCH 및 EPDCCH의 blind 디코딩 (blind decoding)

앞에서 언급하였듯이 각 PDCCH 혹은 EPDCCH는 여러 가지 포맷을 사용하며 그 포맷은 미리 단말에 알려져 있지 않다. 따라서, 단말은 (E)PDCCH의 포맷을 모르는 상태에서 검출할 수 있어야 한다 (blind detection). 이전 절에서 설명된 CCE 및 ECCE 구조가 blind 디코딩 시도의 횟수를 줄이는 데 도움을 주지만 그것만으로는 충분하지 않으며, 따라서 단말이 조사해야 하는 CCE/ECCE 묶음 (aggregation)을 제한하는 기법이 필요하다. 당연히, 가능한 CCE/ECCE 묶음을 제한하는 것은 스케줄링의 유연성 측면이나 아니면 송신기 측에서의 추가적인 프로세싱이 필요한 측면에서는 바람직하지 않다. 반면에, 특히 큰 셀 대역폭 및 큰 EPDCCH 세트 사이즈에 대하여 단말이 모든 가능한 CCE/ECCE 묶음을 조사하도록 하는 것은 단말의 복잡도 측면에서 바람직하지 않다. 스케줄러에 최소한의 제약을 주면서 서브프레임 당 blind 디코딩을 위한 시도 횟수를 줄이기 위하여 LTE는 단말이 특정 component 반송파에 연관된 스케줄링 할당/승인을 위하여 찾아야 하는 CCE의 집합을 나타내는 탐색 공간 (search space)을 정의하였다. 탐색 공간은 주어진 aggregation 레벨 상에서 단말이 디코딩을 시도해야 하는 CCE (혹은 ECCE)들로 이루어진 후보 제어 채널들의 집합이다. 규격에는 여러 가지 aggregation 레벨이 있으므로 단말은 복수 개의 탐색 공간을 갖는다. 둘 사이에 약간의 차이가 있지만, 탐색 공간 개념은 PDCCH 및 EPDCCH 디코딩 모두에 적용된다. 다음 절에서는, 단일 component 반송파 상에서 PDCCH의 경우를 먼저 설명하고, 뒤이어 복수 개의 component 반송파 및 EPDCCH에 대한 탐색 공간을 활용한 디코딩을 설명하도록 한다.

PDCCH는 1, 2, 4, 8 CCE에 해당하는 총 4개의 aggregation 레벨을 지원한다. 각 서브프레임 내에서 단말은 각자의 탐색 공간 내의 CCE로부터 만들어질 수 있는 모든 PDCCH에 대한 디코딩을 시도한다. 만약 CRC가 확인되면, 제어 채널의 내용이 해당 단말에게 유효하다고 선언되고 단말은 담겨 있는 정보 (스케줄링 할당, 스케줄링 승인 등)를 처리한다. 당연히, 네트웍은 제어 정보가 특정 단말의 탐색 공간 내의 CCE에 의해 형성된 PDCCH 상으로 전송되는 경우에만 해당 단말로 제어 정보를 보낼 수 있다. 예를 들어, 그림 6.32의 단말 A는 CCE 번호 20에서 시작하는 PDCCH로는 제어 정보 전달이 불가능하다. 반면에 단말 B는 가능하다. 또한, 만약 단말 A가 CCE 16~23을 사용한다면, 이미 다른 단말의 사용으로 인하여 레벨-4 탐색 공간 내의 모든 CCE는 사용이 불가능하기 때문에, 단말 B는 aggregation 레벨-4로는 제어 정보를 전달받을 수 없다. 따라서, 시스템 내에서 보다 효율적인 CCE의 활용을 위해서는, 각 단말마다 탐색 공간이 달라야 한다는 것을 직관적으로 알 수 있다. 따라서, 시스템 내의 각 단말은 각 aggregation 레벨에서 단말-특정 (terminal-specific)의 탐색 공간을 갖는다.

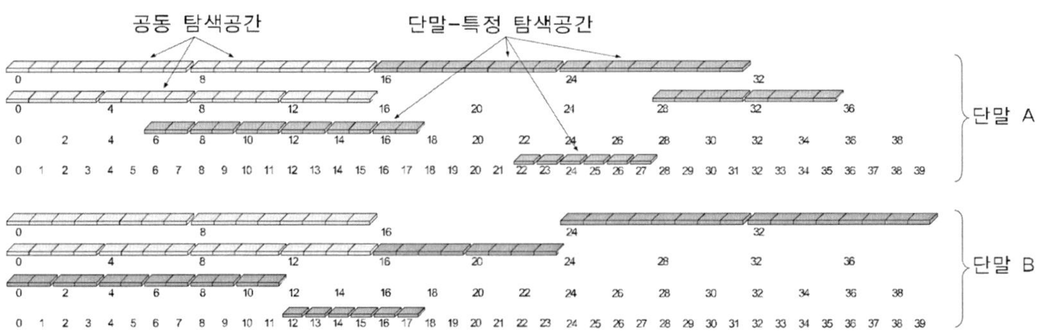

그림 6.32 두 개 단말의 경우의 탐색 공간에 대한 설명

단말-특정의 탐색 공간은 일반적으로 해당 aggregation 레벨에서 네트웍이 전송할 수 있는 PDCCH의 개수보다 작기 때문에, 각 aggregation 레벨에서 단말-특정의 탐색 공간 내의 CCE들을 결정하는 방법이 필요하다. 한 가지 방법은 네트웍이 각 단말의 단말-특정 탐색 공간을 설정하도록 하는 것이다. 하지만, 이 방법은 각 단말로의 명시적인 시그널링을 필요로 하며 핸드오버 시에는 재설정이 되어야 할 수도 있다. 따라서, LTE에서는 단말-특정의 탐색 공간이 명시적으로 시그널링되지 않고, 단말 신원 (identity)에 의한 함수 및 서브프레임 번호를 통해 암묵적으로 정의된다. 단말-특정의 탐색 공간이 서브프레임 번호에 따라 바뀔 수 있으므로 이는 시간에 따라 바뀔 수 있다는 것을 의미하며, 이를 통하여 단말 사이에서 다른 단말에 의하여 특정 단말이 탐색 공간을 사용하지 못하는 문제를 해결해준다. 만약, 자기가 관찰하고 있는 모든 CCE가 이미 같은 서브프레임 내에서 스케줄링된 다른 단말에 의하여 사용되고 있기 때문에 해당 서브프레임에서 특정 단말이 스케줄링되지 못한다면, 이러한 탐색 공간은 시간에 따라 변하기 때문에 그 다음 서브프레임에서는 아마도 이러한 문제가 없을 것이다.

몇몇 상황에서는, 일정 그룹의 단말 혹은 모든 단말이 PDCCH를 받아야 할 필요가 있다. 일례로, 시스템 정보에 대한 동적인 스케줄링이나 페이징 메시지의 전송 등을 들 수 있다 (11장 참조). 일정 그룹의 단말에 보내는 명시적인 전력 제어 명령 역시 이러한 상황에 대한 예이다. 모든 단말이 동시에 어떠한 PDCCH를 받을 수 있도록 하기 위하여 LTE는 단말-특정의 탐색 공간과 함께 PDCCH를 위한 공통 탐색 공간 (common search space)도 정의하였다. 공통 탐색 공간이라는 이름에서도 알 수 있듯이, 셀 내의 모든 단말은 제어 정보를 찾기 위하여 PDCCH를 위한 공통 탐색 공간 내의 CCE를 조사한다. 비록 공통 탐색 공간을 만든 이유가 다양한 시스템 메시지의 전송을 위한 것이지만, 개별적인 단말의 스케줄링에도 사용할 수 있다. 따라서, 공통 탐색 공간은 단말-특정의 탐색 공간 상에서 가용한 자원이 부족하여 단말이 스케줄링 받지 못하는 현상에 대한 해결책으로도 사용될 수 있다. 제어 시그널링의 전송 파라미터가 특정 단말의 채널 상태에 맞게 조절되는 유니캐스트 전송과는 달리, 시스템 메시지는 일반적으로 셀 가장자리까지 도달하여야 한다. 결과적으로, 공통 탐색 공간은 오직 레벨-4와 8의 aggregation 레벨 및 DCI 포맷 중 가장 작은 0/1A/3/3A/1C와 같은 DCI 포맷에 대해서만 정의된다. 공통 탐색 공간 내에서는 공간 다중화를 갖는 DCI 포맷은 지원하지 않는다. 이러한 조건은 단말이 공통 탐색 공간을 조사기 위해 수행해야 하는 blind 디코딩의 시도 횟수를 줄여준다.

그림 6.32는 특정 서브프레임 내 2개의 단말에서 PDCCH를 위한 단말-특정의 탐색 공간 및 공통 탐색 공간을 보여주고 있다. 단말-특정의 탐색 공간은 2개의 단말별로 다르며, 앞서 설명하였듯이 서브프레임별로도 달라진다. 이 서브프레임에서는 두 단말의 단말-특정의 탐색 공간이 부분적으로 중첩되지만 (aggregation 레벨 8에서 CCE 24~31), 단말-특정의 탐색 공간은 서브프레임별로 변하므로 다음 서브프레임에서의 중첩은 이와는 다를 것으로 예상된다. 단말-특

정 탐색 공간에는 PDCCH가 있을 수 있는 16개의 후보 위치가 있는데 대부분이 주로 작은 aggregation 레벨에 할당되어 있으며, 공통 탐색 공간에는 6개의 PDCCH 후보 위치가 있다.

EPDCCH에 대한 blind 디코딩은 일반적으로 PDCCH와 같은 원리를 따른다. 즉, 단말은 각자의 탐색 공간에 있는 ECCE로 만들어질 수 있는 모든 EPDCCH에 대하여 디코딩을 시도할 것이다. 반면에, EPDCCH에 대해서는 오직 단말-특정 탐색 공간만 지원된다. 따라서, 단말이 EPDCCH를 사용하도록 설정되어 있으면, 해당 단말은 PDCCH 단말-특정 탐색 공간 대신에 EPDCCH 단말-특정 탐색 공간을 관찰한다. 또한, 공통 탐색 공간의 경우는 EPDCCH가 설정되어있는 것과는 상관없이 관찰한다. EPDCCH에 대하여 공통 탐색 공간을 정의하지 않은 이유는, 시스템 정보는 EPDCCH를 지원하지 않는 단말로 전달되어야 하기 때문이며, 따라서 공통 탐색 공간에는 PDCCH가 사용되어야 한다. EPDCCH에 공통 탐색 공간이 없기 때문에, EPDCCH는 DCI 포맷 3/3A, 1C가 지원되지 않는다.

PDCCH와 비슷한 원리로, EPDCCH 세트에 대한 단말-특정 탐색 공간은 해당 단말의 EPDCCH 관찰을 위하여 설정된 자원 블록 pair 내에서 무작위적으로 변한다. 2개의 EPDCCH 세트는 서로 독립적인 pseudo-random 시퀀스를 가지고 있으며, 이는 RRC 시그널링을 통하여 초기화된다. PDCCH의 경우에는 aggregation 레벨 8의 PDCCH 한개가 aggregation 레벨 1의 모든 PDCCH 후보와 겹쳐서 이를 덮어버릴 수도 있는 것에 비하여, 복수 개의 EPDCCH 세트를 가지고 있는 것은 이러한 blocking 확률을 줄일 수 있는 장점이 있다.

Localized EPDCCH 세트에 대하여, EPDCCH 후보 위치는 최대한 많은 PRB (physical resource block) pair에 걸쳐 퍼질 수 있도록 한다. 그 이유는 EPDCCH에 대하여 채널에 따른 스케줄링을 하는 이득을 제한하지 않도록 넓은 주파수 영역을 사용할 수 있도록 하는 것이다.

Blind 디코딩 횟수는 단말이 EPDCCH 탐색 공간을 관찰하든 PDCCH 탐색 공간을 관찰하든 상관없이 동일하다. 따라서, 디코딩을 시도해야 하는 16개의 EPDCCH 후보 위치가 있으며[37)]각 후보 위치마다 2개의 서로 다른 DCI 포맷들이 고려되어야 한다. 16개의 EPDCCH 후보 위치는 2개의 EPDCCH 세트에 걸쳐서 분배되는데, 이때 대략적으로 후보 위치의 개수는 PRB pair 개수에 비례하는 원리에 따른다. 또한, localized 세트는 이러한 경우에 사용하는 채널에 따른 스케줄링에 의하여 비교적 좋은 채널 상태가 예상되므로, 좋은 채널 상태에 적합한 낮은 aggregation 레벨에 보다 많은 수의 후보 위치가 할당되게 된다. 반면에 distributed 전송의 경우에는 일반적으로 채널에 따른 스케줄링이 사용되지 않으므로, 전송의 강인성을 제공하기 위하여 높은 aggregation 레벨에 보다 많은 수의 후보 위치가 할당된다.

---

37) EPDCCH에 대하여 작은 수의 PRB pair가 설정된 경우에는 16개보다 적은 수의 EPDCCH 후보 위치가 있을 수도 있다.

앞서 설명하였듯이, 단말은 단말 특정의 PDCCH 탐색 공간을 관찰하거나 혹은 단말 특정의 EPDCCH 탐색 공간을 관찰한다. 기본 원리는, DM-RS가 지원되지 않아서 EPDCCH를 수신할 수 없도록 설정되어 있는 특수 서브프레임을 제외하고 EPDCCH 지원이 활성화되어 있는 경우에 단말은 언제나 모든 서브프레임에서 EPDCCH를 관찰한다. 그러나, 언제 EPDCCH가 관찰되는지에 대한 추가적인 제어를 하기 위하여, 어떤 서브프레임에서는 EPDCCH를 관찰하고 어떤 서브프레임에서는 PDCCH를 관찰해야 하는지를 알려주는 비트맵을 단말에 제공할 수도 있다. 이러한 예 중 하나가 바로 MBSFN 서브프레임 내에서의 PDSCH 전송이다. PMCH가 전송되는 MBSFN 서브프레임에서는 EPDCCH를 사용할 수 없으므로 단말은 반드시 PDCCH를 사용하여야 하며, MBSFN 서브프레임이지만 PMCH 전송에 사용되지 않는 경우에는 EPDCCH를 사용할 수 있다.

앞에서, 제어 채널 후보 위치 관점에서 PDCCH 및 EPDCCH에 대한 탐색 공간을 설명하였다. 그러나, 특정 제어 채널 후보 위치가 관련된 하향링크 제어 정보를 포함하고 있는지 아닌지의 여부를 판단하려면, 내용 자체가 디코딩되어야만 한다. 만약 단말의 신원이 포함된 CRC가 이상이 없다고 확인되면 제어 채널 정보는 유효한 것으로 선언되며, 단말은 이 정보 (스케줄링 할당, 스케줄링 승인, 기타)를 처리한다. 따라서, 각 제어 채널 후보 위치에 대하여 단말은 각각의 지원되는 DCI 포맷에 대해 한 번씩 내용을 디코딩하는 것을 시도해야 한다. 단말 특정 탐색 공간에서 디코딩해야 하는 하향링크 DCI 포맷은 단말에 대해 설정된 전송 모드에 따라 달라진다. 전송 모드는 6.3절에 설명되어 있으며, 원칙적으로는 서로 다른 다중 안테나 설정에 해당된다. 일례로, 단말이 공간 다중화로 설정되지 않은 경우에는 DCI 포맷 2는 디코딩하려고 시도할 필요가 없으며, 이러한 것들이 blind 디코딩 시도 횟수를 줄이는 데 도움을 준다. 표 6.5와 같이, C-RNTI를 사용하여 어드레스되는 단말은 전송 모드에 대한 함수로써 DCI 포맷을 관찰해야 한다. 참고로, DCI 포맷 1C의 경우는 비록 C-RNTI가 없지만 공통 탐색 공간에서도 관찰됨에 유의한다. 표에서 볼 수 있듯이, 단말 특정 탐색 공간에서는 2개의 관찰해야 할 DCI 포맷이 있으며 공통 탐색 공간에는 1개의 DCI 포맷이 있다. 또한, 단말은 공통 탐색 공간에서 DCI 포맷 1C도 관찰해야 한다. 따라서, 단말 특정 탐색 공간 내의 16개 PDCCH/EPDCCH 후보 위치들 및 공통 탐색 공간 내 6개의 후보 위치를 고려하면, 단말은 각 서브프레임 당 총 $2 \cdot 16 + 2 \cdot 6 = 44$번의 blind 디코딩을 시도해야 한다. Release 10에 도입된 상향링크 공간 다중화를 고려하면, 단말 특정 탐색 공간 내에서 추가적인 상향링크 DCI 포맷이 관찰되어야 하며, 이에 따라 blind 디코딩 시도 횟수는 $3 \cdot 16 + 2 \cdot 6 = 60$회로 늘어난다. 이러한 숫자들은 단일 component 반송파의 경우이며, CA의 경우에는 12장에 설명되어 있듯이 blind 디코딩 시도 횟수는 더 늘어나게 된다. 마지막으로, 일부 상황에서는 특정 단말이 서로 다른 RNTI들로 어드레스되기도 함에 유의한다. 예를 들어, 공통 탐색 공간 내의 DCI 포맷 1A는 C-RNTI와 함께 사용되어 일

표 6.5 C-RNTI에 대한 서로 다른 탐색 공간에서 관찰되는 하향링크 DCI 포맷 (DCI 포맷 1C은 C-RNTI를 가지고 있지 않지만 공통 탐색 공간에서도 관찰됨에 유의한다.)

모드	탐색 공간			설명	Release
	공통	단말-특정			
1	1A	1A	1	단일 안테나 전송	8
2			1	송신 다이버시티	
3			2A	개루프 공간 다중화	
4			2	폐루프 공간 다중화	
5			1D	MU-MIMO	
6			1B	단일 layer 코드북기반 프리코딩	
7			1	DM-RS를 사용한 단일 layer 전송	
8			2B	DM-RS를 사용한 이중 layer 전송	9
9			2C	DM-RS를 사용한 다중 layer 전송	10
10			2D	DM-RS를 사용한 다중 layer 전송	11

반적인 스케줄링 목적으로 사용될 수도 있으며 SI-RNTI와 함께 사용되어 시스템 정보 스케줄링에 사용될 수도 있다. 이는 blind 디코딩 시도 횟수에 영향을 주지는 않는다. 왜냐하면 이는 DCI 포맷에 관련된 것으로서, 디코딩을 마친 이후에 서로 다른 RNTI를 확인하는 것은 서로 다른 CRC를 확인하는 것으로서 복잡도가 매우 낮은 동작이다.

전송 모드의 설정은 RRC 시그널링을 통하여 이루어진다. 언제 해당 설정이 해당 단말에 대하여 효력을 발휘하는 지에 대한 정확한 서브프레임 번호가 지정되어 있지 않다. 따라서, 일례로 RLC 재전송이 일어나는 경우에는 어떠한 전송 모드가 설정되어 있는지에 대하여 짧은 시간 동안 네트웍과 단말이 서로 다르게 이해하고 있을 수도 있다. 따라서, 단말과의 통신을 잃지 않기 위하여 전송 모드와 상관없이 디코딩되는 DCI 포맷이 적어도 하나는 필요하다. 하향링크 전송에서는 DCI 포맷 1A가 이러한 목적을 수행하며, 따라서 네트웍은 이 DCI 포맷을 사용하여 항상 단말로 데이터를 보낼 수 있다. 포맷 1A의 또 다른 기능은 자원 블록 할당의 유연성을 일부 제한하면서 전송에 대한 오버헤드를 줄이는 것이다.

6.4.6 하향링크 스케줄링 할당

앞서 PDCCH 및 EPDCCH 상의 하향링크 제어 정보의 전송에 대하여 살펴보았다. 이제 하향링크 스케줄링 할당을 시작으로 제어 정보의 실제 내용을 자세히 살펴보도록 하자. 하향링크 스케줄링 할당 (assignment)은 이 신호가 전송되는 동일 서브프레임동안 유효하다. 스케줄링 할당은 DCI 포맷 1, 1A, 1B, 1C, 1D, 2, 2A, 2B, 2C, 2D 중 하나의 DCI 포맷을 이용하며, 사용되는 DCI 포맷은 설정된 전송 모드에 따라 결정된다 (전송 모드와 DCI 포맷 사이의 관계는 표 6.5를 참조한다). 같은 목적에 서로 다른 메시지 크기의 서로 다른 포맷을 지원하는 이유는 제어 시그널링의 오버헤드와 스케줄링의 유연성 사이의 상호 절충 (trade-off)을 최적화하기 위해서이다. 표 6.6에서 볼 수 있듯이 서로 다른 DCI 포맷 중 일부분은 서로 동일하다. 하지만, 당연히 서로 다른 능력으로 인하여 차이도 존재한다.

DCI 포맷 1은 공간 다중화가 없는 상태의 기본적인 하향링크 할당 포맷이다 (전송 모드 1, 2, 7). 이 포맷은 자원 블록이 비연속적으로 할당되는 것을 지원하며 전 범위의 MCS (modulation and coding scheme)가 지원된다.

DCI 포맷 1A는 '컴팩트 (compact)' 하향링크 할당으로도 알려져 있으며, 주파수축 상으로 연속적인 자원 블록의 할당만을 지원하고 모든 전송 모드에 사용할 수 있다. 주파수축 상으로 연속적인 할당은 자원 할당의 유연성은 다소 줄어들지만 제어 정보의 크기를 줄여준다. 전 범위의 MCS가 지원된다. 포맷 1A는 contention-free 랜덤엑세스 (random access)를 시작하는 데에도 사용할 수 있으며 (11장 참조), 이 경우에는 일부 비트 필드는 여기에 필요한 랜덤엑세스 프리앰블 정보를 전달하고 나머지 비트 필드는 특정한 조합으로 설정된다.

DCI 포맷 1B는 6.3.3절에 설명되어 있는, 낮은 시그널링 오버헤드의 코드북-기반 빔포밍을 지원하는 데 사용된다. 메시지 내용은 프리코딩 행렬의 시그널링을 위한 비트가 추가되는 것을 빼면 DCI 포맷 1A와 비슷하다. 코드북-기반 빔포밍이 셀 가장자리 단말들의 데이터 속도를 증가시키는 데 사용될 수도 있다는 점을 고려하면, 제어 메시지에 의하여 커버리지가 제한되지 않도록 관련 DCI 메시지 크기를 작게 유지하는 것이 중요하다.

DCI 포맷 1C는 랜덤엑세스에 대한 응답, 페이징, 시스템 정보 및 MBMS 관련 시그널링 (19장 참조), eIMTA 지원 (15장 참조) 등의 전송과 같은 다양한 목적을 위해 사용된다. 이러한 경우에서 공통적인 사항은 다수의 사용자들에게 상대적으로 작은 양의 정보가 동시에 수신된다는 점이다. 따라서, DCI 포맷 1C는 QPSK만을 지원하며 HARQ 재전송과 폐루프 공간 다중화는 지원하지 않는다. 결과적으로, DCI 포맷 1C는 메시지 크기가 작아서 커버리지 측면에서 효율적이며 해당 단말로 시스템 메시지를 전송하는 데 효율적이다. 게다가, 지정되는 자원 블록 개수가 작기 때문에, DCI 포맷 1C에서는 자원 블록을 지정하는 필드의 크기가 셀 대역폭에 무관하게 고정된다.

DCI 포맷 1D는 프리코딩 정보를 동반한 하나의 코드워드의 MU-MIMO (전송 모드 5) 스케줄링을 지원하는 데 사용된다. MU-MIMO에서 동일 자원 블록을 공유하는 단말들 사이에서 송신 전력을 동적으로 공유하는 것을 지원하기 위하여 (6.3.5.2절에 설명되었듯이), 1비트의 전력 오프셋 정보가 DCI 포맷 1D에 포함되어 있다.

표 6.6 하향링크 스케줄링을 위한 DCI 포맷

Field		DCI Format									
		1	1A	1B	1C	1D	2	2A	2B	2C	2D
자원 정보	반송파 지시자	•	•	•		•	•	•	•	•	•
	자원 블록 할당 타입	0/1	2	2	2`	2	0/1	0/1	0/1	0/1	0/1
HARQ 프로세스 번호		•	•	•			•	•	•	•	•
첫 번째 전송 블록	MCS	•	•	•	•	•	•	•	•	•	•
	RV	•	•	•		•	•	•	•	•	•
	NDI	•	•	•		•	•	•	•	•	•
두 번째 전송 블록	MCS					•		•	•	•	•
	RV							•	•	•	•
	NDI							•	•	•	•
다중 안테나 정보	PMI cinfirmation			•							
	프리코딩 정보										
	전송 블록 swap flag			•		•	•	•			
	전력오프셋						•	•			
	DM-RS 스크램블링					•					
	Layer개수/DM-RS 스크								•		
	램블링/안테나 포트									•	•
PUSCH 매핑 및 quasi-co-location 지시자		•	•	•		•	•	•	•	•	•
하향링크 할당 인덱스		•	•	•		•	•	•	•	•	•
PUCCH 전력 제어			F								
SRS 요청[a]									T	T	T
ACK/NAK 오프셋 (EPDCCH의 경우만 해당)			•	•		•	•	•	•	•	•
0/1A 구분 flag			•								
패딩 (필요한 경우)		(•)	(•)	(•)		(•)	(•)	(•)	(•)	(•)	(•)
Identity		•	•	•	•	•	•	•	•	•	

a. FDD에서는 포맷 1A, TDD에서는 포맷 2B, 2C, 2D

DCI 포맷 2는 DCI 포맷 1을 공간 다중화 (전송 모드 4)가 지원되도록 확장한 것이다. 따라서, 전송 layer의 수에 대한 정보 및 사용되는 프리코딩 행렬의 인덱스가 함께 프리코딩 정보 필드에 인코딩되어 있다. DCI 포맷 1의 일부 필드는 공간 다중화의 경우에 동시에 전송되는 2개의 전송 블록을 다루기 위하여 중복되어 있다.

DCI 포맷 2A는 폐루프 공간 다중화 대신 개루프 공간 다중화 (전송 모드 3)를 지원한다는 점을 제외하면 DCI 포맷 2와 유사하다. 프리코딩 정보 필드는 전송 layer 수만을 시그널링해주는데 사용되므로 해당 필드의 크기가 DCI 포맷 2에 비하여 작다. 또한, DCI 포맷 2A는 다중 layer 전송의 스케줄링에만 사용되므로, 프리코딩 정보 필드는 4개의 송신 안테나 포트의 경우에만 필요하다. 2개의 송신 안테나의 경우에는, layer의 개수가 전송 블록의 개수를 통하여 암묵적으로 주어진다.

DCI 포맷 2B는 DM-RS를 사용하는 빔포밍과 결합된 이중-layer 공간 다중화 (전송 모드 8)를 지원하기 위하여 Release 9에 도입되었다. DCI 포맷 2B에 의한 스케줄링은 DM-RS를 기반으로 하며, 이에 따라 프리코딩/빔포밍은 단말에 transparent하므로 프리코딩 인덱스를 시그널링 해줄 필요가 없다. Layer의 수는 전송 블록 중 하나를 disable함으로써 조절할 수 있다. 6.2.2절에 설명되었듯이 DM-RS에 대하여 2개의 서로 다른 스크램블링 시퀀스를 사용할 수 있다.

DCI 포맷 2C는 DM-RS를 사용하는 공간 다중화 (전송 모드 9)를 지원하기 위하여 Release 10에 도입되었다. 어떤 면에서는, 이 포맷은 공간 다중화를 8개의 layer까지로 확장하는 포맷 2B의 확장 및 일반화로 볼 수도 있다. DM-RS 스크램블링 및 layer의 수가 하나의 3비트 필드를 통하여 함께 시그널링된다.

DCI 포맷 2D는 DM-RS를 사용하는 공간 다중화 (전송 모드 10)를 지원하기 위하여 Release 11에서 도입되었다. 본질적으로, 이 포맷은 포맷 2C가 추가적으로 안테나 포트의 quasi-co-location에 대한 시그널링을 지원하기 위하여 확장된 것이다.

앞서 언급하였듯이, 어떤 정보는 특정 포맷에만 존재하지만, 서로 다른 DCI 포맷 사이에서 많은 정보 필드는 몇몇 포맷 사이에서는 공통이다. 또한, 뒤따르는 3GPP 릴리즈에서 일부 DCI 포맷은 추가적인 비트를 포함하도록 확장되었다. 일례로, Release 10에서 많은 DCI 포맷에 반송파 지시자 (carrier indicator)가 추가된 것이나, Release 10에서 DCI 포맷 0 및 1A에 SRS 요청이 추가된 것을 들 수 있다. 이와 같이 동일한 DCI 포맷이 서로 다른 3GPP 릴리즈별로 다른 페이로드 크기를 가지도록 확장되는 것은 이러한 확장이 단말-특정 탐색 공간에서 사용되는 한 가능한 일이다. 왜냐하면, 어짜피 해당 DCI 포맷은 특정한 한 단말을 가리키기 때문이다. 예를 들면, 시스템 정보 브로드캐스팅과 같이 동시에 복수 개의 단말을 가리키는 데 사용되는 DCI 포맷은 (이전 릴리즈 단말은 당연히 이렇게 확장된 포맷을 디코딩하지 못하기 때문에) 이러한 페이로드 확장이 불가능하다. 결과적으로, 이러한 확장은 단말-특정 탐색 공간에서만 허용된다.

하향링크 스케줄링을 위해 사용되는 DCI 포맷의 정보는 표 6.6에서 볼 수 있듯이 몇 가지 그룹으로 정리할 수 있다. 서로 다른 DCI 포맷들의 내용은 아래에 자세히 설명되어 있다.

■ 자원 정보

- 반송파 지시자 (carrier indicator) (0 혹은 3 bit). 이 필드는 Release 10 및 그 이후에서 RRC 시그널링을 통하여 cross-carrier 스케줄링이 사용되는 경우에만 존재하며, 하향링크 제어 정보와 관련된 component 반송파를 지시하는 데 사용된다 (12장 참조). 반송파 지시

자는 공통 탐색 공간에는 존재하지 않는다. 왜냐하면 만약 이 정보가 공통 탐색 공간에 존재한다면 CA를 하지 못하는 단말과의 호환성에 문제가 있을 수 있으며, 혹은 blind 디코딩 횟수가 늘어날 수 있기 때문이다.

- 자원 블록 할당. 이 필드는 단말이 PDSCH를 수신해야 하는 component 반송파 상의 자원 블록에 대하여 알려준다. 이 필드의 크기는 셀 대역폭 및 DCI 포맷에 따라 달라진다. 좀 더 구체적으로, 6.4.6.1절에 설명되는 자원 할당 타입 (resource allocation type)에 따라 달라진다. 같은 크기의 자원 할당 타입 0 및 1은 비연속적인 자원 블록 할당을 지원한다. 반면에 자원 할당 타입 2는 크기는 작지만 연속적인 할당만을 지원한다. DCI 포맷 1C는 제어 시그널링 오버헤드를 더 줄이기 위하여 제한된 형태의 타입 2를 사용한다.

■ **HARQ 프로세스 번호 (FDD는 3bit, TDD는 4bit)**: 소프트 컴바이닝을 위해 사용되는 프로세스를 단말에 알려준다. DCI 포맷 1C은 HARQ 재전송을 사용하지 않는 시스템 정보의 스케줄링을 위한 것이므로, 해당 포맷에는 이 정보가 존재하지 않는다.

■ 첫 번째 (혹은 유일한) 전송 블록에 대하여[38)]

- MCS (modulation and coding scheme) (5 bit). 단말에 변조 방식, 코딩률 및 전송 블록 크기 등에 대한 정보를 전달하기 위해 사용된다. DCI 포맷 1C의 경우에는 QPSK만을 지원하므로 이 필드의 크기가 제한된다.
- 새-데이터 지시자 (new-data indicator) (1 bit). 새로운 전송을 위하여 소프트 버퍼를 비우는데 사용된다. DCI 포맷 1C는 HARQ를 지원하지 않으므로 이 필드가 없다.
- Redundancy 버전 (2 bit).

■ 두 번째 전송 블록에 대하여 (공간 다중화를 지원하는 DCI 포맷에 대해서만)

- MCS (5 bit).
- 새-데이터 지시자 (1 bit).
- Redundancy 버전 (2 bit).

■ 다중 안테나 정보. 서로 다른 다중 안테나 방식에 따라 표 6.5에 표시된 것과 같이 서로 다른 필드를 포함한 서로 다른 DCI 포맷이 사용된다.

- PMI confirmation (1 bit). 포맷 1B에만 존재한다. eNodeB가 단말이 권고하는 (때에 따라 주파수 선택적인) 프리코딩 행렬을 사용하는지의 여부 혹은 권고한 프리코딩 행렬이 아닌 PMI 필드 내에 표시된 다른 행렬을 사용하는지의 여부를 알려준다.

---

38) DCI에서 MCS를 0으로 설정하고 redundancy version을 1로 설정함으로써 전송 블록을 disable할 수 있다.

- 프리코딩 정보 (PMI). 하향링크 전송에 사용된 프리코딩 행렬 인덱스를 알려준다. 이를 통해 간접적으로 전송 layer의 수도 알려준다. 이 정보는 CRS를 기반으로 한 전송에 대한 DCI 포맷에만 존재한다. DM-RS를 기반으로 한 전송에서는 송신기에서 사용되는 프리코더가 단말에는 보이지 않는 (transparent) 것이므로 결과적으로 이 정보를 단말에 시그널링해 줄 필요가 없다.
- 전송 블록 swap flag (1 bit). 2개의 코드워드가 HARQ 프로세스에 넣기 이전에 swap되어야 하는지의 여부를 알려준다. 이는 코드워드 간 채널 품질을 평균화하는 용도로 사용된다.
- PDSCH와 셀-특정 reference 신호 사이의 전력 오프셋. MU-MIMO에 대하여 복수 개의 단말기 사이의 동적인 전력 분배를 지원하기 위하여 사용된다.
- Reference 신호 스크램블링 시퀀스. 6.2.2절에 설명한 것처럼 준-직교 (quasi-orthogonal) reference 신호의 생성을 제어하는 데 사용된다.
- Layer의 수, reference 신호 스크램블링 시퀀스 및 전송에 사용되는 안테나 포트 (Release 10 및 그 이후 릴리즈에서는 이 정보들과 함께 인코딩되어 3비트가 된다. Release 13에서는 4비트로 확장될 수 있다).

■ **PDSCH 자원 엘리먼트 매핑 및 quasi-co-location 지시자 (2 bit)**. PDSCH를 복조할 때 가정해야 하는 파라미터에 대하여 단말에 알려준다. 13장에서 설명하겠지만 여러 가지 CoMP 방식을 지원하기 위하여, RRC에 의하여 최대 4개까지의 서로 다른 파라미터 세트가 설정될 수 있다.

■ **하향링크 할당 인덱스 (2 bit)**. 단말에 하나의 HARQ acknowledgement가 몇 개의 하향링크 전송에 대한 응답을 다루어야 하는지를 알려준다 (8.1.3절 참조). TDD 경우 및 5개보다 많은 반송파가 결합되어 4비트가 사용되는 경우에만 해당된다.

■ **PUCCH에 대한 송신 전력 제어 (2 bit)**. CA의 경우, secondary component 반송파의 스케줄링에 대해서 이 비트는 acknowledgement resource indicator (ARI)로 재사용된다. 12장 참조.

■ **SRS 요청 (1 bit)**. 이 필드는 상향링크로 sounding reference 신호 (SRS)를 단 한 번 전송하는 데 사용된다. 이 필드는 Release 10에서 추가되었으며, 단말-특정 탐색 공간 안에 기존에 존재하던 DCI 포맷이 이후 릴리즈에서 추가적인 정보 필드가 더해지면서 확장되는 예의 하나이다. 이 필드는 FDD에서는 오직 포맷 1A에서만 존재하며, TDD에서는 오직 포맷 2B, 2C, 2D에서만 존재한다. 비교적 짧은 시간 동안은 채널의 reciprocity가 성립 및 사용될 수 있는 TDD의 경우에서는, 상향링크 채널 추정을 통하여 하향링크 채널 조건을 추정하기 위

하여 DM-RS 기반의 다중 layer 전송을 지원하는 데 사용되는 DCI 포맷에 이 필드가 추가되었다. 반면에, FDD에서 이는 그다지 도움이 되지 않을 수 있으므로, 결과적으로 SRS 요청 필드는 포함되지 않는다. 하지만, DCI 포맷 1A의 경우에는 SRS 요청 비트를 추가하는 것이 어떤 추가적인 노력이나 손해가 없이 가능하다. 왜냐하면 DCI 포맷 0과 동일한 페이로드 크기를 보장하기 위하여 어짜피 패딩을 사용해야 할 수 있으므로, 해당 부분에 무의미한 패딩을 채우느니 차라리 SRS 요청을 채울 수 있다.

- **ACK/NAK 오프셋 (2 bit)**. 이 필드는 EPDCCH에만 존재하며 따라서 Release 11에서만 지원된다. 이는 7.4.2.1과 같이 HARQ acknowledgement에 사용되는 PUCCH 자원을 동적으로 제어하는 데 사용된다.
- **DCI 포맷 0과 1A를 구분하는 지시자 (indicator) (1 bit)**. 같은 메시지 크기를 갖는 DCI 포맷 0과 1A를 구분하는 데 사용된다. 이 필드는 DCI 포맷 0과 1A에만 존재한다. 역시 같은 크기를 갖는 DCI 포맷 3과 3A는 서로 다른 RNTI를 사용함으로써 DCI 포맷 0 및 1A와 구분된다.
- **패딩**. DCI 포맷 0과 1A 중 더 작은 포맷에는 패딩을 추가함으로써 상향링크 및 하향링크 셀 대역폭에 상관없이 항상 동일한 payload 크기를 보장한다. 패딩은 서로 다른 DCI 포맷 사이에 DCI 크기가 다른 것을 보장한다 (그런데, 이미 서로 다른 정보의 양에 따라서 이미 payload 크기가 다르기 때문에, 실제로는 거의 이 용도로는 사용되지 않는다). 마지막으로, PDCCH에 대하여 특정 크기의 DCI에 대한 디코딩의 혼선을 막기 위하여 패딩이 사용된다.[39)]
- **해당 PDSCH 전송을 받아야 하는 단말의 신원 (RNTI) (16 bit)**. 6.4.3절 및 6.4.4절과 같이 단말의 RNTI는 명시적으로 전송되지 않고 CRC 계산 시에 포함되어 은연중에 전달된다. 전송 형태 (유니캐스트 데이터 전송, 페이징, 전력 제어 명령 등)에 따라 서로 다른 RNTI가 정의되어 있다.

6.4.6.1 하향링크 자원 블록 할당에 대한 시그널링

자원 블록 할당에 대하여 중점적으로 살펴보면, 표 6.6와 같이 3가지 서로 다른 타입 (타입 0, 1, 2)이 있다. 자원 블록 할당 타입 0과 1은 모두 주파수축 상으로 비연속적인 자원 블록의 할당을 지원하는 반면, 타입 2는 연속적인 할당만을 지원한다. 그러면 왜 자원 블록 할당에

---

39) 특정 payload 크기들에 대해서는, 제어 시그널링이 실제 송신기에서 사용한 aggregation 레벨이 아닌 다른 레벨에서도 정확하게 디코딩될 수 있다. PHICH 자원이 PDCCH에 대한 첫 번째 CCE로부터 도출되기 때문에, 위와 같은 일이 발생하면 단말은 잘못된 PHICH를 모니터링하는 결과를 낳을 수도 있다. 이를 해결하기 위하여, 문제가 있는 몇 가지 payload 크기는 피하기 위하여 패딩이 사용된다. 이 패딩은 PDCCH에만 적용됨에 유의한다.

대한 시그널링에 여러 가지 방법이 지원되는지에 대한 의문이 생길 수 있는데, 이 질문에 대한 답은 시그널링에 필요한 비트 수에 있다. 단말에 해당 단말이 하향링크 전송을 수신하기 위하여 실제로 수신해야 할 자원 블록을 알려주는 방법 중 가장 유연한 방법은 셀 대역폭 내의 자원 블록 개수와 같은 크기의 비트맵 (bitmap)을 가지고 해당 자원 블록들을 표시해주는 것이다. 이러한 방법은 단말에 어떠한 임의의 자원 블록들의 조합도 알려줄 수 있지만, 불행히도 큰 셀 대역폭의 경우에는 매우 큰 비트맵을 전송해야 하는 결과를 초래한다. 예를 들어, 100개의 자원 블록을 갖는 하향링크 셀 대역폭의 경우, 하향링크 PDCCH는 비트맵을 위해서만 이미 100비트를 필요로 하며 여기에 다른 정보가 추가된다. 이는 높은 제어 시그널링 오버헤드를 초래할 뿐만 아니라, 한 OFDM 심볼에서 100비트가 넘는 양은 1.4 Mbps를 넘는 데이터 속도에 해당하므로 하향링크 커버리지에도 문제가 발생할 수 있다. 결과적으로, 자원 할당 방식은 할당의 유연성을 충분히 유지하면서도 요구되는 비트 수를 좀 더 줄이는 노력이 필요하다.

자원 할당 타입 0은 주파수 영역에서 각각의 자원 블록을 직접 가리키지 않고 그림 6.33의 윗쪽에 보이는 것처럼 연속된 자원 블록의 그룹을 가리킴으로써 비트맵 크기를 줄였다. 이러한 그룹의 크기는 하향링크 셀 대역폭에 의해 정해진다. 가장 작은 셀 대역폭의 경우에는 그룹의 크기가 1개의 자원 블록이므로, 이는 실제로 임의의 자원 블록들이 묶여서 스케줄링될 수 있다는 것을 의미하며, 가장 큰 셀 대역폭의 경우에는 4개의 자원 블록이 하나의 그룹이 된다 (그림 6.33의 예에서는 셀 대역폭 내에 25개의 자원 블록이 존재하는 경우이며, 따라서 그룹의 크기는 2개의 자원 블록이다). 따라서, 100개의 자원 블록으로 이루어진 하향링크 셀 대역폭을 가진 시스템에 대한 비트맵은 100비트가 아니라 25비트로 줄어든다. 단점은 스케줄링 단위가 아주 조밀하지 못하다는 것이다. 즉, 할당 타입 0을 사용하는 가장 큰 셀 대역폭의 경우에는 1개의 자원 블록 단위로는 스케줄링이 이루어지지 못한다.

그러나, 작은 payload를 지원하는 경우처럼, 어떤 경우에는 큰 셀의 대역폭에서도 1개 자원 블록 단위로 스케줄링하는 것이 필요할 수 있다. 이러한 경우에는 자원 할당 타입 1이 적합하다. 타입 1에서는 그림 6.33의 중간 그림에 보이는 것처럼, 주파수축 상의 전체 자원 블록을 흩어져 있는 부분집합 (subset)으로 나눈다. 부분집합의 개수는 셀 대역폭으로부터 주어지며, 타입 1의 부분집합의 개수는 타입 0의 그룹 크기와 같다. 따라서, 그림 6.33에는 2개의 부분집합이 있으며, 100개의 자원 블록을 가지는 셀 대역폭에 대해서는 서로 다른 4개의 부분집합이 있을 수 있다.

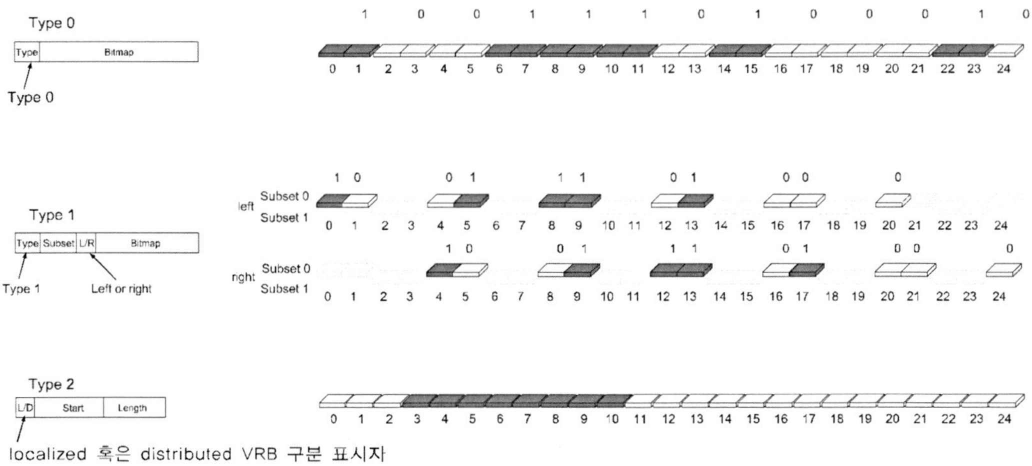

그림 6.33 자원 블록 할당 타입 (25개 자원 블록을 가지는 셀 대역폭의 예)

부분집합 내에서는, 주파수축 상에서 하향링크 전송이 일어나는 자원 블록을 비트맵을 사용하여 알려준다.

단말에 자원 할당 타입이 0인지 1인지를 알려주기 위해, 그림 6.33의 왼쪽과 같이 자원 할당 필드에 'type'이라는 표시를 붙인다. 타입 0에 대하여 추가로 필요한 정보는 위에서 언급한 비트맵이면 충분하다. 타입 1에 대해서는 비트맵과 함께 비트맵이 해당되는 부분집합에 대한 정보도 필요하다. 자원 할당 타입 1을 만듦에 있어서 요구 사항 중 하나는 불필요한 오버헤드의 추가 없이 타입 0과 같은 수의 비트를 유지하는 것이기 때문에,[40] 자원 할당 타입 1에서의 비트맵은 부분집합 번호를 시그널링하는 비트를 마련하기 위하여 타입 0에서의 비트맵보다 작아야 한다. 그러나, 비트맵 크기가 작아짐에 따라서 부분집합 내의 모든 자원 블록을 동시에 지정할 수 없는 결과를 가져온다. 이러한 비트맵을 이용하여 모든 자원을 지정하기 위하여, 그림 6.33의 중간 부분에 보이는 것처럼 비트맵이 자원 블록의 왼쪽 부분에 대한 것인지 오른쪽 부분에 대한 것인지를 알려주는 표시가 있다.

앞의 두 자원 블록 할당 타입과는 달리, 타입 2는 비트맵에 의존하지 않는다. 대신, 자원 할당을 자원 블록 할당의 시작 지점과 길이로 표시한다. 따라서, 이 타입은 임의의 자원 블록 할당을 지원하지 않고 주파수 연속적인 할당만을 지원한다. 이를 통해, 자원 블록 할당 시그널링에 필요한 비트 수를 줄인다. 타입 0과 1에 비해 타입 2에서 자원 시그널링에 필요한 비트 수가 그림 6.34에 나타나 있다. 큰 셀 대역폭의 경우, 차이가 꽤 큼을 볼 수 있다.

3가지 모든 자원 할당 타입은 virtual resource block (VRB)에 해당한다 (자원 블록 종류에 대해서는 6.1.1.8절을 참조한다). 자원 할당 타입 0 및 1에 대해서는 VRB은 localized 형태로서

40) 타입 별로 크기가 다르게 되면, 단말단에서 blind 디코딩을 해야 하는 시도 횟수가 늘어나게 된다.

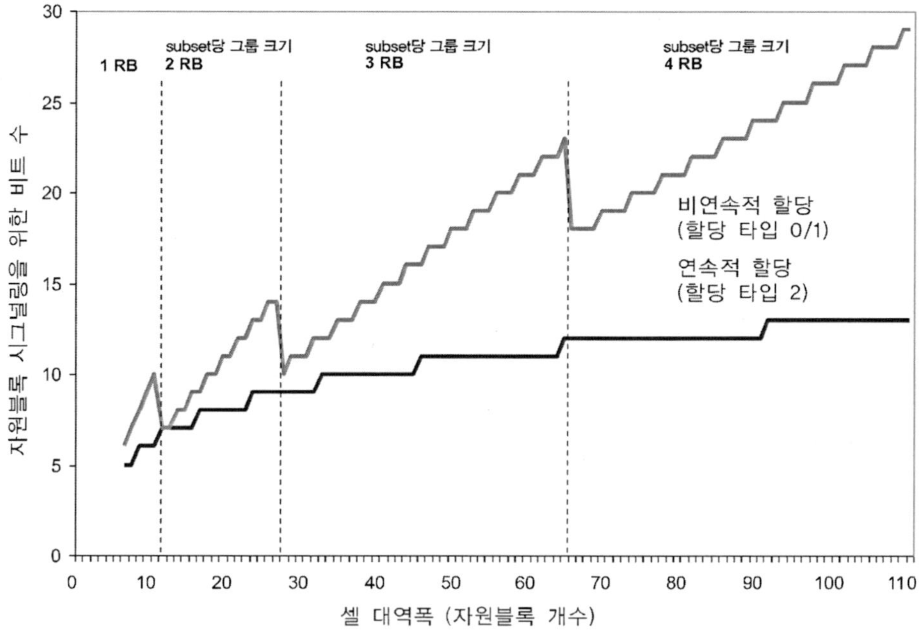

그림 6.34 하향링크 자원 할당 타입 0/1 및 2에 대한 하향링크 자원 할당 시그널링에 사용되는 비트 숫자

VRB가 physical resource block (PRB)으로 직접 매핑된다. 반면에, 자원 할당 타입 2의 경우는 localized 및 distributed 형태의 VRB 모두가 지원된다. 자원 할당 필드 내의 한 비트가 현재 할당이 localized 인지 아니면 distributed인지를 알려준다.

6.4.6.2 전송 블록 크기 시그널링

하향링크 전송을 적절하게 수신하기 위해서는 자원 블록 할당에 대한 정보뿐 아니라 여러 가지 DCI 포맷에서 5비트 필드에 의해 전달되는 변조 방식 및 전송 블록 크기에 대한 정보가 필요하다. 5비트로 만들 수 있는 32개 조합 중에서 29개가 신호의 변조 및 코딩 정보를 전달하는 데 사용되며, 3개는 이후에 설명될 다른 용도로 남겨져 있다. 변조 및 코딩 방식과 할당된 자원 블록 개수를 알면 DL-SCH 상의 전송 블록 크기를 알 수 있다. 따라서, 가능한 전송 블록 크기는 29개의 행과 110개의 열을 가진 표로 표현할 수 있다. 이때 한 열은 전송에 사용되는 자원 블록을 나타낸다 (열 수는 110개의 자원 블록을 가지는 하향링크 component 반송파당 최대 대역폭의 경우를 따름). 256QAM을 지원하는 단말의 경우에는, 큰 전송 블록 크기를 지원하기 위해 32개 조합 중에서 4개의 조합이 따로 남겨지며 28 × 110 크기의 대체표를 사용한다.[41] 아울러, 아래의 설명은 기본적으로 256QAM을 지원하지 않는 경우 및 지원하는 경우 모두에 해당한다. 물론, 아래 주어진 숫자는 256QAM을 지원하지 않는 경우의 값이다.

41) 대체표는 C-RNTI로 스케줄링되는 전송에만 쓰인다. 랜덤엑세스에 대한 응답과 시스템 정보는 후방위 호환성의 문제로 256QAM을 사용할 수 없다.

각 변조 및 코딩 방식은 특정한 변조 방식과 채널 코딩률의 조합으로 되어 있다. 각 조합은 특정한 주파수 효율을 나타내며 이는 변조 심볼당 정보 비트 수로 측정할 수 있다. 이론적으로는 전송 블록 크기를 나타내는 29행-110열의 표를 변조 및 코딩 방식과 자원 블록 개수로부터 직접 채울 수도 있지만, 이렇게 하면 만들어진 전송 블록 크기가 원하지 않는 크기일 수도 있다. 첫째, 모든 프로토콜 계층이 바이트 (byte)로 정렬되어 있으므로, 전송 블록 크기는 바이트의 정수배가 되어야 한다. 둘째, RRC 시그널링 메시지와 같은 공용 payload와 VoIP는 패딩 (padding)을 붙이지 않고 전송될 수 있어야 한다. QPP 인터리버의 크기와 전송 블록 크기를 맞추면 filler 비트들을 사용하지 않아도 되므로, QPP 인터리버와 크기를 맞추는 것 역시 도움이 된다 (6.1.1.3절 참조). 마지막으로, 동일한 전송 블록 크기는 몇 가지 서로 다른 자원 블록 할당에 대하여 동일하게 보여야 한다. 그래야 스케줄링의 유연성을 높이기 위하여 재전송들 사이에 자원 블록의 개수를 변경하는 일이 가능하기 때문이다. 따라서, 전송 블록 크기에 대한 기본 표 (mother table)가 정의되며, 29행-110열로 이루어진 표의 각 값들은 결과적인 주파수 효율이 시그널링된 변조 및 코딩 방식과 최대한 가깝도록 이 기본 표로부터 선택된다. 이 기본 표는 최악의 패딩을 하였을 경우에 (worst-case) 가능한 모든 전송 블록 크기를 대략적으로 다루고 있다.

시스템을 간단하게 하기 위해서는, 전송 블록 크기가 시스템의 설정에 따라서는 바뀌지 않는 것이 바람직하다. 따라서, 전송 블록 크기들의 집합은 실제 안테나 포트의 개수 및 제어 영역의 크기와는 무관하다.[42] 기본 표는 제어 영역에 3개의 OFDM 심볼을 사용하고 2개의 안테나 포트를 사용하는 '기준 설정'을 가정하여 설계되었다. 만약 실제의 설정이 다르다면, DL-SCH에 대한 최종 코딩률은 rate-matching 프로세스에 따라 조금 달라질 수 있다. 그러나, 그 차이는 작아서 실제로는 큰 문제가 되지 않는다. 또한, 제어 영역의 실제 크기가 기준 설정 상에서 가정한 3개 심볼보다 작다면, DCI로 시그널링된 변조 및 코딩 방식에 의해 지정된 범위보다 주파수 효율이 작을 수 있다. 그러므로, 정확한 코딩률과 rate matching은 DL-SCH 전송을 위해 사용되는 자원 엘리먼트의 개수 및 전송 블록 크기로부터 얻어지는 반면에, 사용된 변조 방식에 대한 정보는 변조 및 코딩 방식으로부터 직접 얻어진다.

110개의 자원 블록을 가지는 최대 대역폭보다 작은 대역폭에 대해서는 표의 부분집합이 사용된다. 보다 구체적으로, N개의 자원 블록을 가지는 셀 대역폭의 경우에는 표의 첫 번째 N개 열이 사용된다. 또한, 공간 다중화 시에는 단일 전송 블록이 최대 4개의 layer로 매핑될 수 있다. 더 높은 데이터 속도를 지원하기 위해서는, 전송 블록 크기를 공간 다중화를 사용하는 경우에 가능한 범위 이상으로 확장할 필요가 있다. 원칙적으로 추가적인 범위는 기존의 크기에

42) DwPTS는 일반 서브프레임보다 길이가 더 짧기 때문에, DwPTS에 대한 전송 블록 크기는 표의 값에 0.75를 곱해야 한다.

layer의 개수를 곱함으로써 얻을 수 있다. 전송 블록 크기는 QPP 인터리버 크기에 맞도록 조절된다.

변조 및 코딩 방식의 29개 조합은 대략 0.1-5.9 bits/s/symbol의 범위 내에서 각각 기준 주파수 효율을 나타낸다 (256QAM의 경우는 상한이 7.4 bits/s/symbol이다).[43] 이 조합에는 일부 중첩되는 것도 있다. 즉, 29개 조합 중 일부는 같은 주파수 효율을 나타낸다. 그 이유는 채널 상태에 따라 특정 주파수 효율을 달성하기 위해 가장 좋은 조합을 사용하기 위해서이다. 왜냐하면, 어떤 경우에는 낮은 등급의 변조에 높은 코딩률을 사용한 (즉, 코딩을 적게 적용한) 조합보다 높은 등급의 변조에 낮은 코딩률을 사용한 (즉, 코딩을 많이 적용한) 조합이 더 좋을 수도 있으며, 다른 경우에는 그 반대일 수도 있기 때문이다. 이러한 중첩을 염두에 두고 eNodeB는 주어진 전파 시나리오에 따라 최상의 조합을 선택할 수 있다. 이러한 중첩의 결과로, 29행-110열의 표에서 2개의 행이 서로 중복되며, 이는 서로 다른 변조 방식을 사용하여 동일한 주파수 효율을 내고 있는 것이다. 따라서, 전송 블록 크기 관점에서는 표 안에 27개의 서로 다른 행이 있게 된다.

처음에 언급했던, 변조 및 코딩 필드 내에서 남겨져 있는 3가지 조합들은 재전송에만 사용된다. 재전송의 경우, 정의에 따르면 전송 블록 크기가 변하지 않으므로 전송 블록 크기에 대한 정보를 다시 전송해 줄 필요가 없다. 대신에, 남겨져 있는 3가지 값은 QPSK, 16QAM, 64QAM의 변조 방식을 나타내며,[44] 스케줄러는 재전송을 위해 임의의 자원 블록의 조합을 사용할 수 있다.

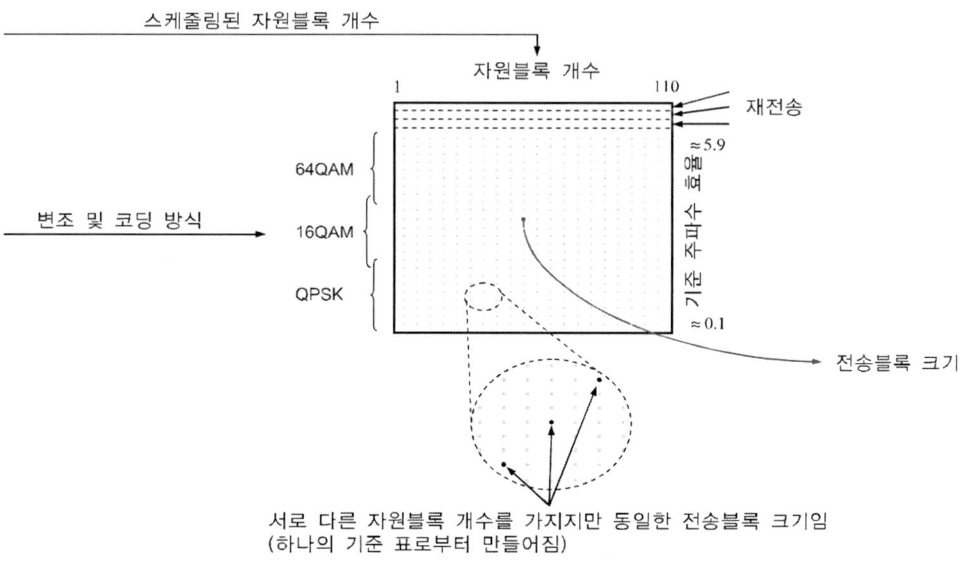

그림 6.35 전송 블록 크기의 계산

43) 정확한 값은, 반올림에 의하여 할당되는 자원 블록의 개수에 따라 약간 변하게 된다.
44) 4개의 값이 남겨져 있는 경우에는 이는 대체표에서 QPSK, 16QAM, 64QAM, 256QAM을 나타낸다.

당연히, 이와 같은 3가지 조합을 사용하는 경우는 단말이 초기 전송에 대한 제어 시그널링을 잘 수신했다는 가정에 기반한다. 만약 그렇지 않고 초기 전송에 대한 제어 시그널링을 잘 수신하지 못했다면 단말이 전송 블록 크기를 모를 수 있으므로, 재전송 시에도 전송 블록 크기를 명시적으로 알려주어야 한다.

그림 6.35에 변조 및 코딩 방식과 스케줄링된 자원 블록 크기로부터 전송 블록 크기를 얻어내는 것이 나타나 있다.

6.4.7 상향링크 스케줄링 승인

상향링크 스케줄링 승인 (scheduling grant)은 DCI 포맷 0 혹은 4를 사용한다. DCI 포맷 4는 UL 공간 다중화를 지원하기 위하여 Release 10에 추가되었다. 상향링크 자원 할당 방식의 기본은 자원 블록이 주파수 영역에서 모두 연속된 형태인 단일 cluster (single cluster) 방식이지만, Release 10에서는 하나의 component 반송파 당 최대 2개의 cluster에 전송을 지원하는 다중 cluster (multi-cluster) 방식이 추가되었다.

DCI 포맷 0은 component 반송파 상으로 공간 다중화가 사용되지 않은 경우의 상향링크 전송

표 6.7 상향링크 스케줄링 승인을 위한 DCI 포맷

Field		DCI Format	
		0	4
자원 정보	반송파 지시자	•	•
	자원 할당 타입	•	•
		0/1	0/1
첫 번째 전송 블록	자원 블록 할당	•	•
	MCS/RV	•	•
두 번째 전송 블록	NDI		•
	MCS/RV		•
	NDI		
DM-RS 위상 회전 및 OCC 인덱스		•	•
프리코딩 정보			•
CSI 요청		•	•
SRS 요청		•	•
상향링크 인덱스/DAI (TDD 경우만)		•	•
PUSCH 전력 제어		•	•
0/1A 구분 flag		•	
패딩 (필요한 경우)		(•)	(•)
Identity		•	•

을 스케줄링하는 데 사용되며, '컴팩트 (compact)' 하향링크 할당 (DCI 포맷 1A)의 제어 시그널링 메시지와 같은 크기를 갖는다. 메시지 상의 flag는 메시지가 상향링크 스케줄링 승인 (DCI 포맷 0)인지 하향링크 스케줄링 할당 (DCI 포맷 1A)인지에 대한 정보를 단말에 알려준다.

DCI 포맷 4는 하나의 component 반송파에서 공간 다중화를 사용한 상향링크 전송의 경우에 사용된다. 따라서, 추가적인 정보의 전달이 필요하므로 DCI 포맷 4는 DCI 포맷 0보다 크기가 크다.

표 6.7에 표시된 것처럼 많은 필드가 두 개의 DCI 포맷에 대하여 공통이지만 일부 차이도 존재한다. 하향링크 스케줄링 할당의 경우와 유사하게, 일부 DCI 포맷은 이후 3GPP 릴리즈에서 추가적인 비트를 포함하면서 확장되었다. DCI 포맷 내의 실제 내용에 대해서는 아래에 좀 더 자세히 설명하도록 한다.

■ 자원 정보

- 반송파 지시자 (carrier indicator) (0 혹은 3 bit). 이 필드는 Release 10 및 그 이후 RRC 시그널링을 통하여 cross-carrier 스케줄링이 사용되는 경우에만 존재하며, 해당 스케줄링 승인이 해당하는 상향링크 component 반송파를 가리키는 데 사용된다 (10.4.8절 참조). 반송파 지시자는 공통 탐색 공간에는 존재하지 않는다. 왜냐하면 만약 이 정보가 공통 탐색 공간에 존재한다면 CA를 하지 못하는 단말과의 호환성에 문제가 있을 수 있으며, 혹은 blind 디코딩 횟수가 늘어날 수 있기 때문이다.

- 자원 할당 타입 (resource allocation type) 혹은 다중-클러스터 (multi-cluster) flag (1bit). 자원 할당 타입 0 (상향링크 전송에 자원 블록의 연속된 모음인 클러스터가 1개 사용됨) 혹은 자원 할당 타입 1 (상향링크 전송에 자원 블록의 연속된 모음인 클러스터가 2개 사용됨)이 사용되는 지의 여부를 알려준다. 이 flag는 Release 10 이전에는 존재하지 않는다. 이전 릴리즈의 하향링크 대역폭은 항상 적어도 상향링크 대역폭과 같았으므로, DCI 포맷 1A와 크기를 맞추기 위하여 DCI 포맷 0에는 항상 1 bit 패딩이 붙었었다. 따라서, Release 10에서는 후방위 호환성을 해치지 않으면서 이 패딩 비트가 다중-클러스터 flag로 대체될 수 있다. Release 10에서만 지원되는 DCI 포맷 4에서는 다중-클러스터 flag가 항상 존재한다.

- 자원 블록 할당 (호핑 지시자 포함). 이 필드는 단말이 상향링크 자원 할당 타입 0 (DCI 포맷 0) 혹은 타입 1 (DCI 포맷 4)을 사용하여 PUSCH를 전송해야 하는 자원 블록을 알려준다. 6.4.7.1절 참조. 이 필드의 크기는 셀 대역폭에 따라 달라진다. 단일-클러스터 할당의 경우에는 7장에 설명된 것처럼 상향링크 PUSCH 전송에 상향링크 주파수 호핑 (frequency hopping)이 사용될 수 있다.

■ 첫 번째 (혹은 유일한) 전송 블록에 대하여

- MCS (redundancy version포함) (5 bit). 단말에 변조 방식, 코딩률 및 전송 블록 크기 등에 대한 정보를 전달하기 위해 사용된다. 전송 블록 크기의 시그널링에는 하향링크에 사용한 것과 동일한 전송 블록 표가 사용된다. 즉, MCS 방식과 스케줄링된 자원 블록의 개수를 통하여 전송 블록 크기를 구할 수 있다. 그러나, 상향링크에서는 모든 단말이 64QAM을 지원하는 것은 아니므로, 64QAM을 지원하지 않는 단말의 경우에는 MCS 필드에서 64QAM이 시그널링되었을 경우 16QAM을 사용한다. 다른 용도로 남겨진 3가지 조합은 아래에 설명되는 것처럼 redundancy 버전을 implicit하게 시그널링하는 용도로 사용하기 때문에 하향링크와는 조금 다르게 사용된다. 특정 MCS 및 자원 블록 개수의 조합을 시그널링함으로써 전송 블록을 망가뜨릴 수 있다. 이러한 기능은 하나의 전송 블록만을 재전송할 경우에 사용된다.
- 새-데이터 지시자 (new-data indicator) (1 bit). 단말에 새로운 전송 블록을 전송하도록 할 지 아니면 이전 전송 블록을 재전송하라고 할 지를 알려주는 데 사용된다.

■ 두 번째 전송 블록에 대하여 (DCI 포맷 4에 대해서만)

- MCS (redundancy version 포함) (5 bit).
- 새-데이터 지시자 (1 bit)

■ **상향링크 복조 reference 신호의 위상 회전 (3 bit)**. 7장에 설명하겠지만 MU-MIMO를 지원하는 데 사용된다. 동일한 시간-주파수 자원 위에 스케줄링되는 서로 다른 단말에 서로 다른 reference 신호의 위상 회전을 할당함으로써, eNodeB는 각 단말로부터 상향링크 채널 응답을 추정할 수 있고 적절한 프로세싱을 통하여 단말 사이의 간섭을 억제할 수 있다. Release 10 및 그 이후에서는 이 필드로 orthogonal cover 시퀀스를 제어할 수도 있다 (7.2절 참조).

■ 프리코딩 정보. Release 10 및 그 이후에서, 상향링크 전송에 사용된 프리코딩을 알려준다.

■ **채널 상태 요청 flag (1, 2, 혹은 3 bit)**. 네트웍은 상향링크 스케줄링 승인 내의 이 비트를 설정함으로써 UL-SCH 상으로 전송되는 비주기적 (aperiodic) 채널 상태 보고를 명시적으로 요청할 수 있다. CA의 경우에는 어떠한 하향링크 component 반송파의 CSI를 보고해야 하는 지를 알려주기 위하여 2비트가 사용되며 (10장 참조), 이는 5개보다 많은 반송파가 단말에 설정되는 경우에는 3비트로 늘어난다.

- **SRS 요청 (2 bit).** 7장에 설명하겠지만, 비주기적인 sounding을 시작하는 데 사용된다. 최대 3개까지 기설정된 형태 중에서 하나를 사용할 수 있다. Release 10에 도입된 SRS 요청은, 앞서 설명한 이유에 의하여 단말-특정 탐색 공간에서만 지원된다.
- **상향링크 인덱스/DAI (2 bit, 5개 이상의 반송파의 CA에 대해서는 4bit).** 이 필드는 TDD로 동작하는 경우에만 존재한다. 9장에 설명하겠지만, 상향링크-하향링크 설정 0 (상향링크에 많은 서브프레임이 할당된 설정)에서 이 필드는 어떠한 상향링크 서브프레임(들)이 해당 스케줄링 승인에 해당하는 지를 시그널링해주는 데 사용된다. 다른 상향링크-하향링크 설정들에 대해서는, 이 필드는 eNodeB가 HARQ 응답을 예상하는 하향링크 전송의 번호를 알려주는 하향링크 할당 인덱스로 사용된다.
- **PUSCH에 대한 송신 전력 제어 (2 bit)**
- **DCI 포맷 0과 1A를 구분하는 지시자 (indicator) (1 bit).** 같은 메시지 크기를 갖는 DCI 포맷 0과 1A를 구분하는 데 사용된다. 이 필드는 DCI 포맷 0과 1A에만 존재한다.
- **패딩.** DCI 포맷 0과 1A중 더 작은 포맷에는 패딩을 추가함으로써 상향링크 및 하향링크 셀 대역폭에 상관없이 항상 동일한 payload 크기를 보장한다. 패딩은 DCI 포맷 0과 DCI 포맷 4에 대한 DCI 크기가 서로 다르도록 보장하는 데에도 사용된다 (그런데, 서로 다른 정보의 양에 따라서 이미 payload 크기가 다르기 때문에, 실제로는 거의 이 용도로는 사용되지 않는다). 마지막으로, 특정 크기의 DCI에 대한 디코딩에서의 혼선을 막기 위하여 패딩이 사용된다.
- **해당 PUSCH 스케줄링 승인을 받아야 하는 단말의 신원 (RNTI) (16 bit).** 6.4.3절 및 6.4.4절에 설명되어 있듯이, 단말의 RNTI는 명시적으로 전송되지 않고 CRC 계산 시에 포함되어 은연중에 전달된다.

상향링크 스케줄링 승인에는 명시적으로 redundancy 버전을 시그널링하지 않는다. 이는 상향링크에서 동기식 (synchronous) HARQ 프로토콜을 사용하기 때문이다. 하향링크 데이터 전송에서는 재전송이 명시적으로 스케줄링되었던 것에 비하여, 동기식 HARQ 프로토콜에서는 일반적으로 PHICH 상의 NAK에 의하여 재전송이 일어나며 재전송이 명시적으로 스케줄링되지 않는다. 하지만 8장에 언급되어 있듯이, 재전송이 명시적으로 스케줄링될 가능성도 있으며, 이는 네트웍이 재전송을 실시하는 위치를 주파수축 상에서 옮기려는 경우에 효율적이다. 이때, PHICH 대신 PDCCH를 사용하게 된다. 변조 및 코딩 필드에서 남겨져 있는 3개의 값들은 redundancy 버전 1, 2, 3을 의미한다. 만약 이 값들 중 하나가 시그널링되면, 단말은 재전송에 대하여 최초 전송과 동일한 변조 및 코딩 방식을 가정해야 한다. 변조 및 코딩 필드 중 나머지 값들은 사용해야 할 변조 및 코딩 방식을 시그널링해주는 데 사용되며, 이 경우에는 redundancy

버전으로 버전 0이 사용되어야 함을 의미한다. 하향링크 스케줄링 할당의 경우와 다르게 사용되는 3가지 값들의 용도를 보면, 하향링크와는 달리 상향링크에서는 초기 전송과 재전송 사이에 변조 방식이 바뀔 수 없음을 알 수 있다.

6.4.7.1 상향링크 자원 블록 할당에 대한 시그널링

기본적인 상향링크 자원 할당 방식은 주파수 영역 상으로 연속적으로 할당되는 단일-클러스터 (single-cluster) 할당이다. 하지만, Release 10 및 그 이후에는 다중-클러스터 (multi-cluster) 상향링크 전송도 할 수 있다.

단일-클러스터 할당은 상향링크 자원 할당 타입 0을 사용하는데 이는 6.4.6.1절에서 설명된 하향링크 자원 할당 타입 2에서 localized/distributed 전송을 지시하는 1비트 flag가 1비트의 호핑 flag로 바뀐 것을 제외하고 동일하다. DCI 내의 자원 할당 필드는 상향링크 전송에 사용되는 VRB를 알려준다. 실제 서브프레임 내의 2개의 슬롯 내에서 사용되는 PRB는 7장에 설명되듯이 호핑 flag에 의하여 제어된다.

최대 2개의 클러스터까지 지원하는 다중-클러스터 할당은 자원 할당 타입 1을 사용하도록 Release 10 표준에서 도입되었다. 자원 할당 타입 1에서는 각각 주파수 상으로 연속적인 자원 블록으로 이루어진 2개의 클러스터의 시작 지점과 끝 지점이 인덱스로 인코딩된다. 상향링크 자원 할당 타입 1은 주파수 호핑을 지원하지 않는다 (따라서, 주파수 다이버시티는 2개의 클러스터를 사용함으로써 대신 얻어진다). 2개의 클러스터를 지시하는 것은 당연히 1개의 클러스터를 지시하는 것보다 추가적인 비트가 필요하다. 그러면서도 동시에 자원 할당 타입 1에 사용되는 총 비트 수는 타입 0의 비트 수와 같아야 한다. 이는 하향링크 자원 할당 타입 0과 1의 경우와 유사하다. DCI 포맷의 사이즈를 동일하게 하지 않으면, 단말이 blind 디코딩을 시도해야 하는 횟수가 늘어나는 단점이 있을 수 있다. 자원 할당 타입 1에는 주파수 호핑이 지원되지 않으므로, 해당 비트가 자원 할당 필드에 추가적으로 사용된다. 하지만, 1비트의 추가만으로는 아직도 모든 대역폭에 대하여 2개 클러스터 내의 자원 할당을 단일 자원 블록 단위로 알려주기에는 자원 할당 필드의 비트 수가 부족하다. 따라서, 하향링크 자원 할당 타입 0과 유사하게 자원 블록 대신에 자원 블록의 그룹이 사용되며 2개의 클러스터 내의 자원 블록 그룹의 시작 지점과 끝 지점이 알려진다. 그룹의 크기는 하향링크의 경우와 비슷하게 상향링크 반송파 대역폭에 따라 결정된다. 즉, 가장 작은 대역폭의 경우에는 그룹 크기가 단일 자원 블록이므로 (최대 2개의 클러스터까지만 허용되는 제약이 지켜지는 한) 자원 블록 단위로 원하는 자원 할당이 가능하다. 반면에, 가장 큰 대역폭의 경우에는 4개의 자원 블록이 하나의 그룹을 이룬다. 그림 6.36의 예에서는 25개의 자원 블록으로 이루어진 셀 대역폭이므로 그룹 크기는 2개의 자원 블록인 경우이다.

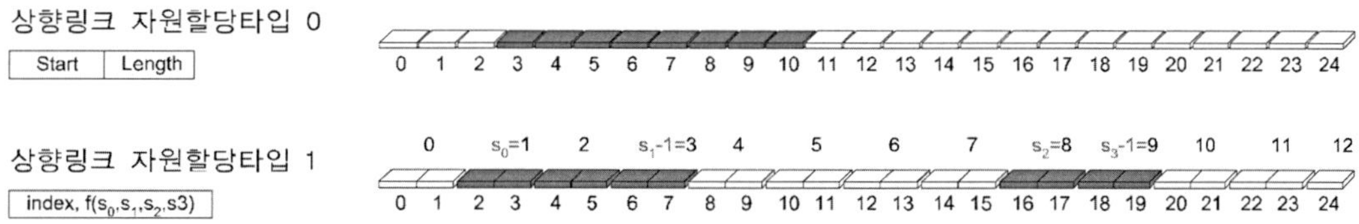

그림 6.36 상향링크 자원 할당 타입에 대한 설명 (25개의 자원 블록으로 이루어진 셀 대역폭의 경우의 예)

6.4.8 전력 제어 명령

하향링크 스케줄링 할당 및 상향링크 스케줄링 승인의 일부로서 전송되는 전력 제어 명령을 보완하기 위하여, DCI 포맷 3 (단말 당 2비트 명령) 및 3A (단말 당 1비트 명령)를 사용하여 전력 제어 명령을 전송할 수도 있다. DCI 포맷 3/3A의 주요 목적은 준-지속적 스케줄링(semi-persistent scheduling)에 대한 전력 제어를 지원하기 위해서이다. 전력 제어 메시지는 RNTI로 지정되는 단말 그룹으로 보내진다. 각 단말은 PUCCH 전력 제어용 RNTI와 PUSCH 전력 제어용 RNTI의 2개의 전력 제어 RNTI를 할당받을 수 있다. 비록 전력 제어 RNTI가 그룹내 단말에 공통적이더라도, 각 단말은 RRC 시그널링을 통하여 DCI 메시지 중 어떤 비트가 자기에게 해당되는 것인지를 알게 된다. 포맷 3과 3A에는 반송파 지시자는 포함되지 않는다.

07

상향링크 물리 계층 절차

이 장에서는 LTE 상향링크의 기본적인 물리 계층 기능들에 대하여 설명한다. 상향링크에 대한 설명은 본질적으로 이전 장에서의 하향링크에 대한 설명과 동일한 맥락으로, 7.1절에서 전송 채널 처리에 대하여, 7.2절에서 reference 신호 구조에 대하여, 7.3절에서 다중 안테나 전송에 대하여, 그리고 7.4절에서 상향링크 L1/L2 제어 채널 구조에 대하여 설명한다. 이어서, 7.5절에서 상향링크 전력 제어에 대하여 살펴보고, 마지막으로 7.6절에서 상향링크 시간 정렬 (timing alignment) 절차에 대하여 설명한다. 랜덤엑세스 (random access)와 같이 일부 특정 상향링크 기능 및 절차 등과 직접적으로 관련이 있는 물리 계층 동작에 대해서는 이후 장에서 별도로 살펴보도록 한다.

7.1 전송 채널 프로세싱

이 절에서는 상향링크 공용 채널 (UL-SCH)에 적용되는 물리 계층 절차 및 OFDM 시간-주파수 격자 형태의 상향링크 물리 자원의 매핑에 대하여 설명한다. 앞서 언급하였듯이, UL-SCH는 LTE에서 상향링크의 유일한 전송 채널로서[1] 상향링크의 모든 상위 계층 정보 (사용자 데이터 및 상위 계층 제어 시그널링 모두)를 전송하는 데 사용된다.

---

1) 엄밀히 말하면, 4장에 설명한 것처럼 LTE Random Access Channel 역시 전송 채널의 종류로 정의되어 있다. 그러나, RACH는 단지 layer-1의 프리앰블에 지나지 않으며 실제로는 전송 채널 데이터를 담고 있지 않다.

7.1.1 프로세싱 단계

단일 반송파를 전송하는 경우의 UL-SCH 물리 계층 프로세싱 단계가 그림 7.1에 나타나 있다. 하향링크의 경우와 유사하게, 상향링크 CA의 경우에는 서로 다른 component 반송파 별로 별도의 물리 계층 프로세싱을 가진 별도의 전송 채널에 해당된다.

상향링크 전송 채널 프로세싱의 각 단계는 아래에 정리되어 있다. 상향링크 전송 채널 프로세싱의 대부분의 단계는 6.1절에서 설명된 하향링크 전송 채널 프로세싱에 대응하는 단계와 유사하다. 각 단계별 보다 자세한 설명은, 해당 하향링크 전송 채널 프로세싱 관련 내용을 참조하도록 한다.

- ***전송 블록 당 CRC 삽입.*** 24비트의 CRC가 계산되어 각 상향링크 전송 블록에 붙여진다.
- ***코드 블록 분할 및 코드 블록 당 CRC 삽입.*** 하향링크에서와 동일한 방법으로, 6144 비트보다 큰 전송 블록에는 코드 블록 분할 및 코드 블록 당 CRC 삽입이 이루어진다.
- ***채널 코딩.*** 하향링크에서 사용된 QPP-기반의 내부 인터리버를 가진 동일한 1/3 코딩률의 터보 코딩이 상향링크에도 사용된다.
- ***Rate matching 및 물리 계층 HARQ 기능.*** LTE 상향링크 HARQ의 상향링크 물리 계층 형태는 기본적으로 서브 블록 인터리빙과 순환 버퍼 (circular buffer)의 비트 수집 (bit collection)과 이어지는 비트 선택 (bit selection)과 같이 하향링크에 대응되는 기능과 동일하다. 동기식 (synchronous) 동작과 비동기식 (asynchronous) 동작과 같이, 어떤 측면에서는 하향링크과 상향링크 HARQ 프로토콜 사이에 분명한 차이가 있으나 (8장 참조), 이러한 차이점은 실제 HARQ 기능의 물리 계층 형태에서는 드러나지 않는다.
- ***비트 단위 스크램블링.*** 상향링크 스크램블링의 목적은 하향링크와 동일하다. 즉, 상향링크 간섭을 랜덤하게 하고 따라서 채널 코딩에 의한 이득을 최대한 이용하기 위해서이다.
- ***데이터 변조.*** 하향링크 DL-SCH 전송과 유사하게, QPSK, 16QAM, 64QAM 변조가 상향링크 전송 채널 전송에 사용될 수 있다. 256QAM은 아직 지원되지 않는다.
- ***DFT 프리코딩.*** 그림 7.2에 설명되어 있듯이, M개의 심볼로 이루어진 블록 형태의 변조심볼들이 크기-M의 DFT로 입력된다. 이때 M은 전송에 할당된 부반송파의 개수에 해당된다. 프리코딩을 하는 이유는 송신 신호의 cubic metric을 줄이기 위해서이다 [10]. 구현의 복잡도 측면에서 보면 DFT 크기는 2의 지수승으로 제한되는 것이 바람직하다. 그러나, 이러한 제한은 상향링크 전송에 대하여 할당할 수 있는 자원의 양 측면에서의 스케줄러의 유연성을 지나치게 제한할 수 있다. 유연성의 관점에서는 모든 가능한 DFT 크기가 허용되어야 한다. LTE에서는 구현의 용이성과 자원 할당의 유연성 두 가지 목적 사이에서

중간 정도의 절충으로서, DFT 크기가 2, 3, 5의 곱으로만 제한된다. 예를 들어, 60, 72, 96 크기의 DFT는 허용되지만 84 크기의 DFT는 허용되지 않는다.2) 이러한 방법으로 DFT는 비교적 낮은 복잡도의 radix-2, radix-3, radix-5 FFT 프로세싱 조합으로 구현된다.

- ***안테나 매핑.*** 안테나 매핑은 DFT 프리코더의 출력을 하나 혹은 여러 개의 안테나 포트로 매핑을 하며, 이는 이어서 물리 자원 (OFDM 시간-주파수 격자)으로 매핑된다. LTE의 첫 번째 릴리즈 (Release 8 및 9)에서는 상향링크에 대하여 단일 안테나 전송만 지원되었었다.3) 그러나, LTE Release 10에서는 상향링크에 대해서도 최대 4개의 안테나 포트를 고려한 안테나 프리코딩의 다중 안테나 전송이 추가되었다. 좀 더 자세한 LTE 상향링크 다중 안테나 전송에 대해서는 7.3절을 참조한다.

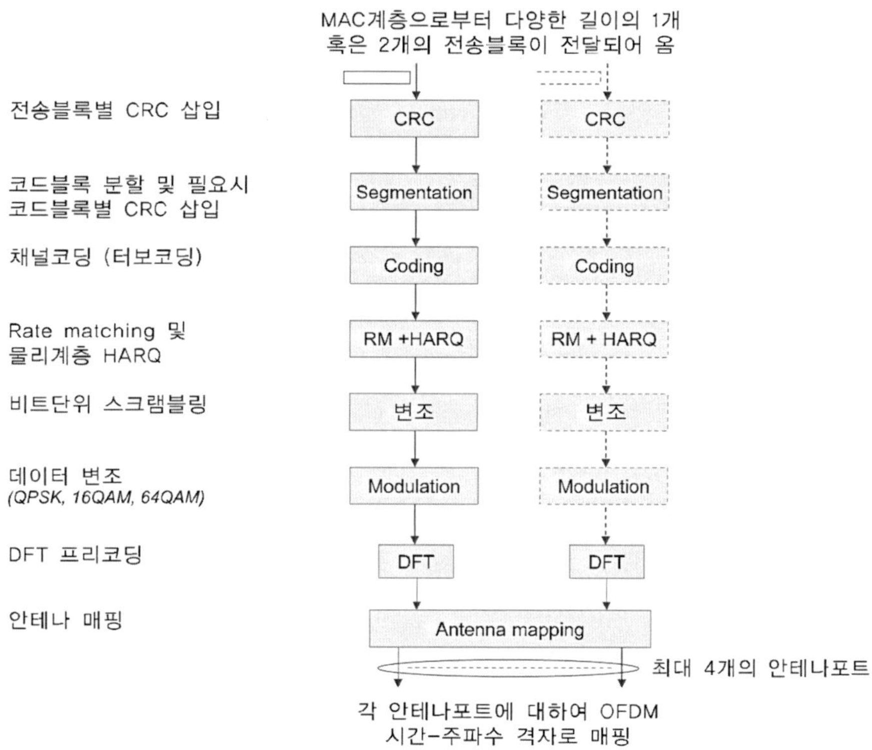

그림 7.1 UL-SCH에 대한 물리 계층 프로세싱

2) 상향링크 자원 할당은 항상 12개의 부반송파의 크기를 가지는 자원 블록 단위로 이루어진다. 따라서 DFT 크기는 항상 12의 배수이다.

3) 실제로, 상향링크의 안테나 선택 (antenna selection) 기법은 Release 8부터 LTE 표준에 포함되어 있었다. 그러나, 이는 필수 기능이 아니라 단말에 있어서 선택적인 기능으로서, 오늘날 어떠한 상용 단말에도 아직 구현되지 않았다.

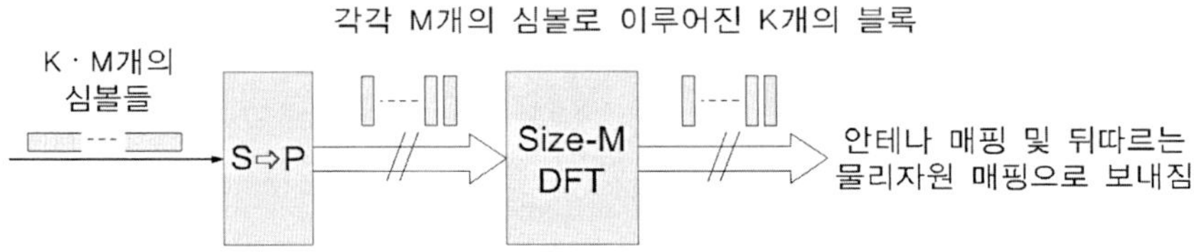

그림 7.2 각각 M개의 변조심볼로 이루어진 K개의 블록에 대한 DFT

7.1.2 물리 자원 매핑

스케줄러는 상향링크 전송, 즉 UL-SCH 전송 채널을 전달하는 PUSCH 물리 채널의 전송에 사용되는 자원 블록 pair를 할당한다. 각 자원 블록 pair는 시간축 상으로 14개의 OFDM 심볼(하나의 서브프레임) 길이이다.[4] 그러나, 7.2.1절에 언급하겠지만 이 중 24개의 심볼은 상향링크 복조 reference 신호 (demodulation reference signal)로 사용되므로 PUSCH 전송에 사용될 수 없다. 또한, 추가적으로 하나의 심볼이 sounding reference 신호의 전송에 사용될 수도 있다(7.2.2절 참조). 따라서, 각 서브프레임 당 11 혹은 12개의 OFDM 심볼이 PUSCH 전송에 사용될 수 있다.

그림 7.3은 안테나 매핑 출력단의 K·M개의 DFT-프리코딩된 심볼들이 OFDM 시간-주파수 격자로 매핑되는 것이다. 여기서, K는 하나의 서브프레임 내에서 가능한 OFDM 심볼 수 (11 혹은 12개)를 의미하며 M은 부반송파 개수로 표시되는 할당된 대역폭이다. 하나의 자원 블록 pair에는 12개의 부반송파가 있으므로, 할당된 자원 블록 pair가 N개이면 $M = N \cdot 12$가 된다.

그림 7.3은 할당된 자원 블록 pair가 주파수 영역에서 연속적인 것을 가정한다. 이는 DFTS-OFDM의 전형적인 가정이며, LTE Release 8 및 9에서는 반드시 이렇게만 사용되었다. 왜냐하면, DFT-프리코딩된 신호들을 주파수 연속적인 자원 엘리먼트에 할당하는 것이 상향링크 전송의 cubic metric 특성을 좋게 유지하는 데 도움을 주기 때문이다. 하지만, 이러한 제한 사항은 상향링크 스케줄러에 지나친 제약을 주어 항상 바람직한 것은 아니다. 따라서, LTE Release 10에서는 PUSCH 전송에 대하여 일부 주파수 영역 상에서 서로 떨어진 자원을 할당할 수도 있도록 하였다. 좀 더 구체적으로, Release 10에서는 그림 7.4에서와 같이 상향링크 전송이 주파수축 상으로 서로 떨어져 있는 최대 2개의 클러스터로 이루어진 자원에도 할당될 수 있다. 여기서, 각 클러스터는 N_1개 및 N_2개의 자원 블록 pair로 구성된다. 이러한 다중-클러스터 전송의 경우에는, 주파수 영역 상에서 총 할당된 자원 (즉, 양쪽 클러스터 모두 합한 자원)에 대하여 DFT 프리코딩이 수행된다. 따라서, ($M = M1 + M2$로 표시되는) 전체 할당된 대역폭이 앞서 설명된 가능한 DFT 크기의 제약에 따라 선택되어야 한다.

4) Extended cyclic prefix의 경우에는 12개의 심볼

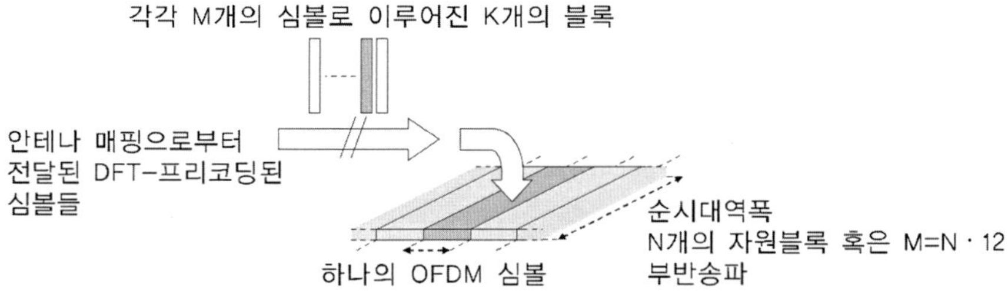

그림 7.3 상향링크 물리 자원으로의 매핑

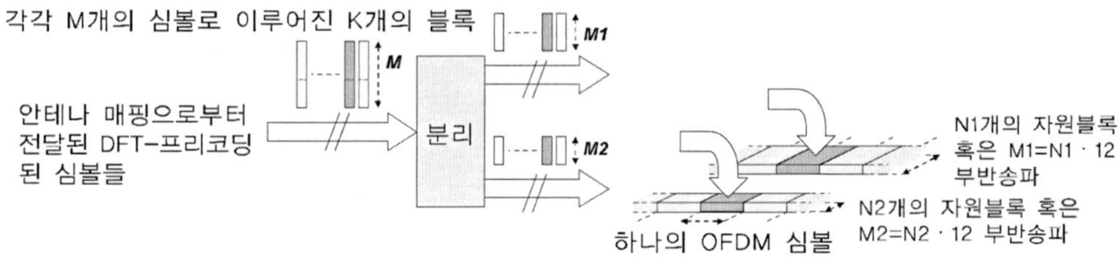

그림 7.4 상향링크 다중-클러스터 전송

7.1.3 PUSCH 주파수 호핑

6장에서 VRB (virtual resource block)의 개념과 VRB에서 PRB (physical resource block)로의 매핑을 통해 어떻게 하향링크 분산형 전송 (distributed transmission), 즉 주파수 영역에서 어떻게 하향링크 전송을 퍼뜨려서 전송하는 것이 가능한지 살펴보았다. 살펴본 것처럼, 하향링크 분산형 전송은 다음의 두 가지 단계로 이루어져 있다. (1) 연속적인 VRB pair는 주파수 연속적인 PRB pair로 매핑되지 않도록 하는 VRB pair에서 PRB pair로의 매핑 단계. (2) 각 자원 블록 pair 내에서도, 두 자원 블록이 특정한 주파수 간격을 두고 전송되도록 하는 단계. 두 번째 단계는 슬롯 단위에서의 주파수 호핑으로 볼 수 있다.

LTE 상향링크에 대해서도 상향링크에서의 주파수 영역 분산형 전송을 위하여 VRB의 개념이 사용될 수 있다. 그러나 상향링크에서는 다중-클러스터 전송이 사용되지 않는 경우에는 단말이 항상 연속적인 부반송파들 상으로 전송해야 하기 때문에, 하향링크 분산형 전송의 첫 번째 단계인 자원 블록 pair를 분산시키는 것은 불가능하다. 따라서, 상향링크 분산형 전송은 하향링크 분산형 전송의 두 번째 단계, 즉 서브프레임의 첫 번째 슬롯에서의 전송과 두 번째 슬롯에서의 전송 사이에서 주파수를 다르게 하는 것과 유사하다. 따라서, PUSCH에 대한 상향링크 분산형 전송은 상향링크 주파수 호핑 (frequency hopping)이라 부를 수 있다.

PUSCH를 위해 정의된 상향링크 주파수 호핑은 다음의 두 가지가 있다.

- 셀-특정 호핑/미러링 패턴에 따른 서브밴드-기반 (subband-based) 호핑
- 스케줄링 승인 내 명시적인 호핑 정보에 따른 호핑

다중-클러스터 전송에서는 2개의 클러스터를 적절한 위치에 배치함으로써 주파수 다이버시티를 꾀할 수 있기 때문에, 다중-클러스터 전송에 대해서는 상향링크 주파수 호핑이 지원되지 않는다.

7.1.3.1 셀-특정 호핑/미러링 패턴에 따른 서브밴드-기반 호핑

셀-특정 호핑/미러링 (hopping/mirroring) 패턴에 따른 서브밴드-기반 (subband-based) 호핑을 지원하기 위하여, 그림 7.5와 같이 전체 상향링크 주파수 대역에 대하여 특정 크기의 연속적인 서브밴드의 집합이 정의된다. 상향링크 주파수 대역의 양쪽 가장자리의 몇 개의 자원 블록은 PUCCH 상의 L1/L2 제어 시그널링 전송에 사용되므로, 서브밴드가 전체 상향링크 주파수 대역을 차지하지 않음에 유의한다. 예를 들어 그림 7.5에서 전체 상향링크 대역폭은 50개의 자원 블록이고 여기에는 각각 11개의 자원 블록으로 이루어진 4개의 서브밴드가 존재한다. 6개의 자원 블록은 호핑 대역폭 내에 포함되지 않고, 예를 들면 PUCCH 전송에 사용될 수 있다.

서브밴드-기반의 호핑의 경우, 스케줄링 승인에 의해 제공받는 VRB가 셀-특정 호핑 패턴에 따라서 해당하는 PRB로 매핑된다. 실제 전송에 사용되는 자원인 PRB는 스케줄링 승인으로 받은 자원에 셀-특정 호핑 패턴에 따라 수 서브밴드만큼 이동한 자원이 된다. 이때 호핑 패턴은 각 슬롯에 대해 서로 다른 이동을 줄 수 있다. 그림 7.6과 같이 단말에는 VRB 27, 28, 29가 할당되었다. 첫 번째 슬롯에서는 사전에 정의된 호핑 패턴값이 1이고, 이는 PRB 38, 39, 40을 사용하여 전송하는 것을 의미한다. 두 번째 슬롯에서는 사전에 정의된 호핑 패턴값 3을 취하는데 이는 자원 블록 16, 17, 18을 사용하여 전송하는 것을 의미한다. 4개의 서브밴드의 경우 서브밴드 3개를 이동하라는 것은 1개의 서브밴드만큼 반대 방향으로 이동하는 것과 동일하며, 이를 'wraps-around' 이동이라 한다. 호핑 패턴이 셀-특정이므로, 즉 셀 내의 모든 단말에 동일한 패턴이므로, 단말이 VRB를 서로 겹쳐지지 않게 할당받았다면 서로 다른 PRB도 역시 서로 겹치지 않는다.

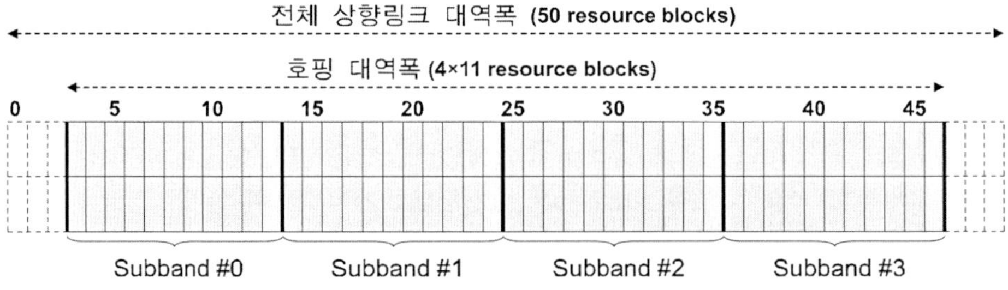

그림 7.5 PUSCH 호핑을 위한 서브밴드의 정의. 각각 11개의 자원 블록들로 이루어진 4개의 서브밴드

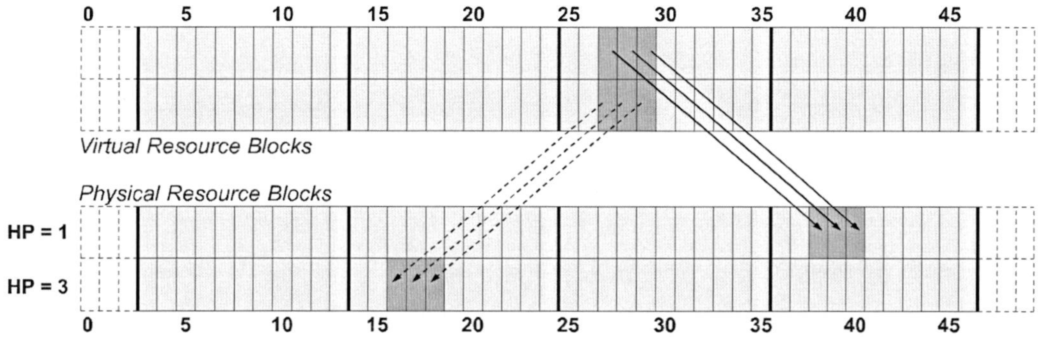

그림 7.6 사전에 정의된 호핑 패턴에 따른 호핑

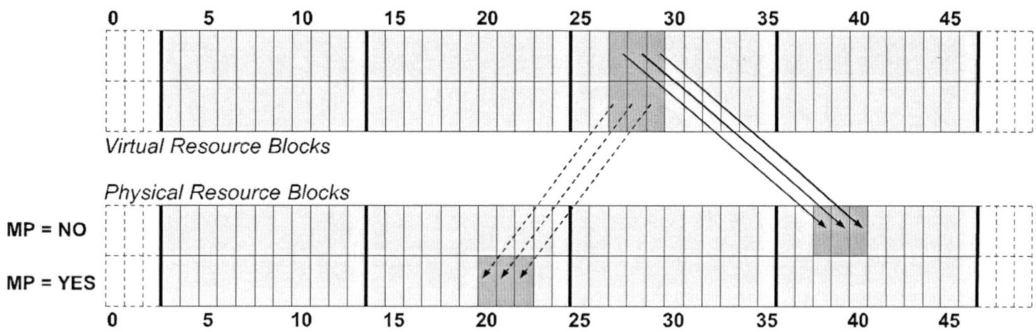

그림 7.7 사전에 정의된 호핑/미러링 패턴에 따른 호핑/미러링. 그림 7.6와 동일한 호핑 패턴

호핑 패턴에 추가적으로, 셀 내에는 셀-특정 미러링 패턴이 정의되어 있다. 미러링 패턴은 슬롯 기반으로 각 서브밴드 내에 할당된 자원에 미러링을 적용할 지의 여부를 제어한다. 본질적으로, 미러링이란 각 서브밴드 내의 자원 블록의 번호가 왼쪽에서 오른쪽으로 매겨지는 것이 아니라 오른쪽에서 왼쪽으로 매겨지는 것을 의미한다. 호핑과 결합한 미러링이 그림 7.7에 설명되어 있다. 그림의 첫 번째 슬롯에서는 미러링이 적용되지 않고 두 번째 슬롯에는 미러링이 적용된 패턴을 보이고 있다.

호핑 패턴과 미러링 패턴은 모두 물리 계층 셀 ID에 따라 달라지므로, 따라서 이웃하는 셀들 사이에서는 일반적으로 서로 다르다. 또한, 호핑/미러링 패턴의 주기는 한 프레임에 해당된다.

7.1.3.2 명시적인 호핑 정보에 따른 호핑

앞에서 설명된 셀-특정 호핑/미러링 패턴에 따른 호핑/미러링과 다른 방법으로서, PUSCH에 대한 상향링크 슬롯 기반 주파수 호핑은 스케줄링 승인에서 제공되는 명시적인 호핑 정보에 의해 제어될 수도 있다. 이러한 경우 스케줄링 승인은 다음을 포함한다.

- 첫 번째 슬롯에서 상향링크 전송에 사용되는 자원에 대한 정보. 즉, 호핑하지 않는 경우의 자원 정보.
- 두 번째 슬롯에서 상향링크 전송에 사용되는 자원의 첫 번째 슬롯 대비한 오프셋 정보.

앞에서 언급한 셀-특정 호핑/미러링 패턴에 따른 호핑과 스케줄링 승인의 명시적인 정보에 따른 호핑 사이의 선택은 동적으로 수행될 수 있다. 보다 구체적으로, 50개의 자원 블록보다 작은 셀 대역폭의 경우에는, 호핑이 셀-특정 호핑/미러링 패턴을 따라야 하는지 스케줄링 승인의 정보를 따라야 하는지를 알려주는 1비트가 존재한다. 후자의 경우 호핑은 항상 호핑 대역폭의 절반만큼 뛰게 된다. 큰 대역폭 (50개 자원 블록 이상)의 경우에는, 스케줄링 승인에 2비트가 존재한다. 2비트로 만드는 4개의 조합 중 하나는 호핑이 셀-특정 호핑/미러링 패턴을 따라야 하는지의 여부를 알려주며, 나머지 세 개가 각각 호핑 대역폭의 1/2, +1/4, −1/4 만큼의 호핑을 가리킨다. 그림 7.8에 50개의 자원 블록에 해당하는 셀 대역폭의 경우에 대해 스케줄링 승인의 정보에 따른 호핑이 나타나 있다. 첫 번째 서브프레임은 스케줄링 승인이 호핑 대역폭의 1/2 만큼의 호핑을 지시하고 있다. 두 번째 서브프레임은, 스케줄링 승인이 호핑 대역폭의 1/4 만큼의 호핑을 지시하고 있다. (반대 방향으로 3/4만큼의 호핑과 동일.) 마지막으로 세 번째 서브프레임은 스케줄링 승인이 호핑 대역폭의 1/4만큼 반대 방향으로의 호핑을 지시하고 있다.

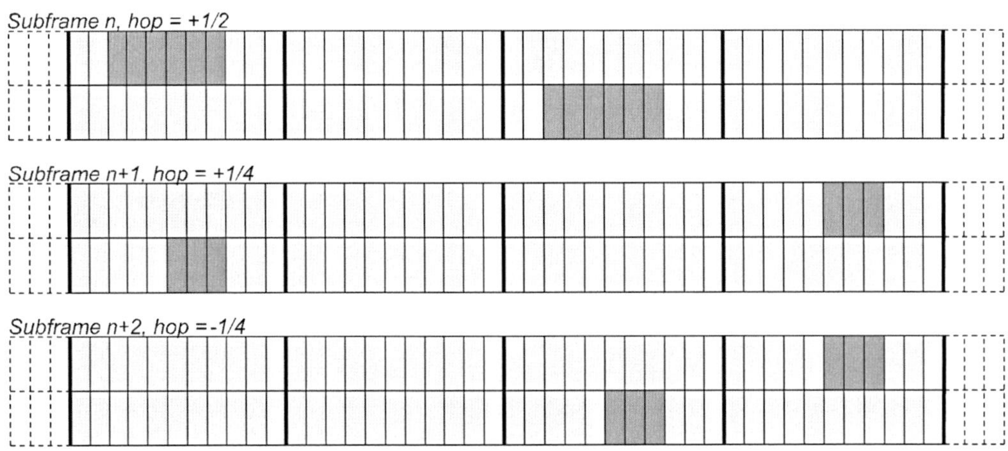

그림 7.8 명시적인 호핑 정보에 따른 주파수 호핑

7.2 상향링크 reference 신호

하향링크과 유사하게 LTE 상향링크에서도 reference 신호가 전송된다. LTE 상향링크에는 다음의 2가지 종류의 reference 신호가 있다.

- 상향링크 복조 reference 신호 (demodulation reference signal, DM-RS). 이는 상향링크 물리 채널 (PUSCH 및 PUCCH)에 대한 coherent 복조를 위하여 기지국이 채널 추정을 하는 데 사용된다. 따라서, DM-RS는 항상 PUSCH 혹은 PUCCH와 같이 전송되며 해당 물리 채널과 동일한 대역폭으로 전송된다.
- 상향링크 sounding reference 신호 (SRS). 이는 기지국이 상향링크 채널에 따른 스케줄링 (channel-dependent scheduling) 및 링크 적응 (link adaptation)을 위한 채널 추정을 하는 데 사용된다. SRS는 전송할 데이터는 없으나 상향링크 전송이 필요한 경우에도 사용된다. 일례는 상향링크 시간 정렬 (uplink timing-alignment) 절차에 따라서 네트워이 상향링크 전송 시간을 조절하는 경우에는 상향링크 전송이 필요할 수 있다 (7.6절 참조).

7.2.1 상향링크 복조 reference 신호

상향링크 DM-RS는 UL-SCH 전송 채널이 매핑되는 PUSCH (Physical Uplink Shared Channel)의 coherent 복조를 위한 채널 추정에 사용되며, 여러 가지 형태의 L1/L1 제어 시그널링을 전달하는 PUCCH (Physical Uplink Control Channel)의 coherent 복조를 위해서도 필요하다. 몇 가지 차이점들이 있지만, 기본적인 상향링크 DM-RS 구조는 PUSCH와 PUCCH에 대하여 동일하다. 차이점 중 하나는 reference 신호가 전송되는 OFDM 심볼(들)이 다르다는 점을 들 수 있다. 다음 설명은 주로 PUSCH DM-RS에 초점을 두어 진행하며, PUCCH DM-RS 구조에 대한 추가적인 설명은 7.4절에서 상향링크 L1/L2 제어 시그널링을 설명하면서 함께 설명하도록 한다.

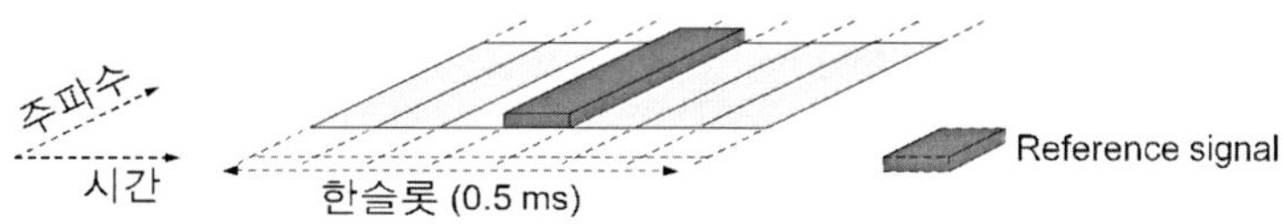

그림 7.9 PUSCH 전송의 경우, 슬롯 내의 상향링크 reference 신호 전송

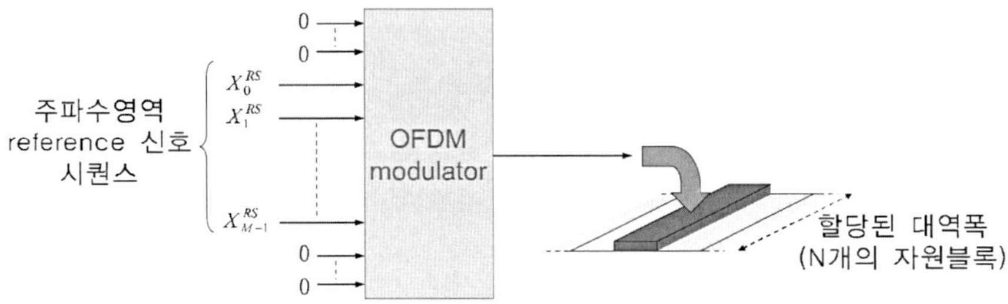

그림 7.10 주파수 영역 reference 신호 시퀀스로부터의 상향링크 reference 신호 생성

7.2.1.1 시간-주파수 구조

상향링크 전송을 위해서는 낮은 cubic metric과 이에 따른 높은 전력 증폭기의 효율이 중요하기 때문에, 상향링크 reference 신호 전송에 대한 원리는 하향링크와는 다르다. 기본적으로, 동일한 단말이 다른 상향링크 전송과 함께 reference 신호를 전송하는 것은 상향링크에서는 적절치 못하다. 대신 특정한 OFDM 심볼이 전적으로 DM-RS 전송에 사용되며, 따라서 상향링크 reference 신호는 동일한 단말로부터 다른 상향링크 전송 (PUSCH 및 PUCCH)과 시간 다중화(time multiplexed)된다. 아울러, 해당 심볼은 아래 설명하는 바와 같이 reference 신호의 구조 자체가 낮은 cubic metric을 보장하게 된다.

보다 구체적으로, PUSCH 전송의 경우 DM-RS는 각 상향링크 슬롯의 네 번째 심볼에 전송된다[5] (그림 7.9 참조). 따라서, 각 서브프레임 내에는 한 슬롯 당 한 번씩 총 두번의 reference 신호 전송이 존재한다.

PUCCH 전송의 경우, reference 신호 전송에 사용되는 OFDM 심볼의 개수와 슬롯 내 이 심볼들의 정확한 위치는 7.4절에 설명되어 있듯이 서로 다른 PUCCH 포맷에 따라 달라진다.

일반적으로, reference 신호와 함께 전송되는 PUSCH/PUCCH 전송 주파수 대역 바깥쪽의 채널을 추정해야 할 이유는 없다. 따라서, 상향링크 DM-RS가 차지하는 주파수 범위는 해당하는 PUSCH/PUCCH 전송이 차지하는 순시 주파수 범위와 동일하다. 이는, PUSCH 전송의 경우에 있어서 가능한 PUSCH 전송 대역폭이 변함에 따라 이에 대응하는 서로 다른 길이의 reference 신호 시퀀스를 생성할 수 있어야 함을 의미한다. 보다 구체적으로, 12·N 부반송파에 해당하는 대역폭의 reference 신호를 생성할 수 있어야 한다. 이때 N은 자원 블록 개수로 표현되는 PUSCH 전송 대역폭을 의미한다.[6]

상향링크 전송의 종류 (PUSCH 혹은 PUCCH)와 관계 없이, 각 reference 신호 전송의 기본 구조는 동일하다. 그림 7.10과 같이 상향링크 reference 신호는 OFDM 변조기의 연속적인 입력

5) 확장 CP의 경우에는 세 번째 심볼이 된다.
6) 7.1.1절에서 설명한 것과 같이 지원되는 DFT 크기에 제한이 있으므로, N값에는 추가적인 제약이 있을 수 있다.

(연속적인 부반송파)으로 매핑되는 주파수 영역 reference 신호로 정의된다. 앞서 설명하였듯이, PUSCH 전송의 경우에는 주파수 영역 reference 신호 시퀀스의 길이는 M = 12·N 이며, 이때 N은 자원 블록 개수로 표현되는 PUSCH 대역폭이다. PUCCH 전송의 경우에는 reference 신호 시퀀스의 길이는 항상 12이다.

7.2.1.2 기본 시퀀스

상향링크 reference 신호는 다음과 같은 특징을 가져야 한다.

- 모든 주파수에 대하여 비슷한 채널 추정 품질을 얻기 위하여 주파수 영역에서 전력의 편차가 작을 것 (small power variation). 이는 시간 영역에서 전송되는 reference 신호가 우수한 cross-correlation 특성을 가지는 것과 동일하다는 사실에 유의한다.
- 송신 신호의 낮은 cubic metric을 얻기 위하여 시간 영역에서 제한적인 전력의 편차 (limited power variation)를 가질 것

이에 덧붙여, reference 신호를 셀에 할당할 때 어떤 reference 신호를 할당할 것인지 등의 계획 및 설계 (cell planning)가 지나치게 힘들지 않도록, 특정한 reference 신호의 대역폭에 해당하는 주어진 길이의 reference 신호 개수가 충분히 많아야 한다.

Zadoff-Chu 시퀀스라 불리는 시퀀스는 주파수 영역과 시간 영역에서 모두 일정한 전력을 가지는 특성을 가지고 있다 [34]. M_{ZC}길이를 가지는 Zadoff-Chu 시퀀스 세트 중에서 q번째 Zadoff-Chu 시퀀스의 M_{ZC}개 시퀀스 값들은 다음과 같이 표현될 수 있다.

$$Z_k^q = e^{-j\pi q \frac{k-(k+1)}{M_{ZC}} 0 \leq k \leq M_{ZC}} \tag{7.1}$$

주파수 및 시간 영역의 작은 전력 편차 관점에서, Zadoff-Chu 시퀀스는 상향링크 reference 신호 시퀀스로서 탁월하다. 그러나 Zadoff-Chu 시퀀스를 LTE의 상향링크 reference 신호 시퀀스로 직접 사용하는 것은 다음과 같은 이유로 적절하지 않다.

- 특정 길이의 사용 가능한 Zadoff-Chu 시퀀스의 개수, 즉 위의 (7.1)에서 가능한 파라미터 q 값 개수는, 시퀀스 길이 M_{ZC}에 대하여 소수인 (prime) 정수의 개수와 같다. 따라서, Zadoff-Chu 시퀀스의 개수를 최대화함으로써 결과적으로 상향링크 reference 신호의 개수를 최대화하기 위해서는 Zadoff-Chu 시퀀스 길이가 소수인 것이 바람직하다. 그러나, 상향링크 reference 신호 시퀀스의 길이는 항상 12의 배수이어야 하는데, 이는 당연히 소수가 아니다.

- 협대역 상향링크 전송 대역폭에 해당하는 짧은 시퀀스 길이에 대해서는, 비록 시퀀스를 소수 길이의 Zadoff-Chu 시퀀스를 기반으로 만들더라도 이용 가능한 reference 신호 시퀀스의 개수는 매우 적게 된다.

따라서 LTE에서는 3개의 자원 블록보다 같거나 큰 전송 대역폭에 해당하는, 즉 36과 같거나 이보다 큰 길이의 reference 신호 시퀀스는 M_{ZC} 길이의 Zadoff-Chu 시퀀스의 순환확장 (cyclic extension)으로 만들어진다 (그림 7.11 참조). 이때, M_{ZC}는 원하는 reference 신호 시퀀스의 길이 이하의 숫자 중에서 가장 큰 소수이다. 예를 들어, 36이하의 숫자 중에서 가장 큰 소수는 31이고, 따라서 길이 36의 reference 신호는 길이 31의 Zadoff-Chu 시퀀스의 순환확장으로 정의된다는 것을 의미한다. 이렇게 하면, 이용 가능한 시퀀스의 개수는 30개로, Zadoff-Chu 시퀀스의 길이보다 1개 적은 수가 된다. 보다 큰 시퀀스 길이에 대해서는 더 많은 시퀀스가 가용하다. 예를 들어, 길이 72의 reference 신호 시퀀스에 대해서는 70개의 시퀀스가 가용하다.[7)]

각각 1개 및 2개의 자원 블록의 전송 대역폭에 해당하는 길이 12 및 길이 24의 시퀀스에 대해서는, Zadoff-Chu 기반의 시퀀스 대신에 컴퓨터 검색 (computer search)을 통하여 찾아낸 특수한 QPSK 기반의 시퀀스들이 사용되며, 이 시퀀스들은 LTE 규격에 명시적으로 나열되어 있다. 두 가지 시퀀스 길이에 대하여 각각 30개의 시퀀스가 가용하다.

따라서, 각각의 시퀀스 길이에 대하여 적어도 30개의 시퀀스가 존재한다. 하지만 이들이 실제로 모두 기본 시퀀스로 사용되는 것은 아니다.

- 6개의 자원 블록보다 작은 reference 신호 대역폭인, 72보다 짧은 길이의 시퀀스에 대해서는 30개의 시퀀스가 사용된다.
- 6개 혹은 그보다 많은 자원 블록에 해당하는 reference 신호 대역폭인, 72와 같거나 이보다 긴 길이의 시퀀스에 대해서는 60개의 시퀀스가 사용된다.

이 시퀀스들은 30개의 시퀀스 그룹으로 나뉘어지는데, 1개의 그룹은 72보다 짧은 길이의 시퀀스 1개와 72와 같거나 더 긴 길이의 시퀀스 2개를 가지고 있다. 따라서, 0부터 29의 값을 가지는 그룹 인덱스 (group index)를 사용하면 72보다 짧은 길이에서 기본 시퀀스가 무엇인지 정확히 구분할 수 있으며, 72와 같거나 더 긴 길이의 시퀀스의 경우에는 0 또는 1의 값을 가지는 시퀀스 인덱스 (sequence index)를 그룹 인덱스와 함께 사용하면 특정 길이의 기본 시퀀스가 무엇인지 정확히 구분할 수 있다.

7) 72 이하의 숫자 중에서 가장 큰 소수는 71이다. 따라서, 시퀀스의 개수는 Zadoff-Chu 시퀀스의 길이 (70)보다 1개 적은 수가 된다.

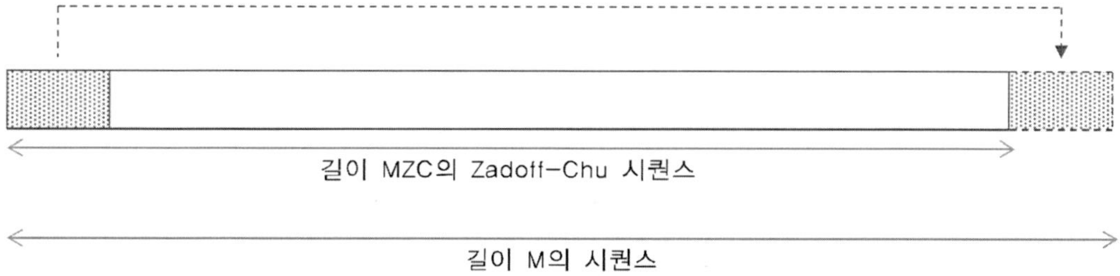

그림 7.11 길이 M_{ZC}의 Zadoff-Chu 시퀀스의 순환확장을 통한 길이 M의 시퀀스 생성

7.2.1.3 위상 회전 및 orthogonal cover code

바로 앞 절에서 기본 시퀀스에 대하여 설명하였듯이, 그림 7.12에 나타난 것처럼, 동일한 기본 reference 신호 시퀀스의 주파수 영역에서 서로 다른 선형 위상 회전 (phase rotation)을 적용함으로써 추가적인 reference 신호 시퀀스들을 만들어낼 수 있다.

주파수 영역에서 선형 위상 회전을 가하는 것은 시간 영역에서 cyclic shift를 가하는 것과 동일하다. 따라서, 비록 그림 7.12에서 서로 다른 주파수 영역 위상 회전이라고 정의되어 있지만, LTE 규격에서는 이는 종종 동일한 기본 reference 신호 시퀀스에 서로 다른 cyclic shift를 적용하는 것으로 언급되기도 한다. 여기서는 보다 정확한 용어인 '위상 회전'이라는 용어를 사용하도록 한다. 그러나, 여기서 '위상 회전'이라고 언급되는 것이 때로는 약간은 부정확한 표현일지라도 종종 cyclic shift라고 언급되기도 한다는 것을 유념하기 바란다.

서로 다른 reference 신호 시퀀스로부터 정의된 DM-RS는 일반적으로 비교적 낮기는 하지만 0이 아닌 상호상관 값 (mutual correlation)을 갖는다. 반면에, 동일한 기본 reference 신호 시퀀스의 서로 다른 위상 회전으로 정의된 reference 신호들은 완벽하게 서로 직교하여 서로 간에 간섭이 없도록 만들 수 있다. m이 0부터 11까지 변화하는 경우, 그림 7.12에서 α값이 $m\pi/6$ $m\pi/6$와 같은 값을 갖게되면 서로 직교할 수도 있다.[8] 따라서 각 기본 reference 신호 시퀀스로부터 최대 12개까지의 직교 reference 신호를 정의할 수 있다.

그러나, 이러한 reference 신호들 사이의 직교성을 수신단에서도 보존하기 위해서는 12개의 부반송파 (한 자원 블록)가 차지하는 영역에서 채널이 주파수 상으로 일정해야 (비선택적이어야) 한다. 이를 달리 표현하면, 채널의 시간축 상으로 퍼지는 정도 (time dispersion)가 앞에 언급한 cyclic shift의 길이를 넘지 않아야 한다. 만약 그렇지 않으면, 모든 가능한 α값을 사용하기가 힘들며 그 중 일부만을 사용할 수 있다. 예를 들어, 총 12개의 값 중에서 $\{0, 2\pi/6, 4\pi/6, \ldots, 10\pi/6\}$ 와 같은 6개의 α값만 사용되거나 혹은 더 적은 값만이 사용될 수 있다. α에 대한

8) 직교성 (orthogonality)은 $\alpha = m\pi/6$에 대하여 12개의 부반송파에 걸쳐서 (한 자원 블록에 걸쳐서) 정수 개의 full-circle 회전 (rotation)이 존재한다는 사실로부터 얻을 수 있다.

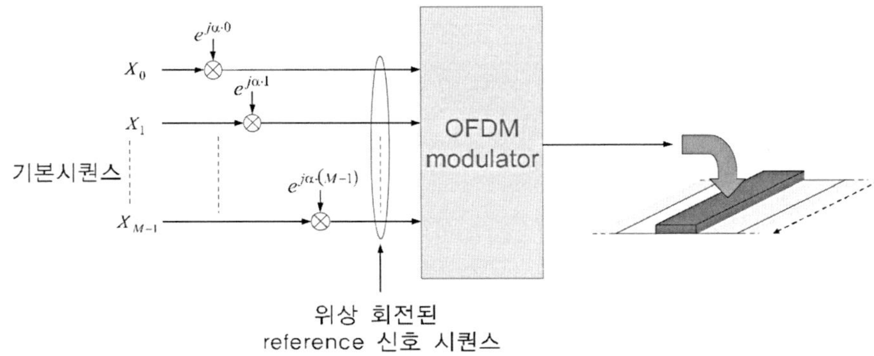

그림 7.12 기본 시퀀스에 위상 회전을 줌으로써 상향링크 reference 신호 시퀀스들을 생성

값을 제한한다는 것은 더 적은 개수의 부반송파에서의 직교성을 의미하고, 이는 채널의 주파수 선택성(frequency selectivity)에 대해 덜 민감해지는 것을 의미한다. 다른 말로하면, 서로 다른 위상 회전을 통하여 만들어낼 수 있는 직교 reference 신호의 개수와 감당해낼 수 있는 채널의 주파수 선택성 사이에는 상호절충 (trade-off)의 관계가 있다.

동일한 기본 reference 신호 시퀀스의 서로 다른 위상 회전으로부터 정의된 reference 신호 사이의 직교성을 위해 필요한 또 하나의 조건은, reference 신호가 비교적 시간적으로 비슷하게 수신되어야 한다는 것이다. 따라서, 위상 회전의 주요 용도는 다음과 같다.

- 상향링크 다중 layer 전송의 경우에 하나의 단말로부터 복수 개의 reference 신호를 지원하는 데 사용된다. (상향링크 공간 다중화는 6.3.1절 참조.)
- 셀 내에서 동일한 자원 즉 자원 블록이 복수 개의 단말에 대한 PUSCH 전송에 사용되는 경우에 단말 간의 직교 reference 신호를 제공하는 데 사용된다. (상향링크 MU-MIMO는 6.3.2절 참조.)

셀들 사이의 동기를 가정하면, 위상 회전은 인접한 셀들 사이의 단말 간에 서로 직교하는 reference 신호를 제공하는 데도 사용될 수 있다. 마지막으로, 위상 회전은 PUCCH 전송의 경우에 서로 다른 단말의 reference 신호를 구분하는 데도 사용된다 (7.4절 참조).

서로 다른 위상 회전을 사용하는 것 이외에도, OCC (Orthogonal Cover Code)를 사용하여 서로 직교하는 reference 신호 전송을 만들 수도 있다. 그림 7.13과 같이 길이 2인 두 개의 서로 다른 OCC (각각 [+1 +1], [+1 -1])를 하나의 서브프레임 내의 두 개의 PUSCH reference 신호 전송에 적용할 수 있다. 이를 통하여 아래의 가정 하에 서브프레임 내에서 DM-RS 직교성을 제공할 수 있다.

- 서브프레임 내에서 채널이 크게 바뀌지 않는다.

- 슬롯 2개의 reference 신호는 동일하다.[9)]

위상 회전과 비슷하게, 서로 다른 OCC에 기반한 reference 신호 전송 사이의 수신단 직교성 역시 수신단의 시간 동기를 필요로 한다. 따라서, OCC를 사용하는 것 역시 본질적으로 앞서 설명한 위상 회전의 경우와 동일하다.

- 상향링크 공간 다중화의 경우에 동일한 단말로부터 상향링크 전송에 복수 개의 reference 신호를 제공하는 데 사용된다.
- 셀 내에서 동일 자원에 스케줄링되는 단말 사이에 서로 직교하는 reference 신호를 제공하는 데 사용된다 (상향링크 UL-MIMO).
- 셀들 사이의 동기가 이루어진 경우에, 인접한 셀들 사이의 상향링크 전송 reference 신호 사이의 직교성을 제공하는 데 사용된다.

그러나, OCC를 사용한 직교성의 경우는, 위상 회전의 경우와는 달리, 두 개의 DM-RS (그림 7.13의 DM-RS 0 및 DM-RS 1)에 대하여 동일한 기본 시퀀스가 사용될 필요가 없다. 사실 2개의 reference 신호는 동일한 대역폭을 가질 필요조차 없으며, 단지 DM-RS 0 및 DM-RS 1 두 개의 reference 신호 사이의 상호상관이 두 슬롯에 걸쳐서 동일하기만 하면 된다. 따라서, OCC는 서로 다른 대역폭의 PUSCH 전송 사이의 reference 신호 직교성을 얻는 데에도 사용될 수 있다.

위상 회전과 유사하게, OCC 역시 PUCCH 전송의 경우 DM-RS에 적용될 수도 있다. 물론, 이 경우 서로 다른 PUCCH DM-RS의 시간 영역 구조에 따라서 PUSCH의 경우와는 약간 다른 방법으로 사용이 된다 (7.4절 참조).

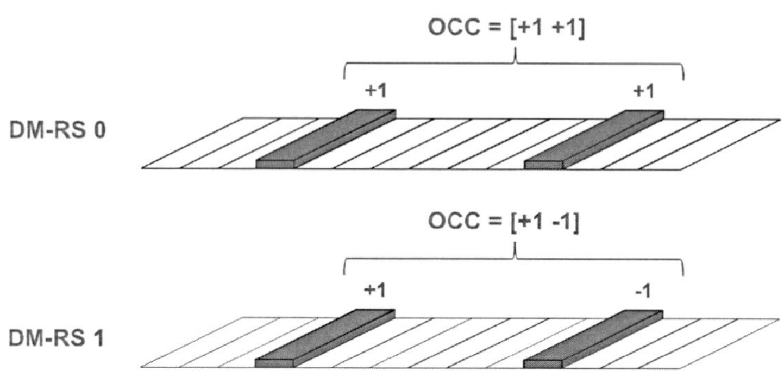

그림 7.13 orthogonal cover code를 통한 복수 개의 DM-RS 생성

9) 엄격하게 말하면, 필요한 조건은 오직 그림 11.13의 DM-RS 0과 DM-RS 1의 reference 신호 사이의 상관 (correlation)이 두 슬롯에 걸쳐서 같으면 된다는 것이다. 따라서, 만약 두 슬롯에 대한 reference 신호가 동일하다면 이 조건을 만족한다.

7.2.1.4 기본 시퀀스 할당

앞서 설명한 것처럼, 주어진 길이의 각 기본 시퀀스는 0~29의 값을 가지는 그룹 인덱스와 0 혹은 1의 값을 가지는 시퀀스 인덱스의 유일한 조합에 해당된다. 따라서, 특정 단말이 어떤 기본 시퀀스를 사용하는 지를 결정하는 기본 시퀀스 할당은 해당 그룹 인덱스 및 시퀀스 인덱스를 할당하는 것과 같다.[10)]

Release 11 이전에는 기본 시퀀스 할당이 셀-특정의 방식이었다. 즉, 주어진 슬롯에 대하여 동일한 서빙 셀을 가진 모든 단말에 대한 그룹 인덱스 및 시퀀스 인덱스는 동일하였다.

(호핑을 하지 않는) 고정적인 그룹 할당의 경우에는 PUCCH 전송에 사용되는 시퀀스 그룹은 슬롯들 사이에서 변하지 않으며, Release 11 이전에는 물리 계층 셀 ID에 의하여 직접적으로 주어진다. 보다 구체적으로 말하면, 그룹 인덱스는 (11장에서 설명되는 것과 같이) 0~503의 값을 가지는 셀 ID에 modulo 30을 한 형태로 주어진다. 따라서, 셀 ID가 0, 30, 60, ⋯, 480인 경우에는 시퀀스 그룹 0에 해당하며, 셀 ID가 1, 31, 61, ⋯, 481인 경우에는 시퀀스 그룹 1에 해당한다.

반면에, PUSCH 전송에 사용되는 시퀀스 그룹은 PUCCH 그룹 인덱스에 대한 셀 시스템 정보의 일부로서 제공되는 오프셋을 추가함으로써 셀 단위로 명시적으로 설정될 수 있다. 셀 내에서 PUSCH 전송을 위해 사용되는 시퀀스 그룹에 대하여 명시적으로 알려줄 수 있는 수단을 만들어 놓은 이유는, 일반적으로 서로 다른 셀 ID를 가지고 있는 이웃하는 셀의 PUSCH 전송에서도 동일한 시퀀스 그룹을 사용할 수 있도록 하기 위해서이다. 이러한 경우, 두 셀 간의 PUSCH 전송을 위한 reference 신호는 7.2.1.3절에서 설명된 것과 같이 서로 다른 위상 회전이나 OCC에 의하여 구별 되며, 이를 통하여 셀들 사이의 reference 신호 직교성도 가능하게 된다.[11)]

그룹 호핑의 경우, 추가적인 셀-특정 그룹 호핑 패턴이 시퀀스 그룹에 추가되며, 이에 따라 셀의 그룹 인덱스가 슬롯 단위로 변화하는 것이 가능하다. Release 11 이전에는, 그룹 호핑 패턴은 셀 ID에 의해서도 얻어지며, 하나의 셀 내에서는 PUSCH와 PUCCH에 대하여 동일한 그룹 호핑 패턴이 사용되었다.

시퀀스 길이가 72 이상인 경우에는, reference 신호 시퀀스는 그룹 인덱스 뿐만 아니라 시퀀스 인덱스에 대해서도 달라진다. 시퀀스 인덱스는 항상 0의 값을 가지는 고정 (호핑하지 않는 경우)이거나, 시퀀스 호핑 패턴에 따라서 슬롯 간에 변할 수 있다. 그룹 호핑과 유사하게, 시퀀스 호핑 역시 Release 11 이전에는 셀-특정의 성격을 가지며 물리 계층 셀 ID에 의하여 주어졌다.

---

10) 72보다 짧은 길이의 기본 시퀀스에 대해서는 시퀀스 인덱스가 항상 0이다.

11) 이는 셀들 사이의 엄격한 시간동기를 가정한다.

LTE Release 11에서는 단말-특정의 기본 시퀀스 할당을 할 수 있는 기능이 도입되었다. 즉, Release 11에서는 PUSCH 및 PUCCH에 대하여 사용되는 그룹 인덱스 및 시퀀스 인덱스가 서빙 셀 ID와는 상관없이 특정 단말에 대하여 명시적으로 설정될 수 있다. 단말-특정의 기본 시퀀스 할당은 6.2.2절에서 설명한 단말-특정의 하향링크 DM-RS를 도입한 것과 상당히 유사하다. 즉, 마치 "가상 셀 ID (virtual cell identity)"와 같이 여겨질 수 있는 ID로 단말을 명시적으로 설정할 수 있는 가능성을 제공함으로써, 이를 설정한 경우에는 그룹 인덱스 및 시퀀스 인덱스를 추출하는 데 있어서 이 ID가 물리적인 셀 ID를 대체하도록 하였다. 하향링크 DM-RS의 경우와 마찬가지로, 가상 셀 ID가 설정되지 않았다면 단말은 앞서 설명한 것처럼 셀-특정 기본 시퀀스 할당을 가정하여 동작해야 한다.

단말이 하나의 "가상 셀 ID"를 사용하여 PUSCH 및 PUCCH를 위한 기본 시퀀스를 추출하도록 설정되지 않음에 유의하도록 한다. 대신, 2개의 서로 다른 "가상 셀 ID"를 사용하여 PUSCH 및 PUCCH에 대한 단말-특정의 설정이 각각 이루어진다.

상향링크 reference 신호의 할당에 대하여 완전한 단말-특정 설정을 가능하도록 한 주요한 이유는 상향링크 다중 지점 수신 (multi-point reception. CoMP)을 개선하기 위해서이다. 상향링크 다중 지점 수신의 경우에는, 상향링크 전송이 단말의 서빙 셀에 해당하는 수신 지점이 아니라 다른 셀에 해당하는 수신 지점에서 수신될 수도 있다. 수신 품질을 높이기 위해서는 이러한 수신 지점에서 수신되는 서로 다른 단말들이 서로 다른 서빙 셀을 가지고 있더라도, 이러한 단말에 대한 reference 신호 사이에 직교성을 가지는 것이 좋다. 이를 위하여, reference 신호는 셀-특정 방식으로는 안 되며 대신 단말 단위로 할당할 수 있어야 한다. 다중 지점 수신에 대해서는, 13장에서 다중 지점 조정 및 송신을 설명하면서 좀 더 자세히 다루어진다.

7.2.1.5 위상 회전 및 OCC 할당

앞서 논의하였듯이, PUSCH DM-RS에 대한 위상 회전 및 OCC의 주요 용도는 공간 다중화의 경우에 있어서 서로 다른 layer에 대하여 직교하는 reference 신호를 가능하도록 하며, 하나의 셀 내에서 동일 자원 위에서 스케줄링되는 서로 다른 단말 (MU-MIMO) 혹은 동기가 잘 맞아 있는 인접하는 셀 사이의 서로 다른 단말에 대하여 직교하는 reference 신호를 가능하도록 하는 데 있다.

동일한 자원 위에 어떤 단말이 동시에 스케줄링되는 지에 대한 유연성을 제한하지 않기 위하여 위상 회전 및 OCC의 할당은 동적으로 이루어질 수 있다. 따라서, 그림 7.12의 위상 파라미터 m으로 주어지는 정확한 위상 회전 및 OCC는 네트웍에 의하여 주어지는 상향링크 승인의 일부로 포함된 하나의 파라미터로 함께 주어진다. 이 파라미터의 각 값들은 단말에 의하여 전송되는 각 layer에 대한 위상 회전 및 OCC의 특정 조합에 해당된다. 공간 다중화의 경우에는 서로 다른 layer는 본질적으로 서로 다른 위상 이격이 할당되며, 대체로 서로 다른 OCC가 할당된다. 서로 다른 단말에 서로 다른 파라미터 값들을 제공함으로써 단말은 서로 다른 위상 이격 및 OCC의 조합을 할당받게 된다. 이에 따라, 하나의 셀 내에서 혹은 서로 다른 셀 사이에서 직교하는 reference 신호를 사용할 수 있어서 보다 개선된 MU-MIMO 성능을 제공할 수 있다.

7.2.2 Sounding reference 신호

7.2.1절에서 논의된 상향링크 DM-RS는 기지국에서의 상향링크 물리 채널 (PUSCH, PUCCH)의 coherent 복조를 위한 상향링크 채널 추정의 목적으로 사용된다. DM-RS는 해당 물리 채널과 같이 전송되며 항상 같은 주파수 대역에서 전송된다.

반면에 sounding reference 신호 (SRS)는, 기지국이 서로 다른 주파수 위치의 상향링크 채널 상태 (channel state)를 추정할 수 있도록 하기 위하여 상향링크로 전송되는 신호이다. 예를 들어, 이러한 채널 상태 추정은 기지국이 특정 단말로부터 상향링크 PUSCH 전송을 순시 채널 품질이 좋은 자원 블록에 스케줄링하는 데 사용될 수 있다 (이를 상향링크 채널에 따른 스케줄링이라고 한다). 또한, 순시 데이터 속도와 같은 여러 가지 전송 파라미터 및 상향링크 다중 안테나 전송에 관련된 여러 가지 파라미터를 선택하는 데 사용될 수도 있다. SRS로부터 얻어지는 채널 정보는, TDD 시스템에서 하향링크 채널에 따른 스케줄링에서와 같이, 하향링크와 상향링크의 채널 특성이 같다는 channel reciprocity를 활용하여 하향링크 전송에도 사용될 수 있다. 앞서 언급한 것처럼, SRS는 상향링크로 보낼 데이터는 없지만 상향링크 전송이 필요한 경우에도 사용될 수 있다. 예를 들어, 상향링크 시간 정렬 (timing alignment) 절차의 일환으로 수행하는 상향링크 시간 추정 (timing estimation)을 들 수 있다. 따라서, SRS는 반드시 다른 물리 채널과 함께 전송될 필요는 없으며, 만약 PUSCH와 함께 전송된다면 SRS는 일반적으로 PUSCH가 전송되는 위치와는 다른 주파수에서 전송되고 대체로 PUSCH의 대역보다 더 넓은 주파수에서 전송된다.

LTE 상향링크에는 두 가지 종류의 SRS 전송이 정의되어 있다. LTE Release 8부터 정의되어 있는 주기적 SRS 전송이 있으며, LTE Release 10에 도입된 비주기적 SRS 전송이 있다.

7.2.2.1 주기적 SRS 전송

단말로부터 주기적 SRS 전송은, 짧게는 매 2 ms 마다 (매 두 서브프레임마다) 길게는 매 160 ms 마다 (매 16개 프레임마다) 정해진 시간 간격마다 일어난다. 서브프레임 내에서 SRS가 전송될 때는 그림 7.14과 같이 서브프레임의 마지막 심볼에서 전송된다. TDD에서는 UpPTS 안에서도 SRS가 전송될 수 있다.

주파수 영역 상에서, SRS 전송은 스케줄러가 관심 있는 주파수 대역을 커버해야 한다. 이는 다음의 두 가지 방법으로 수행될 수 있다.

- 그림 7.15의 윗 그림과 같은 단일 SRS 전송으로 관심 있는 전체 주파수 대역에 대한 채널 품질을 추정할 수 있도록 충분히 넓은 SRS 전송을 한다.
- 그림 7.15의 아래 그림과 같은 협대역의 SRS를 주파수 영역에서 호핑하면서 전송함으로써 이러한 SRS 전송들이 합쳐져서 관심 있는 주파수 대역을 커버하도록 한다.

순시 SRS 대역폭은 항상 4개 자원 블록의 배수로 이루어진다. 하나의 셀 내에서 서로 다른 대역폭을 가진 SRS 전송이 동시에 이루어질 수 있다. 4개 자원 블록에 해당하는 협대역 SRS는 상향링크 셀 대역폭에 상관없이 항상 가용하다. 이보다 광대역의 SRS는 하나의 셀 내에서 최대 3개까지 추가로 설정 가능하다. 이에 따라서 특정 단말은 셀 내에서 가용한 최대 4개의 SRS 대역폭 중에서 하나를 사용하도록 명시적으로 설정된다.

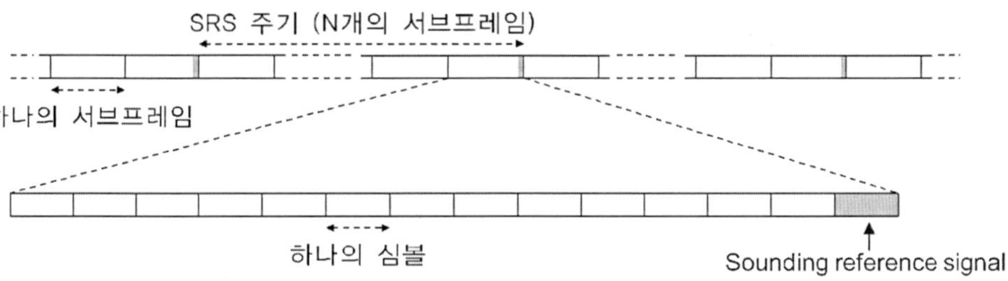

그림 7.14 SRS 전송

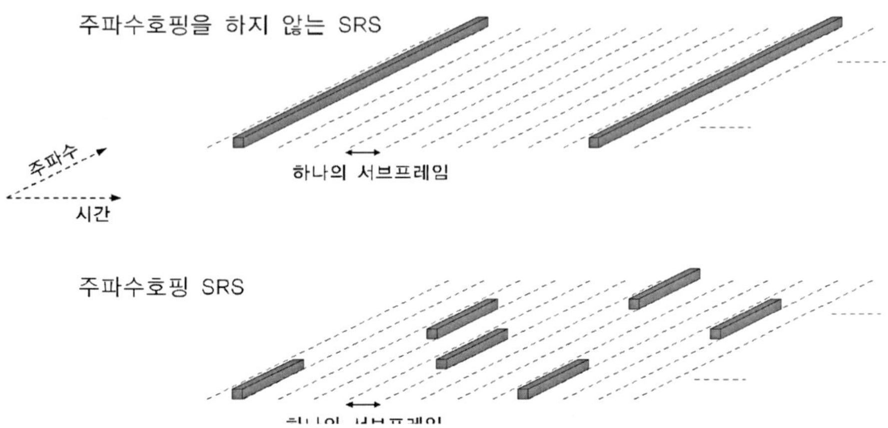

그림 7.15 주파수 호핑을 하지 않는 (광대역) SRS와 주파수 호핑 SRS

만약 어떤 단말이 특정 서브프레임에서 SRS를 전송중이라면, 이 SRS 전송은 주파수 영역에서 셀 내의 다른 단말로부터 PUSCH 전송과 겹칠 수도 있다. 서로 다른 단말들로부터 PUSCH 전송과 SRS 사이의 충돌을 피하기 위하여, 단말은 SRS 전송이 일어나는 OFDM 심볼에서는 PUSCH 전송을 하지 말아야 한다. 이를 위하여, 셀 내의 모든 단말은 어떤 서브프레임에서 누군가에 의해 SRS가 전송될 것인지에 대한 정보를 알고 있으며, 따라서 해당 서브프레임의 마지막 OFDM 심볼에서는 모든 단말이 PUSCH 전송을 하지 말아야 한다. SRS가 전송될 수 있는 서브프레임에 대한 정보는 셀 시스템 정보로 알려진다.[12)]

SRS에 대하여 좀 더 자세히 살펴보면, SRS의 구조는 7.2.1절에서 살펴본 DM-RS와 유사하다. 보다 구체적으로 설명하면, SRS 역시 DM-RS의 경우와 마찬가지로 주파수 영역의 reference 신호 시퀀스로 정의된다. 즉, 시퀀스 길이가 30 이상인 경우에는 소수 길이의 Zadoff-Chu 시퀀스의 순환 확장으로 만들어지며 길이가 30보다 작은 경우에는 특수 시퀀스로 만들어진다. 그러나 SRS의 경우에는 reference 신호 시퀀스가 그림 7.16에 나타난 '빗 (comb)' 모양으로 부반송파를 하나씩 건너서 매핑된다. SRS 전송 대역폭이 항상 4개 자원 블록의 배수라는 것을 생각해보면, SRS에 대한 reference 신호 시퀀스의 길이는 항상 24의 배수가 된다.[13)] 셀 내에서 SRS 전송에 사용되는 reference 신호 시퀀스는, 셀-특정 reference 신호 시퀀스 할당을 가정하며 셀 내에서 PUCCH DM-RS의 경우와 동일한 방식으로 만들어진다. 단말-특정 reference 신호 시퀀스는 SRS에 대해서는 지원되지 않는다.

Release 13부터는 상위 계층의 설정에 따라서 이전 릴리즈와 같은 두 개가 아니라 네 개의 서로 다른 comb를 사용할 수 있다. 4개의 서로 다른 comb를 사용하는 경우에는, 매 초마다 매 4번째 부반송파가 사용된다. 이는 FD-MIMO의 도입으로 증가된 안테나 수를 처리하기 위해 SRS의 다중화 용량을 늘리기 위해서이다 (10장 참조).

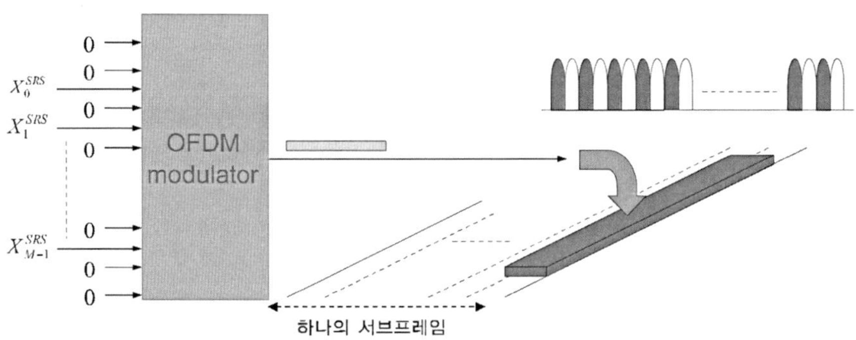

그림 7.16 주파수 영역 reference 신호 시퀀스로부터의 SRS의 생성

12) 시스템 정보의 일부로서 제공되는 정보는 주기 (2-160 ms) 및 서브프레임 오프셋이다.
13) 각각 12개의 부반송파를 차지하는 4개의 자원 블록 내의 부반송파 자원에 대하여 한 부반송파씩 건너뛰면서 특정 SRS 전송에 사용된다.

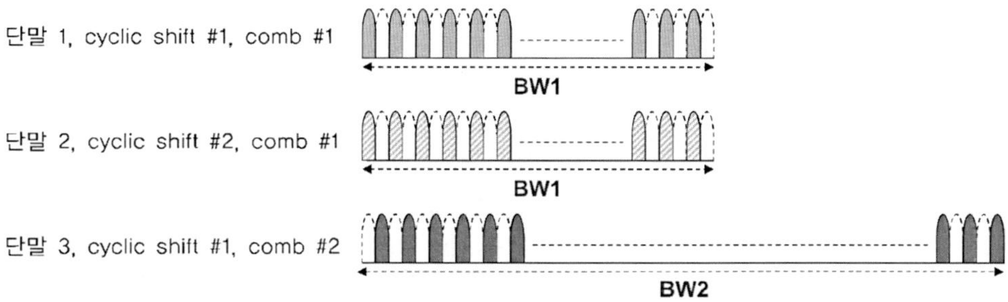

그림 7.17 서로 다른 단말로부터의 SRS 전송의 다중화

복조 reference 신호와 유사하게, 서로 다른 위상 회전 (SRS에 대해서도 이는 종종 'cyclic shift' 라고 불리기도 한다)을 사용하여 서로 직교하는 서로 다른 SRS를 생성할 수 있다. 서로 다른 단말에 서로 다른 위상 회전을 할당함으로써, 그림 7.17의 윗 부분의 단말 #1과 단말 #2의 경우에서 볼 수 있듯이 여러 개의 SRS가 동일한 서브프레임에서 동시에 전송될 수 있다. 그러나, 이 경우에는 직교성을 유지하기 위하여 reference 신호가 동일한 주파수 대역을 차지해야 한다.

서로 다른 단말로부터 SRS를 동시에 전송할 수 있는 또 하나의 방법은 각 SRS가 한 부반송파 건너 하나씩의 부반송파에만 전송된다는 사실을 이용하는 것이다. 따라서 두 단말로부터 SRS 전송은 그림 7.17의 아랫쪽의 단말 #3와 같이 두 SRS에 서로 다른 주파수 이격 (shift)을 주어, 즉 'comb' 형태로 주파수 다중화될 수 있다. 서로 다른 'cyclic shift'에 의한 SRS 전송의 다중화와는 달리 주파수 다중화에 의한 SRS 전송은 각 SRS 전송이 반드시 동일한 주파수 대역을 차지할 필요가 없다.

정리하면, SRS 전송의 특징을 정의하는 아래와 같은 파라미터들이 있다.

- SRS 전송에 대한 시간 영역에서의 주기 (2-160 ms) 및 서브프레임 오프셋
- SRS 전송 대역폭. 하나의 SRS 전송이 차지하는 대역폭
- 호핑 대역폭. SRS 전송이 주파수 상으로 호핑하는 주파수 영역
- 주파수 영역 상의 위치. 주파수 영역 상 SRS 전송이 시작하는 위치
- 전송 comb. 그림 7.17 참조
- Reference신호 시퀀스의 위상 회전 (혹은 cyclic shift)
- Comb의 개수 (Release 13에 도입됨)

SRS 전송을 하는 단말은 상위 계층 (RRC) 시그널링에 의하여 위와 같은 파라미터들이 설정된다.

7.2.2.2 비주기적 SRS 전송

주기적 SRS와는 달리 비주기적 SRS는 스케줄링 승인의 일부로서 PDCCH 상의 시그널링으로 수행되는 한 번의 전송이다. 비주기적 SRS 전송의 주파수 영역 구조는 주기적 SRS와 동일하다. 또한, 주기적 SRS 전송과 마찬가지로 비주기적 SRS 역시 서브프레임의 마지막 심볼에 전송된다. 아울러, 언제 비주기적 SRS가 전송되는지의 시간은 상위 계층 시그널링을 사용하여 단말 별로 설정된다.

비주기적 SRS의 주파수 영역 파라미터 (대역폭, "comb"의 홀수 위치인지 짝수 위치인지 등)는 상위 계층 (RRC) 시그널링에 의하여 설정된다. 그러나, PDCCH/EPDCCH 상으로 명시적인 SRS trigger가 전달되기 전까지 단말은 실제로 SRS를 전송하고 있지는 않다. 명시적인 trigger를 받으면, 해당하는 단말은 이미 설정된 주파수 영역 파라미터를 사용하여 바로 다음 번 SRS 전송 시점에 한 번의 비주기적 SRS 전송을 수행한다. 추가적으로 trigger가 수신되면 이에 따라 추가적으로 SRS 전송이 이루어질 수 있다.

비주기적 SRS에는, 예를 들면 SRS 전송의 주파수 위치 및/혹은 comb 전송에 따라서, 3개의 서로 다른 파라미터 집합을 설정할 수 있다. 실제 SRS 전송이 이루어질 때 어떤 파라미터를 사용하는 것인지에 대한 정보는 PDCCH/EPDCCH L1/L2 제어 시그널링 정보 안에 들어 있으며, 2비트로 이루어져 있는데 3개의 조합이 3개의 특정 SRS 파라미터 집합을 가리킨다. 4번째 조합은 SRS 전송을 하지 말 것을 지시하는 것이다.

7.3 상향링크 다중 안테나 전송

하향링크 다중 안테나 전송은 LTE 규격에 대한 첫 번째 릴리즈 (Release 8)부터 지원되었다. LTE Release 10에서는 상향링크 다중 안테나 전송, 즉 단말단에서 복수 개의 송신 안테나를 사용한 상향링크 전송 방식이 도입되었다. 상향링크 다중 안테나 전송은 상향링크 링크 성능 및/혹은 시스템 성능을 향상시키는 데 사용될 수 있다.

- 상향링크 물리 데이터 채널인 PUSCH에 대하여 최대 4개의 layer까지의 공간 다중화를 지원하는 안테나 프리코딩을 통하여 상향링크 전송에서 가능한 데이터 속도 및 주파수 효율을 늘린다.
- 상향링크 물리 제어 채널인 PUCCH에 대하여 송신 다이버시티를 통하여 상향링크 제어 채널의 성능을 향상시킨다.

7.3.1 PUSCH에 대한 프리코딩 기반의 다중 안테나 전송

그림 7.18에서 볼 수 있듯이, 하향링크 코드북에 기반하지 않은 프리코딩 (그림 6.18)과 비슷하게 (layer당 하나의) 프리코딩된 DM-RS가 존재하는 것을 포함하여, 상향링크 안테나 프리코딩의 구조는 하향링크 안테나 프리코딩 (6.3절)과 매우 유사하다. 상향링크 안테나 프리코딩은 최대 4개의 layer까지 공간 다중화가 가능하도록 최대 4개의 안테나 포트를 사용할 수 있다.

변조 심볼을 layer로 매핑하는 원칙 역시 하향링크의 경우와 동일하다. 최초 전송에 대해서는 단일 layer의 경우에는 하나의 전송 블록이, 1개 이상의 layer의 경우에는 2개의 전송 블록이 존재한다 (그림 7.19 참조). 하향링크와 비슷하게, HARQ 재전송에서 어떤 경우에는 여러 개의 layer로 하나의 전송 블록이 전송될 수도 있다.

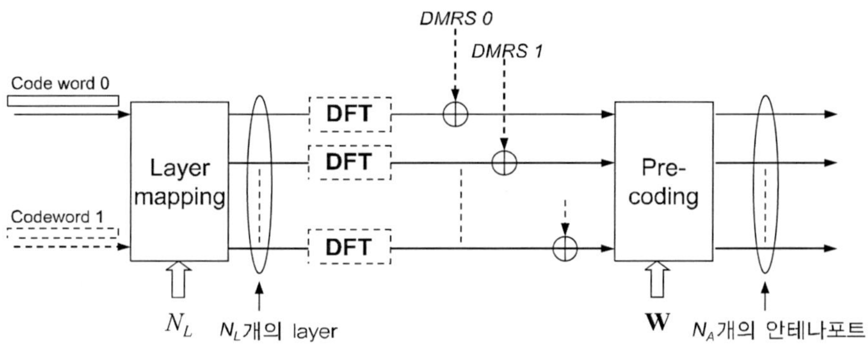

그림 7.18 LTE 상향링크에 대한 프리코딩에 기반한 다중 안테나 전송

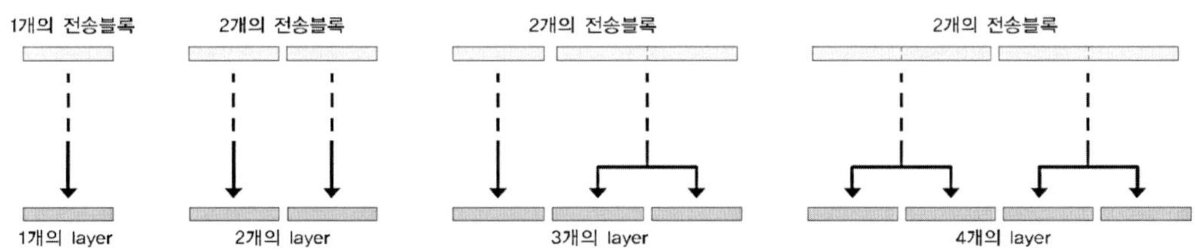

그림 7.19 상향링크 전송 채널에서 layer로의 매핑 (최초 전송의 경우)

그림 7.18에서 볼 수 있듯이, DFT 프리코딩은 layer 매핑 이후에 이루어진다. 즉, 각 layer 별도로 DFT 프리코딩된다. 간단하게 표시하기 위하여 그림 7.1에서 전체적인 물리 계층 전송 채널 절차를 표시할 때에는 이러한 것이 보이지 않았었다.

또한, 그림 6.19와 대비하여, 그림 7.18의 프리코딩은 회색으로 처리되어 있지 않음에 유의한다. 6.3.3절에서 논의하였듯이, 하향링크의 코드북에 기반하지 않은 프리코딩에서는 안테나 매핑에서의 프리코딩 부분은 규격에서는 드러나보이지 않으며 따라서 네트웍은 본질적으로 하향링크 전송에 대하여 어떠한 형태의 프리코딩이든지 사용할 수가 있다. 프리코딩된 DM-RS를 사용하기 때문에 단말은 송신단에서 정확히 어떠한 프리코딩이 사용되었는 지를 알 필요없이 서로 다른 layer를 복원해낼 수 있다.

동일한 사항이 상향링크에서도 적용된다. 즉, 상향링크에서도 프리코딩된 DM-RS가 존재하기에 기지국에서는 송신단에서 정확히 어떠한 프리코딩이 사용되었는 지를 알지 못해도 상향링크 다중 안테나 전송을 복조하며 서로 다른 layer를 복원할 수 있다. 그러나, LTE 상향링크에서는 상향링크 프리코딩 행렬이 네트웍에 의하여 선택된 이후에 스케줄링 승인을 통하여 단말에 전달되며, 단말은 네트웍이 선택해 준 프리코딩 행렬을 따라야 한다. 따라서, 상향링크에서는 프리코딩 부분이 규격의 일부분이며 하향링크 시그널링의 양을 제한하기 위하여 각 전송 rank에 대하여 제한된 개수의 프리코딩 행렬들이 규격화되어 있다.

보다 구체적으로, 각 전송 rank N_{L} 및 안테나 포트 개수 N_{A}의 조합에 대하여, 표 7.1 및 7.2와 같이 각각 2개의 안테나 포트 및 4개의 안테나 포트에 대하여 크기 $N_{\mathrm{A}} \times N_{\mathrm{L}}$의 프리코딩 행렬의 집합들이 정의되어 있다. Full-rank 전송, 즉 전송 rank의 수 혹은 layer의 개수가 송신 안테나 개수와 동일한 경우에는 오직 하나의 프리코딩 행렬만 정의되어 있는데, 이는 크기 $N_{\mathrm{A}} \times N_{\mathrm{A}}$의 단위행렬로서 표에는 표시되어 있지 않다. 4개의 안테나 포트의 경우에는 표 7.2에 정의된 행렬들 중 일부분만 표시되어 있음에 유의한다. 실제로는 24개의 rank-1 행렬, 16개의 rank-2 행렬, 12개의 rank-3 행렬, 그리고 1개의 rank-4 행렬이 4개의 안테나 포트에 대하여 정의되어 있다.

표 7.1 2개의 안테나 포트에 대한 상향링크 프리코딩 행렬

전송 rank	코드북 인덱스					
	0	1	2	3	4	5
1	$\frac{1}{\sqrt{2}}\begin{bmatrix}1\\1\end{bmatrix}$	$\frac{1}{\sqrt{2}}\begin{bmatrix}1\\-1\end{bmatrix}$	$\frac{1}{\sqrt{2}}\begin{bmatrix}1\\j\end{bmatrix}$	$\frac{1}{\sqrt{2}}\begin{bmatrix}1\\-j\end{bmatrix}$	$\frac{1}{\sqrt{2}}\begin{bmatrix}1\\0\end{bmatrix}$	$\frac{1}{\sqrt{2}}\begin{bmatrix}0\\1\end{bmatrix}$
2	$\frac{1}{\sqrt{2}}\begin{bmatrix}1&0\\0&1\end{bmatrix}$	–	–	–	–	–

표 7.2 4개의 안테나 포트 및 서로 다른 전송 rank에 대한 상향링크 프리코딩 행렬의 일부분

전송 rank	코드북 인덱스				
	0	1	2	3	…
1	$\frac{1}{2}\begin{bmatrix}1\\1\\1\\-1\end{bmatrix}$	$\frac{1}{2}\begin{bmatrix}1\\1\\j\\j\end{bmatrix}$	$\frac{1}{2}\begin{bmatrix}1\\1\\-1\\1\end{bmatrix}$	$\frac{1}{2}\begin{bmatrix}1\\1\\-j\\-j\end{bmatrix}$	…
2	$\frac{1}{2}\begin{bmatrix}1&0\\1&0\\0&1\\0&-j\end{bmatrix}$	$\frac{1}{2}\begin{bmatrix}1&0\\1&0\\0&1\\0&j\end{bmatrix}$	$\frac{1}{2}\begin{bmatrix}1&0\\-j&0\\0&1\\0&1\end{bmatrix}$	$\frac{1}{2}\begin{bmatrix}1&0\\-j&0\\0&1\\0&-1\end{bmatrix}$	…
3	$\frac{1}{2}\begin{bmatrix}1&0&0\\1&0&0\\0&1&0\\0&0&1\end{bmatrix}$	$\frac{1}{2}\begin{bmatrix}1&0&0\\-1&0&0\\0&1&0\\0&0&1\end{bmatrix}$	$\frac{1}{2}\begin{bmatrix}1&0&0\\0&1&0\\1&0&0\\0&0&1\end{bmatrix}$	$\frac{1}{2}\begin{bmatrix}1&0&0\\0&1&0\\-1&0&0\\0&0&1\end{bmatrix}$	…
4	$\frac{1}{2}\begin{bmatrix}1&0&0&0\\0&1&0&0\\0&0&1&0\\0&0&0&1\end{bmatrix}$	–	–	–	…

표 7.1에서 볼 수 있듯이, 모든 프리코딩 행렬은 각 행에 오직 하나의 0이 아닌 값을 가지고 있다. 이는 일반적으로 상향링크에 대하여 정의된 모든 프리코딩 행렬에 대하여 적용된다. 결과적으로, (프리코딩 행렬의 어떤 특정 행에 해당되는) 어떤 특정 안테나 포트로 전송되는 신호는 항상 (프리코딩 행렬의 어떤 특정 열에 해당하는) 하나의 특정 layer만 결정된다. 달리 표현하면, 프리코딩 행렬은 layer를 안테나 포트로 매핑할 때, 항상 하나의 layer가 하나의 안테나 포트로 매핑되도록 한다. 이렇게 함으로써, 안테나 프리코딩이 적용된 이후에도 송신 신호의 우수한 cubic metric 특성이 각 안테나 별로도 유지된다. 따라서, 표 7.1 및 7.2의 프리코딩 행렬들은 cubic metric 특성을 유지해주는 (cubic-metric-preserving) 프리코딩 행렬이다.

네트웍은 적합한 프리코딩을 선택하기 위하여 상향링크 채널에 대한 정보가 필요하다. 이러한 정보는, 예를 들면 상향링크 SRS에 대한 측정을 통하여 얻을 수 있다 (7.2.2절 참조). 그림 7.20

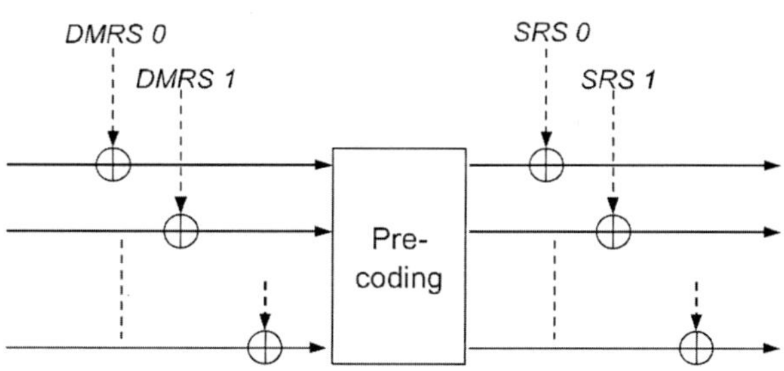

그림 7.20 상향링크 안테나 프리코딩 이후의 SRS 전송에 대한 설명

과 같이 SRS는 프리코딩을 하지 않은 상태로 서로 다른 안테나 포트에 직접 전송된다. 따라서, 수신된 SRS는 어떠한 프리코딩도 포함되지 않은 각 안테나 포트의 채널을 반영한다. 수신된 SRS를 기반으로 하여 네트워은 적합한 상향링크 전송 rank 및 해당하는 상향링크 프리코딩 행렬을 결정할 수 있으며, 스케줄링 승인을 통하여 선택된 rank 및 프리코딩 행렬 정보를 알려준다.

이전 단락의 설명은 SRS와 PUSCH에 동일한 개수의 안테나 포트가 사용된 경우를 가정한다. 즉, SRS가 프리코딩 행렬의 선택을 돕기 위하여 전송된다면 당연히 PUSCH와 동일한 안테나 포트 개수로 전송되어야 한다. 그러나, 실제로는 SRS와 PUSCH가 서로 다른 개수의 안테나 포트를 사용하는 경우도 있을 수 있다. 일례로, 상향링크 전송은 2개의 layer (2개의 안테나 포트)를 사용하여 이루어지지만, eNodeB가 향후 4개 layer로의 전송에 대비하여 채널을 측정하기 위하여 SRS는 4개의 안테나 포트를 사용할 수도 있다. 이러한 경우에는 SRS는 PUSCH와는 다른 안테나 포트 집합에 전송되며 향후 가능할 수 있는 4개 layer로 전송할 때 그 전환을 돕기 위하여 사용된다.

7.3.2 상향링크 MU-MIMO

6.3.5절에서 논의하였듯이, 하향링크 MU-MIMO는 동일한 시간-주파수 자원을 사용하여 서로 다른 단말에 하향링크 전송을 하는 것을 의미한다. 이때 하향링크 전송 사이의 간섭을 줄이기 위하여 적어도 네트워 측면에서는 복수 개의 안테나를 사용하게 된다. MU-MIMO라는 용어는 SU-MIMO (공간 다중화)와의 유사성에 기인한다.

상향링크 MU-MIMO는 본질적으로는 하향링크의 경우와 동일하지만 방향이 상향링크이다. 즉, 상향링크 MU-MIMO는 복수 개의 단말로부터 상향링크 전송이 동일한 시간-주파수 자원을 사용하여 이루어지며 이들 전송을 구분하기 위하여 기지국에서의 복수 개의 수신 안테나를 사용하게 된다. 따라서, MU-MIMO는 사실 상향링크 공간분할 다중접속 (Space Division Multiple Access, SDMA)의 또 다른 용어이다.

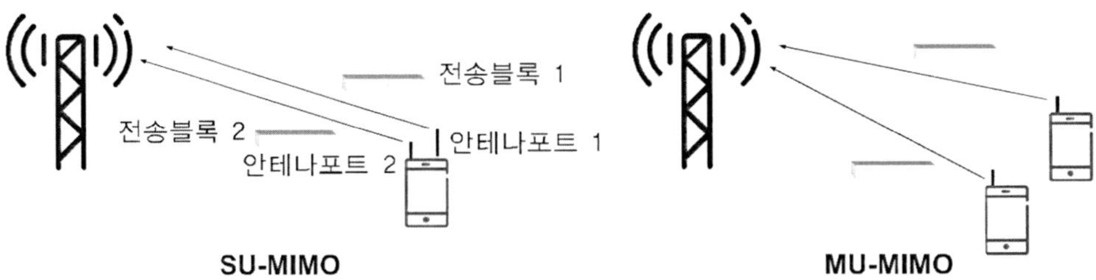

그림 7.21 상향링크 SU-MIMO와 MU-MIMO

실제로 상향링크에서는 MU-MIMO와 SU-MIMO (공간 다중화) 사이의 관계가 하향링크에서보다 더 밀접하다. 상향링크 공간 다중화는, 예를 들어 2개의 안테나 포트 및 2개 layer의 경우, 단말이 각 layer 마다 하나의 전송 블록을 즉 각 안테나 포트마다 하나씩 2개의 전송 블록을 전송하는 것을 의미한다. 그림 7.21의 왼쪽 그림을 참조한다. 한편 그림 7.21의 오른쪽 그림에서 볼 수 있듯이, MU-MIMO는 본질적으로 2개의 안테나를 2개의 서로 다른 단말로 떼어놓으면서 각 단말이 하나의 전송 블록을 보내는 것에 해당된다. 따라서, 2개의 전송을 구분하는 기지국단의 절차는 공간 다중화의 경우에 2개의 layer를 구분하는 것과 본질적으로 동일할 수 있다. 그러나, MU-MIMO의 경우에는 만약 2개의 단말이 공간적으로 상당히 떨어져 있으면, SU-MIMO처럼 2개의 안테나가 동일 단말에 붙어 있는 경우에 비하여 수신단에서 2개의 전송을 구분하는 것이 상당히 간단해질 수 있거나 아니면 적어도 전송을 구분하는 데 사용할 수 있는 방법이 더 다양해질 수 있음에 유의한다. 일례로 충분히 공간적으로 분리된 단말에 대해서는 서로 상관도가 높은 수신 안테나에 기반한 전통적인 빔포밍 방식을 사용하여 상향링크 전송을 구분할 수도 있다. 반대로 서로 상관도가 낮은 수신 안테나를 사용할 수도 있으며, 이 경우에는 전송 간의 구분은 본질적으로 SU-MIMO의 경우와 같은 의미를 가진다.

상향링크 MU-MIMO의 중요한 이점 중 하나는 단말단에서 복수 개의 안테나를 필요로 하지 않으면서도 SU-MIMO (공간 다중화)와 비슷한 시스템 용량에서의 이득을 얻을 수 있다는 점이다. 즉, 단말의 구현 복잡도가 더 낮을 수 있는 이점이 있다. 그러나 여전히 공간 다중화(SU- MIMO)는 단일 단말에 대한 사용자 throughput 이나 최대 데이터 속도 측면에서 여전히 상당한 이득을 가지고 있음에 유의한다. 또한 상향링크 MU-MIMO의 잠재적인 이득은 반드시 상향링크에 전송을 하는 단말이 2개 이상 존재해야만 얻어질 수 있다. 이때 시간-주파수 자원을 공유할 단말들을 짝짓기하는 (pairing) 절차는 간단한 일이 아니며 두 단말의 무선채널 조건이 짝짓기에 적합해야 한다.

본질적으로 상향링크 MU-MIMO을 지원하는 데는 상향링크 전송에 대하여 명시적으로 특정 직교 reference 신호를 할당해줌으로써 MU-MIMO 전송에 관여한 서로 다른 단말로부터 reference 신호 전송 사이의 직교성을 보장할 수 있으면 된다. 7.2.1.5절에서 설명한 것처럼, 이는 상향링크 스케줄링 승인을 통해 주어지는 동적인 DM-RS 위상 회전 및 OCC의 할당을 통하여 지원된다.

7.3.3 PUCCH 송신 다이버시티

프리코딩 기반의 다중 layer 전송은 오직 PUSCH 상의 상향링크 데이터 전송에만 사용된다. 하지만, 복수 개의 송신 안테나를 가지고 있는 단말에서는 PUCCH 상의 L1/L2 제어 시그널링에도 단말의 모든 안테나 자원 및 이에 따른 단말의 최대 출력과 함께 최대 다이버시티를 얻고자 하는 것은 당연하다. 추가적인 다이버시티를 얻기 위하여 LTE Release 10[14)]에서는 PUCCH에 대하여 2개의 안테나 송신 다이버시티를 사용할 수 있도록 하였다. 보다 구체적으로, PUCCH에 대하여 지원되는 송신 다이버시티는 Spatial Orthogonal-Resource Transmit Diversity (SORTD)이다.

SORTD의 기본 원리는 상향링크 제어 시그널링을 서로 다른 안테나에서 서로 다른 자원 (시간, 주파수 및/혹은 코드)을 사용하여 전송하는 것이다. 2개의 안테나로부터 오는 PUCCH 전송은 본질적으로 서로 다른 자원을 사용하는 2개의 서로 다른 단말로부터 오는 PUCCH 전송과 동일하게 된다. 따라서, SORTD는 SORTD를 사용하지 않는 것에 비하여 2배의 PUCCH 자원을 소모하면서 추가적인 다이버시티를 얻는 것이다.

단말에 4개의 물리적인 안테나가 있는 경우에는 구현에 따라 결정되는 안테나 가상화 (antenna virtualization) 사용된다. 즉, 2개의 안테나 포트 신호를 4개의 물리적인 안테나로 매핑하는데, 이러한 매핑은 수신단에는 투명한 방식이 사용된다.

7.4 상향링크 L1/L2 제어 시그널링

LTE 하향링크와 마찬가지로, 하향링크 및 상향링크 채널의 전송을 지원하기 위해서는 상향링크도 특정 제어 시그널링이 필요하다. 상향링크 L1/L2 제어 시그널링은 다음과 같이 구성되어 있다.

- 수신된 DL-SCH 전송 블록에 대한 HARQ acknowledgement
- 하향링크 스케줄링을 지원하는 데 사용되는 하향링크 채널 상태 정보 (CSI)
- 단말이 UL-SCH 전송을 위해 상향링크 자원이 필요하다고 알리는 스케줄링 요청 (scheduling request)

상향링크에는 UL-SCH의 전송 포맷을 알려주는 정보가 없다. 4장에서 언급하였듯이, 상향링크 UL-SCH 전송은 eNodeB에 의하여 완벽하게 제어되며 단말은 네트워으로부터 수신된 스케줄링 승인 (scheduling grant)을 따른다. 이 스케줄링 승인에 UL-SCH의 전송 포맷이 포함되어 있다. 따라서, 네트워은 UL-SCH 전송에 사용되는 전송 포맷에 대해 이미 알고 있으므로, 상향링크에서 전송 포맷을 명시적으로 시그널링해 줄 필요가 없다.

상향링크 L1/L2 제어 시그널링은 단말이 전송할 상향링크 전송 채널 (UL-SCH) 데이터를 가

14) 2×2 프리코딩 행렬은 단위 행렬임에 유의한다 (표 7.1 참조).

지고 있는지의 여부에 상관없이 상향링크에서 전송되어야 한다. 즉, 단말이 UL-SCH 전송을 위하여 상향링크 자원을 할당받았는지의 여부에 상관없이 상향링크 L1/L2 제어 시그널링은 전송되어야 한다. 따라서, 단말이 UL-SCH 전송을 위한 상향링크 자원을 할당받았는지의 여부에 따라 상향링크 L1/L2 제어 시그널링을 전송하는 데는 다음의 두 가지 방법이 있다.

- ***UL-SCH와 L1/L2 제어 시그널링이 동시에 전송되지 않는 경우.*** 단말이 유효한 스케줄링 승인을 가지고 있지 않은 경우, 즉 현재 서브프레임에서 UL-SCH을 위한 자원을 할당받지 않은 경우에는, 별도의 물리 채널인 PUCCH (Physical Uplink Control Channel)가 상향링크 L1/L1 제어 시그널링의 전송에 사용된다.
- ***UL-SCH와 L1/L2 제어 시그널링이 동시에 전송되는 경우.*** 단말이 유효한 스케줄링 승인을 가지고 있고 현재 서브프레임에서 UL-SCH을 위한 자원이 할당되어 있는 경우에는, 상향링크 L1/L2 제어 시그널링은 DFT 프리코딩 및 OFDM 변조에 앞서 코딩된 UL-SCH와 함께 PUSCH로 시간 다중화된다. 이 경우에는 단말에 이미 UL-SCH 자원이 할당되었으므로 당연히 스케줄링 요청을 위한 전송은 지원할 필요가 없다. 대신, 13장에서 설명하겠지만 스케줄링 정보가 MAC 헤더에 포함되어 전송될 수 있다.

위의 두 가지의 경우를 구분하는 이유는 cubic metric을 최소화하여 상향링크 전력 증폭기의 효율을 높이고 커버리지를 극대화하기 위해서이다. 그러나 단말에 충분한 송신 전력이 남아 있는 경우에는 커버리지에 영향이 없이 PUSCH와 PUCCH를 동시에 전송할 수도 있다. 따라서, cubic metric이 약간 증가하는 것을 감수하면서 유연성을 증대한 몇 가지 기능들[15] 중 하나로서, PUSCH와 PUCCH의 동시 전송 기능이 Release 10에 추가되었다. 이러한 cubic metric의 증가가 수용하기 힘든 경우에는 PUSCH와 PUCCH의 동시 전송은 무시되고 LTE의 첫 번째 버전에서 도입되었던 기본 방식을 사용하게 된다.

다음 절에서 기본적인 PUCCH 구조 및 PUCCH 제어 시그널링 원리에 대하여 설명하고 이어서 PUSCH 제어 시그널링에 대하여 살펴보도록 한다.

7.4.1 기본 PUCCH 구조

만약 단말이 UL-SCH 전송을 위한 상향링크 자원을 할당받지 못하였다면, L1/L2 제어 정보 (CSI 보고, HARQ acknowledgement, 스케줄링 요청)는 PUCCH 상으로 상향링크 L1/L2 제어를 위해 특별히 할당된 상향링크 자원 (자원 블록)을 통해 전송된다. PUCCH 상의 제어 시그널링의 전송은 사용되는 PUCCH 포맷에 따라서 구분된다.

---

15) 이러한 기능 중 또 다른 예로는, 복수 개의 상향링크 component 반송파를 통한 전송 및 상향링크 다중-클러스터 전송 등을 들 수 있다.

Release 8과 Release 9에서는 아래의 두 개의 PUCCH 포맷을 정의한다.

- PUCCH 포맷 1: 0, 1, 혹은 2비트의 정보를 전달하며 HARQ acknowledgement 및 스케줄링 요청에 사용된다.
- PUCCH 포맷 2: 최대 11비트까지 제어 정보를 전달하며 CSI를 보고하는 데 사용된다.

각 단말마다 하나의 PUCCH가 있다. PUCCH 포맷 1 및 2의 작은 페이로드 크기를 고려하면, 하나의 서브프레임 동안 하나의 자원 블록 대역폭은 하나의 단말에 필요한 제어 신호에 비해 너무 크다. 따라서 제어 시그널링을 위해 할당된 자원을 효율적으로 활용하기 위해, 여러 단말이 같은 자원 블록 pair를 공유할 수 있다.

Release 10에서 최대 5개까지의 component 반송파를 결합할 수 있는 반송파 결합이 도입됨에 따라 HARQ acknowledgment의 개수가 증가하였다. 이를 위하여 추가적인 PUCCH 포맷이 도입되었다.

- PUCCH 포맷 3: 최대 22비트까지 제어 정보를 전달한다.

Release 13에서는 반송파 결합이 최대 32개의 component 반송파를 처리할 수 있도록 확장되었으며, 이에 따라 더욱 높은 PUCCH 용량이 요구된다. 이는 아래의 포맷으로 해결된다.

- PUCCH 포맷 4: 복수 개의 자원 블록 pair를 사용하여 많은 수의 HARQ acknowledgment 수용 가능
- PUCCH 포맷 5: PUCCH 포맷 3과 4 사이의 payload 수용 가능

이제 서로 다른 PUCCH 포맷에 대한 자세한 구조 및 용도에 대하여 살펴보도록 한다.

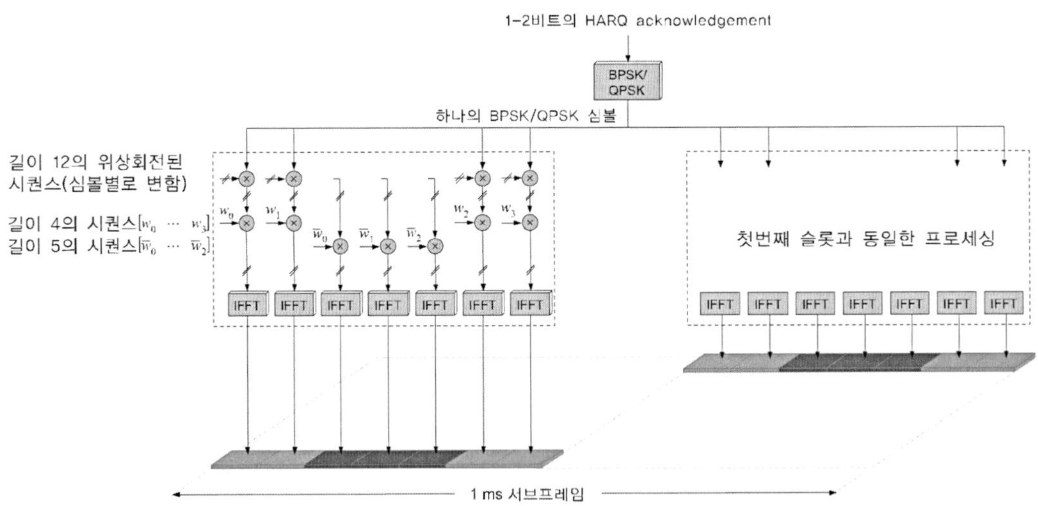

그림 7.22 PUCCH 포맷 1 (일반 CP의 경우)

7.4.1.1 PUCCH 포맷 1

HARQ acknowledgement 및 스케줄링 요청을 전송하기 위한 PUCCH 포맷 1[16)]은 2비트를 전송할 수 있다. 그림 7.22와 같이 서브프레임 내의 두 슬롯에서 동일한 구조가 사용된다. HARQ acknowledgement 전송을 위해서는, 1 혹은 2비트의 HARQ acknowledgement가 각각 BPSK 혹은 QPSK를 만들어낸다. 스케줄링 요청을 위해서는, negative acknowledgement에 사용되는 것과 동일한 성상도 (constellation) 상의 지점이 사용된다. 변조된 심볼은 이어서 2개의 PUCCH 슬롯에 전송되는 신호를 만들어낸다.

서브프레임 내에서 동일한 자원 블록 pair를 공유하는 서로 다른 단말은 길이 12의 주파수축 시퀀스의 서로 다른 직교 위상 회전을 통하여 분리될 수 있다. 이때 이 시퀀스는 길이 12의 reference 신호 시퀀스와 동일하다. 또한, 7.2절에서 reference 신호를 설명하면서 같이 언급되었듯이, 주파수축 상의 선형 위상 회전은 시간축 상의 cyclic shift와 동일함에 유의한다. 따라서, 여기서는 "위상 회전"이라는 용어가 사용되었지만, 때로는 시간축 상의 동작을 암묵적으로 의미하면서 cyclic shift라는 용어가 사용되기도 한다. Reference 신호의 경우와 유사하게, 각 기본 시퀀스[17)]에 대하여 12개의 서로 다른 위상 회전이 정의되어 있어서 최대 12개의 서로 다른 직교 시퀀스를 만들 수 있다. 그러나, 주파수 선택적 채널 환경에서 직교성을 유지하려면 12개의 위상 회전을 다 사용하지 못할 수 있다. 물론 셀 간 간섭에 의하여 전체적인 시스템 관점에서 보면 더 적은 수의 위상 회전을 사용할 수도 있으나, 일반적으로는 무선전파 관점에서 보면 대체로 6개의 위상 회전이 사용 가능하다. 셀 내에서 사용되는 위상 회전의 개수는 상위 layer의 시그널링에 의하여 설정된다.

일반 CP의 경우에는 한 슬롯에 7개의 OFDM 심볼이 존재한다 (확장 CP의 경우에는 6개). 이 7개의 OFDM 심볼 각각에 대하여, 셀-특정 시퀀스의 위상 회전으로부터 얻은 길이 12의 시퀀스가 송신된다. 심볼 중 3개는 eNodeB에서의 채널 추정을 위한 reference 신호를 전송하는 데 사용되고, 나머지 4개 심볼이 위에서 설명한 BPSK/QPSK 심볼에 의해 변조된다.[18)] 원칙적으로는, BPSK/QPSK 변조심볼이 동일한 시간-주파수 자원에서 전송하는 서로 다른 단말을 구분하는데 사용되는 길이 12의 위상 회전된 시퀀스를 직접 변조할 수도 있다. 하지만, 이렇게 하면

16) 실제로 LTE 규격에는 포맷 1, 1a, 1b의 세 가지 변형이 있으며, 각각은 스케줄링 요청의 전달, 1비트 HARQ acknowledgement의 전달, 2비트 HARQ acknowledgement의 전달에 사용된다. 그러나, 간단하게 표시하기 위하여 여기서는 모두 포맷 1이라고 칭해졌다.

17) Release 8부터 10까지는 기본 시퀀스가 셀-특정의 성격을 띄었다. 그러나, Release 11에서는 "virtual 셀 ID"를 설정할 수 있으며 이를 통하여 기본 시퀀스를 추출할 수 있도록 하였다. 이는 7.2절의 reference 신호 설명을 참조하도록 한다.

18) Reference 신호로 사용되는 심볼의 개수와 acknowledgement로 사용되는 심볼의 개수는 채널 추정의 정확도와 정보 부분의 에너지 사이의 상호 절충 (trade-off)이다. 3개의 심볼을 reference 심볼로 사용하고 4개의 심볼을 acknowledgement로 사용하는 것이 둘 사이의 적절한 절충안으로 볼 수 있다.

하나의 PUCCH에 많은 정보를 담지 못하여 PUCCH 용량이 너무 낮게 된다. 따라서, BPSK/QPSK 심볼은 길이 4의 직교 커버시퀀스 (orthogonal cover sequence)에 의해 곱해진다.[19] 여러 개의 단말이 동일한 위상 회전된 시퀀스를 사용하지만 서로 다른 직교 커버시퀀스를 통해 구분되면서 같은 시간-주파수 자원 위에서 동시에 전송할 수 있다. 각각의 단말에 대한 채널 추정을 위하여 reference 신호도 역시 직교 커버시퀀스를 사용한다. 이때 reference 신호에 사용하는 커버시퀀스는 길이가 달라서, 일반 CP의 경우 길이 3의 시퀀스를 사용한다. 따라서, 각각의 셀-특정 시퀀스가 최대 $3 \times 12 = 36$개의 서로 다른 단말에 대하여 사용될 수 있기 때문에 (12개의 모든 회전이 가능하다는 가정에서 36개의 단말임. 일반적으로는 12개 중 6개의 회전만이 사용됨), 커버시퀀스가 없는 경우와 비교하여 PUCCH 용량이 3배 증가하게 된다. 커버시퀀스는 데이터 부분에 대해서는 길이 4인 세 개의 Walsh 시퀀스가 사용되며 reference 신호에 대해서는 길이 3인 세 개의 DFT 시퀀스가 사용된다.

HARQ acknowledgement 혹은 스케줄링 요청에 사용되는 PUCCH 포맷 1의 자원은 하나의 자원 인덱스로 표현된다. 이 인덱스로부터 위상 회전과 직교 커버시퀀스가 유도된다.

앞서 설명한 바와 같이, 직교 시퀀스와 함께 셀-특정 시퀀스의 위상 회전을 사용하는 것은 동일한 셀 내에서 동일한 자원 블록을 사용하여 PUCCH를 전송하는 서로 다른 단말 사이에 직교성을 제공한다. 따라서, 이상적인 경우에는 셀내 간섭 (intra-cell interference)이 존재하지 않으므로 우수한 성능이 예상된다. 하지만, 일반적으로 이웃하는 셀에서 사용되는 다른 시퀀스와는 직교하지 않기 때문에 PUCCH에 대하여 셀 간 간섭 (inter-cell interference)은 존재한다. 이웃하는 셀 사이의 간섭을 랜덤하게 하기 위해, 셀에서 사용되는 시퀀스의 위상 회전은 primary 반송파의 물리 계층 셀 ID로부터 유도된 호핑 패턴에 따라 슬롯 내에서 심볼마다 변하게 된다. Release 11에서는 이러한 랜덤화 과정이 물리 계층 셀 ID가 아니라 virtual 셀 ID를 사용하도록 설정할 수도 있다. 간섭을 좀 더 랜덤하게 하기 위해서, 여기에 추가로 슬롯-레벨 호핑이 직교 커버와 위상 회전에 적용된다. 일반 CP를 사용하는 경우에 각 커버시퀀스에 가능한 12개의 회전 중 6개를 사용하는 것을 가정한 예가 그림 7.23에 예시되어 있다. 셀-특정 호핑에 의해 주어진 위상 회전에 슬롯-특정 오프셋이 추가된다. 셀 A에서, 단말은 PUCCH를 자원 번호 3에서 송신한다. 이는 이 예에서 보이는 서브프레임에 대하여, 첫 번째 슬롯은 위상 회전, 커버시퀀스의 조합으로 (6, 0)이 사용되고 두 번째 슬롯은 (11, 1)이 사용되는 것에 해당한다. 셀 A내에서 동일 서브프레임에서 송신중인 다른 단말이 사용하는 자원 번호 11은, 해당 서브프레임의 첫 번째 슬롯 (11, 1) 및 두 번째 슬롯 (8, 2)의 조합을 사용하는 것에 해당된다. 해당 슬롯에서, 다른 셀에서는 PUCCH 자원 번호가 이와는 다른 (위상 회전, 커버시퀀스)의 조합으로 매핑된

19) 동일 서브프레임에서 SRS와 PUCCH 전송이 동시에 있는 경우에는, 길이 3의 시퀀스가 사용되어, 맨 마지막 OFDM 심볼은 SRS에 사용할 수 있도록 해준다.

다. 이러한 방법으로 셀 간 간섭을 좀 더 랜덤하게 할 수 있다.

확장 CP를 사용한 경우에는, 슬롯 당 reference 심볼의 개수만 달라지며 기본 구조는 그림 7.22와 동일하게 사용된다. 확장 CP의 경우, 슬롯 내 6개의 OFDM 심볼 중 가운데 두 개의 심볼이 reference 신호로 사용되며 나머지 4개 심볼이 정보에 사용된다. 따라서, reference 심볼을 확산하기 위해 사용되는 직교 시퀀스의 길이가 3에서 2로 줄어들게 되고, 이에 따라 다중화 용량도 낮아진다. 그러나 앞에서 언급된 일반적인 원리들은 그대로 적용된다.

위상회전 (2π/12의 배수)	커버시퀀스의 개수 짝수번 슬롯			홀수번 슬롯		
	0	1	2	0	1	2
0	0		12	12		16
1		6			14	
2	1		13	6		10
3		7			8	
4	2		14	0		4
5		8			2	
6	3		15	13		17
7		9			15	
8	4		16	7		11
9		10			9	
10	5		17	1		5
11		11			3	

Cell A

위상회전 (2π/12의 배수)	커버시퀀스의 개수 짝수번 슬롯			홀수번 슬롯		
	0	1	2	0	1	2
0		11			3	
1	0		12	12		16
2		6			14	
3	1		13	6		10
4		7			8	
5	2		14	0		4
6		8			2	
7	3		15	13		17
8		9			15	
9	4		16	7		11
10		10			9	
11	5		17	1		5

Cell B

그림 7.23 두 개의 서로 다른 셀의 두 PUCCH 자원 인덱스에 대한 위상 회전과 커버 호핑 (cover hopping)의 예

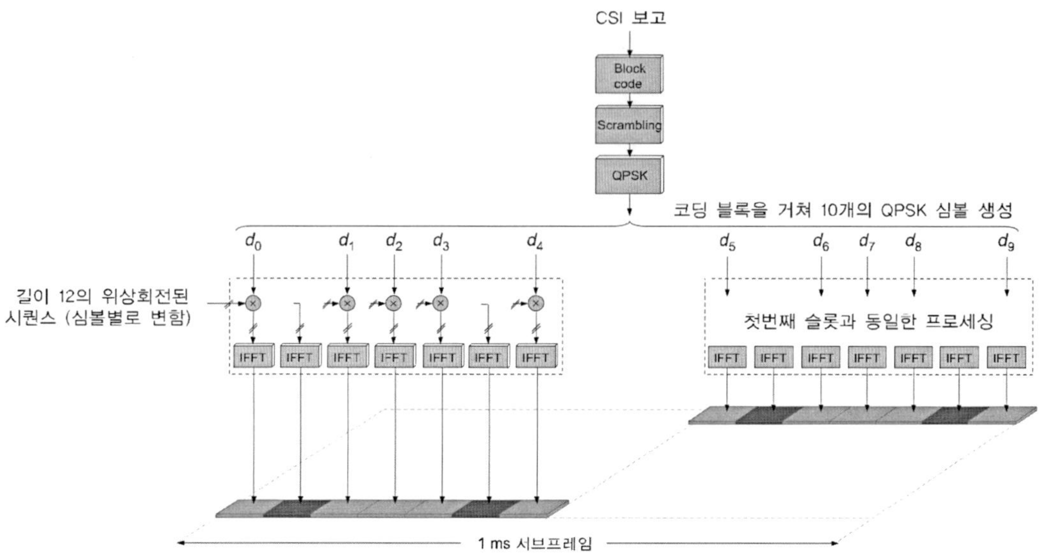

그림 7.24 PUCCH 포맷 2 (일반 CP의 경우)

7.4.1.2 PUCCH 포맷 2

CSI 보고에 사용되는 PUCCH 포맷 2[20]는 서브프레임 당 최대 11비트의 정보를 전달할 수 있다. PUCCH 포맷 1과 유사하게, 서브프레임 내에서 동일한 자원 블록 pair를 공유하는 복수개의 단말은 길이 12의 시퀀스의 서로 다른 직교 위상 회전을 통하여 분리될 수 있다. 그림 7.24에는 일반 CP의 경우가 설명되어 있다. Punctured Reed-Muller 코드를 사용한 블록 코딩 및 QPSK 변조를 거치면, 서브프레임에서 전송하려는 10개의 QPSK 심볼이 생성된다. 앞 5개의 심볼은 첫 번째 슬롯에서 전송되며 나머지 5개의 심볼은 두 번째 슬롯에서 전송된다.

일반 CP를 가정하면 슬롯 당 7개의 OFDM 심볼이 존재한다. 각 슬롯 7개의 OFDM 심볼 중에 2개는 eNodeB의 coherent 복조를 위한 reference 신호 전송에 사용된다.[21] 나머지 5개의 심볼에서 전송되는 각각의 QPSK 심볼은 위상 회전된 길이 12의 셀-특정 시퀀스에 의해 곱해지고 그 결과가 해당 OFDM 심볼에 전송된다. 슬롯 당 6개의 OFDM 심볼이 있는 확장 CP에 대해서는, 동일한 구조가 사용되지만 슬롯 당 reference 신호 심볼이 두 개가 아니라 하나만 존재한다.

PUCCH 포맷 2의 구조를 포맷 1과 같이 동일한 셀-특정 시퀀스의 위상 회전에 기반하도록 함으로써, 두 개의 포맷을 동일한 자원 블록에서 보낼 수 있는 이점이 있다. 위상 회전된 시퀀스는 서로 직교하므로, 셀 내 하나의 위상 회전된 시퀀스는 포맷 2를 사용하는 하나의 PUCCH instance에 사용되거나 혹은 포맷 1을 사용하는 3개의 PUCCH instance에 사용될 수 있다. 따라서, 하나의 CSI 보고가 소모하는 자원은 3개의 HARQ acknowledgement가 소모하는 자원과 같다 (일반 CP의 경우 가정). 즉, 포맷 2에는 직교 커버시퀀스가 없으며, 포맷 1에서는 추가적인 직교 커버시퀀스의 사용으로 PUCCH의 다중화 용량이 더 크다는 사실에 유의한다.

PUCCH 포맷 2에 대한 서로 다른 심볼에서 사용되는 위상 회전은 포맷 1의 경우와 유사하게 호핑을 하여 간섭을 랜덤하게 한다. 포맷 1의 경우와 유사하게, PUCCH 포맷 2를 위한 자원은 인덱스로 표시가 되며, 이는 "채널 번호 (channel number)"로 보여진다.

---

20) LTE 규격에는 실제로 포맷 2, 2a, 2b의 3가지 변형이 있으며, 이 중에서 2a, 2b는 HARQ acknowledgement와 함께 전송되는 경우에 사용되는 것으로 이 절의 뒷부분에서 논의된다. 여기서는 간단하게 표현하기 위하여 모두를 포맷 2라고 부른다.

21) 포맷 1의 경우와 마찬가지로, reference 신호로 사용되는 심볼의 개수와 코딩된 채널 품질 정보에 사용되는 심볼의 개수는 채널 추정의 정확도와 정보 부분의 에너지 사이의 상호 절충 (trade-off)이다. 2개의 심볼을 reference 심볼로 사용하고 5개의 심볼을 코딩된 정보 부분에 사용하는 것이 둘 사이의 적절한 절충안으로 볼 수 있다.

7.4.1.3 PUCCH 포맷 3

하향링크 CA에서 (12장 참조) 복수 개의 component 반송파 위로 동시에 전송이 이루어진 경우에는 복수 개의 HARQ acknowledgement가 피드백되어야 한다. 물론 PUCCH 포맷 1을 자원 선택 (resource selection) 기능과 함께 사용하면 2개 반송파에 대한 하향링크 CA까지는 지원할 수 있으나, 이는 Release 10에 정의된 최대 5개까지 component 반송파를 지원하기에는 부족하다. 따라서, PUCCH 포맷 3이 최대 22비트를 PUCCH 상으로 효율적으로 보내기 위하여 Release 10에 도입되었다. 2개보다 더 많은 개수의 하향링크 component 반송파를 지원할 수 있는 단말은, 즉 HARQ acknowledgement로 4비트보다 더 많은 비트를 전송할 수 있는 단말은 PUCCH 포맷 3을 지원하여야 한다. 상위 계층 시그널링에 의하여 자원 선택 기능과 결합한 PUCCH 포맷 1을 사용하지 못하게 설정된 경우의 단말에 대하여 복수 개의 component 반송파 동시 전송에 대하여 4비트 이하의 피드백을 보내는 경우에도 PUCCH 포맷 3이 사용될 수 있다.

그림 7.25와 같이 PUCCH 포맷 3의 기본은 UL-SCH에 사용되는 전송 방식과 동일한 DFT로 프리코딩된 OFDM이다. 해당 component 반송파에 대하여 설정된 전송 방식에 따라 하향링크 component 반송파 당 1 혹은 2비트인 acknowledgement 비트는 스케줄링 요청에 할당된 1비트와 연접이 되어 비트열을 이룬다. 이때 스케줄링되지 않은 전송 블록에 해당하는 비트은 0으로 설정된다. 여기에 블록 코딩 (block coding)[22]이 가해진 뒤에 셀 간 간섭을 랜덤하게 하기 위하여 셀-특정 스크램블링 시퀀스를 사용한 스크램블링이 수행된다. 이렇게 만들어진 48비트는 QPSK 변조된 이후에 2개의 그룹으로 나누어져서, 한 슬롯 당 12개의 QPSK 심볼이 전송된다.

일반 CP를 가정하면 슬롯 당 7개의 OFDM 심볼이 있다. PUCCH 포맷 2의 경우와 유사하게 슬롯 당 2개의 (확장 CP의 경우는 1개의) OFDM 심볼이 reference 신호 전송에 사용되어, 5개의 심볼이 데이터 전송에 사용된다. 각 슬롯에서는 12개의 DFT로 프리코딩된 QPSK 심볼이 5개의 가용한 DFTS-OFDM 심볼에서 전송된다. 셀 간 간섭을 더욱 랜덤하게 하기 위하여, DFT 프리코딩 이전에 12개의 QPSK 심볼 블록에 대하여 셀별로 서로 다른 패턴으로 OFDM 심볼별로 달라지는 cyclic shift가 적용된다. (Release 11에서는 cyclic shift가 물리 셀 ID가 아니라 virtual 셀 ID를 기반으로 이루어질 수도 있다.)

다중화 용량을 늘리기 위하여, 길이 5의 직교 시퀀스가 사용되어 슬롯 내에서 데이터를 담고 있는 5개의 OFDM 심볼에 곱해진다. 따라서, 최대 5개의 단말이 PUCCH 포맷 3 용도의 동일한 자원 블록 pair를 공유할 수 있다. Doppler가 심한 경우의 성능을 향상시키기 위하여 2개의 슬롯에 대하여 서로 다른 길이 5의 직교 시퀀스가 사용된다. 동일한 자원 블록을 공유하는 서로 다른 전송에 대한 채널 추정을 돕기 위하여 서로 다른 reference 신호 시퀀스가 사용된다.

22) (32, k) Reed-Muller 코드가 사용된다. TDD에서 12비트 이상의 경우에는 2개의 Reed-Muller 코드가 조합되어 사용된다.

길이 5의 직교 커버시퀀스는 5개의 DFT 시퀀스로 얻어진다. 또한, 해당 서브프레임에 sounding이 설정되어 있는 경우에는 맨 마지막 OFDM 심볼을 사용하지 않고 남겨두는 목적으로 두 번째 슬롯에서는 길이 4의 Walsh 시퀀스를 사용할 수도 있다.

다른 2개의 PUCCH 포맷들의 경우와 비슷하게, 해당 자원은 하나의 인덱스로 표현이 되며, 이 하나의 인덱스로부터 직교 시퀀스와 자원 블록 번호를 추출할 수 있다.

PUCCH 포맷 3의 기본 구조는 다른 2개의 포맷과 다르기 때문에, 포맷 3과 다른 2개의 포맷 사이에서는 자원 블록이 공유될 수 없음에 유의한다.

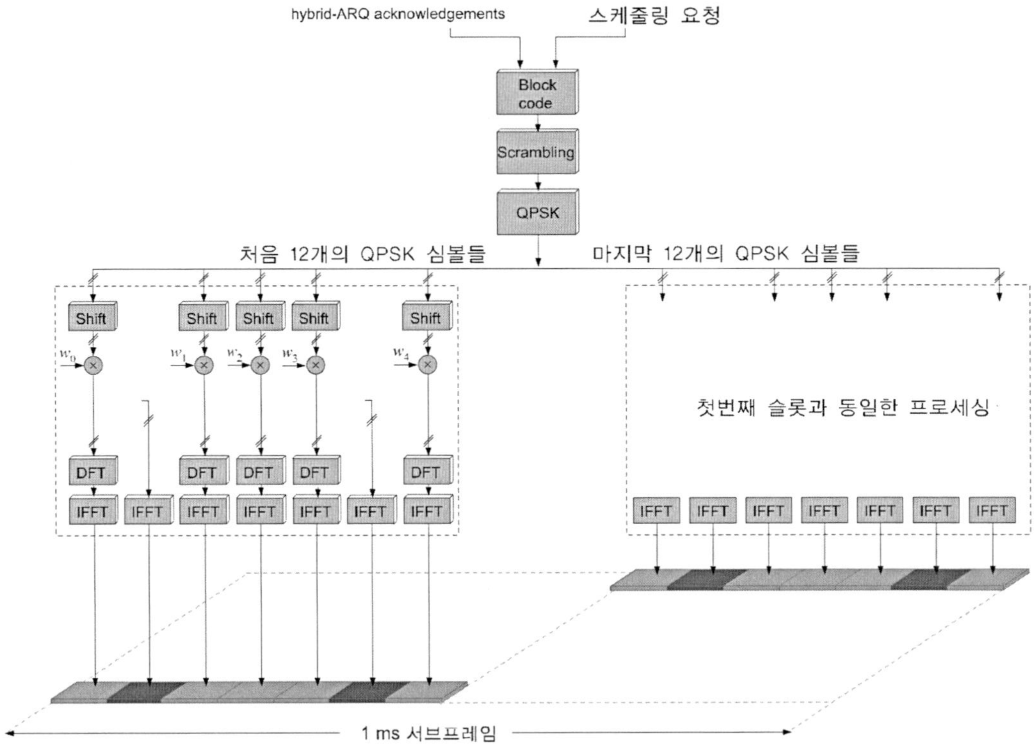

그림 7.25 PUCCH 포맷 3 (일반 CP의 경우)

7.4.1.4 PUCCH 포맷 4

최대 32개의 component 반송파를 처리할 수 있도록 하는 반송파 결합의 확장에 따라, PUCCH 포맷 3의 페이로드 용량은 HARQ acknowlegments를 처리하기에 충분하지 않게 되었다. 이 문제를 해결하기 위해 PUCCH 포맷 4와 5가 Release 13에서 도입되었다.

그림 7.26과 같이 PUCCH 포맷 4는 PUSCH 처리 이후에 복수 개의 자원 블록 pair를 포함하는 단일 DFT 프리코더를 가지고 모델링된다. 페이로드에 8비트의 CRC가 추가되고, tail-biting 콘볼루셔날 코딩이 이루어진다. 이후, 코딩된 비트 수와 가용한 자원 엘리먼트의 수를 일치시키기 위해 rate matching이 뒤따른다. 스크램블링, QPSK 변조, DFT-프리코딩 및 자원 엘리먼트로의 매핑은 PUSCH와 동일한 구조를 따른다. 즉, 각각의 DFT-spread OFDM 심볼은 별도의 코딩된 비트를 운반한다. PUCCH 포맷 4에 대하여 주파수 영역에서 1, 2, 3, 4, 5, 6 또는 8개의 자원 블록을 사용할 수 있으므로 매우 큰 페이로드를 수용할 수 있다. PUCCH 포맷과 유사하게 슬롯 간 주파수 호핑 (inter-slot frequency hopping)을 사용하며, 일반 CP 및 확장 CP를 모두 지원한다. 서브프레임에서 sounding 신호가 설정되는 경우를 위하여, 서브프레임의 마지막 OFDM 심볼은 사용되지 않은 상태로 남겨두는 단축된 포맷도 가능하다.

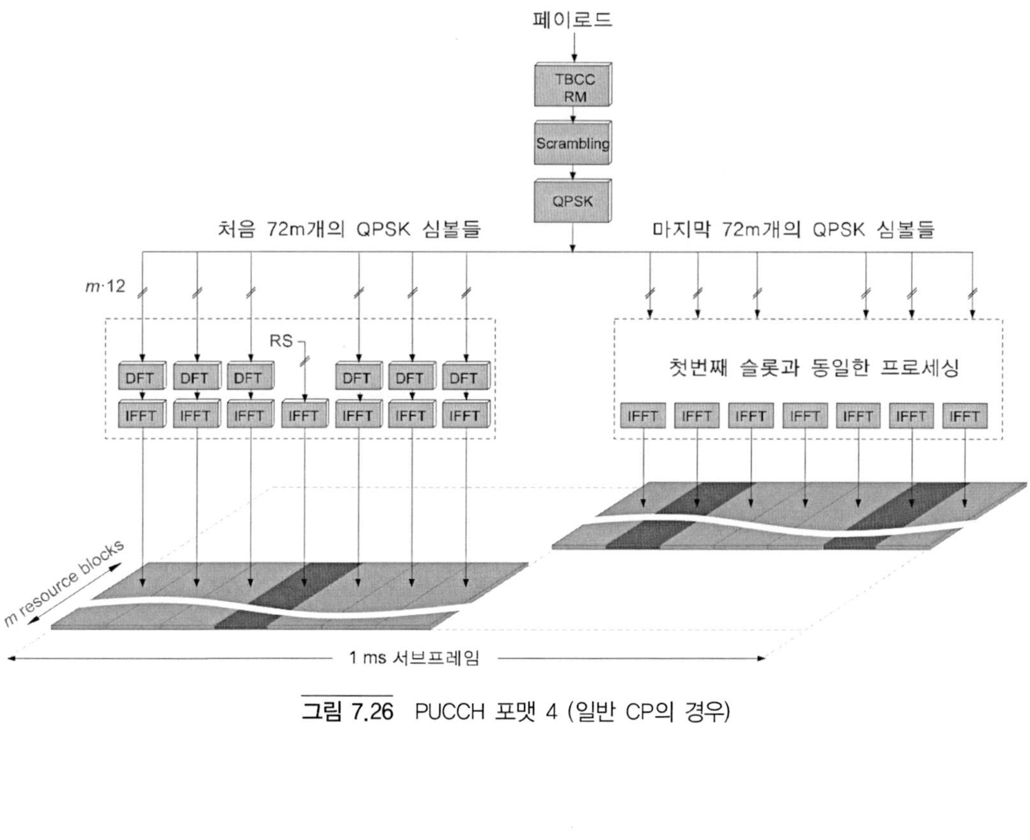

그림 7.26 PUCCH 포맷 4 (일반 CP의 경우)

7.4.1.5 PUCCH 포맷 5

PUCCH 포맷 5는 포맷 4와 비슷하게 많은 수의 HARQ 피드백 비트를 처리하는 데 사용한다. 그러나 하나의 자원 블록 pair를 사용하므로 페이로드 용량은 PUCCH 포맷 4보다 작다. 또한 포맷 5는 그림 7.27과 같이 두 사용자를 하나의 자원 블록 pair에 다중화한다. 이를 통하여 포맷 3보다는 크지만 포맷 4보다는 작은 페이로드를 효율적으로 처리하는 데 적합하다.

CRC 첨부 및 채널 코딩, rate matching, QPSK 변조는 PUCCH 포맷 4와 동일하다. 하지만, 자원 블록 매핑과 spreading의 사용은 다르다. 각각의 DFT-spread OFDM 심볼은 여섯 개의 QPSK 심볼을 운반한다. DFT 프리코딩에 앞서, 6개의 QPSK 심볼은 블럭 단위로 반복되며, 여기서 두 번째 블록은 2개의 직교 시퀀스 중 어느 것이 사용되는 지에 따라 +1 또는 -1가 곱해진다. 따라서, 서로 다른 직교 시퀀스를 사용함으로써, 2명의 사용자가 동일한 자원 블록 pair를 공유할 수 있으며 각각 144개의 코딩된 비트를 전송할 수 있다.[23)]

동일한 자원 블록 pair를 공유하는 두 사용자는 서로 직교하는 reference신호 시퀀스를 사용한다.

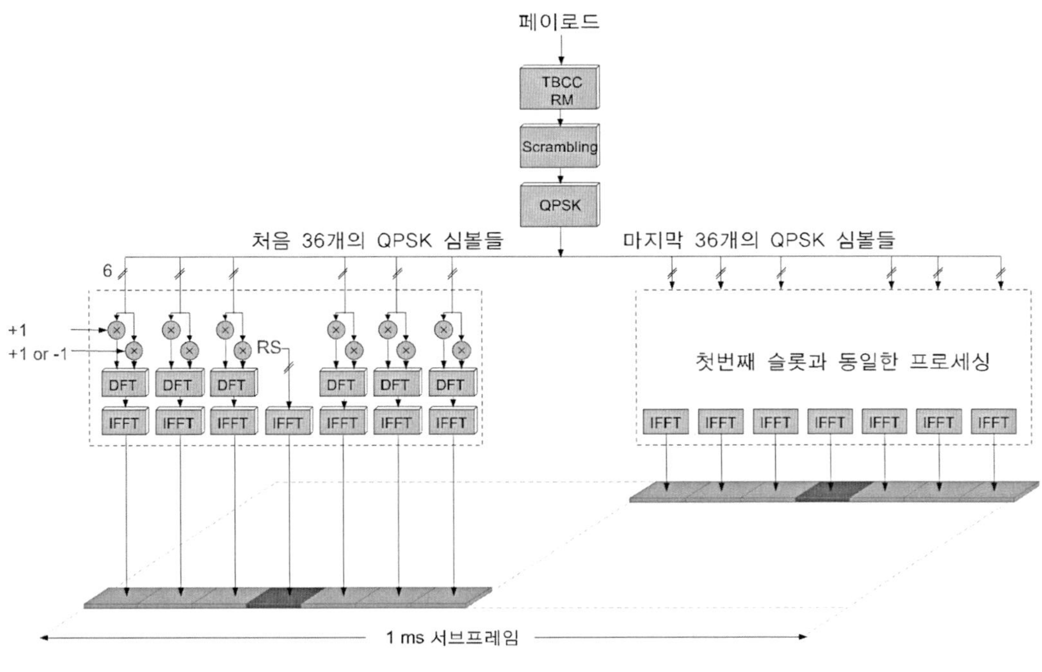

그림 7.27 PUCCH 포맷 5 (일반 CP의 경우)

23) 한 명의 사용자에 대해 6개의 QPSK 심볼을 각각 운반하는 12개의 OFDM 심볼이 있으며, 그 결과 일반 CP에 대해 12 · 6 · 2 = 144비트가 된다.

7.4.1.6 PUCCH에 대한 자원 블록 매핑

앞서 설명한 것과 같이, 3가지 PUCCH 포맷에 대한 신호는 모두 자원 블록 pair 상에 송신된다. 어떤 자원 블록 pair를 사용하는 지의 여부는 PUCCH 자원 인덱스를 통하여 결정된다. 셀 내에서 제어 시그널링 용량을 늘리기 위하여 복수 개의 자원 블록 pair를 사용할 수 있으며, 이때 하나의 자원 블록 pair가 가득차게 되면 다음 번 PUCCH 자원 인덱스는 다음 번 자원 블록 pair로 순서대로 매핑된다.

그림 7.28에서 볼 수 있듯이, PUCCH가 전송되는 자원 블록 pair는 primary component 반송파[24]에 할당된 대역폭의 양 끝에 위치하게 된다. 주파수 다이버시티를 제공하기 위하여 이 주파수 자원은 슬롯 경계에서 주파수 호핑을 한다. 즉, 12개의 (혹은 PUCCH 4의 경우에는 그 이상의) 부반송파로 구성된 하나의 주파수 자원은 하나의 서브프레임의 첫 번째 슬롯에서는 스펙트럼의 윗쪽 가장자리에 위치하고, 동일한 크기의 자원이 서브프레임의 두 번째 슬롯에서는 스펙트럼의 아랫쪽 가장자리에 위치하게 된다. 물론, 첫 번째 슬롯에서 스펙트럼의 아랫쪽 가장자리에 위치하였으면, 두 번째 슬롯에서는 윗쪽 가장자리에 위치하게 된다.

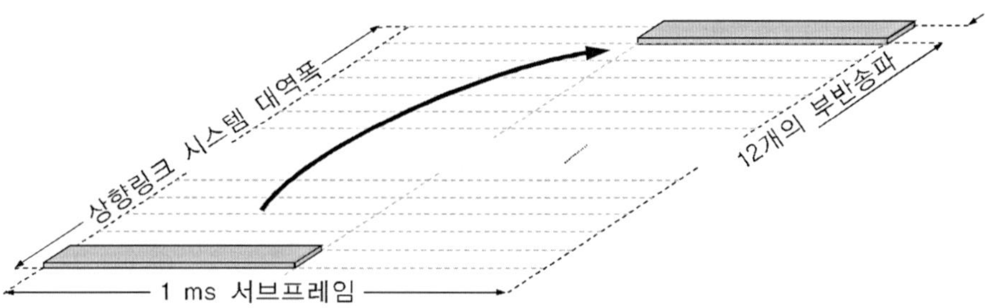

그림 7.28 PUCCH 상의 상향링크 L1/L2 제어 시그널링 전송

PUCCH 자원을 전체 가용한 스펙트럼의 맨 가장자리에 위치시키는 이유는 다음과 같다.

- 앞서 언급된 주파수 호핑과 함께, 제어 시그널링이 겪는 주파수 다이버시티를 극대화하기 위해서이다.
- 만약 PUCCH를 위한 상향링크 자원을 스펙트럼 내에서 가장자리가 아닌 다른 위치에 할당하면, PUCCH를 위한 자원 할당에 의하여 상향링크 스펙트럼이 쪼개지게 되어, 상향링크 전송의 낮은 cubic metric 특성을 유지하면서 단일 단말에 넓은 전송 대역폭을 할당하기가 곤란해진다.

24) 상향링크의 primary component 반송파는 단말 별로 결정됨에 유의한다. 따라서, 서로 다른 단말은 서로 다른 반송파를 primary component 반송파로 사용할 수 있다.

그림 7.29와 같이 원칙적으로는 PUCCH 포맷 2 (CSI 보고)가 상향링크 셀 대역폭의 가장 가장자리에서 전송이 되며 PUCCH 포맷 1 (HARQ acknowledgement, 스케줄링 요청)이 그 안쪽으로 전송이 된다. PUCCH 포맷 3, 4, 5의 위치는 설정 가능하다. 예를 들면 포맷 1과 포맷 2 사이에 위치할 수도 있다. 어떠한 자원 블록 pair에서 PUCCH 포맷 1의 매핑이 시작되는지는 시스템 정보의 일부로 제공되는 준-정적인 (semi-static) 파라미터에 의해 제어된다. 또한, 포맷 1의 자원 중에서는 준-정적으로 설정되는 스케줄링 요청이 HARQ acknowledgement 보다 바깥쪽에 위치하게 된다. HARQ acknowledgement에 필요한 자원의 양은 동적으로 변하기 때문에, 이와 같은 방법으로 PUSCH 전송에 가능한 연속된 스펙트럼의 양을 극대화하게 된다.

많은 경우에 PUCCH의 자원 설정은 세 개의 PUCCH 포맷이 서로 다른 자원 블록에서 전송하도록 설정된다. 그러나, 이렇게 하면 셀 대역폭이 작은 경우에는 오버헤드가 너무 커질 수 있다. 따라서, 자원 블록 pair 중 하나 포맷 1과 포맷 2의 두 PUCCH 포맷을 섞는 것이 가능하며, 그림 7.29의 인덱스 "2"의 자원이 그러한 경우의 예이다. 비록 이러한 혼합은 원래 작은 셀 대역폭의 경우에 사용하기 위하여 만들어졌으나, 넓은 셀 대역폭의 경우에도 역시 적절하게 사용될 수 있다. PUCCH 포맷 1과 포맷 2가 혼합되어 있는 자원 블록 pair에서는, 두 포맷에 대하여 회전 각도가 나뉘어진다. 또한 위상 회전 중 일부는 '보호 위상'으로 따로 남겨져있다. 따라서 이와 같이 혼합된 자원 블록 pair은 포맷 1과 포맷 2중 한 종류의 PUCCH 포맷만을 전달하는 자원 블록 pair에 비해 약간 효율이 낮아진다.

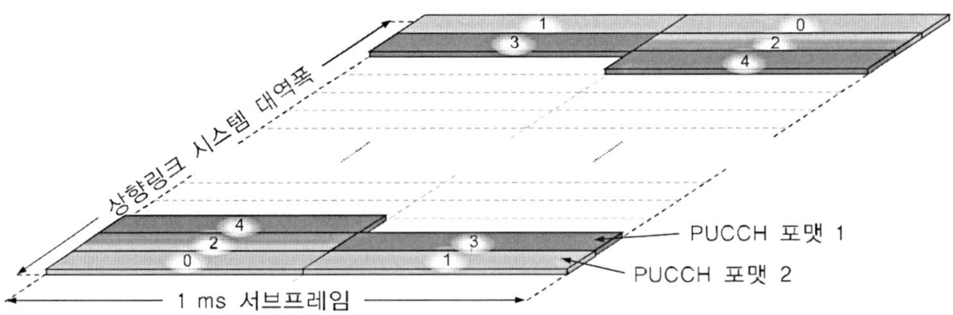

그림 7.29 PUCCH를 위한 자원 블록 할당

표 7.3 서로 다른 정보에 대한 서로 다른 PUCCH 포맷의 용도 (10, 11 혹은 13의 표시는 해당 조합이 처음으로 지원된 3GPP 릴리즈를 나타냄)

Information	PUCCH Format						
	포맷 1						
		Selection	Bundling	포맷 2	포맷 3	포맷 4	포맷 5
ACK	•	•[10]			•[10]	•[13]	•[13]
SR	•						
SR + ACK	•		•[10]		•[10]	•[13]	•[13]
CSI				•		•[13]	•[13]
CSI + ACK				•	•[11]	•[13]	•[13]
CSI + SR						•[13]	•[13]
CSI + SR + ACK					•[11]	•[13]	•[13]

7.4.2 PUCCH 상의 상향링크 제어 시그널링

PUCCH 포맷을 설명하였으니, 서로 다른 포맷이 어떻게 상향링크 제어 정보를 전달하는 데 사용되는 지를 살펴보도록 하자. 앞서 언급하였듯이, 원칙적으로 PUCCH 상의 상향링크 제어 시그널링은 HARQ acknowledgement, CSI (Channel-State Information), SR (스케줄링 요청)의 어떠한 조합도 가능하다. 표 7.3에 정리되어 있듯이, 이러한 정보가 홀로 전송되는지 혹은 함께 전송되는지에 따라서 서로 다른 PUCCH 포맷 및 방식이 사용된다. 원칙적으로, 동일 단말로부터 동시에 전송되는 복수 개의 제어 시그널링 메시지는 복수 개의 PUCCH를 사용할 수도 있다. 그러나, 이렇게 하면 송신 신호의 cubic metric이 증가하여 전력 증폭기 동작이 비효율적이 될 수 있으므로, 하나의 PUCCH 구조에서 동시에 복수 개의 피드백을 전송하는 방식이 대신 사용된다.

7.4.2.1 HARQ acknowledgement

HARQ acknowledgement는 DL-SCH 상의 하나의 (공간 다중화의 경우는 두 개의) 전송 블록을 수신하였음을 알리는 데 사용된다. PUCCH 포맷 1은 CA를 사용하지 않는 경우에 사용되지만, 최대 2개의 하향링크 반송파, 즉 최대 4비트의 acknowledgement를 전송하는 CA까지는 지원할 수 있다. 4비트보다 많은 acknowledgement의 전송에는 PUCCH 포맷 3, 4, 5가 사용된다.

HARQ acknowledgement는 단말이 PDCCH 혹은 EPDCCH 상에서 해당 단말에 대한 DL-SCH 전송과 관련된 제어 시그널링을 올바르게 수신한 경우에만 전송된다. 만약 DS-SCH 관련된 유효한 제어 시그널링이 검출되지 않았다면, PUCCH 상으로는 아무것도 전송되지 않는다 (예, DTX). 다른 목적으로 사용될 수도 있는 PUCCH 자원을 불필요하게 점유하지 않도록 하는 것과 함께, 이는 eNodeB가 PUCCH에 대하여 세 가지 상태 (ACK, NAK, DTX)에 대하여 검출할 수 있도록 해준다. NAK와 DTX는 서로 다르게 다루어질 필요가 있을 수도 있기 때문에 이러한 세 가지 상태에 대한 검출이 도움이 될 수 있다. NAK의 경우에는 incremental redundancy 동작을 위하여 추가적인 parity 비트를 재전송에 보내줄 수 있다. 반면에 DTX의 경우에는 단말이 systematic 비트가 전송된 최초 전송을 아예 받지 못했을 가능성이 있으므로 재전송 시에 추가적인 parity 비트를 보내는 것보다 systematic 비트를 다시 보내는 것이 더 좋을 수 있다.

1비트 혹은 2비트의 HARQ acknowledgement 전송에는 PUCCH 포맷 1이 사용된다. 7.4.1.1절에 설명되어 있듯이, PUCCH 자원은 인덱스로 표시된다. 이 인덱스가 어떻게 결정되는 지는 정보의 종류 및 하향링크 데이터 전송을 스케줄링하는 데 PDCCH가 사용되는지 혹은 EPDCCH가 사용되는지의 여부에 따라 달라진다.

PDCCH에 의해 스케줄링되는 하향링크 전송에 대해서는, HARQ acknowledgement를 위해 사용되는 자원의 인덱스는 해당 단말로의 하향링크 전송을 스케줄링하는 데 사용되는 PDCCH의 첫 번째 CCE의 함수로 주어진다. 이렇게 함으로써, 하향링크 스케줄링 할당에 PUCCH 자원에 대한 정보를 명시적으로 포함할 필요가 없으며, 이를 통하여 제어 신호 오버헤드를 줄일 수 있다. 또한, 8장에서 설명되듯이, HARQ acknowledgement는 DL-SCH 전송 블록을 수신한 뒤 정해진 시간 이후에 전송이 된다. 따라서, eNodeB는 언제 PUCCH 상으로 HARQ acknowledgement가 전송되어 올 지에 대하여 이미 알고 있다.

EPDCCH에 의해 스케줄링되는 하향링크 전송에 대해서는, EPDCCH의 첫 번째 ECCE의 인덱스가 혼자 사용될 수 없다. ECCE 번호는 단말별로 설정이 되며 따라서 단말-특정의 성격을 띄며, 서로 다른 자원 블록 상에 제어 시그널링을 가지고 있는 서로 다른 두 개의 단말이 EPDCCH 내의 첫 번째 ECCE 번호는 동일한 값을 가질 수도 있다. 따라서, EPDCCH 정보 (6.4.6절 참조)의 일부로서 ARO (ACK/NAK Resource Offset) 정보가 첫 번째 ECCE의 인덱스와 함께 사용되어 PUCCH 자원을 결정한다. 이렇게 함으로써, EPDCCH에 의해 스케줄링되는 두 개의 단말 사이의 PUCCH 충돌을 방지할 수 있다.

(E)PDCCH에 의한 동적 스케줄링과 별도로, 9장에서 설명되듯이 특정한 패턴에 따라 단말을 준-정적으로 스케줄링할 수도 있다. 이 경우에는 PUCCH 자원 인덱스를 추출할 수 있는 PDCCH 혹은 EPDCCH가 존재하지 않는다. 따라서, 준-정적 스케줄링 패턴의 설정은 HARQ acknowledgement를 위해 사용되는 PUCCH 인덱스에 대한 정보를 포함하고 있다. 물론 단말은 하향링크에서 스케줄링된 경우에만 PUCCH 자원을 사용한다. 따라서, HARQ acknowledgement를 위해 필요한 PUCCH 자원의 양은 셀 내의 단말의 숫자에 반드시 비례하여 증가하는 것은 아니다.

그러나, 동적 스케줄링의 경우에는 PUCCH 자원의 양은 하향링크 제어 시그널링 내의 CCE의 개수에 보다 관련이 있다.

앞의 설명은 하향링크 CA를 사용하지 않은 경우에 대한 설명이었다. CA를 도입한 경우에 대한 설명은 12장에서 다룬다.

7.4.2.2 스케줄링 요청

스케줄링 요청은 상향링크 데이터 전송을 위한 자원을 요청하기 위해 사용된다. 당연히, 스케줄링 요청은 단말이 자원을 요청하는 경우에만 전송되어야 한다. 그렇지 않은 경우에는, 단말은 배터리 자원을 절약하고 불필요한 간섭을 발생시키지 않도록 아무 것도 전송하지 말아야 한다.

하향링크 스케줄링이 결정되는 순간 언제 피드백이 PUCCH로 전송되어 올지를 eNodeB가 미리 알수 있는 HARQ acknowledgement와는 달리, 특정 단말이 상향링크 자원을 요청하는 것은 원칙적으로 eNodeB가 예측할 수 없다. 따라서, 이를 다룰 수 있는 한 가지 방법은 상향링크 자원 요청에 대하여 경쟁-기반의 (contention-based) 방식을 사용하는 것이다. 랜덤엑세스 방식이 이러한 원리를 기반으로 하고 있으며, 9장에서 설명하겠지만 어느 정도는 이를 스케줄링 요청에도 사용할 수 있다. 경쟁-기반의 방식은 일반적으로 스케줄링 요청의 빈도가 낮은 경우에는 잘 동작하지만 스케줄링 요청이 많은 경우에는 동시에 자원을 요청하는 서로 다른 단말 사이에서 충돌이 일어날 확률이 증가한다. 따라서, LTE는 셀 내의 각 단말이 상향링크 자원에 대한 요청을 보낼 수 있도록 따로 마련된 자원을 줌으로써 PUCCH 상에서 경쟁 없는 (contention-free) 스케줄링 요청 방식을 지원한다. HARQ acknowledgement와는 달리 스케줄링 요청에 의해서는 명시적인 정보 비트가 전송되지 않으며, 정보 자체는 해당하는 PUCCH 상의 에너지의 존재 (혹은 비존재)에 의하여 전달된다. 하지만, 비록 완전히 다른 목적으로 사용되더라도 스케줄링 요청은 HARQ acknowledgement와 동일한 PUCCH 포맷, 즉 PUCCH 포맷 1을 사용한다.

경쟁이 없는 SR 자원은 앞서 언급하였듯이 PUCCH 포맷 1 자원 인덱스에 의해 표현되며, 매 n번째 서브프레임마다 발생한다. 경쟁 없이 스케줄링을 요청할 수 있는 횟수를 자주 줄수록 스케줄링 요청에 대한 지연은 줄어들지만 반대로 PUCCH 자원 소모가 늘어나는 부담이 있다. eNodeB가 셀 내의 모든 단말에 대한 설정을 책임지므로, 어떠한 자원에서 단말이 자원을 요청하는 지는 이미 eNodeB가 알고 있다. CA의 경우에도 하나의 스케줄링 요청이면 충분하다. 왜냐하면, 이는 CA가 사용되었는 지의 여부와는 무관하게 상향링크 자원에 대한 요청을 표현하는 것이기 때문이다.

7.4.2.3 HARQ acknowledgement와 스케줄링 요청

지금까지의 논의는 HARQ acknowledgement를 전송하거나 스케줄링 요청을 전송하는 것에 관한 것이었다. 하지만, 어떤 경우에는 단말이 두 가지를 모두 전송할 필요가 있을 수도 있다.

Acknowledgement에 PUCCH 포맷 1이 사용되는 경우에는, HARQ acknowledgement를 스케줄링 요청 자원 위에 전송함으로써 acknowledgement와 스케줄링 요청의 동시 전송을 지원할 수 있다 (그림 7.30 참조). 이는 두 가지 경우에 대하여 동일한 PUCCH 구조가 사용되며 스케줄링 요청 자체는 명시적인 정보를 전송하지 않기 때문에 가능한 것이다. eNodeB는 특정 단말에 대하여 acknowledgement용 자원 상의 검출된 에너지의 양과 스케줄링 요청용 자원 상의 검출된 에너지의 양을 비교함으로써 단말이 현재 자원을 요청하고 있는지의 여부를 판단할 수 있다. Acknowledgement 전송을 위해 사용되는 PUCCH 자원이 검출되면 HARQ acknowledgement는 디코딩될 수 있다. 한편, HARQ와 스케줄링 요청을 동시에 디코딩하는 좀 더 발전된 방법들도 고려될 수 있다.

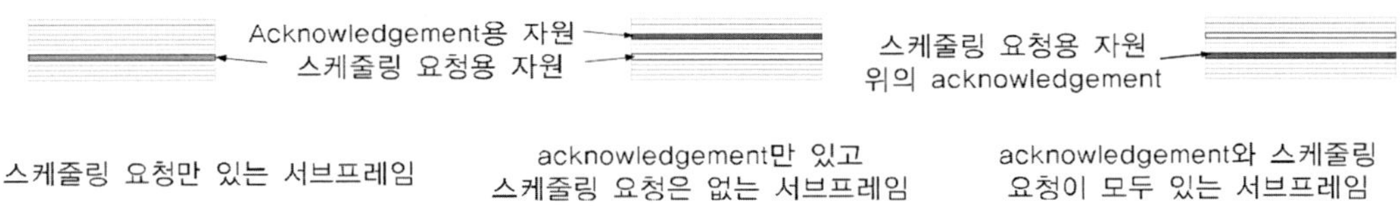

그림 7.30 단일 단말로부터의 스케줄링 요청과 HARQ acknowledgement에 대한 다중화

채널 선택 (channel selection)은 동시에 스케줄링 요청을 전송하지 않는 경우에 PUCCH 상으로 최대 4비트의 acknowledgement를 전송하는 방법이다. 따라서, 이 방법은 acknowledgement와 스케줄링 요청을 동시에 전송하는 데에는 사용될 수 없다. 대신, 4비트의 acknowledgement 비트가 2비트로 합쳐진 (bundled) 후에, 앞 절에서 설명된 것처럼 전송될 수 있다. 번들링 (bundling)은 2개 혹은 더 많은 비트의 acknowledgement가 합쳐진 것을 의미한다. 따라서, 하나의 acknowledgement 비트가 복수 개의 전송 블록에 대한 디코딩 결과를 말해주며, 그 중 하나의 전송 블록이 잘못 수신되더라도 모든 전송 블록들이 재전송되어야 함을 의미한다.

PUCCH 포맷 3, 4, 5는 HARQ acknowledgement와 SR를 함께 코딩하는 것을 지원하며, 이는 12장에 설명된 반송파 결합에 대하여 이루어진다.

7.4.2.4 CSI

CSI 보고는 채널에 따른 스케줄링을 도와주기 위하여 단말 입장에서 보이는 하향링크 무선채널 특징에 대한 추정을 eNodeB에게 제공하는 데 사용된다 (10장 참조). CSI 보고는 하나의 서브프레임 내에서 전송되는 복수 개의 비트들로 구성된다. CSI 보고에는 다음의 두 가지 타입이 있다.

- 주기적 보고. 일정 시간 간격마다 발생함
- 비주기적 보고. PDCCH 혹은 EPDCCH 상의 하향링크 제어 시그널링에 의해 발생함

7.4.3절에서 설명하겠지만 비주기적 보고는 PUSCH 상으로만 전송이 되며, 주기적 보고는 PUCCH 포맷 2를 사용하여 PUCCH 상으로 전송될 수 있다.

PUCCH 포맷 2 자원은 인덱스로 표시되며, 상위 계층 시그널링을 사용하여 각 단말에 CSI 보고를 전송할 자원 및 언제 CSI 보고를 전송할 지를 설정한다. 따라서, eNodeB는 각 단말이 언제 그리고 어느 자원을 사용하여 PUCCH 상으로 CSI를 전송할 지를 알고 있다.

7.4.2.5 HARQ acknowledgement와 CSI

하향링크에서의 데이터 전송은 상향링크에서 HARQ acknowledgement 전송을 수반한다. 또한, 하향링크에서 데이터가 전송되고 있으므로 최신 채널 상태에 대한 보고는 하향링크 전송을 최적화하는 데 도움을 줄 수 있다. 따라서, LTE에서는 HARQ acknowledgement와 CSI 보고를 동시에 전송할 수 있도록 하고 있다.

HARQ acknowledgement와 CSI 보고를 동시에 전송하는 것은, acknowledgement 비트수 및 상위 계층의 설정에 따라 달라진다. 또한, CSI 보고는 하지 않고 acknowledgement만 보고하도록 할 수도 있다.

자세한 방식에서는 차이가 있지만, 하나 혹은 2개의 acknowledgement와 CSI를 동시에 전송하는 방법은 기본적으로는 Release 8 및 그 이후 릴리즈에서 PUCCH 포맷 2를 기반으로 한다.

일반 CP의 경우, PUCCH 포맷 2의 각 슬롯에서는 2개의 OFDM 심볼이 reference 신호에 사용된다. HARQ acknowledgement를 CSI 보고와 같이 전송할 때에는 각 슬롯에서 두 번째 reference 심볼이 그림 7.31(a)와 같이 acknowledgement에 의해 변조된다. 피드백되는 정보가 하나 혹은 두 개의 acknowledgement 비트인지에 따라 BPSK 또는 QPSK가 사용된다. eNodeB에서는 수신 시에 reference 신호 위에 acknowledgement가 덮어쓰여졌다는 사실을 감안하고 수신하여야 한다. 한 가지 방법은, 첫 번째 reference 심볼을 사용하여 채널 추정을 하고 이를 가지고 두 번째 reference 심볼에 변조된 acknowledgement를 디코딩하는 것이다. 일단 acknowledgement 비트가 디코딩되고나면 두 번째 reference 심볼위에 씌워졌던 변조가 제거될 수 있으다. 따라서 CSI 보고의 디코딩과 이를 위한 채널 추정은 HARQ acknowledgement가 같이 전송되지 않은 경우와 동일하게 다루어질 수 있다. 이와 같은 두 단계의 접근 방법은 비교적 도플러 주파수가 적당히 낮은 경우에 잘 동작한다. 높은 도플러 주파수 환경에서는 acknowledgement와 CSI 보고가 동시에 joint 디코딩되는 것이 좀 더 바람직하다.

확장 CP의 경우에는 슬롯 당 1개의 reference 심볼만이 존재하므로, reference 심볼에 HARQ acknowledgement를 덮어씌우는 것이 불가능하다. 대신 그림 7.31(b)와 같이 acknowledgement 비트는 CSI 보고와 함께 코딩된 이후에 PUCCH 포맷 2를 사용하여 전송된다.

eNodeB는 언제 CSI 보고가 올지와 언제 HARQ acknowledgement가 올지를 알고 있다. 따라서 eNodeB는 CSI 보고와 HARQ acknowledgement가 같이 오는지의 여부도 알고 있다. 만약 (E)PDCCH의 스케줄링 할당을 단말이 받지 못하였다면, 단말은 자신이 스케줄링되었는지 모르기 때문에 CSI 보고만 전송할 것이다. HARQ acknowledgement와 CSI 보고가 동시에 전송되는 상황이 아니라 HARQ acknowledgement만 전송되는 상황에서는, eNodeB는 DTX 검출을 이용하여 단말이 PDCCH의 스케줄링 할당을 받지 못한 것인지 아니면 하향링크 데이터의 디코딩에 실패한 것인지를 구분할 수 있다. 그러나, 앞에서 다룬 구조와 같이 HARQ acknow ledgement와 CSI 보고가 동시에 전송되는 상황에서는, 단말이 HARQ acknowledgement는 보내지 않고 CSI 보고만 보내는 것인지 아닌지의 여부를 eNodeB가 판단하여야 하는데, 비록 DTX 검출이 완전히 불가능하지는 않더라도 매우 힘들다는 문제가 있다. 이러한 사실은, 만약 eNodeB가 하향링크 데이터에 대한 acknowledgement가 CSI 보고와 동시에 전송되도록 데이터를 스케줄링하였다면 특히 incremental redundancy의 동작에서는 주의를 기울여야 한다는 것을 의미한다. 이러한 경우, 단말이 하향링크의 첫 번째 전송 시도를 받지 못했을 수도 있으므로, eNodeB는 재전송에 systematic 비트가 포함되도록 재전송의 redundancy 버전을 선택하는 것이 바람직할 수 있다.

이를 피하기 위한 한 가지 가능한 방법은, HARQ acknowledgement와 CSI 보고가 동시에 일어날 경우에는 CSI 보고를 보내지 않도록 단말을 설정하는 것이다. 이 경우에는 acknowledgement가 PUCCH 포맷 1을 사용하여 전송하기 때문에 eNodeB는 DTX를 검출할 수 있다. 물론 이 경우에는 CSI 보고가 전송되지 않으므로, 이러한 사실이 스케줄링에 고려되어야 한다.

PUCCH 포맷 3, 4, 5는 acknowledgments 및 스케줄링 요청을 동시에 코딩하는 것을 지원하므로 (10장 참조), 이 경우에는 (단말이 CSI 보고를 빼도록 설정되어있지 않다면) CSI 보고를 뺄 필요가 없다.

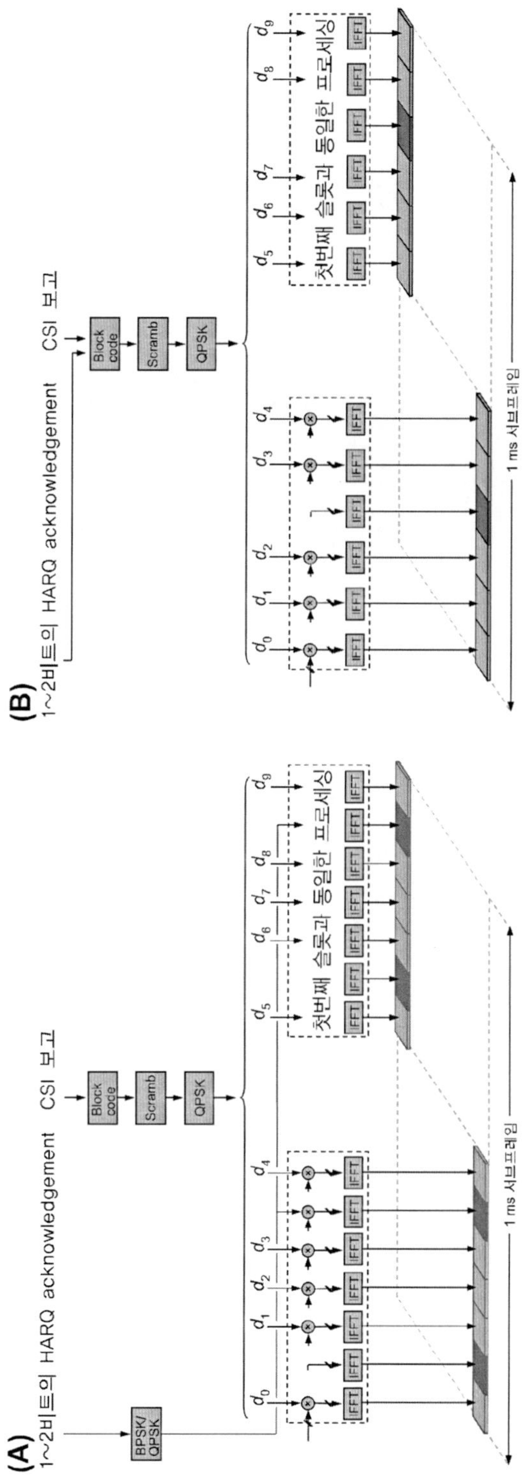

그림 7.31 CSI 보고와 HARQ acknowledgement의 동시 전송: (a) 일반 CP, (b) 확장 CP

7.4.2.6 스케줄링 요청과 CSI

eNodeB는 단말이 언제 스케줄링 요청을 보낼 수 있고 단말이 언제 채널 상태를 보고해야 하는지를 조절할 수 있다. 따라서, 적절한 설정을 통하여 스케줄링 요청과 CSI가 동시에 전송되는 일을 피할 수 있으며, 만약 이렇게 설정이 되지 못한 경우에는 단말은 CSI 보고를 보내지 않고 스케줄링 요청만 전송한다. CSI 보고가 한 번 빠지는 것이 아주 심각하게 문제를 야기하는 것은 아니며, 단지 스케줄링 및 전송 속도 적응 (rate-adaptation)의 정확도가 일부 저하되는 정도의 결과를 낳을 수 있다. 반면에, 스케줄링 요청은 상향링크 전송에 매우 중요한 것이므로 이것이 우선적으로 전송되어야 한다.

7.4.2.7 HARQ acknowledgement, CSI 및 스케줄링 요청

PUCCH 포맷 3, 4, 5를 지원하지 않거나 이를 사용하도록 설정되어 있지 않은 단말에 대하여, acknowledgement와 CSI 및 스케줄링 요청의 동시 전송은 앞 절에서 설명한 것과 비슷하게 처리된다. 즉, CSI 보고는 전송되지 않으며, acknowledgement와 스케줄링 요청은 7.4.2.3절에서 설명된 것처럼 다중화되어 전송된다. 그러나, PUCCH 포맷 3 혹은 이보다 높은 포맷을 사용하는 단말은 이 세 가지 정보를 동시에 전송하는 것을 지원한다. 이 포맷 내에는 스케줄링 요청을 위해 예약된 1비트가 있으므로, 전송 구조는 7.4.2.5절에서 설명된 acknowledgement와 CSI 보고의 동시 전송의 경우와 다르지 않다.

7.4.3 PUSCH 상의 상향링크 L1/L2 제어 시그널링

만약 단말이 서브프레임에서 유효한 스케줄링 승인을 받아서 PUSCH 상으로 데이터를 전송하고 있다면, 제어 시그널링은 PUCCH를 사용하지 않고 데이터와 함께 PUSCH 상으로 시간 다중화된다.[25] (Release 10 및 그 이후 릴리즈에서는 PUSCH와 PUCCH의 동시 전송이 사용될 수 있는데, 이렇게 하면 동시 전송에 따른 cubic metric 성능의 일부 저하를 감수하면서 PUSCH 상으로 제어 신호를 보내야 하는 경우를 피할 수 있다.) 이때, PUSCH 상으로는 HARQ acknowledgement, CSI 보고만이 전송된다. 당연히 단말은 이미 스케줄링되어 PUSCH로 데이터를 보내고 있으므로 스케줄링 요청을 할 필요는 없으며, 대신 9장에서 설명하겠지만 전송되는 MAC 헤더의 일부에 버퍼 상태 보고 (in-band buffer-status report)가 전송된다.

그림 7.32는 CSI 보고와 HARQ acknowledgement가 시간 다중화되는 것을 보이고 있다. 두 가지 모두 시간 다중화를 사용하고 있지만 둘 사이의 서로 다른 특성에 따라 실제로는 약간의

25) 공간 다중화의 경우, CQI/PMI는 코드워드 중 하나와 시간 다중화된다. 즉, 다른 코드워드와는 공간적으로 다중화되는 것을 의미한다.

차이를 보인다.

HARQ acknowledgement는 하향링크의 적절한 동작을 위하여 매우 중요하다. 따라서, 데이터 부분에 어떤 변조가 사용되든지, 1개 및 2개의 HARQ acknowledgement에 대해서는 HARQ acknowledgement에는 강인한 QPSK 변조가 사용된다. 더 많은 비트의 HARQ acknowledgement에 대해서는 데이터에서 사용된 것과 동일한 변조가 사용된다. 2비트 보다 큰 경우에 대한 채널 코딩은 PUCCH의 경우와 동일하게 적용되며 20비트를 넘는 경우에는 번들링이 적용된다. 즉, 동일한 component 반송파 위의 2개의 전송 블록은 각각 독립적인 비트를 갖는 대신에 하나의 비트를 공유한다. 덧붙여, HARQ acknowledgement는 reference 심볼 가까운 곳에서 전송된다. 왜냐하면, reference 심볼에 가까울수록 채널 추정의 성능이 우수하기 때문이다. 이러한 구조는 채널이 높은 도플러 주파수를 가지고 있어서 (단말이 빠르게 이동하여) 슬롯 내에서도 채널이 빠르게 변하는 환경에서 특히 중요하다. 데이터 부분과는 달리 HARQ acknowledgement에는 재전송이 사용되지 않으므로, 채널의 변화에 대항하기 위하여 강력한 채널 코딩이 사용된다.

원칙적으로, eNodeB는 단말로부터 언제 HARQ acknowledgement가 전송되는지를 알고 있으므로 따라서 acknowledgement와 데이터 부분을 적절히 역다중화, 즉 다시 분리해낼 수 있다. 그러나 단말이 하향링크 제어 채널 (PDCCH 혹은 EPDCCH) 상의 스케줄링 할당을 수신하지 못하면, eNodeB는 HARQ acknowledgement를 기대하고 있으나 단말은 PUSCH 상에 acknowledgement를 다중화하지 않고 전송하는 경우도 있을 수 있다. 만약 rate matching 패턴이 acknowledgement가 전송되는지의 여부에 따라 달라진다면 acknowledgement의 존재 여부에 따라 데이터 부분도 달라지므로, 데이터 부분에서 전송되는 모든 코딩된 비트들이 영향을 받을 수 있다. 즉, UL-SCH 디코딩이 실패할 수 있다. 이러한 경우를 방지하기 위하여 HARQ acknowledgement는 코딩된 UL-SCH 비트 스트림 상에 펑처링된다 (punctured into). 따라서, 펑처링되지 않은 비트들은 HARQ acknowledgement의 존재 여부에 영향을 받지 않으므로 단말의 rate matching과 eNodeB의 rate matching이 어긋나는 것을 방지하게 된다.

CSI 보고의 자세한 내용은 9장에 살펴보도록 한다. 우선, 이번 장에서는 CSI 보고가 CQI (Channel-Quality Indicator), PMI (Precoding Matrix Indicator), RI (Rank Indicator)로 구성되어 있다는 것만 기억하도록 한다. CQI와 PMI는 PUSCH로부터의 코딩을 거친 데이터 비트들과 같이 시간 다중화되며 데이터 부분과 동일한 변조를 사용하여 전송된다. CSI 보고는 주로 무선채널이 비교적 변하지 않는 낮거나 중간 정도의 도플러 주파수를 가진 채널에 유용하기 때문에, HARQ acknowledgement에서와 같은 특수한 매핑이 그다지 필요하지 않다. CSI 보고 중에서 RI는 CQI 및 PMI와는 조금 다르게 매핑된다. 그림 7.32와 같이, RI는 HARQ acknowledgement의 매핑과 비슷하게 reference 심볼 가까이에 매핑된다. RI를 보다 강인하게 매핑하는 이유는 CQI/PMI의 정확한 해석을 위해서는 RI가 우선적으로 필요하기 때문이다.

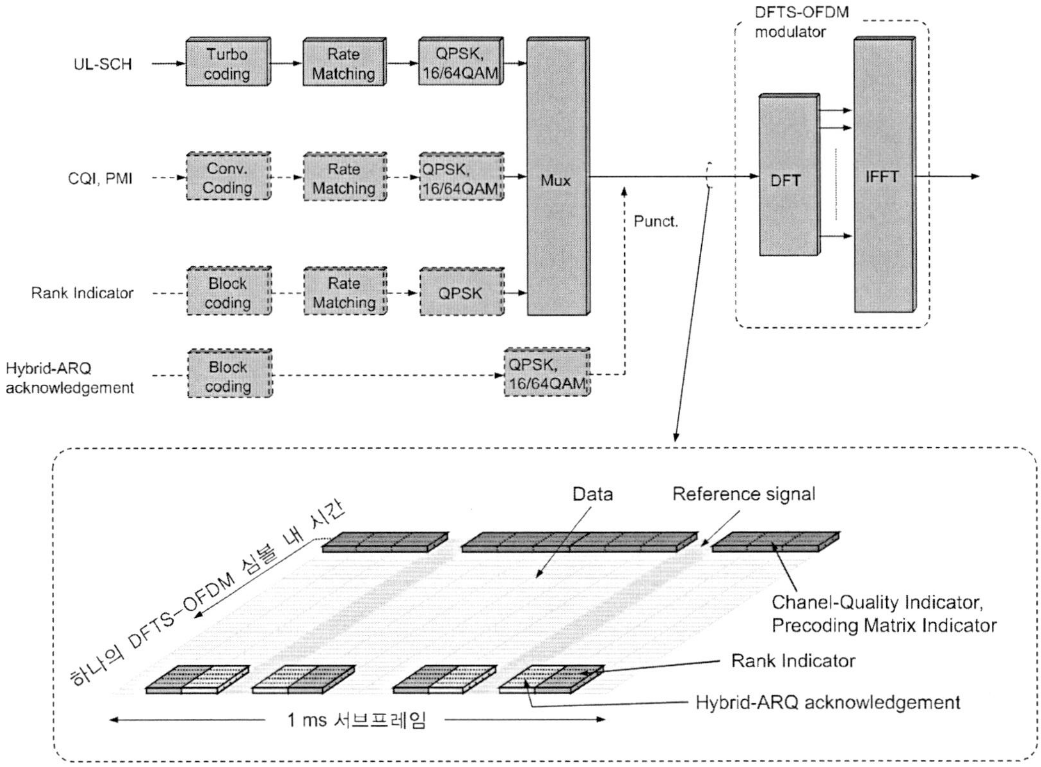

그림 7.32 제어 시그널링과 데이터의 PUSCH로의 다중화.

반면에, CQI/PMI는 전체 서브프레임에 걸쳐서 간단히 매핑된다. RI에 대한 변조 방식은 QPSK가 사용된다.

PUSCH 상으로 동시에 2개의 전송 블록이 전송되는 상향링크 공간 다중화에 대해서는, CQI 및 PMI는 가장 높은 MCS를 사용한 전송 블록과 다중화되며, 해당 layer는 위에서 설명한 변조 방식이 사용된다 (그림 7.33 참조). 이렇게 하는 이유는 CQI 및 PMI를 가장 좋은 품질의 (1개 혹은 2개의) layer위에서 전송하기 위해서이다.[26)]

HARQ acknowledgement 및 RI는 모든 전송 layer에 걸쳐서 반복되어, 앞서 설명한 단일 layer의 경우와 마찬가지로 각 layer에서 코딩을 거친 데이터와 함께 다중화된다. 비트들은 서로 다른 layer에서 서로 다른 스크램블링을 거칠 수 있다. 즉, 동일한 정보가 복수 개의 layer에서 서로 다른 스크램블링을 거쳐서 전송됨으로써 다이버시티를 제공할 수 있다.

26) MCS가 채널 품질에 따라 결정되는 것을 가정한다. 이는 1개, 2개 및 4개의 layer에 대해서는 맞는 가정이며, 3개의 layer에 대해서는 반드시 그러한 것은 아니다.

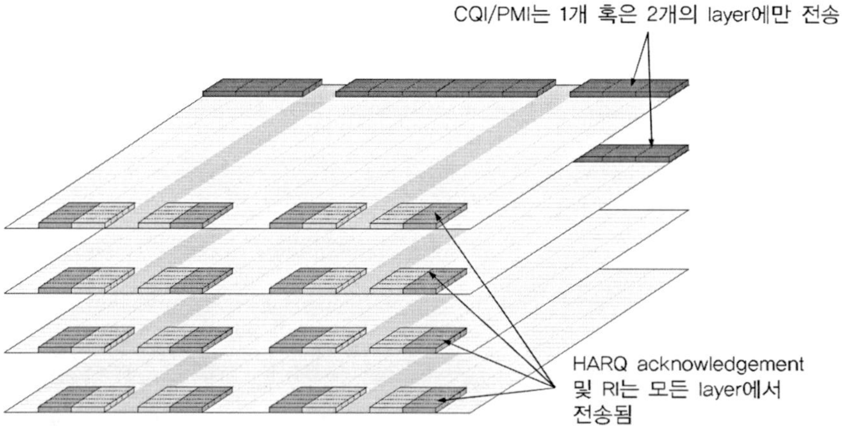

그림 7.33 상향링크 공간 다중화에서의 CQI/PMI, RI 및 HARQ acknowledgement의 다중화

PUSCH 상으로 CSI 보고의 기본은, eNodeB가 스케줄링 승인 내의 CQI 요청 비트를 설정함으로써 단말로부터 CSI 보고를 요청하는 비주기적 (aperiodic) 보고이다 (6장 참조). UL-SCH의 rate matching은 CSI 보고의 존재 여부를 고려하여 동작한다. 즉, 좀 더 높은 코딩률을 사용함으로써 적절한 개수의 자원 엘리먼트가 CSI 보고를 전송하는 용도로 사용될 수 있도록 한다. eNodeB가 CSI 보고를 명확하게 요청하였으므로, eNodeB는 당연히 CSI 보고의 존재 여부를 알고 있어서 수신단 (eNodeB)에서 적절한 rate de-matching이 수행될 수 있다. 또한, 만약 단말이 PUSCH에 전송을 하도록 스케줄링되어 있을 때 해당 서브프레임에서 주기적 보고가 PUCCH 상으로 전송되도록 설정되어 있다면, 주기적 보고 역시 PUSCH 자원위에서 전송되도록 변경된다. 주기적 보고의 전송 순간은 강인한 RRC 시그널링에 의해 설정되고 eNodeB는 어떤 서브프레임에서 주기적으로 보고되는 지를 알고 있으므로, 이 경우에서도 rate matching이 어긋날 염려는 없다.

CSI 보고의 채널 코딩은 보고의 크기에 따라 다르다. 원래는 PUCCH 상으로 전송될 예정이었던 주기적 보고가 PUSCH로 변경되어 전송되는 경우와 같이 작은 크기의 보고에 대해서는 PUCCH 상의 보고에서 사용된 것과 동일한 블록 코딩이 사용된다. 큰 크기의 CSI 보고에 대하여, RI에는 (3,2) 블록 코딩이 사용되며 CQI/PMI에는 tail biting 콘볼루셔날 코딩이 사용된다.

서로 다른 무선 상태를 다루기 위해 전송 속도 적응 (rate adaptation)이 사용되는 데이터 부분과는 달리, L1/L2 제어 시그널링 부분에는 이러한 방법이 사용될 수 없다. 이론적으로는 전력 제어가 대안으로서 사용될 수 있지만, 이는 시간 영역에서 급격한 전력의 변화를 가져올 수 있으며 결국 RF 특성에 좋지 않은 영향을 줄 수 있다. 따라서, 송신 전력은 서브프레임동안 일정하게 유지가 된다. 대신, L1/L2 제어 시그널링에 할당된 자원 엘리먼트의 양이 변하게 된다. 즉, 데이터 부분에서의 데이터에 대한 스케줄링 결정에 따라 제어 시그널링의 코딩률이 변하게 된다 (낮은 코딩률로는 동일한 양을 보내는데 더 많은 자원 엘리먼트가 필요하다). 높은 데이터 속도는 일반적으로 무선 상태가 좋은 경우에 스케줄링되므로 따라서 좋지 않은 채널 상태에 비하여 더 적은 양의 자원이 L1/L2 제어 시그널링에 사용된다. 서로 다른 HARQ 동작점을 고려하기 위하여, 상위 계층 시그널링을 통하여 제어 시그널링 부분의 코딩률과 데이터 부분의 변조 및 코딩 방식 사이에 오프셋이 설정될 수 있다.

7.5 상향링크 전력 제어

LTE의 상향링크 전력 제어는 서로 다른 상향링크 물리 채널과 신호가 적절한 전력으로 셀 단에서 수신되도록 물리 채널 및 신호의 송신 전력을 제어하는 방법이다. 이는 해당하는 정보를 적절하게 복조하기에 충분한 전력으로 수신되어야 함을 의미한다. 동시에, 송신 전력은 불필요하게 높게 수신되어서도 안된다. 왜냐하면 이는 모두 다른 셀들에게 불필요한 간섭을 주기 때문이다. 따라서, 송신 전력은 채널의 감쇄와 수신단의 잡음 및 간섭 레벨을 포함하는 채널 특성에 따라 달라진다. 또한, PUSCH 상의 UL-SCH 전송의 경우에는, 수신 전력이 너무 낮으면 송신 전력을 높이거나 아니면 전송 속도 제어 (rate control)를 통하여 데이터 속도를 낮출 수도 있다. 따라서, PUSCH 전송의 경우에는 전력 제어와 링크 적응 (전송 속도 제어) 사이에 매우 밀접한 관계가 있다.

랜덤엑세스에 대한 송신 전력을 설정하는 것에 대해서는 11장에서 논의하도록 한다. 이 절에서는 주로 PUCCH 및 PUSCH 물리 채널에 대한 전력 제어 방식에 대하여 논의하도록 한다. 또한 SRS (sounding reference signal)에 대한 전력 제어 역시 간략하게 다루도록 한다. 상향링크 복조 reference 신호 (demodulation reference signal, DM-RS)는 해당하는 물리 채널과 동일한 전력으로 송신된다. 이는, reference 신호 전력이 단말에 의하여 송신되는 모든 DM-RS의 총 전력으로 정의가 되었다면 상향링크 공간 다중화의 경우에도 동일하게 적용된다. 달리 표현하면, 하나의 DM-RS의 전력은 해당하는 layer당 PDSCH 전력과 같다.

기본적으로, LTE의 상향링크 전력 제어는 개루프 방식과 폐루프 방식의 조합이다. 개루프 방식은 단말의 송신 전력이 하향링크 경로 감쇄에 따라 달라지는 것을 의미하고, 폐루프 방식은 추가적으로 네트웍이 하향링크로 전송되는 명시적인 전력 제어 명령 (power control command)을 통하여 단말의 송신 전력을 직접 제어할 수 있는 것을 의미한다. 실제로, 이러한 전력 제어 명령은 이전에 수신된 상향링크 전력에 대한 네트웍에서의 측정에 기반한다. 따라서 이를 폐루프 방식이라고 한다.

7.5.1 상향링크 전력 제어 - 기본 법칙

PUSCH 및 PUCCH에 대한 자세한 전력 제어 알고리즘을 논의하기 이전에 서로 다른 물리 채널들에 대한 전력 할당에 있어서의 기본 법칙에 대하여 논의해보자. 이러한 법칙은 주로 서로 다른 송신 전력 제한을 다루기 위한 것이며 이러한 제한이 서로 다른 물리 채널의 송신 전력 설정에 어떠한 영향을 주는지 살펴보도록 한다. 이는 Release 10 혹은 그 이후에 일어날 수 있는, 동일 단말에서 복수 개의 물리 채널이 동시에 전송되는 경우에 특히 중요한 일이다.

- Release 10에서는 CA 기능이 도입되었으며, 이에 따라 서로 다른 component 반송파 상으로 복수 개의 PUSCH가 동시에 전송될 수 있음을 의미한다.
- Release 10에서는 동일한 혹은 서로 다른 component 반송파 상으로 동시에 PUSCH/PUCCH 전송을 할 수도 있다.

원칙적으로, 각 물리 채널은 별도로 즉 독립적으로 전력 제어된다. 그러나, 동일 단말에서 복수 개의 물리 채널이 동시에 전송되는 경우에는, 모든 물리 채널을 고려하여 전송되어야 하는 총 전력이 어떤 경우에는 해당하는 단말의 전력 클래스에서의 최대 출력 전력 P_{TMAX}를 넘을 수도 있다. 아래에서 볼 수 있듯이, 기본 방침은 L1/L2 제어 시그널링들이 안정적인 전송에 필요한 전력을 할당받도록 보장하는 것이다. 이후 남는 전력이 물리 채널에 할당된다.

단말에 설정된 각 상향링크 component 반송파에 대하여 항상 반송파당 최대 송신 전력 $P_{\mathrm{CMAX},c}$가 명시적으로 설정된다. 이 값은 서로 다른 component 반송파마다 다를 수도 있다 (인덱스 c에 의하여 구분). 또한, 비록 $P_{\mathrm{CMAX},c}$가 단말 최대 출력 전력인 P_{TMAX}를 넘는 것은 당연히 말이 되지 않지만, 모든 설정된 component 반송파에 대한 $P_{\mathrm{CMAX},c}$들의 합은 일반적으로 P_{TMAX}를 넘을 수도 있다. 그 이유는, 많은 경우에 단말은 설정된 모든 component 반송파에서 상향링크 전송에 대하여 스케줄링되지는 않으며 그러한 경우에는 단말들이 가능한 최대 출력 전력으로 송신할 수 있어야 하기 때문이다.

다음 절에서 볼 수 있듯이, 각 물리 채널의 전력 제어는 주어진 component 반송파에 대한 총 송신 전력이 해당 반송파에 대한 $P_{\mathrm{CMAX},c}$를 넘지 않도록 보장해준다. 그러나, 각 반송파별 별도의 전력 제어 알고리즘은 모든 component 반송파에 대한 총 송신 전력이 단말의 최대 출력 전력인 P_{TMAX}를 넘지 않도록 보장해주지는 않는다. 이는 전송되는 물리 채널에 적용되는 전력 스케일링 (power scaling)에 의하여 보장된다. 전력 스케일링은 L1/L2 제어 시그널링이 데이터 (UL-SCH) 전송에 비하여 높은 우선 순위를 가지도록 수행된다.

만약 서브프레임에서 PUCCH가 전송된다면, PUCCH와 동시에 전송되는 PUSCH에 전력이 할당되기 이전에, 전력 제어 알고리즘에 의하여 PUCCH에 대한 전력이 먼저 결정된다. 이를 통하여 데이터 전송에 전력이 할당되기 이전에, PUCCH 상의 L1/L2 제어 시그널링에 안정적인 전송을 위한 전력이 할당되는 것을 보장한다.

만약 서브프레임에서 PUCCH가 전송되지는 않지만 L1/L2 제어 시그널링이 PUSCH 상으로 다중화되어 전송된다면, 동시에 전송되는 다른 PUSCH에 전력이 할당되기 이전에, 전력 제어 알고리즘에 의하여 L1/L2 제어 시그널링을 전달하는 PUSCH에 대한 전력이 먼저 결정된다. 이를 통하여 UL-SCH만을 전달하는 다른 PUSCH 전송에 전력이 할당되기 이전에, L1/L2 제어 시그널링에 안정적인 전송을 위한 전력이 할당되는 것을 보장한다. (CA에서) 동시에 복수 개의 PUSCH가 전송되는 경우에는, 이 중 하나의 PUSCH에만 L1/L2 제어 시그널링이 포함될 수 있음에 유의한다. 또한, 동일한 서브프레임 내에 PUCCH 전송과 L1/L2 제어 시그널링이 다중화된 PUSCH가 전송될 수는 없다. 따라서, 위의 법칙이 위배되는 경우는 있을 수 없다.

만약 가용한 남은 송신 전력이 기타 PUSCH의 전력 요구 사항을 만족하기에 충분하지 않은 경우에는, UL-SCH만을 전달하는 이러한 남은 물리 채널의 전력은 모든 물리 채널의 총 전력이 단말의 최대 출력 전력을 넘지 않도록 비율적으로 낮춰진다.

전반적으로, L1/L2 제어 시그널링을 전달하는 PUSCH에 대한 우선 순위를 포함한 PUSCH 전력 스케일링은 다음과 같이 표현될 수 있다.

$$\sum_c w_c \cdot P_{\mathrm{PUSCH},c} \le P_{\mathrm{TMAX}} - P_{\mathrm{PUCCH}} \tag{7.2}$$

이때 $P_{\mathrm{PUSCH},c}$는 (전력 스케일링 이전이지만 반송파당 제한인 $P_{\mathrm{CMAX},c}$는 포함하는) 전력 제어 알고리즘에 의하여 결정되는 반송파 c상의 PUSCH에 대한 송신 전력이며, P_{PUCCH}는 PUCCH에 대한 송신 전력 (서브프레임 내에 PUCCH 전송이 없으면 0임)이며, w_c는 반송파 c상의 PUSCH에 대한 전력 스케일링 계수이다 ($w_c \le 1$). L1/L2 제어 시그널링을 전달하는 PUSCH에 대해서는 스케일링 계수인 w_c가 1로 설정되어야 한다. 남은 PUSCH에 대해서 어떤 경우에는 스케일링 계수가 단말의 결정에 의하여 0으로 설정될 수도 있으며, 이는 실제적으로 해당 PUSCH 즉 PUSCH에 매핑된 UL-SCH는 전송되지 않는 것을 의미한다. 그 외의 남은 PUSCH에 대해서는 스케일링 계수 w_c는 위의 부등식이 만족하도록 1 이하의 모두 동일한 값으로 설정된다. 따라서, 실제로 전송되는 모든 PUSCH는 동일한 계수로 전력이 스케일링된다.

지금까지 서로 다른 단말의 전력 설정에 대한 일반적인 법칙을 특히 동일 단말에서 동시에 복수 개의 물리 채널이 전송되는 경우에 대하여 개괄해보았으며, 다음은 각 물리 채널에 대하여 별도로 수행되는 전력 제어에 대하여 자세히 알아보도록 한다.

7.5.2 PUCCH 전력 제어

PUCCH를 위하여 적정한 수신 전력은 간단하게 말해 PUCCH 상으로 전송된 L1/L2 제어 시그널링의 복조가 충분히 낮은 에러율로 이루어지기 위해 필요한 전력이다. 이는 다음 사항을 고려하는 것이 중요하다.

- 일반적으로, 디코딩 성능은 수신 신호 강도 (received signal strength)에 의해 결정되는 것이 아니라 수신된 SINR (signal-to-noise/interference ratio)에 의해 결정된다. 따라서, 적절한 수신 전력은 수신기에서의 간섭 레벨에 직접적으로 달려 있으며, 간섭은 서로 다른 구축 상황에 따라 달라질 수도 있고 네트웍 내의 부하가 변함에 따라 시간에 따라 달라질 수도 있다.
- 앞서 논의된 것처럼, 서로 다른 상향링크 L1/L2 제어 시그널링 (HARQ acknowledgement, 스케줄링 요청, CSI 혹은 그것들의 조합)을 전달하는 데 사용되는 서로 다른 PUCCH 포맷이 있다. 서로 다른 PUCCH 포맷은 서브프레임 당 전달하는 정보 비트 수가 다르며, 전달되는 정보는 요구되는 에러율이 서로 다를 수 있다. 따라서, 필요한 수신 SINR은 서로 다른 PUCCH 포맷에 따라 상당히 달라질 수 있으며, 이는 서브프레임 내에서 PUCCH 송신 전력을 설정할 때 고려되어야 한다.

전체적으로, PUCCH를 위한 전력 제어는 다음과 같이 나타낼 수 있다.

$$P_{\mathrm{PUCCH}} = \min\{P_{\mathrm{CMAX},c}, P_{0,\mathrm{PUCCH}} + PL_{\mathrm{DL}} + \Delta_{\mathrm{FORMAT}} + \delta\} \tag{7.3}$$

여기서 P_{PUCCH}는 주어진 서브프레임에서 사용되는 PUCCH 송신 전력이고, PL_{DL}은 단말에 의해 추정된 하향링크 경로 감쇄 값이다. "$\min\{P_{\mathrm{CMAX},c}, \ldots\}$"부분은 전력 제어에 의하여 결정된 PUCCH 송신 전력이 반송파 당 최대 전력인 $P_{\mathrm{CMAX},c}$를 넘지 않도록 보장한다.

위의 식 (7.3)에서 $P_{0,\mathrm{PUCCH}}$는 시스템 정보의 일부로 브로드캐스트되는 셀-특정 파라미터이다. PUCCH 전력 제어 표현에서 $P_{0,\mathrm{PUCCH}} + PL_{\mathrm{DL}}$부분만을 고려하고, (추정된) 하향링크 경로 감쇄가 실제의 상향링크 경로 감쇄를 정확하게 잘 반영한다고 가정하면, $P_{0,\mathrm{PUCCH}}$값은 바로 원하는 목표 수신 전력임을 쉽게 알 수 있다. 앞서 논의한 것처럼, 요구되는 수신 전력은 상향링크 잡음/간섭 레벨에 따라 달라진다. 결과적으로, $P_{0,\mathrm{PUCCH}}$의 값은 간섭 레벨을 고려해야 바람직하며, 따라서 간섭 레벨이 변함에 따라 이 값도 시간에 따라 변할 수 있다. 그러나, 실제로는 순시적인 간섭 레벨에 따라 변화하는 $P_{0,\mathrm{PUCCH}}$를 갖는 것은 불가능하다. 간단한 이유로는, 단말은 시스템 정보를 지속적으로 읽지 않기 때문이다. 따라서, 단말은 최신의 $P_{0,\mathrm{PUCCH}}$값을 항상 가지고 있는 것은 아니다. 또한, 순시적인 하향링크 및 상향링크 경로 감쇄 사이의 차이 혹은 측정 상의 부정확도에 의하여, 하향링크 측정으로부터 유추된 상향링크 경로 감쇄 추정값이 항상 정확한 것은 아니기 때문이다.

따라서, 실제적으로 $P_{0,\mathrm{PUCCH}}$는 평균적인 간섭 레벨을 반영하거나 혹은 상대적으로 변하지 않는 잡음 레벨만을 반영할 수 있다. 그리고, 보다 빠른 간섭의 변화는 아래에 설명되는 폐루프 전력 제어에 의하여 다루어질 수 있다.

서로 다른 PUCCH 포맷에 대한 서로 다른 SINR 요구 조건을 반영한 전력 제어를 위하여, PUCCH 전력 제어 식은 송신 전력에 포맷에 따른 오프셋을 더하는 Δ_{Format}부분을 포함한다. 전력 오프셋은, 1비트의 HARQ acknowledgement의 전송에 해당되는 기본 PUCCH 포맷 (7.4.1.1절에서 설명된 BPSK 변조의 포맷 1)에서의 오프셋이 0 dB이고, 나머지 포맷들에 대한 오프셋은 네트웍에 의해 명시적으로 설정되도록 정의되어 있다. 예를 들어, 하향링크 공간 다중화의 경우에 대하여 2개의 acknowledgement를 동시에 전송하는 QPSK 변조의 PUCCH 포맷 1은, 1개의 acknowledgement가 아니라 2개의 acknowledgement를 전달하여야 하므로 대략 2배 즉 3 dB 정도의 전력 오프셋을 가진다.

마지막으로, 전력 제어 식 (7.3)에는 네트웍이 명시적인 전력 제어 명령을 통하여 직접적으로 PUCCH 송신 전력을 조절하는 데 사용되는 δ 부분이 있다. 이 전력 제어 명령은 누적 (accumulative)으로서, 각각의 수신된 전력 제어 명령은 δ값을 특정 양 만큼 증가 또는 감소시킨다. PUCCH를 위한 전력 제어 명령은 다음의 두 가지 방법으로 단말에 제공될 수 있다.

- 6.4절에서 언급되었듯이, 전력 제어 명령은 각 하향링크 스케줄링 할당에 포함되어 있다. 즉, 단말은 자신이 하향링크에서 명시적으로 스케줄링될 때마다 전력 제어 명령을 수신한다. 상향링크로 PUCCH를 전송하는 이유 중 하나는 하향링크 DL-SCH 전송에 대한 응답으로서 HARQ acknowledgement를 전송하기 때문이다. 이러한 하향링크 전송은 일반적으로 PDCCH 상의 하향링크 스케줄링 할당과 연관되어 있으며, 해당하는 전력 제어 명령은 따라서 HARQ acknowledgement를 전송하기 이전에 PUCCH의 송신 전력을 조절하는데 사용될 수 있다.

- 또한, 전력 제어 명령은 여러 개의 단말에 전력 제어 명령을 동시에 제공하는 특수한 PDCCH 상으로도 제공될 수 있다 (DCI 포맷 3/3A를 사용하는 PDCCH, 6.4.8절 참조). 실제로, 이러한 전력 제어 명령은 일반적으로 일정한 간격으로 전송되는 데, 예를 들면 (주기적인) 상향링크 채널 상태 보고 이전에 PUCCH 송신 전력을 조절하는 데 사용될 수 있다. 이는 명시적인 스케줄링 할당/승인이 없어도 PUSCH (UL-SCH)와 PUCCH (L1/L2 제어) 모두의 상향링크 전송이 있을 수 있는 준-지속적 스케줄링 (9장 참조)의 경우에도 사용할 수 있다.

상향링크 스케줄링 승인 내에서 전달되는 전력 제어 명령은 2비트로 구성되어, 4개의 조합은 각각 -1 dB, 0 dB, +1 dB, +3 dB의 단계에 해당된다. 이는 DCI 포맷 3A로 구성되어 전력 제어 명령이 전력 제어를 위한 특수 PDCCH 상으로 전달될 때에도 동일하다. 반면에, PDCCH 가 포맷 3으로 설정될 때에는 각 전력 제어 명령이 1비트로 이루어져 −1 dB와 +1 dB의 단계에 해당한다. 포맷 3의 경우에는 두 배 많은 단말들이 하나의 PDCCH에 의해 전력이 제어될 수 있다. 전력 제어 단계의 하나로 0 dB (전력 변화 없음)를 넣어 놓은 이유는, 전력 제어 명령이 매 하향링크 스케줄링 할당마다 들어있는데 매 할당마다 PUCCH 송신 전력을 업데이트하지 않는 것이 더 좋을 수도 있기 때문이다.

7.5.3 PUSCH 전력 제어

PUSCH 전송의 전력 제어는 다음과 같이 나타낼 수 있다.

$$P_{\mathrm{PUSCH},c} = \min\{P_{\mathrm{CMAX},c} - P_{\mathrm{PUCCH}}, P_{0,\mathrm{PUSCH}} + \alpha \cdot PL_{\mathrm{DL}} + 10 \cdot \log_{10}(M)\Delta_{MCS} + \delta\} \quad (7.4)$$

여기서 M은 자원 블록 개수로 계산된 순시 PUSCH 대역폭을 나타내고, Δ_{MCS}는 PUCCH 전력 제어 식의 Δ_{Format}과 비슷한 파라미터로서 PUSCH 전송을 위해 사용되는 서로 다른 변조 방식과 코딩률에 따라 요구되는 SINR이 서로 다르다는 사실을 반영한다.

위의 식 (7.4)는 PUCCH 전송에 대한 전력 제어와 유사하지만 아래와 같은 차이가 있다.

- "$P_{\mathrm{CMAX}} - P_{\mathrm{PUCCH}}$"는 반송파에서 PUSCH를 위하여 가용한 송신 전력은 반송파당 가능한 최대 송신 전력에서 해당 반송파 상의 PUCCH 전송에 전력을 할당한 이후의 전력임을 의미한다. 이는 7.5.1절에서 설명한 것처럼, PUCCH 상의 L1/L2 제어 시그널링이 PUSCH 상의 데이터 전송에 비하여 전력 할당에서 우선한다는 것을 보장한다.
- $10 \cdot \log_{10}(M)$은 파라미터 $P_{0,\mathrm{PUSCH}}$에 의하여 기본적으로 제어되는 것은 자원 블록당 전력이라는 사실을 반영한 것이다. 따라서, 더 많은 자원 블록의 할당은 더 높은 수신 전력에 해당하며, 곧 더 높은 송신 전력이 필요하게 된다.
- 파라미터 α는 1혹은 1보다 작은 값을 가질 수 있는데, 이는 경로 감쇄에 대한 보상을 일부만 수행하는 것을 의미한다.[27)]

일반적으로 파라미터, $P_{0,\mathrm{PUSCH}}$, α, Δ_{MCS}는 단말에 대하여 설정되는 서로 다른 component 반송파 별로 다를 수 있다.

PUSCH 전송의 경우, δ를 제어하는 명시적인 전력 제어 명령은 하향링크 스케줄링 할당에 들어 있지 않고 상향링크 스케줄링 승인에 들어있다. 준-지속적 스케줄링을 제외하면 PUSCH 전송

27) 이 부분을 PUCCH 전력 제어에도 포함할 수가 있을 것이다. 하지만, PUCCH의 대역폭은 항상 1개의 자원 블록이므로 이 부분의 값은 항상 0이 된다.

이전에는 항상 상향링크 스케줄링 승인이 있으므로 위와 같은 방식이 합당하다. 하향링크 스케줄링 할당 내의 PUCCH에 대한 전력 제어 명령과 유사하게, PUSCH에 대한 전력 제어 명령도 다중 레벨이다. 또한, PUCCH 전력 제어와 마찬가지로, 여러 개의 단말에 전력 제어 명령을 동시에 제공하는 특수 PDCCH 상으로도 명시적인 PUSCH 전력 제어 명령이 제공될 수 있다. 이러한 전력 제어 명령은 예를 들면 준-지속적 스케줄링을 사용하는 PUSCH 전송의 경우에 사용될 수 있다.

경로 감쇄를 완전히 보상하는 경우인 $\alpha = 1$를 가정하면, PUSCH 전력 제어 식은 PUCCH 식과 매우 유사해진다. 따라서, 단말의 송신 전력이 최대 송신 전력 제한에 걸리지 않는 한, 네트웍은 MCS와 Δ_{MCS}를 포함한 전력 제어 방식을 선택하여 수신 SINR이 해당 MCS에서 요구되는 SINR이 되도록 보장할 수 있다.

PUSCH 전송의 경우, 모든 Δ_{MCS}를 0으로 설정함으로써 Δ_{MCS} 기능을 끌 수 있다. 이 경우에는, PUSCH 수신 전력은 $P_{0,\mathrm{PUSCH}}$값으로 주어진 어떤 특정한 MCS에 맞도록 제어될 것이다.

1보다 작은 α를 가지는 경우 $(\alpha < 1)$에서는, PUSCH 전력 제어는 경로 감쇄가 완전히 보상되지 않는 상태로 동작한다. 즉, 늘어나는 경로 감쇄가 상향링크 송신 전력의 증가에 의해 완전히 보상되지 않는다. 이러한 경우에는, 수신 전력 및 자원 블록당 수신 SINR은 경로 감쇄에 따라 변하게 되고, 결과적으로 선택되는 MCS 역시 따라서 변해야 한다. 당연히, 경로 감쇄가 부분적으로만 보상되는 경우에는 Δ_{MCS}기능은 꺼져야 한다. 그렇지 않으면, 부분적인 경로 감쇄 보상에 대한 영향을 반영하기 위하여 MCS가 내려감에 따라 단말의 송신 전력은 더욱 낮아질 수 있기 때문이다.

그림 7.34는 경로 감쇄가 완전히 보상되는 경우 $(\alpha = 1)$와 경로 감쇄가 부분적으로 보상되는 경우 $(\alpha < 1)$의 차이를 보이고 있다. 그림에서 볼 수 있듯이, 부분적인 경로 감쇄 보상의 경우

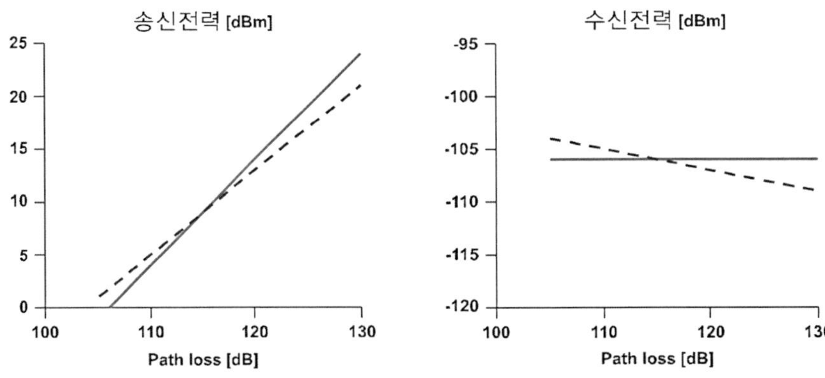

그림 7.34 경로 감쇄를 모두 보상하는 경우와 부분적으로 보상하는 경우. 직선: 모두 보상하는 경우 $(\alpha = 1)$, 점선: 부분적으로 보상하는 경우 $(\alpha = 0.8)$

에는 단말의 송신 전력이 경로 감쇄의 증가보다 느리게 증가하며 (왼쪽 그림), 결과적으로 경로 감쇄가 증가함에 따라 수신 전력 및 수신 SINR이 낮아진다 (오른쪽 그림). 이를 보상하기 위하여, 경로 감쇄가 증가함에 따라 MCS 즉 PUSCH 데이터 속도가 낮아져야 한다.

부분적으로 경로 감쇄를 보상하는 방식의 장점은 셀 경계에 가까운 단말이 비교적 낮은 송신 전력으로 송신한다는 것으로, 이는 다른 셀의 간섭이 낮음을 의미한다. 하지만 이는 동시에 해당 단말의 데이터 속도가 낮아짐을 의미한다. 경로 감쇄를 완전히 보상하는 경우에도 선택되는 MCS를 하향링크 경로 감쇄의 추정값에 따라 달라지도록 함으로써 비슷한 효과를 얻을 수 있음에 유의한다. 하향링크 경로 감쇄의 추정값은 전력 헤드룸 보고로부터 얻을 수 있으며, 여기서는 Δ_{MCS}를 사용하여 높은 경로 감쇄의 단말에 대한 송신 전력을 낮추게 된다. 하지만, 현재의 서빙 셀까지의 경로 감쇄뿐 아니라 해당 단말로부터 간섭을 받게 되는 이웃하는 셀들까지의 경로 감쇄까지 고려하여 MCS의 선택이 이루어진다면 보다 나은 방법이 될 수 있다.

7.5.4 SRS 전력 제어

SRS 송신 전력은 기본적으로 PUSCH 송신 전력을 따르며, 여기에 SRS 전송 대역폭에 대한 부분 및 추가적인 전력 오프셋이 고려된다. 따라서, SRS 전송에 대한 전력 제어는 다음과 같이 표현될 수 있다.

$$P_{\mathrm{SRS}} = \min\{P_{\mathrm{CMAX},c}, P_{0,\mathrm{PUSCH}} + \alpha \cdot PL_{\mathrm{DL}} + 10 \cdot \log_{10}(M_{\mathrm{SRS}}) + \delta + P_{\mathrm{SRS}}\} \tag{7.5}$$

여기서 파라미터 $P_{0,\mathrm{PUSCH}}$, α, δ는 7.5.3절에서 설명된 PUSCH 전력 제어와 동일하다. M_{SRS}는 자원 블록의 개수로 표현된 SRS 전송 대역폭을 의미하며, P_{SRS}는 설정에 따라 바뀔 수 있는 오프셋값이다.

7.6 상향링크 시간 정렬

LTE 상향링크는 셀 내에서의 직교성을 보장한다. 즉, 셀 내의 서로 다른 단말로부터 수신되는 상향링크 전송은 서로 간섭을 일으키지 않는다. 이 상향링크 직교성이 보장되기 위한 요구 사항 중 하나는, 동일한 서브프레임 내에서 서로 다른 주파수 자원을 사용하여 기지국으로 전송되는 서로 다른 단말의 전송 신호가 기지국단에서 시간적으로 정렬되어 도착해야 한다는 것이다. 보다 구체적으로, 서로 다른 단말로부터 수신된 신호 사이의 시간 차이는 CP 길이 이내여야 한다. 이와 같은 수신단의 시간 정렬을 보장하기 위하여, LTE는 time advance라는 방식을 사용한다.

본질적으로 timing advance는 단말단에서 음수 오프셋으로, 수신된 하향링크 서브프레임의 시작과 전송되는 상향링크 서브프레임 사이의 오프셋이다. 각 단말에 대하여 이 오프셋을 적절하게 제어함으로써, 네트웍은 기지국단의 단말로부터 수신된 신호의 타이밍을 제어할 수 있다. 그림 7.35와 같이 기지국에서 멀리 떨어진 단말은 더 큰 전파 지연 (propagation delay)을 겪기 때문에, 기지국에 가까이 있는 단말에 비하여 상향링크 전송을 좀 더 빨리 시작하여야 한다. 이 특정 예에서는, 단말 1은 기지국에 가까이 있어서 작은 전파 지연 $T_{P,1}$을 겪는다. 이 단말에 대해서는, 전파 지연을 보상하고 기지국단에서 정확한 타이밍을 보장하기 위하여 작은 값의 timing advance 오프셋 $T_{A,1}$이면 충분하다. 하지만, 기지국으로부터 멀리 떨어져 있어 긴 전파 지연을 겪는 단말 2는 좀 더 큰 timing advance 값이 필요하다.

각 단말에 대한 timing advance 값은 각각의 상향링크 전송에 대한 측정을 바탕으로 네트웍에 의해 결정된다. 따라서, 단말이 상향링크 전송을 수행하는 한, 이는 이를 수신하는 기지국이 상향링크 수신 타이밍을 추정하고 이에 따라 timing advance 명령을 주는 데 사용될 수 있다. 이를 주기적으로 측정하는 신호로 SRS가 사용될 수 있지만, 원칙적으로는 기지국은 단말로부터 전송되는 어떠한 신호도 사용할 수 있다.

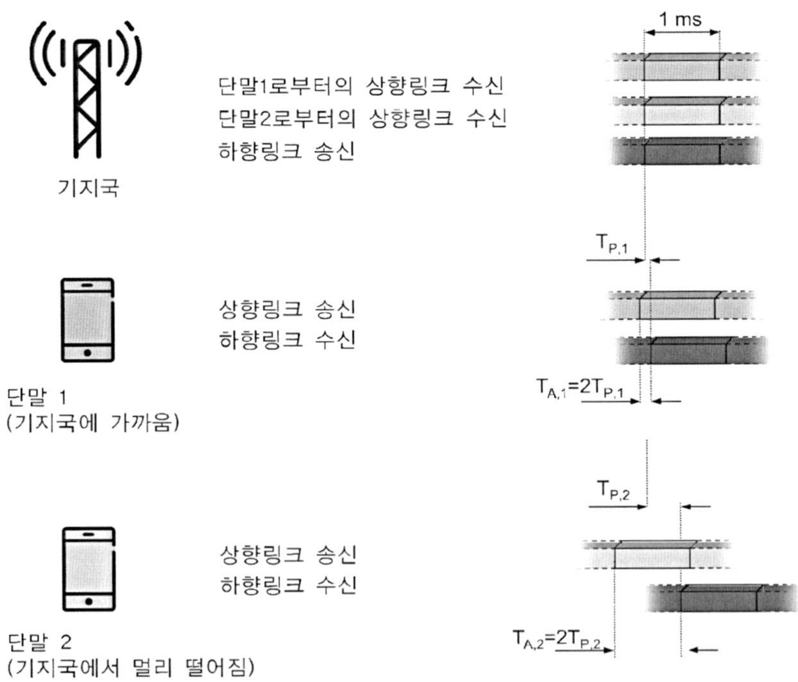

그림 7.35 상향링크 timing advance

상향링크 측정을 바탕으로 네트웍은 각 단말에 필요한 타이밍 보정 (timing correction)을 결정한다. 특정 단말의 타이밍이 보정되면, 네트웍은 특정 단말에 대하여 timing advance 명령을 발생시켜 해당 단말이 현재 상향링크 타이밍 대비 송신 타이밍을 당기거나 밀도록 지시한다(4장의 MAC 제어 요소의 설명을 참조한다). 단말-특정의 timing advance 명령은 DL-SCH 상의 MAC 제어 요소로서 전송된다. 규격에서 가능한 가장 큰 timing advance 값은 0.67 ms로서, 이는 단말에서 기지국 사이의 거리가 100 km를 약간 넘는 정도에 해당된다. 또한, 이 값은 8.1절에서 논의한 것과 같이 디코딩에 필요한 프로세싱 시간을 결정하는 데 사용된다. 일반적으로, 단말의 timing advance 명령은 예를 들면 1초에 1회 혹은 수회 정도로 비교적 드문드문 전송된다.

만약 단말이 (설정된) 일정 시간 동안 timing advance 명령을 수신하지 못했다면, 스스로 상향링크 동기를 놓쳤다고 판단한다. 따라서, 상향링크로 PUSCH 혹은 PUCCH를 전송하기 이전에, 상향링크 시간 정렬을 다시 복구하기 위하여 랜덤엑세스 과정을 사용한 명시적인 타이밍 재정렬 과정을 수행하여야 한다.

08 재전송 프로토콜

무선채널을 통한 전송은 예를 들면 수신 신호 품질의 변화 등으로 인해 오류가 발생할 수 있다. 수신 신호 품질의 변화는 다음 장에서 논의될 링크 적응을 통해 어느 정도 해결 될 수 있다. 그러나 수신기 잡음과 예측할 수 없는 간섭의 변화는 상쇄될 수 없다. 따라서 거의 모든 무선통신 시스템은 어떤 형태든 순방향 오류 정정 (Forward Error Correction, FEC)을 채택하여 송신 신호를 일부 중복함으로써 보호 비트를 추가하여 수신기가 오류를 수정할 수 있게 한다. 이는 1948년 Claude Shannon의 논문을 바탕으로 한다 [7]. LTE에서는 6장에서 논의된 것처럼 터보 코딩이 사용된다.

오류 정정 코드를 사용했음에도 불구하고 수신된 데이터 중 오류가 있을 수 있다. 따라서, [18]에서 최초로 제안된, 오류 정정 코딩과 오류가 난 데이터를 재전송하는 것을 결합한 HARQ (Hybrid automatic repreat request)를 많은 현대의 통신 시스템에서 공통적으로 사용하고 있다. 오류 정정 코딩에도 불구하고 에러가 난 데이터는 수신기에 의해 검출되어 송신기로부터 재전송이 요청된다.

LTE에는 재전송을 다루는 데 두 가지 방식이 있으며, 이는 각각 MAC 계층 방식과 RLC 계층 방식이다. 놓치거나 에러가 난 데이터의 재전송은, 주로 MAC 계층의 HARQ 방식에 의해 다루어지며 RLC 프로토콜의 재전송 기능에 의해 보완된다. 두 레벨의 재전송 구조를 가지는 이유는 상태 보고 피드백의 속도와 신뢰성 사이의 상호 절충 (trade-off)에서 찾을 수 있다. HARQ 방식은 매우 빠른 재전송을 목표로 하며, 따라서 매 전송 이후에 해당 데이터에 대한 디코딩의 결과가 송신기로 피드백된다. 이론적으로는 HARQ의 피드백에 대한 에러율을 매우 낮게 만들 수도 있지만, 이는 송신 전력을 많이 소모할 수 있다. 송신 전력에 드는 비용을 적당한 수준으로 유지하려면 일반적으로 HARQ 피드백의 에러율이 1% 정도가 되는데, 이는 결국

HARQ의 잔여 에러율 (residual error rate)도 비슷한 정도가 되는 결과를 낳는다. 많은 경우 이 정도의 잔여 에러율은 지나치게 높은 편이다. 예를 들어, TCP를 사용한 고속 데이터 전송은 TCP 프로토콜 계층에서의 패킷 전송에 거의 에러가 없는 정도의 품질을 요구한다. 즉, 100 Mbit/s을 넘는 데이터 속도를 유지하려면, 패킷 손실률이 10^{-5}보다 낮아야 한다 [35]. 왜냐하면, TCP는 패킷 에러의 원인을 네트웍의 혼잡 때문이라고 생각하기 때문에, 어떠한 패킷 에러라도 (이 에러가 무선채널에 의한 것이든 아니면 네트웍 혼잡 때문이든) 이는 TCP의 혼잡-회피 (congestion-avoidance) 기능을 구동시켜 결과적으로 데이터 속도의 저하를 가져오기 때문이다.

HARQ acknowledgement와 비교하여 RLC 상태 보고는 상대적으로 가끔 전송되며 따라서 10^{-5} 혹은 이보다 낮은 에러율을 얻는 데 드는 비용이 상대적으로 작다. 따라서 HARQ와 RLC의 결합은 두 가지 방법이 상호 보완하면서, 짧은 왕복 시간 지연과 적절한 피드백 오버헤드를 얻을 수 있다. 즉, 두 레벨의 재전송 구조는 HARQ의 빠른 재전송과 RLC의 신뢰성 높은 패킷 전달의 두 가지 장점을 결합한 것이다. LTE에서는 MAC과 RLC 프로토콜 계층이 같은 네트웍 노드에 위치하기 때문에 밀접한 상호작용이 가능하다. 따라서, 사실 LTE에서 두 재전송 방식의 결합은 어느 정도는 두 가지 피드백 채널을 가진 하나의 재전송 방식으로도 볼 수 있다. 그러나, 4장에서 설명하였고, 그림 8.1와 같이 HARQ는 전송 채널 별로 (즉, component 반송파 별로) 동작하며 RLC는 논리 채널 별로 동작함에 유의한다. 따라서, 하나의 HARQ 엔티티는 복수 개의 논리 채널에 속한 데이터를 재전송할 수도 있다.

다음 절에서, HARQ와 RLC 프로토콜의 원리를 좀 더 자세히 살펴보도록 한다.

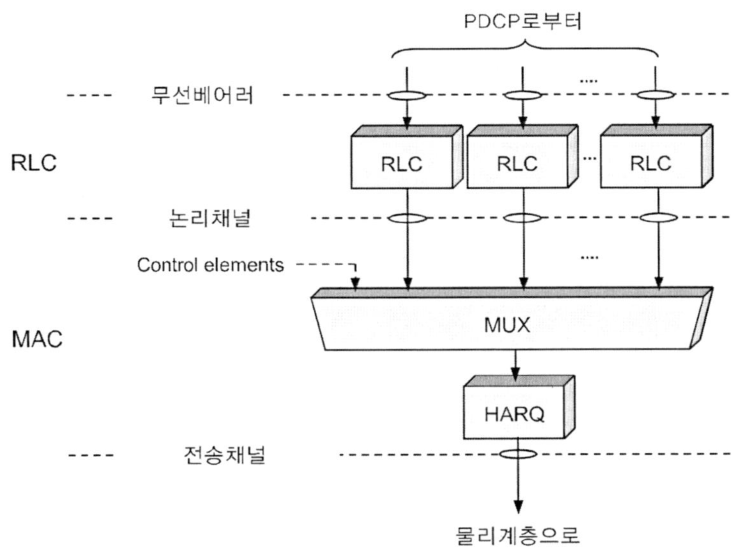

그림 8.1 LTE에서의 RLC 및 HARQ 재전송 구조

8.1 소프트 컴바이닝을 수반한 HARQ

이전 섹션에서 설명한 Hybrid ARC 동작은 잘못 수신된 패킷을 버리고 재전송을 요청한다. 그러나, 패킷을 디코딩할 수는 없지만, 수신된 신호는 여전히 정보를 포함하며, 이는 잘못 수신된 패킷을 폐기함으로써 손실된다. 이러한 결점은 소프트 컴바이닝을 갖는 HARQ에 의해 해결된다. 소프트 컴바이닝을 갖는 HARQ에서, 잘못 수신된 패킷은 버퍼 메모리에 저장되고 나중에 재전송과 결합되어 그 구성 요소보다 더 신뢰성 있는 단일의 결합된 패킷을 얻는다. 오류 정정 코드의 디코딩은 결합된 신호에 대해 작동한다.

HARQ 기능은 물리 계층과 MAC 계층 두 계층 모두에 걸쳐서 이루어진다. 송신기에서 서로 다른 redundancy 버전을 만드는 것과 수신기에서의 소프트 컴바이닝 (soft combining)은 물리 계층에 의해 이루어지지만, HARQ 프로토콜 자체는 MAC 계층의 일부이다.

LTE HARQ 구조의 기본은 각각 하나의 전송 블록에 대하여 동작하는 다중 stop-and-wait 프로토콜 구조이다. Stop-and-wait 프로토콜에서는 각 송신된 전송 블록에 대하여 송신기는 동작을 멈추고 acknowledgement를 기다리게 된다. 이 프로토콜은 해당 전송 블록에 대하여 1비트의 ACK 혹은 NAK만을 피드백 비트로서 필요로 하는 간단한 방식이다. 그러나, 송신기가 매 송신 이후로 동작을 멈추고 기다리기 때문에 throughput은 낮아진다. 따라서, LTE에서는 여러 개의 stop-and-wait 프로세스가 병렬로 동작하는 다중 stop-and-wait 프로세스 (multiple stop-and-wait processes)를 사용한다. 즉, 한 프로세스가 acknowledgement를 기다리는 동안에 송신기는 다른 HARQ 프로세스를 사용하여 여전히 데이터를 송신할 수 있다. 이는 그림 8.3에 설명되어 있다. 1번째 HARQ 프로세스에서 수신된 데이터를 처리하는 동안에 수신기는 계속하여 2번째 및 이후 프로세스를 사용하여 데이터를 수신할 수 있다. 병렬로 동작하는 다중 HARQ 프로세스의 구조가 하나의 HARQ 엔티티를 구성하여, 지속적인 데이터 송신을 가능하게 하면서도 간단한 stop-and-wait 프로토콜을 사용하게 된다.

단말 당 하나의 HARQ 엔티티가 있다. 6장에서 설명된 것과 같이 동일한 전송 채널 상으로 2개의 전송 블록이 병렬로 전송되는 공간 다중화의 경우 역시 하나의 HARQ 엔티티로 지원된다. 이때, 서로 독립적인 HARQ acknowledgement를 가진 2개의 HARQ 프로세스가 사용된다. 하향링크 및 상향링크의 HARQ acknowledgement 물리 계층 전송에 대해서는 6장 및 7장에 자세히 설명되어 있다.

수신기는 특정 HARQ 프로세스에 대한 전송 블록을 수신하면 해당 전송 블록에 대한 디코딩을 시도하고 전송 블록이 잘 디코딩되었는지 아닌지의 여부를 HARQ acknowledgement를 통하여 송신기에 알려준다. 데이터를 수신한 순간부터 HARQ acknowledgement를 송신하는 순간까지의 시간은 고정되어 있다. 즉, 송신기는 어떤 순간에 어떤 HARQ 프로세스에 대한 acknowledgement가 수신되는 지를 알 수 있다. 따라서, acknowledgement와 함께 프로세스 번호를 같이 보내줄 필요가 없기 때문에 오버헤드 측면에서 효율적이다.

HARQ 메커니즘의 중요한 부분은 소프트 컴바이닝의 사용이다. 이는 수신기가 다수의 전송 시도로부터 수신된 신호를 결합한다는 것을 의미한다.

정의상, HARQ 방식의 재전송은 원래의 전송과 동일한 정보 비트를 나타내어야 한다. 그러나, 각각의 재전송에서 전송되는 코딩된 비트는 동일한 정보 비트를 나타내는 한, 매 전송마다 다르게 선택될 수 있다. 재전송되는 비트가 원래의 전송과 동일한지 아닌지의 여부에 따라, 소프트 컴바이닝 방식은 [19]에서 처음 제안된 Chase 컴바이닝 혹은 LTE에서 사용되는 IR (Incremental Redundancy)로 구분할 수 있다. IR의 경우 각 재전송은 원래의 전송과 동일할 필요가 없는 대신, 여러 개의 코딩된 비트들의 세트가 만들어지는데 각각 동일한 정보의 비트 세트로부터 만들어진 것이다 [20,21]. 6장에서 설명된 LTE의 rate matching이 서로 다른 코딩된 비트를 RV (redundancy version)의 함수로 만들어낸다. 이는 그림 8.2을 참조한다. 누적되는 수신 E_b/N_0에서의 이득뿐만 아니라, IR은 각각의 재전송에 대하여 코딩 이득을 만들어낸다. 아울러, [23]에서 보여지듯이, Chase 결합에 대비한 IR의 성능 이득은 각 송신 시도 간의 상대적인 전력 차이에 따라 달라질 수 있다.

지금까지 논의는, 수신기가 이전에 전송된 모든 redundancy version 들을 수신했다고 가정하였다. 모든 redundancy version들이 데이터 패킷에 대하여 동일한 양의 정보를 제공한다면 redundancy

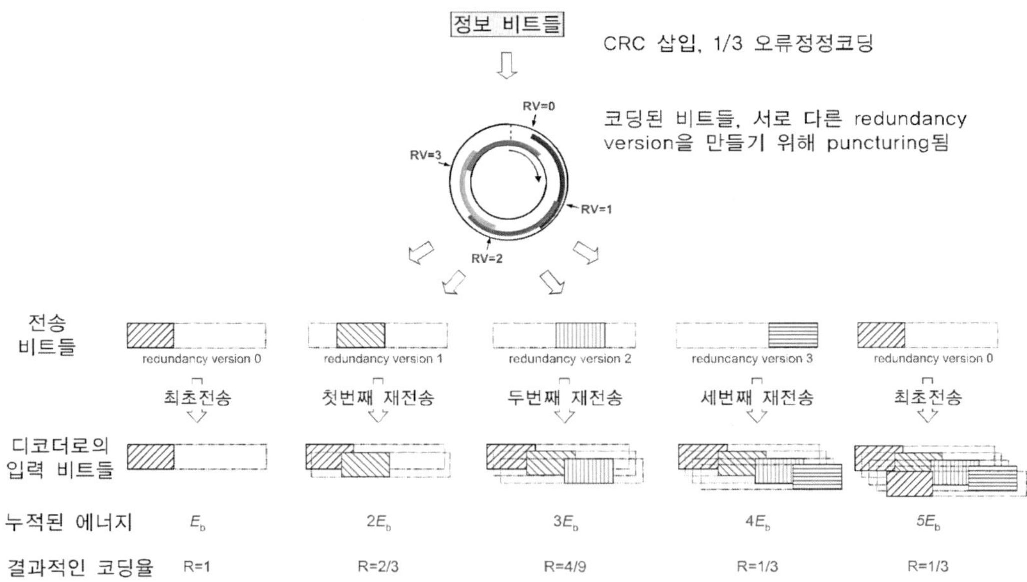

그림 8.2 Incremental reduncancy의 예

version의 순서는 그리 중요하지 않다. 그러나 일부 코드 구조의 경우에는 모든 redundancy version이 동일한 중요성을 갖지는 않는다. 한 예는, systematic 비트가 패리티 비트보다 더 중요한 터보 코드를 들 수 있다. 따라서, 최초 전송은 적어도 시스템 비트와 함께 일부 패리티 비트를 포함해야 한다. 재전송에서 최초 전송에서는 포함되지 않았던 패리티 비트가 포함될 수 있다. 이는 6장에서 논의된 것과 같이 왜 systematic 비트가 circular 버퍼에 처음으로 입력되었는 지에 대한 이유이다.

Chase 컴바이닝을 사용하든 IR을 사용하든지의 여부와 관계 없이, 소프트 컴바이닝을 사용하는 HARQ는 재전송을 통해 데이터 속도를 암묵적으로 감소시키므로 이는 암묵적인 링크 적응으로 간주될 수 있다. 그러나, 명시적인 순시 채널 상태의 추정값에 기초한 링크 적응과는 대조적으로, 소프트 컴바이닝을 사용하는 HARQ는 디코딩의 결과에 기초하여 코딩률을 암묵적으로 조정한다. 전체적인 throughput 측면에서는 이러한 종류의 암묵적인 링크 적응이 명시적인 링크 적응보다 우수할 수 있다. 왜냐하면, 이전의 보다 높은 속도의 전송이 올바르게 디코딩될 수 없는 경우, 즉 필요한 경우에만 redundancy가 추가되기 때문이다. 또한 이는 채널의 변화를 예측하지 않으므로 단말기가 움직이는 속도에 관계 없이 똑같이 잘 작동한다. 암묵적인 링크 적응이 시스템 throughput에서 이득을 제공할 수 있으므로, 그러면 왜 명시적인 링크 적응이 필요한지 의문을 가질 수 있다. 명시적인 링크 적응을 하는 주된 이유 중 하나는 지연을 줄이기 위해서다. 비록 시스템 throughput 측면에서는 암묵적인 링크 적응만으로도 충분할 수 있지만 사용자 서비스 품질에 있어서는 지연 관점에서 이것이 용납되지 않을 수 있기 때문이다.

소프트 컴바이닝을 적절하게 수행하기 위하여, 수신기는 디코딩에 앞서 언제 소프트 컴바이닝을 수행해야 하는 지와 언제 소프트 버퍼 (soft buffer)를 비워야 하는지를 알아야 한다. 즉, 수신기는 해당 전송이 (소프트 버퍼를 비워야 하는) 초기 전송 (initial transmission)인지 아니면 재전송인지를 구분할 수 있어야 한다. 또한, 송신기는 잘못 수신된 데이터를 다시 보내야 하는지 아니면 새 데이터를 보내야 하는지의 여부를 알아야 한다. 따라서, 하향링크 상으로 전송되는 스케줄링 정보에는 하나 혹은 두 개의 스케줄링된 전송 블록 각각에 대하여 명시적인 새-데이터 지시자 (new-data indicator)가 포함되어 있다. 새로운 데이터 표시자는 하향링크 할당 및 상향링크 승인 모두에 존재하지만, 그 의미는 두 가지 경우에서 약간 다르다.

하향링크 데이터 전송의 경우, 새-데이터 지시자는 1비트를 가지며 각각의 새로운 전송 블록에 대하여 0과 1 사이에서 그 값이 바뀐다 (toggle). 하향링크 스케줄링 할당을 수신하면, 단말은 새-데이터 지시자를 검사하여 현재 전송이 해당 HARQ 프로세스의 소프트 버퍼 내에 저장되어 있는 수신 데이터와 소프트 컴바이닝되어야 하는지 아니면 소프트 버퍼가 비워져야 하는지를 결정한다.

상향링크 데이터 전송의 경우도 역시, 하향링크 PDCCH 상으로 새-데이터 지시자가 전송된다. 이 경우에는, 이 새-데이터 지시자의 값이 바뀌는 것 (toggling)은 단말에게 새 전송 블록을 송신하라고 요청하는 것이며, 반대로 이 지시자 값이 바뀌지 않은 경우에는 해당 HARQ 프로세스에 대하여 이전 전송 블록을 재전송하라는 것 (따라서 eNodeB는 소프트 컴바이닝을 수행하는 것)을 의미한다.

다중 병렬 HARQ 프로세스를 사용하게 되면 HARQ의 출력 데이터들의 순서가 뒤바뀌는 (out-of-sequence) 결과를 낳을 수 있다. 예를 들어, 그림 8.3에서 전송 블록 5는 두 번의 재전송이 요구되었던 전송 블록 1번보다 먼저 성공적으로 디코딩되었다. 이러한 순서가 뒤바뀌는 현상은 한 component 반송파 상의 전송 블록은 성공적으로 전달되었는데 다른 component 반송파 상의 전송 블록은 그렇지 못한 경우와 같이 CA의 경우에도 발생할 수 있다. 이러한 HARQ 프로토콜로부터 순서가 뒤바뀌는 현상을 해결하기 위하여, RLC 프로토콜은 8.2절에 설명하였듯이 데이터의 순서를 맞추는 in-sequence-delivery 기능을 가지고 있다.

HARQ 프로토콜은 시간 영역에서 유연성 측면에서 동기식 (synchronous)과 비동기식 (asynchronous)으로, 주파수 영역에서 유연성 측면에서 적응형 (adaptive)과 비-적응형 (non-adaptive)으로 구분할 수 있다.

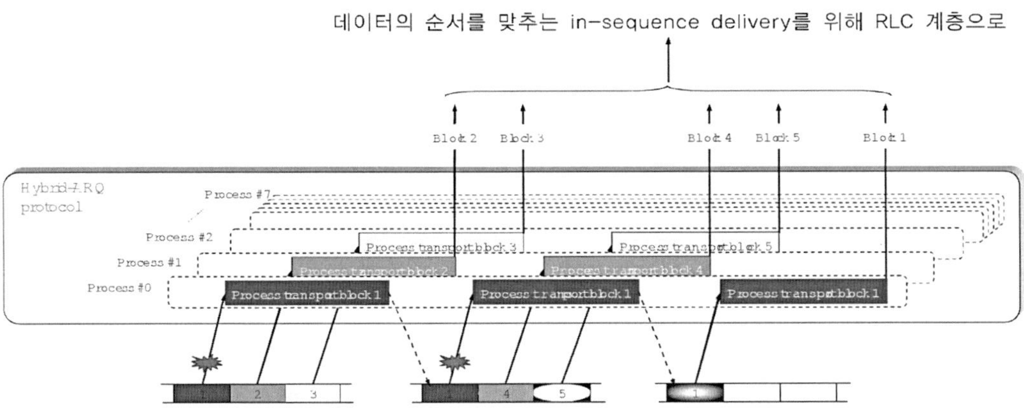

그림 8.3 하나의 HARQ 엔티티를 구성하는 다중 병렬 HARQ 프로세스

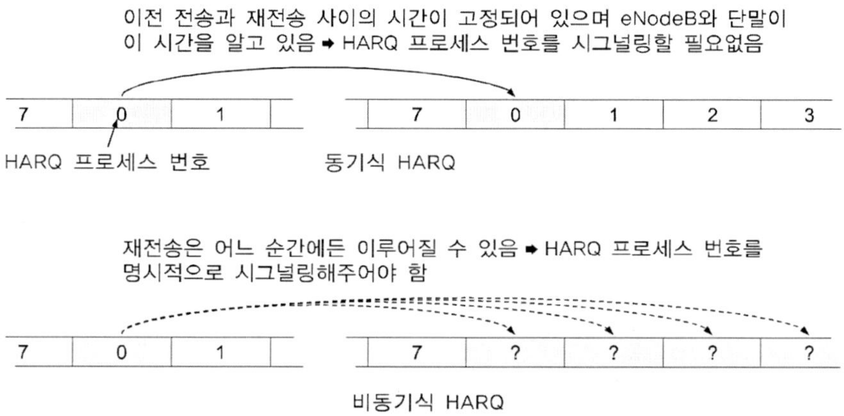

그림 8.4 동기식 및 비동기식 HARQ

- 동기식 HARQ 프로토콜은 재전송이 이전 전송 이후 고정적인 시간이 지난 뒤에 발생하는 것에 비하여, 비동기식 HARQ 프로토콜은 재전송이 언제든지 발생할 수 있다는 것을 의미한다 (그림 8.4 참조). 동기식 프로토콜의 이점은 HARQ 프로세스 번호가 서브프레임 번호로부터 유추가 가능하기 때문에 HARQ 프로세스 번호를 명시적으로 알려줄 필요가 없다는 것이다. 반면에, 비동기식 프로토콜은 재전송의 스케줄링에 보다 많은 유연성을 줄 수 있다.

- 적응형 HARQ 프로토콜은 재전송 사이에서 주파수 영역의 위치와 어떤 경우에는 전송 포맷까지 변화가 가능하다는 것을 의미한다. 이와는 달리, 비-적응형 프로토콜은 재전송이 항상 초기 전송과 같은 주파수 자원 같은 전송 포맷으로 전송되어야 함을 의미한다.

LTE 경우, 하향링크에는 비동기 적응형 (asynchronous adaptive) HARQ이 사용된다. 상향링크에서는 동기식 (synchronous) HARQ가 사용되며 일반적으로는 재전송이 비-적응형 (non- adaptive)이지만 적응형 (adaptive) 재전송을 사용할 수도 있다.

8.1.1 하향링크 HARQ

하향링크에서 재전송은 새로운 데이터와 동일한 방법으로 스케줄링된다. 즉, 재전송은 임의의 시간에 하향링크 셀 대역폭 내의 임의의 위치에서 발생할 수 있다. 따라서, 하향링크 HARQ 프로토콜은 비동기식이며 적응형이다. LTE 하향링크에서 비동기식 및 적응형 HARQ를 사용하는 이유는 시스템 정보의 전송 및 MBSFN 서브프레임의 전송과의 충돌을 피하기 위해서다. 만약 재전송이 MBSFN 서브프레임 혹은 시스템 정보의 전송과 충돌할 위험이 있으면, 이를 피하기 위하여 아예 해당 재전송을 하지 않는 방법을 취할 수도 있지만, LTE에서는 그렇게 하지 않고 eNodeB가 재전송을 시간 및/혹은 주파수 영역에서 이동시켜 자원의 겹침 즉 충돌을 피한다.

소프트 컴바이닝은 매 새로운 전송 블록에 따라 0과 1이 바뀌는 (toggle) 명시적인 새-데이터 지시자 (new-data indicator)를 통하여 수행된다. 새-데이터 지시자와 함께, HARQ 프로세스 번호 (FDD의 경우 3비트, TDD의 경우 4비트) 및 redundancy 버전 (2비트)으로 구성된 HARQ 관련 하향링크 제어 시그널링이 각 하향링크 전송에 대한 스케줄링 할당에서 명시적으로 시그널링된다.

하향링크 공간 다중화의 경우에는, 이미 언급하였듯이 두 개의 전송 블록이 하나의 component 반송파 위에서 동시에 전송되는 것을 의미한다. 두 개의 전송 블록 중 하나의 전송 블록만 재전송하기 위하여, 각 전송 블록은 별도의 새-데이터 지시자와 redundancy 버전을 가지고 있다. 이는 두 개의 전송 블록에 대한 에러 발생이 비교적 서로 독립적인 경우에 유용하다. 그러나, 공간 다중화의 경우에는 각 HARQ 프로세스가 두 개의 서브-프로세스로 이루어져 있기 때문에 각 전송 블록에 대하여 프로세스 번호를 별도로 알려줄 필요는 없다. 이를 달리 표현하면, 첫 번째 전송 블록에 대한 프로세스 번호를 알면 두 번째 전송 블록에 대한 프로세스 번호는 이미 암묵적으로 주어진 것이라 할 수 있다.

하향링크 component 반송파의 전송은 각각 독립적으로 HARQ 응답이 이루어진다. 각 component 반송파에 대해서는, 7장에서 설명한 것과 같이, 하향링크 전송 블록에 대한 디코딩 결과는 상향링크 상으로 1 혹은 2비트의 acknowledgement를 통하여 피드백된다. 공간 다중화를 사용하지 않는 경우에는 한 TTI 당 하나의 전송 블록만 있으므로 이에 대한 응답에는 1비트만이 필요하며, 하향링크 전송에서 공간 다중화가 사용되는 경우에는 TTI당 각각 1비트의 HARQ acknowledgement를 요구하는 두 개의 전송 블록이 있다. 따라서, HARQ acknowledgement에 필요한 전체 비트 수는 component 반송파의 수 및 각 component 반송파의 전송 모드에 따라 달라진다. 각 하향링크 component 반송파는 각각의 PDCCH를 통하여 별도로 스케줄링되므로 HARQ 프로세스 번호도 각 component 반송파에 대하여 독립적으로 시그널링된다.

당연히, 단말은 시스템 정보, 페이징 메시지 및 기타 브로드캐스트 데이터의 수신에 대해서는 HARQ acknowledgement를 전송해서는 안 된다. 따라서, 상향링크 HARQ acknowledgement는 오직 일반적인 유니캐스트 전송에 대해서만 전송된다.

8.1.2 상향링크 HARQ

상향링크 HARQ의 하향링크 대비 차이점은 동기식 및 비-적응형 동작이 HARQ 프로토콜의 기본 원리라는 것이다. 이는 비동기식 및 적응형 동작 대비 낮은 오버헤드에 따른 것이다. 따라서, 상향링크 재전송은 항상 미리 알려진 서브프레임에서 일어난다. FDD의 경우, 동일한 HARQ 프로세스에 대한 이전의 전송 시도 이후의 상향링크 재전송은 여덟 서브프레임 뒤에 발생한다.

재전송에 사용되는 자원 블록은 초기 전송의 경우와 동일하다. 따라서, 하향링크에서의 제어 시그널링은 6장에서 설명한 것과 같이 PHICH 상으로 전송되는 1비트의 HARQ acknowledgement 뿐이며, PHICH 상으로 NAK (negative acknowledgement)가 전송된 경우에 데이터가 재전송된다.

공간 다중화는 하향링크의 경우와 동일하게 다루어진다. 즉, 상향링크로 동시에 전송되는 2개의 전송 블록은 각각 별도의 MCS (modulation-and-coding scheme)를 가지고 별도의 새-데이터 지시자를 가지면서 동일한 HARQ 프로세스 번호를 공유한다. 2개의 전송 블록은 독립적으로 응답이 되므로 공간 다중화를 사용한 상향링크 전송에 대한 HARQ 응답을 위해서는 하향링크에 2비트가 필요하다. TDD는 이러한 경우의 또 다른 예라고 할 수 있다. 왜냐하면 TDD에서는 서로 다른 서브프레임에서의 상향링크 전송을 동일한 하향링크 서브프레임에서 응답해야 할 수도 있기 때문이다.[28] 따라서, 각 PHICH는 1비트만을 전송할 수 있으므로 복수 개의 PHICH가 필요할 수 있다.

상향링크에 대한 기본 동작이 동기식 비-적응형 (non-adaptive) HARQ임에도 불구하고, 재전송에 대한 자원 블록과 변조 및 코딩 방식이 바뀔 수 있는 동기식 적응형 (adaptive) 프로토콜로 상향링크 HARQ를 운영할 수도 있다. 비록 비-적응형 재전송이 하향링크 제어 시그널링 측면에서 낮은 오버헤드 등의 이점에 따라 일반적으로 사용되지만, 때로는 상향링크 주파수 자원의 쪼개짐 (fragmentation) 혹은 랜덤엑세스 자원과의 충돌을 피하기 위하여 적응형 재전송이 필요하기도 하다. 이와 같은 예가 그림 8.5에 나타나 있다. 단말은 서브프레임 n에서 초기 전송이 스케줄링되었다. 이 전송이 제대로 수신되지 않으면 재전송이 서브프레임 $n+8$에서 요구된다 (FDD의 경우 가정, TDD의 경우는 재전송 타이밍이 하향링크-상향링크 할당에 달라진다). 비-적응형 HARQ에서는 재전송이 상향링크 스펙트럼에서 초기 전송과 동일한 부분을 차지한다. 따라서, 이 경우에서는 재전송에 의하여 전체 스펙트럼이 양쪽으로 쪼개지며, 이는 (다른 단말이 다중 클러스터 전송을 지원하지 않는다면) 다른 단말에 가용한 대역폭을 제한하게 된다. 서브프레임 $n+16$에서 적응형 재전송의 예를 찾을 수 있는데, 다른 단말에 큰 덩어리의 상향링크 스펙트럼이 할당될 수 있는 여지를 만들어 주기 위하여 재전송이 주파수 영역에서 이동하였다. 하지만, 상향링크 HARQ 프로토콜은 여전히 동기식이기 때문에 재전송이 이전 전송 후 항상 여덟 서브프레임 뒤에 발생하여야 함에 유의한다.

적응형과 비-적응형의 두 가지 HARQ의 지원은, 주어진 HARQ 프로세스에 대한 전송 버퍼를 PHICH 상의 ACK (positive acknowledgement)를 받은 것을 기준으로 비우지 않도록 함으로써 구현할 수 있다. 즉, 데이터가 재전송되어야 하는지 아닌지의 여부에 대한 실제적인 제어는

28) 3번째 예는 반송파 결합으로서, 12장에서 설명된다.

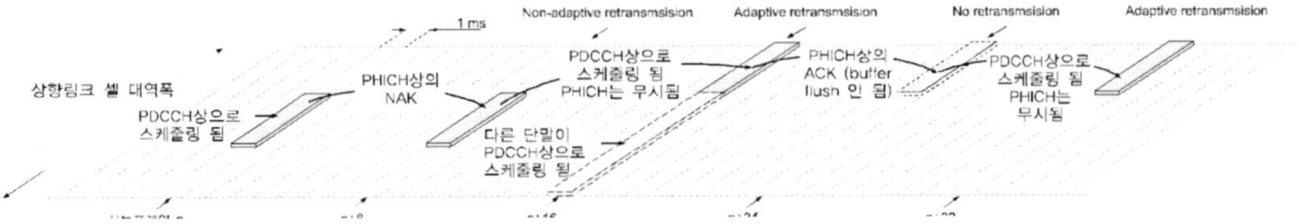

그림 8.5 비-적응형 (non-adaptive) 및 적응형 (adaptive) HARQ 동작

PDCCH 상으로 보내지는 상향링크 스케줄링 승인에 포함된 새-데이터 지시자를 통하여 이루어진다. 새-데이터 지시자는 각 새로운 전송 블록마다 0과 1로 값이 바뀌는데, 만약 새-데이터 지시자의 값이 바뀌었다면 단말은 전송 버퍼를 비우고 새로운 데이터 패킷을 전송한다. 반대로, 상향링크 스케줄링 승인 내의 새-데이터 지시자의 값이 바뀌지 않았으면, 이전 전송 블록이 재전송된다. 따라서, 전송 버퍼를 비우는 것은 PHICH에 의하여 제어되지 않으며 상향링크 스케줄링 승인이 실려 있는 PDCCH에 의하여 제어된다. 반면에, PHICH 상의 NAK는 재전송을 위한 1비트의 스케줄링 승인으로 볼 수도 있다. 왜냐하면, 이미 전송할 비트와 전송에 필요한 자원에 대한 정보는 이전 전송 시도를 통하여 알려져 있으므로, 재전송이 필요한 지의 여부만 전달되면 되기 때문이다. 그림 8.5에는 전송을 뒤로 미루는 동작의 예가 서브프레임 $n+24$에 있다. 단말은 ACK를 받았으므로 데이터를 재전송하지 않는다. 그러나, 전송 버퍼는 아직 비워지지 않았으며, 서브프레임 $n+32$에서 상향링크 승인이 재전송을 요청하였으므로 해당 전송 버퍼가 계속 사용된다.

위와 같이 적응형과 비-적응형 HARQ를 둘 다 지원하는 방법은 결과적으로 동일한 상향링크 서브프레임에 관련 PHICH와 PDCCH가 동일한 타이밍에 전송되도록 한다. 만약 그렇지 않으면, 단말은 PHICH을 따라야 하는지 아니면 PHICH를 덮어쓸 PDCCH를 기다려야 하는지의 여부를 모르기 때문에 단말 수신이 복잡해질 수 있다.

앞서 설명하였듯이, 새-데이터 지시자는 상향링크 스케줄링 승인 내에 명시적으로 전송된다. 그러나, 하향링크의 경우와 달리 redundancy 버전은 각 재전송에 대하여 명시적으로 시그널링되지 않는다. PHICH 상의 1비트 acknowledgement로는 이러한 시그널링이 불가능하다. 대신, 상향링크 HARQ는 동기식이기 때문에, 재전송의 redundancy 버전은 PDCCH에 의하여 초기 전송이 스케줄링될 때 버전 0을 시작으로 이미 정해진 패턴을 따른다. 즉, PHICH 상의 NAK에 의해 재전송이 요청될 때마다 순서대로 그 다음 redundancy 버전이 사용한다. 그러나, 만약 재전송이 PHICH를 덮어쓰는 PDCCH에 의해 명시적으로 스케줄링된다면, 사용할 redundancy 버전을 바꿀 가능성도 있다. 재전송을 위한 스케줄링 승인은 (초기 전송을 위한) 일반적인 스케줄링 승인과 동일한 포맷을 사용한다. 상향링크 스케줄링 승인 내의 필드 중 하나는 변조 및 코딩 방식이다 (6장 참조). 5비트로 만들 수 있는 32개의 서로 다른 조합 중에서 3개가 따로 남아 있는데, 이 3개가 서로 다른 redundancy 버전을 표현한다. 따라서, 만약 재전송을 알리는 상향링크 스케줄링 승인의 일부로 이 세 가지 조합 중 하나가 시그널링된다면, 해당 redundancy 버전이 재전송에 사용된다. 정의에 따라 재전송 사이의 전송 블록 크기가 변화할 수 없으므로, 전송 블록 크기는 이미 초기 전송을 통해 알려져 있다. 그림 8.5에서, 초기 전송에 대해서는 반드시 전송 블록 크기를 알려주어야 하므로 서브프레임 n에서 초기 전송은 순서 상으로 첫 번째 redundancy 버전을 사용하고 있다. 서브프레임 $n+8$에서의 재전송은 순서 상으로 다음 redundancy 버전을 사용하며, 명시적으로 스케줄링되는 서브프레임 $n+16$에서의 재전송은 PDCCH 상으로 알려지는 어떠한 redundancy 버전도 사용할 수 있다.

PDCCH에 의해 스케줄링되는 재전송에서 임의의 redundancy 버전을 알려줄 지의 여부는 incremental-redundancy 이득과 강인성 사이의 상호 절충 (trade-off)관계가 있다. 재전송 사이에서 redundancy 값을 바꾸는 것은 일반적으로 incremental-redundancy로부터 충분한 이득을 얻는 측면에서는 유용하다. 그러나, 변조 및 코딩 방식은 일반적으로 상향링크 재전송에 대해서는 알려지지 않으므로, 1비트의 PHICH가 사용되는 경우든 아니면 변조 및 코딩 필드의 세 가지 특별한 조합 중 하나를 사용하여 redundancy 버전을 명시적으로 알려주는 경우든, 모두가 암묵적으로 단말이 초기 스케줄링 승인을 잘 받았다고 가정하고 있다. 만약 단말이 초기 스케줄링 승인을 놓친 경우에는 변조 및 코딩 방식을 명시적으로 알려주어야 하며, 따라서 이는 순서상 첫 번째 redundancy 버전이 사용됨을 의미한다.

8.1.3 HARQ 타이밍

수신기는 수신된 acknowledgement가 어떤 HARQ 프로세스와 관련이 있는지를 반드시 알고 있어야 한다. 이는 HARQ acknowledgement와 특정 HARQ 프로세스를 연관짓는 데에 acknowledgement의 타이밍을 사용함으로써 가능하다. 즉, 하향링크의 데이터 수신과 상향링크의 HARQ acknowledgement 전송 사이에는 고정적인 타이밍 관계가 있다. 지연 (latency) 측면에서는, 단말이 하향링크 데이터를 수신한 시점과 상향링크로 HARQ acknowledgement를 전송하는 사이의 시간은 짧을 수록 좋다. 반면에, 필요 이상으로 이 시간을 짧게 만들면, 단말의 프로세싱 용량을 불필요하게 키워야 하는 문제를 낳을 수 있다. 따라서 지연과 단말의 구현 복잡도 사이에서 상호 절충 (trade-off)이 필요하게 된다. 상향링크 데이터 전송에 대해서도 상황은 비슷하다. 이러한 절충에 의하여 LTE의 FDD에서는 상향링크 및 하향링크 모두 8개의 HARQ 프로세스를 가지도록 결정되었으며, TDD의 프로세스 개수는 추후 설명되는 것과 같이 하향링크-상향링크 할당에 따라 달라진다.

8.1.3.1 FDD의 HARQ 타이밍

FDD 경우를 먼저 살펴보면, 그림 8.6은 하향링크 데이터 전송에 대한 응답으로 상향링크 acknowledgement가 전송되는 것이다. 서브프레임 n에서 DL-SCH 상으로 단말에 전송된 하향링크 데이터는 서브프레임 n에서 전파 지연 (propagation delay) T_P만큼 지난 이후에 단말에 의해 수신된다. 단말은 (아마도 이전 전송과의 소프트 컴바이닝을 한 다음) 수신 신호에 대한 디코딩을 시도하고 서브프레임 $n+4$에서 상향링크로 HARQ acknowledgement를 전송한다 (단말에서 상향링크 서브프레임의 시작은 7.6절에서 설명되는 timing-advance 절차에 의하여 단말에 대응되는 하향링크 서브프레임 시작 대비 T_{TA}만큼 오프셋을 주어 당겨져 있음에 유의한다). HARQ acknowledgement를 수신하면, eNodeB는 필요한 경우에는 서브프레임 $n+8$에서 하향링크 데이터를 재전송한다. 따라서, 8개의 HARQ 프로세스가 사용된다는 것은 HARQ의 왕복 시간 지연 (roundtrip time)이 8 ms라는 것이다.

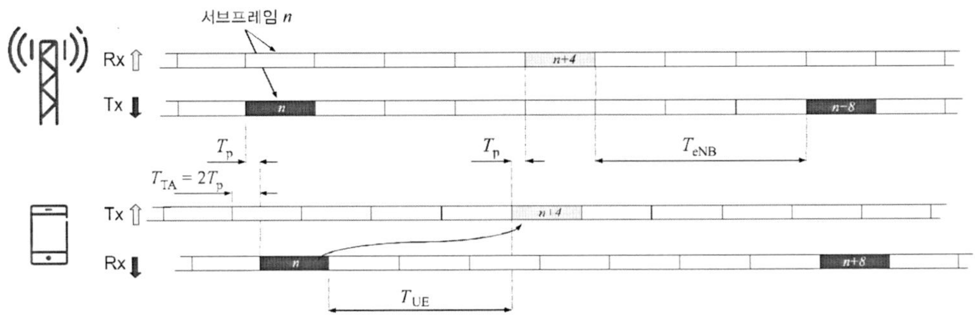

그림 8.6 FDD에서 서브프레임 n의 하향링크 데이터와 서브프레임 $n+4$에서 상향링크 HARQ acknowledgement 사이의 타이밍 관계

그림 8.6 및 이전 단락의 설명은 하향링크 데이터 전송에 대한 타이밍, 즉 DL-SCH 상의 데이터와 PUCCH (혹은 PUSCH) 상의 acknowledgement 사이의 타이밍에 대하여 언급하였다. 그러나, 상향링크 데이터 전송에 대한 타이밍, 즉 PUSCH 상의 데이터와 PHICH 상의 acknowledgement 사이의 타이밍 역시 동일하다. 즉, 서브프레임 n에서 상향링크 데이터 전송에 대한 PHICH 전송이 서브프레임 $n+4$에서 이루어진다. 이러한 타이밍 관계는 상향링크 스케줄링 승인 (9.3절 참조)에 대해서도 동일하며, 따라서 그림 8.5와 같이 PDCCH 상의 상향링크 스케줄링 승인이 PHICH를 덮어쓰는 것이 가능하도록 하였다.

그림 8.6에서 단말에 가용한 프로세싱 시간 T_{UE}는 timing advance, 즉 단말과 기지국 사이의 거리에 따라 달라지는 것을 볼 수 있다. 단말은 규격에 의해 지원되는 최대 셀 크기까지는 어떠한 거리에서도 동작해야 하기 때문에, 최악의 조건도 다룰 수 있도록 설계되어야 한다. LTE는 적어도 100 km까지 지원하도록 설계되었으므로 이는 최대 timing advance 값으로 0.67 ms를

의미한다. 이는 단말의 프로세싱에 약 2.3 ms의 시간을 남겨주는 것으로서, 단말에 주어지는 프로세싱 요구 사항과 지연 값 사이의 절충된 값이라 볼 수 있다.

eNodeB에 가용한 프로세싱 시간 T_{eNB}는 3 ms로 단말의 경우와 비슷한 값이다. eNodeB는 하향링크 데이터 전송에 대해서는 이 시간 동안 재전송에 대한 스케줄링을 수행하고, 상향링크 데이터 전송에 대해서는 이 시간을 수신 신호의 디코딩에 사용한다. 가용한 프로세싱 시간이 단말과 eNodeB에 대하여 비슷한데, 이는 비록 eNodeB가 일반적으로 단말보다 더 많은 프로세싱 파워를 가지고 있지만, eNodeB는 여러 개의 단말과 동작하여야 하며 스케줄링 동작을 수행해야 한다는 사실을 고려하면 적절하다고 볼 수 있다.

상향링크와 하향링크에 동일한 개수의 HARQ 프로세스를 가지는 것은 9장에서 설명되는 half-duplex FDD 동작 시에 유용하다. 적절한 스케줄링에 의해 단말로부터 상향링크 HARQ 전송이 상향링크 데이터의 전송과 동시에 일어나도록 할 수 있으며, 상향링크 데이터의 수신에 관련된 acknowledgement가 하향링크 데이터와 같은 서브프레임에서 전송되도록 할 수 있다. 따라서, 상향링크와 하향링크에서 동일한 개수의 HARQ 프로세스를 사용하는 것은 half-duplex 단말에 대하여 송신과 수신을 딱 반반 (50:50) 나누는 결과를 갖는다.

8.1.3.2 TDD의 HARQ 타이밍

TDD 동작을 살펴보면, 특정 HARQ 프로세스의 데이터 수신과 HARQ acknowledgement의 전송 사이의 시간 관계는 하향링크-상향링크 할당에 따라 달라진다. 당연히, 상향링크 HARQ acknowledgement는 상향링크 서브프레임에서만 전송이 가능하며, 하향링크 acknowledgement는 하향링크 서브프레임에서만 전송이 가능하다. 또한, Release 11부터는 서로 다른 주파수 대역에서 동작하는 서로 다른 component 반송파 상에 서로 다른 하향링크-상향링크 할당이 사용될 수도 있다. 따라서, TDD의 HARQ 타이밍은 FDD의 경우보다 더 복잡하다.

간단한 경우로서 모든 component 반송파에 대하여 동일한 하향링크-상향링크 할당이 사용되는 경우를 살펴보자 (반송파 별로 서로 다른 하향링크-상향링크 할당의 경우는 이후 살펴보도록 한다). 동일한 터보 디코딩이 사용되며 스케줄링 결정 역시 유사하므로, 단말 및 eNodeB에서 최소한으로 필요로 하는 프로세싱 시간은 FDD나 TDD나 동일하며, 따라서 TDD의 acknowledgement가 FDD의 경우보다 더 빨리 전송될 수는 없다. 따라서 TDD의 경우, 서브프레임 n의 전송 블록에 대한 acknowledgement는 서브프레임 $n+k$에서 전송된다. 이때, $k \geq 4$이며 $n+k$는 acknowledgement가 단말로부터 (PUCCH 혹은 PUSCH 상으로) 전송되는 경우에는 상향링크 서브프레임이 되도록, acknowledgement가 eNodeB로부터 (PHICH 상으로) 전송되는 경우에는 하향링크 서브프레임이 되도록 선택된다. k 값은 표 8.1에서 나타난 하향링크-상향링크 설정에 따라 달라진다. 표 8.1을 보면, 하향링크–상향링크 설정의 결과에 따라, 많은 경우에서 k 값이 FDD의 경우 $(k=4)$보다 크다. 예로서 설정 2를 가정하면, 서브프레임 2에서 수신된 PUSCH 상의 상향링크 전송은 서브프레임 $2+6=8$에서 PHICH를 사용하여 응답되어야 한다. 비슷하게, 동일한 설정에서, 서브프레임 0에서의 PDSCH 상의 하향링크 전송은 서브프레임 $0+7=7$에서 PUCCH (혹은 PUSCH)를 사용하여 응답되어야 한다.

표 8.1 서로 다른 TDD 설정에 대한 HARQ 프로세스 개수 및 acknowledgement 타이밍 k

Configuration (DL:UL)	하향링크											상향링크										
	프로세스 개수	서브프레임 n에서 PDSCH 수신										프로세스 개수	서브프레임 n에서 PDSCH 수신									
		0	1	2	3	4	5	6	7	8	9		0	1	2	3	4	5	6	7	8	9
0 (2:3)	4	4	6	-	-	-	4	6	-	-	-	6	-	-	4	7	6	-	-	4	7	6
1 (3:2)	7	7	6	-	-	4	7	6	-	-	4	4	-	-	4	6	-	-	-	4	6	-
2 (4:1)	10	7	6	-	4	8	7	6	-	4	8	2	-	-	6	-	-	-	-	6	-	-
3 (7:3)	9	4	11	-	-	-	7	6	6	5	5	3	-	-	6	6	6	-	-	-	-	-
4 (8:2)	12	12	11	-	-	8	7	7	6	5	4	2	-	-	6	6	-	-	-	-	-	-
5 (9:1)	15	12	11	-	9	8	7	6	5	4	13	1	-	-	6	-	-	-	-	-	-	-
6 (5:5)	6	7	7	-	-	-	7	7	-	-	5	6	-	-	4	6	6	-	-	4	7	-

표를 보면, 하향링크-상향링크 설정에 따라 TDD에 사용되는 HARQ 프로세스의 개수도 달라질 수 있음을 알 수 있으며, 즉 HARQ round-trip time 역시 TDD 하향링크-상향링크 설정에 따라 달라질 수 있음을 알 수 있다 (이는 그림 8.7에서 볼 수 있듯이 심지어 서브프레임 사이에서도 변할 수 있다). 하향링크에 많은 자원이 있는 설정 2, 3, 4, 5에 대해서는 하향링크 HARQ 프로세스 개수가 FDD의 경우보다 크다. 왜냐하면, 이러한 설정은 상향링크 서브프레임 개수가 적으므로 위의 관계에 의해 구해지는 k 값은 몇몇 서브프레임에 대해서는 4보다 훨씬 클 수도 있기 때문이다 (표 8.1 참조).

TDD의 PHICH 타이밍은 9.3절에서 설명된 것처럼 상향링크 승인을 수신하는 타이밍과 동일하다. 이렇게 하는 이유는 FDD의 경우와 동일하여, 그림 8.5와 같이 적응형 재전송을 위하여 PDCCH 상향링크 스케줄링 승인이 PHICH를 덮어쓸 수 있도록 하기 위해서이다.

TDD에 대한 하향링크-상향링크 할당은 단일 서브프레임에서 acknowledgement를 해주어야 하는 전송 블록의 개수에도 영향을 준다. FDD에서 CA를 사용하지 않는 경우에는, 하향링크와 상향링크 서브프레임 사이에 항상 1대1의 관계가 있으며, 따라서 하나의 서브프레임은 다른 방향의 하나의 서브프레임에 대한 acknowledgement만 전송하면 된다. 반면에 TDD에서는 하향링크와 상향링크 서브프레임의 관계가 반드시 1대1의 관계인 것은 아니다. 이는 5장에서 설명한 하향링크-상향링크 설정에서 확인할 수 있다.

UL-SCH 상의 상향링크 전송에 대하여 각 상향링크 서브프레임은 PHICH를 사용하여 개별적으로 acknowledge된다. 따라서, 상향링크 자원이 많은 경우 (하향링크-상향링크 설정 0)에는, 단말이 하향링크 서브프레임 0과 5에서 두 개의 HARQ acknowledgement를 수신해야 할 수도 있다. 또한, PHICH가 전송되지 않는 서브프레임도 있다. 따라서, TDD의 경우에는 PHICH 그룹의 양이 서브프레임 사이에서 바뀔 수 있다.

그림 8.7과 같이, 하향링크 전송에 대하여 일부 TDD 설정은 복수 개의 하향링크 서브프레임에서 수신된 DL-SCH가 하나의 상향링크 서브프레임에서 응답되어야 하는 경우도 있다 (이 그림에서의 예는 표 8.1에서 굵은 글씨로 표시된 2개의 값에 대한 예시이다). 이러한 상황을 다루기 위하여 TDD에서는 다중화와 bundling 두 가지의 서로 다른 방식을 지원한다.

다중화는 수신된 각 전송 블록에 대한 독립적인 acknowledgement를 eNodeB에 피드백해주는 것을 의미한다. 이는 오류가 발생한 전송 블록에 대한 독립적인 재전송이 가능하도록 해준다. 그러나, 이는 단말로부터 복수 개의 비트가 전송되어야 함을 의미하며, 이에 따라 상향링크 커버리지의 제약을 받을 수 있다. 따라서, 이러한 제약 때문에 bundling 방식이 제안되었다.

Acknowledgement를 bundling한다는 것은 복수 개의 하향링크 서브프레임으로부터 하향링크 전송 블록의 디코딩 결과를 하나의 HARQ acknowledgement로 합쳐서 상향링크 상으로 전송하는 것을 의미한다. 그림 8.7의 예에서는 서브프레임 0 및 3의 하향링크 전송이 모두 오류없이 디코딩된 경우에만 상향링크 서브프레임 7에서 ACK가 전송이 된다.

복수 개의 하향링크 전송에 관련된 acknowledgement를 하나의 상향링크 메시지로 합친다는 것은 단말이 해당 acknowledgement의 기반이 되는 스케줄링 할당을 모두 놓치지 않고 수신하였다는 것을 의미한다. 예를 들어, eNodeB가 단말을 (연속하는) 두 개의 서브프레임에 스케줄링하였는데, 단말은 두 개의 서브프레임 중 첫 번째 서브프레임의 PDCCH 전송은 놓치고 두 번째 서브프레임의 데이터는 성공적으로 디코딩하였다고 가정하자. 당연히, 다른 어떤 장치가 없다면, 단말은 자신이 두 번째 서브프레임에서만 스케줄링되었다고 가정을 하고 ACK를 보낼 것이고, eNodeB에서는 이 ACK를 단말이 첫 번째와 두 번째 서브프레임 모두를 성공적으로 수신한 것으로 해석할 것이다. 이와 같은 오류를 방지하기 위하여 PDCCH 상의 스케줄링 할당에는 하향링크 할당 인덱스 (downlink assignment index)가 사용된다 (6.4.6절 참조). 하향링크 할당 인덱스는 단말이 합쳐서 보내야 하는 acknowledgement에 대하여 기반으로 해야 하는 하향링크 전송의 개수를 단말에 알려준다. 만약 하향링크 할당 인덱스와 단말이 실제로 수신한 전송 개수 사이에 차이가 있다면, 단말은 적어도 하나의 전송을 놓친 것으로 판단하고 NAK을 보내야 한다.

FDD에서 살펴본 것과 유사하게, CA를 사용하면 단말이 하나의 상향링크 서브프레임에서 복수 개의 DL-SCH에 대한 acknowledgement를 전송해야 하는 경우가 있을 수 있다. 하향링크 PDSCH 수신에 대한 HARQ acknowledgement는 primary component 반송파의 PUCCH 상으로 전송된다. 또한, 복수 개의 acknowledgement를 전송하는 경우에는, CA가 사용되지 않는 경우와 동일하게, 다중화 혹은 bundling이 사용된다.

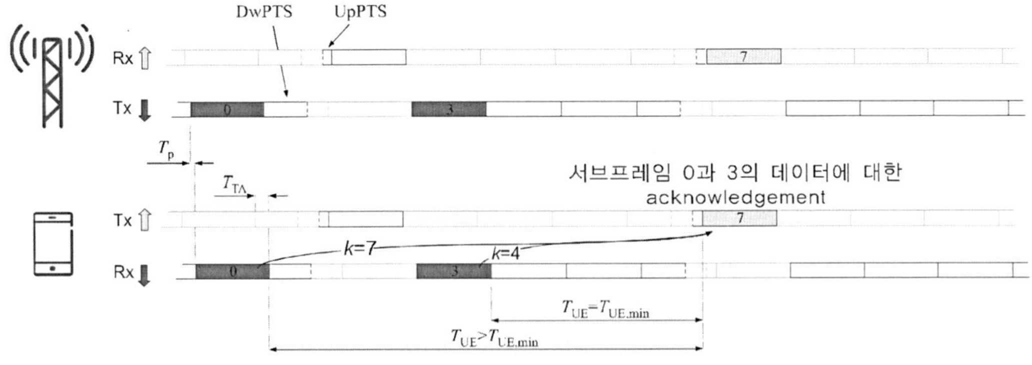

그림 8.7 TDD에 대한 하향링크 데이터와 상향링크 HARQ acknowledgment 사이의 타이밍 관계 (TDD 설정 2)

8.2 Radio-Link Control

RLC (radio-link control) 프로토콜은 PDCP로부터 RLC SDU의 형태로 데이터를 받아서, 이를 물리 계층 및 MAC의 기능을 사용하여 수신기 내에 대응하는 RLC 엔티티로 전달한다. 복수 개의 논리 채널을 하나의 전송 채널로 다중화하는 것을 포함한 RLC와 MAC 사이의 관계가 그림 8.8에 나타나 있다. 복수 개의 논리 채널을 하나의 전송 채널로 다중화하는 것은 주로 하향링크 및 상향링크 스케줄링과 함께 9.2절에서 설명되는 priority handling을 위하여 사용된다.

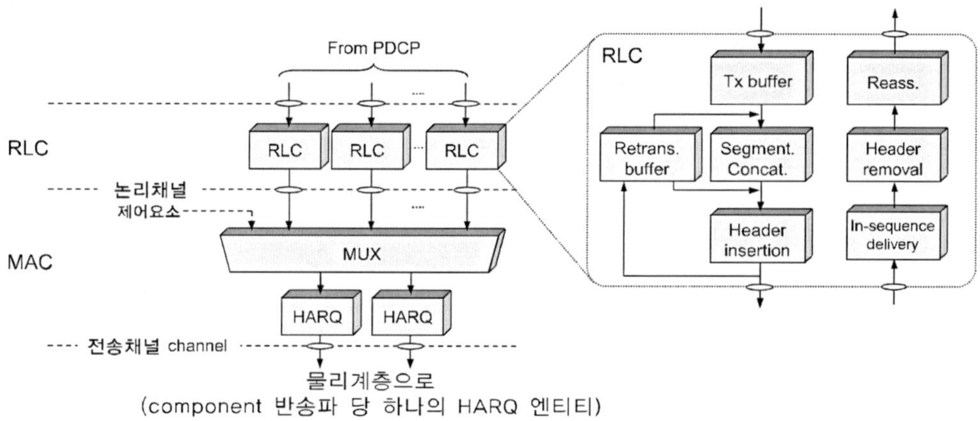

그림 8.8 MAC 및 RLC 구조 (단일 단말 관점)

하나의 단말에 설정된 논리 채널 당 하나의 RLC 엔티티가 있으며, RLC 엔티티는 다음의 역할을 담당한다.

- RLC SDU의 분할 (segmentation), 연접 (concatenation), 재결합 (reassembly)
- RLC 재전송
- 해당 논리 채널에 대하여 패킷의 순서를 맞추는 in-sequence delivery 및 중복 검출 (duplicate detection)

그 외 주요한 RLC 기능으로는 (1) 다양한 PDU 크기 처리 및 (2) HARQ와 RLC 프로토콜 사이의 긴밀한 상호작용 등이 있다. 마지막으로, 논리 채널 당 하나의 RLC 엔티티가 존재하고 component 반송파 당 하나의 HARQ 엔티티가 존재하기 때문에, CA의 경우에는 하나의 RLC 엔티티가 복수 개의 HARQ 엔티티와 동작할 수 있다.

8.2.1 RLC SDU의 분할, 연접, 재결합

분할과 연접의 목적은 입력되는 RLC SDU로부터 적절한 크기의 RLC PDU를 생성하는 것이다. 한 가지 방법은 고정된 PDU 크기를 정의하는 것이다. 만약 고정된 PDU 크기가 매우 크다면, 낮은 데이터 속도를 지원하기가 매우 힘들 것이며 때로는 과도한 패딩을 요구할 수도 있다. 반면에, 고정 PDU 크기를 너무 작게 정하면, 각 PDU 마다 포함한 헤더에 의하여 높은 오버헤드를 야기할 수 있다. 특히 LTE는 지원되는 데이터 속도의 범위가 매우 큰 만큼, 이러한 단점을 피하기 위하여 LTE의 RLC PDU 크기는 동적으로 변화한다.

RLC SDU의 RLC PDU로의 분할과 연접은 그림 8.9와 같다. 헤더는 다른 필드와 함께 패킷 재정렬 (reordering) 및 재전송에 사용되는 시퀀스 넘버 (sequence number)를 포함하고 있다. 수신단의 재결합 기능은 수신된 PDU로부터 SDU를 다시 만들기 위해 반대의 동작을 수행한다.

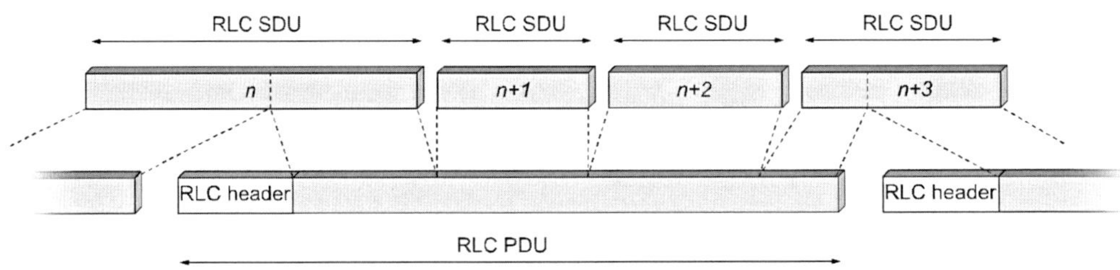

그림 8.9 RLC SDU들로부터 RLC PDU들의 생성

8.2.2 RLC 재전송

빠진 PDU에 대한 재전송은 RLC의 주요 기능 중 하나이다. 비록 대부분의 에러가 HARQ 프로토콜에 의해 다루어지지만, 이 장의 도입부에서 설명하였듯이 HARQ를 보완하기 위하여 다음 레벨의 재전송 방식을 가지는 것이 도움이 될 수 있다. 수신된 PDU의 시퀀스 넘버를 검사함으로써, 어떤 PDU가 빠져 있는지 알게 되고 전송단으로부터의 재전송이 요청된다.

서로 다른 서비스는 서로 다른 요구 사항을 가지고 있다. 예를 들어, 큰 파일을 전송하는 서비스에서는 완벽하게 에러가 없는 전달 (error-free delivery)이 중요할 수 있지만, 스트리밍 서비스는 약간의 패킷을 놓치는 정도는 크게 문제가 안될 수도 있다. 따라서, RLC는 어플리케이션으로부터의 요구 사항에 따라 다음의 세 가지 서로 다른 모드로 동작할 수 있다.

- *Transparent mode* (TM): RLC는 완전히 투명하며 기본적으로 RLC는 아무런 동작 없이 그냥 통과된다. 재전송도 일어나지 않고, 분할과 재결합도 없으며, in-sequence delivery도 일어나지 않는다. 이 설정은 BCCH, CCCH, PCCH와 같이, 정보가 다수의 사용자들에

게 전달되어야 하는 브로드캐스트 채널에 사용된다. 이러한 메시지의 크기는 모든 의도된 단말에 해당 메시지가 높은 확률로 도달할 수 있도록 선택된다. 즉, 다양한 채널 상태를 다루기 위한 분할도 필요 없으며 에러 없는 데이터 전송을 위한 재전송도 필요하지 않다. 게다가, 단말에는 아직 상향링크가 형성되어 있지 않고 단말이 수신 상태를 피드백해줄 수 없으므로, 이러한 채널에 대해서는 재전송이 불가능하다.

- *Unacknowledged mode* (UM): 이 모드는 분할/재결합 및 in-sequence delivery는 지원하지만 재전송은 지원하지 않는다. 이러한 모드는 예를 들면 VoIP (voice over IP)와 같이 반드시 에러 없는 전송이 요구되지는 않는 경우에 사용되거나, 예를 들면 MBSFN을 사용하는 MCCH 및 MTCH 상의 broadcast 전송과 같이 재전송을 사용할 수 없는 경우에 사용된다.

- *Acknowledged mode* (AM): DL-SCH 상의 TCP/IP 패킷 데이터 전송을 위한 주요 동작 모드이다. 분할/재결합, in-sequence delivery 및 에러가 난 데이터에 대한 재전송을 모두 지원한다.

다음은 acknowledged mode를 설명하도록 한다. Unacknowledged mode는 재전송이 없으며 각 RLC 엔티티가 단방향인 것을 제외하고는 이와 비슷하다.

Acknowledged mode에서는 RLC 엔티티가 양방향이어서 두 대응되는 엔티티 사이에서 양 방향으로 데이터가 이동할 수 있다. PDU의 수신에 대한 acknowledgement가 이들 PDU를 송신한 엔티티로 전송되어야 하므로 당연히 양방향성이 필요하다. 성공적으로 수신하지 못한 PDU에 관한 정보는 상태 보고 (status report)라 불리는 형태로 수신단에서 송신단으로 제공된다. 상태 보고는 수신기에 의해 자동적으로 보내질 수도 있으며 송신기에 의해 요청될 수도 있다. 전송 중인 PDU를 추적하기 위하여 송신기는 각 PDU에 RLC 헤더를 붙이는데, 이 헤더는 다른 필드와 함께 시퀀스 넘버를 포함하고 있다.

송수신 양쪽 RLC 엔티티는 각각 송신 윈도우와 수신 윈도우 같은 2개의 윈도우를 가지고 있다. 송신 윈도우 내의 PDU만이 전송될 수 있으며, 시퀀스 넘버가 윈도우의 시작보다 아래인 PDU는 수신단 RLC에 의하여 이미 acknowledge되었다. 유사하게, 수신기는 시퀀스 넘버가 수신 윈도우 이내에 있는 PDU만 받아들인다. 또한, 각 PDU는 SDU로 결합 시 한 번만 사용되어야 하므로 수신기는 중복된 PDU는 버린다.

8.2.3 In-sequence delivery

In-sequence delivery는 데이터 블록들이 송신되었던 것과 같은 순서로 전달되는 것을 의미한다. HARQ 프로세스는 각각 독립적으로 동작하고 이에 따라 전송 블록은 그림 8.3과 같이 순서가 뒤바뀌어 전달될 수도 있다. 이와 같이 순서를 맞추는 것은 RLC의 필수적인 기능이다. In-sequence delivery는 SDU n이 SDU $n+1$ 보다 먼저 전달되어야 함을 의미하며, 일부 어플리케이션은 데이터가 송신되었던 것과 같은 순서로 수신되기를 요구하기 때문에 이 기능이 중요하다. 예를 들어, TCP는 비록 일부 성능저하가 있더라도 어느 정도는 순서가 뒤바뀌어 도착하는 IP 패킷을 다룰 수 있는 반면에, 일부 스트리밍 어플리케이션은 in-sequence delivery가 필수적이다. In-sequence delivery의 기본 개념은 더 낮은 시퀀스 넘버의 모든 PDU가 전달될 때까지 수신된 PDU를 버퍼에 저장하는 것이다. 더 낮은 시퀀스 넘버의 모든 PDU가 SDU를 만드는 데 사용된 이후에야 다음 PDU가 사용된다. Acknowledged mode로 동작할 때만 제공되는 RLC 재전송은 in-sequence delivery 동작과 동일한 버퍼에서 동작한다.

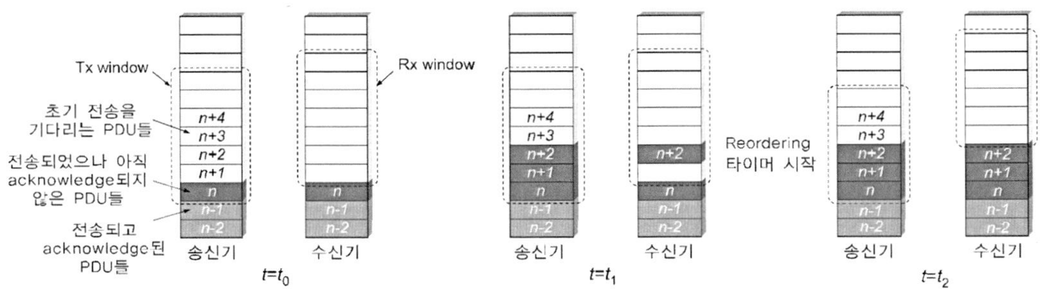

그림 8.10 In-sequence delivery

8.2.4 RLC 동작

재전송 및 in-sequence delivery에 대한 RLC의 동작은, 각각 송신단에 하나 및 수신단에 하나씩 2개의 RLC 엔티티가 보여지는 그림 8.10의 간단한 예로 설명될 수 있다. Acknowledged mode로 동작할 때, 각 RLC 엔티티는 송신기와 수신기 기능을 모두 가진다. 하지만, 이 예에서는 반대 방향의 경우도 동일하므로 한 방향에 대해서만 논의하도록 한다. 예에서는, n에서 $n+4$까지의 PDU가 송신기 버퍼에서 전송을 대기하고 있다. t_0인 순간, 시퀀스 넘버가 n 이하인 PDU가 전송되었고 정확하게 수신되었다. 하지만, $n-1$ 이하의 PDU만이 수신단에 의해 acknowledge되었다. 그림에서 볼 수 있듯이, 송신기 윈도우는 아직 acknowledge되지 않은 첫 번째 PDU인 n에서부터 시작하고, 수신기 윈도우는 그 다음 수신될 것으로 예상되는 PDU인 $n+1$에서부터 시작한다. PDU n을 수신하면 그 PDU는 추가적인 프로세싱을 위하여 SDU 재결합 기능으로 전달된다.

PDU의 전송은 계속되어 t_1인 순간에, PDU $n+1$과 $n+2$가 전송되었으나, 수신단에서는 오직 PDU $n+2$만이 수신되었다. 빠진 PDU $n+1$은 HARQ 프로토콜에 의해 재전송되고 있는 중이라서 아직 HARQ로부터 RLC로 전달되지 않은 것이 이러한 현상의 이유가 될 수 있다. 시퀀스 넘버 n 이상의 어떠한 PDU도 아직 수신기에 의하여 acknowledge되지 않았기 때문에, 송신기 윈도우는 이전 그림과 비교하여 변하지 않고 그대로 있다. 따라서, 이러한 PDU가 정확하게 수신되었는지 아닌지의 여부를 송신기는 알지 못하기 때문에, 이러한 PDU는 재전송될 필요가 있을 수도 있다. 수신기 윈도우는 PDU $n+2$가 도착할 때 업데이트되지 않는다. 왜냐하면 PDU $n+1$이 빠져 있기 때문에 PDU $n+2$는 SDU로의 재결합으로 전달될 수 없기 때문이다. 대신에, 수신기는 빠져 있는 PDU $n+1$을 기다린다. 당연히, 빠진 PDU를 무한정 기다리는 것은 queue를 정체시킬 수 있으므로, 수신기는 빠진 PDU에 대하여 재정렬 타이머 (reordering timer)를 시작한다. 만약 PDU는 타이머가 만료될 때까지 수신되지 않으면 재전송이 요청된다. 다행히, 이 예에서는 빠진 PDU가 타이머가 만료되기 이전인 t_2 순간에 HARQ 프로토콜로부터 도착하고 있다. 이에 따라 수신기 윈도우는 전진하고 빠진 PDU가 도착하였으므로 재정렬 타이머도 멈추게 되며, PDU $n+$와 $n+2$는 SDU로 재결합을 위해 전달된다.

PDU 재정렬에 사용되는 동일한 시퀀스 넘버를 사용하는, 중복 검출 (duplicate detection) 기능 역시 RLC의 역할이다. 만약 PDU가 $n+2$에 또 도착하면 (그리고 이것이 수신기 윈도우 이내이면), 이미 수신되었더라도 폐기된다.

앞의 예는 acknowledged mode 및 unacknowledged mode 모두에서 지원되는 in-sequence delivery의 기본 원리를 보였다. 그러나, acknowledge mode는 재전송 기능도 제공한다. 앞의 예의 연장선인 그림 8.11을 보자. t_3인 순간에, $n+5$까지의 PDU가 전송되었다. 이 중 PDU $n+5$만이 도착하고 PDU $n+3$과 $n+4$는 빠져 있는 상태이다. 앞의 경우와 비슷하게, 이는 재정렬 타이머가 시작되도록 한다. 그러나, 이 예에서는 타이머가 만료되기 이전에 어떤 PDU도 도착하지 않았다. t_4 순간에 타이머가 만료되면서 수신기는 빠진 PDU를 알려주는 상태 보고를 담은 제어 PDU를 대응되는 엔티티로 보내게 된다. 제어 PDU는 상태 보고가 불필요하게 지연되고 재전송 지연에 좋지 않은 영향을 주는 것을 방지하기 위하여 데이터 PDU보다 더 높은 우선권을 갖는다. t_5 순간에 상태 보고를 수신하면, 송신기는 $n+2$까지의 PDU가 정확하게 수신되었다는 것을 알게 되고 이에 따라 송신기 윈도우를 전진한다. 또한, 빠진 PDU $n+3$과 $n+4$는 재전송되고 이번에는 정확하게 수신된다.

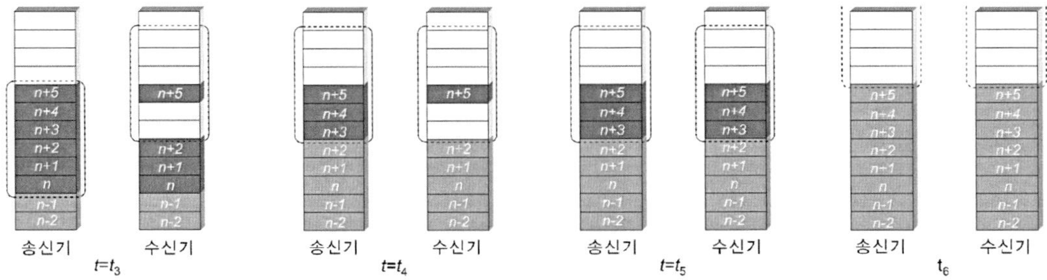

그림 8.11 빠진 PDU들의 재전송

이 예에서는 재전송이 상태 보고의 수신에 의해 일어났다. 그러나, HARQ와 RLC 프로토콜이 같은 노드에 위치하고 있으므로 둘 사이의 긴밀한 상호작용이 가능하다. 따라서, PDU $n+3$과 $n+4$를 포함한 전송 블록이 실패한 경우에는, 송신단의 HARQ 프로토콜이 이를 RLC에 알려 줄 수 있다. 따라서, RLC는 이를 사용하여 명시적인 RLC 상태 보고를 기다리지 않고 곧바로 빠진 PDU를 재전송할 수 있으며, 이를 통하여 RLC 재전송과 관련된 지연을 줄일 수 있다.

마지막으로 t_6 순간에, 재전송을 포함하는 모든 PDU는 송신기에 의하여 전달되었으며 성공적으로 수신되었다. $n+5$가 전송 버퍼의 마지막 PDU였으므로. 송신기는 마지막 RLC 데이터 PDU의 헤더 내의 표시 (flag)를 설정함으로써 수신기로부터의 상태 보고를 요청한다. 표시 (flag)가 설정된 PDU를 수신함에 따라, 수신기는 요청된 상태 보고를 전송하고 n + 5까지의 모든 PDU를 acknowledge하여 이에 응답한다. 송신기가 상태 보고를 수신하면 모든 PDU가 정확하게 수신되었다고 선언되고 송신기 윈도우는 전진한다.

앞서 살펴본 것처럼, 상태 보고는 여러 가지 이유에 의하여 일어날 수 있다. 그러나, 상태 보고의 양을 조절하고 지나치게 많은 상태 보고로 인하여 리턴 링크 (return link)가 넘치는 것을 피하기 위하여, 상태 금지 타이머 (status prohibit timer)를 사용할 수도 있다. 이 타이머를 사용하면, 상태 보고가 타이머에 의해 정해진 시간 구간 당 한 번 이상 전송되지는 못한다.

초기 전송에 대해서는, 다양한 데이터 속도를 다루기 위한 방법으로 동적인 PDU 크기를 사용하기가 비교적 수월하다. 그러나, 재전송 사이의 채널 조건과 자원의 양 역시 변화할 수 있다. 이러한 변화를 다루기 위하여 이미 전송된 PDU는 재전송을 위하여 (재)분할될 수 있다. 앞서 설명된 재정렬과 재전송 방식이 여전히 적용되며 모든 조각 (segment)이 수신되었을 때 PDU가 수신되었다고 여겨진다. 상태 보고와 재전송은 개별적인 조각에 대하여 동작하며 PDU 전체가 아니라 그 중 빠진 조각만이 재전송을 필요로 한다.

세 번째 예는 반송파 결합으로서, 12장에서 설명된다.

09

스케줄링 및 전송 속도 적응 (rate adaptation)

스케줄링은 LTE 시스템에서 매우 중요한 부분이다. 매 순간마다 스케줄러는 어떤 사용자들에게 시간-주파수 자원이 할당되어야 하는지 및 전송에 사용되는 데이터 속도를 결정한다. 스케줄러는 시스템의 핵심 요소로서 많은 경우 시스템의 전반적인 동작을 결정한다. 스케줄링은 상향링크와 하향링크 양쪽에서 동작하며, 따라서 eNodeB에는 상향링크 스케줄러와 하향링크 스케줄러가 존재한다.

하향링크 스케줄러는 데이터를 전송할 단말을 동적으로 제어한다. 스케줄링되는 각 단말은 스케줄링 할당 (scheduling assignment)을 제공받는데, 이는 해당 단말의 DL-SCH[1]가 전송되는 자원 블록 (resource block) 및 전송 포맷으로 구성되어 있다. 기본 동작 모드는 소위 동적 스케줄링 (dynamic scheduling)으로서, eNodeB는 매 1 ms TTI 마다 선택된 단말에 스케줄링 정보를 보내어 하향링크와 상향링크 전송 동작을 제어한다. 스케줄링 결정은 6장에서 설명된 것처럼 (E)PDCCH 상으로 전송된다. 또한, 제어 시그널링의 오버헤드를 줄이기 위하여 준-지속적 (semi-persistent)으로 스케줄링을 할 수도 있다. 하향링크 스케줄링 할당 및 논리 채널 다중화는 그림 9.1의 왼쪽에 표시된 것과 같이 eNodeB에 의하여 제어된다.

1) CA의 경우에는 component 반송파 당 1개의 DL-SCH (혹은 UL-SCH)가 있다.

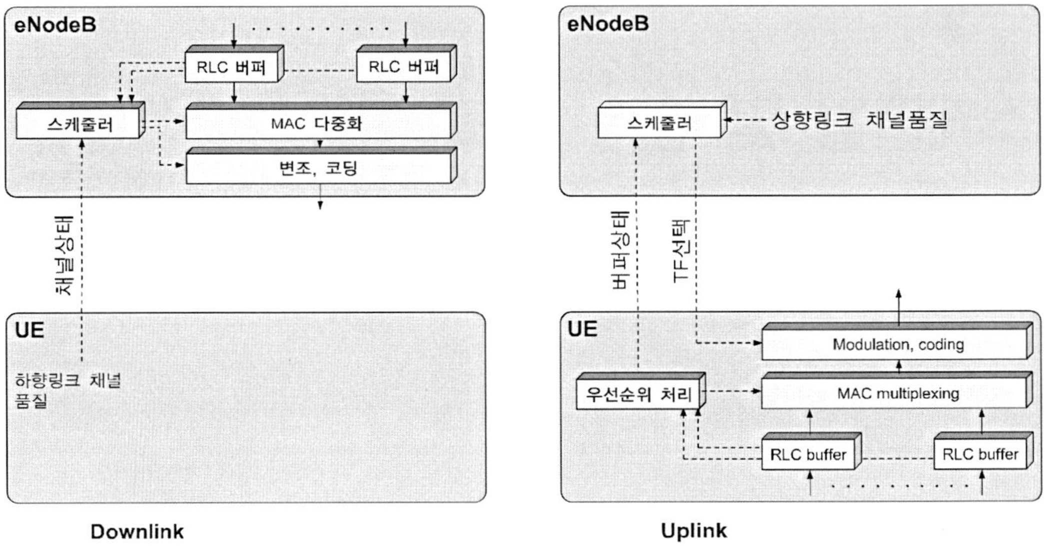

그림 9.1 하향링크 (왼쪽) 및 상향링크 (오른쪽)에서의 전송 포맷 선택

상향링크 스케줄러도 비슷한 목적을 수행한다. 즉, 어떤 단말이 각자의 UL-SCH 상에 전송할 것인 지를 동적으로 제어한다. 하향링크의 경우와 유사하게, 각 스케줄링된 단말은 스케줄링 승인 (scheduling grant)을 제공받으며, 이는 해당 단말이 UL-SCH를 전송해야 하는 자원 블록 집합 및 관련된 전송 포맷으로 구성되어 있다. 또한, 동적 스케줄링 혹은 준-지속적 스케줄링이 사용될 수 있다. 단말이 사용해야 하는 전송 포맷은 완벽하게 상향링크 스케줄러에 의해 제어되는 반면에, 하향링크의 경우와는 달리 논리 채널 다중화의 경우는 eNodeB 스케줄러에 의하여 제어되지 않는다. 대신, 논리 채널 다중화는 일정한 규칙에 따라 단말에 의하여 제어된다. 따라서, 상향링크 스케줄링은 무선 베어러 (radio bearer)단위로 동작하지 않고 단말 단위로 동작하며, 이는 그림 9.1의 오른쪽 부분에 설명되어 있다. 즉, 스케줄러가 전송 포맷을 제어하고 단말이 논리 채널 다중화를 제어한다.

다음 절에서는 기본적인 스케줄링 원리에 대하여 살펴본 이후에 LTE 스케줄링 구조에 대하여 자세히 알아보도록 한다.

9.1 스케줄링 전략

LTE의 스케줄링 전략은 표준화되는 것이 아니라 기지국 구현의 문제이다. 한편, 스케줄러는 LTE의 핵심 요소이며 LTE의 전반적인 동작을 결정하는 중요한 요소다. 서로 다른 제조사들은 사용자 요구를 충족하기 위하여 다양한 시나리오에 대하여 서로 다른 전략을 선택할 수 있다.

스케줄링 관련하여 표준화된 부분은 이를 도와주기 위한 지원 기능으로서, 스케줄링 승인의 전송, QoS (Quality of Service) 메커니즘, 채널 상태 보고 및 버퍼 상태 보고와 같은 다양한 피드백 정보 등을 들 수 있다. 그러나, 스케줄링 전략에는 몇 가지 기본적인 원칙들이 있다.

기본 원칙을 설명하기 위해, 한순간에 한명의 사용자만 스케줄링되고 모든 사용자는 항상 보낼 데이터가 무한대로 버퍼에 존재하는 간단한 시간 영역 스케줄링을 고려하자. 이 경우에는, 매 순간에 모든 자원을 가장 좋은 순시 채널 조건을 갖는 사용자에게 할당할 때 무선 자원의 활용을 극대화할 수 있다. 전송 속도 제어와 함께, 이는 주어진 송신 전력에 대하여 가장 높은 데이터 속도를 달성할 수 있다는 것을 의미하며, 다른 말로는 다른 셀에 끼치는 특정 간섭량에 대해 가장 높은 링크를 활용할 수 있다는 것을 의미한다. 전송 속도 제어는, 데이터 전송 속도를 일정하게 유지하면서 송신 전력을 채널 변화에 따라 조정하는 전력 제어에 대비하여 보다 효율적이다 [11, 12]. 이러한 스케줄링 전략은 max-C/I (또는 최대 데이터 속도)로서 채널에 따른 스케줄링의 한 예이다. 셀 내의 서로 다른 무선링크에 대한 상태는 대체로 서로 독립적으로 변화하므로, 매 순간마다 거의 최고 품질에 가까운 채널 품질을 갖는 무선링크가 항상 존재한다. 따라서 결국 전송에 사용되는 채널은 일반적으로 높은 품질을 가지게 되며, 속도 제어에 따라 높은 품질에 부합하는 높은 데이터 속도가 사용될 수 있다. 이는 바로 높은 시스템 용량으로 귀결된다. 좋은 무선링크 상태를 갖는 사용자들에게 전송함으로써 얻어지는 이득을 흔히 다중 사용자 다이버시티 (multi-user diversity)라한다. 이 이득은, 채널의 변화가 클수록 그리고 셀 내 사용자의 수가 늘어날수록 증가한다. 따라서 빠른 페이딩은 원치 않는 현상으로서 대항해서 싸워야 하는 것이라는 전통적인 관점과 대조적으로, 채널에 따른 스케줄링을 사용함으로써 페이딩은 사실 잠정적으로 이로운 것이며 잘 이용해야 한다.

수학적으로 max-C/I (maximum rate) 스케줄러는 스케줄링되는 사용자 k에 대하여 다음과 같이 표현될 수 있다.

$$k = \arg\max_i R_i$$

여기서 R_i는 사용자 i에 대한 순시 데이터 속도다. 비록 시스템 용량 관점에서는 max-C/I 스케줄링이 유용하지만, 이 스케줄링 방식이 모든 상황에서 공평한 것은 아니다. 만약 모든 단말이 평균적으로는 비슷한 채널 상태를 겪어서 예를 들면 오직 다중 경로 페이딩에 의해서만 순시 채널 상태의 변화가 있다면, 모든 사용자들은 동일한 평균 데이터 속도를 얻게 될 것이다. 이때, 순시 데이터 속도의 변화는 매우 빨라서 사용자들은 이러한 변동을 대개 알아차리지 못할 수 있다. 반면에, 실제로 서로 다른 단말이 평균적으로 서로 다른 채널 상태를 겪을 수도 있다. 예를 들어, 기지국과 단말 사이의 거리가 다르거나 쉐도우 (shadow) 페이딩의 차이로 인해 평균 채널 상태가 다른 경우가 그러하다. 이러한 경우, 어떠한 한 단말이 겪는 채널 상태가 비교적 긴 시간 동안 다른 단말이 겪는 채널 상태보다 나쁠 수 있다. 따라서 순수한 max-C/I 스케줄링 방식은 본질적으로 채널 상태가 좋지 않은 단말은 절대 스케줄링되지 않는다 (starve). 이러한 현상은 max-C/I 스케줄러가 서로 다른 평균 채널 품질을 갖는 서로 다른 두 사용자 사이의 스케줄링에 사용되는 그림 9.2(a)에 잘 나타나 있다. 거의 모든 시간 동안에 항상 한 사용자만이 스케줄링되고 있다. 비록 이 경우도 시스템 관점으로는 가장 높은 시스템 용량을 나타내지만, 이는 종종 QoS 측면에서는 받아들여질 수 없는 현상이다.

max-C/I 스케줄링 방식에 대한 대안의 하나로서 이른바 round-robin 스케줄링은 그림 9.2(b)에 있다. 이 스케줄링 방식은 순시 채널 상태를 고려하지 않고 사용자들이 공유되는 자원을 교대로 사용하도록 하는 것이다. Round-robin 스케줄링은 동일한 무선 자원의 양 (동일한 시간)이 각 통신 링크에 주어진다는 점에서는 공평한 스케줄링이라 볼 수 있다. 하지만 round-robin 스케줄링은 모든 통신 링크에 동일한 서비스 품질을 제공하는 것이 아니기에 공평하다고 할 수 없다. 즉, 동일한 서비스 품질을 제공하려면 채널 상태가 좋지 않은 통신 링크에 더 많은 무선 자원 (더 많은 시간)이 주어져야만 한다. 게다가, round-robin 스케줄링은 스케줄링 과정에서 순시 채널 상태를 고려하지 않기 때문에, 결국 전체적인 시스템 성능을 저하시키는 결과를 낳는다. 물론, max-C/I 스케줄링과 비교하면 서로 다른 통신 링크에 대하여 보다 동일한 서비스 품질을 제공하지만 전체적인 시스템 성능이 떨어지는 것이다.

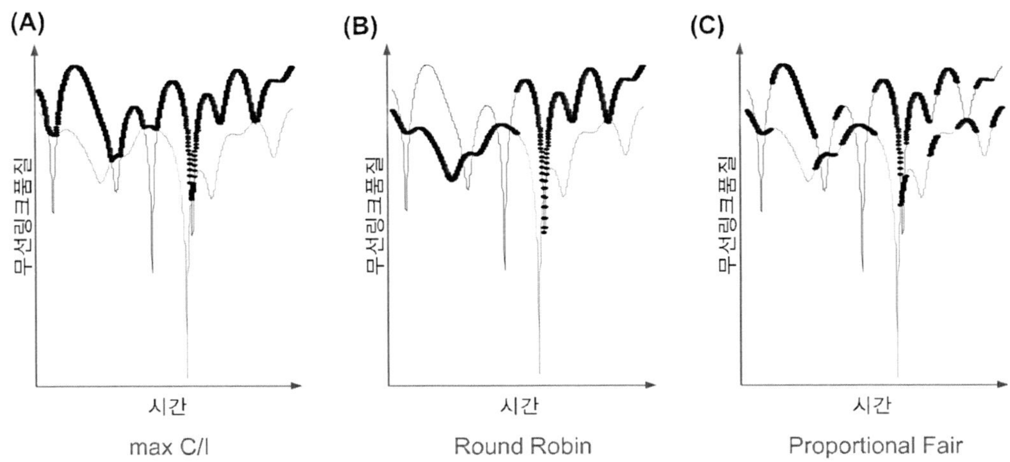

그림 9.2 서로 다른 평균 채널 품질을 가진 두 사용자에 대한 3가지 스케줄링의 동작: (a) max C/I, (b) round robin, (c) proportional fair. 선택된 사용자는 굵은 선으로 표시되었다

세 번째 방식으로는 그림 9.2(c)에 설명된 proportional-fair (PF) 스케줄러이다. 이 방식은 평균 채널 이득의 차이에 의한 영향을 줄이면서 빠르게 변하는 채널 조건을 활용하려는 방식이다. 이 방식은 상대적으로 최고의 무선링크 상태를 가진 사용자에게 자원이 할당된다. 즉, 매 순간 전송을 위한 사용자 k가 다음의 식에 따라 선택된다.

$$k = \arg\max_i \frac{R_i}{\overline{R_i}}$$

여기서 R_i는 사용자 i에 대한 순시 데이터 속도이고, $\overline{R_i}$는 사용자 i에 대한 평균 데이터 속도이다. 이 평균은 특정 평균 구간 T_{PF}동안 계산된다. 단기간의 채널 변화를 효율적으로 사용하면서 동시에 서비스 품질의 장기간 차이를 적정 수준 이하로 제한하기 위하여, T_{PF}는 단기간의 채널 변화에 대한 시간 상수보다는 길게 설정되어야 하며, 동시에 T_{PF} 간격 내 품질 변화를 사용자가 잘 알아차리지 못하도록 충분히 짧아야 한다.

앞서 논의한 바와 같이, 공평성과 시스템 용량 사이에는 상호 절충(trade-off)이 필요하다. 각 사용자가 항상 보낼 데이터가 무한대로 존재한다는 가정하에서는, 스케줄러가 더 불공평할 수록 더 높은 시스템 throughput을 달성할 수 있다. 그러나, 실제 상황에서는 무한대의 데이터는 존재하지 않으며 따라서, 버스트한 (bursty) 트래픽의 성질이 스케줄러에 영향을 준다. 시스템 부하가 높은 상황에서는 서로 다른 스케줄링 전략에 따른 차이가 비교적 큰 반면에, 기지국 관점에서 각 스케줄링 순간에 오직 한 사용자 혹은 적은 몇 명의 사용자만이 데이터를 전송하려고 하는 시스템 부하가 낮은 상황에서는, 서로 다른 스케줄링 전략에 따른 차이는 그다지 크지 않다. 이는 웹브라우징 시나리오에 대하여 그림 9.3에서 설명된다. 웹페이지의 경우, 한 페이지는 어느 정도의 크기를 갖고 있으며 해당 페이지를 전송한 후에 사용자가 링크를 클릭하여 새로운 페이지를 요청하기 전까지는 해당 단말에 더 이상 전송될 데이터는 없다. 이 경우에는, max-C/I 스케줄러도 어느 정도의 공평성을 제공할 수 있다. 일단 가장 높은 C/I를 갖는 사용자에 대한 buffer가 비워지게 되면, 비어 있지 않은 buffer를 갖는 다른 사용자 중 가장 높은 C/I를 가진 사용자가 스케줄링되며 이러한 동작은 계속 다음 사용자로 이어질 수 있다. 이것이 그림 9.3에서 full buffer와 웹브라우징 트래픽 간의 차이점이 나타나는 이유이다. Proportional-fair 스케줄러는 두 상황 모두 비슷한 성능을 보인다.

당연히, 트래픽 특성에 다른 공평성의 정도는 실제 트래픽에 크게 영향을 받는다. 따라서, 특정 가정을 가지고 설계한 것이, 만약 실제 트개픽 패턴이 설계에 가정했던 것과 다르다면 실제 망에서는 잘 동작하지 않을 수도 있다. 따라서, 오직 트래픽 특성에만 의존하여 공평성을 얻으려는 것은 좋은 전략이 아니다. 물론, 위의 예는 스케줄러를 설계할 때 full buffer 경우만을 고려하여 설계하면 안 된다는 것을 강조하고 있다. 아울러, 지연에 민감한 서비스와 지연에 덜 민감한 서비스에 대하여, 비록 채널 상태 관점에서는 후자가 더 우수하지만 전사를 우선적으로

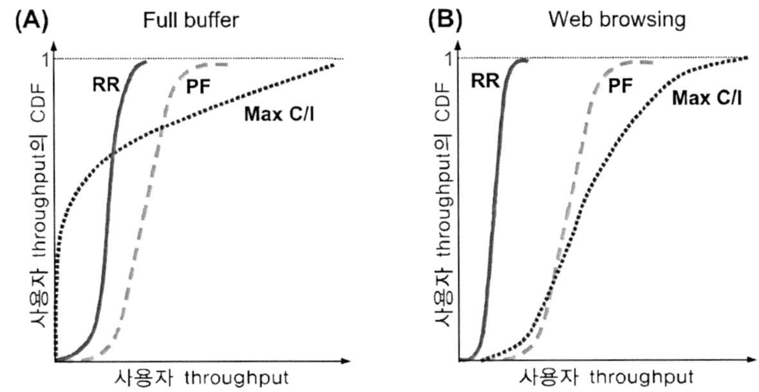

그림 9.3 서로 다른 스케줄링 방식의 기본 동작 설명: (a) full buffers 트래픽 모델 경우 (b) web browsing 트래픽 모델 경우

지원하는 것 역시 스케줄러 전략에 영향을 줄 수 있다. 스케줄링 전략의 또 다른 고려사항으로는 DRX 주기, 재전송, 단말 능력 (capability), 단말 전력 소모 등을 들 수 있다.

위에 설명한 일반적인 논의는 하향링크 및 상향링크 전송 모두에 적용된다. 그러나, 두 링크 사이에 몇 가지 차이점이 있다. 기본적으로, 하향링크 전력 자원은 기지국에 집중되어 있는 반면에, 상향링크 전력 자원은 사용자들 사이에 나누어져 있다. 또한, 단일 단말의 최대 상향링크 전송전력은 일반적으로 기지국의 출력 전력보다 훨씬 작다. 이는 스케줄링 전략에 큰 영향을 끼친다. 전적으로 시간 영역 스케줄링이 사용될 수도 있는데 [15, 16], 이는 이론적인 관점에서는 권장될 수 있는 하향링크와는 달리 [13, 14], 상향링크 스케줄링에서는 한 단말이 전체 링크 용량을 효율적으로 활용하기에 충분한 전력을 가지고 있지 않을 수 있으므로 일반적으로 시간 영역 스케줄링과 함께 주파수 영역에서의 스케줄링이 고려된다. 물론 상향링크와 하향링크의 시간 영역 스케줄링에 주파수 영역 스케줄링을 추가하여 보완하는 몇 가지 다른 이유들도 있다. 예를 들면,

- 패이로드가 부족한 경우. 즉, 한 사용자가 전송할 데이터 양이 전체 채널 대역폭을 사용할 만큼 크지 않은 경우
- 시간 영역에서의 채널 변화 뿐 아니라 주파수 영역의 채널 변화도 활용하려는 경우

이러한 경우의 스케줄링 전략은 시간 영역만을 고려한 경우를 보다 더 일반화한 것으로 볼 수 있다. 예를 들면, 작은 패이로드를 다루는 경우, 스케줄링되는 사용자가 max-C/I (혹은 다른 스케줄링 방식)에 의하여 선택되는 greedy filling 방식이 사용될 수 있다. 이 사용자에게 전송량에 맞는 자원이 할당된 이후에는, 스케줄링 전략에 따라 두 번째로 좋은 사용자가 남아 있는 자원을 (혹은 그 일부를) 할당받으며, 이러한 동작이 계속된다.

이어지는 절에서는 동적 하향링크 및 상향링크 스케줄링과 함께 상향링크 우선 순위 처리, 스케줄링 요청, 버퍼 상태 및 전력 헤드룸 보고, 준-지속적 스케줄링, half-duplex FDD 동작, DRX 동작 등에 대하여 설명한다. 채널에 따른 스케줄링의 중요한 입력 사항인 채널 상태 보고는 10장에서 논의한다. 물론, LTE에서는 오직 일반적인 사항들만 표준화되며 실제 스케줄링 전략은 표준화되지 않음에 유의한다.

9.2 하향링크 스케줄링

하향링크 스케줄러가 해야 하는 일은 데이터를 전송할 단말을 동적으로 결정하고 각 단말에 대하여 DL-SCH가 전송되어야 하는 자원 블록을 동적으로 결정하는 것이다. 대부분의 경우, (예를 들면 단말이 보낼 데이터가 부족하여) 하나의 단말이 셀의 전체 용량을 사용할 수는 없다. 또한, 채널 특성이 주파수 영역에서 다양할 수 있으므로, 주파수의 서로 다른 부분에 서로 다른 단말에 대한 전송을 할 수 있으면 보다 유리하다. 따라서, 여러 개의 단말이 한 서브프레임에서 동시에 스케줄링될 수 있다. 이 경우, 스케줄링된 단말 당 (그리고 component 반송파 당) 하나의 DL-SCH가 있으며, 이는 각각 동적으로 (서로 같지 않은) 주파수 자원에 매핑된다.

스케줄러가 순시 데이터 속도를 제어하므로 RLC 분할과 MAC 다중화는 스케줄링 결정의 영향을 받게 된다. 비록 형식적으로는 MAC 계층의 일부이고 어떻게 보면 독립적인 엔티티로 보여질지라도, 스케줄러는 하향링크 데이터 전송과 관련된 eNodeB 내의 대부분의 기능을 제어한다.

- *RLC*: RLC SDU들의 분할/연접 (segmentation/concatenation)은 순시 데이터 속도와 직접적인 관련이 있다. 낮은 데이터 속도에 대해서는 하나의 TTI에서 한 RLC SDU의 일부만을 전달할 수 있으며, 이런 경우에는 분할이 필요하다. 비슷하게, 높은 데이터 속도에서는 여러 개의 RLC SDU가 충분히 큰 전송 블록을 만들기 위하여 연접되어야 할 수도 있다.
- *MAC*: 논리 채널의 다중화는 서로 다른 스트림의 우선 순위에 따라 달라진다. 예를 들어, 스트리밍 데이터는 일반적으로 background 파일 전송보다 높은 우선 순위를 가지고 있으며, 핸드오버 명령과 같은 RRC (radio resource control) 시그널링은 일반적으로 스트리밍 데이터보다 높은 우선 순위를 가진다. 따라서, 서로 다른 논리 채널의 다중화는 데이터 속도와 서로 다른 우선 순위를 가지는 트래픽의 양에 따라 영향을 받는다. 또한 HARQ 재전송도 고려되어야 한다.

- *L1*: 코딩, 변조, 그리고 전송 layer의 개수 및 관련한 코드북 (codebook)은 명백하게 스케줄링 결정의 영향을 받는다. 이러한 파라미터들은 대개 선택된 데이터 속도, 즉 전송 블록 크기에 의해 결정된다.

스케줄링 방법은 구현에 관련된 사항으로서 3GPP 규격에 속하지 않으며, 원칙적으로는 9.1장에 설명된 어떠한 스케줄러도 적용될 수 있다. 그러나, 대부분 스케줄러의 대략적인 목표는 단말 사이의 채널 변화를 이용하여 되도록이면 단말이 좋은 채널에 있을 때 그 단말을 스케줄링하려는 것이다. 대부분의 스케줄링 방법들은 다음과 같은 정보들을 필요로 한다.

- 단말의 채널 상태
- 버퍼 상태와 서로 다른 데이터의 우선 순위
- (만약 어떤 형태의 간섭 조정 (interference coordination) 기능이 구현되어 있다면) 이웃한 셀의 간섭 상황

단말의 채널 상태에 대한 정보는 여러 가지 방법으로 얻을 수 있다. 원칙적으로 eNodeB는 가용한 어떠한 정보도 사용할 수 있지만, 일반적으로 단말로부터 CSI 보고를 이용한다 (10장 참조). 그러나, 예를 들어 TDD에서 채널의 reciprocity를 이용하여 상향링크 채널 측정값으로부터 하향링크 품질을 추정하는 방법 등과 같은 추가적인 채널에 대한 정보도 특정한 스케줄러 구현에 의하여 이용될 수 있다.

채널 품질 이외에도, 스케줄러는 버퍼의 상태와 우선 순위 등급을 고려해야 한다. 당연히 전송 버퍼가 비어 있는 단말을 스케줄링하는 것은 옳지 않다. 서로 다른 형태의 트래픽의 우선 순위는 서로 다를 수 있으며, 예를 들어 RRC 시그널링은 사용자 데이터보다 더 우선적으로 다루어질 수 있다. 더군다나, RLC 재전송 및 HARQ 재전송은 스케줄러 입장에서는 다른 형태의 데이터들과 차이가 없어보이지만, 일반적으로 해당 논리 채널로부터 초기 전송보다 높은 우선 순위를 부여 받는다.

하향링크 셀 간 간섭 조정 역시 특정한 스케줄링 방법의 구현과 관련된 것이다. 하나의 셀은 이웃하는 셀에 자신이 특정 자원 블록에서는 하향링크에서 낮은 송신 전력으로 송신하려 한다는 것을 알려줄 수도 있다. 이웃하는 셀이 이러한 정보를 사용하여 성능 향상을 꾀할 수 있는데, 왜냐하면 셀 가장자리에 위치한 단말은 이와 같이 간섭이 낮을 것으로 예상되는 영역에 스케줄링하는 것이 더 좋기 때문이다. 만약, 셀 가장자리에 위치한 단말이 높은 셀 간 간섭이 예상되는 영역에 스케줄링된다면 높은 데이터 속도를 유지하기는 힘들 것이다. 셀 간 간섭 조정은 13장에서 좀 더 다루어진다.

9.3 상향링크 스케줄링

상향링크 스케줄러의 기본 기능은 하향링크와 비슷하다. 즉, 매 1 ms 마다 어떠한 단말이 UL-SCH로 데이터를 전송할 지와 어떠한 상향링크 자원을 사용할 지를 동적으로 결정한다. 앞서 논의하였듯이, LTE 상향링크는 서로 다른 상향링크 전송 사이의 직교성을 유지하며 상향링크에서 공유되는 자원은 eNodeB 스케줄러에 의하여 시간-주파수 자원 단위로 제어되는 것을 기반으로 한다. eNodeB 스케줄러는 단말에 시간-주파수 자원을 할당하는 것 이외에도 단말이 사용해야 하는 전송 포맷의 제어를 책임진다. 이렇게 함으로써 스케줄러가 상향링크 동작을 좀 더 엄격하게 제어하여, 단말이 자율적으로 데이터 속도를 결정하는 방식에 비하여 자원 사용 효율을 극대화할 수 있다. 왜냐하면, 일반적으로 단말이 자율적으로 결정하는 방식에는 스케줄링 결정에 일정한 마진이 필요하기 때문이다. 스케줄러가 전송 포맷의 선택을 책임지기 때문에, 결과적으로 LTE에서는 단말이 자체적으로 전송 파라미터를 제어하는 방식에 비하여 버퍼 상태 및 가용한 전력 등의 단말의 상태에 대하여 eNodeB가 좀 더 정확하고 자세하게 아는 것이 매우 중요하다.

상향링크 스케줄링의 기본은 단말에 스케줄링 결정 및 하나의 component 반송파 상의 UL-SCH 전송에 사용되는 자원 및 관련 전송 포맷을 알려주는 스케줄링 승인 (grant)이다. 단말이 유효한 승인을 받은 경우에만 UL-SCH 상으로 전송이 허락되며, 해당 승인이 없이 자율적으로 전송할 수는 없다. 동적인 승인은 한 서브프레임 동안 유효하다. 즉, 단말이 UL-SCH 상으로 전송을 하는 각 서브프레임마다 스케줄러는 새로운 스케줄링 승인을 보낸다.

하향링크 경우와 비슷하게, 상향링크 스케줄러는 채널 상태, 버퍼 상태, 서로 다른 데이터의 우선 순위에 대한 정보를 이용할 수 있으며, 만약 어떠한 간섭 조정 방식이 사용된다면 이웃하는 셀들의 간섭 상황도 이용할 수 있다. 단말 내의 버퍼 상태에 대한 정보 및 단말의 가용한 송신 전력에 대한 정보 역시 스케줄러에게는 유용한 정보이다. 하향링크에서는 스케줄러와 전력 증폭기 및 전송 버퍼가 모두 동일한 노드인 eNodeB에 있는 것에 비하여, 상향링크는 그렇지 않기 때문에 정보 전달을 위하여 보고 (reporting) 수단이 필요하게 된다. 앞서 잠깐 언급한 것처럼, 상향링크 우선 순위 처리 과정 역시 하향링크와 상향링크 스케줄링 사이의 차이점 중의 하나이다.

일반적으로 하향링크에 사용되는 채널에 따른 스케줄링이 상향링크에도 사용될 수 있다. 상향링크에서 채널 품질 추정은 7장에서 설명된 상향링크 channel sounding을 사용하여 얻을 수 있다. Channel sounding에 의한 오버헤드가 너무 지나치거나 단말이 빨리 움직여서 채널 품질을 따라가기에 너무 채널이 빨리 변하는 경우에는, 대신 상향링크 다이버시티가 사용될 수 있다.

7장에서 설명된 주파수 호핑이 상향링크에서 다이버시티를 얻는 방법 중의 한 예이다.

마지막으로, 하향링크의 경우와 비슷한 이유로, 13장에서 설명되는 것과 같이 인접 셀들 사이에서 정보를 교환함으로써 상향링크에서도 셀 간 간섭 조정이 사용될 수 있다.

9.3.1 상향링크 우선 순위 처리

서로 다른 우선 순위 (priority)를 가진 복수 개의 논리 채널이 동일한 전송 블록으로 다중화될 수 있다. 하향링크 스케줄링과 함께 설명된 동일한 MAC 헤더 구조가 상향링크에서도 사용된다 (4장 참조). 그러나, 스케줄러가 우선 순위까지 결정함에 따라서 이는 결국 구현에 따른 문제인 하향링크의 경우와는 달리, 상향링크에서는 스케줄링 승인이 단말 내의 하나의 특정 무선 베어러 (radio bearer)에 적용되는 것이 아니라 단말 내의 하나의 상향링크 반송파에 적용되는 것이므로 상향링크 다중화는 단말 내에서 잘 정의된 규칙에 의해 이루어진다. 만약 스케줄링 승인을 무선 베어러 단위로 할 경우에는, 하향링크 제어 시그널링 오버헤드가 증가하게 되므로, LTE에서는 단말 단위의 스케줄링이 사용된다.

가장 간단한 다중화 규칙은 엄격한 우선 순위 순서로 논리 채널을 서비스하는 것이다. 그러나, 이렇게 할 경우에는 높은 우선 순위의 채널의 전송 버퍼가 비워지기 전까지는 모든 자원이 높은 우선 순위의 채널에게만 주어지므로, 낮은 우선 순위의 채널은 전혀 서비스를 받지 못하는 결과를 낳을 수 있다. 일반적으로, 사업자는 낮은 우선 순위의 서비스에 적어도 조금의 throughput은 제공하기를 원할 수 있다. 따라서, LTE 단말 내의 각 논리 채널에 대하여 우선 순위 외에도 prioritized 데이터 속도 (prioritized data rate, PDR)가 설정되어 있다. 이에 따라, 논리 채널은 각자의 prioritized 데이터 속도까지는 우선 순위가 높은 채널에서 낮은 채널의 순서로 서비스를 받는다. 이를 통하여, 전체적으로 스케줄링된 데이터 속도가 적어도 각 논리 채널의 prioritized 데이터 속도의 합과 같은 정도라면, 특정 논리 채널이 전혀 서비스를 받지 못하는 경우를 방지한다. Prioritized 데이터 속도를 넘어서는 데이터 속도에 대해서는 각 논리 채널은 엄격한 우선 순위 순서로 서비스를 받아서, 스케줄링 승인에 의한 자원이 모두 사용될 때까지 혹은 버퍼가 비워질 때까지 높은 우선 순위가 서비스 받는다. 이는 그림 9.4에 설명되어 있다.

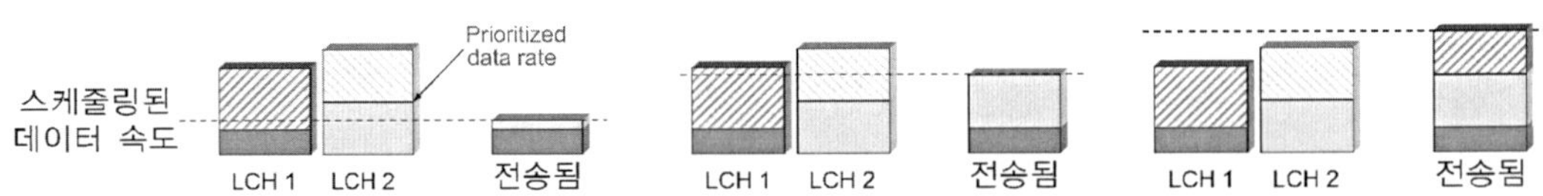

그림 9.4 3가지 서로 다른 상향링크 승인에 대한 두 논리 채널의 우선 순위 설정 (prioritization)

9.3.2 스케줄링 요청

스케줄러가 적당한 양의 상향링크 자원을 할당하기 위해서는 단말로부터 전송을 기다리는 데이터의 양에 대한 정보를 알아야 한다. 당연히, 전송할 데이터가 없는 단말은 상향링크 자원을 줄 필요가 없으며, 만약 이러한 단말에 자원을 준다면 단말은 승인된 자원을 패딩으로 채우는 결과를 초래할 것이다. 따라서, 스케줄러는 최소한 단말이 전송할 데이터를 가지고 있어서 이에 따라 스케줄링 승인이 주어져야 하는지는 알아야 한다. 이는 스케줄링 요청 (scheduling request, SR)을 통해 알려진다. 스케줄링 요청은 유효한 스케줄링 승인을 가지지 않은 단말에 사용된다. 유효한 스케줄링 승인을 가지고 있는 단말은 상향링크로 좀 더 자세한 정보를 eNodeB에 전달하며 이는 다음 절에서 설명된다.

스케줄링 요청은 상향링크 스케줄러로부터의 상향링크 자원을 요청하기 위해 단말이 전송하는 단순한 표시 (flag)이다. 정의에 의해, 자원을 요청하는 단말은 PUSCH 자원을 가지고 있지 않으므로, 스케줄링 요청은 PUCCH 상으로 전송된다. 각 단말은 7장에서 살펴본 것처럼, 매 n번째 서브프레임마다 발생하는 지정된 PUCCH 스케줄링 요청 자원을 할당받는다. 지정된 (dedicated) 스케줄링 요청 구조에 따라서 요청이 전송되는 자원 자체가 단말의 신원을 암묵적으로 알려주기 때문에, 스케줄링되기를 요청하는 단말의 신원을 따로 알려 줄 필요가 없다. 이미 전송 버퍼에 있는 것보다 더 높은 우선 순위의 데이터가 단말에 도착하고 단말이 스케줄링 승인을 가지고 있지 않아서 그 데이터를 전송할 수 없을 때에는, 그림 9.5에 나타난 것처럼 다음 번 가능한 순간에 스케줄링 요청을 전송한다. 요청을 수신하면, 스케줄러는 단말에 승인을 할당할 수 있다. 만약 단말이 다음 번 가능한 스케줄링 요청 순간까지 스케줄링 승인을 받지 못하면, 스케줄링 요청은 반복된다.

스케줄링 요청에 1비트를 사용하는 것은 상향링크 오버헤드를 줄이기 위해서이다. 스케줄링 요청에 여러 비트를 사용하면 당연히 오버헤드가 증가할 것이다. 1비트의 스케줄링 요청을 사용함으로 인하여, 스케줄링 요청을 수신하였을 때 eNodeB는 단말의 버퍼 상태에 대하여 제한적인 정보만 알게 된다. 서로 다른 스케줄러의 구현마다 이를 다르게 다룰 수 있다. 한 가지 방법은 단말이 전력에 의해 제한되지 않고 할당된 자원을 효과적으로 사용할 수 있도록 작은 양의 자원을 할당하는 것이다. 단말이 일단 UL-SCH 상으로 전송을 시작하게 되면, 버퍼 상태 및 전력 헤드룸 (power headroom)에 관한 좀 더 자세한 정보는 이후에 좀 더 논의되는 인밴드 (inband) MAC 제어 메시지를 통하여 제공될 수 있다. 서비스 타입에 대한 정보 역시 자원 할당의 양을 결정하는 데 사용될 수 있다. 예를 들어, 음성서비스의 경우 승인되는 상향링크 자원은 바라건데 전형적인 VoIP 패키지의 크기가 된다. 또한, 스케줄러는 단말이 효율적으로 사용할 수 있는 자원의 양을 추정하는 데 예를 들면 이동성을 위한 경로 감쇄 측정 및 핸드오버 결정 등도 사용할 수 있다.

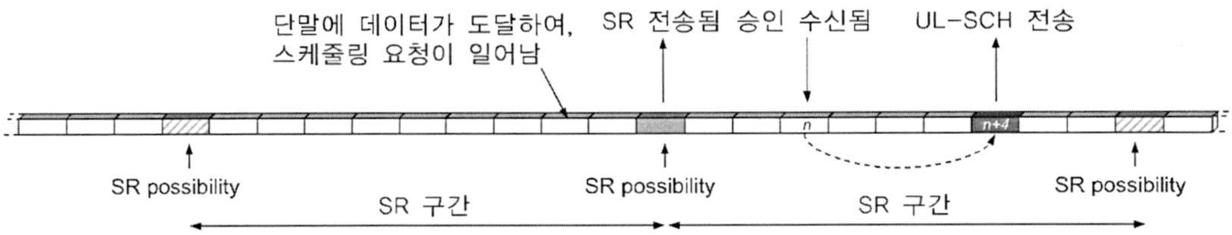

그림 9.5 스케줄링 요청 전송

지정된 스케줄링 요청 방식의 대안으로 경쟁-기반 (contention-based) 방식이 있다. 이 경우에는, 여러 개의 단말이 공통의 자원을 공유하면서 자신의 신원과 함께 스케줄링 요청을 전송한다. 이는 랜덤엑세스와 비슷하다. 이 경우에는 단말로부터 전송되는 스케줄링 요청 비트 수는 더 크게 되고 이에 상응하여 자원도 더 많이 필요하게 된다. 반면에, 해당 자원은 여러 명의 사용자들에 의해 공유될 수 있다. 기본적으로, 경쟁-기반의 방식은 셀 내에 많은 수의 단말이 존재하지만 트래픽 양 즉 스케줄링의 양은 낮은 상황에 적합하다. 트래픽 양 및 스케줄링 양이 많은 상황에서는, 동시에 자원을 요청하는 서로 다른 단말 사이에 충돌이 심하여 비효율적이 될 수 있다.

LTE를 위한 스케줄링 요청은 지정된 자원 기반으로 설계되었으므로, 이러한 지정된 스케줄링 요청 자원을 할당받지 못한 단말은 당연히 스케줄링 요청을 보낼 수 없다. 스케줄링 요청 자원이 없는 단말은, 대안으로 11장에서 설명한 랜덤엑세스 방식을 사용한다. 따라서, 원칙적으로 LTE 단말은 경쟁-기반 방식이 유리한 특정한 상황에서는 이 방식을 사용하도록 설정될 수 있다.

9.3.3 버퍼 상태 보고

이미 유효한 승인을 가지고 있는 단말은 당연히 상향링크 자원을 요청할 필요가 없다. 그러나, 스케줄러가 향후 서브프레임에서 각 단말에 어느 정도의 자원을 부여할 지를 결정하기 위해서는,

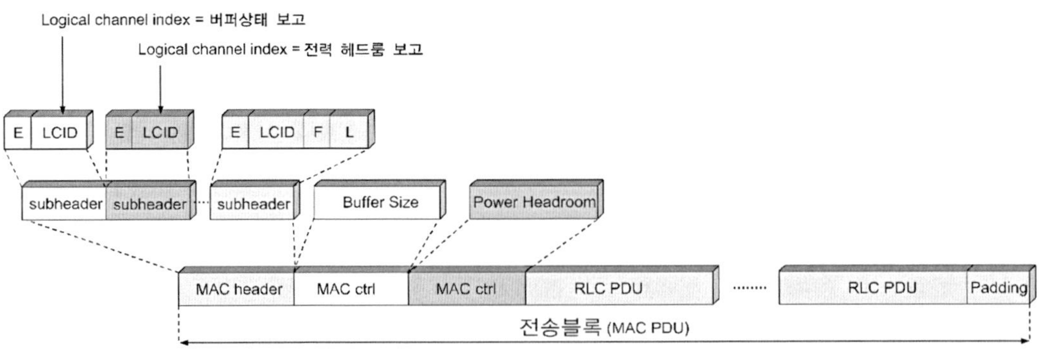

그림 9.6 버퍼 상태 및 전력 헤드룸 보고에 대한 시그널링

앞서 언급하였듯이 버퍼 상태나 가용 전력에 관한 정보가 도움이 된다. 이러한 정보는 MAC 제어 요소를 통하여 UL-SCH 전송의 일부로 스케줄러에 제공된다 (MAC 제어 요소 및 MAC 헤더 구조에 대해서는 4장을 참조.). MAC 서브헤더 내의 LCID 필드는 버퍼 상태 보고로 지정된 값으로 설정되어 해당 정보의 존재 여부를 알려준다 (그림 9.6 참조).

스케줄링 관점에서는 각 논리 채널에 대한 버퍼 정보를 모두 따로 보내주면 좋겠지만, 이는 상당한 오버헤드를 유발할 수 있다. 따라서, 논리 채널은 논리 채널 그룹으로 묶이고, 보고는 각 그룹별로 이루어진다. 버퍼 상태 보고 내의 버퍼 크기 필드는 논리 채널 그룹 내의 모든 논리 채널들에서 전송을 기다리는 데이터의 양을 나타낸다. 버퍼 상태 보고는 하나 혹은 네 개의 논리 채널 그룹 모두를 나타내며, 다음과 같은 요인에 의해 발생할 수 있다.

- 전송 버퍼 내에 현재 있는 것보다 더 높은 우선 순위의 데이터가 도착한 경우, 즉 현재 전송되고 있는 것보다 더 높은 우선 순위를 가진 논리 채널 그룹이 도착한 경우. 이는 스케줄링 결정에 영향을 줄 수 있다.
- 서빙 셀 (serving cell)이 바뀌는 경우. 즉, 버퍼 상태 보고는 단말의 상황에 관한 정보를 새로운 서빙 셀에 제공하는데 유용하다.
- 타이머에 의해 주기적으로 제어되는 경우.
- 패딩을 대신하여 삽입되는 경우. 즉 만약 스케줄링된 전송 블록 크기에 맞추기 위해 필요한 패딩의 양이 버퍼 상태 보고의 크기보다 크다면, 패딩 대신에 버퍼 상태 보고가 삽입된다. 당연히, 이왕이면 가용한 payload를 아무런 의미가 없는 패딩 대신에 스케줄링에 도움이 되는 정보에 사용하는 것이 더 좋다.

9.3.4 전력 헤드룸 보고

버퍼 상태에 추가로, 각 단말에서 가용한 송신 전력의 양 역시 상향링크 스케줄러와 관련이 있다. 당연히, 가용한 송신 전력이 지원할 수 있는 데이터 속도보다 더 많은 데이터 속도를 스케줄링 해 줄 이유는 없다. 하향링크에서는 스케줄러와 전력 증폭기가 같은 노드에 위치하고 있으므로 스케줄러가 하향링크 전송에 가용한 전력을 바로 알 수 있다. 상향링크의 경우는 그렇지 않기 때문에, 가용 전력 혹은 전력 헤드룸의 정보가 eNodeB에게 제공되어야 한다. 따라서, 전력 헤드룸 보고가 단말로부터 eNodeB로 전송된다. 버퍼 상태 보고와 마찬가지로 이는 단말이 UL-SCH를 전송하도록 스케줄링된 경우에만 전송된다. 전력 헤드룸 보고는 다음과 같은 이유로 발생할 수 있다.

- 타이머에 의해 제어되는 주기에 따라
- 경로 감쇄가 변할 때 (즉, 현재의 전력 헤드룸과 마지막으로 보고된 전력 헤드룸 사이의 차이가 설정된 threshold보다 큰 경우에)
- 패딩을 대신하여 (버퍼 상태 보고와 동일한 이유임)

두 전력 헤드룸 보고 사이의 최소 시간을 제어함으로써 상향링크 시그널링 부하를 제어하기 위하여 prohibit 타이머를 설정할 수도 있다.

LTE에는 타입 1 및 타입 2와 같이 두 가지 종류의 전력 헤드룸 보고가 정의되어 있다. 타입 1 보고는 반송파 상에 PUSCH만 전송되는 경우를 가정한 전력 헤드룸이며, Release 10에 도입된 타입 2 보고는 PUSCH와 PUCCH 전송이 같이 존재하는 경우의 전력 헤드룸이다. 타입 1 보고는 모든 component 반송파에 대하여 제공되는데 비하여, 타입 2 보고는 (PUCCH가 primary component 반송파에서만 전송될 수 있으므로) primary component 반송파에 대해서만 제공된다.

단말이 해당 서브프레임에서 PUSCH 전송이 스케줄링되었다는 것을 가정하면, 타입 1 전력 헤드룸은 특정 component 반송파 및 특정 서브프레임에 대하여 유효하며, 이는 아래와 같이 (dB로) 표현된다.

$$\text{Power Headroom} = P_{\text{CMAX},c} - (P_{0,\text{PUSCH}} + \alpha \cdot PL_{\text{DL}} + 10 \cdot \log_{10}(M) + \Delta_{\text{MCS}} + \delta) \tag{9.1}$$

이때, M과 Δ_{MCS}는 전력 헤드룸 보고가 해당되는 서브프레임에서 사용된 자원 할당과 MCS을 나타낸다.[2] δ는 7장에서 설명되는 폐루프 전력 제어에 의한 송신 전력의 변화를 의미한다. Component 반송파 c에 대하여 명시적으로 설정되는 반송파당 최대 송신 전력은 $P_{\text{CMAX},c}$로 표시된다. 전력 헤드룸은 반송파 당 최대 송신 전력과 실제 상향링크 송신 전력 사이의 차이를 측정한 것이 아님에 유의한다. 그보다는, 전력 헤드룸은 $P_{\text{CMAX},c}$와 최대 송신 전력에 의해 제한되지 않는다고 가정하면 사용하였을 상향링크 송신 전력과의 차이를 측정한 것이다. 따라서, 전력 헤드룸은 음수의 값을 가질 수 있으며, 음수의 전력 헤드룸은 전력 헤드룸이 보고될 당시에 단말의 송신 전력이 $P_{\text{CMAX},c}$에 의해 제한되었음을 알려준다. 즉, 단말단에서 가용한 송신 전력에 따라서 지원할 수 있는 데이터 속도보다 더 높은 데이터 속도를 네트웍에서 스케줄링한 것이다. 네트웍은 전력 헤드룸이 보고된 당시의 단말의 전송에 사용된 MCS와 자원 크기를 알고 있으므로, 이는 하향링크 경로 감쇄 PL_{DL}와 δ값이 크게 변하지 않았다는 가정하에 어떤 MCS의 조합과 M값이 유효한 것인지를 결정할 수 있게 해준다.

2) 반송파 결합의 경우, 타입 1 보고가 각 component 반송파에 대하여 지원된다.

타입 1 전력 헤드룸은 실제로 PUSCH 전송이 없는 서브프레임에 대해서도 보고될 수 있다. 그러한 경우에는 위의 식에서 $10 \cdot \log_{10}(M)$ 및 Δ_{MCS}는 0으로 설정된다. 이는 가능한 최소의 자원 할당 $(M=1)$ 및 $\Delta_{\mathrm{MCS}}=0\mathrm{dB}$에 해당하는 MCS에 해당하는 전송 설정을 가정한 전력 헤드룸으로 볼 수 있다.

유사하게, 타입 2 전력 헤드룸 보고는 반송파당 최대 송신 전력과 (7.4) 및 (7.3)의 전력 제어 식에 의하여 주어진 PUSCH 및 PUCCH 송신 전력의 합 차이에 의하여 정의된다. 이때, 앞서 언급한 것처럼 PUSCH 및 PUCCH 송신 전력을 계산할 때에는 반송파당 최대 전력을 고려하지 않는다.[3)]

타입 1 전력 헤드룸 보고와 유사하게, 타입 2 전력 헤드룸 역시 PUSCH가 없거나 PUCCH가 없는 서브프레임에 대해서도 보고될 수 있다. 이러한 경우에는, 가능한 최소의 자원 할당 $(M=1)$ 및 PUSCH에 대해서는 $\Delta_{\mathrm{MCS}}=0\mathrm{dB}$를, PUCCH에 대해서는 $\Delta_{\mathrm{Format}}=0$를 가정한 가상의 PUSCH 혹은 PUCCH 송신 전력이 계산된다.

9.4 스케줄링 할당 및 스케줄링 승인 타이밍

하향링크 스케줄링 할당 및 상향링크 스케줄링 승인과 같은 스케줄링 결정은 6장에서 설명된 것과 같이, 하향링크 할당 당 하나씩 존재하는 (E)PDCCH 상의 하향링크 L1/L2 제어 시그널링을 통하여 각 단말로 전달된다. 각 단말은 (E)PDCCH의 집합 상에서 유효한 스케줄링 할당 혹은 승인이 있는지 관찰을 하며, 유효한 스케줄링 할당 혹은 승인을 수신함에 따라서 PDSCH를 수신하거나 PUSCH를 송신하게 된다. 단말은 어떤 서브프레임에 스케줄링 명령이 들어 있는지를 알아야 한다.

9.4.1 하향링크 스케줄링 타이밍

하향링크 데이터 전송에 대하여, 스케줄링 할당은 데이터와 동일한 서브프레임에 전송된다. 스케줄링 할당을 해당하는 데이터와 동일한 서브프레임 내에 전송함으로써 스케줄링 절차의 지연을 최소화할 수 있다. 또한, 동적 스케줄링 (dynamic scheduling) 방식으로는 해당 서브프레임이 아닌 미래의 서브프레임은 스케줄링할 수 없음에 유의한다. 즉, 데이터와 스케줄링 할당은 항상 동일한 서브프레임에 존재해야 하며, 이는 FDD 및 TDD 모두에 해당된다.

3) 반송파 결합의 경우, PUCCH는 (Release 13 이전에는) secondary component 반송파에서는 전송될 수 없으므로, 타입 2 보고는 primary component 반송파에 대해서만 지원된다.

9.4.2 상향링크 스케줄링 타이밍

상향링크 스케줄링 승인 타이밍은, 특히 TDD의 경우에 대하여, 하향링크 스케줄링 할당의 타이밍보다 더 복잡하다. 스케줄링 승인을 디코딩하는 순간에는 이미 동일한 서브프레임의 상향링크 서브프레임은 시작되었으므로, 당연히 스케줄링 승인이 동일한 서브프레임에서의 상향링크 전송을 지시할 수는 없다. 또한, 단말이 데이터를 전송하려면 일정 준비 시간이 필요하다. 따라서, 서브프레임 n에서 수신된 스케줄링 승인은 이후 서브프레임에서의 상향링크 전송을 지시하게 된다.

FDD의 경우는 시간 관계가 매우 간단하다. 그림 9.7에서 볼 수 있듯이, 서브프레임 n에서 수신된 스케줄링 승인은 서브프레임 $n+4$에서의 상향링크 전송을 지시한다. 이는 PHICH에 의하여 이루어지는 상향링크 재전송에서 사용되는 시간 관계와 동일하다. 따라서, 8장에서 설명한 것과 같이 이러한 동일한 시간 관계는, 동적인 스케줄링 승인이 PHICH를 덮어쓰는 경우에 유용하다.

TDD의 경우에는 상황이 조금 더 복잡한데, TDD에서는 서브프레임 n에서 수신된 스케줄링 승인이 반드시 서브프레임 $n+4$에서의 상향링크 전송을 유발하는 것은 아니다. 왜냐하면 서브프레임 $n+4$이 반드시 상향링크 서브프레임이 아닐 수도 있기 때문이다. 따라서, TDD 설정 1-6에 대해서는 시간 관계가 약간 수정되어 서브프레임 n의 승인에 대한 상향링크 전송은 서브프레임 $n+k$에서 이루어진다. 여기서 k는 $n+k$가 상향링크 서브프레임이 되는 4 이상의

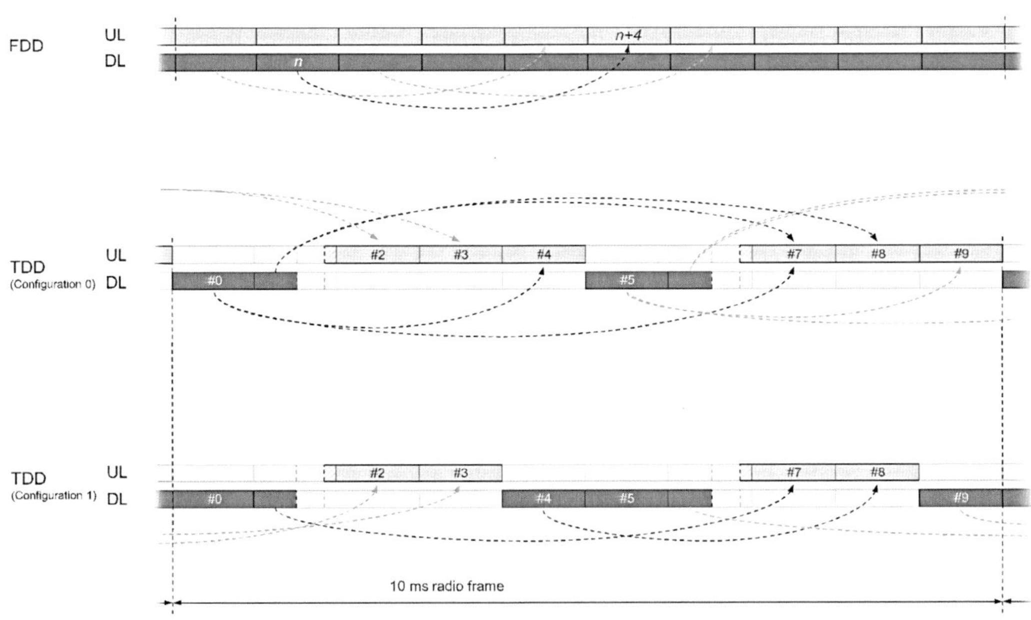

그림 9.7 FDD 및 TDD 설정 0 및 1에서의 상향링크 스케줄링 승인의 시간 관계

가장 작은 숫자가 된다. 이와 같이 함으로써 스케줄링 승인의 수신시점으로부터 실제 전송까지의 지연을 최소화하면서 적어도 FDD의 경우와 동일한 프로세싱 시간을 단말에 줄 수 있다. 이는 스케줄링 승인의 수신시점과 상향링크 전송시점 사이의 시간 차이가 서브프레임 별로 다를 수 있다는 것을 의미한다. 또한, 하향링크에 많은 서브프레임이 할당되는 TDD 설정 1-5의 경우에는 상향링크 스케줄링 승인은 오직 일부 하향링크 서브프레임에서만 수신됨에 유의한다.

TDD 설정 0에서는 상향링크 서브프레임이 하향링크 서브프레임보다 많으므로, 복수 개의 상향링크 서브프레임에서의 전송을 하나의 하향링크 서브프레임에서 스케줄링할 수 있어야 한다. 다른 TDD 설정과 동일한 시간 관계가 사용되지만 약간의 수정이 이루어진다. 6.4.7절에서의 논의를 돌이켜 보면, 하향링크에서 송신되는 스케줄링 승인은 2비트로 이루어진 상향링크 인덱스를 포함하고 있다. 하향링크-상향링크 설정 0에서는, 하향링크 서브프레임에서의 스케줄링 승인이 어떤 상향링크 서브프레임(들)에 대한 것인지를 알려준다. 그림 9.7의 예에서 볼 수 있듯이, 하향링크 서브프레임 0에서 수신된 상향링크 스케줄링 승인은, 상향링크 인덱스의 비트 값에 따라서 상향링크 서브프레임 4 및 7 중 하나 혹은 둘 모두에 해당할 수 있다.

9.5 준-지속적 스케줄링

하향링크 및 상향링크 스케줄링의 기본은 9.2 및 9.3절에서 설명되었듯이 동적 스케줄링(dynamic scheduling)이다. 각 서브프레임마다 취해지는 새로운 스케줄링 결정을 통한 동적 스케줄링은, 각 서브프레임마다 (E)PDCCH 상으로 스케줄링 결정이 전송되기 때문에 관련 오버헤드가 증가하는 문제가 있지만, 사용하는 자원의 관점에서 충분한 유연성을 제공해주며 전송할 데이터의 양이 다양하게 변하는 것을 다룰 수 있다. 많은 경우, (E)PDCCH 상의 제어 시그널링 오버헤드는 DL-SCH/UL-SCH 상의 payload에 대비하여 비교적 작다. 그러나, 몇몇 서비스들, 특히 VoIP는 비교적 작은 payload의 전송이 규칙적으로 일어나는 특징을 가진다. 이러한 서비스에 대한 제어 시그널링 오버헤드를 줄이기 위하여, LTE는 동적 스케줄링에 추가로 준-지속적 (semi-persistent) 스케줄링을 지원한다.

준-지속적 스케줄링에서 단말은 (E)PDCCH 상으로 스케줄링 결정과 함께 이 스케줄링 결정이 별도의 통보가 있기까지 매 n번째 서브프레임에 적용됨을 알려주는 지시자를 제공받는다. 따라서, 그림 9.8에서와 같이 제어 시그널링이 한 번만 전송되므로 오버헤드가 줄어든다. 준-지속적으로 스케줄링되는 전송의 주기, 즉 n 값은 사전에 RRC 시그널링에 의해 설정된다.

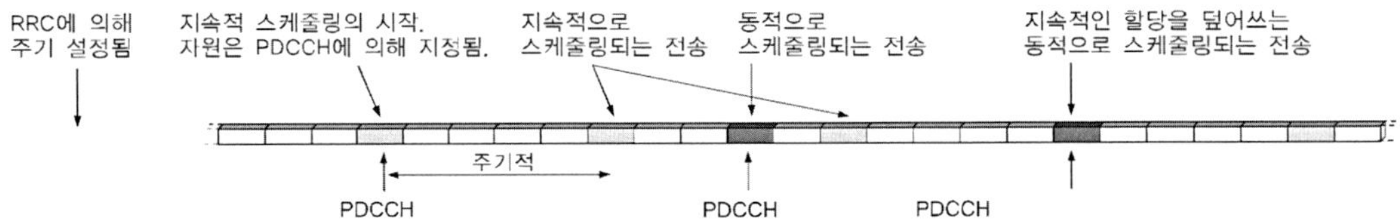

그림 9.8 준-지속적 스케줄링의 예

한편, 이의 활성화 (activation) 및 비활성화 (deactivation)는 준-지속적 C-RNTI를 사용한 (E)PDCCH를 사용하여 이루어진다.4) 예를 들어, 스케줄러는 VoIP에 대하여 준-지속적 스케줄링의 주기를 20ms로 설정할 수 있으며, 대화가 시작되면 사전에 정해진 준-지속적 패턴이 (E)PDCCH에 의해 활성화된다.

준-지속적 스케줄링이 활성화된 후에도, 단말은 상향링크 및 하향링크 스케줄링 명령을 받기 위하여 (E)PDCCH를 관찰하는 것을 지속한다. 만약 동적 스케줄링 명령이 검출된 경우에는, 그 특정 서브프레임에 대해서는 동적 스케줄링 명령이 준-지속적 스케줄링에 우선한다. 이러한 기능은 가끔 준-지속적으로 할당되어 있는 자원의 양을 증가시켜야 할 필요가 있을 때 유용하다. 예를 들어, 웹 브라우징과 VoIP가 함께 사용되는 경우, 웹 페이지를 다운로드할 때에는 보다 큰 전송 블록을 할당하는 동적 스케줄링 명령이 준-지속적인 자원 할당을 덮어쓰도록 하는 것이 유용할 수 있다.

하향링크에서는 초기 전송만이 준-지속적 스케줄링을 사용하며, 재전송은 (E)PDCCH의 스케줄링 할당을 사용하여 명시적으로 스케줄링된다. 이는 하향링크의 비동기식 HARQ 프로토콜의 사용을 바로 따르는 것이다. 반면에, 상향링크 재전송은 준-지속적으로 할당된 서브프레임을 따르거나 아니면 동적으로 스케줄링될 수 있다.

9.6 Half-duplex FDD 스케줄링

Half-duplex FDD는 eNodeB는 여전히 full duplex로 동작하는 반면에, 하나의 단말은 동시에 송신과 수신을 할 수 없다는 것을 의미한다. LTE에서는 스케줄러에 특정 제약 조건을 주는 형태로 half-duplex FDD 방식이 구현된다. 즉, 하나의 단말이 동시에 상향링크와 하향링크에서 스케줄링되지 않도록 하는 것은 스케줄러에 달려 있으며, 따라서 단말 관점에서는 서브프레임들이 동적으로 상향링크 혹은 하향링크로만 사용된다. 간단히 말하면, half-duplex FDD의

4) 각 단말은 동적 스케줄링을 위한 일반 C-RNTI와 준-지속적 스케줄링을 위한 준-지속적 C-RNTI의 2개의 신원(identity)을 가진다.

기본 원리는, 만약 단말이 상향링크에서 전송 (UL-SCH 전송이나 하향링크 전송에 의해 발생한 HARQ acknowledgement)을 하도록 명시적으로 지시받지 않으면 단말은 하향링크에서 수신을 한다는 것이다. 타이밍 및 제어 시그널링 구조는 half-duplex 및 full-duplex FDD 단말 사이에서 동일하다. eNB는 full-duplex로 동작하므로 단말의 duplex 능력에 상관없이 셀 용량은 half-duplex 단말의 존재에 따라서 거의 영향을 받지 않음에 유의한다. 즉, 데이터를 송신/수신하는 단말의 개수가 충분하다면, 스케줄러는 특정 서브프레임에서 특정 단말을 상향링크에 스케줄링하고 다른 단말을 하향링크에 스케줄링할 수 있기 때문이다.

또 다른 방법으로, 서브프레임이 하향링크 혹은 상향링크로 준-정적으로 (semi-static) 설정된 상태에서 TDD 제어 시그널링 구조 및 타이밍을 기반으로 하여 half-duplex FDD를 구현하는 방법이 있을 수 있다. 그러나, 이렇게 하면 동일 셀 내에 half-duplex와 full-duplex 단말이 섞여 있는 경우에는 각각에 대한 제어 시그널링이 다르기 때문에 이런 단말을 지원하기가 복잡해진다. 이는 또한 상향링크 스펙트럼 자원의 낭비를 의미한다. 서브프레임 0번과 5번은 시스템 정보와 동기신호에 사용되므로 모든 단말은 해당 서브프레임을 수신할 수 있어야 한다. 따라서, 만약 고정적인 하향링크-상향링크 할당을 사용한다면, 상향링크 전송은 이 두 서브프레임에서는 일어날 수 없으므로 이는 곧 20%의 상향링크 주파수 효율의 손실을 가져온다. 당연히 이러한 단점으로 인하여, 스케줄러가 half-duplex 단말의 특성을 감안하는 형태로 half-duplex FDD를 구현하게 되었다.

Half-duplex FDD는 처음부터 LTE에서 지원이 되었지만 지금까지 실제적으로는 많이 사용되지 않았다. 그러나, LTE Relase 12 및 이후부터 사물 통신에 대한 관심이 높아짐에 따라서 이러한 단말에 대한 비용을 낮추기 위하여 half-duplex FDD에 대한 관심이 다시 높아지고 있다. 따라서, LTE에는 half-duplex FDD를 다루는 데 두 가지 방법이 있으며, 이는 최적화 조건 및 수신과 송신 사이에서 만들어져야 하는 필요한 보호 시간에 따라 달라진다.

- 타입 A: LTE 초기부터 있었던 것으로서 높은 성능을 위하여 수신과 송신 사이의 보호 시간을 최소화한다.

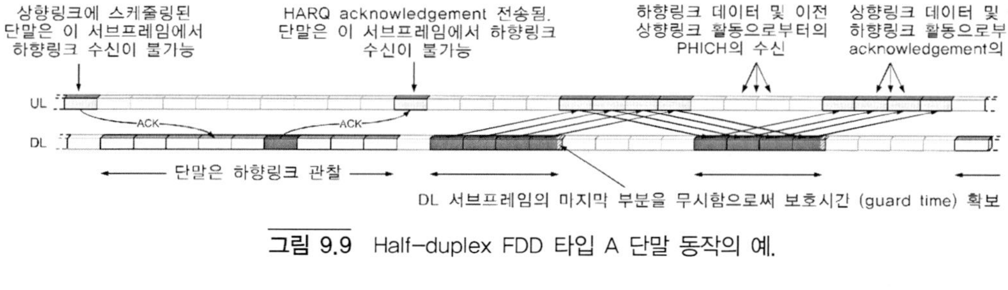

그림 9.9 Half-duplex FDD 타입 A 단말 동작의 예.

- 타입 B: LTE Relase 12에서 도입된 것으로서 사물 통신을 위한 간단한 저비용 구현을 위하여 긴 보호 시간을 제공한다.

이미 설명하였듯이, half-duplex 타입 A는 LTE 처음부터 지원되었으며 수신과 송신 사이의 보호 시간을 최소화하는 것이 주목적이다. 이 동작에서는 단말이 상향링크 서브프레임의 바로 앞의 하향링크 서브프레임의 마지막 OFDM 심볼을 수신하지 않음으로써, 하향링크에서 상향링크로 전환하는 보호 시간을 만들 수 있다(5장 참조). 하향링크의 마지막 심볼을 수신하지 않는 것은 바로 다음에 상향링크 송신이 있는 경우에만 해당됨에 유의한다. 즉, 바로 다음에 상향링크 송신이 없는 경우에는 전체 하향링크 서브프레임을 수신한다. 상향링크에서 하향링크로 전환하는 데 필요한 보호 시간은 단말에 적절한 timing advance를 설정함으로써 해결된다. 타입 B에 비하여 보호 시간이 매우 작으며, 따라서 용량 관점에서 높은 성능을 얻을 수 있다.

단말 관점에서 half-duplex 타입 A의 동작의 예가 그림 9.9에 나타나 있다. 그림의 맨 왼쪽에서 단말은 상향링크에서 명시적으로 스케줄링되었고, 결과적으로 동일한 서브프레임에서는 하향링크에서 데이터를 받지 못한다. 상향링크에서 데이터를 전송하였다는 것은 8장에서 설명되었듯이 4개 서브프레임 이후에 PHICH 상으로 acknowledgement를 수신한다는 것을 의미하며, 따라서 단말은 해당 서브프레임에서 상향링크로 스케줄링될 수 없다. 비슷하게, 단말이 서브프레임 n에서 하향링크에서 데이터를 수신하도록 스케줄링되면 해당 HARQ acknowledgement가 상향링크 서브프레임 $n+k$에서 전송되어야 하므로, 서브프레임 $n+k$에서는 하향링크 수신을 할 수 없다. 스케줄러는 하향링크 데이터를 4개의 연속하는 서브프레임에 스케줄링하고 상향링크 전송을 다음 4개의 서브프레임에 스케줄링함으로써 이러한 특징을 이용할 수 있다. 즉, 하향링크에서 4개 서브프레임동안 수신을 하였으면 어쨌거나 그 다음 서브프레임에서는 HARQ acknowledgement를 송신해야 하기 때문이다. 따라서, 하향링크에는 최대로 전체 시간의 반이 사용될 수 있고, 상향링크에도 최대로 전체 시간의 반이 사용될 수 있다. 즉, half-duplex FDD 타입 A에서의 하향링크 대 상향링크 비율은 4:4이다. Half-duplex FDD를 효과적으로 지원하는 것 역시 하향링크와 상향링크에 동일한 개수의 HARQ 프로세스를 사용하는 이유 중 하나이다.

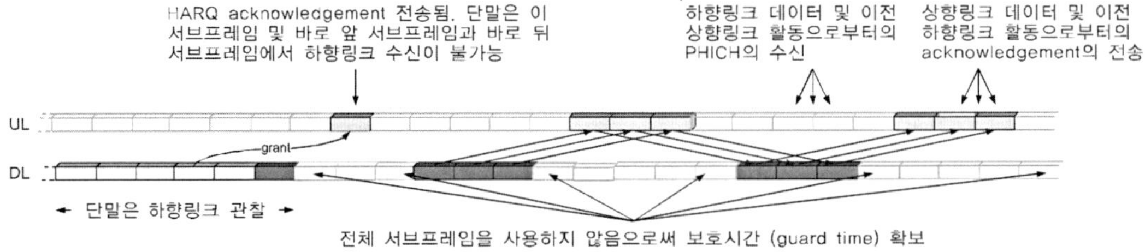

그림 9.10 Half-duplex FDD 타입 B 단말 동작의 예

Half-duplex 타입 B는 사물 통신을 위한 전체적인 개선의 일환으로 LTE Release 12에서 도입되었다. 그림 9.10에서 볼 수 있듯이, 타입 B에서는 전체 서브프레임이 수신과 송신 사이 및 송신과 수신 사이의 보호 시간으로 사용된다. Half-duplex 타입 B의 목적 및 사물 통신을 위한 개선에 대한 자세한 설명은 20장을 참조한다.

9.7 DRX 및 component 반송파 비활성화

패킷 데이터 트래픽은 일시적인 시간동안 많은 전송 활동이 일어나다가 오랫동안 전송이 없는 것과 같이 종종 매우 bursty하다. 당연히, 지연 관점에서는 상향링크 스케줄링 승인 혹은 하향링크 데이터 전송을 수신하기 위하여 매 서브프레임마다 하향링크 제어 시그널링을 관찰하고 트래픽 동작의 변화에 따라 즉각적으로 반응하는 것이 좋다. 하지만, 일반적으로 단말의 수신회로에 의한 전력 소모 역시 무시할 수 없는 소모량이기 때문에, 지속적인 수신회로 동작은 단말의 전력 소모 증가를 가져온다. 단말의 전력 소모를 줄이기 위하여, LTE는 DRX (discontinuous reception)를 지원한다.

DRX의 기본은 단말 내의 설정에 따라 변화 가능한 DRX cycle이다. DRX cycle이 설정되면, 단말은 한 DRX cycle당 오직 하나의 서브프레임에서만 하향링크 제어 시그널링을 관찰하며, 나머지 서브프레임에서는 수신회로를 끄고 sleep한다. 이를 통하여 전력 소모를 획기적으로 줄일 수 있으며, cycle이 길수록 전력 소모 역시 낮아진다. 당연히, 단말은 오직 active한 서브프레임에서만 깨어나기 때문에 이는 스케줄러에 제약이 주어짐을 의미한다.

많은 경우에, 만약 단말이 어떤 서브프레임에서 스케줄링되어 활발히 데이터 송신 혹은 수신을 하고 있다면, 이 단말은 곧 다시 스케줄링될 확률이 높다. 한 가지 이유를 들자면, 한 서브프레임에서 할당받은 자원만으로 전송 버퍼 내의 모든 데이터를 전송할 수 없었다면 추가적인 서브프레임이 필요하기 때문이다. 이러한 경우에는, 물론 가능하기는 하지만 DRX cycle에 따라 다음 active 서브프레임까지 기다리는 것은 지연 측면에서 좋지 않다. 따라서, 지연을 줄이기

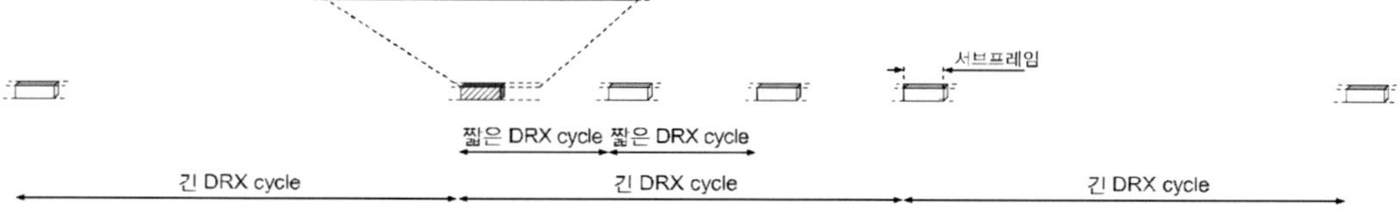

그림 9.11 DRX 동작 일례

위하여 단말은 스케줄링이 된 이후에는 어떤 특정한 설정이 가능한 시간 동안은 active한 상태로 남아 있다. 이는 그림 9.11과 같이, 단말이 스케줄링될 때마다 activity timer를 (재)시작하고 타이머가 만료될 때까지는 깨어있도록 함으로써 구현된다.

재전송은 DRX cycle과는 상관없이 일어난다. 따라서, 단말은 평소와 같이 HARQ acknowledgement를 수신 및 송신한다. 상향링크에서 동기식 HARQ 타이밍 관계에 따라 주어진 서브프레임 내의 재전송도 이에 해당된다. 비동기식 HARQ가 사용되는 하향링크에서는 재전송 순간이 규격에 의하여 고정되어 있지 않으므로, 이를 다루기 위하여 단말은 이전 전송 이후 설정 가능한 시간 윈도우 동안 하향링크에서 재전송이 오는지 관찰한다.

대부분의 경우에는 (긴) DRX cycle과 단말이 스케줄링된 이후로는 어떤 기간 동안 깨어 있는 기능으로 이루어진 위의 방법이면 충분하다. 그러나, 특히 VoIP와 같이, 정기적인 전송 주기를 가지면서 매우 작은 트래픽으로 특징지어지는 몇몇 서비스들이 있다. 이러한 서비스들을 다루기 위하여, 긴 DRX cycle에 추가로 짧은 DRX cycle이 선택적으로 사용될 수 있다. 일반적으로 단말은 긴 DRX cycle을 따르지만 단말이 최근에 스케줄링된 경우에는 어느 기간 짧은 DRX cycle을 따른다. VoIP의 경우에는 음성 코덱 (voice codec)이 일반적으로 VoIP 패킷을 매 20 ms 마다 전달해주므로 짧은 DRX cycle을 20 ms로 설정하면 된다. 긴 DRX cycle은 대화와 대화 사이의 좀 더 긴 시간의 휴지 구간을 다루는 데 사용하면 된다.

10 채널 상태 정보 (CSI) 및 Full-Dimension MIMO (FD-MIMO)

하향링크 채널 상태에 따라 하향링크 전송 설정 및 관련된 파라미터를 선택하는 하향링크 채널에 따른 스케줄링 (downlink channel-dependent scheduling)은 LTE의 주요 기능 중 하나이다. 앞서 언급되었듯이, 하향링크 채널에 따른 스케줄링을 도와주는 주요 부분으로 단말이 네트웍에 제공해주는 CSI (channel-status information)가 있으며, 네트웍은 이를 바탕으로 스케줄링 결정을 한다. CSI 보고는 LTE 첫 릴리즈부터 있었지만 릴리즈를 거치면서 발전되어왔다. 가장 최근에는 Release 13에서 Full-Dimension MIMO (FD-MIMO)에 대한 진보된 안테나 설정을 지원하기 위하여 CSI 보고가 추가 개선되었다. 이 장에서는 CSI 보고의 기본 및 FD-MIMO 지원을 포함한 개선들에 대하여 논의한다.

10.1 CSI 보고

CSI 보고는 네트웍에 현재의 채널 조건에 대한 정보를 제공한다. CSI는 다음 중 하나 혹은 몇 가지로 구성된다.

- *Rank indication* (RI): 이 지시자는 전송에 사용되는 rank에 대한 권고값, 즉 해당 단말로의 DL-SCH 전송에 사용되길 바라는 layer의 개수에 대한 정보를 제공한다. RI는 10.5절에서 좀 더 자세히 설명된다.
- *Precoder matrix indication* (PMI): 이 지시자는 DL-SCH 전송에 사용되길 바라는 프리코딩 행렬이 무엇인지를 알려주는데, 이는 RI에 의해 알려지는 layer의 개수에 따른다.

단말이 권고하는 프리코더는 명시적으로 시그널링되는 것이 아니라 코드북 (codebook)이라고 불리는 미리 정의된 행렬들 중에서 인덱스의 형태로 전달된다. PMI 역시 10.5절에서 자세히 설명되며 FD-MIMO를 위한 개선은 10.6절에서 설명된다.

- *Channel-quality indication* (CQI): 이 지시자는 권고된 RI와 PMI가 사용될 경우에 10% 이하의 BLER (block error rate)으로 수신될 수 있는 PDSCH 전송에 대한 가능한 가장 높은 MCS (modulation and coding scheme)를 의미한다.
- *CSI-RS resource indicator* (CRI): 이 지시자는 Release 13에서 도입된 빔포밍된 CSI 기준 신호 (beamformed CSI reference signal)와 함께 사용된다. CRI는 단말이 여러 개의 빔을 관찰하도록 설정되어 있을 때 단말이 선호하는 빔을 알려준다. 10.6절 참조.

RI, PMI, CQI 및 CRI 의 조합이 CSI 보고를 구성한다. 정확히 어떤 정보가 CSI에 포함되어 있는 지는 단말이 설정된 보고모드에 따라 달라진다. 예를 들면, 단말이 공간 다중화 전송 모드가 아니면 RI와 PMI는 보고할 필요가 없다. 그러나, 주어진 전송 모드에서도 어떠한 자원 블록에 대하여 해당 보고가 유효한지 여부 및 프리코딩 정보가 보고되는지 안되는지의 여부에 따라 서로 다른 보고 설정이 있다. 네트워 입장에서 유용한 정보의 종류 역시 특정한 구현방식이나 안테나 구축 형태에 따라서 달라질 수 있다.

비록 CSI라고 불리지만, 단말이 네트워으로 전달하는 것은 하향링크 채널 상태에 대한 명시적인 보고는 아니다. 실제로 단말이 전달하는 것은, 네트워이 DL-SCH 상으로 해당 단말로 전송할 때 (블록 에러율을 10% 이하로 유지하려고 할 경우에는) 이보다 더 높은 MCS는 사용하지 않았으면 하고 바라는 범위에서, 가장 높은 MCS에 대한 지시, 네트워이 사용하였으면 하는 전송 rank, 프리코딩 행렬 등에 대한 제안 (suggestions)이다.

전송에 사용되는 자원 블록과 함께 실제 DL-SCH 전송에 사용되는 MCS에 대한 정보는 항상 하향링크 스케줄링 할당에 포함되어 있다. 따라서, eNB는 CSI 보고를 따를 수도 있고 아니면 자체적으로 다른 전송 파라미터를 선택할 수도 있다.

10.2 주기적 및 비주기적 CSI 보고

LTE의 CSI는 보고가 어떻게 유발되는 지에 따라 주기적 (periodic) 보고와 비주기적 (aperiodic) 보고의 두 가지 타입이 있다.

- 비주기적 CSI 보고는 네트워에 의하여 명시적으로 요청이 있을 때 전달된다. 네트웍은 상향링크 스케줄링 승인에 포함된 '채널 상태 요청 (channel-status request)' 표시 (flag)를 통하여 이를 요청한다 (6.4.7절 참조). 비주기적 CSI는 항상 동적으로 (dynamically) 할당되는 PUSCH 자원 상으로 전달된다.
- 주기적 CSI 보고는 자주 전송되면 매 2 ms 마다 한 번씩 특정한 주기로 준-정적으로 (semi-statically) 설정되는 PUCCH 자원 상으로 전달되도록 네트웍에 의해 설정된다. 그러나, 보통 PUCCH 상으로 전달되는 HARQ acknowledgement도 그러하듯이, 단말이 만약 PUSCH에 대한 유효한 상향링크 스케줄링 승인을 가지고 있는 경우에는, 자원 사용이 변경되어 주기적 CSI 보고 역시 PUSCH 상으로 전송된다.[1)]

비주기적 보고와 주기적 보고는 모두 채널 상태에 대한 추정을 제공하지만 자세한 보고 내용 및 사용 용도는 상당히 다르다. 일반적으로 비주기적 보고가 주기적 보고에 비하여 더 크기도 크며 자세한 정보를 담고 있다. 이는 다음과 같은 이유가 있다. 첫 번째로, 주기적 보고가 전송되는 PUCCH에 비하여 비주기적 보고가 전송되는 PUSCH가 더 큰 payload를 전달할 수 있으므로 따라서 더 자세한 보고가 가능하다. 또한, 주기적 보고와는 달리 비주기적 보고는 필요한 경우에만 전송되는 것이므로 큰 크기에 의한 오버헤드가 큰 문제가 되지는 않는다. 마지막으로, 만약 네트웍이 비주기적 보고를 요청하였을 경우에는 네트웍이 곧 단말에게 큰 크기의 데이터를 보내려고 하기 때문에 CSI를 요청하였을 수 있다. 즉, 해당 단말이 곧 스케줄링될 지 되지 않을 지의 여부를 모르는 체로 어쨌든 보고되는 주기적 보고에 비하여 비주기적 보고는 그 크기가 더 크더라도 이것이 큰 문제가 되지는 않는다. 따라서, 비주기적 보고와 주기적 보고의 구조 및 사용 용도가 다르기 때문에 다음과 같이 두 보고에 대하여 분리해서 살펴보도록 한다.

1) Release 10에서는 단말이 동시에 PUSCH와 PUCCH 전송을 할 수 있도록 설정될 수 있다. 따라서, 이 경우에는 주기적 CSI가 여전히 PUCCH 상으로 전송될 수 있다.

10.2.1 비주기적 CSI 보고

비주기적 CSI 보고는 네트워크의 요청에 따라서 PUSCH 상으로 전송된다. LTE에는 3가지의 비주기적 보고 모드가 지원된다. 물론, 각 모드마다 설정에 따라 몇 개의 서브-모드가 있다.

- 광대역 보고 (wideband report). 이 보고는 하나의 CQI 값을 가지고 전체 셀 대역폭에 걸친 평균적인 채널 품질을 반영한다. 전체 대역폭에 대하여 하나의 평균 CQI 값이 제공되지만, PMI 보고는 주파수 선택적이다. 주파수 선택적 보고는, 보고의 (각 component 반송파의) 전체 하향링크 대역폭을 복수 개의 동일한 크기의 서로 연속된 자원 블록으로 구성된 서브밴드 (sub-band)로 분할함으로써 얻게 된다. 서브밴드의 크기는 셀 대역폭에 따라 4개부터 8개의 자원 블록이 된다. 따라서, PMI는 각 서브밴드 별로 보고된다. 공간 다중화를 지원하는 전송 모드에 대하여, CQI 및 PMI는 RI에 의하여 알려지는 채널 rank를 가정하고 계산되며, 그렇지 않은 경우에는 rank-1을 가정한다. 광대역 보고는 아래 설명되는 주파수 선택적 보고에 비하여 크기가 작지만, 당연히 주파수 영역에 대한 어떠한 정보도 제공하지 않는다.
- 단말 선택 보고 (UE-selected report). 이 보고는 단말이 가장 좋은 M개의 서브밴드를 선택하여 보고를 한다. 이때 단말은 전체 하향링크 반송파 대역폭에 걸친 채널 품질을 반영하는 하나의 광대역 CQI 보고와 함께, 선택된 서브밴드가 어떤어떤 것인지를 알려주는 지시자 및 선택된 M개의 서브밴드에 대하여 평균한 채널 품질을 알려주는 하나의 CQI를 추가로 보내준다. 따라서, 이 타입은 채널 상태의 주파수 영역 상의 정보를 제공한다. 하향링크 반송파 대역폭에 따라, 서브밴드 크기는 2개에서 4개 사이의 자원 블록이 되며 M값은 1에서 6사이의 값이 된다. 설정되는 전송 모드에 따라서 PMI와 RI 역시 같이 보고될 수 있다.
- 설정된 보고 (configured report). 이 보고는 단말이 보고해야 하는 서브밴드를 네트워이 설정해준다. 단말은 전체 하향링크 반송파 대역폭에 걸친 채널 품질을 반영하는 하나의 광대역 CQI 보고와 함께 설정된 서브밴드 당 하나의 CQI를 보고한다. 서브밴드 크기는 하향링크 반송파 대역폭에 따라 달라지며, 4개에서 8개까지 자원 블록이 된다. 설정되는 전송 모드에 따라서, PMI와 RI 역시 같이 보고될 수 있다.

서로 다른 비주기적 보고 모드가 표 10.1에 정리되어 있다.

표 10.1 서로 다른 전송 모드에 대하여 가능한 비주기적 CSI 모드[2)]

전송모드		CSI 보고모드								
		광대역 CQI			주파수선택적 CQI					
					단말선택 서브밴드			설정된 서브밴드		
		1-0: PMI 미포함	1-1: 광대역 PMI	1-2: 주파수 선택적 PMI	2-0: PMI 미포함	2-1: 광대역 PMI	2-2: 주파수 선택적 PMI	3-0: PMI 미포함	3-1: 광대역 PMI	3-2: 주파수 선택적 PMI
1	단일안테나, CRS	•[13]			•			•		
2	송신 다이버시티	•[13]			•			•		
3	개루프 공간다중화	•[13]			•			•		
4	폐루프 공간다중화		•[13]	•			•		•	•[12]
5	Multi-user MIMO		•[13]						•	
6	코드북-기반 빔포밍		•[13]	•			•		•	•[12]
7	단일 layer 전송, DM-RS	•[13]			•			•		
8	이중 layer 전송, DM-RS	•[13]	•[13]	•[10]	•[10]		•[10]	•[10]	•[10]	•[12]
9	다중 layer 전송, DM-RS	•[13]	•[13]	•[10]	•[10]		•[10]	•[10]	•[10]	•[12]
10	다중 layer 전송, DM-RS	•[13]	•[13]	•[11]	•[11]		•[11]	•[11]	•[11]	•[12]

The superscript indicates in which release a certain reporting mode was introduced.

2) 각 점 위의 숫자는 특정 보고가 도입된 3GPP 릴리즈를 표시한다.

10.2.2 주기적 CSI 보고

주기적 보고는 네트웍에 의하여 특정 주기를 가지고 전달되도록 설정된다. 주기적 보고는 (단말이 동시에 PUSCH 전송에 대한 스케줄링 승인을 가지고 있으면서 PUSCH와 PUCCH의 동시 전송을 사용하지 않는 경우를 제외하고는) PUCCH 상으로 전송된다. PUSCH에 비교하여 제한된 payload 크기만 지원되는 PUCCH를 고려하면 주기적 보고에서는 하나의 서브프레임 내에서 아주 다양한 정보를 제공하기가 힘들다는 것을 알 수 있다. 따라서, 일부 보고 모드에서는 하나 혹은 몇 개의 광대역 CQI, PMI 및 RI를 포함한 광대역 CQI, 혹은 서로 다른 시간에 단말이 선택한 서브밴드 별 CQI를 전송하게 된다. 또한, 프리코딩 행렬 및 변조 방식과 코딩률의 선택에 영향을 주는 채널 상태는 비교적 빨리 변하는 것에 비하여 적합한 layer의 개수는 비교적 천천히 변하기 때문에, PMI 및 CQI 보고에 비하여 RI는 일반적으로 덜 보고될 수 있다.

LTE에서는 2개의 주기적 보고 모드가 지원되며, 역시 각 모드 별로 서브 모드가 있을 수 있다.

- ***광대역 보고***. 하나의 CQI 값으로 전체 셀 대역폭에 걸친 평균 채널 품질을 반영한다. 만약 PMI 보고가 설정되었으면, 전체 대역폭에 걸친 하나의 PMI가 보고된다.
- ***단말 선택 보고***. 비록 이름 자체는 비주기적 보고와 동일하지만 단말이 선택하여 보고하는 주기적 보고의 원리는 약간 다르다. (component 반송파의) 총 대역폭은 셀 대역폭에 따라서 1개에서 최대 4개의 bandwidth part로 나뉜다. 각 bandwidth part에 대하여, 단말은 그 안에서 가장 좋은 서브밴드를 선택한다. 서브밴드 크기는 4개에서 8개의 자원 블록이 된다. PUCCH에서 지원되는 payload 크기가 제한적이므로 보고는 복수 개의 bandwidth part에 대하여 돌아가면서 이루어진다. 하나의 서브프레임의 보고는 해당 bandwidth part에 대한 광대역 CQI 및 (PMI 보고가 설정된 경우) PMI와 함께 해당 bandwidth part내에서 가장 좋은 서브밴드 및 해당 서브밴드에 대한 CQI가 보고된다. (RI 보고가 설정된 경우) RI는 별도의 서브프레임에서 보고된다.

서로 다른 주기적 보고 모드가 표 10.2에 정리되어 있다. 만약 보고가 설정된 경우, 모든 PMI 보고는 광대역임에 유의한다. 주기적 보고에서는 오버헤드를 줄이기 위하여 주파수 선택적 PMI를 지원하지 않는다.

주기적 및 비주기적 보고의 일반적인 용도는, 예를 들면 PMI 보고 없이 광대역 CQI에 대한 피드백만 제공하는 것 (모드 1-0)과 같이, PUCCH 상의 가벼운 주기적 CSI 보고를 설정하기 위한 것일 수 있다. 특정 단말에 대하여 하향링크로 송신해야 할 데이터가 도착한 경우에는, 예를 들면 주파수 선택적 CQI 및 PMI 보고 (모드 3-1)와 같이, 필요에 따라 비주기적 보고를 요청할 수 있다.

표 10.2 서로 다른 전송 모드에 대하여 가능한 주기적 CSI 모드[3)]

	전송모드	CSI 보고모드								
		광대역 CQI			주파수선택적 CQI					
					단말선택 서브밴드			설정된 서브밴드		
		1-0: PMI 미포함	1-1: 광대역 PMI	1-2: 주파수 선택적 PMI	2-0: PMI 미포함	2-1: 광대역 PMI	2-2: 주파수 선택적 PMI	3-0: PMI 미포함	3-1: 광대역 PMI	3-2: 주파수 선택적 PMI
1	단일안테나, CRS	•			•					
2	송신 다이버시티	•			•					
3	개루프 공간다중화	•			•					
4	폐루프 공간다중화		•			•				
5	Multi-user MIMO		•			•				
6	코드북-기반 빔포밍		•			•				
7	단일 layer 전송, DM-RS	•			•					
8	이중 layer 전송, DM-RS	$\bullet^{10}$	$\bullet^{10}$		$\bullet^{10}$	$\bullet^{10}$				
9	다중 layer 전송, DM-RS	$\bullet^{10}$	$\bullet^{10}$		$\bullet^{10}$	$\bullet^{10}$				
10	다중 layer 전송, DM-RS	$\bullet^{11}$	$\bullet^{11}$		$\bullet^{11}$	$\bullet^{11}$				

The superscript indicates in which release a certain reporting mode was introduced.

3) 각 점 위의 숫자는 특정 보고가 도입된 3GPP 릴리즈를 표시한다.

10.3 간섭 추정

비주기적이든 주기적이든 상관없이, 채널 상태 보고는 채널의 특성 및 간섭 레벨 측정을 필요로 한다.

채널 이득을 측정하는 것은 비교적 간단하여, Release 8에서부터 이미 CSI 보고가 관련된 서브프레임에 대하여 잘 정의되어 있다. 채널 이득 추정에 사용되는 reference 신호로서 CRS를 사용하거나 아니면 CSI-RS를 사용하는 지의 여부는 전송 모드에 따라 달라진다. Release 8/9부터 이미 지원되는 전송 모드는 CRS를 사용하며, Release 10/11에 도입된 전송 모드 9, 10에는 CSI-RS가 사용된다.

적절한 CSI를 만드는 데 필요한 간섭 레벨을 측정하는 것은 더 힘들며, 이는 인접한 셀들이 송신을 하는 지의 여부에 따라 크게 달라진다. LTE Release 10 및 그 이전 규격에서는 간섭 레벨을 어떻게 측정하는 지에 대하여 규격화하지 않고 구현 이슈로 남겨두었다. 그러나, 실제적으로 간섭은 CRS 상의 잡음으로서 측정된다. 즉, 적절한 자원 엘리먼트 (resource element) 상에서 수신 신호로부터 reference 신호의 성분을 빼고 남은 부분을 간섭 레벨에 대한 추정값으로 사용한다. 그러나, 불행히도 이 방법은 인접 셀들의 실제 부하와는 상관없이 해당 셀들의 CRS에 따라 크게 변하므로 (인접 셀들에서 동일한 CRS 위치를 가정), 셀 내 부하가 낮은 경우에는 종종 간섭 레벨을 과다하게 추정하는 결과를 낳는다. 또한, 단말은 복수 개의 서브프레임4)에 걸쳐서 간섭 레벨을 평균을 낼 수도 있으며, 이 경우에는 단말에 의하여 간섭이 어떻게 측정되는 지에 대한 불확실성이 더 커지게 된다.

이러한 단점을 극복하고 다양한 CoMP 방식을 지원하기 위하여, Release 11에 도입된 전송 모드 10에서는 어떠한 자원 엘리먼트가 간섭 측정에 사용되는지를 네트웍이 제어할 수 있도록 하였다. 그 기반은 소위 CSI-IM (Interference Measurement) 설정이라고 하며, CSI-IM 설정은 특정 서브프레임 내의 단말이 간섭 측정에 사용해야 하는 자원 엘리먼트의 집합을 말한다. CSI-IM 설정에 해당하는 자원 엘리먼트 내의 수신 전력이 간섭 (및 잡음)의 추정값으로 사용된다. 간섭이 측정되어야 하는 서브프레임도 지정되므로, 네트웍이 모르는 단말단의 간섭 평균화를 방지할 수 있다.

CSI-IM의 설정은 CSI-RS의 설정과 비슷한 방법으로 수행되며 동일한 설정이 가능하다 (6장 참조). 실제로, CSI-IM 자원은 일반적으로 CSI-RS 자원에 해당되며 이때 해당 셀로부터는, 보다 일반적인 표현으로는 해당 송신 지점 (transmission point)으로부터는 아무것도 전송되지

4) Release 10에서는 heterogeneous 구축에 대한 성능 개선을 위하여 간섭 평균화를 서로 다른 서브프레임의 특정 부분집합으로 제한할 수도 있다 (15장 참조).

않는다. 따라서, 일반적으로 CSI-IM 자원은 해당 단말에 대하여 설정되는 zero-power CSI-RS 자원이 된다. 하지만, CSI-IM과 zero-power CSI-RS는 다른 목적을 가진다. CSI-IM은 단말이 간섭 레벨을 측정해야 하는 자원 엘리먼트의 집합을 지정하기 위하여 정의되는 것이며, zero-power CSI-RS는 PDSCH 매핑과 겹치는 것을 피하기 위한 자원 엘리먼트의 집합을 지정하기 위하여 정의되는 것이다.

(동기식 네트워을 가정하면) CSI-IM은 인접한 셀의 CRS와는 충돌하지 않고 PDSCH와 충돌하므로, 간섭 측정이 인접 셀의 송신 여부를 더 정확하게 반영할 수 있으며 따라서 부하가 낮은 환경에서도 보다 더 정확한 간섭추정을 할 수 있다. 따라서, CSI-RS로부터 추정된 채널 상태와 CSI-IM으로부터 추정된 간섭 상황을 바탕으로, 네트웍은 CSI 보고가 반영하는 간섭 상황을 자세하게 제어할 수 있다.

일부 시나리오에서는 eNB가 서로 다른 간섭 가정을 바탕으로 한 복수 개의 CSI 보고를 필요로 할 수도 있다. 따라서, Release 11에서는 한 단말에 대하여 최대 4개까지의 CSI 프로세스를 지원한다. 이때 하나의 CSI 프로세스는 하나의 CSI-RS 설정과 하나의 CSI-IM 설정으로 정의되며, CSI는 각 프로세스별로 보고된다.[5] CoMP를 지원하기 위한 보다 자세한 CSI 프로세스 사용에 대한 설명은 13장을 참조한다.

10.4 CQI

CSI 보고에 대하여 논의하였으니, CSI 보고 안의 서로 다른 정보 필드에 대하여 살펴보도록 하자. CQI (channel-quality indication)는, 해당하는 DL-SCH 전송에 대하여 권고된 RI와 PMI를 사용할 경우에 블록 에러율이 10%를 넘지 않는 범위 내에서 가능한 가장 높은 MCS (modulation-and-coding scheme)에 대한 추정치이다. 피드백 정보로서 예를 들면 SINR을 사용하지 않고 CQI를 사용하는 이유는 서로 다른 단말의 수신기 구현을 고려하기 위해서다. 또한, 피드백을 SINR을 사용하지 않고 CQI를 기반으로 하면 단말에 대한 시험을 간소화할 수 있다. 즉, 만약 단말이 CQI에서 알려준 MCS 방식에 대하여 수신하였을 때 10%를 넘는 BLER을 보인다면 이는 단말이 시험을 통과하지 못함을 의미한다. 아래에서 보충 설명하겠지만 각각 하향링크 스펙트럼의 일부 채널 품질을 알려주는 복수 개의 CQI 보고가 CSI를 이루기도 한다.

단말이 특정 CQI를 권고할 시점에서, 스케줄러는 해당 단말의 스케줄링에 추가적인 정보를 고려할 수도 있으므로, 대부분 스케줄러에 의하여 실제 DL-SCH 전송에 사용되는 MCS는 보고

5) 어느 한 CSI 프로세스의 rank가 다른 CSI 프로세스에도 상속되는 rank inheritance를 설정할 수도 있다.

된 CQI와 다를 수 있다. 예를 들어, DL-SCH 전송에 사용되는 자원 블록은 다른 사용자도 고려해야 한다. 아울러, 비록 채널 조건이 이를 허락하더라도, 만약 해당 단말로 보내야 하는 데이터의 양이 매우 작고 적은 개수의 자원 블록에 강인한 변조 방식을 사용하는 것이 충분하다면, 굳이 굉장히 높은 데이터 속도의 MCS를 사용할 필요는 없을 수도 있다.

10.5 RI 및 PMI

CSI 중에서 다중 안테나에 관련된 부분은 RI (rank indication) 및 PMI (precoder matrix indication)로 구성된다. 이 절에서는 기본적인 RI 및 PMI 보고와 관련된 코드북에 대하여 설명하고, 10.6절에서는 추가적인 코드북과 CRI (CSI-RS resource indicator)를 포함한 Release 13의 FD-MIMO를 위한 개선에 대하여 살펴본다.

RI는 공간 다중화를 지원하는 모드 중 하나로 전송 모드가 설정된 단말에 의해서만 보고된다. (특정 component 반송파 상의 특정 CSI 프로세스에 대하여) 최대 1개의 RI가 전체 대역폭에 걸쳐서 보고된다. 즉, RI는 주파수축 상으로 비선택적이다. LTE는 모든 layer를 동일한 자원 블록 집합을 사용하여 전송하므로, 주파수축 상으로 다른 전송 rank는 불가능함에 유의한다.

PMI는 RI에 의해 알려지는 개수대로 layer를 사용할 경우에 있어서 eNB가 사용해주었으면 하는 프리코딩 행렬을 권고하는 것이다. 프리코딩 행렬에 대한 권고는, 단말이 하향링크 스펙트럼의 서로 다른 부분에 대하여 서로 다른 프리코딩 행렬을 권고할 수 있도록 주파수 선택적일 수도 있고, 주파수 비선택적일 수도 있다.

프리코딩 행렬 관련 권고에 대하여, 네트웍은 다음 두 가지 선택을 할 수 있다.

- 네트웍은 가장 최신 단말의 권고를 따를 수 있다. 이러한 경우에는 네트웍은 단말에 의해 권고된 프리코딩 설정이 하향링크 전송에 사용되고 있음을 (하향링크 스케줄링 할당에 1비트 지시자로) 확인만 해주면 된다. 이러한 확인을 받으면, 단말은 해당하는 DL-SCH 전송을 복조 및 디코딩할 때에 자신이 권고했던 설정을 사용할 것이다. 단말에서 계산되는 PMI는 주파수 선택적일 수 있으므로, 단말에 의해 권고된 프리코딩 행렬을 사용하는 eNB는 서로 다른 자원 블록에 대하여 서로 다른 프리코딩 행렬을 적용해야 할 것이다.

- 네트웍은 단말의 권고와는 다른 프리코딩 행렬를 선택할 수 있으며, 이 경우에 사용되는 프리코딩 정보는 하향링크 스케줄링 할당에 명시적으로 포함되어야 한다. 그러면, 단말은 스케줄링 할당을 통하여 알려지는 설정을 사용하여 DL-SCH를 복조 및 디코딩한다. 하향링크 시그널링의 양을 줄이기 위하여 스케줄링 할당에는 하나의 프리코딩 행렬만 시그널링된다. 즉, 네트웍이 단말의 권고를 덮어쓰는 경우에는 프리코딩이 주파수 비-선택적이 된다는 것을 의미한다. 네트웍은 또한 전송 rank만 덮어쓰도록 할 수도 있다.

단말로부터 권고되는 프리코딩 행렬은 명시적으로 행렬 자체가 시그널링되는 것이 아니라 소위 코드북 (codebook)이라고 하는 미리 지정된 행렬 중 하나에 대한 인덱스가 전달된다. 단말이 선택하는 프리코딩 행렬 집합은 안테나 포트의 개수에 따라 달라진다. 비록 규격은 특정 안테나 배열을 강요하고 있지는 않지만, 안테나 배열에 대한 가정이 코드북 설계에 영향을 주는 것이 사실이다. 이러한 가정은 서로 다른 릴리즈에 따라 다르며 이에 따라 그림 10.1에서 설명되는 코드북의 특성이 만들어졌다.

(복조를 위하여 CRS 혹은 DM-RS가 사용되는 것에 상관없이) 2개 혹은 4개의 안테나 포트에 대하여, 코드북은 코드북-기반 프리코딩에 대한 프리코딩 행렬의 집합으로 주어진다 (10.3.2절 참조). 이는 셀-특정 reference 신호에 기반한 다중 안테나 전송 모드 (전송 모드 4, 5, 6)에 대해서 자연스러운 선택이다. 왜냐하면 이 경우에는 네트웍이 반드시 코드북을 사용해야 하기 때문이다. 전송 모드 8, 9, 10의 경우에는 프리코딩 행렬이 단말에 알려질 필요가 없이 투명하므로 (transparent) 네트웍은 아무 프리코딩 행렬을 사용하여도 됨에도 불구하고, 편의를 위하여 복조 reference 신호를 사용하는 전송 모드 8, 9, 10에 대해서도 CSI 보고를 위해서는 동일한 코드북이 사용된다. 4개의 안테나에 대한 코드북은 안테나별로 상관 값이 없는 페이딩을 가정하여 만들어졌다. 즉, 안테나 간 간격이 상당히 떨어져있는 안테나 배열을 가정하여 만들어졌다.

복조 reference 신호에 기반한 전송 모드 9, 10에 대하여 지원되는 Release 10에 도입된 8개 안테나 포트에 대해서는, 이전 릴리즈들에서 2개 및 4개의 안테나 포트를 사용할 때와는 약간 다른 방법으로 코드북이 만들어진다. 보다 일반적인 안테나 배열은 안테나들이 가깝게 위치한 cross-polarized 안테나이기 때문에, 이전 릴리즈에서 가정한 안테나 간의 상관 값이 없는 가정은 현실적이지 않다. 따라서, 코드북은 가깝게 위치한 cross-polarized 안테나 엘리먼트에 맞춰서 설계되었으며 (그림 10.2 참조), 서로 가깝게 위치한 8개의 linearly polarized 안테나의 경우도 포함한다. 이 경우에는 모든 프리코딩 행렬이 $W = W_1 \times W_2$와 같이 만들어지며, 이때 W_1은 빔포밍과 같은 장기 특성 (long term) 및 wideband 요인을 나타내며 W_2는 편파 (polarization) 특성과 같은 단기 특성 (short term) 및 주파수 선택적 요인을 나타낸다. 코드북을 이렇게 두 부분으로 나눈 이유는 구현을 간단하게 하기 위함이다. 왜냐하면 단말이 PMI를 형성할 때 두 부분에 대하여 서로 다른 (시간 영역) 필터링을 적용할 수도 있기 때문이다. Release 12는 8개 안테나에서 가정한 것과 동일한 설계 원칙을 따른 4개 안테나에 대한 코드북도 도입되었다.

Release 13은 훨씬 더 많은 수의 안테나 포트를 지원하도록 CSI 보고와 코드북 설계가 개선되었다. 이는 10.6절을 참조한다.

마지막으로, 2개, 4개, 8개의 안테나 포트에 대하여 네트웍은 단말이 권고하는 프리코딩 행렬을 선택하는 데 있어서 일정한 제약을 가할 수 있다. 이를 코드북 제한 (codebook subset restriction)이라고 하며, 이는 실제 사용되는 안테나 구성에 있어서 도움이 되지 않는 프리코딩 행렬을 보고하는 것을 막기 위함이다.

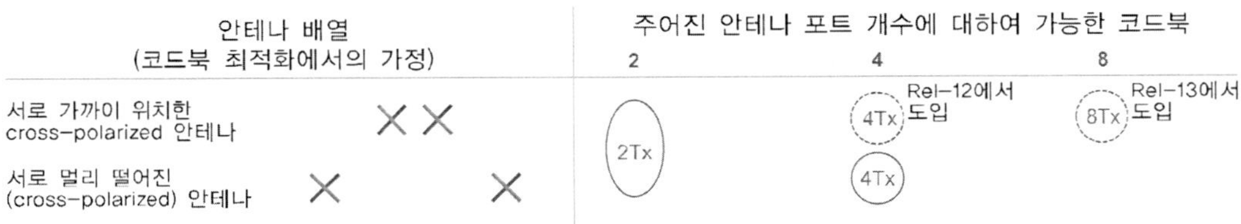

그림 10.1 서로 다른 코드북에 대한 안테나 배열의 가정

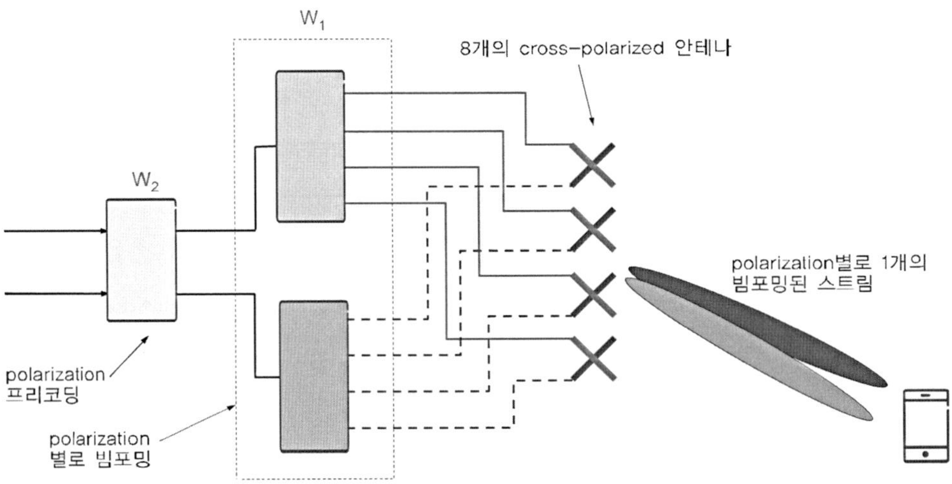

그림 10.2 8개 안테나 코드북의 일례

10.6 FD-MIMO

이전 절에서 설명한 CSI 보고는 최대 8개의 안테나 포트를 처리하였다. 또한, 규격에 명시적으로 언급되지는 않았지만, 빔포밍의 초점은 주로 방위각 (azimuth) 영역의 1차원 빔포밍에 관한 것이었다. 그러나, 전력 증폭기 및 트랜시버와 같은 RF 소자들이 안테나 엘리먼트와 밀접하게 통합됨에 따라서, 8개보다 훨씬 많은 개수의 제어 가능한 (controllable) 안테나 엘리먼트를 구현하는 것이 가능해졌다. 이를 통해, 예를 들면 방대한 다중 사용자 MIMO (MU-MIMO), 2차원 빔포밍 및 단말별 동적 down-tilt 등과 같은 새로운 고급 안테나 솔루션들을 구현할 수 있다. 원칙적으로, 규격은 안테나 엘리먼트를 기술하지는 않고 안테나 포트를 다루기 때문에, 이러한 고급 안테나 솔루션을 표준이 아니라 구현 관점에서 다룰 수도 있다. 그러나, 많은 수의 안테나 엘리먼트를 더 잘 활용하기 위하여 Release 13은 안테나 포트 수를 16으로 늘렸고 더 많은 수의 안테나 포트를 고려하여 CSI 피드백을 개선하였다. 또한 6장에서 설명하였듯이, 더 많은 사용자를 지원하기 위해 sounding reference 신호의 수도 증가하였다.

10.6.1 많은 개수의 안테나 배열을 위한 CSI 피드백

많은 수의 안테나 엘리먼트에 대한 CSI 피드백은 여러 가지 방법으로 다룰 수 있는데, 기본적으로 엘리먼트별 보고 및 빔별 보고의 두 가지로 분류된다. 두 방식 모두 Release 13에서 지원되며 RRC 시그널링을 통해 보고 클래스가 설정된다.

엘리먼트별 보고는 이전 릴리즈에서 사용되던 방식이다. 각각의 CSI reference 신호는 (고정된 그룹의) 안테나 엘리먼트에 매핑되고 피드백은 모든 서로 다른 CSI reference 신호에 대한 측정을 기반으로 한 고차원의 프리코더 행렬로 구성된다. 이 경우에는, CSI reference 신호의 양이 동시에 서비스되는 단말의 수가 아니라 안테나 엘리먼트의 수에 의해 결정되므로, 비교적 그리 크지 않은 개수의 안테나에 적합하다. LTE에서는 엘리먼트별 보고를 CSI 보고 클래스A 라고 한다.

빔별 보고는 각 CSI reference 신호가 모든 안테나 엘리먼트를 사용하여 빔포밍된 (혹은 프리코딩된) 것을 의미한다. 단말은 자신이 측정하도록 설정된 빔포밍된 CSI reference 신호를 측정하고, 그 중에서 이후 데이터 전송에 적합한 빔을 권고하게 된다. 이 경우에는, CSI reference 신호의 양, 단말의 채널 추정기의 복잡도 및 관련한 피드백의 양이 안테나 엘리먼트의 수에 의해 결정되기 보다는 동시에 만들어지는 빔의 수에 의해 결정되므로, 이 방식은 매우 많은 수의 안테나 엘리먼트를 가진 경우에 적합하다. 이 방식은 각각의 CSI reference 신호가 빔포밍

되기 때문에, 엘리먼트별 방식에 비해 커버리지에서 이점을 가질 수 있다. 그러나, 단말이 채널 전체를 추정하는 것은 아니기 때문에 잠재적으로 덜 강인할 수도 있다. LTE에서는 빔별 보고를 CSI 보고 클래스B라고 한다.

두 가지 방식은 그림 10.3과 같으며 다음 절에서 자세히 설명한다.

10.6.2 CSI 보고 클래스 A

CSI 보고 클래스 A는 이전 릴리즈의 CSI 보고 구조를 더 많은 수의 안테나 포트에 대하여 직접 확장한 것이다. 각 안테나 엘리먼트는 polarization별로 하나의 고유한 CSI reference 신호를 전송한다. 이러한 reference 신호에 대한 측정에 기반하여, 단말은 권고하는 프리코더, RI 및 해당 프리코더를 사용하였을 때의 CQI를 계산한다.

규격에 명시적으로 나와 있지는 않지만, 이전 릴리즈의 프리코더는 그림 10.1에 나와 있는 것처럼 1차원 안테나 배열을 가정하여 개발되었다. 2차원 어레이의 경우에는, 주어진 수의 안테나 엘리먼트가 각각 서로 다른 구축 형태에 따라서 서로 다른 형태로 배열될 수 있다. 이를 다루기 위해 Release 13에서는 수평 안테나 포트 수 및 수직 안테나 포트 수의 파라미터에 의한 코드북이 선택되었으며, 따라서 그림 10.4에 표시된 안테나 배열을 다룰 수 있다. 단말은 RRC 시그널링을 통해 사용할 코드북에 대한 정보를 받는다.

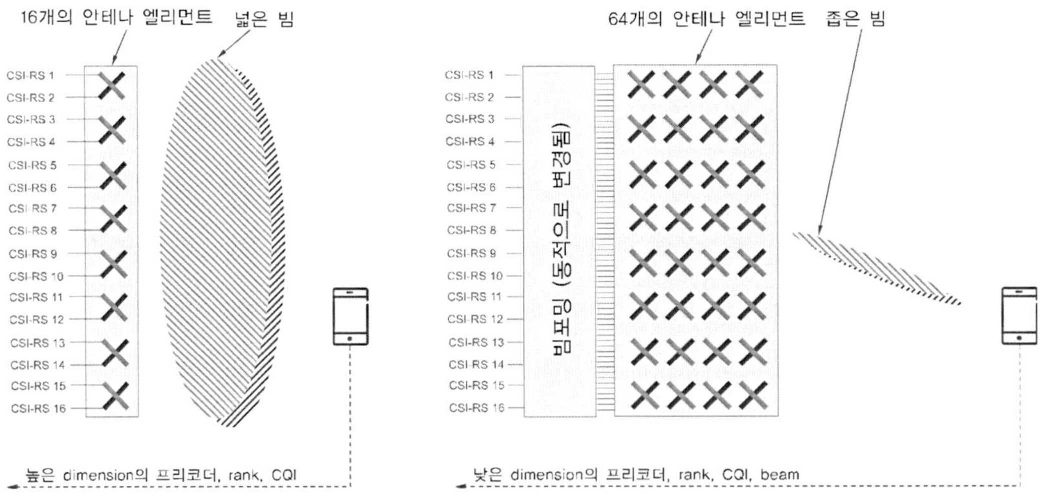

그림 10.3 엘리먼트별 (왼쪽) 및 빔별 (오른쪽) CSI-RS 전송의 예

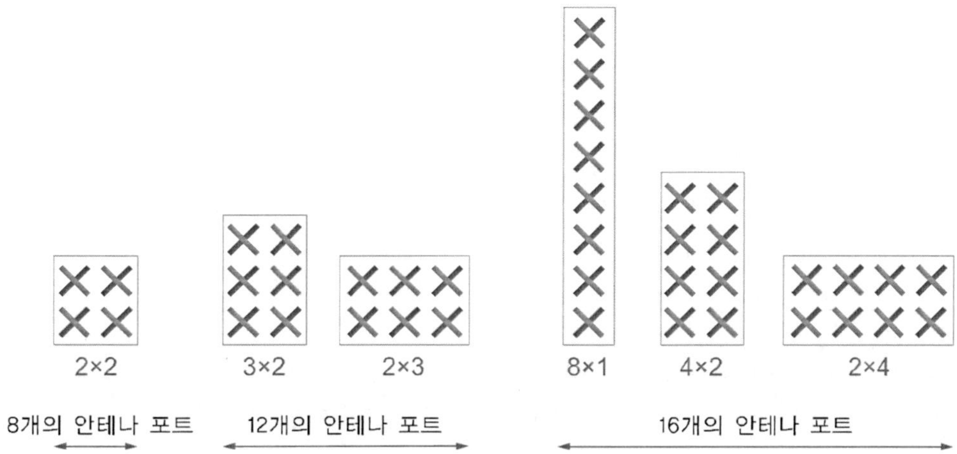

그림 10.4 지원되는 2차원 안테나 설정

동일한 코드북 구조가 8, 12 및 16개의 안테나 포트에 대하여 사용되며, 이는 코드북의 모든 프리코더를 $W = W_1 \cdot W_2$로 분해한 Release 10의 원칙에 따른다. 여기서 W_1은 장기 특성 (long term) 및 wideband 요인을 나타내며 W_2는 단기 특성 (short term) 및 주파수 선택적 요인을 나타낸다. 코드북 구조에 대한 자세한 사항은 [26]에서 찾을 수 있지만, 본질적으로 사용되는 DFT 구조에 의하여 GoB (grid-of-beams) 코드북을 생성한다. 이는 또한 향후 릴리즈에서 더 많은 수의 안테나 엘리먼트를 다루기 위한 확장성을 가지고 있다.

엘리먼트별 (혹은 작은 수의 엘리먼트들별) 및 polarization별로 하나의 CSI reference 신호를 전송하면 어레이 이득이 없기 때문에 커버리지 문제가 발생할 수 있으며, 이를 보상하기 위해 전력 부스팅을 고려할 수 있다. 이전 릴리즈에서 길이 2에 추가로, 길이 4의 직교 커버 코드 (orthogonal cover code)가 이러한 점을 염두에 두고 도입되었다. 커버 코드가 길수록 CSI reference 신호 사이의 전력을 "빌릴" 수 있는 가능성이 커진다.

10.6.3 CSI 보고 클래스 B

Release 13에 도입된 CSI 보고 클래스 B는 이전 릴리즈에서 사용된 엘리먼트별 방식과는 다른 새로운 방식이다. 이 방식에서 단말은 상대적으로 적은 수의 빔포밍된 CSI reference 신호를 측정한다. 16개로 안테나 포트의 개수가 제한되는 클래스 A 보고와는 달리, 이 방식은 원칙적으로는 어떤 임의의 안테나 배열에도 사용할 수 있다.

단말에서는 CSI 프로세스 당 최대 8개까지 CSI-RS 자원이 설정될 수 있으며, 각 CSI-RS 자원은 하나의 빔에 1, 2, 4 또는 8개의 안테나 포트로 구성된다. 그림 10.5를 참조한다. 단말은 각 CSI-RS 자원에 대하여 측정하고, CRI (CSI-RS 자원 인덱스)의 형태로 권고하는 빔을 보고

한다. 이때, 권고하는 빔을 전송에 사용하였다는 가정 하에 CQI, PMI 및 RI도 같이 보고된다. 동일한 빔이 전체 대역폭에 걸쳐 사용된다. 즉, 주파수 위치에 따라 달라질 수 있는 CQI 및 PMI와는 달리, CRI는 주파수 비선택적이다. 예를 들어, 단말 관점에서 맨 위의 빔이 선호되는 경우에는 단말은 1에 해당하는 CRI를 보고하며, 동시에 맨 위의 빔이 사용되었다는 가정 하에 선호되는 CQI, PMI 및 RI를 보고한다. PMI 보고의 경우, 이전 릴리즈에서 정의된 2, 4 또는 8개의 안테나에 대한 코드북이 사용된다.

2, 4 또는 8개의 안테나 포트를 가진 단일 CSI-RS 자원이 설정되는 경우, 안테나 포트의 쌍을 선택하는 코드북이 사용된다. 각각의 쌍은 하나의 빔에 해당되며, 단말은 (모든 서브밴드에 걸쳐서 동일한 빔이 사용되는 앞서 설명한 CRI 경우와 달리) 가능하면 서브밴드별로 선호하는 빔을 선택한다. 코드북을 가리키는 PMI가 CRI보다 더 자주 보고될 수 있기 때문에, 이 방식은 앞서 설명된 CRI 방식보다 선호하는 빔을 더 빨리 피드백해준다.

빔포밍된 CSI reference 신호는 커버리지 관점에서 유리하며 매우 큰 안테나 어레이에도 사용될 수 있다. 그러나, 이 방식은 빔 탐색 (beam finding) 및 빔 트래킹 (beam tracking)의 어려움도 제기된다. 새로운 셀에 진입하면, 단말이 셀 내에서 이동함에 따라서 CSI-RS를 전송할 방향이 결정되고 갱신되어야 한다. 이 문제를 해결하는 데 몇 가지 방법이 있다.

한 가지 방법은 많은 개수의 고정된 빔을 가진 discovery reference 신호를 전송하고, 단말로부터 피드백되는 discovery 신호에 대한 측정 보고를 사용하여 적절한 방향을 결정하는 것이다. Discovery reference 신호는 주기적으로 전송되기 때문에, eNB는 "최상의" 빔에 대하여 지속적으로 업데이트를 받아야 한다. Discovery 신호의 주기가 상당히 크기 때문에, 이 방법은 주로 느리게 움직이는 단말에 적합하다. 단말에서 (복수개의) 측정할 자원을 설정하고 빔포밍된 CSI

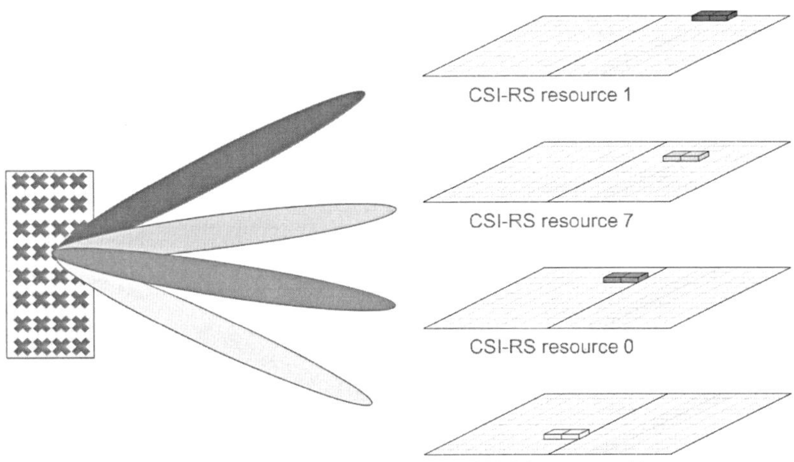

그림 10.5 빔 측정을 위한 CSI-RS 자원의 예

reference 신호들을 전송할 방향을 변화함으로써 비슷한 동작을 얻을 수 있다. 만약 서브프레임 간의 간섭 측정을 평균화하는 기능이 해제된 경우 (Release 13에서 가능해짐)에는, 순시 CSI를 측정할 수 있으며 eNB는 어느 방향이 "높은" CSI 값을 나타내는 지를 결정함으로써 어떤 방향으로 전송하는 것이 바람직한 지를 결정할 수 있다.

상향링크 sounding과 채널 reciprocity 역시 빔 탐색에 사용될 수 있다. 이는 단독으로 혹은 단말로부터 측정과 결합하여 사용될 수 있다. Reciprocity는 흔히 TDD 시스템과 연관이 되지만, 예를 들면 AOA (angle-of-arrival)과 같은 장기적인 특성은 일반적으로 FDD 시스템에서도 하향링크와 상향링크의 특성이 충분히 비슷하며 빔 탐색에는 AOA이면 충분하다.[6] 7장에서 언급된, Release 13에서 도입된 추가적인 sounding 용량은 이 점을 일부 염두에 두고 도입된 것이다.

예를 들어 빔을 따라가는 트래킹은 "최적의" 빔과 그 주변의 빔을 포함하는 복수 개의 CSI 자원을 단말에 설정함으로써 해결할 수 있다. 만약 단말 내의 자원이 항상 "최적의" 빔과 주변 빔들을 포함하도록 필요할 때 업데이트가 될 수 있다면 이를 활용하여 빔의 변경을 따라갈 수 있다. CSI 보고 구조는 상당히 유연하므로, 이외 다른 방법도 있을 수 있다. 또한 이 경우 상향링크 sounding도 사용될 수 있다.

6) 순시 채널 임펄스 응답과 같은 단기적인 특성은 FDD 시스템에서는 reciprocal하지 않지만 빔 탐색의 경우에는 상관이 없다.

11
엑세스 절차

이전 장에서 LTE 하향링크와 상향링크 전송 방식을 설명하였다. 하지만, 데이터를 전송하기 이전에 단말은 우선 네트워에 접속해야 한다. 이번 장은 단말이 LTE 기반 네트워으로 접속하기 위해 필요한 절차에 대하여 설명한다.

11.1 Acquisition 및 셀 탐색

LTE 단말은 LTE 네트워과 통신하기 이전에 다음의 과정을 수행해야 한다.

- 네트워 내의 셀 (cell)을 찾고 셀과의 동기 획득
- 셀 시스템 정보 (cell system information)라고 불리는, 셀 내에서 통신을 하며 적절하게 동작하는 데 필요한 정보의 수신 및 디코딩

이번 절에서는 셀 탐색 (cell search)이라 불리는 첫 번째 단계를 논의하고, 다음 절에서는 네트웍이 제공하는 셀 시스템 정보에 대해 논의하도록 한다.

시스템 정보가 정확하게 디코딩되면 단말은 11.3절에서 설명되는 랜덤엑세스 (random-access) 과정을 통해 셀에 접속할 수 있다.

11.1.1 LTE 셀 탐색 개요

단말은 처음에 전원을 켜고 최초로 시스템에 접속할 때만 셀 탐색을 수행하는 것은 아니다. 이동성을 지원하기 위하여 이웃하는 셀에 대하여 지속적으로 동기를 찾고 수신 품질을 추정해야 한다. 현재 셀의 수신 품질에 대비하여 이웃하는 셀의 수신 품질을 평가함으로써 이를 핸드오버 (단말이 RRC_CONNECTED 모드일 때)나 셀 재선택 (cell reselection) (단말이 RRC_IDLE 모드일 때)을 수행하는 데 사용한다.

LTE 셀 탐색은 다음의 기본적인 부분으로 구성되어 있다.

- 셀에 대한 주파수 및 심볼 동기 획득
- 셀의 프레임 동기 획득, 즉 하향링크 프레임의 시작 시점 획득
- 셀의 물리 계층 셀 ID 결정

6장에서 이미 언급된 것처럼, LTE에는 504개의 서로 다른 물리 계층 셀 ID가 정의되어 있다. 이때, 각 셀 ID는 하나의 특정한 하향링크 reference 신호 시퀀스와 대응된다. 물리 계층 셀 ID들은 각 그룹 당 3개의 ID가 있는 168개의 셀 ID 그룹으로 나뉘어진다.

셀 탐색을 도와주기 위하여 LTE의 각 하향링크 component 반송파에는 PSS (Primary Synchronization Signal)와 SSS (Secondary Synchronization Signal)와 같이 2개의 특수한 신호가 전송된다. 비록 구조는 동일하지만, 셀이 FDD로 동작하는 지 TDD로 동작하는 지에 따라 프레임 내 동기신호의 시간 영역 상의 위치는 약간 다르다.

- FDD의 경우 (그림 11.1의 위) PSS는 서브프레임 0번과 5번의 첫 번째 슬롯의 마지막 심볼에 전송되며, SSS는 동일 슬롯의 마지막에서 두 번째 심볼 (즉, PSS 바로 앞 심볼)에 전송된다.

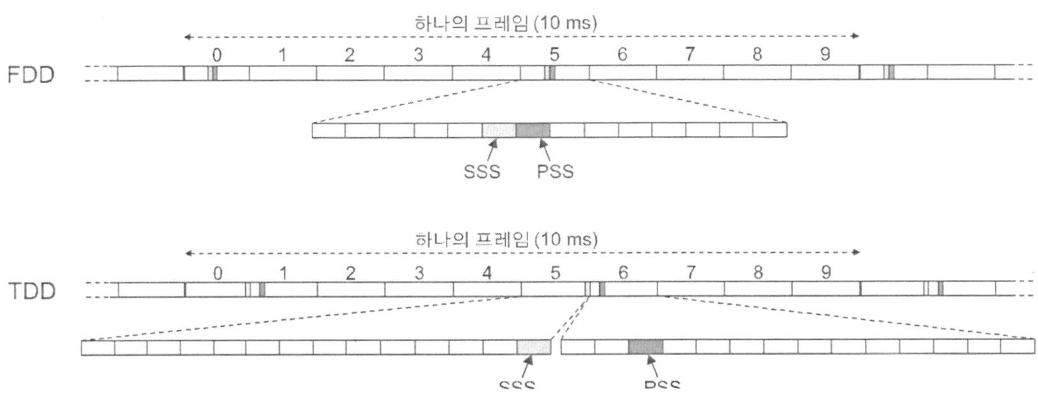

그림 11.1 FDD 및 TDD 경우의 시간 영역에서의 PSS 위치

- TDD의 경우 (그림 11.1의 아래) PSS는 서브프레임 1번과 6번의 세 번째 심볼에 (즉, DwPTS 내에) 전송되며, SSS는 서브프레임 0번과 5번의 마지막 심볼 (즉, PSS보다 3심볼 앞)에 전송된다.

만약 미리 듀플렉스 방식이 알려지지 않은 경우에는, FDD 및 TDD의 경우에 PSS/SSS 동기신호의 위치가 다른 사실을 활용하여 단말이 해당 반송파의 듀플렉스 방식을 알아낼 수 있음에 유의한다.

한 셀 내에서 한 프레임 내의 두 PSS는 서로 동일하다. 아울러, 한 셀의 PSS는 셀의 물리 계층 셀 ID에 따라 3개의 서로 다른 값을 가질 수 있다. 보다 구체적으로, 하나의 셀 ID 그룹 내 3개의 셀 ID는 각각 서로 다른 PSS에 대응된다. 따라서, 일단 단말이 셀의 PSS를 검출하여 확인하게 되면 다음의 정보를 알 수 있다.

- 셀의 5 ms 타이밍을 알 수 있다. 따라서, PSS 대비 고정적인 오프셋만큼 앞에 있는 SSS의 위치도 알게 된다.[1)]
- 셀 ID 그룹 내의 셀 ID에 대해 알게 된다. 하지만, 단말이 아직 셀 ID 그룹 자체는 어느 그룹인지 모르고 있으므로, 가능한 셀 ID는 504개에서 168개로 줄어들었다.

따라서, SSS를 검출함으로써 다음의 정보를 알 수 있다.

- 프레임 타이밍을 알 수 있다 (즉, PSS로부터 찾아낸 두 가지 가능성 중 어느 것이 진짜 프레임의 시작인지 알 수 있다).
- (168가지 중에서 해당 셀이 속한) 셀 ID 그룹을 알 수 있다.

예를 들면, 단말이 다른 반송파 상의 셀들을 탐색할 경우에는 탐색 윈도우가 두 개 이상의 SSS를 살펴볼 만큼 충분히 크지 않을 수도 있기 때문에, 단말은 하나의 SSS만을 수신하여도 위와 같은 정보를 알 수 있어야 한다.

이를 위하여 각 SSS는 168개의 서로 다른 셀 ID 그룹에 대응되는 168개의 서로 다른 값을 가지고 있다. 또한, 한 프레임 내에 있는 두 개의 SSS (서브프레임 0에 있는 SSS1 및 서브프레임 5에 있는 SSS2)에 대한 값이 다르다. 이는 곧 하나의 SSS를 검출함으로써, 단말은 SSS1 또는 SSS2가 검출되었는지를 알 수 있고, 따라서 프레임 타이밍을 알 수 있음을 의미한다.

일단 단말이 프레임 타이밍과 물리 계층 셀 ID를 획득하면, 해당하는 셀-특정 reference 신호가 무엇인지 알 수 있다. 이것이 RRC_IDLE 모드의 단말이 수행하는 최초 셀 탐색인지 아니면

1) 이는 단말이 이미 반송파가 FDD 혹은 TDD 인지를 알고 있는 상태를 가정한다. 만약 그렇지 않은 경우에는, 단말은 듀플렉스 방식 별로 서로 다른 PSS 위치 대비 SSS 위치에 대한 2개의 가정을 시도해야 하며, 이를 통하여 해당 반송파의 듀플렉스 모드를 간접적으로 알아낼 수 있다.

인접 셀 측정의 목적을 위한 셀 탐색인지에 따라서 약간 다른 동작을 보인다.

- 최초 셀 탐색의 경우, 즉 단말 상태가 RRC_IDLE 모드인 경우에는 reference 신호는 채널 추정 및 시스템 정보 중 가장 기본적인 부분을 획득하기 위한 뒤따르는 BCH 전송 채널의 디코딩에 사용된다.
- 이동성을 위한 측정의 경우, 즉 단말이 RRC_CONNECTED 모드인 경우에는 단말은 reference 신호의 수신 전력을 측정한다. 만약 측정값이 설정된 조건을 만족할 경우에는 RSRP (reference signal received power) 측정 보고 (measurement report)가 네트웍으로 전송된다. 이러한 측정 보고를 바탕으로 네트웍은 핸드오버를 해야 할지의 여부를 결정한다. RSRP 보고는 추가적인 component 반송파를 설정해야 할지 아니면 primary component 반송파를 재설정해야 할지의 여부를 결정하는 것과 같이 component 반송파 관리에도 사용될 수 있다.[2)]

11.1.2 PSS 구조

세 개의 서로 다른 PSS는 세 개의 길이 63의 Zadoff-Chu (ZC) 시퀀스이다 (11.2절 참조). 그림 11.2와 같이 이 시퀀스의 양쪽 끝에 각각 5개씩의 0이 붙어 확장된 시퀀스가 전체 대역의 한가운데 73개 부반송파 (한가운데 6개 자원 블록)에 매핑된다. 한가운데 부반송파는 DC 부반송파 자리이므로 실제로는 전송되지 않음에 유의한다. 따라서 길이 63의 ZC 시퀀스 중 62개 값만이 실제로 전송된다 (X_{32}^{PSS}는 전송되지 않는다).

따라서 PSS는 FDD의 경우 서브프레임 0과 5, TDD의 경우 서브프레임 1과 6에서, DC 부반송파를 제외한 한가운데 72개의 자원 엘리먼트를 점유한다. 이 자원 엘리먼트는 DL-SCH 전송에는 사용할 수 없다.

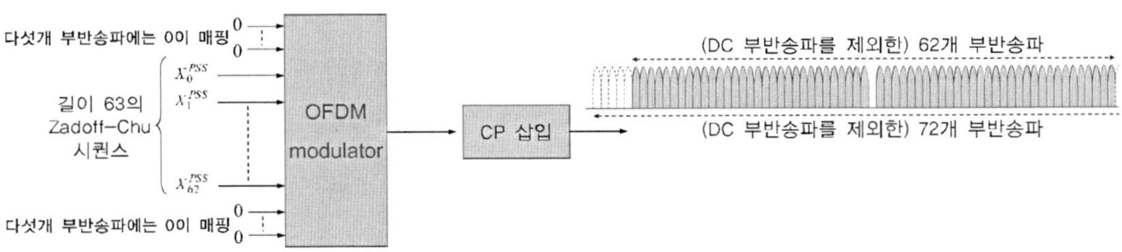

그림 11.2 PSS의 정의 및 구조

2) 5장에서 논의하였듯이, 규격에서는 primary, secondary component 반송파라는 용어 대신에 primary, secondary 셀이라는 용어를 사용한다.

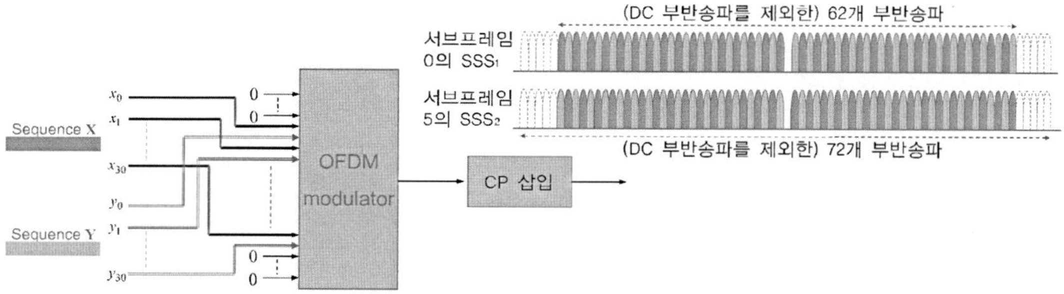

그림 11.3 SSS의 정의 및 구조

11.1.3 SSS 구조

PSS와 비슷하게 SSS는 서브프레임 0과 5 (FDD, TDD 모두)에서 DC 부반송파를 제외한 한가운데 72개의 자원 엘리먼트를 점유한다. 앞서 언급하였듯이 SSS는 다음과 같이 설계되어야 한다.

- 두 개의 SSS (서브프레임 0에 있는 SSS1 및 서브프레임 5에 있는 SSS2)는 168개의 서로 다른 셀 ID 그룹에 대응하는 168개 가능한 값들의 집합으로부터 취해져야 한다.
- 하나의 SSS만을 수신하여도 프레임 타이밍을 알아내기 위하여, SSS2에 적용 가능한 값들은 SSS1에 적용 가능한 값들과 달라야 한다.

그림 11.3에 두 SSS의 구조가 나타나 있다. SSS1은 두 개의 길이 31의 m-시퀀스 X와 Y의 주파수 인터리빙에 기초하는데, 각각의 m-시퀀스는 31개의 서로 다른 값을 가진다 (사실은 동일한 m-시퀀스의 31개 서로 다른 이동 (shift)). 한 셀 내에서 SSS2는 SSS1과 완전히 똑같은 두 개의 시퀀스에 기초한다. 다만, 그림 11.3와 같이 두 시퀀스가 주파수 영역에서 위치가 뒤바뀌게 된다. SSS2에 대해 유효한 X와 Y의 조합은 두 시퀀스를 주파수 영역에서 뒤바꾼 것이 SSS1에 대해서는 유효한 결합이 되지 않도록 하는 조건으로 선택된다. 따라서 위의 요구 사항을 만족할 수 있다.

- 물리 계층 셀 ID의 검출을 위해 SSS1에 대해 유효한 X와 Y의 조합은 168개이다 (SSS2에 대해서도 마찬가지).
- 시퀀스 X와 Y가 SSS1과 SSS2 사이에서 서로 뒤바뀌는 것을 이용하여, 프레임 타이밍을 찾을 수 있다.

11.2 시스템 정보

11.1절에서 설명한 기본적인 셀 탐색 절차를 통하여 단말은 셀과 동기를 잡고 물리 계층 ID를 획득하며, 셀 프레임 타이밍을 찾아낸다. 일단 이에 성공하면 단말은 셀 시스템 정보를 획득하여야 한다. 이는 네트워에 의해 반복적으로 브로드캐스팅되는 정보로서, 단말이 셀에 접속하기 위하여 그리고 일반적으로 네트워 내에서 및 특정 셀 내에서 적절하게 동작하기 위하여 알아야 하는 정보이다. 시스템 정보는 하향링크 및 상향링크 셀 대역폭, TDD 경우는 하향링크/상향링크 설정, 랜덤엑세스 관련한 세부 파라미터, 상향링크 전력 제어 등의 정보를 포함하고 있다.

LTE에서는 시스템 정보가 두 개의 서로 다른 전송 채널을 통하여 두 가지 방식으로 전달된다.

- MIB (Master Information Block)라 불리는 제한된 양의 시스템 정보는 BCH를 이용하여 전송된다.
- 서로 다른 SIB (System Information Block)에 해당되는 시스템 정보의 주요 부분은 DL-SCH를 이용하여 전송된다.

MIB와 SIB의 시스템 정보는 모두 BCCH 논리 채널에 해당됨에 유의한다. 따라서, 그림 8.7과 같이 BCCH는 실제 BCCH의 내용에 따라 BCH 및 DL-SCH로 매핑될 수 있다.

11.2.1 MIB 및 BCH 전송

앞서 언급된 바와 같이, BCH를 사용하여 전송되는 MIB는 매우 제한된 양의 시스템 정보로 구성되어 있으며, 이러한 정보는 DL-SCH를 이용하여 제공되는 나머지 시스템 정보를 받는데 반드시 필요한 정보들이다. 보다 구체적으로, MIB는 다음의 정보를 포함하고 있다.

- 하향링크 셀 대역폭에 대한 정보. MIB 내에서 3비트가 하향링크 대역폭을 가리키는 데 사용된다. 따라서, 각 주파수 대역에 대하여, 자원 블록의 개수로 정해지는 8개까지 서로 다른 대역폭을 정의할 수 있다.
- 셀의 PHICH 설정에 대한 정보. 6.4.2절에서 언급된 것처럼, 단말은 PDCCH 상의 L1/L2 제어 시그널링을 수신하기 위해서는 PHICH 설정을 알고 있어야 한다. 이 PDCCH 정보는 DL-SCH 상으로 전송되는 나머지 시스템 정보를 획득하기 위해서도 필요하다 (이후 설명 참조). 따라서 PHICH 설정에 대한 정보 (3비트)는 MIB에 포함되어 있어 BCH를 이용하여 전송되므로, PDCCH를 수신하기 이전에 먼저 수신 및 디코딩될 수 있다.

- SFN (System Frame Number), 보다 구체적으로는 SFN의 마지막 두 개의 LSB (least significant bit)를 제외한 비트가 MIB에 포함되어 있다. 아래에 설명되어 있듯이, 단말은 BCH 디코딩으로부터 SFN의 LSB 2비트를 간접적으로 획득할 수 있다.

MIB는 사용하지 않는 혹은 남겨둔 (spare) 10비트가 있다. 이는 후방위 호환성을 유지하면서 향후 릴리즈의 추가적인 정보를 MIB에 포함하기 위해서이다. 예를 들면, LTE Release 13은 이 10개의 비트 중에서 5비트를 eMTC 관련한 추가적인 정보를 포함하는 데 사용한다. 이는 20장에서 보다 더 자세히 설명된다.

채널 코딩 및 자원 매핑과 같은 BCH 물리 계층 프로세싱은 6장에 소개된 DL-SCH에 대한 프로세싱과는 상당히 다르다.

그림 11.4에서 볼 수 있듯이, MIB에 해당하는 하나의 BCH 전송 블록은 매 40 ms마다 한 번씩 전송된다. 따라서 BCH의 TTI (Transmit Time Interval)는 40 ms이다.

다른 모든 하향링크 전송 채널에 대하여 24비트 CRC가 사용되는 것과는 달리, BCH는 16비트 CRC가 사용된다. 짧은 BCH CRC를 사용하는 이유는, 상대적으로 작은 BCH 전송 블록 크기를 고려하여 CRC의 상대적인 오버헤드를 줄이기 위해서이다.

BCH 채널 코딩은 PDCCH 제어 채널에서 사용된 것과 같은 동일한 1/3 코딩률의 tail-biting 콘볼루셔날 코딩에 기반한다. 다른 모든 전송 채널에서 사용되는 터보 코딩 대신 BCH는 콘볼

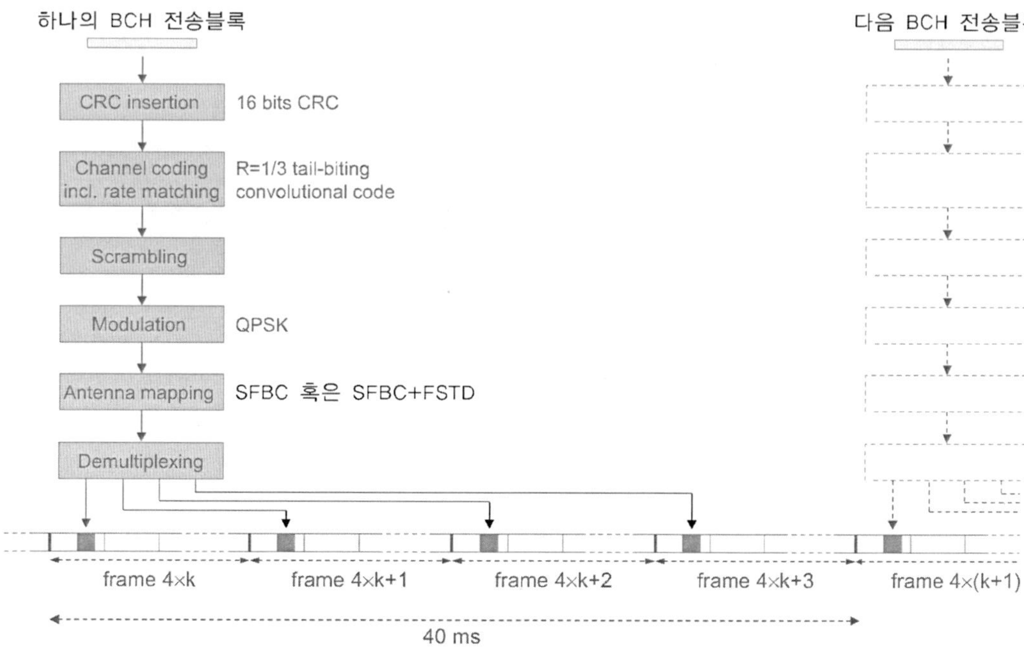

그림 11.4 BCH 전송 채널에 대한 채널 코딩 및 서브프레임 매핑

루셔날 코딩을 사용하는 이유는 BCH는 전송 블록 크기가 작기 때문이다. 이와 같이 작은 블록은 실제로 tail-biting 콘볼루셔날 코딩의 성능이 터보 코딩보다 뛰어나다. 채널 코딩 이후에는 rate matching (실제로는 코딩된 비트의 반복)이 뒤따르고, 비트 단위 스크램블링이 적용된 후 코딩되고 스크램블링된 BCH 전송 블록에 QPSK 변조가 수행된다.

BCH의 다중 안테나 전송은 송신 다이버시티로 제한된다. 안테나 포트가 두 개인 경우에는 SFBC가 사용되며, 안테나 포트가 네 개인 경우에는 SFBC/FSTD의 결합이 사용된다. 10장에 설명되었듯이, 실제로 두 개의 안테나 포트가 셀 내에서 가용하면 BCH에는 반드시 SFBC가 사용되어야 한다. 비슷하게, 만약 네 개의 안테나 포트가 가용하면 반드시 SFBC/FSTD의 결합이 사용되어야 한다. 따라서, BCH에 사용된 송신 다이버시티 방식을 단말이 명시적인 시그널링이 없이도 알아낸다면 (blind detection), 단말은 해당 셀 내에서 셀-특정의 안테나 포트의 개수를 간접적으로 알 수 있으며 또한 L1/L2 제어 시그널링에 사용된 송신 다이버시티 방식이 무엇인지도 알게 된다.

그림 11.4와 같이 코딩된 BCH 전송 블록은 네 개의 연속된 프레임에서 각 프레임의 첫 번째 서브프레임에 매핑된다. 그러나 그림 11.5에와 같이 다른 하향링크 전송 채널과는 달리 BCH는 자원 블록 기반으로 매핑되지 않는다. 대신에, BCH는 서브프레임 0번의 두 번째 슬롯의 처음 4개의 OFDM 심볼에서 한가운데 72개의 부반송파[3]에 걸쳐 전송된다. 따라서, FDD의 경우 BCH는 서브프레임 0번에서 PSS와 SSS 바로 다음에 뒤따라온다. BCH에 사용되는 자원 엘리먼트는 DL-SCH 전송에는 사용될 수 없다.

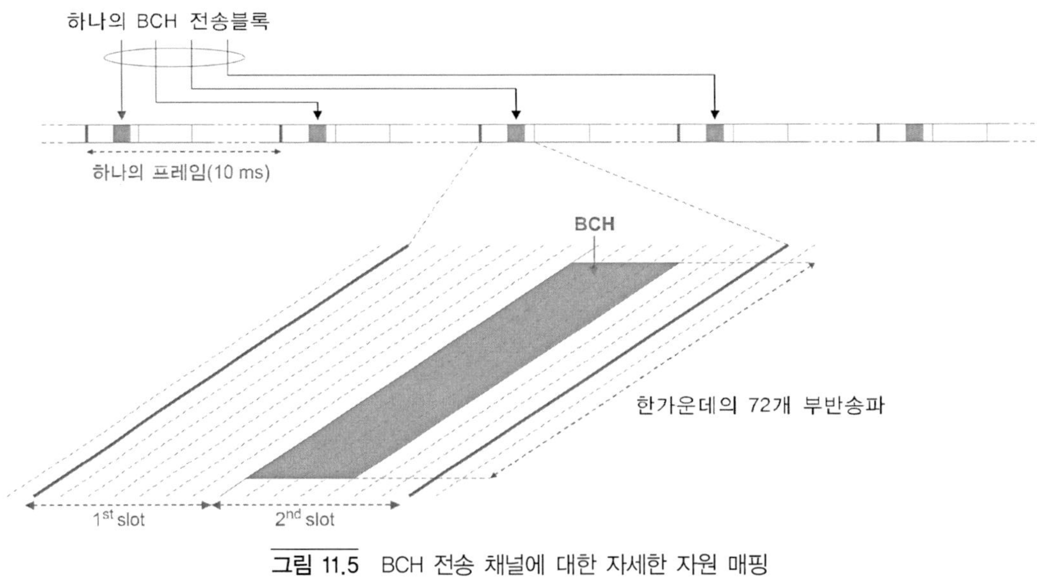

그림 11.5 BCH 전송 채널에 대한 자세한 자원 매핑

3) DC 부반송파를 제외하고

셀 대역폭에 관계 없이 BCH 전송을 한가운데 72개 부반송파로 제한하는 이유는, BCH를 수신할 때에는 단말이 하향링크 셀 대역폭을 알지 못할 수도 있기 때문이다. 따라서, 셀의 BCH를 처음으로 수신할 때 단말은 가능한 대역폭 중 가장 작은 하향링크 대역폭 (즉, 72개의 부반송파에 해당하는 6개의 자원 블록)으로 셀 대역폭을 가정할 수 있다. MIB를 디코딩함으로써 단말은 실제 하향링크 셀 대역폭을 알 수 있고 이에 따라 수신기의 대역폭을 조절할 수 있다.

코딩된 BCH가 매핑되는 전체 자원 엘리먼트의 개수는 BCH 전송 블록의 크기에 비하여 매우 크다. 즉, 이는 BCH에 매우 높은 코딩 이득을 위하여 많은 반복 코딩 (repetition coding)이 걸려 있다는 것을 의미한다. 이웃하는 셀에 있는 단말도 BCH를 수신하고 정확하게 디코딩할 수 있어야 한다. 즉 매우 낮은 수신 SINR (Signal-to-interference-and-Noise Ratio) 환경에서도 BCH를 디코딩할 수 있어야 하기 때문에 이와 같은 높은 코딩 이득이 필요하다. 물론, 많은 단말은 이보다 훨씬 더 좋은 채널 상태에서 BCH를 수신할 것이다. 이러한 단말은 동일한 BCH 전송 블록이 전송되는 4개의 서브프레임을 모두 수신할 필요가 없다. 채널 상태가 좋지 않은 단말은 전송 블록을 오류없이 디코딩하기에 충분한 에너지를 확보하기 위하여 여러 개의 서브프레임을 수신해야 할 수도 있으나, 채널 상태가 좋은 단말은 단 하나의 서브프레임만을 수신하여도 BCH를 디코딩할 수도 있다.

초기 셀 검색에서 단말은 셀의 프레임 타이밍, 즉 10 ms 단위의 타이밍까지만 찾아내었다. 따라서 BCH를 수신할 때 단말은 어떠한 네 개의 서브프레임의 집합에 특정 BCH 전송 블록이 매핑되어 있는지를 알 수 없다. 따라서, 네 개의 가능한 시간 위치에서 BCH 디코딩을 시도해 보아야 한다. 어떠한 시간 위치에서의 디코딩이 (CRC 확인을 통하여) 성공적이었는지에 따라 단말은 40 ms 타이밍을 간접적으로 알아낼 수 있으며, 이는 SFN의 LSB 2비트를 알아내는 것에 해당된다.[4)] 이것이 MIB에 LSB 2비트가 명시적으로 포함되어 있지 않은 이유이다.

11.2.2 System Information Block

앞서 언급하였듯이 BCH 상의 MIB는 시스템 정보 중 매우 제한된 부분만을 포함하고 있다. 서로 다른 SIB (System Information Block)들에 포함되어 있는 시스템 정보의 주요 부분들은 DL-SCH를 사용하여 전송된다. 서브프레임 내에서 DL-SCH 상 시스템 정보의 존재 여부는 특수한 SI-RNTI (System Information RNTI)로 표시된 해당 PDCCH의 전송에 의해 알려진다. 일반적인 DL-SCH 전송을 위한 스케줄링 할당을 제공하는 PDCCH와 마찬가지로, 이 PDCCH 역시 시스템 정보 전송에 사용되는 전송 포맷과 물리 자원 (자원 블록들)을 알려준다.

LTE는 포함하고 있는 정보의 종류에 따라 나뉘어지는 여러 개의 서로 다른 SIB를 정의하고 있다.

4) BCH 스크램블링은 40 ms 주기로 정의되어 있다. 따라서, 만약 단말이 한 번의 전송에 대한 관찰만으로 BCH를 성공적으로 디코딩하였더라도 40 ms 타이밍을 알아낼 수 있다.

- SIB1은 주로 단말이 해당 셀을 이용할 수 있는 지의 여부에 따라 관련된 정보를 포함한다. 이는 해당 셀의 사업자(들)의 정보, 만약 어떤 사용자들이 해당 셀에 접속하는데 제약이 있으면 그러한 정보 등을 포함한다. SIB1은 TDD의 경우에는 하향링크/상향링크에 대한 서브프레임의 할당 및 특수 서브프레임의 설정에 대한 정보를 포함한다. 마지막으로, SIB1은 나머지 SIB들의 (SIB2 및 그 외 SIB) 시간 영역 상의 스케줄링에 대한 정보를 가지고 있다.
- SIB2는 단말이 셀에 접속하기 위해 필요한 정보를 포함한다. 이는 상향링크 셀 대역폭, 랜덤엑세스 파라미터, 상향링크 전력 제어와 관련된 파라미터 등에 관한 정보를 포함한다.
- SIB3는 주로 셀-재선택 (cell-reselection)과 관련된 정보를 포함한다.
- SIB4-SIB8은 같은 반송파 위의 이웃하는 셀, 다른 반송파 위의 이웃하는 셀, WCDMA/HSPA, GSM 및 CDMA2000 셀과 같은 LTE 셀이 아닌 이웃하는 셀 등, 주로 이웃하는 셀에 관련된 정보를 포함한다.
- SIB9는 home eNodeB의 이름을 담고 있다.
- SIB10-12는 예를 들면 지진 경보와 같은 공공 경보 (public warning) 메시지를 담고 있다.
- SIB13은 MBMS 수신을 위해 필요한 정보를 담고 있다 (19장 참조).
- SIB14은 개선된 접속 제한 (enhanced access barring)을 지원하는 데 사용되며, 단말이 셀에 접속하는 것을 제어한다.
- SIB15은 인접한 반송파 주파수의 MBMS 수신에 필요한 정보를 담고 있다.
- SIB16은 GPS 시간과 UTC (Coordinated Universal Time) 관련 정보를 담고 있다.
- SIB17은 LTE와 WLAN 사이의 상호연동에 관한 정보를 담고 있다.
- SIB18과 SIB19는 단말 간 직접 통신을 위한 사이드링크 (sidelink)에 관련된 정보를 담고 있다.
- SIB20은 단일 셀 point-to-multipoint에 관련된 정보를 담고 있다. 19장 참조.

모든 SIB가 항상 존재해야 하는 것은 아니다. 예를 들면, SIB9는 home eNodeB를 사업자가 구축하는 모드에서는 필요하지 않으며, SIB13은 해당 셀에서 MBMS가 제공되지 않으면 필요하지 않다.

MIB와 비슷하게 SIB도 반복적으로 브로드캐스트된다. 특정 SIB가 얼마나 자주 전송되어야 하는지는 단말이 셀에 들어올 때 해당하는 시스템 정보를 얼마나 빨리 획득하느냐에 따라 달라진다. 일반적으로 낮은 번호의 SIB가 높은 번호의 SIB에 비하여 좀 더 시간에 민감하고 따라서 좀 더 자주 전송된다. SIB1은 80 ms 마다 전송되는 반면에 높은 번호의 SIB에 대한 전송 간격은 다양한 값을 가질 수 있으며 네트웍에 따라 다를 수 있다.

SIB는 전송되는 기본적인 시스템 정보를 나타낸다. 서로 다른 SIB는 DL-SCH 상에 전송되는 실제 전송 블록에 해당하는 서로 다른 SI (System Information) 메시지로 매핑된다. SIB1은 항상 그 자체로 첫 번째 SI 메시지인 SI-1에 매핑된다.[5] 반면에, 나머지 SIB는 다음과 같은 제약 조건 하에서 같은 SI로 그룹별로 다중화될 수 있다.

- 당연히 동일한 SI로 매핑되는 SIB는 동일한 전송 주기를 가지고 있어야 한다. 예를 들어, 320 ms의 전송 주기를 가지고 있는 두 개의 SIB는 동일한 SI에 매핑될 수 있는 반면에, 160 ms의 전송 주기를 가진 SIB는 반드시 다른 SI로 매핑되어야 한다.
- 단일 SI로 매핑되는 전체 정보 비트의 수는 전송 블록 내에서 전송 가능한 수를 초과하면 안된다.

주어진 SIB에 대한 전송 주기는 서로 다른 네트웍에서 서로 다를 수 있음에 유의한다. 예를 들어, 서로 다른 사업자는 어떠한 주기로 여러 가지 이웃하는 셀 관련 정보를 전송할 지에 대해 서로 다른 요구 사항을 가지고 있을 수 있다. 게다가, 단일 전송 블록에서 전송할 수 있는 정보의 양은 셀 대역폭 및 셀 크기 등과 같이 구체적인 구축 상황에 따라 달라질 수 있다.

따라서, 일반적으로 SIB1이외의 SIB들의 SI로의 매핑은 유연하며, 네트웍 마다 혹은 같은 네트웍 내에서도 서로 다를 수 있다. SIB에서 SI로의 매핑에 대한 예는 그림 11.6과 같다. 이 경우 SIB2는 전송 주기가 160 ms인 SI-2로 매핑된다. SIB3와 SIB4는 전송 주기가 320 ms인 SI-3으로 다중화되는 반면에, 동일한 320 ms의 전송 주기를 필요로 하는 SIB5는 별도의 SI (SI-4)에 매핑되고 있다. 마지막으로, SIB6, SIB7, SIB8은 전송 주기가 640 ms인 SI-5로 다중화되고 있다. 서로 다른 SI들의 전송 주기와 함께 자세한 SIB에서 SI로의 매핑에 대한 정보는 SIB1에서 제공된다.

그림 11.6 SIB에서 SI로의 매핑의 예

5) 엄격하게 이야기하면, SIB1은 다른 SIB와 다중화되지 않기 때문에 SI로 매핑되지 않는다고 할 수 있다. 대신, SIB1은 그 자체가 곧바로 전송 블록에 해당한다.

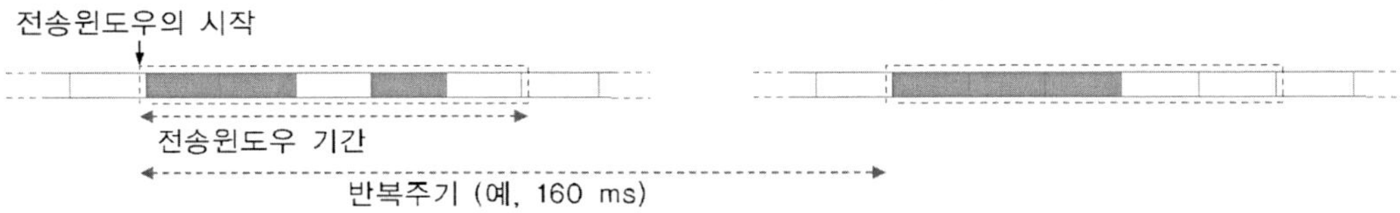

그림 11.7 SI 전송에 대한 전송 윈도우

서로 다른 SI 메시지의 전송을 좀 더 자세히 살펴보면, SIB1에 해당하는 SI-1의 전송과 나머지 SI의 전송 사이에는 차이가 있다.

SI-1의 전송은 제한적인 유연성을 가지고 있다. 좀 더 구체적으로 설명하면, SI-1은 항상 서브프레임 5번에서 전송된다. 그러나 일반적으로 SI-1이 전송되는 대역폭이나 자원 블록 및 전송 포맷 등의 다른 정보들은 변화할 수 있으며 따라서 이는 관련된 PDCCH 상으로 시그널링된다.

각 SI는 잘 정의된 시작 지점과 기간을 가진 시간 윈도우 (time window) 내의 어느 서브프레임에서도 전송될 수 있다는 측면에서, 나머지 SI의 DL-SCH 상의 스케줄링은 SI-1보다 유연하다고 할 수 있다. 각 SI에 대한 시간 윈도우의 시작 지점과 기간은 SIB-1에서 제공된다. 그림 11.7과 같이 하나의 SI는 시간 윈도우 내에서 연속적인 서브프레임 상에 전송될 필요가 없음에 유의한다. 시간 윈도우 내에서, 서브프레임 내 시스템 정보의 존재 여부는 PDCCH 상의 SI-RNTI에 의해 알려진다. 또한, PDCCH는 시스템 정보 전송과 관련된 다른 파라미터와 함께 주파수 영역 스케줄링도 제공한다.

서로 다른 SI는 서로 겹치지 않는 서로 다른 시간 윈도우를 가지고 있다. 따라서 단말은 각 SI에 대한 특정한 식별자 (identifier) 없이도 어떤 SI가 수신되는지 알고 있다.

비교적 작은 크기의 SI와 비교적 큰 시스템 대역폭의 경우에는 하나의 서브프레임만으로 SI의 전송이 충분할 수 있다. 다른 경우에는 한 SI를 전송하는 데 여러 개의 서브프레임이 필요할 수도 있다. 후자의 경우, 각 SI를 작은 블록들로 분할한 뒤에 독립적으로 채널 코딩하여 각각 다른 서브프레임으로 전송하지 않고, 전체 SI의 형태로 채널 코딩한 뒤에 여러 개의 (반드시 연속할 필요는 없는) 서브프레임으로 매핑한다.

BCH의 경우와 비슷하게, 채널 상태가 좋지 않은 단말은 SI의 적절한 디코딩을 위하여 더 많은 서브프레임을 수신해야 할 필요가 있는 반면에 채널 상태가 좋은 단말은 서브프레임의 일부만을 수신한 뒤에도 전체 SI를 디코딩할 수도 있다. 이러한 방법은 다음 두 가지 이점이 있다.

- BCH 디코딩과 비슷하게, 좋은 채널의 단말은 더 적은 수의 서브프레임을 수신하게 되며 이는 단말의 전력 소모를 줄일 수 있음을 의미한다.
- 큰 코드 블록의 형태로 터보 코딩을 사용함으로써 채널 코딩 이득을 증가시킨다.

엄격히 말하면, SI를 담고 있는 하나의 전송 블록은 복수 개의 서브프레임에 걸쳐서 전송되지 않는다. 대신, 뒤따르는 SI 전송은 첫 번째 SI 전송에 대하여 상향링크로 어떤 명시적인 피드백 시그널링이 없이도 동작하는 자동적인 HARQ 재전송으로 볼 수 있다.

CA를 지원하는 단말에 대하여 primary component 반송파에 대한 시스템 정보는 위에 설명한 것과 같이 얻어진다. Secondary component 반송파에 대해서는 단말은 SIB를 읽을 필요없이 primary component 반송파에서 얻어진 정보가 secondary component 반송파에도 유효하다고 가정한다. Secondary component 반송파에 대한 별도의 특정한 시스템 정보는 추가적인 secondary component 반송파를 설정하는 절차의 일부분으로서 지정된 RRC 시그널링을 통하여 제공된다. 시스템 정보를 읽는 방식을 사용한다면 단말은 관련 시스템 정보가 모두 전송될 때까지 기다려야 한다. 따라서, 시스템 정보를 읽는 것이 아니라 지정된 시그널링을 사용함으로써 secondary component 반송파를 빨리 활성화 (activation)할 수 있다.

11.3 랜덤엑세스

어떠한 셀룰러 시스템에서든 기본적인 요구 조건은 단말이 흔히 랜덤엑세스 (random access)라고 불리는 과정을 통하여 네트웍과의 연결 설정을 요청할 수 있어야 한다는 것이다. LTE에서 랜덤엑세스는 다음과 같은 몇 가지 목적으로 사용된다.

- 초기 접속으로서 무선링크를 형성하려는 목적 (RRC_IDLE에서 RRC_CONNECTED로 이동. 서로 다른 단말의 상태에 대해서는 4장 참조)
- 무선링크 실패 이후 무선링크를 재형성하려는 목적
- 핸드오버에서 새로운 셀과 상향링크를 동기화하려는 목적
- 단말이 RRC_CONNECTED 상태에 있으나 상향링크는 동기화되지 않았을 때, 상향링크 혹은 하향링크 데이터가 도달하는 경우 상향링크를 동기화하려는 목적
- 상향링크 측정을 기반으로 한 위치 측정 방식을 사용할 경우 위치 측정의 목적
- PUCCH 상으로 지정된 스케줄링 요청 자원이 없는 경우에 스케줄링을 요청하려는 목적 (상향링크 스케줄링 절차는 9장 참조)

위의 모든 경우에 대하여 상향링크 동기를 획득하는 것이 가장 주요한 목적 중 하나이다. 최초로 무선링크를 형성할 때 (즉, RRC_IDLE에서 RRC_CONNECTED로 이동할 때), 랜덤엑세스 과정은 단말에 유일한 식별자인 C-RNTI를 할당하는 목적도 수행한다.

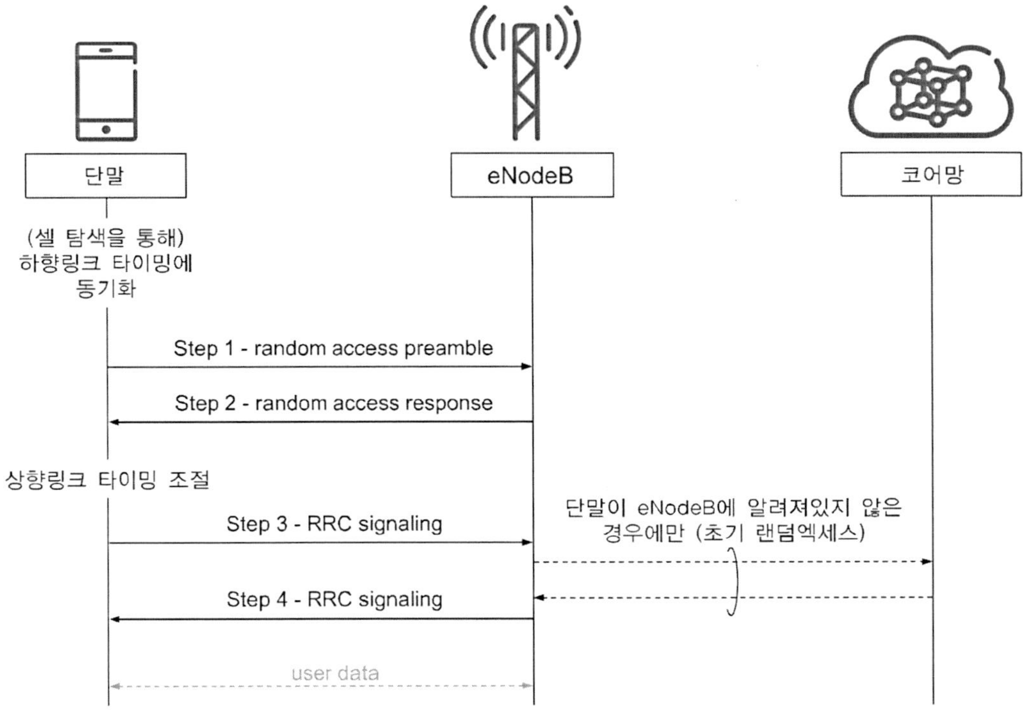

그림 11.8 랜덤엑세스 과정의 개관

랜덤엑세스는 목적에 따라서 경쟁-기반 (contention-based) 혹은 비경쟁-기반 (contention- free)의 방식이 사용될 수 있다. 경쟁-기반 랜덤엑세스는 앞서 설명한 모든 목적에 사용할 수 있으나, 비경쟁-기반 랜덤엑세스는 하향링크 데이터 도착에 따른 상향링크 동기를 다시 형성하는 경우, secondary component 반송파의 상향링크 동기, 핸드오버, 포지셔닝에만 사용할 수 있다. 그림 11.8에 있는 랜덤엑세스의 기본은 다음 4가지 단계로 이루어져 있다.

1. 첫 번째 단계는 eNodeB가 단말의 전송 타이밍을 추정할 수 있도록 단말이 랜덤엑세스 프리앰블을 전송하는 단계이다. 상향링크 동기는 단말이 데이터를 보내려면 반드시 필요하며, 상향링크 동기가 되지 않은 상태에서 단말은 어떠한 상향링크 데이터도 전송할 수 없다.

2. 두 번째 단계는 첫 번째 단계에서의 타이밍 추정을 기반으로 단말이 전송 타이밍을 조절할 수 있도록 네트웍이 timing advance 명령을 전송하는 단계이다. 상향링크 동기를 형성하는 것과 함께, 두 번째 단계에서는 랜덤엑세스 과정의 세 번째 단계에서 사용되는 상향링크 자원을 단말에 할당한다.

3. 세 번째 단계는 단말이 자신의 신원 (identity)을 네트웍으로 전송하는 단계로서, 실제 전송은 일반적인 데이터 스케줄링과 유사한 방식으로 UL-SCH를 사용하여 이루어진다.

이 시그널링 내의 정확한 내용은 단말의 상태, 특히 단말이 이전에 네트웍에 알려져 있는지의 여부에 따라 달라진다.

4. 마지막 네 번째 단계는 DL-SCH 상으로 네트웍에서 단말로 경쟁-해소 (contention-resolution) 메시지가 전송되는 단계이다. 이 단계는 동일한 랜덤엑세스 자원을 사용하여 시스템에 접속하려고 시도하는 복수 개의 단말에 의한 경쟁을 해소한다.

첫 번째 단계만이 랜덤엑세스를 위해 특별히 설계된 물리 계층 프로세싱을 사용한다. 나머지 세 단계는 일반적인 하향링크 및 상향링크 데이터 전송에 사용되는 것과 동일한 물리 계층 프로세싱을 사용한다. 다음은 각 단계에 대해 좀 더 자세히 살펴보도록 한다. 비경쟁-기반 랜덤엑세스에서는 경쟁-해소의 과정이 필요하지 않기 때문에 처음 두 단계만 사용된다.

단말과 네트웍 모두가 랜덤엑세스 시도를 시작할 수 있다. 후자의 경우에는 RRC 시그널링 혹은 소위 PDCCH order가 사용된다. PDCCH order는 PDCCH 상으로 전달되는 특정 메시지로서, 비경쟁-기반 랜덤엑세스의 경우에 언제 랜덤엑세스 절차를 시작할 것인지 및 어떤 프리앰블을 사용할 것인지에 대한 정보를 담고 있다. PDCCH order는 주로 네트웍이 상향링크 동기를 다시 형성하려는 데 사용하는 것이 주목적이지만 다른 용도로도 사용될 수 있다. 단말은 primary component 반송파에만 랜덤엑세스를 수행할 수 있으며[6], secondary timing advance 그룹에 대해서는 상향링크 시간 정렬을 수행할 수 있다.

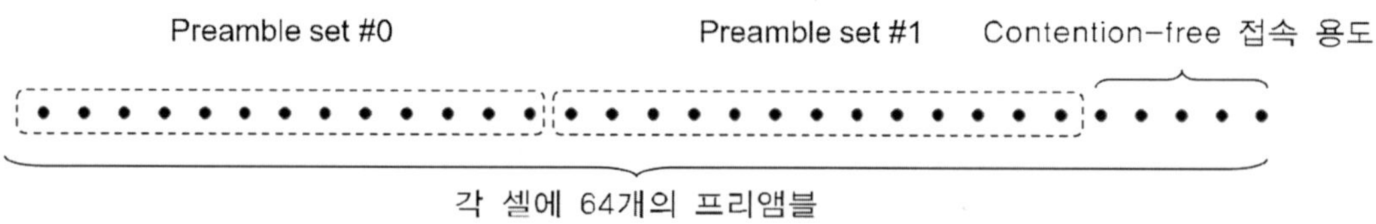

그림 11.9 프리앰블 부분집합들

11.3.1 1단계: 랜덤엑세스 프리앰블 전송

랜덤엑세스 과정의 첫 단계는 랜덤엑세스 프리앰블의 전송이다. 프리앰블 전송의 주요 목적은 기지국에 랜덤엑세스 시도가 있음을 알리고 기지국이 단말과 기지국 사이의 지연을 추정할 수 있어야 한다. 지연에 대한 추정은 2단계에서 상향링크 타이밍을 조절하는 데 사용된다.

랜덤엑세스 프리앰블이 전송되는 시간-주파수 자원을 PRACH (Physical Random Access Channel)라 부른다. 네트웍은 어떤 시간-주파수 자원이 랜덤엑세스 프리앰블 전송에 사용될 수 있는지를 (즉, 어디가 PRACH 자원인지를) 모든 단말에 브로트캐스트한다 (SIB-2). 랜덤엑

6) 앞서 설명하였듯이, primary component 반송파는 UE별로 다를 수 있다. 따라서, eNodeB 관점에서는 복수 개의 component 반송파 상으로 랜덤엑세스가 일어날 수 있다.

세스 과정의 첫 단계로서 단말은 PRACH 상으로 전송할 하나의 프리앰블을 선택한다.

각 셀에는 64개의 가용한 프리앰블 시퀀스가 있다. 그림 11.9와 같이 64개의 시퀀스에 대하여 두 개의 부분집합이 정의되며, 각 부분집합의 시퀀스는 시스템 정보의 일부로 시그널링된다. (경쟁-기반의) 랜덤엑세스 시도를 수행할 때, 단말은 둘 중 하나의 부분집합에서 한 시퀀스를 무작위로 선택한다. 다른 단말이 같은 순간에 같은 시퀀스를 사용하여 랜덤엑세스 시도를 하지 않는 한, 충돌은 발생하지 않고 아마도 eNodeB는 이 랜덤엑세스 시도를 검출할 수 있을 것이다.

프리앰블 시퀀스를 선택하는 부분집합은 랜덤엑세스의 3단계에서 UL-SCH 상으로 단말이 전송하려는 데이터의 양에 따라 (그리고 전력 측면에서 단말이 전송할 수 있는 전력에 따라) 결정된다. 따라서, eNodeB는 2단계에서 단말이 사용하는 프리앰블로부터 네트웍이 3단계의 단말로 얼마만큼의 상향링크 자원을 부여해줄지에 대한 어느 정도의 참고 정보를 얻을 수 있다.

한편, (예를 들어) 새로운 셀로의 핸드오버와 같이 단말이 경쟁이 없는 랜덤엑세스를 수행하도록 요청을 받은 경우에는, 사용할 프리앰블이 eNodeB로부터 명시적으로 알려진다. 충돌을 피하기 위해, eNodeB는 경쟁이 없는 랜덤엑세스용 시퀀스는 경쟁-기반 랜덤엑세스에 사용되는 두 부분집합 이외의 시퀀스에서 선택하는 것이 바람직하다.

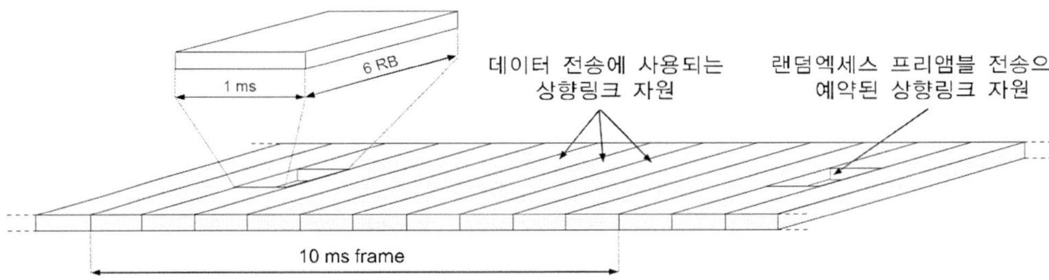

그림 11.10 랜덤엑세스 프리앰블 전송의 원리

11.3.1.1 PRACH 시간-주파수 자원

그림 11.10과 같이 주파수 영역에서 PRACH 자원은 6개의 자원 블록 (1.08 MHz)에 해당하는 대역폭을 가진다. 이는 LTE가 동작할 수 있는 최소 상향링크 셀 대역폭과 같은 대역폭이다. 따라서, 셀 내의 전송 대역폭에 상관없이 동일한 랜덤엑세스 프리앰블 구조가 사용될 수 있다.

시간 영역에서 프리앰블 영역의 길이는 뒤에서 언급되는 프리앰블 설정에 따라 달라진다. 기본적인 랜덤엑세스 자원은 1 ms 이지만 더 긴 프리앰블을 설정할 수도 있다. 또한, 이론적으로는 eNodeB의 상향링크 스케줄러가 단순히 복수 개의 연속한 서브프레임에서 단말의 스케줄링을 피함으로써 임의의 긴 랜덤엑세스 영역을 남겨둘 수도 있다.

일반적으로, eNodeB는 랜덤엑세스에 사용되는 시간-주파수 자원에는 다른 상향링크 전송을 스케줄링하지 않으며, 따라서 랜덤엑세스 프리앰블은 사용자 데이터와 직교성을 갖는다. 이를 통해 서로 다른 단말의 UL-SCH 전송과 랜덤엑세스 시도 사이의 간섭을 피한다. 물론, 표준 측면에서는 상향링크 스케줄러가 랜덤엑세스 영역에 다른 전송을 스케줄링하는 것을 막는 어떠한 제약도 없는 것이 사실이다. HARQ 재전송이 이러한 예 중의 하나이다. 동기식 비-적응형(synchronous non-adaptive) HARQ 재전송은 랜덤엑세스 영역과 중복될 수 있으며, 이를 다루는 것은 구현의 문제이다. 즉, 재전송을 주파수 영역에서 다른 곳으로 이동하거나 (8장 참조) 아니면 그대로 두고 eNodeB 수신기에서 간섭을 고려해서 수신하거나 하는 것은 구현의 문제이다.

FDD는 서브프레임당 최대 하나의 랜덤엑세스 영역이 있다. 즉, 복수 개의 랜덤엑세스 시도가 주파수 영역에서 다중화되지 않는다. 왜냐하면, 랜덤엑세스 시도가 시작되기 이전에 평균적으로 기다리는 시간을 최소화하기 위해서는, 랜덤엑세스 기회를 시간 영역에서 여러 군데로 펼쳐 놓는 것이 바람직하기 때문이다.

TDD는 복수 개의 랜덤엑세스 영역이 단일 서브프레임 내에서 설정될 수 있다. 그 이유는, TDD는 일반적으로 프레임 당 상향링크 서브프레임의 개수가 적기 때문에 FDD의 경우와 동일한 랜덤엑세스 용량을 유지하기 위해서는 때때로 주파수 영역 다중화가 필요하기 때문이다. 랜덤엑세스 영역의 개수는 다양하게 설정될 수 있으며, FDD의 경우에는 20 ms 당 1개부터 1 ms 당 1개까지, TDD의 경우에는 10 ms 프레임 당 최대 6번의 시도까지 설정 가능하다.

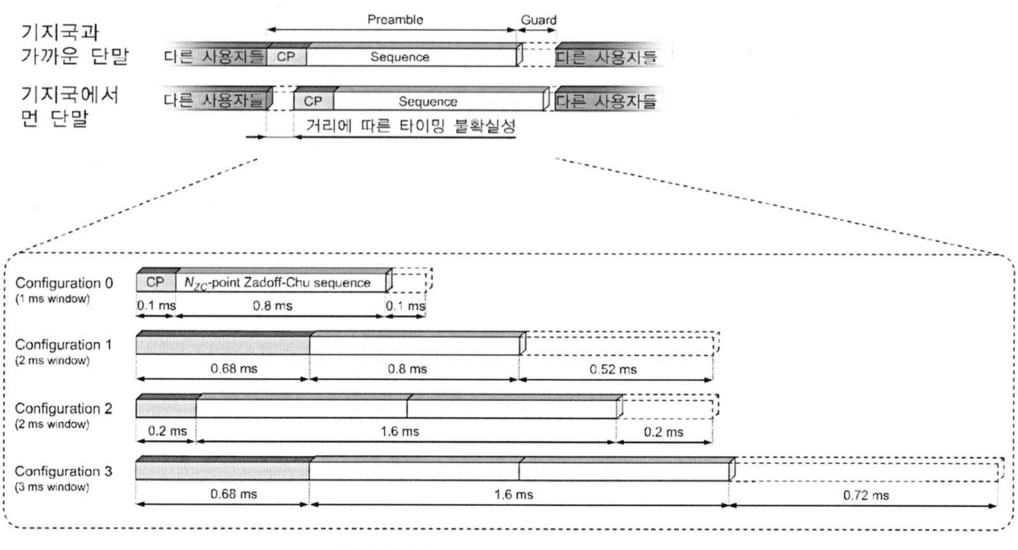

그림 11.11 서로 다른 프리앰블 포맷

11.3.1.2 프리앰블 구조 및 시퀀스 선택

프리앰블은 두 부분으로 구성된다.

- 프리앰블 시퀀스
- CP (cyclic prefix)

덧붙여, 프리앰블 전송은 타이밍의 불확실성을 다루기 위해 보호 구간 (guard period)을 사용한다. 랜덤엑세스 과정을 시작하기 이전에, 단말은 셀 탐색 과정으로부터 하향링크 동기를 획득한다. 그러나 상향링크 동기가 아직 형성되지 않았다면, 셀 내 단말의 위치가 알려져 있지 않으므로 상향링크 타이밍[7]에는 아직 불확실성이 존재한다. 셀 크기가 커질수록 상향링크 타이밍의 불확실성도 6.7 μs/km의 양으로 커지게 된다. 타이밍의 불확실성을 고려하고 랜덤엑세스에 사용되지 않은 뒤따르는 서브프레임과의 간섭을 피하기 위하여 보호 구간이 프리앰블 전송의 일부로서 사용된다. 즉, 실제 프리앰블의 길이는 1 ms보다 짧아진다.

프리앰블이 CP를 포함하는 것은, 이를 이용하여 기지국에서 복잡도가 낮은 주파수 영역 프로세싱이 가능하기 때문에 효율적이다. CP의 길이는 보호 구간의 길이와 대략 같은 것이 바람직하며, 약 0.8 ms의 프리앰블 시퀀스의 길이에 대하여 0.1 ms의 CP와 0.1 ms의 보호 구간이 있다. 이는 약 15 km까지의 셀 크기를 가능하게 해주며, 그림 11.11에서 configuration 0인 일반적인 랜덤엑세스 설정이다. 타이밍 불확실성이 커지는 더 큰 셀을 다루는 데는 프리앰블 configuration 1~3이 사용될 수 있다. 이들 설정 중 일부는 프리앰블 시퀀스 역시 더 긴 프리앰블 시퀀스를 지원하여 수신단 검출기의 프리앰블 에너지를 증가시킬 수 있도록 해주는데, 이 역시 큰 셀의 경우에 유용하다. 셀 내에서 사용되는 프리앰블 설정은 시스템 정보의 일부로 시그널링된다. 마지막으로, 랜덤엑세스 자원에 뒤따르는 서브프레임에 아무런 상향링크 전송도 스케줄링하지 않음으로써 그림 11.11에서 보여지는 것보다 더 큰 보호 구간도 생성할 수 있음에 유의한다.

그림 11.11의 프리앰블 포맷은 FDD와 TDD에 모두 적용될 수 있다. 그러나, TDD에 대해서는 랜덤엑세스를 위하여 추가적인 4번째 프리앰블 설정이 있다. 이 설정에서는 랜덤엑세스 프리앰블이 일반 서브프레임에서 전송되지 않고 특수 서브프레임의 UpPTS 필드에서 전송된다. 이 필드는 기껏해야 2개의 OFDM 심볼 길이이므로, 이 설정에서의 가능한 프리앰블과 보호 구간은 앞에서 언급한 다른 프리앰블 포맷들보다 훨씬 짧다. 따라서, 포맷 4는 아주 작은 셀에서만 적용이 가능하다. TDD를 위한 하향링크에서 상향링크로의 전환 바로 다음에 위치한 UpPTS의

---

7) 단말단에서의 상향링크 프레임의 시작은 단말에서 수신되는 하향링크 프레임의 시작 시점에 대하여 상대적인 값으로 정의된다.

위치를 보더라도, 멀리 떨어져 있는 기지국으로부터의 간섭이 이 짧은 랜덤엑세스 포맷과 간섭을 일으킬 수 있으며 따라서 이 포맷은 작은 크기의 셀에서만 사용해야 한다는 것을 알 수 있다.

11.3.1.3 PRACH 전력 설정

랜덤엑세스 프리앰블의 송신 전력에 대한 설정은 하향링크 primary component 반송파 상의 셀-특정 reference 신호의 측정으로부터 얻는 하향링크 경로 감쇄의 추정값을 기반으로 한다. 경로 감쇄 추정값에 설정 가능한 오프셋이 추가됨으로써 초기 PRACH 송신 전력을 구성한다.

LTE의 랜덤엑세스 방식은 실제 PRACH 송신 전력이 매번 랜덤엑세스 시도가 실패할 때마다 증가하는, 전력 램핑 (power ramping)을 허용한다. 첫 시도에서 PRACH 송신 전력은 초기 PRACH 전력으로 설정되며, 대부분의 경우에 이 전력은 랜덤엑세스 시도가 성공하기에 충분하다. 그러나 랜덤엑세스 시도가 실패한다면 (랜덤엑세스의 실패 여부는 다음 절에 설명되어 있듯이 랜덤엑세스 4단계 중 두 번째 단계에서 알 수 있다), 다음 시도에서 PRACH 송신 전력은 다음 시도가 성공할 확률을 높이기 위해 설정 가능한 스텝 크기만큼 증가된다.

랜덤엑세스 프리앰블과 다른 단말로부터의 데이터 전송이 서로 직교하므로, 데이터 전송과 직교하지 않는 랜덤엑세스를 사용하는 시스템과 달리 셀 내의 간섭을 조절하기 위한 목적으로 전력 램핑을 사용할 필요성은 그리 크지 않다. 따라서, 많은 경우에 초기 랜덤엑세스 시도가 바로 성공할 수 있도록 송신 전력이 설정되며, 이는 지연 측면에서 이점을 가지고 있다.

11.3.1.4 프리앰블 시퀀스 생성

프리앰블 시퀀스는 기본 (root) Zadoff-Chu 시퀀스의 순환이동 (cyclic shift)으로부터 생성된다 [34]. Zadoff-Chu 시퀀스는 상향링크 reference 신호의 생성에도 사용되며, 이들 시퀀스 구조는 7장을 참조한다. 각 기본 Zadoff-Chu 시퀀스 $X_{zc}^{(u)}(k)$로부터 각각 N_{CS}만큼의 순환이동시킨 $\lfloor N_{\mathrm{ZC}}/N_{\mathrm{CS}} \rfloor$개의 순환이동된[8] 시퀀스를 얻을 수 있다. 여기서 N_{ZC}는 기본 Zadoff-Chu 시퀀스의 길이이다. 랜덤엑세스 프리앰블의 생성은 그림 11.12과 같다. 이 그림은 시간 영역에서의 생성을 보이고 있지만, 주파수 영역의 생성 역시 실제 구현에 잘 사용될 수 있다.

순환이동된 Zadoff-Chu 시퀀스는 여러 가지 매력적인 특성을 가지고 있다. 시퀀스의 진폭이 변하지 않으므로, 이는 전력 증폭기의 효율적인 사용을 보장하고 단일 반송파 상향링크의 낮은 PAR 특성을 유지하여준다. 이 시퀀스는 또한 이상적인 순환 자기-상관 (cyclic autio-correlation) 특성을 가지는데, 이는 eNodeB에서 정확한 타이밍 추정을 얻는데 매우 중요하다. 마지막으로,

8) 시간 영역의 순환이동 (cyclic shift)이다. 상향링크 reference 신호 및 제어 시그널링과 비슷하게, 이는 주파수 영역의 위상 회전 (phase rotation)과 동일하게 표현될 수 있다.

프리앰블을 생성하는 데 사용된 순환이동 N_{CS}가 셀의 최대 왕복 전파시간 (round-trip propagation time)과 채널의 최대 지연 확산 (delay spread)을 합한 값보다 크기만 하다면, 동일한 기본 Zadoff-Chu 시퀀스의 순환이동을 바탕으로 한 서로 다른 프리앰블들 사이의 상호-상관 (cross-correlation)은 0이다. 따라서, 이상적인 상호-상관 특성으로 인해 동일한 기본 Zadoff-Chu 시퀀스로부터 유도된 프리앰블을 사용하는 여러 랜덤엑세스 시도 사이의 셀내 간섭 (intra-cell interference)은 없다.

서로 다른 크기의 셀을 효과적으로 지원하기 위해, 순환이동값 N_{CS}는 변경 가능하고 따라서 시스템 정보의 일부로 시그널링된다. 따라서, 작은 셀에서는 작은 순환이동 값이 설정되어, 그 결과 각 기본 시퀀스로부터 많은 수의 순환이동된 시퀀스를 생성할 수 있다. 1.5 km 이하의 셀 크기에서는, 64개의 모든 프리앰블이 단일 기본 시퀀스로부터 생성될 수 있다. 이보다 큰 셀에서는 보다 큰 순환이동이 설정되어야 하므로, 64개의 프리앰블 시퀀스를 생성하기 위해서는 셀 내에서 복수 개의 기본 Zadoff-Chu 시퀀스가 사용되어야 한다. 많은 수의 기본 시퀀스 자체는 문제가 되지 않지만, 상호-상관이 0인 특성은 동일한 기본 시퀀스의 순환이동 사이에서만 유지되는 것이므로 간섭 측면에서는 가능한 적은 수의 기본 시퀀스를 사용하는 것이 바람직하다.

아래에서 랜덤엑세스 프리앰블의 수신에 대하여 더 설명하겠지만, 이는 기본적으로 수신 신호와 기본 Zadoff-Chu 시퀀스 사이의 상관 (correlation)을 기반으로 한다. Zadoff-Chu 시퀀스의 단점 중 하나는 주파수 오프셋 (frequency offset)과 거리에 따른 지연 (distance-dependent delay)을 서로 구분하기가 어렵다는 것이다. 주파수 오프셋은 시간 영역에서 상관 값의 추가적인 피크를 만들어 내며, 이렇게 만들어진 상관 값의 피크는 단말과 기지국 사이의 거리 관점에서 보면 또 다른 가짜의 거리에 해당한다. 또한, 주파수 오프셋에 의해 실제 상관 값의 피크도 작아진다. 낮은 주파수 오프셋에 대해서는 이러한 영향이 그리 크지 않아서 검출 성능이 별로 영향을 받지 않지만, 높은 도플러 주파수의 가짜 상관 값의 피크가 진짜 피크보다 클 수도 있다. 이로 인해 정확한 프리앰블이 검출되지 않거나 혹은 지연 추정값이 부정확해 지는 등 검출에서 오류가 발생하게 된다.

가짜 상관 값의 피크에 의해 발생하는 헷갈림을 피하기 위해, 각 기본 시퀀스로부터 생성되는 프리앰블 시퀀스들에는 일정한 제약이 있다. 이러한 제약은 기본 시퀀스로부터 생성될 수 있는

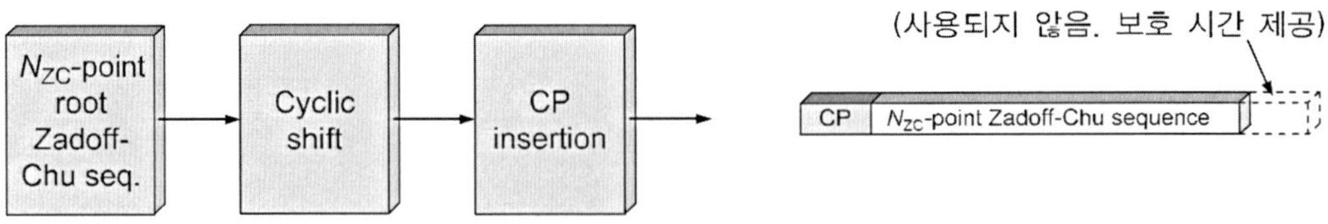

그림 11.12 랜덤엑세스 프리앰블의 생성

시퀀스 중 일부만이 랜덤엑세스 프리앰블에 사용될 수 있음을 의미한다. 이러한 제약이 프리앰블 생성에 적용되는 지의 여부는 시스템 정보의 일부로 알려진다. 실제 상관 값의 피크 대비 가짜 피크의 위치는 기본 시퀀스에 따라 다르기 때문에, 서로 다른 기본 시퀀스에 대하여 서로 다른 제약이 적용되어야 한다.

11.3.1.5 프리앰블 검출

사실 기지국의 프로세싱은 구현의 문제이다. 그러나, 프리앰블에 CP가 포함되어 있기 때문에, 낮은 복잡도의 주파수 영역 프로세싱이 가능하다. 그림 11.13에 이 예가 있다. 시간 영역의 윈도우 내에서 취해진 샘플들이 모여서 FFT를 사용하여 주파수 영역의 표현으로 변환된다. 윈도우의 길이는 CP를 제외한 ZC 시퀀스의 길이인 0.8 ms이다. 이는 최대 0.1 ms까지 타이밍의 불확실성을 다룰 수 있으며, 0.1 ms는 기본 프리앰블 설정에 대해 정의된 보호 구간과 같다.

주파수 영역에서의 수신 신호를 표현하고 있는 FFT의 출력은 기본 ZC 시퀀스의 주파수 영역 표현의 켤레복소수와 곱해지고, 그 결과가 IFFT에 전달된다. IFFT의 출력을 관찰함으로써, 기본 ZC 시퀀스에 대하여 어떤 순환이동이 전송되었는 지의 여부와 해당하는 지연을 검출할 수 있다. 기본적으로, IFFT 출력의 피크가 구간 i 내에 있다는 것은 i번째 순환이동된 시퀀스에 해당되며, 지연은 해당 구간 내에서의 피크의 위치로부터 주어진다. 이러한 주파수 영역 구현은 계산 측면에서 효율적이며, 동일한 기본 ZC 시퀀스로부터 생성된 서로 다른 순환이동된 시퀀스를 사용하는 다수 개의 랜덤엑세스 시도를 동시에 검출할 수 있는 장점이 있다. 즉, 다수 개의 시도가 있는 경우에는, 각 해당 구간에 피크가 있게 된다.

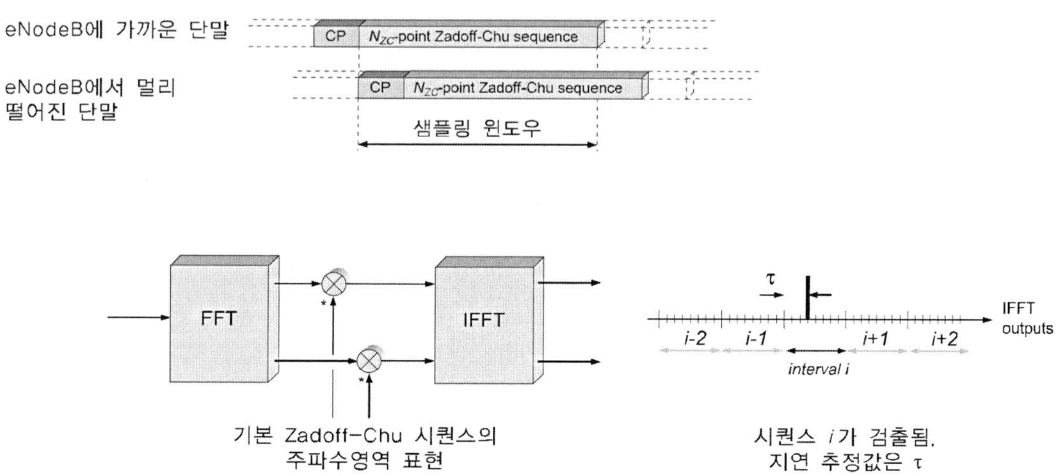

그림 11.13 주파수 영역에서의 랜덤엑세스 프리앰블 검출

11.3.2 2단계: 랜덤엑세스 응답

랜덤엑세스 과정의 두 번째 단계로서, eNodeB는 검출된 랜덤엑세스 시도에 대한 응답으로 다음의 정보를 포함하는 메시지를 DL-SCH 상으로 전송하게 된다.

- 네트웍이 검출한 랜덤엑세스 프리앰블 시퀀스의 인덱스. 즉, 해당 응답이 유효한 프리앰블 시퀀스 인덱스.
- 랜덤엑세스 프리앰블 수신기에서 계산된 타이밍 보정값 (timing correction).
- 3단계에서 단말이 메시지 전송에 사용할 자원을 지시하는 스케줄링 승인.
- 단말과 네트웍 사이에서 추가적인 통신을 위해 사용되는 임시적인 신원 (identity)인 TC-RNTI.

네트웍이 (서로 다른 단말로부터의) 복수 개의 랜덤엑세스 시도를 검출한 경우, 복수 개의 단말에 대한 개별적인 응답 메시지는 단일 전송으로 합쳐질 수 있다. 따라서, 응답 메시지는 랜덤엑세스 응답을 위한 신원 (identity)인 RA-RNTI[9)]를 사용하는 PDCCH에 의해 지정되는 DL-SCH 상으로 스케줄링된다. 단말이 C-RNTI를 할당받지 않아서 아직 유일한 신원을 가지지 못한 상태일 수도 있으나 이러한 경우에도 RA-RNTI의 사용은 필요하다. 프리앰블을 전송하였던 모든 단말은 설정된 시간 윈도우 내에서 랜덤엑세스 응답을 위한 L1/L2 제어 채널을 관찰한다. 동시에 충분히 많은 랜덤엑세스에 대하여 응답할 수 있도록 응답 메시지의 타이밍은 규격에 의하여 고정되어 있지 않다. 이는 또한 기지국 구현에 일정한 유연성을 제공한다. 만약 단말이 시간 윈도우 내에서 랜덤엑세스 응답을 검출하지 못하면, 랜덤엑세스 시도는 실패한 것으로 선언되고 랜덤엑세스 과정은 첫 단계부터 (아마도 프리앰블 송신 전력을 증가시켜서) 다시 반복된다.

랜덤엑세스를 수행하는 단말이 서로 다른 프리앰블을 사용하는 한, 동일한 자원을 사용하더라도 충돌은 발생하지 않으며 어느 단말이 해당 응답과 관련이 있는지는 하향링크 시그널링으로부터 확실하게 알 수 있다. 그러나, 여러 단말이 동시에 동일한 랜덤엑세스 프리앰블을 사용하는 가능성도 어느 정도는 있으며, 이러한 경우에는 여러 단말이 같은 하향링크 응답 메시지에 반응하여 충돌이 발생한다. 이러한 충돌을 해소하는 것은 아래에 설명되는 뒤따르는 단계의 몫이다. 이와 같은 경쟁 및 충돌의 가능성이 랜덤엑세스 응답의 전송에 HARQ를 사용하지 않는 원인 중의 하나이다. 다른 단말을 위한 랜덤엑세스 응답을 수신한 단말은, 응답 내의 타이밍 보정값 역시 다른 단말을 위한 것이므로 이를 사용하여 자신의 송신 타이밍을 바꾸면, 결국은 잘못된 상향링크 타이밍을 가지게 된다. 만약 HARQ가 사용된다면 이러한 단말에 대한 HARQ

9) 실제로 여러 개의 RA-RNTI가 정의되어 있다. 따라서, 단말이 어떤 RA-RNTI를 살펴보아야 하는지는 랜덤엑세스 프리앰블이 전송되는 시간 및 주파수 자원에 따라 주어진다.

acknowledgement의 타이밍은 맞지 않을 것이고, 따라서 다른 단말의 상향링크 제어 시그널링을 방해할 수 있기 때문이다.

2단계의 랜덤엑세스 응답 수신에 맞춰, 단말은 자신의 상향링크 전송 타이밍을 조절하고 3단계로 진행할 것이다. 지정된 프리앰블을 사용하는 경쟁이 없는 랜덤엑세스를 사용하는 경우에는, 경쟁을 다루어야 할 필요가 없기 때문에 이 2단계가 랜덤엑세스 과정의 마지막 단계가 된다. 더군다나, 이 경우에는 단말이 이미 C-RNTI의 형태로 할당된 유일한 신원 (unique identity)을 가지고 있다.

11.3.3 3단계: 단말 식별

두 번째 단계 이후, 단말의 상향링크는 시간 동기가 맞춰진다. 그러나, 사용자 데이터가 단말로 또는 단말로부터 전송되기 이전에 C-RNTI라는 셀 내 유일한 신원이 단말에 할당되어야 한다. 또한, 단말의 상태에 따라서 연결을 설정하기 위해 추가적인 메시지 교환이 필요할 수도 있다.

세 번째 단계에서, 단말은 두 번째 단계의 랜덤엑세스 응답에 할당된 UL-SCH 자원을 사용하여 eNodeB로 필요한 메시지를 전송한다. 랜덤엑세스 관련 상향링크 메시지를 랜덤엑세스의 첫 단계에서 프리앰블에 바로 붙여서 보내지 않고, 일반 데이터처럼 스케줄링된 상향링크 데이터 자원을 통하여 전송하는 것은 아래와 같이 여러 가지 이점이 있다. 먼저, 상향링크 동기가 확보되지 않은 상태에서 많은 양의 정보를 전송하는 것은 큰 보호 구간을 필요로 하여 오버헤드 등에 의한 비용이 증가하므로 이러한 전송은 최소화되어야 한다. 두 번째는, 메시지 전송을 위하여 일반적인 상향링크 전송 방식을 사용하게 되면 자원 크기와 변조 방식 등을 서로 다른 무선환경에 따라 적절하게 적응시킬 수 있다. 마지막으로, 이와 같은 방법을 사용하면 상향링크 메시지에 대해 소프트 컴바이닝을 수반한 HARQ를 사용할 수 있다. 하나 혹은 복수 개의 재전송을 사용하여, 충분히 높은 확률로 상향링크 시그널링이 성공적으로 수신될 수 있도록 수신 에너지를 모을 수 있으므로, 이와 같은 방법은 특히 커버리지에 의해 제한되는 환경에서 중요한 역할을 한다. 한편, 이 3단계 상향링크 RRC 시그널링에는 RLC 재전송이 사용되지 않음에 유의한다.

상향링크 메시지의 주요 부분 중 하나는 단말의 신원이다. 왜냐하면, 이것이 네 번째 단계에서 경쟁 해소 방식에 사용되기 때문이다. 단말이 RRC_CONNECTED 상태에 있어서 이미 셀에 연결되어 있고 C-RNTI가 할당되어 있는 경우라면, 이 C-RNTI가 상향링크 메시지에서 단말의 신원으로 사용된다.[10] 다른 경우에는 코어망의 단말 신원이 사용되며, 이에 따라 eNodeB는 3단계에서 수신된 상향링크 메시지에 응답을 하기 이전에 코어망과 교신을 하여야 한다.

UL-SCH 상의 전송에는 7장에서 설명된 단말-특정 스크램블링이 사용된다. 그러나, 단말이

10) 단말의 신원 (identity)은 UL-SCH 상의 MAC 제어 요소로서 포함된다.

아직 최종적인 신원을 할당받지 못했을 수도 있으므로, 스크램블링은 C-RNTI에 기반할 수 없으며 대신 임시적인 신원 (TC-RNTI)이 사용된다.

11.3.4 4단계: 경쟁 해소

랜덤엑세스 과정의 마지막 단계는 경쟁 해소 (contention resolution)를 위한 하향링크 메시지로 구성되어 있다. 첫 번째 단계에서 동일한 프리앰블 시퀀스를 사용하여 동시에 랜덤엑세스 시도를 수행한 여러 단말은 두 번째 단계에서 동일한 응답 메시지를 수신하고 따라서 동일한 임시 신원을 갖고 있음에 유의한다. 따라서, 랜덤엑세스 과정의 네 번째 단계는 단말이 다른 단말의 신원을 잘못 사용하는 일이 없도록 하는 경쟁 해소 단계이다. 경쟁 해소 방식은 단말이 이미 C-RNTI의 형태의 유효한 신원을 가지고 있는지의 여부에 따라서 약간 달라진다. 세 번째 단계에서 수신되는 상향링크 메시지를 통하여 네트웍은 단말이 유효한 C-RNTI를 가지고 있는지의 여부를 알 수 있음에 유의한다.

만약 단말이 이미 할당된 C-RNTI를 가지고 있다면, 경쟁 해소는 C-RNTI를 사용하는 단말을 PDCCH 상에 표시해주면 된다. 즉, PDCCH 상에서 자신의 C-RNTI를 검출함에 따라서, 단말은 랜덤엑세스 시도가 성공했음을 선언하게 되며, DL-SCH 상으로는 경쟁 해소에 관계된 별도의 정보가 필요하지 않는다. C-RNTI는 해당 단말의 유일한 것이므로, 그 단말이 아닌 다른 단말은 이 PDCCH 전송을 무시하게 된다.

만약 단말이 아직 C-RNTI를 할당받지 못했다면, 경쟁 해소 메시지는 TC-RNTI를 사용하게 되며 해당 PDCCH에 의해 어드레싱되는 DL-SCH는 경쟁 해소 메시지를 포함하게 된다. 단말은 이 메시지 내의 신원과 세 번째 단계에서 전송되었던 신원을 비교하게 된다. 세 번째 단계에서 전송된 신원과 네 번째 단계에서 수신된 신원이 맞는 단말만이 랜덤엑세스 과정이 성공했음을 선언하고, 두 번째 단계에서 받은 TC-RNTI를 C-RNTI로 승격시킨다. 이미 상향링크 동기가 형성되어 있으므로 이 단계의 하향링크 시그널링에는 HARQ가 적용된다. 또한, 세 번째 단계에서 전송된 신원과 네 번째 단계에서 수신된 메시지의 신원이 맞는 단말은 상향링크에서 HARQ acknowledgement를 전송한다.

자신들의 C-RNTI를 가진 PDCCH 전송을 수신하지 못한 단말 및 세 번째 단계에서 전송된 신원과 네 번째 단계에서 수신된 신원이 맞지 않는 단말은 랜덤엑세스 과정이 실패한 것으로 간주하여 첫 단계부터 다시 시작한다. 당연히 이러한 단말로부터 HARQ acknowledgement가 전송되지 않는다. 또한, 세 번째 단계의 상향링크 메시지 전송으로부터 특정 시간 내에 네 번째 단계의 하향링크 메시지를 수신하지 못한 단말도 랜덤엑세스 과정이 실패했음을 선언하고 첫 단계부터 다시 시작한다.

11.4 페이징

페이징 (paging)은 단말이 RRC_IDLE에 있을 때 network-initiated 연결 설정에 사용된다. 효율적인 페이징 과정은, 단말이 네트웍으로부터 페이징 정보를 관찰하기 위해 미리 정해진 구간에만 잠시 깨어나고 나머지 대부분의 시간에는 수신기 프로세싱 없이 sleep할 수 있도록 해야 한다. LTE에서는, DL-SCH 상의 일반적인 하향링크 데이터 전송과 동일한 방식이 페이징 전송에도 사용되고, 단말은 페이징에 관련된 하향링크 스케줄링 할당을 찾기 위해 L1/L2 제어 시그널링을 관찰한다. 단말의 위치는 일반적으로 셀 레벨로는 알려지지 않기 때문에, 페이징 메시지는 일반적으로 소위 tracking area 내의 복수 개의 셀에 걸쳐서 전송된다. (Tracking area는 MME에 의하여 제어된다. 좀 더 자세한 사항은 [5]를 참조한다.)

효율적인 페이징 절차는, 대부분의 시간은 단말이 수신 동작을 하지 않으면서 쉴 수 있도록 해주면서 네트웍으로부터의 페이징 정보를 관찰하기 위하여 정해진 시간에서만 잠깐 깨어날 수 있도록 해주어야 한다. 따라서, 단말이 대부분의 시간을 쉬고 잠깐 깨어나서 L1/L2 제어 시그널링을 관찰할 수 있도록 페이징 주기 (paging cycle)가 정의된다. 단말이 페이징에 사용되는 그룹 신원 (P-RNTI)을 검출하면, 단말은 PCH 상으로 전송되는 해당 하향링크 페이징 메시지를 처리한다. 페이징 메시지에는 페이징되는 단말(들)의 신원이 포함되어 있으며 자신의 신원을 찾지 못한 단말은 수신된 정보를 폐기하고 DRX 주기에 따라 sleep한다. 당연히, DRX 주기 동안에는 상향링크 타이밍이 알려지지 않으므로, 어떠한 HARQ acknowledgement도 전송될 수 없으며 따라서 페이징 메시지에는 소프트 컴바이닝을 수반한 HARQ는 사용되지 않는다.

네트웍은 단말이 깨어나서 페이징을 들어야 하는 서브프레임을 설정한다. 단말-특정의 설정으로 이를 보충할 수도 있지만, 일반적으로 이러한 설정은 셀-특정으로서 셀별로 설정된다. 어떤 프레임에서 주어진 단말이 깨어나서 PDCCH 상의 P-RNTI를 찾아야 하는지의 여부는 단말의 신원과 셀-특정 및 (선택적으로) 단말-특정의 페이징 주기를 입력으로 하는 식에 의하여 결정된다. Idle 모드의 단말은 C-RNTI를 할당받지 않은 상태이므로, 위의 식에서 사용되는 신원은 단말의 가입과 연관되어 있는 IMSI가 사용되며, 단말에 대한 페이징 주기는 256 프레임 당 1회에서 32 프레임당 1회까지 가능하다. 프레임 내에서 페이징을 위해 관찰해야 하는 서브프레임 역시 IMSI로부터 추출이 가능하다. 서로 다른 단말은 서로 다른 IMSI를 가지고 있으므로 서로 다른 페이징 인스턴스 (paging instance)가 계산될 것이다. 따라서, 페이징은 그림 11.14와 같이 가능한 페이징 인스턴스에 대하여 나뉘어 있으므로 모든 단말이 모든 페이징 시점 (paging occasion)에서 페이징되는 것은 아니지만, 네트웍 관점에서는 페이징이 32 프레임 당 1회보다 더 자주 전송될 수 있다.

페이징 메시지는 일부 서브프레임에서만 전송이 가능하며, 이 빈도는 32 프레임 당 1개의 서브프레임부터 매우 높은 페이징 용량을 위해서는 매 프레임마다 4개의 서브프레임에서 페이징이 전송될 수 있다. 표 11.1이 이러한 설정을 보이고 있다. 네트웍 관점에서는 짧은 페이징 주기를 사용하는 데 따르는 비용이 그리 크지 않음에 유의한다. 왜냐하면 페이징을 위해 사용되지 않은 자원은 데이터 전송에 사용할 수 있으며, 따라서 낭비되는 것이 아니기 때문이다. 그러나, 단말 입장에서는 짧은 페이징 주기는 더 자주 깨어나서 페이징을 관찰해야 하기 때문에 전력 소모를 증가시킨다.

RRC_IDLE에 있는 단말에 대한 네트웍 접속을 시작하는 것 이외에도, 페이징은 RRC_IDLE 및 RRC_CONNECTED 모드에 있는 단말에 시스템 정보가 바뀌었음을 알려주는 데 사용될 수도 있다. 이러한 원인으로 페이징된 단말은 시스템 정보가 바뀌는 것을 알게 되므로 11.2절에서 설명한 것처럼 변경된 시스템 정보를 획득하여야 한다.

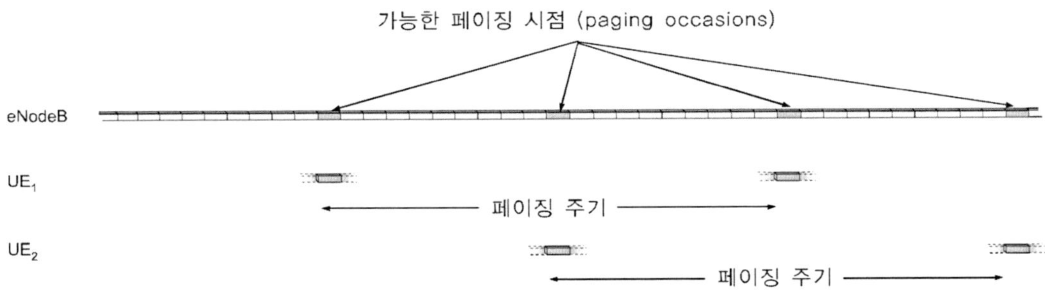

그림 11.14 페이징 주기

표 11.1 페이징 주기 및 페이지 서브프레임

		페이징 주기 당 페이징 서브프레임 개수							
		1/32	1/16	1/8	1/4	1/2	1	2	4
페이징 프레임 내의 페이징 서브프레임	FDD	9	9	9	9	9	9	4, 9	0, 4, 5, 9
	TDD	0	0	0	0	0	0	0, 5	0, 1, 5, 6

12
반송파 결합 (Carrier Aggregation)

반송파 결합 (Carrier Aggregation, CA)은 LTE Release 10에서 도입되었으며 이후 릴리스에서 추가적으로 개선되었다. CA에서는 최대 20 MHz의 서로 다른 대역폭을 가진 여러 개의 LTE 반송파가 동일한 단말로/단말로부터 동시에 전송될 수 있으므로, 이는 전반적으로 더 넓은 대역폭을 가능하게 하며 이에 따라 더 높은 링크당 데이터 속도가 가능하다. RF 관점에서는, CA에 사용되는 각 반송파는 component 반송파라고 불리며, 결합된 전체 반송파가 하나의 (RF) 반송파로 보일 수 있다.

최초에는 최대 5 개의 component 반송파[1]를 결합하여 최대 100 MHz의 전체 전송 대역폭을 지원하였으며, Release 13에서는 이것이 32개의 반송파로 확장되어 640 MHz의 전체 전송 대역폭까지 지원하게 되었다. 이는, 주로 비면허 주파수에서 큰 대역폭을 사용할 수 있는 가능성에 따른 것이었다. 반송파 결합을 할 수 있는 단말은 여러 component 반송파를 동시에 수신하거나 송신할 수 있다. 각 component 반송파는 이전 릴리스의 LTE 단말이 접속할 수도 있다. 즉, component 반송파는 이전 버전과의 후방위 호환성을 가진다. 따라서, 달리 언급되지 않는 한, 이전 장에서 설명된 물리 계층 기술은 반송파 결합의 각 component 반송파에도 개별적으로 적용된다.

결합된 component 반송파는 주파수 영역에서 연속적일 필요는 없다는 것에 유의한다. 서로 다른 component 반송파의 주파수 위치에 따라, 다음의 세 가지 경우가 있을 수 있다 (그림 12.1 참조).

1) 규격에서는 component 반송파 대신에 셀 (cell)이라는 용어를 사용하고 있다. 그러나 셀이라는 용어는 특히 상향링크의 경우에는 오해의 소지가 있으므로 여기서는 component 반송파라는 사용하도록 한다.

- 대역내 서로 연속적인 component 반송파의 CA
- 대역내 서로 비연속적인 component 반송파의 CA
- 대역 간 서로 비연속적인 component 반송파의 CA

비연속적인 component 반송파를 CA로 묶을 수 있다는 것은, 서로 떨어져 있는 주파수 자원을 가진 사업자들도 이러한 자원을 모아서 마치 하나의 광대역 주파수 자원이 있는 것처럼 매우 높은 데이터 속도의 서비스를 제공할 수 있다는 것이다. RF적인 측면을 제외하면 그림 12.1에 설명된 세 가지 사이의 차이는 없으며, 따라서 LTE Release 10 규격에서 모두 지원이 된다. 그러나 당연히 RF 구현의 복잡도 측면에서는, 첫 번째 방식이 가장 간단하며 방식마다 큰 차이가 있다 (제22장 참조). 따라서 CA가 물리 계층 및 프로토콜 규격 상으로 지원이 되더라도 실제 구현은 이러한 RF적인 측면에 따라서 크게 제한되어 현재 규격에서는 몇 가지 제한적인 경우의 CA 시나리오만 다루고 있으며, 떨어진 대역 간의 CA는 오직 특정 단말에만 지원이 될 수 있다.

비록 CA 기능을 사용하면 최대 100 MHz 혹은 최대 640 MHz까지의 매우 큰 전체 대역폭을 가능하도록 하지만, 이와 같이 큰 주파수 대역폭을 보유한 사업자들은 매우 적다. 이에, 당분간은 CA 기능은 주로 자잘하게 나뉘어져 있는 주파수 자원을 활용하는 데 사용될 수 있다. 즉, 특정 사업자의 경우에 여러 대역에 걸쳐서 5-10 MHz 정도의 주파수 자원을 가지고 있을 수 있으며, 이런 사업자들이 이와 같이 쪼개져 있는 주파수 자원들을 합하여 연속된 큰 주파수 자원을 가진 사업자와의 경쟁에서 비슷한 정도의 사용자 성능 (end user performance)을 제공하는 데 CA 기술이 사용될 수 있다.

Release 10 및 11에서는 오직 하향링크가 더 많은 비대칭을 지원한다. 즉, 상향링크에 설정될 수 있는 component 반송파의 개수는 하향링크 component 반송파의 개수보다 항상 같거나 작다. 상향링크가 더 많은 비대칭은 일단 이에 대한 관심 및 필요도가 적으며, 이러한 동작에서는 복수 개의 상향링크 component 반송파가 하나의 하향링크 component 반송파에 연결이 되어야 하므로 전체적인 제어 시그널링 구조를 복잡하게 한다.

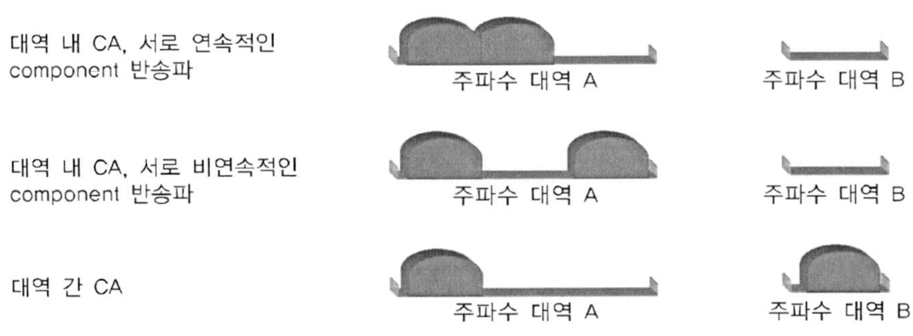

그림 12.1 여러 가지 방식의 CA

CA는 모든 프레임 구조에 대하여 지원된다. Release 10에서는 결합되는 모든 component 반송파는 동일한 듀플렉스 방식을 사용해야 하거나, TDD의 경우에서는 하향링크-상향링크 설정이 component 반송파에서 동일해야 하는 제약이 있었다.

Release 11은 CA가 가능한 TDD 단말의 경우에는 서로 다른 대역의 component 반송파에 대해서는 서로 다른 하향링크-상향링크 설정값을 사용할 수 있다. 이와 같은 기능을 추가한 것은 타 시스템과의 공존을 보다 잘 지원하기 위해서이다. 일례는 두 개의 서로 다른 주파수 대역에 이미 두 개의 서로 다른 시스템이 운용 중인 경우를 들 수 있다. 만약 LTE가 이 두 대역을 CA를 사용하여 모두 사용하고자 한다면, 각 해당 대역 component 반송파의 하향링크-상향링크 설정값은 기존에 운용 중인 시스템에 의하여 결정될 것이며 대부분의 경우에 이 값은 다를 것이기 때문이다.

서로 다른 하향링크-상향링크 설정값을 가진 대역 간 CA는 단말단에서 상향링크 송신과 하향링크 수신이 동시에 일어날 수도 있음을 의미한다. 동시에 송신과 수신이 가능한 단말은 일반적인 TDD 단말과는 달리 마치 FDD 단말처럼 듀플렉스 필터 (duplex filter)가 필요하게 된다. 따라서 단말이 듀플렉스 필터를 장착하여 동시에 송수신이 가능한지의 여부는 단말의 능력 (terminal capability)이며, 이러한 능력을 가지지 않은 단말은 secondary 반송파의 하향링크-상향링크 설정값에 있어서 primary 반송파의 값을 따르게 된다. 즉, 이러한 단말은 primary 반송파에서 하향링크 서브프레임인 순간에는 항상 secondary 반송파에서는 상향링크로 송신을 하지 않는다. 다시 말하면, 동시 송수신을 지원하지 않는 단말은 secondary 반송파 상의 특정 서브프레임을 사용할 수 없게 된다. 이러한 상황이 그림 12.2에 설명되어 있다.[2)]

참고로, 하향링크-상향링크 스위칭 시간이 충분히 크도록 보장된다면 특수 서브프레임 (special subframe)의 설정값은 Release 10 및 동시 송수신이 불가능한 Release 11 단말에 대해서도 component 반송파 별로 다를 수 있다.

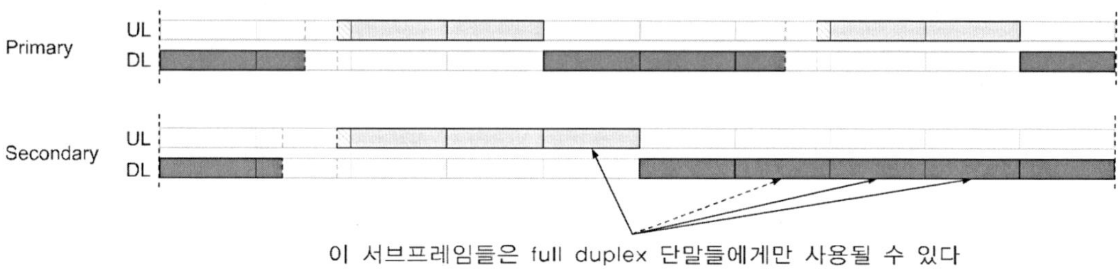

그림 12.2 서로 다른 상향링크-하향링크 설정을 갖는 TDD 대역 간 CA의 예

2) Primary 반송파 상의 특수 서브프레임과 겹쳐 있는 secondary 반송파 상의 하향링크 서브프레임은 DwPTS와 겹쳐 있는 부분만 사용이 가능하다.

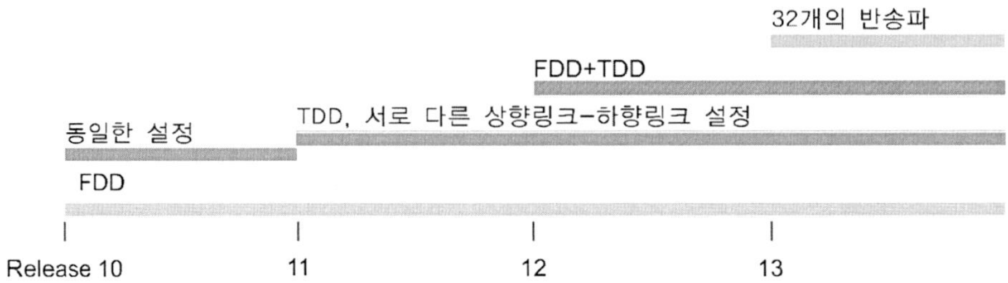

그림 12.3 CA 의 진화

Release 12는 사업자의 전체적인 주파수 자산을 보다 더 효율적으로 활용할 수 있도록 FDD와 TDD 간의 결합을 허용함으로써 CA가 더욱 진화되었다. Primary component 반송파는 FDD 또는 TDD를 사용할 수 있다. 서로 다른 듀플렉스 방식의 결합은, 연속적으로 상향링크 전송을 할 수 있는 FDD 반송파를 사용함으로써 TDD의 상향링크 커버리지를 개선하는 데 사용될 수도 있다.

Release 13은 결합 가능한 반송파의 수를 5개에서 32개로 증가시켰으며, 이에 따라 최대 대역폭은 640 MHz 및 하향링크의 이론적 최대 데이터 속도는 약 25 Gbps를 나타낸다. 결합되는 반송파의 수를 늘리는 주된 동기는 비면허 주파수의 매우 큰 대역폭을 활용하기 위한 것이며 이는 이후에 LAA (license-assisted access)와 함께 추가 논의된다.

서로 다른 릴리즈에서의 CA의 진화가 그림 12.3에 나와 있다.

12.1 전반적인 프로토콜 구조

CA는 본질적으로 RLC 및 그 위의 프로토콜은 동일하게 유지하면서 각 component 반송파에 대하여 MAC 및 PHY 프로세싱을 중복하는 것이다. 따라서, 하나의 CA는 RLC 엔티티가 다수의 component 반송파를 통해 전송되는 데이터를 다룰 수 있다. MAC 엔티티는 각 flow의 데이터를 각각의 component 반송파로 분배하는 역할을 하며, 실제 이는 하향링크의 스케줄링을 어떻게 할 것인지에 대한 구현 이슈이다. 각 component 반송파는 고유한 HARQ 엔티티를 가지며, 이는 HARQ 재전송은 원래 전송과 동일한 component 반송파에서 발생해야 함을 의미한다. 즉, 반송파들 사이에서 HARQ 재전송이 옮겨다닐 가능성은 없다. 한편, CA는 MAC 위의 프로토콜 계층에서 보이지 않는 기능이므로, RLC 재전송은 기본적으로 특정 component 반송파에 묶여 있지 않다. 따라서 RLC 재전송은 원래 전송과 다른 component 반송파를 사용할 수 있다.

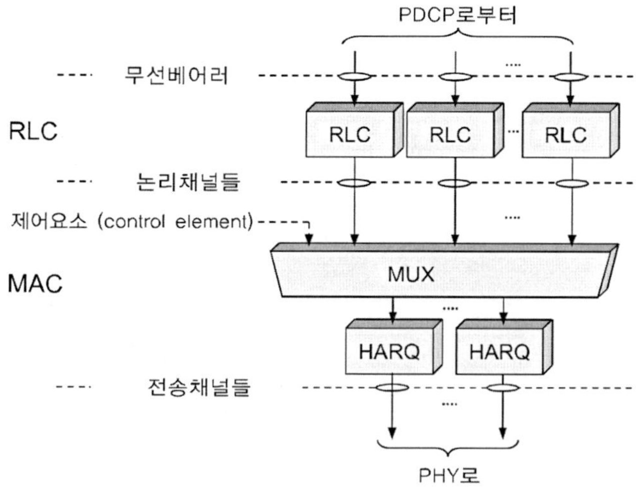

그림 12.4 LTE에서의 RLC 및 HARQ 재전송 방식

또한 RLC는 무선 베어러가 여러 component 반송파를 통하여 전송되는 경우, in-sequence delivery를 보장하기 위해 component 반송파 간의 데이터 재정렬 (reordering)을 처리한다. HARQ 재전송이 component 반송파마다 독립적으로 처리되기 때문에, MAC 계층의 순서가 어긋난 데이터는 8장에서 설명된 것처럼 하나의 component 반송파뿐만 아니라 여러 component 반송파 사이에서도 발생할 수 있다.

각 component 반송파는 component 반송파별 개별적인 스케줄링 할당/승인을 통해 독립적으로 스케줄링된다. 스케줄링 할당/승인은 12.3절에서 더 자세히 설명하는 것처럼, 데이터와 동일한 반송파에서 전송될 수도 있고 (self 스케줄링) 데이터가 전송되는 반송파와는 다른 component 반송파에서 전송될 수도 있다 (cross-carrier 스케줄링).

12.2 Primary 및 secondary component 반송파

CA가 가능한 단말은 하향링크에 하나의 primary component 반송파를 가지며 이에 대응하는 primary component 반송파를 상향링크에 가진다. 추가로, 각 링크에 하나 혹은 여러 개의 secondary component 반송파를 가질 수 있다. 서로 다른 단말은 서로 다른 반송파를 자신의 primary component 반송파로 가질 수 있다. 즉, primary component 반송파의 설정은 단말 별로 다를 수 있다. 하향링크 primary 반송파와 상향링크 primary 반송파 사이의 연결은 시스템 정보로서 시그널링된다. 이는 CA를 하지 않는 경우와도 유사하다. 물론 CA를 하지 않는 경우의 하향링크 반송파와 상향링크 반송파의 연결은 매우 간단하다. 이와 같이 하향링크, 상향링크의

primary 반송파를 서로 연관지어 놓는 것은, 하향링크로 전송되는 스케줄링 승인이 component 반송파 번호를 명시적으로 시그널링할 필요없이 어떠한 상향링크 component 반송파에 해당하는 것인지 결정하는 등에 사용된다. 상향링크에서는, 이후 설명되는 것처럼 primary component 반송파가 모든 L1/L2 제어 시그널링을 전달하기 때문에 중요하다.

Idle 모드 절차는 primary component 반송파에만 해당된다. 즉, 추가적인 secondary 반송파의 CA는 오직 단말이 RRC_CONNECTED 상태인 경우에만 적용된다. 네트웍 접속 시 단말은 셀 탐색 및 랜덤엑세스와 같은 관련 절차들을 수행한다 (자세한 내용은 제11장 참고). 네트웍과 단말 사이의 통신이 설정되면, 추가적인 secondary component 반송파를 설정할 수 있다.

CA가 단말 별로 다를 수 있다는 것, 즉 서로 다른 단말은 서로 다른 component 반송파 집합을 사용하도록 설정할 수 있다는 것은 네트웍 관점에서 component 반송파 사이의 부하를 분산할 수 있다는 측면뿐 아니라 단말 사이의 서로 다른 능력 (capability)을 다루는데 도움이 된다. 어떠한 단말은 여러 개의 component 반송파 상으로 송신/수신이 가능할 수 있으며, 다른 단말은 오직 하나의 반송파에서만 가능할 수도 있다. 이는 CA가 가능한 단말뿐 아니라 그 이전 릴리즈 단말들도 동시에 지원해야 한다는 것에서 비롯된 결과이지만, 또한 CA 측면에서도 서로 다른 능력이 있을 수 있으며 하향링크 CA 능력 및 상향링크 CA 능력에도 차이가 있을 수 있기 때문이다. 예를 들면, 그림 12.5의 단말 C의 경우와 같이, 어떠한 단말은 하향링크에 2개의 component 반송파에 대하여 CA를 수행할 수 있지만, 상향링크에는 오직 하나의 component 반송파만 지원, 즉 상향링크에는 CA를 지원하지 않을 수 있다. 또한, primary component 반송파 설정은 단말 별로 다를 수 있음에 유의한다. 비대칭적인 CA는 사업자가 하향링크에는 주파수 자원이 많지만 상향링크에는 주파수 자원이 적은 것과 같이 주파수 자원 자체가 비대칭적인 경우를 지원하기에도 유용하다. 준지속적 스케줄링은 주로 여러 개의 component 반송파를 필요로 하지 않는 작은 페이로드를 위한 것이므로 primary component 반송파에서만 지원된다.

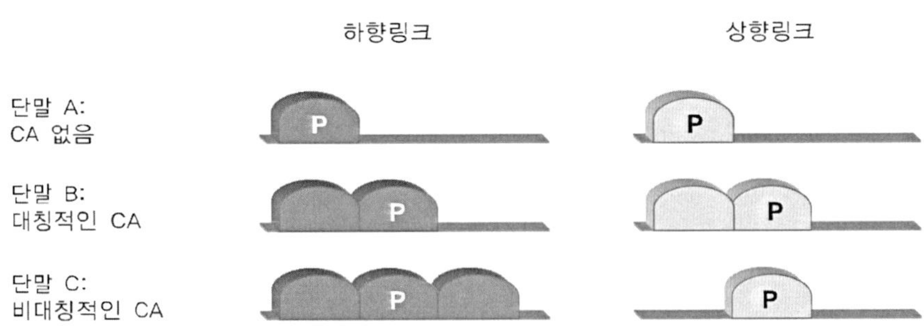

그림 12.5 CA의 예 ('P'는 primary component 반송파)

12.3 Self 스케줄링 및 cross-carrier 스케줄링

앞에서 설명된 것과 같이, 각 component 반송파는 데이터와 동일한 반송파에서 전송되거나 (self 스케줄링) 데이터가 전송되는 반송파와는 다른 component 반송파에서 전송되는 (cross-carrier 스케줄링) 스케줄링 할당/승인을 통하여 개별적으로 스케줄링된다. 이 두 가지가 그림 12.6에 나와 있다.

Self 스케줄링의 경우, 하향링크 스케줄링 할당은 해당 할당이 전송되는 component 반송파에 대해 유효하다. 유사하게, 상향링크 스케줄링 승인의 경우에는, 각 상향링크 component 반송파는 연관된 하향링크 component 반송파를 가지고 있는 것과 같이 하향링크와 상향링크 component 반송파 사이에 관계가 있다. 이러한 관계는 시스템 정보로서 알려진다. 따라서 단말은 시스템 정보를 통하여 하향링크 제어 정보로 전송되는 사항이 어떠한 상향링크 component 반송파에 해당하는 것인지를 알게 된다.

Cross-carrier 스케줄링을 하는 경우에는, 하향링크 PDSCH와 상향링크 PUSCH가 (E)PDCCH가 전송되는 반송파가 아닌 (연관된) component 반송파 상으로 전송되며, PDCCH 내의 반송파 지시자 (carrier indicator)가 PDSCH 혹은 PUSCH에 사용되는 component 반송파에 대한 정보를 알려준다.

Cross-carrier 스케줄링이 사용되는 지의 여부는 상위 계층의 시그널링에 의하여 설정된다. Self 스케줄링 또는 cross-carrier 스케줄링이 사용되는지 여부에 관계 없이, HARQ 피드백은 primary 상향링크 반송파를 통해 전송된다.[3] 이 구조는 일반적인 시나리오인 상향링크 반송파보다 하향링크 반송파가 많은 비대칭 CA를 다루기 위하여 선택되었다. 이 구조로 인하여, component 반송파에 걸친 타이밍과 관련된 두 가지 질문이 발생한다.

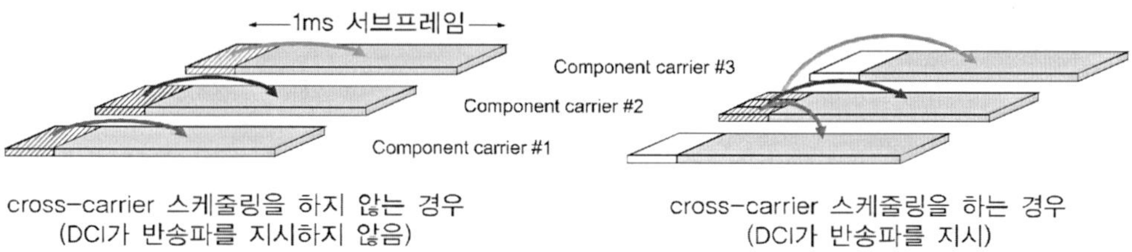

그림 12.6 Self 스케줄링 (왼쪽) 및 cross-carrier 스케줄링 (오른쪽)

3) Release 13에서 최대 32개까지의 반송파 결합이 가능해지면서, 이는 2개의 상향링크 반송파로 확장되었다. 12.6절 참조을 참조한다.

- Secondary component 반송파 상의 서브프레임 n에서의 데이터 전송은 primary component 반송파 상의 어떤 상향링크 서브프레임과 관련이 있는가?
- 서브프레임 n에서 수신된 스케줄링 승인을 어떤 서브프레임과 관련이 있는가?

이러한 타이밍 관계는 FDD의 경우는 비교적 간단하지만, cross-carrier 스케줄링을 사용하는 TDD의 경우에는 더 복잡하다. 다양한 타이밍 시나리오는 다음 절에서 설명한다.

12.3.1 FDD 반송파 결합에 대한 스케줄링 타이밍

복수 개의 FDD component 반송파 결합에 대한 기본은 반송파 결합이 없는 스케줄링 및 재전송과 동일한 타이밍 관계를 따른다는 것이다. 즉, 하향링크 스케줄링 할당과 관련 데이터는 모두 서브프레임 n에서 전송되고 이에 따른 응답은 상향링크 서브프레임 $n+4$에서 일어난다. 스케줄링되는 component 반송파 수에 따라 단일 서브프레임에서 비교적 많은 수의 acknowledgement 비트가 전송될 수 있음에 유의해야 한다. 유사하게, 서브프레임 n에서 수신된 상향링크 스케줄링 승인은 서브프레임 $n+4$에서의 데이터 전송을 승인하는 것이며, 서브프레임 $n+8$에서 PHICH를 모니터링해야 한다. 각각의 PHICH는 상향링크 데이터 전송을 개시하는 스케줄링 승인과 동일한 component 반송파를 통해 전송되므로 다수 개의 PHICH가 사용된다. 이러한 타이밍 관계는 self 스케줄링 및 cross-carrier 스케줄링 모두에 적용된다.

12.3.2 TDD 반송파 결합에 대한 스케줄링 타이밍

Self 스케줄링의 경우는, PHICH를 포함하는 스케줄링 할당 및 승인의 타이밍은 간단하며 반송파 결합이 없는 경우와 동일한 타이밍 관계가 사용된다. 하향링크 스케줄링 할당은 해당 데이터와 동일한 반송파에서 전송된다. 상향링크 데이터 전송은 스케줄링 승인 전송에 사용된 하향링크 반송파와 관련된 상향링크 component 반송파에서 이루어진다.

하향링크 전송은 단말이 primary component 반송파의 PUCCH (또는 PUSCH) 상으로 HARQ 응답을 해야 함을 의미한다. 명백하게, acknowledgement는 primary component 상의 상향링크 서브프레임에서만 전송될 수 있다. 모든 component 반송파에 대하여 동일한 상향링크-하향링크 설정을 사용하는 경우, acknowledgement 의 타이밍은 CA가 없는 경우와 동일하다. 그러나 Release 11에서 서로 다른 component 반송파에 서로 다른 설정을 할 수 있는 기능이 도입되었고 Release 12에서는 FDD와 TDD 반송파를 결합할 수 있도록 함으로써, primary component 반송파가 TDD인 경우의 타이밍 관계를 복잡하게 만든다. HARQ 응답의 타이밍이 primary component 반송파만을 따르도록 하는 경우에는, 일부 서브프레임 (그림 12.7의 서브프레임 4)은

secondary component 반송파에 대한 타이밍 관계가 존재하지 않아서 결과적으로 해당 서브프레임을 하향링크 전송에 사용할 수 없다. 따라서, 이 경우를 다루기 위해, primary component 반송파 및 모든 secondary component 반송파의 HARQ 타이밍과 호환되는 reference 설정을 사용하여 secondary component 반송파에 대한 HARQ 타이밍 관계를 도출한다. Primary component 반송파는 CA가 없는 경우와 동일한 타이밍을 사용한다. Primary component 반송파는 설정 3을 사용하고 secondary component 반송파는 설정 1을 각각 사용하는 CA의 예인 그림 12.7을 살펴보면, 설정 4가 모든 secondary component 반송파의 타이밍에 대한 reference로 사용된다. 다른 설정 조합에 대한 reference 설정은 표 12.1에서 찾을 수 있다.

Cross-carrier 스케줄링에서는, HARQ 응답뿐만 아니라 스케줄링 승인 및 스케줄링 할당의 타이밍도 함께 연관될 수 있다. 모든 component 반송파에 동일한 상향링크-하향링크 설정을 사용하는 경우의 스케줄링 타이밍은 component 반송파 전반에서 타이밍 충돌이 없으므로 self 스케줄링의 타이밍과 유사하다. 그러나, 상이한 상향링크-하향링크 설정을 갖는 cross-carrier 스케줄링은 각 component 반송파에 대한 하향링크 스케줄링 타이밍이 primary component 반송파의 하향링크 타이밍을 따르기 때문에 특별한 주의가 필요하다. 스케줄링 할당이 미래의 하향링크 서브프레임을 가리킬 수 없다는 사실과 함께, 이는 일부 component 반송파 상의 일부 하향링크 서브프레임은 cross-carrier 스케줄링으로 스케줄링될 수 없음을 의미한다 (그림 12.8 참조). 이는, 동시에 송신과 수신을 할 수 없는 TDD 단말의 경우, primary component 반송파 상의 하향링크(상향링크) 서브프레임과 일치하는 secondary component 반송파 상의 하향링크(상향링크) 서브프레임 만이 사용될 수 있다는 사실과 일치한다. Cross-carrier 스케줄링이 없는 경우에는 모든 서브프레임이 스케줄링될 수 있음을 유의한다.

Cross-carrier 스케줄링의 상향링크 스케줄링 타이밍은 다소 복잡하다. 일부 설정에 대해서는, 타이밍이 (E)PDCCH가 전송되는 반송파인 스케줄링 반송파의 설정에 따라 주어지지만, 다른 설정에 대해서는, PUSCH가 전송되는 스케줄링 반송파의 구성에 따라 타이밍이 결정되기도 한다. 본질적으로 PHICH는 단일 비트 상향링크 승인이기 때문에 PHICH에도 동일한 관계가 적용된다.

Cross-carrier 스케줄링의 경우, 각 component 반송파에 대한 스케줄링 타이밍이 primary component를 따르기 때문에 하향링크 송신에 응답하는 HARQ 응답을 위한 reference 구성이 필요하지 않다. 그러므로, 그림 12.7의 "문제 있는" 서브프레임인 서브프레임 4는 절대로 스케줄링될 수 없으며 HARQ 타이밍 관계는 primary component 반송파만으로 도출될 수 있다. 다르게 표현하면, reference 타이밍 설정이 primary component 반송파의 설정과 동일하다.

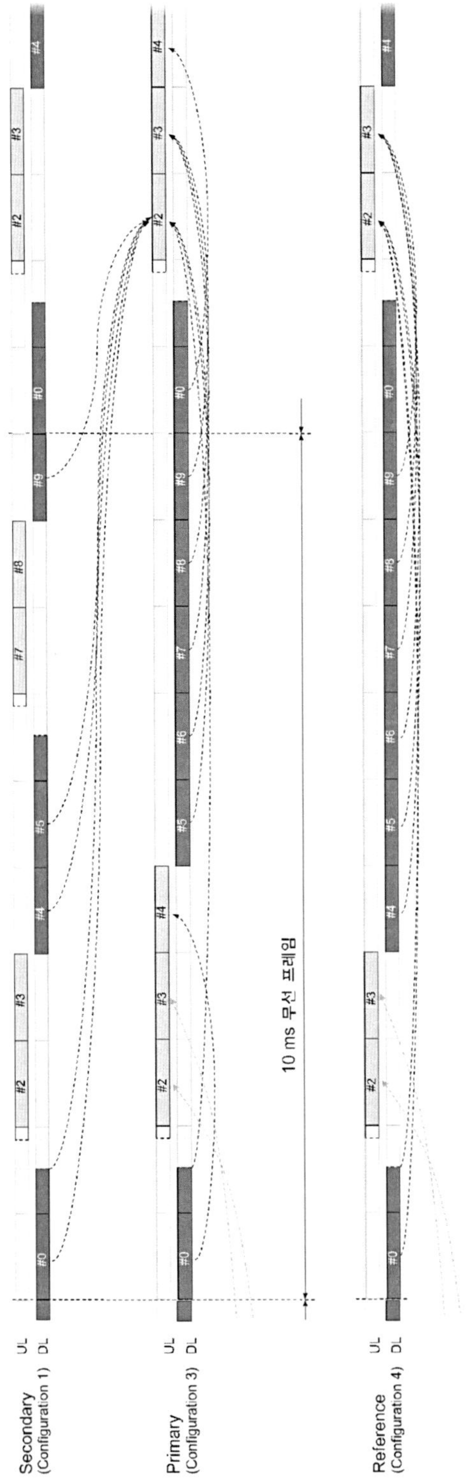

그림 12.7 Primary component 반송파는 설정 3을 사용하고 secondary component 반송파는 설정 1을 사용하는 CA

표 12.1 Primary 및 secondary component 반송파 상의 여러 가지 설정에 대한 상향링크-하향링크 reference 설정

		Secondary Component Carrier						
		0	1	2	3	4	5	6
Primary componentcarrier	0	0	1	2	3	4	5	6
	1	1	1	2	4	4	5	1
	2	2	2	2	5	5	5	2
	3	3	4	5	3	4	5	3
	4	4	4	5	4	4	5	4
	5	5	5	5	5	5	5	5
	6	6	1	2	3	4	5	6

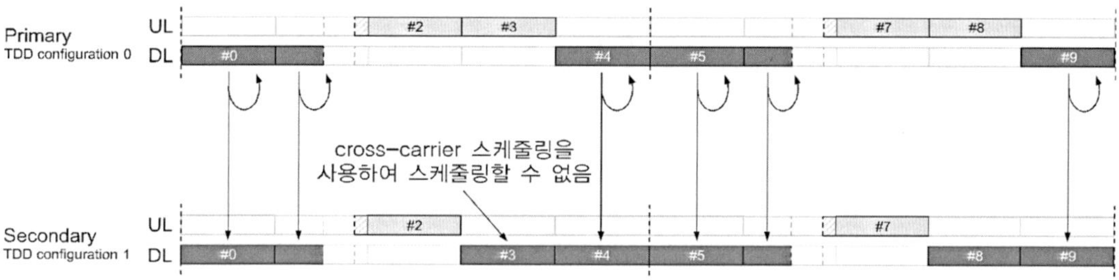

그림 12.8 서로 다른 TDD 설정을 갖는 cross-carrier 스케줄링의 예

12.3.3 FDD와 TDD 반송파 결합에 대한 스케줄링 타이밍

앞에서 설명한 타이밍 측면의 많은 부분이 FDD-TDD간 CA에도 적용된다.

FDD-TDD 간 CA에서 FDD가 primary component 반송파인 경우에는, 항상 사용 가능한 상향링크 서브프레임이 존재하며 결과적으로 HARQ 응답은 FDD 타이밍을 사용하여 전송할 수 있다. PHICH를 포함한 스케줄링 할당 및 승인은 secondary component 반송파의 타이밍을 따른다. 이는 self 스케줄링에 경우에는 당연히 필요하지만, cross-carrier 스케줄링에서도 간단한 동작을 위하여 사용된다.

FDD-TDD 간 CA에서 TDD가 primary component 반송파인 경우에는, 하향링크 할당 및 상향링크 승인의 타이밍은 간단하게 FDD 타이밍을 재사용한다. 즉, 서브프레임 n에서 수신된 상향링크 스케줄링 승인은 서브프레임 $n+4$에서의 상향링크 전송에 대한 것이다. 이는 self 스케줄링 및 cross-carrier 스케줄링 모두에 적용된다. 이는 그림 12.8에서 설명되듯이, FDD component 반송파의 일부 서브프레임을 TDD component 반송파로부터 스케줄링할 수 없음을 의미한다.

그러나, PHICH 타이밍은 FDD 타이밍을 따르지 않는다. 대신, PHICH는 상향링크 데이터가 수신된지 6개 서브프레임 뒤에 전송된다. $n+4$의 일반적인 FDD 타이밍을 사용하지 않는 이유는, PHICH를 전송할 하향링크 서브프레임이 존재하는 것을 보장하기 위해서이다. $6+4=10$이므로 상향링크-하향링크 설정의 주기에 의하면 PHICH는 최초 상향링크 승인보다 한 프레임 뒤에 전송되는 것이다. 이는 그림 12.9에 나와 있다. 서브프레임 0의 스케줄링 승인이 서브프레임 4에서의 상향링크 전송을 만들고, 다음에 오는 서브프레임 0의 PHICH를 사용하여 재송신이 요청된다. 이 예에서는 일반적인 FDD PHICH 타이밍 (서브프레임 8에서 PHICH가 전송되는 것) 또한 동작이 가능할 것이다. 그러나, 서브프레임 9에서 승인하여 서브프레임 3에서 상향링크 전송을 하는 경우에는, primary 반송파 상의 서브프레임 7이 하향링크 서브프레임이 아니기 때문에, FDD PHICH 타이밍을 사용하면 제대로 동작할 수가 없다.

하향링크 데이터 전송에 응답하는 상향링크 HARQ 응답의 타이밍은 다소 복잡하여, 규격에서는 acknowledgement가 primary component 반송파 상의 상향링크 서브프레임에서 전송되는 것을 보장하는 표에 의해 주어진다. 한 예가 그림 12.10에 나와 있다.

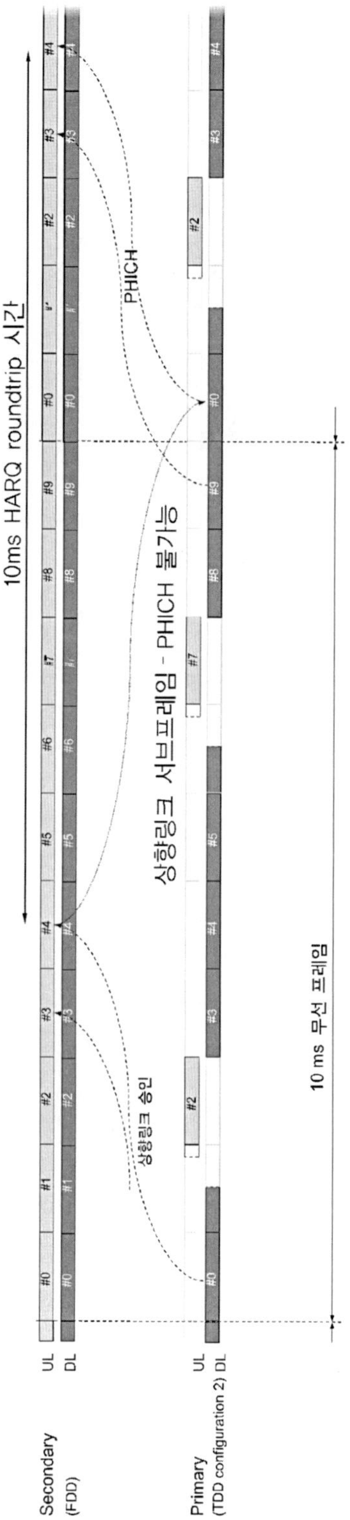

그림 12.9 Primary 반송파로 TDD를 사용하는 경우의 PHICH 타이밍

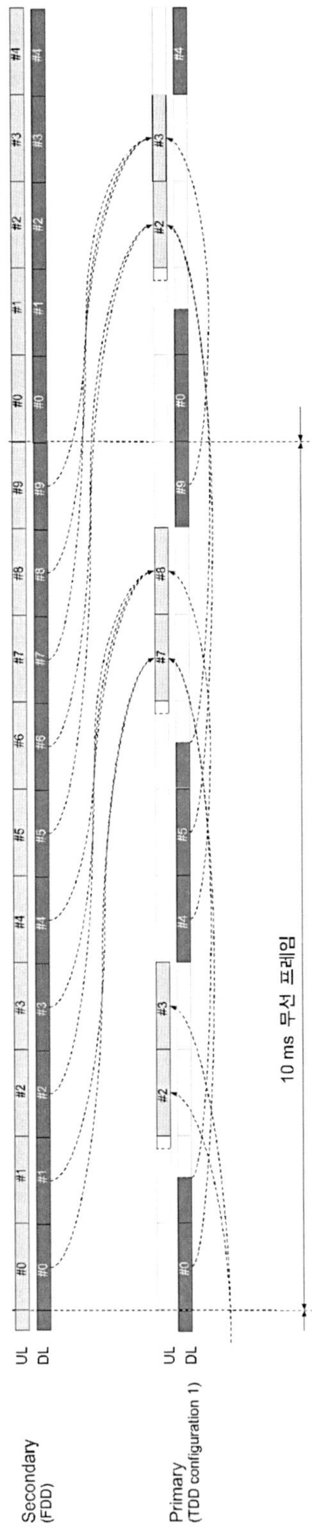

그림 12.10 FDD-TDD CA의 HARQ 응답 타이밍의 예

12.4 DRX 및 component 반송파 비활성화

9.7절에서 단말의 전력 소모를 줄이는 방법의 하나로 DRX (discontinuous reception)이 설명되었다. 이는 CA에 대해서도 동일하며 동일한 DRX 동작이 모든 component 반송파에 적용된다. 따라서 단말이 DRX 상태이면 어떠한 component 반송파로도 수신을 하고 있지 않으며, 단말이 깨어나면 모든 (활성화된) component 반송파가 깨어나게 된다.

물론, DRX가 단말의 전력 소모를 많이 줄여주지만, CA의 경우에는 이를 좀 더 개선할 수 있다. 당연히 전력 소모 관점에서는 가능하면 적은 개수의 component 반송파로 수신할수록 좋다. 따라서 LTE는 하향링크 component 반송파의 비활성화 (deactivation)를 지원한다. 비활성화된 component 반송파는 RRC에 의해 제공된 설정은 유지하지만 PDCCH 및 PDSCH의 수신에는 사용될 수 없다. 만약 해당 반송파를 사용해야 할 필요가 있으면, 하향링크 component 반송파는 매우 빨리 활성화되어 수 서브프레임 내에 하향링크 수신에 사용할 수 있다. 일반적인 사용의 경우는, 복수 개의 component 반송파가 설정되어 있으나 primary component 반송파를 제외한 나머지 반송파는 비활성화된 것이다. 데이터 버스트가 시작되면 네트웍은 하향링크 데이터 속도를 극대화하기 위하여 다른 component 반송파를 활성화할 수 있다. 데이터 버스트 전송이 완료되면 단말의 전력 소모를 줄이기 위하여 다른 component 반송파는 다시 비활성화될 수 있다.

하향링크 component 반송파의 활성화 및 비활성화는 MAC 제어 요소에 의하여 수행된다. 아울러 타이머에 의한 비활성화 방식도 있다. 이 경우에는, 단말은 특정 component 반송파에서 설정한 시간 동안 아무런 활동이 없으면 해당 component 반송파를 비활성화할 수 있다. 어쨌든 네트웍이 단말과 통신을 해야 하므로 primary component 반송파는 항상 활성화되어 있어야 한다.

상향링크에서는 명시적인 상향링크 component 반송파의 활성화가 있지 않으며, 대신 어떤 하향링크 component 반송파가 활성화되거나 비활성화되면 해당하는 상향링크 component 반송파 역시 활성화되거나 비활성화된다.

12.5 하향링크 제어 시그널링

CA에서는 CA를 사용하지 않는 경우와 동일한 L1/L2 제어 채널들, 즉 PCFICH, (E)PDCCH 및 PHICH를 사용한다. 그러나, 다음 절에서 설명하는 바와 같이, 더 많은 수의 HARQ 응답을 처리하기 위해 도입된 몇 가지 개선 사항이 있다.

12.5.1 PCFICH

각 component 반송파의 구조가 CA를 하지 않은 경우와 동일하다는 말은, component 반송파 당 하나의 PCFICH가 있음을 의미한다. 제어 영역 크기를 서로 다른 component 반송파에서 독립적으로 시그널링한다는 것은 서로 다른 component 반송파에서 제어 영역의 크기가 다를 수 있음을 의미한다. 따라서 원칙적으로 단말은 해당 단말이 스케줄링된 각 component 반송파에서 PCFICH를 수신해야 한다. 또한, 서로 다른 component 반송파는 서로 다른 물리 계층 셀 ID를 가질 수 있기 때문에, component 반송파마다 신호 위치 및 스크램블링이 다를 수 있다.

Cross-carrier 스케줄링이 사용되는 경우에는 특정 PDSCH 전송과 관련된 제어 시그널링이 PDSCH가 전송되는 반송파가 아닌 component 반송파를 통해 전송되므로, 단말은 PDSCH가 전송되는 반송파 상의 데이터 영역에 대한 시작 위치를 알아야 한다. 원칙적으로는 PDSCH를 전송하는 component 반송파 상의 PCFICH를 사용하는 것이 가능하지만, 이렇게 하면 하나는 component 반송파 상의 PDCCH 디코딩을 위한 것과 또 다른 하나는 다른 component 반송파 상의 PDSCH 수신을 위한 것과 같이, 2개의 PCFICH 인스턴스가 존재하기 때문에 PDSCH를 부정확하게 디코딩할 확률이 증가한다. 특히 cross-carrier 스케줄링의 목적 중 하나는 component 반송파 중 일부가 강한 간섭을 받을 수 있는 heterogeneous 구축 (14장 참조)을 지원하기 위한 것이기 때문에, 이러한 경우에는 위의 문제가 더 두드러진다. 따라서, cross-carrier 스케줄링 전송의 경우에는, 데이터 영역의 시작이 해당 component 반송파 상의 PCFICH로부터 얻어지는 것이 아니라 준정적으로 설정된다. 준정적으로 설정된 값은 PDSCH 전송을 하는 component 반송파의 PCFICH에서 시그널링되는 값과 다를 수 있다.

12.5.2 PHICH

PHICH는 6장과 같이 CA를 사용하지 않는 경우와 동일한 원리를 따른다. 이는, 모니터링해야 하는 PHICH 자원이, 상향링크 승인의 일부로서 시그널링된 reference 신호 위상 회전과 결합되어 일어나는 해당 상향링크 PUSCH 전송이 발생하는 첫 번째 자원 블록의 번호로부터 유도됨을 의미한다. 일반적인 원칙으로서, LTE는 상향링크 데이터 전송을 스케줄링하는 승인을 위해 사용된 component 반송파와 동일한 반송파 상에서 PHICH를 전송한다. 이 원칙은, 대칭 및 비대칭 CA를 처리할 수 있다는 점에서 일반적인 원칙일뿐만 아니라, 단말이 상향링크 스케줄링 승인을 위해 모니터링하는 component 반송파만을 모니터링하면 되기 때문에 단말의 전력 소비적인 측면에서도 유리하다 (이는 8장에서 논의된 것처럼, PDCCH가 적응형 재전송을 지원하기 위해 PHICH를 덮어쓰는 경우에 특히 그러하다).

Cross-carrier 스케줄링이 사용되지 않는 경우, 즉 각각의 상향링크 component 반송파가 대응하는 하향링크 component 반송파에서 스케줄링되는 경우에는, 서로 다른 상향링크 component 반송파는 서로 다른 PHICH 자원을 가질 것이다. 한편, cross-carrier 스케줄링을 사용하면, 그림 12.11과 같이 복수 개의 상향링크 component 반송파가 하나의 하향링크 component 반송파 상에서 응답되어야 할 수도 있다. 이러한 경우에 PHICH 충돌을 피하는 것은 스케줄러에 달려 있으며, 따라서 스케줄러는 서로 다른 상향링크 component 반송파에 대하여 서로 다른 reference 신호 위상 회전이 사용되도록 보장하거나 아니면 서로 다른 자원 블록 시작 위치를 보장하여야 한다. 준-지속적 스케줄링에 대해서는 reference 신호 위상 회전이 항상 0으로 설정된다. 그러나 준-지속적 스케줄링은 항상 primary component 반송파에서만 지원되기 때문에 component 반송파들 사이에서 충돌의 위험은 없다.

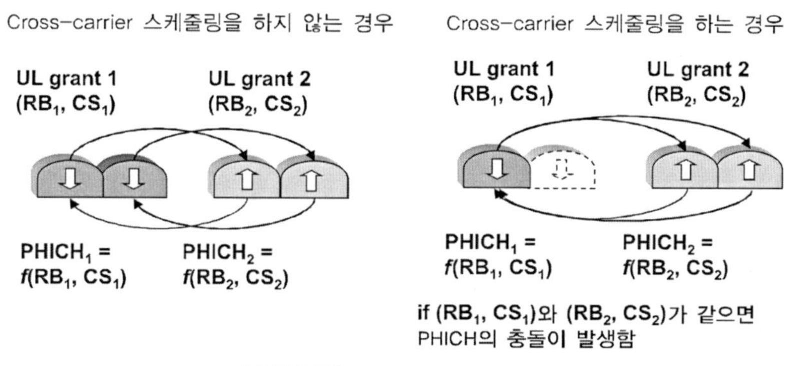

그림 12.11 PHICH association

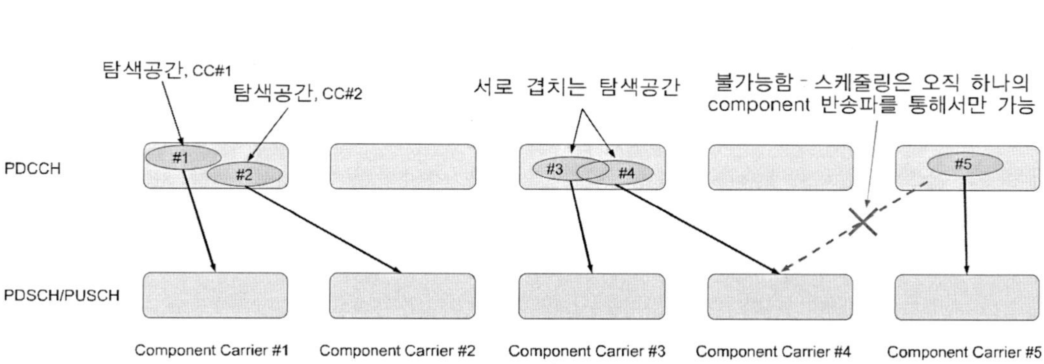

그림 12.12 복수 개의 component 반송파의 스케줄링의 예 (탐색 공간에 대해서는 10.4.5절 참조)

12.5.3 PDCCH 및 EPDCCH

(E)PDCCH는 하향링크 제어 정보를 전달한다. Self 스케줄링에 대해서는, 적어도 하향링크 제어 시그널링 관점에서 보면 각 component 반송파가 본질적으로 독립적이기 때문에, (E)PDCCH 프로세싱에 큰 영향은 없다. 그러나, cross-carrier 스케줄링이 단말-특정 RRC 시그널링에 의해 설정되는 경우에는, 해당 특정 제어 메시지가 가리키는 component 반송파가 반드시 알려져야 한다. 이것이 제6장에서 언급된 반송파 지시자 (carrier indicator) 필드가 도입된 배경이다. 따라서 대부분의 DCI 포맷은 반송파 지시자가 있어나 없는 두 개의 형태를 가지며, 어떤 형태에 따라서 단말이 모니터링을 해야 하는 지의 여부는 cross-carrier 스케줄링을 켜거나/끔으로써 결정된다.

시그널링의 목적으로 component 반송파들은 번호가 붙여진다. Primary component 반송파는 항상 0번이며, 그 외 서로 다른 secondary component 반송파는 단말-특정의 RRC 시그널링을 통하여 서로 다른 번호가 부여된다. 따라서 단말과 eNodeB가 재설정을 하는 동안에 일시적으로 component 반송파에 대한 번호를 서로 다르게 알고 있는 경우에서도 적어도 primary component 반송파에 대한 스케줄링은 영향을 받지 않는다.

Cross-carrier 스케줄링이 사용되는지의 여부와 상관없이 하나의 component 반송파 위의 PDSCH/PUSCH는 오직 하나의 component 반송파로부터만 스케줄링이 가능하다. 따라서 각각의 PDSCH/PUSCH component 반송파에 대하여, 단말-특정의 RRC 시그널링을 통하여 설정되며 해당 DCI가 전송되는 연관된 component 반송파가 있다. 그림 12.12에 component 반송파 1에서 전송되는 PDSCH/PUSCH가 component 반송파 1에서 전송되는 PDCCH/EPDCCH를 사용하여 스케줄링되는 하나의 예를 보이고 있다. 이 경우에는 cross-carrier 스케줄링이 사용되지 않으며, 해당 DCI 포맷에는 반송파 지시자가 없다. Component 반송파 2 위의 PDSCH/PUSCH 전송은 component 반송파 1에서 전송되는 PDCCH에 의하여 cross-carrier 스케줄링되고 있다. 따라서 component 반송파 2에 대한 단말-특정의 탐색 공간 내의 DCI 포맷은 반송파 지시자를 가지고 있다.

하나의 component 반송파 위의 전송은 하나의 component 반송파 위의 PDCCH/EPDCCH에 의해서만 스케줄링이 가능하므로, 이 예에서는 component 반송파 4는 component 반송파 5 위의 PDCCH에 의해서는 스케줄링될 수 없음에 유의한다. 왜냐하면 해당 예에서는 이미 component 반송파 4 위의 데이터 전송에 대해서는 component 반송파 3 위의 PDCCH/ EPDCCH를 통하여 스케줄링된다는 준정적인 관계가 있기 때문이다.

활성화된 (activated)[4] 각 하향링크 component 반송파에 대하여, 6.4.5절에서 설명된 blind 디코딩과 탐색 공간에 대한 절차들이 적용된다. 따라서 CA에 관련된 몇 가지 변경이 있기는 하지만, 원칙적으로는 PDSCH가 수신될 수 있는 (혹은 PUSCH가 송신되는) (활성화된) component 반송파당 그리고 aggregation level당 하나의 단말-특정 탐색 공간이 존재한다. 이는 각 component 반송파에 대하여 스케줄링 할당/승인을 관찰해야 하기 때문에, CA를 사용하도록 설정된 단말에 대해서는 CA를 사용하지 않는 단말에 비하여 시도해야 하는 blind 디코딩 개수가 늘어난 것을 의미한다. Release 13에서 지원되는 최대 32개의 component 반송파를 고려하면 blind 디코딩 수는 1036개 (혹은 상향링크 공간 다중화가 사용되는 경우에는 더 큰 수)가 될 수 있다. 프로세싱 능력의 관점에서 이는 고급 단말에서는 큰 문제가 되지 않는다 (32개 반송파는 최대 25 Gbps의 최대 데이터 속도를 의미함을 상기한다). 하지만, 전력 소비 관점에서는 여전히 문제일 수 있다. 따라서 Release 13에서는 (단말이 지원할 수 있는 blind 디코딩 시도 수에 따라서) 디코딩 후보군의 수를 설정하고 secondary component 반송파 당 DCI 포맷을 제한할 수 있도록 하였다.

공통 탐색 공간은 primary component 반송파의 전송에 대해서만 정의된다. 공통 탐색 공간의 주 목적이 다수의 단말로 향하는 시스템 정보의 스케줄링을 다루는 것이며 이러한 정보는 셀 내 모든 단말이 수신할 수 있어야 하므로, 당연히 이러한 스케줄링은 공통 탐색 공간을 사용한다. 이러한 이유로, 공통 탐색 공간에서 관찰되는 DCI 포맷에는 반송파 지시자 필드가 없다.

앞서 언급하였듯이, aggregation 레벨당 그리고 PDSCH/PUSCH에 대하여 사용되는 component 반송파당 하나의 단말-특정 탐색 공간이 존재한다. 이는 그림 12.12에 설명되어 있으며, 그림에서는 component 반송파 1 위의 PDSCH/PUSCH 전송이 component 반송파 1에서 전송되는 PDCCH를 사용하여 스케줄링된다. Cross-carrier 스케줄링이 사용되지 않으므로 component 반송파 1에 대한 단말-특정 탐색 공간에는 반송파 지시자가 없다. 반면에, component 반송파 2의 경우에는 해당 반송파가 component 반송파 1에서 전송되는 PDCCH에 의하여 cross-carrier 스케줄링되므로, component 반송파 2에 대해서는 단말-특정 탐색 공간에 반송파 지시자가 존재하게 된다.

서로 다른 component 반송파에 대한 탐색 공간이 어떤 서브프레임에서는 서로 중첩될 수도 있다. 그림 12.12에서, component 반송파 3 및 4에 대한 단말-특정 탐색 공간에서 이러한 예를 볼 수 있다. 단말은 (이 예에서는) component 반송파 3이 아니라 component 반송파 4에 대한 반송파 지시자를 예상하면서, 두 개의 탐색 공간을 각각 독립적으로 다루게 된다. 만약 cross-carrier 스케줄링이 설정되어 있는 경우에 어떤 aggregation 레벨에 대하여 서로 다른 component 반

4) 12.4절에 설명되어 있듯이, 각 component 반송파는 활성화 및 비활성화될 수 있다.

송파에 해당하는 단말-특정 탐색 공간과 공통 탐색 공간이 중첩될 경우에는, 단말은 헷갈리지 않기 위하여 공통 탐색 공간만 관찰하도록 한다. 왜냐하면 만약 component 반송파들이 서로 다른 대역폭을 가지고 있으면, 공통 탐색 공간 안의 DCI 포맷이 해당 반송파가 아닌 다른 component 반송파에 대한 단말-특정 탐색 공간 안의 다른 DCI 포맷과 동일한 크기를 가질 수도 있기 때문이다.

12.6 상향링크 제어 시그널링

CA는 단말이 다수의 DL-SCH 상에서 동시에 수신되는 데이터에 관한 응답을 전송해야 한다는 것을 의미한다. 즉, 상향링크에서 2개 이상의 HARQ 응답을 전송할 수 있는 능력이 지원되어야 한다. 또한, 하나 이상의 하향링크 반송파와 관련된 CSI 피드백을 제공할 필요도 있다.

기본적으로, 상향링크 반송파의 수와 무관하게 단말로부터 지원되는 하향링크 반송파의 수를 가진 비대칭 CA를 지원하기 위하여, 모든 피드백은 primary 반송파 상에서 전송된다. 따라서 CA는 PUCCH의 페이로드 용량을 증가시킬 것을 요구한다. 이는 7장에서 설명된 PUCCH 포맷 3, 4 및 5가 만들어진 계기이다.

Release 13에서 최대 32개의 반송파가 결합될 수 있도록 함에 따라 HARQ 응답의 수 역시 상당히 커질 수 있다. PUCCH 전송을 사용하는 단일 상향링크 component 반송파에 과부하가 걸리지 않도록, 단말은 그림 12.13과 같이 두 개의 반송파 그룹을 설정할 수 있다. 각 그룹당 하나의 component 반송파가 단말에서 PUCCH 전송을 처리하는 데 사용되므로 하나의 단말에는 상향링크 제어 신호를 위해 두 개의 PUCCH가 생성된다. 결과적인 구조는 제16장에서 설명한 dual connectivity 구조와 유사하며, 많은 세부 사항 (예를 들어 전력 헤드룸 보고 및 전력 scaling)도 공통적이다. 두 그룹 간의 cross-carrier 스케줄링은 지원되지 않는다.

12.6.1 PUCCH 상의 HARQ acknowledgement

CA는 eNodeB에 전달할 HARQ 응답의 수가 증가함을 의미한다. PUCCH 포맷 1은, 정보의 일부는 선택된 PUCCH 자원에 의해 전달되고 일부는 선택된 자원에서 전송되는 비트에 의해 전달되는 자원 선택 (resource selection)을 사용함으로써 상향링크에서 3비트 이상을 지원할 수 있다 (그림 12.14 참조). 자원을 선택하는 방법에 대한 세부 사항은, 다소 복잡하며 기본 개념은 동일하지만 듀플렉스 방식 (FDD 또는 TDD) 및 cross-carrier 스케줄링 사용 여부에 따라 달라진다.

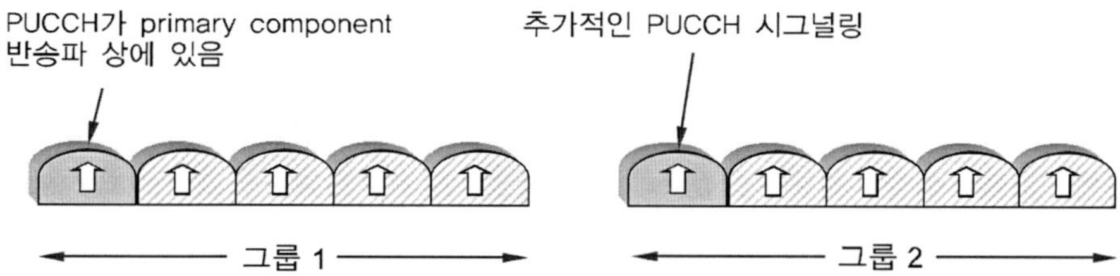

그림 12.13 Release 13의 2개의 상향링크 반송파 상의 PUCCH

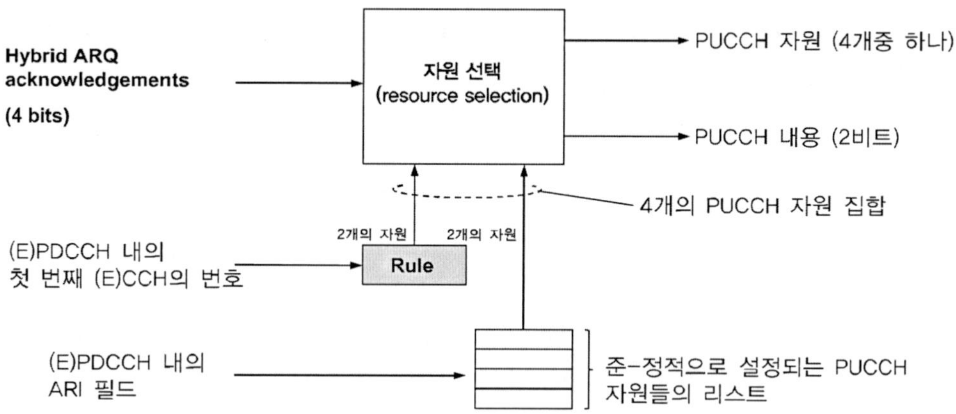

그림 12.14 CA를 위한 PUCCH 포맷 1에서 자원 선택을 사용한 예

예로서, cross-carrier 스케줄링을 사용하지 않는 FDD를 가정해보자. 또한, 상향링크에서 4비트가 전송되어야 한다고 가정하자. 즉, positive acknowledgement와 negative acknowledgement의 16가지 가능한 조합이 있다. 이들 각각의 16개의 조합에 대해 4개의 가능한 자원 중 하나의 PUCCH 자원이 선택되고, 이 자원 상으로 2개의 비트가 전송된다.

선택할 수 있는 PUCCH 후보 자원 중 2개는, CA를 사용하지 않는 경우와 동일한 규칙을 사용하여 첫 번째 (E)CCE 로부터 도출된다 (스케줄링 할당은 primary component 반송파 위에서 전송되고 해당 반송파에 관한 것이라는 가정). 나머지 두 후보 자원은 준-정적으로 구성된 PUCCH 자원의 목록을 가리키는 (E)PDCCH 상의 ARI (acknowledgement resource indicator)를 통해 구해진다 (6.4.6절 참조). EPDCCH에 의해 스케줄링된 전송에 대해서는 PUCCH 자원의 결정에 ARO (acknowledgement resource offset)도 포함된다. ARO를 적절히 설정함으로써 스케줄러는 여러 단말 사이의 PUCCH 자원이 충돌하지 않도록 할 수 있다. Cross-carrier 스케줄링을 사용하는 경우에는 모든 4개의 자원이 준-정적으로 설정되고 ARI는 사용되지 않는다.

4비트보다 많은 경우에는, 자원 선택은 별로 효율적이지 않으며, 따라서 PUCCH 포맷 3, 4 또는 5가 사용된다. PUCCH 포맷 3에서는, 7장에서 설명된 것처럼 복수 개의 HARQ acknowledgement 비트 (FDD의 경우 최대 10비트 혹은 TDD의 경우 최대 20비트, 그리고 스케줄링 요청용으로 예약된 1비트)가 함께 코딩되어 함께 전송된다. PUCCH 포맷 4와 5는 더 많은 수의 비트를 지원한다. 모든 단말이 새로운 PUCCH 포맷을 지원하는 것은 아니지만, 새로운 포맷을 지원하는 단말의 경우에는 작은 수의 acknowledgement 비트에도 새로운 포맷을 사용할 수 있다.

사용할 PUCCH 자원은 ARI에 의해 결정된다. 단말은 RRC 시그널링을 사용하여 PUCCH 포맷 3, 4 또는 5에 대해 네 가지 다른 자원을 설정할 수 있다. Secondary component 반송파에 대한 스케줄링 승인에서, ARI는 4개의 자원 중 어느 것을 사용할 지를 단말에 알려준다. 이러한 방식으로 스케줄러는 서로 다른 단말에 서로 다른 자원을 할당함으로써 PUCCH 충돌을 피할 수 있다.

전송해야 할 HARQ 응답은 코딩된 이후에 PUCCH 포맷 3, 4 또는 5를 사용하여 전송된다. Release 12까지는 개별 component 반송파에 대한 acknowledgement의 순서는 component 반송파에 대하여 준-정적으로 설정된다. 설정은 되었지만 스케줄링되지 않은 component 반송파에 해당하는 acknowledgement 비트는 NAK로 설정된다. 이는, 특정 서브프레임에서 사용되지 않는 component 반송파와 관련된 PUCCH 메시지의 비트가 있을 수 있음을 의미한다. 이와 같이 스케줄링 할당이 유실됨에 따라서 발생할 수 있는 단말과 eNodeB 사이의 불일치를 간단하게 피할 수 있다.

그러나, Release 13에서 component 반송파 수를 최대 32개로 늘리게 되면서 준-정적인 구조의 효율성은 떨어지게 된다. 특정 서브프레임에 대하여, 단말에는 많은 수의 component 반송파가 설정되어 있지만 이 중에서 일부만 스케줄링되는 경우에는, 실제로 하향링크에서 사용되는 component 반송파 수에 비하여 acknowledgement가 상당히 커질 수 있다. 또한, acknowledgement 메시지 내 대부분의 비트는 스케줄링되지 않은 component 반송파에 대응하는 것이기 때문에 이미 알고 있는 값이다. 이는 스케줄링된 반송파만을 다루는 보다 짧은 메시지에 비해 디코딩 성능에 부정적인 영향을 미칠 수 있다. 따라서 스케줄링된 반송파만을 포함되도록, acknowledgement를 제공해야 하는 component 반송파를 동적으로 결정할 수 있는 기능이 도입되었다. 당연히, 단말이 스케줄링 할당을 수신하지 못한 경우에는, 단말과 네트워크은 전송할 acknowledgement 수에 대해 다른 이해를 가질 수 있다. 반송파 영역까지 포함하도록 확장된 DAI가 이 불일치를 완화하는 데 사용된다.

12.6.2 PUCCH 상의 CSI 보고

CSI 보고는 일반적으로 모든 하향링크 component 반송파에 필요하다. 기본은 모든 피드백을 primary component 반송파에서 전송하는 것이므로, 여러 개의 CSI 보고를 다루는 방식이 필요하다.

주기적 보고의 경우, 기본 원칙은 서로 다른 component 반송파에 대한 CSI 보고가 PUCCH 상에서 동시에 전송되지 않도록 보고 주기를 설정하는 것이다. 따라서, 서로 다른 component 반송파에 대한 CSI 보고는 서로 다른 서브프레임에서 전송된다.

CSI와 acknowledgement를 동시에 처리하는 방법은 여러 릴리즈에 걸쳐서 조금씩 다르다. Release 10에서는 PUCCH 상으로 동시에 CSI와 acknowledgement를 전송하는 것은 지원되지 않는다. 즉, PUCCH 포맷 2 및 PUCCH 포맷 3에서 모두 지원되지 않으며, 이 경우 CSI 보고를 하지 않고 acknowledgement만 전송하였다. 반면 Release 11 및 그 이후 릴리즈에서는 주기적 CSI 보고와 acknowledgement의 동시 전송을 지원한다. 이 경우, CSI 비트는 acknowledgement 비트 및 스케줄링 요청 비트와 연접되어 PUCCH 포맷 3, 4, 혹은 5를 사용하여 전송된다. 사용할 PUCCH 자원은, RRC 시그널링에 의해 단말에서 미리 설정된 4개의 자원으로부터 사용할 자원을 선택하는, 하향링크 제어 시그널링 상의 ARI에 의해 결정된다.

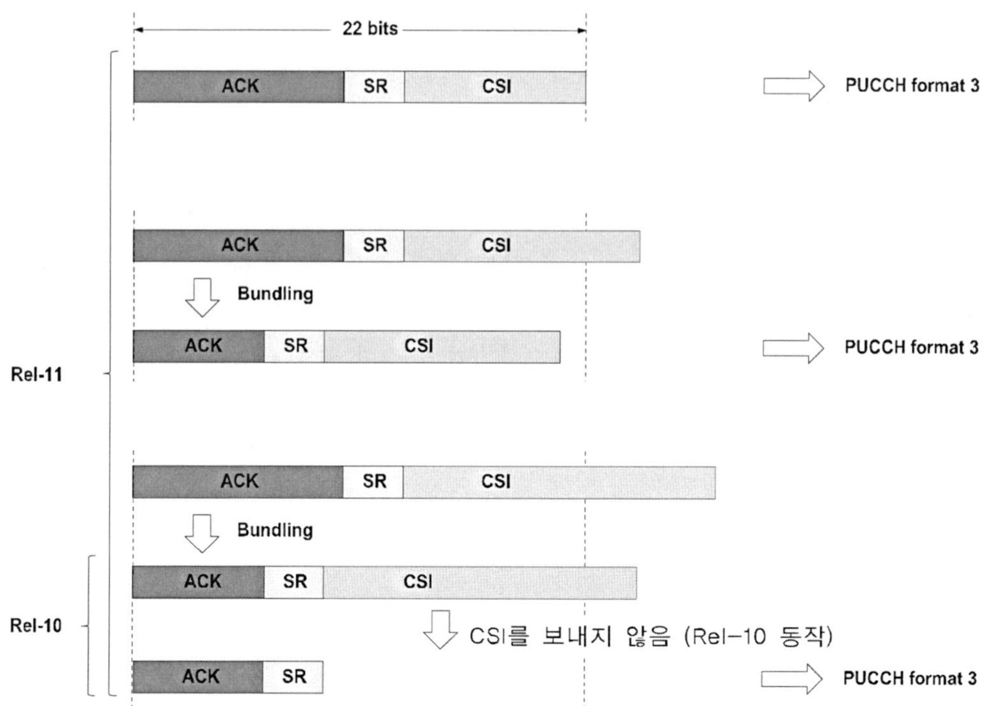

그림 12.15 Release 11에서의 acknowledgement과 스케줄링 요청 사이의 멀티플렉싱

연접된 정보 비트의 수가 PUCCH 포맷 3이 지원하는 최대 정보 비트 수인 22비트보다 크다면, 페이로드 크기를 줄이기 위해 연접 이전에 acknowledgement 비트의 번들링이 적용된다. 여전히 페이로드가 22비트보다 큰 경우에는, CSI는 보내지 않으며 acknowledgement만 (스케줄링 요청이 존재하는 경우 스케줄링 요청도 포함하여) 전송된다. 너무 큰 페이로드의 경우에 사용되는 번들링 및 CSI를 보내지 않는 프로세스는 그림 12.15에 나와 있다. 비트 수에 대한 제한이 다르긴 하지만 동일한 원리가 PUCCH 포맷 4 및 5에도 사용된다. 또한 PUCCH 형식 4/5를 사용하여 이 형식에 대해 두 개의 자원을 단말에 설정할 수 있다. 이때 하나의 설정은 다른 설정보다 크다. 만약 작은 자원의 설정을 사용할 경우에 코딩률이 너무 높아진다면, 단말은 PUCCH 포맷 4/5에 대해 더 큰 자원을 사용한다.

12.6.3 PUSCH 상의 제어 시그널링

CA의 경우에서는 제어 시그널링은 하나의 상향링크 component 반송파에서만 시간 다중화된다. 즉, 상향링크 제어 시그널링이 복수 개의 상향링크 component 반송파에 걸쳐서 나누어지지 않는다. 해당 component 반송파에 대하여 보고하도록 이루어지는 비주기적 CQI 보고는 별도로 하고, 해당 서브프레임에 스케줄링되어 있으면 primary component 반송파를 사용하여 상향링크 제어 시그널링이 전송되며, 그렇지 않은 경우에는 secondary component 반송파 중 하나에서 전송이 된다.

비주기적 CSI 보고의 경우, (E)PDCCH 내의 CSI 요청 필드는 2비트 (Release 13에서는 3비트)로 확장되어, CSI 보고의 요청에 3개의 (7개의) 하향링크 component 반송파의 조합이 가능하다 (마지막 비트 조합은 CSI 요청이 없는 경우에 해당한다). 이러한 3가지 (7가지) 조합 중, 하나는 스케줄링 승인이 관련된 상향링크 component 반송파와 연관된 하향링크 component 반송파에 대한 CSI 보고를 요청하는 데 사용된다. 나머지는 CSI가 보고되어야 하는 component 반송파의 설정 가능한 조합을 지시하는 데 사용된다. 따라서, 일례로, 2개의 하향링크 component 반송파를 가질 수 있는 단말에 대하여, 적절한 설정을 통하여, 비주기적 보고를 primary component 반송파에 대해서만, secondary component 반송파에 대해서만 혹은 둘 모두에 대해서 요청할 수 있다.

12.7 Timing advance와 CA

CA에서는 단일 단말부터 여러 개의 component 반송파가 전송될 수 있다. 이를 처리하는 가장 간단한 방법은 모든 상향링크 component 반송파에 동일한 timing advance 값을 적용하는 것으로, 이는 Release 10에서 취한 방법이다. Release 11에서는, 서로 다른 component 반송파 그룹에 대해 서로 다른 timing advance 명령을 할 수 있는 TAG (timing advance group)이 도입되어 추가적인 유연성이 제공된다. 이를 만든 이유 중 하나는 대역 간 CA인데, 예를 들면 한 대역은 RRU를 사용하고 다른 대역은 그렇지 않은 경우와 같이, 서로 component 반송파가 서로 다른 지리적 위치에서 수신되는 경우가 있기 때문이다. 또 다른 예는 상향링크 component 반송파의 일부만을 중계할 수 있는 중계기일 수 있다.

상향링크 component 반송파은 RRC 시그널링을 통해 준-정적으로 TAG로 그룹화된다 (최대 4개의 그룹을 설정할 수 있음). 동일한 그룹 내의 모든 component 반송파는 동일한 timing advance 명령을 받는다.

13 CoMP (다중 지점 조정/송신)

자원의 공간적 재사용 (spatial reuse)은 무선통신 시스템의 핵심 원리이다. 공간적 재사용이란 동일한 통신 자원이 공간적으로 떨어져 있는 서로 다른 위치의 통신에 동시에 사용될 수 있는 것을 의미한다. LTE에서는 동일한 시간-주파수 자원이 서로 다른 위치의 서로 다른 통신에 동시에 사용될 수 있는 것을 의미한다.

본질적으로 동일한 시간-주파수 자원을 통한 송신은 서로 간에 간섭을 야기한다. 이러한 간섭을 제한하기 위하여 초기의 셀룰러 기술은 인접한 셀들 사이에서 정적인 주파수 분리 (static frequency separation)를 사용하였다. 예를 들어, 그림 13.1과 것과 같이, 재사용률 3 (reuse-3) 구축의 경우에는 전체 가용한 주파수 자원이 3개의 그룹으로 나누어지며, 특정 셀 내에서는 이 3개의 그룹 중 오직 한 그룹의 주파수만이 사용된다. 아울러, 그 셀의 바로 인접한 셀에서는 다른 그룹의 주파수가 사용된다. 이를 통하여 가장 인접한 셀의 송신으로부터 간섭을 피할 수 있으므로, 커버리지 영역 내 단말의 위치에 상관없이 비교적 높은 signal-to-interference ratio (SIR)을 얻을 수 있다.

그러나, 채널 환경이 허락한다면 매우 높은 사용자 데이터 속도를 제공해야 하는 LTE와 같은 현대적인 광대역 이동통신 기술은 이러한 정적인 주파수 분리는 바람직한 방법이 아니다. 왜냐하면, 주어진 송신 지점에서는 전체 가용한 주파수 자원 중 오직 일부만이 사용 가능하도록 정적으로 제한되어 있다면 당연히 해당 송신 지점에서 얻을 수 있는 최대 송신 속도에도 제한이 가해지기 때문이다.[1)]

1) 여기서 "셀 (cell)"이라는 용어 대신에 "(네트워) 송신 지점 (transmission point)"이라는 보다 일반적인 용어를 사용하였다. 이 장의 주요 관심사인 homogeneous 구축에서는 일반적으로 각 "송신 지점"이 "셀"에 해당된다. 다음 장의 주요 관심사인 heterogeneous 구축에서는 "송신 지점"과 "셀"의 구분이 보다 더 중요한 경우도 있다.

매우 동적인 패킷 데이터 트래픽이 주요 트래픽인 무선 접속 시스템은 특정한 송신 지점에서 송신을 하기 위한 데이터가 없는 경우가 상당히 자주 발생할 수 있으며, 이러한 경우에는 앞에서와 같은 정적인 제한을 두지 않는 것이 더욱 중요하다. 즉, 전체 가용한 주파수 중의 일부를 아주 정적으로 특정 송신 지점에 할당하였는데 그 송신 지점에 송신할 데이터가 없어서 해당 주파수를 사용하지 않는다면, 이는 해당 주파수를 차라리 인접한 송신 지점에 할당하였다면 그 송신 지점의 순시 송신 용량을 더 확대할 수 있었는데 그러지 못한 결과를 초래하므로, 이는 바로 비효율적인 주파수 사용을 의미한다. 따라서, 시스템 효율을 극대화하면서 사용자의 데이터 속도를 극대화하려면, 본질적으로 각각의 송신 지점에서 모든 사용 가능한 주파수 자원들이 사용될 수 있도록 무선 접속 시스템이 설계되어야 한다.

아울러, 두 송신 지점의 커버리지 영역 중간에 위치한 단말에 대한 송신과 같은 특별한 경우(그림 13.2 참조)에, 만약 인접한 송신 지점으로부터의 간섭을 피할 수 있다면 전체적인 효율뿐 아니라 사용자가 느끼는 품질을 추가적으로 향상시킬 수 있다.

따라서, 기본적으로는 각 송신 지점에서 모든 가용한 주파수 자원이 사용될 수 있도록 하는 것이 중요하지만, 송신 지점 사이의 협력 및 조정 (coordination)이 추가적인 이득을 가져다 줄 수 있다. 만약 어떤 셀이 특정한 시간-주파수 자원 위에서 송신할 경우에 인접한 송신 지점으로부터 서비스를 받는 단말이 심각한 간섭을 겪을 수도 있다. 이러한 경우 조정의 예로서, 해당 시간-주파수 자원에서 아예 송신을 하지 않거나, 혹은 송신을 하되 일반적인 경우보다 더 낮은 송신 출력으로 송신하거나, 혹은 간섭을 주지 않도록 서로 다른 방향으로 송신하는 것 (beam-forming)등을 들 수 있다.

어떤 경우에는 심지어 양쪽 송신 지점이 동일한 단말에 대하여 함께 송신하는 것을 생각해볼 수도 있다. 이렇게 하면 인접한 송신 지점의 간섭을 회피할 수 있을 뿐만 아니라 해당 단말을 향한 송신의 전체적인 신호 출력을 높일 수 있다.

앞으로의 논의는 암묵적으로 단말의 수신이 네트웍의 다른 송신 지점의 하향링크 송신에 의하여 간섭을 받는 하향링크 송신을 가정한다. 그러나 네트웍 송신 지점 사이의 조정을 통하여 간섭 레벨을 제어하는 조정 개념은, 비록 간섭 상황이 약간 다르기는 하지만 상향링크에도 역시 적용될 수 있다.

상향링크에서 특정 링크가 겪는 간섭 레벨은 원하는 신호를 송신하는 단말의 위치에 달려 있지 않으며, 대신 간섭 신호를 송신하는 단말의 위치에 달려 있다. 만약 간섭 단말이 네트웍 내 수신 지점들의 경계 부분에 가까이 있다면 인접한 수신 지점에 더 높은 간섭을 야기하게 된다(그림 13.3 참조). 물론, 상향링크 조정의 기본적인 목표는 하향링크와 동일하다. 즉, 가장 심각한 간섭 상황을 피하는 것이다.

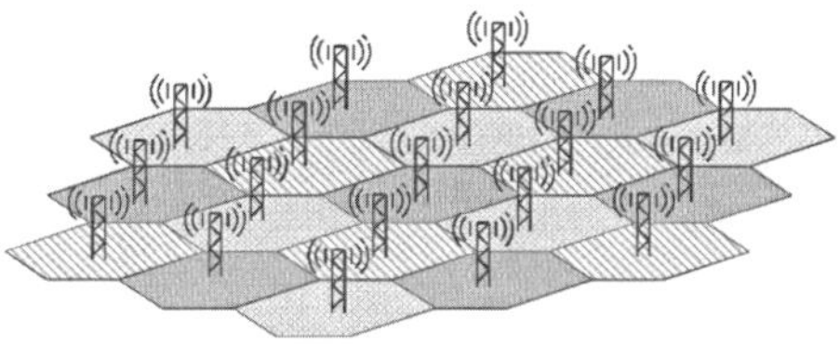

그림 13.1 재사용률 3 구축

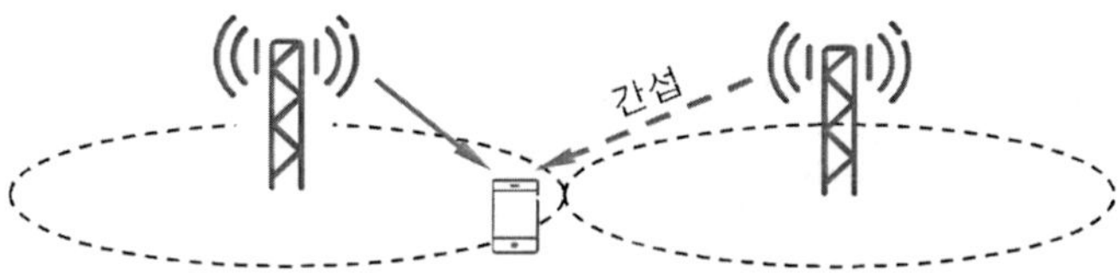

그림 13.2 두 송신 지점 사이의 경계에 위치한 단말의 하향링크 간섭

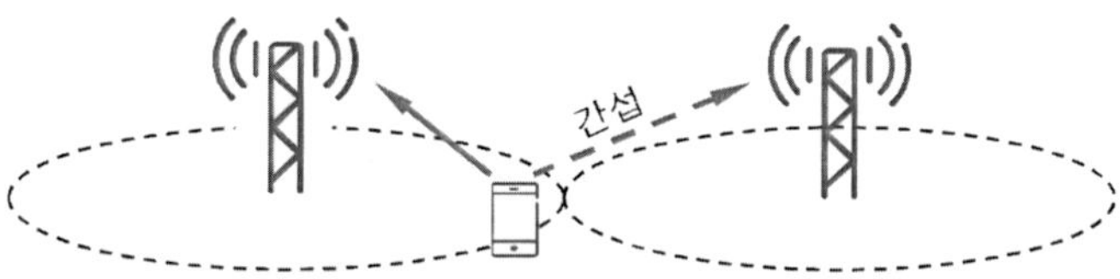

그림 13.3 두 수신 지점 사이의 경계에 위치한 단말의 상향링크 간섭

네트웍 지점들 사이의 조정을 고려할 때, 아래의 두 가지 주요 구축 시나리오를 생각할 수 있다.

- *Homogeneous 구축에서의 조정.* 예를 들어, 매크로 구축 노드들 사이의 조정
- *Heterogeneous 구축에서의 조정.* 예를 들어, 매크로노드와 그 아래 구축된 저출력 노드들 (low-power node) 사이의 조정

이 장의 주안점은 바로 첫 번째 시나리오인 homogeneous 구축의 조정이다. Heterogeneous 구축은 추가적인 문제를 야기할 수 있으며 따라서 이에 따른 송신 지점 사이의 조정이 필요하다. 이는 일반적인 heterogeneous 구축에 대한 설명의 일환으로서 다음 장에서 다루도록 한다.

네트웍 지점 사이의 조정 가능 여부를 결정하는 중요한 요인 중 하나가 바로 가용한 백홀 (backhaul) 연결 및 백홀에서의 지연 (latency)이다. 매우 동적인 조정은 당연히 조정을 하는 지점 사이에 낮은 지연을 요구한다. 이것이 무조건 가능한 예의 하나는 바로 조정하는 네트웍 지점이 동일한 국사의 섹터인 경우이다. (즉, "국사내 조정 (intra-site coordination)") 그러나, 지리적으로 떨어져 있는 송신 지점 사이에서도 이러한 매우 낮은 지연을 가진 연결이 가능할 수도 있으며, 이러한 예 중 하나가 송신 지점이 광선로 혹은 무선링크로 직접 연결된 경우를 들 수 있다. 반면에 다른 경우에는 노드 사이의 연결이 수십 ms 혹은 이보다 큰 지연을 가질 수 있으며, 이러한 경우에는 아주 동적인 조정은 수행하기가 힘들게 된다.

LTE 네트워 지점 사이의 조정에 관련된 3GPP 활동은 크게 두 단계로 나눌 수 있다.

- Release 8의 "셀 간 간섭 조정 (inter-cell interference coordination, ICIC)"에서는 주로 네트워 지점 사이의 조정을 도와주기 위한 eNodeB간 X2 시그널링에 초점을 두었다.
- Release 10-13의 다중 지점 조정/송신 (multi-point coordination/transmission)은 보다 더 동적인 조정을 목표로 하며, 이러한 조정을 가능하게 하고 또 개선하기 위하여 새로운 무선 인터페이스 기능 및 단말기 능력에 초점을 두었다.

또한, 다음 장에서 설명하겠지만 heterogeneous 구축의 개선을 위하여 네트워 지점 간의 조정에 대한 추가적인 방법들이 정의되었다.

13.1 셀 간 간섭 조정 (inter-cell interference coordination, ICIC)

송신/수신 지점 사이의 조정에 의한 이득은 매크로 기지국으로만 이루어진 homogeneous 구축 환경을 중점적으로 하여 LTE 표준화 초기에 심도 있게 논의되었다. 구체적으로, 초기 논의는 서로 다른 eNodeB에 해당되는 셀들 사이의 조정을 도와주기 위하여 사용될 수 있도록 X2 시그널링을 정의하는 데 중점을 두었다.[2] X2 인터페이스는 일반적으로 지연이 아주 작지는 않으므로, Release 8의 간섭 조정은 상대적으로 느리게 동작하는 조정에 대하여 초점을 두었다.

적어도 개념적으로라도, eNodeB 보다 더 높은 위치에 있는 스케줄링 관점에서는 셀 사이의 스케줄링 조정이 비교적 간단하다. 그러나, LTE에는 eNodeB 보다 높은 위치의 노드는 없으며 스케줄링은 eNodeB에서 이루어진다. 따라서, LTE 규격 관점에서 가능한 최선은 인접한 eNodeB 사이에서 각자 eNodeB의 스케줄링 전략/상태 등을 교환할 수 있도록 메시지를 정의하는 것이다. 그렇게 되면, eNodeB는 자신의 스케줄링 동작을 결정하는 데 인접한 eNodeB가 제공해 준 정보를 추가적으로 사용할 수 있다. 그러나, LTE 규격에서는 이러한 정보에 대하여 어떻게 반응해야 하는지를 규격화하지는 않았음에 유의한다. 즉, 이는 각 제조사의 스케줄러의 구현에 따라 달라질 수 있다.

상향링크 간섭 조정을 도와주기 위하여, High Interference Indicator (HII)와 OI (Overload Indicator)와 같은 두 가지 메시지가 LTE Release 8에서 정의되었다. 그림 13.4를 참조한다.

2) 논의의 초점이 서로 다른 eNodeB 간의 X2 시그널링이었으므로, 조정에 관여하는 송신/수신 지점은 당연히 서로 다른 셀에 해당된다.

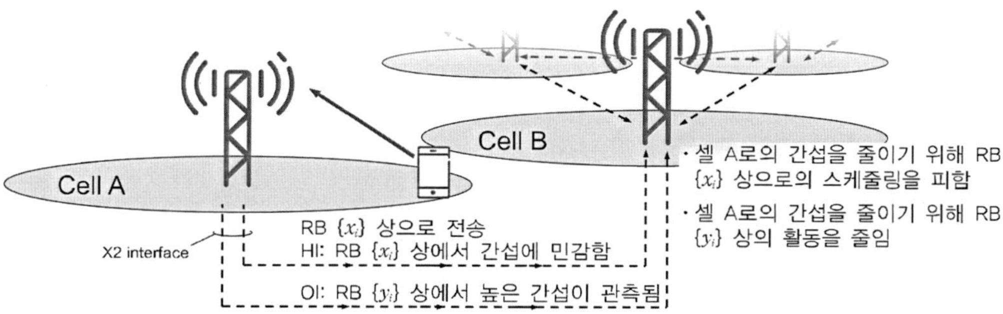

그림 13.4 HII, OI의 X2 시그널링에 기반한 상향링크 셀 간 간섭 조정의 예

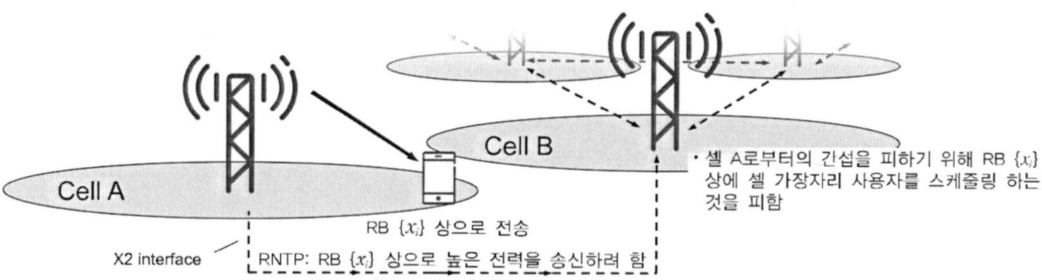

그림 13.5 RNTP의 X2 시그널링에 기반한 하향링크 셀 간 간섭 조정의 예

HII는 eNodeB가 간섭에 대하여 높은 민감도를 가지는 자원 블록에 대한 정보를 제공한다. 비록 eNodeB가 인접한 eNodeB로부터 수신된 HII (및 기타 다른 ICIC 관련된 X2 시그널링)에 대하여 어떻게 반응해야 하는지 명시적으로 규격화되어 있지는 않지만, HII를 수신한 eNodeB 입장에서는 해당 자원 블록에 자신도 셀 가장자리 사용자를 스케줄링하는 일은 피하는 것이 적절한 동작이 될 것이다. 만약 동일한 자원 블록에 셀 가장자리 사용자를 스케줄링하면, 해당 사용자의 상향링크가 인접 셀의 사용자 상향링크를 방해하고 해당 사용자의 상향링크 역시 인접 셀의 셀 가장자리 사용자로부터 상향링크 간섭을 받게 된다. 따라서, HII는 너무 낮은 SIR 상황이 발생하는 것을 피하려는 ICIC를 위한 선제적인 (proactive) 도구라 볼 수 있다.

HII에 대비하여, OI는 후차적인 (reactive) ICIC 도구이다. OI는 셀에서 서로 다른 자원 블록이 경험하는 상향링크 간섭을 3가지 레벨 (Low/Medium/High)로 알려준다. OI를 수신하는 인접 eNodeB는 OI를 보낸 eNodeB가 경험하는 간섭 상황을 개선시키기 위하여 스케줄링 동작에 변화를 줄 수 있다.

하향링크에는 ICIC를 지원하기 위하여 Relative Narrowband Transmit Power (RNTP)가 정의되어 있다 (그림 13.5참조). RNTP는 각 자원 블록에 대하여 자원 블록의 상대적인 송신 전력이 특정 레벨을 넘는지의 여부를 알려준다는 점에서 HII와 비슷하다고 볼 수 있다. HII와 유사하게, 인접한 셀에서는 수신된 RNTP에서 제공된 정보를 자신의 셀 내 단말들, 특히 셀 가장자리에 위치하여 인접 셀의 간섭을 많이 받을 것으로 예상되는 단말을 스케줄링 하는 데 활용할 수 있다.

13.2 다중 지점 조정/송신 (multi-point coordination/transmission)

LTE Release 10 작업을 하면서, 네트웍 지점들 사이의 보다 더 동적인 조정 가능성이 coordinated multi point (CoMP) 송신/수신이라는 이름으로 논의하였다. 비록 초기에는 이를 3GPP Release 10에 표준화하려고 하였으나 CoMP는 이후 LTE Release 11으로 표준화되었으며, 이후 릴리즈에서 추가적으로 향상되었다.

LTE Release 8의 ICIC와 Release 10/11 CoMP 사이의 가장 큰 차이점은, 앞서 설명한 것과 같이 CoMP는 여러 가지 조정 방법을 도와주기 위하여 무선 인터페이스 기능을 만들고 단말기 기능을 만드는 데 초점을 둔 것이다. 반면에 CoMP를 위한 eNodeB 간의 특정한 시그널링에 대해서는 논의하지 않았다. 대신 이러한 네트웍 지점 간의 조정을 위하여 매우 낮은 지연의 백홀이 가용하다는 가정하에 표준화를 하였다. 따라서, 실제적으로 Release 11 CoMP는 동일 국사 내의 섹터 간 조정 혹은 낮은 지연의 링크로 직접 연결된 네트웍 지점 사이에서만 사용할 수 있는 제한이 있게 된다. 또한 조정에 관여하는 서로 다른 네트웍 지점 사이에는 아주 정확한 시간 동기가 이루어져 있다는 가정 역시 암묵적으로 주어진다. Baseband 프로세싱이 중앙에 집중해 있지 않으면서 완화된 backhaul 시나리오에 대한 확장이 Release 12에 도입되었다. 이러한 성능 향상은 이른바 CoMP 가설에 대한 정보 교환을 위한 새로운 X2 메시지 정의, 근본적으로 잠재된 자원 할당 및 관련 이득/비용으로 구성된다. ICIC와 마찬가지로, eNodeB는 이 정보를 스케줄링 조정에 사용할 수 있다.

LTE 하향링크를 위한 여러 가지 CoMP 방식은 크게 두 가지 그룹으로 나눌 수 있다.

- 송신 지점 사이의 스케줄링 및 링크 적응 등은 조정이 이루어질 수 있으나 송신 자체는 하나의 특정 송신 지점으로부터 이루어지는 방식이며, 이를 다중 지점 조정 (multi-point coordination)이라 한다.
- 하나의 단말에 대한 송신 자체가 여러 개의 송신 지점으로부터 이루어질 수도 있는 방식이며 이를 다중 지점 송신 (multi-point transmission)이라 한다. 송신은 서로 다른 송신 지점 사이에 동적으로 스위칭하여 이루어질 수도 있으며 아니면 아예 복수 개의 지점으로부터 함께 이루어질 수도 있다.

비슷한 논의가 상향링크 전송에 대해서도 이루어질 수 있다. 즉, 서로 다른 수신 지점 사이에서 상향링크 스케줄링이 서로 조정되는 (상향링크) 다중 지점 조정 및 복수 개의 지점에서 수신이 이루어지는 다중 지점 수신 (multi-point reception)으로 구분할 수 있다. 여기서 상향링크 다중 지점 조정/수신의 경우에는 대부분이 네트웍 구현의 이슈로 생각할 수 있으며, 실제로 단말의 구현이나 무선 인터페이스 프로토콜 규격에의 영향은 매우 적음을 볼 수 있다. 13.2.1절 및 13.2.2절에서는 하향링크 CoMP에 대하여 살펴보며, 13.2.3절에서 상향링크 CoMP에 대하여 간략하게 알아보도록 한다.

13.2.1 다중 지점 조정 (multi-point coordination)

앞서 살펴본 것처럼 다중 지점 조정은, 복수 개의 지점 사이에서 스케줄링 및/혹은 링크 적응에 대한 조정이 이루어지지만 송신 자체는 하나의 특정 송신 지점으로부터 이루어지는 방식이다.

13.2.1.1 링크 적응 조정 (coordinated link adaptation)

링크 적응이란 해당 송신이 겪을 것으로 예상되는 순시 채널 상태에 대한 추정/예측을 토대로 하여 데이터 속도를 동적으로 결정하는 것을 말하며, 이는 LTE 시스템 성능을 결정하는 매우 중요하고 기본적인 동작 중의 하나이다. 송신이 겪을 것으로 예상되는 간섭 레벨에 대하여 얼마나 잘 예측하느냐에 따라 링크 적응의 성능이 결정될 수 있다. 그런데, 매우 동적으로 트래픽 조건이 변하는 환경에서는 인접한 송신 지점의 트래픽 환경이 매우 빠르게 변할 수 있다. 이에 따라 간섭 레벨 역시 예측하기 힘든 형태로 매우 빠르게 변할 수 있다.

링크 적응 조정을 보다 구체적으로 설명하면, 링크 적응 프로세스에 인접한 송신 지점의 송신에 대한 정보를 활용하여 특정 자원에 어떤 데이터 속도로 송신을 할 것인지를 결정하는 것을 말한다. 이는 송신 지점의 스케줄링 및 링크 적응이 여러 단계로 이루어짐을 의미하는 것이다.

1. 특정 서브프레임에 대하여 송신 지점은 송신에 대한 결정을 한다. 가장 간단한 경우의 결정은 바로 특정한 시간-주파수 자원, 즉 서브프레임 내의 특정 자원 블록 위에 데이터를 전송할 것인지 아니면 하지 않을 것인지에 대한 결정이 될 수 있다. 보다 일반적으로 확대하면, 이러한 결정은 특정 자원을 사용하여 송신함에 있어서 송신 출력을 어떻게 결정할 것인지 및/혹은 송신 "방향" 즉 beam-forming을 어떻게 할 것인지를 포함할 수 있다.

2. 이러한 송신에 대한 결정 사항이 인접한 송신 지점 사이에서 교환된다.

3. 송신 지점은 인접한 송신 지점의 이러한 결정을 링크 적응 프로세스에 참조하여 특정 서브프레임에 어떻게 송신할 것인지를 결정한다.

LTE에서는 링크 적응이 네트웍 단에서 이루어진다. 그러나, 9장에서 설명했듯이 네트웍은 일반적으로 단말로부터 제공되는 CSI 보고를 활용하여 링크 적응을 결정한다. 즉, 특정 자원을 사용하여 자신이 송신할 데이터 속도를 선택하는 링크 적응을 하는 데 있어서 인접한 지점에서의 송신에 대한 정보를 참조하여 추가적인 조정을 하기 위해서는, 단말이 인접한 송신 지점의 송신 결정에 대한 서로 다른 경우 (hypothesis)에 해당하는 서로 다른 CSI 보고를 제공해야 한다. 이러한 CSI 보고 정보는 인접한 송신 지점의 실제 송신 결정 정보와 함께 사용되어 링크 적응에 활용될 수 있다.

단말이 인접한 송신 지점의 송신 결정에 대한 서로 다른 경우에 해당하는 서로 다른 CSI 보고를 제공해줄 수 있으려면, 해당 단말은 복수 개의 CSI 프로세스 (multiple CSI process)가 설정되어야 한다. 9장에서 설명하였듯이, 하나의 CSI 프로세스는 각 안테나 포트에 하나씩 해당되는 여러 개의 CSI-RS 및 간섭 추정을 위한 한 개의 CSI-IM으로 이루어져 있다. 링크 적응 조정을 지원하기 위해서는, CSI 프로세스 내의 CSI-RS는 송신이 이루어지는 송신 지점에 대한 서로 다른 안테나 포트의 채널을 반영할 수 있도록 모든 프로세스에 대하여 동일해야 한다. 반면에, 서로 다른 CSI 프로세스 내의 CSI-IM은 인접한 송신 지점이 서로 다른 송신 결정을 하는 여러 가지 경우에 간섭을 반영할 수 있도록 서로 다르게 설정되어야 한다.

일례로, 그림 13.6은 두 개의 송신 지점 사이의 링크 적응 조정을 설명하고 있다. 또한 그림에서는, 두 개의 송신 지점에 대하여, 일반적인 (non-zero-power) CSI-RS에 해당하는 전송, 무전송, zero-power CSI-RS에 해당하는 전송과 같은 서로 다른 3가지 CSI-RS 자원도 나타내고 있다.

왼쪽 송신 지점에 연결되어 있는 단말은 다음의 두 개의 CSI 프로세스가 설정된다.

- 프로세스 0은 CSI-RS는 자원 A에 해당하며 CSI-IM은 자원 C (즉, 인접한 송신 지점이 zero-power CSI-RS로 설정되어 있는 자원)에 해당하도록 설정된다. 따라서, 이 CSI 프로세스를 통하여 보고되는 CSI는 인접한 송신 지점이 송신을 하지 않는 경우에서의 채널 상태를 반영하게 된다.
- 프로세스 1은 CSI-RS는 자원 A (프로세스 0와 동일)에 해당하며, CSI-IM은 자원 B (즉, 인접한 송신 지점이 non-zero-power CSI-RS로 설정되어 있는 자원)에 해당하도록 설정된다. 따라서, 이 CSI 프로세스를 통하여 보고되는 CSI는 인접한 송신 지점이 송신을 하는 경우에서의 채널 상태를 반영하게 된다.

단말로부터 제공되는 서로 다른 CSI 프로세스에 의한 CSI 보고는, 결국 인접한 송신 지점이 서로 다른 송신 결정을 내리는 경우에 대한 채널을 반영한다. 여기에, 인접한 송신 지점으로부터 예상되는 실제 송신 결정에 대한 정보를 토대로 하여 링크 적응에 어떠한 CSI 보고를 선택하여 참조할 것인지를 결정할 수 있다.

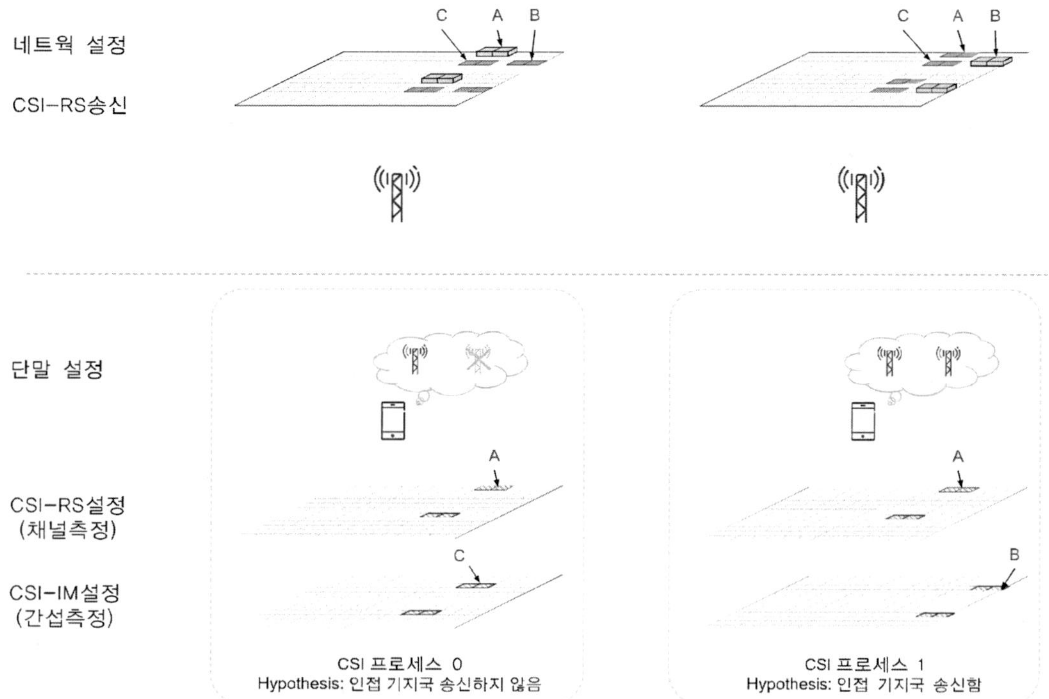

그림 13.6 복수 개의 CSI 프로세스 사용 예

링크 적응 조정은 두 개 이상의 송신 지점 사이에서도 이루어질 수 있다. 일례로, 그림 13.7과 같이 서로 다른 세 개의 송신 지점 사이의 링크 적응 조정을 살펴보도록 하자. 이 경우 그림에서 볼 수 있듯이, 서로 다른 송신 지점이 각각 non-zero-power CSI-RS 혹은 zero-power CSI-RS로 설정되는 경우에 대하여, A부터 G와 같이 총 7개의 CSI-RS 자원이 필요하다.

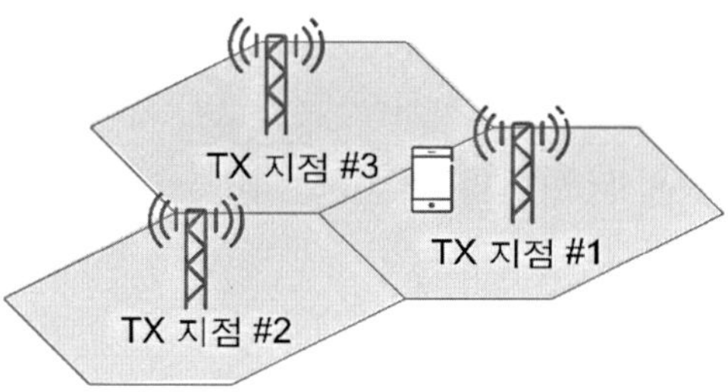

자원	TX 지점 #1	TX 지점 #2	TX 지점 #3
A	ZP CSI-RS	ZP CSI-RS	ZP CSI-RS
B	ZP CSI-RS	ZP CSI-RS	CSI-RS
C	ZP CSI-RS	CSI-RS	ZP CSI-RS
D	ZP CSI-RS	CSI-RS	CSI-RS
E	CSI-RS	ZP CSI-RS	ZP CSI-RS
F	CSI-RS	ZP CSI-RS	CSI-RS
G	CSI-RS	CSI-RS	ZP CSI-RS

그림 13.7 세 개의 송신 지점 사이의 링크 적응 조정을 지원하기 위한 CSI-RS/IM 구조

송신 지점 1에 연결된 단말에는 CSI-IM 자원이 각각 그림 13.7의 자원 A부터 D에 해당하는 네 개의 CSI 프로세스가 설정되어야 한다. 이러한 네 개의 CSI-IM 자원 측정은 아래와 같이 인접한 지점의 송신 결정에 대한 서로 다른 경우에 해당하는 간섭을 추정할 수 있도록 해준다.

- 자원 A에 해당하는 CSI-IM 자원 측정은, 송신 시점에서 송신 지점 2 및 송신 지점 3 모두가 아무런 송신을 하지 않은 경우에 해당하는 간섭 레벨을 추정할 수 있도록 해준다.
- 자원 B에 해당하는 CSI-IM 자원 측정은, 송신 시점에서 송신 지점 2에서는 송신이 이루어지지만 송신 지점 3 에서는 송신을 하지 않은 경우에 해당하는 간섭 레벨을 추정할 수 있도록 해준다.
- 자원 C에 해당하는 CSI-IM 자원 측정은, 송신 시점에서 송신 지점 3에서는 송신이 이루어지지만 송신 지점 2 에서는 송신을 하지 않은 경우에 해당하는 간섭 레벨을 추정할 수 있도록 해준다.
- 자원 D에 해당하는 CSI-IM 자원 측정은, 송신 시점에서 송신 지점 2 및 송신 지점 3 모두가 송신하는 경우에 해당하는 간섭 레벨을 추정할 수 있도록 해준다.

비슷하게, 송신 지점 2에 연결된 단말에는 CSI-IM 자원이 각각 그림 13.7의 자원 A, B, E, F에 해당하는 네 개의 CSI 프로세스가 설정되도록 한다. 이 경우에는 일례로, 자원 E에 해당하는 CSI-IM 자원의 측정은, 송신 지점 1에서는 송신이 이루어지지만 송신 지점 3에서는 송신을 하지 않은 경우에 해당하는 간섭 레벨을 추정할 수 있도록 해준다.

이와 같이, 송신 지점 3에 연결된 단말에는 CSI-IM 자원이 각각 그림 13.7의 자원 A, C, E, G에 해당하는 네 개의 CSI 프로세스가 설정되도록 한다.

복수 개의 CSI 프로세스는 CoMP 및 여러 가지 빔포밍 방식을 지원하는 데 크게 도움이 된다. 그러나, 현재의 CSI 프로세스 방식의 단점 중 하나는 확장성이 부족하다는 것이다. 매우 많은 개수의 노드 사이에 조정이 필요한 경우 혹은 빔포밍을 위하여 많은 개수의 후보 프리코더를 평가해야 하는 경우에는, CSI 프로세스 개수가 지수함수로 증가하며 이에 따라 CSI-RS 오버헤드도 급격하게 증가한다. 따라서, 이후 LTE 릴리즈를 위하여 복수 개의 전송 가정을 위한 CSI를 보고하는 다른 형태의 방식이 필요하다. 단말이 조정 그룹 (coordination set) 내 모든 지점의 신호 강도를 측정할 수 있으므로, 단말이 서로 다른 가정하에서 신호 강도 측정값을 토대로 간섭 레벨을 개산하고 CSI를 보고하도록 하는 것이 하나의 방법이 될 수 있다.

13.2.1.2 스케줄링 조정 (coordinated scheduling)

앞에 설명한 동적 링크 적응은 인접한 송신 지점의 송신 결정에 대한 정보를 해당 지점의 링크 적응 결정에 활용하는 것을 말한다. 즉, 해당 송신 지점에서 사용되는 전송 속도를 결정하는 데 활용한다. 동적 링크 적응은 실제 송신 결정이 송신 지점 사이에서 조정되는 지의 여부에 상관없이 적용이 가능하다.

스케줄링 조정은 송신 지점 사이의 실제적인 송신 결정을 조정하는 것이다. 따라서, 링크 적응 조정이 간섭 레벨을 보다 잘 추정하기 위하여 송신 지점 사이에서 정보를 교환하는 것이라면, 스케줄링 조정은 간섭 레벨 자체를 줄이고 제어하기 위하여 송신 지점 사이에 정보를 교환하고 조정을 하는 것이다.

가장 간단한 경우로, 스케줄링 조정을 통하여 인접한 송신 지점의 서비스를 받는 특정 단말이 겪는 간섭을 줄여주기 위하여 동적으로 특정 시간-주파수 자원의 송신을 하지 않을 수 있다. LTE CoMP 논의에서 이를 Dynamic Point Blanking이라고 한다. 이를 보다 일반화하면, 이는 특정 자원에 대하여 동적으로 송신 출력을 조절하는 것 (전력 제어 조정 (coordinated power control)) 혹은 동적으로 송신 방향을 조절하는 것 (빔포밍 조정 (coordinated beamforming))이 될 수 있다. FD-MIMO의 향상된 부분은 10장을 참조하며, 이를 통해 더 나은 조정 이득 (coordination gains)을 얻을 수 있다.

Dynamic point blanking을 지원하기 위하여, 네트웍은 예상되는 채널 품질, 인접한 송신 지점으로부터 송신, 인접한 송신 지점이 송신을 하지 않았을 때 얼마나 채널 품질이 개선될지 등을 추정할 수 있어야 한다. 이를 위하여, 앞서 링크 적응 조정에서 논의한 것과 유사하게, 복수 개의 CSI 프로세스가 사용될 수 있다. 서로 다른 CSI 프로세스는 인접한 송신 지점의 송신 여부에 대한 서로 다른 가정을 반영한 서로 다른 CSI 보고를 제공할 수 있다. 이러한 CSI 보고를 비교함으로써, 네트웍은 인접 송신 지점의 특정 시간-주파수 자원을 사용하지 않음으로써 얼마나 많은 이득을 얻을 수 있을 지를 추정할 수 있다.

일례로, 그림 13.7의 시나리오에서 송신 지점 1에 연결된 단말을 고려해 보자. 만약 자원 B와 자원 D에 해당되는 CSI 보고의 CQI (즉, 권고되는 데이터 속도)에서 큰 차이가 있다면, 이는 단말이 송신 지점 2의 송신으로부터 많은 간섭을 받고 있음을 의미하는 것이다. 따라서, 송신 지점 1에 연결된 단말이 겪는 채널 품질을 개선하여 결국 해당 단말에 지원되는 데이터 속도를 개선하기 위하여, 특정 송신 지점에서 관련 시간-주파수 자원을 사용하지 않고 blanking하는 것을 고려해 볼 수 있다.

반대로, 만약 자원 B와 자원 D에 해당되는 CSI 보고의 CQI에 아주 작은 차이만 있다면, 해당 단말은 송신 지점 2로부터는 그다지 간섭을 받지 않고 있음을 의미하는 것으로서, 적어도 해당 단말의 채널 품질 관점에서는 송신 지점 2를 blanking하는 것은 그다지 효과적이지 않다.

13.2.2 다중 지점 송신 (multi-point transmission)

앞서 설명한 다중 지점 조정은 인접한 송신 지점의 송신이 스케줄링 관점에서 (즉, 송신하느냐 마느냐 혹은 언제 송신하느냐) 및 링크 적응 관점에서 (즉, 어떤 속도로 송신하느냐) 조정이 이루어졌다. 그러나, 특정 단말로의 송신은 여전히 하나의 특정 송신 지점에만 이루어지는 것을 가정하였다. 반면에, 다중 지점 송신의 경우는 특정 단말로의 송신이 서로 다른 송신 지점으로부터 이루어질 수도 있다. 때로는 동적 지점 선택 (Dynamic Point Selection) 방식을 통하여 송신 지점이 동적으로 변경될 수도 있으며 혹은 동시 송신 (Joint Transmission) 방식을 통하여 복수 개의 송신 지점으로부터 송신이 한 번에 이루어질 수도 있다.

13.2.2.1 동적 지점 선택 (Dynamic Point Selection, DPS)

앞서 언급하였듯이, 동적 지점 선택은 그림 13.8의 설명과 같이 송신은 단일 송신 지점으로부터 이루어지지만 해당 송신 지점이 동적으로 변경될 수 있음을 의미한다.

LTE에서는 사실 동적지점은 및 사실 모든 CoMP 방식이 전송 모드 10의 사용을 기반으로 한다. 따라서, 동적 지점 선택 방식은 PDSCH 전송을 위한 채널 추정을 DM-RS를 통하여 하게 되며, 결과적으로 단말은 송신 지점의 변경을 알 필요가 없다. 단말 입장에서 이는 그저 PDSCH 전송인데, 송신 지점이 변경될 때에 채널 상태가 약간 급작스럽게 변하는 것처럼 보이게 된다. 본질적으로, 단말 입장의 상황이 코드북에 기반하지 않은 프리코딩을 사용한 빔포밍의 경우와 동일하게 된다.[3)]

하향링크의 동적 지점 선택 동작을 도와주기 위하여, 단말은 복수 개의 송신 지점에 대한 CSI 보고를 제공해야 한다. 링크 적응 조정 및 스케줄링 조정의 경우와 유사하게, 이는 단말에 복수 개의 CSI 프로세스를 설정함으로써 얻을 수 있다.

위에 논의한 것처럼, 링크 적응 조정 및 스케줄링 조정의 경우에는 서로 다른 CQI 프로세스가 동일한 송신 지점에 해당해야 한다. 즉, 서로 다른 프로세스들에 대하여 CSI-RS의 집합이 동일해야 한다. 또한, 인접한 송신 지점의 송신에 관한 결정에 있어서 서로 다른 가정을 반영하여 간섭을 측정하고, 이에 따라 CSI 보고를 하기 위하여, CSI-IM 자원은 서로 다른 프로세스에 대하여 서로 달라야 한다.

반면에, 동적 지점 선택을 지원하기 위해서는 서로 다른 CSI 프로세스가 서로 다른 송신 지점에 대한 CSI 보고를 제공해야 한다. 따라서, 서로 다른 프로세스의 CSI-RS 집합은 서로 달라야

---

3) 단말이 quasi-co-location을 가정하는 것에 대해서는 차이가 있을 수 있으며, 이는 이후에 좀 더 자세히 설명된다.

그림 13.8 2개의 송신 지점 사이의 동적 지점 선택

하며, 동적 지점 선택이 이루어지고 있는 서로 다른 송신 지점에 의하여 송신되는 CSI-RS에 해당되어야 한다.

CSI 보고에 추가로, 동적 지점 선택이 가지는 또 다른 규격의 변경 요소는 PDSCH 매핑 및 서로 다른 reference 신호 사이에서 quasi-co-location을 어떻게 가정하는 지에 있다.

일반적인 경우에는, PDSCH가 매핑되는 자원 블록은 해당 단말의 서빙 셀 내의 CRS 전송에 사용되는 자원 엘리먼트와는 충돌하지 않도록 한다. 그러나, 동적 지점 선택의 경우에는 PDSCH 전송이 서빙 셀이 아닌 다른 셀에 속한 송신 지점으로부터 이루어질 수도 있다. 만약 이 셀이 CRS 개수나 CRS 주파수 이격 등의 관점에서 다른 CRS 구조를 가지고 있는데 PDSCH 매핑은 여전히 서빙 셀의 CRS 구조에 맞춰져 있다면, 실제 송신 지점의 CRS가 PDSCH 전송으로부터 강한 간섭을 받을 수 있다. 그래서, 동적 지점 선택은 PDSCH 매핑을 동적으로 실제 송신 지점의 CRS 구조와 맞추도록 할 것이다.

비슷한 상황이 L1/L2 제어 시그널링에서 발생할 수도 있다. 특정 셀의 제어 영역 크기, 즉 PDSCH 전송이 시작하는 지점은 PCFICH에 의하여 단말에 전달되는 제어 영역 크기 정보에 의하여 동적으로 변할 수 있다 (6.4절 참조). 그러나, 동적 지점 선택의 경우에는, 만약 실제 송신 지점 제어 영역의 크기가 해당 단말 서빙 셀의 제어 영역의 크기와 다르며 PDSCH 매핑이 서빙 셀의 PCFICH를 따르게 되면, 실제 송신 지점의 L1/L2 제어 시그널링이 PDSCH 전송으로부터 강한 간섭을 받을 수 있다. 그래서, CRS의 경우와 유사하게, PDSCH 매핑을 동적으로 실제 송신 지점의 제어 영역 크기와 맞추도록 할 것이다.

이에 더하여, 6장에서 설명하였듯이 단말은 zero power CSI-RS 자원이 설정될 수도 있다. 단말 관점에서는 zero-power CSI-RS는 PDSCH가 매핑되지 않는 자원 엘리먼트의 집합을 정의하는 것으로 보일 수도 있다. 왜냐하면 일반적으로 이러한 자원 엘리먼트는 다른 단말에 대한 CSI-RS 혹은 CSI-IM 자원과 같이 다른 용도로 사용되기 때문이다. 그러나, 만약 PDSCH 전송이 다른 지점부터 이루어진다면, 일반적으로 PDSCH 매핑이 서빙 셀의 경우와는 다른 자원 엘리먼트 집합을 피하도록 할 수도 있다. 왜냐하면 서빙 셀이 아닌 실제 송신 지점은 일반적으로 CSI-RS 및 CSI-IM에 대하여 다른 자원 엘리먼트를 사용할 수 있기 때문이다.

이와 같은 문제를 통합적으로 다루기 위하여, 전송 모드 10은 PDSCH 매핑의 동적인 재설정을 지원한다. 즉, 하향링크 스케줄링 할당의 일부분이며, 보다 구체적으로는 6.4절에서 설명된 DCI 포맷 2D를 통하여, PDSCH-mapping-and-quasi-co-location 지시자가 제공된다.

하나의 단말에는 최대 4개의 서로 다른 PDSCH-mapping-and-quasi-co-location 설정이 제공될 수 있다.[4] 각 설정은 아래를 지정한다.

- CRS 개수 및 CRS 주파수 이격에 관한 특정 CRS 설정
- 특정 PDSCH 시작 지점
- 특정 MBSFN 서브프레임 설정[5]
- 특정 zero-power CSI-RS 설정

스케줄링 할당에서 제공되는 PDSCH-mapping-and-quasi-co-location 지시자는 해당 서브프레임의 단말이 PDSCH 매핑에 대하여 4개의 서로 다른 설정 중 어떤 것을 가정해야 하는 지를 명시적으로 알려준다.

제어 영역의 크기는 동적으로 변하므로, PDSCH 시작 지점 지시자가 항상 실제 송신 지점의 제어 영역 크기를 완벽하게 맞춘다고 보증할 수는 없다. 따라서, PDSCH 시작 지점 지시자는 PDSCH 전송이 제어 영역과 겹치지 않는 것을 보증할 수 있도록, 충분히 큰 값으로 설정되어야 한다. 제어 영역의 크기는 절대로 3개의 OFDM 심볼[6] (OFDM 심볼 0, 1, 2번째 내의 제어 시그널링에 해당)을 넘지 않으므로, 가장 간편한 방법은 PDSCH 시작 지점을 3으로 설정하는 것이다. 그러나, 특정 셀에 대하여 제어 영역의 크기가 항상 3보다 작은 값에서 머무른다는 것을 안다면, 보다 큰 PDSCH 영역을 위하여 더 작은 값으로 PDSCH 시작 지점 지시자를 설정할 수도 있다.

이름에서 알 수 있듯이, PDSCH-mapping-and-quasi-co-location 설정 및 스케줄링 할당 내의 해당 지시자는 단말이 안테나 포트 사이의 quasi-co-location 관계를 어떻게 가정할 수 있는 지에 대한 정보도 제공한다. 10장에서 논의하였듯이 전송 모드 1부터 9까지는 단말이 서빙 셀의 CRS 및 해당 단말에 설정된 DM-RS, CSI-RS에 해당되는 안테나 포트가 모두 함께 quasi-co-location되어 있음을 가정할 수 있다. 그러나, 동적 지점 선택의 경우는, 하나의 단말이 서로 다른 CSI 프로세스에 의하여 서로 다른 CSI-RS 집합으로 설정될 수 있다. 실제 이러한 CSI-RS 집합은 서로 다른 송신 지점에 해당된다. 결과적으로, PDSCH와 해당하는 DM-RS는

4) 상위 계층 시그널링을 통하여 제공되는 PDSCH-mapping-and-quasi-co-location 지시자와 스케줄링 할당에 의해 제공되는 PDSCH-mapping-and-quasi-co-location 지시자는 차이가 있음에 유의한다.

5) MBSFN 서브프레임 설정은 CRS 설정과 관련이 있다. 왜냐하면, 이는 서브프레임 데이터 부분의 CRS reference 심볼의 존재에 대하여 영향을 주기 때문이다.

6) 가장 작은 LTE 셀 대역폭의 경우에는, 제어 영역 크기가 최대 4개의 OFDM 심볼까지 될 수 있다.

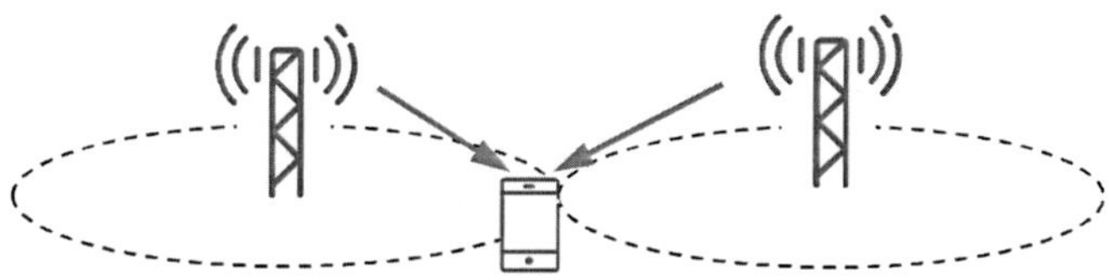

그림 13.9 2개의 송신 지점으로부터 동일 단말로의 동시 송신

이 송신 지점 중 하나로부터 전송된다. 그러면, 실제적으로 PDSCH 전송에 사용되는 안테나 포트 (안테나 포트 7-14)는 그 특정 송신 지점에 해당되는 CSI-RS 집합과 quasi-co-location되어 있다. 어떤 송신 지점으로부터 PDSCH 전송이 이루어지는 지를 통해서는 명확하게 인지할 수 없는 이러한 정보를 단말에 제공하기 위하여, 각 PDSCH-mapping-and-quasi-co-location 설정은 특정한 CSI-RS의 집합을 알려준다. 그러면, 단말은 특정 서브프레임에 대하여 특정 CSI-RS 집합이 DM-RS와 quasi-co-location된 것으로 가정할 수 있다.

13.2.2.2 동시 송신 (Joint Transmission)

동적 지점 선택이 비록 송신 지점이 동적으로 변경되지만 여전히 단일 송신 지점으로부터의 전송을 의미하는 것인데 비하여, 동시 송신은 복수 개의 송신 지점이 동일 단말로 동시에 전송하는 것을 의미한다 (그림 13.9 참조).

동시 송신은 다음 두 가지 경우로 나뉠 수 있다.

- Coherent 동시 송신
- Non-coherent 동시 송신

Coherent 동시 송신에서는, 네트웍이 동시 송신에 관여하는 2개 혹은 그 이상의 송신 지점으로부터 해당 단말로 자세한 채널 정보를 알고 있으며 이에 따라 (예를 들면, 단말 위치의 에너지를 극대화하는 방향으로) 전송 weight를 선택하는 것을 가정한다. 따라서, coherent 동시 전송은 빔포밍의 종류로 생각할 수 있으며, 단지 빔포밍에 참여하는 안테나가 한 위치에 있지 않고 서로 다른 송신 지점에 해당하는 형태로 생각할 수 있다.

현재 LTE 규격은 단말이 복수 개의 송신 지점에 대한 이와 같은 자세한 채널 정보를 보고하는 것을 지원하지 않는다. 따라서, 현재 LTE 규격은 적어도 명시적으로는 coherent 동시 송신을 지원하지 않는다.

반면에, non-coherent 동시 송신은 네트웍이 동시 송신에 있어서 이와 같은 자세한 채널 정보를 사용하지 않는 것을 가정한다. 따라서, non-coherent 동시 송신의 이득은 단지 동일 단말에 전송하는 복수 개의 송신 지점의 전력이 합쳐지는 전력 이득 (power gain)이 된다. 이러한 이득은 사실, 두 번째 송신 지점의 전력이 다른 단말에 대한 전송에 사용되는 것이 더 나은지의 여부 및 두 번째 송신 지점의 전력을 동일 단말에 추가로 사용할 경우에 있을 수 있는 다른 전송의 잠재적인 간섭 등에 따라 달라질 수 있다. 실제, non-coherent 동시 전송은 네트워 내 부하가 낮은 경우에만 이득이 있을 수 있다. 왜냐하면, 이 경우에는

- 두 번째 송신 지점의 전력을 사용할 다른 단말이 없을 수도 있으며
- 또한 두 번째 송신 지점의 전력이 동일 단말에 추가적으로 사용됨으로써 생기는 추가적인 간섭이 크게 문제되지 않을 수 있기 때문이다.

동시 송신의 경우, PDSCH가 (예를 들면) 서로 다른 CRS 설정 혹은 서로 다른 MBSFN 설정을 가진 2개의 셀에 속한 송신 지점으로부터 동시에 전송될 수도 있음에 유의한다. 이러한 경우 아마도 PDSCH 매핑을 2개의 셀의 설정 모두에 맞추고 싶을 것이다. 그러나 현재 각각의 PDSCH-mapping-and-quasi-co-location 설정은 오직 단일 CRS 설정에만 해당된다.

13.2.3 상향링크 다중 지점 조정/수신

13.2.1 및 13.2.2절에서 하향링크 다중 지점 조정/송신에 대하여 중점적으로 살펴보았다. 그러나, 앞서 언급하였듯이 동일한 원리를 상향링크에도 적용할 수 있다 (Uplink CoMP). 보다 구체적으로,

- 상향링크 간섭을 제어하고 상향링크 시스템 성능을 개선하기 위하여 상향링크 송신을 동적으로 조정함 (상향링크 다중 지점 조정)
- 상향링크 신호를 복수 개의 지점에서 수신함 (상향링크 다중 지점 수신 혹은 상향링크 동시수신)

그러나 하향링크 다중 지점 조정/송신과는 달리 상향링크 다중 지점 조정/수신은 무선 인터페이스 규격에 거의 영향을 주지 않는다. 특히, 상향링크 스케줄링 조정을 위해 필요한 채널 상태 정보는 수신단인 네트워에서 바로 얻어낼 수 있으므로 특정 단말 피드백을 필요로 하지 않는다.

또한, 상향링크 전송에 관련된 하향링크 전송 (예를 들면, HARQ 피드백)이 단말이 예상하는 대로 전송되기만 하면, 단말 입장에서는 어떤 지점에서 자신의 상향링크 전송이 수신되는 지를 알 필요도 없다. 실제 이는 만약 상향링크가 서빙 셀에 속한 송신 지점과는 다른 지점에서 수신될지라도 이에 대한 피드백 (예, HARQ acknowledgement)은 서빙 셀의 송신 지점으로부터 전송되어야 하는 것을 의미한다. 이는, (예를 들면) HARQ 타이밍 요구 조건이 유지될 수 있도록, 수신 지점과 송신 지점 사이의 연결에 지연이 적어야 함을 의미한다. 앞서 설명하였듯이, 3GPP Release 10/11에서 논의하는 CoMP는 송신/수신 지점 사이의 연결에 지연이 작은 상황에 초점을 두고 이루어졌다.

물론 일부 무선 인터페이스 설계에서 다중 지점 수신 관련한 사항이 고려되었다. 예를 들어, 7.2절에서 논의되었던 상향링크 reference 신호 시퀀스의 단말-특정 할당을 지원하는 것은 바로 상향링크 다중 지점 수신을 염두에 두고 이루어진 것이다.

14

Heterogeneous 구축

광대역 이동통신 시스템 내의 지속적인 트래픽 증가와 사용자로부터 요구되는 데이터 속도의 지속적인 증가는 셀룰러 네트웍이 향후 어떻게 구축될 지에 대하여 영향을 줄 것이다. 일반적으로, 매우 높은 시스템 용량 (단위 영역 당 트래픽) 및 매우 높은 사용자 당 데이터 속도를 제공하려면 추가적인 네트웍 노드 (혹은 송신/수신 지점들)을 구축해야 한다. 셀의 개수를 늘림으로써, 네트웍 노드 당 지원해야 하는 트래픽의 양을 늘리지 않고도 단위 영역 당 트래픽을 늘릴 수 있다. 또한, 네트웍 노드의 개수를 늘림으로써 일반적으로 기지국과 단말 사이의 길이가 짧아지므로 이는 링크 버짓 (link budget)의 개선과 이에 따른 데이터 속도의 증가를 의미한다.

그림 14.1의 윗쪽에서 볼 수 있듯이 매크로셀 (macro cell) 계층을 고밀도화 하는 것 즉, 매크로셀 국사[1]들의 총 개수를 늘리고 각 셀의 커버리지 영역을 줄이는 방식은 이미 많은 사업자들이 시도한 것이다. 일례로, 큰 도시들에서는 많은 경우 매크로셀 국사들 사이의 거리가 수백 미터보다 작은 경우가 꽤 있다.

이와 같이 매크로셀 계층의 일정한 고밀도화를 대체 혹은 보완하는 것으로서, 그림 14.1의 아랫쪽과 같이 매크로셀 커버리지 영역 아래에 저출력 노드[2] (low-power nodes)를 추가로 구축하는 방법이 있다. 이와 같이 heterogeneous 구축에서 저출력 노드는 실내 및 실외의 고밀도화된 장소에 높은 트래픽 용량과 향상된 서비스 품질(higher end-user throughput)을 제공하는 반면에 매크로 레이어(macro layer)는 전체 영역을 제공한다. 따라서 저출력 노드 (피코 노드)를 갖는 층은 넓은 영역을 커버하는 매크로 노드와는 대조적으로 로컬 영역 액세스(local area access)를 제공하는 것을 의미한다.

1) 여기서 매크로 노드 (macro node)는 일반적으로 건물 옥상에 안테나가 위치한 고출력 노드로 정의된다.
2) 여기서 피코 노드는 일반적으로 건물 옥상보다 아랫쪽에 안테나가 위치한 저출력 노드로 정의된다.

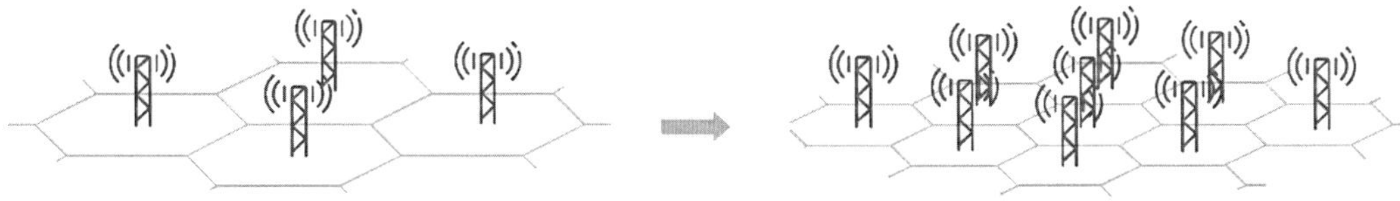

추가적인 매크로노드를 통한 고밀도화 (homogeneous 네트웍 구축)

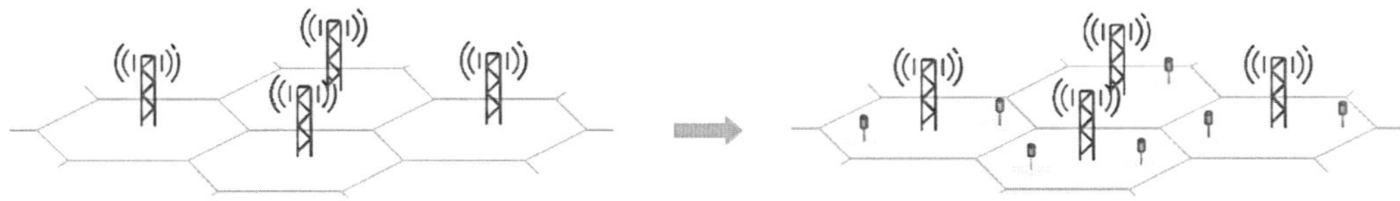

매크로 계층을 저출력의 피코노드들로 보완 (heterogeneous 네트웍 구축)

그림 14.1 Homogeneous 및 heterogeneous 네트웍 고밀도화

Heterogeneous 구축이나 복수 개의 계층으로 네트웍을 구축하는 개념 자체는 전혀 새로운 것이 아니다. 즉, 계층적인 셀 구조 (hierarchical cell structures)는 90년대 중반부터 사용되어 왔다. 그러나, 광대역 이동통신으로 접어들면서 전체 용량을 증대하고 최종 사용자의 데이터 속도를 증대하는 관점에서 heterogeneous 구축에 대한 관심이 대폭 늘어났다.

매크로 네트웍(macro network)를 보완하는 저출력 노드의 사용은 중요하게 언급되어지며, 이러한 것은 기술 요소라기 보다는 구축 전략으로서 LTE의 최초 규격부터 이미 가능한 것임에 유의한다 (이는 다른 기술에서도 마찬가지이다). 그러나, Release 10 및 11에서는 이러한 heterogeneous 구축을 지원을 개선하기 위하여, 특히 계층 간 간섭을 다루는 관점에서 추가적인 기능을 제공해준다.

14.1 Heterogeneous 구축의 간섭 시나리오

Heterogeneous 구축의 주요 특징 중 하나는 바로 매크로 계층과 피코 계층 사이에서 송신 전력이 크게 차이가 난다는 점이다. 시나리오에 따라서, 이는 homogeneous 네트웍에 비하여 훨씬 더 복잡한 간섭 시나리오를 야기할 수 있으며, 구체적으로 네트웍 계층 사이의 간섭을 야기할 수 있다. 이러한 서로 다른 계층 사이의 간섭 (inter-layer interference)이 heterogeneous 네트웍 구축에서 고려해야 할 주요 부분이 된다.

서로 다른 계층에 대하여, 서로 다른 주파수 자원, 예를 들어 서로 다른 주파수 대역이 사용된다면, 네트웍 계층 간 간섭은 회피할 수 있다. 주파수 분리는, 예를 들면 GSM 네트웍에서 서로 다른 네트워 계층에 대하여 서로 다른 주파수를 사용했던 것처럼, 네트워 계층 간 간섭을 다루는 전통적인 방법으로 사용되었다. 그러나, LTE와 같은 광대역 무선 접속 기술의 서로 다른 셀 계층에 대하여 서로 다른 반송파 주파수를 사용한다면 이는 주파수 자원 활용도의 저하를 가져올 수 있다. 일례로, 20 MHz 주파수 자원을 가진 사업자가 만약 2개의 셀 계층에 대하여 주파수를 별도로 가져간다면, 이는 전체 주파수 자원을 나누어서 각 계층 별로는 20 MHz 보다 적은 주파수를 사용해야 함을 의미한다. 이는 당연히 각 셀 계층 내에서 도달 가능한 최대 데이터 속도가 줄어듦을 의미한다. 또한, 총 사용 가능한 주파수 자원의 상당 부분을 비교적 낮은 트래픽이 있는 셀 계층에 할당한다면 이는 주파수 자원을 비효율적으로 사용하는 것이 된다. 따라서, LTE와 같은 광대역 고속 데이터 시스템은 다중 계층의 네트워 구조를 동일한 주파수를 사용하여 구축할 수 있어야 한다. 이는 13장에서 논의한 주파수 재사용률 1과도 맥락을 같이 한다. 그러나, 만약 넓은 영역의 커버리지 구축에는 적합하지 않은 높은 주파수 대역의 새로운 주파수가 사용이 가능해진다면, 이 주파수는 별도로 피코 계층에만 사용을 하는 것과 같이 네트워 계층 간 주파수 분리를 하는 것이 적당한 시나리오가 있을 수 있음에 유의한다. 또한, 주파수를 분리하여 구축한다는 것은 계층 간에 서로 다른 듀플렉스 방식을 사용할 수도 있음을 의미하는 것으로서, 예를 들면 FDD가 넓은 영역의 매크로 계층에 사용되고 TDD가 작은 영역의 피코 계층에 사용될 수도 있다.

서로 다른 셀 계층이 동시에 동일한 주파수를 사용한다는 것은 당연히 계층 간의 간섭을 의미한다. 계층 간 간섭의 형태는 각 계층의 송신 전력 및 사용되는 노드 연결 전략에 따라 달라질 수 있다.

전통적으로, 어떤 네트워 지점에 단말이 연결되어야 하는지를 결정하는 노드 연결 혹은 셀 연결은 일반적으로 하향링크 신호 (보다 구체적으로, LTE에서는 CRS)의 수신 전력에 대한 단말 측정을 기반으로 한다. 단말이 보고하는 이러한 측정값을 바탕으로 네트워은 핸드오버를 수행할 지의 여부를 결정한다. 이 방식은 간단하고 안전한 방식이다. 모든 송신 지점이 동일한 출력을 가지는 homogeneous 구축은 하향링크 측정이 상향링크 경로 감쇄를 반영하므로, 하향링크로 최적화된 네트워 연결 방식이 상향링크 관점에서도 비교적 잘 동작한다. 물론 이론적으로는, 최상의 상향링크 수신 지점이 항상 최상의 하향링크 송신 지점이 아닐 수도 있다. 즉, 이상적으로는 상향링크 지점 결정과 하향링크 지점 결정이 별도로 이루어질 수 있다 [83]. 예를 들어, 하향링크 지점 선택은 수신 신호 크기에 따라 이루어지며, 상향링크 지점 선택은 가장 낮은 경로 감쇄를 바탕으로 이루어질 수도 있다. 이러한 것이 그림 14.2에 설명되어 있으며, 여기서는 상향링크 및 하향링크에 대하여 셀 경계가 다른 것을 볼 수 있다. 그러나, 수신되는 상향링크 전송에 대하여 하향링크로 HARQ acknowledgement를 전송해야 하는 예에서 볼 수 있는 것처럼, 상향링크와 하향링크 사이에 매우 밀접한 시간 영역의 연관성이 있기 때문에, 실제로 두 링크가 동일 노드로 연결된다.[3] 따라서, 노드 연결은 상향링크와 하향링크의 최상의 선택 사이에서 적절한 절충점이 된다.

단일 링크 관점에서는, 단말을 가장 높은 수신 전력을 가지는 송신 지점과 연결하게 되면, 비록 피코노드와의 경로 감쇄가 훨씬 더 작음에도 불구하고 더 높은 송신 출력을 가지는 매크로 노드로 단말이 연결된다. 이는 종종 상향링크 커버리지 측면에서나 용량 측면에서는 최적의 셀 선택이 아니다. 또한, heterogeneous 네트워크 구축에서 가장 높은 수신 전력에 따라 송신 지점을 선택하는 것은 하향링크 시스템 효율 측면에서도 최적이 아닐 수 있음에 유의한다. 매크로노드의 전송이 피코노드의 전송보다 더 높은 전력으로 수신되더라도 이는 그저 매크로노드가 더 높은 전력으로 신호를 송신하기 때문이었을 수도 있기 때문이다. 이 경우, 매크로셀로의 전송은 다른 셀의 간섭 측면에서는 더 높은 "비용"을 수반한 것이다. 달리 표현하면, 매크로셀의 전송은 해당 셀 아래에 구축된 어떠한 피코셀도 매크로셀이 사용한 동일한 물리 자원은 사용할 수 없음을 의미한다.

또 다른 극단적인 예로서, 노드 연결을 (상향링크) 경로 감쇄에 대한 추정을 기반으로 결정할 수 있다. 실제로 이는 전통적인 셀 선택에서 사용하는 수신 전력 측정에, 서로 다른 송신 지점 사이의 송신 전력의 차이를 보상해줄 수 있는 셀-특정의 오프셋을 적용함으로써 수행될 수 있다. 이러한 오프셋은 LTE Release 8부터 지원이 되며, 각 단말 별로 설정할 수 있다. 이러한 오프셋을 노드 연결에 사용하게 되면, 결과적으로 그림 14.2와 같이 피코노드에 단말이 연결되는 영역이 커지게 된다. 따라서, 이를 종종 range expansion이라고 부른다.

가장 작은 경로 감쇄를 겪는 네트워크 지점을 선택하는 것, 즉 range expansion을 상당히 크게 적용하는 것은 상향링크 수신 전력/SINR을 극대화하는 것으로서 상향링크의 데이터 속도를 극대화하는 것이다. 또는 달리 표현하면, 주어진 상향링크 목표 수신 전력에 대해서는 단말의 송신 전력이 줄어드는 것이므로 이는 상향링크에서 타 셀의 간섭이 줄어드는 것이며, 이는 전체적인 상향링크 시스템 효율의 증가를 가져온다. 또한, 이렇게 함으로써 동일한 하향링크 물리 자원이 다른 피코셀에서도 사용될 수 있도록 함으로써 하향링크 시스템 효율도 증대할 수 있다.

그러나, 서로 다른 네트워크 계층의 송신 지점 사이의 송신 전력 차이에 의하여, (그림 14.2의 빗금친 부분에서 볼 수 있듯이) 단말이 현재 연결된 피코 지점의 하향링크 전송에 비하여 매크로 지점의 하향링크 전송이 훨씬 더 높은 전력으로 수신되는 영역이 존재하게 된다. 이 영역 내에서는 매크로 지점의 피코지점에 연결된 단말의 심각한 하향링크 셀 간 간섭이 있을 수 있으며, 따라서 피코 지점에서 전송되는 모든 신호에 대한 단말단에 서의 SINR은 0 dB보다 낮게

3) Remote antenna를 사용하는 경우에는 하향링크 송신 지점과 상향링크 수신 지점이 지리적으로 분리되어 있을 수는 있다. 14.5절 참조.

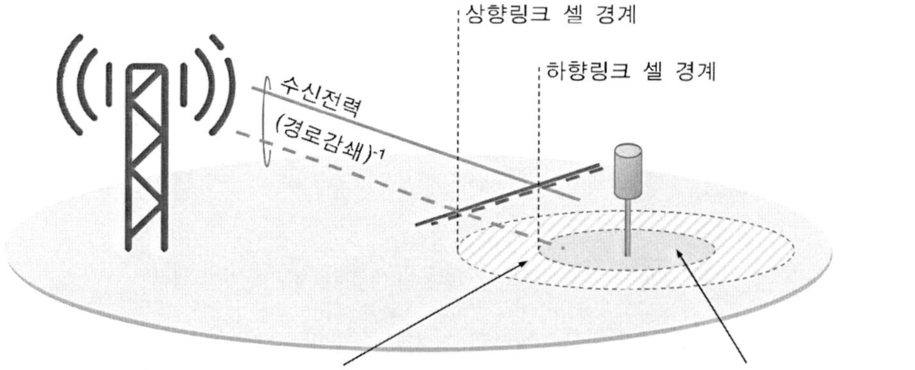

그림 14.2 Range expansion을 포함한 heterogeneous 네트웍 구축의 높은 간섭 영역의 예

된다. 간섭에는 셀-특정 reference 신호 (CRS), 동기신호 (PSS, SSS) 및 시스템 정보 (PBCH)에 의하여 야기되는 셀 부하와는 관계 없는 정적인 부분과 데이터 전송 (PDSCH) 및 제어 신호 (PCFICH, PHICH, PDCCH, EPDCCH)에 의하여 야기되는 셀 부하에 따라 달라지는 동적인 부분이 있다.

매크로 계층의 PDSCH 전송으로부터의 저전력 피코 계층의 PDSCH 전송으로의 간섭은, 13.1 절에서 설명한 것과 같이 하나의 계층 내에서 노드 사이의 셀 간 간섭 조정에 사용된 것과 동일한 원리에 따라 셀 사이의 스케줄링 조정을 함으로써 비교적 수월하게 처리할 수 있다. 예를 들면, 단말이 피코셀과 매크로셀 사이의 높은 간섭이 존재하는 부분에 있으면서 피코셀의 하향링크 데이터 전송을 수신해야 하는 경우에는, 매크로셀이 해당 자원 블록에서는 PDSCH 전송을 고출력으로 하지 않으면 된다. 이러한 셀 간 조정은 매크로셀과 피코셀 사이에서 조정이 가능한 내용 및 시간 간격 등에 따라서 일정 부분 동적으로 동작할 수 있다. PDSCH에 사용되는 동일한 스케줄링 조정 방식이 EPDCCH에도 사용될 수 있다. 물론 2개의 매크로셀 경계에 위치한 피코셀 입장에서는 2개 매크로셀과 동시에 스케줄링 조정을 해야 할 수도 있음에 유의한다.

L1/L2 제어 시그널링 (PDCCH, PCFICH, PHICH)과 같이 동적으로 스케줄링할 수 없는 매크로노드 전송의 간섭을 처리하는 것은 앞에서와 같이 간단하지가 않다. 네트웍 계층 내에서, 즉 2개의 매크로노드 사이 즉 L1/L2 제어 시그널링 사이의 간섭은 그다지 큰 문제가 되지 않는다. 왜냐하면, 제어 채널은 주파수 재사용률 1을 사용한 구축이 가능하도록 설계되었으며, 이는 SIR이 심지어 −5 dB 아래로 내려가는 환경까지도 지원하도록 설계되었기 때문이다. 이와 같은 강인성에 의하여, 약 2 dB 정도의 적당한 range expansion은 별다른 조치 없이 가능할 수 있다. 많은 경우에 있어서, 이와 같은 작은 값의 range expansion이면 이미 충분하여 추가적으로 오

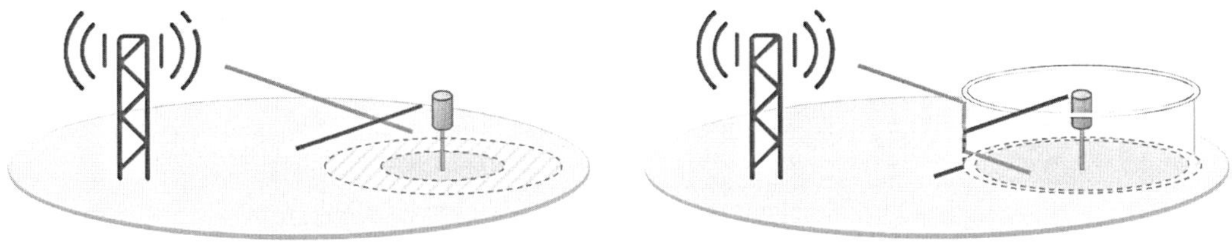

그림 14.3 서로 다른 시나리오의 range expansion의 예

프셋 값을 키우는 것이 추가적인 성능 개선을 가져다주지 않는 경우가 있다. 그러나, 어떤 시나리오는 좀 더 큰 range expansion이 이로울 수도 있다. 이와 같이 매우 큰 range expansion을 사용하게 되면 제어 채널에 대한 SINR 값이 너무 낮아져서 정상적인 동작이 힘들 수 있으며, 따라서 이러한 간섭 상황을 다루기 위한 특별한 조치가 필요하게 된다. 앞서 이야기 한 것처럼, range expansion의 효과는 시나리오에 따라 달라질 수 있음에 유의한다. Range expansion이 효과가 없을 수도 있는 일례가 그림 14.3의 오른쪽에 표시되어 있다. 즉, 두 셀 계층 사이를 빌딩 벽이 막아서 이를 분리하고 있다면, 이런 경우에는 range expansion이 효과가 없을 수도 있다.

이후 절에서는 다음의 4가지 heterogeneous 구축이 다루어진다.

- Release 8부터 가용한 기능을 사용하여 중간 정도의 range expansion까지 지원하는 경우. 셀 간 동기를 가정하지 않으며 셀 간 조정도 가정하지 않음.
- 주파수 영역 분할. 예를 들면 CA를 사용하여, 주파수 영역 상의 방법으로 간섭 문제를 다루면서 큰 range expansion을 지원하는 방식.
- 시간 영역 분할. 시간 영역 상으로 간섭 문제를 다루어서 큰 range expansion을 지원하는 방식
- 13장의 CoMP 기능을 사용하여 큰 range expansion을 지원하는 공동 셀 (shared cell)

앞의 세 가지 방식은 각 송신 지점이 별도의 셀을 정의한다. 즉, 각 송신 지점이 별도의 셀 ID를 가지며 CRS, 시스템 정보 등과 같이 셀에 관련된 모든 신호들을 송신한다. 마지막 방식에서는 송신 지점이 반드시 별도의 셀을 정의하는 것은 아니다. 대신, 복수 개의 지리적으로 떨어져 있는 송신 지점이 동일 셀에 속해 있을 수도 있다.

마지막으로, 첫 번째 방식을 제외한 나머지 모든 방식은 네트워크 계층 간의 조정 및 (인접한) 송신 지점 사이에서 시간 동기를 가정하고 있음에 유의한다.

14.2 Release 8 기능을 사용한 heterogeneous 구축

Heterogeneous 구축은 Release 8 LTE에서부터 이미 가능하다. 이 경우에는, 각 송신 지점은 각각 독자적인 셀로 정의되며, 특정 지점의 연결 혹은 셀 선택은 homogeneous 경우와 마찬가지로 일반적으로 하향링크 수신 전력을 기반으로 이루어진다. 이 방식은 셀 간 시간 동기도 필요없고 셀 간 조정도 필요 없는 것과 같이 매우 간단한 방법임에도 불구하고, 적절하게 셀 선택 오프셋을 조절함으로써 수 dB 정도의 range expansion을 지원할 수 있다. 당연히 매크로의 간섭량이 range expansion을 어디까지 할 수 있을 지의 여부를 결정하지만, 많은 경우에 있어서 그 정도의 range expansion이면 이득을 얻는 데 충분할 수 있다. 이외에도 Release 8에서 가능한 range expansion을 도와줄 수 있는 기능으로는, 피코셀의 PDCCH 전력증대 (power boosting), 간섭을 줄이기 위하여 매크로셀의 PDCCH에 부분적으로만 부하를 주는 방법, PDCCH 에러율 차원에서 PDCCH 동작지점을 조절하는 방법 등을 들 수 있다.

많은 시나리오에서, 아예 range expansion을 하지 않거나 아주 작은 양의 range expansion만 하더라도 피코노드를 구축하는 것만으로도 대부분의 이득을 얻을 수 있음에 유의한다. 그러나, 어떤 특정한 시나리오의 경우에는 보다 큰 range expansion이 이로울 수 있으며, 이러한 경우 다음과 같은 방식이 필요할 수 있다.

14.3 주파수 영역 분할

주파수 영역 분할은 서로 다른 계층에서 주파수 스펙트럼의 서로 다른 부분을 사용함으로써 간섭을 줄이려는 시도를 말한다. 송신 지점은 각각 독자적인 셀을 이루며, 하향링크 수신 전력이 노드 및 지점과의 연결 즉 셀 선택에 사용된다.

가장 간단한 방식은 정적으로 주파수를 나누는 것이다. 즉, 그림 14.4와 같이 매크로 계층과 피코 계층이 서로 겹치지 않는 다른 스펙트럼의 부분을 사용하는 것이다. 이는 간단한 방식이기는 하지만, 이 방식은 순시적인 트래픽 변동에 따라서 계층 간에 자원을 동적으로 재할당할 수 없기 때문에 비효율적이다.

비교적 큰 값의 range expansion이 사용될 경우에 있어서 range expansion 영역의 하향링크 계층 간 간섭을 다루는 보다 동적인 방법으로는, 10장에 설명한 것과 같이 CA를 cross-carrier 스케줄링과 함께 사용하는 것이다. 기본적인 개념은 그림 14.4과 같이 전체 스펙트럼을 f_1, f_2의 2개의 하향링크 반송파를 사용하는 것으로써 두 부분으로 나누는 것이다.

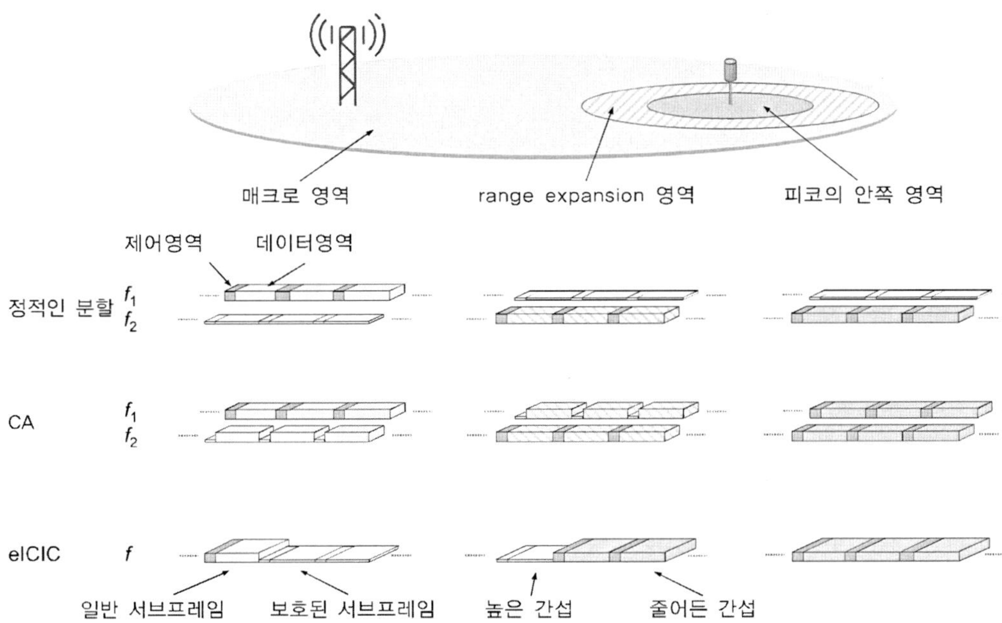

그림 14.4 주파수 영역 및 시간 영역 분할

데이터 (PDSCH) 전송에 대해서는 양쪽 셀 계층에서 2개의 모든 반송파 사용이 가능하며, 매크로 계층과 피코 계층 사이의 간섭은 전통적인 셀 간 간섭 조정에 의하여 처리된다 (13.1절 참조). 앞서 언급하였듯이, 이러한 간섭 조정은 매크로셀과 피코셀 사이에서 조정이 가능한 시간 간격/주기에 따라서 어느 정도 동적으로 동작할 수 있다. 또한, CA는 하나의 단말에 대한 전송에 2개 반송파 모두, 즉 모든 가용한 스펙트럼이 할당될 수 있음을 말한다. 따라서, 적어도 CA를 지원하는 단말은 데이터 (PDSCH) 전송 측면에서 스펙트럼이 나눠어지는 현상이 없다. 반면에 CA를 지원하지 않는 단말은 최대 데이터 속도가 단일 반송파의 값으로 줄어들게 되며, 따라서 이러한 단말이 많은 사업자의 경우에는 문제가 될 수도 있다.

반면에, L1/L2 제어 시그널링 (PCFICH, PHICH, PDCCH)에 대해서는 계층 사이에 비교적 준-정적인 주파수 분리가 있다. 보다 구체적으로 설명하면, 매크로셀은 반송파 f_1 위의 제어 영역 내에서는 고출력의 전송을 삼가해야 한다. 시간이 동기된 네트웍을 가정하면, 이렇게 함으로써 해당 반송파 위의 피코셀의 제어 영역이 받는 간섭이 줄어들게 되며, 피코셀은 높은 간섭이 예상되는 영역에 있는 단말에 대한 제어 시그널링에 해당 반송파를 사용할 수 있게 된다. Cross- carrier 스케줄링이 가능하기 때문에, 매크로셀이 하향링크 스케줄링 할당을 포함한 제어 시그널링을 반송파 f_1 위에서만 전송하더라도, PDSCH 상의 DL-SCH 전송은 여전히 양쪽 반송파에 모두 스케줄링될 수 있으며 둘 사이의 CA 역시 가능하다. 동일한 동작이 피코셀에도 가능하다. 높은 간섭이 예상되는 영역에 위치한 단말에 대한 스케줄링 할당의 전송이 반송파

f_2 위에서만 이루어지더라도, DL-SCH 전송은 여전히 양쪽 반송파에 모두 스케줄링될 수 있다.

피코셀 커버리지 중에서 range expansion 영역이 아니라 셀의 더 안쪽에 위치한 단말에 대해서는 피코셀 역시 L1/L2 제어 시그널링에 반송파 f_1를 사용할 수 있음에 유의한다. 이와 유사하게, 송신 전력을 줄이는 것을 가정하면 매크로셀 역시 제어 시그널링에 반송파 f_2도 사용할 수 있다. 따라서, 매크로셀은 예를 들면 매크로셀 국사 가깝게에 위치한 단말에 대해서는 낮은 송신 전력으로 제어 시그널링을 보내는 데에 반송파 f_2를 사용할 수 있다.

앞의 논의에서는 제어 시그널링으로 PDCCH를 가정하였지만, EPDCCH도 동일하게 가능하다. 원칙적으로, EPDCCH는 PDSCH와 동일한 셀 간 간섭 조정 방식이 적용될 수 있다. 이는 CA를 사용하지 않고도 비교적 큰 range expansion 값을 지원할 수 있다. 이 경우에는 매크로 계층과 피코 계층이 서로 다른 자원 블록 pair를 사용하는 형태로 비교적 동적으로 조정이 가능하다. 그러나, EPDCCH는 단말-특정 탐색 공간에 대해서만 제한이 됨에 유의한다. 이에 따라서, 예를 들면 시스템 정보의 스케줄링을 위해서는 PDCCH가 필요하다.

마지막으로, 단말이 range expansion 영역 내에서 피코셀과의 동기를 유지하는 데 사용하는 (셀-특정 reference) 신호 역시 매크로 계층의 간섭에 영향을 받음에 유의한다. 단말이 이를 얼마나 잘 처리하느냐에 따라 얼마나 크게 range expansion 값을 사용할 수 있는 지의 상한값이 제한된다. 따라서, range expansion을 최대로 활용하려면 단말에서 간섭 제거 수신기가 필요하다.

14.4 시간 영역 분할

주파수 영역 분할 이외에 취할 수 있는 방법으로는 그림 14.4의 맨 아랫쪽에 설명된 것과 같이 시간 영역 분할을 사용하는 것이다. 3GPP에서는 이것이 (F)eICIC ((Further) enhanced Inter-Cell Interference Coordination)으로 알려져 있다. eICIC에 대한 작업은 Release 10에서 시작하여, Release 11에서 FeICIC라는 이름으로 완료되었다. 또한, 이 경우에는 송신 지점들이 각각 독자적인 서로 다른 셀들이 되므로, 3GPP에서는 FeICIC와 같이 'Inter-Cell'이라고 부르는 이름이 사용된다.

시간 영역 분할의 기본 개념은 특정 서브프레임에서 매크로셀의 송신 출력을 제한하는 것이다. 이와 같은 출력 감소 서브프레임 (reduced-power subframe) 혹은 ABS (almost blank subframe)에서는, 피코셀에 연결되어 있는 단말은 데이터 및 제어 신호 모두에 대하여 매크로셀로부터 더 낮은 간섭을 경험하게 된다. 따라서 단말 측면에서 이는 보호받는 서브프레임 (protected subframe)이 된다. 따라서, 피코셀에서는 range expansion 영역에 위치한 단말은 보호되는 서브프레임에서 스케줄링을 할 수 있으며, 셀에 더 근접하게 위치한 단말에 대해서는 모든 서브프레임을 사용하여 스케줄링할 수 있다. 반대로, 매크로셀의 경우에는 주로 보호되는 서브프레임 이외의 서브프레임에서 단말을 스케줄링한다 (그림 14.5 참조). 이러한 시간 영역 분할 방식이 의미가 있으려면, 반드시 구축된 피코셀에서 얻어지는 이득이 일부 서브프레임에서 송신 전력을 줄임으로써 발생하는 매크로셀의 손실보다 커야 한다. 또한 그 여부는 시나리오에 따라 크게 달라질 수 있으나, 대개는 이러한 보호되는 서브프레임에서 매크로셀이 아예 아무것도 전송하지 않는 것보다는 전송은 하되 출력을 줄여서 전송하는 방식이 더 효과적이다.

Heterogeneous 네트웍의 시간 영역 분할을 지원하기 위하여, 보호되는 서브프레임 패턴 즉 보호되는 서브프레임에 대한 정보의 시그널링이 X2 인터페이스를 사용하여 서로 다른 계층의 eNodeB 사이에서 지원된다. 보호되는 서브프레임 패턴은 매크로셀과 피코셀 사이에서 조정이 가능한 시간 간격/주기에 따라서 어느 정도 동적으로 동작할 수 있다.

매크로셀은 보호되는 서브프레임에서 제어 시그널링 전송을 아예 하지 않아야 하는 것은 아니다. 특히 상향링크 스케줄링에 너무 많은 영향을 주지 않기 위하여, 예를 들면 제한된 양의 상향링크 스케줄링 승인 및/혹은 PHICH 전송 등과 같이 상향링크 전송에 관련된 제한적인 양의 제어 시그널링은 보내는 것이 좋다. 매크로셀의 제어 시그널링 전송이 제한되고 전체적인 제어 영역 내의 작은 부분만을 점유하기만 한다면, 피코셀 내의 range expansion 영역에 위치한 단말에 대한 간섭을 적정한 수준으로 유지할 수 있다. 그러나, 보호되는 서브프레임에서 상향링크 스케줄링 승인 및 PHICH가 전송될 수 없다고 하더라도 상향링크 스케줄링의 영향을 최소화하도록, 보호받는 서브프레임 패턴에 대한 시그널링이 정의되어 있다. 이는 보호받는 서브프레임 패턴을 상향링크 HARQ 프로토콜의 8개 서브프레임 타이밍에 맞춤으로써 얻을 수 있다. 따라서, FDD에 대해서는 보호받는 서브프레임 패턴이 10 ms 프레임에 맞춰져 있지 않으며 40 ms의 4개 프레임에 맞춰져 있음에 유의한다. TDD의 주기는 상향링크-하향링크 설정에 따르게 된다.

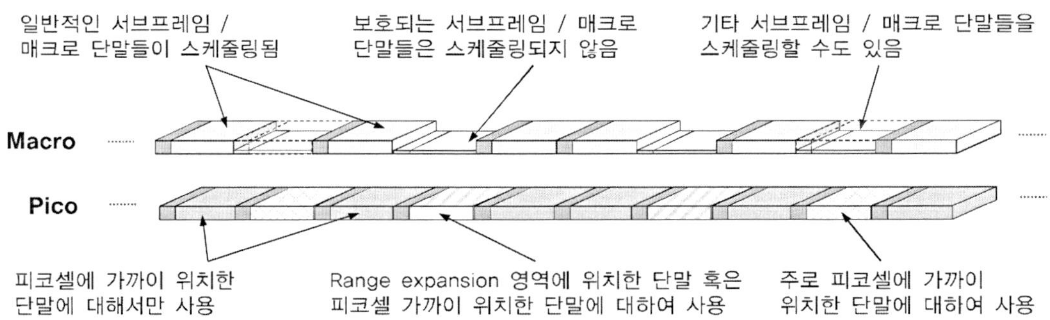

그림 14.5 보호받는 서브프레임

최대 네 가지 서로 다른 패턴이 eNodeB들 사이에서 교환이 가능하다. 2개는 스케줄링 및 CSI 측정 목적이며, 1개는 서빙 셀의 RRM 측정 목적이며, 1개는 인접 셀의 RRM 측정 목적이다. CSI 측정 목적으로 2개의 패턴을 가지는 이유는 단말의 빈번한 재설정 (reconfiguration) 없이 매크로와 피코 계층 사이의 부하 변동을 다루기 위해서이다. 이는 그림 14.6 및 아래에서 좀 더 설명된다. Range expansion 영역의 부하가 높은 경우 (그림에서 t_1의 경우)에 이러한 단말이 피코셀로부터 서비스를 받도록 하기 위하여 비교적 많은 수의 보호받는 서브프레임을 주는 것이 이로울 수 있다. 이후 그림의 t_2순간과 같이 많은 단말이 range expansion 영역부터 매크로셀로 이동한 경우에는, 보호된 서브프레임의 개수를 줄여야 한다. 따라서, 보호된 서브프레임의 개수를 조절함으로써 부하 변경에 따라가도록 설정을 변경할 수 있다. 또한, 시간 영역 분할 방식은 보호된 서브프레임이 반드시 적어도 1개는 필요하다. 즉, 해당 단말과의 접속을 잃지 않기 위하여 피코셀이 range expansion 영역에 있는 단말에 접속할 수 있도록 보호된 서브프레임의 개수가 0이 되어서는 안 된다. 따라서, 한 패턴은 현재의 보호된 서브프레임에 대하여 사용되며, 다른 한 패턴은 항상 존재하는 보호된 서브프레임에 사용되는 용도로서, 두 가지 서브프레임 패턴의 교환이 X2상으로 지원된다. 전자의 패턴은 셀 사이의 스케줄링 조정에 사용되는 것으로서 비교적 자주 업데이트가 되며, 후자의 패턴은 자주 업데이트되지 않고 단말의 보호를 받는 서브프레임을 설정하는 기본으로서 사용된다. 이 두 가지에 속하지 않는 서브프레임들은 절대로 보호된 서브프레임이 될 여지가 없는 서브프레임들로 생각할 수 있다.

명백히, 피코셀에 연결된 단말이 경험하는 간섭은 보호받는 서브프레임과 보호받지 않는 서브프레임 사이에서 큰 차이를 보일 수 있다. 따라서, 만약 이 두 가지 서브프레임에 대하여 혼합하여 수행된 CSI 측정은 두 가지 서브프레임의 간섭 레벨 중 어떤 것도 정확하게 표현해주지 못한다. 이를 해결하기 위하여, 단말은 앞서 설명한 것과 유사한 비트맵[4]을 사용하여 지정된 RRC 시그널링을 통하여 보호받는 서브프레임에 대한 정보를 제공받는다. 2개의 비트맵이 단말로 전송되는데, 이 중 1개는 보호받는 서브프레임의 집합을 정의하며 다른 하나는 심하게 간섭을 받는 서브프레임의 집합을 정의한다. 바람직하게는, RRC 시그널링 내의 보호받는 서브프레임은 앞서 설명한 X2 시그널링으로부터 추출되는 항상 보호받는 서브프레임에 해당하며, RRC 시그널링 내의 심하게 간섭을 받는 서브프레임은 X2 시그널링 상의 절대로 보호받는 서브프레임이 될 여지가 없는 서브프레임에 해당하면 좋다. (만약 남아 있다면) 이 두 가지 집합 어디에도 속하지 않는 나머지 해당 서브프레임은, 매크로셀이 송신 전력을 줄일 수도 있고 아닐 수도 있으므로 상대적으로 예측하기 힘든 간섭 상황을 가질 수 있다.

2개의 부분집합에 대하여 CSI 보고가 각각 별도로 수행된다. 특정 CSI 보고가 어떤 부분집합을 반영하는 지 여부는 어떤 서브프레임에서 CSI가 전송되는 지에 달려 있다. 즉, CSI는 그

4) 2개 비트맵에 대한 대안으로 복수 개의 CSI 프로세스를 가진 전송 모드 10이 사용될 수도 있음에 유의한다.

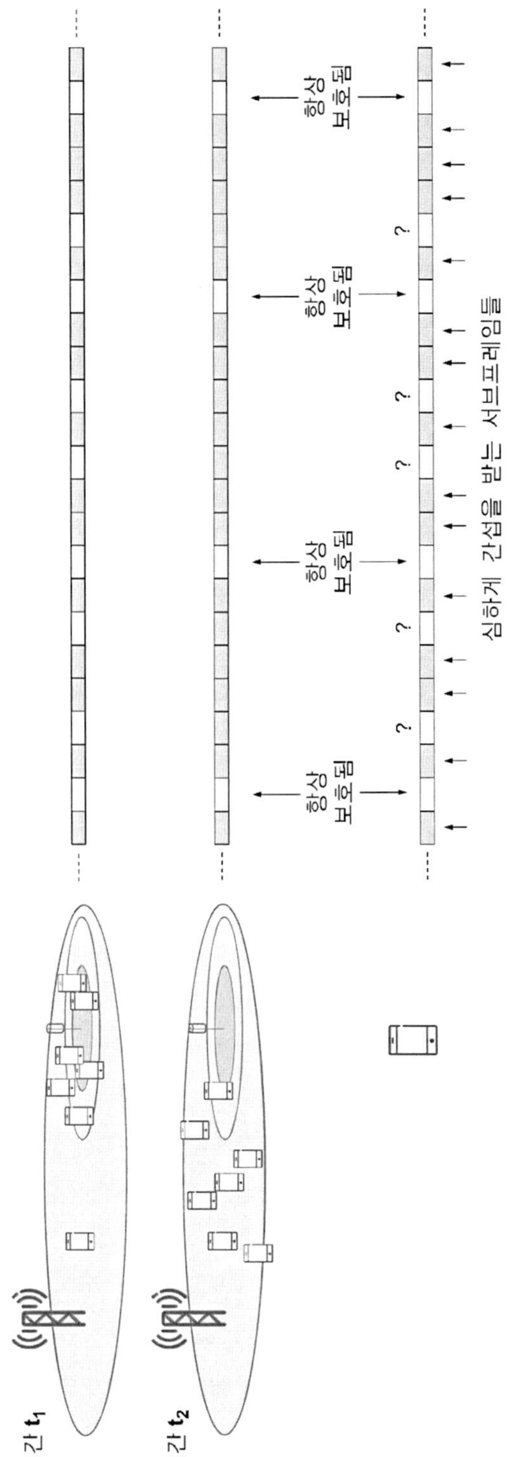

그림 14.6 매크로와 피코노드들 사이의 서브프레임 패턴 교환 및 해당하는 단말에서의 설정

서브프레임이 속한 부분집합의 간섭 상황을 반영한다. 따라서, 단말은 동일한 부분집합에 속한 서브프레임 구간만 간섭 측정을 평균화해야 한다. 어떤 부분집합에도 속하지 않은 서브프레임에서 전송되는 CSI 보고는 간섭 측정 관점에서는 정의되어 있지 않다. 2개의 부분집합을 사용함으로써, 네트워크은 전송이 보호된 서브프레임에서 일어나거나 그렇지 않은 것에 상관없이 이후 전송에 대한 무선채널 품질을 예측할 수 있다.

2개의 부분집합을 가지는 것은 여러 가지 관점에서 유리하다. 첫 번째 예는 앞서 설명한 것과 같이 시간에 따라서 보호된 서브프레임의 집합이 변하는 경우를 들 수 있다. 왜냐하면, 2개의 부분집합을 가지지 않는다면 영향을 받는 모든 단말에 대하여 설정을 빈번하게 업데이트해야 하는데, 이 오버헤드가 상당히 클 수 있기 때문이다. 따라서, 일반적으로 항상 보호받는 서브프레임의 부분집합 상에서 CSI를 측정하는 것이 선호된다. 그렇게 함으로써, 네트워크은 모든 단말을 재설정할 필요없이 추가적인 서브프레임의 송신 전력을 줄이면서 range expansion 영역 내의 단말을 스케줄링할 수 있다. 이 경우, 보호된 서브프레임의 상황을 반영하는 CSI 보고가 range expansion 영역의 링크 적응에 사용되며, 심하게 간섭을 받는 서브프레임으로부터 CSI 보고가 피코셀 커버리지 중 피코셀에 가까이 위치한 안쪽 부분의 단말을 스케줄링할 때 사용된다. 또 하나의 예로는 피코셀이 2개의 매크로셀 사이에 위치하여 2개의 매크로셀로부터 간섭을 받는 경우를 들 수 있다. 만약 매크로셀이 서로 다르게 설정되어 있고 보호받는 서브프레임의 집합이 일부 부분적으로만 겹치는 경우에는, 피코셀의 스케줄링 및 CSI 측정 집합의 설정에서 2개 매크로셀의 보호받는 서브프레임 구조를 고려해야 한다.

지금까지 논의는 간섭의 동적인 부분, 즉 트래픽 부하에 따라 변하는 간섭에 중점을 두었다. 이는 ICIC 및 시간 영역 분할을 사용하여 다룰 수 있다. 그러나, 예를 들면 셀-특정 reference 신호, 동기신호, PBCH 등과 같이, range expansion 영역은 매크로셀로부터 고정적으로 오는 간섭도 존재한다. 이러한 신호 및 채널이 존재함에도 불구하고 큰 값의 range expansion을 지원하려면, 결국은 이러한 간섭 신호가 수신단에서 제거되어야 한다. 따라서, 시간 영역 분할 방식을 충분히 이용하려면 CRS, PSS/SSS, PBCH의 제거가 필요하며, 이는 Release 10에서는 강제 조항이 아니다. 단말이 간섭을 제거하는 것을 도와주기 위하여, RRC 시그널링을 통하여 인접 셀의 물리 계층 ID, 해당 셀의 안테나 포트 개수, MBSFN 설정 (MBSFN 서브프레임 내의 데이터 영역에는 CRS가 없으므로 MBSFN 설정을 알려줄 필요가 있음)에 관한 정보가 제공된다.

시간 영역 분할은 RRC_CONNECTED 모드에서만 지원된다. Idle 모드 단말도 여전히 피코셀에 접속할 수 있으나, RRC_CONNECTED 상태로 진입하기 전까지는 range expansion을 이용할 수 없다.

14.5 공동 셀 (shared cell)

앞 절에서 설명된 분할 방식은 송신 지점이 각각 인접하는 셀과는 다른 셀 ID를 가지고 있는 독자적인 셀에 해당된다. 결과적으로, 각 피코노드는 독자적인 시스템 정보, 동기신호, 셀-특정 reference 신호를 전송한다. 그림 14.7의 왼쪽 그림이다.

대신, CoMP 기술 (13장 참조)이 heterogeneous 구축을 실현하는 데 사용될 수 있다. 이 방식을 이해하기 위하여, 셀 (cell)과 송신 지점 (transmission point) 사이의 차이에 유의하도록 한다. 셀은 독자적인 물리 계층 셀 ID 및 이에 따른 독자적인 셀-특정 reference 신호를 가진다. 셀 ID를 획득함으로써 단말은 해당 셀의 CRS 구조를 알 수 있으며 네트워에 접속하는 데 필요한 시스템 정보를 수신할 수 있다. 반면에, 송신 지점은 단순히 단말이 데이터 전송을 수신할 수 있는 1개 혹은 그 이상의 안테나가 위치한 곳을 말한다.

Release 10에서 도입된 DM-RS를 사용함으로써, PDSCH가 반드시 셀-특정 reference 신호가 전송되는 지점과 동일한 곳에서 전송될 필요는 없다. 대신, 데이터는 피코 송신 지점 중 한 곳을 통하여 전송될 수 있으며, 이 경우 공간적으로 떨어져 있는 피코 송신 지점 사이에서는 시간-주파수 자원이 재사용될 수 있다. 피코 송신 지점은 (독자적인) 셀-특정 reference 신호 및 시스템 정보를 전송하지 않으므로, 이들은 독자적인 셀을 정의하지 않으며 매크로셀의 일부분이다. 이와 같이 heterogeneous 구축에 CoMP 방식을 사용하는 것을 흔히 공동 셀 ID (shared cell ID)라고 하며, 그림 14.7의 오른쪽에 설명되어 있다.

그림 14.8에는 데이터가 맨 오른쪽 송신 지점부터 단말2로 전송되고 있다. 데이터 복조에 필요한 DM-RS가 데이터가 전송되는 것과 동일한 송신 지점에서 전송되므로, 사실 단말은 어떤 지점에서 데이터 전송이 일어났는지를 알 필요가 없다. 따라서, 공간적인 재사용 이득 (즉, 동일한 매크로셀 안의 복수 개의 피코노드에서 데이터 전송에 시간-주파수 자원을 재사용하는 것)이 앞 절에서 설명한 자원 분할 방식의 경우와 유사하게 얻어진다.

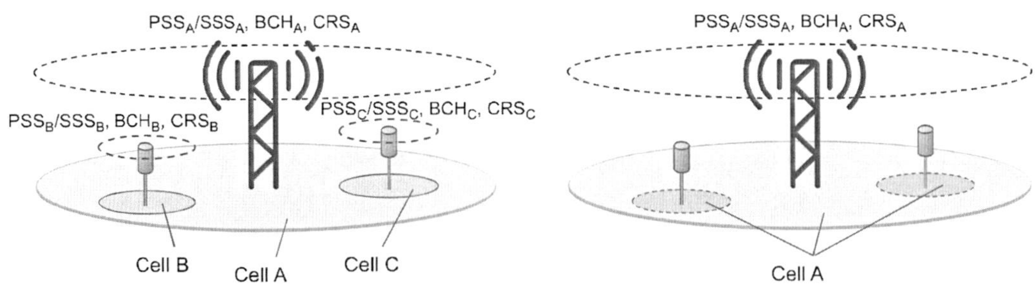

그림 14.7 독자 셀 (왼쪽) 및 공동 셀 (오른쪽)

Release 10에서 필요한 제어 정보는 CRS를 기반으로 하며, 그림 14.8의 단말1과 같이 제어 정보는 (적어도) 매크로 국사로부터 전송되어야 한다. 따라서, 많은 경우 데이터와 관련된 제어 정보가 서로 다른 송신 지점에서 전송될 수도 있다. 이는 이론적으로 단말 입장에서는 무관한 것으로서, 즉 단말은 어떤 정보의 수신에 어떤 reference 신호를 사용해야 하는지만 알면 되며 해당 정보가 어떤 송신 지점으로부터 전송되었는지는 알 필요가 없다. 단말이 확실하게 관계 있는 reference 신호만 사용할 수 있도록 Release 11에 도입된 quasi-co-location을 사용할 수 있다 (5장 참조).

그림 14.8에는 제어 정보를 전송하는 여러 가지 방법이 설명되어 있다. 첫 번째 경우로서 단말 1에 대한 제어 정보가 오직 매크로-국사로부터만 전송되는 경우는 이미 살펴보았다. 다른 경우는 단말 2에서 볼 수 있듯이 동일한 CRS 및 제어 채널이 매크로노드 및 피코노드 모두에서 전송될 수도 있다. 실제로 두 노드에서 동일한 신호가 전송되는 것이므로 단말 입장에서 이는 하나의 노드로 보이게 된다. 첫 번째 경우에 피코 송신 지점은 오직 데이터가 전송될 때에만 동작을 하므로 네트워 전력 소모 관점에서 이로울 수 있다. 반면에 두 번째 경우는 매크로 전송 및 피코 전송이 합쳐져서 이루어지므로 제어 시그널링에 대한 SNR이 개선될 수 있다. 또한, LTE 단말은 수신되는 CRS 신호 세기로부터 전력 제어의 목적으로 상향링크 경로 감쇄를 추정하므로, 두 번째 경우가 보다 더 정확한 상향링크 전력 제어에 도움이 되기도 한다 (상향링크 전력 제어는 7장 참조).

모든 경우에 있어서 제어 시그널링에 대해서는 공간적인 재사용 이득을 얻을 수 없다. 왜냐하면 제어 시그널링 전송에는 매크로 국사가 관여하고 있고 따라서 피코노드에서 시간-주파수 자원을 재사용할 수가 없기 때문이다. 이는 DM-RS에 기반한 EPDCCH를 제어 시그널링에 사용하고 이를 PDSCH와 동일한 노드에서 전송함으로써 해결할 수 있으며, 그림 14.8의 단말 3이 이를 보여주고 있다.

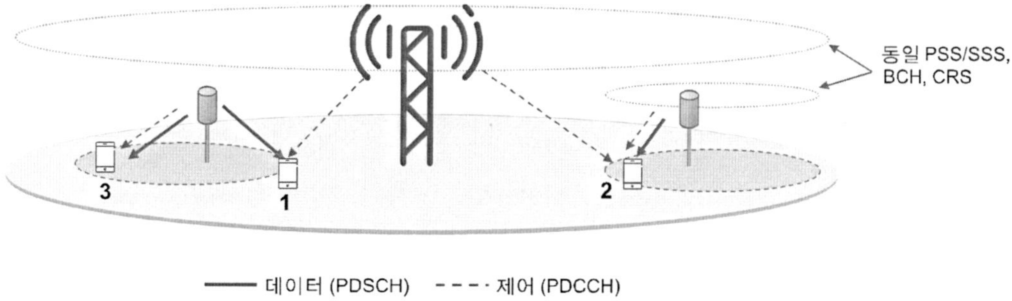

그림 14.8 공동 셀을 사용한 heterogeneous 구축

DM-RS 기반의 전송을 지원하지 않는 단말 역시 공동 셀 방식에서 동작할 수 있다. 이러한 단말에 대한 데이터 전송은 CRS 기반이며, 따라서 앞서 설명한 PDCCH의 경우와 동일하게 다루어진다. 비록 이러한 단말에 대하여 공간적인 재사용 이득은 없으나, 피코노드를 통한 SNR의 개선은 여전히 얻을 수 있다.

이 방식에서 스케줄링 결정을 위한 채널 상태 피드백은 CSI-RS를 기반으로 하는 것이 좋다. 매크로노드 뿐만 아니라 서로 다른 피코노드 사이에서 서로 다르며 서로 간섭 하지 않는 CSI-RS 설정을 사용함으로써 단말이 서로 다른 노드에 해당하는 송신 지점의 채널 조건을 추정할 수 있다. CSI-RS를 지원하지 않는 단말에 대해서는 CRS에 기반한 채널 상태 피드백이 이루어진다. 이 경우에는, eNodeB가 CRS 및 PDSCH에 사용되는 송신 지점를 집합의 차이를 고려하여 수신된 보고들을 적절히 조절해야 할 수도 있다.

공동 셀은 매크로 국사뿐 아니라 하나 혹은 복수 개의 RRU (remote radio unit)를 광섬유를 이용하여 동일한 BBU (baseband unit)에 연결함으로써 구축할 수 있다. 왜냐하면, 서로 다른 송신 지점으로부터 제어 및 데이터에 대하여 매크로노드와 피코노드 사이에서 긴밀한 연결이 필요하며, 이는 매우 낮은 지연을 요구하기 때문이다.

프로세싱을 집중화 (centralization)하는 것은 상향링크 성능에도 이득이 있으며, 이 이유 하나만으로도 RRU를 사용하고 프로세싱을 집중화하는 것이 충분히 매력적일 수도 있다. 해당 단말에 대한 하향링크 전송에 사용된 것이 아닐지라도, 해당 단말의 전송을 수신하는 데에는 어떠한 송신 지점의 조합도 가능하다. 서로 다른 안테나로부터 수신된 신호를 집중화된 프로세싱 노드에서 결합함으로써 상향링크 데이터 속도에서 상당한 개선을 얻을 수 있다 (상향링크 CoMP에 대해서는 13장 참조). 본질적으로 상향링크 수신 및 하향링크 송신은 서로 분리 되고, (독자적인 셀 ID로 구축할 때 생기는) 하향링크 간섭 문제를 야기하지 않으면서 상향링크 range expansion을 할 수 있다. 상향링크 이득은 Release 8 단말에 대해서도 얻을 수 있다.

공동 셀을 사용한 heterogeneous 구축은 독자적인 셀로 구축하는 것에 비하여 이동성 (mobility robustness)이라는 관점에서도 이로울 수 있다. 이는 특히 피코노드로부터 매크로노드로 이동하는 경우에 그러하다. 독자적인 셀 구축은 서빙 셀을 바꾸기 위하여 핸드오버가 필요하다. 만약 단말이 핸드오버 절차가 진행되는 도중에 이미 너무 깊이 매크로 영역으로 이동하게 되면, 핸드오버가 완료되기 이전에 피코노드와의 하향링크 연결이 끊어질 수 있으며, 이는 무선링크 실패 (radio link failure, RLF)로 이어진다. 반면 공동 셀 구축은 하향링크 송신에 사용되는 송신 지점이 핸드오버 절차 없이 빠르게 변경될 수 있으며, 따라서 연결이 끊어질 확률이 줄어들게 된다.

14.6 Closed subscriber groups

앞 절에서는 단말이 낮은 송신 출력의 피코노드에 접속이 허용되는 경우를 가정하였다. 이를 open access라고 하며, 일반적으로 피코노드가 사업자들에 의하여 구축된 시나리오를 말한다. 간섭 문제를 야기하는 또 다른 경우로서 사용자가 직접 home 기지국을 구축하는 시나리오를 생각할 수 있다. 예를 들어 home 기지국이 설치된 가정의 가족들만 접속할 수 있는 것과 같이, 낮은 송신 출력의 기지국에 일부 제한된 단말만이 접속할 수 있는 경우를 일반적으로 closed subscriber groups (CSG)이라고 한다. 이 CSG는 새로운 간섭 상황을 야기한다. 예를 들어, home 기지국에 매우 가까이 위치해 있으나 이 기지국의 접속은 허용되지 않는 단말의 경우에는 home 기지국으로부터 강한 간섭을 받을 수 있으며 따라서 멀리 있는 매크로셀에 접속 역시 불가능할 수 있다. 본질적으로 home 기지국은 사업자가 구축한 매크로 네트웍 내에 커버리지 홀을 만들 수 있으며, home 기지국은 일반적으로 사용자가 직접 구축하는 것이므로 그 위치를 사업자가 제어할 수 없다는 관점에서 특히 문제가 더 심각할 수 있다. 이와 비슷하게 home 기지국의 상향링크 역시 매크로셀에 접속된 단말의 상향링크 전송에 의해 크게 영향을 받을 수 있다. 원칙적으로 이러한 문제는 home eNodeB 계층과 매크로 계층 사이에서 간섭 조정을 함으로써 어느 정도 해결할 수 있다. 그러나, 간섭 회피는 항상 양방향이어야 함에 유의한다. 즉, 매크로셀로부터 home eNodeB 커버리지 영역의 끝부분에 위치한 home eNodeB 단말로의 간섭을 방지해야 하며, 또한 home eNodeB로부터 home eNodeB 근처에 있으나 CSG에 속하지 않은 단말의 간섭도 방지해야 한다. 또한, 대부분의 간섭 조정 방식은 매크로와 home eNodeB 사이의 X2 인터페이스를 가정하는데, 이것이 항상 가용한 것은 아니다. 따라서, CSG가 있다면 전체적인 무선 접속 네트웍의 품질을 유지하기 위하여 CSG 셀에는 별도의 반송파를 사용하는 것이 바람직할 수도 있다. 일반적으로 backhaul 기반의 조정방식을 사용할 수 없는 CSG 셀들 사이의 간섭에 대해서는, 중앙 집중적인 조정이 아니라 각 home eNodeB에 내재된 전력 제어 및 셀들 사이의 자원분할 기능을 사용할 수도 있다.

15
스몰 셀 개선 및 동적 TDD

저전력 노드 또는 스몰 셀은, 매우 높은 데이터 전송 속도와 고용량을 제공하기 위한 조밀한 구축이 필요하다는 이유로 많은 관심을 끌고 있다. LTE는 첫 번째 릴리즈부터 이미 광역 및 로컬 영역 접속을 포함하여 다양한 시나리오에서 높은 성능을 제공할 수 있다. 그러나 최근 대부분의 사용자가 움직이지 않거나 천천히 움직이는 상황의 높은 데이터 전송 속도에 대해 초점이 집중되고 있으며, Release 12에서 저전력 노드의 지원을 개선하기 위해 많은 기능이 LTE 표준에 도입되고 있다. 이 장에서는, 스몰 셀 온/오프와 동적 TDD 두 가지의 기능에 대해 설명한다. 이러한 기능을 설명하기 전에, 이 장에서 설명하지는 않지만 스몰 셀의 개선 사항과 관련된 다른 기능도 있음을 유의한다. 14장에서는 매크로 노드와 함께 저전력 노드를 구축하는 소위 heterogeneous 구축을 설명하였다. 16장에서 설명할 Dual Connectivity 역시 3GPP에서 스몰 셀 기능 향상의 일환으로 개발되었으며, 6장에서 설명한 256QAM으로 확장 역시 스몰셀이 주 초점이다. 17장에 설명된, 802.11 기반 WLAN과의 연동 및 LAA (license-assisted access)도 주로 저전력 노드를 사용한 구축과 관련된 기능의 다른 예이다.

15.1 스몰 셀 온/오프

LTE에서 셀은 셀의 트래픽 활동에 관계없이 셀-특정 reference 신호 및 브로드캐스팅 시스템 정보를 지속적으로 전송한다. 그 이유 중 하나는 idle 상태의 단말이 셀의 존재를 감지할 수 있도록 하는 것이다. 셀의 송신이 없다면, 단말이 측정할 것이 없기 때문에 셀은 검출되지 않을 것이다. 또한 대규모의 매크로셀은 셀에 적어도 하나의 단말은 활성화되어 있을 확률이 높아서 reference 신호를 연속적으로 전송하는 것이 그리 이상하지 않다. LTE는 주파수 재사용률 1을 염두에 두고 설계되었으므로, 이러한 전송에 따른 셀 간 간섭을 처리할 수 있다.

그러나 상대적으로 많은 수의 스몰 셀이 밀집된 구축에서는 모든 셀들이 동시에 서비스를 제공해야 할 단말을 가지고 있을 확률은 그리 높지 않다. 또한 이 경우에는 단말이 겪게되는 하향링크 간섭 시나리오는 보다 더 심각해서, 인접 셀 특히 LOS 경로를 가지면서 비어 있는 셀로부터 오는 필요없는 신호로 인하여 단말은 매우 낮은 신호대 간섭비 (SIR)를 겪을 수 있다. 이러한 밀집된 스몰 셀 시나리오에서 셀을 선택적으로 끄면 간섭과 전력 소모 면에서 큰 이득을 얻을 수 있다. 셀을 더 빠르게 켜거나 끌수 있도록 동적인 트래픽 변동을 따라가면서 더 큰 이득을 얻을 수 있다.

원칙적으로, 셀을 끄는 것은 간단하여 기존 네트워크 관리 방식을 사용하여 다룰 수도 있다. 그러나 특정 셀에 단말이 없는 경우에도 셀을 끄면 idle 모드 단말에 영향을 준다. 단말에 영향을 미치지 않으려면, 다른 셀들이, 반드시 끄고자 하는 셀이 맡았던 영역에 커버리지를 제공해야 한다. 또한, LTE의 idle 모드 절차는 셀을 자주 켜거나 끄는 가정 하에 설계된 것이 아니라서, 이대로라면 단말이 켜져 있는 셀을 발견하기까지 상당한 시간이 걸릴 수도 있다. 셀이 휴면 상태에서 활성 상태로 완전히 전환하는데 수백 ms가 걸린다면 동적인 트래픽 변화를 따라가기에는 너무 느리고 따라서 성능에도 상당한 영향을 미친다.

이와 같은 배경으로, 밀집된 구축에서 서브프레임 레벨에서의 온/오프 동작을 포함하여 스몰 셀을 매우 빠르게 온/오프할 수 있는 방식이 Release 12에서 심도 있게 논의되었다.[1] 이러한 논의를 토대로, CA 프레임워크 (12장 참조)의 활성화/비활성화 방식을 토대로 Release 12 스몰 셀 온/오프 방식이 결정되었다. 즉 온/오프는 active 모드의 secondary 셀에만 적용되며, 즉 primary 반송파는 항상 켜져 있다. Secondary 반송파로 온/오프 동작을 제한하면, secondary 반송파가 신속하게 활성화/비활성화되는 동안 idle 모드 호환성에 영향을 미치지 않으므로 전체 설계를 크게 단순화시킨다.

Secondary component 반송파가 꺼지면 단말은 원칙적으로 해당 반송파에 전송을 기대하지 않아야 한다. 즉, 단말은 비활성화된 셀로부터 어떤 동기신호, 셀-특정 reference 신호, CSI reference 신호 또는 시스템 정보도 기대해서는 안 된다. 반송파를 완전히 끄는 것이 에너지 절감 및 간섭을 최소화하는 측면에서는 가장 좋지만, 이는 단말이 해당 반송파의 동기를 유지하거나 이동성 관련 측정과 같은 모든 측정을 수행할 수 없음을 의미한다. Active 모드 이동성 관리를 떠나서, 네트워크이 인지하지 못하는 사이에 단말이 secondary 셀의 커버리지를 벗어날

1) 비록 이 기능이 "스몰 셀 온/오프"라고 지칭되고 논의에서 스몰 셀 구축이 가정되었지만, 이 기능은 규격의 관점에서 스몰 셀로 제한되지는 않는다.

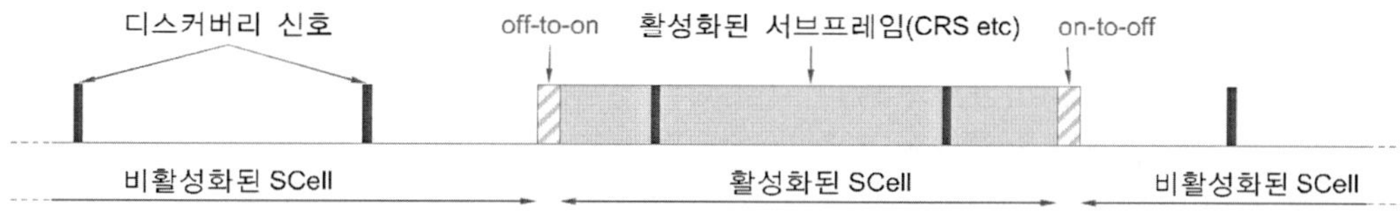

그림 15.1 스몰 셀 온/오프

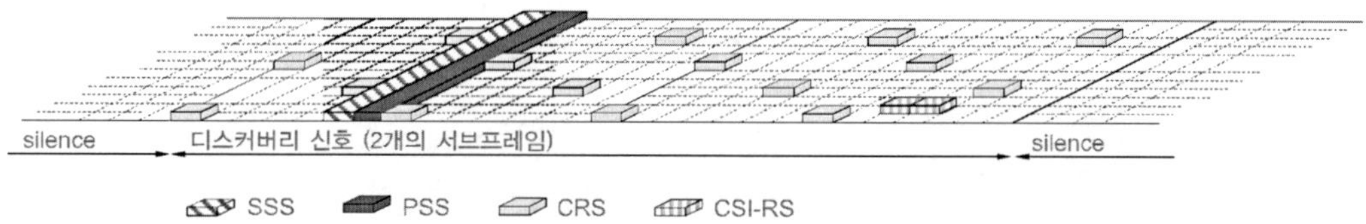

그림 15.2 FDD에 대한 디스커버리 신호 전송의 예

수 있는 큰 위험이 있다. 이러한 문제를 해결하기 위해 Release 12에서는 새로운 디스커버리 (discovery) reference 신호가 도입되었다. 디스커버리 신호는 낮은 duty cycle로 전송되며 단말이 이동성을 위한 측정을 수행하고 동기화를 유지하기 위해 사용된다. 디스커버리 신호는 스몰 셀 온/오프 동작의 일부로 설계되었지만 셀을 끄지 않은 상태에서도 유용하게 사용될 수 있다. 예를 들어, 14장에 설명된 shared 셀 동작 또는 10장에 설명된 full-dimension MIMO를 지원하는데 사용할 수 있다. 스몰 셀 온/오프의 대한 예가 그림 15.1에 설명되어 있다.

15.1.1 디스커버리 신호와 관련 측정

디스커버리 신호(DRS)는 새로운 신호로 기술되었지만, 실제로는 이미 존재하는 신호의 조합으로 설정된다.

- 동기 신호(PSS 및 SSS): 셀 식별 및 대략적인 주파수 및 시간 동기를 얻는 데 도움을 줌.
- 셀-특정 reference 신호 (CRS): 미세한 주파수 및 시간 동기를 얻는 데 도움을 줌.
- CSI reference 신호 (선택 사항): 셀 내에서 전송 지점 ID을 결정하는 데 유용함.

규격에서는, 디스커버리 신호는 단말의 관점에서 정의된다. 보다 구체적으로, 이른바 디스커버리 신호 기회 (discovery signal occasion)는 1개에서 5개의 (TDD의 경우는 2개에서 5개) 서브프레임으로서, 동기신호가 첫 번째 서브프레임에 존재하는 것[2])을 시작으로 하여 단말이 위에 설명한 신호가 있을 것으로 가정하는 구간이다. 이는 그림 15.2에 설명되어 있다. DRS 기회 (occasion)의 주기는 40, 80 또는 160ms로 설정할 수 있다.

---

2) TDD는 동기신호 설계의 결과로, secondary 동기신호가 첫 번째 서브프레임에 있으며, primary 동기신호가 두 번째 서브프레임에 있다. 이는 TDD에서 가장 짧은 discovery 신호의 길이가 2개의 서브프레임인 것의 이유이기도 하다.

디스커버리 신호 기회는 항상 서브프레임 0 또는 5에서 시작한다. 이는 secondary 동기신호가 FDD와 TDD 모두 서브프레임 0과 5에서 전송되는 동기신호의 정의로부터 직접적으로 비롯된다. DRS에서 선택적인 부분인 CSI-RS는 디스커버리 신호 기회의 어느 서브프레임에서든 안테나 포트 15를 통해 전송될 수 있다. CRI-RS의 목적은 동일한 물리 계층 셀 ID에 속한 개별 전송 지점을 식별하기 위해서이다. 이는 14장의 shared 셀 동작과 관련하여 논의되었듯이, 단말 측정 보고에 대한 응답으로 셀의 특정 전송 지점을 선택적으로 켤 때 사용할 수 있다. 그림 15.2와 같이 서브프레임에 CSI-RS에 사용이 가능한 몇 개의 위치가 있다. FDD에는 서브프레임 5[3])에서 시작하는 5개의 서브프레임 길이의 디스커버리 신호 기회를 가정할 때, 최대 96개의 서로 다른 위치가 있으므로 많은 수의 전송 지점을 식별할 수 있다. 주어진 또한, CSI-RS 위치는 주어진 자원 엘리먼트의 하나의 전송 지점에는 non-zero-power CSI-RS를 전송하고 다른 전송 지점에는 zero-power CSI-RS를 전송하여 전송 지점 간의 직교성을 생성하는 데 사용될 수도 있다.

무선 자원 관리도 DRS 기반으로 할 수 있다. 즉, 단말은 11장에서 언급한 PSS/SSS/CRS 대신 DRS를 바탕으로 기준 신호 수신 전력 (RSRP) 및 기준 신호 수신 품질 (RSRQ)과 같은 무선 자원 관리 측정 및 셀 식별을 할 수도 있다. 단말은 RRC 시그널링을 통해 DRS 기반의 측정을 사용할지 말지를 설정한다. 이러한 측정을 돕기 위해, DRS가 발생할 수 있는 6ms 윈도우를 나타내는 DMTC (DRS measurement timing configuration)가 단말에 제공된다. CRI-RS가 DRS의 일부인 경우에 네트워은 각 물리 계층 셀 ID에 대해 측정할 CSI-RS 설정 및 CSI-RS 시퀀스를 생성하기 위해 사용된 가상 셀 ID에 대한 정보를 단말에 제공한다 (PSS/SS 및 CRS에 대한 시퀀스는 물리 계층 셀 ID에 연결되어 있다). DMTC 내의 단말은 디스커버리 신호를 검색한다. 트리거 (trigger) 조건을 만족하면서 검출된 각각의 디스커버리 신호에 대해, 단말은 셀 및 전송 지점 식별을 위한 정보와 함께 RSRP 및/또는 RSRQ를 보고한다.

3) 이 경우 서브프레임 5에는 16개의 서로 다른 설정이 있고, 다른 서브프레임에는 각각 20개의 설정이 있다. $16 + 4 \times 20 = 96$

15.2 동적 TDD와 EIMTA

LTE에서는, 5장에서 설명된 것처럼 7개의 서로 다른 상향링크-하향링크 설정이 있다. 이때 각 서브프레임은 상향링크 서브프레임이거나 하향링크 서브프레임이다 (큰 맥락 상 특수 서브프레임은 하향링크 서브프레임으로 간주될 수 있다). 실제로 이 설정은 정적으로 변하지 않는 것이며, 이는 큰 매크로셀에서는 합리적인 가정이다. 로컬 영역 구축에 대한 관심이 증가함에 따라 TDD는 현재까지의 광역 커버리지 구축에 비해 더 중요해질 것으로 예상된다. 그 이유 중 한 가지는 높은 주파수에서는 unpaired 주파수 할당이 일반적이며, 높은 주파수 대역은 넓은 커버리지보다는 로컬 영역 커버리지에 유용하기 때문이다. 또한, 광역 커버리지의 TDD 네트웍에서 문제가 되는 일부 간섭 시나리오가 송신 출력이 낮고 안테나가 옥상보다 낮게 설치되는 경우에는 덜 두드러지기 때문이기도 하다. 로컬 영역 접속 노드와 송수신을 하는 단말의 수가 매우 작으며, 로컬 영역 시나리오의 높은 트래픽 역동성을 보다 잘 처리하려면 동적 TDD가 유용하다. 동적 TDD에서는, 네트웍이 순시 트래픽 상황에 따라서 자원을 상향링크 또는 하향링크 전송을 위하여 동적으로 사용하며, 이에 따라 상향링크와 하향링크 사이의 자원이 정적으로 분할된 기존 방식과 비교하여 사용자 성능이 개선할 수 있다. 특정 셀이 다른 셀들과 떨어져 있을수록 트래픽 역동성을 더 잘 활용할 수 있다. 이러한 이득을 얻기 위해 LTE Release 12에서는 동적 TDD 또는 3GPP의 공식 기능으로는 eIMTA (enhanced interference mitigation and traffic adaptation)를 도입하였다.

동적 TDD에 대한 간단한 방법 중 하나는, 단말 관점에서는 명시적으로 상향링크 전송이 스케줄링되어 있지 않는 한, 제어 시그널링에 대한 모니터링을 포함하여 모든 서브프레임을 하향링크 서브프레임으로 간주하는 것이다. 그러나, 3GPP는 여러 가지 이유로, 상향링크-하향링크 사용을 동적으로 변화할 수 있도록 매 프레임 (또는 프레임 집합)의 시작에 상향링크-하향링크 할당이 시그널링되는 다소 다른 방법을 선택했다.

15.2.1 eIMTA의 기본 원리

eIMTA가 도입됨에 따라, 상향링크-하향링크 설정은 정적이지 않고 프레임 단위로 변할 수 있다. 이는 각 프레임 (또는 나중에 논의되는 프레임 집합)에 사용되는 "현재의" 상향링크-하향링크 설정을 네크워크에서 브로드캐스팅함으로써 처리된다.

브로드캐스팅은 상향링크-하향링크 설정이 상향링크 및 하향링크 트래픽에 대한 서로 다른 요구 사항을 만족시키기 위하여 변할 수 있도록 해 준다. 그러나, 상향링크 관련 하향링크 제어 시그널링뿐만 아니라, 하향링크 트래픽에 응답하는 HARQ acknowledgement와 같은 상향링크 피드백을 처리할 필요도 있다. 따라서 동적 재설정과 관계 없이 하향링크 또는 상향링크로 보장되는 일부 서브프레임을 갖는 것이 유리하다. 예를 들어, 하향링크 전송으로부터 발생하는 HARQ 피드백은 상향링크임을 보장하는 서브프레임으로부터 전송되는 것이 바람직하다. 랜덤 액세스 전송 역시 상향링크로 보장된 서브프레임을 필요로 한다. 따라서 eIMTA는 세 가지 다른 유형의 상향링크-하향링크 설정을 사용한다.

- 상향링크 reference 설정
- 하향링크 reference 설정
- 현재의 상향링크-하향링크 설정

처음 두 설정은 준-정적으로 설정되며, HARQ 시그널링의 타이밍을 결정한다. 세 번째 설정은 현재 프레임에서의 서브프레임의 사용을 결정하고 프레임 단위로 동적으로 변경될 수 있다.

상향링크 reference 설정은 SIB1으로부터 얻어진다. 이는 이전의 eMITA를 지원하지 않는 단말에도 사용되는 설정이며, 이전 릴리즈에서는 간단하게 상향링크-하향링크 설정이라고 알려진 것이다. 이 설정은 eIMTA 지원 단말의 유연성을 최대한 보장하기 위해서 상향링크가 더 많은 형태를 가지며, 이에 따라 위와 같은 이름이 정해졌다. 이 reference 설정의 하향링크 서브프레임은 임의의 동적 재설정에도 불구하고 하향링크 서브프레임으로 보장되며, 따라서 PHICH의 하향링크 전송에 유용하다. 그림 15.3에서, 설정 0이 예제로 사용되었다.

하향링크 reference 설정은 eIMTA 지원 단말에 한정된 전용 RRC 시그널링으로부터 얻어진다. 이름에서 알 수 있듯이 하향링크가 많은 설정이 최대한의 유연성을 위하여 좋은 선택이다. 이 reference 설정의 핵심 특성은 임의의 동적 재설정에 무관하게 상향링크 서브프레임은 상향링크 서브프레임이 되도록 보장하며, 나중에 논의되는 것과 같이 HARQ 피드백에 유용하다는 것이다. 그림 15.3에서 설정 2는 하향링크 reference 설정에 대한 예제로 사용되었다. 두 개의 reference 설정으로부터 eIMTA 지원 단말은 두 개의 reference 설정 간의 차이로 소위 유연한 서브프레임을 계산할 수 있다. 유연한 서브프레임은 다음에 설명하는 것처럼 어떠한 전송 방향으로도 사용될 수 있다.

현재의 상향링크-하향링크 설정은 현재 프레임에서 어느 서브프레임이 상향링크이고 어느 서브프레임이 하향링크인 지를 결정한다.4) 이는 5장에서 설명된 7가지 상향링크-하향링크 설정 중에 선택되어야 하며, reference 설정으로부터 얻은 유연한 서브프레임에 의한 제한된 범위 내에 있어야 한다. 이것이 정기적으로 브로드캐스팅되며 트래픽 역동성을 따르기 위해 동적으로

4) 상향링크 reference 설정 및 현재의 서브프레임 설정이 각각 특정 서브프레임은 특수 서브프레임으로 그리고 하향링크 서브프레임으로 지시하는 경우, 그 서브프레임은 하향링크 서브프레임이다.

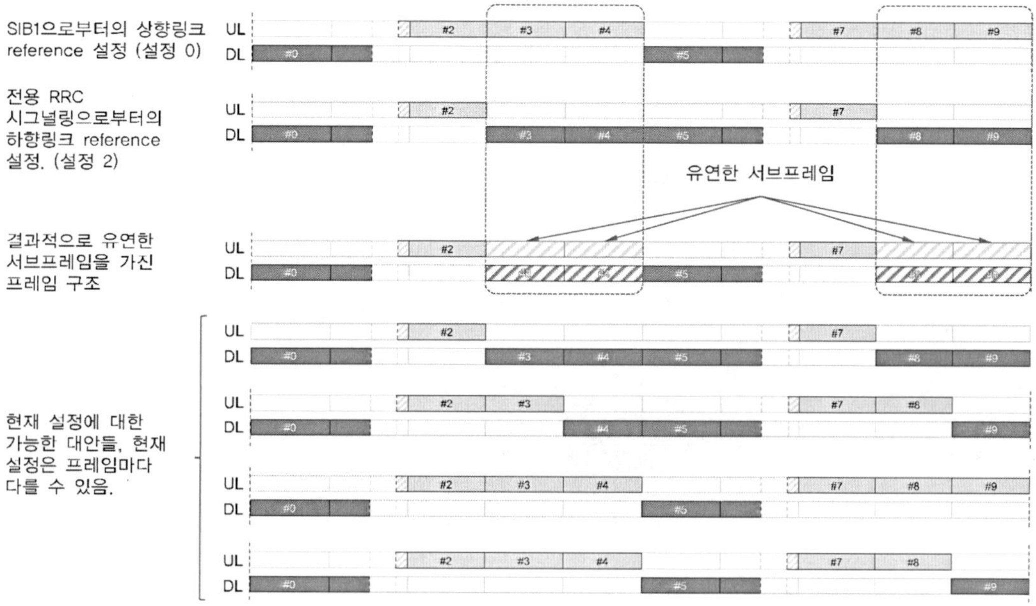

그림 15.3 유연한 서브프레임의 예

변경될 수 있는 설정이다. 그림 15.3에는 현재의 상향링크-하향링크 설정에 대하여 가능한 4가지를 예로 설명하고 있다.

현재의 상향링크-하향링크 설정은 PDCCH 상의 DCI 포맷 1C를 이용하여 모든 eIMTA 지원 단말로 브로드캐스팅된다. 현재 설정을 나타내기 위하여 특수 ID인 eIMTA-RNTI가 제어 채널 상에 사용된다. DCI 포맷 1C에는 여러 개의 3비트 필드가 사용되며, 각 필드는 단말들이 설정된 각 component 반송파에 대해 5장에서 논의된 7가지 상향링크-하향링크 설정 중 하나를 나타낸다.

다양한 트래픽 조건에 동적으로 적응할 수 있다는 관점에서, 현재 설정을 가능한 한 빈번하게 (매 프레임마다) 브로드캐스팅하는 것이 좋다. 반면 시그널링 오버헤드 관점에서는, 낮은 오버헤드를 위해서는 덜 빈번하게 시그널링해야 한다. 따라서 현재 설정에 대한 시그널링 주기는 10, 20, 40 또는 80ms마다 한 번 설정할 수 있다. 또한, 단말이 어떤 서브프레임에서 현재 서브프레임 할당을 전달하는 DCI 포맷 1C를 모니터링 할 것인지도 설정할 수 있다.

eIMTA-RNTI를 사용하여 DCI 포맷 1C를 검출하면, 단말은 그에 따라 현재의 상향링크-하향링크를 설정한다. 그러나, 단말은 때때로 현재의 상향링크-하향링크 할당을 수신하지 못할 수도 있으며, 이렇게 되면 어떤 서브프레임이 상향링크인지 하향링크인지를 알지 못 할 수도 있다. 따라서, 현재의 상향링크-하향링크 설정을 검출하지 못한 단말은 현재의 할당이 오는 프레임에

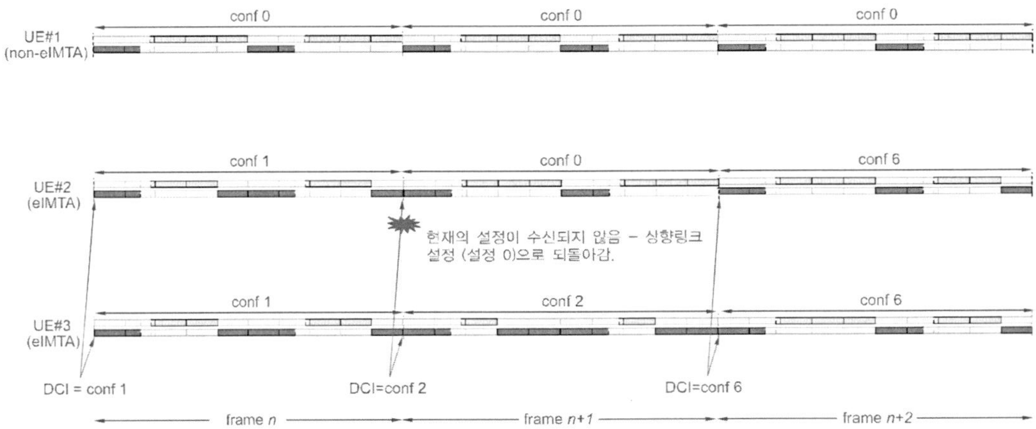

그림 15.4 eIMTA 동작의 예

대한 상향링크 reference 설정과 동일하다고 가정할 것이다. 즉, 이 상황에서 단말은 non-eIMTA 지원 단말과 동일한 방식으로 동작한다.

그림 15.4는 그림 15.3과 동일한 reference 설정으로 eIMTA 동작의 예를 보여준다. 현재의 상향링크-하향링크 설정은 프레임 당 한 번 모든 eIMTA 지원 단말에 브로드캐스팅된다. 프레임 n과 $n+2$에서는 두 단말이 모두 현재 설정을 올바르게 수신하고 해당 상향링크-하향링크 설정을 적용하였다. 그러나, 프레임 $n+1$에서는 단말 #1은 현재 설정을 수신하지 못했다. 따라서 비상대책으로 해당 프레임에 대하여 상향링크 reference 설정을 적용하였다.

15.2.2 스케줄링과 HARQ 재전송

앞서 설명한, 각 프레임에 대하여 상향링크-하향링크 할당을 동적으로 설정하는 기본 원칙은 하향링크 스케줄링 관점에서는 원활하게 동작한다. eNodeB는 현재 설정에서 어떤 하향링크 서브프레임을 사용해도 하향링크 데이터를 스케줄링할 수 있다. 하향링크 데이터 전송에 대한 응답으로 HARQ acknowledgement가 상향링크 서브프레임에서 단말로부터 전송될 필요가 있다. 이러한 acknowledgement의 타이밍은 서로 다른 상향링크-하향링크 설정을 갖는 CA에 대한 방식과 유사하게 하향링크 reference 설정에 의해 주어진다. 즉, 이들은 상향링크 서브프레임으로 보장되는 서브프레임에서 전송된다. HARQ 피드백을 임의의 상향링크 서브프레임을 사용하는 대신 상향링크 서브프레임에 보장된 서브프레임으로 제한하는 것은, 단말이 현재 프레임에 대한 설정을 적절하게 수신하지 못하는 경우에도 기존의 고정된 타이밍을 유지하기 때문에 유리하다. 이와 같이 현재 설정을 수신하지 못할 수도 있는 것이, eIMTA에서 HARQ acknowledgement의 번들링이 지원되지 않는 이유이기도 하다. 또한, 하향링크 reference 설정은 HARQ 프로세스의 번호를 도출하는 데 사용된다.

상향링크 스케줄링은, 하나의 하향링크 서브프레임에서 수신된 상향링크 승인이 이후의 서브프레임에서 이루어지는 상향링크 전송을 제어하기 때문에 다소 복잡하다 (타이밍은 규격에 의해 주어진다). 이미 개발된 타이밍 관계를 재사용하기 위하여, 즉 특정 서브프레임에서 상향링크 전송을 스케줄링하고 어떤 하향링크 서브프레임을 사용할 지를 결정하기 위해, 상향링크 승인은 하향링크 서브프레임으로 보장된 서브프레임에서만 전송되도록 제한된다. 본질적으로 상향링크 재전송 승인인 PHICH는 동일한 원리를 따른다. 당연히, 스케줄러가 특정 (유연한) 서브프레임에서 상향링크 (재)전송을 스케줄링하였다면, 그 서브프레임은 하향링크 전송에 사용될 수 없다.

이전 절의 하향링크 및 상향링크 reference 설정에 대한 논의로부터 나올 수 있는 질문 중 하나는, 적어도 기존 단말과 무관한 하향링크 reference 설정을 왜 가능하도록 했는가 이다. 이에 대한 한 가지 대안은 하향링크 reference 설정을 가장 하향링크가 많은 설정인 설정 5로 하드코딩하는 것이다. 이에 대한 대답은 HARQ 지연에 있다. 하향링크가 많은 설정은 HARQ 피드백에 사용할 수 있는 서브프레임이 줄어들고 결과적으로 HARQ 피드백에 더 큰 지연이 발생한다는 사실이다. 설정 가능한 reference 설정을 사용하면 HARQ 지연과 서브프레임 할당의 유연성 사이에서 균형 있게 조정이 가능하다.

15.2.3 RRM 측정 및 CSI 보고

동적 TDD 네트워에서 서브프레임의 전송 방향이 복수 개의 셀에 걸쳐 반드시 정렬되어 있지는 않는다. 결과적으로 하향링크로 보장된 서브프레임의 간섭 시나리오와 하향링크로 유연하게 할당이 가능한 서브프레임의 간섭 시나리오는 크게 다르다. 이는 핸드오버 결정과 같은 무선 자원 관리에 대한 측정뿐만 아니라 전송 속도 제어 (rate control)에도 영향을 미친다.

핸드오버 결정은 일관성이 있어야 하며 단기 트래픽 변동에 영향을 받지 않아야 한다. 따라서, 이동성 관리에 사용되는 RSRP 및 RSRQ와 같은 측정은 하향링크로 보장된 서브프레임에서 이루어지며 현재의 상향링크-하향링크 설정 변경에 의해 영향을 받지 않는다. 따라서, 준-정적으로 시그널링되는 설정 (상향링크 reference)을 따르는 eIMTA 지원 단말과 기존 단말의 이동성 및 핸드오버 동작은 동일하다.

반면에, 전송 속도 제어는 단말단의 순시 채널 상태를 반영해야 한다. 유연한 하향링크 서브프레임과 하향링크로 보장된 서브프레임 사이의 간섭 상태는 상당히 다를 수 있으므로, 두 서브프레임에 별도로 간섭이 측정되며, CSI 보고 역시 두 서브프레임에 대하여 제공된다.

15.2.4 상향링크 전력 제어

상향링크 간섭은, 하향링크 경우와 유사하게, 상향링크가 보장되는 서브프레임과 상향링크 전송에 동적으로 할당되는 서브프레임 사이에서 상당히 다를 수 있다. 따라서, 상향링크에 보장된 서브프레임에 비하여, 상향링크 서브프레임이 유연하게 할당된 경우에는 인접한 셀에서 동시에 전송되는 하향링크 전송으로부터의 간섭에 대항하기 위해 상향링크 송신 출력을 더 높은 값으로 설정하는 것이 유용할 수 있다.

eIMTA에서, 이는 독립적인 전력 제어 루프를 통해 다루어진다. 즉, 하나는 동적으로 할당된 상향링크 서브프레임을 위한 것이고 다른 하나는 상향링크로 보장된 서브프레임을 위한 것이다. 서로 다른 두 서브프레임 집합 각각에 대해, 전력 제어는 7장에서 설명한 것처럼 서로 다른 두 서브프레임 집합에 대해 개별적으로 설정된 파라미터를 가지고 처리된다.

15.2.5 셀 간 간섭 조정

동적 TDD는 상향링크-하향링크 설정이 셀 단위로 동적으로 변경되는 것을 허용한다. 동적 TDD의 목적 중 하나가 셀 내의 급격한 트래픽 변화를 따라가는 것이지만, 이웃하는 셀과의 조정없이 상향링크-하향링크 설정을 동적으로 바꾸는 것이 항상 가능한 것은 아니다. 격리된 셀에서는 완전히 독립적인 적응이 가능하지만, 큰 매크로셀 네트웍에서는 기존의 LTE처럼 고정적인 할당이 실현 가능한 유일한 방법일 수 있다. 그러나 이 두 극단적인 시나리오 사이에도 많은 시나리오가 있을 수 있으며, 어느 정도의 셀 간 조정과 함께 동적 TDD가 실현 가능한 시나리오가 있을 수 있다.

동일한 eNodeB에 속한 셀들 사이에서는 순전히 스케줄링 알고리즘에서의 구현 이슈이다. 그러나, 조정해야 할 셀들이 서로 다른 eNodeB에 속해 있으면 X2 인터페이스를 통한 조정이 필요하다. eIMTA에서 셀 간 간섭 조정을 돕기 위해, 새로운 X2 메시지인 intended uplink-downlink configuration이 도입되었으며, Release 8의 셀 간 간섭 조정 프레임 워크 (inter-cell interference coordination, ICIC, 13장 참조)의 OI (overload indicator) 부분이 확장되었다.

Intended uplink-downlink configuration은 특정 셀이 다음 기간동안 사용하려고 의도하는 상향링크-하향링크 설정을 이웃 셀에게 알려줄 수 있는 X2 메시지이다. 이 메시지를 받는 셀의 스케줄러는 해당 셀에서 사용할 설정을 결정할 때 이를 고려할 수 있다. 예를 들어, 인접한 셀이 유연한 서브프레임을 상향링크 전송에 사용하려고 하는 경우 이 메시지를 수신한 셀은 동일한 유연한 서브프레임에 하향링크 전송을 할당하지 않을 수 있다.

ICIC의 OI는 서로 다른 자원 블록에서 셀이 경험하는 상향링크 간섭을 나타낸다. TDD의 경우,

OI는 상향링크 reference 설정을 나타낸다. 즉 non-eIMTA 단말이 사용하는 상향링크-하향링크 설정을 나타낸다. eIMTA가 도입됨에 따라 확장된 OI가 추가되었다. 확장된 OI는 어떤 상향링크 서브프레임에 관한 정보인지를 알려주는 것을 추가한 것 이외에는 Release 8의 OI와 동일하며, 현재의 상향링크-하향링크 설정에 관련된 간섭 정보를 알려준다.

16

DUAL CONNECTIVITY

단말이 통신하기 위해서는 단말과 네트웍 사이에 최소한 하나의 연결이 필요하다. 기본적으로 단말은 하향링크 전송뿐만 아니라 모든 상향링크를 처리하는 하나의 셀에 연결된다. RRC 시그널링뿐만 아니라 모든 데이터 즉 사용자 데이터가 이 셀에서 처리된다. 이는 간단하면서도 강인한 방식으로서 광범위한 구축에 적합하며, 따라서 LTE의 기본이다.

그러나 몇몇 시나리오에서는 단말이 여러 셀에서 네트웍과 연결되는 것이 오히려 장점이 있을 수 있다 (그림 16.1 참조).

- 사용자 평면 결합. 단말이 복수 개의 사이트와 데이터를 송수신함으로써 데이터 속도를 높일 수 있다. 동일한 스트림이 복수 개의 안테나 사이트에서 수신되는 상향링크 CoMP 와는, 달리 서로 다른 노드로부터 각기 다른 스트림이 송수신되는 것에 유의한다.

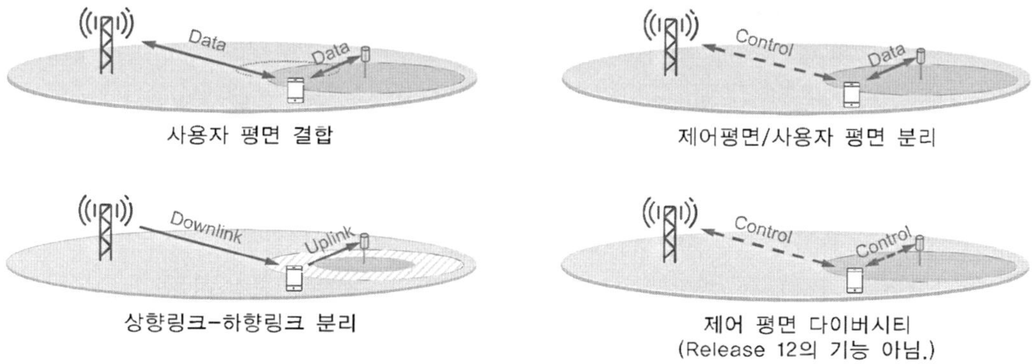

그림 16.1 Dual connectivity의 사용 시나리오

- 제어 평면/사용자 평면 분리. 제어 평면 통신은 한 노드에서 다루어지며 사용자 평면은 다른 노드에 의해 다루어진다. 예를 들어, 매크로 셀과 안정적인 제어 평면 연결을 유지하면서, 사용자 평면 데이터는 피코셀로 오프로딩하는 데 사용될 수 있다.
- 상향링크-하향링크 분리. 하향링크와 상향링크가 서로 다른 사이트에서 처리된다. Heterogeneous 구축에서는 최상의 하향링크가 반드시 최상의 상향링크가 아닐 수도 있다. 따라서, 제14장에서 논의한 것처럼 두 링크를 개별적으로 다룰 수 있다.
- 제어 평면 다이버시티. 두 노드로부터 RRC 명령이 전송된다. 이것이 유익할 수 있는 한 가지 예는 heterogeneous 구축 환경에서 이동성을 구현하는 것이다. 피코셀에 연결되어 있으나 매크로셀로 이동하는 단말은 네트워으로부터 핸드오버 명령을 수신할 것이다. 피코셀 링크 품질의 급격한 저하로 인하여 핸드오버 명령을 받지 못할 가능성을 줄이기 위해, 핸드오버 명령이 두 노드에서 전송될 수 있다. 이 시나리오는 Release 12의 일부로 논의되었지만 Release 12 규격화의 시간 제약으로 인해 최종 규격에는 지원되지 않는다.

여기서 제어 평면은 L1/L2 제어 시그널링이 아니라, 예를 들어 RRC 시그널링과 같이 상위 계층에서 전송되는 제어 시그널링을 나타내는 것에 유의한다. 단말은 두 개의 셀에 연결되어 있을 때, L1/L2 제어 시그널링은 각 셀마다 처리된다.

이러한 시나리오 중 일부는 이미 LTE Release 8에서 부분적으로 지원된다. 예를 들어 14장에서 논의된 것처럼, 중앙집중 BBU (central baseband unit)에 RRU (remote radio unit)를 연결함으로써 상향링크-하향링크를 분리할 수 있다. 또한, CA에서 공통의 BBU에 연결된 서로 다른 안테나 지점으로부터 서로 다른 반송파를 송신함으로써 이러한 시나리오를 달성할 수 있다. 그러나 위에 열거한 예는 아직 매우 초보적이며, 이를 위해서는 짧은 지연에 고용량의 백홀이 필요한 중앙집중 베이스밴드 프로세싱이 필요하다.

이러한 단점을 해결하기 위해 Release 12에서 dual connectivity가 도입되었고 Release 13에서 더욱 개선되었다. Dual connectivity는 그림 16.2에서 볼 수 있듯이, 단말이 자체 스케줄러를 가지고 서로 X2 인터페이스로 연결된 두 개의 eNodeB, 즉 master eNode B와 secondary eNodeB에 동시에 연결되어 있음을 나타낸다. 단말 관점에서 보면, 하나의 단말에 대하여 master eNode B로 동작하는 eNB가 다른 단말에 대해서는 secondary eNodeB 역할을 할 수 있다. Master eNodeB와 secondary eNodeB는 모두 자체적으로 스케줄링을 처리하고 자체적인 타이밍 관계가 있기 때문에, 일반적인 X2 인터페이스를 사용하여 비교적 여유있는 지연 요구 사항을 가지고 두 사이트를 연결할 수 있다. 이는 CA 및 CoMP와 같이, 단말이 복수 개의 셀에 연결되지만 대체로 저지연, 고용량의 백홀을 필요로 하며 동기화에 엄격한 요구 사항이 있기 때문에 관련 셀들 사이의 상호연동에 매우 높은 요구 사항이 있는 다른 기술과는 차이가 있다.

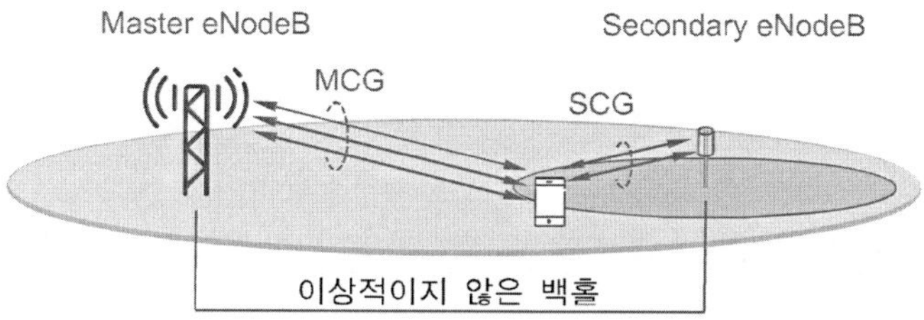

그림 16.2 Dual connectivity.

CA는 두 eNodeB 각각에서 사용될 수 있다. 즉, 단말은 각각 두 노드 내에서 여러 셀에 연결될 수 있다. Master eNodeB는 master 셀 그룹 (MCG) 내의 전송에 대한 스케줄링을 담당하고 secondary eNodeB는 secondary 셀 그룹 (SCG)을 담당한다. 각 셀 그룹 내에 CA가 사용되는 경우는 하나의 primary component 반송파[1])가 있으며, 하나 이상의 secondary component 반송파가 있다. CA와 마찬가지로 dual connectivity도 단말이 활성화 상태인 경우, 즉 idle 모드가 아닌 RRC_CONNECTED 상태만 지원한다.

단말은 dual connectivity에 관련된 두 개의 eNodeB 모두에 대하여 동시에 송신 (및 수신)을 할 수 있다고 가정한다. 이는 dual connectivity가 두 eNodeB 간의 동적인 조정을 필요로 하지 않는다는 근본적인 가정의 결과이다. 또한, 두 셀 그룹은 서로 중첩되지 않는 주파수 대역을 사용한다고 가정하므로, 즉 대역 간 dual connectivity만 지원된다. Dual connectivity 프레임워크가 동일한 주파수 구축을 허용하더라도 해당 구축에 따른 간섭 시나리오를 다루는 것은 Release 13에서 규격화되지 않았다. 마지막으로, 비록 규격에서는 특정 eNodeB 종류로 제한하지 않았지만, 전체적인 솔루션의 개발에는 master 셀 그룹에는 매크로 기지국이 secondary 셀 그룹에는 피코 기지국이 사용되는 heterogeneous 시나리오가 주로 가정되었다. 그러나 반드시

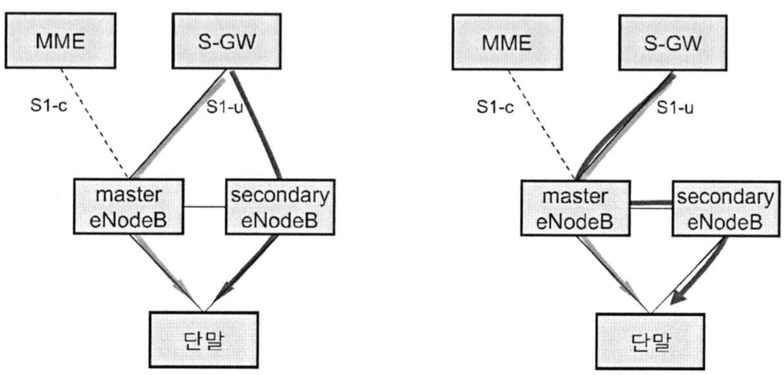

그림 16.3 구조

1) 규격에서 primary component 반송파는 MCG 에서는 PCell로 표시되고, SCG에서는 PSCell로 표이되며, secondary component 반송파는 두 셀 그룹 모두 SCell로 표시된다.

이렇게 동작해야만 하는 것은 아니다. 즉, 단말이 피코노드에 먼저 연결이 되면 피코노드가 master eNodeB의 역할을 하게 되고, 매크로노드가 secondary eNodeB로서 추가될 수 있다.

Dual connectivity 프레임워크는 inter-RAT 결합에도 적용가능하다는 것이 밝혀졌다. 그 중 하나는, LTE가 primary 셀 그룹으로 동작하며 하나 혹은 그 이상의 WLAN 반송파가 secondary로서 결합되는, Release 13에 지정된 LTE와 WLAN의 결합이다. 또한, 23장에서 논의되듯이, dual connectivity 프레임워크의 진화는 LTE와 새로운 5G 무선 접속 기술 간의 긴밀한 연동에 중요한 역할을 한다.

16.1 구조

4장에서 설명한 전체적인 구조, 즉 eNodeB들 사이에는 X2 인터페이스가 사용되고 master eNodeB와 코어망 사이에는 S1-c 인터페이스가 사용되는 구조가 dual connectivity에도 사용된다 (그림 16.3 참조). Master eNodeB는 항상 S-GW에 직접적인 S1-u 인터페이스를 갖지만 secondary eNodeB는 구조에 따라 S-GW로 S1-u 인터페이스를 직접 가질 수도 있고 그렇지 않을 수도 있다. 이 그림은 특정 단말을 다루는 것에만 관련된 인터페이스를 보여주는 것임에 유의한다. Secondary eNodeB는 일반적으로 다른 단말에는 master eNodeB 역할을 할 수 있으므로 S1-u 및 S1-c를 사용하여 코어망에 연결된다.

사용자 평면 부분에서, secondary eNodeB를 통해 단말로 데이터를 라우팅하는 두 가지 방식이 있다. 첫 번째는 secondary eNodeB를 통해 전송되는 데이터가 S1 인터페이스를 통하여 secondary eNodeB로 직접 전송되는 것이다 (그림 16.3의 왼쪽). 두 번째는 secondary eNodeB가 전송할 데이터가 master eNodeB를 통하여 라우팅되는 것이다 (그림 16.3의 오른쪽).

첫 번째 방식은 백홀에 대한 요구가 적지만, 무선 접속망 상단으로 dual connectivity가 알려지게 되어 이동성 관점에서 단점이 될 수 있다. 즉, secondary 셀 그룹을 빈번하게 변경를 하는 시나리오를 예로 들 수 있다. 여기서 사용자 평면 결합은 다중 경로 TCP (multipath TCP) [60]와 같은 방법을 통해 달성할 수 있다. 즉, 두 데이터 흐름의 결합은 무선 접속망이 아닌 코어망 위의 TCP 전송 계층에서 이루어진다.

두 번째 방식은, secondary eNodeB가 단말로 보내야 하는 데이터가 master eNodeB를 통해 라우팅되므로 백홀 요구 사항이 높지만, 두 eNodeB간 결합이 무선 인터페이스에 근접해야 수행되고 다중 경로 TCP가 필요하지 않으므로 더 높은 성능을 제공할 수 있다. 또한, secondary eNodeB의 변경을 초래하는 이동성이 코어망에 보이지 않기 때문며, 피코셀 간의 핸드오버가 잦은 heterogeneous 구축에서 이로울 수 있다.

사용자 평면의 프로토콜 구조는 그림 16.4에 나와 있으며, 분할 베어러 (split bearer)에 대한 지원을 추가한 단일 eNodeB의 경우의 구조와 동일하다. 무선 베어러는, master eNodeB로부터 전송된 베어러, secondary eNodeB로부터 전송된 베어러, 그리고 두 eNodeB 사이에서 전송된 분할 베어러, 이렇게 세 가지 유형이 있다. 그림에서 알 수 있듯이 분할 베어러의 master eNodeB에는 단일 PDCP 프로토콜 엔티티가 있다. 즉, 데이터는 분할되어 하향링크 데이터의 일부가 X2 인터페이스를 통해 secondary eNodeB로 전달된다. 여기에는 secondary eNodeB로 전달되는 데이터의 양을 제어하기 위해 X2 인터페이스 상에 정의된 흐름 제어 (flow control) 메커니즘이 있다.

Release 12에서 분할 베어러는 하향링크에서만 지원되며, 상향링크에서는 준-정적인 설정으로 분할 베어러의 상향링크 트래픽 처리를 master eNodeB 또는 secondary eNodeB에 할당한다. 이 제한은 분할 베어러가 상향링크에서도 지원되는 Release 13에서 없어졌다.

단말 측면에서는, master 및 secondary 셀 그룹에 각각 하나씩 두 개의 MAC 엔티티가 있다. 분할 베어러의 경우, 예를 들어 master eNodeB에서는 재전송이 필요 없었지만 secondary eNodeB에서는 재전송을 수행해야 하는 경우 수신된 데이터 패킷은 순서가 뒤바뀌게 된다. 따라서 RLC-AM의 경우, 8장에서 설명된 것처럼, 분할 베어러에 대한 PDCP 엔티티는 RLC가 HARQ 이후에 패킷 재정렬을 수행하는 것과 유사한 방식으로 재정렬을 수행한다.

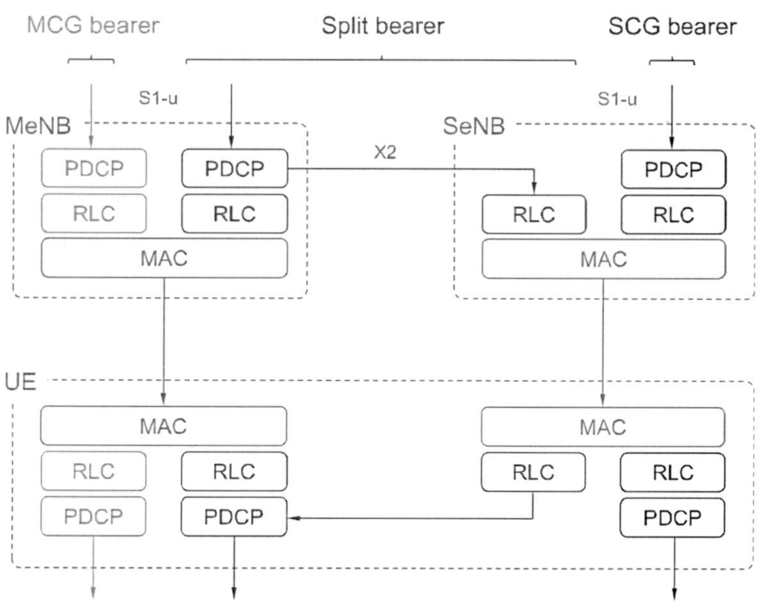

그림 16.4 사용자 평면 구조

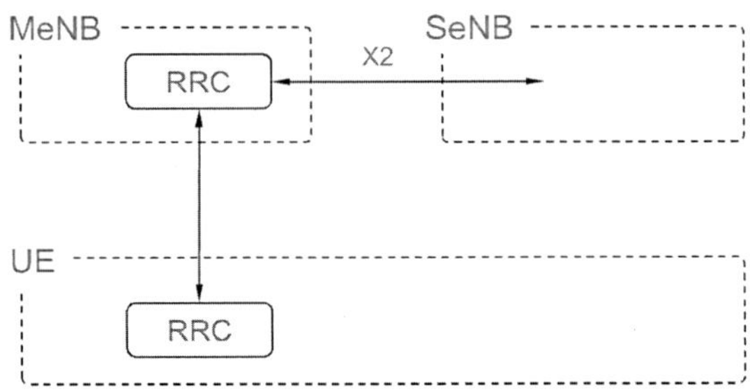

그림 16.5 제어 평면 구조

제어 평면에서는, master eNodeB만이 S1 인터페이스를 통해 MME[2])에 연결된다 (그림 16.5 참조). 이는 secondary eNodeB가 MME에 보이지 않는다는 것을 의미하며, heterogeneous 구축에서 매크로셀을 담당하는 master eNodeB보다 피코셀을 담당하는 secondary eNodeB 사이에서 핸드오버가 더 자주 발생할 것으로 예상되므로, 코어망에 대한 시그널링 관점으로 보면 이점이 있다.

Master 및 secondary eNodeB는 각각 독립적으로 각자 eNodeB에 속하는 셀 내 모든 자원을 스케줄링하고 제어한다. RRC는 master eNodeB에 의해 처리되어 RRC 메시지가 단말로 전송된다. Secondary eNodeB에 속하는 셀에서 무선 자원을 다루기 위해 eNodeB 간 RRC 메시지가 정의되었다. Master eNodeB는 secondary eNodeB의 메시지 내용을 변경하지 않고 단지 단말의 해당 RRC 메시지를 캡슐화한다.

16.2 물리 계층 영향

Dual connectivity은 프로토콜 구조에 영향을 미치지만 물리 계층 구조에 미치는 영향은 작다. 각 셀 그룹에 대하여 하나씩 존재하는 총 두 개의 물리 계층은 자체적인 데이터 전송, 관련 제어 시그널링, 랜덤액세스 등을 통해 서로 독립적으로 동작한다. 각 셀 그룹에는 자체 MAC 계층이 있어 물리 계층 전송을 개별적으로 스케줄링한다. 그러나 두 셀 그룹의 물리 계층 사이에는 타이밍 및 전력 차이와 같은 상호 의존적인 부분도 존재한다.

2) 앞서 설명한 것처럼, 이는 단일 단말의 관점이다. 특정 단말에 대한 secondary eNodeB는 다른 단말에게는 master eNodeB일 수 있으므로 일반적으로 MME에 연결되어 있다.

16.2.1 타이밍

LTE는 셀 간 동기화[3]가 있거나 없는 상태 모두에서 동작하도록 설계되었으며, dual connectivity 또한 이 점에서 다르지 않다. 셀 그룹 내에서는 다른 모든 CA 시나리오와 동일한 요구 사항이 적용된다. 즉, 모든 component 반송파의 수신은 33 μs의 윈도우 내에 있어야 한다. 반면에 셀 그룹 간에는 동기화에 대한 요구 사항이 없기 때문에, 두 가지 경우가 있을 수 있다.

- 동기 dual connectivity. 두 개의 셀 그룹의 서브프레임 경계가 단말단에서 33 μs 이내로 정렬된 경우.
- 비동기 dual connectivity. 두 개의 셀 그룹의 서브프레임 경계가 단말단에서 임의의 타이밍을 갖는 경우.

원칙적으로, 이 두 가지 경우에는 근본적인 차이가 없지만 실제 구현은 다를 수 있다. 예를 들어, master 셀 그룹과 secondary 셀 그룹의 반송파가 주파수 상에서 충분히 가까운 동기의 경우에는 단일 RF 체인을 사용하여 둘 다 처리할 수 있지만, 비동기인 경우에는 그렇지 않을 수 있다. 상향링크 송신 전력의 설정도 일례로서, 많은 경우 이러한 설정은 서브프레임의 시작에서만 가능하다. 이러한 구현은 서브프레임 경계가 일치하는 동기 dual connectivity에서는 가능하지만 비동기 dual connectivity에서는 가능하지 않다. 서로 다른 구현을 허용하기 위해, 단말은 각 대역 조합에 대하여 비동기 동작이 가능한지 여부를 보고한다. 비동기식 단말은 동기 또는 비동기 dual connectivity에서 동작할 수 있지만 동기식 단말은 동기 dual connectivity에서만 동작할 수 있다.

네트워크 측면에서 이는, 예를 들면 단말의 DRX와 맞물려서 SFN과 서브프레임 오프셋의 차이를 다루는 구현에 달려 있다. Release 13에서는 단말이 네트워크의 동작을 돕기 위해 두 셀 그룹 간의 시간 차이를 측정하고 보고할 수 있는 기능을 추가하였다.

16.2.2 전력 제어

송신 전력은 물리 계층에서 셀 그룹 간에 종속성이 있는 주요 부분이다. 전력 설정은 각 셀 그룹마다 개별적이지만, 규제에서는 단말당 최대 송신 전력을 지정하므로 전력을 공유함에 있어서 셀 그룹 간에 종속성이 생긴다. 따라서 단말이 최대 송신 전력에 도달할 때, 서로 다른 셀 그룹 내의 개별 채널의 전력을 적절히 스케일링할 필요가 있다. 이것은 간단하게 들릴지 모르겠지만 셀 그룹이 비동기로 동작할 수 있다는 사실은 실제 구현을 복잡하게 만든다. 주어진 셀 그룹에

3) CA에서는 모든 관련 셀들은 시간이 동기화된다.

그림 16.6 동기 및 비동기 동작

대해, 수신기는 서브프레임에 걸쳐서 송신 전력이 변하지 않는다고 가정할 수 있으므로 송신 전력의 변화는 서브프레임 경계에서 일어나야 한다.

그림 16.6의 왼쪽에 표시된 동기의 경우에 셀 그룹 사이에 모든 서브프레임 경계가 정렬되어 있다. Master 셀 그룹의 서브프레임 m에 대한 송신 전력을 설정할 때, 중첩하는 secondary 셀 그룹 내의 동작이 알려져 있으므로 서로 다른 채널에 대한 송신 전력의 스케일링은 간단하다. 또한 송신 전력의 변화는 서브프레임 경계에서만 발생한다.

그림 16.6의 오른쪽에 표시된 비동기 경우는 더 복잡하다. 예를 들어, master 셀 그룹을 고려해 보자 (상황은 secondary 셀 그룹도 유사하다). Master 셀 그룹의 서브프레임 m에서 이용가능한 송신 전력은 이제 secondary 셀 그룹의 2개의 서브프레임 (현재 진행중인 서브프레임 n 및 다음 서브프레임 $n+1$)에 영향을 받는다.

Master 셀 그룹의 전력 설정은 해당 서브프레임 경계에서만 수행할 수 있으므로, secondary 셀 그룹에서 발생할 수 있는 상황에 대한 일부 마진이 필요하다.

논의된 상황을 고려하여, 셀 그룹 사이에서 송신 전력을 공유하는 두 가지 방법이 있다. 이는, 전력 제한이 모든 셀 그룹의 모든 셀에서 일어나는 것인지 아니면 각 셀 그룹별로 일어나는지에 따라 다르다. 사용할 전력 제어 모드는 RRC 시그널링에 의해 설정된다.

Dual connectivity 전력 제어 모드 1은 그림 16.7의 왼쪽 그림처럼 셀 그룹에 걸친 전력을 조정한다. 전력 제한이 필요한 경우, CA와 동일한 방식으로, 그들이 속한 그룹에 관계 없이 모든 셀에 걸쳐서 송신 전력이 스케일링된다. 유일한 예외는, 동일한 UCI 타입이 사용될 경우, master 셀 그룹의 상향링크 제어 정보가 secondary 셀 그룹의 상향링크 제어 정보보다 우선 순위를 가진다. 본질적으로 이 전력 제어 모드는 셀 그룹에 차별을 두지 않고 모든 셀을 같은 방식으로 취급한다. 전력 제어 모드 1은 서브프레임 경계에서만 송신 전력을 변경할 수 있기 때문에 동기 동작에서만 가능하다. 비동기 시나리오에서는, master 셀 그룹의 전력이 secondary 셀 그룹의 서브프레임 시작 부분에서 수행된 전력 할당의 결과에 따라 변경되어야 하므로 (그리고 secondary 셀 그룹의 전력도 master 셀 그룹의 서브프레임 시작 부분에서 수행된 전력 할당의 결과에 따라 변경되어야 하므로), 모드 1에서는 불가능하다.

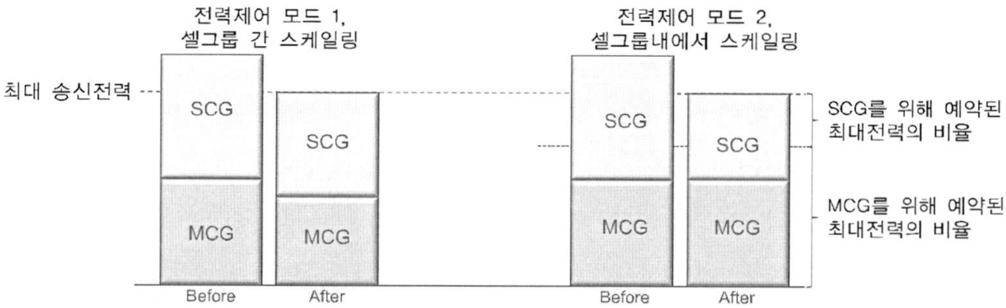

그림 16.7 최대 송신 전력에 도달할 때 전력 제어 모드 1 및 모드 2의 동작

Dual connectivity 전력 제어 모드 2는 16.7의 오른쪽 그림과 같이 전력을 셀 그룹 간에 스케일링하지 않고 각 셀 그룹 내에서 반송파 간에 수행한다. 최대 전력 비율 (fraction)로 표시되는 셀 그룹별로 가능한 최소 보장 전력은 RRC 시그널링을 통하여 설정된다. 전력 제한이 필요한 경우, 각 셀 그룹은 적어도 각각의 최소 보장 전력까지는 전력을 할당받는다. 남은 전력은 우선 더 먼저 일어나는 전송에 관련된 셀 그룹에게 주어진다. 이 말은 그림 16.6에서 서브프레임 m이 시작되는 시점에서 남은 전력은 서브프레임 n 동안 전력이 변하지않도록 유지하는 데 필요한 만큼 secondary 셀 그룹에서 사용할 수 있다. 이 동작 이후에 남아 있는 모든 전력은 서브프레임 m의 master 셀 그룹에 주어진다. 이와 유사하게, secondary 셀 그룹의 서브프레임 $n+1$이 시작되는 시점에서 master 셀 그룹이 서브프레임 m 동안의 송신 전력을 유지하는 데 필요한 만큼을 남아 있는 전력으로 사용한다. 비동기 동작은 서브프레임 경계가 정렬되지 않는 것을 의미하므로, 하나의 셀 그룹에 대한 송신 전력은 그 셀 그룹에 대한 서브프레임 경계에서 변경되어야 할 수 있지만 그 순간 다른 셀 그룹의 전력은 변하지 않고 유지되어야 한다. 전력 제어 모드 2가 비동기 동작을 지원하는 유일한 모드이다.

16.3 Dual connectivity의 스케줄링

Dual connectivity의 스케줄링은 이전 장에서 설명한 것처럼, 각 eNodeB에서 독립적으로 수행된다. 즉, master 셀 그룹 및 secondary 셀 그룹은 필요할 때 독립적으로 스케줄링 요청을 전송할 수 있다. 유사하게, DRX도 각 셀 그룹에 대해 개별적으로 설정된다. 따라서 두 셀 그룹이 독립적으로 스케줄링되기 때문에 원하는 경우에는 다양한 형태의 셀 간 조정 (inter-cell coordination) 방식이 구현될 수도 있다. 하지만 기본적으로 두 eNodeB 사이의 긴밀한 조정은 필요하지 않다. 또한, 분할 베어러에 대하여 두 개의 셀 그룹 간에 하향링크 데이터를 어떻게 분할해야 하는 지를 명시할 필요도 없다.

그러나 스케줄링의 일부 측면, 특히 Release 13의 상향링크에서 분할 베어러를 처리하는 부분은 dual connectivity의 도입으로 영향을 받는다. 상향링크 분할 베어러에 대한 데이터가 셀 그룹 사이에서 어떻게 분할되어야 하는 지를 결정하기 위해 단말에 임계값이 설정될 수 있다. 분할 베어러에 대한 PDCP 버퍼의 데이터 양이 임계값보다 크면 데이터는 두 셀 그룹을 통해 전송되고, 그렇지 않은 경우에는 Release 12와 마찬가지로 셀 그룹 중 하나에서만 전송된다.

또한 스케줄링을 지원하는 데 사용되는 단말 보고 역시 dual connectivity의 도입으로 영향을 받는다. 보다 구체적으로 전송을 기다리는 데이터 양과 가용 전력은 두 개의 셀 그룹으로 나누어져야 하며 따라서 단말 보고 방식에 영향을 준다.

버퍼 상태는 셀 그룹별로 보고된다. eNodeB는 스케줄링 중인 셀 그룹에만 관심이 있기 때문에 이렇게 하는 것이 당연하다. Master 셀 그룹의 버퍼 상태를 아는 것이 eNodeB가 secondary 셀 그룹을 스케줄링하는 데 도움을 주지 않으며, 반대의 경우도 마찬가지이다. 분할 베어러의 경우, Release 12에서는 준-정적인 설정을 사용하여 분할 베어러이 포함되어야 하는 셀 그룹을 결정하며, 두 셀 그룹에 대하여 별도로 버퍼 상태를 보고하는 것 역시 분할 베어러에도 잘 동작한다. Release 13에서는, 데이터 양이 이전에 언급한 임계값을 초과하는 경우에는 분할 베어러에 대한 전체 데이터 양이 두 셀 그룹에 모두 보고되고, 필요한 경우 어떻게 스케줄링 결정을 조정할 지의 여부는 구현에 달려 있다.

전력 헤드룸 보고는 앞서 설명한 것처럼 전력이 두 개의 셀 그룹에 걸쳐서 공유되기 때문에, 버퍼 상태 보고보다는 좀 더 복잡하다. 따라서 한 셀 그룹에 대한 전력 헤드룸 보고는 다른 셀 그룹의 활동을 고려해야 한다. 이는 다음과 같은 두 가지 방식이 있으며, 무엇을 사용할 지는 상위 계층 설정에 따라 정해진다.

- 다른 셀 그룹이 사용하는 전력은 설정된 기준 포맷으로 주어진다 (가상 보고).
- 실제 전송중이라면, 다른 셀 그룹이 실제 사용하는 전력이 사용된다 (실제 보고).

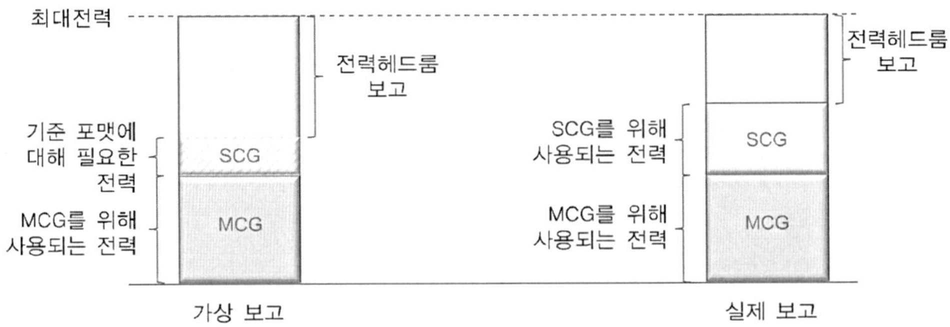

그림 16.8 MCG (master 셀 그룹)에 대한 전력 헤드룸 보고 (SCG에 대한 보고도 유사함)

그림 16.8은 master 셀 그룹에 대한 설명이다 (동일한 원리가 secondary 셀 그룹에도 적용된다). 전력 헤드룸은 master 셀 그룹의 실제 송신 전력으로부터 -보고 방식에 따라- secondary 셀 그룹에 대해 사용된 실제 전력 (혹은 사용되는 것으로 가정된 가상 전력)을 뺀, 단말의 최대 송신 전력이다.

규격에서 primary component 반송파는 MCG에서는 PCell로 표시되고, SCG에서는 PSCell로 표시되며, secondary component 반송파는 두 셀 그룹 모두에서 SCell로 표시된다.

CA에서 모든 관련 셀은 시간이 동기화된다.

17

비면허 주파수 및 LAA (License-Assisted Access)

주파수는 무선통신의 기본적인 요소이며, 끊임없이 증가하는 용량 및 더 높은 데이터 속도에 대한 수요를 충족시키기 위해 더 많은 주파수가 지속적으로 요구된다. 따라서 LTE에 사용할 수 있는 주파수의 양을 늘리는 것은 매우 중요하다. LTE 및 이전의 셀룰러 시스템은 사업자가 특정 주파수 범위에 대한 독점적인 사용권을 보유한 면허 주파수에 대하여 설계되었다. 면허 주파수는 사업자가 네트웍을 계획하고 간섭을 제어할 수 있으므로, QoS (quality of service) 보장 및 넓은 커버리지를 제공하는 데 도움이 되는 등 많은 이점을 제공한다. 그러나 사업자가 사용할 수 있는 면허 주파수의 양은 충분하지 않을 수 있으며, 일반적으로 주파수에 대한 라이센스를 취득하는 데는 비용이 든다.

반면에 비면허 주파수는, 최대 송신 전력 제한 등과 같은 일련의 규칙이 적용되지만, 모든 사람들에게 개방되어 있으며 무료이다. 누구나 주파수를 사용할 수 있기 때문에 일반적으로 면허 주파수보다 간섭 상황을 예측하기가 훨씬 더 어려우며 따라서 QoS 및 가용성을 보장할 수 없다. 또한, 최대 송신 전력이 그리 크지 않기 때문에 넓은 커버리지를 제공하기에 적합하지 않다. 비면허 주파수를 이용하는 통신 시스템의 예로 Wi-Fi 및 Bluetooth가 있다.

앞서 논의한 것처럼, 이 두 가지 주파수 유형은 서로 다른 장점과 단점이 있다. 따라서, 이 둘을 결합하여, 면허 주파수를 사용하여 넓은 커버리지 및 QoS를 보장하고 비면허 주파수를 사용하여 로컬 영역에서 사용자 데이터 전송 속도 및 전반적인 용량을 늘릴 수 있다.

비면허 주파수를 사용하여 면허 주파수의 LTE를 보완하는 것은 그 자체로 새로운 것은 아니다. 많은 사업자들이 이미 로컬 영역의 용량을 늘리기 위해 Wi-Fi를 사용하고 있다. 이렇게 서로 다른 무선 기술이 혼합된 구축에서는, 사용하려는 무선 접속 (LTE 또는 Wi-Fi)은 단말에서 자율적으로 선택된다. 이러한 방법은, LTE에 머무르는 것이 더 나은 사용자 경험을 제공할 수 있는 상황에서도 단말이 Wi-Fi를 선택해버릴 수 있는 것과 같이 몇 가지 단점이 존재한다. 이러한 상황에 대한 일례로, LTE 네트워크은 부하가 낮지만 오히려 Wi-Fi 네트워크의 부하가 과도하게 높을 수 있다. 이러한 상황을 해결하기 위해, Release 12에서는 LTE 규격이 확장되어 네트워크이 단말의 무선 접속 방식을 선택하는 것을 도울 수 있는 수단을 제공하였다 [82]. 기본적으로, 네트워크은 언제 단말이 LTE 또는 Wi-Fi를 선택해야 할 지를 제어하는 신호 강도 임계치를 설정한다. 여기에 추가로, Release 13에서는 dual connectivity와 매우 유사한 프레임 워크를 사용하여 LTE와 WLAN가 PDCP에서 결합되는 LTE-WLAN 결합을 지원한다.

Wi-Fi 결합의 주된 이유는 이 방식이 기존의 Wi-Fi 구축을 가지고 있는 사업자에게 적합하기 때문이다. 그러나, 면허 주파수과 비면허 주파수를 보다 더 긴밀하게 결합할 수 있다면 상당한 이점을 제공할 수 있다. 예를 들어, 하나의 LTE 네트워크을 운용하여 면허 주파수와 비면허 주파수 모두를 다루는 것이, 면허 주파수에는 LTE를 운용하고 비면허 주파수에는 다른 기술을 운용하는 것보다 훨씬 간단하다. 또 다른 장점으로는 이동성을 들 수 있다. LTE는 처음부터 이동성을 염두에 두고 설계되었지만 Wi-Fi는 사용자가 움직이지 않을 때 가장 잘 동작한다. QoS를 다루는 것 및 스케줄링이 가능한 시스템을 통하여 주파수 효율을 더 높일 수 있는 점은, 면허 및 비면허 주파수 모두에 대해 LTE를 사용함으로써 가져다주는 추가적인 이점이다.

이를 염두에 두고 3GPP는 Release 13에서 LAA (License-Assisted-Access)를 규격화했다. LAA의 기본은, 일부 반송파는 면허 주파수를 사용하고 및 일부 반송파는 비면허 주파수를 사용하는 경우의 반송파 결합 (CA) 이다 (그림 17.1 참조). 이동성, 중요한 제어 시그널링 및 높은 QoS를 요구하는 서비스는 면허 주파수의 반송파에 의해 다루어지고, 비교적 완화된 요구 사항의 트래픽은 비면허 주파수의 반송파가 다룰 수 있다. 이것은 비면허 주파수에 대한 접속을

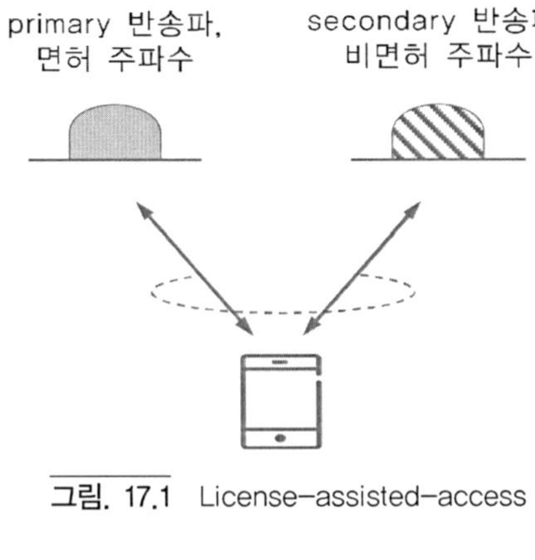

그림. 17.1 License-assisted-access

돕기 위해 면허 주파수가 사용되어, "License-Assisted-Access"라는 이름이 붙여진 이유이기도 하다.

LAA는, 예를 들면 조밀한 도시 지역, 실내 쇼핑몰, 사무실 등과 같은 시나리오에서, 5 GHz 대역의 사업자가 구축하는 저전력 노드를 주요 대상으로 한다. LAA는 사용자가 직접 집에 설치하는 Wi-Fi를 대체할 목적이 아니다. 또한, 비면허 주파수의 허용된 송신 전력이 상당히 낮기 때문에 넓은 커버리지의 구축을 대상으로 하지도 않는다. Release 13에서 LAA는 하향링크 트래픽을 지원하며, Release 14에서 상향링크 트래픽도 다루도록 확장된다.

LAA의 중요한 특징 중 하나는, 다른 사업자 및 다른 시스템 (특히 Wi-Fi)과 비면허 주파수를 공정하게 공유하는 것이다. 이를 가능하게 하는 몇 가지 방식이 있다. 첫째, DFS (dynamic frequency selection)는 LAA 노드가 비면허 주파수의 부하가 낮은 부분을 찾아서, 이를 통해 가능하면 다른 시스템을 피하기 위해 사용된다. 또한 Release 13은 송신기가 전송 이전에 해당 반송파 주파수 상으로 현재 진행중인 전송이 없음을 보장하는 LBT (listen-before-talk) 방식[1])을 지원한다. 이러한 방식들을 통해 LAA와 Wi-Fi 간의 공정한 공존이 가능하다. 실제로 LAA는 Wi-Fi 네트워크에 대하여 또 다른 Wi-Fi보다 공존 관점에서 더 좋은 이웃이 될 수 있다 [56].

17.1 LAA를 위한 주파수

비면허 주파수는 여러 주파수 대역에 존재한다. 원칙적으로는 모든 비면허 주파수에서 LAA를 사용할 수 있지만 5 GHz 대역이 LAA의 주요 대상이다. 그 이유 중 하나는, 5 GHz 대역에서는 상당히 많은 양의 대역폭을 사용할 수 있고 2.4 GHz 대역과 비교해보면 비교적 부하가 낮기 때문이다.

그림 17.2와 같이 5 GHz 대역은, 각 지역마다 일부 차이가 있지만 세계 대부분의 지역에서 사용할 수 있다. 세계 각국의 규제 관련 요구 사항에 대하여 간략하게 알아보도록 하자. 보다 상세한 개요는 [57] 및 해당 문서에 표시된 참고문헌을 참조한다.

5 GHz 대역의 아랫쪽 부분인 5150-5350 MHz는 대부분의 지역에서 일반적으로 최대 송신 전력이 23 dBm 인 실내 사용을 위한 것이다. 총 200 MHz는 100 MHz씩 두 부분으로 나뉘며, 각각은 DFS를 요구하며 5250-5350 MHz 에서는 송신 전력 제어 (TPC)를 요구하는 규정이 있다.

1) CCA (Clear-Channel Assessment)는 백오프 절차를 포함하지 않으면서 특정 채널이 이용 가능한지 여부를 확인하는 방식이지만, 때때로 LBT 대신 CCA 용어가 사용되기도 한다.

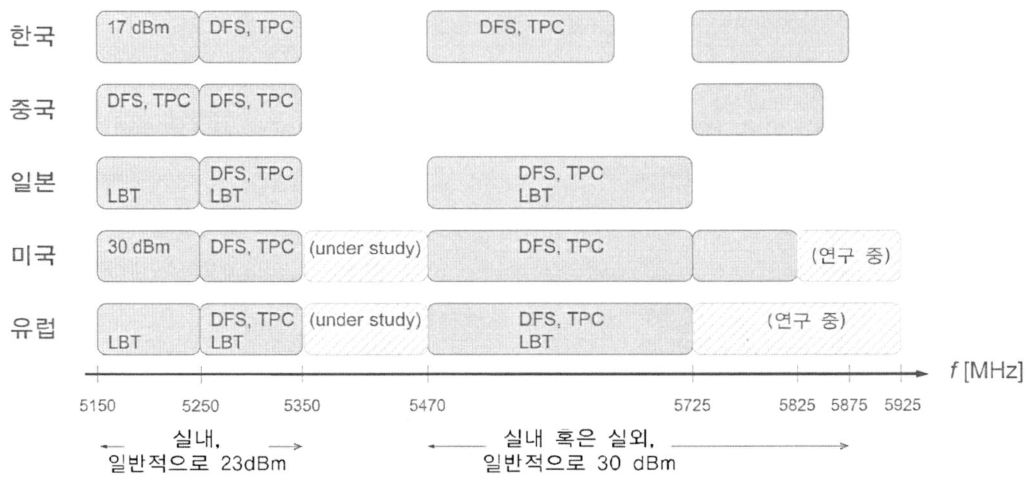

그림 17.2 서로 다른 지역의 비면허 주파수 대역의 개요

DFS는 송신기의 주파수가 다른 목적으로 사용되는 지의 여부를 지속적으로 확인해야 한다는 것을 의미한다. 만약 주파수가 사용되고 있다고 검출되면, 송신기는 특정 시간 (예를 들어, 10초) 내에 주파수를 비워야 하고 적어도 특정 시간 (예를 들어, 30분) 동안은 이 주파수를 다시 사용하지 않아야 한다. 이 목적은 다른 시스템을 보호하려는 것이며, 주로 비면허 주파수를 사용하는데 보다 높은 우선 순위를 가지는 레이더를 보호하기 위한 것이다. TPC는 송신기가 필요한 경우에도 전체적인 간섭을 줄이기 위해 송신 전력을 최대 허용전력 아래로 줄일 수 있어야 한다는 것을 의미한다.

5470 MHz 이상의 대역의 일부분에서는 송신 전력이 최대 30 dBm이며 많은 지역에서 실외 사용이 허용된다. 주파수 양은 지역에 따라 다르지만 최대 255 MHz까지 사용할 수 있다. DFS와 TPC는 필수 항목이다.

몇몇 지역 특히 유럽과 일본에서는 LBT가 의무적이다. LBT는 송신기가 채널이 점유되어 있는 경우 전송하지 않기 위해, 각 전송 이전에 채널의 모든 활동을 먼저 들어보는 (listen) 방식이다. 따라서, DFS보다 훨씬 더 동적인 공존 방식이다. 미국과 같은 다른 지역에서는 LBT 요구 사항이 없다.

또한, 최소 송신 주파수의 폭이나 단일 송신기가 채널을 얼마나 오래 사용할 수 있는지, 송신기가 일정 시간 동안 채널을 idle 상태로 두어야 하는지 등에 대한 요구 사항이 있을 수 있다. 예를 들어, 유럽에서는 최대 6ms[2]의 채널 점유 시간이 허용되는 반면 일본에서는 4ms이다. 채널 점유 시간은 송신 버스트의 길이에 대한 제한을 설정한다. 유럽은 또한 [58]에 비면허 주파수 사용에 대한 두 가지 규칙을 정하였는데, 하나는 프레임-기반 장비에 관한 것이고 다른

2) 특정 조건에서는 8ms 또는 10ms가 허용된다.

하나는 부하-기반 장비에 관한 것이다. 이 두 가지 규칙은 현재는 사용되지 않는 Hiper-lan/2 표준 및 Wi-Fi에 각각 적용되도록 규격화되었었다. LAA는 부하-기반 규칙을 염두에 두고 설계되었다.

17.2 Wi-Fi의 기본

Wi-Fi는 비면허 주파수로 운용되는 잘 알려진 시스템이다. 비면허 주파수는 Wi-Fi에 할당된 것이 아니라 규제 요구 사항을 따르는 모든 사용자들이 자유롭게 사용할 수 있지만, Wi-Fi는 비면허 주파수에서 가장 일반적인 무선 접속 기술의 위치를 유지할 것이다. LAA 설계에 대하여 더 잘 이해하기 위해, 802.11ac에 초점을 두어 Wi-Fi의 기본적인 동작과 이 기술의 바탕이 되는 802.11 표준에 대해 다음에서 간략히 알아보도록 하자.

Wi-Fi는 사용 가능한 주파수를 20 MHz 크기의 여러 주파수 채널로 나눈다. 송신기는 하나의 채널을 사용하거나, 채널 본딩의 경우에는 여러 주파수 채널을 사용한다. 노드 간의 이러한 전송을 조정하는 방식은 중앙집중형 방식 또는 분산형 방식이 있다. 실제로 Wi-Fi에서는 중앙집중형 조정은 거의 사용되지 않으며, 분산형 조정이 가장 일반적이다. 따라서, 아래의 설명은 EDCA (enhanced distributed channel access)에 초점을 맞추도록 한다. 이 방식은 원래 802.11 규격에 있는 DCF (Distributed Coordination Function)에 대하여 QoS 향상 기능을 제공한다.

EDCA를 사용하는 노드는 전송을 하기 이전에 백오프 절차를 포함하는 LBT를 사용한다. 먼저, 송신기는 AFS (arbitration inter-frame space)로 알려진 시간 동안 주파수 채널이 사용 가능할 때까지 주파수를 수신 (listen)하면서 대기한다. 총 전력 레벨이 -62 dBm보다 낮으면서 -82 dB 혹은 그 이상의 전력 레벨의 Wi-Fi 프리앰블이 감지되지 않으면, 주파수 채널을 사용할 수 있다고 선언한다. 그렇지 않으면 사용할 수 없다.

(적어도) AIFS동안 주파수 채널이 가용하다고 선언되면, 송신기는 백오프 절차를 시작한다. 백오프 타이머는 전송이 이루어지기 전에 채널 사용이 가능해야 하는, 9 μs 슬롯 시간의 배수로 나타내는 난수로 초기화된다. 백오프 타이머는 채널이 idle하다고 감지될 때마다 하나의 9 μs 슬롯만큼 감소되며, 채널이 사용중이라고 감지되면 AIFS의 기간 동안 idle 상태가 될 때까지 백오프 타이머는 그대로 유지된다

백오프 타이머가 만료되면, 노드는 전송 기회 (transmission opportunity, TXOP)를 획득한다. 최대 TXOP 지속 시간을 넘지않는 한, TXOP 동안에는 LBT를 할 필요없이 여러 패킷을 연속적으로 전송할 수 있다. TXOP 지속 기간이 0으로 설정되면, 단일 패킷 전송만이 허용되며,

각 패킷에 대해 새로운 백오프 절차가 사용되어야 한다.

패킷 (또는 연속적인 패킷들의 집합[3]))을 수신하면, 수신기는 acknowledgement로 응답한다. Acknowledgement는 패킷을 수신한 이후 16 μs의 SIFS (short inter-frame space) 구간으로 전송된다. SIFS가 AIFS보다 짧기 때문에, 이 기간 동안 다른 Wi-Fi 사용자가 채널을 차지할 수 없다. Acknowledgement가 수신되지 않으면, 데이터 또는 acknowledgement가 유실된 것이므로 재전송이 수행된다. TXOP를 완료한 이후 송신 버퍼로부터 다음 패킷(들)을 송신하기 전에, 재전송인지 또는 새로운 패킷인지에 관계 없이, 앞에서 설명한 것과 동일한 절차를 사용하여 랜덤 백오프가 수행된다. 백오프 절차를 하는 이유는 여러 송신기 간의 충돌을 피하기 위해서이다. 랜덤 백오프가 없으면 채널이 가용하게 될 때까지 기다리던 두 노드가 동시에 전송을 시작할 것이고, 따라서 충돌이 발생하고 두 전송이 모두 손상될 가능성이 높다. 랜덤 백오프를 사용하면 여러 송신기가 동시에 채널에 접속하려는 가능성이 크게 줄어든다.

백오프 타이머를 초기화하는 데 사용되는 랜덤 값은 경쟁 윈도우 (contention window) 내에 있어야 하며, 매 재전송 시도마다 기하급수적으로 증가하는 균일 분포 (uniform distribution)로부터 유도된다. n번째 재전송 시도의 경우, 백오프 시간은 균일 분포 [0, min($2^{n-1}CW_{\min}$, $CW_{\max}$)] 로부터 얻어진다. 경쟁 윈도우가 클수록 평균 백오프 값이 커지고 충돌 가능성은 낮아진다.

표 17.1 서로 다른 액세스클래스에 대한 초기 파라미터 (AP에 대한 값)

우선 순위 클래스	$CW_{\min}$	$CW_{\max}$	AIFS	TXOP
음성	3	7	25 μs	3.008 ms
영상	7	15	25 μs	1.504 ms
Best effort	15	63	43 μs	0
Background	15	1023	79 μs	0
기존의 DCF 방식	15	1023	34 μs	0

원래 802.11 표준은 분산형 조정 기능에 의존하고 서로 다른 트래픽에 대한 우선 순위의 처리를 지원하지 않았다. 즉, 모든 트래픽은 동일한 우선 순위로 처리되었다. 이것은 EDCA의 도입으로 개선되었는데, 주요 개선 사항 중 하나는 다양한 트래픽 우선 순위를 처리하는 것이다. 이는 4개의 우선 순위 클래스[4])에 대해 표 17.1에 표시된 $CW_{\min}$ 및 $CW_{\max}$에 대한 우선 순

3) 원래 802.11 표준에서는 수신기는 각 패킷에 대하여 acknowledgement로 응답해야 한다. 그러나, 802.11ac에서 사용되고 있는 802.11e 개정안은 단일 acknowledgement 메시지가 여러 패킷을 처리할 수 있도록 하는 블록 acknowledgement을 도입했다. 이는 종종 TXOP > 0과 함께 사용된다.

4) 주어진 값들은 액세스포인트 (AP)에 대한 것이며, 단말 (client)은 약간 다른 값을 사용한다. 즉, 음성 및 비디오에 대하여 좀 더 큰 AIFS 및 최선형 (best effort) 트래픽에 대하여 좀 더 큰 $CW_{\max}$를 사용한다. 파라미터들이 어떻게 서로 연관되어 있는 지는 802.11e를 참조한다. 802.11ac의 경우, 파라미터는 AIFS = SIFS + $n\sigma$으로 주어

위 클래스별 값들을 사용함으로써 수행된다. 우선 순위가 높은 트래픽은 작은 경쟁 윈도우를 사용하여 채널에 더 빠르게 접속하고 낮은 우선 순위 트래픽은 더 큰 경쟁 윈도우을 사용하므로, 우선 순위가 낮은 데이터보다 우선 순위가 높은 데이터가 전송될 가능성이 높아진다. 마찬가지로, 서로 다른 우선 순위 클래스에 대해 서로 다른 AIFS 지속 시간이 사용되므로, 우선 순위가 높은 트래픽은 우선 순위가 낮은 트래픽보다 짧은 시간 동안 채널을 감지하고 따라서 채널을 더 빨리 획득한다. 비교를 위해, 표 17.1의 마지막 행에 EDCA 대신 기존의 DCF 기능을 사용할 때에 해당하는 값을 보여준다.

세 명의 사용자에 대한 LBT 및 관련 백오프 절차가 그림 17.3에 나와 있다. 첫 번째 사용자는 다른 사용자들이 전송하지 않고 있으므로 상대적으로 빠르게 채널에 액세스한다. 백오프 타이머가 만료되면 패킷을 전송한다. 첫 번째 사용자가 전송을 하고 있는 동안에 자신이 전송해야 하는 패킷이 도착한 세 번째 사용자는 채널이 점유되어 있음을 알게된다. 백오프 타이머는 유지되고, 채널이 다시 가용해질 때까지 감소하지 않는다. 그러나 그 사이에 두 번째 사용자가 채널을 점유하고 다시 세 번째 사용자의 백오프 타이머는 줄지않고 대기상태가 되어 전송이 더 지연된다. 세 번째 사용자에 대한 백오프 타이머가 만료되면 데이터가 전송된다.

EDCA의 이점 중 하나는 분산형 특성에 있다. 즉, 어떤 단말이든 중앙집중형 조정 노드를 필요로 하지 않고 다른 단말들과 통신할 수 있다. 그러나 백오프 타이머가 있는 LBT를 사용하는 것은 일정한 오버헤드가 발생함을 의미한다. 부하가 높은 상황에서는 이와 같은 분산형 프로

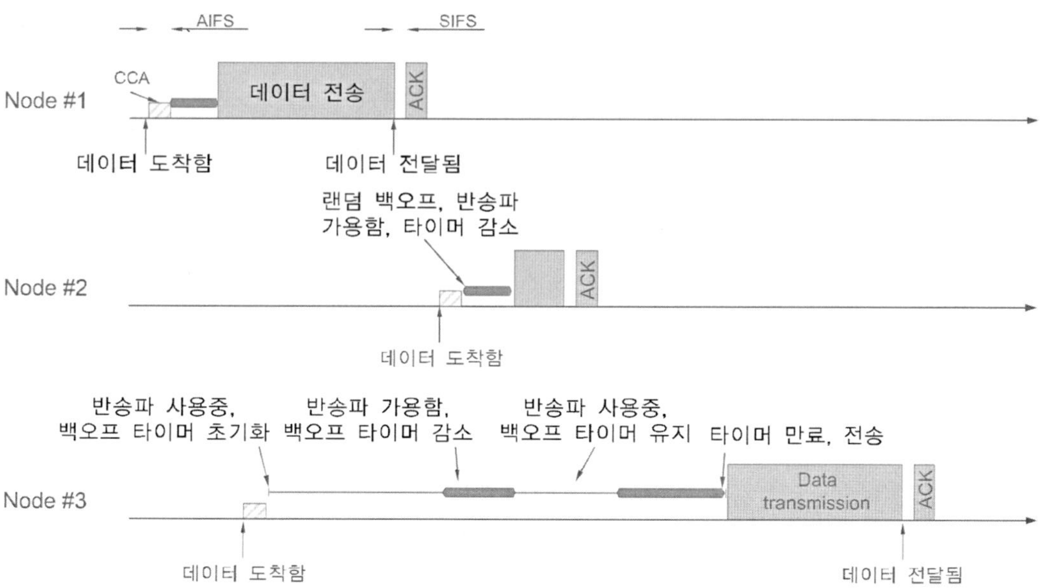

그림 17.3 Wi-Fi에서 LBT의 예

지며, 여기서 n은 액세스클래스에 따른 파라미터이고, $\sigma = 9\ \mu s$는 슬롯시간이다.

토콜은 비효율적이며, 중앙집중형 스케줄링 기능이 더 높은 효율을 가질 수 있다. 이는 중앙의 AP와 여러 단말이 통신을 하는 일반적인 시나리오와도 잘 부합된다.

Wi-Fi의 LBT 방식의 또 다른 측면은, 본질적으로 특정 영역에서 각각 커버리지를 제공하는 여러 개의 AP에 걸쳐서 1 보다 큰 시간재 사용 (time reuse)을 초래한다는 것이다. 하나의 AP로부터의 전송은 일반적으로 이웃하는 AP에서 검출되며, 이 모두는 주파수 채널이 점유되어 있는 것을 발견하고 이들의 전송을 지연시킨다. 재사용율 1이 보다 더 높은 용량을 가져다준다는 점을 고려하면, 이는 용량 측면에서 효율성이 떨어진다.

지금까지 설명한 간략한 개요는 LAA 설계에서 선택된 기술에 대한 배경을 제공하려는 목적이었다. Wi-Fi에 대한 더 자세한 설명과 분산형 방식에서 발생하는 hidden 노드 등과 같은 문제에 관해서는 참고문헌 [59]를 참조한다.

17.3 LAA를 위한 기술 요소

이미 언급했듯이, LAA는 LTE의 CA 프레임워크를 기반으로 한다. 면허 주파수에서 동작하는 primary component 반송파 및 (선택적으로) 하나 혹은 그 이상의 secondary component 반송파는 비면허 주파수에서 동작하는 하나 혹은 그 이상의 secondary component 반송파와 결합된다. Release 13에서는 CA 기능의 향상으로 최대 32개의 반송파를 결합할 수 있으며, 단일 단말에서 면허 주파수의 20 MHz와 함께 최대 620 MHz의 비면허 주파수를 이용할 수 있다. 실제로 CA을 사용한다는 것은 면허 주파수와 비면허 주파수 신호가 동일 노드에서 처리된다는 것을 의미하며, 이는 보통 저지연의 백홀을 통해 연결된 RRH일 수 있다. 면허 주파수와 비면허 주파수를 서로 다른 노드에서 처리하기 위해, LAA를 지연이 큰 백홀에서도 동작하는 dual connectivity 프레임워크를 기반으로 할 수도 있었지만, 이는 Release 13에서는 규격화되지 않았으며 향후 릴리즈의 잠재적인 신기술로 남아 있다.

면허 주파수에 대해서는, 해당 주파수가 LTE가 설계된 주파수이기 때문에 component 반송파에 대한 변경이 필요하지 않다. 비면허 주파수의 component 반송파에 대해서도, 기존 LTE 설계가 많은 부분 그대로 사용되지만, 주로 동일한 주파수를 사용하는 여러 사업자 및/또는 시스템으로 인해 면허 주파수와는 일부 다른 부분도 있다. DFS, TPC, LBT, DTX (discontinuous transmission) 및 무선 자원 관리 영역이 LAA의 도입으로 주로 영향을 받는 영역이다. 이러한 요소들에 대한 간략하게 개요를 제공하고 다음 절에서 보다 자세하게 설명하도록 한다.

DFS는 레이더 시스템의 간섭을 감지하면 주파수 채널을 비우는 데 사용된다. 이는 일부 주파수 대역에 대하여 지원해야 할 요구 사항이다. DFS는 앞으로 시작할 전송을 위해 사용되지 않거나 아주 조금만 사용되는 주파수를 찾기 위해, 즉 전원을 켤 때나 새로운 노드를 활성화할 때도 사용된다. DFS를 지원하기 위해 특별한 규격차원의 개선은 필요하지 않으며, 이는 eNodeB에서 특정 알고리즘을 구현하는 것으로 충분하다.

일부 대역 및 일부 지역에서는 TPC가 요구되므로, 송신기는 최대 출력 전력에 비해 3 또는 6 dB 만큼 전력을 낮출 수 있어야 한다. 이는 순전히 구현 측면이며 규격이 다룰 부분은 아니다.

LBT는 전송 이전에 반송파가 사용이 가능한 지를 확인할 수 있도록 한다. 이는 LAA와 Wi-Fi와 같은 다른 기술들이 주파수를 공정하게 공유하도록 해주는 중요한 기능이다. 일부 지역, 특히 유럽과 일본에서는 이는 필수 기능이다. LBT를 LTE에 도입하는 것은 규격에도 영향을 주며, 이는 LTE에서는 완전히 새로운 기능으로서 3GPP에서 광범위하게 논의되었다.

하향링크 DTX는, 일부 지역이 최대 전송 지속 시간을 제한하기 때문에 필요할 뿐만 아니라 비면허 주파수의 다른 사용자들과 잘 공존하기 위해서도 필요하다. 채널이 사용 가능하다고 선언된 경우에만 전송이 이루어져야 한다. 특히, LTE에서 원래 요구되었던 셀-특정 reference 신호가 지속적으로 전송되는 것은 불가능하며, 이는 데이터 복조뿐만 아니라 RRM 기능에도 영향을 미치고 따라서 규격에 추가가 필요하다. DTX는 어떤 면에서는 서브프레임 단위로 작동하는 스몰 셀 온/오프로 볼 수도 있다. DTX의 도입은, 시간 및 주파수 동기, 자동 이득 제어(AGC) 설정 및 CSI 측정에도 영향을 미친다. 왜냐하면 이러한 기능들은 일반적으로 특정한 기준 신호가 항상 존재하는 것을 가정하였기 때문이다.

특정 반송파 주파수가 특정 사업자에게 고유한 면허 주파수의 경우와는 달리, 동일한 영역의 여러 사업자가 동일한 반송파 주파수를 사용할 수 있다는 점 역시 고려되어야 한다. 또한 여러 사업자가 동일한 물리 계층 셀 ID를 사용할 수도 있다. 많은 신호와 채널 구조가 물리 계층 셀 ID (예를 들어, CSI-RS, 하향링크 스크램블링 및 CRS 시퀀스)에 연관되어 있다. 이는 사업자 A에 연결된 단말이 사업자 B의 신호를 성공적으로 수신할 수 있는 상황을 초래할 수 있다. 그러나 이 가능성은 매우 작고 [57], eNodeB 구현에서 다른 물리 계층 셀 ID를 검출함으로써 목표한 반송파에서는 사용되지 않는 ID를 사용함으로써 이러한 문제를 피할 수 있다.

17.3.1 DFS

DFS (Dynamic frequency selection)의 목적은 secondary 반송파를 위하여, 이용 가능하거나 적어도 부하가 낮은 반송파 주파수를 찾기 위함이다. 이를 성공적으로 수행하면 비면허 주파수를 사용하는 다른 시스템과의 공존에 문제가 없다. 5 GHz 대역에는 각각 20 MHz 폭을 갖는 약 25 개의 주파수 채널이 있으며 출력 전력이 상당히 낮기 때문에, 사용되지 않거나 부하가 낮은 주파수 채널을 찾을 가능성이 높다.

DFS는 LAA 셀의 전원을 켤 때 수행된다. 전원을 켤때 이외에도 특정 이벤트에 따라서 DFS가 수행될 수 있다. 예를 들어, 기지국은 자신이 전송하지 않을 때, 현재 반송파 주파수가 다른 목적을 위해 사용되고 있는지 그리고 보다 더 적합한 반송파 주파수가 이용 가능한지 등을 알아보기 위해 간섭 또는 전력 레벨을 주기적으로 측정할 수 있다. 이렇게 할 경우, 기지국은 서로 다른 주파수 범위로 secondary component 반송파를 재설정 (본질적으로, 이는 주파수 간 핸드오버)할 수 있다.

앞서 언급한 것처럼, DFS는 많은 지역에서 일부 주파수 대역에 대한 규제적인 요구 사항이다. DFS가 필요한 한 가지 사례로는 레이더 시스템을 들 수 있는데, 보통 레이더는 다른 시스템보다 주파수 사용의 우선 순위가 높다. LAA 기지국이 레이더가 사용되고 있음을 탐지하면 특정 시간 (일반적으로 10초) 내에 반송파 주파수 사용을 중단해야 한다. 적어도 30분이 경과할 때까지 해당 반송파 주파수를 다시 사용해서는 안 된다.

DFS의 세부사항은 기지국의 구현에 달려 있으며, 규격에서 특정 솔루션을 강제할 필요가 없다. 단말의 RSSI 측정이 DFS 구현 알고리즘에 사용될 수 있다.

17.3.2 LAA

LTE에서는, 모든 전송은 스케줄링되고 스케줄러는 면허 주파수의 반송파 상에서 언제 전송이 발생할 지를 완벽하게 제어한다. 스케줄링은 비면허 주파수의 LTE 전송에도 사용되지만, 비면허 주파수는 (서로 다른 사업자에 속해 있어서) 서로 간에 어떠한 조정도 되지 않는 복수 개의 송신기들이 동일한 주파수를 사용할 수 있으므로 이에 따른 영향이 존재한다. 채널 선택은 사용하지 않거나 부하가 매우 낮은 하나 혹은 그 이상의 주파수 채널을 찾는 것을 목표로 하고 이는 대부분의 경우 성공적으로 수행되지만, 여러 시스템이 동일한 주파수 채널을 동시에 사용하는 것을 배제할 수 없다. LBT는 채널을 사용하기 전에 채널의 가용성을 확인하는데 사용하는 LAA의 방식이다. LAA에서 송신기는 송신 이전에 채널 상의 잠재적 송신 활동이 있는지 살펴본다 (listen).

규제적인 요구 사항은 지역별로 약간 다르다. 예를 들어, 일본과 유럽에서는 비면허 주파수에서 LBT의 사용을 필수화하고 있으나, 다른 일부 지역은 요구 사항이 좀 더 완화되어 있다. LBT에 대한 규제적인 요구 사항 없는 지역에서는, 원칙적으로 LTE Release 12을 구축하고 비면허 주파수에서 secondary 반송파에 스몰 셀 온/오프를 사용하여 Wi-Fi 와의 공존을 위한 부분 부하 (fractional load) 메커니즘을 구현할 수 있다. Secondary 반송파가 활성화되면 Wi-Fi는 채널이 사용중인 것으로 감지하고 전송을 하지 않는다. 마찬가지로 secondary 반송파가 비활성화되면

Wi-Fi는 주파수를 사용할 수 있다. 온/오프 주기의 길이는 부하에 따라 달라질 수 있지만 100ms 정도일 수 있다. 이러한 메커니즘이 실제로 동작하며 Wi-Fi와의 공정한 주파수 공유를 위해 최적화될 수 있지만, 일부 지역에서는 LBT가 필수이기 때문에 글로벌 구축에는 적합하지 않다. 이것이 LAA를 위한 단일 글로벌 솔루션 프레임워크를 제공하기 위해, LBT가 LAA의 핵심 요소인 이유이다. LBT의 목적은 LAA 셀들 내에서의 전송을 조정하기 위한 것이 아니라, Wi-Fi와 같은 다른 네트워크과의 공정한 공유 및 공존을 보장하기 위한 것임에 유의한다. 동일한 LAA 셀 내에서 여러 단말 간의 전송을 조정하는 것은 면허 주파수와 같은 방식으로 스케줄링을 통해 수행한다.

LAA에서 하향링크 LBT는 Wi-Fi와 동일한 기본 원칙을 기반으로 한다. LBT는 각 전송 버스트마다 그 이전에 수행되기 때문에 채널 선택보다 훨씬 동적인 작업이다. 따라서 이는 채널 사용량의 변화를 빠르게 따라갈 수 있으며, 기본적으로 수 ms 단위로 동작할 수 있다.

전송 버스트는, 해당 eNodeB의 해당 component 반송파 상에서 바로 직전 및 직후에 전송이 없는 하나 혹은 그 이상의 서브프레임에 걸친 연속적인 전송이다. 버스트를 전송하기 전에, eNodeB는 그림 17.4에서 설명한 것처럼 임의의 백오프로 LBT 절차를 수행하여 주파수 채널의 사용 가능 여부를 판단한다. eNodeB는 이전에 사용 중이었던 채널이 idle 상태인 것을 발견할 때마다 지연 기간 (defer period)을 실행한다. 지연 기간은 16 μs의 지연으로 시작되며, 그 후 eNodeB는 표 17.2에 표시된 우선 순위 클래스에 따라 측정 개수의 9 μs 슬롯에 대하여 에너지를 측정한다. 데이터를 수신한 뒤 16 μs가 지난 이후에 전송되는 잠재적인 Wi-Fi의 acknowledgement와의 충돌을 방지하기 위한 지연 기간의 총 길이는 적어도 25 μs이다.[5] 지연 기간 동안 슬롯에서의 채널에 대한 각 관찰에 대해, 수신된 에너지가 임계값보다 낮으면 주파수가 가용하다고 선언한다. 이는 무엇보다도 규제적인 요구 사항, 최대 송신 전력 그리고 LAA가 주파수 채널을 사용하는 유일한 기술인지의 여부에 따라 결정된다.

지연 기간을 실행한 후, eNodeB는 17.2절에서 설명한 것과 유사하게 전체 랜덤 백오프 절차를 수행한다. 백오프 타이머는 균일 분포 [0, CW]로부터 도출된 난수로 초기화되며, 이는 전송이 이루어지기 전에 채널을 가용해야 하는 구간으로 9μs의 배수이다. 9μs 시간 슬롯 내의 채널의 가용성은 앞에서 설명한 지연 기간과 동일한 규칙의 적용을 받는다. 타이머가 만료되면 랜덤 백오프가 완료되고 버스트가 전송된다. 타이머가 만료되고 채널이 25 μs 동안 비어 있는 것으로 확인되면 노드는 송신을 지연하고 나중에 송신할 수 있다. 채널이 25 μs의 기간 동안 사용 중인 것으로 확인되면, 노드는 또 다른 지연 기간을 실행한 이후 앞에서 설명한대로 전체 랜덤 백오프를 수행한다.

5) 25μs의 시간은 16μs SIFS와 9μs 슬롯 기간의 합계와 같다.

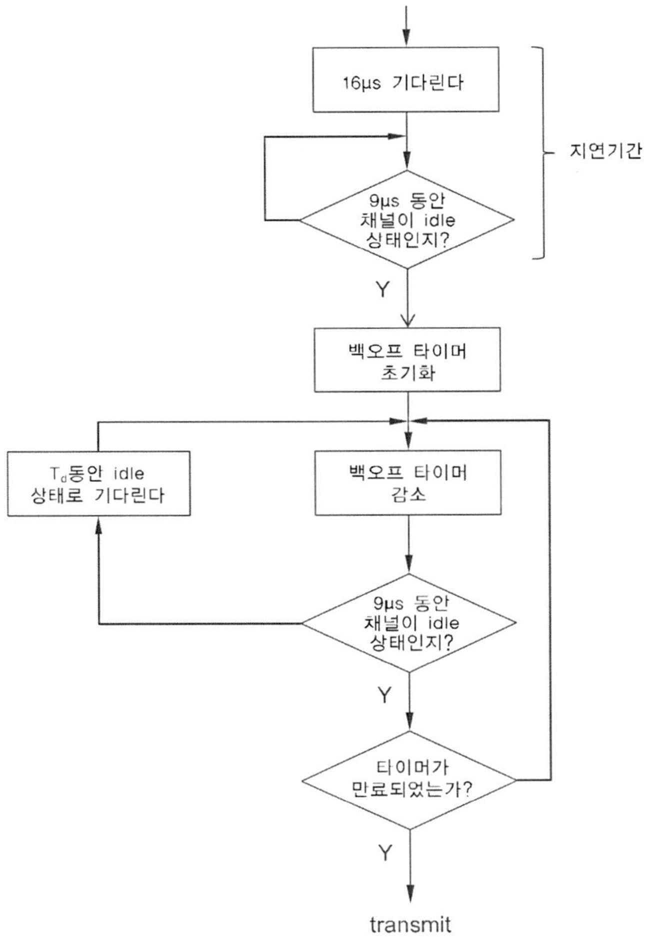

그림 17.4 LAA를 위한 LBT 절차

표 17.2 서로 다른 우선 순위 클래스에 대한 경쟁 윈도우 크기

우선 순위 클래스		지연 기간	가능한 CW 값들	최대 버스트길이[a]
1	시그널링, 음성, 실시간 게임	25 μs	{3,7}	3.008 ms
2	스트리밍, 인터액티브 게임	25 μs	{7,15}	1.504 ms
3	best-effort 데이터	43 μs	{15,31,63}	0
4	background 트래픽	79 μs	{15,31,63,127,255,511,1023}	0

a 규제적 요구 사항이 버스트 길이를 표에서보다 더 작은 값으로 제한할 수 있다. 다른 기술이 주파수 채널을 공유하지 않으면 10ms가 사용되며, 그렇지 않은 경우 8ms가 사용된다.

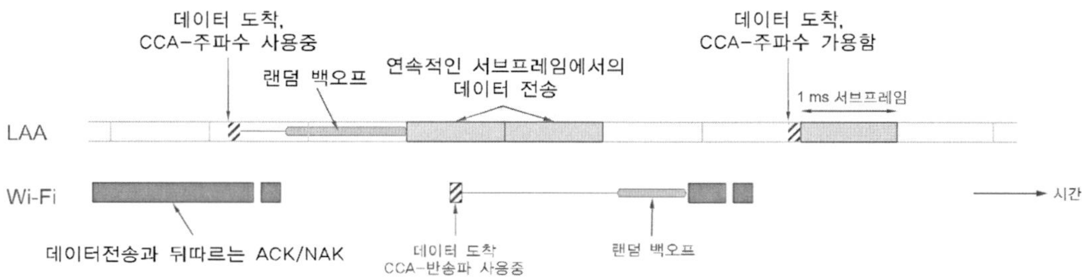

그림 17.5 Wi-Fi와 LAA 사이의 공존의 예

경쟁 윈도우의 크기는 HARQ acknowledgement에 기반하여 조정되며, NAK이 수신되면 최대 CW_{max}까지 (대략) 두 배씩 경쟁 윈도우가 증가한다.6) HARQ 응답이 ACK이면, 경쟁 윈도우는 최솟값 $CW = CW_{min}$으로 리셋된다.

네 개의 서로 다른 우선 순위 클래스가 정의되며, 각 클래스는 개별적인 경쟁 윈도우를 가지며 표 17.2와 같이 각각 경쟁 윈도우의 최댓값과 최솟값이 다르다. 서로 다른 우선 순위 클래스를 만든 목적은 우선 순위가 높은 데이터에 대해 더 짧은 백오프를 사용함으로써 낮은 우선 순위의 전송보다 우선권을 갖도록 하는 것이다. 또한 우선 순위가 높은 클래스는 채널을 너무 오래 점유하고 있지 못하도록 최대 버스트 길이가 짧다.

이미 논의된 바와 같이 LBT의 목적은 채널이 사용 중일 때 전송을 피하는 것이다. 그 이유 중 하나는 그림 17.5와 같이 비면허 주파수을 사용하는 Wi-Fi와 같은 다른 무선 접속 기술과의 공존을 위한 것이다. 그러나 17.2절의 Wi-Fi 기본에서 이미 설명한 바와 같이, LBT는 인접한 셀에서 전송을 감지할 수도 있다. 이는 본질적으로 밀집된 Wi-Fi 네트웍에서 볼 수 있듯이, 시간재사용률이 1보다 크게 된다. LTE가 애초에 설계된 것처럼 시간 재사용률을 1로 동작하는 이점을 유지하기 위하여, 그리고 이는 많은 시나리오에서 더 높은 용량을 제공하므로, LBT는 가급적이면 다른 무선 접속 기술과 다른 사업자의 네트웍은 계속 관찰을 하지만 동일한 네트웍의 인접한 셀에서 LAA 송신에 대해서는 반응하지 말하야 한다. 이를 달성하는 한 가지 방법은, 인접 셀들 사이에서 시간을 동기화하고 LBT 절차에 대한 공통의 시작 시간을 선택함으로써 동일한 네트웍의 모든 셀들이 동시에 LBT를 수행하도록 하는 것이다. 유사 난수생성기도 인접한 셀들 사이에서 동일한 백오프 구간을 보장하기 위해 노드간에 정렬되어야 한다.

위의 LBT 절차는 비면허 주파수를 사용하는 하나의 반송파의 경우에 대해 기술하였다. 비면허 주파수를 사용하는 반송파가 여러 개 있는 경우, LBT와 연계된 백오프는 그림 17.6과 같이 두 가지 방식으로 처리될 수 있다.

---

6) 여기서 설명은 약간 단순화되어 있음에 유의한다. 실제 규격은 서로 다른 번들링된 acknowledgement 경우를 다루는 자세한 방법이 기술되어 있다. 자세한 내용은 [26]을 참조한다.

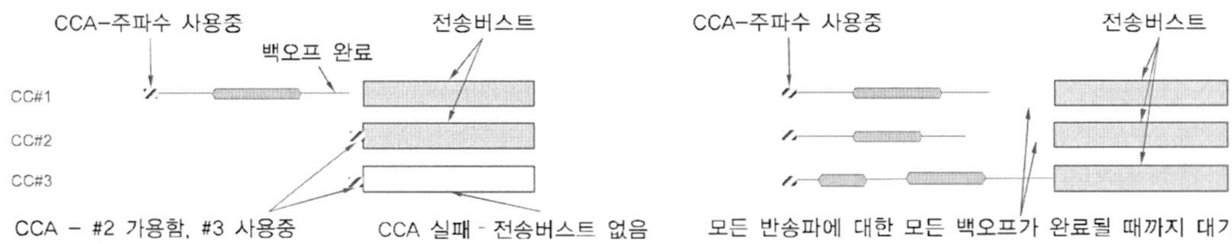

그림 17.6 복수 개의 반송파를 위한 LBT, 단일 백오프 카운터 (왼쪽), 개별적인 백오프 카운터 (오른쪽).

- 단일 백오프 값. 비면허 주파수의 component 반송파 중 하나에 대해 유효한 값이다. 이 카운터가 만료되면, 전송 이전에 다른 반송파에서 25 μs길이의 CCA (Clear-Channel Assessment)를 통과하였다면 모든 component 반송파에서 전송이 이루어질 수 있다.
- 반송파 당 하나씩 여러 개의 백오프 값. 모든 백오프 카운터가 0에 도달하면 전송이 수행된다. 서로 다른 반송파에 대해 백오프는 서로 다른 시간에 완료됨에 유의한다. 그러나 먼저 백오프가 완료된 반송파는 먼저 전송을 시작할 수 없고, 가장 긴 백오프 카운터를 기다려야 한다. 왜냐하면, 만약 먼저 전송을 하면 다른 반송파를 관찰 (listen)하는 것이 불가능하기 때문이다.

비면허 주파수에서의 상향링크 전송은 Release 13에서는 표준화되지 않았지만, Release 14에 계획되어 있다. 원칙적으로, 상향링크 전송이 하향링크 전송 직후에 일어나는 경우에는, 최대 채널 점유를 초과되지 않는 한 상향링크에 대한 LBT는 필요하지 않다. 최대 채널 점유를 초과하지 않는다고 가정하면, 전송 전에 25 μs CCA 검사로 충분할 것이다. 필요한 경우, 상향링크에서의 LBT는 하향링크에 대한 것과 유사한 방식으로 처리될 수 있다. 이는 때때로 상향링크 전송이 일어나야 할 시점에 주파수 채널이 사용중이라고 판단되면 단말이 기수신된 상향링크 승인을 무시할 필요가 있음을 암시한다.

17.3.3 프레임 구조와 버스트 전송

채널이 가용한 것으로 확인되면, eNodeB는 아래 설명되는 포맷으로 전송 버스트를 시작할 수 있다. 세부 사항으로 들어가기 이전에 LAA 프레임 구조에 대하여 살펴보자.

비면허 5 GHz 대역은 unpaired 대역이므로 TDD를 듀플렉스 방식으로 사용해야 하며, 따라서 프레임 구조 타입 1은 LAA에 적합하지 않다. 그러나, LAA에서는 LBT가 사용되고 있으며 어떠한 서브프레임에서도 전송 버스트가 시작될 수 있기 때문에, 상향링크와 하향링크가 고정된 분할을 갖는 프레임 구조 타입 2[7] 역시 적합하지 않다. 특히 Release 13은 하향링크만을 지원

7) eIMTA의 도입으로, 비록 프레임 단위로만 동작하지만 상향링크-하향링크 할당에서 어느 정도 유연성이 가능해졌다.

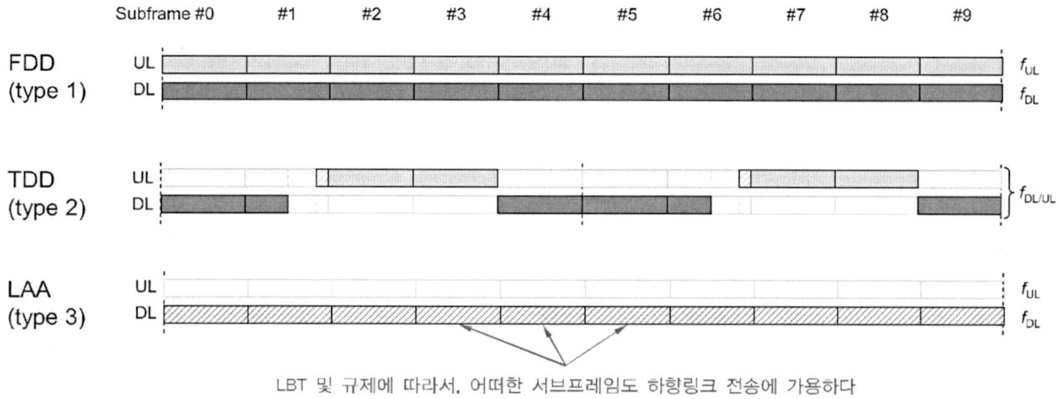

그림 17.7 프레임 구조 타입 3

하기 때문에 특히 그러하다. 따라서, 하향링크 전송이 어느 서브프레임에서도 시작될 수 있으며, LBT를 따르고, 상향링크와 하향링크 서브프레임을 고정적으로 할당하지 않는 프레임 구조가 필요하다. 이러한 이유로, 그림 17.7에 설명된 프레임 구조 타입 3이 Release 13에 도입되었다. 여러 관점에서, 프레임 구조 타입 3은 프레임 구조 타입 1과 동일한 신호 및 채널 맵핑을 가지며, 다양한 절차에서 프레임 구조 타입 1처럼 처리된다. 예를 들어, 상향링크에서 HARQ 응답을 전송하는 CA 절차가 있다.

이전 절에서 설명했듯이, 전송은 LBT 절차가 완료된 직후에 시작하거나, 혹은 나중에라도 전송 이전에 채널 사용이 가능해지면 시작될 수 있다. 1ms마다 오직 한 번만 데이터 전송을 시작할 수 있다는 것은, 다른 송신기가 그동안 채널을 점유할 수 있기 때문에 부하가 높은 채널의 LAA 동작에서는 분명히 한계가 있다. 이를 피할 수 있는 한 가지 방법은, 일단 데이터 전송이 시작되면 서브프레임이 채널이 가용함을 보장할 때까지는 eNodeB에서 임의의 "예약 신호" 전송을 시작하는 것이다. 서브프레임 경계에서만 시작되는 데이터 전송으로 인한 제한의 영향을 줄이기 위해, 부분적으로 채워진 서브프레임 안의 슬롯 경계에서도 데이터 전송을 시작할 수 있도록 하는 것이 LAA에서 지원된다 (그림 17.8 참조). 슬롯 경계에서 하향링크 송신을 시작할 수 있는 가능성이 RRC 시그널링에 의해 설정되면, 두 번째 슬롯에서 시작하는 모든 송신은 일반적인 서브프레임의 첫 번째 슬롯에서 사용되는 것과 동일한 매핑을 사용한다. 즉, 이 경우 두 번째 슬롯의 시작 부분에 제어 영역이 있게 된다. 동기신호 및 CSI-IM 자원은 부분적으로 채워진 서브프레임의 일부로 간주되지 않는다. 두 번째 슬롯에서 시작하는 PDSCH 전송을 지원하도록 설정된 단말은, 당연히 첫 번째 슬롯뿐만 아니라 두 번째 슬롯에서도 PDCCH/EPDCCH를 모니터링할 필요가 있다.

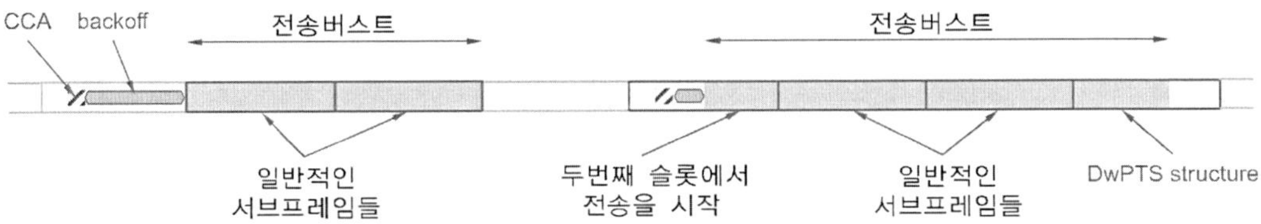

그림 17.8 부분적으로 채워진 서브프레임 전송 버스트의 예

전송 버스트의 길이는 전송해야 할 데이터의 양과 규제적인 요구 사항에 따라 다르다. 따라서 PDSCH 전송은 서브프레임이 끝나기 전에 종료될 필요가 있을 수 있다. 따라서 버스트의 마지막 서브프레임은 전체 서브프레임을 점유하는 것 외에 DwPTS 구조 중 하나를 사용할 수도 있다. 단말이 준-정적인 상향링크-하향링크 설정을 통하여 DwPTS가 있는 위치를 미리 알고 있는 면허 주파수의 TDD 동작과 달리, LAA에서는 버스트 길이가 동적으로 바뀌기 때문에 DwPTS가 어디에 있는지 미리 알 수 없다. 대신, eNodeB가 해당 서브프레임 및 그 이전의 서브프레임에서 부분적으로 채워진 서브프레임의 종료를 LAA 단말에 알려준다. 이 시그널링은 DCI 포맷 1C 및 예약된 RNTI 값인 CC-RNTI를 사용한다.

비록 단말은 버스트가 전송되고 있을 때에만 해당 신호들이 전송된다고 가정해야 하지만, 데이터 복조는 DM-RS 또는 CRS를 기반으로 할 수 있다. 전송 모드 1, 2, 3, 4, 8, 9, 10이 지원된다. 비면허 주파수에 대한 송신 전력 제한 때문에 LAA의 구축은 신호의 시간 축 상의 지연 확산이 크지 않은 스몰 셀들일 것이므로, LAA에는 오직 일반 CP만이 사용된다.

17.3.4 Reference 신호 및 DTX

DTX (discontinuous transmission), 즉 서브프레임을 완전히 비울 수 있는 기능은 LBT의 기본 요구 사항이자 결과이다. LBT 메커니즘에서 채널이 현재 점유 중이라고 선언되면, 확실하게 기지국 (또는 단말)은 전송을 해서는 안 된다. 따라서, 주기적으로 전송되는 신호에 특별한 주의가 필요하다. 이는 하향링크에서 CRS, CSI-RS 및 DRS (discovery reference signal)에 영향을 준다.

셀-특정 reference 신호를 LTE의 기본과 같이 모든 서브프레임에서 발생하게 할 수가 없다. 따라서, AGC 설정, 시간-주파수 동기화, RRM 측정, 채널 상태 피드백, 데이터채널 및 제어채널의 복조와 같은 기능들이 이제 전송 버스트의 내의 신호에만 의존해야한다. AGC 설정 및 시간-주파수 동기화는 discovery 신호뿐만 아니라 PDSCH를 운반하는 서브프레임 내의 CRS에 의해 처리될 수 있다. DM-RS도 추가적으로 사용될 수 있다. 데이터 복조를 위해서는, 이러한 신호는 오직 버스트가 전송될 때에만 존재한다고 가정해야 하지만, DM-RS 및 CRS를 모두 사용할 수 있다.

CRS와 마찬가지로 CSI-RS도 주기적으로 전송될 수 없다. 또한, LBT로 인한 단속적인 전송 및 비면허 주파수의 다른 전송으로 인하여 간섭 환경이 급격히 변동하게 된다. 서빙 셀이 송신하지 않을 때의 간섭 측정은 단말이 실제로 데이터를 수신할 때의 간섭 특성을 반영하지 않을 수 있다. 그러므로 CSI를 위한 간섭 측정은 서빙 셀이 전송 중일 때만 발생해야 한다. CSI-RS에 대한 송신은 면허 주파수에서의 반송파와 동일한 방식으로, 즉 반복적인 패턴에 따라 설정되지만, 전송 버스트와 겹치는 부분에서만 CSI-RS가 전송된다. 단말은 언제 CSI-RS가 버스트 안에서 해당 단말로 전송되는지를 알고 있기 때문에, 면허 반송파와 동일한 방법으로 CSI 보고를 위하여 CSI-RS를 사용할 수 있다. CSI 보고는 면허 반송파의 PUSCH 상으로 전송된다.

DRS는 12장에서 소개된 것처럼 secondary component 반송파를 끌 수 있는 스몰 셀 온/오프를 지원하기 위한 것이며, 15장에서는 DRS의 주기적 전송을 설명하였다. 단말은 DRS가 전송될 것으로 예상되는 시간 윈도우가 설정된다. DRS는 LAA에서도 사용되며 셀 식별을 포함한 무선 자원 관리의 기반이 된다. 그러나 비면허 주파수에서 전송되어야 하기에, DRS 전송 이전에 CCA가 선행되어야 한다.

DRS가 전송 버스트 내에서 PDSCH와 함께 전송되면, 이는 자동적으로 버스트 이전에 수행된 LBT 메커니즘을 따르며 discovery 신호는 버스트 내의 현재 전송중인 데이터 전송과 함께 다중화될 수 있다.[8)]

반면에 discovery 신호가 전송 버스트의 일부가 아니면, DRS 이전에 25 μs길이의 CCA가 먼저 선행되어야 한다. DRS는 채널이 사용 가능하다고 감지된 경우에만 전송된다. DRS가 전송되는 정확한 시간은 CCA에 따라 다르므로, discovery 신호는 시간 상으로 움직일 수 있으며 단말은 이를 기반으로 측정을 수행하기 이전에 DRS가 전송되는 지의 여부를 감지해야 한다. 이는 면허 주파수에서는 필요하지 않은 동작이다.

DRS 구조는 이전 릴리즈와 동일하지만 discovery 신호의 구간은 12개의 OFDM 심볼로 제한된다. Discovery 신호는 CCA의 결과에 따라서 시간 상으로 움직일 수 있으므로, discovery 신호의 일부인 PSS/SSS가 서브프레임 0 및 5이 아닌 곳에서 발생할 수 있다. 결과적으로, secondary 반송파에 대한 프레임 타이밍은 PSS/SSS로부터 획득할 수 없으며, 오직 서브프레임 타이밍만 획득할 수 있다. 하지만, 프레임 타이밍은 면허 반송파로부터 얻을 수 있기 때문에 문제가 되지 않는다. 마지막으로, 단말의 DRS 검출을 단순화하기 위해, CRS/CSI-RS/PSS/SSS 시퀀스들은 서브프레임 번호에 따라 변하지 않으며, 각각 서브프레임 0-4 및 5-9에 걸쳐 동일한 값으로 유지된다.

Release 12의 DRS 구조는 시간적으로 연속적이지 않다. 그 결과 원칙적으로는 또 다른 노드가

---

8) Discovery 신호와 PDSCH의 동시 전송은 서브프레임 0과 5에서만 가능하다.

2개의 CRS 심볼 사이에서 사용되지 않는 OFDM 심볼들 동안 채널이 가용하다고 판단하고 송신을 시작할 수 있다. 이를 피하기 위한 한 가지 구현 방법은 DRS 전송을 시간 상 연속적으로 만들기 위해서 "dummy 신호"를 전송하는 것이다.

상향링크로 DTX를 확장하는 것은 비교적 간단하다. 왜냐하면 모든 전송은 스케줄링되기 때문이다. 상향링크 sounding reference 신호의 주기적 송신은 비주기 SRS만을 사용함으로써 쉽게 피할 수 있다.

17.3.5 스케줄링, HARQ 및 재전송

스케줄링은 큰 변화가 필요하지 않으며 일반적으로 CA와 같은 방식으로 처리된다. Self 스케줄링 및 cross-carrier 스케줄링 모두 사용할 수 있다. Self 스케줄링은, 모든 반송파에 걸쳐 제어 시그널링 부하를 더 잘 분산시킬 수 있으므로 하향링크 전송에 유리할 수 있다. 만약 채널이 제어 시그널링을 위해 사용 가능하다면 하향링크 데이터 전송을 위해서도 사용 가능할 것이므로, 단일 LBT만으로 충분하다. Cross-carrier 스케줄링은 면허 주파수에서 작동하는 primary 반송파로부터만 지원된다. 비면허 반송파를 또 다른 비면허 반송파로부터 스케줄링하는 것은 지원되지 않으며 또한 유용하지도 않다. 또한, cross-carrier 스케줄링의 경우, PDSCH는 항상 첫 번째 서브프레임에서 시작한다. 즉, 부분적으로 채워진 서브프레임은 지원되지 않는다.

하향링크에서는 HARQ에 대한 변경이 필요없으며, 기존의 비동기 HARQ 방식이 사용될 수 있다. HARQ 재전송은 원래 전송과 동일한 방식으로 LBT의 적용을 받는다. 전송 길이에 따라, 재전송은 원래 전송과 동일한 버스트에서 일어날 수 있다. 단말은 일반적으로 CA과 동일한 메커니즘을 사용하여 상향링크 primary 반송파에서 HARQ acknowledgement를 전송한다.

Release 13이 아니라 이후 릴리즈에서 고려해야 하는 상향링크 전송의 self 스케줄링의 경우는 하나는 하향링크 제어 시그널링을 위하여, 다른 하나는 실제 상향링크 데이터 전송을 위하여 두 개의 성공적인 LBT를 필요로 할 수 있으므로, 면허 주파수의 cross-carrier 스케줄링이 유용할 수 있다. 또한, 상향링크에서 비동기 HARQ 동작이 요구되므로, 상향링크 HARQ 프로토콜의 개선이 요구된다. 동기 프로토콜은 재전송을 위한 고정된 타이밍을 의미하고, 고정된 재전송 순간에는 채널 사용이 허가되지 않을 수 있기 때문이다. 비동기 동작은 HARQ 프로세스 번호가 시그널링되어야 한다. 결과적으로, 이 경우에는 재전송은 PHICH가 아니라 PDCCH 또는 EPDCCH로 스케줄링되어야 한다.

17.3.6 무선 베어러 매핑과 QOS 제어

LTE의 QoS 처리는 4장에서 논의되었듯이 서로 다른 무선 베어러에 의해 다루어진다. 복수 개의 무선 베어러는 다중화되며, CA의 경우에는 다중화된 데이터 스트림은 component 반송파들로 분배된다. CA는 RLC 및 PDCP 계층에는 보이지 않으므로, 특정 무선 베어러는 임의의 component 반송파 상에서 전송될 수 있다. 모든 component 반송파가 면허 주파수로 전송되는 경우에는, 모든 component 반송파가 기본적으로 동일한 조건을 가지고 있으므로 문제가 되지 않는다.

일부 component 반송파가 비면허 주파수로 전송되는 LAA에서는 상황이 매우 다르다. 간섭 상황, 비면허 주파수를 사용하는 다른 시스템 및 LBT의 결과에 따라, 비면허 주파수 상의 component 반송파는 면허 주파수의 component 반송파와는 근본적으로 다른 조건을 가질 수 있다. 특정 시점에 비면허 component 반송파는 매우 낮은 가용성을 보이거나 LBT로 인하여 긴 지연을 가질 수 있다. 따라서 LAA의 경우에는 특정 무선 베어러가 component 반송파로 매핑되는 것을 제어할 필요가 있다.

하향링크에서 이는 구현의 문제이다. eNodeB의 스케줄러가 서로 다른 무선 베어러의 데이터가 서로 다른 component 반송파에 매핑되는 것을 제어하여, 따라서 면허 주파수에서 전송되는 데이터와 비면허 주파수에서 전송되는 데이터를 제어할 수 있다.

Release 13에서 아직 규격화되지 않은 상향링크의 경우에 상황이 더 복잡하다. 스케줄러는 특정 component 반송파가 어떤 데이터를 전송하는지를 제어할 수 없다. 따라서 중요한 데이터가 신뢰성이 낮은 비면허 주파수로 전송될 수 있으며 보장된 비트 전송 속도 요구 사항을 충족하지 못할 수도 있다. 또한 LBT 메커니즘은 전송이 특정 component 반송파에서 발생할 때 영향을 미쳐, 결과적으로 지연 요구 사항에 영향을 줄 수 있다. 한 가지 해결 방법은, 버퍼 상태 보고가 전송대기 중인 데이터에 중요한 데이터가 없다고 알려주는 경우에만 비면허 주파수로 데이터를 스케줄링하는 것이지만, 이는 비면허 주파수의 비효율적인 사용을 초래할 수 있다. 따라서, 어떤 무선 베어러가 어떤 component 반송파로 매핑되는지에 대한 제어를 향상시키는 것이 도움이 될 수 있다. 그러나 이는 Release 13에서는 규격화되지 않았으며 이후 릴리즈에서 고려될 수 있다.

17.4 Release13 이후의 개선 사항

비면허 주파수의 상향링크 전송은 Release 13에서 어느 정도 연구되었지만, Release 13 표준화를 시간 내에 완료하기 위해 하향링크 전송에 초점을 맞추도록 결정되었었다. 비면허 주파수에서의 상향링크 전송에 대한 지원은 Release 14에서 추가될 것이다. 상향링크 전송을 고려해야 할 몇 가지 측면은 이전 절에서 논의되었다.

향후 릴리즈의 또 다른 개선 사항은 dual connectivity 프레임워크로 LAA를 지원하는 것이다. Release 13에서는 LAA가 CA를 바탕으로 하므로, component 반송파 간의 엄격한 타이밍 관계의 결과로, 실제로 면허 주파수와 비면허 주파수는 동일한 노드 또는 이상적인 백홀 사이에서 처리되어야 한다. 두 노드 간의 완화된 타이밍 요구 사항을 통해 dual connectivity는 LAA의 구축에 많은 유연성을 제공할 수 있다. 예를 들어, 면허 주파수 상에서 동작하는 기존 매크로 사이트는, 매크로 사이트와 스몰 셀 사이에 이상적인 백홀이 없는 경우에도, 비면허 주파수를 다룰 스몰 셀과 결합될 수 있다. 심지어는, 별도의 매크로 네트워을 사용하는 서로 다른 사업자들이, 공동의 비비면허 주파수 노드 (예: 사무실 건물 내의 옥내 구축)를 공유하는 시나리오도 생각해 볼 수 있다.

면허 주파수의 지원 없이 비면허 주파수에서 단독으로 LTE가 동작하도록 하는 stand-alone 동작 역시 또 다른 개선 사항이다. 이는, 어떠한 면허 주파수도 소유하지 않은 사업체 (예: 중소업체, 건물주 등)들이 LTE를 사용할 수 있도록 LTE의 영역을 확장한다. 이를 위해 필요한 기술 개선의 예로는, 이동성, 랜덤액세스 및 시스템 정보 전달 등이 있다. 이러한 기능 대부분은 LAA를 dual connectivity 프레임워크 기반으로 동작하도록 하는 데도 필요하다.

18

Relay

단말이 네트웍에 접속할 수 있는 가능성 및 사용할 수 있는 데이터 속도는 여러 가지 요인에 따라 결정된다. 단말과 기지국 사이의 경로 감쇄가 그 중 하나이다. LTE의 링크 성능은 이미 Shannon의 한계에 상당히 근접하여 있으며, 순수한 링크 버짓 (link-budget) 측면에서 LTE에서 지원되는 높은 데이터 속도를 얻으려면 매우 높은 SNR이 필요하다. 예를 들면 여러 가지 종류의 빔포밍 솔루션에 의하여 링크 버짓이 개선되어야 한다. 링크 버짓의 개선은 단말과 기지국 사이의 거리를 줄이면서 네트웍을 더 촘촘하게 구축하여야 한다.

네트웍을 더 촘촘하게 구축하는 네트웍의 고밀도화는 말 그대로 구축에 관련된 것이지만, LTE에서는 다양한 저출력의 기지국들을 지원함으로써 네트웍의 고밀도화를 위한 도구를 제공한다. 이러한 도구 중 하나가 relay이다. Relay는 단말과 네트웍 사이의 거리를 줄이는 데 사용될 수 있으며, 따라서 링크 버짓의 개선과 높은 데이터 속도를 가능하게 한다. 원칙적으로 이러한 단말과 네트웍 사이의 거리를 줄이는 것은 유선으로 백홀이 연결되는 일반적인 기지국을 구축하는 것으로도 가능하다. 그러나 relay는 별도의 백홀을 구성할 필요가 없으며 구축 시간도 짧아서 매력적인 대안이 될 수도 있다.

다양한 종류의 relay들을 생각할 수 있으며, 이 중 일부는 이미 Release 8에서도 구축되어 있다.

흔히 중계기라고 불리는 amplify-and-forward relay는 수신된 아날로그 신호를 간단히 증폭하고 이를 전달하며, 일부 나라에서는 커버리지가 없는 부분을 메워주는 도구로서 보편적으로 사용되고 있다. 물론 좀 더 발전된 중계기들도 있으나, 전통적으로 중계기는 일단 구축이 되면 자신의 커버리지 영역 내에 단말이 존재하는 지의 여부와는 상관없이 항상 수신 신호를 증폭하여 전달한다. 중계기는 단말과 기지국 모두에게 논리적으로는 보이지 않는 요소이며 따라서

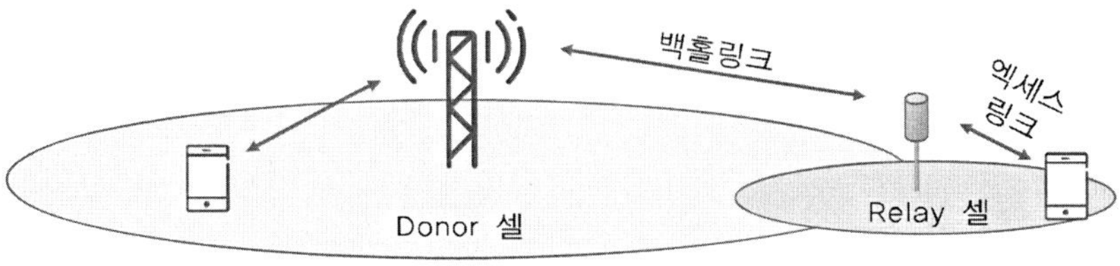

그림 18.1 엑세스링크 및 백홀링크

기존 네트워에 바로 도입이 가능하다. 중계기의 기본 원리는 필요한 신호뿐만 아니라 잡음과 간섭을 포함하여 수신된 것은 모두 증폭하는 것이기 때문에, 중계기는 중계기 자체가 높은 SNR을 얻을 수 있는 환경에서 주로 사용하여야 한다. 다시 표현하면, 중계기 출력단의 SNR은 입력단의 SNR보다 절대로 높을 수 없다.

Decode-and-forward relay는 수신 신호를 전달하기에 앞서서 이를 디코딩한 이후에 다시 인코딩한다. 따라서 이러한 relay들은 디코딩 및 다시 인코딩하는 절차를 통하여, 중계기와는 달리 잡음이 증폭하지 않으며, 따라서 낮은 SNR 환경에서도 사용할 수 있다. 또한, 기지국과 relay 사이 및 relay와 단말 사이의 링크에 대하여 서로 독립적인 전송 속도 적응 (rate adaptation) 및 스케줄링을 사용할 수도 있다. 그러나 이러한 디코딩 및 다시 인코딩을 하는 절차는 amplify-and-forward 중계기에 비하여 지연을 증가시키며, 이러한 지연은 LTE 서브프레임 길이인 1 ms보다 길게 된다. 지원되는 기능 (두 홉 (hop)보다 많은 홉의 지원, mesh 구조의 지원 등)에 따라서 많은 옵션이 있을 수 있으며, 이러한 기능에 따라서 decode-and-forward relay는 단말에 논리적으로 보이지 않을 수도 있고 아니면 별도의 네트워 요소로 인식되어야 할 수도 있다.

18.1 LTE에서의 relay

LTE Release 10에서 decode-and-forward relay 방식에 대한 지원이 도입되었다 (중계기는 RF 요구 사항 이외에는 추가적인 표준화의 지원이 별도로 필요하지 않기 때문에 이미 Release 8에서도 사용되고 있다). LTE를 위한 relay 솔루션을 개발하는 데 있어서 기본적인 요구 사항은 relay가 단말에 논리적으로 보이지 않아야 한다는 것이었다. 즉, 단말은 자신이 relay에 접속되어 있는지 아니면 일반적인 기지국에 접속되어 있는지를 알지 못해야 한다는 것이다. 그래야 Release 10에서 relay가 도입이 되더라도 Release 8/9 단말들 역시 relay를 통하여 서비스를 받을 수 있게 된다. 따라서 소위 self-backhauling이라는 것이 LTE relay 솔루션의 기본이 되었다. 본질적으로 relay는 논리적인 측면에서는 LTE 무선 인터페이스를 사용하여 무선 접속망 내 나머지 부분들과 무선으로 연결되어 있는 eNodeB이다. 단말이 보기에는 relay가 eNodeB와 동일하더라도, 물리적인 구현은 전통적인 기지국과, 출력 전력 측면에서 상당히 다를 수 있음에 유의한다.

Relay에서는, 흔히 기지국과 relay 사이의 연결을 백홀링크 (backhaul link), relay와 단말 사이의 연결을 엑세스링크 (access link)라고 부른다. Relay가 백홀링크를 사용하여 연결되어 있는 셀을 donor 셀이라고 하는데, donor 셀은 하나 혹은 복수 개의 relay를 지원하는 것뿐 아니라 relay를 통하지 않고 접속되어 있는 단말들도 지원한다. 이러한 사항이 그림 18.1에 설명되어 있다.

Relay는 donor 셀과 단말 양쪽 모두와 통신을 하기 때문에 백홀링크와 엑세스링크 사이에 간섭이 없어야 한다. 만약 그렇지 않으면 relay에서 엑세스링크의 송신과 백홀링크의 수신 사이에는 100 dB 이상의 차이가 쉽게 있을 수 있으므로, 백홀링크의 수신이 완전히 불가능할 수 있다. 비슷하게, 백홀링크에서의 송신 역시 엑세스링크의 수신에 상당한 간섭을 야기할 수 있다. 이러한 간섭 상황이 그림 18.2에 나타나 있다. 따라서, 백홀링크와 엑세스링크 사이의 분리 (isolation)가 필요하며, 이러한 분리는 주파수, 시간, 공간 영역을 통하여 얻을 수 있다.

엑세스링크와 백홀링크에 사용되는 스펙트럼에 따라, relay는 outband 타입과 inband 타입으로 나눌 수 있다.

Outband relay는 엑세스링크에 사용되는 스펙트럼과는 별도의 스펙트럼이 백홀링크에 사용되는 것을 의미한다. 백홀링크와 엑세스링크 사이의 주파수 이격이 충분하다면, 백홀링크와 엑세스링크 사이의 간섭을 피할 수 있으며 따라서 필요한 분리는 주파수 영역을 통하여 얻어진다. 결과적으로 outband relay를 운용하기 위해서는 Release 8 무선 인터페이스를 특별히 개선할 필요가 없다. 엑세스링크와 백홀링크의 동작에는 특별한 제약이 없으며, relay는 원칙적으로 full duplex로 동작할 수 있다.

Inband relay는 백홀링크와 엑세스링크가 동일한 스펙트럼에서 동작하는 것을 의미한다. 이는 Relay의 구축 및 운용에 따라서 엑세스링크와 백홀링크가 동일한 스펙트럼을 공유하는 것으로서 두 링크들 사이의 간섭을 피하기 위한 추가적인 기능이 필요하다. 예를 들면 relay는 터널 안에 구축이 되면서 백홀 안테나는 터널 바깥에 위치하는 것과 같이 적절한 안테나 조정을 통하여 링크 사이의 간섭을 해결하지 않는다면, 시간 영역 상으로 엑세스링크와 백홀링크 사이의

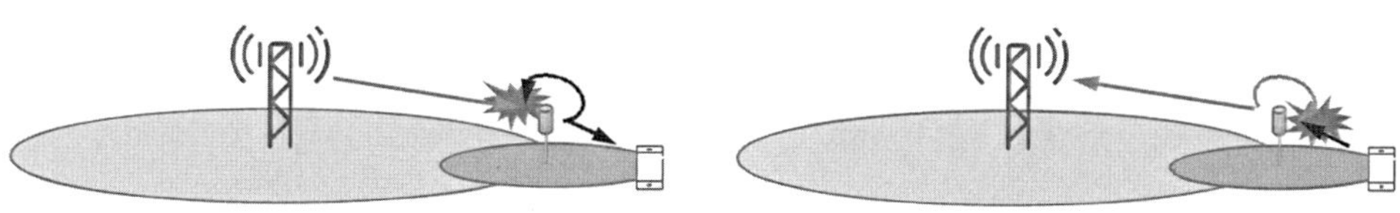

그림 18.2 엑세스링크와 백홀링크 사이의 간섭

동작을 분리해주어야 한다. 이러한 기능이 Release 10에 도입되었으며, 아래에 자세히 설명될 것이다. 백홀링크와 엑세스링크가 시간 영역에서 서로 분리되어 있으므로, 두 링크의 동작은 상호 독립적이지 않다. 따라서 동시에 두 링크가 동작할 수는 없다.

Decode-and-forward relay에 대한 RF 요구 사항이 3GPP Release 11에서 정의되었다. 실제 엑세스링크와 백홀링크의 동작이 기지국 및 단말의 동작과 유사하므로, RF 요구 사항 역시 해당 기지국 및 단말에 대한 요구 사항과 상당 부분 유사하다. 이는 22장에서 좀 더 다루어진다.

18.2 전체적인 구조

구조적인 측면에서, relay는 기지국 측면의 성격도 가지고 있고 단말 측면의 성격도 가지고 있다. Relay는 단말에 대하여 엑세스링크를 사용하는 기존의 eNodeB와 같이 동작하므로, 단말은 자신이 지금 relay와 통신을 하는지 혹은 일반적인 기지국와 통신을 하는 지의 여부를 알지 못한다. 따라서, relay는 단말에 대하여 논리적으로는 보이지 않으며 이에 따라 LTE Release 8의 단말들도 relay로부터 서비스를 받을 수 있다. 이는 사업자 입장에서는 중요한 요소로서, 기존 단말들에 영향을 주지 않으면서 relay를 점진적으로 도입할 수 있다.

Relay는 donor 셀을 향해서는, 초기에는 donor 셀에 붙기 위하여 LTE 무선 인터페이스를 사용하여 단말처럼 동작한다. 일단 접속이 형성되고 relay가 설정이 되면 relay는 백홀링크 상의 통신을 위하여 단말의 일부 기능을 사용한다. 이 단계는 이 장에서 설명하는 relay의 특정 기능을 백홀링크를 위하여 사용될 수 있다.

Release 10에서는 총 두 홉으로 구성된 relay (two-hop relaying)만을 고려하며 relay가 또 다른 relay를 통하여 네트워에 연결되어 있는 경우는 고려하지 않는다. 또한, 움직이지 않는 (stationary) relay만을 고려하므로 relay가 하나의 donor 셀에서 다른 donor 셀로 이동하는 핸드오버는 지원하지 않는다. 실제로 이동 relay (mobile relay)의 용도가 아직 불분명하며 이동 relay에 도입에 따라서 시간에 따라 움직이는 셀을 다루기 위한 코어망의 절차를 고치는 일의 양이 상당하기 때문에 Release 10에서는 이를 고려하지 않기로 하였다.

LTE의 전체적인 relay 구조는 그림 18.3과 같다. 중요한 특징 중 하나는 donor eNodeB가 코어망과 relay 사이에서 proxy의 역할을 한다는 점이다. Relay 관점에서는 donor eNodeB가 S1 인터페이스에 대해서는 MME처럼 보이고 X2 인터페이스에 대해서는 eNodeB로 보이기 때문에, 자신이 직접 코어망에 연결된 것처럼 느껴진다. 반대로 코어망 관점에서는 relay 셀들이 donor eNodeB에 속해 있는 것처럼 보인다. 이러한 두 가지 관점을 연결해주는 것이 donor eNodeB

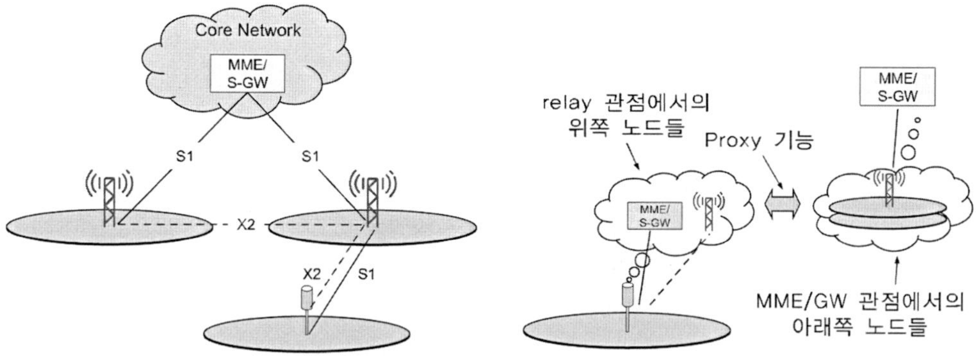

그림 18.3 LTE relay 구조

내의 proxy 기능이다. 이러한 proxy 기능을 도입한 이유는, relay의 도입에 따른 코어망의 영향을 최소화하고 donor eNodeB와 relay 사이의 무선 자원 관리를 긴밀하게 하기 위해서이다.

18.3 Inband relay를 위한 백홀 설계

Inband relay의 경우에는 백홀링크와 엑세스링크가 동일한 스펙트럼에서 동작한다. 이전 절에서 논의하였듯이, 적절한 안테나 위치 조정과 같은 다른 방법을 통해 두 링크 사이에 충분한 분리를 확보하지 않은 경우에는 시간 영역 상에서 엑세스링크와 백홀링크 사이의 동작을 분리하는 기능이 필요하다. 이러한 기능은 relay가 백홀링크에서 수신 중에는 엑세스링크에서 송신하지 않아야 하고 반대로 엑세스링크에서 수신 중에는 백홀링크에서 송신하지 말아야 한다.

가장 확실한 방법은 relay가 백홀링크에서 donor eNodeB와 통신을 할 수 있도록 엑세스링크의 일부 서브프레임을 아예 비워버리는 방법이 있다. 상향링크에서 relay 내의 스케줄러는 원칙적으로 특정 서브프레임에는 아무런 엑세스링크 내 동작이 없도록 스케줄링을 수행할 수 있다. 이러한 서브프레임은 백홀링크 상의 상향링크 전송에 사용될 수 있다. 그러나, 하향링크에서 엑세스링크를 비우는 것은 불가능하다. 비록 Release 10 단말들은 이와 같이 비어 있는 서브프레임에 대해서도 동작할 수 있도록 설계되어 있으나, 그 이전 릴리즈 단말들은 모든 하향링크 서브프레임에 적어도 셀-특정 reference 신호는 항상 존재하고 있는 것으로 가정한다. 따라서, Release 8/9 단말에도 지원해야 하는 것이 Release 10 표준화의 중요한 요구 사항인 것을 감안하면, 엑세스링크가 오직 Release 8 기능만 가지고 동작하고 있다는 가정하에 백홀링크가 설계되어야 한다.

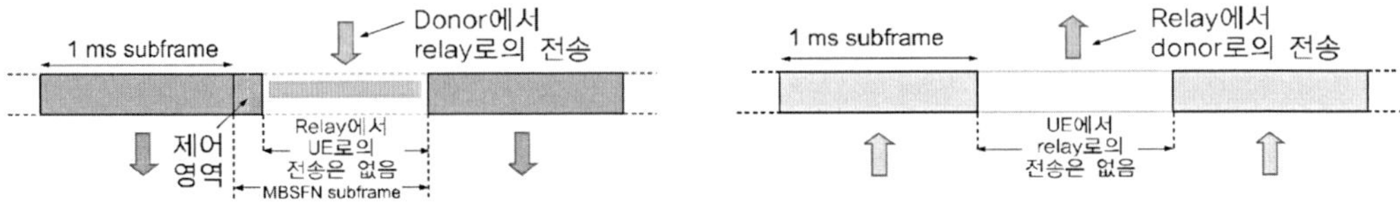

그림 18.4 엑세스링크와 백홀링크 사이의 다중화

다행히 최초의 LTE 릴리즈부터 MBSFN 서브프레임을 설정할 수 있다 (5장 참조). MBSFN 서브프레임에서 단말은 셀-특정 reference 신호 및 (존재하는 경우) L1/L2 제어 시그널링이 최초 1 혹은 2개의 OFDM 심볼에만 전송되는 것으로 예상하며, 서브프레임 내 이후 남은 부분은 비어 있어도 된다. 엑세스링크 서브프레임의 일부를 MBSFN 서브프레임으로 설정함으로써, relay는 해당 서브프레임의 뒷부분은 전송하지 않고 이때 donor 셀로부터의 전송을 수신할 수 있다. 그림 18.4에서 볼 수 있듯이, relay가 donor 셀의 전송을 수신하는 동안 시간이 전체 서브프레임 시간보다 짧다. 특히, 해당 서브프레임에서 첫 번째 OFDM 심볼은 donor셀의 전송을 수신하는 데 사용할 수 없으므로, donor에서 relay로 전달되는 L1/L2 제어 시그널링은 일반적인 PDCCH를 사용하면 전송이 불가능하다. 따라서, Release 10에서는 relay를 위한 제어 채널인 R-PDCCH가 정의되었다.

Donor 셀의 전송을 수신하기 위하여 하향링크의 엑세스링크에 전송이 없는 시간 (transmission gap)이 필요한 것뿐만 아니라, relay에서 donor셀로 백홀링크를 사용하여 전송하기 위하여 엑세스링크의 상향링크에 수신이 없는 시간 (reception gap) 역시 필요하다. 앞서 언급하였듯이, 이러한 시간들은 상향링크 전송을 적절하게 스케줄링함으로써 만들 수 있다.

백홀링크를 지원하기 위하여 Release 10에 추가된 자세한 물리 계층 추가 규격 내용은 참고문헌 [37]을 참조한다.

18.3.1 엑세스링크 HARQ 동작

앞서 설명한 것과 같이 하향링크에서는 MBSFN 서브프레임을 활용하고 상향링크에서는 적절한 스케줄링을 통하여 만들어낸 엑세스링크가 쉬는 시간 (엑세스링크 gap)이 백홀링크 상의 수신과 송신에 각각 사용된다. 그런데 이러한 쉬는 시간은 HARQ 동작에 영향을 주게 된다. HARQ는 엑세스링크와 백홀링크에서 모두 사용됨에 유의한다. Release 8과의 호환성이 중요한 요구 사항이므로 엑세스링크의 HARQ 동작에는 변화가 없다.

PUSCH 상의 상향링크 전송에 대하여 HARQ acknowledgement는 PHICH로 전송된다. PHICH는 MBSFN 서브프레임 내에서도 relay를 통하여 전송이 가능하므로, 해당 동작은 이전 LTE 릴리즈의 동작과 동일하다. 그러나 HARQ acknowledgement가 수신되더라도 재전송이 이루어져야 하는 서브프레임 (FDD의 경우는 최초 전송의 8 ms 이후, TDD의 경우는 설정값에 따라 다름)이 백홀링크에 의하여 사용되어 엑세스링크에는 사용이 불가능할 수 있다. 이러한 경우에는 디코딩의 결과와는 상관없이 PHICH 상으로 ACK를 보내줌으로써 해당하는 상향링크 HARQ 동작을 보류시켜야 한다. 대신 8장에 설명되어 있듯이, PDCCH를 사용하여 이후 서브프레임에서 동일한 HARQ 프로세스에 대한 재전송을 요청할 수 있다. 이러한 경우에는 HARQ round-trip 시간은 더 길어진다 (예를 들면, FDD에 대하여 8 ms가 아니라 16 ms가 될 수 있다).

PDSCH 상의 하향링크 전송에 따라 PUCCH 상으로 HARQ acknowledgement가 전송되어야 하며, 적절한 동작을 위해서 relay가 이러한 acknowledgement를 수신할 수 있어야 한다. 엑세스링크 상으로 PUCCH를 수신할 수 있는 지의 여부는 백홀링크의 동작 여부에 달려 있다. 보다 구체적으로 해당 서브프레임이 백홀링크 동작에 할당되어 있는 지의 여부에 달려 있다.

FDD에서 백홀링크는 하향링크 서브프레임 4 ms 뒤에 상향링크 서브프레임이 있도록 설정된다. 이렇게 한 이유는 하향링크 서브프레임 4 ms 뒤에 상향링크 서브프레임이 오는 엑세스링크 HARQ 타이밍 관계와 맞추기 위해서이다. Relay는 백홀링크와 동시에 엑세스링크에서 송신할 수 없기 때문에 서브프레임 n에서 엑세스링크 전송은 없으며, 이에 따라 서브프레임 $n+4$에는 HARQ 전송이 없다. 따라서, 일부 서브프레임에서 엑세스링크의 HARQ acknowledgement를 수신하지 못하는 부분이 있다. 이는 어짜피 해당 하향링크 서브프레임이 엑세스링크 전송에는 사용될 수 없기 대문에 문제가 되지는 않는다. 하향링크 HARQ는 asynchronous 방식을 사용하기 때문에 하향링크 재전송은 엑세스링크에서 적합한 하향링크 서브프레임에 스케줄링하면 되므로 문제가 되지 않는다.

TDD의 relay는 백홀링크 전송에 사용되는 상향링크 서브프레임에서는 PUCCH 상으로 HARQ 피드백을 수신하지 못할 수 있다. 이를 해결하는 한 방법은 relay가 수신하지 못하는 상향링크 서브프레임에서 PUCCH를 전송하는 단말이 생기지 않도록 하향링크 스케줄러에 제약을 가하는 것이다. 그러나 이러한 제약은 스케줄러의 동작을 너무 제한할 수 있다. 따라서 다른 방법으로 relay가 제약이 없이 하향링크 스케줄링을 하면서 HARQ acknowledgement는 무시하는 방법이 있다. 이러한 경우에는 재전송은 예를 들면 CSI 피드백을 통하여 재전송이 필요할 지의 여부를 "추정"하여 재전송을 수행할 수도 있으며, 아니면 빠진 패킷들을 처리하는데 RLC 재전송을 이용할 수도 있다. 또 다른 방법으로는 HARQ acknowledgement를 반복하여 반복된 acknowledgement들 중 적어도 일부는 relay가 수신할 수 있도록 설정하는 방법이 있다.

18.3.2 백홀링크 HARQ 동작

백홀링크에 대한 설계의 원칙은 Release 8에 있는 스케줄링 승인과 HARQ acknowledgement 등의 타이밍 관계를 유지하는 것이다. Donor 셀은 relay와 단말을 동시에 스케줄링할 수도 있으므로, 이와 같은 원칙은 단말과 relay에 대한 스케줄링과 재전송에 대한 결정이 같은 시간에 일어날 수 있도록 스케줄링 구현을 간단하게 해준다.

FDD에 대하여 하향링크 백홀 전송으로 설정된 서브프레임은 HARQ round-trip 시간을 최대한 맞추기 위하여 8 ms 주기를 따른다. 이렇게 함으로써 앞 절에서 설명하였듯이 엑세스링크에서 PUCCH가 수신될 수 있도록 해준다. 그러나 MBSFN 서브프레임에 대해 가능한 설정은 기본적으로 10 ms 구조를 가지고 있으며 HARQ 시간은 8 ms 주기를 가지고 있다. 따라서 이 둘은 기본적으로 딱 맞을 수가 없다. 그림 18.5에서 볼 수 있듯이, 서브프레임 0, 4, 5, 9는 MBSFN 서브프레임으로 설정될 수 없기 때문에 일부 백홀 서브프레임들은 16 ms 간격이 된다 (5장 참조). 앞 단락에서 설명한 원리를 따라서 상향링크 백홀 서브프레임은 하향링크 백홀 서브프레임의 4 ms 뒤에 온다.

TDD는 HARQ와 시간적 관계가 10 ms가 있으며, 이는 10 ms MBSFN 구조와 합치되어 백홀 전송에 규칙적인 간격을 사용할 수 있다. 서브프레임 0, 1, 5 ,6은 MBSFN 서브프레임으로 설정될 수 없다. 따라서, 서브프레임 0과 5가 항상 하향링크 서브프레임인 TDD 설정 0은 MBSFN 서브프레임을 지원하지 않기 때문에 relay 셀에서도 사용할 수 없다. TDD 설정 5에서는 상향링크 서브프레임이 한 개만 존재하는데 백홀링크와 엑세스링크를 모두 지원하려면 적어도 2개의 상향링크 서브프레임이 필요하다. 따라서, LTE에서 지원되는 7개의 TDD 설정 중에서 설정 1, 2, 3, 4, 6만이 relay 셀에서 지원된다. 각 TDD 설정에 대하여, 표 18.1과 같이 하나 혹은 복수 개의 백홀 설정이 지원된다.

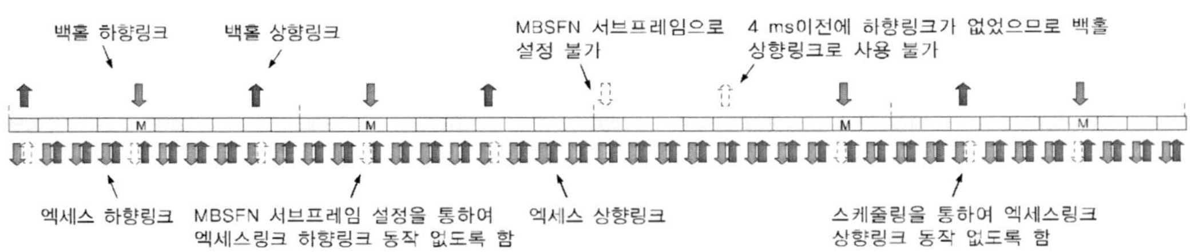

그림 18.5 FDD에 대한 백홀 설정의 예

앞서 설명하였듯이, HARQ acknowledgement 및 상향링크 스케줄링 승인에 대한 기본적인 타이밍 원리는 엑세스링크와 동일한 원리를 유지하는 것이다. 때문에 당연히 백홀 전송은 백홀 서브프레임에서만 일어날 수 있다. 따라서, TDD의 경우 서브프레임 n에서 백홀링크 상으로 전송된 전송 블록에 대한 acknowledgement는 서브프레임 $n+k$에서 전송된다. 이때 k는 $k \geq 4$를 만족하면서 acknowledgement가 relay로부터 전송되어야 하는 것이면 $n+k$가 상향링크 백홀 서브프레임이 되도록, acknowledgement가 eNodeB로부터 전송되어야 하는 것이면 $n+k$가 하향링크 백홀 서브프레임이 되도록 선택된다.

백홀링크 상의 상향링크 HARQ 프로세스에 대한 번호는 엑세스링크 상의 TDD 번호를 붙이는 것과 유사하다. 그림 18.6에서 보이는 것처럼, 상향링크 HARQ 프로세스 번호는 엑세스링크에 대한 동일한 프로세싱 시간을 고려하면서 백홀에 사용 가능한 시점에 따라 순서대로 할당된다 (8장 참조). 이는 상향링크 HARQ 프로세스 번호가 서브프레임 번호로부터 직접 얻어지는 FDD 엑세스링크의 경우와는 대비된다. 이와 같이 약간 다른 방식을 취하는 이유는 최대 HARQ round-trip 시간을 최소화하기 위함이다. 8 ms 주기가 MBSFN 할당과 항상 맞는 것은 아니기 때문에, FDD 엑세스링크와는 달리 상향링크의 실제 round-trip 시간은 고정적이 아니며, 오히려 TDD 엑세스링크처럼 서브프레임 번호에 따라 달라지게 된다.

18.3.3 백홀링크 하향링크 제어 시그널링

그림 18.4에서 볼 수 있듯이, relay가 donor 셀의 전송을 수신할 수 있는 시간은 전체 서브프레임 시간보다 짧다. 특히 해당 서브프레임의 첫 번째 OFDM 심볼은 donor 셀의 전송에 대한 수신으로 사용할 수 없기 때문에, donor 셀에서 relay로의 L1/L2 제어 시그널링은 일반적인 PDCCH를 사용하여 전송될 수 없다.[1] 대신, Release 10에 도입된 특정 relay의 제어 채널인 R-PDCCH를 사용한다.

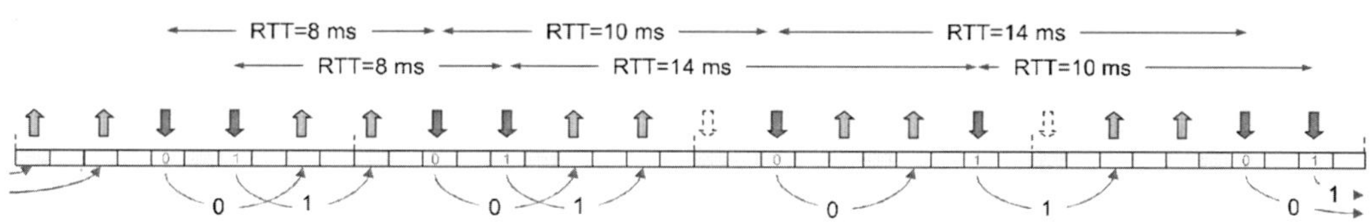

그림 18.6 FDD에 대한 HARQ 프로세스 번호 할당의 예

1) 원칙적으로, 엑세스링크와 백홀링크의 서브프레임 구조가 2-3 OFDM 심볼만큼 오프셋이 있으면 PDCCH 수신이 가능할 수도 있다. 그러나 이 경우에는 relay와 donor 셀이 시간적으로 정렬되지 않게 된다. 하지만, 이러한 상황은 예를 들면 heterogeneous 구축 상황에는 도움이 될 수도 있다.

표 18.1 TDD에 대하여 지원되는 백홀 설정

백홀 서브프레임 설정	relay 셀에서의 상향링크-하향링크 설정	백홀 DL:UL 비율	서브프레임 번호 0	1	2	3	4	5	6	7	8	9
0	1	1:1					D				U	
1						U						D
2		2:1					D				U	D
3						U	D					D
4		2:2				U	D				U	D
5	2	1:1			U						D	
6						D				U		
7		2:1			U		D				D	
8						D				U		D
9		3:1			U	D	D				D	
10						D				U	D	D
11	3	2:1				U				D		D
12		3:1				U				D	D	D
13	4	1:1				U						D
14		2:1				U				D		D
15						U					D	D
16		3:1				U				D	D	D
17		4:1				U	D			D	D	D

R-PDCCH는 PDCCH와 동일한 DCI 포맷을 사용하여 하향링크 스케줄링 할당 및 상향링크 스케줄링 승인을 싣고 있다. 그러나 DCI 포맷 3/3A를 사용한 전력 제어 명령은 지원하지 않는다. DCI 포맷 3/3A의 주 목적은 준-지속적 스케줄링을 지원하기 위한 것으로서, 이는 저속의 서비스가 많이 존재할 경우에 발생할 수 있는 제어 오버헤드를 줄이기 위한 것이므로 백홀링크에서는 지원되지 않는다.

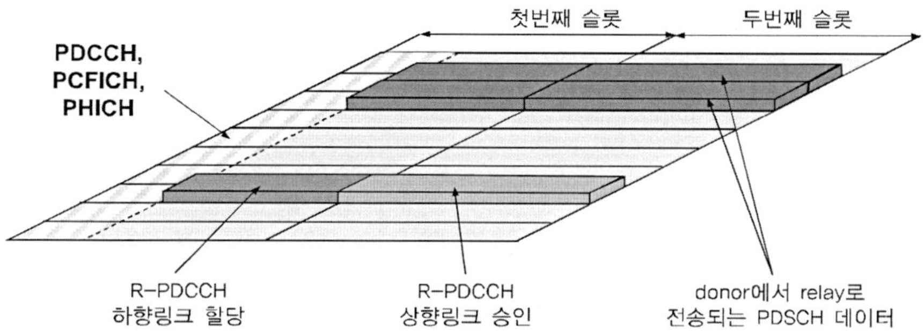

그림 18.7 R-PDCCH 전송의 예

시간 영역의 R-PDCCH는 앞서 설명하였듯이 해당 서브프레임의 "MBSFN 영역 (MBSFN region)"에서 수신되며, 주파수 영역의 R-PDCCH 전송은 준-정적으로 할당된 자원 블록에서 일어난다. 지연 측면에서는 하향링크 스케줄링 할당을 해당 서브프레임 내에서 가능하면 빨리 위치시키는 것이 좋다. 6장에서 논의하였듯이, 이것이 바로 일반적인 서브프레임에서 제어 영역과 데이터 영역을 나눈 이유이다. 원칙적으로 R-PDCCH에 대해서도 비슷한 방식이 사용될 수도 있다. 즉, R-PDCCH 전송에 사용되는 자원 블록을 제어 부분과 데이터 부분으로 나눌 수도 있다. 그러나 donor 셀에 직접 연결된 단말에 대한 PDSCH 전송에 서브프레임 내 일부분만을 사용할 수는 없기 때문에, 하나의 R-PDCCH 전송이 상대적으로 많은 개수의 자원 블록을 사용하지 못하도록 만들 수도 있다. 따라서 오버헤드와 스케줄링의 유연성 측면에서, R-PDCCH의 주파수 영역 상의 위치가 최소화될 수 있는 구조 (그러면서 여전히 충분한 다이버시티를 얻을 수 있는 구조) 및 자원들은 주로 시간 영역에서 할당되는 구조가 더 적합하다. Release 10의 R-PDCCH 설계에서는, 이와 같이 다소 상호 구축되는 것으로 보이는 요구 사항을 하향링크 할당은 서브프레임 내 첫 번째 슬롯에 위치시키고, 상대적으로 시간 지연에 약간 마진이 있는 상향링크 승인은 두 번째 슬롯에 위치시키는 구조를 채용함으로써 만족할 수 있다 (그림 18.7 참조). 이 구조를 사용하면 최대한 빨리 전송되어야 하는 하향링크 할당이 먼저 디코딩되도록 할 수 있다. Relay로 전송되는 상향링크 승인이 없는 경우를 다루기 위하여 두 번째 슬롯 내의 R-PDCCH 자원은 동일한 relay에 대한 PDSCH 전송에 사용될 수도 있다.

R-PDCCH에 대한 코딩, 스크램블링 및 변조는 PDCCH (6장 참조)와 동일한 원리를 따르며 aggregation 레벨 역시 (1, 2, 4, 8 CCE로) 동일하게 지원된다. 그러나, R-PDCCH의 시간-주파수 자원의 매핑은 당연히 PDCCH와는 다르다. 그림 18.8에서 볼 수 있듯이, 다음 두 가지 방식이 지원된다.

- Cross-PDCCH 인터리빙을 사용하지 않는 방식
- Cross-PDCCH 인터리빙을 사용하는 방식

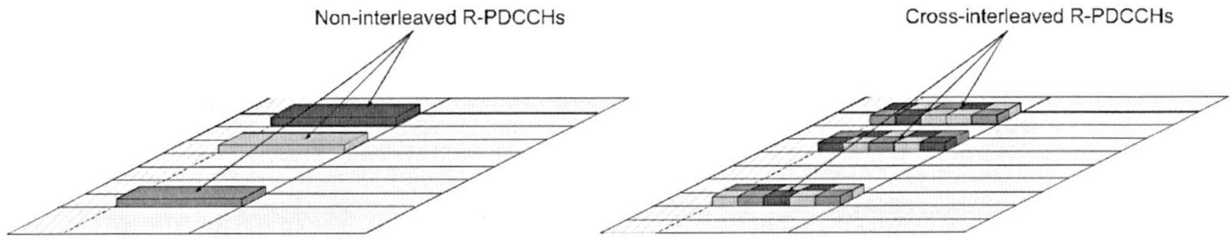

그림 18.8 R-PDCCH 매핑 방식: cross-인터리빙을 하지 않는 방식 (왼쪽) 및 cross-인터리빙을 하는 방식 (오른쪽)

Cross-인터리빙을 사용하지 않는 경우에 하나의 R-PDCCH는 VRB (Virtual Resource Block)에 매핑되다. 이때 자원 블록의 개수 (1, 2, 4, 8)는 aggregation 레벨에 따라 결정된다. 동일한 자원 블록을 사용하여 다른 R-PDCCH가 전송되는 일은 없다. 자원 블록이 주파수 영역 상으로 충분히 떨어져서 위치하고 적어도 높은 aggregation 레벨의 경우에는 주파수 다이버시티를 얻을 수 있다. 인터리빙을 사용하지 않는 매핑은 예를 들면 백홀 전송에 빔포밍을 사용하는 경우나 R-PDCCH에 주파수 선택적인 스케줄링을 적용하는 경우에 적합하다. 복조에는 셀-특정 reference 신호 (CRS) 혹은 복조 reference 신호 (DM-RS)가 사용될 수 있다.

Cross-인터리빙을 사용하는 매핑은 PDCCH에서 사용되는 방식과 유사하며, 자원 엘리먼트에 대한 매핑을 제외한 대부분의 PDCCH 프로세싱 구조를 재사용한다. R-PDCCH들은 함께 다중화되고 인터리빙을 거쳐서 R-PDCCH 전송에 할당된 자원 블록에 매핑된다. 당연히 복수 개의 relay의 전송이 동일한 자원 블록을 공유하게 되므로, 복조를 위해서는 셀-특정 reference 신호만이 사용될 수 있다. 이 매핑 방식을 사용하는 주 목적은 낮은 aggregation 레벨에서도 주파수 다이버시티를 얻기 위해서 이다. 그러나 이 방식은 낮은 aggregation 레벨에서도 주파수 영역 상에서 복수 개의 자원 블록이 R-PDCCH에 사용되기 때문에 PDSCH 전송을 위한 자원 블록이 더 많이 방해를 받는 단점이 있다.

Cross-인터리빙을 사용하거나 사용하지 않는 두 가지의 매핑 방식에 대하여 relay 노드는 후보 R-PDCCH를 관찰한다. Relay가 R-PDCCH 전송을 찾기 위하여 관찰해야 하는 자원 블록은 자원 할당 타입 0, 1, 혹은 2를 사용하여 VRB들을 시그널링해줌으로써 donor 셀에 의하여 설정된다 (자원 할당 타입에 대해서는 6장을 참조한다). 관찰해야 하는 VRB들은 서로 다른 relay 노드에 대하여 서로 겹칠 수도 있고 서로 겹치지 않을 수도 있다. 백홀 수신에 사용되는 서브프레임에서 relay는 그림 18.9와 같이 R-PDCCH 후보들 각각에 대하여 수신 및 디코딩을 시도하고, 만약 유효한 하향링크 제어 정보가 발견되면 이 정보를 사용하여 하향링크 수신 혹은 상향링크 전송을 하게 된다. 이 방식은 다음과 같은 차이점이 있지만 본질적으로는 단말에서 사용하는 blind 디코딩 절차와 유사하다. 첫 번째, relay는 브로드캐스트 제어 정보를 수신할 필요가 없으므로 relay에 대해서는 공통 탐색 공간이 존재하지 않는다. Relay 동작을 위해 필요한 정보는 지정된 시그널링을 사용하여 전달된다. 둘째로 인터리빙을 사용하는 매핑에서 탐색 공간은 단말과 같이 시간에 따라 변하는 것이 아니라 시간에 대하여 정적으로 바뀌지 않는다.

Blind 디코딩을 시도해야 하는 횟수는 단말의 경우와 동일하다. 즉, aggregation 레벨 1, 2, 4, 8에 대하여 각각 6, 6, 2, 2회의 횟수를 시도해야 한다. 그러나, R-PDCCH는 첫 번째 슬롯 또는 두 번째 슬롯에서 전송될 수 있음에 유의한다. 따라서 relay에 의하여 수행되어야 하는 총 디코딩 시도 횟수는 64회가 된다.[2)]

백홀링크에 대해서는 PHICH가 정의되어 있지 않다. Release 8에서 PHICH를 사용하는 주요한 이유는 VoIP와 같이 지연에 민감한 저속 어플리케이션에 대한 비-적응형 재전송을 효율적으로 지원하기 위해서 이다. 반면에 relay의 백홀은 relay에 의하여 복수 개의 단말이 서비스를 받기 때문에 일반적으로 높은 데이터 속도를 사용한다. 따라서 제어 시그널링 오버헤드는 큰 문제가 아니므로 전체적인 설계를 간단하게 하기 위하여 백홀에서는 PHICH를 지원하지 않는다. 물론 재전송은 여전히 R-PDCCH를 사용하여 지원된다.

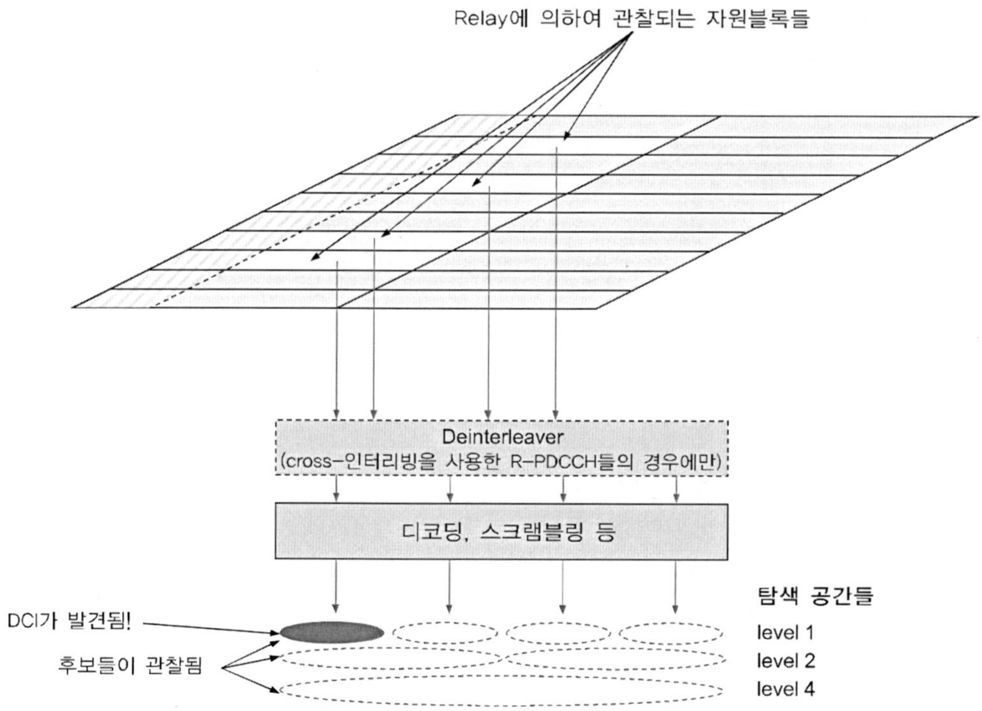

그림 18.9 R-PDCCH 관찰의 원리

2) 전송 모드 당 2개 슬롯 및 2개 DCI 포맷에 대하여 시도해야 하므로 $2 \times 2 \times (6+6+2+2) = 64$가 된다.

18.3.4 백홀링크를 위한 reference 신호

Relay의 백홀 수신에는 6장에서 설명된 셀-특정 reference 신호 (CRS) 혹은 복조 reference 신호 (DM-RS)를 사용할 수 있다. R-PDCCH 및 PDSCH에 대하여 서로 다른 reference 신호가 사용될 수 있다. 그러나 만약 R-PDCCH가 DM-RS를 사용하여 수신되는 경우에는 PDSCH에도 DM-RS가 사용되어야 한다. R-PDCCH에 DM-RS를 사용하는 것은 빔포밍을 위한 것이므로 앞에 설명한 제약은 일리가 있다고 볼 수 있다. 반대 시나리오인 R-PDCCH에는 CRS를 사용하고 PDSCH에는 DM-RS를 사용하는 것 역시 일리가 있다. 일례로, 제어 시그널링에 대하여 인터리빙을 사용한 매핑을 적용하였기에 개별적인 빔포밍을 사용할 수 없으며 PDSCH에는 빔포밍을 사용한 경우를 들 수 있다. 표 18.2에 백홀링크에 대하여 지원되는 reference 신호의 조합이 정리되어 있다.

표 18.2 reference 신호와 R-PDCCH 매핑 방식의 조합

아래의 채널 복조에 사용되는 reference 신호 종류		
R-PDCCH	PDSCH	R-PDCCH 매핑 방식
CRS	CRS	cross-인터리빙을 사용하거나 사용하지 않는 방식
CRS	DM-RS	cross-인터리빙을 사용하거나 사용하지 않는 방식
DM-RS	DM-RS	cross-인터리빙을 사용하지 않는 방식

Donor 셀과 relay 셀 사이에 (전체적인) 시간 정렬이 되어 있는 경우에는, 수신-송신 전환에 필요하기 때문에 마지막 OFDM 심볼은 relay에 의하여 수신될 수 없다. 따라서, 서브프레임 내의 마지막 OFDM 심볼 상의 DM-RS는 수신될 수 없다. 전송 rank 4까지는 필요한 reference 신호가 서브프레임 내 앞부분에서도 가용하기 때문에 문제가 되지 않는다. 그러나 5개의 layer 이상을 사용하는 공간 다중화에 대해서는, 서브프레임 내에서 첫 번째 reference 신호들이 낮은 layer에 사용되며 서브프레임의 마지막에 위치한 두 번째 reference 신호는 높은 layer에 사용되므로 두 번째 reference 신호는 수신될 수 없다. 이는 5 이상의 rank에 대한 reference 신호는 relay에서는 수신이 불가능함을 의미하며, 따라서 사용되는 시간과는 상관없이 백홀 전송은 최대 4개 layer의 공간 다중화로 제한이 된다.

18.3.5 백홀링크와 엑세스링크의 타이밍

Relay가 donor 셀의 전송을 수신하기 위해서는 donor 셀과 relay 셀의 하향링크 전송 사이에 적절한 타이밍 관계가 정의되어야 한다. 이는 relay가 엑세스링크 송신과 백홀링크 수신 사이의 전환 그리고 엑세스링크의 수신과 백홀링크의 송신 사이의 전환을 하기 위하여 일정한 보호

시간이 필요한 것을 포함한다.

엑세스링크 시간에 대한 일반적인 결정은 이를 relay에서 관측되는 백홀링크의 프레임 시간과 동기화하는 것이다. 이 백홀 하향링크 시간 기준으로부터, 그림 18.10의 맨 아랫쪽 부분과 같이 엑세스링크 전송의 시간이 도출된다. 백홀 상향링크 시간은 donor 기지국에서 다른 상향링크 전송과 시간적으로 정렬되어 백홀 상향링크 전송이 수신될 수 있도록 donor 셀에 의하여 제어되는 일반적인 timing advance에 의하여 결정된다.

백홀 하향링크에서는, 데이터 영역의 첫 번째 OFDM 심볼은 relay의 동작 전환을 위한 보호 시간을 제공하기 위하여 사용되지 않으며, 이 보호 시간을 relay의 Tx-Rx 및 Rx-Tx 전환 사이에 적절하게 배분하기 위하여 작은 시간 오프셋이 사용된다. 이는 그림 18.11의 맨 아래에 있다. 보호 심볼은 relay 측면에서만 필요하고 donor 셀 내의 단말에 대한 PDCCH 전송에는 여전히 이를 사용할 수 있기 때문에 보호 심볼은 데이터 영역의 끝이 아니라 시작 부분에 위치하는 것이 더 좋다. 원칙적으로 donor 셀 측면에서 보호 시간은 공짜로 얻어지는 것으로서, donor 셀 타이밍에 대하여 상대적으로 relay 노드의 프레임 타이밍을 자유롭게 이동함으로써 이러한 공짜 보호 구간을 필요한 곳에 사용하도록 옮길 수 있다.

백홀 상향링크 시간은, donor 기지국에서 다른 상향링크 전송들과 시간적으로 정렬되어 백홀 상향링크 전송이 수신될 수 있도록 donor 셀에 의하여 제어되는 일반적인 timing advance에 의하여 결정된다. 엑세스링크와 백홀링크 사이의 하향링크 타이밍 관계에 영향을 주는 엑세스링크 송신에서 백홀링크 수신으로 전환하는 데 필요한 보호 시간과 유사하게 상향링크에서도 엑세스링크 수신에서 백홀링크 송신으로 전환하는 데 보호 시간이 필요할 수도 있다. 그러나 하향링크의 경우와는 달리, 이미 Release 8에 존재하는 기능이 필요한 보호 시간을 제공하는 것은 충분하기 때문에 별도로 표준에서 다루지 않으며 구현에 맡기고 있다.

원칙적으로, 만약 relay가 CP 이내에 엑세스링크 수신에서 백홀링크 송신으로 전환할 수 있다면, 추가적인 전환 시간을 만들 필요가 없을 수 있다. 그러나 이러한 전환 시간은 구현에 따라 다를 수 있으며 일반적으로는 CP 길이보다 길다. 전환 시간이 긴 경우에는 그림 18.10의 윗부분에서 볼 수 있듯이 엑세스링크에 원래는 sounding을 위해 만들어진 짧은 전송 포맷을 사용하는 것이 한 방법이 될 수 있다. Relay 셀 내의 모든 단말에 대하여 앞선 서브프레임의 마지막 OFDM 심볼을 sounding reference 신호 (SRS)를 위하여 유보하도록 설정한 후에, 이를 실제는 SRS의 전송에 사용하지 않음으로써 OFDM 한 심볼 길이의 보호 시간이 만들어진다. 이 보호 시간은 백홀링크와 엑세스링크 프레임 타이밍 사이의 적절한 시간 오프셋을 통하여 Rx-Tx 및 Tx-Rx 전환 시간으로 나뉘어져 사용될 수 있다.

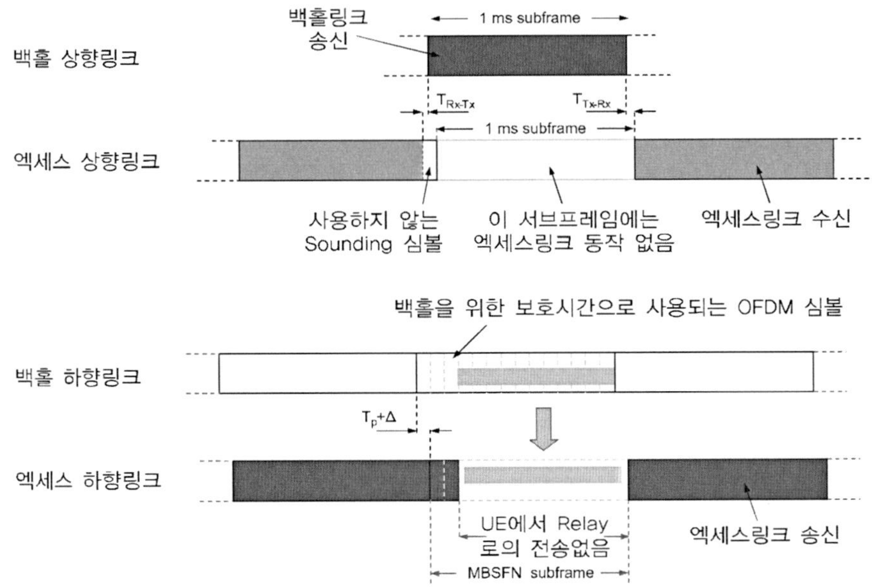

그림 18.10 백홀 타이밍으로부터 relay 셀 타이밍이 도출되는 경우의 백홀 타이밍 관계

어떤 경우에는 relay의 엑세스링크 송신 타이밍을 donor 셀의 송신 시간과 맞추는 것이 좋을 수 있다. 즉, 모든 셀들에 대하여 동일한 타이밍 기준을 사용하는 것이 좋은 경우가 있다. 이러한 예 중의 하나가 TDD이다. 이러한 구축에서는, 백홀 하향링크의 수신 타이밍을 이용하는 방법과는 약간 다른 방법으로 필요한 보호 시간을 만들 수 있다. 이 경우에는 당연히 relay에

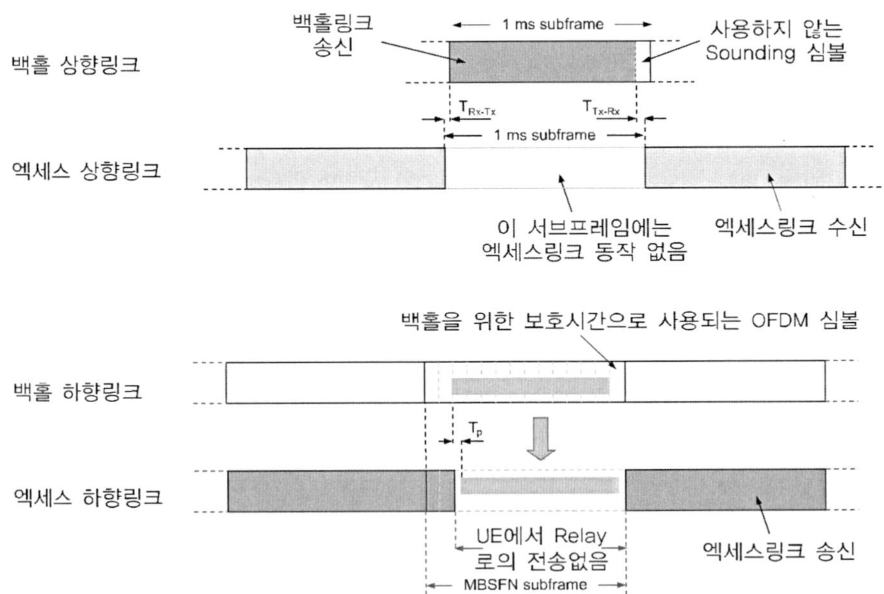

그림 18.11 Relay 셀과 donor 셀이 시간 동기되어 있는 경우의 엑세스링크 송신에 대한 백홀 타이밍 관계

서의 서브프레임 시간을 이동하는 방법으로는 필요한 보호 시간을 얻을 수 없다. 따라서, relay 셀에서는 백홀 송신에 사용되는 자원 블록의 마지막 OFDM 심볼은 다른 송신에는 사용될 수 없기 때문에 백홀링크 수신에서 엑세스링크 송신으로의 전환에 필요한 보호 시간은 donor 셀에서도 보이게 된다. 만약 Tx-Rx 전환 시간이 donor 셀에서 relay 노드까지 전파 지연(propagation delay)보다 크면, 첫 번째 OFDM 심볼은 사용되지 않고 남겨두어야 한다. 이러한 상황은 그림 18.11의 아랫쪽 부분과 같다.

백홀 상향링크에서 필요한 보호 시간은 앞서 설명한 타이밍 상황과 비슷하게 사용하지 않는 sounding을 설정함으로써 얻을 수 있다. 그러나 앞서 설명한 상황과는 달리 sounding이 그림 18.11의 윗부분과 같이 백홀링크에서 설정된다. 이는 SRS를 위한 OFDM 심볼이 보호 시간으로 사용되기 때문에 백홀링크에서는 sounding을 사용할 수 없다는 것을 의미한다.

TDD 동작은 앞서 설명한 방법에 추가로 TDD 동작 자체에 필요한 보호 시간을 통하여 엑세스-백홀 사이의 전환에 필요한 보호 시간을 얻을 수 있다 (그림 18.12). 이는 적절한 timing advance 및 타이밍 오프셋을 사용하는 방법이다.

백홀 하향링크 송신은 PDSCH 상으로 전송되는 데이터 및 R-PDCCH 상으로 전송되는 L1/L2 제어 시그널링으로 구성된다. 당연히 이러한 모든 전송은 앞서 논의한 타이밍 시나리오들 중 하나를 반드시 따라야 한다. 서로 다른 구현과 서로 다른 구축을 하기 위하여 LTE 규격은 두 가지 엑세스-백홀 하향링크 타이밍 관계 중 어떤 것을 이용할 지를 설정할 수 있도록 하였을

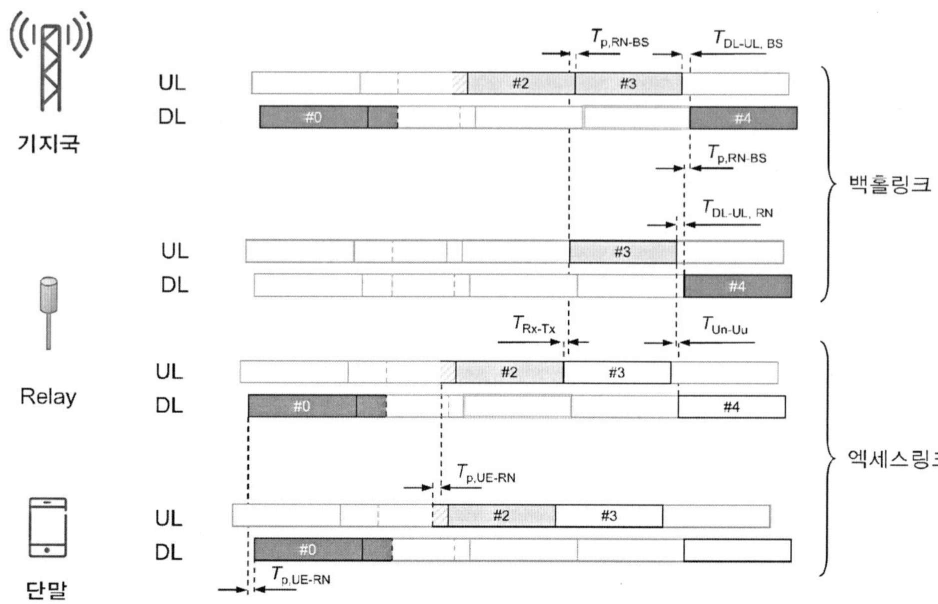

그림 18.12 TDD에 대한 상향링크 타이밍 관계의 예

뿐만 아니라 백홀링크 상으로 전송되는 채널들의 시간에 대해서도 유연성을 제공하고 있다.

Relay에 대한 PDSCH 전송은 donor 셀과 relay 셀의 서로 다른 제어 영역 크기에 맞추어 동작하기 위하여 2번째, 3번째, 혹은 4번째 OFDM 심볼에서 시작하도록 준-정적으로 설정할 수 있다. PDSCH 전송은 두 가지 타이밍 중 어떤 것이 사용되는 지의 여부에 따라 맨 마지막 OFDM 심볼 혹은 끝에서 두 번째 OFDM 심볼에서 끝난다.

Relay에 대한 R-PDCCH 전송은 항상 4번째 OFDM 심볼에서 시작한다. R-PDCCH에 의하여 점유되는 자원 블록의 양은 PDSCH에 비하여 상대적으로 작기 때문에 시작 위치의 설정을 가능하도록 하면서 얻을 수 있는 오버헤드 감소가 추가적인 규격화 및 늘어나는 복잡도를 정당화하기에는 부족하다. 따라서 전체적인 구조를 간단하게 하기 위하여 고정된 시작 위치를 사용하였다.

19

MBMS (MULTIMEDIA BROADCAST/MULTICAST SERVICES)

셀룰러 시스템은 지금까지 대부분 멀티캐스트/브로드캐스트 (multicast/broadcast) 서비스보다는 단일 사용자에게 보내는 데이터 전송에 집중하였다. 반대로 라디오나 TV 방송 시스템으로 대변되는 방송 네트웍은 단일 사용자에게 보내는 데이터 전송은 불가능하거나 아주 제한적이며, 동일한 콘텐츠를 매우 넓은 영역을 커버하면서 보내는 것에만 집중하였다. Multimedia Broadcast Multicast Services (MBMS)는 셀룰러 시스템에서 멀티캐스트/브로드캐스트 서비스를 지원함으로써 하나의 네트웍에서 멀티캐스트/브로드캐스트 서비스와 유니캐스트 (unicast) 서비스를 모두 지원할 수 있게 한다. 이동통신 시스템에서 브로드 캐스트 / 멀티캐스트 서비스의 제공은 동일한 정보가 다수의 단말에 동시에 제공되는 것을 의미하며, 그림 19.1에 도시된 바와 같이 다수의 셀에 해당하는 넓은 영역에 분산되는 경우가 있다. 대부분의 경우 정보를 전송할 때 각 사용자에게 개별 전송을 사용하는 대신 해당 지역에 브로드 캐스팅하는 것이 더 좋다.

LTE Release 9에 도입된 MBMS는 MBMS 서비스 구역 (MBMS service area)이라고 알려진 일반적으로 복수 개의 셀로 구성된 특정 영역 내에 위치한 복수의 사용자들에게 동일한 콘텐츠가 전송되는 것을 지원한다. LTE에서는 SC-PTM (Single Cell Point to Multipoint) 및 MBSFN (Multicast-Broadcast over Single Frequency Network)과 같이 MBMS를 전달하기 위한 두 가지 방식을 사용할 수 있다.

Release 13에 도입된 SC-PTM은 본질적으로 단일 셀에만 관심 있는 서비스에 대한 MBSFN의 보안책으로서 유니캐스트와 매우 유사하다. 모든 전송은 동적으로 스케줄링되지만 단일 단말을 대상으로 하지 않고 동일한 전송이 여러 단말에서 동시에 수신된다. SC-PTM은 19.4절에 좀 더 자세히 기술되었다.

Release 9에 도입된 MBSFN은 MBMS 서비스가 더 넓은 영역에서 관심의 대상이 되기를 목표로 한다. 이러한 경우, 셀 가장자리에 있는 단말들이 브로드캐스트 데이터를 검출/디코딩할 때 다수의 셀들로부터 브로드캐스트 전송의 수신 전력을 이용할 수 있다면 특정 브로드캐스트 데이터 전송 속도를 제공하는 데 필요한 자원은 상당히 감소될 수 있다. 다중 셀 네트워크에서 브로드캐스트/멀티캐스트 서비스의 제공을 더 향상시키고 이를 달성하는 방법은 다른 셀들로부터 브로드캐스트 전송이 완전히 동일하면서 서로 시간을 맞춰 전송되도록 보장하는 것이다. 그림 19.2를 보면 이 경우, 서로 다른 셀들로부터의 전송이 단말의 수신 신호 관점에서는 하나의 송신 지점에서 시간적으로 퍼지는 채널 (다중 경로 채널)을 통과한 전송처럼 보인다. CP의 길이가 충분하다면 OFDM 수신기는 어느 셀이 송신에 관련되어 있는지를 알지 못해도 시간 상으로 퍼진 신호를 자유롭고 쉽게 처리할 수 있다. 특히 브로드캐스트/멀티캐스트 서비스를 제공할 때 다수의 셀들로부터 동일한 시간 정렬된 신호들의 전송은 단일 주파수 네트워크 (Single-frequency network) 또는 LTE 용어에서 MBSFN 동작이라 불린다 [9]. MBSFN 전송은 다음과 같은 장점을 가지고 있다.

- 수신 신호 세기가 향상. 특히 MBSFN 전송에 참가한 셀 간 경계 지역에서는 단말이 복수개의 셀들로부터 수신된 신호 에너지를 활용할 수 있다.
- 간섭 레벨이 낮아짐. 특히 MBSFN 전송에 참가한 셀 간 경계 지역에서는 인접 셀들로부터 수신된 신호는 간섭이 아니라 자기 신호로 보이게 된다.
- 무선채널 상의 페이딩에 대항하는 추가적인 다이버시티. 지리적으로 떨어져 있는 복수개의 위치에서 정보가 전송되어 오므로 합쳐진 채널은 일반적으로 상당한 시산 상으로 퍼져 있는 (highly time-dispersive) 채널, 즉 상당히 주파수 선택적인 (highly frequency selective) 채널이 된다.

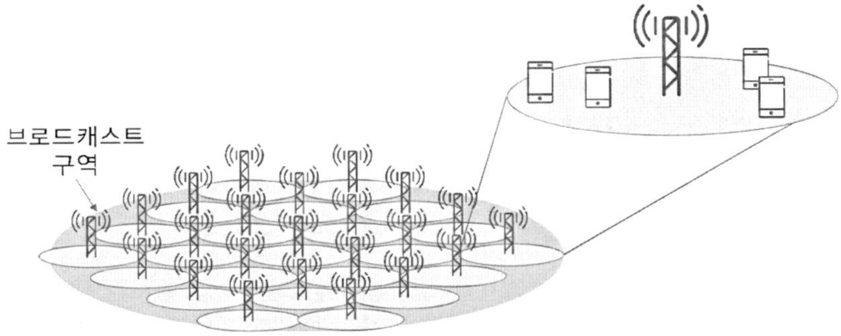

그림 19.1 브로드캐스트 시나리오

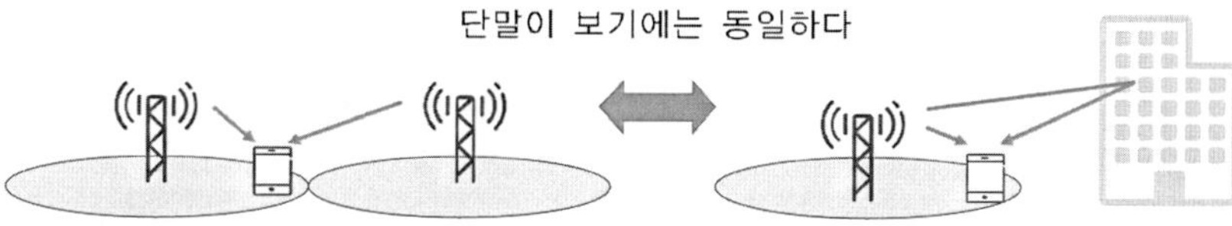

그림 19.2 다중 셀 동시 전송 (simulcast)과 다중 경로 전파 사이의 유사성

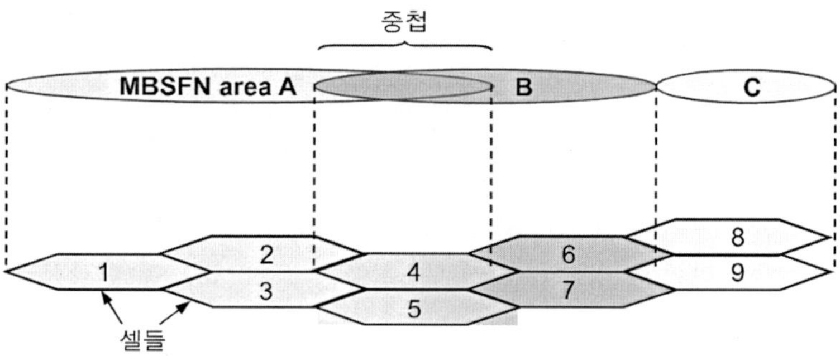

그림 19.3 MBSFN 구역 (MBSFN area)의 예

이러한 장점들을 종합하면 MBSFN 전송에 참가하는 셀 경계 지역의 멀티캐스트/브로드캐스트 수신 품질을 크게 향상시킬 수 있다. 이에 따라 제공 가능한 멀티캐스트/브로드캐스트 데이터 속도를 크게 높일 수 있다.

이동 단말을 위한 멀티캐스트/브로드캐스트 서비스를 제공할 때 고려해야 할 몇 가지 측면이 있으며, 그 중 특별히 주의를 기울여야 하는 두 가지는 좋은 커버리지의 제공과 단말의 낮은 전력 소비이다.

커버리지, 즉 정확하게 네트워이 제공할 수 있는 데이터 속도는 동일한 정보를 다수의 사용자에게 제공하는 멀티캐스트/브로드캐스트 시스템에서는 송신 파라미터를 특정 사용자에 대하여 바꿀 수 없기 때문에 기본적으로 가장 나쁜 채널 품질 사용자의 링크 품질에 의하여 결정된다.

단말에서 낮은 전력 소모 로 수신이 가능하도록 하는 것은 본질적으로 전체 전송 구조가 저속도의 긴 버스트보다는 고속의 짧은 버스트 형태로 서비스가 제공되도록 구성되어야 한다는 것을 의미한다. 이를 통하여 단말은 긴 DRX 주기 중간에 잠깐 깨어나서 데이터를 수신할 수 있다. LTE에서는 이를 위하여 유니캐스트 전송과 브로드캐스트 전송을 시간 다중화하였으며, 이 장의 뒷부분에서 설명하는 것처럼 서로 다른 MBMS 서비스도 시간 다중화하여 전송한다.

이 장의 나머지 부분은 MBSFN 네트워의 전체적인 구조 및 스케줄링을 포함하여 MBSFN 전송에 중점을 두고, SC-PTM은 이 장의 끝부분에서 간단히 다룬다.

19.1 MBMS 구조

MBMS 서비스는 MBSFN 또는 SC-PTM을 사용하여 전달할 수 있다. 아래에서 MBSFN 메커니즘에 대하여 논의하며, 19.4절에서는 Release 13에서 추가된 SC-PCM을 설명하도록 한다.

MBSFN 구역은 하나 혹은 복수 개의 셀들이 동일한 콘텐츠를 전송하는 특정 영역이다. 예를 들면 그림 19.3의 셀 8과 9는 MBSFN 구역 C에 속한다. 하나의 MBSFN 구역이 복수 개의 셀들로 이루어질 수 있을 뿐만 아니라, 하나의 셀 역시 최대 8개의 복수 MBSFN 구역에 속할 수 있다. 그림 19.3에서 보면, 셀 4와 5는 MBSFN 구역 A와 B에 동시에 속한다. 단말이 시스템 정보 및 지시자들 (indicators)을 읽는 데에는 서로 다른 셀의 존재를 알아야 하지만, MBSFN 수신에서는 각각의 개별적인 셀은 보이지 않는다. MBSFN 구역은 정적으로 결정되어 시간에 따라 변하지 않는다.

MBSFN 전송을 사용하려면 당연히 MBSFN 구역에 참여한 셀들 사이의 시간 동기가 필요할 뿐만 아니라 특정 서비스에 대하여 각 셀은 동일한 무선 자원을 사용하여야 한다. 이러한 조정은 Multi-cell/multicast Coordination Entity (MCE)의 몫이며, MCE는 MBSFN 구역 내의 셀들에 걸쳐서 무선 자원 및 전송 파라미터 (시간-주파수 자원 및 전송 포맷)를 관리하는 무선 접속망의 논리적인 노드이다. 그림 19.4에서 볼 수 있듯이, MCE[1]는 하나 혹은 여러 개의 셀을 관리하는 eNodeB에 대하여 복수 개의 eNodeB을 제어할 수 있다.

코어망에 위치한 Broadcast Multicast Service Center (BM-SC)는 콘텐츠 제공자의 인증 (authorization and authentication), 과금 및 코어망을 통과하는 전체적인 데이터 흐름의 설정을 담당한다. MBMS gateway (MBMS-GW)는 BM-SC로부터 IP 패킷을 MBSFN 구역 내의 전송에 참여하는 모든 eNodeB에 멀티캐스트하는 일을 담당하는 논리적인 노드이며, MME를 통하여 세션 제어 시그널링도 처리한다.

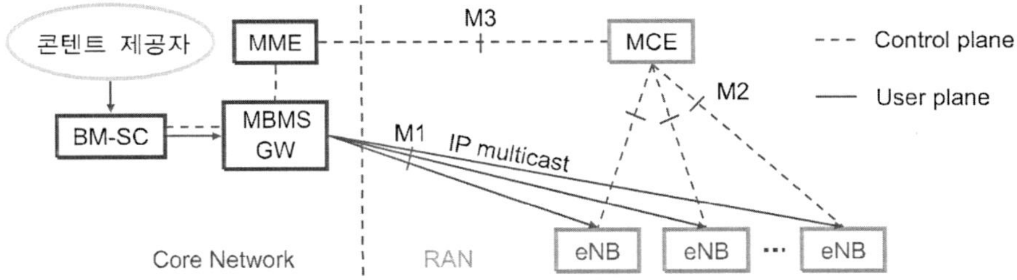

그림 19.4 LTE MBMS 구조

1) MCE 기능이 각 eNodeB마다 포함된 다른 형태의 구조도 지원된다. 그러나 서로 다른 eNodeB의 MCE 사이에는 통신이 없으므로 이 경우는 MBSFN 영역이 하나의 eNodeB가 제어하는 셀들로 제한된다.

즉, MBMS 데이터는 한 번의 전송으로 하나의 IP 패킷을 복수 개의 수신 네트웍 노드로 전달하는 IP 멀티캐스트를 사용하여, BM-SC로부터 MBMS-GW를 통과하여 MBMS 전송을 수행하는 셀에 전달된다. 따라서 MBMS는 무선 인터페이스에서만 효율적인 것이 아니라 불필요하게 동일한 패킷을 개별적으로 복수 개의 노드에 전달할 필요가 없으므로 전송망의 자원도 절약도 할 수 있다.

MBMS와 유니캐스트는 서로 다른 서브프레임들 위에 시간 다중화되어 있으므로 MBMS 전송을 수신하는 단말은 동일 반송파 위에서 유니캐스트 전송도 역시 수신할 수 있다. 이는 동일한 반송파가 MBMS와 유니캐스트 전송 모두에 사용되는 것을 가정하는 것으로서, 사업자가 MBSFN 구역 내에서 복수 개의 반송파 (복수 개의 주파수 대역)를 사용하는 경우에는 구축의 유연성을 제약할 수도 있다. 이러한 네트웍을 구축하는 경우에 이동성을 개선하는 기능이 Release 11에 도입되었다. 간단히 설명하면 단말은 네트웍에게 자신의 MBMS에 대한 관심도 및 지원 여부를 알려주며, 네트웍은 이 정보를 고려하여 단말과 관련된 MBMS 서비스를 수신할 수 있도록 하여 준다. 예를 들면, 해당 단말을 MBMS 전송을 제공하고 있는 반송파로 핸드오버할 수 있다. CA를 지원하는 단말은 하나의 component 반송파에서 유니캐스트 전송을 수신하고 다른 component 반송파에서 MBMS를 수신할 수도 있다.

19.2 전체적인 채널 구조 및 물리 계층 절차

MBSFN 전송 기반은 MBSFN 전송을 지원하는 전송 채널인 Multicast Channel (MCH)이다. 다음 두 종류의 논리 채널이 MCH로 다중화될 수 있다.

- Multicast Traffic Channel (MTCH)
- Multicast Control Channel (MCCH)

MTCH는 MBMS 서비스를 싣고 있는 논리 채널이다. MBSFN 구역 내에서 제공되는 서비스의 개수가 많은 경우에는 복수 개의 MTCH가 설정될 수 있다. 당연히 단말로부터 어떠한 acknowledgement도 피드백되지 않으며, RLC 재전송도 사용되지 않기 때문에 RLC UM (unacknowledged mode)이 사용된다.

MCCH는 서브프레임 할당 및 각 MCH에 대한 MCS를 포함하는 MBMS 서비스를 수신하는데 필요한 제어 정보를 싣고 있는 논리 채널이다. MBSFN 구역 당 하나의 MCCH가 존재한다. MTCH와 마찬가지로 RLC UM이 사용된다.

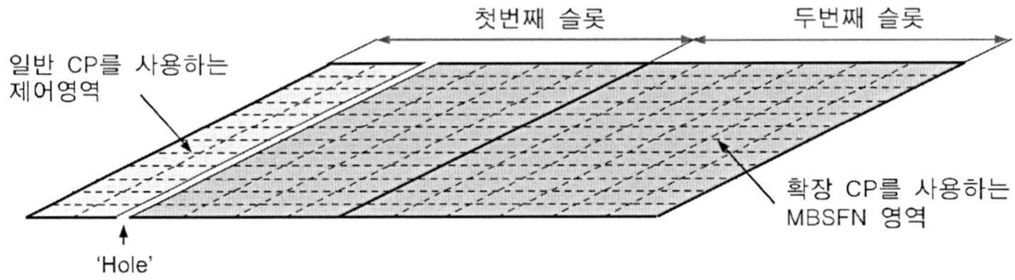

그림 19.5 MBSFN 서브프레임에 대한 자원 블록 구조. 제어 영역에 대하여 일반 CP를 가정

해당되는 경우[2]), 하나 혹은 복수 개의 MTCH와 하나의 MCCH가 MAC 계층에서 하나의 MCH 전송 채널로 다중화된다. 4장에서 이미 설명하였듯이, MAC 헤더는 논리 채널 다중화 정보를 담고 있으며, 이 경우에는 MTCH/MCCH 다중화 정보를 담고 있다. 따라서 단말은 MAC 헤더를 수신하여 정보를 역-다중화할 수 있다. MCH는 하나의 MBSFN 구역 내에서 MBSFN 방식을 사용하여 전송된다.

MCH를 위한 전송 채널 절차는 아래의 몇 가지 예외를 제외하면 대부분의 경우 6장에서 설명한 DL-SCH에 대한 절차와 동일하다.

- MBSFN 전송은 동일한 데이터가 일반적으로 서로 다른 eNodeB들에 속한 복수 개의 셀들로부터 동일한 전송 포맷에 동일한 물리 자원을 사용하여 전송되어야 한다. 따라서 MCH 전송 포맷과 자원 할당은 eNodeB에 의하여 동적으로 조절될 수 없다. 앞서 설명하였듯이 전송 포맷은 MCE에 의하여 결정되며, MCCH 상의 정보를 통하여 단말에 시그널링된다.
- MCH 전송은 동시에 복수 개의 단말을 향하므로 피드백이 사용되지 않는다. 즉, MCH 전송에는 HARQ가 적용되지 않는다.
- 앞서 논의하였듯이 MCH 전송에는 다중 안테나 전송 (송신 다이버시티 및 공간 다중화)이 적용되지 않는다.

6장에서 논의하였듯이 PMCH 스크램블링은 MBSFN 전송에 참여하는 모든 셀에 대하여 동일한 MBSFN 구역별 스크램블링을 사용하여야 한다. 또한 작은 차이점들이 많이 있는데, 예를 들어 256QAM은 PMCH가 MCCH가 아닌 MTCH를 운반할 때만 지원되고,[3]) 공간 다중화는 PMCH에 대해 지원되지 않으며, 어떠한 송신 다이버시티도 지정되지 않는다.

2) MBSFN 영역 당 하나의 MCCH가 필요하다. 그러나 MCCH는 매 MCH TTI마다 존재할 필요는 없으며 MBSFN 영역 내의 모든 MCH에 대하여 존재할 필요도 없다.

3) MCCH burst는 MBMS 서비스를 사용하는 모든 단말을 수신하여야 한다. 그러나 256QAM은 LTE 표준에 나중에 도입되었기 때문에 모든 단말이 이를 지원하지 않는다.

MCH는 그림 19.5과 같이 PMCH 물리 채널에 매핑되어 MBSFN 서브프레임에서 전송된다. 5장에서 논의하였듯이, MBSFN 서브프레임은 일반적인 유니캐스트 L1/L2 제어 시그널링을 전송하는 데 사용되는 제어 영역 (control region)과 MCH 전송에 사용되는 MBSFN 영역 (MBSFN region)[4]으로 구성된다.[5] 이후 서브프레임의 상향링크 전송을 스케줄링하기 위해서 혹은 아래 설명되는 것처럼 MBMS와 관계된 시그널링에 사용하는 목적으로, MBSFN 서브프레임에서도 여전히 유니캐스트 제어 시그널링이 필요할 수 있다.

이 장의 시작 부분에서 이미 설명하였듯이, MBSFN에 기반한 멀티캐스트/브로드캐스트 전송인 경우 CP (cyclic prefix)가 채널에 시간적으로 퍼지는 현상뿐만 아니라 MBSFN 전송에 참여한 셀로부터 전송 사이의 시간 차이 역시 커버해주어야 한다. 따라서 MBSFN 영역에서만 일어나는 MCH 전송은 확장 CP를 사용한다. 만약 일반 서브프레임에 일반 CP가 사용되고 이에 따라 MBSFN 서브프레임 내의 제어 영역에서도 일반 CP가 사용되는 경우에는, 그림 19.5와 같이 MBSFN 서브프레임 내의 두 부분 사이에 작은 홀 (hole)이 발생한다. 이러한 홀을 넣은 이유는 제어 영역에서 사용되는 CP 종류에 상관없이 항상 MBSFN 영역의 시작 시점을 동일하게 유지하기 위해서다.

앞서 설명하였듯이, MCH는 해당하는 MBSFN 구역 내의 셀들로부터 MBSFN 방식을 사용하여 전송된다. 따라서 단말 관점에서는 MCH가 전파되어 오는 채널은 MBSFN 구역 내의 각 셀의 채널이 모두 합쳐진 채널로 보이게 된다. 따라서 단말은 MCH에 대한 coherent 복조를 위한 채널 추정을 위하여 각 셀로부터 전송되는 셀-특정 reference 신호를 사용하지 않는다. 대신, MCH를 위한 coherent 복조를 위하여, 그림 19.6에 보여지듯이 MBSFN 서브프레임 내의 MBSFN 영역에서는 특수한 MBSFN reference 신호가 전송된다. 이러한 MBSFN reference 신호는 MBSFN 구역을 구성하는 셀들에 걸쳐서 MBSFN 방식을 사용하여 전송된다. 즉, 이들은

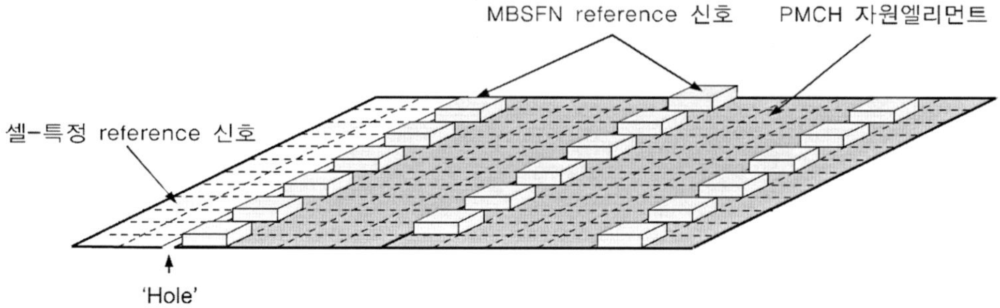

그림 19.6 PMCH 수신을 위한 reference 신호 구조

4) 역자 주: 이 책에서는 복수 개의 eNodeB들로 이루어진 MBSFN area를 'MBSFN 구역'으로 번역하였으며, MBSFN 서브프레임 내에서 실제 MCH 전송에 사용되는 MBSFN region을 'MBSFN 영역'으로 번역하였음에 유의

5) 5장에서 설명하였듯이, MBSFN 서브프레임은 여러 가지 용도로 사용될 수 있으며, 모든 MBSFN 서브프레임이 MCH 전송을 위해서만 사용될 필요는 없다.

각 셀로부터 동일한 시간-주파수 위치에 동일한 reference 심볼 값을 가지고 전송된다. 따라서, 이러한 reference 심볼을 사용한 채널 추정은 MBSFN 구역 내의 모든 셀로부터 MCH 전송이 전파되어 오는 합쳐진 채널을 정확하게 반영하게 된다.

MBSFN reference 신호와 결합된 MBSFN 전송은 안테나 포트 4로 불리는 특정 안테나 포트를 사용한 전송으로 분류된다.

단말은 주어진 서브프레임 내의 모든 MBSFN 전송을 동일한 MBSFN 구역에 해당하는 것으로 가정할 수 있다. 따라서 합쳐진 MBSFN 채널을 추정함에 있어서 주어진 MBSFN 서브프레임 내의 모든 MBSFN reference 심볼에 걸쳐서 보간법 (interpolation)을 사용할 수 있다. 반면에, 서로 다른 서브프레임의 MCH 전송은 앞서 설명하였듯이 서로 다른 MBSFN 구역에 해당할 수도 있다. 따라서 단말은 복수 개의 서브프레임에 걸쳐서 보간법을 사용하여 채널 추정을 하지 못할 수도 있다.

그림 19.6에서 볼 수 있듯이, MBSFN reference 심볼들의 주파수 영역 상의 밀도는 일반 셀-특정 reference 심볼의 밀도보다 높다. 이는 MBSFN 전송에 관련된 모든 셀의 집합 채널이 시간적으로 매우 분산된 채널 즉 주파수 선택적인 채널이기 때문이다. 결과적으로, 주파수 영역보다 높은 reference 심볼 밀도가 필요하다.

MBSFN 서브프레임에는 오직 하나의 MBSFN reference 신호가 존재한다. 따라서, MCH 전송에는 송신 다이버시티 및 공간 다중화와 같은 다중 안테나 전송이 지원되지 않는다. MCH 전송에 어떠한 표준화된 송신 다이버시티 방식도 지원하지 않는 이유는 중 하나는 MBSFN의 합쳐진 채널이 가진 매우 높은 주파수채널 상의 선택성 (high frequency selectivity)이 이미 충분한 (주파수) 다이버시티를 제공하기 때문이다. 단말에 굳이 사용 여부를 시그널링해줄 필요가 없으므로 어떤 구체적인 규격 상의 지원을 필요로 하지 않는 (transparent) 송신 다이버시티 방식 (물론 이득이 있는 경우에는)은 여전히 사용될 수 있다.

19.3 MBMS 서비스 스케줄링

앞서 설명하였듯이, MBSFN 구역을 두루 걸쳐서 우수한 커버리지를 확보하는 것은 브로드캐스트 서비스를 제공하는 데 중요한 요소 중 하나이다. 도입부에서 언급한 것처럼, 또 다른 중요한 요소는 단말이 저전력으로 수신이 가능하도록 하는 것이다. 본질적으로, 이는 주어진 서비스에 대하여 짧은 고속의 버스트를 전송함으로써 단말은 그 중간중간에 DRX 상태로 들어가서 전력 소모를 줄여야 함을 의미한다. 따라서, LTE에서는 MBMS 서비스 및 관련 시그널링에 시간 다중화를 사용하며 특정 MBMS 서비스에 언제 전송되는 지를 단말에게 알려주는 방식을 제공한다. 이러한 방식은 기본적으로 Common Subframe Allocation (CSA)과 MCH Scheduling Period (MSP)를 기반으로 한다.

동일한 MBSFN 구역 내의 모든 MCH는 CSA라고 알려진 MBSFN 서브프레임 패턴을 가지고 있다. 그림 19.7에서 볼 수 있듯이 CSA는 주기적이다. MCH 전송에 사용되는 서브프레임은 당연히 MBSFN 서브프레임으로 설정되어야 하지만, MBSFN 서브프레임으로 설정되어 있는 서브프레임이 항상 MCH 전송에 사용되어야 하는 것은 아니다. 일례로, 18장에서 설명했듯이, MBSFN 서브프레임은 relay에서의 백홀 (backhaul) 링크를 지원하기도 한다. 또한, MBSFN 구역에서 MCH 전송을 위한 MBSFN 서브프레임의 할당은 당연히 동일해야 한다. 그렇지 않으면 MBSFN의 이득이 얻어지지 않기 때문이다. 이는 MCE의 역할이다.

특정 MCH의 전송은 MCH Subframe Allocation (MSA)을 따른다. MSA는 주기적이며 매 MSP의 시작 부분에 위치한다. MCH Scheduling Information (MSI)은 돌아오는 스케줄링 주기의 특정 MTCH에 어떤 서브프레임이 사용되는 지의 정보를 알려주며, MSI 전송에는 MAC 제어 요소 (MAC control element)가 사용된다. 모든 가능한 서브프레임이 다 사용될 필요는 없으며, 따라서 MTCH의 전송을 위하여 MCH에 할당된 서브프레임보다 적은 개수의 서브프레임이 필요한 경우에는, MSI는 특정 MTCH을 위하여 사용되는 마지막 MCH 서브프레임을 알려주며 (그림 19.7의 MSA end 참조), 나머지 서브프레임은 MBMS 전송에 사용되지 않는다. 서로 다른 MCH는 CSA 주기 내에서 순서대로 전송된다. 즉, CSA내의 MCH n에 사용된 모든

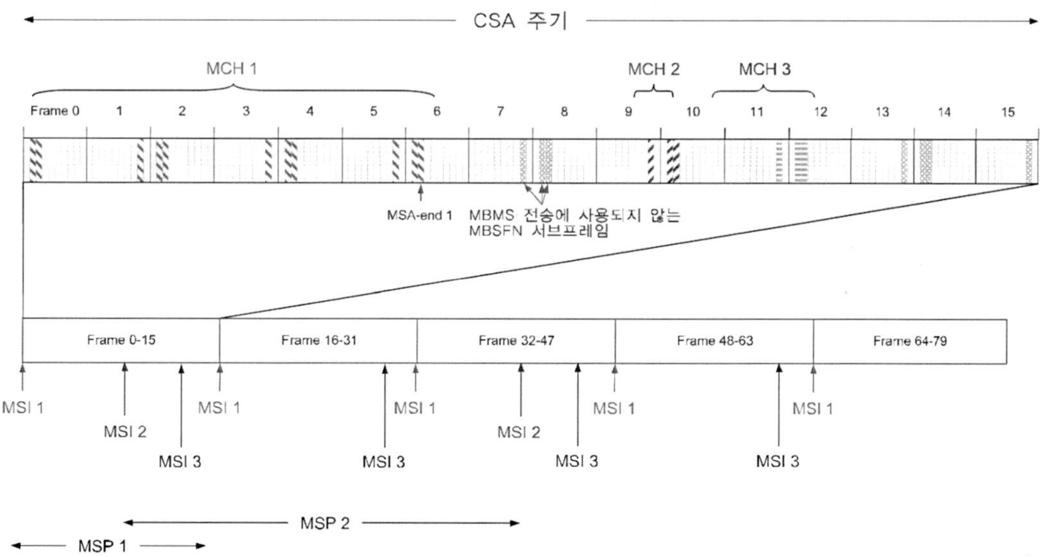

그림 19.7 MBMS 서비스 스케줄링의 예

서브프레임은 동일한 CSA 주기 내의 MCH $n+1$에 사용되는 서브프레임보다 먼저 전송된다.

MCCH을 통하여 전송 포맷이 시그널링된다는 사실은 MCH 사이에 MCH 전송 포맷이 다를 수 있다는 것을 의미한다. 물론 동일한 MCH에 사용되는 서브프레임에 걸쳐 전송 포맷이 동일해야 한다. 다만 하나의 예외는 MCCH 및 MSI에 사용되는 서브프레임으로서, 여기에는 시스템 정보로서 시그널링되는 MCCH의 특정 전송 포맷이 대신 사용된다.

그림 19.7의 예에서 첫 번째 MCH에 대한 스케줄링 주기는 한 CSA 주기에 해당하는 16프레임이다. 따라서 이 MCH에 대한 스케줄링 정보는 매 16프레임마다 한 번씩 전송된다. 두 번째 MCH에 대한 스케줄링 주기는 두 CSA 주기에 해당하는 32 프레임이며, 스케줄링 정보는 매 32 프레임마다 전송된다. MCH 스케줄링 주기는 80ms에서 10.24s 사이의 값을 가질 수 있다.

정리하면, 각 MBSFN 구역에 대하여 MCCH가 CSA 패턴에 대한 정보, CSA 주기, 그리고 MBSFN 구역 내의 각 MCH에 대한 전송 포맷과 스케줄링 주기를 알려준다. 이 정보는 단말이 서로 다른 MCH를 적절하게 수신하는 데 필요하다. MCCH 자체는 MCH에 매핑되는 논리 채널로서 닭이 먼저냐 달걀이 먼저냐 하는 문제를 야기할 수 있다. 왜냐하면 MCH 수신에 필요한 정보 자체가 MCH 상에 전송되지 않기 때문이다. 따라서 MCCH (혹은 MSI)가 MCH에 다중화되어 있는 TTI에서는 MCH에 대하여 MCCH 특정의 전송 포맷이 사용되며 이는 시스템 정보에 의하여 제공된다 (SIB13이 사용된다. 시스템 정보에 대해서는 11장 참조.). 시스템 정보는 MCCH의 스케줄링 및 수정 주기에 대한 정보도 제공한다 (하지만 MCCH로부터 얻을 수 있는 CSA 주기, CSA 패턴 및 MSP는 시스템 정보에서 제공하지 않는다). 따라서 특정 MBMS 서비스의 수신은 다음 단계로 정리할 수 있다.

- 특정 MBSFN 구역에 대한 MCCH를 수신하기 위한 정보를 SIB13을 수신하여 획득
- 관심 있는 서비스에 대한 CSA 주기, CSA 패턴 및 MSP에 대한 정보를 MCCH를 수신하여 획득
- 각 MSP의 시작 부분에서 MSI를 수신함. MSI는 해당 서비스가 어떤 서브프레임에서 전송되는지의 정보를 알려줌.

위의 두 번째 단계가 지나면 단말은 CSA 주기, CSA 패턴 및 MSP를 획득하였다. 이 파라미터들은 일반적으로 오랜 시간 동안 변하지 않는다. 따라서 세 번째 단계와 같이 단말은 오직 MSI와 관심 있는 서비스를 담고 있는 MTCH가 위치한 서브프레임들만 수신하면 된다. 이를 통하여 단말은 대부분의 서브프레임에서 쉴 수 있으며, 이는 단말의 전력 소모를 상당 부분 절감시켜준다.

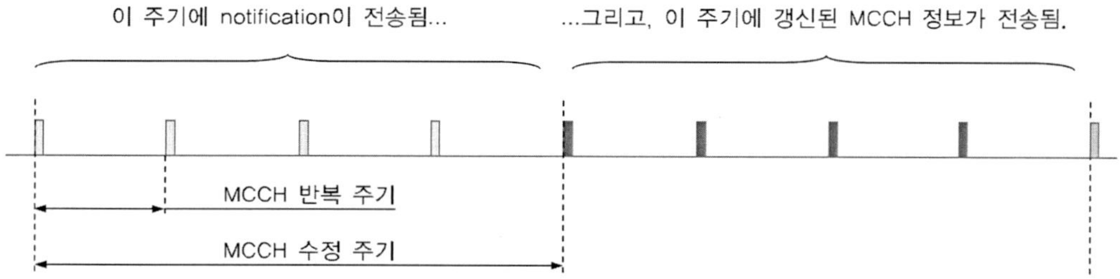

그림 19.8 MCCH 전송 스케줄링

예를 들면 새로운 서비스가 시작되는 경우와 같이, 때때로 MCCH에서 제공되는 정보가 갱신될 필요가 있을 수 있다. MCCH를 반복적으로 수신하도록 하는 것은 단말의 전력 소모를 증가시킨다. 따라서 MCCH 전송에 대하여 다음 단락에서 설명하는대로 변경-notification 방식과 결합한 고정적인 스케줄링이 사용된다.

MCCH 정보는 고정된 반복 주기를 가지고 반복하여 전송되지만 MCCH 정보에 대한 변경은 특정 순간에만 일어날 수 있다. 그림 19.8에서 볼 수 있듯이, MCCH 정보 (혹은 MCCH 정보의 일부)의 변경은 새로운 수정 주기의 시작 시점에만 가능하여, 네트워크은 향후 있을 MCCH 정보의 변경에 대하여 앞선 MCCH 수정 주기에서 단말에 알려준다. 이러한 변경-notification 방식에 PDCCH가 사용된다. MBSFN 서브프레임 내의 PDCCH 상으로 8비트의 비트맵이 전송되는데 각 비트는 특정 MBSFN 구역을 지칭하며, 해당 PDCCH는 DCI 포맷 1C를 사용하며 M-RNTI를 사용한다. Notification 비트맵은 제공되는 서비스에 변경이 있는 경우에만 전송되며 위에 설명한 수정 주기를 따른다 (Release 10에서 notification이 MBSFN 구역 내의 서비스 수신 단말 수를 세기 위한 counting 요청을 지시하는 데도 사용된다).

Notification 지시자의 개념 및 수정 주기의 목적은 단말이 쉬는 시간을 극대화하여 단말의 전력 소모를 최소화하려는 데 있다. MCCH 정보에 변경이 없는 경우에는, 현재 MBMS를 수신하고 있지 않은 단말은 DRX 상태에 있으면서 notification 지시자가 전송되는 순간에만 깨어나면 된다. MBSFN 서브프레임 내의 PDCCH는 길이가 2 OFDM 심볼밖에 되지 않으므로 단말이 깨어나서 notification을 확인하는 시간은 매우 짧게 되어 전력 소모를 줄일 수 있다. MCCH를 반복적으로 전송하는 것은 이동성을 지원하는 데 도움을 준다. 새로운 영역에 들어오는 단말 혹은 첫 번째 전송을 놓친 단말은 새로운 수정 주기가 시작될 때까지 기다릴 필요가 없이 바로 MCCH 정보를 수신할 수 있다.

19.4 SC-PTM (Single cell point to multipoint)

SC-PTM는 단일 셀 (또는 소수의 셀로 구성된 작은 영역)에서 관심 있는 MBMS 서비스를 지원하고 이전 절에서 설명한 MBSFN 전송 방식을 보완하기 위해 Release 13에서 도입되었다. 전반적으로 동일한 구조가 재사용되며, MBSFN과 SC-PTM 전송 간의 선택은 MCE가 담당한다.

DL-SCH에 매핑되는 SC-MTCH는 SC-PTM을 이용하여 전송되는 MBMS 정보를 담고 있다. 유니캐스트 전송과 동일한 메커니즘인 DL-SCH의 동적 스케줄링이 사용된다. 이는 MBSFN 전송에 사용되는 느린 스케줄링에 비해 매우 빠르게 변하는 (bursty) 트래픽을 효율적으로 지원할 수 있다. 해당 DL-SCH 전송이 다수의 단말을 상대로 하기 때문에, HARQ 피드백 및 CSI 보고는 사용되지 않는다. 결과적으로 피드백에 의존하지 않는 전송 모드 1-3이 지원된다. 새로운 그룹 RNTI인 G-RNTI가 사용되며, 각각의 MBMS 서비스에 대해 서로 다른 G-RNTI가 동적 스케줄링에 사용된다.

서로 다른 MBMS 서비스에 사용되는 G-RNTI와 같은 제어 정보는 SC-MCCH 논리 채널에서 제공되고, 이는 DL-SCH에 매핑되며 SC-RNTI를 사용하여 동적으로 스케줄링된다. SIB20에는 SC-MCCH를 수신하는 데 도움이 되는 정보가 포함되어 있다.

20

MASSIVE-MTC 어플리케이션을 위한 LTE

20.1 도입

근본적으로 이동전화, 광대역 이동통신 및 미디어 전달과 같은 어플리케이션은 사람들 사이에서 정보가 전달되는 것이다. 그러나 무선통신은 더이상 사람이 아닌 다른 유형의 "사물" 또는 "기계" 간의 종단간 연결성을 제공하는 데에도 점점 더 많이 사용되고 있다. 3GPP에서는 이를 MTC (machine-type communications)라고 한다. 사물 인터넷 (internet of things, IoT)이라는 용어도 이 맥락에서 빈번히 사용된다.

MTC 어플리케이션은 매우 다양한 응용 프로그램에 걸쳐 있지만, 크게 massive-MTC 어플리케이션과 critical-MTC 어플리케이션으로 나뉜다.

Massive-MTC 어플리케이션은 일반적으로 센서, 액추에이터 및 이와 유사한 단말과 같이 매우 많은 수의 단말들이 연결되는 경우의 어플리케이션이다. Massive-MTC 단말은 일반적으로 값이 싸며 평균 에너지 소비량이 적어서 배터리 수명이 매우 길어야 한다. 동시에 각 단말에서 생성되는 데이터의 양은 일반적으로 작으며 데이터 속도 및 지연 요구 사항도 그리 높지 않다.

일부 massive-MTC 어플리케이션의 경우, 건물 지하 깊숙한 곳과 산간 지방 또는 황량한 지역 등과 같은 네트워크 구축이 부족한 지역에서도 연결성을 제공할 수 있어야 한다. 따라서 이러한 massive-MTC 어플리케이션을 지원하는 무선 접속 기술은 기지국과 단말 간의 경로 감쇄가 매우 큰 경우에도 올바르게 동작할 수 있어야 한다.

반면, critical-MTC 어플리케이션은 일반적으로 어플리케이션이 지원되는 영역 내에서 매우

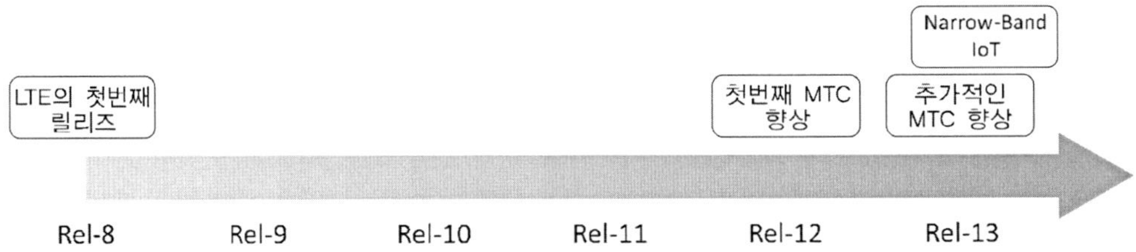

그림 20.1 Massive-MTC 어플리케이션에 대한 향상된 지원을 목표로 하는 LTE 진화 단계

높은 안정성과 높은 가용성을 요구하는 어플리케이션들이다. Critical-MTC 어플리케이션의 예로는, 교통 안전, 중요한 인프라의 제어 및 산업용 프로세스를 위한 무선 연결 등이 있다. 이러한 어플리케이션 중 상당수는 네트웍의 지연이 매우 작으며 예측 가능해야 하는 요구 사항을 갖는다. 한편, 매우 낮은 단말 비용과 매우 낮은 단말 에너지 소비는, 일반적으로 이러한 종류의 어플리케이션에서는 덜 중요하다.

많은 MTC 어플리케이션은 LTE의 최초 릴리즈에서부터 이미 지원하고 있다. 그러나 최근에는 특히 massive-MTC 어플리케이션에 대한 지원을 개선하기 위하여 LTE의 진화의 일환으로 추가적인 업데이트가 있었다.

그림 20.1에서 설명한 대로, 진화의 첫 번째 단계는 3GPP Release 12에서 수행되었으며 Release 13에서 추가로 이루어졌다. Release 12 및 13의 massive-MTC 어플리케이션을 다루는 LTE 규격에 대한 업데이트는 각각 20.2 및 20.3절에 자세히 설명되어 있다.

Massive-MTC 어플리케이션 지원을 위한 LTE의 직접적인 진화 이외에도 NB-IoT (narrowband IoT)라고 하는 3GPP 작업도 있다. NB-IoT는 초기에는 LTE의 진화와는 별도의 3GPP 기술로 시작되었다. 그러나 최근 NB-IoT 기술은 LTE와 정합되어 이제는 전체적인 LTE 진화의 일부로 볼 수 있다. NB-IoT는 20.4절에서 더 논의한다.

20.2 LTE Release 12에서의 MTC 개선 사항

앞서 언급했듯이, MTC 어플리케이션에 대한 지원을 강화하기 위한 첫 번째 단계로써, 특히 저가의 단말 및 단말 에너지 소비 절감에 대한 목표가 LTE Release 12에서 시작되었다. 이에 따라 완화된 데이터 속도 능력 및 half-duplex 동작의 수정과 수신 안테나를 1개만 가지는 단말의 가능성을 포함한 새로운 UE 카테고리가 정의되었다. 또한 단말 에너지 소비를 줄이기 위한 새로운 절전모드도 포함되었다.

20.2.1 데이터 속도 능력 및 UE 카테고리 0

3장에서 언급하였듯이, LTE에서는 여러 개의 UE 카테고리를 정의하였으며 각 카테고리는 지원되는 최대 데이터 속도와 연결되어 있다.

LTE Release 12에서는 MTC 어플리케이션에 저렴한 단말을 사용하기 위해 낮은 데이터 속도의 새로운 UE 카테고리를 도입했다. 새로운 UE 카테고리는 더 우수한 기능을 가진 카테고리 번호가 더 큰 번호를 가지는 기존의 체계에 맞추어 카테고리 0으로 붙여졌다.[1)]

서로 다른 UE 카테고리의 데이터 속도 제한은 LTE 규격에서 전송 블록의 크기에 대한 상한으로 나타나 있다. UE 카테고리 0에 대해, 이 상한은 상향링크 및 하향링크 모두에 대해 1000 비트로 설정되었다. 1 ms의 TTI에 full-duplex FDD 동작을 가정하면 카테고리 0 단말에 대해 지원되는 최대 데이터 속도는 1 Mbit/s가 된다. 1 Mbit/s 데이터 속도 제한은 상위 계층 (MAC 및 상위)에서 추가되는 오버헤드를 포함하는 전송 채널 데이터 속도에 대응한다는 것에 유의한다. 따라서 어플리케이션 관점에서 최대 데이터 속도는 이보다 다소 낮다.

전송 블록 크기에 대한 1000 비트 제한은 사용자 데이터 전송에만 유효하다는 점도 유의한다. 네트웍 단에서 너무 많은 수정을 하지 않고 카테고리 0 단말을 지원할 수 있도록, 이러한 단말은 시스템 정보, 페이징 메시지 및 랜덤액세스 응답은 SIB1의 최대 크기인 2216 비트의 전송 블록 크기까지 수신할 수 있어야 한다.

카테고리 1과 마찬가지로 카테고리 0은 공간 다중화를 지원하지 않는다. 또한 상향링크 변조도 QPSK와 16QAM으로 제한된다.

카테고리 0 단말은 전체 반송파 대역폭, 즉 최대 20 MHz를 여전히 지원해야 한다는 점에 유의한다. 20.3절에서 볼 수 있듯이 이 요구 사항은 LTE Release 13의 추가적인 MTC 개선으로 완화되었다.

20.2.2 타입 B half-duplex 동작

LTE 규격의 첫 번째 릴리즈부터 이미 half-duplex FDD 동작만 가능한 단말을 허용하였다. 제5장에서 설명한 것처럼 half-duplex 동작은 단말 측에서 송신과 수신을 동시에 하지 않는 것을 의미한다. 이는 duplex 필터에 대한 요구 사항을 완화시켜 저렴한 단말을 구현할 수 있다.

Timing advance로 인해, 상향링크 서브프레임의 전송은 이전의 하향링크 서브프레임이 종료되기 이전에 시작된다. 제5장에서 설명된 바와 같이, 상향링크 송신이 하향링크 수신 바로 뒤에

1) 엄밀히 말하자면, Rrelease 12부터 다운링크와 상향링크에 대해 서로 다른 카테고리가 있다.

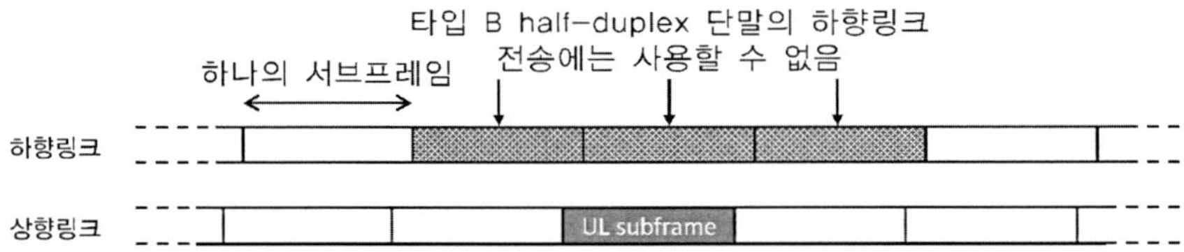

그림 20.2 타입 B half-duplex에 대한 스케줄링 제한

따르는 경우, half-duplex 동작만 가능한 단말은 하향링크 서브프레임의 마지막 OFDM 심볼을 수신하지 않는 것이 허용된다.

LTE Release 12는 복잡도/비용의 추가적인 절감을 위해 카테고리 0 단말을 대상으로 새로운 half-duplex 모드인 타입 B half-duplex를 도입했다. 타입 B half-duplex는, 단말이 상향링크 서브프레임 이전의 마지막 하향링크 서브프레임을 수신하지 않을 것과 상향링크 서브프레임 이후 첫 번째 하향링크 서브프레임을 수신하지 않을 것이라고 규격화함으로써, 하향링크 수신과 상향링크 송신 사이에 훨씬 더 큰 idle 시간을 허용한다 (그림 20.2 참조).

송신과 수신을 전환할 때 큰 idle 시간을 제공함으로써, 타입 B half-duplex는 송신기와 수신기 사이의 RF 기능 (예: 오실레이터 관련)의 공용 사용을 허용하므로 카테고리 0 단말의 복잡도를 더욱 감소할 수 있다.

20.2.3 단일 수신 안테나 단말

LTE 기술 규격은 단말 측에서 사용될 수신 안테나의 수와 같은 특정한 수신기 구현을 명시적으로 요구하지는 않는다. 그러나 첫 번째 릴리즈 부터 LTE 성능 요구 사항은 암묵적으로 두 개의 수신 안테나를 모든 UE 카테고리에 필수적으로 요구하였다.

Massive-MTC 어플리케이션을 목표로 하는 단말의 복잡도를 더욱 줄이기 위해 이 요구 사항은 UE 카테고리 0에 대해 완화되었다. 좀 더 설명하면 카테고리 0 단말의 성능 요구 사항은 단말 측에서 하나의 수신 안테나만 가지고도 충족될 수 있다.

20.2.4 전력 절감 모드

앞서 설명한 저가 단말을 위한 방법에 추가로, LTE Release 12는 에너지 소비를 줄이고 massive-MTC 단말의 배터리 수명을 연장할 수 있는 새로운 절전모드 (power saving mode, PSM)를 제공한다.

PSM로 들어가는 것은 단말 입장에서는 전원을 끄는 것과 유사하다. 다만 차이점은 단말이 여전히 네트워크에 등록되어 있으므로 재접속 및 PDN (packet data network) 연결을 다시 설정할 필요가 없다는 것이다.

결과적으로, 네트웍은 PSM로 들어간 단말에 도달할 수 없으며 연결을 재설정하는 것은 반드시 단말에 의해 수행되어야 한다. 따라서 PSM은 주로 데이터 전송의 필요성이 일반적으로 단말 측의 이벤트에 의해 시작되는 "모니터링" 단말과 주로 관련이 있다.

네트웍의 데이터 전송을 가능하게 하기 위해 PSM을 사용하는 단말은 네트웍에 정기적으로 다시 연결되어 네트웍이 UE에 대한 페이징을 할 수 있도록 잠시동안 깨어 있어야 한다. 이러한 재연결은 PSM의 에너지 절약 이점을 유지하기 위해 자주 발생하지 않아야 한다. 즉, PSM은 지연 요구 사항이 중요하지 않고 네트웍의 데이터 트래픽이 많지 않은 경우에 주로 유용하다.

20.3 LTE Release 13의 MTC 개선 사항: eMTC

LTE Release 13의 일부로, eMTC (enhanced MTC)라고 불리는 massive-MTC 어플리케이션에 대한 LTE 지원을 향상시키는 추가 개선이 이루어졌다. 주요 목표는

- Release 12 UE 카테고리 0에서 달성한 것 이상으로 추가적인 단말 비용 절감을 가능하게 한다.
- Release 13 이전의 단말과 비교하여 최소 15 dB 더 높은 경로 감쇄에서도 동작할 수 있도록 저속 massive-MTC 단말에 대한 커버리지를 확장한다.

크게 보면, eMTC의 주요 신기능은

- 단말단에서 보다 좁은 RF 대역폭을 가능하게 하여 단말의 복잡도와 비용을 더욱 줄인다.
- 하향링크 및 상향링크 모두 repetition을 많이 사용하여 저속 서비스에 대하여 확장된 커버리지를 제공한다.
- extended DRX

협대역 RF 대역폭으로 제한되는 단말은, LTE 규격에서는 BL (bandwidth-reduced low-complexity) UE라고 하지만, 여기서는 BL보다는 eMTC라는 용어를 사용한다.

협대역 RF 대역폭은 repetition을 통한 coverage 확장 지원은 서로 독립적인 것이라서, 실제로 coverage 확장은 협대역 RF 대역폭으로 제한되지 않는 단말에도 적용될 수 있다는 점을 유의한다.

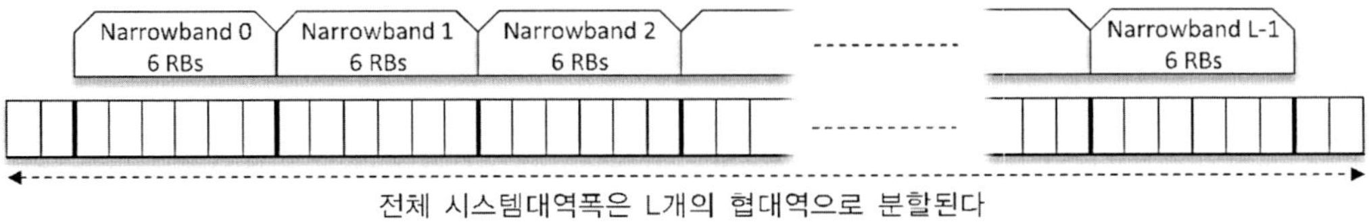

그림 20.3 전체 대역폭은 6개의 자원 블록 크기의 L개의 협대역으로 분할된다.

20.3.1절과 20.3.2절에서 협대역 운용과 repetition에 의한 coverage 확장에 대하여 논의하고, 이후 절 (20.3.3–20.3.7절)에서는 이러한 기능이 LTE 무선 인터페이스의 다양한 측면에 어떻게 영향을 미치는지 설명한다. 마지막으로 20.3.8절에서는 extended DRX에 대해 간략히 설명한다.

Release 12 카테고리 0 단말과 유사하게, 전송 블록의 크기를 1000 비트로 제한하고 공간 다중화를 지원하지 않으며 타입 B half-duplex 동작 및 단일 안테나 단말 수신 가능성을 지원하는 것은 Release 13 eMTC에도 유효하다. eMTC 단말의 경우, 변조는 상향링크 및 하향링크 모두에 대해 QPSK와 16QAM으로 제한된다.

eMTC 단말의 경우, 전송 블록 크기에 대한 1000 비트 제한이 시스템 정보, 페이징 메시지 및 랜덤액세스 응답을 포함한 모든 전송에 유효하다는 점에 유의한다. eMTC 단말의 협대역 특성으로 인해 시스템 정보를 전달하기 위한 메커니즘을 다시 설계할 필요가 있었으므로 단말이 2216 비트의 SIB1 최대 전송 블록 크기를 수신할 수 있어야 한다는 Release 12 요구 사항을 유지할 필요가 없다.

20.3.3.4절에서 볼 수 있듯이, HARQ 왕복 시간이 증가함에 따라, full-duplex eMTC 단말의 최대 지속 가능한 하향링크의 데이터 속도는 800kbps로 제한된다.

20.3.1 협대역 동작

첫 번째 릴리즈부터 LTE 규격은 모든 단말이 전체 LTE 반송파 대역폭 즉, 최대 20MH를 지원하도록 요구한다. 그 이유는 네트워에 접속하는 모든 단말이 전체 네트워 반송파 대역폭을 통해 송수신할 수 있게 함으로써 규격 및 네트워 동작을 단순화하는 것이다.

고해상도 스크린 및 어플리케이션 프로세서를 포함한 단말의 전반적인 복잡도를 고려할 때, 전체 반송파 대역폭을 지원해야 하는 것과 관련된 RF 복잡도는 일반적인 광대역 이동통신 단말에서는 그리 문제가 되지 않는다. 그러나 전체 단말 복잡도 및 비용에 무선 부분이 훨씬 더 큰 부분을 차지하는 저가 MTC 단말의 경우에는 상황이 다르다. 넓은 대역폭 지원은 단말의 에너지 소비에도 영향을 주므로 결국 배터리 수명에도 영향을 준다. 이러한 이유로 Release

13 eMTC 단말은, 최소 LTE 반송파 대역폭, 즉 약 1.4 MHz에 해당하는 순시 대역폭을 통해 송수신하는 것으로 결정되었다.

이러한 협대역 eMTC 단말이 더 넓은 광대역 LTE 반송파에 접속할 수 있도록 LTE Release 13에 협대역 (narrowband)의 개념이 도입되었다. 그림 20.3과 같이 전체 광대역 반송파는 주파수 영역에서 각각 6개의 자원 블록으로 구성된 여러 개의 협대역으로 분할된다. 자원 블록의 수로 계산되는 전체 반송파 대역폭이 항상 6의 배수일 수는 없기 때문에, 반송파의 각 가장자리에서 1-2개의 자원 블록은 위에 설명된 협대역에 소속될 수 없다. 또한, 전체 반송파 대역폭이 홀수 개의 자원 블록인 경우 반송파 중앙의 자원 블록은 어떠한 협대역에도 속하지 않게 된다.

주어진 순간에, eMTC 단말은 하나의 협대역, 즉 6개의 연속적인 자원 블록에 대응하는 대역폭을 통해서만 송신할 수 있다. 유사하게, 주어진 순간에 eMTC 단말은 하나의 협대역에 대응하는 대역폭을 통해서만 수신할 수 있다. 따라서 기본적으로 하나 이상의 협대역 즉 6개 이상의 연속적인 자원 블록에 걸쳐 있는 물리 채널은 eMTC 단말에 의해 수신될 수 없다. 예를 들어 PDCCH, PCFICH 및 PHICH의 경우가 있다. 따라서 이러한 채널의 기능은 eMTC 단말을 위해서는 다른 방법으로 제공되어야 한다.

비록 eMTC 단말이 단일 협대역으로만 송수신할 수 있지만, 단말은 서브프레임 간 협대역을 전환할 수 있어야 한다. 단말이 단일 협대역의 대역폭에 해당하는 대역폭을 가진 RF 프론트엔드를 가지고 있다면, 서로 다른 협대역 사이를 전환하려면 150 μs 또는 최대 두 OFDM 심볼만큼 시간이 걸릴 수 있는 RF 프론트엔드의 주파수 재조정 (retuning)이 필요하다. 이러한 시간을 가용하게 하는 방법은, 주파수 재조정이 하향링크 수신에 사용되는 서브프레임 사이에서 어떻게 일어나는지 또는 상향링크 송신을 위한 서브프레임들 사이에서 어떻게 일어나는 지에 따라 달라진다. 간단히 말해서

- 하향링크 서브프레임 간의 수신기 주파수 재조정은 서브프레임 시작 부분의 제어 영역 동안에 발생하는 것으로 가정한다.
- 상향링크 서브프레임 간의 송신기 주파수 재조정에 대한 시간은 재조정 직전의 마지막 심볼(들)을 송신하지 않거나 재조정 직후의 첫 번째 심볼(들)을 송신하지 않음으로써 사용할 수 있다 (20.3.4절 참조).

20.3.2 Repetition을 통한 coverage 확장

3GPP eMTC의 두 번째 목표는, 낮은 데이터 속도 MTC 어플리케이션에 대해 크게 확장된 coverage를 가능하게 하는 것이다. eMTC 설계의 명확한 목표는, Release 13 이전의 단말에

비해 적어도 15 dB가 더 큰 경로 감쇄에서도 동작을 가능하게 하는 것이다.

eMTC의 목적은 주어진 데이터 속도에 대하여 coverage를 확장하는 것이 아니라는 것을 이해하는 것이 중요하다. 대신, 데이터 속도를 줄임으로써 coverage가 확장된다. 핵심 과제는

- 더 낮은 데이터 속도가 충분히 효율적으로 제공되도록 한다.
- 연결을 설정하고 유지하는 데 필요한 여러 제어 채널 및 신호에 대해 충분한 coverage를 제공해야 한다.

다음 사항에 유의한다.

- RF 복잡도의 이유로, eMTC 단말의 최대 출력 전력은 20 dBm으로 제한될 수 있다. 즉, LTE 단말의 일반적인 최대 출력 전력보다 3 dB 낮다. 적어도 15 dB 높은 경로 감쇄를 허용하려면 eMTC 단말의 상향링크 링크 버짓은 최소 18 dB 이상 개선되어야 한다.
- 단일 안테나 수신의 사용은 하향링크 링크 성능의 손실을 의미하며, 이것 역시 하향링크 커버리지 향상에 의해 보상되어야 하는 손실이다.
- 서로 다른 LTE 채널 및 신호는 모두가 정확히 동일한 coverage를 갖고 있지 않다는 점에 유의한다. 즉, 전체 네트워크 coverage에 15 dB 이득을 얻기 위하여, 모든 신호와 채널에 대하여 동일한 만큼 coverage가 개선될 필요는 없다는 것을 의미한다.
- PSS/SSS 및 PBCH와 같은 특정 신호 및 채널은 반송파 대역폭의 일부만을 통해 전송되며 일반적으로 병렬로 이루어지는 다른 전송들과 전체 기지국 전력을 공유한다고 가정한다. 이러한 신호/채널의 coverage는 전력 부스팅 (power boosting)에 의해 일부 확장될 수 있다. 즉, 함께 수행되는 다른 전송들의 전력을 낮추면서, 전체 기지국 전력의 많은 부분을 이러한 신호/채널에 할당함으로써 커버리지를 확장할 수 있다.

eMTC 단말의 coverage를 확장하는 주요 도구는 다중 서브프레임 repetition을 사용하는 것이다. 이는 하나의 전송 블록을 경우에 따라서는 매우 많은 수의 서브프레임 (N_{rep} 서브프레임) 동안 전송함으로써 주어진 송신 전력에 대해 정보 비트당 더 높은 전송 에너지를 제공하는 것을 의미한다.

LTE 규격은 eMTC에 대한 coverage 확장을 두 가지 모드를 구분한다

- 적당한 커버리지 향상을 목표로 하는 coverage enhancement 모드 A (CE 모드 A).
- 훨씬 큰 커버리지 향상을 목표로 하는 CE 모드 B.

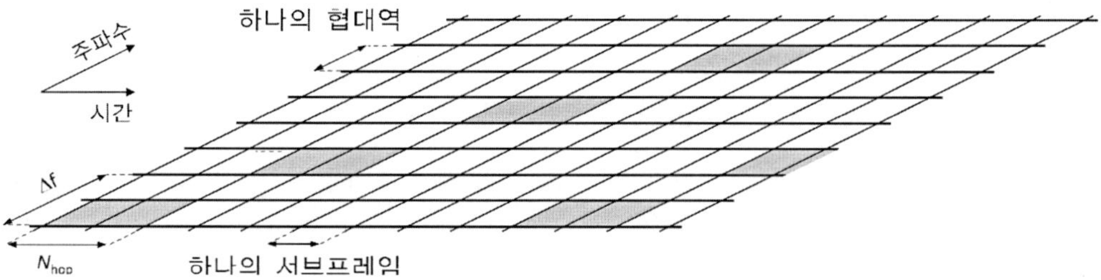

그림 20.4 eMTC를 위한 주파수 호핑. 이 그림은 주파수 호핑 블록 길이 $N_{\text{hop}} = 2$를 갖는 4개의 서로 다른 협대역(하향링크만 가능함) 사이의 주파수 호핑을 가정한다.

두 모드는, 예를 들어 지원되는 repetition 횟수에 따라 서로 다르며, CE 모드 B가 CE 모드 A에 비해 훨씬 더 많은 repetition을 지원한다.

어떤 면에서 CE 모드 A의 목표는, eMTC 단말의 더 낮은 (-3 dB) 단말 출력 전력과 단일 안테나 수신으로 인한 저하된 수신기 성능을 보완하는 것으로 볼 수 있다. 이에 따라 CE 모드 A의 목적은 복잡도가 낮은 eMTC 단말에 대해 적어도 eMTC가 아닌 단말과 동일한 coverage를 보장하는 것이다. CE 모드 B는 목표로 하는 15 dB의 최대 경로 감쇄까지의 coverage 확장을 제공한다.

각 eMTC 단말은 CE 모드 A 또는 CE 모드 B로 동작하도록 네트웍에 의해 개별적으로 설정된다.

Repetition은 기본적으로 연속적인 서브프레임에서 이루어진다.[2] 그러나 네트웍은 특정 서브프레임을 eMTC 특정 시스템 정보의 일부로 제공되는 비트맵을 사용하여 repetition할 수 없다고 ("invalid 서브프레임") 명시적으로 설정할 수 있다. FDD의 경우, invalid 서브프레임의 집합은 하향링크 및 상향링크에 대해 독립적으로 설정된다.

Invalid 서브프레임을 집합이 네트웍에 의해 명시적으로 설정되지 않으면, 단말은 모든 상향링크 서브프레임을 유효한 서브프레임이라고 가정할 수 있다. 또한 단말은 MBSFN 서브프레임으로 설정된 서브프레임을 제외한 모든 하향링크 서브프레임에 대하여 유효한 서브프레임이라고 가정할 수 있다.

Invalid 서브프레임의 경우, repetition은 다음의 유효한 서브프레임까지 연기한다. 따라서 invalid 서브프레임의 존재는 repetition 횟수를 감소시키지 않으며 단지 전체 repetition이 수행되는 시간을 연장시킨다.

유효 서브프레임 및 invalid 서브프레임의 개념은, repetition 순서의 첫 번째 전송에도 적용된다. 한편 repetition이 없는 경우 ($N_{\text{rep}} = 1$)에는 해당 서브프레임이 invalid 서브프레임으로 설정되어 있어도 송신이 수행된다.

복수 개의 서브프레임에 걸친 repetition의 경우, 선택적으로 서브프레임 간 주파수 호핑이 상

2) TDD의 경우는, 하향링크 및 상향링크 전송을 위한 각각의 연속적인 하향링크 및 상향링크 서브프레임에 대하여

향링크 및 하향링크 모두에 적용될 수 있다. 그림 20.4에서 볼 수 있듯이 서로 다른 협대역 간에 N_{hop} 서브프레임의 블록으로 주파수 호핑을 수행한다. N_{hop}은 CE 모드 A에 대하여 $N_{\text{hop}}=1$ (매 서브프레임마다 주파수 호핑)에서 $N_{\text{hop}}=8$ (8개 서브프레임마다 주파수 호핑)까지, CE 모드 B에 대하여 $N_{\text{hop}}=2$에서 $N_{\text{hop}}=16$까지 설정할 수 있다.[3] 매 서브프레임마다 호핑을 하지 않고 여러 서브프레임 단위로 주파수 호핑을 허용하는 이유는 ($N_{\text{hop}}>1$), 서브프레임 간 채널 추정을 허용하기 위해서다.

서로 다른 전송 사이의 주파수 호핑을 정렬하고 모든 단말이 동일한 시간에 호핑되도록 하기 위해, 호핑 순간은 UE 특정의 값이 아니다. 즉, 호핑 순간은 셀 내의 모든 주파수 호핑 eMTC 단말에 공통적이며, 프레임 번호 (SFN)가 0인 프레임의 첫 번째 서브프레임으로부터 계산된 절대적인 서브프레임 번호에 따라 결정된다. 즉, SFN이 0인 프레임의 첫 번째 서브프레임 번호를 0으로 지정하면 호핑은 전송 시작과 관계 없이 모든 주파수 호핑 전송에 대해 서브프레임 $k \cdot N_{\text{hop}}-1$과 서브프레임 $k \cdot N_{\text{hop}}$ 사이에서 발생한다. 또한 주파수 호핑의 경우 서브프레임 계산 시에 invalid 서브프레임도 고려된다는 것을 의미한다.

주파수 호핑 블록 길이 (N_{hop}) 및 호핑 오프셋 (Δf)은 하향링크 및 상향링크에 대해 개별적으로 설정되고, 또한 CE 모드 A 및 CE 모드 B에 대해 개별적으로 설정되는 셀-특정 파라미터이다. 상향링크 주파수 호핑은 단지 2개의 서로 다른 협대역 사이에서 수행되고, 하향링크 주파수 호핑은 2개의 협대역 또는 4개의 동일한 간격으로 떨어진 협대역 사이에서 수행되도록 설정될 수 있다.

20.3.3 하향링크 전송: PDSCH 및 MPDCCH

6장에서 기술한 바와 같이 기존의 (eMTC가 아닌) 하향링크 데이터 전송은 PDCCH를 통해 제공된 관련 제어 시그널링 (하향링크 제어 정보, DCI)을 사용하여 PDSCH 상에서 수행된다. PDCCH는 각 서브프레임 최대 3 개까지 맨 앞의 OFDM 심볼(들)로 구성되는 서브프레임의 제어 영역에서 전송된다.[4] 제어 영역의 크기 혹은 이에 의하여 결정되는 PDSCH로 전송되는 데이터 영역의 시작은 PCFICH 상에 동적으로 시그널링된다.

6장에서 기술한 바와 같이, DCI는 PDCCH 대신 제한된 자원 블록 집합으로 한정된 EPDCCH를 통해 제공될 수도 있다.

PDCCH 및 PCFICH는 본질적으로 광대역이므로 협대역 eMTC 단말에 의해 수신될 수 없다.

---

3) 이 값들은 FDD의 경우이다. TDD의 경우 N_{hop}로 가능한 값은 CE 모드 A는 {1, 5, 10, 20}이고 CE 모드 B는 {5, 10, 20, 40}이다.

4) 1.4 MHz 반송파 대역폭의 경우 최대 4개의 OFDM 심볼

따라서 eMTC 단말용 DCI는 새로운 물리 제어 채널인 MPDCCH를 통해 제공된다. MPDCCH는 협대역 동작 및 repetition에 의한 커버리지 확장을 지원하도록 확장된 EPDCCH로 볼 수 있다. 또한 이는 하향링크 스케줄링 할당 및 상향링크 스케줄링 승인을 위한 새로운 eMTC-특정 DCI 포맷의 도입도 포함한다.

PDCCH가 eMTC 단말에 사용되지 않더라도, 일반적으로 셀 내의 다른 (eMTC가 아닌) 단말을 대상으로 PDCCH 전송은 존재할 것이다. 따라서 각 서브프레임 내의 제어 영역은 여전히 존재할 것이며, eMTC 단말이 제어 영역 내에서 전송되는 서로 다른 제어 채널을 판독할 필요가 없더라도, 여전히 언제 데이터 영역이 시작되는 지 즉, 언제 PDSCH/MPDCCH 전송이 시작되는 지는 알아야 한다. 이 정보는 eMTC-특정 시스템 정보로 eMTC 단말에 제공된다.[5] eMTC가 아닌 단말과는 달리, eMTC 단말의 PDSCH/MPDCCH 전송 시작 지점은 준-정적으로 매우 느리게 변경된다고 가정한다.

eMTC 단말에 대한 PDSCH/MPDCCH 시작 지점의 준-정적인 설정이 다른 단말에 대한 제어/데이터 영역 크기의 동적 변화를 방해하지 않음에 유의한다. 유일한 제약이라면, 하향링크에 eMTC 전송 (PDSCH 또는 MPDCCH)이 있는 서브프레임에서는 이러한 전송이 준-정적으로 설정된 위치에서 시작해야 한다는 것이다. 결과적으로, 하향링크 eMTC 전송을 갖는 서브프레임에서는 서브프레임의 제어 영역이 이 위치를 넘어서 연장될 수는 없다. 실제로, 이는 매우 짧을 것이며, 동일한 서브프레임 내에 스케줄링된 eMTC가 아닌 다른 단말들에 대한 PDSCH/EPDCCH 전송의 시작 시점은 이보다 더 빠를 것이다. 또한 eMTC 하향링크 전송이 없는 서브프레임에서 제어 영역 크기는 완전히 유연하게 변할 수 있다.

20.3.3.1 하향링크 전송 모드

6장에서 설명한 것처럼 LTE에 대해 정의된 10개의 서로 다른 하향링크 전송 모드가 있다. 이 10개의 모드 중 전송 모드 1, 2, 6 , 9가 eMTC 단말에 적용될 수 있다. eMTC 단말은 다중 레이어 전송을 지원하지 못하는 것으로 간주되므로, 전송 모드 9의 경우는 단일레이어 프리코딩으로 제한된다.

20.3.2절에서는 N_{hop} 서브프레임 블록에서 어떻게 주파수 호핑이 수행되는지를 설명하였다. 이것은 서브프레임 간 채널 추정을 가능하게 하기 위해서이다. 동일한 이유로, eMTC 단말은 전송 모드 9의 프리코더가 N_{hop} 서브프레임의 블록 동안 변경되지 않는다고 가정한다. N_{hop} 서브프레임 블록 동안 프리코더가 변경되지 않는다는 가정은 주파수 호핑이 비활성화된 경우에도 해당됨에 유의한다.

5) 대응하는 시스템 정보가 전송되는 서브프레임에서 데이터 영역의 시작은 1.4 MHz 반송파 대역폭에 대해서는 5번째 OFDM 심볼이 되며 1.4 MHz보다 큰 반송파 대역폭에 대해서는 4번째 OFDM 심볼로 미리 정의된다.

20.3.3.2 PDSCH/MPDCCH repetition

Repetition은, 단일 전송 ($N_{\mathrm{rep}}=1$)에서 2048 repetition ($N_{\mathrm{rep}}=2048$)에 이르는 매우 다양한 repetition 수를 사용하여 PDSCH에 적용될 수 있다. 특정 PDSCH 전송을 위해 사용하는 repetition 횟수는 준-정적인 설정과 매 전송별로 동적인 선택을 조합한 것이다.

두 가지 커버리지-확장 모드 각각에 대해, 네트웍은 셀 레벨에서 가능한 repetition 횟수들의 집합을 설정하며, 각 집합은 CE 모드 A 및 CE 모드 B에 대해 각각 4개 및 8개의 서로 다른 값으로 구성된다. 특정 PDSCH 전송에 대한 실제 repetition 횟수는 해당 설정된 집합 내의 사용 가능한 4개 혹은 8개 값에서 네트웍에 의해 동적으로 선택된다. 단말은 스케줄링 할당 (CE 모드 A 및 CE 모드 B 각각에 대하여 4개/8개 값 중 하나를 나타내는 2비트/3비트의 시그널링)에서 선택된 PDSCH repetition 수를 통보받는다.

표 20.1은 CE 모드 A와 CE 모드 B 각각에 대해 셀 레벨에서 설정될 수 있는 repetition 횟수의 집합을 보여준다. CE 모드 A의 최대 repetition 횟수는 32이고, CE 모드 B의 해당 숫자는 2048임을 주목한다. CE 모드 A의 경우 최소 전송 횟수는 항상 1이다 (repetition 없음).

표 20.1 CE 모드 A및 CE 모드 B에 대한 PDSCH repetition 횟수 집합

	CE Mode A	CE Mode B
Set 1	{1,2,4,8}	{4,8,16,32,64,128,256,512}
Set 2	{1,4,8,16}	{1,4,8,16,32,64,128,192}
Set 3	{1,4,16,32}	{4,8,16,32,64,128,192,256}
Set 4	–	{4,16,32,64,128,192,256,384}
Set 5	–	{4,16,64,128,192,256,384,512}
Set 6	–	{8,32,128,192,256,384,512,768}
Set 7	–	{4,8,16,64,128,256,512,1024}
Set 8	–	{4,16,64,256,512,768,1024,1536}
Set 9	–	{4,16,64,128,256,512,1024,2048}

이 표는 PUSCH repetition에도 적용된다. 20.3.4절 참조

Repetition은 MPDCCH에도 적용될 수 있다. PDSCH 전송과 유사하게, 특정 MPDCCH 전송을 위해 사용하는 repetition 횟수는 준-정적인 설정과 매 전송별 동적인 선택의 조합으로 이루어진다.

셀 레벨에서, 네트워은 $\{1, 2, 4, 8, 16, 32, 64, 128, 256\}$로부터 MPDCCH 최대 repetition 수 ($R_{\max}$)를 설정하고 이를 eMTC-특정 시스템 정보의 일부로 브로드캐스트한다. 그 다음 네트워은 $\{R_{\min}, R_{\max}/2, R_{\max}/4, R_{\max}/8\}$의 집합으로부터 특정 MPDCCH 전송에 사용할 실제 repetition 횟수를 동적으로 선택한다.6)

특정 MPDCCH 전송을 위해 사용되는 repetition 횟수에 관한 정보는 스케줄링 할당에 포함되며, 서로 다른 4개의 값 중 하나를 나타내는 2-비트 파라미터이다. 즉, MPDCCH repetition 횟수에 대한 정보는 MPDCCH 자체 내에서 전달된다. 특정 repetition 횟수 R로 수행된 MPDCCH 전송은 매 R 서브프레임에서만 시작될 수 있다. 결과적으로, 특정 횟수의 repetition을 나타내는 DCI로 MPDCCH 전송을 정확하게 디코딩한 단말은 MPDCCH가 전송된 첫 번째 서브프레임과 마지막 서브프레임을 헷갈리지 않고 결정할 수 있다. 이후에 논의하겠지만 하향링크 스케줄링 할당을 운반하는 DCI의 경우 단말은 해당 스케줄링된 PDSCH 전송에 대한 시작 서브프레임을 알기 위해 MPDCCH가 전송된 마지막 서브프레임을 알아야 한다. 유사하게 상향링크 스케줄링 승인을 운반하는 DCI의 경우에 단말은 해당 스케줄링된 PUSCH 전송에 대한 시작 서브프레임을 알기 위해 MPDCCH가 전송된 마지막 서브프레임을 알아야 한다.

20.3.3.3 PDSCH 스케줄링

정상적인 경우, 하향링크 스케줄링 할당은 서브프레임 내이다. 즉, 특정 서브프레임의 PDCCH 또는 EPDCCH를 통해 제공되는 스케줄링 할당은 동일한 서브프레임의 PDSCH 전송과 관련된 것이다.

대조적으로, eMTC 단말을 위한 스케줄링 할당은 서브프레임 간이다. 구체적으로, 특히 MPDCCH 및 PDSCH에 적용될 수 있는 repetition을 고려하면, 서브프레임 n에서 끝나는 MPDCCH 상의 스케줄링 할당은 서브프레임 $n+2$에서 시작되는 PDSCH 전송과 관련된다(그림 20.5 참조). 스케줄링 할당의 종료와 이에 상응하는 PDSCH 송신의 시작 사이의 시간지연은 수신된 신호를 버퍼링할 필요없이 스케줄링 할당을 디코딩할 수 있도록 하여, 단말 복잡도를 감소시킨다.

6) $R_{\max}$가 8보다 작으면 반복 repetition 횟수는 설정된 값들의 부분집합 내에서만 가능하다.

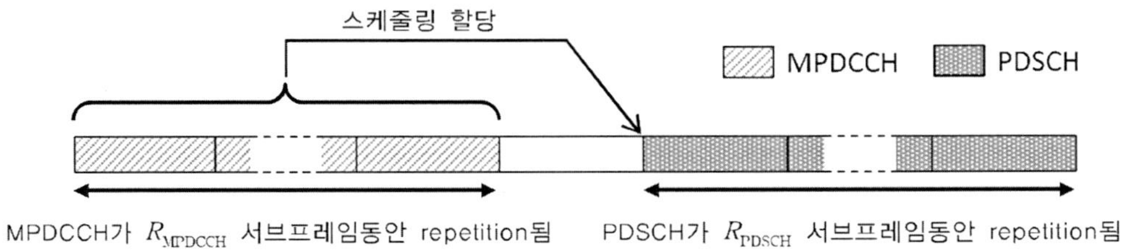

그림 20.5 MPDCCH 상의 스케줄링 할당과 해당하는 PDSCH 전송 사이의 타이밍 관계

PDSCH 전송이 시작되는 서브프레임을 결정하기 위해 단말은 상응하는 MPDCCH 전송의 최종 서브프레임을 알아야 한다. 앞서 언급한 바와 같이, 이는 특정 repetition 횟수 R로 수행되는 MPDCCH 전송은 매 R 서브프레임에서만 시작될 수 있다는 제한과 더불어 DCI가 MPDCCH repetition의 수를 포함하고 있기 때문에 가능하다.

일반적으로, eMTC 단말용 DCI는 EPDCCH에서 수행되는 새로운 DCI 포맷을 통해 제공된다. 이 중에서 DCI 포맷 6-1A 및 DCI 포맷 6-1B가 PDSCH 전송에 대한 스케줄링 할당에 사용된다. 이러한 DCI 포맷의 내용은 표 20.2에 나와 있다. 여기서 오른쪽 열의 값은 특정 파라미터에 사용되는 비트 수를 나타낸다.

DCI 포맷 6-1A는 CE 모드 A로 동작하는 단말에 대한 스케줄링 할당에 사용된다. 이것은 일반적인 (eMTC가 아닌) 스케줄링 할당에 사용되는 DCI 포맷과 유사한 정보를 포함하지만, PDSCH와 MPDCCH의 repetition과 관련된 정보 및 (나중에 기술되는) PDSCH 주파수 호핑을 동적으로 활성화/비활성화하는 주파수 호핑 flag를 포함하여 확장된다. DCI 포맷 6-1B는 CE 모드 B로 동작하는 단말에 대한 스케줄링 할당에 사용되는 보다 콤팩트한 포맷이다.

DCI 포맷 6-1A 및 6-1B에 포함된 자원 할당은 두 부분으로 나뉜다. 협대역 지시자는 하향링크 PDSCH가 위치하는 협대역을 알려준다. 그다음 자원 블록 지시자는 협대역 지시자에 의해 지정된 협대역에서 PDSCH 전송을 위해 사용되는 자원 블록의 정확한 집합을 알려준다.

DCI 포맷 6-1A의 경우 즉, CE 모드 A의 경우 자원 블록 지시자는 5비트로 구성되어 협대역의 6개 자원 블록 내의 어떠한 연속적인 자원 블록 집합도 나타낼 수 있다.[7] 이것은 본질적으로 일반적인 (eMTC가 아닌) 스케줄링 할당에 사용되는 하향링크 자원 할당 타입 2와 동일함에 유의한다 (제6장 참조). 즉, 여기서는 반송파의 대역폭이 단일 협대역의 대역폭, 즉 6개 자원 블록으로 대체되었다.

7) 총 1+2+3+4+5+6 =21 개의 이러한 조합이 있다.

표 20.2 DCI 포맷 6-1A 및 6-1B

필드	6-1A	6-1B
주파수 호핑 flag	1	–
자원 정보 (자원 할당)		
협대역 지시자	변동[a]	변동[a]
자원 블록 지시자	5	1
PDSCH repetition 횟수	2	3
HARQ 프로세스 번호	3/4[b]	1
MCS	4	4
RV	2	–
새 데이터 지시자	1	1
PMI 확인	1	–
프리코딩 정보	1/2[c]	–
DM-RS 스크램블링/안테나 포트	2	–
하향링크 할당 인덱스	2	–
PUCCH 전력 제어	2	–
SRS 요청	0/1	–
ACK/NACK 오프셋	2	2
MPDCCH repetition 횟수	2	2
6-0/6-1 구분 flag	1	1

a 비트수는 시스템 대역폭에 따라 달라짐
b FDD는 3비트, TDD는 4비트
c 비트수는 안테나 포트수에 따라 달라짐

CE 모드 B에 사용되는 DCI 포맷 6-1B의 경우, 자원 블록 지시자는 두 개의 연속적인 자원 블록의 집합을 나타내는 단일 비트로 구성된다.

- 협대역 내의 모든 6개의 자원 블록
- 자원 블록 0-3, 즉 4개의 연속적인 자원 블록

주파수 호핑의 경우에, 자원 할당은 첫 번째 전송이 사용하는 협대역을 알려준다. 이어지는 repetition을 위한 협대역은 첫 번째 전송에 상대적인 셀-특정 오프셋에 의해 주어진다. 협대역 내의 자원 블록 집합은 각 호핑에 대해 동일하다. 하향링크에 대해, 주파수 호핑은 2개 또는 4개의 협대역 사이에서 발생할 수 있다.

호핑 주기, 호핑 오프셋 및 호핑 주파수의 수는 셀 레벨에서 설정된다.

PDSCH에 대한 주파수 호핑이 설정되는 경우에도, CE 모드 A에 대해서는 주파수 호핑은 스케줄링 할당의 주파수 호핑 flag를 사용하여 매 전송별로 동적으로 비활성화할 수 있다 (표 20.2 참조). CE 모드 B에 대해서는 주파수 호핑을 동적으로 비활성화할 수 없으며, 따라서 DCI 포맷 6-1B에는 주파수 호핑 flag가 없다.

"6-0/6-1 구분" flag는 DCI가 6-1A/6-1B (하향링크 스케줄링 할당) 포맷인지 6-0A/6-0B (상향링크 스케줄링 승인, 20.3.4.1절 참조) 포맷인지의 여부를 나타낸다. CE 모드 A로 설정된 단말은 DCI 포맷 6-0A 및 6-1A만 수신하면 된다. 마찬가지로 CE 모드 B로 설정된 단말은 DCI 포맷 6-0B 및 6-1B만 수신하면 된다. MPDCCH를 검출할 때 블라인드 디코딩의 수를 줄이기 위해 DCI 포맷 6-0A와 6-1A는 동일한 크기이다. 마찬가지로 DCI 포맷 6-0B와 6-1B도 동일한 크기이다. 예상된 크기의 MPDCCH가 디코딩되면, 단말은 6-0/6-1 구분 flag로부터 DCI가 하향링크 스케줄링 할당 ("6-1" 포맷)인지 상향링크 스케줄링 승인 ("6-0" 포맷)인지를 알 수 있다.

20.3.3.4 하향링크 HARQ

eMTC를 위한 하향링크 HARQ는 Release 13 이전과 같이 비동기이고 적응형이다. 이는 네트웍이 이전 전송과 대하여 언제든지 재전송할 수 있고, 또 다른 주파수 자원을 사용하여 재전송할 수 있음을 의미한다.

그림 20.5과 같이, MPDCCH 상의 스케줄링 할당과 이에 대응하는 PDSCH 전송 사이의 두 서브프레임 이동은 HARQ 왕복 시간이 두 서브프레임만큼 증가함을 의미한다. 따라서 일반적인 (eMTC가 아닌) 8개의 서브프레임 왕복 시간과 비교하여, repetition이 없는 경우에도 eMTC 하향링크 HARQ 왕복 시간은 10개의 서브프레임이 된다. eMTC 단말은 여전히 8개의 HARQ 프로세스만 지원하면 되므로, full-duplex 단말의 경우 특정 단말로 전송할 때의 최대 duty cycle은 80%이다. 이로 인하여, UE 카테고리 0 단말의 1 Mbit/s와 비교하여 최대 지속 가능 데이터 속도가 800 kbit/s로 감소한다.

20.3.4 상향링크 전송: PUSCH 및 PUCCH

7장에서 설명한 바와 같이, (eMTC가 아닌) 기존의 상향링크 데이터 전송은 PUSCH 물리 채널을 통해 이루어지고 상향링크 제어 시그널링 (상향링크 제어 정보, UCI)은 PUCCH 물리 채널에 제공된다.

PUSCH와 PUCCH는 기본적으로 eMTC가 아닌 단말과 동일한 방식으로 eMTC에도 사용되며, 다음의 확장/수정을 가진다.

- PUSCH와 PUCCH 모두에 대해 확장된 커버리지를 위한 repetition
- 적응형 및 비동기 재전송을 위한 HARQ의 수정 (20.3.4.2절 참조)

PUSCH에 대한 repetition은 하향링크 PDSCH와 유사한 방식을 따른다 (20.3.3.2절 참조). 셀 레벨에서 네트웍은 CE 모드 A 및 CE 모드 B에 대해 각각 4개와 8개의 서로 다른 repetition 횟수를 가진 집합을 설정한다. 설정된 집합 4개/8개의 값으로부터 상향링크 PUSCH 전송을 위해 사용되는 실제 repetition 횟수는 네트웍에 의해 동적으로 선택되고 스케줄링 승인을 통해 단말에 제공된다.

상향링크 전송을 위한 서브프레임 사이에서 주파수 재조정을 하는 경우에는, 재조정의 이전 및/또는 이후의 상향링크 전송에서 2개의 심볼을 전송하지 않음으로써 주파수 재조정을 위한 시간을 확보한다. 주파수 재조정에 어떤 심볼이 사용되는 지의 여부는 재조정 전후의 서브프레임에서 어떤 것이 전송되는 지에 따라 달라진다. 일반적으로 심볼은 가능하면 PUCCH 전송이 아니라 PUSCH 전송 서브프레임으로부터 가져오는 것이 좋다. 따라서 PUSCH가 재조정 이전의 마지막 서브프레임 및/또는 이후에 첫 번째 서브프레임에서 송신되면 PUSCH 서브프레임 2개의 심볼이 주파수 재조정을 위해 사용된다.[8)] 재조정 이전의 마지막 서브프레임과 이후의 첫 번째 서브프레임에서 PUCCH가 전송되면, 각 서브프레임으로부터 1개 OFDM 심볼씩 주파수 재조정을 위해 사용된다

20.3.4.1 PUSCH 스케줄링

하향링크 스케줄링 할당과 유사하게, eMTC 단말에 대한 상향링크 스케줄링 승인은 2개의 새로운 DCI 포맷을 사용하여 MPDCCH 상에서 수행된다 (표 20.3 참조).

DCI 포맷 6-0A는 CE 모드 A로 동작하는 단말에 대한 스케줄링 승인에 사용된다. 이는 DCI 포맷 0 (6장 참조)과 유사한 정보를 포함하지만 PUSCH 및 MPDCCH repetition에 관련된 정보가 포함되도록 확장되었다.

- PUSCH 주파수 호핑의 동적 활성화/비활성화를 위한 주파수 flag
- 비동기 상향링크 HARQ에 필요한 HARQ 프로세스 번호 (20.3.4.2절 참조)
- 스케줄링된 PUSCH에 대한 repetition 횟수
- MPDCCH 전송에 대한 repetition 횟수

8) 재조정 이전의 마지막 서브프레임과 이후의 첫 번째 서브프레임에서 PUSCH가 전송되면, 각 서브프레임으로부터 1개 심볼씩 주파수 재조정을 위해 사용된다.

DCI 포맷 6-0B는 CE 모드 B로 동작하는 단말에 대한 스케줄링 승인에 사용되는 좀 더 콤팩트한 DCI 포맷이다.

하향링크 스케줄링 할당과 유사하게, DCI 포맷 6-0A 및 6-0B에 포함된 자원 할당은 2개 부분으로 나뉜다. 협대역 지시자는 PUSCH 전송에 사용되는 상향링크 자원이 위치한 협대역을 알려준다. 그러면 자원 블록 지시자는 협대역 지시자에 의해 지정된 협대역에서 PUSCH 전송을 위해 사용되는 정확한 자원 블록 집합을 지정한다.

CE 모드 A에 사용되는 DCI 포맷 6-0A의 경우, 자원 블록 지시자는 5 비트로 구성되어 6개의 자원 블록의 협대역 내의 어떠한 연속적인 자원 블록의 조합도 나타낼 수 있다. 이것은 본질적으로 일반 (eMTC가 아닌) 상향링크 승인에 사용되는 상향링크 자원 할당 타입 0과 동일하며 (제6장 참조), 여기서 반송파의 대역폭이 6개의 자원 블록으로 이루어진 단일 협대역의 대역폭으로 대체된 것이다.

CE 모드 B에 사용되는 DCI 포맷 6-0B의 경우, 자원 블록 지시자는 8가지의 연속적인 자원 블록을 나타내는 3비트로 구성된다. 따라서 할당할 수 있는 자원 블록 조합에는 일부 제약이 있다.

표 20.3 DCI 포맷 6-0A 및 6-0B

필드	6-1A	6-1B
주파수 호핑 flag	1	–
자원 정보 (자원 할당)		
협대역 지시자	변동[a]	변동[a]
자원 블록 지시자	5	3
PDSCH repetition 횟수	2	3
HARQ 프로세스 번호	3	1
MCS	4	4
RV	2	–
새 데이터 지시자	1	1
CSI 요청	1	–
SRS 요청	0/1	–
하향링크 할당 인덱스/상향링크 인덱스	2	–
PUSCH 전력 제어	2	–
MPDCCH repetition 횟수	2	2
6-0/6-1 구분 flag	1	1

a 비트수는 시스템 대역폭에 따라 달라짐

이는 CE 모드 B (DCI 포맷 6-1B)에 대한 하향링크 스케줄링 할당의 경우와 유사하다. 물론, DCI 포맷 6-1B (오직 2가지 조합)에 비해 DCI 포맷 6-0B (8가지 조합)의 제약이 더 작다.

상향링크 스케줄링의 승인 타이밍은 다른 (eMTC가 아닌) PUSCH와 동일하다. 즉, 하향링크 서브프레임 n에서 끝나는 스케줄링 승인은 상향링크 서브프레임 $n+4$에서 시작하는 상향링크 PUSCH 전송에 대해 유효하다. Repetition 때문에, eMTC 스케줄링 승인은 여러 개의 하향링크 서브프레임을 통해 전송될 수 있음에 유의한다. 이와 비슷하게 스케줄링된 PUSCH 전송도 여러 개의 상향링크 서브프레임에 걸쳐 전송될 수 있다.

하향링크와 유사하게, 주파수 호핑의 스케줄링 승인은 첫 번째 전송의 협대역을 알려준다. 뒤따르는 repetition을 위한 협대역들은 첫 번째 전송에 상대적으로 셀-특정 오프셋에 의해 주어진다. 상향링크의 경우 주파수 호핑이 설정된 경우에는 항상 2개의 협대역 사이에서만 발생한다.

또한 하향링크와 유사하게, CE 모드 A의 주파수 호핑은 스케줄링 승인 내의 주파수 호핑 flag에 의해 동적으로 비활성화될 수 있다.

20.3.4.2 상향링크 HARQ

8장에서 설명했듯이, LTE 상향링크 HARQ의 기본은 동기식 및 비적응형이다. 더 구체적으로,

- 하향링크 PHICH 물리 채널을 통해 전송되는 1비트 HARQ acknowledgement는, 응답이 되고 있는 상향링크 PUSCH 전송에 대하여 특정한 시간에 제공된다.
- 검출된 HARQ acknowledgement에 따라, 특정한 상대적인 시간에, 정확히는 이전 전송 이후 8개의 서브프레임에서 재전송이 수행되는 절차가 잘 정의되어 있다.
- 재전송은 원래 전송과 동일한 주파수 자원에서 수행된다.

PHICH는 전체 반송파 대역폭에 걸친 광대역 전송이므로 협대역 eMTC 단말은 수신할 수 없다. 따라서 Release 13 이전의 상향링크 HARQ 절차는 eMTC 단말에 적용될 수 없다.

또한 제8장에서 기술된 바와 같이, 일반적으로 PDCCH 또는 EPDCCH 상의 스케줄링 승인을 사용하여 재전송을 명시적으로 스케줄링함으로써 PHICH를 덮어쓸 수 있다. 이는 재전송이 이전 전송과는 다른 주파수 자원으로 스케줄링될 수 있는 적응형 재전송을 허용한다. 그러나 재전송은 여전히 특정한 상대적인 시간에 발생한다. 즉, 재전송은 여전히 동기식으로 동작한다.

eMTC 단말의 경우 상향링크 재전송은 항상 명시적으로 스케줄링된다. 즉, eMTC 단말은 PHICH 상에 HARQ 응답을 수신하지 않는다. 재전송 요청이 시간 정렬되어야 하는 PHICH가 더 이상 존재하지 않기 때문에, eMTC 상향링크 재전송은 비동기식으로 동작한다. 즉, 초기 전송의 타이밍과 재전송의 타이밍 사이에 엄격한 관계가 존재하지 않는다.

제6장의 표 6.7에서 볼 수 있듯이, eMTC 가 아닌 전송에 상향링크 스케줄링 승인을 제공하는 DCI 포맷 0과 4는, 상향링크 재전송의 명시적인 스케줄링을 지원하는 새 데이터 지시자 (new data indicator, NDI)를 포함한다. 비동기식 HARQ로 인해, eMTC 단말에 대한 스케줄링 승인 (DCI 포맷 6-0A 및 6-0B, 이전 참조)에는 HARQ 프로세스 번호가 포함된다. CE 모드 A에 대해서는 8개의 HARQ 프로세스 (3비트의 HARQ 프로세스 번호)가 있으며, CE 모드 B에는 2개의 HARQ 프로세스 (1비트의 HARQ 프로세스 번호)로 제한된다.

20.3.4.3 PUCCH

7장에서 설명했듯이, CSI 보고, 스케줄링 요청 및 HARQ 응답을 포함하는 UCI는 PUCCH 물리 채널을 통해 전달된다. 각 PUCCH 전송은 하나의 서브프레임을 커버하며 슬롯레벨에서 주파수 호핑을 사용하여 주파수 상에서 반송파의 가장자리에 위치한다. 서로 다른 페이로드 크기에 따라 즉, 다양한 유형의 UCI를 처리하기 위해 여러 가지 PUCCH 포맷이 있다.

eMTC에도 UCI가 필요하다. 하지만 제한된 전송 모드만 지원되는 점 및 다른 제약 사항으로 인해, 모든 PUCCH 포맷이 eMTC에 대하여 지원되어야 하는 것은 아니다. 구체적으로 FDD의 경우에는 PUCCH 포맷 1, 1A, 2 만 지원되며, TDD의 경우에는 PUCCH 포맷 2A도 지원된다.

각 PUCCH 전송 구조 역시 기존의 (eMTC가 아닌) PUCCH 전송과는 다소 다르다.

다른 물리 채널과 유사하게 PUCCH 전송에도 repetition이 적용될 수 있으며, repetition 횟수는 네트워크에 의해 설정된다:

- CE 모드 A의 경우 repetition 횟수는 1 (repetition 없음), 2, 4, 8이 될 수 있다.
- CE 모드 B의 경우 repetition 횟수는 4, 8, 16, 32일 수 있다.

PDSCH, MPDCCH 및 PUSCH와는 달리, PUCCH에 대한 repetition 횟수를 동적으로 변화시키는 것은 불가능하다.

eMTC의 PUCCH 주파수 호핑은 (eMTC가 아닌 단말의 PUCCH는 슬롯레벨에서 수행되는 것에 비하여), N_{hop} 서브프레임 블록에서 수행한다. 이는 repetition 횟수가 주파수호핑 블록 길이 N_{hop} 보다 작거나 같게 설정되면, eMTC에 대한 PUCCH 주파수 호핑이 없을 수도 있다는 것을 의미한다. 특히 repetition이 없는 경우 $(N_{\mathrm{rep}}=1)$에는 eMTC 단말에 대하여 주파수 호핑이 없다.

20.3.4.4 상향링크 전력 제어

eMTC 단말에 대한 상향링크 전력 제어 (PUSCH 및 PUCCH)는, 단말이 coverage 확장 모드 A로 설정되어 있는지 아니면 coverage 확장 모드 B로 설정되어 있는지의 여부에 따라 다르다.

CE 모드 A의 경우, 상향링크 전력 제어는 eMTC가 아닌 경우와 본질적으로 동일하다 (제7장 참조). eMTC 단말의 경우 전력 제어 명령은 DCI 포맷 6-0A (상향링크 스케줄링 승인) 및 6-1A (하향링크 스케줄링 할당) 내에서 제공된다. eMTC 단말도 전력 제어 전용 DCI 포맷 3 및 3A를 수신할 수 있다. Repetition의 경우에, 송신 전력은 repetition이 수행되는 서브프레임에 대해 변하지 않는다.

가장 가혹한 전파 조건에서 사용될 것으로 추정되는 CE 모드 B의 경우, 송신 전력은 PUCCH 및 PUSCH 송신 모두에 대해 항상 반송파당 최대 송신 전력으로 설정된다. 이러한 이유로 DCI 포맷 6-0B 및 6-1B에는 전력 제어 명령이 없다.

20.3.5 동기신호 및 BCH

LTE 동기신호 (PSS/SSS) 및 PBCH는 반송파의 가운데 72개의 부반송파에 한정되어 있다. 따라서 이는 1.4 MHz로 제한된 대역폭을 갖는 RF 프론트엔드를 갖는 eMTC 단말에 의해서도 수신될 수 있다.

동기신호는 eMTC 단말에 대해서도 변경되지 않고 사용된다. 이 신호들은 시간에 따라 변하지 않으므로, PSS/SSS를 검색할 때 단말이 수신 신호를 더 오랫동안 누적함으로써 확장된 coverage를 얻을 수 있다. 이로 인해 초기 접속 및 이동성에서 셀 검색 시간이 더 길어질 수 있다. 그러나 지연은 massive-MTC 어플리케이션에 대하여 매우 중요한 파라미터로는 고려되지 않으며, 많은 양의 커버리지 확장이 중요한 massive-MTC 어플리케이션의 경우에는 단말이 대개 정지 상태이거나 낮은 이동성을 갖는다고 가정할 수 있으므로, 이전 사항은 큰 문제가 되지 않는다.

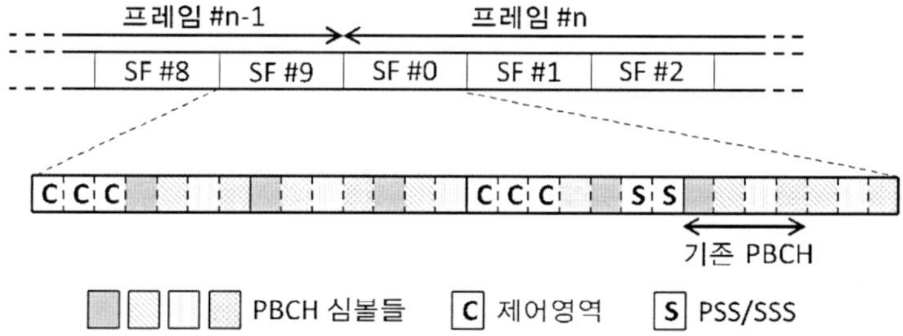

그림 20.6 eMTC를 위한 PBCH 매핑 (FDD)

제11장에서 설명된 바와 같이, 코딩된 BCH 전송 블록은 4개의 연속적인 프레임의 첫 번째 서브프레임에 매핑된다. 이들 서브프레임 각각에서 PBCH는 두 번째 슬롯의 처음 4개의 OFDM 심볼에서 전송된다. 따라서 각 BCH 전송 블록은 총 16개의 OFDM 심볼 (4개의 서브프레임 및 각 서브프레임에서 4개의 OFDM 심볼)을 통해 전송된다.

커버리지를 확장하기 위해 PBCH는 5번 반복된다. 즉, 각각의 BCH 전송 블록은 총 80개의 OFDM 심볼에 걸쳐 전송된다. 이것이 정확히 어떻게 수행되는지는 FDD와 TDD 간에 약간 차이가 있다.

FDD의 서브프레임 0의 4개의 OFDM 심볼은 서브프레임 0의 추가적인 5개의 심볼 및 선행하는 프레임의 서브프레임 9의 11개의 심볼에서 반복된다 (그림 20.6 참조). 따라서 각 심볼은 4번 반복된다. TDD의 경우, PBCH는 마찬가지로 서브프레임 0 및 5에서 전송된다.[9]

5번의 반복이 충분한 커버리지를 제공하지 못한다면, PBCH의 커버리지를 더욱 확장시키기 위하여 추가적인 파워 부스팅이 사용될 수 있다.

반복된 PBCH 심볼들의 맵핑은 변조 심볼이 원래의 심볼과 동일한 부반송파 상에서 반복되도록 수행된다. 이를 통해, PBCH를 디코딩할 필요없이 PBCH를 단말의 주파수 트래킹 (tracking)에 사용할 수 있다.

위에 설명한 PBCH 구조는 새로운 물리 채널이 아니라는 것에 유의한다. 대신, Release-13 이전의 PBCH가 확장된 범위를 지원하기 위해 후방위 호환성을 지원하면서 확장된 것이다. 기존 단말은 여전히 PBCH를 검출할 수 있으며, Release 13 이전부터 존재하는 두 번째 슬롯의 4개 OFDM 심볼을 수신하여 MIB (master information block)을 획득한다.

이는 또한 BCH에서 전송되는 MIB에 Release 13 이전의 단말에서 예상되는 모든 기존 정보가 포함되어 있음을 의미한다. MIB 상의 eMTC-특정 추가적인 정보는 BCH에 원래 있던 10개의 여유 비트 중 5개의 비트를 사용하여 제공된다 (제11장 참조). 이 5개의 비트는 SIB1-BR의 스케줄링에 대한 정보를 전달하는 데 사용된다 (다음 절 참조).

20.3.6 시스템 정보 블록

제11장에서 논의된 것처럼 MIB는 시스템 정보의 아주 일부만을 담고 있으며, 시스템 정보의 대부분은 일반적인 데이터 전달 방식 (SI-RNTI로 표시된 DL-SCH)을 사용하여 전송되는 시스템 정보 블록 (SIBs)에 포함된다. SIB1의 스케줄링은 규격에서 고정되어 있으며, 나머지 SIB

9) 이는 일반 CP에 대한 것이다. 확장 CP 의 경우, 각 심볼은 일반 CP와 비교하여, 단지 3번만 repetition되고 약간 다른 심볼들에서 반복된다.

들의 시간 영역 스케줄링에 대한 정보는 SIB1에 포함되어 있다.

기존 SIB1은 6개의 자원 블록보다 큰 대역폭을 가질 수 있으며 최대 2216 비트까지 구성될 수 있다. 따라서 1.4 MHz 대역폭 및 최대 전송 블록 크기가 1000비트로 제한되는 eMTC 단말에서는 이를 수신할 수 없다. 이에 eMTC의 경우에는 SIB1-BR (SIB1 bandwidth-reduced)라는 새로운 SIB1이 도입되었다.

SIB1-BR은 6개의 자원 블록 (하나의 협대역)을 통해 전송되고 80ms 간격으로 여러 번 반복된다. SIB1-BR은 공식적으로는 PDSCH를 통해 전송되나, 반복은 다른 PDSCH와는 다른 방식으로 수행된다. 이전 절에서 설명한 것처럼, 일반적인 경우의 PDSCH 반복은 연속적인 유효한 서브프레임을 통해 수행된다. 그러나 SIB1-BR에 대한 반복은 80ms 기간 동안 시간 상으로 동일한 간격으로 수행된다.

- 반복 횟수가 4인 경우, SIB1-BR은 매 두 프레임마다 하나의 서브프레임에서 전송된다.
- 반복 횟수가 8인 경우, SIB1-BR은 매 프레임마다 하나의 서브프레임에서 전송된다.
- 반복 횟수가 16인 경우, SIB1-BR은 매 프레임마다 두 개의 서브프레임에서 전송된다.

SIB1-BR이 전송되는 정확한 프레임/서브프레임 집합은 표 20.4에 나와 있다.

SIB1-BR repetition 횟수 (4, 8, 또는 16) 및 전송 블록 크기 (6가지 서로 다른 크기)에 대한 정보는, 원래 있던 여유 비트 10비트 중 5비트를 사용하여 MIB에 포함된다.

아울러, SIB1-BR은 eMTC 단말과 관련된 나머지 SIB에 대한 스케줄링 정보를 포함한다.

표 20.4 SIB1-BR이 전송되는 서브프레임 집합

Repetition 횟수	PCID	FDD		TDD	
		SFN	Subframe	SFN	Subframe
4	짝수	짝수	4	홀수	5
	홀수	홀수	4	홀수	0
8	짝수	아무값이나	4	아무값이나	5
	홀수	아무값이나	9	아무값이나	0
16	짝수	아무값이나	4 및 9	아무값이나	0 및 5
	홀수	아무값이나	0 및 9	아무값이나	0 및 5

20.3.7 랜덤액세스

제11장에서 설명한 것처럼 LTE 랜덤액세스 절차는 4단계로 구성된다.

- 1단계: 상향링크 프리앰블 전송
- 2단계: 하향링크 랜덤액세스 응답. Timing advance 명령 및 3단계를 위한 상향링크 자원을 제공
- 3단계: 이동단말 신원의 상향링크 전송
- 4단계: Contention-resolution 하향링크 전송.

제11장에서 설명한 것처럼, 2-4단계는 일반적인 상향링크 및 하향링크 데이터 전송과 동일한 물리 계층 기능을 사용한다. 따라서 이들은 이전에 설명한 CE (coverage enhancement)를 위한 PDSCH, MPDCCH, PUCCH 및 PUSCH에 대한 반복에 직접적으로 의존할 수 있다.

전체 랜덤액세스 절차에 CE를 제공하기 위해, 프리앰블 전송에도 반복이 적용될 수 있다.

제11장에서 기술된 바와 같이, 랜덤액세스 (프리앰블) 자원은 서브프레임들의 집합에서 발생하는 6개 자원 블록에 대응하는 대역폭을 갖는 주파수 블록으로 구성된다. 각 셀에는 아래 사항을 정의한 하나의 PRACH 설정이 존재한다.

- 프리앰블 포맷
- PRACH 전송에 사용되는 정확한 주파수 자원
- PRACH가 전송될 수 있는 정확한 서브프레임들의 집합

단말은 프리앰블 전송을 위해 이용 가능한 프리앰블들의 집합으로부터 프리앰블을 선택하고, 이를 특정 전력으로 송신한다. 설정된 시간 윈도우 내에서 랜덤액세스 응답 (2단계)이 검출되면, 랜덤액세스 절차는 3단계 및 4단계로 계속된다. 랜덤액세스 응답이 검출되지 않는다면 절차는 송신 전력을 증가시키고 랜덤엑세스 절차가 반복될 것이다.

eMTC 단말에 대하여, 최대 4개의 서로 다른 랜덤액세스 CE 레벨을 정의할 수 있으며, 각 레벨은 고유한 PRACH 설정 및 해당 PRACH 자원과 관련된다.[10] 특히 서로 다른 CE 레벨은 서로 다른 주파수 자원과 연관될 수 있다. 단말은 예상되는 경로 감쇄에 따라 CE 레벨을 선택한다. 이러한 방식으로, 셀 내에서 매우 다른 커버리지 상황에 있는 단말의 랜덤액세스 시도가 분리되어 유지되고 서로 간섭하지 않게 된다.

---

10) 최대 4개의 CE 레벨은 앞서 논의한 2개의 CE 모드와 다름에 유의한다.

각 CE 레벨은 또한 프리앰블 전송에 사용될 반복 횟수를 나타내는 특정 반복 횟수와 연관된다. 단말은 해당하는 CE 레벨을 선택하고, 지시된 반복 횟수에 따라 연속적인 프리앰블 전송을 수행하고, eMTC가 아닌 단말처럼 랜덤액세스 응답을 기다린다. 설정된 윈도우 내에서 랜덤액세스 응답이 검출되면 랜덤액세스 절차는 3단계 및 4단계로 계속된다. 랜덤액세스 응답이 검출되지 않는다면 절차는 지정된 횟수만큼 반복된다. 지정된 시도 횟수 이내에 랜덤액세스 응답이 검출되지 않는다면 단말은 다음으로 높은 CE 레벨로 이동하여 절차를 반복한다.

이전에 기술한 바와 같이, 각각의 활성화된 eMTC 단말은 얼마나 많은 반복이 수행되는지를 제한하고 어떤 DCI 포맷이 유효한지를 결정하는 CE 모드로 설정된다.

랜덤액세스 도중 단말은 아직 RRC_CONNECTED 상태가 아니므로 특정 CE 모드로 설정되지 않는다. 그럼에도 불구하고 2-4단계의 랜덤액세스 절차의 동안 전송되는 여러 메시지는 특정 CE 모드를 가정한 PDSCH, MPDCCH, PUCCH 및 PUSCH에 대한 일반적인 CE 방식을 사용하여 수행된다. 보다 구체적으로 2-4단계의 랜덤액세스 절차동안 단말은 다음을 가정해야 한다.

- 가장 최근의 PRACH (프리앰블) 전송이 CE 레벨 0 또는 1과 연관된 자원을 사용한 경우에는, CE 모드 A
- 가장 최근의 PRACH 전송이 CE 레벨 2 또는 3과 연관된 자원을 사용한 경우에는, CE 모드 B

20.3.8 Extended DRX

에너지 소비를 줄이고 배터리 수명을 연장하기 위해 단말은 9장에서 설명한 것처럼 DRX에 들어갈 수 있다. DRX에서 단말은 DRX 주기 당 한 서브프레임에서 하향링크 제어 시그널링을 모니터링하고 나머지 시간동안 잠들 수 있다. 단말은 연결 상태 및 idle 상태 모두에서 DRX에 들어갈 수 있다. Idle 상태의 DRX는 단말이 잠들어 있고 페이징 메시지를 확인하기 위해 깨어난다 (13장 참조).

LTE의 첫 번째 릴리즈에서 DRX 주기는 256 프레임 즉 2.56초로 제한되었다. 이는 일반적으로 접속에 긴 시간이 걸리는 것을 허용하지 않는 기존의 광대역 이동통신 단말에서는 적당하였다. 그러나 매우 긴 배터리 수명이 요구되며 동시에 네트웍에 접속할 때 매우 긴 지연에도 상관없는 massive-MTC 어플리케이션의 경우에는 DRX/sleep 주기를 길게 하는 것이 도움이 될 수 있다.

20.1절에서 기술되었듯이, LTE Release 12는 에너지 소비를 줄이고 배터리 수명을 연장하기 위해 PSM을 도입하였다. PSM은 단말이 통신을 시작하는 어플리케이션에 대하여 매우 좋은

방식이다. 그러나 PSM에 들어간 단말을 네트웍이 페이징할 수 없기 때문에 네트웍이 통신을 시작하는 어플리케이션에는 적합하지 않다.

네트웍에서 통신이 시작되며 지연이 중요하지 않은 어플리케이션에 대한 단말 에너지 소비를 줄이기 위해, LTE Release 13에서 extended DRX가 도입되었다.

Extended DRX에서는 DRX 주기가 연결 상태의 단말인 경우는 10.24초에 해당하는 1024 프레임으로 확장될 수 있으며, idle 상태의 단말인 경우 2621.44초 또는 44분에 해당하는 262144 프레임으로 확장될 수 있다.

SFN의 범위를 넘는 매우 긴 DRX 주기를 처리하기 위해, 새로운 10비트의 hyper-SFN (HSFN)이 정의되었다. MIB에서 제공되는 SFN과 달리, HSFN은 SIB1 에서 제공된다.

20.4 NB-IoT

20.4.1 배경

Massive-MTC 어플리케이션에 대한 LTE의 지원을 향상시키기 위해 앞서 논의한 Release 12/13 활동과 병행하여, 3GPP GERAN 그룹, 즉 GSM 기술 규격을 담당하는 3GPP 그룹에서 저가 MTC 단말과 관련된 별도의 활동이 시작되었다. 오늘날에도 GSM은 여전히 저비용의 MTC 어플리케이션을 위하여 가장 뛰어난 셀룰러 기술이다. 따라서 GERAN 활동의 목표는 결국 이러한 어플리케이션을 위해 GSM을 대체할 수 있는 기술을 개발하는 것이다. 이 활동은 밑에 설명하는 이유 때문에 NB-IoT (narrow-band internet of things)로 언급되었다.

NB-IoT에 대한 핵심 요구 사항은, GSM 반송파를 NB-IoT 반송파로 대체할 수 있도록 RF 대역폭이 200kHz 혹은 그보다 작은 진정한 협대역이어야 한다는 것이다. 또한 LTE 반송파의 보호 대역 (guard band) 내에 NB-IoT 반송파를 구축할 수 있어야 한다 (그림 20.7 참조).

GERAN의 NB-IoT 작업의 일환으로 여러 가지 기술이 고려되었으며, 대부분은 LTE와는 매우 다른 기술들이었다. 그러나 이 작업의 후반부에 NB-IoT 활동을 3GPP GERAN에서 3GPP RAN, 즉 LTE 기술 규격을 담당하는 3GPP 그룹으로 이동하기로 결정했다. 동시에 LTE의 보호 대역에 구축이 가능할 뿐만 아니라 NB-IoT 반송파가 LTE 반송파 내에서도 효율적으로 공존할 수 있어야 한다는 추가적인 NB-IoT 요구 사항이 도입되었다 (그림 20.8 참조).

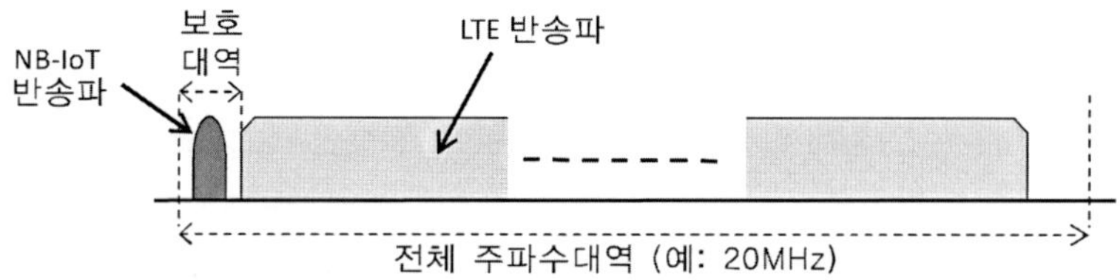

그림 20.7 LTE 보호 대역에 구축된 NB-IoT

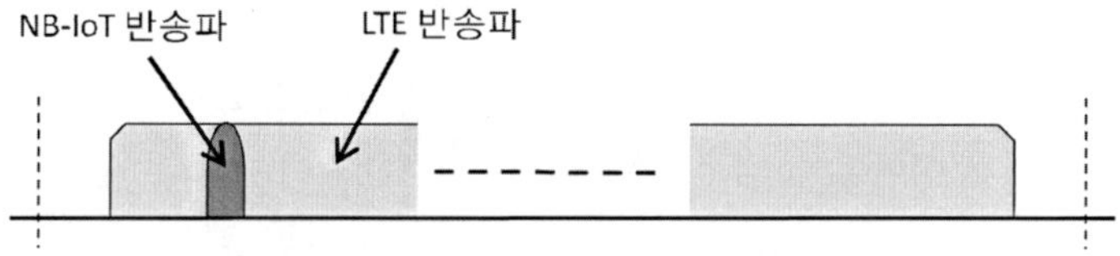

그림 20.8 LTE 반송파 내에 구축된 NB-IoT

기본적으로 LTE 보호 대역의 구축은 반송파가 충분히 협대역이기만 하면 되지만, LTE 반송파 이내에 공존해야 한다는 요구 사항은 NB-IoT 물리 계층 설계에 훨씬 더 강한 제약을 가한다. 결론은 적어도 NB-IoT 하향링크는 LTE와 맞는 물리 계층 구조 즉, 15kHz의 부반송파 간격을 갖는 OFDM을 따라야 한다는 결론이었다. 이로써 NB-IoT 활동은 완전히 별개의 기술 트랙에서 논의되어 오다가 결국 LTE의 주류 진화로 통합이 되었다.

이 절의 나머지 부분은 NB-IoT의 현재 기술 상태에 대한 개요이다. NB-IoT에 대한 작업은 본고를 쓸 당시에는, 여전히 3GPP에서 진행중이어서 세부 사항은 변경/업데이트될 수 있음에 유의한다.

20.4.2 NB-IoT 구축 모드

앞서 설명한 것처럼 NB-IoT에는 세 가지 구축 모드가 있다.

- 고유의 주파수에서 구축. 예를 들어 GSM으로 사용하던 주파수를 여기에 사용하며, 이를 standalone 구축이라 한다.
- LTE 반송파의 보호 대역 내의 구축. 이를 guard-band 구축이라 한다.
- LTE 반송파 내의 구축. 이를 inband 구축이라 한다.

Inband 구축의 경우에도 NB-IoT는 LTE 반송파와는 다르게 별도의 독자적인 반송파로 간주되어야 한다.

20.4.3 하향링크 데이터 전송

하향링크에서 NB-IoT는 LTE와 완전히 정합된 OFDM 전송을 기반으로 한다. 즉 15kHz의 부반송파 간격 및 LTE와 동일한 기본 시간 영역 구조를 기반으로 한다.

각 NB-IoT 반송파는 12개의 부반송파로 구성된다. 즉, 각 NB-IoT 반송파는 주파수 영역에서 하나의 LTE 자원 블록에 상응한다.

Standalone 및 guard-band를 구축하는 경우 전체 자원 블록을 NB-IoT 전송에 사용할 수 있다.[11)] 반면 inband를 구축하는 경우에는 NB-IoT 전송은 NB-IoT 반송파가 구축된 부분 내에서도 LTE 반송파의 제어 영역을 피해야 한다. 이는 서브프레임의 처음 몇 개의 OFDM 심볼들 동안 전송하지 않음으로써 수행된다. 전송을 피해야 할 심볼의 정확한 수는 NB-IoT 시스템 정보의 일부로서 제공된다 (20.4.5절 참조). Inband NB-IoT 반송파 상의 송신 NB-IoT 반송파가 구축된 부분 내에서 LTE 반송파 상의 CRS 전송에 대응하는 자원 요소도 피해야 한다.

NB-IoT 하향링크 데이터 전송은 다음과 같은 두 개의 물리 채널에 기반한다.

- 스케줄링 정보를 전달하는 NPDCCH (Narrowband PDCCH). 즉, 하향링크에 대한 스케줄링 할당과 상향링크 전송 채널 전송에 대한 스케줄링 승인을 전달
- 실제 하향링크 전송 채널 데이터를 운반하는 NPDSCH (Narrowband PDSCH)

자원 블록 내에서는 NPDCCH 또는 NDPSCH가 전송된다. 또한 최대 2개의 안테나 포트에 해당하는 NRS (NB-IoT reference signal)이 각 슬롯의 마지막 두 개 OFDM 심볼에 포함된다 (그림 20.9 참조).

서브프레임 내에서 최대 2개의 NPDCCH를 주파수 다중화할 수 있다. NB-IoT에 대한 하향링크 스케줄링 할당은 서브프레임 간에 일어난다. 즉, 서브프레임 n에서 끝나는 NPDCCH 상의 스케줄링 할당은 서브프레임 $n+\Delta$에서 시작하는 NPDSCH 송신과 연관된다. 20.3.3.3절에서

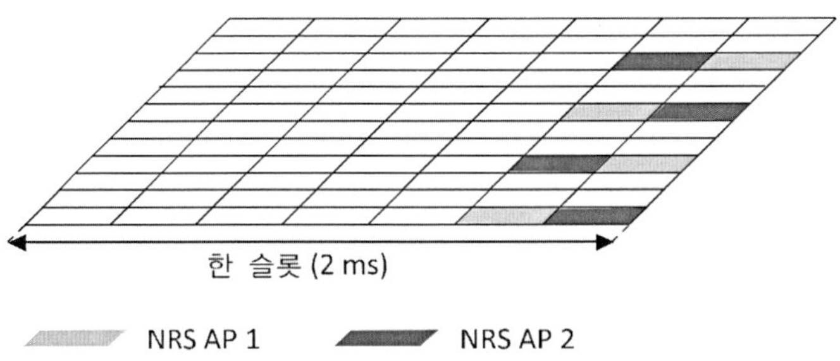

그림 20.9 NRS 구조

11) NPBCH 물리 채널을 운반하는 서브프레임에 대해서는 사실이 아니다. 20.4.5 절을 참조.

우리가 알 수 있듯이 이는 eMTC의 경우와 유사하다. 그러나 eMTC에서는 NPDCCH 전송 종료와 이에 연관되어 있는 NPDSCH 전송 시작 사이의 시간 오프셋이 2개의 서브프레임으로 고정되지만, NB-IoT의 경우에는 시간 오프셋 Δ는 스케줄링 할당에서 제공되는 시간 오프셋에 관한 정보에 따라 동적으로 변할 수 있다. 서로 다른 시간 오프셋을 가질 수 있는 것은 서로 다른 2개의 단말에 대한 실제 NPDSCH 전송이 서로 다른 서브프레임에서 발생하더라도 이에 대한 스케줄링 할당은 동일한 서브프레임에서 전송될 수 있다는 것이다.[12)]

하향링크 데이터 (DL-SCH 전송 채널)에 대한 채널 코딩은 LTE에서 하향링크 제어 시그널링에 사용된 것과 동일한 tail-biting 컨볼루션 코드에 기반한다 (6장 참조). LTE의 DL-SCH에 대해서는 터보 코드가 사용되는데, 이 터보 코드가 아니라 tail-biting 컨볼루션 코드를 사용하는 주요 이유는 단말단의 채널 디코딩 복잡도를 감소시키기 위한 것이다. NB-IoT 하향링크 변조는 QPSK로 제한된다.

NB-IoT는 다중 안테나 전송 관점에서, 하나의 안테나 포트로부터 전송 혹은 2개의 안테나 포트로부터의 전송을 지원한다. 2개의 안테나 포트인 경우에는 LTE 전송 모드 2에 사용되는 SFBC (Space-Frequency Block Code)를 기반으로 전송이 이루어진다 (제6장 참조).

20.4.4 상향링크 전송

하향링크와 달리, NB-IoT 상향링크는 서로 다른 값을 갖는 2가지 모드가 있다:

- 15 kHz 부반송파 간격에 기반한 모드
- 3.75 kHz 부반송파 간격에 기반한 모드

15 kHz 모드는 LTE에 완벽하게 정합되어 있다. 그러나 LTE와는 달리 단말의 상향링크 전송은 전송 블록의 부반송파의 부분집합에서만 수행된다. 보다 구체적으로 상향링크 전송은 1, 3, 6, 혹은 12개의 부반송파를 통해 수행될 수 있는데, 12개의 부반송파를 통한 전송은 전체 NB-IoT 반송파 대역폭에 상응한다. 전체 NB-IoT 반송파 대역폭 중 극히 일부만을 사용한 전송을 허용하는 이유는, 극단적인 커버리지 상황에서는 단말이 그러한 큰 대역폭의 사용할만큼의 데이터 속도로 전송하지 못할 수 있기 때문이다. 부반송파의 일부분 즉 NB-IoT 반송파 대역폭의 일부만을 통해 전송함으로써, 다수의 단말이 하나의 상향링크 반송파 내에서 주파수 다중화될 수 있고, 따라서 보다 효율적인 자원 활용이 가능해진다.

12개의 부반송파를 통해 전송하는 경우, 시간 영역에서 최소 스케줄링 단위는 1ms (하나의 서브프레임 또는 2개의 슬롯)이다. 할당된 대역폭이 더 작은 경우에는, 6개의 부반송파로 전송하

12) NB-IoT 반송파 내에는 서브프레임 당 하나의 NPDSCH 전송만이 있을 수 있다.

는 경우에는 스케줄링 단위는 2ms (2개 서브프레임), 3개 부반송파로 전송하는 경우에는 4ms (4개 서브프레임), 1개 부반송파로 전송하는 경우에는 8ms (8개 서브프레임)로 증가된다.

3.75 kHz 부반송파 간격의 경우에는 NB-IoT 상향링크 대역폭 내에 최대 48개의 부반송파가 존재할 수 있다. 그러나 각 상향링크 전송은 하나의 부반송파로만 구성된다. 결과적으로, 3.75 kHz 상향링크 모드는 매우 낮은 상향링크 데이터 속도만 지원한다.

3,75 kHz 상향링크 모드의 시간 영역 구조는 그림 20.10에 설명되어 있다. 그림에서 알 수 있듯이 시간 영역 구조는 LTE 구조를 바로 4배 스케일링한 구조가 아니다. 특히, 3.75kHz 모드의 CP가 15kHz 모드의 CP보다 길지만 4배 길지는 않다. 결과적으로 각 서브프레임의 끝부분에는 유휴시간이 있다. Inband 구축의 경우, 이 유휴시간은 상향링크 LTE 반송파 상의 SRS 전송에 대한 간섭을 감소시키는 데 사용할 수 있다.

3.75kHz 상향링크 모드에 대한 시간 영역 스케줄링 단위는 16 슬롯 또는 32ms이다.

상향링크 전송에 대한 스케줄링 승인은 NDPCCH 상에서 제공된다. 하향링크와 유사하게, NDPCCH 전송에 대응하는 상향링크 전송 시작 사이의 시간 오프셋은 스케줄링 승인의 일부로서 제공되는 오프셋에 따라 동적으로 변할 수 있다.

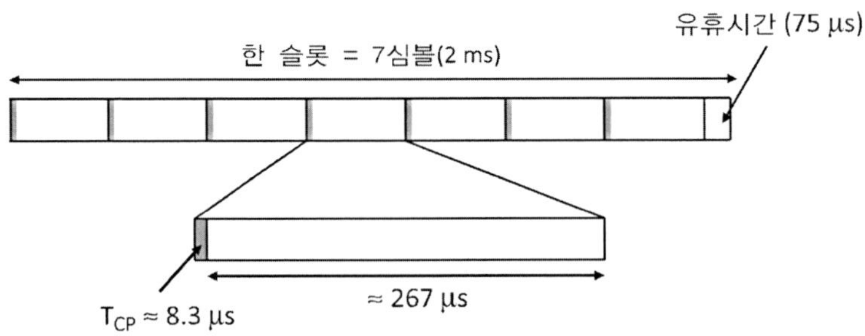

그림 20.10 3.75kHz 상향링크 모드의 시간 영역 구조

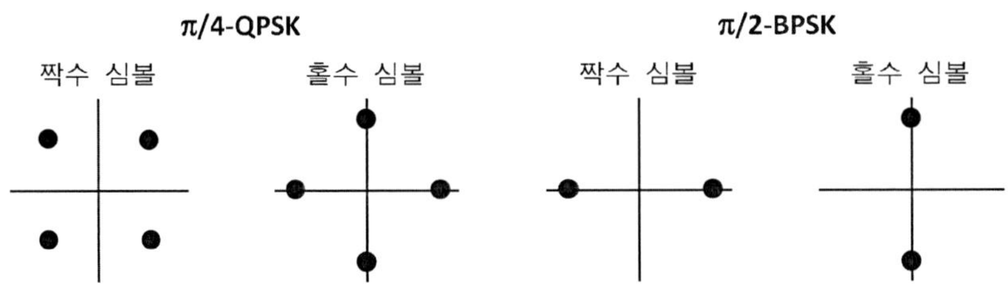

그림 20.11 π/4-QPSK 및 π/2-BPSK 변조의 성상도

NB-IoT에 대한 UL-SCH의 채널 코딩은 LTE와 동일한 터보 코드를 기반으로 한다. 터보 코드의 디코딩이 상대적으로 복잡하기 때문에 NB-IoT 하향링크에는 tail-biting 컨볼루션 코드를 사용하지만, 터보 코드의 인코딩은 복잡도가 낮다.

복수 개의 부반송파를 통한 전송의 경우, 상향링크 변조는 기존의 QPSK에 기반한다. 그러나 단일 부반송파 전송 (15 kHz 및 3.75 kHz 모두)에서의 변조는 $\pi/4$-QPSK 또는 $\pi/2$-BPSK를 기반으로 한다. 그림 20.11에서 볼 수 있듯이, $\pi/4$-QPSK는 QPSK와 동일하지만 홀수 심볼의 경우 전체 성상도가 $\pi/4$의 각도로 돌린다. 마찬가지로 $\pi/2$-BPSK는 BPSK와 동일하며, 홀수 심볼에 대해 $\pi/2$의 각도로 성상도를 돌린다. $\pi/4$-QPSK 및 $\pi/2$-BPSK의 오류 성능은 QPSK 및 BPSK의 오류 성능과 동일하다. 그러나 연속하는 심볼들 사이의 위상변화가 더 작아서 cubic metric을 더 줄여주므로, 보다 높은 전력 증폭기 효율이 가능하다.

변조 후, DFT-프리코딩은 LTE 상향링크와 동일한 방식으로 적용된다. 단일 부반송파를 사용하는 전송의 경우에는 DFT-프리코딩은 아무 효과가 없다는 것에 유의한다.

20.4.5 NB-IoT 시스템 정보

LTE와 유사하게, NB-IoT 시스템 정보는 두 부분으로 설정한다.

- MIB는 특수한 물리 채널 (NPBCH)을 통해 전송된다.
- SIB는 본질적으로 다른 하향링크 데이터와 동일한 방식으로 전송된다. SIB1의 스케줄링에 관한 정보는 MIB에서 제공되고 나머지 SIB들의 스케줄링은 SIB1에서 제공된다.

그림 20.12와 같이 NPBCH는 매 프레임에서 서브프레임 0에서 전송되며, 각 전송 블록은 총 64개의 서브프레임 (640 ms)에 걸쳐서 전송된다. 따라서, NPBCH의 TTI (엄밀히 말하면, NPBCH 상으로 전송되는 BCH 전송 채널의 TTI)는 640 ms이다.

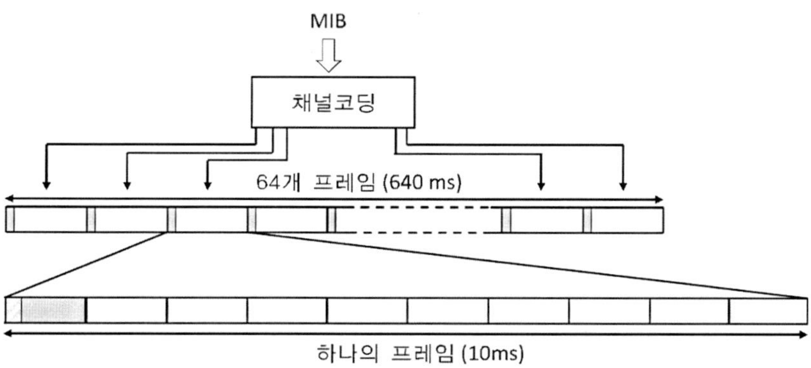

그림 20.12 NB-IoT의 시스템 정보

NPBCH의 전송은 아래와 같은 요건에 따라, 항상 inband 구축을 "가정"한다.

- NPBCH 전송은 서브프레임의 처음 3개 심볼을 피한다.
- NPBCH 전송은 LTE CRS가 있을 수 있는 위치는 피한다.

이는 NB-IoT 반송파가 inband 구축인지 아닌지의 여부를 몰라도 단말이 해당 시스템 정보를 검출하고 디코딩하도록 해준다. 구축 모드에 대한 정보는 SIB1 상의 시스템 정보로서 제공된다.

21 D2D 연결

21.1 개요

D2D (Device-to-Device) 직접 연결에 대한 지원은 3GPP LTE 규격 Release 12에서 처음 도입되었다. 이름에서 알 수 있듯이, D2D 직접 연결은 단말 사이의 직접 무선 연결을 의미한다.

당연히 D2D 연결은 비교적 서로 근접한 단말 사이에서만 가능하다. 따라서 D2D 연결을 기반으로 하는 서비스를 "ProSe (proximity service)"라고도 한다.

LTE 규격에 D2D 연결에 대한 지원을 도입한 이유 중 하나는, 공공안전 (public safety)과 관련된 통신 서비스에 LTE 무선 접속 기술을 사용하려는 목적이었다. 공공안전 사용 사례의 경우, 인프라가 없는 경우에도 최소한 제한된 커버리지의 단말 간 연결을 지원하는 것이 중요하고 어떤 경우는 필수 요구 사항으로 간주된다. 따라서 D2D 직접 연결에 대한 지원은 LTE가 공공안전 사용 사례의 모든 요구 사항을 만족하는 데 중요한 요소로 간주되었다. 그러나 D2D 연결에 대한 지원은 새로운 타입의 상업적인 서비스를 가능하게 함으로써 일반적으로 LTE 무선 접속 기술의 유용성을 확대한다.

LTE는 두 가지 타입의 D2D 연결을 구분한다.

- ***D2D 통신.*** 단말 간 직접적으로 사용자 데이터 교환을 의미한다. LTE Release 13을 기준으로 한 시점에서 D2D 통신은 공공안전 사용 사례만을 대상으로 한다. D2D 통신에 대한 자세한 내용은 21.2절에 설명되어 있다.

- *D2D 발견 (discovery)*. 단말이 신호를 전송하여 인접 지역의 다른 단말에 의해 직접 탐지될 수 있도록 하는 기능을 의미한다.[1] D2D 통신과 달리 D2D 발견은 처음부터 상용 서비스를 포함하여 광커버리지한 사용 사례를 대상으로 한다. D2D 발견에 대한 자세한 내용은 21.3절에서 설명된다.

D2D 직접 무선링크에 대하여, 하향링크 및 상향링크 전송 방향의 개념은 당연히 적용되지 않는다. 대신 3GPP는 D2D 직접 링크를 설명하기 위해 사이드링크 (sidelink)라는 용어를 도입하였다. 3GPP 용어와 일치시키기 위해, D2D보다 사이드링크라는 용어를 주로 사용하게 될 것이다.

21.1.1 사이드링크 전송

LTE 사이드링크 연결은, paired 주파수 (FDD)와 unpaired 주파수 (TDD) 모두를 포함한 일반적인 셀룰러 (LTE) 주파수에서 가능해야 한다. 결과적으로 동일한 주파수에서 사이드링크 전송과 정상적인 셀룰러 (하향링크/상향링크) 전송 간의 양호한 공존은, LTE 사이드링크 연결 설계의 핵심 요구 사항이었다.

그러나 사이드링크 연결은 상용 셀룰러 네트워크에서 사용되지 않는 주파수에서도 일어날 수 있다. 한 예로 일부 국가/지역에서 특정 주파수가 공공안전에 할당된 사용 사례가 있다.

Paired 주파수의 경우, 사이드링크 연결은 주파수의 상향링크 부분에서 발생한다. 결과적으로, 특정 FDD 대역에 대한 사이드링크 연결을 지원하는 단말은 해당 상향링크 대역에서도 수신할 수 있어야 한다.

FDD 주파수의 경우, 사이드링크 연결이 상향링크 대역에서 일어나는 데는 몇 가지 이유가 있다.

- 규제적인 규칙은 일반적으로 단말이 무엇을 어떻게 송신하는 지에 주안점을 두지만 단말이 무엇을 어떻게 수신하는 지는 제한하지 않는다. 규제 관점에서 볼 때, 사이드링크 연결을 하향링크에 두게 되면 네크워크가 전송하는 것에 사용하도록 가정된 주파수에서 단말이 전송을 하는 것을 의미하므로, 사이드링크 연결을 상향링크 주파수로 하는 것이 훨씬 간단하다.

- 단말 구현 관점에서, 사이드링크 연결이 하향링크 대역에 있게 됨에 따라 해당 대역에 송신기 기능을 추가해야 하지만 사이드링크 연결이 상향링크 대역에 있게 됨에 따라 수신기 기능을 추가하는 것 (해당 상향링크 대역에서의 수신 지원)이 덜 복잡하다.

1) 21.3절에 설명되어 있듯이, LTE 발견은 단말을 발견하는 것이라기 보다는 단말에 의하여 공표되는 서비스들을 발견하는 것이다.

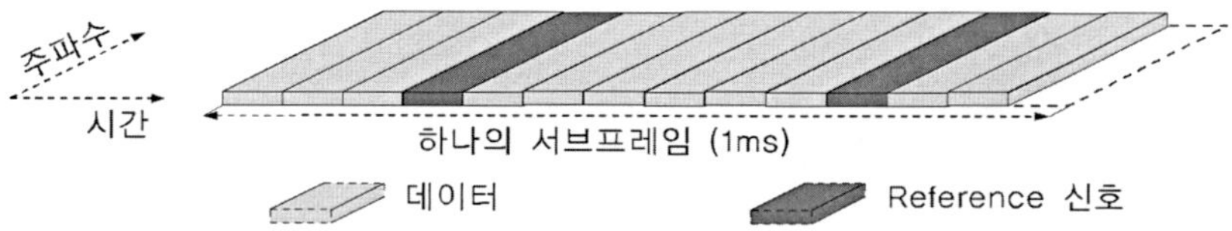

그림 21.1 사이드링크 전송을 위한 서브프레임 구조.

유사하게, TDD 주파수의 경우 사이드링크 연결은 상향링크 서브프레임에서 발생한다고 가정한다. 특정 (FDD) 주파수 대역이 하향링크인지 상향링크인지는 3GPP 규격이 정의하지만, TDD에서 하향링크/상향링크 설정은 원칙적으로 셀 레벨에서 네트워에 의해 정의된다. 따라서 원칙적으로 서로 다른 셀들은 서로 다른 하향링크/상향링크 설정을 가질 수 있다. 예를 들어 서로 다른 셀 내 단말 사이의 사이드링크 연결을 할 경우에는 이 점을 고려할 필요가 있다.

사이드링크 연결은 근본적으로 단방향 (unidirectional)이라는 점에 유의한다. 이는 현재의 모든 LTE 사이드링크 전송은 기본적으로 반대 방향에서 전송되어오는 연관된 제어 시그널링이 없는 브로드캐스트 전송이라는 의미이다. 물론 단말 A로부터의 사이드링크 송신을 단말 B가 수신하고, 동시에 단말 B로부터의 사이드링크 송신을 단말 A가 수신할 수 있다. 그러나 이들은 무선 관점에서는 완전히 서로 독립적인 전송이다.

상향링크 주파수을 사용하는 것 외에도, 사이드링크 연결은 기본적인 상향링크 전송 구조는, 보다 구체적으로는 PUSCH 전송의 기본 구조를 재사용한다. 사이드링크 동기신호 (sidelink synchronization signal, SLSS)를 제외한 모든 사이드링크 전송은, 그림 21.1에서 설명된 서브프레임 구조를 갖는 DFT-확산 OFDM을 기반으로 한다 (21.4절 참조). 사이드링크 송신의 경우, 서브프레임의 마지막 OFDM 심볼은 전송되지 않음에 유의한다. 이는 사이드링크 송신/수신과 일반적인 상향링크 전송 사이의 스위칭뿐만 아니라 사이드링크 송신과 사이드링크 수신 사이의 스위칭에 필요한 보호 시간을 확보하기 위해서다.

21.1.2 커버리지 내 사이드링크 연결 및 수신 커버리지 외 사이드링크 연결

그림 21.2에서 볼 수 있듯이, 사이드링크 연결에 관련된 단말은 네트워 커버리지 내에 있을 수 있지만, 네트워 커버리지의 바깥 단말 사이에서도 사이드링크 연결이 가능하다. 또한 사이드링크 연결에 관련된 일부 단말은 네트워 커버리지 내에 있고 일부 단말은 네트워 커버리지 바깥에 있는 경우도 있을 수 있다. 커버리지 내 시나리오의 경우, 사이드링크 송신을 수신하는 단말은 송신 단말과 동일한 셀에 있을 수도 있고 (셀 내) 또는 다른 셀에 있을 수도 있다 (셀 간).

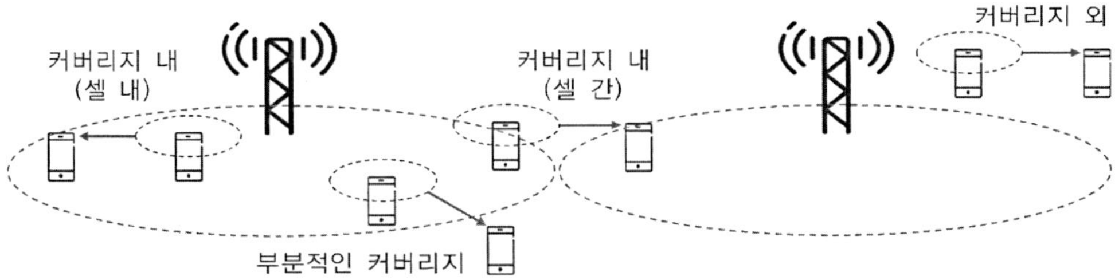

그림 21.2 사이드링크 연결에 대한 다양한 커버리지 시나리오

Release 12에서 사이드링크 통신의 경우는 커버리지 외 시나리오에서만 지원되고, 사이드링크 발견의 경우는 커버리지 내 시나리오에서만 지원되었다. 그러나 최근 공중안전 사용 사례에 대하여 커버리지 외 사이드링크 발견에 대한 지원이 3GPP Release 13에 추가되었다.

단말이 커버리지 내에 있을 때와 커버리지 바깥에 있을 때는 전송 타이밍 및 적절한 사이드링크 연결에 필요한 설정 파라미터를 어떻게 획득하는 지에 영향을 미친다. 이에 대하여 아래에 보다 상세히 설명한다.

네트웍 커버리지에 속한 단말의 경우, 사이드링크 연결은 RRC_CONNECTED 상태, 즉 단말이 네트웍에 대한 RRC 연결을 가진 상태에서 발생할 수 있다. 그러나 단말이 네트웍에 지정된 연결을 가지지 않은 RRC_IDLE 상태에서도 사이드링크 연결이 발생할 수 있다. RRC_IDLE 상태에 있는 것은 커버리지 바깥에 있는 것과는 같은 것이 아님에 유의한다. RRC_IDLE 상태에 있는 단말은 여전히 네트웍 커버리지 내에 있을 수 있으며, RRC 연결이 설정되지 않은 경우에도 예를 들면 네트웍 시스템 정보를 받을 수 있다.

21.1.3 사이드링크 동기화

단말이 사이드링크 연결을 설정하기 전에, 이들은 서로 간에 네트웍과 어느 정도 동기화가 잘 되어 있어야 한다.

그 이유 중 하나는, 사이드링크 전송이 의도된 시간-주파수 자원 내에서만 발생하도록 하여, 동일한 대역의 다른 사이드링크 및 사이드링크가 아닌 (셀룰러) 전송에 대한 제어되지 않은 간섭을 주는 위험을 줄이기 위해서이다.

그림 21.3과 같이 네트웍 커버리지 내에 있는 단말은 서빙 셀 (RRC_CONNECTED 상태) 또는 단말이 캠핑 중인 셀 (RRC_IDLE 상태)의 일반적인 셀 동기신호 (PSS/SSS, 11장 참조)를 사이드링크 전송을 위한 타이밍 기준으로 사용해야 한다 .

그러나 전송 타이밍에 대한 네트웍 제어를 직접적인 네트웍 커버리지가 미치지 않는 곳까지 하기 위해, LTE 사이드링크 연결에는 단말이 특수한 사이드링크 동기신호 (SLSS)를 전송할

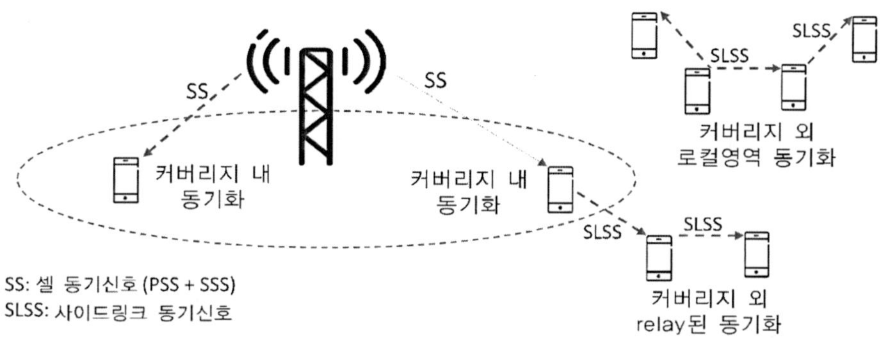

그림 21.3 사이드링크 전송을 위한 전송타이밍 획득

수도 있도록 하였다. 네트워 커버리지 내의 단말은 네트워으로부터 획득된 전송 타이밍에 따라 SLSS를 전송할 수 있다. 이 신호는 네트워 커버리지에서는 벗어나 있지만 SLSS를 송신한 단말과는 근처에 있는 단말에 의하여 수신되어 사이드링크 송신에 대한 타이밍 기준으로 사용될 수 있다. 그런 다음 이러한 단말은 다른 커버리지 외의 단말이 타이밍 기준으로 사용할 수 있는 자체 SLSS를 전송할 수 있다. 이렇게 함으로써 단말은 커버리지가 존재하는 네트워에 동기되고 여기에서 전송 타이밍을 도출하며, 이는 직접적인 네트워 커버리지 영역을 넘어서 더욱 확대될 수 있다.

네트워 커버리지 내에 있지 않고 충분히 강한 SLSS를 탐지하지 못한 단말은, 자발적으로 SLSS를 전송하게 되며, 이는 또 다른 커버리지 외 단말에 의해 검출되고 포워딩될 수 있다. 이러한 방식으로 네트워이 존재하는 커버리지 외 단말 사이에서도 로컬 영역 동기화가 달성될 수 있다.

SLSS는 커버리지 외 단말에 대한 사이드링크 송신을 위한 타이밍 기준 이외에도, 사이드링크 수신을 위한 타이밍 기준으로 작용할 수 있다.

사이드링크 전송의 수신을 용이하게 하기 위해 수신 단말은 수신될 신호의 타이밍에 대해 잘 알고 있는 것이 바람직하다. 예를 들어 동일한 서빙 셀을 갖는 커버리지 내의 단말들과 같이 동일한 전송 타이밍 기준을 사용하는 단말들 사이의 사이드링크 연결에서는, 수신 단말은 자신의 전송 타이밍을 수신에도 사용할 수 있다.

예를 들어 시간이 정렬되지 않은 서로 다른 셀에 있는 단말을 포함한 사이드링크 연결과 같이 전송 타이밍에 동일한 기준을 사용하지 않는 단말 사이의 사이드링크 연결을 가능하게 하기 위해, 단말은 다른 사이드링크 송신과 병렬로 SLSS를 전송할 수 있다. 이러한 동기신호는 수신 단말이 수신 타이밍의 기준으로 사용할 수 있다.

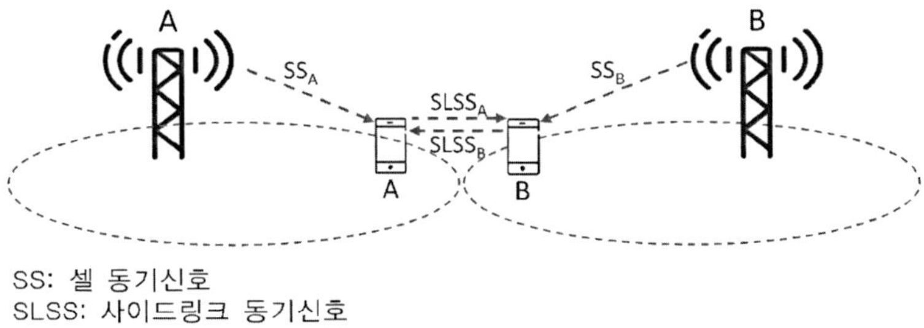

그림 21.4 사이드링크 수신을 위한 타이밍 기준으로서 사이드링크 동기신호 (SLSS)의 사용.

이에 대한 예가 그림 21.4에 나와 있다. 이 경우 단말 A는 서빙 셀 (SS_A)의 동기신호를 사이드링크 송신을 위한 타이밍 기준으로 사용한다. 유사하게 단말 B는 사이드링크 송신을 위한 타이밍 기준으로서 SS_B를 사용한다. 그러나 단말 A로부터 사이드링크 송신을 수신하기 위한 타이밍 기준으로 단말 B는 SS_A 로부터 유도되고 단말 A에 의해 송신되는 동기신호 $SLSS_A$를 사용할 것이다. 마찬가지로 단말 A는 단말 B로부터 사이드링크 송신을 수신하기 위한 타이밍 기준으로서 $SLSS_B$를 사용할 것이다.

21.1.4 사이드링크 연결을 위한 설정

단말은 사이드링크 연결에 참여하기 전에 바르게 설정되어야 한다. 이러한 설정은 서로 다른 타입의 사이드링크 전송에 이용 가능한 자원 집합 (서브프레임 및 자원 블록)을 정의하는 파라미터를 포함한다.

사이드링크와 관련된 설정 파라미터의 일부는 셀 시스템 정보의 일부로 제공된다 (11장 참조). 보다 구체적으로, 사이드링크 관련 설정 파라미터를 위해 두 개의 새로운 SIB가 도입되었다.

- SIB18: 사이드링크 통신과 관련된 설정 파라미터.
- SIB19: 사이드링크 발견과 관련된 설정 파라미터.

셀 시스템 정보를 통해 제공되는 이러한 공통적인 설정에 추가로 사이드링크 연결에 관여하는 RRC_CONNECTED 상태의 단말은 전용 RRC 시그널링에 의해 개별적으로도 설정된다.

시스템 정보 또는 전용 RRC 시그널링을 통한 설정은 네트워크 커버리지 외의 단말에는 당연히 가능하지 않다. 대신 이러한 단말은 미리 설정된 사이드링크 관련 설정 파라미터에 의존해야 한다. 이렇게 미리 설정되는 설정은 기본적으로 사이드링크와 관련된 시스템 정보의 일부로 제공되는 공통적인 설정과 동일한 목적을 수행한다.

예를 들어, 지금 커버리지 바깥에 있는 단말은 예전 네트워크 커버리지 내에 있을 때 미리 설정되었던 파라미터들을 제공받았을 수 있다. 다른 방법으로는, SIM 카드에 사전 설정을 제공하

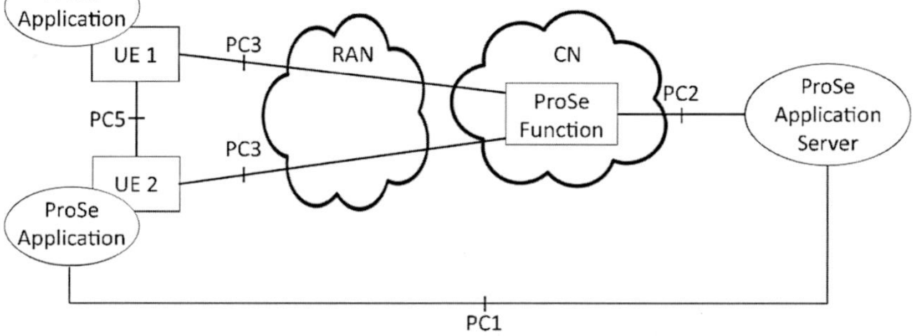

그림 21.5 사이드링크 (ProSe) 연결을 위한 구조.

거나 아니면 단말에 하드코딩을 하는 방법이 있다. 현재 커버리지 외의 동작은 공공안전에 대한 사용 사례만을 대상으로 함에 유의한다. 따라서 커버리지 외 동작은 일반적으로 특수한 단말 및 특수한 가입과 관련된다.

21.1.5 사이드링크를 위한 구조

그림 21.5는 사이드링크 연결과 관련된 네트워크 구조를 보여준다. 사이드링크 연결을 지원하기 위해 몇몇 새로운 새로운 네트워크 인터페이스와 함께 ProSe 기능이 코어망에 도입되었다. 이러한 인터페이스 중 PC5는 단말 간 직접 링크에 해당하며 PC3은 사이드링크-가능 단말과 ProSe 기능 간의 인터페이스이다.

ProSe 기능은 코어망 내의 모든 사이드링크 기능을 담당한다. 예를 들어 이 기능은 사이드링크 연결 (발견 또는 통신)을 설정하는 데 필요한 파라미터를 단말에 제공한다. 또한 ProSe 기능은 발견 메시지 (discovery message) 코드와 실제 발견 메시지 간의 매핑을 제공한다 (21.3절 참조).

21.1.6 사이드링크 채널 구조

그림 21.6은 논리 채널, 전송 채널 및 물리 채널/신호를 포함하는 사이드링크 연결에 관련된 채널 구조를 보여준다.

STCH (sidelink traffic channel)는 사이드링크 통신을 위한 사용자 데이터를 운반하는 논리 채널이다. 이는 SL-SCH (sidelink shared channel) 전송 채널에 매핑되고, 이어서 PSSCH (physical sidelink shared channel)에 매핑된다. PSSCH와 병렬로, 수신 단말이 PSSCH를 적절하게 검출하고 디코딩할 수 있게 사이드링크 제어 정보 (sidelink control information, SCI)를 운반하는 PSCCH (physical sidelink control channel)가 있다.

SL-DCH (sidelink discovery channel)은 발견되었음을 알리는 데 사용되는 전송 채널이다. 이는 물리 계층에서 PSDCH (physical sidelink discovery channel)에 매핑된다. 사이드링크 발견에 관련된 논리 채널이 없다는 것에 유의한다. 즉, 발견 메시지 (discovery message)는 MAC 계층 상의 SL-DCH 전송 블록에 직접 삽입된다. 따라서 사이드링크 발견을 위한 RLC 및 PDCP 계층은 없다.

마지막으로 사이드링크 동기화는 두 개의 신호/채널을 기반으로 한다.

- 이미 언급한 SLSS는 특정한 사이드링크 identity (SLI)와 연관되어 있다.
- S-BCCH (sidelink broadcast control channel)은 SL-BCH (sidelink broadcast channel) 전송 채널로 매핑되며, 이어서 PSBCH (physical sidelink broadcast channel) 물리 채널로 매핑된다. 이 채널은 단말 사이에서 사이드링크 MIB (SL-MIB)라고 불리는 매우 기본적인 사이드링크 관련 시스템 정보를 전달하는 데 사용된다 (2.4.2절 참조).

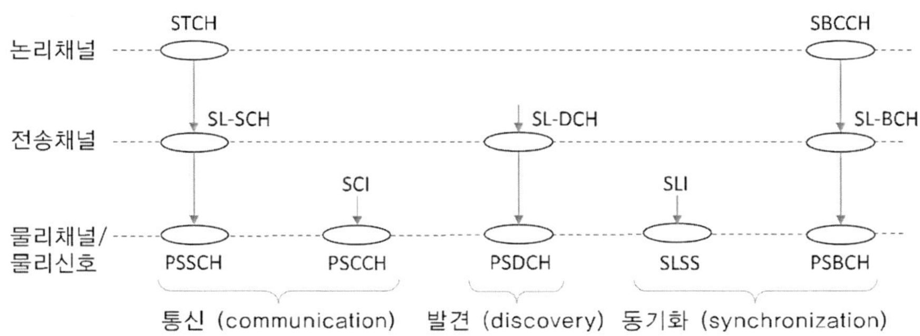

그림 21.6 사이드링크 채널 구조

21.2 사이드링크 통신

이미 언급했듯이, 사이드링크 통신은 근접 단말 간에 사용자 데이터를 직접 교환하는 것을 의미한다. Release 12에서는 사이드링크 통신은 그룹 통신 (group communication)으로 제한된다. 실제로 이는

- 사이드링크 전송은 특정 수신 단말과 관한 링크 특성에 대한 가정 없이 단말에 의해 브로드캐스팅된다.
- 사이드링크 전송은 송신 단말 부근의 임의의 사이드링크 통신이 가능한 단말에 의해 수신 및 디코딩될 수 있다.

- 사이드링크 전송의 제어 부분에 포함된 그룹 ID는 수신 단말이 자신이 이 데이터의 목표 수신자 중 하나인지를 결정하게 해준다.

사이드링크 통신에 관련된 단말 그룹이 오직 두 개의 단말로 설정되지 말라는 법도 없다. 실제로 이는 의도된 수신기가 오직 1개임을 의미한다.

앞서 설명한 바와 같이, 사이드링크 통신은 2개의 물리 채널을 기반으로 한다. :

- PSSCH: 실제 전송 채널 (SL-SCH) 데이터를 운반한다.
- PSCCH: 수신 단말이 PSSCH를 적절하게 검출 및 디코딩할 수 있게 제어 정보를 전달한다.

따라서 PSCCH는, 수신 단말이 하향링크 전송 채널 데이터를 운반하는 PDSCH를 적절히 검출 및 디코딩할 수 있게 제어 정보를 운반하는 PDCCH/EPDCCH (제6장 참조)와 유사한 목적을 수행한다.

21.2.1 자원풀 및 전송 자원 할당/선택

사이드링크 통신 (및 사이드링크 발견, 21.3절 참조)을 위하여 자원풀 (resource pool)의 개념이 도입되었다. 간단히 말해 자원풀이란, 실제로 서브프레임과 자원 블록의 물리적 자원의 집합으로서, 사이드링크 전송을 위해 단말이 사용할 수 있다. 특정한 사이드링크 전송을 위해 사용되는 정확한 자원의 집합은 자원풀로부터 할당/선택된다.

자원풀을 가지고 단말을 설정하는 방법에는 여러 가지가 있다.

- RRC_CONNECTED 모드의 단말에 대해서는, 전용 RRC 시그널링을 통해 자원풀을 개별적으로 설정할 수 있다.
- 공통 자원풀은 사이드링크-특정 시스템 정보 (사이드링크 통신의 경우에는 SIB18)를 통해 제공될 수 있다.
- 커버리지 외 단말에서 사용될, 사전에 설정된 자원풀이 있을 수 있다.

사이드링크 통신에 대하여 각 자원풀은 다음과 같은 구성된다.

- *PSCCH 서브프레임 풀*. PSCCH 전송을 위해 가용한 서브프레임을 정의한다.
- *PSCCH 자원 블록 풀*. PSCCH 서브프레임 풀 내에서 PSCCH 전송을 위해 가용한 자원 블록을 정의한다.
- *PSSCH 서브프레임 풀*. PSSCH 전송에 가용한 서브프레임을 정의한다.

- *PSSCH 자원 블록 풀*. PSSCH 서브프레임 풀 내에서 PSSCH 전송을 위해 가용한 자원 블록들을 정의한다.

사이드링크 통신에는 두 가지 타입 또는 모드가 있다. 두 가지 모드는, 단말이 설정된 자원풀에서 사이드링크 전송에 사용할 정확한 자원을 어떻게 할당받는지 혹은 선택하는지에 따라 다르다. 여기에는 PSSCH를 사용하여 실제 데이터 (전송 채널) 전송을 위한 자원뿐 아니라 PSCCH 전송을 위한 자원도 포함된다.

- 사이드링크 통신 모드 1의 경우, 네트워으로부터 수신한 스케줄링 승인을 통해 PSCCH/PSSCH 자원의 특정 집합이 명시적으로 할당된다.
- 사이드링크 통신 모드 2의 경우, 단말 자체가 PSCCH/PSSCH 자원을 선택한다.

네트웍에 의해 제공되는 명시적인 스케줄링 승인에 의존하기 때문에, 사이드링크 통신 모드 1은 커버리지 내 RRC_CONNECTED 상태의 단말에 대해서만 가능하다. 대조적으로 사이드링크 통신 모드 2는 커버리지 내 및 커버리지 외, RRC_IDLE 및 RRC_CONNECTED 상태 모두에서 가능하다.

21.2.2 PSCCH 주기

시간 영역에서 사이드링크 통신은 소위 PSCCH 주기에 기반한다. 1024 프레임 또는 10240 서브프레임으로 이루어진 각 SFN 주기 (11장 참조)는 동일한 길이의 PSCCH 주기로 나누어진다.

전송에 사용될 자원이 네트웍에 의해 명시적으로 할당되는 경우, 즉 사이드링크 통신 모드 1의 경우 할당은 PSCCH 주기에 기반하여 수행된다. 유사하게, 단말이 자체적으로 전송 자원을 선택하는 경우에도 (사이드링크 통신 모드 2) 그 선택은 PSCCH 주기에 기반하여 행해진다.

FDD의 경우 PSCCH 주기는 40, 80, 160 또는 320 서브프레임으로 설정될 수 있다. TDD의 경우 PSCCH 주기로 가능한 길이는 하향링크/상향링크 설정에 따라 달라진다.

21.2.3 사이드링크 제어 정보/PSCCH 전송

PSCCH는 매 PSCCH 주기마다 한 번 전송된다. PSCCH는 이미 언급한 바와 같이 수신 단말이 PSSCH 상의 데이터 전송을 적절히 검출하고 디코딩할 수 있게 사이드링크 제어 정보 (SCI)를 운반한다. SCI는 PSSCH 전송에 사용되는 시간-주파수 자원 (서브프레임들 및 자원 블록들)에 관한 정보를 포함한다. SCI의 내용은 PSSCH 전송 구조에 대한 논의 이후, 21.2.5절에 보다 자세히 설명되어 있다.

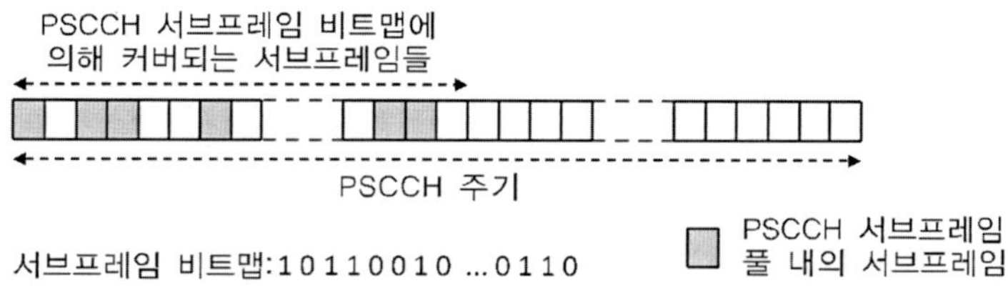

그림 21.7 PSCCH 주기 내의 PSCCH 서브프레임 풀.[2)]

SCI에 대한 채널 코딩 및 변조는 기본적으로 DCI와 동일한 방식 (6장 참조)으로 이루어지며, 다음의 단계로 구성된다.

- 16비트 CRC 계산
- 코딩률 1/3의 tail-biting 컨볼루션 코드
- PSCCH 자원의 크기에 코딩된 비트의 수와 일치시키는 rate matching
- 사전에 정의된 seed로 비트 레벨 스크램블링
- QPSK 변조

그 다음 변조된 심볼은 PSCCH 전송을 위해 할당/선택된 물리 자원 (서브프레임 및 자원 블록)에 매핑되기 이전에 DFT-프리코딩된다.

PSCCH 서브프레임 풀, 즉 각 PSSCH 주기 내에서 PSCCH 전송에 사용할 수 있는 서브프레임 집합은 사이드링크 설정의 일부로 제공된 서브프레임 비트맵에 의해 제공된다 (그림 21.7 참조). FDD 주파수에서 사이드링크 연결의 경우, 비트맵의 길이는 40이다. TDD의 경우 비트맵의 길이는 하향링크/상향링크 설정에 따라 다르다.

PSCCH 자원 블록 풀, 즉 서브프레임 풀 내에서 PSCCH 전송에 사용할 수 있는 자원 블록 집합은 두 개의 동일한 크기의 주파수 상에 연속된 자원 블록으로 구성된다 (그림 21.8 참조). 따라서 자원 블록 풀은 다음 사항에 의해 완벽하게 설명될 수 있다.

- "하위 (lower)" 자원 블록 집합의 첫 번째 자원 블록의 인덱스 S_1
- "상위 (upper)" 자원 블록 집합의 마지막 자원 블록의 인덱스 S_2
- 두 집합 각각의 자원 블록의 수 M

그림 21.9와 같이 PSCCH 전송은 2개의 서브프레임에 걸쳐 수행되고, 각 서브프레임 내에서는 하나의 자원 블록 pair[3)]에서 수행된다. 설정된 자원풀 내에서 특정 PSCCH 전송을 위해 사용되

2) 그림은 paired/FDD 주파수의 사이드링크 통신을 가정함에 유의한다. Unpaired/TDD 주파수의 경우는, 비트맵이 현재 DL/UL 설정에 의해 정의된 상향링크 서브프레임만을 커버한다.
3) 하나의 서브프레임은 두 개의 자원 블록으로 구성된다는 것을 기억한다.

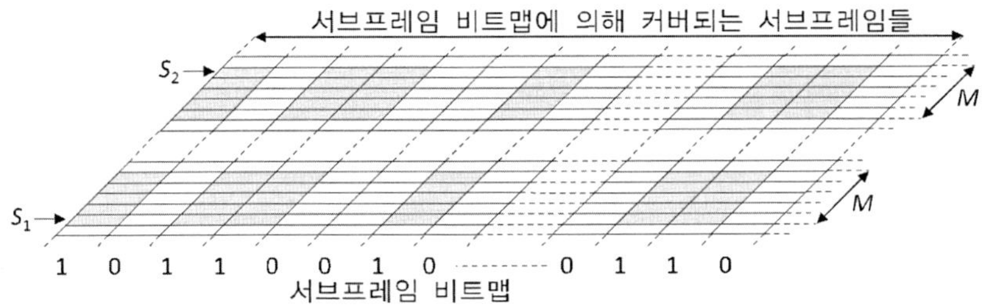

그림 21.8 PSCCH 자원풀의 구조.

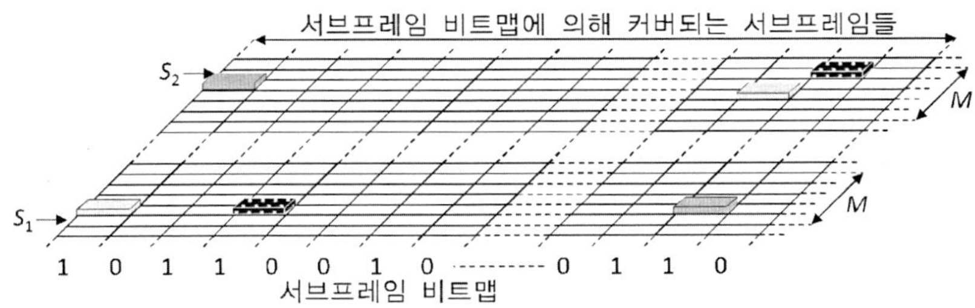

그림 21.9 PSCCH 전송.

는 서브프레임 및 자원 블록은, 파라미터 n_{PSCCH}에 의해 함께 주어진다. n_{PSCCH}는 네트워에 의해 스케줄링 승인 내에서 전달되거나 (사이드링크 통신 모드 1) 또는 송신 단말에 의해 자율적으로 선택된다 (사이드링크 통신 모드 2).

n_{PSCCH}로부터 실제 PSCCH 자원으로의 매핑은, 첫 번째 서브프레임의 송신이 자원 블록의 하위 집합에서 발생하면 두 번째 서브프레임의 송신은 자원 블록의 상위 집합에서 발생하고, 첫 번째 서브프레임의 송신이 상위 집합에서 발생하면 그 반대가 된다. 또한 2개의 서로 다른 n_{PSCCH}값이 동일한 첫 번째 서브프레임으로의 매핑을 지칭하는 경우, 두 번째 송신은 서로 다른 서브프레임에서 발생한다. 따라서 서로 다른 n_{PSCCH}값에 대응하는 PSCCH 전송은 시간 상 두 개의 서브프레임 중 오직 한 번만 충돌할 것이다. 여기에는 두 가지 이점이 있다.

- Near-far 영향으로 인해, 동일한 서브프레임에서 복수 개의 단말로부터 동시에 이루어지는 사이드링크 전송은 비록 이들이 서로 다른 자원 블록에서 발생하는 주파수별로 분리된 전송이라 해도 서로 심각한 간섭을 일으킬 수 있다. PSCCH 매핑은 단말이 서로 다른 n_{PSCCH} 값을 할당받거나 선택하는 한 이러한 충돌이 두 개의 서브프레임 중 하나에서만 발생함을 보장한다.

- 단말은 동일한 서브프레임에서 PSCCH를 송신 및 수신할 수는 없다. PSCCH 매핑이 두 개의 전송에 대해 상이한 n_{PSCCH} 값이 사용된다고 가정하면, 단말은 여전히 동일한 PSCCH 주기 내에서 PSCCH를 송신 및 수신할 수 있게 한다.

21.2.4 SL-SCH/PSSCH 전송

실제 전송 채널 (SL-SCH) 데이터는 PSSCH 물리 채널 상에 전송 블록 형태로 전송된다. 각 전송 블록은 PSSCH 서브프레임 풀 내의 4개의 연속적인 서브프레임을 통해 전송된다. 따라서 PSCCH 주기 내에서 M개의 전송 블록을 전송하기 위해서는 $4M$ 개의 서브프레임이 필요하다. PSCCH 상의 단일 SCI는 전체 PSCCH 주기 동안 PSSCH 전송에 관련된 제어 정보를 운반한다는 사실에 유의한다. 이는 통상 동일한 서브프레임 내에서의 PDSCH 전송만 하는 DCI와는 대조적이다.

SL-SCH에 대한 채널 코딩 및 변조는 상향링크 전송 (UL-SCH)과 동일한 방식으로 행해지며 (제7장 참조), 다음의 단계로 구성된다 :

- CRC 삽입
- 코드 블록 분할 및 코드 블록 당 CRC 삽입
- 코딩률 1/3 터보 코드
- Rate matching (물리 계층 HARQ 기능에 기반함)
- 비트 레벨 스크램블링
- 데이터 변조 (QPSK/16QAM)

Rate matching은 변조 방식을 고려하여, 코딩된 비트를 전송 블록 전송하기 위해 할당/선택된 물리 자원의 크기와 매칭시킨다. SL-SCH를 위한 HARQ는 없다. 그러나 4개의 서브프레임에 대한 코딩된 전송 블록의 rate matching 및 매핑은 HARQ 재전송을 위한 redundancy 버전의 선택과 동일한 방식으로 수행된다.

비트 레벨 스크램블링은 그룹 ID, 즉 사이드링크 전송이 목표로하는 그룹의 ID에 따른다.

PSSCH 데이터 변조는 QPSK 및 16OAM으로 제한된다. 네트워은 사이드링크 설정의 일부로서 PSSCH 전송을 위해 특정 변조 방식을 강제할 수 있다. 네트워이 특정 변조 방식을 강제하지 않으면 송신 단말은 자율적으로 변조 방식을 선택한다. 할당/선택된 변조 방식에 관한 정보는 SCI의 일부로서 수신 단말에 제공된다.

채널 코딩 및 변조 후에, DFT-프리코딩이 적용된 후 PSSCH 전송을 위해 할당/선택된 물리 자원에 매핑된다.

사이드링크 통신 모드 1의 경우, PSSCH 서브프레임 풀 즉, PSCCH 전송에 사용 가능한 서브프레임 집합은 PSCCH 서브프레임 풀의 마지막 서브프레임 이후의 모든 상향링크 서브프레임으로 구성된다 (그림 21.10 참조).

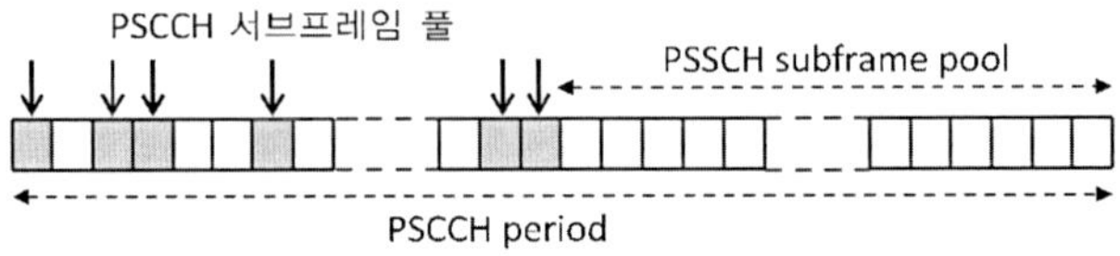

그림 21.10 사이드링크 통신 모드 1을 위한 PSCCH 내에서 PSSCH (데이터) 전송에 사용할 수 있는 서브프레임

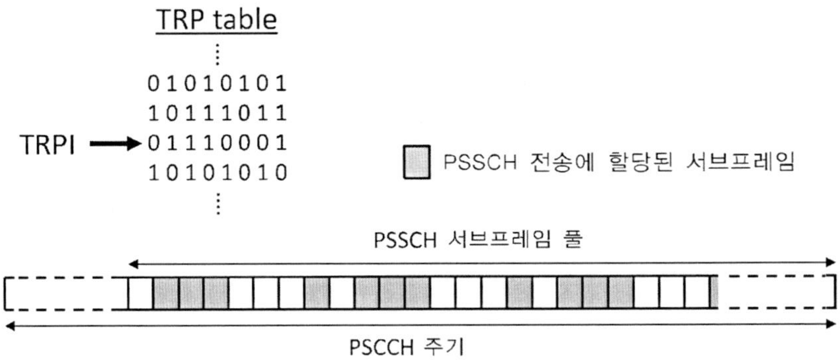

그림 21.11 PSSCH로의 서브프레임 할당 (사이드링크 통신 모드 1)

PSCCH 주기 내에서 PSSCH 전송을 위해 사용되는 정확한 서브프레임은 스케줄링 승인의 일부로서 제공되는 TRPI (time repetition pattern index)에 의해 주어진다. 그림 21.11과 같이 TRPI는 LTE 규격에서 명시적으로 정의된 TRP 테이블 내의 특정 TRP를 가리킨다.[4)] 지시된 TRP의 주기적 확장이 PSSCH 전송에 할당된 상향링크 서브프레임을 제공한다.

그림 21.10의 사이드링크 통신 모드 1을 위한 PSCCH 주기 내에서 PSSCH (데이터) 전송에 사용할 수 있는 서브프레임 ("PSSCH 서브프레임 풀").

그 다음 TRPI는 PSSCH가 전송되는 서브프레임의 집합에 관하여 수신 단말에 알려주기 위해 SCI에 포함된다.

사이드링크 통신 모드 2의 경우, PSSCH 서브프레임 풀, 즉 PSSCH 전송에 가용한 (상향링크) 서브프레임은 모드 1 서브프레임 풀의 부분집합으로 이루어진다. 보다 구체적으로 사이드링크 설정에 정의된 비트맵의 주기적인 확장은 PSSCH 서브프레임 풀에 어떤 서브프레임이 포함되는지를 나타낸다. 네트웍은 이러한 방식으로 특정 서브프레임이 PSSCH 전송에 사용되지 않을 것임을 보장할 수 있다.

그 다음, 단말은 TRP 테이블로부터 무작위로 TRP를 선택함으로써 PSSCH 전송을 위해 사용할 정확한 서브프레임 집합을 자율적으로 결정한다. 수신 단말은 사이드링크 통신 모드 1과 유사하게 SCI에 포함된 해당 TRPI를 통하여 선택된 TRP에 대해 알게 된다.

4) FDD의 경우, TRP 테이블은 106개의 항목으로 구성되며, 각 TRP는 8비트로 구성된다. TDD의 경우, TRP 테이블의 크기 및 TRP의 길이는 하향링크/상향링크 설정에 따른다.

사이드링크 통신 노드 2의 경우에는, PSSCH 서브프레임 풀의 일부인 서브프레임 집합에 대한 제한 이외에도 TRP 선택에도 제한이 있다.

일반적으로 TRP 테이블은 PSSCH 전송을 위해 할당된 서로 다른 서브프레임 부분에 대응하는 서로 다른 개수의 1을 갖는 TRP로 이루어진다. 예를 들어 특정 단말로부터의 PSSCH 전송을 위해 PSSCH 풀의 모든 서브프레임을 할당하는 것에 대응하는 all-1 TRP도 포함한다. 그러나 사이드링크 통신 모드 2의 경우, TRP 선택은 제한된 수의 1을 가진 TRP로 제한되고, 따라서 PSSCH 전송의 듀티 사이클을 제한한다. 예를 들어 FDD의 경우, TRP 선택은 최대 4개의 1을 가진 TRP로 제한되며, 이는 PSSCH 전송에 대한 50 % 듀티 사이클에 해당된다.

단말은 또한 서브프레임 집합에 추가로 PSSCH 전송에 사용될 정확한 자원 블록의 집합도 알아야 한다.

네트웍이 사이드링크 통신을 위해 사용되는 자원을 할당하는 사이드링크 통신 모드 1의 경우, PSCCH 전송을 위해 사용되는 자원 블록에 관한 정보는 네트웍에 의해 제공되는 스케줄링 승인에서 주어진다. 자원의 구조와 시그널링되는 방식은 기본적으로 상향링크 (PUSCH) 전송을 위한 단일-클러스터 (single-cluster) 할당과 동일하다 (6.4.7절 참조). 따라서 자원 승인은 1비트 주파수 호핑 flag 및 시스템 대역폭에 따라 크기가 변하는 자원 블록 할당을 포함한다. 연속적인 자원 블록 집합이어야 한다는 점을 제외하면, 어떤 자원 블록이 할당될 수 있는 지에 대한 제한이 없다. 즉, 사이드링크 통신 모드 1의 경우, PSSCH 자원 블록 풀은 반송파 대역폭 내의 모든 자원 블록으로 구성된다.

사이드링크 통신 모드 2의 경우, PSSCH 전송을 위해 어떤 자원 블록이 가용한지에 대한 제약이 있다. 이 PSSCH 자원 블록 풀은 PSCCH 자원 블록 풀과 동일한 구조를 갖는다. 즉, 이는 3개의 파라미터 S_1, S_2 및 M으로 정의된 두 개의 주파수 상에 연속적인 자원 블록 집합으로 구성된다 (그림 21.8 참조). PSSCH 자원 블록 풀을 정의하는 파라미터는 PSCCH 자원 블록 풀을 정의하는 파라미터와는 별도로 설정됨에 유의한다. 사이드링크 통신 모드 2에서 동작하도록 설정된 단말은 PSSCH 자원 블록 풀로부터 일련의 연속적인 자원 블록을 자율적으로 선택할 것이다.

자원 블록 집합의 할당/선택에 관한 정보는 SCI의 일부로서 수신 단말에 제공된다.

21.2.5 사이드링크 제어 정보 내용

이전 절에서 논의된 바와 같이 SCI는 수신 단말이 PSSCH를 적절하게 검출 및 디코딩하고 SL-SCH 데이터를 추출하는 데 필요한 정보를 전달한다. 여기에는 PSSCH가 전송되는 정확한 자원 집합 (서브프레임 및 자원 블록)에 대한 정보가 포함된다.

- TRPI는 PSSCH 전송에 사용되는 서브프레임의 집합을 나타낸다.
- ***주파수 호핑 flag***는 주파수 호핑이 PSSCH 전송을 위해 사용되는 지의 여부를 나타낸다.
- ***자원 블록 및 호핑 자원 할당***은, TRPI가 알려주는 서브프레임 내에서 어떤 자원 블록이 PSSCH 전송을 위해 사용되는지를 나타낸다.

마지막 파라미터는, 기본적으로 DCI 포맷 0의 상향링크 스케줄링 승인 내 대응하는 파라미터와 동일하다.

또한 SCI는 다음 사항을 포함한다.

- PSSCH 전송에 사용된 변조 및 코딩 방식 (MCS)에 대한 5비트 지시자
- 사이드링크 통신이 목표로 하는 그룹을 나타내는 8비트 그룹 목적지 (group destination) ID
- 11비트의 timing advance 지시자

21.2.6 스케줄링 승인 및 DCI 포맷 5

앞서 설명한 바와 같이, 네트웍 커버리지 내의 단말은 네트웍에 의한 명시적인 스케줄링 승인이 제공되는 경우에만 (사이드링크 통신 모드 1) 사이드링크 통신을 개시하도록 설정될 수 있다. 이는 상향링크 전송을 위한 명시적인 스케줄링 승인을 가질 때에만 상향링크를 통해 단말이 송신하도록 허용되는 것과 유사하다 (제7장 참조). 제6장에서 기술한 바와 같이, 스케줄링 승인은 DCI 포맷 0 또는 DCI 포맷 4를 사용하는 PDCCH/EPDCCH를 통해 제공된다. 이와 유사하게 사이드링크 스케줄링 승인은 새로운 DCI 포맷 5를 사용하는 PDCCH/ EPDCCH를 통해 제공된다.

DCI 포맷 5에는 다음과 같은 정보가 포함된다.

- PSCCH가 전송될 물리 자원 (서브프레임과 자원 블록)을 나타내는 파라미터 n_{PSCCH}
- PSSCH 서브프레임 풀 내의 어떤 서브프레임이 PSSCH 전송을 위해 사용되는지를 나타내는 TRP
- PSSCH 전송을 위해 주파수 호핑을 적용해야 하는지를 나타내는 주파수 호핑 flag
- TRPI에 의해 지시된 서브프레임 내에서 어떤 자원 블록이 PSSCH 전송을 위해 사용되어야 하는지를 가리키는 자원 블록과 호핑 자원 할당

마지막 파라미터는 기본적으로 기존의 상향링크 (PUSCH) 전송에 대한 스케줄링 승인에 대응하는 파라미터와 동일하다 (7장 참조).

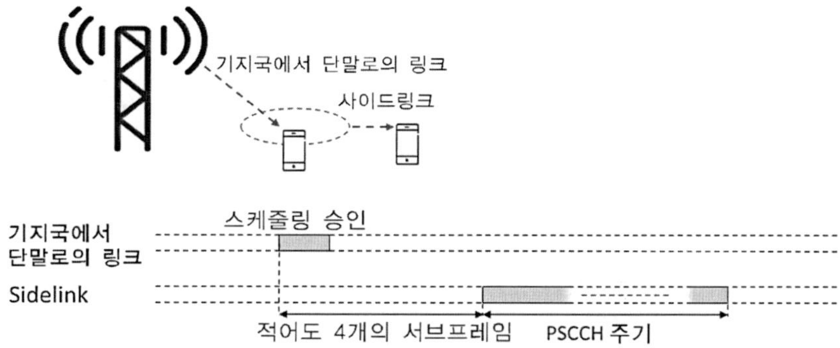

그림 21.12 상향링크 스케줄링을위한 타이밍 관계

또한 DCI 포맷 5는 PSCCH 및 PSSCH 모두에 적용되는 1비트 송신 전력 제어 (TPC) 명령을 포함한다.

그림 21.12와 같이 사이드링크 스케줄링 승인은 스케줄링 승인이 도착한 후 적어도 네 개의 서브프레임 이후에 시작하는 다음 PSCCH 주기에 유효하다. 이는 일반적인 상향링크 (PUSCH) 전송과 같이, 스케줄링 승인으로부터 실제 스케줄링된 전송까지 동일한 양의 시간을 제공한다는 것에 유의한다.

사이드링크 통신을 위한 스케줄링 승인의 전송은, 사이드링크 통신에 관련된 단말에 의해 네트워크에 제공되는 버퍼 상태 보고 (BSR)의 도움을 받는다. 상향링크 버퍼 상태 보고와 마찬가지로 (9장 참조) 사이드링크 BSR은 MAC 제어 요소로서 전달되며 단말에서 전송하려는 데이터의 양을 나타낸다.

21.2.7 수신 자원풀

이전 절에서 사이드링크 통신 (PSCCH 및 PSSCH)과 관련된 송신에 이용 가능한 자원 집합 (서브프레임 및 자원 블록 집합)을 정의하는 자원풀의 개념을 설명하였다.

이와 같은 송신 자원풀 이외에도 사이드링크 통신에 참여하는 단말은 사이드링크 통신과 관련하여 하나 혹은 여러 개의 수신 자원풀이 설정된다.

수신 자원풀은 단말이 사이드링크 통신에 관련된 전송을 수신할 것으로 예상할 수 있는 자원 집합 (서브프레임 및 자원 블록)을 나타낸다. 특히 수신 자원풀의 PSCCH 부분은 단말이 PSCCH 전송을 탐색해야 하는 자원 집합을 나타낸다. 또한 자원의 PSSCH 부분 역시 수신기가 SCI 내의 자원 정보를 적절하게 해석하는 데 필요하다.

단말이 복수 개의 수신풀로 설정되는 이유는 단말이 여러 단말로부터 사이드링크 통신을 수신할 수 있으며, 이러한 단말이 서로 다른 전송풀로 설정될 수 있기 때문이다. 이는 단말이 동일 셀 내에 있는지 또는 서로 다른 셀 내에 있는 지에 상관없다.[5] 원칙적으로 단말의 수신풀은 단말이 통신하고 있는 단말의 전송 자원풀의 합집합으로 설정되어야 한다고 말할 수 있다. 실제 이는 관련된 단말의 전송풀을 공동으로 커버하는 복수 개의 수신풀로 단말을 설정함으로써 실현된다.

사이드링크 통신에 대한 수신풀은, 커버리지 내 단말에 대해서는 사이드링크 관련 시스템 정보(SIB18)로 제공되며 커버리지 외 단말에 대해서는 사전에 설정된다.

21.3 사이드링크 발견

사이드링크 발견 (sidelink discovery)은 주변에 있는 단말에 의해 직접 탐지 ("발견")될 수 있는 짧은 고정 크기의 메시지를 반복적으로 방송하는 단말에 관한 것이다. 예를 들어 이러한 메시지는 지나가는 사람들에게 식당에서 특별한 메뉴를 알리는 것과 같이 "서비스"에 대한 공표일 수도 있고, 가까이 있는 사람들에게 특정 역량을 요구하는 것과 같은 정보에 대한 요청일 수도 있다.

실제로 전달하고자 하는 메시지는 브로드캐스트 메시지에 명시적으로 포함되지 않는 것에 유의한다. 대신 브로드캐스트 메시지는 사용자 ID와 메시지 코드로 구성된다. 메시지 코드에서 실제 메시지로의 매핑은 네트워 ProSe 기능에 의해 제공된다 (21.1.5절 참조).

21.1.6절에서 설명한 바와 같이, 발견 메시지는 SL-DCH 전송 채널 상의 전송 블록의 형태로 전송되며, 이는 다시 PSDCH 물리 채널에 매핑된다. 따라서 사이드링크 통신과는 대조적으로 전송을 위한 별도의 물리 채널 상에 운반되는 관련 제어 정보를 갖는 PSCCH/PSSCH 구조가 없다.

사이드링크 통신과 비교할 때, PSDCH 상의 발견 메시지 (SL-DCH 전송 블록) 전송은 많은 면에서 PSSCH 상의 SL-SCH 전송보다 PSCCH 상의 제어 정보 (SCI) 전송과 유사하다.

- PSCCH와 유사하게, PSDCH 페이로드 (SL-DSCH 전송 블록)는 고정 크기 (232비트)이다.
- PSCCH와 유사하게, 수신 단말은 수신풀 내에서 PSDCH를 "검색"한다. 대조적으로 수신기는 PSSCH 수신을 위해서 SCI에 의하여 정확한 자원을 통지받는다.

다음 절에서 볼 수 있듯이, PSDCH 전송을 위한 자원풀 구조 역시 여러면에서 PSCCH 전송을 위한 자원풀 구조와 유사하다.

---

5) 동일 셀 내의 RRC_IDLE 상태에 있는 단말들은 SIB18에 의해 제공되는 동일한 전송 자원풀을 사용할 것이다. 그러나 동일 셀 내의 RRC_CONNECTED 상태에 있는 단말은 개별적으로 서로 다른 전송풀로 설정될 수있다. 다른 셀에 있는 RRC_IDLE 상태의 단말 역시 서로 다른 전송풀로 설정될 수 있다.

21.3.1 자원풀 및 전송 자원의 선택/할당

시간 영역에서, 사이드링크 발견은 사이드링크 통신에 사용되는 PSCCH 주기와 비슷한 동일 크기의 발견 주기 (discovery period)를 기반으로 한다 (21.2.2절 참조).

사이드링크 통신과 유사하게, 사이드링크 발견을 위해 단말은 발견 메시지 (PSDCH) 전송에 이용 가능한 자원을 정의하는 하나 또는 다수의 자원풀이 설정된다. 사이드링크 발견의 경우 각 자원풀은 다음과 같이 설정된다.

- *PSDCH 서브프레임 풀*. 사이드링크 발견 전송을 위해 이용 가능한 서브프레임 집합을 정의
- *PSDCH 자원 블록 풀*. 서브프레임 풀 내에서 사이드링크 발견 전송에 이용 가능한 자원 블록 집합을 정의

PSDCH 서브프레임 풀은, PSCCH 서브프레임 풀과 유사하게 서브프레임 비트맵에 의해 제공된다 (21.2.3절 참조). 그러나 비트맵이 PSCCH 서브프레임 풀을 직접 제공하는 반면, 발견 서브프레임 풀은 서브프레임 비트맵의 주기적인 반복에 의해 제공된다.

사이드링크 발견 자원 블록 풀은 3개의 파라미터 S_1, S_2, M에 의해 정의된 두 개의 주파수 상 연속적인 자원 블록 집합으로 설정된다. 즉, PSCCH 자원 블록 풀과 동일한 구조이다 (21.2.3절 및 그림 21.8 참조).

사이드링크 통신과 유사하게, 단말이 PSDCH 전송을 위한 자원을 할당받는지/선택하는지에 따라 두 가지 타입 또는 모드가 있다.[6]

- 사이드링크 발견 타입 1의 경우, 단말은 설정된 자원풀에서 발견 전송에 사용할 실제 자원 집합을 스스로 선택한다.
- 사이드링크 발견 타입 2B의 경우, 단말은 RRC 시그널링을 통해 설정된 자원풀에서 발견 전송에 사용할 자원 집합을 명시적으로 할당받는다.[7]

발견 타입 1은 RRC_IDLE 및 RRC_CONNECTED 상태 모두에서 단말이 사용할 수 있지만, 발견 타입 2B는 RRC_CONNECTED 상태에서만 가능하다.

발견 타입 2B에서는, 발견 자원의 할당이 RRC 시그널링에 의해 행해진다는 것에 유의한다. 할당은 명시적으로 변경되기 전까지 유효하다. 이는 PDCCH/EPDCCH 상의 스케줄링 승인

6) 규격에서는 사이드링크 통신을 위해 모드라는 용어와 발견을 위해서 타입이라는 용어를 사용한다. 규격에 맞추기 위해 여기에서도 동일하게 기술한다.

7) 사이드링크 연결에 대한 3GPP 작업 초기 단계에서 발견 타입 2가 있었고, 타입 2B라고 하는 특수 타입이 있었다. 이후, 결국은 특별 타입인 2B만 남았다.

(DCI 포맷 5)에 의하여 전송 자원이 동적으로 할당되고 PSCCH 주기 동안만 유효한 사이드링크 통신 모드 1과는 대조적이다.[8] 또한 사이드링크 통신의 경우에는 (RRC 시그널링에 의해) 자원풀이 우선 단말에 설정된 후에, PDCCH/EPDCCH 상의 DCI에 의해 사이드링크 전송에 사용할 특정 자원이 동적으로 할당되는 것에 대비하여, 사이드링크 발견은 자원풀의 설정과 발견 메시지 전송에 사용할 정확한 자원의 할당이 사이드링크 설정의 일부로 공동으로 수행된다.

발견 타입 1의 경우, 즉 단말이 발견 전송에 사용할 정확한 자원 집합을 선택하는 경우 각 단말은 여러 개의 자원풀로 설정될 수 있으며, 각 자원풀은 특정 RSRP 범위와 연관된다. 여기서 RSRP는 기본적으로 특정 셀에 대한 경로 감쇄의 척도이다. 단말은 현재 셀에 대해 측정된 RSRP를 기반으로 발견 자원을 선택할 자원풀을 선택한다. 이는 현재 셀에 대한 경로 감쇄에 따라 즉, 간접적으로는 다른 셀의 거리에 따라서 단말을 서로 겹치지 않는 자원풀로 분리할 수 있다.

21.3.2 사이드링크 발견 전송

이미 언급한 바와 같이, 발견 메시지 (SL-DSCH 전송 블록)는 232비트의 고정 크기이다.

SL-DCH에 대한 채널 코딩 및 변조는 상향링크 (UL-SCH) 전송과 동일한 방식으로 이루어지며 (제7장 참조) 다음의 단계로 구성된다.

- CRC 삽입
- 코드 블록 분할 및 코드 블록 당 CRC 삽입
- 코딩률 1/3 터보 코드
- Rate matching
- 사전에 정의된 seed (510)를 사용한 비트 레벨 스크램블링
- 데이터 변조 (QPSK만 지원)

그 다음, DFT-프리코딩이 적용되고 PSDCH 전송을 위해 선택/할당된 시간-주파수 자원으로 매핑된다.

각 SL-DCH 전송 블록은 발견 서브프레임 풀 내에서 $N_{\mathrm{RT}}+1$개의 연속적인 서브프레임을 통해 전송되며, 여기서 재전송 횟수 N_{RT}는 네트워크에 의해 제공되는 설정의 일부이다.

---

8) 사이드링크 발견 타입의 넘버링은 사이드링크 통신의 경우와 반대임에 주의한다. 발견의 경우, 타입 1이 단말이 자원을 선택하는 타입이며, 사이드링크 통신의 경우 해당 모드는 모드 2이다.

각 서브프레임 내에서, 자원 블록 풀 2개의 주파수 상 연속적인 자원 블록이 발견 전송을 위해 사용되며, 자원 블록은 각 서브프레임마다 변한다.

21.3.3 수신 자원풀

사이드링크 통신과 마찬가지로, 사이드링크 발견에 대해서도 사이드링크 관련 시스템 정보의 일부 (즉, 발견의 경우 SIB19)이며, 단말에 제공되는 공통의 수신 자원풀 집합이 있다. 사이드링크 통신과 유사하게, 사이드링크 발견 메시지를 수신하는 단말은 설정된 자원풀 집합 내에서 PSDCH 전송을 찾는다.

21.4 사이드링크 동기화

21.1.3절에서 이미 언급했듯이, 사이드링크 동기화의 목적은 사이드링크 수신 및 송신을 위한 타이밍 기준을 제공하는 것이다.

일반적으로 커버리지 내 단말은, 서빙 셀 (RRC_CONNECTED 상태의 단말의 경우) 또는 단말이 캠핑중인 셀 (RRC_IDLE 상태의 단말의 경우)의 동기신호 (PSS+SSS)를 사이드링크 전송에 대한 타이밍 기준으로 사용해야 한다.

커버리지 이외의 단말은 다른 단말에 의해 전송된 특수한 SLSS로부터 전송 타이밍을 획득할 수 있다. 앞에서 SLSS를 전송한 단말은 커버리지 내에 있을 수 있으며, 이는 그 단말의 전송 타이밍 및 SLSS 전송 타이밍이 네트웍으로부터 직접 도출된다는 것을 의미한다. 그러나 그러한 단말들도 역시 커버리지 바깥에 있을 수 있으며, 이는 그들의 전송 타이밍이 또 다른 단말의 SLSS 전송으로부터 도출되었거나 혹은 자율적으로 선택되었음을 의미한다.

사이드링크 송신을 위한 타이밍 기준으로서 SLSS를 선택하는 것은, LTE 규격에서는 동기화 기준 단말을 선택하는 것이나 SyncRef UE를 선택하는 것으로 언급된다.

용어 "SyncRef UE"에도 불구하고, 단말이 타이밍 기준으로 선택하는 것은 단말 자체가 아니라 수신된 SLSS임에 유의한다. 단순한 표현의 차이로 보일 수 있지만 중요한 차이점이다. 커버리지 외의 특정 클러스터 내에서, 여러 단말이 동일한 SLSS를 전송할 수 있다. 따라서 타이밍 기준으로 SLSS를 사용하는 단말은, 특정 단말의 SLSS 전송이 아니라 여러 단말에 해당하는 합쳐진 SLSS와 동기화된다.

SLSS는 커버리지 이외의 단말 및 커버리지 내 단말에 의하여 사이드링크 수신을 위한 타이밍 기준으로도 사용될 수 있다. 이러한 수신 타이밍 기준은 단말이 상이한 전송 타이밍 기준을 갖는 단말로써 다른 서빙 셀을 갖는 커버리지 내 단말로부터 발생하는 사이드링크 전송을 수신할 때 필요하다. 각 수신풀은 특정 동기화 설정, 즉 실제로 특정한 SLSS과 연관된다. 특정 수신풀에 따라 사이드링크 전송을 수신할 때 단말은 해당 SLSS를 수신을 위한 타이밍 기준으로 사용해야 한다.

21.4.1 사이드링크 ID 및 사이드링크 동기신호의 구조

서로 다른 셀 ID에 대응하는 셀 동기신호와 유사하게 SLSS는 사이드링크 ID (SLI)와 연관된다. 총 336개의 서로 다른 SLI가 두 개의 그룹으로 나누며, 각 그룹에는 168개의 SLI가 있다.

- SLI 번호 0-167로 구성된 첫 번째 그룹은 커버리지 내에 있거나 커버리지 이외에 있지만 커버리지 내에 있는 단말에 해당하는 SyncRef UE를 갖는 단말에 사용된다. 이를 커버리지 내 (in-coverage) 그룹으로 지칭한다.
- SLI 번호 168-335로 구성된 두 번째 그룹은 커버리지 바깥의 단말을 SyncRef UE로 가지는 커버리지 바깥의 단말 혹은 아예 SyncRef UE가 없는 커버리지 바깥의 단말에서 사용된다. 이를 커버리지 이외의 (out-of-coverage) 그룹으로 지칭한다.

336 SLI를 SLI pair로 그룹화할 수 있다. 여기서 하나의 pair는 커버리지 내 그룹으로부터 하나의 SLI와 커버리지 이외의 그룹에 상응하는 SLI로 구성된다. 셀 동기신호와 비교하면, 각각 2개의 SLI를 가진 168개의 SLI pair는 각각 3개의 셀 ID로 구성된 168개의 셀 ID 그룹에 해당된다고 볼 수 있다 (11장 참조).

셀 동기신호와 마찬가지로 SLSS는 실제로 primary 사이드링크 동기신호 (P-SLSS)와 secondary 사이드링크 동기신호 (S-SLSS) 두 요소로 구성된다.

그림 21.13에서 설명한 것처럼, P-SLSS는 서브프레임의 두 번째 및 세 번째[9] 심볼 내에서 전송되는 2개의 OFDM 심볼로 구성되는 반면, S-SLSS는 다섯 번째 및 여섯 번째 심볼 내에서

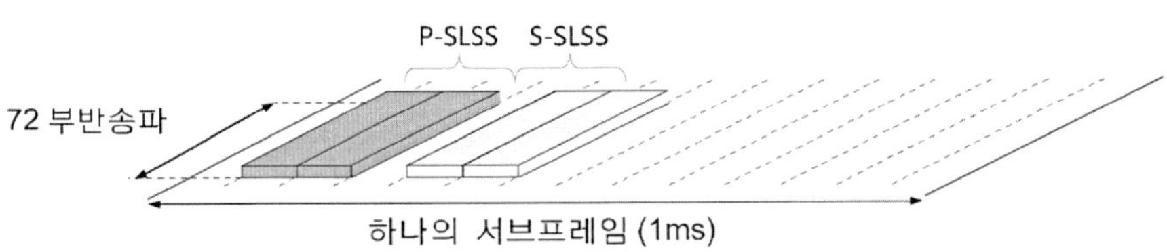

그림 21.13 사이드링크 동기신호의 구조

9) 확장 CP의 경우는, 첫 번째 및 두 번째 심볼

전송되는 2개의 OFDM 심볼로 구성된다. 셀 동기신호와 유사하게 각 SLSS는 반송파 가운데 72개의 부반송파를 커버한다.10)

두 개의 P-SLSS 심볼은 동일하며 PSS와 동일한 방식으로 생성된다. 11장에서 설명한 바와 같이, 3개의 다른 Zadoff-Chu (ZC) 시퀀스에서 파생된 3개의 서로 다른 PSS가 있다. 각 PSS는 168개의 셀 ID 그룹 각각의 특정 셀 ID에 해당한다. 같은 방식으로 2개의 서로 다른 ZC 시퀀스 (PSS의 ZC 시퀀스와는 다름)에서 파생된 2개의 서로 다른 P-SLSS가 있다. 이 2개의 서로 다른 P-SLSS는 각각 커버리지 내 그룹 및 커버리지 이외의 그룹의 SLI에 해당한다.

두 개의 S-SLSS 심볼도 동일하며 SSS와 동일한 방식으로 생성된다 (11장 참조). 총 168개의 서로 다른 S-SLSS가 있으며, 이는 서로 다른 168개의 SLI pair에 해당된다.

SLSS는 매 40번째 서브프레임에 해당하는 특수한 SLSS 서브프레임에서만 전송될 수 있다. SLSS 서브프레임들의 정확한 집합은, SFN=0 인 프레임의 첫 번째 서브프레임에 대하여 SLSS 서브프레임을 위치시키는 서브프레임 오프셋에 의해 주어진다. 커버리지 내 단말에 대한 서브프레임 오프셋은 사이드링크 관련 시스템 정보의 일부분으로 제공된다 (사이드링크 통신에 관련된 단말은 SIB18, 사이드링크 발견에 관련된 단말은 SIB19). 커버리지 이외의 단말에 대해서 두 개의 서로 다른 SLSS 서브프레임 집합에 해당하는 두 개의 오프셋이 있으며, 이는 사전에 설정되어 제공된다. 두 개의 오프셋을 제공하는 이유는, 커버리지 이외의 단말이 동일한 40ms 기간에 SLSS를 송신 및 수신할 수 있도록 하기 위해서이다 (21.4.4절 참조).

SLSS는 SLSS 서브프레임에서만 전송될 수 있다. 그러나 단말이 모든 반드시 SLSS 서브프레임에서 SSS를 전송하는 것은 아니다. 어떤 SLSS 서브프레임에서 단말이 SLSS를 전송하는 지는 무엇이 SLSS 전송을 트리거하는지의 여부에 따라 다르며, 또한 단말이 사이드링크 통신에 관여하는지 아니면 사이드링크 발견에 관여하는지 여부에 따라 다르다 (21.4.4절 참조).

21.4.2 SL-BCH 및 사이드링크 MIB

가능한 동기원 (synchronization source)으로서 작동하는 단말, 즉 SLSS를 송신하는 단말은 PSBCH에 매핑된 SL-BCH을 송신할 수도 있다. SL-BCH는 커버리지 외 단말이 사이드링크 연결을 설정하는 데 필요한 사이드링크 MIB (SL-MIB)에 포함되는 몇 가지 매우 기본적인 정보를 전달한다. 보다 구체적으로 SL-MIB는 다음의 정보를 전달한다.

- SL-MIB를 전송하는 단말이 가정한 반송파 대역폭에 대한 정보
- SL-MIB를 전송하는 단말이 가정한 TDD 설정에 대한 정보

10) 하향링크 반송파와는 달리, 사이드링크 반송파에는 전송되지 않는 DC 반송파가 없다 (그림 11.3 참조).

- SL-BCH가 전송되는 프레임번호 (SFN) 및 서브프레임 프레임 번호에 대한 정보. 이를 통해, 단말은 프레임/서브프레임 레벨에서도 서로 간에 동기화를 할 수 있다.
- *커버리지 내 지시자 (In-Coverage Indicator).* 이는 SL-BCH를 전송하는 단말이 네트웍 커버리지 내에 있는지의 여부를 나타낸다. 21.4.3절에서 더 자세히 설명하겠지만 커버리지 내 지시자는 커버리지 외 단말이 SyncRef UE를 선택할 때 사용된다.

컨볼루션 코딩 및 변조 (QPSK) 이후 PSBCH는 SLSS 전송에 사용된 것과 동일한 서브프레임 및 자원 블록에서 전송된다.

커버리지 이외의 단말은, SLSS를 획득한 후 해당 SL-BCH를 디코딩하고 SL-MIB를 획득한다. SL-MIB 내의 커버리지 내 지시자에 기반하여, 단말은 획득된 SLSS를 동기화의 기준, 즉 SyncRef UE로서 사용할 지를 결정한다. 이렇게 결정할 경우, 단말은 뒤따르는 사이드링크 전송에 대하여 나머지 SL-MIB 정보 (반송파 대역폭, TDD 설정, SFN/서브프레임 번호)를 사용한다.

21.4.3 SYNCREF UE 선택

커버리지 이외의 단말이 어떻게 SyncRef UE를 선택하는 지, 즉 사이드링크 전송을 위한 타이밍 기준을 선택하는 방법에 잘 정의된 규칙이 있다 (그림 21.14 참조).

- 단말은 충분히 강한 셀이 발견되지 않으면 커버리지 외임을 의미하고, 먼저 그 네트웍 커버리지 내에 있는 단말에 해당하는 SLSS를 검색해야 한다. 충분히 강한 SLSS가 발견되면, 단말은 그 SLSS를 SyncRef UE로서 사용해야 한다.
- 그러한 SLSS가 발견되지 않는다. 대신 단말은 커버리지 외부 단말이지만 SyncRef UE로 커버리지 내의 단말을 가지고 있는 단말에 해당하는 SLSS를 검색해야 한다. 충분히 강한 SLSS가 발견되면 단말은 그 SLSS를 SyncRef UE로서 사용해야 한다.
- 그러한 SLSS가 발견되지 않는다면 단말은 어떤 SLSS라도 검색해야 한다. 충분히 강한 SLSS가 발견되면 단말은 그 SLSS를 SyncRef UE로서 사용해야 한다.

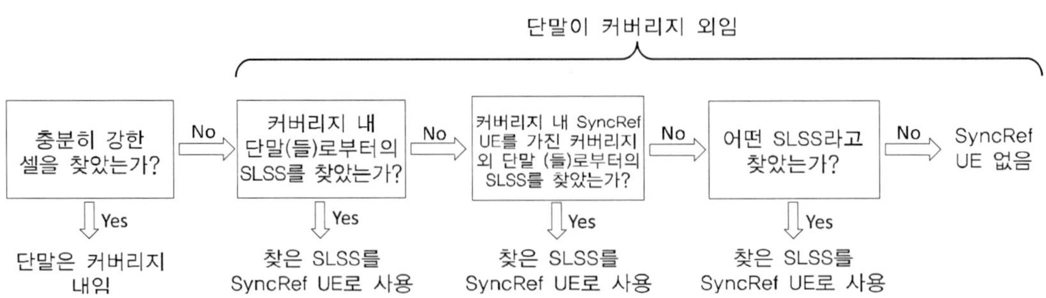

그림 21.14 SyncRef UE 선택

- 어떤 SLSS도 발견되지 않으면, 단말은 자율적으로 전송 타이밍을 결정한다. 즉, 이 단말은 SyncRef UE를 가지지 않는다.

이 절차는 단말이 다음 사항들을 결정할 수 있다고 가정한다.

- 발견된 SLSS가 네트웍 커버리지에 속하는 단말인지의 여부
- 발견된 SLSS가 커버리지 이외의 단말에 해당하지만 커버리지 내 SyncRef UE를 가지고 있는 지의 여부

다음 절에서 볼 수 있듯이, 이것은 SL-BCH 상의 커버리지 내 지시자 및 커버리지 이외의 단말이 자신의 사이드링크 ID (SLI)를 선택된 SyncRef UE의 SLI에 따라서 결정하는 규칙의 조합을 통해 가능하다.

21.4.4 사이드링크 동기신호의 전송

21.4.4.1 커버리지 내 단말

커버리지 내 단말에 의한 SLSS 전송은 다음과 같이 서로 다른 방법으로 시작될 수 있다.

- RRC_CONNECTED 상태의 단말은, SLSS를 전송하도록 네트웍에 의해 명시적으로 설정될 수 있다.
- SLSS를 전송하도록 명시적으로 설정되지 않은 경우, SLSS의 전송은 현재 셀의 측정된 수신 신호 강도 (RSRP)가 특정 임계값보다 낮으면 트리거될 수 있다. 해당 임계값은 사이드링크-특정 시스템 정보 (사이드링크 통신에 대하여 SIB18 및 사이드링크 발견에 대하여 SIB19)에서 제공된다.

SLSS가 어떻게 및 언제 전송되는지는 어떻게 SLSS 전송이 트리거되었는지 및 단말이 사이드링크 발견을 위해 설정되었는지 아니면 사이드링크 통신을 위해 설정되었는지 여부에 따라 다르다.

사이드링크 발견의 경우, SLSS 전송이 명시적으로 설정되거나 RSRP 측정에 의해 트리거되는지 여부에 관계 없이, 발견 메시지가 전송하려고 하는 서브프레임 풀의 첫 번째 서브프레임과 가장 가까운 SLSS 서브프레임에서 단일 SLSS가 전송된다. Release 12의 사이드링크 발견은 오직 커버리지 내에서만 발생함에 유의한다. 따라서 사이드링크 발견과 관련된 단말에 의한 SLSS의 전송은 사이드링크 수신을 위한 타이밍 기준을 제공하기 위해서만 수행된다.[11)]

---

11) 이는 Release 13에서 변경되었으며 21.5절을 참조한다.

사이드링크 통신의 경우, SLSS 전송이 명시적으로 설정되면 실제 사이드링크 통신이 PSCCH 주기 내에서 수행되는지에 관계 없이 단말은 매 SLSS 서브프레임에서 SLSS를 전송한다. 반면 RSRP 측정에 의해 SLSS 전송이 트리거되면, 단말은 실제 사이드링크 통신이 수행될 PSCCH 주기 내에 포함된 SLSS 서브프레임에서만 SLSS를 전송할 것이다.

정확히 어떤 SLSS가 전송하는지 (즉, SLI)는 사이드링크 관련 시스템 정보로 제공된다.

21.4.4.2 커버리지 이외의 단말

커버리지 외 단말은, 선택된 SyncRef UE를 가지고 있지 않거나 선택된 SyncRef UE의 RSRP가 특정 임계값 아래인 경우 SLSS를 전송해야 한다. 이때, 임계값은 미리 설정된 정보로서 제공된다.

일반적으로, 선택된 SyncRef UE를 갖는 단말은 SyncRef UE와 동일한 SLI를 사용하거나 아니면 SLI pair 내에서 대응하는 값 (SyncRef UE의 SLI가 커버리지 내 그룹에 속해 있으면, 커버리지 이외 그룹으로부터 상응하는 SLI)을 사용해야 한다.

또한, 일반적으로 SLSS는 사전-설정의 일부로서 제공되는 2개의 서로 다른 SLSS 서브프레임 오프셋 중 하나를 가정하여 전송되어야 한다. 보다 구체적으로 단말은 전송된 SLSS가 수신된 SyncRef UE의 SLSS의 수신과 충돌하지 않도록 오프셋을 선택해야한다.

SLI를 선택하고 SL-MIB의 커버리지 내 지시자를 설정하는 규칙은 다음과 같다 (표 21.1 참조).

- 커버리지 내 지시자가 TRUE로 설정된 SyncRef UE를 가진 커버리지 이외 단말은 SyncRef UE SLI와 관계 없이
- SyncRef UE와 동일한 SLI를 사용한다.
- SL-MIB 내의 커버리지 내 지시자를 FALSE로 설정한다.

표 21.1 SLI 선택 및 커버리지 내 지시자 설정 규칙

		SyncRef UE 커버리지 내 지시자	
		TRUE	FALSE
SyncRef UE SLI	커버리지 내 그룹으로부터	커버리지 내 지시자를 FALSE로 설정. SLI는 $SLI_{SyncRefUE}$로 선택	커버리지 내 지시자를 FALSE로 설정. SLI는 $SLI_{SyncRefUE}+168$로 선택
	커버리지 외 그룹으로부터		커버리지 내 지시자를 FALSE로 설정. SLI는 $SLI_{SyncRefUE}$로 선택

- 커버리지 내 지시자는 FALSE로 설정되고 커버리지 내 그룹으로부터 SLI를 가진 SyncRef UE를 가진 커버리지 이외 단말은
  - 커버리지 외 그룹으로부터의 상응하는 SLI를 사용한다.
  - SL-MIB 내의 커버리지 내 지시자를 FALSE로 설정한다.
- 커버리지 내 지시자는 FALSE로 설정되고 커버리지 외 그룹으로부터 SLI를 가진 SyncRef UE를 가진 커버리지 이외 단말은
  - SyncRef UE와 동일한 SLI를 사용한다.
  - SL-MIB 내의 커버리지 내 지시자를 FALSE로 설정한다.

따라서 단말을 SyncRef UE의 커버리지 내 지시자 및 SLI로부터 후보 SyncRef UE의 커버리지 내/외 상태를 결정할 수 있다 (그림 21.15 참조).

- 커버리지 내 지시자가 TRUE이면, 후보 SyncRef UE는 SyncRef UE의 SLI에 관계 없이 커버리지 내에 있다.
- 커버리지 내 표시기가 FALSE이고, SLI가 커버리지 내 그룹에서 온 경우, 후보 SyncRef UE는 커버리지 외에 있지만 커버리지 내에 있는 SyncRef UE를 가지고 있다.
- 커버리지 내 표시기가 FALSE이고, SLI가 커버리지 외 그룹에서 온 경우, 후보 SyncRef UE는 커버리지 외에 있으며 커버리지 외에 있는 SyncRef UE를 가지고 있다.

21.4.3절에서 논의하였듯이, 이 정보는 단말이 SyncRef UE를 적절하게 선택하는 데 필요하다.

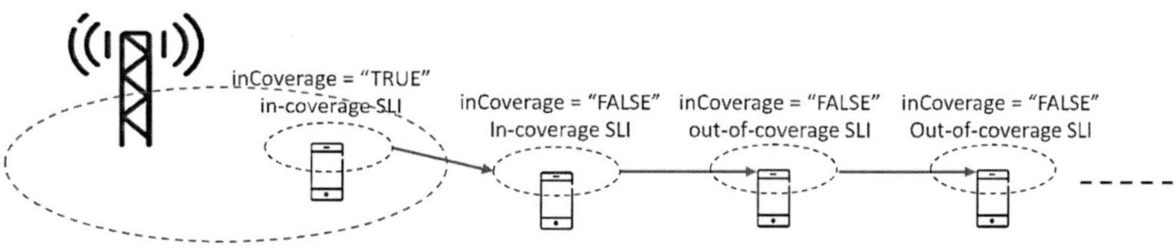

그림 21.15 사이드링크 동기화

21.5 LTE Release 13에서의 D2D의 확장

이전 절들에서의 초점은 Release 12의 LTE 사이드링크 기능이었다. 사이드링크 기능은 Release 13에서 아래의 주요 기능과 함께 더욱 확장되었다.

- 네트워 커버리지 내에 있지 않은 단말에 대해서도 사이드링크 발견을 지원
- 단말을 통한 Layer-3 기반 relay를 통한 네트워 커버리지 확장

21.5.1 커버리지 외의 발견

Release 13의 커버리지 외의 발견은 공공안전 사용 사례만을 대상으로 한다. 비록 사이드링크 발견 타입 1만으로 제한되지만, Release 12 커버리지 내의 발견과 동일한 방식을 사용한다. 즉, 이 타입에서는 미리 설정된 자원풀에서 발견 메시지 전송에 사용할 자원을 단말이 자율적으로 선택한다.

커버리지 외의 발견은 SLSS (즉, 사이드링크 동기채널) 및 SL-BCH와 사이드링크 MIB 전송에도 영향을 준다.

Release 12의 경우, 사이드링크 발견에 있어서 SLSS 전송의 유일한 작업은, 예를 들어 인접 셀들 내의 단말에 의한 사이드링크 발견 전송을 수신하기 위해 수신에 대한 타이밍 기준을 제공하는 것이었다. 결과적으로, 사이드링크 발견에서는 SLSS는 실제 사이드링크 발견 전송과 직접 결합해야만 전송된다.

이는 SLSS가 커버리지 외의 단말에 대한 사이드링크 전송에 대한 타이밍 기준을 제공하는 데에도 사용되는 사이드링크 통신과는 대조적이다. 따라서 사이드링크 통신을 위해 설정된 단말은 전송할 실제 데이터가 없는 경우에도 SLSS를 전송하도록 설정될 수 있다.

Release 13의 경우 사이드링크 발견을 위해 설정된 단말에도 동일한 능력이 적용될 수 있다. 또한, Release 13에서 사이드링크 발견을 위해 설정된 단말은 SL-MIB 정보를 제공하는 SL-BCH도 커버리지 외의 단말에 전송할 수 있다.

21.5.2 Layer-3 Relay

Layer-3 relay의 도입은 이미 Release 12에서 도입된 사이드링크 통신 및 사이드링크 발견의 기능에 크게 의존하기 때문에, 실제 무선 접속 규격에 거의 영향을 미치지 않는다.

Layer-3 relay로 기능할 수 있는 단말은 사이드링크 발견 메커니즘을 사용하여 이를 알린다. Relay의 D2D 링크는 사이드링크 통신 방식에 의존하는 반면, relay 단말과 네트워크 사이의 통신은 일반적인 LTE 셀룰러 방식에 의존한다. 무선 규격에 대한 Layer-3 relay 기능의 유일한 영향은 relay 단말을 설정하는 기능과 같은 RRC 기능이다.

22
스펙트럼 및 RF 특성

스펙트럼 유연성은 제3장에서 논의한 것처럼 LTE 무선 접속의 핵심 기능 중 하나이며 LTE의 요구 조건에도 나와 있다 [6]. 스펙트럼 유연성은 다양한 크기의 스펙트럼 할당의 시스템 구축, 다양한 주파수 영역의 시스템 구축, paired 및 unpaired 주파수 대역에서 시스템 구축 등 몇 가지 요소로 구성되어 있다. 현재 이동 용도 및 구체적으로 IMT를 위하여 몇 가지 주파수 대역들이 정의되어 있다. 이는 2장에서 자세하게 설명되어 있다. LTE에서는 OFDM을 사용하므로 스펙트럼 할당의 크기에서의 유연성과 순시 전송 대역폭의 유연성이 있다. OFDM 물리 계층은 제3장에서 간단히 설명하였듯이 주파수 영역 스케줄링도 가능하게 해준다. 제6장 및 제7장에서 살펴본 물리 계층에서의 연관성 이외에도, 이러한 OFDM의 특징은 필터, 전력 증폭기 등 신호를 송수신하는 데 사용되는 모든 RF 소자들의 구현에도 영향을 끼친다. 즉, 이는 송수신기의 RF 요구 조건들 역시 이러한 유연성이 반영되어야 함을 의미한다.

22.1 유연한 주파수 사용

LTE의 구축을 위해 지정된 주파수 대역 중 대다수는 기존 IMT-2000 밴드이고, 또한 몇몇은 WCDMA/HSPA 및 GSM과 같은 다른 시스템들은 이미 해당 대역에 구축되어 있다. 또한, 대역이 일부 지역에서는 '기술 중립적 (technology neutral)'으로 정의가 내려진 만큼, 동일 대역 내 서로 다른 기술 사이에서 공존 (coexistence)이 필요하다.

서로 다른 주파수 대역에서 동작하기 위한 기본적인 LTE 요구 사항은 그 자체로는 무선 인터페이스 설계에 어떠한 특정 요구 사항도 강요하지 않는다 [40]. 하지만, 거기에는 RF적인 요구 사항이 함축되어 있으며, 다음과 같은 사항을 지원하기 위하여 RF 요구 사항이 정의되어 있다.

- *대역내 동일 지리적 지역 (same geographical area)에서 사업자들 (operators) 사이의 공존*: 다른 사업자들은 LTE를 구축했을 수도 있고 아니면 UMTS/HSPA 및 GSM/EDGE와 같은 다른 IMT-2000 기술을 구축했을 수도 있다. 또한, IMT-2000 기술이 아닌 시스템이 구축되어 있을 수도 있다. 이러한 공존에 관한 요구 사항은 대부분 3GPP 내에서 개발되고 있지만, 특정 주파수 대역에 대해서는 규제 기관들에 의한 지역적인 요구 사항이 있을 수도 있다.
- *사업자들 사이의 기지국 장비의 co-location*: 많은 경우에 기지국 장비가 구축될 수 있는 위치는 제한적이다. 따라서 많은 경우 사업자들 사이에서 국사 (site)가 공유되어야 하며, 또는 한 사업자가 여러 개의 기술을 한 국사에 구축할 수도 있다. 이러한 상황들이 기지국 수신기와 송신기에 추가적인 요구 사항을 전달한다.
- *인접한 주파수 대역의 서비스 및 국경 접경지역에서 서비스와의 공존*: RF 스펙트럼의 사용은 여러 가지 이해 관계가 얽혀 있는 복잡한 국제 협정을 통해 규제된다. 따라서 서로 다른 국가의 사업자들 사이의 조율 및 인접한 주파수 대역 서비스와의 공존에 대한 요구 사항이 있을 수 있다. 이들 대부분은 서로 다른 규제 기관에 의해 정의된다. 때때로 규제 기관은 이러한 요구 사항을 3GPP 규격 내의 공존에 대한 제약 사항으로 포함하도록 요구한다.
- **동일 대역에서 TDD 시스템의 사업자들 사이의 공존**: 이는 서로 다른 사업자들이 하향링크 및 상향링크 전송 사이에 간섭을 피하기 위하여 서로 동기를 맞춤으로써 얻을 수 있다. 이는 모든 사업자들이 동일한 하향링크/상향링크 설정 및 프레임 동기를 가지고 있어야 한다는 것을 의미한다. 이는 RF 요구 사항 자체는 아니지만, 3GPP 규격은 이러한 사항을 암묵적으로 가정한다. 서로 동기가 맞지 않은 시스템들에 대한 RF 요구 사항은 매우 엄격해진다.
- *릴리즈에 독립적인 주파수 대역 원칙*: 주파수 대역은 지역적으로 정의되고 새로운 밴드들이 지속적으로 추가되고 있다. 이는 매번 새로운 3GPP 규격의 릴리즈마다 새로운 밴드가 추가될 수 있다는 것을 의미한다. 릴리즈에 독립적인 원칙에 따라, 기존 3GPP 규격 릴리즈를 바탕으로 설계된 단말들도 이후 릴리즈에서 추가된 주파수 대역을 지원할 수 있다.
- *스펙트럼 자원에 대한 CA (aggregation)*: LTE 시스템의 사업자들은 매우 다양한 스펙트럼 자원을 가지고 있으며, 많은 경우에 이런 블록들은 하나의 LTE 반송파에 쉽게 딱

들어맞지가 않는다. 때로는 스펙트럼 자원이 심지어 비연속적이어서 한 대역 내에서도 복수 개의 블록들이 서로 떨어져 있는 경우도 있다. 또한 많은 사업자들은 여러 밴드에서 LTE를 위한 스펙트럼 자원을 가지고 있다. 이러한 시나리오들을 위하여 LTE 규격은 CA를 지원하며, 이에 따라 복수 개의 연속하는 혹은 비연속적인 반송파들이 합쳐져서 더 큰 전송 대역폭을 만들어 낼 수 있다.

22.2 유연한 채널 대역폭 동작

LTE에 대한 주파수 할당 (2장 참조)을 살펴보면 가장 큰 할당이 2 × 75 MHz이다. 그러나 한 사업자가 사용할 수 있는 주파수는 FDD에서는 2 × 20 MHz부터 적게는 2 × 5 MHz이며, TDD에서는 1 × 5 MHz가 될 수도 있다. 게다가, 다른 무선 접속 기술 (radio-access technologies, RATs)에 이미 사용되고 있는 주파수 대역은 기존 사용자들을 지원하기 위해 충분한 주파수를 남겨두어야 하기 때문에, LTE로 주파수 대역을 변경하는 것이 점진적으로 이루어질 수 밖에 없다. 따라서 그림 22.1에서 볼 수 있듯이, 초기에 LTE의 용도로 변경될 수 있는 주파수의 양은 비교적 작을 수 있으며, 점차적으로 증가할 수 있다. 이와 같이 다양한 주파수 사용 시나리오가, 지원 가능한 전송 대역폭 관점에서 LTE 주파수 유연성 요구 사항을 만들게 된다.

주파수 유연성 요구 사항은 LTE가 주파수 영역에서 다양한 대역폭을 지원하도록 (scalable) 하고 있다. 이러한 유연성 요구 사항은 [6] 문서에 LTE의 주파수 할당을 1.25 MHz부터 20 MHz까지 기술하고 있다. 최종적으로 LTE에서 선택된 채널 대역폭은 이러한 초기 가정과는 약간 다른 값임에 유의한다.

제5장에서 살펴본 것처럼, LTE의 주파수 영역 구조는 12개의 부반송파로 이루어지고 총 12 × 15 kHz = 180 kHz의 대역폭을 가지는 자원 블록을 기반으로 한다. 물리 계층 및 프로토콜 규격을 포함하는 기본적인 무선 접속 규격은 하나의 LTE RF 반송파 위에 6개부터 110개까지의 자원 블록을 보낼 수 있도록 전송 대역폭 (transmission bandwidth)을 설정할 수 있다.이를 통하여 180 kHz의 단위로 1.4 MHz에서부터 20 MHz까지의 채널 대역폭 (channel bandwidth)을 지원할 수 있다. 이것이 주파수 유연성의 기본이다.

구현에서의 복잡도를 어느 정도로 제한하기 위해, 몇 가지 제한된 대역폭만이 RF 규격에 정의되어 있다. 앞서 설명한 것과 같이, 오늘날 및 미래에 LTE 구축을 위해 가용한 주파수 대역과 이러한 대역의 이미 알고 있는 주파수 사용의 진화 (migration) 및 구축 시나리오를 바탕으로 하여 6개의 채널 대역폭이 정의되어 있다. 기지국과 단말에 대한 RF 요구 사항은 이 6개의 채널 대역폭에 대해서만 정의되어 있다. 표 22.1에서와 같이, 6개의 채널 대역폭은 1.4~20 MHz이다. 1.4 MHz 및 3 MHz와 같은 작은 대역폭 특히, CDMA2000에서 동작하는 주파수에서 LTE로 진화하거나 GSM 및 TD-SCDMA에서 LTE로 진화하는 것을 돕기 위한 대역폭이다. 각 대역폭은 서로 다른 주파수 대역에서 관련 주파수 사용의 진화(migration)를 목표로 규격화된 것이다. 이러한 이유로 특정 대역에서 가용한 대역폭이 반드시 다른 대역에 대해서도 동일할 필요는 없다. 추후에 추가적인 대역폭을 필요로 하는 주파수 활용 시나리오를 가진 새로운 주파수 대역이 LTE를 위해 가용하게 되면, 물리 계층 규격은 업데이트할 필요없이 해당 RF 파라미터만 RF 규격에 추가하면 된다. 따라서 새로운 대역폭을 추가하는 과정은 이러한 방식에 따라 새로운 주파수 대역을 추가하는 것과 비슷하다.

그림 22.2는 채널 대역폭과 1개의 RF 반송파 상의 자원 블록의 개수 N_{RB}와의 관계를 설명하고 있다. 1.4 MHz를 제외한 모든 채널 대역폭에 대하여, 해당 전송 대역폭 설정 자원 블록이 채널 대역폭의 90%를 차지하는 것에 유의한다. 그림 22.2에 보여지는 스펙트럼 방사(emission)는 순수한 OFDM 신호의 방사 형태이며, 실제 전송되는 방사 형태는 송신기의 RF 소자와 다른 요소에 따라 달라질 수 있다. 채널 대역폭 바깥쪽의 방사를 불요방사(unwanted emission)라 부르며, 이에 대한 요구 사항은 다음 장에서 논의하도록 한다.

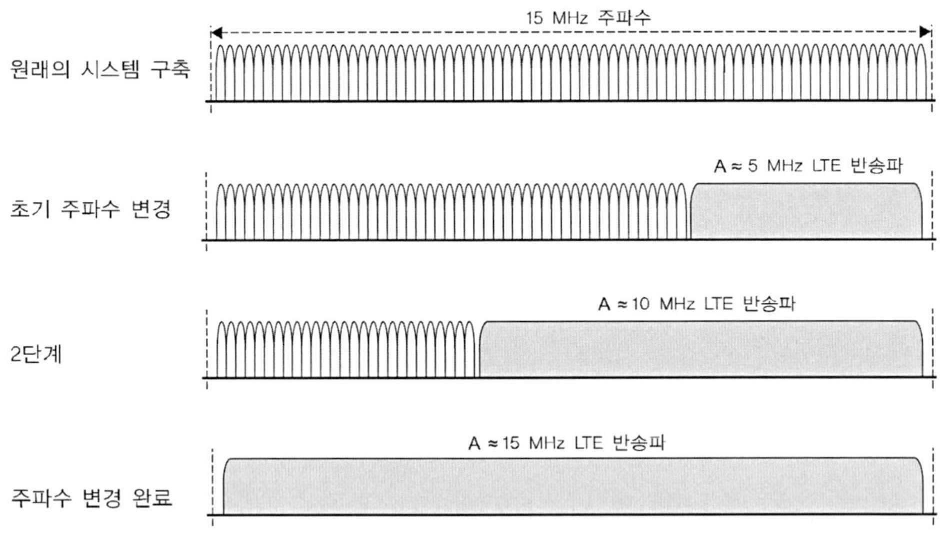

그림 22.1 원래의 GSM 구축에서 어떻게 단계적으로 스펙트럼 할당이 LTE로 옮겨지는지의 예

표 22.1 LTE에서 명시된 채널 대역폭

채널 대역폭 ($BW_{channel}$)	자원 블록의 개수 (N_{RB})
1.4 MHz	6
3 MHz	15
5 MHz	25
10 MHz	50
15 MHz	75
20 MHz	100

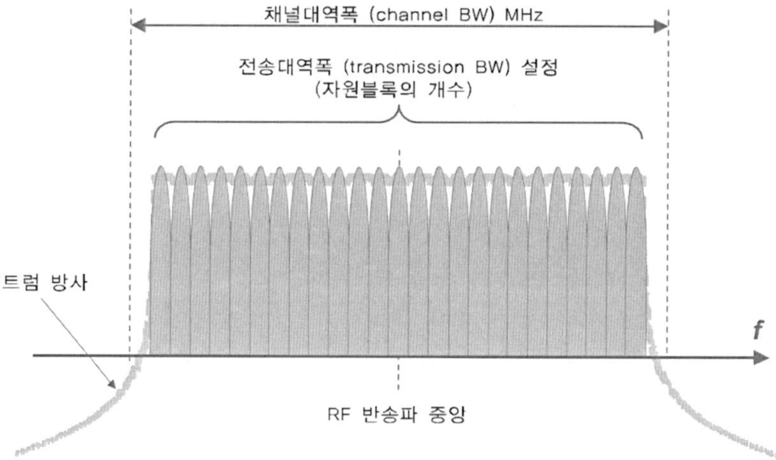

그림 22.2 하나의 RF 반송파에 대한 채널 대역폭 및 해당하는 전송 대역폭 설정

22.3 LTE를 위한 CA

Release 10부터는 더 넓은 전송 대역폭을 지원하기 위하여 2개 혹은 그 이상의 component 반송파들에 대한 CA (carrier aggregation)를 수행할 수 있으며, 이는 RF 특성에 몇 가지 영향을 준다. 아울러 기지국 RF 특성에 대한 영향 및 UE RF 특성에 대한 영향 역시 상당히 다르다. Release 10의 물리 계층 및 시그널링에서 규격화된 것에 비하여 RF 규격에서는 CA에 일부 제약을 두었다. 그러나 이후 릴리즈에서는 대역 내 및 대역 간에서 훨씬 많은 개수의 CA를 지원한다.

RF 측면에서는 LTE를 위해 정의된 다음의 두 가지 CA (자세한 사항은 12장 참조) 방식 사이에 큰 차이가 있다.

- *대역 내 연속 CA (Intra-band carrier aggregation)*는 동일한 동작 대역 내에서 2개 혹은 그 이상의 반송파들이 묶이는 것을 의미한다 (그림 12.1의 첫 번째 2개 예를 참조). Release 10의 RF 요구 사항은 대역 내 연속된 (contiguous) 반송파들 사이의 CA 및 최대 2개의 반송파에 대한 CA로만 제한되어 있으며, Release 11에서는 비연속적인 CA가 가능하다. RF 측면에서는 CA가 적용된 반송파는 이에 해당하는 넓은 대역의 반송파가 송수신될 때와 유사한 RF 특성을 가지므로, RF 요구 사항에 많은 영향이 있다. 이는 특히 UE의 경우에 그러하다. 기지국의 경우에는 이는 실제로는 이전 릴리즈에서 이미 지원되는 (그러나 CA가 사용되지는 않은) 다중 반송파 (multicarrier) 설정에 해당하므로, UE의 경우에 비하여 CA에 의한 영향이 작다.

- *대역 내 비연속 CA (Intra-band carrier aggregation)*은 결합되는 반송파 간에 간격이 있어 반송파 결합이 인접하지 않았음을 의미한다. 이는 UE에 대하여 반송파 사이의 간격이 명목상 (nominal) 간격보다 큰 반송파들의 집합에 대한 경우이다. BS의 경우에는, 결합되는 서브 블록 간의 '갭 (gap)'에 특별한 공존 요구 사항을 정의할 필요가 있는 경우 반송파들이 연속적이지 않은 것으로 간주된다.

- *대역 간 CA (Inter-band carrier aggregation)*는 서로 다른 동작 대역들 사이의 반송파가 CA를 통하여 함께 동작하는 것을 의미한다 (그림 12.1의 마지막 예를 참조). 단일 반송파의 경우, 한 대역 내의 RF 특성은 대체로 동일하다. 그러나 UE의 경우에는 UE 내에서 복수 개의 송신기와 수신기 회로가 동시에 동작할 때 발생할 수 있는 inter-modulation 및 cross-modulation의 영향이 있을 수 있다. 기지국에서 이는 실제로 다중대역 동작에 해당하므로, CA에 의한 추가적인 영향이 매우 작다. 그러나 다중대역 기지국을 가지고 대역 간 CA을 구축하는 경우 기지국에도 일부 추가적인 영향이 있게 된다 (22.12절 참조).

Release 13의 대역 내 연속 CA (Intra-band contiguous carrier aggregation)는 12개의 대역에서 대역 내 최대 3개의 component 반송파에 대하여 정의되어 있다. 또한 9개 대역에 대하여 대역 내 비연속 CA를 지원한다. 대역 간 CA는 FDD를 위한 paired 대역, TDD를 위한 unpaired 대역, 그리고 paired 대역과 unpaired 대역 사이에 대하여 최대 4 개의 대역을 지원하도록 규격화되었다. UE에 대한 RF 특성에 관한 다양한 영향 때문에 각 대역 조합은 개별적으로 규격화되어야 한다.

3GPP Release 13에 정의된 두 개, 세 개 또는 네 개의 대역에 대한 밴드 조합은 모두 합치면 150개 정도 된다. 반송파가 결합되는 대역은 UE 능력 (UE capability, 여기서 User Equipment는 단말에 3GPP 규격에서의 용어)으로 정의된다. 모든 밴드 조합에 대해, 하향링크 동작은 단

말에 대해 정의된다. 단말에 대해 정의되는 상향링크 동작을 갖는 대역은 단지 몇 개 뿐이다. 그 이유는 단말이 여러 대역에서 송신할 경우 잠재적으로 상호변조에 의한 문제가 있을 수 있으며, 이에 따라 단말이 어떻게 동작할 수 있는 지에 대한 제약이 생길 수 있다. 이는 상호변조 값을 완화하기 위해 최대 전력 감소 (MPR, maximum power reduction)라 불리는 단말 출력 전력의 감소를 허용함으로써 해결된다. 허용된 MPR은 각각 결합되는 component 반송파 별로 전송할 수 있는 자원 블록의 수, 변조 형식 및 대역 별 전송할 수 있는 자원 블록 수로 표현되는 단말 능력 등에 따라 달라진다 (아래에서 정의되는 CA 대역폭 클래스도 참조한다).

대역 내 CA에 대하여, 각각의 component 반송파에 대하여 그림 22.2의 $BW_{channel}$ 및 N_{RB} 의 정의가 여전히 적용되지만, 그림 22.3과 같은 Aggregated 채널 대역폭 ($BW_{Channel-CA}$)및 Aggregated 전송 대역폭 설정 ($N_{RB,agg}$)에 대한 추가적인 정의가 필요하다. 이와 연계되어, CA 대역폭 클래스 (Bandwidth Class)라고 불리는 새로운 UE capability가 정의되었다. Release 13에는 6개의 클래스가 있으며, 표 22.2에서 볼 수 있듯이 각 클래스는 ($N_{RB,agg}$)의 범위 및 최대 component 반송파 개수에 해당한다. 2개보다 더 많은 component 반송파의 CA 혹은 300 RB 보다 더 많은 RB로 이루어지는 CA에 해당하는 클래스는 이후 릴리즈로서 연구 중이다.

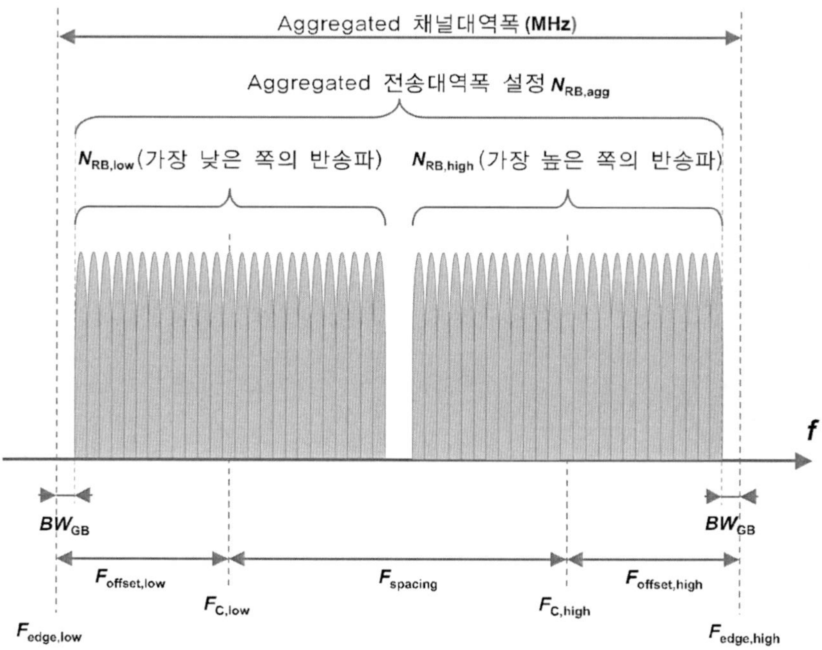

그림 22.3 대역 내 CA 관련 RF 파라미터들의 정의 (2개 반송파의 예)

표 22.2 UE CA 대역폭 클래스 (Release 13)

CA 대역폭 클래스	CA에 의한 전송 대역폭 설정	Component 반송파 개수
A	≤100	1
B	≤100	2
C	101 to 200	2
D	201 to 300	3
E, F	연구 중 (301 to 500 and 701 to 800)	연구 중

단말의 능력인 E-UTRA CA 설정 [38]은 단말이 CA를 동작할 수 있는 대역의 조합과 대역폭 클래스로 정의된다. 예를 들어, 단말이 밴드 1과 5에서 대역 간 CA를 할 수 있으며 대역폭 클래스 A인 경우에는 CA_1A_5A가 된다. 각 E-UTRA CA 설정에 대하여 각 대역에서 사용 될 수 있는 대역폭의 설정 및 최대 aggregated 대역폭으로 하나 혹은 복수 개의 대역폭 조합 세트가 정의된다. 하나의 단말이 복수 개의 대역폭 조합 세트를 지원하는 능력을 선언할 수도 있다.

대역 간 CA에 대한 중요한 파라미터 중 하나는 채널 간격 (channel spacing)이다. 반송파 사이에는 사용하지 않는 작은 틈이 있을 수 있으므로, 2개의 단일 반송파 사이에서 일반적인 간격보다 더 좁은 채널 간격을 사용하게 되면 주파수 효율을 향상시킬 수도 있다. 반면에 이전 릴리즈의 단일 반송파 단말을 지원해야 하는 요구 사항 역시 고려해야 한다. 또한 추가적인 사항 중 하나는 부반송파당 FFT를 사용하지 않고 하나의 FFT를 사용하여 복수 개의 인접한 component 반송파를 수신할 수 있도록 하려면, component 반송파들은 동일한 15 kHz 부반송파 간격 위에 있어야 한다는 점이다.1) 5.6절에서 논의하였듯이, 이 특성과 주파수에 번호를 붙이는 방식은 100 kHz 간격을 가져야 한다는 것을 같이 고려하면, 2개의 component 반송파 사이의 간격은 15와 100의 최소 공배수인 300 kHz의 배수여야 한다.

RF 요구 사항은 2개의 인접한 반송파 채널 대역폭인 $BW_{Channel(1)}$ 및 $BW_{Channel(2)}$로부터 도출된 채널 간격을 기반으로 하며, 아래와 같다.2)

$$F_{Spacing, Nominal} = \left\lfloor \frac{BW_{Channel(1)} + BW_{Channel(2)} - 0.1|BW_{Channel(1)} - BW_{Channel(2)}|}{2 \cdot 0.3} \right\rfloor 0.3 \quad (22.1)$$

Component 반송파를 더 가까이 붙이는 것을 가능하게 하기 위하여, $F_{Spacing}$ 값은 반송파가 서로 겹치지 않는 한 300 kHz의 배수의 값을 가지면서 일반적인 간격보다 더 작은 값을 가질 수 있다.

1) Component 반송파들 사이에 서로 독립적인 주파수 에러가 있는 경우에 복수 개의 FFT 및 복수 개의 주파수-tracking 기능이 별도로 필요할 수도 있다.

2) ⌊…⌋는 'floor' 연산자로서, 내림 연산을 한다.

LTE를 위한 RF 요구 사항은 일반적으로 채널 대역폭 가장자리에 대하여 정의된다. 대역 내 CA에 대하여, 이는 그림 22.3과 같이 $F_{edge, low}$ 및 $F_{edge, high}$ 와 같이 CA가 적용된 채널 대역폭의 가장자리에 대하여 정의되는 요구 사항으로 일반화된다. 이와 같은 방법으로 주파수 영역에서 새로운 기준으로 위치를 지정하면, 많은 RF 요구 사항이 재사용될 수 있다. 단말 및 기지국에 대하여 CA가 사용된 경우의 채널 대역폭은 아래와 같이 정의된다.

$$BW_{Channel-CA} = F_{edge, high} - F_{edge, low} \tag{22.2}$$

위의 가장자리 위치는, 반송파를 기준으로 가장자리로부터 새로운 파라미터 F_{offset}을 사용하면 된다 (그림 22.3 참조). 아울러 이는 낮은 쪽의 반송파 및 높은 쪽의 반송파 각각의 반송파 중심 위치 F_C에 대하여 아래의 관계로 얻어진다.

$$F_{edge, low} = F_{C, low} - F_{offset, low} \tag{22.3}$$

$$F_{edge, high} = F_{C, high} - F_{offset, high} \tag{22.4}$$

그러나 가장자리 반송파에 대한 F_{offset} 값 및 해당하는 가장자리의 위치는 UE 및 기지국에 대하여 동일하게 정의되지 않는다. 우선 기지국에 대하여 살펴보면, 기지국이 단일 반송파를 사용하는 이전 릴리즈에 기존 단말을 지원하면서 인접한 반송파들을 독립적으로 수신 및 송신하는 기존 시나리오가 있는데, 이 시나리오는 반송파에 CA를 사용하는 설정에도 지원되어야 한다. 또한 후방위 호환성 (backward compatibility)을 위하여, 채널 대역폭 및 해당 기준 위치 (채널 가장자리)와 같은 모든 RF 요구 사항에 대한 기본적인 파라미터는 변하지 않고 그대로이다. 이는 그림 22.2와 같은 각 component 반송파에 대한 채널 가장자리 반송파가 CA로 묶여진 경우에도 여전히 기준 위치로 남아 있다는 것을 의미한다. 따라서 CA에 대한 기지국에 대한 F_{offset} 의 정의는 단일 반송파 시나리오로부터 이어진 것으로서 아래와 같다.

$$F_{offset} = \frac{BW_{Channel}}{2} \text{ (기지국에 대하여)} \tag{22.5}$$

기지국과는 달리 단말은 기존 동작에 의해 제한되지 않는다. 대신 단말은 PA (전력 증폭기)의 비선형성 특성 및 이에 따른 unwanted emission mask가 주요한 이슈이다. CA로 묶여진 채널 대역폭의 양쪽 가장자리에서는 emission 특성이 emission mark가 적용된 out-of-band (OOB) emission 규격을 만족하는 레벨이 되도록 보호 대역 BW_{GB} 가 필요하다. 넓은 단일 반송파가 송신되는 것이든 아니면 복수 개의 동일한 혹은 서로 다른 크기의 반송파에 대하여 CA가 사용되어 전송되는 것이든 emission mark의 특성은 동일하기 때문에 양쪽 가장자리에서 필요한 보호 대역 역시 동일하다. 후방위 호환성을 고려해야 하는 기지국의 정의에서 문제점은, 이러한 보호 대역 BW_{GB} 이 채널 대역폭에 비례하기 때문에 서로 다른 채널 대역폭을 가진 반송파에 대하여 CA가 사용될 경우에는 이 값이 달라질 수 있기 때문이다.

이와 같은 이유로 UE에 대해서는 '대칭적인' 보호 대역에 기반한 다른 정의가 사용된다. 가장자리 반송파 (낮은 쪽 반송파 및 높은 쪽 반송파)에 대하여, F_{offset}는 전송 대역폭 설정의 절반에 보호 대역 BW_{GB}을 합친 값이 된다.

$$F_{offset} = \frac{0.18\,\text{MHz} \cdot N_{RB}}{2} + BW_{GB} \text{ (단말에 대하여)} \tag{22.6}$$

여기서 0.18 MHz는 자원 블록 1개의 대역폭이며, BW_{GB}는 가장 큰 component 반송파의 채널 대역폭에 비례한다. Release 10에 정의된 CA 대역폭 클래스와 동일한 채널 대역폭을 가진 가장자리 반송파에 대하여 F_{offset} 값이 단말과 기지국에 대하여 동일하며 $BW_{Channel\_CA}$ 역시 동일하다.

어떠한 경우에는 정의 자체가 UE와 기지국에 대하여 서로 다른 aggregated 채널 대역폭을 나타낼 수도 있기에 이상하다고 생각할 수도 있다. 그러나 이는 사실이며 문제가 될 수 없다. 단말과 기지국의 요구 사항은 별도로 정의되며 반드시 동일한 주파수 영역을 다룰 필요는 없다. 그러나 단말 및 기지국에 대한 aggregated 채널 대역폭 모두 동작대역 내에서 사업자의 허가를 받은 블록 내에 있어야 한다.

주파수 기준 위치가 결정되면 실제 RF 요구 사항은 단일 반송파 설정의 경우와 대부분 비슷하다. 어떠한 요구 사항이 영향을 받는지는 이 장의 뒷부분에서 자세히 설명된다.

22.4 비연속적 스펙트럼의 동작

LTE 구축에 사용되는 일부 스펙트럼 할당은 여러 가지 이유로 스펙트럼이 이어져서 할당되지 않고 조각조각 떨어져 있을 수 있다. 예를 들어 이는 사업자들 사이에서 번갈아 할당된 2G 스펙트럼을 재활용하는 경우에 그러했다. 일부 지역에서 사업자들이 스펙트럼 라이선스를 경매를 통하여 구매하였는데, 어떠한 이유에 의하여 결국은 동일 대역 내에서도 서로 인접하지 않은 복수 개의 스펙트럼을 가지는 경우가 발생하였다.

비연속적 스펙트럼 할당의 구축에 대하여 아래와 같은 사항을 생각해 보자.

- 하나의 대역 내의 전체 스펙트럼 할당이 단일 기지국으로 운용된다면, 그 기지국은 비연속적 스펙트럼에서의 운용이 가능해야 한다.
- 각각의 스펙트럼 조각에서 가용한 것보다 더 큰 전송 대역폭이 사용된다면, 단말과 기지국 모두 해당 대역에서 대역 내 비연속적 CA를 지원해야 한다.

기지국이 비연속적 스펙트럼 운용이 가능해야 한다는 것이 곧바로 CA를 의미하는 것은 아님에 유의한다. RF 관점에서 기지국에 필요한 것은, 그림 22.4에서 볼 수 있듯이 sub-block gap으로 떨어져 있는 2개 (혹은 그 이상)의 sub-block으로 나뉘어진 주파수에 걸쳐서 반송파를 수신 및 송신이 가능해야 한다는 것이다. sub-block gap 내의 스펙트럼은 다른 사업자에 의하여 사용될 수 있다. 따라서 sub-block gap의 기지국에 대한 RF 요구 사항은 상호 조정이 없이 운용되는 상태의 공존 (coexistence) 요구 사항을 바탕으로 한다. 이는 동작대역 내의 기지국 RF 요구 사항에 영향을 주게 된다.

만약 비연속적 스펙트럼이 CA와 함께 사용될 경우, 기지국에 대한 RF 요구 사항은 기본적으로 비연속적 스펙트럼 운용의 경우와 동일하다.

단말에 대해, 비연속적 동작은 CA와 밀접하여 연관되어 있다. 이는 반송파가 결합되지 않으면 하향링크의 다중반송파 수신 혹은 상향링크의 송신이 한 대역 내에서 일어나지 않기 때문이다. 이것은 또한 비연속적 동작의 정의가 기지국에 대한 것과 단말에 대한 것이 서로 다르다는 것을 의미한다. 따라서 단말기에 대해 대역 내 비연속 CA는 두 반송파 사이의 간격이 식 (22.1)에 정의된 nominal 채널 간격 (channel spacing)보다 크게 발생한다고 가정한다.

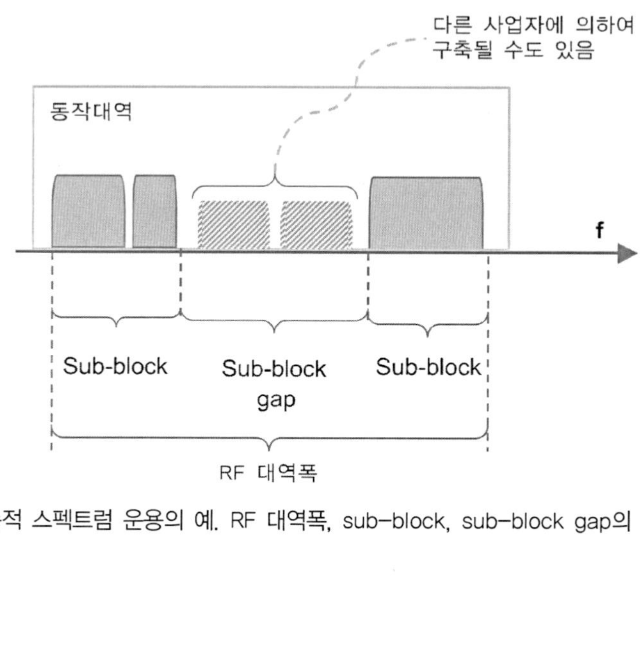

그림 22.4 비연속적 스펙트럼 운용의 예. RF 대역폭, sub-block, sub-block gap의 정의에 대하여 설명

기지국과 비교하여, 비연속적 반송파들에 대한 동시 수신 및/또는 동시 송신을 다루는데 추가적인 제한이 있다. 자원 블록이 반송파 내에서 연속적이지 않은 경우, 하나의 component 반송파 송신에 대하여 허용된 최대 전력 감소 (MPR)가 이미 존재한다. 서로 인접하지 않은 상태로 결합되는 반송파들의 경우, 허용된 MPR은 결합되는 반송파 사이에서 최대 35 MHz의 sub-block gap에 대하여 정의된다. MPR은 할당된 자원 블록의 수에 따라 달라진다.

22.5 다중표준 무선 기지국

전통적으로 RF 규격은 GSM/EDGE, UTRA 및 E-UTRA (LTE)와 같은 서로 다른 3GPP 무선 접속 기술에 대하여 별도로 개발되었다. 그러나 무선 기술의 빠른 진화와 새로운 기술을 기존 기술이 있는 상태에서 구축을 해야 하는 상황에 따라서 종종 안테나 및 장비 설치의 여러 부분을 공유하면서 동일한 국사에서 서로 다른 무선 접속 기술 (Radio-Access Technology, RAT)을 구축해야 하는 상황이 생겼다. 이에 따라 자연스럽게 복수 개의 무선 접속 기술 사이에 기지국 장비를 공유하는 것이 연구되었으며, 이것이 다중-RAT 기지국이다.

다중-RAT 기지국으로의 진화는 관련 기술 진화에 따라 가능해진다. 복수 개의 무선 접속 기술은 전통적으로 안테나, 피더라인 (feeders), 백홀, 전원 등의 국사 설치물을 공유해왔으나, 더욱 발전된 디지털 baseband 및 RF 기술이 보다 높은 집적을 가능하게 하였다. Baseband 및 RF의 2개의 별도 장비로 구성된 기지국에 수동 소자인 콤바이너/스플리터 (combiner/splitter)를 추가한 형태가 이론적으로는 다중-RAT 기지국으로 간주할 수 있다. 하지만 3GPP에서는 이보다 좀 더 구체화된 좁은 의미의 정의를 가지고 있다.

다중-표준 무선 (Multi-Standard Radio, MSR) 기지국에서는, 수신기 및 송신기 모두가 서로 다른 무선 접속 기술에 대하여 공통의 능동 RF 소자들을 가지고 복수 개의 반송파에서 동시 프로세싱이 가능해야 한다. 이러한 매우 엄격한 정의를 한 이유는, 다중-RAT 기지국의 진정한 가치이자 구현의 복잡도의 문제가 바로 공통의 RF를 가지는 것에 있기 때문이다. 이러한 원리가 GSM/EDGE 및 LTE를 모두 지원 가능한 기지국의 예로서 그림 22.5에 설명되어 있다. GSM/EDGE 및 LTE의 baseband 기능 대부분은 기지국 내에서 별도로 구현되어 있을 수 있지만 아마도 동일한 하드웨어 위에 구현되어 있을 것이다. 그러나 RF는 그림과 같이 반드시 동일한 능동 소자에서 구현되어야 한다.

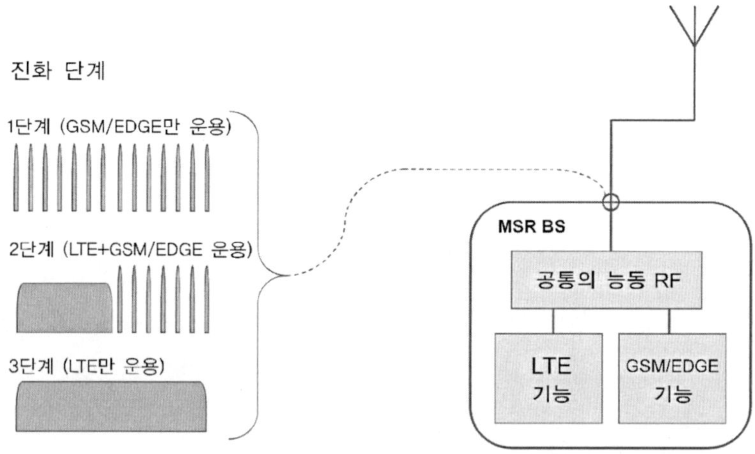

그림 22.5 MSR 기지국을 사용하여 GSM에서 LTE로 진화하는 예

MSR 기지국의 주요 장점은 다음의 두 가지와 같다.

- 예를 들면 GSM/EDGE에서 LTE로 동일한 기지국 하드웨어를 사용하여 무선 접속 기술 사이의 진화가 가능하다. 그림 22.5의 예에서 볼 수 있듯이, 진화는 동일한 MSR 기지국을 사용하여 3단계로 이루어진다. 1단계에서 기지국은 GSM/EDGE로만 운용하는 네트워크에 구축되어 있다. 2단계는 사업자가 일부 스펙트럼을 LTE로 진화하였으며, 이에 따라 동일한 MSR 기지국은 이제 LTE 반송파를 지원하지만 여전히 대역폭의 나머지 부분을 사용하여 기존의 GSM/EDGE 사용자들을 지원한다. 3단계는 모든 GSM/EDGE 사용자들이 해당 대역에서 진화를 마쳤다면 사업자는 동일한 MSR 기지국에서 LTE의 대역폭을 늘려서 LTE로만 운용하도록 설정할 수 있다.

- MSR 기지국은 필요한 경우에 따라 다양한 환경에서 각 지원되는 무선 접속 기술별로 단일-RAT 동작으로 구축될 수 있으며 때에 따라서는 다중-RAT 동작으로도 구축될 수도 있다. 이는 더 통합되고 더 일반적인 형태의 기지국 설계를 꾀하는 최근의 기술 동향과도 부합된다. 기지국의 종류를 줄이는 것은 하나의 솔루션이 다양한 시나리오에 대하여 개발되고 구현될 수 있기에 기지국 제조사나 사업자 모두에게 이롭다.

각 무선 접속 기술 별로 독립적으로 요구 사항이 정의되어 있는 단일-RAT 3GPP 무선 접속 표준은 공통의 기지국 RF 하드웨어가 공유되는 위와 같은 진화 시나리오를 지원하지 못한다. 따라서 다중-표준 무선 장비를 위해서는 별도의 요구 사항이 필요하다.

복수 개의 무선 접속 기술에 대한 공통의 RF는 반송파들이 더 이상 독립적으로 수신 및 송신되지 않는다는 것을 의미한다. 이러한 이유로 MSR 기지국을 규격화하는 데는 반드시 공통 RF 규격이 사용되어야 한다. 3GPP는 Release 9에서 핵심 RF 요구 사항 [41] 및 시험 요구 사항

[42]에 대한 MSR 규격을 개발하였다. 이 규격들은 GSM/EDGE[3], UTRA및 E-UTRA와 이 모든 조합을 지원한다. 모든 가능한 무선 접속 기술의 조합을 지원하기 위하여 MSR 규격은 RAT 조합에 관계 없이 적용 가능한 많은 일반적인 요구 사항을 가지고 있으며, 또한 단일-RAT 동작 시의 각 시스템의 동작을 보장하기 위하여 단일-RAT에 특정한 요구 사항도 가지고 있다.

MSR 개념은, 일부 RF 요구 사항에 대한 항목들은 전혀 변경이 없지만 많은 요구 사항에 상당한 영향을 준다. MSR 기지국에 대하여 도입된 주요 개념 중 하나는 바로 송신 및 수신을 하는 반송파들의 총 대역폭으로 정의되는 RF 대역폭 (RF bandwidth)이다. 많은 GSM/EDGE 및 UTRA의 수신기 및 송신기 요구 사항은 반송파 중심으로부터 규격화되어 있으며 LTE는 채널 가장자리에 대하여 규격화되어 있다. MSR 기지국에 대한 요구 사항은 Release 10의 CA와 유사한 방법으로, RF 대역폭 가장자리에 대하여 규격화되어 있다. CA의 경우와 동일하게, 가장 가장자리의 반송파에 대하여 RF 대역폭의 가장자리의 위치를 정의하기 위하여 F_{offset}이라는 파라미터가 도입되었다. GSM/EDGE에 대해서는 F_{offset}이 200 kHz이며 UTRA 및 E-UTRA에서는 일반적으로 채널 대역폭의 절반이다. RF 대역폭 개념과 함께 포괄적인 제한 값을 도입함으로써, MSR에 대한 요구 사항은 기존의 반송파 중심에서 주파수 블록 중심으로 변화하였으며, 이를 통하여 접속 기술 및 동작 모드와 독립적으로 기술 중립적인 성격을 띄게 되었다.

E-UTRA 및 UTRA 반송파가 대역폭 및 power spectral density (PSD) 측면에서 매우 유사한 RF 특성을 가지는 것이 비하여 GSM/EDGE 반송파들은 사뭇 다르다. 따라서 MSR 기지국의 동작대역은 아래와 같이 3개의 밴드 카테고리 (Band Category, BC)로 나뉜다.

- BC1: UTRA FDD 및 E-UTRA FDD가 구축될 수 있는 모든 paired 밴드
- BC2: UTRA FDD 및 E-UTRA FDD 이외에 GSM/EDGE도 구축될 수 있는 모든 paired 밴드
- BC3: UTRA TDD 및 E-UTRA TDD가 구축될 수 있는 모든 unpaired 밴드

서로 다른 무선 접속 기술 반송파들이 독립적으로 송신 및 수신되는 것이 아니기 때문에, 일부 시험은 복수 개의 무선 접속 기술의 반송파들을 켜놓고 수행해야 한다. 이는 송신기 및 수신기 특성을 구체적으로 알아보기 위하여 [42]에 정의된 다중-RAT 시험 설정 (Test Configuration)을 통하여 수행할 수 있다. 이러한 시험 설정은 송신기에 대한 불요방사 및 수신기의 간섭 신호에 대한 민감성 (blocking 시험 등)을 시험하는 데 특히 중요하다. 다중-RAT 시험 설정의 장점 중 하나는 복수 개의 무선 접속 기술의 RF 성능을 동시에 시험할 수 있어서 각 무선 접속 기술별로 시험 항목을 반복할 필요가 없다는 것이다. 이는 동작대역 외의 전체 주파수 영역에 대하

3) MSR 규격은 GSM/EDGE의 단일-무선 접속 기술 동작에는 적용되지 않는다.

여 시험해야 하는 RF 요구 사항과 같이 매우 시간이 걸리는 시험인 경우 특히 중요하다.

MSR에 의해 가장 큰 영향을 받는 요구 사항은 스펙트럼 마스크, 즉 동작대역 불요방사 (operating band unwanted emissions) 요구 사항이다. MSR 기지국에 대한 스펙트럼 마스크 요구 사항은 RF 대역폭 가장자리의 반송파들이 서로 다른 대역폭을 가진 GSM/EDGE 이거나 UTRA 이거나 혹은 E-UTRA 반송파인 경우의 다중-RAT 동작에 적용된다. 마스크는 일반적인 것이라서 모든 경우에 적용이 가능하며 기지국의 전체 동작대역에 대하여 적용된다. RF 대역폭의 가장자리에 가까운 150 kHz에 대해서는 예외가 있어서, 가장자리의 인접 반송파에서 GSM/EDGE 반송파 혹은 1.4/3 MHz E-UTRA 반송파가 송신되고 있는 경우에는 GSM/EDGE 변조 스펙트럼을 마스크로 사용한다.

MSR의 중요 특징은 기지국 제조사가 지원하는 RF 대역폭, 전력 레벨, 다중 반송파 능력 등을 선언함으로써 이루어진다. 모든 시험은 지원되는 capability set (CS)를 통한 기지국의 능력에 기반한다. 현재 MSR 시험 규격 [42]에는 6개의 capability set (CS1-CS6)가 있어서 MSR 규격에 부합하는 다양한 기지국을 구현하고 구축할 수 있도록 한다. 이러한 capability set가 적용 가능한 밴드 카테고리 및 기지국이 지원하는 RAT 설정과 함께 표 22.3에 정리되어 있다. (제조사에 의하여 선언되는) 기지국의 능력과 실제 기지국이 운용되고 있는 설정에는 차이가 있을 수 있음에 주의한다. CS1과 CS2는 오직 단일 RAT만을 지원하는 기지국에 대한 능력을 정의한 것으로서, 이러한 기지국에 대하여 해당하는 단일 RAT UTRA 혹은 E-UTRA 규격 대신에 MSR 기지국 규격을 적용할 수 있다. 단일 RAT로서 오직 GSM 만을 지원하는 기지국에 대한 capability set는 정의되어 있지 않다. 왜냐하면 이러한 종류의 기지국은 순전히 단일 RAT GSM/EDGE 규격에 의하여 이미 다루어지기 때문이다.

GSM 주파수대역 (BC2)에 3G 및 4G 시스템이 계속적으로 구축됨에 따라서, 새로운 CS7가 Release 13에 도입되었다. 이는 세 가지 모든 RAT를 지원하지만 단일-RAT GSM 및 GSM + UTRA + E-UTRA 동작은 지원하지 않는 기지국에 대하여 사용된다.

기지국 RF 요구 사항의 많은 부분은 다중-RAT 시험이 불필요하여 MSR 기지국에 대해서도 실제 시험 규격의 제한 값은 변하지 않았다. 이러한 경우에는 요구 사항과 시험 항목은 해당하는 단일-RAT 규격서를 직접 참조함으로써 쉽게 만들어진다.

22.3절에서 설명한 CA 역시 MSR 기지국에 적용이 가능하다. MSR 규격은 이미 다중 반송파 RF 요구 사항에 관련된 대부분의 개념과 정의를 가지고 있으므로 CA를 사용하지 않는 경우에 대비하여 MSR 요구 사항의 수정 사항은 크지 않다.

표 22.3 MSR 기지국에 대하여 정의된 CSx (Capability Sets) 및 해당 RAT 설정

기지국에 의하여 지원되는 capability set CSx	적용가능한 밴드 카테고리	지원되는 RAT 설정
CS1	BC1, BC2, 혹은 BC3	Single-RAT: UTRA
CS2	BC1, BC2, 혹은 BC3	Single-RAT: UTRA
CS3	BC1, BC2, 혹은 BC3	Single-RAT: UTRA 혹은 E-UTRA Multi-RAT: UTRA + E-UTRA
CS4	BC2	Single-RAT: GSM 혹은 E-UTRA Multi-RAT: GSM + UTRA
CS5	BC2	Single-RAT: GSM 혹은 E-UTRA Multi-RAT: GSM + E-UTRA
CS6	BC2	Single-RAT: GSM, UTRA, 혹은 E-UTRA Multi-RAT: GSM + UTRA, GSM + E-UTRA, UTRA + E-UTRA, 혹은 GSM + UTRA + E-UTRA
CS7	BC2	Single-RAT: UTRA 혹은 E-UTRA Multi-RAT: GSM + UTRA, GSM + E-UTRA, 혹은 UTRA + E-UTRA

22.6 LTE를 위한 RF 요구 사항 개관

RF 요구 사항은 기지국 혹은 UE의 수신기 및 송신기의 RF 특성을 정의한다. 기지국은 하나 혹은 다수의 안테나를 가지고 RF 신호를 송신 및 수신하는 물리적인 노드이다. 기지국은 LTE 무선망의 논리적인 노드인 eNodeB와는 동일한 것이 아님에 유의한다. UE는 단말을 가리키는 3GPP의 용어이다.

LTE를 위한 RF 요구 사항은 근본적으로 UTRA 및 다른 무선 시스템을 위한 것들과 동일하다. 또한 몇몇 요구 사항은 규제적인 (regulatory) 요구 사항을 기반으로 한 것이라서, 시스템의 종류보다는 동작 주파수 영역 및 시스템이 구축되는 장소와 더 관련이 있다.

LTE에 대하여 특별한 것은 유연한 대역폭과 이에 따른 시스템 내 여러 개의 채널 대역폭이며, 이것이 몇몇 요구 사항을 정의하는 것을 좀 더 복잡하게 한다. 이는 불요방사에 관한 송신기 요구 사항에 대하여 특히 그러하다. 국제적인 규제에서의 불요방사에 대한 제약은 채널 대역폭에 따라 달라지는데, 기지국이 여러 개의 채널 대역폭을 가지고 동작할 수 있으며 단말의 동작

채널 대역폭 역시 다양한 시스템에 대하여 이러한 요구 사항을 정의하기란 매우 힘들다. 또한 OFDM 기반의 유연한 물리 계층의 특징은 송신기의 변조 품질 (modulation quality/accuracy) 규격 및 수신기의 선택도 (selectivity) 및 blocking 규격 등에도 영향을 준다.

단말에 대해 송신기 요구 사항은 기지국에 대한 요구 사항과 매우 유사하며 요구 사항의 정의도 종종 비슷하다. 그러나 출력 전력 레벨은 단말의 경우가 훨씬 낮으며 구현의 제약 역시 단말 쪽이 훨씬 높다. 모든 통신 장비는 비용 및 복잡도에 대한 많은 고려가 필요하지만, 이는 해마다 20억 개 가까이 제품이 나오는 전체 시장의 크기를 볼 때 단말 쪽의 비용 및 복잡도 문제가 더 두드러진다. 단말에 대한 요구 사항과 기지국에 대한 요구 사항이 다른 경우에는, 별도로 다루도록 한다.

LTE를 위한 RF 요구 사항에 대한 상세한 배경은 [43, 44]에 설명되어 있으며, (LTE-Advanced를 위하여) Release 10에서 추가된 요구 사항에 대해서는 [45, 46]를 참조한다. 기지국에 대한 RF 요구 사항은 [47]에, 단말에 대한 사항은 [38]에 명시되어 있다. RF 요구 사항은 송신기 및 수신기 특성으로 나뉜다. 추가로 서로 다른 전파 환경 (propagation condition)의 모든 물리 채널에 대한 수신기의 baseband 성능을 정의한, 기지국 및 단말에 대한 '성능 특성(performance characteristics)'이 있다. 이들은 엄격히 말하면 RF 요구 사항으로 국한되는 것은 아니지만, 성능은 어느 정도 RF에 따라서도 달라진다.

각각의 RF 요구 사항은 기지국 [48] 및 단말 [36]에 대하여 LTE 테스트 규격에 정의된 해당되는 테스트가 있다. 이 규격들은 RF 및 성능 요구 사항에 부합되는지의 여부를 위해 필요한 테스트 셋업, 테스트 절차, 테스트 신호, 허용 오차 (tolerance) 등을 정의하고 있다.

22.6.1 송신기 특성

송신기 특성은 단말 및 기지국으로부터 송신되는 신호의 RF 요구 사항을 정의한다. 여기에는 원하는 신호도 있으며 송신 반송파 바깥의 피할 수 없는 불요방사도 포함한다. 기본적인 요구 사항은 다음 세 부분으로 구분된다.

- ***출력 전력 레벨 요구 사항.*** 전력 레벨의 동적인 변화 및 일부 경우에는 송신기를 끈 상태를 포함하여 최대 허용되는 송신 전력을 제한한다.
- ***송신 신호 품질.*** 송신 신호의 깨끗한 정도를 정의하며 복수 개의 송신기 회로들 사이의 관계를 정의한다.
- ***불요방사 요구 사항.*** 송신 반송파 바깥의 모든 방사를 제한하는 것으로 규제 기관의 요구 사항 및 타 시스템의 공존과 깊은 관련이 있다.

위의 세 부분으로 정리된 단말 및 기지국 송신기 특성이 표 22.4에 정리되어 있다. 보다 자세한 설명은 이 장의 이후 부분을 참조한다.

22.6.2 수신기 특성

LTE에 대한 수신기 요구 사항은 UTRA와 같은 타 시스템에 대하여 정의된 것과 상당히 유사하지만, 유연한 대역폭 특성 때문에 실제 요구 사항의 많은 부분은 다르게 정의되었다. 기본적으로 수신기 특성은 아래의 세 부분으로 구분된다.

- 수신 감도 및 동작 범위 (dynamic range). 원하는 신호를 수신하는 능력이다.
- 간섭 신호에 대한 수신기 민감도. 서로 다른 주파수 오프셋에서 서로 다른 종류의 간섭 신호에 대한 수신기 민감도를 정의한다.
- 불요방사 역시 수신기에 대해서도 정의된다.

단말 및 기지국 수신기 특성에 대한 항목이 표 22.5에 세 부분으로 정리되어 있다. 보다 자세한 설명은 이 장의 이후 부분을 참조한다.

표 22.4 LTE 송신기 특성 개관

	기지국 요구 사항	단말 요구 사항
출력 전력 레벨	최대 출력 전력 출력 전력 범위 (dynamic) On/Off 전력 (TDD 경우만)	송신 전력 출력 전력 범위(dynamic) 전력 제어
송신 신호 품질	주파수 오류 Error Vector Magnitude (EVM) 송신기 회로들 사이의 시간 정렬	주파수 오류 송신 변조 품질 대역 내 방사
불요방사	동작대역 불요방사 인접 채널 누설 비율 (Adjacent Channel Leakage Ratio (ACLR 및 CACLR)) Spurious 방사 점유 대역폭 송신기 상호변조	스펙트럼 방사 마스크 인접 채널 누설 비율 (ACLR 및 CACLR) Spurious 방사 점유 대역폭 송신기 상호변조

표 22.5 LTE 수신기 특성 개관

	기지국 요구 사항	단말 요구 사항
수신 감도 및 동작 범위	기준 수신 감도 동작 범위 (dynamic range) 채널 내 선택도(selectivity)	기준 수신 감도 최대 입력 레벨
간섭에 대한 수신기 민감도	Out-of-band 대역 내 blocking 협대역 blocking 인접 채널 선택도 수신기 상호변조	Out-of-band blocking Spurious 응답 대역내 blocking 협대역 blocking 인접 채널 선택도 상호변조 특성
수신기의 불요방사	수신기 불요방사	수신기 불요방사

22.6.3 지역적인 요구 사항

RF 요구 사항과 그 응용은 지역적으로 변동이 있다. 이러한 변동은 서로 다른 지역 및 나라별 주파수에 대한 규제 및 이의 사용에서 비롯한다. 가장 명백한 지역적인 변동은 앞서 다룬 것과 같은 서로 다른 주파수 대역들과 그 사용이다. 지역적인 RF 요구 사항의 대부분은 특정 주파수 대역과 연관되어 있다.

예를 들어 spurious 방사에 대한 지역적인 요구 사항이 있을 때에는, 이 요구 사항이 3GPP 규격에 반영되어야 한다. 이는 기지국에 대해서 선택적인 (optional) 요구 사항이 되며 '지역적 (regional)' 이라고 표기된다. 단말은 기지국처럼 다룰 수 없다. 왜냐하면 어차피 단말은 서로 다른 지역 사이를 로밍해 다닐 수 있으며, 따라서 해당 대역이 사용되는 모든 지역에서의 지역적 요구 사항을 모두 만족해야 하기 때문이다. LTE에 있어서 이는 UTRA보다 좀 더 복잡하다. 그 이유는 송신기와 수신기에서의 사용 대역폭에 추가적인 변동이 있게 되어 몇몇 지역적 요구 사항은 이를 강제적인 (mandatory) 요구 사항으로 만족하기가 힘들기 때문이다. 따라서 LTE에서는 RF 요구 사항의 네트웍 시그널링 (network signaling) 개념이 도입되었다. 이를 통하여 단말은 네트웍에 접속할 때 특정한 RF 요구 사항이 적용되는 지의 여부를 호 설정 단계에서 네트웍으로부터 지시 받을 수 있다.

22.6.4 네트웍 시그널링을 통한 대역-특정의 UE 요구 사항

단말에서 지원되는 채널 대역폭은 LTE 동작대역에 따라 달라지며 송신기 및 수신기 요구 사항과도 관련이 있다. 왜냐하면 일부 RF 요구 사항은 최대 전력과 많은 개수의 송신 및 수신 자원 블록을 동시에 고려한 조건에서는 만족하기가 힘들 수도 있기 때문이다.

셀 핸드오버나 브로드캐스트 메시지를 통하여 특정 네트웍 시그널링 값 (Network Signalling Value, NS_x)을 시그널링함으로써 단말에게 일부 추가적인 RF 요구 사항을 적용할 수 있다. 구현과 관련된 이유로, 이러한 요구 사항은 단말의 출력 전력, 최대 채널 대역폭 및 송신 자원 블록의 개수와 같은 RF 파라미터에 대한 제한 및 변경과 관련이 있다. 이러한 요구 사항의 변경은 Network Signalling Value (NS_x)와 함께 단말 RF 규격 [38]에 정의되어 있으며, 각 값은 특정 조건에 해당된다. 모든 대역에 대한 기본값은 NS_01이다. 모든 NS_x값들은 Additional Maximum Power Reduction (A-MPR)이라고 불리는 허용되는 전력 감소와 연결되어 특정한 최소 자원 블록의 개수를 사용한 전송에 대하여 적용되며, 또한 채널 대역폭에 따라 달라진다. 일부 대역에 대하여 관련된 네트웍 시그널링 값을 가지고 있는 UE 요구 사항들의 예는 아래와 같다.

- *NS_03, NS_04, 혹은 NS_06*은 일부 UE 대역에서 동작 시 단말의 불요방사에 대한 FCC의 특정 요구 사항 [49]을 시그널링하는 데 사용된다.
- *NS_05*은 단말이 2 GHz 대역 (밴드 1)에서 동작할 때 일본의 PHS 대역을 보호하기 위하여 시그널링된다.

활성화된 송신 신호가 수신기 성능에 영향을 줄 수 있으므로, 일부 대역에서는 NS_x 시그널링이 수신기 수신 감도를 시험하는 데 적용되기도 한다.

LTE 상향링크 CA의 경우에는 추가적인 RF 요구 사항 및 제약이 적용될 수도 있다. 이러한 정보는 특정 CA 네트웍 시그널링 값인 CA_NS_x를 사용하여 CA가 설정된 단말에 전달되며, 이 경우에는 일반적인 네트웍 시그널링 값 NS_x 및 관련 요구 사항을 대체한다.

22.6.5 기지국 클래스

기지국 규격에는 '일반적인 목적'의 기지국에 적용이 되는 일반적인 RF 요구 사항이 있다. 이 요구 사항이 3GPP Release 8에서 개발된 것으로서, 기지국 출력 전력에 제한이 없으며 어떠한 구축 시나리오에도 사용이 가능하다. 하지만 RF 요구 사항이 개발될 당시에 사용되었던 시나리오 자체는 매크로 시나리오였다 [50]. 이러한 이유에서, Release 9에서는 피코셀과 펨토셀 시나리오를 고려한 추가적인 기지국 클래스가 도입되었다. Release 11에서는 다중-표준 기지국에 적용 가능한 기지국 클래스와 함께 매크로셀 시나리오에 대한 추가적인 클래스가 정의되었다. 또한 최초의 '일반적인 목적'의 RF 파라미터들은 매크로셀 시나리오에 적용가능한 것임을 명확히 하였다. 3GPP 내에서는 매크로, 마이크로, 피코 및 펨토와 같은 용어들이 기지국의 클래스를 구분하는 데 사용되지 않으며, 대신 다음의 용어들이 사용된다.

- *Wide Area 기지국*. 이러한 기지국 타입은 매크로셀 용도로서 기지국와 단말 사이의 최소 coupling loss를 70 dB로 정의한다.
- *Medium Range 기지국*. 이러한 기지국 타입은 마이크로셀 용도로서 기지국와 단말 사이의 최소 coupling loss를 53 dB로 정의한다. 일반적으로 실외에서 안테나가 건물 옥상보다 아래에 위치한 경우나 실외 및 hotspot 양쪽의 커버리지를 모두 꾀하는 경우 그리고 실외의 안테나로 건물 벽을 통과하여 실내 커버리지를 확보하는 경우 등을 염두에 둔다.
- *Local Area 기지국*. 이러한 기지국 타입은 피코셀 시나리오를 위한 것으로서 기지국과 단말 사이의 최소 coupling loss를 45 dB로 정의한다. 일반적으로 실내 사무실이나 실내/실외 hotspot에서 벽이나 천장에 기지국이 설치되는 구축 상황을 예상한다.
- *Home 기지국*. 이러한 기지국 타입은 펨토셀 시나리오를 위한 것이지만, 명시적으로 그렇게 정의된 것은 아니다. 이 기지국 타입 역시 기지국과 단말 사이의 최소 coupling loss는 45 dB로 가정한다. Home 기지국은 open 액세스 및 closed subscriber group (CSG)의 두 가지 모드 모두 운용이 가능하다.

Local Area, Medium Range 및 Home 기지국 클래스는 Wide Area 기지국에 비하여, 더 작은 최소 coupling loss 가정에 의해 몇 가지 요구 사항이 수정되었다.

- 기지국 최대 출력이 Medium Range 기지국의 경우는 38 dBm, Local Area 기지국의 경우는 24 dBm, Home 기지국의 경우는 20 dBm으로 제한된다. 출력은 안테나 및 반송파당으로 정의되며, Home 기지국의 경우는 예외로 모든 안테나 (최대 4개)의 전력을 모두 합친 출력으로 정의된다. Wide Are 기지국에 대해서는 기지국 최대 출력이 정의되어 있지 않다.
- Home 기지국은 인접 채널에서 동작하는 시스템을 보호하기 위한 추가적인 요구 사항이 있다. 왜냐하면 인접 채널에서 다른 사업자에 속한 기지국에 연결되어 있는 단말이 Home 기지국에 매우 가깝게 위치할 수도 있기 때문이다. 이러한 단말들이 block 당할 정도로 간섭을 야기하면 안된다. 따라서 Home 기지국은 반드시 측정을 통하여 인접 채널의 기지국 동작 여부를 알아낼 수 있어야 한다. 만약 특정 조건 하에서 인접 기지국의 전송 (UTRA 혹은 LTE)이 검출되면, 인접한 기지국으로의 간섭을 피하기 위하여 인접 기지국 신호가 약한 정도에 따라서 Home 기지국에 허용되는 최대 출력 전력을 낮추게 된다.
- Medium Range, Local Area 및 Home 기지국에 대한 스펙트럼 마스크 (동작대역 불요방사)는 더 낮은 최대 출력 레벨에 따라서 더 낮은 제한 값을 가진다.
- Medium Range 및 Local Area에 대한 co-location에 대한 제한은 Wide Area 기지국에 대하여 다소 완화된 기준 수신 감도에 따라서 덜 엄격하다.

- (다른 Home 기지국으로부터) Home 기지국 동작을 보호하기 위한 불요방사 제한 값은 낮다(즉 엄격하다). 왜냐하면 여기서는 Home 기지국들 사이에서 벽을 바로 통과하는 실내 구축 시나리오까지 가정하기 때문이다.
- Medium Range, Local Area 및 Home 기지국에 대한 수신기 기준 수신 감도 제한 값은 더 높다 (즉 완화되었다). 이에 따라 수신기 동작 범위 및 채널 내 선택도 조정되었다.
- 간섭 신호에 대한 수신기 민감도 (susceptibility)에 대한 모든 Medium Range, Local Area 및 Home 기지국 제한 값은 더 높은 (완화된) 수신기 수신 감도 제한 값과 더 작은 (기지국-단말 간) 최소 coupling loss를 고려하여 조정되었다.

22.7 출력 전력 레벨 요구 사항

22.7.1 기지국 출력 전력 및 동작 범위

기지국에 대한 일반적인 최대 출력 전력 요구 사항은 없다. 그러나 앞서 설명한 기지국 클래스에서 볼 수 있듯이 Medium Range 기지국, Local Area 기지국 및 Home 기지국에 대해서는 각각 38 dBm, 24 dBm 및 20 dBm의 최대 출력 제한이 있다. 아울러, 실제 최대 출력이 제조사가 말한 출력 전력 값으로부터 얼마까지 벗어나도 인정해줄 지에 대한 허용오차도 규격화되어 있다.

기지국에는 설정 가능한 전력 범위로 정의되는, 자원 엘리먼트 당 전체 전력 제어 동작 범위에 대한 규격이 있다. 또한 기지국 전체 전력에 대한 동작 범위 요구 사항도 있다.

TDD 동작에 대해서는 상향링크 서브프레임 동안 송신기를 Off한 상태의 전력 레벨로 정의되는 기지국 출력 전력에 대한 전력 마스크가 있으며, On과 Off 사이의 송신기 최대 허용 가능한 천이 시간이 규격화되어 있다.

22.7.2 단말 출력 전력 및 동작 범위

단말 출력 전력 레벨은 세 가지 단계로 정의된다.

- *단말 전력 클래스 (power class)* 이는 QPSK 변조에 대한 명목상 (nominal) 최대 출력 전력을 정의한다. 이는 동작 대역에 따라 달라질 수 있으나, 오늘날 주된 단말 전력 클래스는 모든 대역에 대하여 23 dBm이다.

- ***최대 전력 감소 (Maximum Power Reduction, MPR)*** 이는 특정한 변조 방식과 할당된 자원 블록의 개수의 조합에 따라 허용된 최대 전력 레벨의 감소를 정의한다.
- ***추가적인 최대 전력 감소 (Additional Maximum Power Reduction, A-MPR)*** 이는 몇몇 지역에서 적용될 수 있으며, 보통 지역적인 방사 제한과 같은 특정 송신기 요구 사항과 연관되어 있다. 이러한 각 요구 사항에 대하여, 22.6.4절에서 설명한 것처럼 허용되는 A-MPR와 관련 조건을 알려주는 관련 네트워 시그널링 값 NS_x가 있다.

단말에는 단말이 송신하지 않아야 하는 경우에 해당하는 송신기 Off 전력 레벨의 정의가 있다. 또한 일반적인 On/Off 시간 마스크가 규격화되어 있으며, PRACH, SRS, 서브프레임 경계 및 PUCCH/PUSCH/SRS에 대한 특정 시간 마스크들이 규격화되어 있다.

단말 송신 전력 제어 (transmit power control, TPC)는 최초 전력 설정에 대한 절대 전력 허용오차 (absolute power tolerance), 2개의 서브프레임 사이의 상대 전력 허용오차 (relative power tolerance), 연속된 전력 제어 명령에 대한 누적 전력 허용오차 (aggregated power tolerance)에 대한 요구 사항으로 규격화되어 있다.

22.8 송신 신호 품질

송신 신호 품질에 대한 요구 사항은 기지국 및 단말의 송신 신호가 신호 및 주파수 영역 측면에서 '이상적인' 변조신호와 얼마나 다른지의 여부로 규격화된다. 송신 신호의 품질 저하는 송신기 RF 소자들에 기인하며, 전력 증폭기의 비선형성이 주요 원인이다. 신호 품질은 기지국 및 단말에 대하여 EVM (error vector magnitude) 및 주파수 오차를 통하여 측정된다. 단말의 경우는 단말 대역 내 방사라는 추가 요구 사항이 있다.

22.8.1 EVM 및 주파수 오차

신호 품질 측정에 대한 이론적인 정의는 매우 간단하지만, 실제 측정은 상당히 정교한 절차로서 3GPP 규격에 자세히 설명되어 있다. 왜냐하면 이는 시간이나 주파수 및 신호 성상도 (signal constellation)에서 최적의 쌍을 찾아내야 하는 다각적인 최적화 문제이기 때문이다.

EVM은 변조신호 성상도 상에서 측정된 오차로서, 변조 방식의 모든 심볼들을 고려하여 활성화된 부반송파 상의 오차 벡터 root mean square를 구한 것이다. 이는 이상적인 신호의 전력에 대한 %값으로 표현된다. 만약 송신기와 수신기 사이에 신호에 대한 추가적인 손상이 없다면,

EVM은 수신기가 얻을 수 있는 최대 SINR을 의미한다.

수신기는 (예를 들면) 신호가 시간축으로 퍼지는 현상과 같이 송신된 신호에 대한 손상 중 일부는 제거할 수 있으므로, EVM은 CP를 제거하고 등화기 (equalization)를 거친 이후로 판단한다. 이와 같은 방법에 의하여 EVM 평가는 수신기의 표준화된 모델을 포함한다. EVM 평가로부터 비롯된 주파수 오프셋은 평균화되어 송신 신호의 주파수 오차값으로 사용된다.

22.8.2 단말 대역 내 방사

대역 내 방사 (in-band emission)는 채널 대역폭 내의 방사이다. 요구 사항은 채널 대역폭 내에서 할당되지 않은 자원 블록에 단말이 얼마까지 송신을 해도 되는지를 제한하는 것이다. 대역 외 (OOB) 방사와는 달리, 대역 내 방사는 CP를 제거하고 FFT를 수행한 이후에 측정된다. 왜냐하면 이 지점이 바로 UE 송신기가 실제로 기지국 수신기에 영향을 주는 지점이기 때문이다.

22.8.3 기지국 시간 정렬

송신 다이버시티 및 MIMO와 같은 몇 가지 LTE 기능은 기지국이 2개 혹은 그 이상의 안테나를 사용하여 전송을 한다. CA의 경우 반송파들이 서로 다른 안테나를 통하여 전송될 수도 있다. 단말이 복수 개의 안테나로부터 온 신호를 적절하게 수신할 수 있도록, 이러한 송신기 경로 사이의 시간 관계가 최대 허용 가능한 시간 정렬의 형태로 규격화되어 있다. 최대 허용 오차는 송신기 경로상의 기능 및 기능들의 조합에 따라 달라진다.

22.9 불요방사 요구 사항

ITU-R 권고 (recommendations)에서 송신기의 불요방사는 OOB 방사와 spurious 방사로 나뉜다 [51]. OOB 방사는 변조 절차에 의해 발생하는 RF 반송파에 근접한 주파수의 방사로 정의된다. Spurious 방사는 해당 정보 전송에 영향을 주지 않으면서 줄일 수 있는 RF 반송파 바깥의 방사 중 OOB 방사를 제외한 것이다. Spurious 방사의 예로는 harmonic 방사, 상호변조 방사 및 주파수 변조 (frequency conversion)에 따른 방사가 있다. 흔히 OOB 방사가 정의되는 주파수 범위를 OOB 영역 (OOB domain)이라 부르며, spurious 방사 제한은 일반적으로 spurious 영역 (spurious domain)에서 정의된다.

또한 ITU-R은 반송파 중심에서 필요 대역폭 (necessary bandwidth)의 2.5배 (이는 E-UTRA에 대한 채널 대역폭의 2.5배에 해당)만큼 떨어진 주파수 위치에서 OOB와 spurious 영역 사이를 제한을 정의하고 있다. 이와 같이 OOB와 spurious로 요구 사항을 분리하는 것은 고정적인 채널 대역폭을 가진 시스템에는 쉽게 적용이 된다. 하지만 LTE의 경우에는 시스템이 유연한 대역폭을 가지고 있으므로 OOB와 spurious 요구 사항이 적용되는 주파수 범위가 채널 대역폭에 따라 변할 수 있기 때문에, 이와 같은 분리가 쉽지 않다. 3GPP 내에서는 이 두 가지의 경계를 정의하는 방식에 있어서 기지국과 단말 요구 사항에 대하여 약간 다른 방식을 취하고 있다.

권고된 대로 OOB 방사와 spurious 방사 사이의 경계를 채널 대역폭의 2.5배로 하면, 채널 대역폭의 2배의 대역폭을 갖게 되는 3차 및 5차 상호 변조값은 OOB 영역 안에 들어오게 된다. OOB 영역에 대하여, 스펙트럼 방사 마스크 (Spectrum Emission Mark, SEM)와 인접 채널 누설 비율 (Adjacent Channel Leakage Ratio, ACLR)의 두 가지가 서로 겹치는 요구 사항이 있다. 자세한 사항은 아래에 설명된다.

22.9.1 구현 측면

제3장에서 볼 수 있듯이, OFDM 신호의 스펙트럼은 전송 대역폭의 바깥쪽에서 다소 천천히 떨어진다. 송신 신호가 채널 대역폭의 90%를 차지하기 때문에 순수한 OFDM 신호로 불요방사 제한을 직접 만족하는 것은 불가능하다. 불요방사 제한을 만족하기 위해 사용되는 기술이 LTE 규격에서는 명시되거나 지정되어 있지는 않지만, 시간 영역 (time-domain) windowing이 OFDM 기반 전송 시스템의 스펙트럼 방사를 제어하기 위해 일반적으로 사용되는 방법 중 하나이다. 기저대역 신호에 대한 시간 영역 디지털 필터링과 RF 신호에 대한 아날로그 필터링 등의 필터링도 언제든지 필요하면 사용될 수 있다.

RF 신호를 증폭하는 데 사용되는 전력 증폭기 (PA)의 비선형성 특성이 채널 대역폭 바깥의 상호변조를 만드는 원인이므로 이 특성 역시 반드시 고려되어야 한다. PA를 좀 더 선형 영역에서 동작하도록 전력 back-off를 주는 것을 사용할 수 있으나 이는 전력 효율이 낮아지는 단점이 있기 때문에 전력 back-off는 최소화되어야 한다. 이러한 이유로 추가적인 선형화 방식이 사용될 수 있다. 이러한 방식은 구현의 복잡도에 대한 제한이 조금 덜하며 여러 가지 진보된 선형화 방식이 스펙트럼 방사를 제어하는 필수 요소인 기지국 단에서 그 중요성이 더 높다. 이러한 방식의 예로는 feed-forward, feedback, pre-distortion, post-distortion 등을 들 수 있다.

22.9.2 스펙트럼 방사 마스크

스펙트럼 방사 마스크는 필요 대역폭 바깥쪽에서 허용되는 OOB 스펙트럼 방사를 정의한다. 앞서 설명하였듯이 OOB 방사와 spurious 영역 사이의 주파수 경계를 결정하는 데 있어서 유연한 채널 대역폭을 어떻게 고려할 것인가는 LTE 기지국과 단말에서 약간 다르다. 결과적으로 스펙트럼 방사 마스크 역시 서로 다른 원리에 기반한다.

22.9.2.1 기지국 동작대역 불요방사 제한

LTE 기지국에서 채널 대역폭이 변함에 따라서 OOB와 spurious 영역 사이의 경계가 변할 수 있는 문제는 이 경계 자체를 명시적으로 정의하지 않는 방법을 사용하여 해결한다. 즉, OOB 방사에 대하여 일반적으로 정의되는 스펙트럼 마스크 대신에, LTE 기지국에 대한 통합된 개념의 동작대역 불요방사 (unwanted emission, UEM)를 사용한다. 그림 22.6과 같이 동작대역 불요방사는 전체 기지국 송신기 동작대역 및 양쪽의 추가적인 10 MHz에 적용된다. 이 영역 바깥의 모든 요구 사항은 ITU-R 권고 [51]에 기반한 규제적인 spurious 방사 제한을 따른다. 그림에서 볼 수 있듯이, 작은 채널 대역폭을 사용하는 경우에는 동작대역 불요방사의 많은 부분이 spurious 영역이기도 하면서, OOB 영역이기도 한 주파수 부분에 대하여 정의됨을 볼 수 있다. 이는 spurious 영역에 속할 수도 있는 주파수 영역에 대해서는 규격의 제한 값이 ITU-R로부터의 규제적인 제한 값과 맞아야 한다는 것을 의미한다. 마스크의 모양은 5 MHz부터 20 MHz까지 모든 채널 대역폭에 대하여 적용되는 일반적인 모양으로서, 결과적으로 채널의 가장자리로부터 10 MHz 떨어진 위치에서 시작하는 ITU-R의 제한 값과 맞아야 한다. 1.4 MHz 및 3 MHz 채널 대역폭에 대해서는 별도의 마스크가 정의되어 있다. 동작대역 불요방사는 100 kHz의 측정 대역폭 (measurement bandwidth)으로 측정하도록 정의된다.

CA 기지국의 경우에는, (다른 RF 요구 사항과 마찬가지로) UEM 요구 사항은 여느 다중 반송파 전송의 경우와 동일하게 적용이 된다. 물론 이때 UEM은 RF 대역폭의 가장자리의 반송파들에 대하여 정의된다. 비연속적 CA의 경우에서 sub-block gap 내의 UEM은 각 sub-block으로부터 영향 받은 누적의 합으로써 일부 계산이 된다.

미국에서 사용되는 동작대역에 대하여 FCC 규제 [49]에 의해 정의된 특별한 제한이 있으며 유럽의 대역에 대해서는 ECC에 의한 특별한 제한이 있다. 이러한 제한은 동작대역 불요방사 제한에 추가로 별도의 제한으로서 명시된다.

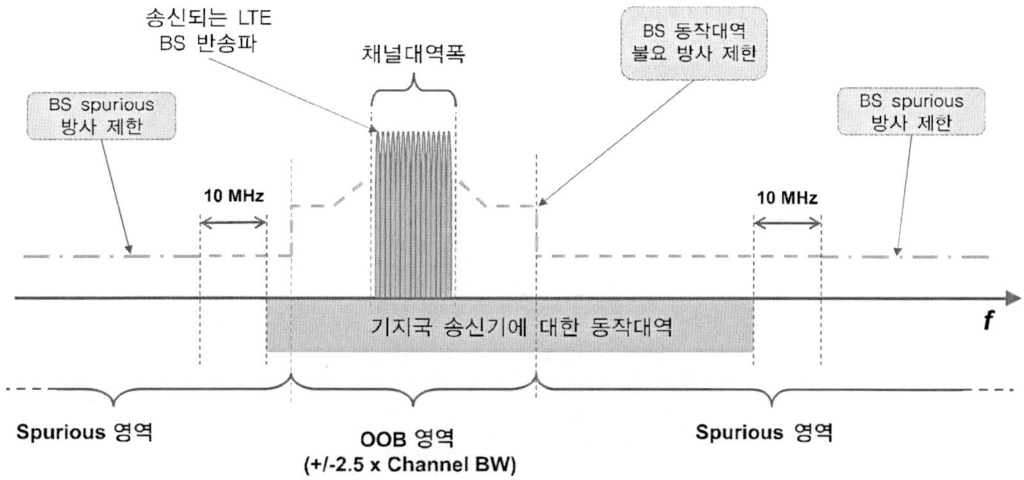

그림 22.6 LTE 기지국에 적용 가능한 동작대역 불요방사와 spurious 방사에 대하여 정의된 주파수 범위

22.9.2.2 단말 스펙트럼 방사 마스크

구현 상의 문제로 인하여, 채널 대역폭에 따라 변하지 않는 일반적인 UE 스펙트럼 마스크를 정의하는 것은 불가능하다. 따라서 OOB 제한 값에 대한 주파수 영역과 spurious 방사 제한 값은 기지국에 대하여 사용되는 것과는 동일한 원리를 사용할 수 없다. SEM은 그림 22.7과 같이 채널 가장자리로부터 Δf_{OOB} 만큼 떨어진 곳까지 확장된다. 5 MHz 채널 대역폭에 대해서 이는 ITU-R에 의하여 권고되는 필요 대역폭의 250%에 해당되며, 이보다 큰 채널 대역폭에 대해서는 250%에 비슷한 값 정도에 해당된다.

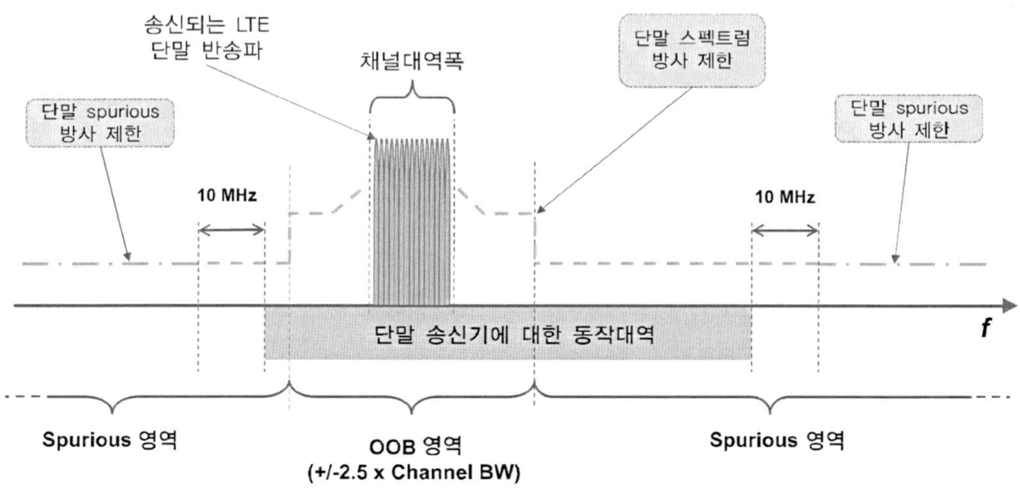

그림 22.7 LTE 단말에 적용 가능한 동작대역 불요방사와 spurious 방사에 대하여 정의된 주파수 범위

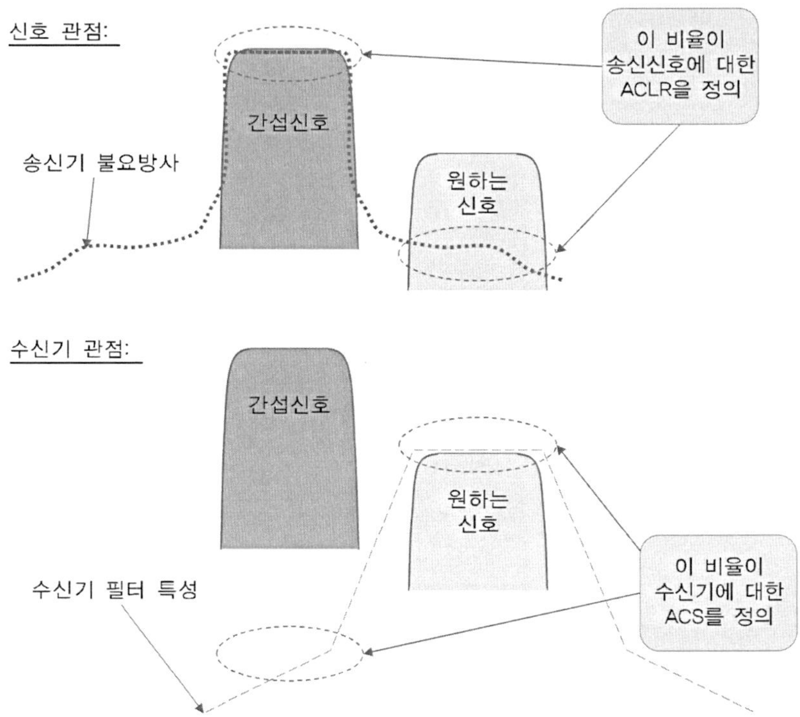

그림 22.8 'aggressor'인 간섭 신호와 'victim'인 원하는 신호의 특성 예를 사용한 ACLR과 ACS의 정의

SEM은 일반적인 마스크로 정의되며 서로 다른 지역적인 요구 사항을 반영하기 위해서는 추가적인 마스크가 적용될 수 있다. 각 추가적인 지역적 마스크는 특정 네트워 시그널링 값 NS_x와 연계되어 있다.

22.9.3 인접 채널 누설 비율

SEM에 추가하여, OOB 방사는 인접 채널 누설 비율 (Adjacent Channel Leakage Ratio, ACLR) 요구 사항에 의해 정의된다. ACLR 개념은 인접한 주파수에서 동작하는 두 시스템 사이의 공존 여부를 분석하는 데 매우 유용하다. ACLR은 인접 채널 상으로 전송되는 불요방사 전력 대비 할당된 채널 대역폭 내로 전송되는 전력의 비율로 정의한다. 이에 대응하여 인접 채널의 신호를 억제할 수 있는 수신기 능력으로 정의되는 인접 채널 선택도 (Adjacent Channel Selectivity, ACS)라는 수신기 요구 사항이 있다.

그림 22.8에 원하는 신호와 인접 채널 내 수신되는 간섭 신호에 대하여 ACLR과 ACS의 정의가 설명되어 있다. 간섭하는 신호의 불요방사가 원하는 신호의 수신기로 누설된 것이 ACLR이며, 원하는 신호의 수신기가 인접 채널 내 간섭 신호를 억제하는 능력을 ACS라 한다. 이 2개의 파라미터를 함께 사용하여, 인접한 채널에서 두 전송 사이의 전체적인 누설을 정의한다. 이 비

율을 인접 채널 간섭 비율 (Adjacent Channel Interference Ratio, ACIR)이라 부르며, 인접 채널 상에서 수신기에 의해 수신되는 총 간섭에 대비한 한 채널 상으로 전송되는 전력의 비율로 정의된다. 이는 바로 송신기 (ACLR)와 수신기 (ACS)가 불완전하여 발생하는 것이다.

인접 채널 파라미터들 사이에 관계는 다음과 같다 [50].

$$\mathrm{ACIR} = \frac{1}{\frac{1}{\mathrm{ACLR}} + \frac{1}{\mathrm{ACS}}} \tag{22.7}$$

ACLR과 ACS는 두 인접하는 채널에 대하여 서로 다른 채널 대역폭이 사용될 경우에도 정의될 수 있다. 이러한 경우가 LTE의 대역폭 유연성 때문에 정해지는 몇몇 요구 사항인 경우이다. 식 (22.7)은 서로 다른 채널 대역폭에도 적용할 수 있다. 그러나 이 경우 서로 다른 두 개의 채널 대역폭이 식 내의 세 가지 파라미터 ACIR, ACLR, ACS를 정의하는 데 모두 동일하게 사용되어야 한다.

LTE 단말 및 기지국을 위한 ACLR 제한은 LTE와 인접 반송파 위의 다른 시스템들 사이에 광범위한 공존 분석 (coexistence analysis)을 기반으로 하여 만들어졌다 [50].

LTE 기지국의 ACLR에 대한 요구 사항과 동작대역 불요방사 두 가지 요구 사항 모두 OOB 영역을 커버하지만, 동작대역 불요방사의 경우는 훨씬 더 좁은 측정 대역폭 (100 kHz)에 대하여 정의되어 있기 때문에 동작대역 불요방사의 제한이 ACLR에 비하여 약간 더 완화되어 설정되어 있다. 이는 채널 내에서 자원 블록 사이의 전력 할당이 변화함에 따른 상호변조에 의한 불요방사에 있어서 어느 정도 변동을 허용한다. LTE 기지국에 대해서는, 같은 채널 대역폭의 UTRA 수신기가 인접 채널에 있는 경우와 LTE 수신기가 인접 채널에 있는 경우 모두에 대해 ACLR 요구 사항이 있다. LTE 기지국에 대한 ACLR 요구 사항은 45 dB로 설정된다. 이는 UE에 대한 ACS 요구 조건보다 상당히 엄격한데, 이는 식 (22.7)에 의하여 하향링크에서는 UE 수신기 성능이 ACIR을 제한하는 요소가 되고, 결과적으로 기지국과 단말 사이의 공존을 결정짓는다는 것을 의미한다. 시스템 측면에서 보았을 때 이는 모든 단말에 고성능 RF를 요구하는 대신 구현의 복잡성을 기지국쪽으로 옮겨 놓기 때문에 비용 측면에서 효율적이다.

CA 기지국의 경우 (다른 RF 요구 사항들과 마찬가지로) ACLR은 여느 다중 반송파 전송과 동일하게 적용된다. 물론 이때 ACLR은 RF 대역폭 가장자리 반송파에 대하여 정의된다. 비연속적 CA의 경우 sub-block gap이 너무 작아서 gap의 가장자리에서의 ACLR 요구 사항이 서로 겹치는 경우에 대해서는, gap에 대하여 특별한 CACLR (Cumulative ACLR) 요구 사항이 정의된다. CACLR에 대하여 sub-block gap의 양쪽 모두의 반송파의 영향이 CACLR 제한에 고려된다. CACLR 제한은 기지국에 대한 ACLR와 동일하게 45 dB이다.

단말에 대한 ACLR 제한 값은 인접 채널에 UTRA 및 LTE 수신기 양쪽 모두를 가정한 경우에 대하여 만들어졌다. 기지국의 경우와 마찬가지로 제한 값은 해당 SEM에 비하여 더 엄격하게 되어 있으며, 이에 따라서 자원 블록 할당의 변화에 따른 스펙트럼 방사의 변화를 포함한다. CA의 경우 단말의 ACLR 요구 사항은 반송파 당이 아니라 aggregated 채널 대역폭에 대하여 적용된다. LTE 단말에 대한 ACLR 제한은 30 dB로 설정된다. 이는 기지국에 대한 ACS 요구 사항에 비해 상당히 완화된 것인데, 이는 식 (22.7)에 의하면 상향링크에서는 UE 송신기 성능이 ACIR을 제한하는 요소로서 결과적으로 기지국과 단말 사이의 공존을 결정짓는 다는 것을 의미한다.

22.9.4 Spurious 방사

Spurious 방사에 대한 제한은 국제적인 권고 [51]로부터 가져온 것이다. 그러나 이는 그림 22.6과 같이 동작대역 불요방사가 정의된 주파수 범위 바깥쪽에 대하여 즉, 기지국 송신기 동작대역에서 적어도 10 MHz 떨어진 주파수에 대하여 정의된다. 또한 LTE와 공존하거나 심지어 한 국사를 공용할 수 있는 다른 시스템을 보호하기 위해 추가적인 지역적 혹은 선택적 제한이 있다. 추가적인 spurious 방사 요구 사항에 고려될 수 있는 다른 시스템의 예로는 GSM, UTRA FDD/TDD, CDMA2000, PHS 등이 있다.

단말 spurious 방사 제한은 SEM에 의해 다루어지는 주파수 영역 밖의 모든 주파수에 대하여 정의된다. 제한은 일반적으로 국제적인 규제에 기반하지만 [51], 단말이 로밍할 때 다른 밴드와의 공존을 위한 추가적인 요구 사항도 있다. 추가적인 spurious 방사 제한은 관련 네트워크 시그널링 값을 가지고 있을 수 있다

추가적으로, 수신기에 대하여 정의된 기지국 및 단말 방사 제한 값이 있다. 송신 신호가 수신기 방사보다 강하므로 수신기 spurious 방사 제한 값은 송신기가 꺼져 있는 경우에만 적용된다. 또한 LTE TDD 기지국의 경우는 송신기가 켜져 있으나 별도의 수신 안테나 커넥터를 가진 경우에 적용된다.

22.9.5 점유 대역폭

점유 대역폭은 일본 및 미국과 같은 일부 지역에서는 장비에 대하여 규제적으로 정의된 요구 사항 중 하나이다. 이는 원래는 ITU-R에서 전체 방사 중에서 해당 대역폭 바깥의 방사가 특정 %를 넘지 않는 것을 의미하는 최대 대역폭으로 정의되었다. LTE에 대한 점유 대역폭은 채널 대역폭과 동일하며, 이 바깥에는 최대 1% (즉 윗쪽 아랫쪽 각각 0.5%)의 방사가 허용된다.

CA의 경우에는 점유 대역폭은 CA에 의하여 합쳐진 채널 대역폭과 같다. 비연속적 CA의 경우에는 sub-block 별로 점유 대역폭이 적용된다.

22.9.6 송신기 상호변호

RF 송신기에서 추가적으로 살펴야 할 사항 중 하나는 송신 신호와 기지국 혹은 단말 근처에서 송신되는 또 다른 강한 신호 사이의 상호변조 (intermodulation)이다. 이에 따라 송신기 상호변호에 대한 요구 사항이 있다.

기지국의 경우에는 다른 기지국 신호가 co-location된 상태의 정적인 (stationary) 시나리오를 기반으로 한다. 이때 기지국의 안테나 커넥터에 보이는 송신 신호는 30 dB 감쇠된 값이다. 이는 정적인 시나리오이므로 추가적인 불요방사를 허용하지 않는다. 즉, 모든 불요방사 제한 값은 이와 같은 근처의 간섭 신호가 존재하는 경우에도 만족되어야 한다.

단말의 경우에는 또 다른 단말의 송신 신호가 단말의 안테나 커넥터에 40 dB 감쇠된 상태로 보이는 시나리오를 기반으로 한 유사한 요구 사항이 있다. 이 요구 사항은 송신 신호 밑에 발생하는 상호변조의 최솟값을 규정한다.

22.10 수신 감도 및 동작 범위

기준 수신 감도 (reference sensitivity) 요구 사항의 주 목적은, 수신기의 RF 회로가 수신 신호의 SNR을 얼마나 열화시키는 지에 대한 측정치인 수신기 NF (Noise Figure)를 알아내는데 있다. 이러한 이유로, 기준 수신 감도 테스트에는 낮은 SNR에 적합한 QPSK를 사용하는 전송이 사용된다. 기준 수신 감도는 기준 채널에 대한 최대 throughput의 95%를 얻을 수 있는 수신기 입력 레벨로 정의된다.

기지국의 경우에는 기준 수신 감도는 1개의 자원 블록부터 모든 자원 블록까지에 대하여 정의할 수 있다. 복잡도를 줄이기 위하여 25개 자원 블록 단위로 측정하도록 정의하였다. 즉, 5 MHz 이하의 채널 대역폭에 대해서는 전체 대역폭에 대해서만 기준 수신 감도가 정의되어 있으며, 5 MHz보다 큰 채널 대역폭에 대해서는 수신 감도는 인접한 복수 개의 5 MHz 블록에 대하여 측정된다.

단말의 경우 기준 수신 감도는 전체 채널 대역폭의 신호와 원하는 신호에 대하여 할당되는 모든 자원 블록에 대하여 정의된다. 일부 동작대역에서 5 MHz보다 큰 채널 대역폭에 대한 기본적인 기준 수신 감도는 최소 할당 자원 블록에 대하여 만족해야 하며, 보다 큰 할당에 대해서는 기준 수신 감도를 약간 완화하기도 한다.

동작 범위 (dynamic range) 요구 사항은 수신기가 기준 수신 감도보다 상당히 높은 수신 신호 레벨에서도 역시 잘 동작하는 지를 확인하기 위한 목적이다. 기지국 동작 범위에 대한 시나리오는 높은 레벨의 간섭 신호가 존재하여 원하는 신호의 레벨 역시 높아야 하는 경우를 가정함으로써 수신 감도 테스트와는 다른 형태의 수신기 손상 (impairment)을 테스트하려는 것이다. 이 테스트에는 16QAM을 사용하는 높은 SNR에 적합한 전송 방식이 적용된다. 수신기에 더 높은 신호 레벨로 압박을 주기 위하여, 추정되는 잡음 층 (noise floor)보다 20 dB 더 높은 레벨의 AWGN 신호를 수신 신호에 추가하여 입력한다. 단말에 대한 동작 범위에 대한 요구 사항은 throughput 요구 사항을 만족하는 최대 신호 레벨로 정의된다.

22.11 간섭 신호에 대한 수신기의 민감성

간섭 신호가 존재할 때 원하는 신호를 수신할 수 있는 기지국 및 단말의 수신기 능력을 정의하는 몇 가지 요구 사항이 있다. 여러 개의 요구 사항이 존재하는 이유는, 원하는 신호로부터 간섭 신호가 떨어진 주파수 오프셋 양에 따라 간섭 시나리오가 매우 다르게 보일 수 있으며 서로 다른 형태의 수신기 손상이 성능에 영향을 줄 수 있기 때문이다. 여러 가지 조합의 간섭 신호를 사용하는 것은 기지국 수신기의 동작대역 안팎에서 맞닥뜨릴 수 있는 서로 다른 대역폭의 간섭 신호들의 가능한 시나리오를 가능한 범위에서 최대한 모델링하기 위해서다.

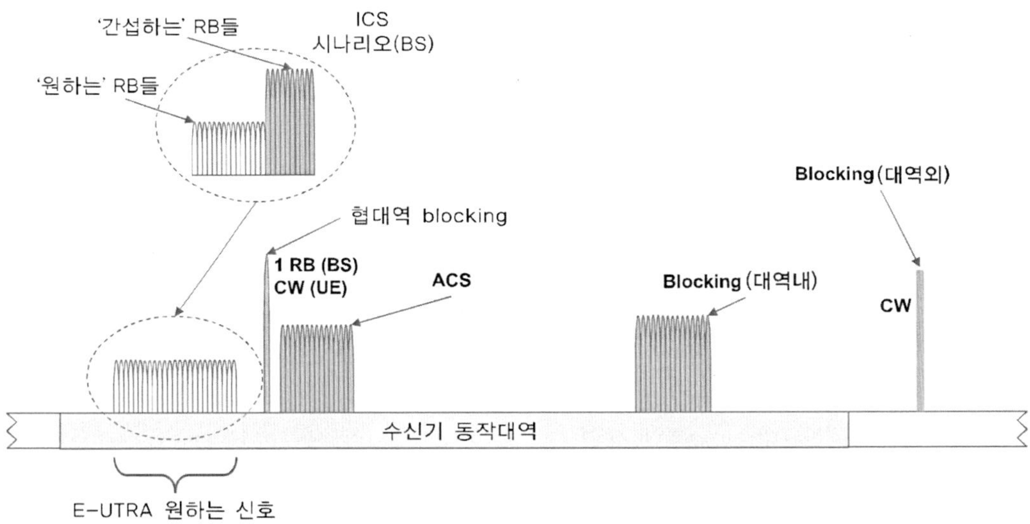

그림 22.9 Blocking, ACS, 협대역 blocking, ICS (기지국에만 해당) 관점에서의 간섭 신호들에 대한 기지국 및 단말의 수신기 민감성 (susceptibility) 요구 사항

기지국과 단말에 대하여 요구 사항의 종류 자체는 대단히 비슷하지만, 기지국과 단말이 겪는 간섭 시나리오가 매우 다르기 때문에 신호 레벨에서 차이가 있다. 아울러 기지국의 채널 내 선택도 (In-Channel Selectivity, ICS) 요구 사항에 대응하는 요구 사항이 단말 쪽에는 없다.

간섭을 매우 멀리 떨어뜨린 것에서부터 점점 가까이 움직이는 순서로 다음과 같은 요구 사항이 정의된다 (그림 22.9 참조). 모든 경우 간섭 신호는 LTE 신호이며 원하는 신호와 동일한 대역폭을 가지고 있다. 5 MHz보다 큰 대역폭의 경우에도 간섭 신호는 최대 5 MHz 대역폭을 가진다.

- *Blocking*: 강한 간섭 신호들이 동작대역 바깥에서 수신되거나 (out-of-band blocking) 혹은 동작대역 내에서 수신되지만 원하는 신호와는 인접하지 않으면서 수신되는 경우의 (in-band blocking) 시나리오에 해당된다. 대역내 blocking은 기지국에 대해서는 동작대역 바로 바깥의 20 MHz까지의 간섭을 포함하며, 단말에 대해서는 대역 바로 바깥의 15 MHz까지의 간섭을 포함한다. 이 시나리오에서 대역외 간섭 신호는 CW (continuous wave) 신호로 모델링되고, 대역 내 간섭 신호는 LTE 신호로 모델링된다. 기지국이 다른 동작대역에서 동작하는 다른 기지국과 국사를 공유하는 시나리오에 해당하는 추가적인 (선택적인) blocking 요구 사항도 있다. 단말에 대해서는 각 할당된 주파수 채널 및 각각의 spurious 응답 주파수의 위치에서 대역외 blocking 요구 사항으로부터 몇 가지 예외가 허용된다. 이러한 주파수들에서는 단말은 약간 완화된 spurious 응답 요구 사항은 반드시 만족해야 한다.

- *ACS (adjacent channel selectivity)*: ACS 시나리오는 원하는 신호와 인접한 채널에 강한 신호가 존재할 때 해당되며, 이는 단말에 대한 ACLR 요구 사항과 밀접하게 관련이 있다 (22.9.3절 참조). 인접한 간섭 신호는 LTE 신호이다. 단말에 대하여 ACS는 낮은 신호 레벨의 경우와 높은 신호 레벨의 경우의 두 가지로 규격화된다. MSR 기지국에 대해서는 특정한 ACS 요구 사항이 정의되어 있지 않으며, 이는 대신 인접 채널 특성을 완전히 다루고 있는 협대역 blocking 요구 사항으로 대체된다.

- *협대역 (narrowband) blocking*: 이 시나리오는 인접한 강한 협대역 간섭이 존재할 때에 해당되며, 간섭 신호는 기지국 요구 사항의 경우에는 하나의 자원 블록을 가진 LTE 신호로 모델링되며, 단말 요구 사항의 경우에는 CW 신호로 모델링된다.

- *ICS (In-channel selectivity)*: 이 시나리오는 채널 대역폭 내에 서로 다른 수신 전력 레벨의 여러 개의 수신 신호가 있는 경우이다. 이때 더 낮은 전력 레벨의 원하는 신호가 더 높은 전력 레벨의 간섭 신호가 존재하는 경우에도 수신되는 지의 여부를 확인한다. ICS는 기지국의 경우에만 규격이 있다.

- *수신기 상호변조 (intermodulation)*: 이 시나리오는 원하는 신호 근처에 두 개의 간섭 신호가 있는 경우이며, 이때 간섭 신호 중 하나는 CW 신호이고, 다른 하나는 LTE 신호이다 (그림 22.9에는 표시되지 않음). 이 요구 사항의 목적은 수신기의 선형성을 시험하기 위한 것이다. 간섭 신호는 주파수 영역에서 상호변조의 주 영향이 원하는 신호의 채널 대역폭 내로 떨어지도록 위치시킨다. 또한 간섭하는 CW 신호는 원하는 신호에 매우 인접해 있으며 간섭하는 LTE 신호는 하나의 RB 신호로 모델링된 협대역 상호변조 (narrowband intermodulation) 요구 사항도 있다.

ICS를 제외한 모든 요구 사항에 대하여, 원하는 신호는 기준 수신 감도 요구 사항 때와 같은 기준 채널을 사용한다. 기준 채널에 대하여 동일한 95% 상대적 throughput을 만족하지만, 간섭이 추가됨으로써 수신 감도가 저하되어 (de-sensitized) 더 높은 레벨의 원하는 신호에 대하여 설정된 throughput을 만족하게 된다.

22.12 다중 대역 지원 기지국

3GPP 규격은 다중 반송파 및 다중 RAT 동작, 그리고 연속적이거나 비연속적인 주파수 할당에 대한 CA 등을 통하여 보다 넓은 RF 대역폭을 지원하기 위하여 지속적으로 발전되어 왔다. 이는 송신기 및 수신기 양쪽에서 보다 넓은 대역폭을 지원할 수 있는 RF 기술의 발전에 의해 가능하였다. 기지국에 대한 RF 기술의 다음 단계는 바로 공통의 무선 부분을 사용하여 복수 개의 대역에서 동시 송신 및 수신을 지원하는 것이다. 다중 대역 기지국은 수백 MHz 범위의 주파수 상의 복수 개의 대역을 지원할 수 있다.

다중 대역 기지국에 대한 매우 명확한 응용으로는 대역 간 CA를 들 수 있다. 그러나 다중 대역을 지원하는 기지국은 CA가 LTE에 도입되기 훨씬 전부터 존재해 왔다는 사실에 유의한다. GSM 용으로 기지국 국사의 장비 구축을 보다 컴팩트하게 할 수 있도록 이미 듀얼밴드 기지국이 설계되었다. 어떤 경우에는 다중 대역 기지국이 안테나도 공유하는 경우도 있으며, 다른 경우에는 서로 다른 대역을 위해 별도의 안테나를 사용할 수도 있다. 이러한 초기 구현은 실제로는 두 세트의 각 대역별 서로 다른 송신기와 수신기가 그저 동일한 장비 캐비닛에 통합된 것이었다. 안테나를 공유하는 경우에는, 신호가 수동 다이플렉서 (passive diplexer)를 통해 결합 및 분리되는 형태였다. "진정한" 다중 대역 기지국의 차이점이라면 여러 대역의 신호들이 기지국 내의 공통 능동 RF에서 송신 및 수신된다는 점이다.

이러한 다중 대역 기지국에 대한 RF 요구 사항은 3GPP Release 11에서 정의되었다. 규격은 다중 대역 동작에 추가로 단일 RAT 및 다중 RAT의 지원을 포함하고 있으며, 후자의 경우를 다중 대역 다중표준 무선 기지국 (Multi-Band Multi-Standard Radio, MB-MSR)이라고 부른다. 규격은 지원되는 대역에 대한 순수한 단일 RAT의 GSM 동작을 제외한 모든 RAT 조합을 포함한다.

다중 대역 기지국의 구현 및 구축에 관련된 몇 가지 시나리오는 다음과 같이 생각할 수 있다.

- 다중 대역 송신기 + 다중 대역 수신기
- 다중 대역 송신기 + 단일 대역 수신기
- 단일 대역 송신기 + 다중 대역 수신기

첫 번째는 그림 22.10에 설명되어 있는데, 여기서는 기지국에 2개의 동작 대역 X와 Y를 지원하는 공통의 RF가 구현되어 있다. 듀플렉스 필터를 통하여 송신기와 수신기는 공통의 안테나 커넥터 및 안테나로 연결되어 있다. 이 예는, 대역 X에는 LTE + GSM이 설정되고, 대역 Y에는 LTE가 설정되는 것과 같이, 다중 RAT의 MB-MSR 기지국이기도 하다. 아울러 여기에서는 2개의 대역에 대한 주파수 범위에 대하여 하나의 그림만을 보이고 있는데, 이는 송신기 주파수일 수도 있고 수신기 주파수일 수도 있다.

그림 22.10는 다중 대역 기지국에 대하여 정의된 몇 가지 새로운 파라미터이다.

- *RF 대역폭 (RF bandwidth)*은 다중 표준 기지국에 대한 것과 동일한 정의이지만 각 대역에 대하여 개별적으로 정의된다.

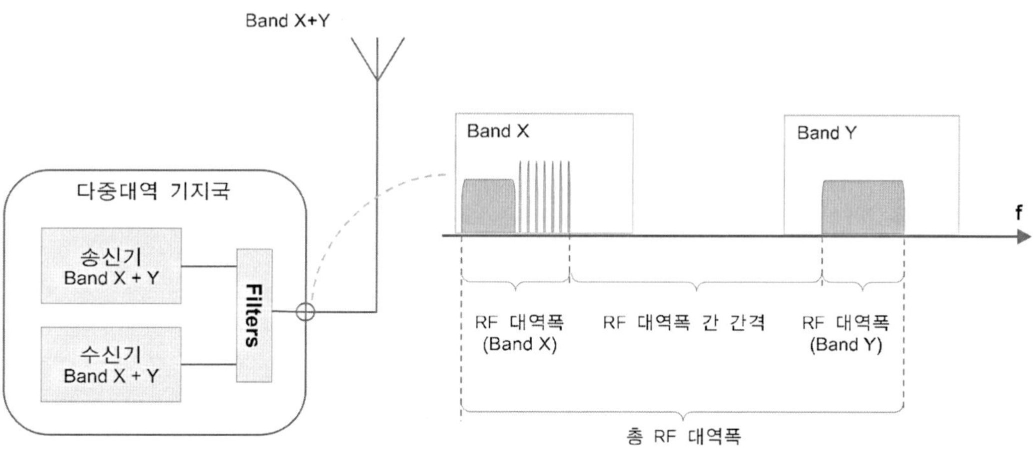

그림 22.10 하나의 공통의 안테나 컨넥터를 사용한 2개 대역에 대한, 다중 대역 송신기 및 수신기를 가진 다중 대역 기지국의 예

- *RF 대역폭 간 간격 (Inter-RF-bandwidth gap)*은 2개 대역의 RF 대역폭 사이의 간격이다. RF 대역폭 간 간격은 대역 X 및 Y에서 타 사업자가 구축되어 있는 주파수 영역에 걸쳐 있을 수 있으며, 2개의 대역 내에서 다른 서비스에 대하여 사용되고 있는 주파수 영역에 걸쳐 있을 수도 있다.
- *총 RF 대역폭 (Total RF bandwidth)*은 두 개의 대역 모두에서 다중 반송파를 위하여 기지국에서 지원되는 총 대역폭을 말한다.

원칙적으로 다중 대역 기지국은 2개의 대역 이상에서 동작이 가능할 수도 있다. 그러나 3GPP Release 11에서 정의된 요구 사항 및 시험 등은 일반적으로 2개 대역의 동작에 대한 것이다. 2개 대역보다 많은 대역에 대한 지원은 Release 14에서 도입될 예정이다.

물론 국사에 필요한 장비의 양을 줄이기 위하여 하나의 안테나 커넥터와 공통의 피더(feeder)를 사용하는 것이 바람직하지만 이것이 항상 가능한 것은 아니다. 어떤 경우에는 각 대역에 대하여 별도의 안테나 커넥터, 피더 및 안테나를 사용하는 것이 더 좋을 수도 있다. 그림 22.11은 다중 대역 기지국이지만 2개의 동작 대역인 대역 X와 Y에 대하여 별도의 커넥터를 사용하는 예이다. 이 예에서 2개의 대역에 대하여 안테나 커넥터가 별도로 있지만 송신기 및 수신기에 대한 RF 구현은 2개 대역에 대하여 공통임에 유의한다. 2개 대역에 대한 RF는 필터

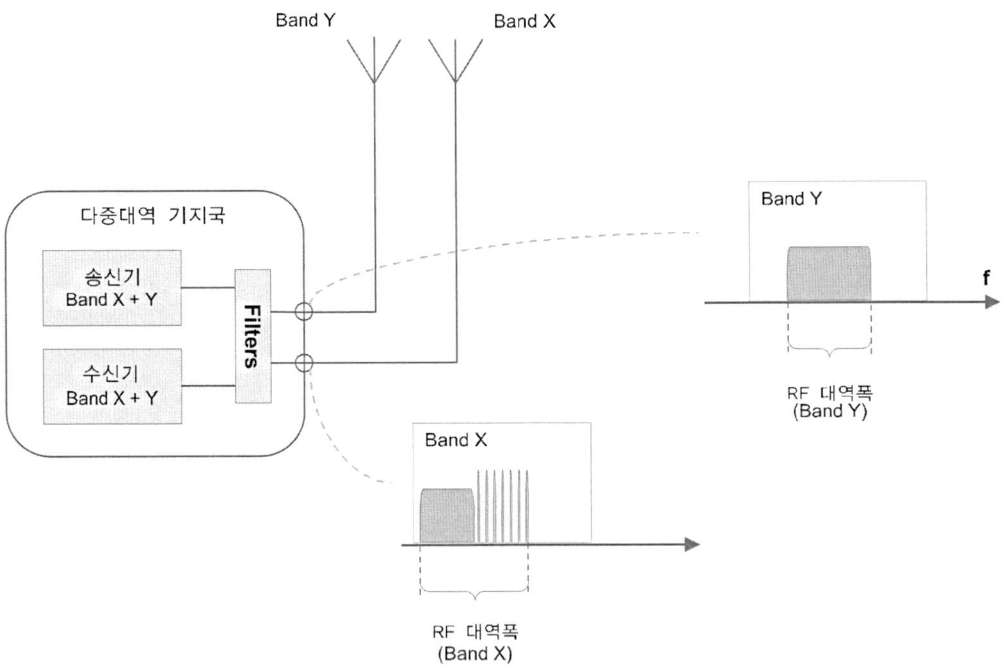

그림 22.11 각 대역별 별도의 안테나 컨넥터를 사용한 2개 대역에 대한, 다중 대역 송신기 및 수신기를 가진 다중 대역 기지국의 예

에 의하여 안테나 커넥터 이전에 대역 X와 Y의 별도의 경로로 분리된다. 공통의 안테나 커넥터를 가진 다중 대역 기지국에 대하여, 송신기는 다중 대역을 지원하는데 수신기는 단일 대역 구현이거나 송신기는 단일 대역 구현이고, 수신기는 다중 대역을 지원하는 것도 가능하다.

수신기와 송신기 사이의 보다 우수한 분리를 위하여, 수신기와 송신기에 대하여 별도의 안테나 커넥터를 사용하는 기지국 구현도 가능하다. 다중 대역 기지국은 이러한 구현 방법이 더 나을 수도 있다. 왜냐하면 큰 전체 RF 대역폭을 고려하면 실제로 수신기와 송신기 사이에서 주파수가 겹치는 경우도 있을 수 있기 때문이다.

다중 대역 기지국에 대하여, 다중 RAT와의 동작 가능 여부 및 각 대역에 대한 혹은 수신기/송신기에 대한 공통 혹은 별도의 안테나 커넥터 등을 고려하게 되면, 기지국 능력에 대한 분류가 굉장히 복잡해진다. 기지국에 대하여 어떠한 요구 사항이 적용되며 어떻게 시험될 것인지의 여부가 바로 이러한 기지국 능력의 분류에 달려 있다.

다중 대역 기지국에 대한 대부분의 RF 요구 사항은 단일 대역 구현의 경우와 동일하지만, 다음과 같은 중요한 예외가 있다.

- *송신기 spurious 방사*: LTE 기지국에 대하여, 해당 요구 사항은 동작 대역 및 동작 대역 양쪽의 추가적인 10 MHz를 제외하고 적용된다. 왜냐하면 그 부분은 UEM 제한에 의하여 확인이 되기 때문이다. 다중 대역 기지국에 대하여 이러한 동작 대역 (및 동작 대역 양쪽의 추가적인 10 MHz)을 제외하는 것이 2개 대역에 대하여 모두 적용되며, 이 주파수 부분에서는 오직 UEM 제한만이 적용된다. 이를 'joint exclusion band'라고 한다.
- *동작 대역 불요방사 마스크 (Unwanted Emission Mask, UEM)*: 다중 대역 동작에 대하여, RF 대역폭 간 간격이 20 MHz보다 작은 경우에는 UEM 제한은 양쪽 대역의 영향을 고려한 누적 제한으로 적용된다. 이는 비연속적인 스펙트럼 동작과 유사한 방식이다.
- *ACLR*: 다중 대역 동작에 대하여, RF 대역폭 간 간격이 20 MHz보다 작은 경우에는 양쪽 대역의 영향을 고려하여 Cumulative ACLR (CACLR)이 적용된다. 이는 비연속적인 스펙트럼 동작과 유사한 방식이다.
- *송신기 상호변조*: 다중 대역 기지국에 대하여, RF 대역폭 간 간격이 15 MHz보다 작은 경우 해당 요구 사항은 간섭 신호가 간격 안에 들어맞는 경우에만 적용된다.
- *Blocking 요구 사항*: 다중 대역 기지국에 대하여, 대역 내 blocking 제한은 양쪽 동작 대역 모두의 대역 내 주파수 영역에 대하여 적용된다. 이는 spurious 방사의 경우와 유사하게 'joint exclusion'으로 보일 수도 있다. Blocking 및 수신기 상호변조 요구 사항은 RF 대역폭 간 간격 안에서도 적용된다.

- *수신기 spurious 방사*: 다중 대역 기지국에 대하여, 송신기 spurious 방사와 유사하게 2개 대역 모두의 동작 대역 및 그 양쪽의 추가 10 MHz를 포함하는 'joint exclusion band'가 적용된다.

그림 22.11과 같이 2개의 동작 대역이 별도의 안테나 커넥터에 연결된 경우 위에 설명한 송신기/수신기 spurious 방사, UEM, ACLR 및 송신기 상호변호의 예외 조항이 적용되지 않는다. 대신 이러한 요구 사항은 각 안테나 커넥터에 대하여 단일 대역 동작의 경우와 동일한 사항이 적용된다. 추가적으로 다중 대역 기지국이 대역별로 별도의 안테나 커넥터에 연결되어 있는데 실제로는 한 대역만 동작을 하고 다른 대역 (및 그 대역의 안테나 커넥터)은 활동하지 않는 상태에서 이러한 기지국은 요구 사항 측면에서는 단일 대역 기지국으로 보여진다. 이 경우 모든 요구 사항에 대하여 단일 대역 요구 사항이 적용된다.

22.13 Relay에 대한 RF 요구 사항

제18장에서 설명되었듯이, LTE 규격은 Release 10에서 decode-and-forward relay를 지원한다. 이러한 relay에 대한 RF 요구 사항이 Release 11에서 정의되었으므로 이를 설명하도록 한다. Relay에 대한 RF 요구 사항을 정하는 기본은 기지국 및 단말에 대한 기존의 RF 요구 사항이다. 액세스링크는 relay가 기지국과 많은 유사점을 가지며, 백홀링크는 단말과 많은 유사점을 가진다. 이러한 사항이 그림 22.12에 설명되어 있다.

LTE relay에 대한 RF 요구 사항은 별도의 규격 [55]에 정의되어 있으나, 많은 요구 사항이 백홀링크에 대해서는 직접적으로 단말 규격 [38]을 참조하거나 액세스링크 요구 사항에 대해서는 직접적으로 기지국 규격 [47]을 참조한다. 이는 특히 Local Area 기지국 요구 사항을 참조하는데, 왜냐하면 이 경우의 구축 시나리오가 relay와 유사하기 때문이다. 물론 다음과 같이 relay에 특정 RF 요구 사항도 있다.

- *출력 전력*: Relay에 대하여 2개의 전력 클래스가 정의되었다. 클래스 1은 액세스링크에 대하여 최대 출력이 24 dBm이며 클래스 2는 최대가 30 dBm이다. 백홀링크에 대한 최대 출력은 모든 클래스에 대하여 24 dBm이다. 모든 전력 레벨은 (액세스링크에 대해서는 최대 8개, 백홀링크에 대해서는 최대 4개인) 전체 안테나에 대한 합으로 계산된다.
- *ACLR*: 백홀링크에 대하여 적정한 co-existence 특성을 제공하면서 기지국 상향링크의 성능을 저하시키지 않도록, relay ACLR 제한은 액세스링크 및 백홀링크 모두에 대하여 Local Area 기지국의 요구 사항과 동일한 규격이다.

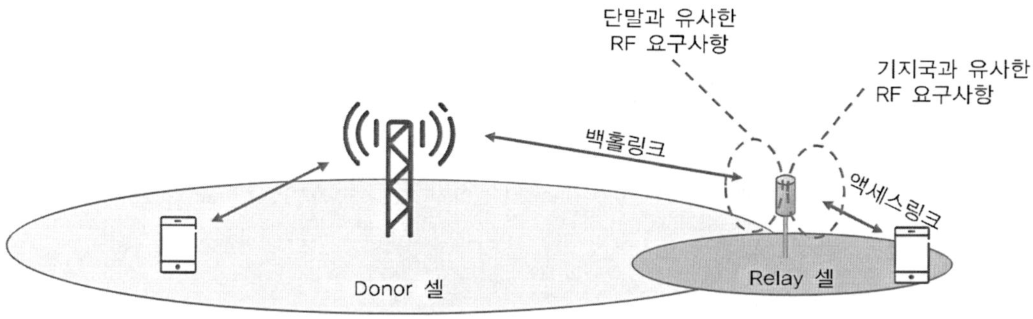

그림 22.12 백홀 및 액세스에서의 relay에 대한 RF 요구 사항

- *동작 대역 불요방사 (UEM)*: Relay 전력 클래스에 의해 정의된 출력 전력 레벨에 따라서 액세스링크 및 백홀링크에 대하여 새로운 UEM 제한이 설정된다.
- *인접 대역 선택도 (ACS)*: Relay 백홀링크의 상대적인 ACS 제한은 기지국에 대하여 사용되는 것과 유사한 레벨로 설정되지만, 단말에 대하여 정의되는 ACS의 최대 하향링크 신호 레벨에 해당하는 보다 높은 입력신호 레벨에서 요구 사항이 정의된다.
- *Blocking 요구 사항*: 백홀링크에 대한 대역 내 blocking 레벨은 단말에 대한 경우보다 높게 설정되지만, 이에 따라 원하는 신호의 신호 레벨도 보다 높은 레벨에서 정의된다. 액세스링크에 대한 blocking 요구 사항은 Local Area 기지국의 경우와 같다.

22.14 LAA (Licensed-Assisted Access)를 위한 RF 요구 사항

LAA를 통해 비면허 스펙트럼에서 LTE를 운용하는 것은 3GPP Release 13에서 도입된 새로운 기능으로서, 자세한 내용은 17장을 참조한다. 특별한 규제를 가지는 비면허 대역의 동작을 위한 조건으로 인하여 단말 및 기지국 모두에 대한 RF 요구 사항에 영향을 미친다.

17.1절에서 설명된 것처럼 LAA는 5 GHz의 비면허 대역에 대해 정의된다. 5 GHz 대역은 3GPP에서 밴드 46으로 불리며 주파수 범위는 5150-5925 MHz이다. 다른 unpaired 대역의 TDD 동작은 프레임 구조 타입 2를 사용하는 것에 비하여, 밴드 46의 동작은 프레임 구조 타입 3에 밀접하게 결합된다. 밴드 46에서만 홀로 동작하는 모드는 규격화되지 않았기 때문에 밴드 46은 몇 개의 다른 대역과 대역 간 CA로 규격화되어 있다.

22.14.1 비면허 5 GHz 대역에 대한 규제 요구 사항

5150-5925 MHz의 주파수 범위는 전세계 대부분의 지역에서 비면허 (즉, 면허 없이) 운용이 가능하다. 대역에 적용되는 규제는 지역마다 다르며 사용할 수 있는 서비스 유형에 따라서 달라진다. 비록 서비스에 사용되는 용어 자체는 다르지만 규제에 있어서는 많은 유사점이 있다. 또한 이 대역은 WiFi와 같은 무선 LAN 서비스에 대역의 많은 부분을 사용할 수 있도록 발전되어 왔다.

Release 13에서의 LAA 동작은 하향링크에 대해서만 정의되기 때문에, 단말의 송신은 없다. 이는 밴드 46 동작을 위해 단말에 적용되는 특정 규제는 없음을 의미한다. 이후 릴리즈에서 상향링크 동작이 추가되면 단말에 대한 규제도 추가되겠지만, Release 13에서는 기지국에 대해서만 정의되어 있다.

5 GHz 대역의 동작에 대해서는 다양한 지역적 규제 요구 사항이 있으며, 이는 모두 LAA 동작에 적용된다. 규제 요구 사항은 세 가지 유형으로 나눌 수 있다.

- *방사 제한*: 최대 송신 전력, 최대 전도 전력, 평균 PSD, 지향성 안테나 이득, 최대 평균 EIRP (effective isotropic radiated power), EIRP 밀도, EIRP elavation angle 마스크 및 OOB 방출에 대한 제한이 포함된다.
- *기능적 요구 사항*: 여기에는 특정 TPC, 동적 주파수 선택 (DFS) 및 LBT (Listen Before Talk)와 같은 clear-channel assessment 등의 요구 사항이 포함된다.
- *동작 요구 사항*: 이 요구 사항은 몇몇 주파수 범위에서의 실내 사용을 제한한다.

대부분의 규제적인 방사 제한은 절댓값, 밀도 혹은 EIRP로의 송신 전력과 불요방사와 관련된다. 전세계적인 수준 (WRC)에서 정의된 서로 다른 형태의 요구 사항 및 제한이 있으며, 여기에 추가로 유럽, 미국, 중국, 이스라엘, 남아프리카, 터키, 캐나다, 브라질, 멕시코, 일본, 한국, 인도, 대만, 호주 [57] 등와 같이 지역 단위 및 국가 단위의 규제가 있다. 지역 및 국가 간에 상당한 차이가 있다.

기지국 규격에서 이러한 모든 규제적인 요구 사항의 차이를 담는 것은 현실적이지 않으며, 또한 그 일부만 담는다면 이는 또 다른 차별로 보일 수 있다. 또한 규제는 지속적으로 업데이트가 되어 최신 규격을 유지하기가 힘들다. 따라서 이는 LAA를 지원하는 장비를 만드는 각 장비 제조사가 해당 장비가 판매되는 각 지역 및 국가의 요구 사항을 만족하도록 맡긴다.

이러한 이유로 해당 RF 요구 사항은 최대 기지국 전력 및 불요방사와 같이 관련된 요구 사항의 각 제한에 대해 하나의 번호로 규격화되었다. 이 제한은 규제 관점에서 넓은 적용 범위를 제공하도록 선택되며, 보다 더 구체적인 제한 및 세부 사항은 제공되지 않는다. 규제가 어떻게 적용되는 지에 관해서는 다음을 참조한다.

- EIRP에 기반한 제한은 3GPP 기지국 규격 [47]의 RF 요구 사항으로서 바로 적용될 수 없다. 그 이유 모든 기지국 RF 요구 사항은 전도 (conducted) 요구 사항으로 정의된 것으로서 안테나 커넥터 단에서 규격화된다. EIRP에 직접적인 영향을 주는 안테나 규격은 RF 규격의 일부가 아니다. 그러나 이러한 규제적인 EIRP 관련 제한을 평가하기 위한 지침은 있다.
- 기능적 요구 사항 역시 지역에 따라 다르며 큰 차이가 있다. 3GPP 규격에서 완전하게 다루어진 유일한 요구 사항은 LBT를 통한 clear-channel assessment이다.
- 동작 요구 사항은 일반적으로 RF 규격에 적용할 수 없다. 그 이유 장비 자체의 속성을 규격화하는 것이 아니라 장비를 어떻게 구축하고 운용하는 지에 관련된 것이기 때문이다.

22.14.2 LAA 동작에 대한 구체적인 기지국 RF 요구 사항

앞에서 언급했듯이 밴드 46은 전세계 많은 지역에서 사용할 수 있지만 어디에서도 전부 사용 가능한 것은 아니며 지역 및 국가마다 규제도 다르다. 대역이 어떻게 할당되어 있는지에 대한 개요는 17.1절을 참조한다. Release 13에서의 LAA 동작은 하향링크에 대해서만 정의되기 때문에, 하향링크 채널 액세스와 관련된 기능적 요구 사항을 제외하면 기지국에 대해 정의된 수신기 요구 사항은 없다.

서로 다른 규제를 규격에서 반영하기 위해, 밴드 46은 표 22.6과 같이 4개의 서브밴드로 나뉜다. 이 서브밴드들은, 현재 어떤 지역에서도 이와 같은 서비스에 사용할 수 없는 5350-5470 MHz의 범위를 제외하면 5150-5925 MHz의 전체 대역 범위를 커버한다. 서브밴드 46D의 윗부분에 대해서도 상황은 동일하지만 몇몇 지역에서 고려 중이다.

표 22.6 기지국에 대한 밴드 46의 서브밴드로의 분할

밴드 46 서브밴드	주파수 범위
46A	5150-5250 MHz
46B	5250-5350 MHz
46C	5470-5725 MHz
46D	5725-5925 MHz

서브밴드로 나누는 것은 이 대역의 어떤 부분이 전 세계적으로 이용 가능한 지를 명확하게 해준다. 또한 어떤 조건 하에서 밴드 46의 어떤 부분을 지원하는 지를 기술하기 위하여, 기지국 제조사가 기지국을 설계할 때 참고자료로도 사용할 수 있다. 단말에 해당되는 서브밴드로의 분할은 없다.

기지국에 대해 정의된 LAA 관련 RF 요구 사항과 관련하여, 다음의 사항들이 적용된다.

- *RF 반송파 래스터*: 일반적으로 LTE 반송파는 미리 정의된 100 kHz 반송파 래스터 상의 어떤 위치에도 놓일 수 있다. 그러나 LTE 기지국을 운용함에 있어서 WiFi를 포함한 5 GHz 대역의 기존 서비스와 공존할 필요가 있다. 이러한 이유로 LAA 기지국이 사용할 수 있는 반송파 래스터 위치는, WiFi 반송파 위치와 정렬되는 32개 위치로 제한된다. 또한 LTE CA를 지원하기 위해 component 반송파 간의 간격은 300 kHz의 배수여야 하기 때문에, 32개의 정렬된 위치의 +/- 200 kHz 내의 반송파 래스터 위치를 사용할 수도 있다.
- *기지국 출력*: LAA 기지국의 동작에 대해 정의된 구체적인 최대 전력 제한은 없다. 규제에 의해 허용되는 전력의 레벨은 다양하지만, 일반적으로 local area 기지국 클래스에 속하거나 일부 경우에는 medium range 기지국 클래스에 속한다.
- *인접 채널 누설 비율 (ACLR)*: LAA 기지국에 대한 ACLR 요구 사항은 첫 번째 인접 채널에서는 10 dB 낮으며 두 번째 인접 채널에서는 5 dB 낮다. 그 이유는 WiFi 장비를 비롯한 다른 비면허 기지국 및 단말들이 있는 간섭 환경에서는, 35-40 dB 수준의 ACLR 요구 사항으로 충분하기 때문이다. CACLR 요구 사항 역시 35 dB에서 10 dB 낮다.
- *기지국 동작 대역 불요방사 제한*: 5 GHz 대역에서 동작에 대하여 새로운 스펙트럼 마스크가 도입되었다. 이 마스크는 전체 대역에 걸쳐서 동작 대역 불요방사 제한으로 정의되는데, 유럽에서 적용되는 규제적인 마스크를 기반으로 하며 WiFi 장비에 대하여 정의된 마스크와도 유사하다.
- *하향링크 채널 액세스*: 하향링크 채널 액세스에 사용되는 LBT 방식은 17.3.2절에 설명되어 있으며, 이는 일부 대역에 대하여 많은 지역에서 규제적으로 요구되는 사항이다. 따라서 이는 모든 기지국에서 구현될 것이라 생각된다. 이는 하향링크만 동작하는 경우에도 LBT를 사용한 clear channel assessment를 수행하기 위하여 기지국 수신기를 가질 필요가 있다는 것을 의미한다. LBT 방식을 위한 파라미터들은 미리 정의된다. 이 파라미터들은 LBT 측정 대역폭, 에너지 검출 임계값 및 최대 채널 점유 시간을 포함한다.

22.14.3 LAA 동작에 대한 구체적인 단말 RF 요구 사항

밴드 46 동작과 관련된 동일한 정의가 LAA 동작에서 단말에 대해 정의된다. 단, 5150-5925 MHz의 전체 대역이 LAA 동작에 대해 규격화되며 서브밴드 및 반송파 래스터 제한은 정의되지 않는다. 그 이유는 단말이 전세계으로 팔리는 것이며 여러 나라와 지역에서 로밍이 가능해야 하며, 이에 따라 단말 제조사들이 규모의 경제를 누리고 전세계적으로 사용자들의 경험을 향상시키기 위해서이다. 이는 단말이 보다 더 미래 지향적이며, 어떤 서브밴드가 구축되고 정확히 어떤 RF 반송파 위치가 사용되는 지와 같은 규제가 바뀌더라도 여전히 사용될 수 있음을 의미한다.

Release 13의 LAA 작동은 하향링크에만 정의되므로, 단말에 대해서는 송신기에 관한 요구 사항은 없으며 오직 수신기에 대한 요구 사항만 정의된다. 단말에 대한 LAA 관련 RF 요구 사항은 아래와 같다.

- *RF 반송파 래스터*: 다른 대역들과 마찬가지로, 일반적인 100 kHz의 LTE 반송파 래스터가 제한없이 단말에 적용된다.
- *인접 채널 선택도 (ACS)*: 간섭 신호가 20 MHz의 대역폭으로 확장되는 CA에 대해 수정된 요구 사항이 정의된다.
- *대역 내 blocking*: 간섭 신호가 20 MHz의 대역폭으로 확장되는 CA에 대해 수정된 요구 사항이 정의된다.
- *대역 외 blocking*: 4 GHz 이상의 주파수에 대해서는 blocker 레벨은 5 dB 낮게 정의된다. 이는 5 GHz 전대역 RF 필터의 구현 때문이다.
- *광대역 상호변조*: 간섭 신호가 20 MHz의 대역폭으로 확장되는 CA에 대해 수정된 요구 사항이 정의된다.

22.15 액티브 안테나 시스템을 갖춘 기지국에 대한 RF 요구 사항

이동통신 시스템의 지속적인 진화를 위하여 진보된 안테나 시스템의 중요성이 점점 커지고 있다. 수년 동안 패시브 (passive) 안테나 어레이를 사용하는 기지국을 개발하고 구축하려는 시도가 여러 번 있었지만, 이러한 안테나 시스템과 관련된 RF 요구 사항은 없었다. 또한 RF 요구 사항은 일반적으로 기지국 RF 안테나 커넥터 단에서 정의됨에 따라 안테나 역시 기지국의 일부로 간주되지 않았다.

안테나 커넥터에 규격화되는 요구 사항은 안테나 커넥터 단에서 측정되는 (절대적 혹은 상대적) 출력 레벨로 정의되는 전도 요구 사항 (conducted requirement)이다. 규제에서 대부분의 방사 제한은 전도 요구 사항으로 정의된다. 또 다른 방법으로는, 특정 방향의 안테나 이득을 고려하여 안테나를 포함하여 평가되는 방사 요구 사항 (radiated requirement)을 정의하는 것이다. 방사 요구 사항은 예를 들면 무반향실 (anechoic chamber)을 사용하여 OTA (over-the-air) 시험을 해야 하는 보다 복잡한 시험 절차를 필요로 한다. OTA 시험을 통하여 안테나 시스템을 포함한 기지국 전체의 공간적인 특성을 평가할 수 있다.

송신기 및 수신기의 능동 소자들이 안테나 시스템의 필수 부분이 되는 액티브 안테나 시스템 (active antenna system, AAS)을 가진 기지국의 경우, 안테나 커넥터 단에서 요구 사항을 정의하는 기존의 방법이 항상 적합한 것은 아니다. 이를 위해 3GPP는 AAS 기지국에 대한 별도의 RF 규격을 Release 13에서 개발하였다.

AAS 기지국 요구 사항은 그림 22.13과 같이 일반화된 AAS 기지국 무선 구조를 기반으로 한다. 이 구조는 무선 분배 부분 (radio distribution network)과 안테나 어레이 (antenna array)를 포함하는 복합 안테나 (composite antenna) 및 이에 연결된 트랜시버 유닛 어레이 (transceiver unit array)로 구성된다. 트랜시버 유닛 어레이는 복수 개의 송신기 및 수신기 유닛을 포함한다. 이들은 트랜시버 어레이 경계 (transceiver array boundary, TAB) 상의 커넥터를 통해 복합 안테나에 연결된다. 이 TAB 커넥터는 AAS가 아닌 기지국의 안테나 커넥터에 해당하며 전도 요구 사항에 대한 기준점이 된다. 무선 분배 부분은 수동 소자로서 송신기 출력을 해당하는 안테나 엘리먼트에 분배하거나 반대로 안테나 엘리먼트의 수신기 입력을 트랜시버 방향으로 전달한다. 실제 AAS 기지국의 구현은 서로 다른 부분의 물리적인 위치, 어레이의 형상, 사용된 안테나 엘리먼트 유형 등에서 이 일반화된 모델과 다르게 보일 수 있음에 유의한다.

AAS 기지국에 대하여 아래의 두 가지 요구 사항이 있다.

- 전도 요구 사항은 각 RF 특성에 대하여 개별 TAB 커넥터 혹은 TAB 커넥터들의 그룹 단에서 정의된다. 전도 요구 사항은 해당 AAS가 아닌 경우의 요구 사항과 "동일한" 관점에서 정의된다. 즉 시스템의 성능 혹은 다른 시스템에 미치는 영향이 동일할 것으로 예상된다. 모든 AAS가 아닌 경우의 RF 요구 사항 (22.6-2.11절 참조)에는 해당 AAS 전도 요구 사항이 있다.
- 방사 요구 사항은 안테나 시스템의 far field의 over-the-air 특성으로 정의된다. 이 경우에는 공간적인 방향이 중요해지므로 각 요구 사항에 대해 이것이 어떻게 적용되는 지 상세하게 정해져 있다. 방사 요구 사항은 방사 송신 전력 및 OTA 수신 감도에 대해 정의되며, AAS가 아닌 경우의 요구 사항에는 이에 해당하는 것이 없다.

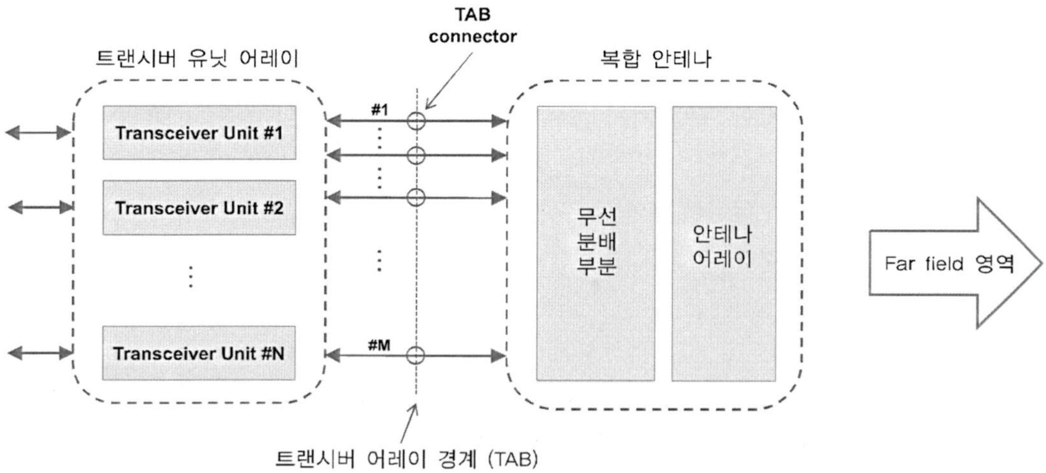

그림 22.13 일반적인 액티브안테나 시스템의 무선 구조

방사 송신 전력은 특정 방향으로의 안테나 어레이의 빔포밍 패턴을 고려하여, 기지국이 송신한다고 밝힌 각 빔에 대한 EIRP (effective isotropic radiated power)로서 정의된다. 기지국 출력 전력과 비슷하게, 실제 요구 사항은 기지국이 밝힌 EIRP 레벨에 대한 실제 레벨의 정확도에 관한 것이다.

OTA 수신 감도는 제조회사가 선언하는 하나 혹은 그 이상의 OSDD (OTA sensitivity direction declaration)을 기반으로 하는 요구 사항이다. 이에 따라 수신 감도는 특정 방향의 안테나 어레이 빔포밍 패턴을 고려하여, 수신기 목표 방향의 EIS (equivalent isotropic sensitivity)로 정의된다. EIS 제한은 단일 방향뿐만 아니라 수신기 목표 방향의 RoAoA (range of angle of arrival) 내에서 충족되어야 한다. AAS 기지국의 적응 레벨에 따라 다음 두 가지 중 하나가 선언된다.

- 수신기가 방향에 따라 적응하여 수신기 목표에 대하여 새롭게 방향이 정해질 수 있으면, 선언은 구체적인 수신기 목표 방향 내에서 수신기 목표 방향 재설정 범위를 포함한다. EIS 제한은 방향 재설정 범위 내에서 만족해야 하며, 이는 범위 내에서 5개의 선언된 수신 감도 RoAoA에서 시험되는 것이다.
- 수신기가 방향에 따른 적응력이 없어서 수신기 목표를에 대한 방향을 재설정할 수 없다면, 선언은 구체적인 수신기 목표 방향 내에서 단일 수신 감도 RoAoA를 포함하며, 여기에서 EIS 제한이 충족되어야 한다.

방사 송신 전력 및 OTA 수신 감도에 대한 요구 사항을 통하여 AAS 기지국 특성을 검사하는 것은 다양한 유형의 적응성을 고려하여 AAS 기지국을 구현할 수 있는 유연성을 제공한다.

3GPP 규격의 향후 릴리즈에서 보다 많은 요구 사항이 OTA 요구 사항으로 정의될 것으로 예상된다. 또한 LTE Evolution 및 5G 시스템의 경우, 다중 안테나 전송 및 빔포밍이 5G의 핵심

구성 요소이기 때문에 (24.2.5절 참조) AAS 기지국에 대한 RF 요구 사항이 규격의 필수 부분이 될 것이다. 디지털 빔포밍을 사용하는 이러한 시스템은 액티브 안테나를 가지고 있을 것이며, 따라서 RF 요구 사항은 AAS 기지국에 대한 것으로 규격화된다. 또한 LTE Evolution과 새로운 5G 무선 접속을 동일한 기지국 하드웨어에서 통합한 다중-RAT 기지국이 있을 수 있으며 이는 AAS 기지국이 동일한 대역 혹은 가까운 주파수 대역에서 운용될 경우 다중-RAT을 지원할 수 있음을 의미한다.

23
5G 무선 접속

23.1 5G란 무엇인가?

1장에서 이미 설명한 것처럼, 우리는 지금까지 4개의 이동통신 세대를 보아왔으며, 대략 10년마다 새로운 이동통신 세대가 등장하였다.

1세대는 1980년대 초에 도입된 아날로그 시스템으로 음성 서비스만을 지원하였으며, 처음으로 일반 사람들이 이동 전화를 사용할 수 있도록 해주었다.

1990년대 초반에 등장한 2세대 (2G)는, 일부 사람들만 사용하던 이동전화 서비스를 모든 사람들이 어디에서든 사용할 수 있도록 해주었다. 기술면에서 2G의 핵심은 아날로그 전송에서 디지털 전송으로의 전환이었다. 주요 서비스는 여전히 음성전화였지만 디지털 전송의 도입으로 인하여 최초로 이동 데이터 서비스를 지원하는 것 역시 가능해졌다.

2001년에 도입된 3세대 (3G) WCDMA는 이후 HSPA로 진화되었다. 3G는 광대역 이동통신 기반을 마련했으며, 특히 HSPA를 통해 일반 사람들이 사용할 수 있는 진정한 이동 인터넷 접속 서비스를 제공하였다.

현재 우리는 2009년에 최초로 도입된 LTE 시스템과 함께 4세대 (4G) 이동통신 시대에 살고 있다. HSPA와 비교하여 LTE는 데이터 전송 속도와 주파수 활용 측면에서 보다 높은 효율성으로 훨씬 우수한 광대역 이동통신 서비스를 제공해준다.

새로운 세대의 이동통신 도입이 결코 이전 세대의 종말을 의미하지 않는다는 점에 유의해야 하며, 상황은 오히려 반대라고 할 수 있다. 2G 시스템의 구축은 실제로 3G가 도입된 후에 가

속화되었다. 마찬가지로, 6년전에 LTE가 최초로 도입되었지만 여전히 대규모의 3G 시스템 구축이 이루어지고 있다. 따라서 LTE가 계속 구축되고 있지만, 산업계에서 이미 이동통신의 다음 단계 즉, 5G에 대한 활발한 논의를 하는 것은 놀랄만한 일은 아니다.

5G는 LTE의 연속선 상에서 광대역 이동통신을 위하여 보다 더 높은 데이터 전송 속도와 보다 더 높은 효율성을 제공할 것이다. 그러나 5G의 범위는 광대역 이동통신만을 위한 것이 아니라 이보다 훨씬 더 넓다. 제1장에서 이미 언급했듯이, 5G는 본질적으로 모든 종류의 단말 및 연결 (connectivity)을 통하여 혜택을 받을 수 있는 모든 종류의 어플리케이션에 무선 연결을 가능하게 해주는 플랫폼으로 설명된다. MTC (Machine-Type Communication)의 개념이 5G 시대에 예상되는 이러한 확장된 사용 사례의 한 부분이다. 제20장에서 설명한 것처럼, 특정 유형의 MTC 어플리케이션에 대한 지원을 강화하기 위한 주요 개선은 이미 LTE의 진화 과정에서 이루어졌다. 보다 구체적으로 이러한 개선은 데이터 속도와 지연 요구 사항은 비교적 낮은 반면에 매우 긴 배터리 시간과 매우 저렴한 단말에 관련된 massive-MTC 어플리케이션에 중점을 두었다.

반면에 5G는 훨씬 더 광범위한 새로운 사용 사례에 대한 연결을 가능하게 한다. 5G에 대하여 언급된 몇 가지 추가적인 사용 사례는 기계의 원격 제어를 위한 무선 연결, 교통 안전 및 제어를 위한 무선 연결, 산업인프라 모니터링/제어 등이 포함된다. 또한 5G는 이미 알려진 어플리케이션 및 사용 사례에 대한 연결을 제공하는 플랫폼일 뿐만 아니라, 오히려 아직 생각하지 못한 향후 어플리케이션 및 사용 사례에 대해서도 연결을 가능하게 할만큼 충분히 유연해야 한다.

5G가 지원해야 하는 매우 광범위한 사용 사례들은 5G 무선 접속 기능이 이전 세대가 제공하는 기능을 넘어서 확장되어야 한다는 것을 의미한다. 1세대 및 2세대 네트워크은 가능한 많은 사용자를 위해 우수한 음성 품질을 제공하는 것이 주된 목표였다. 그리고 3G 및 4G의 경우 광대역 이동통신 서비스로 초점이 바뀌면서 품질 측정 기준이 음성 품질에서 사용자가 얻을 수 있는 데이터 속도로 변경되었다. 이에 따라 3G 및 4G의 주요 목표는 최대한 많은 사용자에게 가능한 한 높은 데이터 전송 속도를 제공하는 것이었다. 그러나 5G에 대해서는 더 많은 능력과 요구 사항이 있을 것이며, 그 중 일부는 동시에 달성하기가 어려운 부분이 있을 수도 있다.

23.1.1 데이터 속도

더욱 향상된 사용자 데이터 전송 속도를 제공하는 것은 5G에서도 중요한 요구 사항이며, 이는 더 우수한 광대역 이동통신 경험을 제공하기 위한 것이다. 10Gbit/s 혹은 그 이상의 매우 높은 최대 데이터 전송 속도에 대한 지원이 5G의 맥락에서 종종 언급되지만, 이는 여러 가지 환경에서의 더 높은 데이터 전송 속도를 목표로 하는 것의 한 측면에 불과한다. 예를 들어 더 높은 데이터 전송 속도를 제공하는 것은 도심 및 교외 등의 환경에서 일반적으로 수백 Mbit/s를 사용할 수 있도록 하는 것을 포함할 수 있다. 이는 달성 가능한 데이터 속도가 현재의 기술보다 대략 10배 증가한다는 것을 의미한다.

또한 무선 연결의 비전이 "어디에서나 및 누구에게나" 가능한 것을 뜻한다면, 더 높은 데이터 전송 속도는 개발도상국의 농촌 지역을 포함하여 현재 광대역 접속 서비스가 없는 곳에 수 Mbit/s를 제공하는 것을 의미할 수도 있다.

23.1.2 지연

지연 (latency) 요구 사항 측면에서, 종종 5G는 종단간 (end-to-end)으로 1 ms 정도의 지연을 제공하는 것이 언급된다.

낮은 지연 성능은 HSPA가 도입되면서 우수한 광대역 이동통신 경험을 가능하게 하는 중요한 요소로 인식되어 왔다. 그러나 5G는 매우 낮은 지연을 가진 연결을 제공할 수 있기 때문에 햅틱 (haptic) 피드백을 통한 원격제어 및 교통안전을 위한 무선 연결과 같이 지연 성능이 중요한 새로운 무선 어플리케이션을 가능하게 한다.[1)] 실제로 1ms 정도의 종단 간 지연을 요구하는 무선 어플리케이션은 아직 거의 없다. 따라서 그렇게 낮은 지연에 대한 가능성을 제공하는 것은, 현재 이미 존재하는 어떤 어플리케이션에 필요한 것으로 결론짓기보다는 아직 알려지지 않은 미래의 어플리케이션을 가능하게 하는 것으로 여겨져야 한다. 또한 종단 간 지연은 무선 접속 솔루션 부분에만 의존하는 것이 아니라 많은 부분이 관여되어 있다는 점에도 유의해야 한다. 양쪽 종단 간의 물리적인 거리에 따라 1 ms의 종단 간 지연이 물리적으로 불가능할 수도 있다. 어쨌든 1 ms의 종단 간 지연 요구 사항은 네트워에서 단말까지의 링크를 포함하는 무선 접속망이 1 ms보다 현저히 짧은 지연을 제공할 수 있어야 한다.

23.1.3 높은 신뢰성

5G에서 종종 언급되는 또 다른 특징은 매우 높은 신뢰성으로 연결을 가능하게 하는 것이다.

여기서 높은 신뢰성은 매우 다른 것들을 의미할 수 있음에 유의해야 한다. 어떤 경우에는 높은 신뢰성이, 10^{-9} 혹은 그 이하의 매우 낮은 오류율로 연결을 제공하는 무선 접속 솔루션을 의미할 수 있다. 다른 맥락으로 높은 신뢰성은 예를 들어 천재지변을 포함한 예상치 못한 사건이

1) 햅틱 피드백이라는 용어는 원격제어에서 제어가 필요한 장치로부터 제어를 하는 장치로의 피드백이 실제 생활에서의 감각과 같은 수준을 것 의미한다.

발생하더라도 연결을 유지할 수 있는 능력과 관련되어 있다. 이는 분명히 매우 다른 요구 사항이며 따라서 일반적인 조건에서 매우 낮은 오류율로 연결을 제공하는 요구 사항과는 매우 다른 솔루션을 필요로 한다.

23.1.4 긴 배터리 수명을 가진 저비용 단말

매우 많은 센서로부터 데이터 수집과 같은 일부 어플리케이션은 오늘날의 단말에 비해 훨씬 저렴한 단말을 요구한다. 많은 경우에, 이러한 어플리케이션은 또한 단말의 에너지 소비가 극도로 낮아서 배터리 수명을 수년으로 유지할 수 있는 것을 요구한다. 동시에 이러한 어플리케이션은 일반적으로 데이터 전송 속도에 대한 요구 사항이 비교적 낮으며 비교적 긴 지연도 문제가 되지 않는다. 제20장에서 설명했듯이, LTE의 진화는 이 분야의 5G 요구 사항 중 이미 많은 부분을 만족하면서 발전하고 있다.

23.1.5 네트워크 에너지 효율

지난 몇 년 동안 또 다른 중요한 요구 사항은 네트워크의 에너지 효율을 크게 향상시키는 것이었다. 부분적으로는 보다 지속 가능한 사회를 위한 일반적인 탐구에 의해 추진되었지만, 네트워크 에너지 효율 향상은 동시에 매우 실제적이고 구체적인 목표에서 비롯되었다.

첫째, 네트워크 운용에 필요한 에너지 비용은 실제로 많은 사업자의 전반적인 운용 비용에서 큰 부분을 차지한다. 따라서 네트워크 에너지 효율 향상은 네트워크의 운용 비용을 절감하는 중요한 도구 중 하나이다.

둘째, 특히 개발도상국은 모바일 접속을 제공하고 싶으나 전기를 얻기가 쉽지 않은 곳들이 많이 있다. 이러한 지역의 인프라에 전력을 공급하는 일반적인 방법은 디젤 발전기를 사용하는 것인데, 이는 기본적으로 비싸고 힘든 방법이다. 인프라 (주로 기지국)의 에너지 효율을 향상시킴으로써, 적당한 크기의 태양전지 패널을 사용하여 전력을 공급하는 것이 보다 더 실용적인 방법이 된다.

높은 네트워크 에너지 효율성은 미래의 5G 네트워크에 대한 문제만은 아니라는 점에 유의한다. 현재 가능한 기술과 네트워크의 에너지 효율성을 높이는 것 역시 중요하다. 특히 구축된 인프라 측면에서 현재 사용하고 있는 기술이 앞으로 수년 동안은 전체 망의 대부분일 것이라는 점을 고려하면 특히 그러하다. 그러나 이전 버전과의 후방위 호환성에 의한 제약을 받지 않은 새로운 세대를 도입하게 되면 에너지 효율성 측면에서 보다 더 유연한 방법을 취할 수 있다. 반면 기존 기술의 에너지 효율성을 높일 수 있는 방법은 이전 버전과의 호환성을 유지하고 기존 단말을 지원해야 한다는 요구 사항에 의해 일부 제한을 받게 된다.

23.2 5G 및 IMT-2000

2장에서 설명했듯이, 3G 부터 서로 다른 세대의 이동통신은 ITU-R에 의해 정의된 소위 IMT 기술과 밀접하게 관련되어있다. ITU-R은 자체적으로 IMT와 관련된 자세한 기술 규격을 개발하지는 않았다. 오히려 ITU-R이 수행하는 작업은 특정 IMT 기술에 필요한 성능과 해당 기술이 충족해야 하는 요구 사항을 정의하는 것이다. 실제 기술은 예를 들면 3GPP와 같은 다른 곳에서 개발되어 후보 IMT 기술로서 ITU-R에 제출된다. 정의된 요구 사항에 의거하여 후보 기술에 대한 평가를 한 이후에 제출된 후보 기술은 IMT 기술로 승인될 수 있다.

2000년 경 ITU-R은 IMT-2000의 개념을 정의했다. 3G 기술인 WCDMA / HSPA, cdma2000 및 TD-SCDMA 모두 ITU-R에 제출되었으며 절차에 따라 IMT-2000 기술로 승인되었다. 10년 후 ITU-R은 IMT-Advanced의 개념을 정의하였으며, LTE와 WiMAX [67]의 두 가지 기술이 ITU-R에 제출되었고, 두 기술 모두 IMT-Advanced 기술로 승인되었다.[2] 이 중에서 실제 시장에서는 LTE가 지배적인 위치에 있다.

2013년에 ITU-R은 IMT의 다음 단계인 IMT-2020을 정의하기 위한 활동을 시작했다. IMT-2000이 3G에 관련되어 있고 MT-Advanced이 4G에 관련되어 있듯이, IMT-2020은 5G 무선 접속으로 여겨지고 있다. IMT-2020에 대한 상세한 ITU-R 계획은 2장에서 제시되었으며 주요 단계를 그림 23.1에 요약하였다.

IMT-2020에 대한 ITU-R 활동은 IMT-2020의 예상되는 사용 시나리오와 이에 상응하는 필수 기능을 요약한 "비전 (vision)" 문서의 개발과 함께 시작되었다 [63]. ITU-R은 2017에 IMT-2020에 대한 보다 상세한 요구 사항을 정의하였으며 이 요구 사항에 의거하여 후보 기술에 대한 평가가 이루어진다.

요구 사항이 확정되면 후보 기술을 ITU-R에 제출할 수 있다. 이 후보 기술은 IMT-2020 요구 사항에 의거하여 평가되며 요구 사항을 충족시키는 기술은 2020년 하반기에 IMT-2020 규격으로서 승인되고 공표된다. ITU-R의 프로세스는 2장의 2.3절에서 찾을 수 있다.

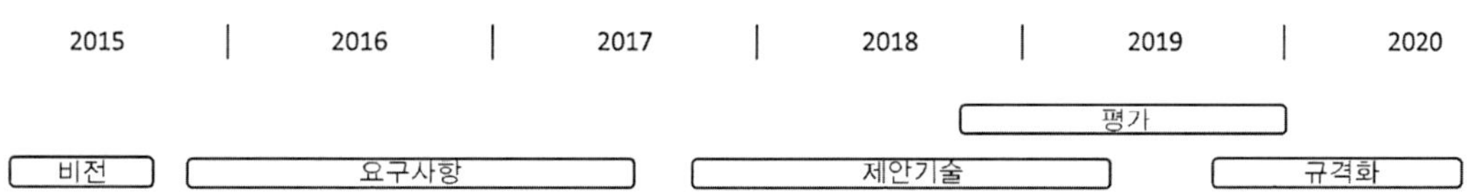

그림 23.1 IMT-2020에 대한 ITU-R 계획

2) LTE의 모든 릴리즈들이 4G로 여겨지고 있으나, 엄밀히 말하면, LTE Release 10 및 그 이후가 IMT-Advanced 기술로 승인된 것이다

23.2.1 IMT-2020에 대한 사용 시나리오

다양하고 많은 새로운 사용 사례는 5G를 추진하는 하나의 원동력이다. ITU-R은 IMT 비전 권고의 일부로서 세 가지 사용 시나리오를 정의했다 [63]. 이동통신 산업계 및 여러 지역의 사업자 조직체들로부터 의견이 수렴되어 ITU-R WP5D의 IMT-2020 프로세스에 반영됨과 동시에, 다음의 세 가지 시나리오로 정리되었다.

- *향상된 광대역 이동통신 (Enhanced mobile broadband, EMBB)*: 오늘날 3G 및 4G 이동통신 시스템의 주요 동인이 광대역 이동통신이기에, 이 시나리오는 이동통신의 가장 중요한 용도로서 역할을 계속 수행한다. 광대역 이동통신에 대한 수요가 지속적으로 증가하고 새로운 어플리케이션들이 부상함에 따라서, ITU-R은 향상된 광대역 이동통신에 대한 새로운 요구 사항을 설정하였다. 이 시나리오는 높은 데이터 전송 속도, 높은 사용자 밀도 및 매우 높은 용량을 필요로 하는 핫스팟 (hot spot) 뿐만 아니라, 데이터 속도와 사용자 밀도에 대한 요구 사항은 높지 않으나 이동성과 끊기지 않는 사용자 경험이 중요시되는 광역 커버리지를 포함하는 등 매우 다양한 경우에 따른 다양한 도전 과제들이 있다. 향상된 광대역 이동통신 시나리오는 일반적으로 사람이 최종 사용자인 통신을 다루는 것으로 볼 수 있다.

- *고신뢰 및 저지연 통신 (Ultra-reliable and low-latency communications, URLLC)*: 이 시나리오는 사람과 기계를 대상으로 하는 통신을 모두 포함하며, 후자는 종종 C-MTC (Critical Machine-Type Communication)라고 한다. 이 시나리오는 지연, 신뢰성 및 높은 가용성에 대한 엄격한 요구 사항이 있는 것이 특징이다. 예를 들면 교통안전을 위한 차량 간 통신, 산업 장비의 무선 제어, 원격 의료 수술 및 스마트 그리드의 분배 자동화 등을 들 수 있다. 사람이 최종 사용자인 경우의 사용 사례의 예로는 낮은 지연 요구 사항과 매우 높은 데이터 속도 요구 사항이 결합된 3D 게임 및 "촉각 인터넷 (tactile internet)"을 들 수 있다.

- *대규모 사물 통신 (Massive MTC, M-MTC)*: 이것은 기계가 대상인 순수 사용 사례로, 지연에 민감하지 않은 소량의 데이터를 이따금 전송하는 매우 많은 수의 연결된 단말이 주요 특징이다. 많은 수의 단말은 지역적으로 매우 높은 연결 밀도를 야기할 수 있지만, 실제로 더 큰 도전 과제는 시스템 내의 총 단말 개수 및 저비용의 필요성을 들 수 있다. M-MTC 단말은 외진 곳에 구축될 수도 있으므로 배터리 수명이 매우 길어야 한다.

사용 시나리오는 그림 23.2에 몇 가지 사용 사례와 함께 나와 있다. 위에 설명된 세 가지 시나리오가 가능한 모든 사용 사례를 다루지는 않지만, 현재 예상되는 대부분의 사용 사례를 적절하게 그룹화하여 IMT-2020을 위한 차세대 무선 접속 기술에 필요한 주요 기능들을 정의하

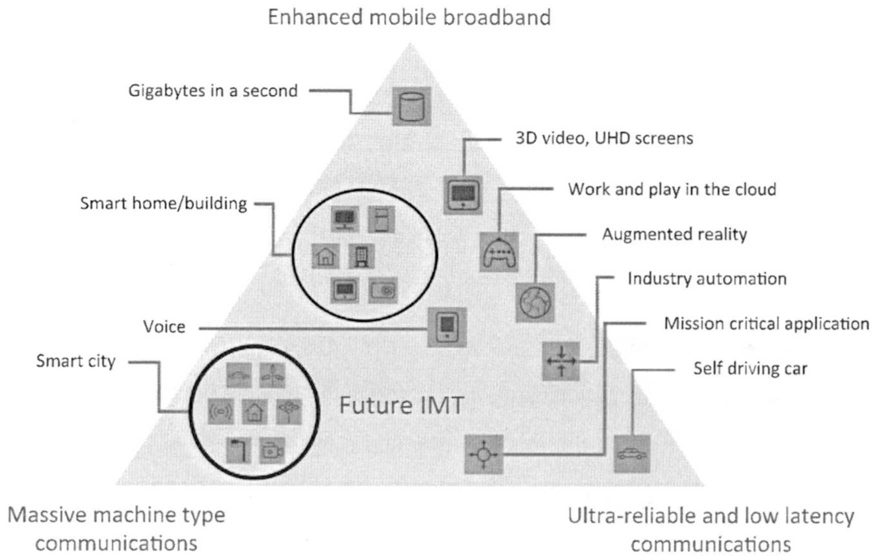

그림 23.2 IMT-2020 사용 사례 및 사용 시나리오에의 매핑. 참고문헌 [63], ITU의 허가하에 사용됨.

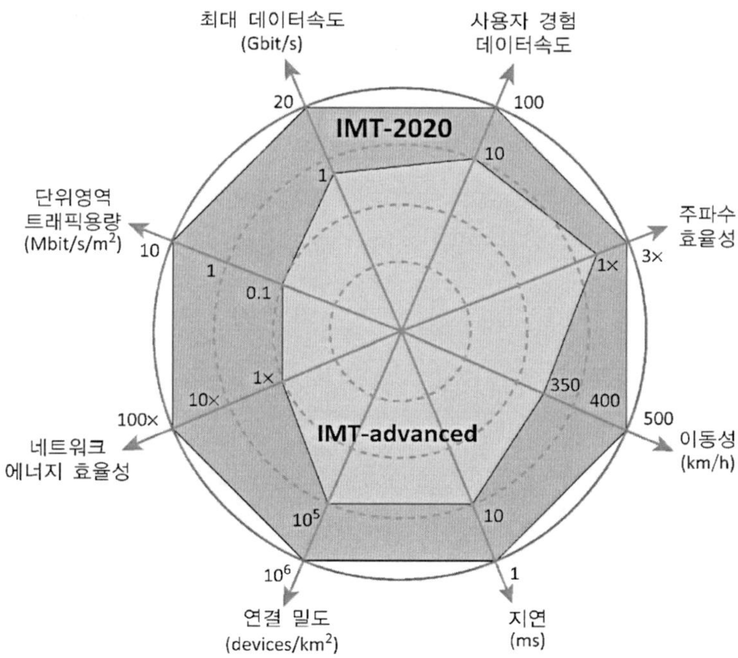

그림 23.3 IMT-2020의 주요 능력 참고문헌 [63], ITU의 허가하에 사용됨.

는 데 사용될 수 있다. 물론 미래에는 현재 우리가 예상할 수 없는 새로운 사용 사례가 출현할 것이다. 따라서 새로운 무선 인터페이스는 새로운 사용 사례에 적응할 수 있도록 높은 유연성을 가져야 하며, 주요 기능들은 새롭게 출현하는 사용 사례에 관련된 요구 사항을 지원할 수 있어야 함을 의미한다.

23.2.2 IMT-2020의 능력

IMT 비전 권고 [63]에 정리된 IMT-2020을 위한 프레임워크 개발의 일환으로, ITU-R은 IMT-2020 기술이 5G 사용 사례와 사용 시나리오를 지원하기 위해 필요한 능력을 정의했다. 권고 [63]에 총 13개의 능력이 정리되어 있으며, 이 중에서 8개가 주요 능력으로 선정되었다. 이 8개의 주요 능력은 그림 23.3 및 그림 23.4의 두 개의 "스파이더 웹" 다이어그램을 통해 설명된다.

그림 23.3은 현재 개발중인 IMT-2020 요구 사항에 대한 대략적인 지침을 제공하기 위해 목푯값과 함께 주요 능력을 보여주고 있다. 그림에서 볼 수 있듯이, 목푯값의 일부는 절댓값이며 일부는 현재의 IMT-Advanced 기능에 대비한 상대값이다. 서로 다른 주요 능력에 대한 목푯값을 동시에 달성해야 할 필요는 없으며, 실제로 일부 목푯값의 경우는 동시에 달성하기가 거의 불가능한 것도 있다. 이러한 이유로, ITU-R이 생각하는 세 가지 사용 시나리오를 실현하는 데 있어서 각 핵심 능력이 얼마나 중요한 지를 보여주는 두 번째 다이어그램이 그림 23.4에 나와 있다.

최대 데이터 속도는 항상 많은 관심을 불러일으키는 값이지만 실제는 다소 학문적인 부분이다. ITU-R은 최대 데이터 속도를 이상적인 조건에서 달성할 수 있는 가장 높은 데이터 속도로 정의한다. 즉, 구현에 있어서 손실 또는 전파 전파 (propagation) 등과 같은 실제 구축으로 인한 영향이 작용하지 않는 것을 의미한다. 또한 사업자가 구축에 사용할 수 있는 주파수의 양에 따라 크게 달라질 수 있는 KPI (Key Performance Indicator)이다. 물론 최대 데이터 속도는 최대 데이터 속도를 대역폭으로 나눈 최대 주파수 효율에 따라 달라진다.

$$\text{최대 데이터 속도} = \text{시스템 대역폭} \times \text{최대 주파수 효율}$$

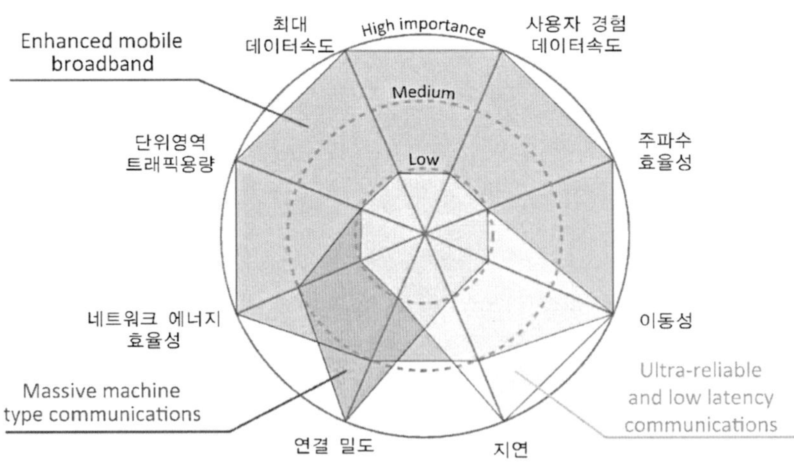

그림 23.4 IMT-2020 주요 능력과 ITU-R의 세 가지 사용 시나리오 간의 관계. 참고문헌 [63], ITU의 허가하에 사용됨.

6 GHz 이하의 기존 IMT 대역은 실제 매우 큰 대역폭이 가용하지 않기 때문에, 매우 높은 데이터 속도는 더 높은 주파수 대역에서 보다 쉽게 달성될 수 있다. 높은 주파수 대역은 전파 전파가 잘 안되기 때문에, 이러한 것이 크게 문제가 되지 않는 실내 및 핫스팟 환경에서 최대 데이터 속도를 달성할 수 있을 것이다.

사용자 경험 데이터 속도는 넓은 커버리지 영역에서 대다수의 사용자들이 달성할 수 있는 데이터 속도이다. 이것은 사용자들 간의 데이터 속도 분포에서 95th percentile로 평가할 수 있다. 이 항목은 사용 가능한 주파수뿐만 아니라 시스템이 어떻게 구축되었느냐에 따라서 달라지는 것이다. 목푯값은 도시 및 교외 지역의 넓은 커버리지 영역에서 100Mbit/s를 달성하는 것이지만, 5G 시스템은 실내 및 핫스팟 환경에서는 어디에서든 1Gbit/s 데이터 속도를 제공할 것으로 예상된다.

주파수 효율성은 셀 당 및 주파수 단위 Hz 당 평균 데이터 속도로서 주어진다. 혹은 셀 당 대신에 무선국 (radio equipment) 당 혹은 TRP (transmission reception point) 당으로 고려할 수도 있다. 이는 네트웍 구축을 계획하는 데 필수적인 항목이다. 4G 시스템의 주파수 효율은 이미 상당히 높은데, 5G의 목표는 4G의 주파수 효율성 대비 3배로 설정되었다. 물론 달성 가능한 증가폭은 구축 시나리오에 따라 크게 달라진다.

단위 영역 트래픽 용량은 주파수 효율성 및 가용 대역폭뿐만 아니라 얼마나 네트웍이 밀도 있게 구축되었는 지에 따라 달라지는 항목이다.

$$\text{단위영역 트래픽 용량} = \text{주파수 효율성} \times \text{BW} \times \text{TRP 밀도}$$

더 높은 주파수에서는 더 많은 양의 주파수를 사용할 수 있고 매우 밀도 있는 구축이 가능하다는 가정하에, IMT-2020에는 4G보다 100배를 증가시키는 것으로 목표가 설정되었다.

네트웍 에너지 효율성은 앞서 설명한 바와 같이 점점 더 중요한 기능으로 자리잡고 있다. ITU-R이 제시하는 전반적인 목표는 IMT-2020의 무선 접속 네트웍의 에너지 소비가, 오늘날 구축되어 있는 IMT 네트웍보다 향상된 능력을 제공함에도 불구하고 현재의 IMT 네트웍의 에너지 소비보다 크지 않아야 한다고 설정하였다. 이 목표는 IMT-Advanced에 비하여 IMT-2020의 트래픽이 증가하는 만큼, 단위 비트당 데이터를 전송할 때 드는 에너지의 양을 그만큼 줄여야 한다는 것을 의미한다.

지금까지 열거한 5가지 주요 능력이 향상된 광대역 이동통신 사용 시나리오에서 가장 중요한 능력이다. 실제로 이동성과 데이터 속도는 동시에 동일한 중요성을 갖지는 않는다. 예를 들어 핫스팟의 경우에는 넓은 커버리지보다는 이동성은 낮지만 매우 높은 사용자 경험 데이터 속도 및 최대 데이터 속도가 필요할 것이다.

지연은 정보의 원천에서 패킷이 전송되어 목표한 수신자가 수신될 때까지 무선망을 통하여 걸린 시간으로 정의된다. 이는 URLLC 사용 시나리오에서 필수적인 능력이며 ITU-R은 IMT-Advanced 대비하여 지연을 10배 줄이는 것이 필요하다.

이동성은 단말의 이동속도로 정의되며 특히 고속열차의 경우에 500 km/h의 목표가 설정되었으며, 이는 IMT-Advanced 대비하여 비교적 완만한 증가이다. 이는 고속으로 움직이는 차량 간 통신과 같은 URLLC 사용 시나리오의 경우 낮은 지연과 함께 매우 중요하다. 이동성과 높은 사용자 경험 데이터 속도는 사용 시나리오에서 동시에 달성해야 하는 것으로 지정되지 않음에 유의한다.

연결 밀도는 단위 면적당 연결된 단말 및/또는 접속 가능한 단말의 총 수로 정의된다. 이 목표는 연결 단말의 밀도가 높은 M-MTC 사용 시나리오와 관련이 깊지만, EMBB의 경우에도 밀도가 높은 실내 사무실은 높은 연결 밀도가 필요할 수 있다.

그림 23.3에 표시된 8가지 능력 이외에도 [63]에서 추가적으로 정의된 5가지 능력이 있다.

- ***주파수 및 대역폭 유연성.*** 주파수 및 대역폭 유연성은 다양한 시나리오를 다룰 수 있는 시스템 설계의 유연성을 의미하며, 특히 오늘날보다 높은 주파수 및 넓은 채널 대역폭을 포함하여 서로 다른 주파수 범위에서 작동할 수 있는 능력을 의미한다.
- ***신뢰성.*** 신뢰성은 특정 서비스에 대하여 매우 높은 수준의 가용성을 제공하는 능력과 관련이 있다.
- ***강인성.*** 강인성은 예를 들면 주 전원의 손실과 같은, 자연 재해나 인재가 발생하는 동안이나 그 이후에도 제대로 동작하는 네트웍 능력이다.
- ***보안 및 개인정보 보호.*** 보안 및 개인정보 보호는, 사용자에 대한 무단 추적을 방지하는 사용자 개인정보 보호, 그리고 해킹, 사기 (fraud), 서비스 거부 (denial of service), man in the middle 공격 등과 같은 위험으로부터 네트웍을 보호하는 것과 같은 사용자 데이터 및 시그널링의 암호화 및 무결성 보호와 같은 여러 영역을 말한다.
- ***동작 수명.*** 동작 수명은 저장된 에너지 용량 당 동작 시간을 나타낸다. 이는 물리적 혹은 경제적인 이유로 인하여 정기적인 유지 보수가 어려운 사물 통신용 단말에 특히 중요하며, 따라서 매우 긴 배터리 수명 (예: 10년 이상)이 요구된다.

비록 그림 23.3에 설명된 능력들을 "주요 능력"이라고 표시하지만, 바로 위에 추가로 설명한 능력이 덜 중요한 것은 아니다. 차이점이라면 주요 능력은 보다 쉽게 계량화할 수 있는 반면에 나머지 5가지 능력은 보다 정성적이라서 쉽게 계량화하기가 힘들다는 점이다.

23.2.3 지역별 그룹 및 사업자 그룹의 5G 연구

앞에서 설명한 것처럼, 새로운 세대의 이동통신 시스템을 추진하는 동안 더 빠른 데이터 속도, 더 낮은 지연 및 더 높은 용량이 요구되는 광대역 이동통신 서비스의 진화를 위한 것뿐만 아니라 훨씬 더 혁신적인 새로운 사용 시나리오를 실현하기 위해서다. 이러한 현상은 유럽의 METIS 프로젝트와 같은 차세대 연구 프로젝트 등에서 관측된다. NGMN (next generation mobile network) Alliance를 통하여 제시된 사업자들의 요구 사항도 [77], 차세대에 대한 요구 사항으로 새로운 사용 사례 및 새로운 산업계와의 협력을 제시하고 있다. 이러한 연구가 ITU-R의 IMT-2020 작업에 반영되고 있다.

유럽의 METIS 프로젝트는 차세대 무선 접속에 필요한 솔루션을 연구하여 정하는 초기 작업을 수행하였다 [78]. 비록 새로운 요구 사항의 많은 부분이 현재 네트워크을 진화함으로써 충족될 수 있지만, METIS는 또한 이동통신의 사용의 폭발적인 증가 및 새로운 어플리케이션 분야로의 확장이라는 측면을 다루기 위해서는 보다 혁신적인 방법이 필요함을 확인하였다. 구체적인 시나리오별로 아래와 같은 5가지의 해결해야 할 도전 과제가 확인되었다.

- "놀랍게도 빠름"은 일을 할 때나 아니면 여가를 즐기면서 이동통신을 사용할 때, 속도가 너무 빨라서 원하는 것이 순식간에 이루어지는 시나리오를 말한다. 물론 도전 과제는 매우 높은 데이터 속도가 요구되며 매우 큰 데이터 양이 교환된다는 것을 의미한다.
- "많은 인파들 속에서도 훌륭한 서비스"를 즐길 수 있다는 것은, 경기장의 대규모 군중과 같이 사용자 밀도가 높은 장소에서도 무선인터넷 접속이 가능한 시나리오를 의미한다. 이 시나리오의 어려움은, 많은 수의 연결 단말과 함께 높은 데이터 전송 속도 및 데이터 양이라고 할 수 있다.
- "세상 모든 것들이 서로 소통하는" 시나리오는 MTC에 초점을 맞춘 것으로서 사람이 통신의 주 사용자였던 것을 넘어서는 시나리오이다. 때로는 이를 사물 인터넷 (Internet of Things, IoT) 라고도 한다. 이러한 연결 단말은 온도 센서와 같이 단순한 단말이지만 이러한 것들이 매우 많은 수로 구축될 것이다. 여기서의 도전 과제는 배터리 수명, 저비용 및 많은 수의 단말을 다루는 것 등이 될 것이다.
- "최고의 경험이 당신을 따라간다"라는 것은 사용자가 집에 있든, 걸어가는 중이든, 기차를 타고 여행을 하든, 이동하는 사용자에게 일관되고 안정적인 고품질의 사용자 경험을 제공하는 시나리오이다. 이는 차량의 경우에는 사물 통신에도 적용될 수 있다. 여기서의 도전 과제는 고품질의 경험과 이동성이 결합된 것이다.
- "최고의 실시간성 및 신뢰성 있는 연결"은 사물간 통신에 초점을 맞춘 것으로서, 매우 높은 신뢰도로 매우 낮은 종단 간 지연을 보장해야 하는 시나리오이다. 예를 들면 산업용

어플리케이션 및 도로안전과 관련된 차량 간 통신이다. 여기서의 도전 과제는 매우 높은 확률로 낮은 지연 성능을 제공하는 것이다.

이 5가지 시나리오는 상호 배타적인 것이 아니며 5G에서 가능한 어플리케이션에 대하여 설명하고 있다.

사업자들의 단체인 NGMN Alliance는, 차세대 이동통신 시스템에 대한 요구 사항을 분석하여 14가지 범주와 8가지 그룹으로 구분된 총 24가지의 사용 사례를 분석한 5G 백서를 발표하였다 [77]. 이 사용 사례는 대체로 METIS 프로젝트가 제시한 시나리오에 잘 연결된다. 한 가지 주목할만한 차이점은 NGMN은 별도의 사용 사례 카테고리로서 "브로드캐스트"를 제시하였다는 점이다. NGMN은 각 사용 사례 카테고리에 대해 일련의 요구 사항도 제시하였다.

5G 백서를 발간한 또 다른 사업자 그룹으로는 5G 아메리카[3]를 들 수 있다 [79]. 게임 및 굉장히 많은 비디오를 포함하는 광대역 이동통신 및 사물 인터넷과 같이 이미 확인된 시나리오 이외에도, 5G 아메리카는 mission-critical 음성 및 데이터 통신을 위한 공공안전 동작의 필요성을 강조하면서, 지상 통신망 (PSTN)을 무선 광대역망으로 대체해야 한다고 5G 생태계에 제시하였다. 5G 아메리카에서 제시된 또 하나의 사용 사례는, 지속적으로 증가하는 가용한 정보들 사이에서 관련 정보를 찾아내야 하는 사용자의 요구를 해결하는 새로운 서비스 모델인 상황-인식 (context-aware) 단말을 들 수 있다.

또한 한국의 5G 포럼과 일본의 ARIB 2020 Beyond Ad Hoc 및 중국의 IMT-2020 (5G) 프로모션 그룹 등이 차세대 이동통신 시스템에 대한 요구 사항에 관련한 의견을 제시하였다. 중국의 IMT-2020 (5G) 프로모션 그룹도 백서를 발간하였는데 [80], 그 내용은 타 사업자 및 지역 단체들의 비전과 유사한 내용을 담고 있다. 여기서도 5G를 광범위하게 사용한다는 것은 광대역 이동통신의 확장뿐만 아니라 모든것들이 연결됨으로써 사람과 사물이 서로 소통함으로써 미래 사회의 모든 요소에 영향을 미치는 것을 강조하고 있다. 또한 에너지 효율성이 필수적인 미래 네트웍의 지속 가능성 역시 강조하고 있다.

3) 해당 조직은 이전에는 4G 아메리카로 알려졌다.

23.3 하나의 기술 대비 여러 가지 기술: "네트웍 슬라이싱"

5G 무선 접속이 다루어야 할 매우 광범위한 어플리케이션과 사용 사례는, 과연 이러한 것들이 단일 5G 무선 접속 솔루션으로 달성되어야 하는지 또는 서로 다른 어플리케이션을 다루는 서로 다른 무선 접속 솔루션의 그룹으로 달성되어야 하는지에 대한 의문이 제기되었다.

제한된 요구 사항을 가진 특정한 어플리케이션 그룹에 대하여 무선 접속 솔루션을 최적화하면 당연히 해당 어플리케이션에 대하여 보다 효율적인 솔루션을 만들 수 있다. 동시에 동일한 기본 기술과 공통된 주파수 자원 내에서 가능한 한 광범위한 어플리케이션을 지원할 수 있으면 거기에도 분명한 이점이 있다. 가장 중요한 것은 5G 시대에서 가장 중요하고 경제적으로 가장 실현 가능한 새로운 무선 어플리케이션이 실제로 무엇이 될 지에 대하여 여전히 높은 불확실성이 존재한다는 것이다. 따라서 제한된 어플리케이션 그룹을 대상으로 기술을 개발하고 특정 시스템을 구축하는 것은 사업자 관점에서 볼 때 상당히 큰 위험을 의미한다. 광범위한 어플리케이션에 사용할 수 있는 기술을 개발하고 이를 구축함으로써 이러한 위험을 크게 줄일 수 있다.

약 15년 전에 이루어진 3G의 도입을 생각해 보자. 그 당시에는 아직 광대역 이동통신의 잠재력에 대하여 불확실성이 높았었다. 그러나 3G 기술은 음성 서비스 역시 이전 기술보다 더 효율적으로 지원할 수 있었고, 이것만으로도 3G 네트웍의 구축이 시작될 수 있었다. 그런 다음에 제한된 추가적인 투자로 광대역 이동통신을 점차적으로 도입할 수 있었다.

따라서 산업계 및 특히 사업자들 사이에 가능한 한 많은 어플리케이션과 사용 사례를 다룰 수 있는 하나의 유연한 5G 무선 접속 솔루션을 개발하는 것으로 합의가 이루어지고 있다.

이와 관련하여 네트웍 슬라이싱 (network slicing) 개념이 도입되었다. 그림 23.5에서 설명된 것처럼, 네트웍 슬라이스는 동일한 물리적 인프라 및 공통의 주파수 자원 위에서 가상화 (virtualization) 기술을 활용하여 여러 개의 가상 네트웍 혹은 네트웍 슬라이스를 생성하는 것을 의미한다. 예를 들어, 광대역 이동통신을 위하여 하나의 네트웍 슬라이스를 만들 수 있으며, M-MTC 어플리케이션을 위하여 또 다른 네트웍 슬라이스를 만들 수 있다. 여기에 산업 자동화에 최적화된 네트웍 슬라이스를 추가로 만들 수 있다. 외부에서 보기에는 각 네트웍 슬라이스는 각각 고유의 자원과 고유의 능력을 가지고 목표한 특정 어플리케이션에 최적화된 독립적인 네트웍으로 보여질 수도 있다.

네트웍 슬라이스는 공통의 물리적 인프라 및 주파수 자원 위에서 서로 다른 어플리케이션에 대하여 서로 다른 가상 네트웍을 생성한다.

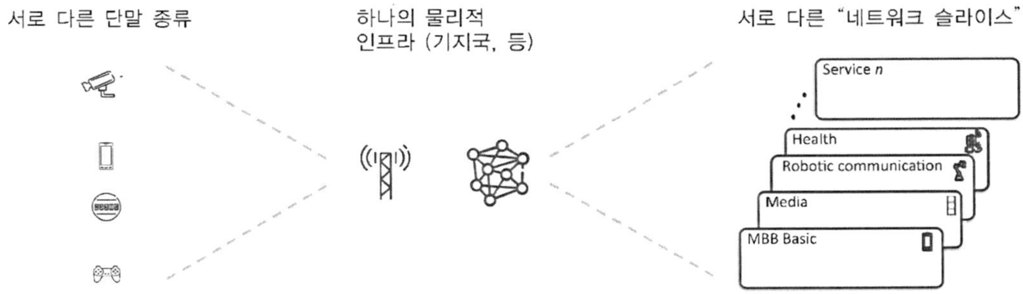

그림 23.5 Network slicing creating multiple virtual networks for different applications and use cases on top of a common physical infrastructure and common spectrum pool.

23.4 5G 주파수

주파수는 무선통신의 중요 요소 중 하나로서, 이동통신의 역사는 가용한 주파수의 양을 늘리고 해당 주파수의 활용 효율을 높이는 신기술을 도입하는 것이라고 할 수 있다.

23.4.1 높은 주파수 대역으로 확장

그림 23.6에서 볼 수 있듯이, 이동통신의 각 세대마다 무선 접속 기술이 운용되는 주파수를 더 높은 주파수 대역으로 확대하여 왔다.

- 1세대 시스템은 1 GHz 이하에서의 동작으로 한정되었다.
- 2세대 시스템은 초기에는 1 GHz 이하에서 구축되었지만 나중에 1.8 / 1.9 GHz 대역으로 확장되었다.
- 3G 시스템의 최초 구축은 이동통신에서는 처음으로 2 GHz 이상의 주파수로, 구체적으로는 소위 IMT core 밴드라고 불리우는 2.1 GHz로, 확장되었다.
- LTE는 2.5 GHz 대역에 처음으로 구축되었으며, 최근에는 3.5 GHz 대역까지 확장되어 구축되고 있다.

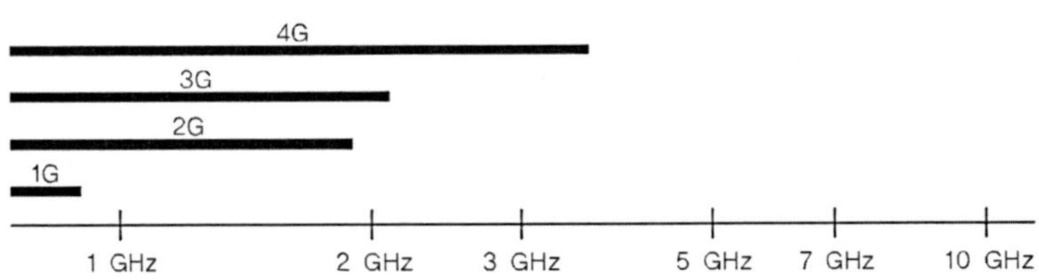

그림 23.6 1G에서 4G에 이르면서 확장된 주파수 범위

더 높은 주파수 대역으로 확장되었다는 것이, 이후 이동통신 세대의 기술이 낮은 주파수 대역에서 구축될 수 없다는 것은 아니다. 예를 들어, LTE가 3 GHz 이상의 높은 주파수 대역으로 확장되고 있지만, 450 MHz와 같이 낮은 주파수에서도 동작하는 LTE 기반의 네트워드도 있다. 낮은 주파수 대역에서 동작하게 될 때의 주된 이점은 더 우수한 커버리지 성능으로 더 적은 수의 인프라 (기지국들)를 사용하여 특정 영역을 커버할 수 있다는 것이다. 이와는 반대로 높은 주파수 대역으로 확장은 지속적으로 증가하는 트래픽 양을 처리하기 위해 더 높은 시스템 용량을 제공해야 하며 이를 위한 추가적인 주파수 요구에 의한 것이다.

더 높은 주파수를 사용하려는 추세는 5G 시대에서는 더욱 두드러질 것이다. 이미 5G 무선 접속의 첫 번째 단계는 최대 30 GHz 까지의 주파수에서 동작할 것으로 예상되며, 이는 비로소 밀리미터파[4] 영역으로 확장된 것이다. 5G의 이후 단계에서는 60-70 GHz까지 확장될 수 있으며, 이보다 더 확장될 수도 있다. 이는 이전의 세대와 비교해 볼때 새로운 주파수 범위를 다루는 측면에서 훨씬 더 큰 도약을 의미한다는 점에 유의한다. 1세대에서 4세대에 이르기까지 주파수 대역의 상한선은 1 GHz 아래에서 3.5 GHz까지 약 4배로 확장되었다. 이와 비교하여, 5G의 첫 번째 단계는 현재 LTE가 지원하는 주파수 범위에 비해 동작 주파수 대역의 상한을 이미 10배 가까이 증가시킬 것으로 예상된다. 이 같은 상황이 직접적인 결과는, 이전 세대의 진화와 비교할 때 5G 시대에 들어서면서 주파수 특성 측면에서 불확실성이 훨씬 크다는 점이다.

높은 주파수 대역, 특히 10 GHz의 이상의 대역은 매우 높은 전파 손실 및 이에 따른 커버리지 제약으로 오랫동안 이동통신에 부적합한 것으로 생각되었다. 이에 대한 한 가지 이유는 파장에 따라 달라지는 안테나의 면적에 대한 암묵적인 가정 때문이었다. 즉, 더 높은 주파수 대역에서 동작은 훨씬 더 작은 실효 안테나 면적을 의미하여 이에 따라 수신되는 에너지 역시 적을 것이라는 가정이다. 한편, 안테나 소자의 소형화는 동일한 안테나 구성의 크기를 가정할 때 더 많은 수의 안테나 소자를 사용할 수 있음을 의미한다. 따라서 수신기 측에 많은 수의 소형 안테나 소자를 적용함으로써, 획득되는 에너지의 손실없이 전체 실효 수신 안테나 면적을 일정하게 유지할 수 있다. 이를 설명하는 또 다른 방법은 파장에 비해 안테나 면적이 커질수록 수신 측에는 더 많은 수신기 빔포밍 혹은 더 높은 수신기측 유효 안테나 이득을 얻을 수 있다는 것이다.

송신기에서도 다중 안테나 구성을 가정하고 이에 따라 빔포밍함으로써, 전체적인 안테나 구성의 물리적인 크기를 동일하게 하면서 높은 주파수 대역에서의 동작이, LOS (line-of-sight) 를 가정하면, 실제로는 더 먼 거리에서 가능하다고 주장할 수도 있다. 이것이 바로 10 GHz에서 100 GHz 범위의 높은 주파수 대역을 점대점 (point-to-point) 무선링크에 사용하는 주된 이유이다. 하지만, 이는 LOS 조건에서만 유효하다. 실제 환경에서, 옥외에서 옥내로의 전파 등과

4) 엄밀히 말하면, 밀리미터파 대역은 30 GHz (10 mm 파장)에서 시작된다. 그러나 이미 10 GHz 이상의 주파수 혹은 일부 경우에서는 6 GHz를 넘는 주파수를 일상적으로 "밀리미터파 주파수"라 부르고 있다.

같이 NLOS (non-line-of-sight) 조건인 경우에는, 의심의 여지없이 10 GHz 이상의 높은 주파수의 동작이 2 GHz 대역에서 동작에 대비하여 훨씬 더 어렵다.

예를 들어, 이동통신은 회절 (diffraction)에 크게 의존한다. 이는 전파가 모서리에서 휘는 현상으로서 NLOS 위치에 커버리지를 제공하는 데 매우 중요하다. 이러한 회절의 양은 동작 주파수가 올라갈수록 줄어들고, 이에 따라 음영 지역에 커버리지를 제공하는 것이 더욱 어려워진다. 그럼에도 불구하고, 최근의 연구 [68]는 적절한 빔포밍의 사용을 가정하면 대략 30 GHz까지는 NLOS 조건에서도 약 수백 m의 커버리지를 제공하는 것이 가능하다고 보여지고 있다. 하나의 이유로는 더 높은 주파수에서 줄어드는 회절의 양이 일부는 강한 반사 (reflection)에 의해 보상된다는 점이다.

그러나 전파 전파에 영향을 주어 이동통신에 높은 주파수를 사용하는 것을 제한하는 다른 요인도 있다. 그중 하나는 빌딩 투과 손실 (penetration loss)이다. 밀도가 높은 구축의 저출력 기지국을 포함하여 대부분의 기지국은 옥외에 위치하고 있다. 동시에 사용자들의 대부분은 실내에서 위치하고 있으므로 우수한 옥외에서-옥내로의 커버리지가 매우 중요하다. 그런데 건물의 투과 손실은 일반적으로 주파수에 따라 손실량이 증가하고, 결과적으로 주파수가 올라갈수록 옥외에서-옥내로 커버리지가 감소한다 [81].

이 건물의 투과 손실은 건축 재료의 종류에 따라 다른 것에 유의한다. 또한 사용되는 창문의 종류에도 큰 영향을 받는다. 현대적인 건물 특히 사무실용 빌딩들은 종종 에너지 절약을 위하여 소위 적외선 반사 (IRR, infrared reflective) 유리 창문을 갖추고 있다. 그러나 이 창문은 매우 큰 투과 손실을 가지고 있어, 옥외에서-옥내로의 커버리지를 크게 감소시킨다. 이 현상은 단지 높은 주파수에만 관련이 있는 것이 아니라 일반적인 현상임에 유의한다.

높은 주파수에서 전파에 영향을 미치는 추가적인 요소로는 대기 감쇠, 비에 의한 페이딩, 나뭇잎에 의한 감쇠 및 신체에 의한 감쇠 등이 있다. 무선링크에서 매우 중요한 사항이긴 하지만, 예를 들어 적어도 맨 처음의 두 가지 요소는 높은 주파수의 이동통신이 상대적으로 짧은 링크 거리임을 가정하면 크게 영향이 없다고 할 수도 있다. 반면 나뭇잎에 의한 감쇠와 신체에 의한 감쇠는 이동통신 시나리오에서 매우 관련이 있다.

높은 주파수에서의 커버리지를 제한하는 또 하나의 요인은 6 GHz 이상의 주파수에 대하여 허용되는 송신 전력에 대한 규정이다. 제2장에 언급된 바와 같이, 현재 국제 규제에 의하여 더 높은 주파수의 최대 송신 전력은 현재의 셀룰러 기술에 대한 최대 전력 레벨에 대비하여 최대 10 dB까지 낮을 수 있다. 그러나 이는 향후 규제가 업데이트되면서 바뀔 수 있다.

정리하면, 5G 시대에도 낮은 주파수 대역이 여전히 넓은 커버리지에서 5G 서비스를 제공하면서 이동통신의 핵심으로 존재한다는 것을 의미한다. 그러나 낮은 주파수 대역은 10 GHz 이상의 주파수 대역을 포함한 높은 주파수에 의해 보충될 것이다. 즉, 높은 주파수 대역은 주로 고밀도의 옥외 구축이나 실내 구축에서 매우 높은 트래픽 용량을 제공하기 위하여 사용될 것이다.

23.4.2 면허 주파수 및 비면허 주파수

이동통신은 이 산업이 시작된 이후로 지금까지 지역별로 특정 사업자에게 독점적으로 할당된 면허 주파수 (licensed spectrum)를 바탕으로 이루어졌다. 그러나 이는 LTE에 이르러 LAA (제17장 참조)이 도입되면서 부분적으로 바뀌려고 하고 있다. LAA에서는 조건이 허용할 경우 향상된 서비스를 제공하기 위하여 비면허 주파수 (unlicensed spectrum) 사용을 가능하게 한다.

이러한 추세가 5G에서도 이어지지 말라는 법은 없다. 오히려 여러 가지 측면에서 5G 무선 접속에 면허 및 비면허 주파수가 모두 고려되는 경향이 보인다. 여전히 면허 주파수는 네트웍 사업자에게 있어서 높은 품질의 서비스를 높은 확률로 보증할 수 있기에 망의 주요 부분으로 유지될 것이다. 동시에 비면허 주파수는, 간섭 조건을 허락하는 경우에 그보다 더 높은 데이터 속도를 가능하게 하는 중요한 추가적인 능력으로 고려될 것이다. 따라서 새로운 5G 무선 접속 기술은 이미 처음부터 면허 및 비면허 주파수에서 동작이 가능해야 한다. 비면허 주파수의 동작은 LAA와 같이 면허 주파수와 같은 상황이나 면허 주파수의 도움을 받아서 동작하거나, 아니면 면허 주파수로부터 지원이 없이 독자적으로 동작할 수 있어야 한다.

기술적인 면은 제17장에서 설명한 바와 같이 LBT (listen-before-talk) 방식의 지원이 필요하다. 대체적으로 설계는 동일한 대역에서의 LAA 및 Wi-Fi와의 공존을 간단하게 하기 위하여 LAA의 LBT와 유사할 것이다. 그러나 적어도 Wi-Fi 또는 LAA 송신이 존재하지 않는 경우에는, 다중 안테나 기법 및 빔포밍을 광범위하게 사용하도록 하는 것이 설계에 영향을 미칠 수 있다.

23.5 LTE 진화 및 새로운 5G 기술

서로 다른 세대의 이동통신은 특정 기술적 특성에 따라 정의되었다. 예를 들어, 3G는 상당 부분 CDMA 기술의 사용과 관련이 있었으며, 마찬가지로 4G는 MIMO와 함께 OFDM 전송과 매우 관련이 있다. 한편, 3G 특히 HSPA와 4G 간 지원되는 어플리케이션과 사용 사례들 사이의 근본적인 차이점은 없다.

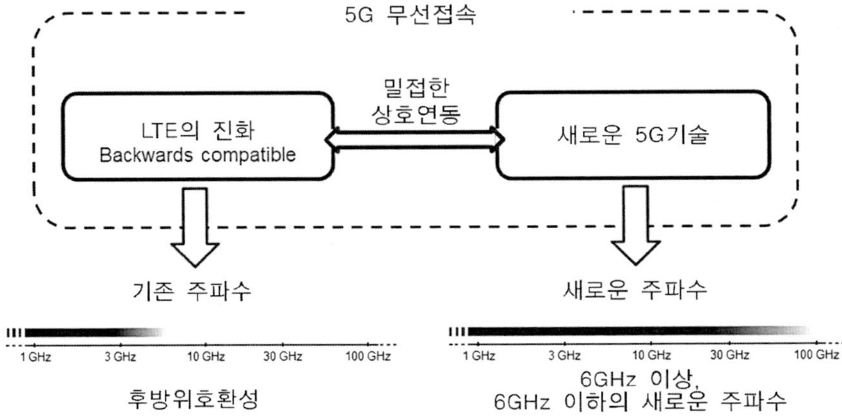

그림 23.7 LTE 진화와 함께 새로운 5G 무선 접속 기술로 이루어진 전체적인 5G 무선 접속 솔루션

이와는 대조적으로, 5G의 개념은 특정 기술보다 목표로 하는 어플리케이션 및 사용 사례의 종류와 훨씬 더 관련이 있다. 보다 구체적으로, 5G라는 용어는 5G 시대에 제공될 새로운 사용 사례에 깊게 관련되어 있다.

그럼에도 불구하고, 5G 시대에 대하여 목표로 하는 어플리케이션 및 사용 사례의 대부분은 LTE의 진화에 의해 지원될 수 있다. 따라서 LTE의 진화가 전체적인 5G 무선 접속 솔루션의 일부로서 받아들여져야 한다는 견해가 있다. 그림 23.7 참조. 5G 어플리케이션 및 사용 사례의 상당 부분을 LTE의 진화에 의해 제공할 수 있다는 점은 해당 어플리케이션 및 사용 사례가 기존의 단말을 지원하는 주파수에 (후방위 호환성을 가지면서) 제공될 수 있다는 이점이 있다.

그러나 LTE의 진화에 병행하여, 이전 버전과의 후방위 호환성에 의해 제한되지 않는 새로운 5G 무선 접속무선 접속 기술의 개발이 있을 것이다. 이 기술은 적어도 초기에는 6 GHz 이상 및 6 GHz 이하의 새로운 주파수를 대상으로 할 것이다. 장기적인 관점에서 새로운 5G 무선 접속 기술은 현재는 LTE를 포함한 다른 기술에 의해 사용되는 주파수에도 사용될 수 있다.

LTE의 진화와 새로운 5G 무선 접속 기술 간의 밀접한 연동은 새로운 무선 접속 기술의 도입에 중요한 요소가 된다. 예를 들어, 새로운 5G 무선 접속 기술은 높은 주파수에서 동작하면서 매우 조밀하게 구축될 수 있다. 이와 같이 높은 주파수 계층 (layer)은 매우 큰 트래픽 양과 매우 높은 사용자 데이터 속도를 제공할 수 있으나, 단말이 쉽게 커버리지를 벗어날 수 있으므로

그림 23.8 WRC 15에서 정의된 주파수 및 초기 5G 구축을 위해 고려되는 주파수

기본적으로 신뢰성이 낮을 수 있다. 따라서 높은 주파수 계층을 낮은 주파수에서 동작하는 LTE 기반의 매크로 계층과 동시에 연결되도록 함으로써 전체적인 연결 신뢰성을 획기적으로 향상시킬 수 있다.

23.6 5G 초기 구축을 위한 주파수 대역

새로운 5G 무선 접속 기술에 사용되는 주파수 대역은 아직 정확하게 결정되지 않았다.

2장에서 이미 설명했듯이, WRC-15는 IMT를 위한 새로운 주파수 대역으로서 6 GHz 이하의 주파수 대역들을 정의하였다 (그림 23.8 참조). 또한 WRC-15는 WRC-19에 대한 잠재적인 새로운 IMT 주파수로서 연구될 10 GHz 이상의 주파수 대역들도 지정하였다. 이 대역들은 새로운 5G 무선 접속 기술에 대한 후보 주파수들이다. 그러나 새로운 5G 무선 접속 기술의 초기 구축은 지역별/국가별 규제 기관의 결정에 따라 다른 대역에서도 이루어질 수 있다. 2017년 상반기를 기준으로, 새로운 5G 무선 접속 기술의 초기 구축과 관련하여 아래의 두 가지 주파수가 주로 논의되고 있다 (그림 23.8 참조).[5)]

- 3.3-4.2 GHz 및 4.4-4.99 GHz 범위의 주파수
- 24.25-29.5 GHz 범위의 주파수

이 주파수 범위는 WRC 15에서 정의되거나 WRC 19를 위하여 연구되는 주파수 대역들과 부분적으로만 일치함에 유의한다.

23.7 5G 기술 규격

ITU-R 및 IMT-2020을 논의하면서 23.2절에서 이미 언급했듯이, 새로운 5G 무선 접속 기술의 실제 기술 규격은 LTE의 진화와 더불어 3GPP에 의하여 수행된다.

근본적으로 새로운 무선 접속 기술이 새로운 능력에 대한 필요성을 충족시키기 위해 개발되지만, 또한 3GPP의 5G 개발은 23.2절에 설명된 ITU-R의 IMT-2020 스케줄을 고려해야 한다. 우선 3GPP의 연구 항목 (study item)은 새로운 5G 무선 접속 기술에 대한 요구 사항을 개발할 것이며, 이에 병행하여 기술 측면을 개발하는 연구 항목이 진행될 것이다. 이는 그림 23.9와

5) 역자 주: 2019년 상반기 현재, 한국은 3.42-3.7 GHz 주파수가 5G로 할당되었다.

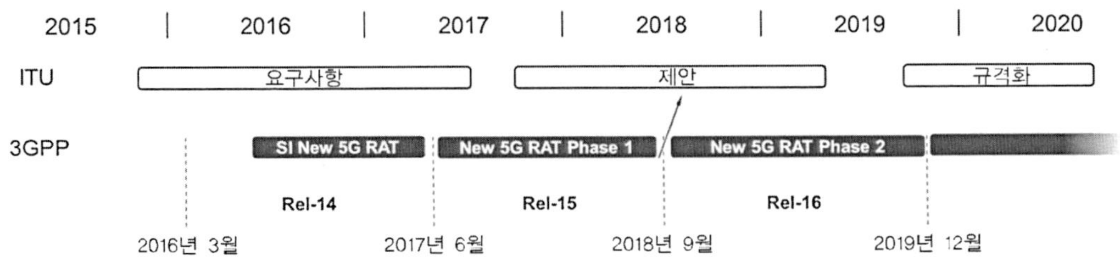

그림 23.9 5G에 대한 ITU-R 의 스케줄 및 3GPP의 단계적 접근

같이 ITU-R의 요구 사항 단계와 병행하여 이루어진다.

ITU-R의 스케줄 (그림 23.1)과 일치시키기 위해, 3GPP는 IMT-2020 후보 기술로서 ITU-R에 제출하기 위하여 2018년 하반기에는 새로운 5G 무선 접속 기술에 대하여 전반적으로 설명하는 문서가 필요하다. 자세한 기술 규격은 2019년 말까지 준비되어야 IMT-2020 규격에 포함되어 2020년 가을에 공표될 수 있다.

그러나 새로운 5G 무선 접속 기술에 대한 3GPP 개발이 ITU-R의 스케줄에 의해서만 결정되는 것은 아니다. 실제로 일부 국가/지역에서는 ITU-R의 스케줄에서 제시한 것보다 더 빨리 새로운 5G 기술을 사용할 수 있기를 원하고 있다. 좀 더 구체적으로, 일부 국가 및 지역에서는 2020년에 새로운 5G 기술을 상용화하고 싶다는 강한 의지를 표명하였다. 실제 제품 개발을 위한 충분한 시간을 가지기 위해서는, 2018년 중에 이미 자세한 기술 규격이 필요하다는 것이다.

이러한 요구를 충족시키기 위해 3GPP는 그림 23.9에 설명된 것처럼 5G 규격화를 단계적으로 하기로 결정하였다.

- 첫 번째 단계는, 기능이 일부 제한적이지만 2018년에 기술 규격이 완성되는 요구를 충족시킴으로써 2020년에 상용화할 수 있다.
- 두 번째 단계에서는, IMT-2020의 모든 요구 사항을 충족하면서 2020년 ITU-R 규격에 맞추어 진행한다.

비록 두 단계의 3GPP 접근 방식에 대하여 광범위한 논의가 있었지만 새로운 5G 무선 접속 기술의 개발이 두 번째 단계로 끝나지는 않을 것이다. 모든 3GPP 기술이 그러하듯이 5G 역시 지속적인 릴리즈가 있을 것이며, 매 릴리즈 마다 새로운 기능이 추가될 것이다.

3GPP 기술 작업은 ITU-R의 IMT-2020에 대한 요구 사항이 완료되기도 이전에 시작된다. 하지만 3GPP 기술 작업이 시작될 때 이미 ITU-R의 요구 사항이 어떻게 결정되는 지를 비교적 잘 이해하고 있을 것이다. 또한 3GPP는 새로운 5G 무선 접속 기술에 대한 요구 사항을 개발하는데 ITU-R에만 전적으로 의존하고 있지 않으며, 3GPP는 사업자, 단말 및 네트워크 장비 업체

및 NGMN과 같은 여타 조직들을 포함한 모든 3GPP 회원사의 의견을 기반으로 자체 5G 요구 사항을 개발하고 있다.

5G 무선 접속 기술은 IMT-2020의 모든 요구 사항을 충족시킬 수 있도록 3GPP 요구 사항은 ITU-R 요구 사항을 반드시 포함하면서 이보다 더 큰 집합이어야 한다. 즉, 3GPP에서 개발되는 새로운 5G 기술에 대한 중요한 요구 사항 중 하나는 ITU-R에서 정의한 IMT-2020의 모든 요구 사항을 충족해야 한다는 것이다.

24

새로운 5G 무선 접속 기술

이전 장에서 설명한 것처럼, 5G 무선 접속 솔루션은 LTE의 진화와 새로운 5G 무선 접속 기술(5G RAT)로 구성된다.

이 장에서는 새로운 5G RAT와 관련된 주요 설계 원칙 및 기술의 구성 요소에 대해 설명한다. 이 글을 쓰는 시점에서는 3GPP에서 새로운 5G RAT의 세부 규격화가 아직 시작되지 않았으므로 미래 기술의 세부 사항에 대해서는 여전히 상당한 불확실성이 있다. 그러나 일반적인 설계 원칙과 기본 기술 구성 요소를 포함한 대략적인 판단으로는 산업계의 주요 업체들 사이에서 비교적 높은 수준의 공통 분모가 있는 것으로 보인다.

24.1 5G: 몇 가지 일반적인 설계 원칙

24.1.1 무선 접속 진화 및 순방향 호환성

초기 도입 이후, 모든 셀룰러 무선 접속 기술은 보다 향상된 성능과 새로운 능력을 제공하는 새로운 기능이 추가되는 일련의 진화 단계를 거친다. 이러한 발전의 예로는, GSM에서 EDGE로의 진화, WCDMA에서 HSPA로의 진화, 그리고 여러 단계에 걸친 LTE의 진화를 들 수 있다. 일반적으로 이러한 진화 단계는 후방위 호환성 (backward compatibility)을 제공하므로 기존 단말이 새로운 기능을 지원하는 반송파 주파수에서 (물론 이 새로운 기능에 의한 이득을 얻을 수는 없지만) 여전히 네트워크에 계속 접속할 수 있음을 의미한다.

새로운 5G RAT의 경우, 최초 출시 이후에 기술을 진화시킬 수 있는 가능성은 매우 중요하다.

- 이전 장에서 설명한 것처럼, 5G는 아직 알려지지 않은 다양한 사용 사례를 지원하기 위해 계획되었다. 따라서 무선 접속 솔루션은 새로운 요구 사항과 새로운 서비스 특성을 포함하도록 진화하고 적응할 수 있어야 한다.
- 역시 이전 장에서 설명한 것처럼, 새로운 5G RAT에 대한 3GPP의 규격화는 단계적으로 이루어질 것이다. 따라서 초기 단계는 비교적 제한된 범위를 가지며, 뒤따르는 진화 단계에서 비로소 모든 5G 요구 사항을 완벽하게 만족하게 될 것이다.

새로운 5G RAT는 이전 세대와 후방위 호환성이 요구되지 않는다. 그러나 이전 세대와 마찬가지로, 향후 기술의 진화는 초기 5G RAT 릴리즈에 대하여 후방위 호환성을 가져야 한다. 이와 같은 미래의 진화에서 제약을 최소화하기 위해 순방향 호환성 (forward compatibility)의 개념이 새로운 5G RAT 설계에 대한 추가 요구 사항으로 도입되었다. 이러한 맥락에서, 순방향 호환성이란 초기 릴리즈에 대한 후방위 호환성 유지 요구 사항으로 인해 향후 기술 진화에 대한 제약이 최소화될 수 있도록 무선 접속 기술을 설계하는 것을 의미한다.

미래의 기술 방향에 대한 불확실성뿐만 아니라 아직 알려지지 않은 어플리케이션 및 사용 사례의 특성 및 요구 사항에 대한 불확실성으로 인해 순방향 호환성을 달성하기란 쉬운 일이 아니다. 그러나 다음 절에서 설명하는 것처럼, 적어도 순방향 호환성을 향상시키는 특정 원칙들이 있다.

24.1.2 Ultra-lean 설계: "Always-On" 전송 최소화

모든 셀룰러 기술에 대하여, 현재 진행중인 사용자 데이터 전송의 유무와 상관없이 그리고 심지어 네트워크 노드의 커버리지 내에 액티브한 단말이 전혀 없더라도, 모든 네트워크 노드에서 정기적으로 수행되는 특정한 전송이 있다. LTE에서는 이러한 "always-on" 전송에 다음이 포함된다.

- primary 및 secondary 동기 신호
- 셀-특정 reference 신호
- 브로드캐스트 시스템 정보 (MIB 및 SIB).

Always-on 전송의 반대는 "on-demand" 전송, 즉 필요에 따라 시작되고 비활성화될 수 있는 전송이다.

셀룰러 무선 접속 기술을 평가할 때 일반적으로 가정되는 네트워크 노드당 트래픽 부하가 높은 시나리오에서 always-on 전송은 전체 노드 전송의 비교적 작은 부분이므로 전반적인 시스템 성능에의 영향이 상대적으로 적다. 그러나 평균적으로 실제 셀룰러 네트워에서 대부분의 네트워 노드들은 상대적으로 부하가 낮다.

- 특히 교외 및 농촌 지역은 많은 트래픽 양을 처리하는 데 용량이 필요해서가 아니라, 일반적으로 어느 정도의 최소한의 사용자 데이터 속도를 제공하면서 커버리지를 제공하는 목적으로 네트워 인프라(기지국)가 구축된다.
- 새로운 인프라의 구축이 더 많은 네트워 용량이 필요한 경우에도, 구축은 최대 트래픽 양을 처리할 수 있도록 이루어져야 한다. 일반적으로 트래픽 양은 시간에 따라 크게 달라지므로 네트워 노드 당 평균 부하는 여전히 상대적으로 낮다.

또한 데이터 트래픽은 일반적으로 시간에 따라 변화량이 매우 커서 (bursty), 상대적으로 높은 부하가 있는 상태에서도 많은 수의 서브프레임은 실제로 어떤 트래픽도 운반하지 않는다.

결과적으로 실제 네트워에서 always-on 전송은, "고부하" 상태의 시스템 평가에서 볼 수 있는 것보다 훨씬 더 전반적인 시스템 성능에 영향을 준다.

- Always-on 전송은 전체 시스템 내 간섭을 증가시켜 달성 가능한 데이터 속도를 감소시킨다.
- Always-on 전송은 전체 네트워 에너지 소비를 증가시켜 네트워 에너지 효율을 감소시킨다.

다르게 표현하면, always-on 전송량을 최소화하는 것은 매우 높은 데이터 속도와 매우 높은 네트워 에너지 효율을 가능하게 하는 중요한 요소이다. 제15장에서 설명한 LTE 스몰 셀 온/오프 메커니즘은 always-on 전송을 최소화하는 방향으로 나아가는 단계이다. 그러나 스몰 셀 온/오프 메커니즘은 이전 버전과의 후방위 호환성 및 기존 LTE 단말이 계속 반송파에 접속할 수 있어야 한다는 요구에 의해 여전히 제약을 받는다. 이전 기술과 후방위 호환성에 의한 제약을 받지 않는 새로운 5G RAT의 도입은 이러한 측면에서 추가적인 기회를 제공한다.

Always-on 전송의 양을 최소화하는 것은 순방향 호환성을 위한 중요한 요소 중 하나이다. 기존 단말은 always-on 전송이 있다고 생각하므로, 기존 단말에 영향을 주지 않고 시스템에 올바르게 접속하는 능력에 영향을 미치지 않으면서, 이러한 전송을 제거하거나 수정할 수는 없다.

Always-on 전송과 순방향 호환성 사이의 관계는, LTE에서 relay 기능을 위하여 MBSFN 서브프레임을 사용하는 것에서 잘 설명된다 (18장 참조). 비록 MBMS 서비스를 위한 MBSFN 전송을 지원하기 위해 도입되었지만, MBSFN 서브프레임은 일반적으로 LTE의 진화에 매우 중요한 역할을 하게 되었다. 그 이유는 MBSFN 서브프레임이 일반 서브프레임에 비해 훨씬 더 적은 셀-특정 reference 심볼을 포함하기 때문이다. 기존 단말의 관점에서 어떠한 서브프레임을 MBSFN 서브프레임으로 설정하면, 이러한 서브프레임은 후방위 호환성을 깨뜨리지 않으면서

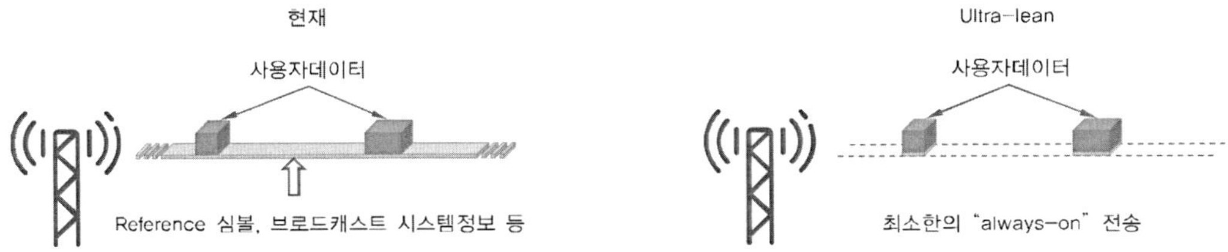

그림 24.1 Ultra-lean 전송

어떤 종류의 새로운 전송에도 사용될 수 있다. 구체적으로, relay의 경우에는 거의 비어 있는 MBSFN 서브프레임을 사용하여 백홀 링크 상의 in-frequency 수신이 가능하도록 하향링크 전송에서 충분히 큰 "hole"을 생성할 수 있다. MBSFN 서브프레임이 없었다면 지나치게 많은 OFDM 심볼들이 always-on 셀-특정 reference 심볼을 포함하여야 하기 때문에 후방위 호환성을 유지하기가 불가능했을 것이다. 이는 MBSFN 서브프레임이 LTE 규격의 첫 번째 릴리즈에 정의되었기 때문에 이 MBSFN 서브프레임이 기존의 모든 단말들이 이해하는 것임을 의미한다. 본질적으로, 새로운 5G RAT에 대한 단말 관점에서 기본 가정은, 수신 또는 송신해야 한다고 명시적으로 지시를 받지 않는 한 각 서브프레임이 비어 있는 (혹은 정의되지 않은) 것으로 간주해야 한다는 것이다.

Always-on 전송을 최소화하는 것은 그림 24.1에서 설명한 것처럼, 사용자 데이터 전송에 직접적으로 관련이 없는 모든 네트웍 전송을 최소화하는 것으로 표현되는 ultra-lean 설계 원칙의 일부로 볼 수 있다. 다시 한 번 강조하지만 이렇게 하는 이유는 달성 가능한 데이터 전송 속도를 높이고 네트웍 에너지 효율성을 높이기 위함이다.

24.1.3 Stay-in-the-box

"Stay-in-the-box" 원칙은 본질적으로 그림 24.2의 왼쪽 그림과 같이 하나의 전송이 자원 공간(OFDM의 경우 시간-주파수 격자)에 걸쳐 퍼져있지 않고, 오른쪽 그림과 같이 함께 있어야 함을 의미한다. 목표는 역시 높은 수준의 순방향 호환성을 가능하게 하는 것이다. 전송을 함께 할 수 있도록 유지함으로써, 이전 버전과의 후방위 호환성을 유지하면서 기존 전송과 병행하여 새로운 유형의 전송을 나중에 도입하는 것이 더 쉬워진다.

"Stay-in-the-Box"원칙을 만족하지 못하는 LTE 전송의 예는 각 LTE 서브프레임의 제어 영역에서 전송되는 물리 채널 (PCFICH, PHICH 및 PDCCH)을 들 수 있다. 6장에서 설명하였듯이, PDCCH / PHCH / PCFCH 전송은 무작위적으로 전체 반송파 대역폭에 걸쳐 분산되어 있다. 이렇게 한 이유는, 높은 주파수 다이버시티를 얻으며 서로 다른 전송들 사이를 랜덤화하는 것이다. 그러나 이는 기존의 제어 채널 구조와 완전히 호환되지 않는 한, LTE 제어 영역 내에

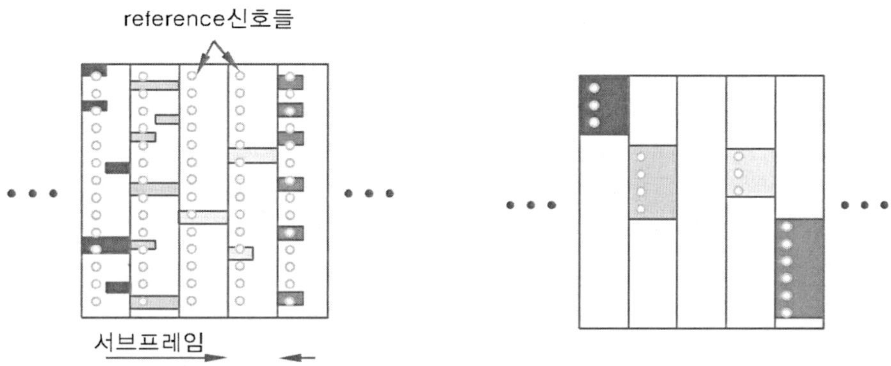

그림 24.2 신호가 퍼져 있는 경우 (왼쪽) 및 "stay-in-the-box" 경우 (오른쪽)

새로운 전송을 도입하는 것을 매우 어렵게 만든다. 예를 들어, NB-IoT (제20장)의 설계를 살펴보면, 이는 단순히 inband 구축의 경우 제어 영역 전체를 사용하지 않는 NB-IoT 하향링크 전송을 만드는 것이다.

반대로 LTE EPDCCH는 "stay-in-the-Box" 원칙에 훨씬 잘 부합한다. 각각의 EPDCCH는 단일 또는 많아도 몇 개의 자원 블록 내에 포함되므로, EPDCCH와 병행하여 새로운 전송을 도입하는 것이 훨씬 수월하다.

"Stay-in-the-Box" 원칙과 관련된 것으로 self-contained 전송 개념이 있다. Self-contained 전송은 가능한 주어진 빔과 서브프레임의 데이터를 수신하는 데 필요한 신호와 정보가 동일한 빔과 서브프레임 내에 포함되어 있음을 의미한다. 이러한 방식은 우수한 순방향 호환성을 제공하여 주지만, 때로는 채널 추정 정확도와 같이 "outside-the-box" 신호를 활용하는 것이 이득을 가져다 주는 경우도 있다. 따라서 최종 설계 시 이 모든 것을 신중하게 고려해야 한다.

24.1.4 엄격한 타이밍 관계를 피하라

또 다른 중요한 설계 원칙은 서브프레임 경계 사이 및 서로 다른 전송 방향 사이의 정적 (static)이고 엄격한 (strict) 타이밍 관계 (timing relation)를 피하는 것이다.

이러한 정적이고 엄격한 타이밍 관계의 일례는 LTE 상향링크 HARQ로서, 여기에서는 하향링크 acknowledgement뿐만 아니라 잠재적인 상향링크 재전송이 최초의 상향링크 전송에 대하여 고정되고 미리 정해진 타이밍 관계에 따라 이루어진다. 이러한 종류의 타이밍 관계는 기존의 타이밍 관계와 세부적으로 일치하지 않는 새로운 전송 절차를 도입하는 것을 어렵게 만든다. 예를 들어, LTE 상향링크 HARQ 타이밍은 비면허 스펙트럼과 잘 부합되지 않으며, 이에 따라 제17장에서 논의된 바와 같이 변경이 필요하다. 따라서 엄격한 타이밍 관계를 피하는 것은 순방향 호환성을 위한 중요한 구성 요소이다.

또한 정적이고 엄격한 타이밍 관계는 무선 접속 기술이 프로세싱 능력의 기술 발전에 따른 이득을 얻는 것을 방해할 수도 있다. 예를 들어, LTE HARQ 이닝은 LTE의 최초 상용 구축 당시에 사용 가능한 것으로 추정되는 채널 디코딩 측면에서 프로세싱 능력을 기반으로 규격화되었다. 시간이 갈수록 프로세싱 능력이 향상되어 더 빠른 디코딩이 가능해졌다. 그러나 상향링크 HARQ 프로토콜의 정적인 타이밍 관계 때문에 더 짧은 HARQ 왕복 시간 및 이에 따라 더 낮은 지연을 달성할 수 있는 것을 막는다.

24.2 5G: 주요 기술 요소

이 장의 나머지 부분은 설계 원칙과 함께 5G 무선 접속에 관하여 다양한 기술 요소에 대하여 논의한다.

24.2.1 WAVEFORM

24.2.1.1 Scalable OFDM

LTE RAT의 핵심은 15 kHz의 부반송파 간격 및 대략 4.7 μs[1]의 CP를 갖는 OFDM 기반의 전송 방식이다. 상향링크에서는 단말단보다 높은 전력 증폭기 효율을 위하여 상향링크 데이터(PUSCH) 전송에 DFT 프리코딩을 추가적으로 적용하지만, OFDM 기반 전송은 하향링크 및 상향링크 모두 해당한다.

표 24.1 Scalable OFDM 주요 파라미터 값

	기본	기본에서 파생된 추가 파라미터 세트	
Scale factor	1	4	32
부반송파 간격	15 kHz	60 kHz	480 kHz
심볼 구간 (CP 제외)	66.7 μs	16.7 μs	2.1 μs
Cyclic prefix	4.7 μs	1.2 μs	0.15 μs
서브프레임	500 μs	125 μs	15.6 μs

1) 5장에서 설명한 것처럼, 약 16.7 μs의 길이를 갖는 확장 CP도 있다

OFDM은 5G RAT에서도 상향링크 및 하향링크의 주요 기술 후보이다. 하향링크와 상향링크에서 동일한 전송을 사용하게 되면 특히, 무선백홀 및 단말 간 통신과 관련된 전반적인 설계를 간단하게 할 수 있다. 그러나 5G가 다루어야 할 매우 광범위한 주파수나 구축 유형 및 사용 사례들을 감안할 때, 새로운 5G RAT에 대하여 단일 OFDM 값이 충분하다고 생각하는 것은 비현실적이다.

23장에서 논의했듯이, 5G 무선 접속은 1 GHz 미만에서부터 수십 GHz 이상, 가능하면 70-80 GHz까지의 매우 광범위한 주파수를 다루어야 한다. 5 GHz 이하의 낮은 주파수 부분에 대해서는 LTE와 동일한 정도의 부반송파 간격으로 충분하다. 그러나 더 높은 주파수에 대해서는 이동통신 단말에서 합리적인 비용 및 전력 소비로 위상 잡음 (phase noise)에 대한 충분한 강인성을 보장하기 위해서는 더 큰 부반송파 간격이 필요하다.

새로운 5G RAT는 또한 매우 조밀한 실내 및 실외 구축에서부터 각 네트웍 노드가 매우 넓은 지역을 커버할 수 있는 시골 지역의 구축에 이르는 광범위한 구축 시나리오에서 동작할 수 있어야 한다. 후자의 경우에는, 큰 지연 확산 (delay spread)을 처리하기 위하여 LTE와 유사하거나 이보다 더 큰 CP가 필요하며 전자의 경우에는 더 작은 CP로도 충분하다.

더 큰 CP가 필요한 광역 구축은 일반적으로 더 작은 부반송파 간격으로 충분할 만큼 낮은 주파수에서 동작할 것이다. 또한, 더 큰 부반송파 간격이 필요한 높은 주파수는 일반적으로 보다 작은 CP로도 충분한 조밀한 구축으로 제한될 것이다. 이는 공통된 기본 OFDM 값을 토대로 주파수/시간 영역에 대한 스케일링에 의해 만들어지는 서로 다른 값을 가진 scalable OFDM 프레임워크에 잘 부합된다.

표 24.1은 LTE의 값을 기본으로 하고, 여기에 두 개의 scale factor 4 및 32를 사용하여 두 개의 새로운 OFDM 값들을 도출해낸 예를 보여준다.[2] 이 경우 15 kHz의 부반송파 간격 및 약 4.7 μs의 CP를 갖는 기본값은 낮은 주파수를 사용하는 광역 구축에 적합하다.

높은 주파수 대역에서는 특히 위상 잡음에 대한 강인성을 확보하기 위하여 더 큰 부반송파 간격을 갖는 값들을 사용해야 한다. Scalable OFDM 원리를 사용하면 이는 본질적으로 더 작은 CP를 갖는 것을 말한다. 그러나 앞서 언급했듯이 높은 주파수 대역은 지연 확산이 적은 조밀한 구축으로 사용이 제한된다. 또한 보다 높은 주파수는 일반적으로 빔포밍을 많이 사용하게 되며, 이는 큰 지연 값을 가진 반사파의 양을 감소시킬 것이며 따라서 수신 신호의 지연 확산을 더 감소시킬 것이다.

각각 독립적인 값들을 가진 시스템이 아니라, 공통의 기본값으로부터 유도된 scale된 값들을

2) 표 24.1에서, LTE에서는 "슬롯"이라고 부르는 것에 해당하는 7개의 OFDM 심볼을 "서브프레임"이라고 재정의하였음에 유의한다.

사용하는 것의 이점은 무선 인터페이스 규격의 주요 부분을 특정의 정확한 값들에 의존하지 않도록 할 수 있다는 것이다. 또한 이는 단순히 scale factor를 추가로 도입함으로써 나중에 추가적인 값들을 쉽게 도입할 수 있음을 의미한다.

큰 부반송파 간격 및 더 작은 CP 를 갖는 값들이 지연 확산이 제한되는 한, 낮은 주파수에도 사용될 수 있음에 유의한다. 따라서 이 값들은 낮은 주파수를 조밀하게 구축한 경우에도 사용할 수 있다. 이렇게 하는 이유는, 더 짧은 심볼 시간과 그에 상응하는 더 짧은 서브프레임을 사용하여 낮은 주파수에서도 지연 (latency)을 줄일 수 있기 때문이다.

LTE와 같이 확장 CP를 사용하여 더 큰 지연 확산을 갖는 넓은 커버리지 구축에 대해서도 큰 부반송파 간격을 사용할 수도 있음에 유의한다. 표 24.1의 LTE에서 유도된 값들을 가정할 때, 4x scale에 대해 확장 CP를 고려하면 대략 4.2 μs (16.7 / 4)가 될 것이다. 단점은 CP 오버헤드가 매우 높다는 것인데, 특정 상황에서는 이것이 문제가 되지 않을 수도 있다.

표 24.1에 표시된 값들은 하나의 예일 뿐이다. 당연히 표 24와는 다른 scale factor를 고려할 수 있으며, 또한 LTE와는 맞지 않는 다른 값들을 사용할 수도 있다. 그러나 LTE 기반의 기본 값들을 사용하면 이점이 있다. 한 예는 NB-IoT가 LTE 반송파 내에 구축될 수 있는 것과 유사한 방식으로, 새로운 5G RAT의 반송파 내에서도 NB-IoT 반송파 (제20장)가 구축될 수 있다. 이는 기존의 NB-IoT 기반의 Massive MTC 단말들에 대한 지원을 유지하면서 해당 반송파를 LTE에서 새로운 5G RAT로 업그레이드하려는 사업자에게 큰 도움이 된다. 사물 통신용 단말들이 한 번 구축되면 상당히 오랜 기간 망에 존재한다는 점을 고려하면 특히 그러하다.

24.2.1.2 주파수 쉐이핑

OFDM 부반송파는 직사각형 펄스 형태 (shape)를 사용함으로써 큰 사이드로브 (sidelobe) 를 갖는다. 따라서 부반송파 간의 직교성은 실제 주파수의 분리에 기인한 것이 아니라 각 부반송파들의 정확한 구조에 의한 것이다. 이는 서로 다른 전송이 서로 직교하는 것은 서로 다른 전송이 CP 내에서 시간 정렬된 경우에만 유지된다는 것이다. LTE 상향링크는 초기에 랜덤엑세스 응답 (11장) 및 이어진 DL-SCH 상의 MAC 제어 요소들을 (7장) 사용하여 네트워에 의해 제공되는 타이밍 어드밴스 (timing advance) 명령을 바탕으로 단말이 그들의 송신 타이밍을 업데이트함으로써 이루어졌다.

상향링크 직교성이 시간 정렬에 의존하는 것은 일반적으로 좋은 방식이지만, 다음과 같은 특정 제약이 있다.

- 네트워이 상향링크 타이밍을 추정할 수 있고 필요할 때 타이밍 어드밴스 명령을 제공하려면 정기적으로 상향링크 전송이 있어야 한다.

- 사용자 데이터 전송이 시작되기 전에 시간 정렬을 설정해야 하는 필요성 때문에, 초기 접속에 추가적인 지연이 발생하고 아직 동기화되지 않은 단말은 즉각적으로 데이터를 전송할 수 없다.

OFDM 부반송파들의 큰 사이드로브의 또 다른 영향으로는, 다른 구조를 갖는 신호와 OFDM 신호를 주파수 다중화하려는 경우에는 비교적 큰 보호 대역이 필요하다는 것이다. 여기서 다른 구조를 갖는 신호는 OFDM 신호가 아닐 수도 있으나, 이는 다른 값들 예를 들어, 서로 다른 부반송파 간격 또는 단지 서로 다른 CP를 갖는 OFDM 신호일 수도 있다.

이러한 문제점들을 극복하기 위해, 송신 신호가 주파수 상에서 사이드로브가 낮아지면서 우수한 특성을 보이도록 OFDM에 대한 수정 및/또는 확장을 고려할 수 있다.

필터뱅크 다중 반송파 (Filter-bank multi-carrier, FBMC) [69]는 필터링에 의한 주파수 쉐이핑이 각각의 부반송파에 적용되는 또 다른 형태의 다중 반송파 전송이다. 본질적으로 OFDM의 직사각형 펄스 형태가 FBMC에서는 주파수축 상에서 보다 모여진 형태를 갖는 비직사각형 펄스 형태로 대체된다. 변조된 부반송파들 사이의 직교성을 유지하기 위하여 FBMC에서는 LTE에서 사용되는 통상적인 QAM 변조 방식이 아니라 각 부반송파에 대한 offset-QAM (OQAM) 변조를 사용하여야 한다. FBMC는 기존의 OFDM에 비해 각 부반송파 당 더 작은 사이드로브로 인하여 훨씬 더 주파수축 상으로 모여진 스펙트럼을 제공한다. 하지만 FBMC에도 몇 가지 단점이 있다.

부반송파들 간에 직교성을 유지하기 위해 필요한 OQAM 변조의 사용은 특히 MIMO 전송과 결합할 경우 채널 추정의 어려움을 야기한다. 몇 가지 해결책이 제안되었으나, 이들은 수신기 성능을 저하하거나 추가적인 reference 신호의 오버헤드를 야기한다 [75]. FBMC의 또 다른 단점은 주파수 영역의 엄격한 필터링이 결국은 시간 영역에서 긴 펄스를 유도한다는 것이다. 이에 따라 FBMC 펄스 형태는 일반적으로 수 개의 심볼 길이를 갖는다. 송신 버스트들 사이의 간섭을 피하기 위해 각 버스트 간에 수 개의 심볼 길이에 상응하는 보호 구간이 필요하다. 물론 송신 버스트들이 다수의 심볼로 구성된 경우에는 이 보호 구간 오버헤드가 비교적 작을 수 있다. 그러나 낮은 지연 성능을 갖는 전송에 대해서는 비교적 짧은 버스트 전송이 필요하며 따라서 잠재적으로 큰 오버헤드를 야기한다.

OFDM 구조를 유지하면서 스펙트럼을 주파수 영역에서 더 모으도록 개선하는 또 다른 방법은 전체 OFDM 신호에 필터링을 적용하는 것이다 (그림 24.3의 상단 참조). 이러한 필터링은 신호의 시간 영역에서 확산이 훨씬 적기 때문에 부반송파 필터링보다 훨씬 덜 영향이 적다. 실제로 필터링은 단순히 CP 의 일부를 사용하는 것으로, 그에 대한 영향은 채널 상의 지연 확산을 처리하기 위한 CP가 조금 짧아진다는 것이다.

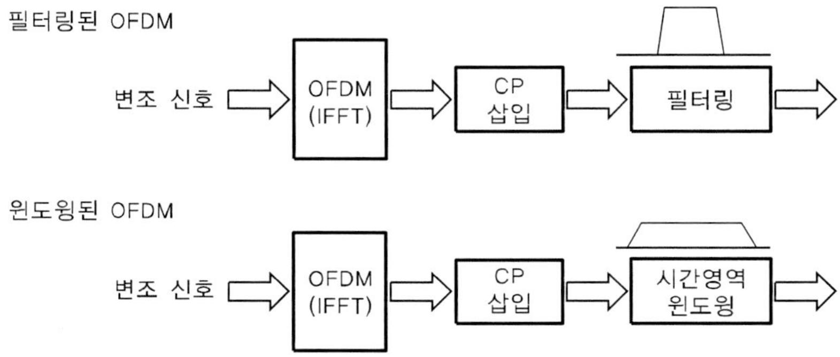

그림 24.3 필터링된 OFDM (상단) 및 윈도우된 OFDM (하단)

스펙트럼 특성을 제어하기 위한 또 다른 대안으로, 필터링 대신 시간 영역 윈도윙 (windowing)을 사용할 수 있다 (그림 24.3의 하단 참조). 필터링은 주파수 영역에서 주파수 응답을 제어하는 것이다. 즉, 이는 시간 영역에서는 시간 응답과의 컨볼루션 (convolution)을 의미하는 반면, 윈도윙은 시간 영역에서 윈도우 함수 (주파수 영역에서의 컨볼루션)와 OFDM 심볼과의 곱을 의미한다.

결국, 이러한 두 가지 방식 (필터링 및 윈도윙)은 전송된 신호의 스펙트럼 특성 측면에서 매우 유사한 결과를 가져온다. 그러나 윈도윙이 필터링과 비교하여 구현 복잡도가 다소 낮을 수 있다.

전체 OFDM 신호에 가해지는 필터링/윈도윙은 사실 구현의 문제이며, 실제로 OFDM 송신 신호의 대역외 방사 요구 사항을 만족하기 위해 LTE에서 이미 사용되고 있다. 그러나 필터링/윈도윙은 반송파의 특정 부분에만 제한적으로 사용될 수도 있다. 예를 들어, 이는 OFDM이 아닌 다른 전송을 위한 공간을 만들기 위해 스펙트럼에서 "hole"을 생성하는 데 사용할 수 있다. 그림 24.4와 같이 이는 하나의 반송파 내에 서로 다른 OFDM 값들 혼합할 수 있도록 해주기도 한다. 예를 들어 하나의 반송파 위에 서로 다른 요구 사항을 갖는 서로 다른 서비스를 지원할 경우에 도움이 된다. 서로 다른 OFDM 값은 서로 다른 부반송파 간격 (그림 24.2 참조)일 수 있다. 이 경우 보다 작은 부반송파 간격은 일반적인 광대역 이동통신 서비스를 위한 것일 수 있으며, 보다 낮은 지연을 가지는 보다 큰 부반송파 간격은 지연에 민감한 서비스를 위한 것일 수 있다. 그러나 서로 다른 OFDM 값들은 동일한 부반송파 간격에 서로 다른 CP값일 수도 있다.

24.2.1.3 낮은 PAPR 전송

LTE 상향링크에 사용되는 DFT 프리코딩을 사용하는 OFDM은 송신 신호의 cubic metric (CM)을 줄임으로써 단말단에서 더 높은 전력 증폭기 효율을 가능하게 한다. DFT 프리코딩의 단점은 LTE에서 그러하듯이 전송의 유연성을 제한한다는 것이다. 예를 들어, 명백하게 상향링크

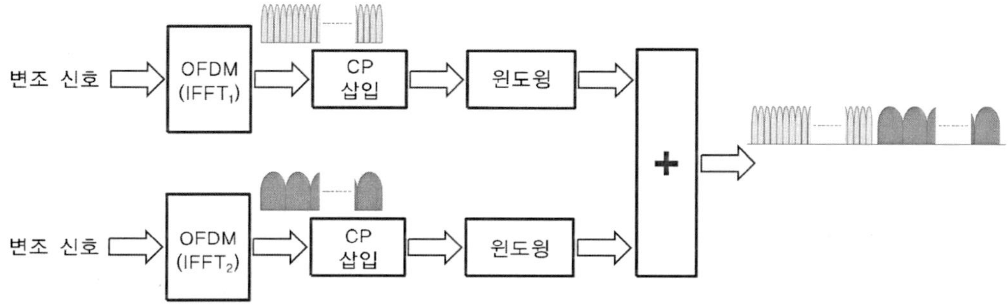

그림 24.4 윈도윙 (windowing)을 사용하여 하나의 OFDM 반송파에서 서로 다른 OFDM 값들의 혼합.

reference 신호 및 상향링크 제어 시그널링 (PUCCH)의 설계는 훨씬 덜 유연하며 이에 상응하는 하향링크 전송 대비하여 더 복잡하다. 이러한 관점에서, 새로운 5G RAT에 대해서는 LTE에서 사용되는 방식과 같은 DFT 프리코딩은 피하는 것이 바람직하다. 그러나 낮은 CM을 갖는 상향링크 전송이 없으면, 새로운 5G RAT는 비슷한 주파수에서 동작할 때 LTE에 비해 상향링크 커버리지에서 불이익이 있을 수 있다. 이로 인해 현재 LTE로 사용되는 주파수가 새로운 5G RAT로 이전되는 데 부정적인 영향을 미칠 수 있다. 또한 특히 30–40 GHz 이상과 같은 매우 높은 주파수의 동작을 위해서는 낮은 주파수의 동작에 비하여 높은 전력 증폭기 효율이 훨씬 더 중요하다.

- 이러한 높은 주파수의 동작은 일반적으로 특히 기지국 단에서 다수의 안테나 및 그에 따른 다수의 전력 증폭기를 사용하게 된다.
- 높은 주파수에서는 전기 부품의 크기가 작고 따라서 서로 빽빽하게 위치하게 되면 전력 증폭기의 비효율로 인해 발생하는 과도한 열을 처리하기가 더 어려워진다.

이러한 효율에 대한 논의는 기지국에 대해서도 관련이 있다. 따라서 높은 주파수는 기지국 단의 높은 전력 증폭기 효율에 대한 논의가 단말단의 높은 전력 증폭기 효율만큼 중요할 수 있다.

따라서 현재 시점에서는 새로운 5G RAT를 위해 OFDM 기반의 CM 감소를 위한 기술 적용을 배제할 수는 없다. 이는 커버리지가 제한된 시나리오에 한해서 즉, CM 감소가 매우 중요한 경우에는 데이터 전송에 이를 적용하는 complimentary DFT 프리코딩의 형태가 될 수 있다. 그러나 이는 예를 들어 tone reservation [8]과 같이 OFDM에 추가되는 또 다른 형태의 CM 감소 기술일 수도 있다. 또한 앞서 논의한 바와 같이, 어떤 CM 감소 기술이라 해도 상향링크 (단말송신) 뿐만 아니라 하향링크 (기지국송신)에 대해서도 고려되어야 한다.

24.2.2 유연한 듀플렉스

LTE는 paired 주파수와 unpaired 주파수에 모두 대응하기 위하여 FDD 및 TDD 기반의 듀플렉스를 모두 지원한다.

Paired 주파수와 unpaired 주파수는 5G에서도 존재할 것이다. 따라서 새로운 5G RAT 역시 FDD 및 TD D 기반의 듀플렉스를 모두 지원해야 한다.

이전 장에서 설명한 것처럼, 새로운 5G 무선 접속은 1 GHz 미만부터 최소 수십 GHz에 이르는 매우 광범위한 주파수를 다룬다 (그림 24.5 참조). 이 낮은 주파수는 paired 주파수에 대한 FDD 기반의 듀플렉스가 여전히 중요하게 사용될 것이다. 그러나 전파 (propagation) 제약으로 인해 조밀한 구축으로 제한되는 높은 주파수의 경우에는, unpaired 주파수에 대한 TDD 기반의 듀플렉스가 더 중요한 역할을 할 것으로 예상된다.

24.2.2.1 동적 TDD

Unpaired 주파수에서 TDD 기반 듀플렉스의 한 가지 이점은 매순간 트래픽 조건에 따라 전송 자원 (시간 슬롯)을 서로 다른 전송 방향에 동적으로 할당할 수 있다는 것이다. 이는 트래픽 상태가 보다 더 가변적인 구축 및 시나리오에서 특히 유용하다. 예를 들어, 각 네트워 노드가 매우 작은 영역만을 커버하는 조밀한 구축인 경우가 이에 해당된다.

Unpaired 주파수 및 TDD 동작의 주된 걱정 중 하나는 바로 기지국-기지국 간의 간섭 및 단말-단말 간의 간섭에 대한 위험이다 (그림 24.6 참조). 현재의 상용 TDD 기반 셀룰러 시스템의 이러한 간섭은 일반적으로 기지국들 간의 상호 시간을 정렬하고 모든 셀에서 동일한 하향링크/상향링크 설정을 함으로써 피할 수 있다. 그러나 이는 전송 자원의 다소 정적인 할당을 요구하여, 자원 할당이 동적인 트래픽 변동에 적응하지 못하므로, TDD의 주요 이점을 활용하지 못하게 한다.

LTE Release 12에서 소개된 eIMTA 기능 (제15장)은 TDD 전송 자원을 하향링크 및 상향링크에서 보다 더 유연하게 할당하기 위한 첫걸음이다. 물론 새로운 5G 무선 접속은 여기서 더 나아가 전송 자원을 서로 다른 전송 방향으로 거의 완전히 동적으로 할당할 수 있게 해야

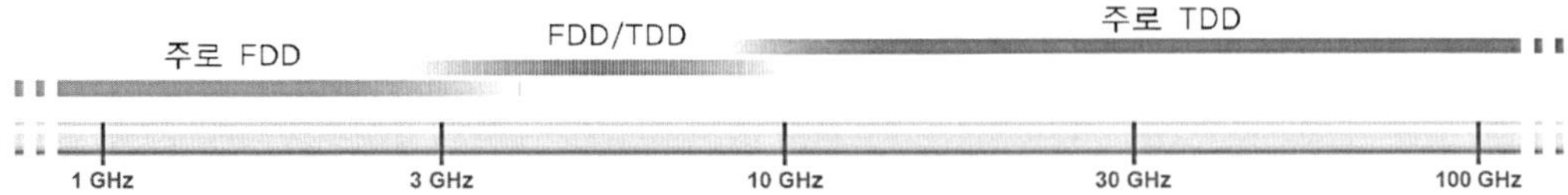

그림 24.5 서로 다른 주파수 대역에 대한 일반적인 듀플렉스 방식

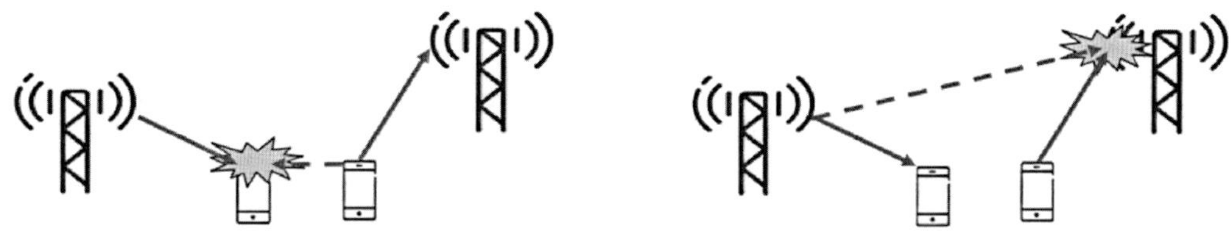

그림 24.6 TDD의 경우 기지국-기지국 간 직접 간섭 및 단말-단말 간 직접 간섭

한다. 그러나 이는 잠재적으로 기지국-기지국 간 간섭 및 단말-단말 간 간섭이 발생할 수 있는 상황을 만든다.

어떤 셀룰러 시스템이나 듀플렉스 방식에 상관없이, 기지국-기지국 간 간섭 및 단말-단말 간 간섭이 기지국-단말 간 간섭 및 단말-기지국 간 간섭보다 특별하고 더 심각한 이유는, 기지국과 단말 사이의 전송 특성의 차이 때문이다. 이는 특히 넓은 영역 커버리지 즉 매크로 구축의 경우에 특히 그러하다.

- 기지국은 송신 출력이 높고 건물 옥상과 같은 높은 위치에 위치하며, 많은 액티브 사용자들을 지원하기 위하여 종종 높은 듀티 사이클 (duty cycle)로 전송을 한다.
- 단말은 송신 출력이 훨씬 낮으며 일반적으로 실내 또는 실외의 거리에 위치하며 일반적으로 훨씬 낮은 듀티 사이클로 전송을 한다.

그러나 미래에는 특히 높은 주파수에서 조밀한 구축이 많이 이루어질 것이다. 이러한 경우에는 기지국과 단말의 전송 특성이 보다 더 유사해질 수 있다.

- 넓은 영역 커버리지의 구축과 비교하여, 밀도가 높게 구축되는 기지국 송신 출력은 단말의 송신 출력과 좀 더 비슷해질 수 있다.
- 조밀한 구축의 기지국은 실내 및 실외의 옥상이 아니라 훨씬 낮은 거리에 구축되어 단말의 위치와 유사할 수 있다.
- 조밀한 구축의 기지국은 일반적으로 보다 동적인 트래픽 변동으로 인하여 평균적으로 더 낮은 듀티 사이클로 동작할 수 있다.

결과적으로, 조밀한 구축은 기지국-기지국 간 간섭 및 단말-단말 간 간섭이 기지국-단말 간 간섭 및 단말-기지국 간 간섭과 유사할 수 있으며, 이에 따라 TDD 전송 자원을 동적으로 할당하는 것이 보다 더 가능할 수 있다. 이러한 구축 환경에서는, 하향링크 대 상향링크 트래픽 양 또한 보다 더 크게 변할 수 있으며, 따라서 TDD 전송 자원의 동적 할당의 이점을 크게 만든다.

완전히 동적인 TDD를 지원한다고 해서 전송 자원이 항상 동적으로 할당되어야 한다는 것은 아니다. 특히 낮은 주파수의 unpaired 주파수에서 보다 넓은 영역 커버리지를 위해 새로운 5G RAT를 구축하는 경우에는, 일반적으로 셀 간에 하향링크/상향링크 설정이 정렬된 동기화된 구축을 사용할 수 있다. 중요한 것은, 새로운 5G RAT은 unpaired 주파수에서 동작하는 경우에는 전송 자원을 완전히 동적으로 할당할 수 있는 능력을 가지고 있으며, 실제로 어떻게 사용할지의 여부는 사업자에게 맡기는 것이라고 할 수 있다.

24.2.2.2 전이중 듀플렉스

최근 전이중 듀플렉스 (full duplex) 동작에 대한 여러 제안들이 있었다 [70]. 이러한 맥락에서, 전이중 듀플렉스란 송신과 수신이 동일한 주파수에서 동일한 시간에 수행되는 것을 의미한다.

전이중 듀플렉스 동작은 당연히 송신기로부터 수신기로 매우 강한 "자기 (self)" 간섭이 존재하며, 따라서 실제 목표하는 신호를 검출하기 이전에 이 간섭을 반드시 억제/상쇄해야 한다.[3)]

원칙적으로, 해당 간섭은 수신기가 완전히 그 형태를 알고 있으므로 이러한 간섭의 억제/상쇄는 수월해야 한다. 그러나 실제로 수신 전력 측면에서 해당 간섭과 목표 신호 사이에는 엄청난 차이가 있기 때문에 이를 억제/상쇄하는 것은 매우 어렵다. 이를 처리하기 위해서 전이중 듀플렉스의 데모 시스템의 동작은 공간적인 분리 (송신 안테나와 수신 안테나를 분리), 아날로그 간섭 억제 및 디지털 간섭 상쇄의 조합을 사용한다.

만약 전이중 듀플렉스가 실제 구현이 가능하다고 하더라도, 이것의 혜택이 과대 평가되어서는 안된다. 전이중 듀플렉스는 동일한 주파수에서 양방향으로 연속적으로 전송할 수 있기 때문에 링크 throughput을 두 배로 늘릴 수 있는 가능성이 있다. 그러나 이렇게 되면 해당 링크에서 두 개의 전송이 동시에 일어나며, 이는 바로 다른 링크로의 간섭이 증가하는 것을 의미한다. 이는 전체 시스템 이득에 부정적인 영향을 미칠 수 있다. 따라서, 전이중 듀플렉스을 통하여 큰 이득을 얻을 수 있는 환경은 다른 링크들과 상대적으로 떨어져 있는 무선링크 시나리오에서 얻을 수 있을 것으로 예상된다.

전이중 듀플렉스가 도움을 줄 수 있는 시나리오 중 하나는, 기지국 간을 무선으로 연결하는 무선백홀 시나리오를 들 수 있다.

- 많은 경우, 백홀링크는 기존의 기지국-단말 링크에 비하여 좀 더 떨어져 있다.
- 기존의 휴대 단말에 비해 백홀노드가 전이중 듀플렉스와 관련된 복잡한 수신기를 수용할 수 있는 가능성이 더 있다.

---

3) LTE에서 사용되는 전이중 (full-duplex) FDD와 혼동하지 말아야 한다.

그림 24.7 링크 레벨 전이중 듀플렉스 및 셀 레벨 전이중 듀플렉스

- 백홀 노드에서는 송신 안테나와 수신 안테나를 공간적으로 분리하기가 쉬워서, 간섭 억제에 관한 요구 사항을 좀 더 완화할 수 있다.

전이중 듀플렉스를 이야기하면, 대부분 기지국/단말 사이에 하나의 링크에 대하여 양방향에서 동시에 전송이 이루어지는 전형적인 링크 레벨 전이중 듀플렉스를 가정한다 (그림 24.7의 왼쪽 부분 참조). 그러나 전이중 듀플렉스를 기지국이 하나의 단말에 송신을 하면서 동시에 다른 단말로부터 동일한 주파수를 사용하여 수신을 하는 것과 같이 셀 레벨에서 생각할 수도 있다 (그림 24.7의 오른쪽 부분 참조). 링크 레벨의 전이중 듀플렉스에 대비하여 셀 레벨에서 전이중 듀플렉스를 하는 이점은 단말단에서 동시에 동일한 주파수에서 송수신을 지원할 필요가 없다는 것이다. 그리고 또 하나의 이점은 일반적으로 기지국 단에서 송신하는 안테나와 수신하는 안테나 사이의 공간적인 분리를 높여서 간섭 억제에 관한 요구 사항을 완화시킬 수 있다는 것이다.

24.2.3 프레임 구조

새로운 5G RAT는 paired 주파수와 unpaired 주파수 모두에서, 그리고 면허 대역과 비면허 대역 모두의 동작을 지원하는 프레임 구조를 가져야 한다. 프레임 구조는 또한 24.2.9.2절과 같이 단말 간 연결 (사이드링크)에도 적용되어야 한다.

프레임 구조는 무선 인터페이스에서 저지연을 실현하는 핵심 요소이다. 저지연을 실현하려면, 짧은 TTI와 결과적으로 짧은 서브프레임을 필요로 한다. 일례로 1 ms의 종단 간 지연을 실현하려면 200 μs 정도 혹은 이보다 더 짧은 서브프레임이 필요하다. 이는 표 24.1의 값들과 잘 부합된다.

낮은 링크레벨 지연을 얻으려면 복조 및 데이터의 디코딩 역시 빨리 수행되어야 한다. 이를 위하여 LTE의 PDCCH와 마찬가지로[4] 복조 및 데이터 디코딩에 필요한 제어 정보는 서브프레

4) 물론 제어 시그널링은, PDCCH와 같이 주파수 영역에서 퍼져 있으면 안되고 24.1.3절에서 설명한 “stay-in-the-box” 원칙을 따라서 데이터와 함께 전송되어야 한다.

임 내에서 앞쪽에 위치해야 한다. 채널 추정을 위한 reference 신호 역시 서브프레임의 앞쪽에 위치해야 한다. 이렇게 함으로써, 전체 서브프레임이 다 수신될 때까지 기다릴 필요없이 복조 및 디코딩을 가능한 한 빨리 시작할 수 있다. 그림 24.8은 이러한 요구 사항을 만족하는 프레임 구조를 보이고 있다. 하향링크 데이터 전송의 경우 (그림 24.8의 상단), 제어 정보 (스케줄링 할당) 및 reference 신호는 하향링크 서브프레임의 시작 부분에 위치하여 복조 및 디코딩이 조기에 시작될 수 있도록 한다. TDD 동작의 경우, 하향링크 전송은 하향링크 서브프레임 구간이 끝나기 전에 종료된다. 디코딩이 하향링크-상향링크 스위치를 위한 보호 구간 동안에 완료된다고 가정하면, HARQ acknowledgement는 이미 하향링크 서브프레임 구간의 마지막 부분에서 상향링크 상으로 전송될 수 있기 때문에 매우 빠른 재전송이 가능하다. 그림 24.8의 예에서는, 재전송이 단지 하나의 서브프레임 지연을 가지고 발생한다.[5] 이는 하향링크 전송과 HARQ acknowledgement 사이에 대략 3개의 서브프레임 지연이 있으며 재전송 사이에는 대략 8개의 서브프레임 지연이 있는 LTE와 비교할 수 있다. 더 짧은 서브프레임과 함께 프레임 구조는 LTE에 대비하여 상당히 짧은 HARQ 왕복 시간을 실현할 것이다.

상향링크 데이터 전송 역시 비슷하게 처리될 수 있다. 그림 24.8의 하단에 보이는 것처럼, 스케줄링 승인은 서브프레임의 시작 부분에서 송신되고 대응하는 상향링크 데이터가 상향링크 서브프레임의 남은 부분을 채운다. 따라서 스케줄링 결정이 특정 시점의 데이터 전송이 상향링크일지 아니면 하향링크일지에 대한 "방향"을 제어하며, 이에 따라 24.2.2절에서 설명한 동적인 TDD 방식을 지원한다.

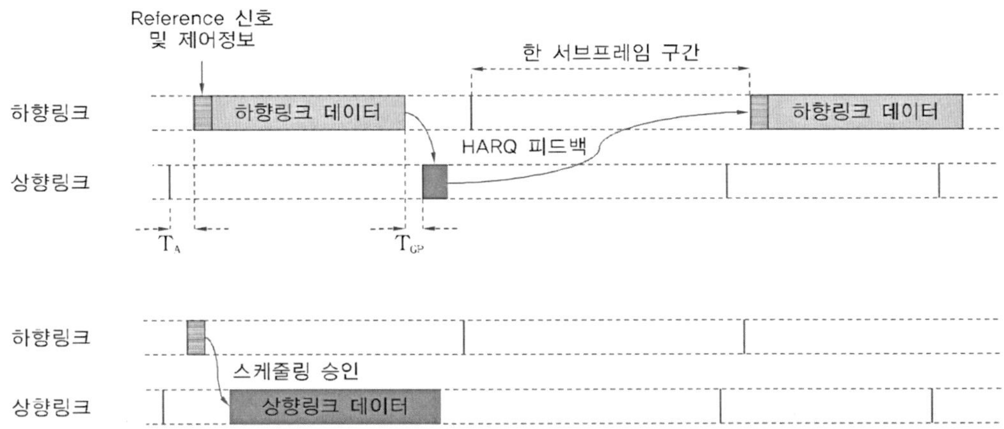

그림 24.8 일반적인 5G 프레임 구조 (TDD를 가정)

5) 물론 원칙적으로는 기지국이 단말단에서만큼 빠르게 데이터를 디코딩한다고 생각할 수도 있지만, RRU (remote radio unit)를 고려하면 그림에서 표시된 것보다 더 빨리 재전송을 하는 것이 일반적으로 보장하기 힘들다는 것을 의미한다.

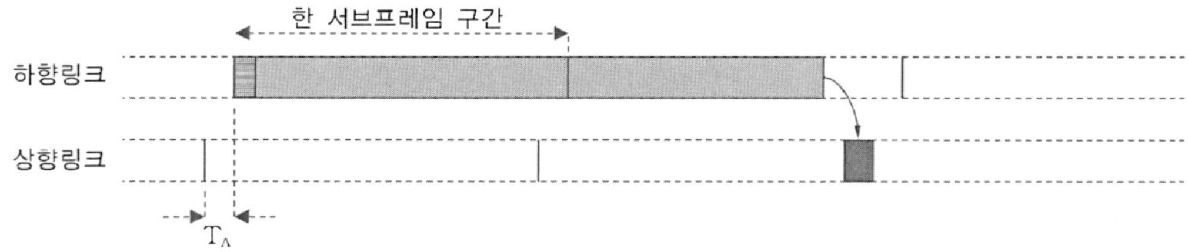

그림 24.9 서브프레임 aggregation

5G가 1ms 정도의 매우 낮은 지연 성능을 지원해야 하지만 많은 응용 프로그램이 그렇게 짧은 지연을 요구하지는 않는다. 한편, 매우 낮은 지연을 지원하는데 필요한 짧은 전송은 제어 오버헤드 관점에서 비효율적이다. 또한 데이터 전송에 대응하는 서브프레임들 내의 reference 신호들만이 채널 추정에 사용될 수 있다는 (24.1.3절에서 논의한 self-contained 전송) 가정을 하면 채널 추정 성능의 열화를 가져올 수 있다. 이를 해결하기 위해, 그림 24.9에서 설명한 것처럼, 단일 전송을 위하여 여러 개의 서브프레임을 동적으로 연접할 수 있는 기능이 있어야 한다.

24.2.4 채널 코딩

LTE는 6장에서 설명된 것처럼 데이터 전송에 대해 터보 코딩을 사용한다. 터보 코딩은 새로운 5G RAT에 대한 채널 코딩의 후보 기술 중 하나이다. 그러나 LDPC (low-density parity check) 코드 [72] 및 Polar 코드 [73]와 같이 다른 채널 코딩 방식들 역시 고려되고 있다.

LDPC 코드는 꽤 오랜 기간 논의가 되어 왔다. 이는 반복적인 메시지 전달 (message-passing) 알고리즘을 기반으로 디코딩을 하는 비교적 비어 있는 형태의 ("low-density") 패리티 행렬을 기반으로 하는 블록 코드이다. 반대로 Polar 코드는 최근에 대두되었다. 이 코드들이 유명해진 것은 이들이 Shannon limit에 도달한 최초의 구조화된 코드들이라는 점이다.

특정 오류율에 대해 요구되는 E_b/N_0의 관점의 기본 성능측면에서는, 중간 및 비교적 큰 크기의 비트 블록들이 디코딩될 때 (1000 비트 혹은 그 이상)에는 서로 다른 코딩 방식들 사이의 성능 차이는 매우 작다. 반면에 작은 블록의 경우에는 현재 Polar 코드가 약간의 이점이 있는 것처럼 보인다. 또한 Polar 코드는 에러플로우를 가지지 않기 때문에, 디코딩 이후에 매우 낮은 오류율을 달성하는데 이점이 있다. 반대로 터보 코드 및 많은 경우에 있어서 LDPC 코드는 이러한 에러플로우가 있다. 따라서 작은 페이로드에 매우 우수한 오류율 성능을 요구하는 고 신뢰성 어플리케이션에는 Polar 코드가 선호될 수도 있다.

Polar 코드의 주된 문제는 이것이 아직 성숙된 기술이 아니라는 점이며, 이는 Polar 코드의 구현 경험이 터보 코드 및 LDPC 코드에 비해 훨씬 적다는 것을 의미한다. 이미 언급했듯이, 터보 코드와 LDPC 코드는 오랜 기간 사용되어 왔으며 이미 널리 보급된 무선 기술의 일부이다. 기술이 아직 성숙되지 않았다는 점은, Polar 코드에 아직 발견되지 않은 구현 상의 문제가 있을 수도 있음을 의미한다. 또한 현재 시점에서 Polar 코드의 구현의 복잡도를 완전히 이해하기가 어렵다는 것을 의미한다.

터보 코드의 주요 이점은 블록 길이 및 코딩률 관점의 유연성이다. 예를 들어, LTE는 블록 길이에 관계 없이 코딩률 1/3의 단일 기본 터보 코드를 사용한다. 더 낮거나 더 높은 코딩률은 rate matching (puncturing 또는 반복화 (repetition))에 의해 쉽게 구현할 수 있으며, 이때의 성능 저하는 puncturing의 양에 따라 완만하게 달라진다. 터보 코드 puncturing 측면의 유연성은 IR (incremental redundancy)에 기반한 HARQ를 구현하는 것 역시 간단하게 해준다.

반면에, LDPC 코드는 특정한 블록 길이 및 특정한 코딩률에 대해 설계된다. 주어진 LDPC 코드에 대해 다른 블록 길이를 사용하기 위해서는, 정보 블록에 제로 패딩이 필요하며, 이는 본질적으로 더 낮은 코딩률로 이어진다. 코딩률을 높이려면 puncturing을 적용할 수 있다. 하지만 puncturing을 너무 많이 하게 되면 디코더 성능이 크게 저하될 수 있다. 따라서 여러 가지 블록 길이 및 코딩률을 지원하기 위해서는, 서로 다른 패리티 행렬을 갖는 다수의 LDPC 코드를 정의해야 하는데, 이는 복잡도를 증가시키고 및 더 많은 저장 공간을 요구하게 된다.

LDPC 코드와 Polar 코드에 비하여 터보 코드가 갖는 주 단점은, 오늘날 이미 볼 수 있듯이 디코더의 복잡도이다. 간단히 말하면, 적어도 LDPC 코드는 터보 코드에 비하여 동일 칩 면적에 대하여 훨씬 더 높은 throughput을 달성할 수 있으며 비트 당 훨씬 더 낮은 에너지 소모를 달성할 수 있다. 또한 LDPC 코드는 디코더의 병렬 처리 수준을 높여서 디코딩 프로세스의 지연을 줄여준다. 고속 디코딩의 가능성은 무선 인터페이스의 낮은 지연 성능을 가능하게 하는 요소임에 유의한다.

24.2.5 다중 안테나 전송 및 빔포밍

다중 안테나 전송은 이미 LTE의 첫 번째 릴리즈에서부터 핵심 기술이었다. 이전 장에서 이미 자세하게 설명했지만 LTE는 네트웍 단에 다중 안테나 구성을 사용하여 새로운 전송 방식을 지원하는 것에 대한 지속적인 진화가 있어 왔다. 공간 다중화 (SU-MIMO) 및 SDMA (MU-MIMO)는 제한된 주파수 및 전송 대역폭 내에서 사용자 데이터 속도 및 시스템 throughput을 증가시키는 목적으로 LTE의 주요 관심사였다.

SU/MU-MMO는 새로운 5G RAT에 대해서도 주요 기술 요소이다. 그러나 높은 주파수에서는 일반적으로 대역폭 및 주파수 양이 아니라 커버리지가 주요 제약 요인이 된다. 결과적으로, 특히 높은 주파수에서는 빔포밍이 커버리지를 넓히는 데 매우 중요한 도구로 사용되며, 많은 경우에는 필수적인 도구가 된다 (그림 24.10 참조).

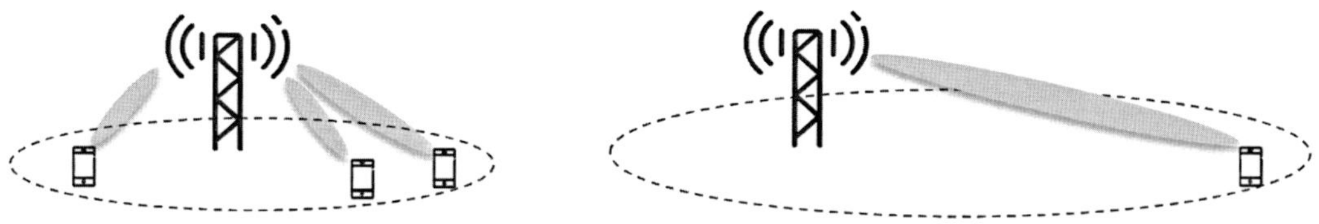

그림 24.10 용량을 위한 빔포밍 (왼쪽)과 커버리지를 위한 빔포밍 (오른쪽)

충분한 커버리지를 보장하기 위해 빔포밍을 사용하는 것은 새로운 5G RAT에서 중요한 기본 요소이다. 예를 들어, 시스템 정보를 전달하는 broadcast 채널을 들 수 있다. 링크 버짓이 넉넉하지 못해 커버리지를 제공하기 위해 빔포밍을 상당 부분 사용해야 하는 경우에는, broadcast 채널조차 제대로 동작하지 않을 수 있으며, 따라서 24.2.7절에서 논의된 것과 같이 또 다른 솔루션을 고려해야 할 수도 있다. 빔 탐지 (beam finding) 및 빔 추적 (beam tracking)이 해결해야 할 또다른 과제이다.

최근 전력 증폭기 및 트랜시버 (transceiver)와 같은 RF 부품들과 안테나 소자가 밀접하게 통합되어 구현됨으로써, 이전에 사용되던 것보다 훨씬 더 많은 수의 제어 가능한 안테나 소자들을 가질 수 있게 되었다 (제10장 참조). 굉장히 많은 수의 안테나 소자를 사용하게 되면 공간 영역을 훨씬 잘 사용할 수 있다. 여기에 자주 사용되는 용어가 Massive MIMO이다. 엄밀히 말하면 이 용어는 단지 많은 개수의 안테나 소자를 사용하는 것을 의미한다. 하지만 종종 이 용어는 하향링크와 상향링크 채널 상태가 동일한 '채널 reciprocity'를 이용하여 많은 수의 송신 안테나를 사용하여 동시에 다수의 수신 단말에 정보를 전달하는, 즉 reciprocity에 기반한 MU-MIMO의 협의의 개념으로 많이 사용된다. 이 협의의 개념의 massive MIMO에서 중요한 가정은, 기지국 단에서 순시 채널 임펄스 응답이 가용하다는 것이며, 이는 채널 reciprocity를 활용하여 얻을 수 있다. 이론적인 결과에 따르면, 안테나 소자의 개수가 무한대가 되면, 기지국으로부터 각 단말로 유효 채널은 주파수 비선택적이고 빠른 채널 변화도 보이지 않게 된다. 이는 적어도 이론적으로는 매우 간단한 스케줄링 방식과 매우 간단한 수신기로도 매우 높은 용량을 얻을 수 있다는 것을 의미한다. 그러나 실제로 채널에 대한 지식은 완벽하지 않으며 송신 안테나의 개수 역시 유한하므로, 주파수 영역 상의 스케줄링은 여전히 유효하다. 항상 보낼 데이터가 존재하는 full-buffer 시나리오가 아니라 현실적인 트래픽 동작을 고려하면, 특정 순간에는 단지 하나 또는 소수의 단말들만이 전송을 받아야 하는 데이터를 요구할 수 있으므로, 이러한 경우에는 SU-MIMO와 SM (spatial multiplexing)이 massive MU-MIMO에 대한 보완으로 사용될 수 있다. 따라서 트래픽의 변화에 따라서 SU-MIMO와 MU-MIMO 를 동적 스위칭하는 것이 매우 중요하다.

위의 논의에서는, 소위 디지털 빔포밍을 가정하였다. 즉 기본적으로 각 안테나 요소는 자체의 DA 컨버터와 전력 증폭기를 가지고 있으며, 모든 빔프로세싱은 기저대역 (baseband)에서 수행된다. 당연히 이 방식은 최대의 유연성을 가지면서 동시에 형성되는 빔의 개수에도 제한이 없어 원칙적으로는 선호하는 방식이다. 그러나 소자들 간의 통합 및 DA 컨버터의 기술 발전에도 불구하고, 이와 같은 100% 디지털 빔포밍의 구현은 몇 가지 이유에서 가까운 시일 내에는 가능하지 않을 수도 있다. 그 이유는 많은 전력 소비량과 서로 밀접하게 통합된 DA 컨버터와 RF 소자의 발열을 냉각하는 것이 힘들기 때문이다. 따라서 최대 한 개 혹은 단지 몇 개의 동시 빔을 형성할 수 있는, 아날로그 빔포밍 혹은 hybrid 빔포밍이 실용적인 관점에서 관심의 대상이 된다. 이는 물론 이전 단락에서 논의된 massive MMO로 얻을 수 있는 이득에도 영향을 줄 뿐만 아니라 제어 시그널링과 같은 영역에도 영향을 줄 수 있다. 예를 들어, 한 번에 하나의 빔만이 형성될 수 있다면, 단일 비트의 HARQ acknowledgement를 수신하는 것은 매우 비효율적인 일이 될 것이다. 또한 한 번에 오직 한 개의 빔만이 생성된다면, 서로 다른 위치에 있는 단말들로부터 다수의 저속 신호들을 주파수 다중화하는 것 역시 불가능하다.

요약하면, 다양한 트래픽 및 구축 시나리오에 대한 효율적인 지원뿐만 아니라 다양한 구현 대안들을 지원할 수 있도록, 다양한 형태의 다중 안테나 방식이 필요하다.

24.2.6 멀티사이트 연결 및 밀접한 상호 연동

멀티사이트 연결은 단말이 동시에 여러 사이트에 연결되는 것을 의미한다. 기본적으로 이것은 전혀 새로운 것이 아니다. WCDMA/HSPA의 소프트 핸드오버가 이미 멀티사이트 연결의 한 예이다. LTE의 joint transmission CoMP (13장) 및 dual connectivity (6장) 역시 또 다른 예이다. 그러나 5G 시대 특히, 높은 반송파 주파수에서 동작하거나 매우 높은 신뢰성이 요구되는 경우는 멀티사이트 연결이 더 큰 역할을 할 것으로 예상된다.

이미 논의한 것처럼, 높은 반송파 주파수의 전파 조건은 낮은 주파수와 다르다. 회절 손실이 더 크고 전파가 물체를 통과하기가 힘들다. 멀티사이트 연결이 없으면, 예를 들어 대형 버스 또는 트럭이 지나가면서 단말과 기지국 사이를 막게 되면 (일시적으로) 연결이 끊어질 수 있다. 이를 완화하는데 멀티사이트 연결을 통한 다이버시티가 도움이 된다. 여러 개의 안테나 사이트로의 링크들이 모두 열악할 가능성은 하나의 링크가 열화될 확률보다 훨씬 낮다.

URLLC는 멀티사이트 연결이 도움이 되는 또 다른 예이다. 23장에서 논의된 것처럼, 매우 낮은 오류율을 얻으려면 멀티사이트 연결을 통한 사이트 다이버시티를 포함하여 모든 유형의 다이버시티를 고려해야 한다.

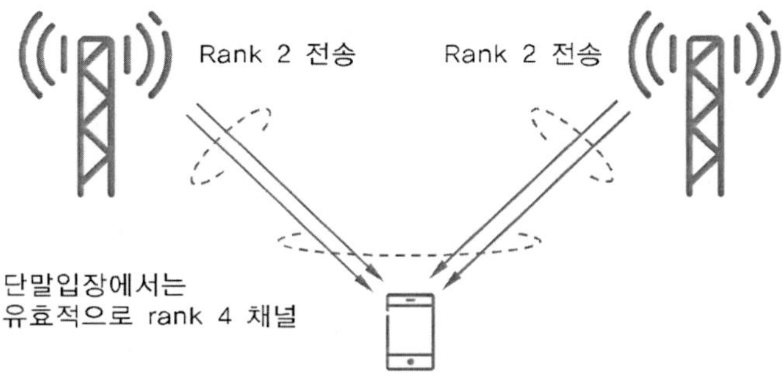

그림 24.11 유효 채널 rank를 증가하는 방법으로서의 멀티사이트 전송.

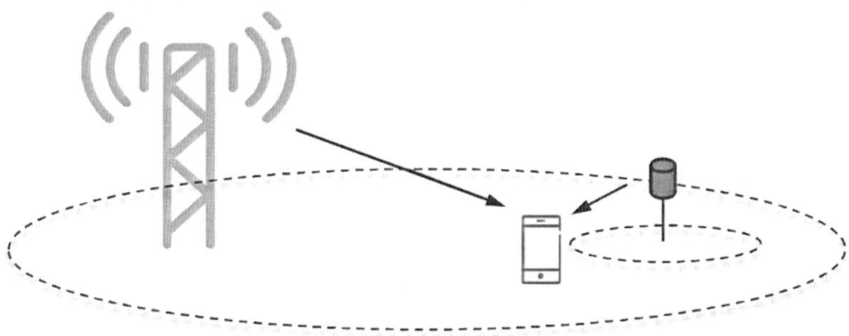

그림 24.12 LTE와 새로운 5G RAT 사이의 멀티사이트 연결.

Multi connectivity는 낮은 부하에서 사용자 데이터 속도를 높이는 것에도 사용될 수 있다. 두 개 혹은 그 이상의 안테나 사이트에서 동시에 신호를 전송함으로써 단말을 향한 채널의 유효 rank를 높일 수 있고, 따라서 단일 사이트 대비하여 더 많은 수의 레이어를 전송할 수 있다 (그림 24.11 참조). 이는 distributed MIMO라고도 불리운다.

본질적으로, 당장 보낼 트래픽이 없어서 일시적으로 사용되지 않은 인접 사이트의 전송 자원은 특정 수신 단말이 경험하는 데이터 속도를 증가시키는 데 사용될 수 있다.

멀티사이트 연결은 동일한 레이어 (layer)의 사이트들 사이에서 이루어질 수 있다 (intra-layer 연결). 그러나 그림 24.12와 같이, 단말은 다른 셀 레이어의 사이트 사이에서 동시에 연결될 수도 있다 (inter-layer 연결). 특히 후자의 경우의 멀티사이트 연결은 서로 다른 무선 접속 기술 사이의 연결을 포함할 수 있다 (multi-RAT 연결). 이는 23장에서 논의한, LTE와 새로운 5G 무선 접속 간의 긴밀한 상호연동과 밀접한 관련이 있다. 이와 같은 상황의 예는 LTE가 낮은 주파수 대역에서 넓은 영역에 대하여 신뢰성 있는 접속를 제공하면서, 5G RAT는 핫스팟에서 높은 주파수를 사용하여 매우 높은 데이터 속도 및 매우 높은 용량을 제공하는 것을 들 수 있다. 높은 주파수의 전파 조건은 낮은 주파수보다 예측하기가 어려우므로, 일관된 사용자 경험을 제공하려면 둘 사이의 밀접한 연결/상호연동이 필요하다.

멀티사이트 연결은 프로토콜 스택 상의 여러 레벨에서 실현될 수 있다. 반송파 결합 (CA)과 같은 구조를 생각해볼 수 있지만, 이 구조는 일반적으로 사이트 간의 백홀에 대하여 엄격한 지연 요구 사항이 있다. 또 다른 방법으로는, 프로토콜 스택의 상위에서 데이터 스트림을 합치는 것이며, 이는 16장에서 논의된 LTE의 dual connectivity와 같이 PDCP 계층에서 결합이 이루어진다. LTE와 새로운 5G 무선 접속에 대하여 공통의 PDCP를 사용하는 경우에는 둘 사이의 밀접한 상호연동을 쉽게 구현할 수 있다. 이와 비슷한 논의로, 무선 접속 네트워크과 코어 네트워크 간의 인터페이스에 대한 논의도 있다. 이 인터페이스는 기존의 S1 인터페이스와 동일할 필요는 없으므로, 새로운 인터페이스이거나 혹은 S1 인터페이스의 진화된 형태일 수 있다.

24.2.7 시스템 접속 기능

시스템 접속 기능은 사용자 데이터 전송에는 직접적으로 관련이 없으나, 단말이 시스템에 접속하기 위해 필요한 무선 접속 기술의 매우 중요한 부분이다. 시스템 접속 기능에는, 단말이 시스템 설정에 대한 정보를 획득하는 수단, 네트워이 단말에 알림을 보내거나 페이징을 하는 수단, 그리고 일반적으로 랜덤 엑세스라고 불리는 단말이 시스템에 접속하는 수단 등이 포함된다.

11장에서 설명했듯이 LTE 시스템 정보는 셀 별로 브로드캐스팅된다. 이는 셀 당 상대적으로 많은 사용자를 가지면서 넓은 안테나 빔을 사용하는 대형 셀들에는 합리적인 방법이다. 그러나 새로운 5G RAT의 시스템 접속 기능에 영향을 줄 수 있는 몇 가지 주요한 5G 특성이 있으며, 이에 따라 일부 LTE와는 다른 새로운 유형의 솔루션이 필요하다.

- 특히 높은 주파수에서 커버리지를 위해 빔포밍을 많이 사용하는 점
- 일부 구축에서는 매우 높은 네트워 에너지 효율을 지원해야 하는 점
- 높은 순방향 호환성을 지원해야 하는 점

커버리지를 위해서는 빔포밍에 의존해야 한다는 것은, 링크 버짓 (link budget) 관점에서 많은 정보를 브로드캐스팅하는 것이 힘들다는 것을 의미한다. 따라서 빔포밍을 많이 활용하려면 브로드캐스트 정보의 양을 최소화하는 것이 중요하다. 이는 24.1.2절에서 설명된 것과 같이, ultra-lean 설계 원칙 및 "always-on" 전송의 양을 최소화하려는 목표에도 부합한다. 대신 시스템 정보의 많은 부분을 필요한 경우에만 전송할 수 있어야 하며, 이는 그림 24.13과 같이 특정 단말에 대한 전용 시그널링을 포함한다. 이렇게 함으로써 시스템 정보 전달에도 빔포밍 기능을 완전하게 사용할 수 있다. 물론 시스템 정보가 항상 이런 방식으로 제공되어야 한다는 말은 아니며, 특정 시나리오에서 이와 같은 시스템 정보 전달이 필요할 경우에는 빔포밍을 활용한

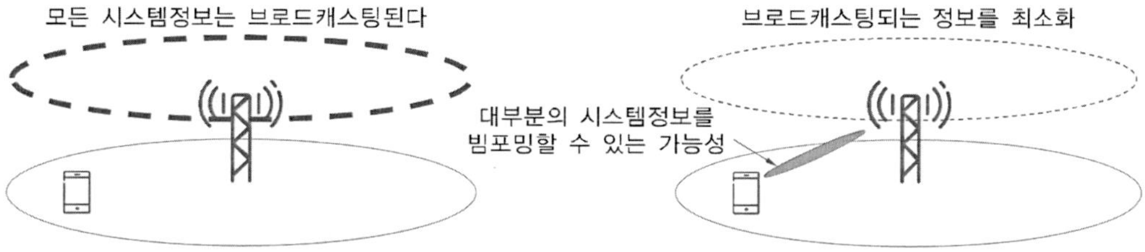

그림 24.13 시스템 정보를 브로드캐스트하는 경우 및 지정 (dedicated) 전송을 하는 경우

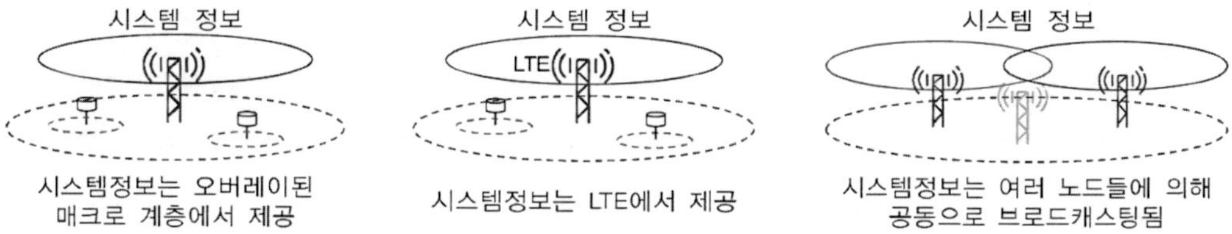

그림 24.14 (일부) 시스템 정보를 브로드캐스트

시스템 정보 전달이 가능해야 한다는 것을 의미한다. 특히 셀에 많은 수의 단말이 있는 시나리오는 시스템 정보를 브로드캐스팅하는 것이 당연히 더 효율적이다. 요점은 새로운 5G RAT는 다양한 수단으로 시스템 정보를 전달할 수 있어야 한다는 점이다. 즉, 시나리오에 따라서 동시에 여러 단말을 향하여 전체 커버리지 영역에 대한 브로드캐스팅 및 단말별로 전용 시그널링하는 것을 유연하게 지원해야 한다.

또한, 시스템 정보가 어떤 노드로부터 브로드캐스팅되는 지에 대한 유연성도 있어야 한다. 예를 들어, 큰 매크로셀 아래에 다수의 저전력 노드가 구축된 멀티레이어 (multi-layer) 네트웍에서 시스템 정보는 오버레이된 (overlaid) 매크로셀에서만 브로드캐스트될 수 있다 (그림 24.14의 왼쪽). 이는 아랫쪽 계층 (underlaid layer)의 노드들이 서비스할 단말이 없는 경우에는 전송 관점에서 완전히 비활성 상태일 수 있다는 것을 의미한다. 다시 한 번 말하면, 이는 ultra-lean 설계 원칙에 매우 잘 부합된다. 적어도 새로운 5G RAT의 초기 구축 단계에는, 새로운 5G 무선 접속을 기반으로 하는 것이 저전력 노드 계층이며 오버레이된 매크로 계층이 LTE 기반인 것이 일반적일 것이다. 즉, 멀티레이어 구축은 멀티 RAT 구축일 수 있다. 이 경우 그림 24.14의 중간 부분과 같이 아랫쪽 계층의 저전력 노드들에 관련된 시스템 정보가 LTE 기반의 오버레이 계층을 통해 제공될 수 있다.

실제로 시스템 정보의 대부분이 인접 셀들 사이에서 동일하다는 것을 고려하면 시스템 정보는 그림 24.14의 오른쪽과 같이 MBSFN 전송을 사용하는 노드에서 공동으로 브로드캐스팅될 수도 있다. 이렇게 함으로써 시스템 정보 브로드캐스트의 커버리지를 개선하여 더 적은 자원 (시간-주파수 자원 및 전력)을 사용하여 시스템 정보를 제공할 수 있게 한다. MBSFN 전송에는 모든 노드가 아니라 일부 노드만이 참여할 수도 있음에 유의한다.

커버리지를 제공하기 위하여 빔포밍을 과도하게 사용하게 되면 랜덤엑세스 절차 또한 영향을 받을 수 있다. 네트웍에서 사용되는 빔포밍 솔루션에 따라서, 모든 방향에서 동시에 랜덤엑세스 전송을 수신하는 것이 불가능할 수도 있다. 이러한 경우는, 예를 들면 다양한 종류의 빔스위핑 (beam sweeping) 솔루션을 통해 해결할 수 있다. 또한, (일부) 브로드캐스트 시스템 정보가 복수 개의 사이트에서 동일하고 MBSFN 전송을 사용하여 전달되는 경우에 단말은 랜덤엑세스 시도를 특정 셀을 목표로 실시하는 LTE와 같은 방법은 사용할 수 없다. 그러나 사실 단말은 특정 셀에 연결되는 것에는 관심이 없고 네트웍에 연결을 설정하는 데 관심이 있다. 그리고 이 네트웍은 현재는 전송을 하지 않아서 조용한 (silent) 노드로 구성될 수도 있다. 또한, 단말에 가장 적합한 하향링크를 갖는 노드가 반드시 단말로부터 랜덤엑세스를 수신하는 노드와 동일할 필요도 없다. 이것이 LTE와는 다른 랜덤엑세스 방식을 고려해야 하는 이유이며, 예를 들면 단말은 특정 노드를 대상으로 랜덤엑세스 요청을 전송하지 않으며 대신 여러 개의 노드가 요청에 응답할 수 있다.

24.2.8 스케줄링된 전송 및 경쟁 기반 전송

LTE에서 모든 상향링크 데이터 전송은 스케줄링된다. 5G RAT에서도 스케줄링된 상향링크 전송이 일반적인 경우로 유지될 것이다. 스케줄링은 전송 활동을 동적으로 빈틈없이 제어함으로써 효율적인 자원 활용을 가능하게 한다. 그러나 스케줄링은 단말이 기지국으로부터 자원을 요청하는 것이 필요하며, 이는 스케줄링 결정이 내려진 후에 기지국은 단말에 상향링크 전송에 사용할 자원을 알려주는 스케줄링 승인을 제공할 수 있다 (그림 24.15 참조). 9장에서 LTE에 대하여 설명된 이 요청-승인 절차는 추가적인 지연을 야기한다. 따라서 드물게 발생하는 작은 크기의 상향링크 전송을 갖는 지연에 민감한 서비스의 경우에는 요청-승인 단계 없이 즉시 전송이 가능한 방법에 관심이 있다.

요청-승인 단계에 의한 지연을 방지하는 방법 중 하나는 특정 시간동안 유효한 스케줄링 승인을 단말에 미리 제공하는 것이다. 그림 24.16과 같이, 스케줄링 승인이 유효한 시간 동안 단말은 요청-승인 단계를 거치지 않고 상향링크 상으로 전송할 수 있다. 효율성을 유지하기 위해, 그림 24.16의 승인은 일반적으로 상향링크에서 한 단말에만 배타적인 권리를 주는 승인은 바람직하지 않다. 대신 복수 개의 단말이 동일한 자원에 대한 승인을 받을 수 있으며, 만약 발생하는 충돌에 대해서는 네트웍 단에서 이를 해결하여야 한다.

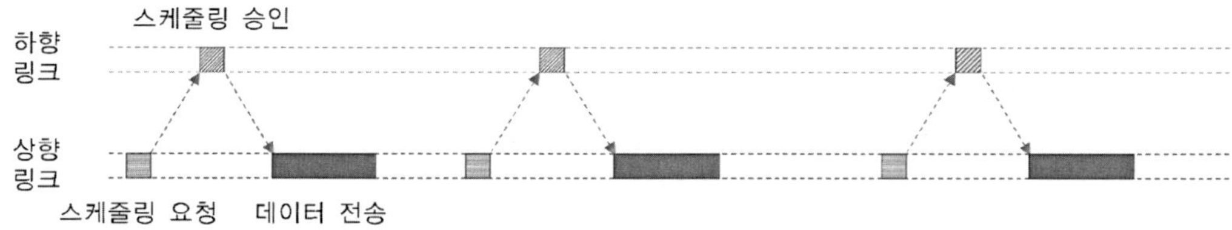

그림 24.15 스케줄링된 상향링크 전송

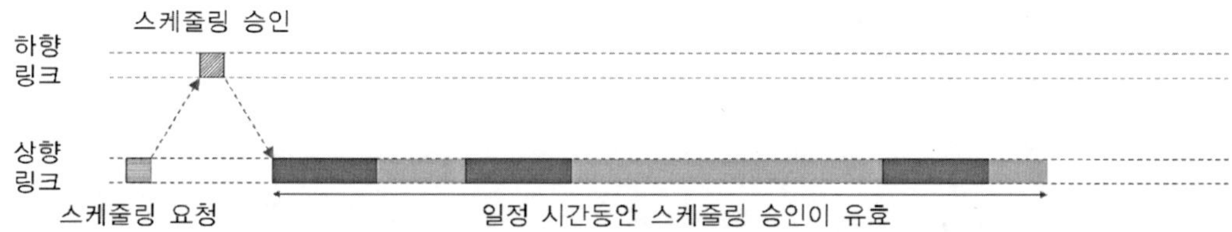

그림 24.16 사전에 스케줄링된 상향링크 전송

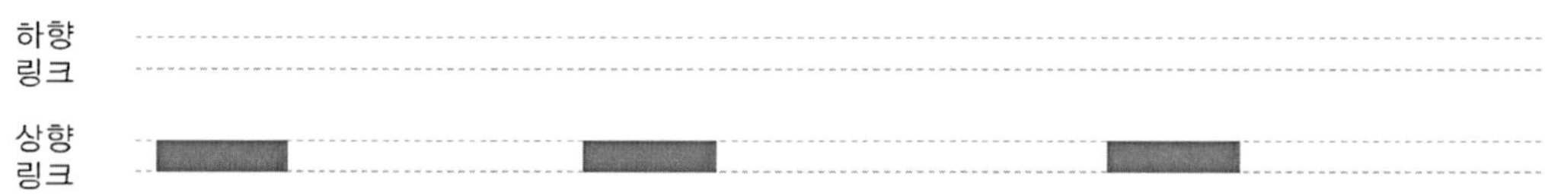

그림 24.17 스케줄링되지 않는 상향링크 전송.

요청-승인 단계와 관련된 지연을 피하는 또 다른 방법은, 임의의 승인이 필요하지 않은 스케줄링되지 않는 전송을 허용하는 것이다 (그림 24.17 참조). 그림 24.16의 스케줄링 승인이 배타적인 엑세스를 제공하지 않는다고 가정하면, 스케줄링되지 않는 상향링크 전송과 그림 24.16의 스케줄링된 전송 사이에는 많은 유사점이 있다. 원칙적으로 스케줄링되지 않는 전송은 연결이 설정될 때 스케줄링 승인이 암묵적으로 제공되고 연결이 유지되는 동안에는 유효한 조건의, 그림 24.16의 스케줄링된 전송의 특수한 경우로 볼 수 있다.

배타적인 엑세스를 제공하는 승인이 없다면, 서로 다른 단말로부터 전송 사이의 충돌을 피할 수는 없다. 이는 몇 가지 방법으로 처리될 수 있다. 한 가지 방법은, 충돌을 인지하고 이후에 충돌을 일으킨 단말들이 다시 재전송할 것이라고 예상하는 것이다. 물론 이때 단말들이 다시 충돌을 일으키지는 않을 것이라고 가정하는 것이다. 또한 처리 이득 (processing gain)이 충분하여 실제로 충돌한 신호들을 검출 및 디코딩할 수 있는 경우도 있을 수 있다. 본질적으로 "충돌하는" 전송이 일반적인 WCDMA 상향링크의 경우에 유의한다.

물론 충돌한 신호를 보다 효율적으로 검출할 수 있도록 하는, 보다 구체적인 전송 구조에 대한 제안도 있다. 한 예가 LDS (Low-Density Spreading)이다 [71]. LDS는 특수한 확산 시퀀스로 송신 신호를 확산시키는데, 여기서 시퀀스의 오직 일부만이 0이 아닌 값이며, 이와 같은 0이 아닌 값들은 서로 사용자들마다 다르다. 이러한 확산 시퀀스를 사용하면, 두 개의 충돌하는 전송은 오직 부분적으로만 충돌을 하므로, LDPC 코드의 디코딩과 유사한 방식으로 메시지-전달

(message-passing) 알고리즘을 기반으로한 복잡도가 낮고 효율적인 다중 사용자 검출 방식을 사용할 수 있다. SCMA (sparse-code multiple access)는 LDS의 수정/확장 버전으로 LDS의 직접 시퀀스 확산이 확장된 유클리드 거리 (Euclidean distance)를 제공하는 방식이다 [76].

24.2.9 새로운 종류의 무선링크

전통적으로 이동통신은 전적으로 기지국과 이동 단말 간의 무선링크에 관한 것이다. 이는 LTE의 Release 10에서 relay의 도입 (제18장)과 Release 12의 단말 간 연결 (제21장)의 도입으로 일부 변화하였다.

5G 시대에는 이러한 추세가 더욱 강조되어, 기지국-기지국 간 통신 ("무선백홀")과 단말-단말 간 연결에 대한 지원이 새로운 5G RAT의 주요 부분이 될 것으로 예상된다.

24.2.9.1 엑세스/백홀 융합

백홀에 무선 기술을 사용하는 것은 수년 동안 광범위하게 이루어져 왔다. 실제로 일부 지역에서는 무선백홀이 총 백홀의 50% 이상을 차지하기도 한다. 현재의 무선백홀 솔루션은 일반적으로 10 GHz 이상의 특수한 주파수 대역을 사용하여 point-to-point LOS 링크로 동작하는 비표준 기술을 바탕으로 한다. 따라서 무선백홀은 기지국/단말 사이의 엑세스링크와는 다른 기술을 사용하고 다른 주파수에서 동작한다. LTE Release 10에 도입된 relay는 일부 제약이 있지만 기본적으로 무선백홀 링크이다. 그러나 실제로 이 기술은 아직까지 제대로 사용되지는 않았다. 그 이유 중 하나는, relay를 사용하도록 설계된 스몰 셀 구축이 실제로는 많이 실행되지 않았기 때문이고, 또 다른 이유는, 사업자들이 값비싼 낮은 대역의 주파수를 엑세스링크에 사용하기를 선호하기 때문이다. 따라서 무선 백홀을 사용하는 경우 LTE가 아닌 기술을 사용하면서 LTE보다는 훨씬 높은 주파수 대역을 사용하여, 백홀의 용도에 귀중한 엑세스 주파수를 낭비하지 않도록 하였다.

그러나 5G 시대에는 몇 가지 이유에서 백홀과 엑세스가 융합될 소지가 있다.

- 5G 시대에는 엑세스링크가 10 GHz 이상의 높은 주파수 대역으로 확장될 수 있는데, 이 주파수는 현재 무선백홀에 사용되는 주파수 범위와 동일하다.
- 5G 시대에는, 실내 및 실외에는 거리와 비슷한 낮은 높이에 많은 수의 기지국이 위치하는 이동통신망의 고밀도화 (densification)가 예상된다. 따라서 NLOS 조건에서 동작할 수 있는 무선백홀이 필요하며 보다 일반적으로는 백홀링크의 전파 환경이 엑세스링크와 매우 유사하게 된다.

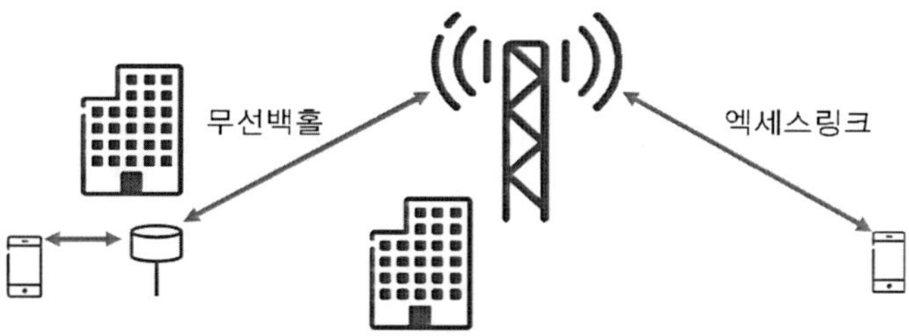

그림 24.18 무선백홀 및 엑세스링크

따라서, 무선백홀 링크나 엑세스링크의 요구 사항과 특성들이 서로 수렴하고 있다. 본질적으로는 그림 24.18에서 볼 수 있듯이, 무선백홀 링크와 일반적인 무선링크 사이의 무선 관점에서는 큰 차이가 없다. 따라서 기술 및 주파수 측면에서도 융합을 고려해야 할 강력한 이유가 있다. 오히려 엑세스와 무선백홀 모두에 사용할 수 있는 단일 5G RAT가 있어야 한다고 볼 수도 있다. 또한 엑세스링크와 무선백홀 모두에 대하여 공통의 주파수 자원이 있는 것이 바람직하다.

이에 따라 새로운 5G RAT를 설계할 때 무선백홀 사용 사례도 고려되어야 한다. 앞서 언급한 요구 사항과 특성이 수렴한다는 주장에도 불구하고, 무선백홀 사용 사례를 효율적으로 지원하려면 무선백홀 링크의 일부 중요한 속성도 고려되어야 한다.

- 무선백홀 시나리오에서 "단말"는 일반적으로 이동 단말이 아니다.
- 일반 단말에 비해, 무선백홀 단말은 더 많은 안테나를 가질 수 있으며 송수신 안테나를 서로 분리할 수 있는 가능성을 포함하여, 더큰 복잡도를 수용할 수 있다.

이러한 특성이 반드시 무선백홀 사용 사례에만 고유한 것은 아니다. 예를 들어, 단말이 이동형이 아닌 MTC 어플리케이션을 생각할 수도 있다. 반면에 열차 및 버스의 기지국에 대한 무선백홀과 같이 단말이 이동형인 무선백홀 시나리오도 있을 수 있다.

또한 엑세스 및 무선백홀에 대한 공통의 주파수 자원이 반드시 엑세스링크와 무선백홀 링크가 동일한 주파수에서 동작해야 한다 ("대역내 중계 (inband relay)")는 것을 의미하는 것은 아니다. 어떤 경우에는 대역내 중계가 가능할 수도 있다. 그러나 많은 경우, 백홀링크와 엑세스링크의 주파수를 분리하는 것이 선호된다. 요점은, 백홀과 엑세스 사이의 주파수를 분리하는 것이 규제할 사항이 아니라는 것이다. 사업자는 단일 주파수 자원에 대한 사용 권한을 가지며, 엑세스 및 백홀 모두에 대한 필요성을 고려하여 가능한 최상의 방법으로 이 주파수를 사용하는 것은 사업자의 몫이 된다.

24.2.9.2 통합된 단말 간 연결

21장에서 설명했듯이, LTE를 사용하는 단말 간 직접 연결 혹은 사이드링크 (sidelink) 연결은 3GPP Release 12에서 도입되어 Release 13에서 추가로 확장되었다. 또한 LTE 단말 간 연결은 두 부분으로 이루어진다.

- 단말 간 통신, 공공안전 사용 사례에 중점을 둠.
- 단말 간 발견 (discovery), 공공안전뿐만 아니라 상업적인 사례도 대상으로 한다.

단말 간 연결은 새로운 5G RAT에 통합된 부분이어야 한다. 즉, 단말 간 연결이 RAT의 초기 설계에서 이미 고려되어야 한다는 점이다. 이와는 대조적으로, LTE의 단말 간 연결은 초기 단말 간 연결에 대한 고려없이 설계된 기존의 RAT에 추후 단말 간 연결이 추가로 도입된 것이었다. 초기 설계에서 단말 간 연결을 이미 고려함으로써, 하향링크, 상향링크 및 사이드링크에 대해 훨씬 더 공통된 프레임워크를 가질 수 있다 (그림 24.19 참조).

새로운 5G RAT에 대한 단말 간 연결은 공공안전과 같은 특정 사용 사례만을 대상으로 하는 도구로 간주되어서는 안 된다. 오히려 단말 간 연결은 5G 네트워 내에서 연결성을 향상시키는 일반적인 도구로 간주되어야 한다. 본질적으로, 네트워 인프라를 통한 간접 연결에 비하여, 더 효율적이거나 (자원이 더 적게 든다) 더 우수한 품질을 제공할 수 있다면 (더 높은 데이터 속도 및/또는 더 낮은 지연), 단말 간 직접 데이터 전송이 설정되어야 한다. 또한 네트워은 연결 품질을 향상시키기 위해 단말 기반의 relay 링크도 구성할 수 있어야 한다.

효율성을 극대화하기 위하여, 단말 간 연결은 가능한 한 네트워의 제어하에 이루어져야 한다. 그러나 LTE와 마찬가지로 네트워을 사용할 수 없는 경우 (즉, 커버리지 밖)에도 단말 간 연결이 가능해야 한다.

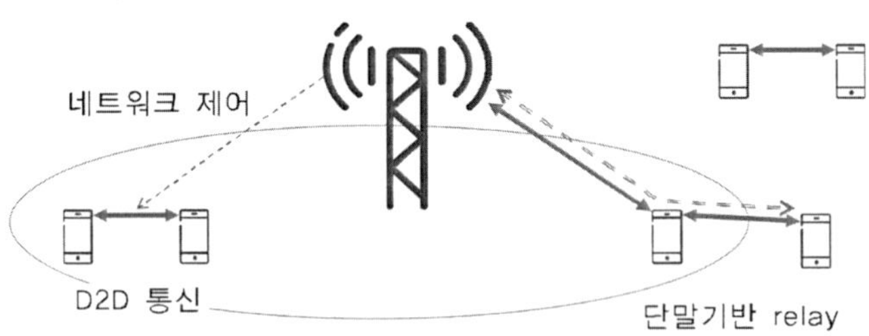

그림 24.19 단말 간 연결

25
맺음말

이 책은 4G / LTE 기술에서 시작하여 5G로 계속되는 무선 접속 기술을 다루었다. 미래의 무선 네트웍은 Release 8 LTE 규격이 목표로 하였던 광대역 이동통신 서비스 이외에도 광범위한 사용 사례(use case)들을 다룰 것이다. 본질적으로 5G는 현재 존재하는 서비스 뿐만이 아니라 미래의 아직 알려지지 않은 서비스까지 포함한 모든 서비스에 대한 무선 연결을 가능하게 하는 플랫폼으로 간주되어야 한다. 물론 광대역 이동통신이 여전히 무선 통신의 중요한 사용 사례로 남아 있게 될 것이라는 사실은 분명하지만 광대역 이동통신만이 무선 통신의 유일한 사용 사례는 아닐 것이다. 연결(connectivity)은 언제나, 어디서나, 누구에게나, 그리고 어떤 사물에나 제공될 것이다.

13장까지 살펴본 바와 같이, LTE는 Release 8에서 시작된 이후 크게 발전해왔다. 새로운 기술 및 사용 사례들에 대한 지원이 추가되었으며 광대역 이동통신의 성능 및 능력은 상당히 향상되었다. 단말 간 직접 통신 및 사물 통신에 대한 개선은 LTE가 새로운 사용 사례들을 지원하도록 하는 예이다. 비면허 스펙트럼의 활용, 동적 TDD 동작 및 FD(Full Dimension)-MIMO 등은 광대역 이동통신의 용량 및 데이터 속도 측면에서 증가하는 요구 사항을 해결하기 위한 기술 개선의 예이다. 이러한 진화는 수년 동안 계속될 것이며, 향상된 FD-MIMO, 지연 감소, 향상된 반송파 결합 및 LAA의 상향링크에 대한 지원 등은 이미 3GPP Release 14에서 시작된 작업의 예이다.

한편, LTE가 효율적으로 처리하기 힘든 시나리오들도 있다. 예를 들어, 지연 시간이 매우 짧아야 하는 서비스 및 매우 높은 주파수 대역의 활용을 들 수 있다. 따라서 LTE를 보완하는 새로운 무선 접속 방식에 대한 표준화 활동이, 2020년 경에 초기 상용 구축을 목표로 Release 14에서 시작되었다. 이 새로운 무선 접속 방식에 대한 전반적인 프로세스와 기술적 솔루션은 이전 장에서 논의되었다.

LTE의 진화 및 새로운 무선 접속 방식은 5G 시대에 무선 접속의 기반이 될 것이다. 광대역 이동통신을 넘어선 무선 접속의 광범위한 적용은 사회에 커다란 영향을 미칠 것이며, 이는 단지 기술적인 관점을 넘어서 매우 흥미로운 현상이 될 것이다.

찾아보기